# ASK Akademische Software Kooperation

Herausgegeben von ASK

# Software-Führer '93/'94 Lehre und Forschung

## Ingenieurwissenschaften

Redaktion: V. Markert

Mit 24 Abbildungen

Springer-Verlag

Berlin Heidelberg New York
London Paris Tokyo
Hong Kong Barcelona Budapest

ASK Akademische Software Kooperation
Universität Karlsruhe
Englerstraße 14, 7500 Karlsruhe 1

Dipl.-Inform. Volker Markert
c/o Universität Karlsruhe
Englerstraße 14, 7500 Karlsruhe 1

ISBN-13:978-3-540-56286-3    e-ISBN-13:978-3-642-84874-2
DOI: 10.1007/978-3-642-84874-2

Dieses Werk ist urheberrechtlich geschützt. Die dadurch begründeten Rechte, insbesondere die der Übersetzung, des Nachdrucks, des Vortrags, der Entnahme von Abbildungen und Tabellen, der Funksendung, der Mikroverfilmung oder der Vervielfältigung auf anderen Wegen und der Speicherung in Datenverarbeitungsanlagen, bleiben, auch bei nur auszugsweiser Verwertung, vorbehalten. Eine Vervielfältigung dieses Werkes oder von Teilen dieses Werkes ist auch im Einzelfall nur in den Grenzen der gesetzlichen Bestimmungen des Urheberrechtsgesetzes der Bundesrepublik Deutschland vom 9. September 1965 in der jeweils geltenden Fassung zulässig. Sie ist grundsätzlich vergütungspflichtig. Zuwiderhandlungen unterliegen den Strafbestimmungen des Urheberrechtsgesetzes.

© Springer-Verlag Berlin Heidelberg 1993

Die Wiedergabe von Gebrauchsnamen, Handelsnamen, Warenbezeichnungen usw. in diesem Werk berechtigt auch ohne besondere Kennzeichnung nicht zu der Annahme, daß solche Namen im Sinne der Warenzeichen- und Markenschutz-Gesetzgebung als frei zu betrachten wären und daher von jedermann benutzt werden dürften.

Satz: Reproduktionsfertige Vorlage vom Autor;

60/3020-5 4 3 2 1 0 – Gedruckt auf säurefreiem Papier

# Vorwort

Die Bedeutung qualitativ hochwertiger Software für die europäischen Hochschulen, ja darüber hinaus für unsere Wirtschaft, tritt immer mehr in das öffentliche Bewußtsein.

Die System- und Softwarehäuser können mit ihrem Marktangebot den vorhandenen Bedarf, insbesondere nach Spezialsoftware enger Fachbereiche, nur teilweise zufriedenstellen. Daher ist es bei vielen fachspezifischen Problemstellungen notwendig, daß Hochschulen ihre Softwarelösungen hierzu direkt untereinander sowie mit interessierten Industriepartnern austauschen.

Eine Reihe von grundlegenden Problemstellungen tritt an den einschlägigen Instituten jeder Hochschule immer wieder auf, und nur allzuoft wird dieselbe Frage zum wiederholten Male softwaretechnisch bearbeitet, nur weil die Information darüber, wo und wie man die bereits vorhandene Software erhalten kann, fehlt. Eine rasche, auch fachlich befriedigende Orientierung innerhalb dieses, über die Hochschulen der Bundesrepublik verteilten Softwareangebots ist nur möglich, wenn Informationen über diese Software, hinsichtlich Funktionalität, Leistungsumfang, Besonderheiten sowie Bezugsadressen und Konditionen, in übersichtlicher und einheitlicher Weise vorliegen.

Das Defizit an Informationsquellen über Software für den Hochschulbereich hat die Akademische Software Kooperation A S K als eine der ersten Institutionen in Deutschland erkannt. Die A S K bietet daher bereits seit 1989 Softwarebeschreibungen über das elektronische Software Informations System ASK-SISY an, auf das Hochschulangehörige über das Deutsche Wissenschaftsnetz zugreifen können. Immer wieder wurde jedoch an A S K der Wunsch herangetragen, diese Information auch in handlicher, gedruckter Form einem größeren Kreis als nur dem der Netzbenutzer verfügbar zu machen.

Dankenswerterweise hat der Springer-Verlag diese Anregungen aufgegriffen und hat sich bereit erklärt, für Software aus Lehre und Forschung der Hochschulen, insbesondere aus dem Bereich der Ingenieurwissenschaften und verwandter Gebiete, den Softwareführer 93/94 herauszubringen. Er enthält die wichtigsten Programme dieses Bereichs aus dem Software Informations System ASK-SISY und zwar sowohl die an den Hochschulen selbst entwickelte als auch die von Softwarefirmen, speziell für Lehre und Forschung, angebotene Software.

Im einzelnen handelt es sich bei den beschriebenen Programmen um ganze Autorensysteme, Simulationsprogramme technischer und naturwissenschaftlicher Prozesse, Tutorials für die Unterweisung und Repetition sowie um eine große Anzahl von Softwarewerkzeugen, die zur Rationalisierung von Forschungs- und Lehraufgaben eingesetzt werden. Derartige Software ist unverzichtbar für eine effiziente und zeitgemäße Ausbildung der Studenten, insbesondere im Bereich der Ingenieur- und Naturwissenschaften; aber auch Wissenschaftler und Ingenieure in den Forschungs- und Entwicklungsabteilungen von Industrieunternehmen greifen gerne, wie die Erfahrung zeigt, auf dieses Softwareangebot zurück, und des öfteren werden daraus in Kooperationen mit den urspünglichen Softwareautoren mächtigere Werkzeuge für konstruktive und dispositive Aufgaben auch in der Produktion entwickelt.

Sie finden im Softwareführer 93/94 Programme unterschiedlichsten Ursprungs: von großen und kleinen Softwarehäusern geschriebene, solche, die aus Studien- oder Diplomarbeiten beziehungsweise Dissertationen hervorgegangen sind, aber auch die an europäischen Hochschulen entwickelten Programme, denen in den Jahren 1990 - 92 vom Bundesminister für Bildung und Wissenschaft auf Empfehlung eines unabhängigen Jurorengremiums aus dem Hochschulbereich der Deutsch-Österreichische Hochschul-Software-Preis im jeweiligen Fachgebiet verliehen wurde. Gerade diese Programme sind neben ihrer fachlichen Funktionalität beispielhaft in der Nutzungsqualität und in ihrer Anlage.

Der Softwareführer 93/94 soll als Auszug des elektronischen Softwarekatalogs ASK-SISY der Akademischen Software Kooperation A S K jährlich in aktualisierter und erweiterter Form erscheinen und nicht nur den Anwender im Forschungsbereich der Hochschule oder der Unternehmen bei der Lösung seiner Problemstellung unterstützen, sondern auch den Kontakt zu den Softwareautoren im Hinblick auf Kooperationen und Weiterentwicklungen fördern.

Karlsruhe, im Januar 1993  Prof. Dr. A. Schreiner

# Inhalt

| | |
|---|---:|
| Einleitung | 9 |
| Bauingenieurwesen | 17 |
| Elektrotechnik | 69 |
| Maschinenbau | 145 |
| Verfahrenstechnik | 225 |
| Simulation | 245 |
| Lehrsoftware | 311 |
| Programmentwicklung | 397 |
| Statistik / Datenanalyse | 459 |
| Grafik | 505 |
| Anwendungsprogramme | 601 |
| Index | 675 |

# Einleitung

# Einleitung 11

## Nutzung des Softwareführers

Der Software-Führer 93/94 Lehre und Forschung ist in fünf übergeordnete Bereiche unterteilt. Neben Programmen aus den 4 Disziplinen der reinen Ingenieurwissenschaften **Bauingenieurwesen, Elektrotechnik, Maschinenbau** und **Verfahrenstechnik** wurden noch **fächerübergreifende Applikationen** mitaufgenommen. Diese Gruppe umfaßt alle diejenigen Programme aus den Fachgebieten Informatik, Mathematik, Physik, Chemie und Vermessungswesen, die für die tägliche Arbeit von Ingenieuren sowie Wissenschaftlern und Studenten der Ingenieurwissenschaften gleichermaßen von Bedeutung sind. Zur besseren Übersicht wurden die fächerübergreifenden Applikationen nochmals in die Anwendungsklassen **Simulation, Lehrsoftware, Programmentwicklung, Statistik/Datenanalyse, Grafik** und **Anwendungsprogramme** aufgeteilt.

Damit der Anwender die für ihn interessante Software möglichst schnell findet, wurden die Darstellungen der einzelnen Softwareprodukte nach verschiedenen Kriterien gegliedert. Die **Fachgebiete** geben eine erste Orientierungshilfe, in welcher wissenschaftlichen Disziplin das Programm einsetzbar ist. Die **Anwendungsklassen** enthalten Klassifikatoren, die Hinweise auf die Funktionalität und das Einsetzfeld des Programms geben. Die **Zielgruppen** geben an, welcher Personenkreis für die Nutzung des Programms in Frage kommt. In der **Version** ist die Nummer des aktuellen Programmreleases angegeben. Das **Erstellungsdatum** kennzeichnet den Zeitpunkt der Erstellung der aktuellen Version.

In einer kurzen **Beschreibung des Programms** werden dann dessen Funktionalität, der Problem- und Aufgabenbereich sowie dessen Inhalt kurz dargestellt. Darüber hinaus wird in vielen Fällen auf die Art der Realisierung und auf mögliche Erfahrungswerte beim Einsatz der Software eingegangen.

Die technischen Informationen enthalten Angaben zu den **Betriebssystemen** und zur benötigten Hardwareumgebung wie Rechnertyp, Mindestkapazität an Hauptspeicher und Plattenspeicher. Falls ein Koprozessor unterstützt wird, wird dessen Typ angegeben. Darüber hinaus werden auch die benötigten Peripheriegeräte aufgelistet. Hierzu zählen spezielle Drucker, Plotter, Maus, Eingabetablett, Scanner, CD-ROM, BTX-Anschluß, Großrechneranschluß, etc. **Softwareumgebung** beinhaltet eine Aufzählung derjenigen Software, die zur Ausführung des Programms notwendig ist, wie z.B. Datenbanksysteme, Benutzerschnittstelle, Tabellenkalkulationsprogramme, Unterprogrammbibliotheken, etc.

Die Angaben zum **Preis** des Programms beziehen sich auf eine reguläre Einzellizenz. Abweichungen vom Einzellizenzpreis wie z.B. Preisnachlässe bei der Abnahme größerer Mengen sind im Feld **Bezugsbedingungen** festgehalten. Falls das Programm zu ermäßigten Konditionen für den Einsatz im Hochschulbereich angeboten wird, werden explizit diese **Sonderkonditionen** aufgeführt, und ob diese über den

Hochschul- und Fachhochschulbereich hinaus auch für andere öffentliche Bildungseinrichtungen sowie für den privaten Gebrauch von Hochschulangehörigen oder Studenten gelten.

Falls das Programm selbst (Public Domain Software) oder eine Demo-Version des Programmes unentgeltlich auf dem Fileserver **ASK-SAM** verfügbar ist, ist dies mit einem entsprechenden Hinweis gekennzeichnet. Abschließend vervollständigen die wichtigen Angaben zu den **Bezugsadressen und Autoren**, bei denen das Programm bezogen werden kann oder bei denen zusätzliche Unterstützung erhalten werden kann, die Beschreibung jedes Programmes.

# Einleitung 13

## Die Akademische Software Kooperation ASK

Die Akademische Software Kooperation ASK ist eine Initiative zur besseren Versorgung der Hochschulen mit Software über Kommunikationsnetze. Die ASK ist an das Rechenzentrum der Universität Karlsruhe angegliedert und wird vom Verein zur Förderung des Deutschen Forschungsnetzes (DFN), dem Land Baden-Württemberg sowie der europäischen Computerindustrie (Digital, Hewlett Packard, IBM, SNI) unterstützt. Die ASK hat sich hierbei zum Ziel gesetzt:

- über Software für Hochschulen im Arbeitsplatzrechner- und Workstationbereich zu informieren durch den Softwarekatalog **ASK-SISY**, der kostenlos über alle gängigen nationalen und internationalen Kommunikationsnetze erreichbar ist. Die im Softwareführer beschriebenen Programme sind ein Auszug der öffentlich zugänglichen Software Datenbank ASK-SISY (Software Informations SYstem). Über SISY kann auf ca. 2500 Softwarebeschreibungen aus allen Fachbereichen zugegriffen werden.

- die Software, soweit sie unentgeltlich bereitgestellt wird, über Kommunikationsnetze durch den Abruf von der Softwarebank **ASK-SAM** verfügbar zu machen. Inhaltliche Schwerpunkte sind Lehrprogramme aus allen Fachbereichen, sowie Demoversionen kommerzieller Softwareprodukte. Ein Teil der im Softwareführer beschriebenen Programme wird unentgeltlich abgegeben und kann über den Fileserver der ASK bezogen werden. In den Verzeichnissen /pub/education bzw. /pub/demos ist die im Softwareführer beschriebene Software abgelegt.

- einen Informations- und Erfahrungsaustausch zu interessierenden Themen im Softwarebereich durch **elektronische Informationsforen** zu fördern,

- über **weltweit vorhandene Fileserver**, die Public Domain Software und elektronische Diskussionsforen zu den unterschiedlichsten Themen anbieten, zu informieren.

- die Beschaffung und Verteilung bundes- und landesweiter **Softwaresammellizenzen** zu koordinieren.

- die Qualität der Softwareproduktion an unseren Hochschulen durch die Entwicklung von Qualitätskriterien und Referierung von Software im Rahmen des Wettbewerbs um den **Deutsch-Österreichischen Hochschul-Software-Preis** zu fördern.

Mit durchschnittlich 2800 Zugriffen und über 10000 abgerufenen Dateien pro Monat zählen ASK-SISY und ASK-SAM mittlerweile zu den häufigstgenutzten Mehrwertdiensten innerhalb des Wissenschaftsnetzes WIN. Zur Unterstützung der inhaltlichen Aktivitäten der ASK wie bei der Akquisition von Software oder bei der Gutachtertätigkeit im Rahmen des Deutsch-Österreichischen Hochschul-Software-Preises wurden Softwaregruppen in verschiedenen Fachbereichen (Informatik, Wirtschaftsinformatik, Chemie, Rechtswissenschaften, Sprachwissenschaften, Produktionstechnik, Bauwesen) gegründet.

Ein Teil der aufgeführten Programme wurde im Rahmen des Deutsch-Österreichischen Hochschul-Software-Preises von einem unabhängigen Jurorengremium ausgezeichnet. Eine Urkunde zur "Anerkennenswerten Leistung" wurde den Programmen verliehen, die sich durch eine gute Funktionalität und Nutzungsqualität auszeichnen. Etwa 100 dieser in mehreren Kriterien herausragenden Programme konnten sich bisher für die Endrunden des Deutsch-Österreichischen Hochschul-Software-Preises qualifizieren. Ihre Autoren wurden mit Urkunden zur "Teilnahme an der Endrunde und anerkennenswerten Leistung" ausgezeichnet. Aus den Teilnehmern der Endrunde ermittelten die Juroren in einer interdisziplinären Gegenüberstellung jeweils die Preisträger des Hochschul-Software-Preises. Ein entsprechender Hinweis kennzeichnet die ausgezeichneten Programme. Die Preisträger werden durch das Software-Preis-Siegel besonders hervorgehoben.

## ASK-Adressen

### Dialogzugang zu ASK-SISY

WIN (Wissenschaftsnetz), X.25 : 45 050 969 010

IXI (Europ. Wissenschaftsnetz): 0 2043 62 3 969 010

Internet,BELWUE:192.67.194.33

login: ask; passwd: ask

Modem-Zugänge für asynchrone Endgeräte bis 9600 bit/s:

0721/358733 bzw. 358734, 0721/60451 bzw. 60453

### Zugriff auf ASK-SAM

**Electronic Mail:**

X.400: c=de;a=dbp;p=uni-karlsruhe;ou=ask;s=fileserv

RFC 822: fileserv@ask.uni-karlsruhe.dbp.de

**Anonymous ftp**

Internet-Adresse: 192.67.194.33 (askhp.ask.uni-karlsruhe.de)

login: ftp; passwd: eigene Mailadresse

### Postadresse der ASK

ASK-Projektbüro

Universität Karlsruhe

Englerstr. 14, 7500 Karlsruhe 1

Telefon: 0721 / 608-2691

Telefax: 0721 / 32550

X.400: c=de;a=dbp;p=uni-karlsruhe;ou=ask;s=office

RFC 822: office@ask.uni-karlsruhe.dbp.de

# Einleitung 15

## Deutsch-Österreichischer Hochschul-Software-Preis

Mit dem Deutsch-Österreichischen Hochschul-Software-Preis stellt die ASK den Software Autoren ein Reputationsforum zur Verfügung, das ebenso wie Lehrbücher und Veröffentlichungen dem Ausweis innerhalb der Hochschulwelt qualifizierender Leistungen dient.

Der Deutsch-Österreichische Hochschul-Software-Preis wird vom Bundesministerium für Bildung und Wissenschaft über alle Fachbereiche für die beste Software in der Studentenausbildung vergeben. Darüber hinaus werden Sonderpreise für Behinderten-Software und Multimedia-Lehrsoftware verliehen. Der Deutsch-Österreichische Hochschul-Software-Preis wird jährlich von der ASK in Zusammenarbeit mit namhaften Unternehmen der Wirtschaft, dem deutschen Bundesministerium für Bildung und Wissenschaft, dem österreichischen Bundesministerium für Wissenschaft und Forschung, dem Senat von Berlin und der Technologie-Vermittlungs-Agentur, Berlin ausgeschrieben.

Die eingereichten Programme werden hinsichtlich Qualität und Anwendbarkeit durch Juroren aus den Hochschulen, den wissenschaftlichen Fachgesellschaften sowie anerkannten Didaktik-Experten beurteilt. Bewertet werden Innovationsgehalt, Bedienbarkeit, didaktischer Aufbau, fachlicher Inhalt und programmtechnische Aspekte.

Fast 700 Programme wurden in den vergangenen 3 Wettbewerben eingereicht; die Zahl der daran beteiligten Autoren überstieg die 1000 bei weitem.

Durch die Veröffentlichung der Qualitätskriterien konnte ein kontinuierlicher Qualitätsanstieg der eingereichten Programme verzeichnet werden. Hierzu trug auch die Weitergabe der Bewertungen nicht prämierter Programme an die jeweiligen Autoren bei, die diese zur Verbesserung und Weiterentwicklung ihrer Software im Hinblick auf eine erneute Einreichung nutzten.

**Bauingenieurwesen**

# ABaS - Anschauliche Balken-Statik

| | |
|---|---|
| **Fachgebiete** | Architektur, Bauingenieurwesen, Maschinenbau |
| **Anwendungsbereiche** | Ausbildung, Ingenieurwesen, numerische Software, Strukturanalyse, nichtlineare Analysis |
| **Zielgruppen** | k.A. |
| **Version** | 2.0 |
| **Erstellungsdatum** | 24.01.1992 |

Anwendung des zum Studieren gedachten Programms: 1. Beliebig gestützte, einachsig beanspruchte Ein- oder Mehrfeldbalken oder entsprechende Ausschnitte von Trägerrosten oder Rahmen, wahlweise mit Dreh- und Verschiebungsgelenken, Berechnung nach dem Übertragungsverfahren: nach Theorie 2.Ordnung, wenn Längskraft ungleich 0; mit Schubverformungen, wenn 1/Schubsteifigkeit ungleich 0. 2. Berechnung: mit abschnittsweise beanspruchungsunabhängigen, konstanten Querschnitts-Biege- und Schubsteifigkeiten; oder mit abschnittsweise linearen Moment/Krümmungs-Beziehungen zur Berücksichtigung des nichtlinearen Baustoffverhaltens. 3. Stababschnitte beliebig wählbar. 4. Der Aufbau der Gleichungen mit den Einheitszuständen der zu berechnenden unbekannten Stütz- und Verschiebungsgrößen und mit den durch sie auszugleichenden Unverträglichkeiten (Fehlbeträge im Null-System gegenüber einzuhaltenden Zuständen) kann wahlweise angezeigt werden: Aufbau entsprechend dem Fortschritt der Übertragung, der zeitgleich in der System-Skizze veranschaulicht wird; Pausen wahlweise nach jeder einzelnen Zeile. 5. Grafische Darstellung des Systems zusammen mit der Ergebnistabelle und mit bis zu 5 ausgewählten Graphen /Q M k phi w M/k-Linien/ oder mit einer Einflußlinie für /A E Q M phi oder w/ infolge /F oder M/. 6. Ergebnistabelle für Auswirkungen Q, M und w bzw. Einflußlinienordinate eta an den Abschnittsgrenzen zusammen mit den Eingabedaten für die Einwirkungen. Rechenergebnisse werden erkennbar anders als Eingabedaten dargestellt; Wiederholungen werden zur besseren Übersichtlichkeit unterdrückt. 7. Eingaben mittels Datensätzen und mit Verwendung sinnvoller Kurzzeichen und in der Reihenfolge dem Aufbau der Ergebnistabellen entsprechend.

| | |
|---|---|
| **Betriebssysteme** | MS-DOS 3.x |
| **Softwareumgebung** | Editor zum Erstellen der Eingabedateien, übliche Shell (z. B. : NORTON-Commander) zum bequemen Wechsel zwischen Editor und Prorammausführung sinnvoll |
| **Hardwareumgebung** | AT 286; 300 KB RAM; VGA; Harddisk; 9/24-Nadeldrucker; |
| **Preis** | k.A. |
| **Bezugsbedingungen** | Weitergabe wie bei public-domain Programmen üblich auf der Basis von Selbstkostenerstattung oder besser über ASK-SAM-Softwareabruf |
| **ASK-SAM** | Das Programm kann über den Fileserver abgerufen werden. |

**Bezugsadresse/Autor**

Univ.-Prof. Dr.-Ing. Ulrich Quast
TU Hamburg-Harburg
Arbeitsbereich Massivbau
Denickestr. 17
2100 Hamburg 90
(040) 7718-3022, -3222

stud. ing. Markus Los
TU Hamburg-Harburg
Arbeitsbereich Massivbau
Denickestr. 17
2100 Hamburg 90

## ACAD-BAU

| | |
|---|---|
| **Fachgebiete** | Architektur, Bauingenieurwesen |
| **Anwendungsbereiche** | Baukonstruktion |
| **Zielgruppen** | Architekten |
| **Version** | 3.0 |
| **Erstellungsdatum** | k.A. |

ACAD-BAU ist eine Architekturlösung auf der Basis von AutoCAD 11, die es dem Architekten ermöglicht, die 2D-Planung und das 3D-Modell eines Gebäudes zu erstellen. ACAD-BAU erlaubt auch "auf Knopfdruck" die Erzeugung beliebiger Ansichts-, Schnitt- und Perspektivdarstellungen. Mit einer integrierten Zeichnungsverwaltung, mit Raumbuch und Massenermittlung ist ACAD-BAU eine Komplettlösung für den Planer im konstruktiven Hochbau. ACAD-BAU beinhaltet außerdem eine vollautomatische architekturgerechte Bemassung aller vier Grundmaßketten, 3D-Konstruktion von Außenwänden (ein- oder mehrschalig), Innenwandkonstruktionen mit automatischer Verschneidung von Ecken und Wandanschlüssen, Dachkonstruktion mit automatischer Verschneidung von Mauerwerk, Variantenkonstruktion für Fenster, Eckfenster und Türen, Treppenvarianten inkl. Lauflängenermittlung und eine umfangreiche Symbolbibliothek für Inneneinrichtung, Außenanlage und Schraffuren. Für die kaufmännische Abwicklung des Bauvorhabens wird ACAD-BAU durch das AVA-Programm AVAnce ideal ergänzt.

| | | |
|---|---|---|
| **Betriebssysteme** | MS-DOS 3.x | |
| **Softwareumgebung** | Voraussetzung: AutoCAD ab Version 11 | |
| **Hardwareumgebung** | wie AutoCAD | |
| **Preis** | 7950 DM | |
| **Bezugsbedingungen** | k.A | |
| **Sonderkonditionen** | Einzellizenz: | 1300 DM |
| | Mehrfachlizenz: | 795 DM pro Lizenz bei 10 Kopien |
| | Geltungsbereich: | Hochschulen, Fachhochschulen, sonstige öffentliche Bildungseinrichtungen |

| | |
|---|---|
| **Bezugsadresse** | **Autor** |
| Mensch und Maschine GmbH | Schenk-Data |
| Stefanus-Straße 6 | CH Zuzwil (Schweiz) |
| 8032 Gräfelfing | |
| 089/854890 | |

# ALK-GIAP

| | |
|---|---|
| **Fachgebiete** | Bauingenieurwesen |
| **Anwendungsbereiche** | kartographische Darstellung |
| **Zielgruppen** | k.A. |
| **Version** | k.A. |
| **Erstellungsdatum** | k.A. |

ALK-GIAP, Grafisch-Interaktives Arbeitsplatzsystem der ALK (Automatisierung der Liegenschaftskarte), dient der Verarbeitung raumbezogener, grafischer Daten. Das System wurde auf der genormten grafischen Basissoftware GKS in Standard-FORTRAN entwickelt und ist portabel. Ein- und Ausgaben können durch den Benutzer vollständig interaktiv mit Hilfe der Menü- und Prozedurtechnik gesteuert werden. Das Programmsystem ist modular aufgebaut. Das Basispaket umfaßt die für kartografische Anwendungen charakteristischen Standardkomponenten wie grafische Präsentation, grafischer Editor, Digitalisierungskomponente, Berechnungsfunktionen, objektorientierte grafische Datenbank und objektorientierte Schnittstelle für Fachdaten. Als offenes System für breite Benutzerkreise konzipiert, werden weitere fachspezifische Anwendungsfunktionen für die Aufgabenbereiche Raumordnungskataster, Liegenschaftsbuchauswertungen, Flurbereinigung, Bauleitplanung, Leitungsdokumentation, Wasserwirtschaft und thematische Kartografie, angeboten.

| | |
|---|---|
| **Betriebssysteme** | UNIX, VMS |
| **Softwareumgebung** | k.A. |
| **Hardwareumgebung** | VAX |
| **Preis** | k.A. |
| **Bezugsbedingungen** | Preis: ab DM 80.000 |

**Bezugsadresse**
AED Graphics GmbH
Mainzer Straße 244
5300 Bonn

# ARC / INFO (R)

| | |
|---|---|
| **Fachgebiete** | Agrarwissenschaften, Biologie, Bauingenieurwesen, Geographie, Geologie |
| **Anwendungsbereiche** | 3 dim. Modell, Analyse, Produktionsanlagen, Kartenzeichnen, Kartographie, Planungs- u. Realisierungssoftware |
| **Zielgruppen** | Behörden, Hochschulen, Ingenieurbüros, Planungsbüros, Industrie |
| **Version** | 6.1 |
| **Erstellungsdatum** | 01.08.1992 |

ARC / INFO ist ein Geographisches Informationssystem (GIS) mit leistungsfähigen Instrumenten zur Erfassung, Verwaltung, Analyse und Darstellung flächenbezogener Daten.

ARC / INFO ist ein modular aufgebautes, universell einsetzbares und vollständig interaktives GIS, dessen Leistungsfähigkeit auf der besonderen Datenstruktur und der unmittelbaren Verbindung von Koordinatenverarbeitung und Kartenanalyse mit einer relationalen Datenbank beruht. Es ermöglicht alle Typen geographischer und topographischer Kartenanalyse wie Kartenverschneidung, Schichtanalysen, dreidimensionale Geländemodelle, Netzwerkanalysen, die Ausweisung von Pufferbereichen und optimalen Korridoren und andere. ARC / INFO bietet Schnittstellen zur Hardwareperipherie, zu externen Datenquellen und zu wissenschaftlichen Rechenmodellen. Die Bedienung ist leicht erlernbar und benutzerfreundlich durch eine einfache Kommandosprache, Menütechnik und die interaktive Benutzerführung. ARC / INFO wird ganz allgemein zur Erstellung und Verwaltung flächenbezogener Datenbanken sowie zur analytischen Bearbeitung und Fortschreibung der gespeicherten Informationen in unterschiedlichsten Anwendungsgebieten eingesetzt.

ARC / INFO findet Anwendung in Umweltplanung und -forschung, in der Regionalplanung, in Forst- und Energiewirtschaft, in Forschungsinstituten und Universitäten, in Stadtverwaltungen und Länderbehörden sowie in Planungs- und Beratungsbüros. ARC/INFO wird eingesetzt zur Erstellung digitaler Karten für Naturschutz, Ressourcensicherung oder Flächennutzungsplanung, für Umweltverträglichkeitsprüfungen von Autobahntrassen oder Agrarstrukturmaßnahmen, für Modellentwicklungen und -auswertungen, z.B. in der Waldschadensforschung, zur Entwicklung automatisierter Systeme zur Katasterführung und Liegenschaftsverwaltung oder Umweltmonitoring und vielen weiteren Aufgaben.

| | |
|---|---|
| **Betriebssysteme** | AIX, DG/UX, HP-UX, SUN OS 4.x, ULTRIX |
| **Softwareumgebung** | k.A. |
| **Hardwareumgebung** | DEC RISC Family, DG AViion Workstations, HP 9000/300, HP 9000/400, HP 9000/700, HP 8x7, IBM RISC System/6000, SUN SPARCstations, Silicon Graphics, Hauptspeicher: 32 MB empf. |
| **Preis** | k.A. |
| **Bezugsbedingungen** | Preis und Sonderkonditionen auf Anfrage |

**Bezugsadresse**
Claus-Dietrich Werner
ESRI Ges. f. Systemf. u. Umweltplanung
Marketing/Vertrieb
Ringstraße 7
8051 Kranzberg
08166/38-0

# Bauingenieurwesen

## BALCAD/BALCAL

| | |
|---|---|
| **Fachgebiete** | Bauingenieurwesen, Maschinenbau |
| **Anwendungsbereiche** | 3 dim. Modell, Anwendungsprogramm, Finite Elemente-Simulation, Statik |
| **Zielgruppen** | Studenten |
| **Version** | 11/90 |
| **Erstellungsdatum** | 01.11.1990 |

Menügeführte Erarbeitung eines rechnerinternen FE-Modelles für Stabtragwerke einschließlich unterschiedlicher Belastungen, Stabverbindungen und Auflager (Programmteil BALCAD) sowie die anschließende Analyse nach Theorie 1. und 2. Ordnung einschließlich der Kontrolle auf Überschreitung der zulässigen Spannungen und vorgegebener Knicksicherheiten (Programmteil BALCAL). Möglich ist auch die nachträgliche Auswahl und Nachrechnung anderer Querschnitte bei der Überschreitung der zulässigen Werte. Die Daten des Tragwerkes und die Berechnungsergebnisse können auf eine Datei oder den Drucker ausgegeben werden. Der Modellvorrat um umfaßt geradlinige Zwei-Knoten-Elemente in - ebenen Tragwerken, die in ihrer Ebene belastet sind, - ebenen Tragwerken, die orthogonal zu ihrer Ebene belastet sind (Gitterroste) oder in - räumlichen Tragwerken mit linearem Materialverhalten und für kleine Verzerrungen. Die Balken können auf unterschiedliche Weise miteinander verbunden sein, wobei die feste Verbindung Standard ist. Als Belastungen sind vorgesehen: Einzelkräfte bzw. -momente, Linienlasten und Eigengewicht. Als Randbedingungen sind verhinderte oder vorgeschriebene Verschiebungen und/oder Verdrehungen an den Knotenpunkten und die elastische Stützung zulässig. Das Programm bietet durch graphische Darstellung einer symbolischen Querschnittform (I-Querschnitt) und der Projektionen der Achsen des globalen cartesischen Koordinatensystems Unterstützung bei der Bestimmung der räumlichen Orientierung der Querschnittsachsen von Stäben in räumlichen Tragwerken.

**Preisträger des Deutschen Hochschul-Software-Preises 1991**

| | |
|---|---|
| **Betriebssysteme** | MS-DOS 3.x |
| **Softwareumgebung** | k.A. |
| **Hardwareumgebung** | IBM-XT und Kompatible; 512 KByte; Hercules, CGA, EGA, VGA |
| **Preis** | k.A. |
| **Bezugsbedingungen** | 50 % Hochschulrabatt, Sonderbedingungen für Lehre sind möglich |
| **ASK-SAM** | Das Programm kann über den Fileserver abgerufen werden. |

**Bezugsadresse**
FEMCOS-G.m.b.H.
Hegelstr. 30
O-3010 Magdeburg

**Bezugsadresse/Autor**
Prof. Dr. Udo Fischer
TU Magdeburg
Institut f. Festkörper-
mechanik
PSF 124
O-3034 Magdeburg
091/592439

## BAULIT

| | |
|---|---|
| **Fachgebiete** | Bauingenieurwesen, Sonstiges |
| **Anwendungsbereiche** | Datenmanagement, Informationssuche |
| **Zielgruppen** | Bauingenieure, Studenten |
| **Version** | 2.4 |
| **Erstellungsdatum** | 27.02.1991 |

Eine erste Funktion des Programms BAULIT ist das Erstellen und Bearbeiten der Dateien *.LIT mit Aufsatztiteln aus Fachzeitschriften des Bauingenieurwesens. Hierzu gehören die Unterfunktionen - Erfassen, Weiterschreiben und Editieren - Laden und Sichern - Drucken Miterfaßt sind Autoren, Aufsatztyp, Jahrgang, Seite, Deskriptoren und erforderlichenfalls Fundstelle(n) der Zeitschrift (Datei FUNDST.DAT). Eine zweite Funktion von BAULIT ist die Recherche, wobei auch die Möglichkeit besteht, nach Synonymen zu eingegebenen Suchbegriffen zu suchen. Hilfsfunktionen zur Anpassung an Problemstellungen des Benutzers sind - Änderung des Zeitschriftenverzeichnisses (ZEITSCHR.DAT) - Erfassen einer Synonymedatei (SYNONYME.DAT) - Anpassen von Programmvariablen (PROGVAR.DAT) Als besondere Eigenschaften des Programmsystems BAULIT sind die - leichte Bedienbarkeit durch eine integrierte Oberfläche - leichte Zugänglichkeit auf einem PC am Arbeitsplatz - Vermeidung von zusätzlichen Kosten und Betreuungspersonal - Verzicht auf fremde Datenbankprogramme - vergleichsweise geringer Speicherbedarf - leichte Erweiterbarkeit (z. B. auf Themen von Diplomarbeiten) - halbjährliche Programm- und Dateiupdates zu nennen.

Das Programmsystem beruht auf einer einfachen Grundidee: Es wird Text nach Teilstrings durchsucht. Bei der Weiterentwicklung ging es um die folgenden Ziele: - Organisation der Arbeitsschritte "Erfassung/ Korrektur/ Speicherung/ Suchverfahren" - Nutzung von Fachwissen des Anwenders durch Eingabe von Deskriptoren und Synonymen aus dem eigenen Fachgebiet. Zur Zeit wird an der Zuordnung von Langtext zu einzelnen Zeitschriftentiteln gearbeitet.

Die Einführung des Programms an der FH Münster bewirkte eine verstärkte Nutzung der Fachbereichsbibliothek. So werden z. B. neue, in Büchern noch nicht veröffentlichte Bauverfahren in den Fachzeitschriften mit BAULIT gezielt ausfindig gemacht. Außerhalb der FH Münster wird das Programmsystem BAULIT seit etwa Mitte 1990 mit zunehmender Tendenz eingesetzt, obwohl für eine Werbung keine Personal- und Finanzmittel zur Verfügung stehen.

| | |
|---|---|
| **Betriebssysteme** | MS-DOS 3.x |
| **Softwareumgebung** | k.A. |
| **Hardwareumgebung** | AT; 100 KB; 4 MB HD; Drucker, Maus |
| **Preis** | 250 DM |
| **Bezugsbedingungen** | k.A. |

**Bezugsadresse/Autor**

Prof. Dr. Bernhard Falter  
Fachhochschule Münster  
Fachbereich Bauingenieurwesen  
Corrensstr. 25  
4400 Münster  
0251/83-5666  

Eckhard Lübke  
Fachhochschule Münster  
Fachbereich Bauingenieurwesen  
Corrensstr. 25  
4400 Münster  
0251/83-5601

# BAU-REGIE-MANAGER

| | |
|---|---|
| **Fachgebiete** | Architektur, Bauingenieurwesen |
| **Anwendungsbereiche** | Planungssoftware, Kalkulation |
| **Zielgruppen** | Bauingenieure, Unternehmen, Architekten |
| **Version** | 3.1 |
| **Erstellungsdatum** | 01.03.1989 |

BRM gliedert sich in die Module Adreßmanager, Kalkulation und Auftragsabwicklung. Der Adreßmanager verwaltet die Adreßdaten und ordnet diesen die entsprechenden Objektdaten zu. Eingabehilfen, wie Hinweislisten, Stichwortverzeichnisse und Plausibbilitätsprüfung machen die Arbeit mit dem BRM sehr komfortabel. Alle adressen- bzw. objektbezogenen Aktivitäten werden in diesem Programmodul bearbeitet, einschließlich Terminverwaltung, Wiedervorlage, Telefon- und Auswertungslisten. Auswertungen, Statistiken und Übersichten lassen sich nach beliebigen Selektionskriterien zusammenstellen. Für Serienbriefe, Rundschreiben, Etiketten, etc. können die entsprechenden Daten in ein Textverarbeitungsprogramm überspielt werden. Der tägliche Schriftverkehr, wie z.B. die Rechnungslegung, Bestätigungen, Mahnungen usw. wird mit der im Programmsystem integrierten Textverarbeitung bearbeitet. Im Programmteil Kalkulation werden die folgenden Aufgaben erledigt: Pflege eines Mutterverzeichnisses, Objekt- und Gewerkdatenverwaltung, Massenermittlung, Angebotserstellung und Ausschreibung, Preisspiegelerstellung, Übernahme und Weiterverarbeitun des Vertrags-LV's. In der Auftragsabwicklung werden die objektbezogenen Baudaten sowie die Bauherren- und Subunternehmerdaten erfaßt und verwaltet. Zu den Funktionsmerkmalen gehören: Zahlungs- u. Auftragspläne, Bautenstandsübersichten, Nachtrags- u. Sonderaufträge, Mängelbearbeitung, Kosten- u. Gewinnübersichten, Rechnungslegung, Zahlungsverkehr, Mahnwesen, Management-Info-System für ein gezieltes Controlling, Netzplantechnik. Als Ausgabemedien stehen wahlweise Bildschirm oder Drucker zur Verfügung. Die umfangreichen Listen und Auswertungen erfordern keine gezielten Formblätter. Es können alle gängigen Druckertypen angesteuert werden. Für die Arbeiten mit BRM sind keine EDV-Kennntnisse erforderlich, dies wird auch durch die konsequente Bedienerführung und jederzeit abrufbare Hilfstexte gewährleistet. Die Dialogsprache ist deutsch. BRM unterstützt den IM- und Export von ASCII-Texten. Außerdem stehen Schnittstellen zu WORD, dBASE, Finanzbuchhaltungen, etc. zur Verfügung.

| | |
|---|---|
| **Betriebssysteme** | DR-DOS 5.x, MS-DOS 5.x, Novell Netware, PC-DOS 3.x |
| **Softwareumgebung** | k.A. |
| **Hardwareumgebung** | IBM-PC, XT, AT PS/2 oder kompatibel, mind. 512 KB RAM |
| **Preis** | 1850 DM |
| **Bezugsbedingungen** | Der BAU-REGIE-MANAGER ist modulweise aufgebaut. Die unterschiedlichen Preissituationen beginnen bei 1.850,-- DM. |
| **Sonderkonditionen** | Preise für Einzel- und Mehrfachlizenzen auf Anfrage |

| **Bezugsadresse** | **Autor** |
|---|---|
| Thomas Klindt | Dipl. Ing. Horst Becker, Frank Warsseit |
| Behling & Partner GmbH | Behling & Partner GmbH |
| Vertrieb | EDV-Entwicklung |
| Dransfelder Straße 7a | Dransfelder Straße 7a |
| 3400 Göttingen | 3400 Göttingen |
| 0551/96045 | |

## Bravo3

| | |
|---|---|
| **Fachgebiete** | Bauingenieurwesen, Maschinenbau |
| **Anwendungsbereiche** | 3 dim. Modell, CAD, CAM, CAE, ingenieurwissen. Anwendungen, Informationsmanagement, technisches Zeichnen |
| **Zielgruppen** | Maschinenbauer, Anlagenbauer |
| **Version** | 4.0 |
| **Erstellungsdatum** | k.A. |

Hohe Flexibilität, über 40 integrierte CAD/CAE/CAM-Applikationsmodule und ein umfassendes, netzwerkweites und offenes Datenmanagement sind die wichtigsten Kennzeichen der Softwarefamilie Bravo3. Unternehmen aus den Bereichen des Maschinen-, Anlagen- und Apparatebaus, die Produkte konzeptionell entwerfen und detailliert konstruieren sowie mit NC-Maschinen fertigen, finden in Bravo3 ein computergestütztes Werkzeug für alle Arbeitsschritte der Produktherstellung. Verschiedene Spezialmodule, beispielsweise für den Schiffbau, für die Blechwerkstückkonstruktion und -fertigung oder für den Bereich Elektrotechnik, erfüllen die Anforderungen spezialisierter Abteilungen und Unternehmen.Da fast jedes Unternehmen auch eigene Standards verwendet, besondere Vorgehensweisen entwickelt hat oder Lösungen benötigt, die es noch nicht am Markt zu kaufen gibt, beinhaltet Bravo3 Werkzeuge für die Softwareanpassung und Applikationsentwicklung. FIT (Flexible Interface Tool) erlaubt es, die anwendungsspezifische Befehlsfunktion des jeweiligen Moduls zu modifizieren, zusammenzufassen und zu erweitern. APP (Advanced Programming Package) ist eine Umgebung für die Entwicklung anwendungsspezifischer CAD/CAE/CAM-Software und deren Integration in das Bravo3-Konzept.

Bravo3 läuft auf allen UNIX- und VMS-Systemen des Rechnerherstellers Digital Equipment. Der Benutzer arbeitet mit einer grafischen Benutzeroberfläche unter DEC-Windows. Jedes individuelle Bravo3 Software-Modul ist voll in das System integriert. Sobald die Modelldaten einer Konstruktion erstellt wurden, nehmen alle späteren Variationen, bzw. Software-Module auf die in der Datenbank gespeicherten Informationen Bezug. Jede Datenbasis einer Konstruktion, die mit dem Bravo3-System erstellt wurde, steht unter der Kontrolle des Daten- und Benutzerverwaltungskonzepts Bravo-FRAME. Damit können beliebig viele Benutzer netzweit mit einem konsistenten CAD/CAE/CAM-Datenbestand arbeiten. Die offene Systemarchitektur ermöglicht eine stufenweise Integration von Bravo3 in die unternehmensweiten Informationssysteme. Die vorhandenen Werkzeuge bieten geschulten Systembetreuern die Möglichkeit, das System selbständig zu erweitern.

| | |
|---|---|
| **Betriebssysteme** | HP-UX, MAC OS 7.0, ULTRIX, VAX/VMS V3.x |
| **Softwareumgebung** | k.A. |
| **Hardwareumgebung** | VAXstation, DECstation, min. 24 MB; Apple Macintosh, min. 8 MB; min. 19" Farbmonitor, Maus/Tablett, Plotter |
| **Preis** | k.A. |
| **Bezugsbedingungen** | Preis auf Anfrage, Sonderkonditionen für Hochschulen auf Anfrage |

**Bezugsadresse/Autor**
Schlumberger Technologies GmbH
CAD/CAM Division
Hahnstr. 70
6000 Frankfurt/Main 71
069/66403-0

# Bauingenieurwesen

## Bravo3 (R) 3D Anlagenbau (TM)

| | |
|---|---|
| **Fachgebiete** | Bauingenieurwesen |
| **Anwendungsbereiche** | Konstruktion |
| **Zielgruppen** | k.A. |
| **Version** | k.A. |
| **Erstellungsdatum** | k.A. |

Bravo3 (R) 3D Anlagenbau (TM) Softwaremodul eignet sich insbesondere zur Konstruktion von Rohrleitungen mit dem 3D-Drahtmodell Editor. Unter Inanspruchnahme des Part-Property-Managements können jedem Rohrleitungsteil beliebig viele alphanumerische Attribute zugeordnet werden. Diese Attribute können für das Identifizieren von Rohrleitungen (oder deren Teile) und für die Erstellung von Stücklisten ausgewertet werden. Der Anwender wird auf drei unterschiedlichen Stufen bei der Auswahl der zu verwendenden Rohrleitungsteile unterstützt: Durch Übernahme der Rohrleitungsdaten aus dem Bravo3 Modul 2D Anlagenbau P&ID; durch Verwendung von Rohrklassen; durch Verwendung eines Rohrkataloges. Rohrpläne, bemaßte orthogonale oder räumliche Ansichten von Rohrleitungen, in welchen die verdeckten Kanten ausgeblendet und die Sichthauben der Rohrleitungsteile dargestellt sind, werden mittels dem Bravo3 Solids Modeler erstellt. Für das Erstellen von Stücklisten wird das Bravo3-Softwaremodul BOM eingesetzt. Isometrien werden vom maßstäblichen 3D Rohrleitungsmodell abgeleitet. Das Bravo3 3D Anlagenbau Softwaremodul basiert auf den Bravo3-Modulen Editor, DBMS, BOM und Solids Modeler (siehe separate Produktbeschreibungen). Bravo3 ist ein eingetragenes Warenzeichen und Editor ein Warenzeichen der Schlumberger Technologies, Inc. 3D Anlagenbau und 2D Anlagenbau P&ID sind Warenzeichen der Schlumberger Technologies GmbH.

| | |
|---|---|
| **Betriebssysteme** | VMS |
| **Softwareumgebung** | k.A. |
| **Hardwareumgebung** | VAX, VAX/VMS |
| **Preis** | k.A. |
| **Bezugsbedingungen** | k.A. |

**Bezugsadresse**
Schlumberger Technologies GmbH
CAD/CAM Division
Hahnstr. 70
6000 Frankfurt/Main 71
069/66403-0

## CAD-Programmodul Holz-Fachwerk

**Fachgebiete** Architektur, Bauingenieurwesen
**Anwendungsbereiche** CIM, Planungssoftware, Konstruktion, Fertigung
**Zielgruppen** k.A.
**Version** Demoversion
**Erstellungsdatum** 30.11.1990

Ein Ziel dieses Programms ist es auch Anwendern die keine einschlägigen Erfahrungen im Computerbereich haben, anschaulich Zugang zu einem leistungsfähigen CAD-System zu verschaffen das nicht nur zu Lehr- und Demonstrationszwecken, sondern auch konkret praktisch eingesetzt werden kann. Die Hauptaufgabe des Programms liegt in der Lösung von komplexen Problemen (Verschneidungen) bei der Erstellung und Bearbeitung von Holz-Tragkonstruktionen durch flexible Arbeitsmechanismen, wodurch ein sehr rationelles und funktionales Arbeiten ermöglicht wird. Die Mechanismen umfassen die Eingabe von Grund- und Umrißstrukturen, automatische Einteilverfahren (Bundlatten), Spezialfunktionen (dynamische Elemente, Winkelschnitte), die Abstrahierung des Objekts auf wenige Grundparameter (Elementparameter-Stammdaten), damit die interne mathematische Umsetzung und Berechnung, sowie die optische Darstellung am Bildschirm und Plotter. Die Grundidee geht davon aus, daß der Anwender ein Blatt Papier vor sich liegen hat (hier das Hauptzeichenfenster) und darauf Umrißlinien zeichnet, also eine "Rohform" entwirft, in die dann umrißorientiert unbearbeitete Elemente (quasi die Holzrohlinge) plaziert werden. Auf einen Knopfdruck hin übernimmt dann das Programm den automatischen "Zuschnitt" der Hölzer und liefert das Endresultat.

Im Gegensatz zum reinen CAD-System (wie z.B. Auto CAD) stellt hier eine berechnete Zeichnung ein Objekt nicht nur optisch dar, sondern beinhaltet gleichzeitig alle Daten nach denen eine vollautomatische Fertigung der Konstruktion auf einer Fertigungsstraße ablaufen kann. Diese Synthese stellt den direkten Bezug von der Planung (Architekt) zur praktischen Ausführung (Zimmerei) her (CIM). Das Programmkonzept gestattet jederzeit beliebige Objektvariationen in einfacher Weise (Elementparameter) und kann damit entscheidend bei Optimierungsaufgaben in der Planungs- oder Nacharbeitungsphase beitragen. Die Gestaltungsmöglichkeiten von Bauobjekten sind praktisch nur der eigenen Kreativität unterworfen. Weiterhin können aus den Konstruktionsdaten Materiallisten (Holzlisten) gewonnen werden, die als Grundlage zur Angebotserstellung und Vorkalkulation dienen können.

**Anerkennenswerte Leistung beim Deutschen Hochschul-Software-Preis 1991**

**Betriebssysteme** MS-DOS 3.x
**Softwareumgebung** k.A.
**Hardwareumgebung** AT 80286/386, 640K RAM, EGA/VGA, HD 40 MB, Maus
**Preis** k.A.
**Bezugsbedingungen** k.A.

**Bezugsadresse**
SEMA Computer GmbH
Dorfmühlstr. 17
8961 Wildpoldsried
08304/ 5452

**Autor**
Alfred Olbrich
Fachhochschule Kempten
Fachbereich Elektrotechnik
8960 Kempten

# CADdy Bauingenieurwesen

| | |
|---|---|
| **Fachgebiete** | Bauingenieurwesen |
| **Anwendungsbereiche** | 2 dim. Zeichnen, 3 dim. Zeichnen, Anwendungsprogramm, CAD, CAM, CAE, Planungssoftware |
| **Zielgruppen** | Ingenieure, Unternehmen, Kommunen, Ausbildungsinstitute |
| **Version** | 8.00 |
| **Erstellungsdatum** | 01.07.1992 |

CADdy Bauingenieurwesen stellt sich auf sein Anwendungsgebiet ein. Vermesser nutzen damit die Vorteile von Planungstechniken, die exakt auf verschiedenen Aufgabenstellungen abgestimmt sind und der branchenspezifischen Vorgehensweise optimal entsprechen. Von ebenso zentraler Bedeutung für wirtschaftliches Planen sind durchgängige Planungsabläufe. Diese wiederum setzen ein flexibles und offenes Systemkonzept voraus.

CADdy ist nach dem Baukastenprinzip aufgebaut. Alle Programm-Module besitzen die gleiche Datenstruktur und Benutzerführung. Das bringt zwei handfeste Vorteile mit sich: Zum einen lassen sich CADdy Software-Komponenten bedarfsgerecht kombinieren und steigenden Anforderungen anpassen. Zum anderen können Planungsdaten über alle Projektstufen und sogar aufgabenübergreifend weitergenutzt werden. Somit ist eine perfekte Anpassung des Programms an die möglich. Das verkürzt die Planungszeiten entscheidend, verbessert die Qualität und reduziert gleichzeitig die Kosten.

| | |
|---|---|
| **Betriebssysteme** | MS-DOS |
| **Softwareumgebung** | k.A. |
| **Hardwareumgebung** | IBM-AT, IBM-PS/2 und komp., min. 640 K RAM, Arithmetik-Coprozessor (80287/387), Festplatte, Diskettenlaufwerk, Grafik-Controller, Maus, Plotter, Digitizer, parallele Schnittstelle (Centronics) |
| **Preis** | 11000 DM |
| **Bezugsbedingungen** | Mindestpreis für Branchenlösung |
| **Sonderkonditionen** | Geltungsbereich: Hochschulen, Fachhochschulen, sonstige öffentliche Bildungseinrichtungen, persönliche Lizenzen für Hochschulangehörige. Für Lehrer und Schüler werden Sonderkonditionen angeboten. |

**Bezugsadresse**
ZIEGLER-Informatics GmbH
Nobelstr. 3-5
4050 Mönchengladbach 4
02166/955-56

# CADILLAC

| | |
|---|---|
| **Fachgebiete** | Bauingenieurwesen, Mathematik, Maschinenbau |
| **Anwendungsbereiche** | CAD (rechnerunterstützte Konstruktion), Ausbildung, Ingenieurwesen, Graphik |
| **Zielgruppen** | Ingenieure |
| **Version** | 1.0a |
| **Erstellungsdatum** | 20.03.1992 |

Das Programm ersetzt Zirkel und Lineal. Es ermöglicht geometrische Konstruktionen in der Zeichenebene (in Grund- und Aufriß). Da Eingaben einfach verändert werden können, ist es besonders für die Entwicklung von Aufgaben aus der Konstruktiven Geometrie geeignet. Neben den mathem.geometr. Funktionen (z.B. Mittellote) bietet das Programm folgende Besonderheiten: - unbegrenzter Fangradius, das nächstgelegene Objekt wird identifiziert. - automatische Verlängerung von Geraden, falls erforderlich (z.B. Schnittpunkt außerhalb der Strecke) - Zoom-Möglichkeit - schrittweise Ausführung von Konstruktionen - schrittweises Rauf- und Runterkonstruieren mit UNDO-REDO. - Layout (z.B. Nullkreise, Rechtwinkelbögen) und Beschriftung - automatisches Freilassen von Layoutelementen (z.B. Pfeile) - Maßstabsraster einblendbar zur genauen Koordinatengebung, alternativ zur numerischen Eingabe. - Ellipsen durch zwei konjugierte Halbdurchmesser - Menüfeld mit Funktionen zum Verändern von Eingangsdaten. Bei Auswahl werden die veränderbaren Elemente optisch markiert. Die gesamte Konstruktion wird anschließend mit den geänderten Daten neu aufgebaut. Ein Schönzeichenprogramm für Plotter ist enthalten. (parametrisierte Kurven in Vorbereitung). Die Grundanforderung an das Programm war, daß es nicht nur eine schöne Zeichnung abliefern kann (Schönzeichenprogramm), sondern daß vielmehr die gesamte Konstruktionsidee aufgezeichnet wird, welches die Variierung der Konstruktion als solche erlaubt.

| | |
|---|---|
| **Betriebssysteme** | TOS 1.4 |
| **Softwareumgebung** | TOS 1. 4 (GEM) mit Blitterunterstützng |
| **Hardwareumgebung** | Atari MEGA ST; 1 MB RAM; Atari Monitor SM124; Harddisk; Cop. optional; Drucker NEC P6, Plotter HP 7475A; |
| **Preis** | k.A. |
| **Bezugsbedingungen** | k.A. |

**Bezugsadresse/Autor**
cand.ing. Michael Debuschewitz
TU München
Mathematisches Institut / Geometrie
Baaderstraße 40
8000 München 5
089/2021913

# DESKTOP - Dienste

| | |
|---|---|
| **Fachgebiete** | Bauingenieurwesen |
| **Anwendungsbereiche** | DTP-Werkzeug, Datendarstellung, Programmentwicklungskit |
| **Zielgruppen** | Studenten, Universitätsangehörige |
| **Version** | 2.0 |
| **Erstellungsdatum** | 15.02.1991 |

Die Software setzt sich aus einem Satz Desktop-Dienste und einer einfachen Anwendung dieser Dienste aus dem Bauingenieurwesen zusammen. Mit den Diensten bekommt der Programmierer ein Werkzeug in die Hand, mit dessen Hilfe er schnell und problemlos mit wenigen Funktionsaufrufen Nutzeroberflächen für Analysesoftware erstellen kann. Die Dienste zur Gestaltung des Nutzerdialogs umfassen die Exekutive zur automatischen Kontrolle der auftretenden Ereignisse, den Menü- und Maskendienst zur Steuerung und Dateneingabe für eine Anwendung, den Tabellendienst zur Tabelleneingabe und Tabellenausgabe mit Editierfunktionen und den Diagrammdienst zur Diagrammausgabe mit Editierfunktionen. Alle Dienste sind in eigenständigen Moduln entwickelt und bis auf die Exekutive unabhängig voneinander einsetzbar. Auf die Funktionen der Exekutive wird von den drei anderen Diensten zugegriffen. Der Arbeitsaufwand bei der Entwicklung von Analysesoftware kann wieder in die echte ingenieurspezifische Problemstellung gelenkt werden, ohne auf eine angemessene Präsentation verzichten zu müssen.

Die Dienste wurden bereits in der Lehre im Studentenbetrieb und als Hilfswerkzeuge bei Diplomarbeiten am Institut eingesetzt. Die Dienste sollen demnächst aufgrund einer Initiative von Studenten auch an anderen Instituten des Fachbereichs Bauingenieurwesen eingesetzt werden, da die Bedienungsfreundlichkeit älterer sich im Einsatz befindlicher Software in Grenzen hält. Die Exekutive und der Menü- und Maskendienst werden zur Zeit an der Bundeswehrhochschule in München in einer Testphase eingesetzt.

**Anerkennenswerte Leistung beim Deutschen Hochschul-Software-Preis 1991**

| | |
|---|---|
| **Betriebssysteme** | UNIX |
| **Softwareumgebung** | X-Windows V11.3 |
| **Hardwareumgebung** | CADMUS CISC, CADMUS RISC, IBM PS2 Model70, IBM PS2 Model80; RAM: 16MB Farbe oder 8MB SW (X-Window tauglich); Graphikkarte: X-Server; 80MB; Maus |
| **Preis** | k.A. |
| **Bezugsbedingungen** | Dienste sind auf Anfrage am Institut erhältlich |

**Bezugsadresse/Autor**
Kai Knischewski, Andreas Laabs, Frank Molkenthin
Technische Universität Berlin
Inst. f. Allgemeine Bauingenieurmethoden
Straße des 17.Juni 135
1000 Berlin 12
030/31423193

## EAGLE (Graphics Language Environment)

| | |
|---|---|
| **Fachgebiete** | Architektur, Bauingenieurwesen |
| **Anwendungsbereiche** | CAD, CAM, CAE, Ingenieurwesen |
| **Zielgruppen** | k.A. |
| **Version** | k.A. |
| **Erstellungsdatum** | k.A. |

EAGLE (Engineering And Graphic Language Environment) ist ein CAD-System, das dem Anwender auf Basis eines 3D-Volumenmodellierers einen vollständigen Katalog allgemeiner Zeichenfunktionen zur Konstruktion von Linien in verschiedenen Stärken und Farben, von Flächen und Körpern, zum Anbringen von Vermassungen, Schraffuren und zur Symbolerstellung bietet. EAGLE unterstützt die vollautomatische Konstruktion von Schnitten, Ansichten und Perspektiven sowie Volumenberechnungen. Das Ausblenden von verdeckten Kanten und farbschattierte Darstellungen sind jederzeit möglich. Den Konstruktionen können nichtgrafische Informationen und Ebenen zugeordnet und als Listen ausgegeben werden. Die EAGLE-Applikationen für die Bereiche Architektur, Innenarchitektur, Bauplanung und Inneneinrichtung basieren auf anwenderorientierte Bild- und Textmenüs auf dem Bildschirm oder auf dem Tablett. Diese Applikationen unterstützen z.B. schnelle Grundrißkonstruktionen, das Einsetzen von Fenstern und Türen, Treppenkonstruktionen, Variantenkonstruktion, die Verwaltung von Elementbibliotheken und die Erstellung von Layouts (z.B. für den Bereich Kücheneinrichtung).

| | |
|---|---|
| **Betriebssysteme** | VMS |
| **Softwareumgebung** | k.A. |
| **Hardwareumgebung** | VAX |
| **Preis** | k.A. |
| **Bezugsbedingungen** | Preis: DM 30.000 - DM 700.000 |

**Bezugsadresse**
TEDATA Ges. f. tech. Inf.systeme mbH
Brückstraße 48
4630 Bochum

# Bauingenieurwesen

## FEMFAM

| | |
|---|---|
| **Fachgebiete** | Bauingenieurwesen, Elektrotechnik, Maschinenbau, Verfahrenstechnik |
| **Anwendungsbereiche** | CAD, CAM, CAE, Ingenieurwesen, Finite Elemente-Simulation |
| **Zielgruppen** | Ingenieure, Entwickler, Ingenieure, Ingenieure, Ingenieure |
| **Version** | 06/92 |
| **Erstellungsdatum** | 01.06.1992 |

FEMFAM ist unterteilt in FEMFAM-T : FE-Temperaturfeldanalyse ebener und räumlicher Strukturen, linear, nichtlinear (inkl. Strahlung), stationär und nichtstationär; FEMFAM-F : FE-Festigkeitsprogramm für Verformungs- und Spannungsanalysen an Strukturen mit Belastungen bis zur Streckgrenze (linear-elastisch) FEMFAM-NL : FE-Festigkeitsprogramm für Verformungs- und Spannungsanalysen an Strukturen, die über die Streckgrenze hinaus belastet werden sowie Kriechvorgänge bei jeder Art von Last; FEMFAM-D : FE-Dynamikprogramm zur Berechnung von Eigenfrequenzen und dynamischen Verformungen.

| | |
|---|---|
| **Betriebssysteme** | HP-BASIC, HP-UX, MS-DOS 3.x, MS-DOS 4.x, MS-DOS 5.x |
| **Softwareumgebung** | k.A. |
| **Hardwareumgebung** | UNIX-Workstations, IBM-PS'S und kompatibel (ab 80386), HP-BASIC-Workstations |
| **Preis** | 10000 DM |
| **Bezugsbedingungen** | Mindestpreis |

**Bezugsadresse/Autor**

Dr.-Ing. J. Friedrich Stelzer
Forschungszentrum Jülich (KFA)
ZAT
Stetternicher Forst
5170 Jülich
02461 - 61 - 5681

Hermann Stelzer
PROFEM GmbH
Salvatorstr. 32
5100 Aachen
0241 - 151938

Jürgen Wimmer
PROFEM GmbH
Salvatorstr.32
5100 Aachen
0241 - 151938

## GIS

| | |
|---|---|
| **Fachgebiete** | Bauingenieurwesen, Geographie |
| **Anwendungsbereiche** | kartographische Darstellung, Datenerwerbsanalyse, Entscheidungs- u. Auswahlhilfesystem, Graphikeditor, Planungssoftware |
| **Zielgruppen** | k.A. |
| **Version** | 4.5 |
| **Erstellungsdatum** | 01.12.1991 |

GIS wird für Kartographie, Kataster- und Vermessungswesen eingesetzt. GIS ist ein graphisches Informationssystem, mit dem beliebig Karten und Pläne interaktiv erzeugt, digitalisiert oder als Rasterinformation im Hintergrund dargestellt werden können. Zur Unterstützung der Verwaltung großer Kartenwerke mit hohem Informationsgehalt stehen Funktionalitäten zur Verfügung, die die blattschnittlose Erfassung und Verwaltung des Kartenmaterials, die Organisation in unterschiedliche Detailierungsgrade und die Multi-User-Nutzung ermöglichen. Attribute der Kartenelemente bzw. nicht-graphische Informationen werden in relationalen Datenbanken verwaltet und ausgewertet (Oracle, Informix, Ingres).

Zur Übernahme vorhandener digitaler Kartenwerke stehen Standardschnittstellen zur Verfügung. Standards wie x.11 und SQL, die bei der Entwicklung von GIS berücksichtigt werden und für den Anwender nutzbar sind, gewährleisten, daß auch zukünftige Anforderungen an ein geographisches Informationssystem erfüllt werden können.

| | |
|---|---|
| **Betriebssysteme** | AEGIS, AIX, SUN OS, UNIX, VMS |
| **Softwareumgebung** | k.A. |
| **Hardwareumgebung** | Verschiedene Unix-Workstations, mind. 8 MB Hauptspeicher, 400 MB Plattenspeicher |
| **Preis** | 26000 DM |
| **Bezugsbedingungen** | Mindestpreis |

| | |
|---|---|
| **Bezugsadresse** | **Autor** |
| TEDATA GmbH | Pafec Ltd. |
| Brückstraße 48 | Nottingham (United Kingdom) |
| 4630 Bochum 1 | |
| 0234/964090 | |

# GLASER -isb cad-

| | |
|---|---|
| **Fachgebiete** | Bauingenieurwesen |
| **Anwendungsbereiche** | 2 dim. Zeichnen, 2 dim. Plotten, CAD, CAM, CAE, Ingenieurwesen |
| **Zielgruppen** | Bauingenieure, Bauingenieure |
| **Version** | 5.0 |
| **Erstellungsdatum** | 01.03.1992 |

GLASER -isb cad- ist ein leistungsfähiges CAD-Programm für den konstruktiven Ingenieurbau. Konstruktionsprogramme: Detail- und Ausführungspläne für Beton-, Holz-, Mauerwerks- und Stahlbau; Schaltpläne, Positionspläne, Varianten Konstruktionen; Bewehrungspläne für Fundamente, Sohlplatten, Stützen, Unterzüge, Deckenplatten, Wände, Brückenbau, Tiefbau, etc.; Schal- und Bewehrungspläne für den Fertigteilbau; Alle Programme arbeiten mit automatischer Stahlliset, Schneideskizze, Biegeliste. Die Übernahme von Daten aus Architekturprogrammen ist möglich.

| | |
|---|---|
| **Betriebssysteme** | MS-DOS |
| **Softwareumgebung** | k.A. |
| **Hardwareumgebung** | PC mit Koprozessor (386, 486), Drucker, Plotter, VGA- oder TIGA-Graphik, Monitore 14", 17", 20" |
| **Preis** | 5150 DM |
| **Bezugsbedingungen** | Mindestpreis |
| **Sonderkonditionen** | Preise unter Abzug des Hochschulrabattes ohne Mehrwertsteuer: |
| | Einzellizenz: 50% der Listenpreise |
| | Mehrfachlizenz: je 10% der Listenpreise bei 2-100 Lizenzen |
| | Geltungsbereich: Hochschulen, Fachhochschulen, sonstige öffentliche Bildungseinrichtungen, persönl. Lizenzen für Hochschulangehörige |

**Bezugsadresse**
Dipl. Ing. Bernd Glaser
GLASER -isb cad-
Ing.Büro für Bauwesen
Am Waldwinkel 21-23
3015 Wennigsen 2
05105/81095

## HPP-GMS

| | |
|---|---|
| **Fachgebiete** | Bauingenieurwesen, Geographie, Geologie |
| **Anwendungsbereiche** | Analyse, Ausbildung, Ingenieurwesen, Finite Elemente, Simulationssoftware |
| **Zielgruppen** | k.A. |
| **Version** | 2.3 |
| **Erstellungsdatum** | 10.03.1992 |

HPP-GMS ist ein graphisch-interaktives Programmpaket zur zweidimensionalen Modellierung von Grundwasserströmungen auf der Basis der Finiten-Elemente. Es besteht aus 4 Modulen: Preprocessing-Modul, Berechnungs-Modul, Postprocessing-Modul, Daten I/O-Modul.

Preprocessing-Modul: Typische Schritte bei einer Modellerstellung beinhalten: importieren und anzeigen topographischer Daten, Netzgenerierung (räumliche Diskretisierung des Modellgebietes), Veränderung der Netzgeometrie, Eingabe und Veränderung der Knoten- bzw. Elementparameter, Eingabe und Veränderung der Randbedingungen für die Modellrechnung. Für alle oben angeführten Schritte ist im HPP-GMS ein eigenes Submenü vorhanden. Der integrierte automatische Netzgenerator erlaubt die Definition von Verdichtungsbereichen (in mehreren Ebenen) und die Angabe von Fixpunkten. Bei der Berechnung der Netzstruktur (Dreieckselemente) wird zusätzlich eine Formoptimierung ("smoothing") und eine Bandweitenoptimierung durchgeführt, wodurch bessere Rechenzeiten erreicht werden können.

Rechen-Modul: Der Rechenmodul basiert auf der Finiten-Elemente-Methode. Bei der Lösung der Differentialgleichungen auf der Basis der Finite-Elemente findet die Galerkin-Methode Anwendung.

Postprocessing-Modul: Dieser Modul dient zur Darstellung und Analyse der Berechnungsergebnisse. Dargestellt werden können: Isolinien der Grundwasseroberfläche; Isolinien der Differenzen der Grundwasseroberfläche zweier Rechenergebnisse; Geschwindigkeitsfeld; Austauschwassermenge in den "Leakage"-Knoten - mit dem "Leakage"-Konzept kann der Austausch zwischen Oberflächengewässern und Grundwasser modelliert werden -; Grundwasserspiegeldifferenzen in Kontrollknoten.

Daten I/O-Modul: Dieser Modul dient zur Aufnahme von Datenfiles (HPP-GMS-Format) in die Datenverwaltung von HPP-GMS. Damit wird der Austausch von Daten unter verschiedenen Anwendern ermöglicht.

Alle dargestellten Ergebnisse bzw. Topographien werden in sogenannten Layers verwaltet und können beliebig ein- und ausgeschaltet werden. Sie sind in jedem Modul darstellbar.

**Preisträger des Deutsch-Österreichischen Hochschul-Software-Preises 1992**

| | |
|---|---|
| **Betriebssysteme** | MS-DOS 3.x |
| **Softwareumgebung** | k.A. |
| **Hardwareumgebung** | IBM AT 386SX (comp. ); 4 MB RAM; VGA; Harddisk: 15 MB; Cop.; |
| **Preis** | 80000 ÖS |
| **Bezugsbedingungen** | Reduzierter Preis für den Einsatz in der Lehre 28.000 OES. |

# Bauingenieurwesen

**Bezugsadresse**
Peter Kowatsch
MSB Ges.m.b.H.
Vertrieb
Kirchengasse 7
A-1070 Wien (Österreich)
0222-5264825

**Autor**
Dr.techn Günter Blöschl,
Dr.techn. Alfred Paul Blaschke
Technische Universität Wien
Inst.f.Hydraulik,Gewässer u.Wasserwirt.
A-1040 Wien (Österreich)

Felix Fröschl, Wolfgang Lair
MSB Ges.m.b.H.
Abt. Entwicklung bzw. Abt. Technik
A-1070 Wien (Österreich)

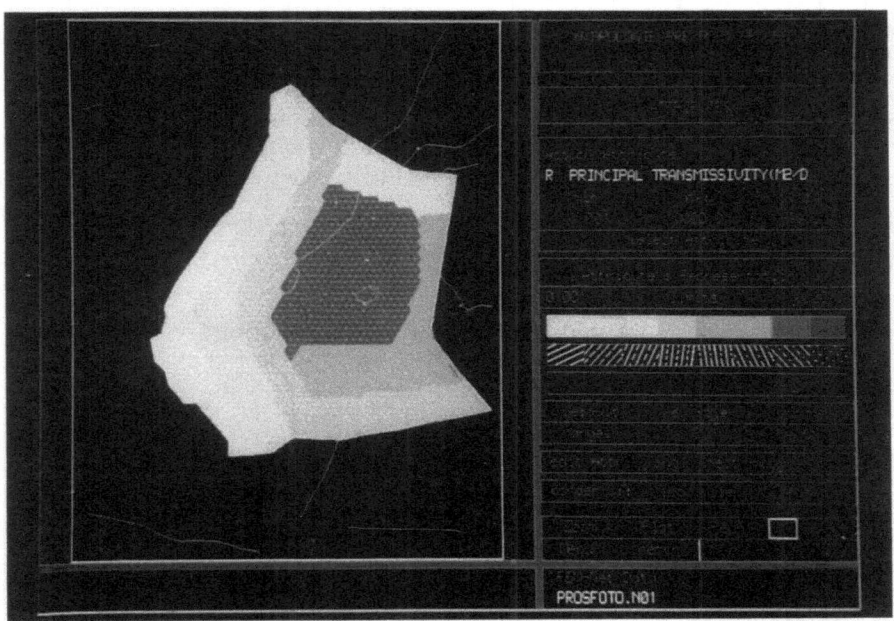

# HOKUS-POKUS

| | |
|---|---|
| **Fachgebiete** | Bauingenieurwesen, Maschinenbau, Physik |
| **Anwendungsbereiche** | Ingenieurwesen, Finite Elemente, numerische Software |
| **Zielgruppen** | Studenten |
| **Version** | 2.07 |
| **Erstellungsdatum** | 25.01.1992 |

Das Programm dient zur statischen Berechnung und Bemessung in Stahlbeton von Stab- und ebenen Flächentragwerken. Die Berechnung erfolgt nach der Methode der Finiten Elemente. Es besitzt ebene und räumliche Fachwerk- und Balkenelemente, dreieckige und viereckige Plattenelemente für dünne und dicke Platten mit elastischer Bettung und veränderlicher Stärke und isoparametrische Scheibenelemente mit linearem und parabolischem Verformungsansatz.

Durch besonders angenehmes Handling soll dieses Programm die Studenten bei der Erstellung ihrer Übungsprogramme unterstützen und ihnen einen Einblick in das Tragverhalten von komplexen Strukturen ermöglichen. Außerdem könnte dieses Programm in der Lehre zur Demonstration eingesetzt werden. Von Studienkollegen wurde das Programm zur Erstellung ihrer Übungsarbeiten mit Erfolg verwendet. HOKUS-POKUS ist ein komplettes System mit PRE- und POSTPROCESSING (Graphik) mit einheitlicher Benutzerführung.

**Preisträger des Deutsch-Österreichischen Hochschul-Software-Preises 1992**

| | |
|---|---|
| **Betriebssysteme** | MS-DOS 3.x |
| **Softwareumgebung** | k.A. |
| **Hardwareumgebung** | IBM AT 386, 486 (comp. ); 640 KB RAM; EGA, VGA; Harddisk: 20 MB; 80287, 80387; Maus (optional); |
| **Preis** | 99500 ÖS |
| **Bezugsbedingungen** | k.A. |

**Bezugsadresse/Autor**

cand.-ing. Thomas Zoidl  
Universität Innsbruck  
Fakultät für Bauingenieurwesen  
Franz-Fischer-Str. 26  
A-6020 Innsbruck (Österreich)  
0512/589236

cand.-ing. Wolfgang Schauer  
Universität Innsbruck  
Fakultät für Bauingenieurwesen  
Fennerstr. 3  
A-6020 Innsbruck (Österreich)  
0512/446235

# Bauingenieurwesen

## HYDRA-WSP91

| | |
|---|---|
| **Fachgebiete** | Bauingenieurwesen |
| **Anwendungsbereiche** | Hydraulik, Lehrsoftware, mathematische Software, numerische Software |
| **Zielgruppen** | Planungsbüros, Behörden |
| **Version** | 8/92 |
| **Erstellungsdatum** | 25.07.1991 |

EDV-Unterstützte Lösung von hydraulischen Bemessungsaufgaben in allen Bereichen des Wasserwesens.

Programmziel ist die Zusammenfassung aller hydraulischen Detailberechnungen. Ersatz von hydraulischen Tabellenwerken (z.B. Schewior-Preß) und nomographischen Hilfsmittel (z.B. Grenztiefe im Kreisprofil) durch genauere (und effektivere) Rechenverfahren.

Übersicht und besseres Verständnis für die hydromechanischen Grundlagen aller Bemessungsverfahren, Konzentration auf die fachlichen Inhalte ohne langwierige Formelauswertungen (meistens handelt es sich um iterative Lösungsverfahren), Übungen und Alternativrechnungen ohne Zeitverlust wegen umfangreicher und fehleranfälliger Tabellenrechnungen (z.B. Kanalnetzberech- nung mit dem Zeitbeiwertverfahren). Berechnung von Staulinien in Kanalnetzen und offenen Wasserläufen, einschließlich durchströmten Bewuchs und Interaktion zwischen (bepflanzten) Vorländern und Flußschlauch.

**Anerkennenswerte Leistung beim Deutschen Hochschul-Software-Preis 1991**

| | |
|---|---|
| **Betriebssysteme** | MS-DOS 4.x, MS-DOS 5.x |
| **Softwareumgebung** | k.A. |
| **Hardwareumgebung** | IBM-kompatiblen DOS-Rechner |
| **Preis** | 600 DM |
| **Bezugsbedingungen** | Hochschulrabatt 50%, keine Beschränkung der Installationsanzahl |

**Bezugsadresse/Autor**
Prof. Dr. Dieter Knauf
Buchenstraße 1
6104 Seeheim-Jugenheim 2
06257-62684

# ISAGEN

| | |
|---|---|
| **Fachgebiete** | Bauingenieurwesen, Mathematik, Maschinenbau |
| **Anwendungsbereiche** | Finite Elemente-Simulation |
| **Zielgruppen** | Ingenieure |
| **Version** | 3.7.5 |
| **Erstellungsdatum** | 20.05.1992 |

FEM-Preprocessor. Maus- und Menü-gesteuert. Das Erlernen einer Kommandosprache ist nicht erforderlich. Die Übernahme von CAD-Daten möglich: VDA-FS 2.0, VDA IGES subset, AUTO-CAD DXF. Die Generierung des FEM-Netzes geschieht durch CAD-Kopplung oder durch Modellierung mit einer techn. Zeichnung oder Skizze als Vorlage. Hierzu gibt es zahlreiche Konstruktionshilfen. Qualitätskontrolle des FEM- Netzes. Schnittstellen zu ABAQUS, ADINA, ANSYS, ISAFEM, NASTRAN, TPS10. Automatische Flächen- und Volumenvernetzung.

| | |
|---|---|
| **Betriebssysteme** | AEGIS, AIX, MS-DOS 5.x, UNIX, VMS V3.x |
| **Softwareumgebung** | Unter MS-DOS ist Windows 3. x erforderlich. Auf VAX ist DEC-Windows oder VWS-Grafik erforderlich. Auf Silicon Graphics: GL oder X-Windows |
| **Hardwareumgebung** | IBM-kompatible PC 386/486, 8MB RAM, 100 MB Hard Disk, Grafik: S-VGA aufwärts, 256 Farben, mind. 800x600; Workstations: Silicon Graphics, IBM-RS 600, DEC-VAX, HP-Apollo |
| **Preis** | 1750 DM |
| **Bezugsbedingungen** | Auf PC Einstiegspreis 1.750.- DM. Auf Workstation Einstiegspreis 2.940.-, Preis-Leistungs-Staffelung. Jeweils Kaufpreise für den Binärcode. Immerwährendes Nutzungsrecht. |
| **Sonderkonditionen** | Einzellizenz: Preis-Leistungsstaffelung<br>Campuslizenz: Voller Leistungsumfang DM 1.000.-/Jahr<br>Geltungsbereich: Hochschulen, Fachhochschulen, sonstige öffentliche Bildungseinrichtungen, persönliche Lizenzen für Hochschulangehörige und Studenten |

**Bezugsadresse**
Dr.-Ing. Gerhard Krause
Dr. Krause Software GmbH
Vertrieb
Kaiserin-Augusta-Allee 5
1000 Berlin 21
030 - 345 90 63

# KANA-PROG

| | |
|---|---|
| **Fachgebiete** | Architektur, Bauingenieurwesen |
| **Anwendungsbereiche** | Baukonstruktion, Ingenieurwesen, Planungssoftware |
| **Zielgruppen** | Bauingenieure |
| **Version** | 3.4 |
| **Erstellungsdatum** | 16.07.1991 |

KANA-PROG ist ein Programm zur Kanalnetzberechnung nach dem Zeitbeiwertverfahren (ATV-Richtlinie). Das Programm ermittelt nach Eingabe der Grundlagendaten die Schmutz- und Regenfrachten und dimensioniert im Anschluß die erforderlichen Profilabmessungen. Zur Auswahl stehen 10 Profilarten vom Kreis- über Ei- und Maulprofil bis hin zu Profilen mit Auftritten. Pro Rechenlauf können 200 Haltungen berechnet werden.

| | | | |
|---|---|---|---|
| **Betriebssysteme** | MS-DOS | | |
| **Softwareumgebung** | k.A. | | |
| **Hardwareumgebung** | IBM PC, XT, AT oder komp., Textkarte, monochrom Monitor | | |
| **Preis** | 199 DM | | |
| **Bezugsbedingungen** | k.A. | | |
| **Sonderkonditionen** | Einzellizenz: | 199 DM | |
| | Mehrfachlizenz: | 5 Kopien | 175 DM pro Lizenz |
| | | 10 Kopien | 150 DM pro Lizenz |
| | | 20 Kopien | 125 DM pro Lizenz |
| | Campuslizenz: | 2500 DM | |
| | Geltungsbereich: | Hochschulen, Fachhochschulen, sonstige öffentliche Bildungseinrichtungen, persönliche Lizenzen für Hochschulangehörige und Studenten | |
| **ASK-SAM** | Eine Demo-Version des Programmes kann über den Fileserver abgerufen werden. | | |

**Bezugsadresse/Autor**
Dipl. Ing. Werner Zacher
Pfarrstraße 64
8037 Olching
08142 / 17132

## LARSTRAN

| | |
|---|---|
| **Fachgebiete** | Bauingenieurwesen, Elektrotechnik, Maschinenbau, Physik |
| **Anwendungsbereiche** | CAD, CAM, CAE, Finite Elemente-Simulation, Strukturanalyse |
| **Zielgruppen** | Ingenieure |
| **Version** | 6.6 |
| **Erstellungsdatum** | 01.02.1991 |

LARSTRAN ist ein allgemeines modulares Finite-Element-Programm-System mit Schwerpunkt auf der Lösung nichtlinearer strukturmechanischer Probleme. Es werden sowohl große Verschiebungen als auch große Dehnungen und allgemeine nichtlineare Materialgesetze berücksichtigt. Folgende Standardberechnungsverfahren werden derzeit angeboten: Lineare Statik, Nichtlineare Statik, Stabilität und Nachbeulverhalten, Nichtlineare Dynamik (implizit und explizit), Eigenfrequenzen, Langsame zähe Fließprobleme, Stationäre und instationäre thermische Analysen, Thermisch-mechanisch gekoppelte Probleme, Bruchmechanik, Umformtechnik. Zur Zeit bestehen Schnittstellen zu den Pre- und Postprozessoren PATRAN, ASKAMESH/VIEW, I-DEAS und CAEDS. Schnittstellen zu anderen Systemen sind möglich.

| | |
|---|---|
| **Betriebssysteme** | AIX, MS-DOS 5.x, ULTRIX, VAX/VMS V5.x, VM/CMS |
| **Softwareumgebung** | FORTRAN Compiler |
| **Hardwareumgebung** | 8 MB Hauptspeicher, 300 MB Platte |
| **Preis** | 98000 DM |
| **Bezugsbedingungen** | Die Preise sind stark abhängig von der verwendeten Hardware und dem installierten Systemumfang. |

**Sonderkonditionen**

| | |
|---|---|
| Einzellizenz: | 98 000,- DM |
| Mehrfachlizenz: | auf Anfrage |
| Campuslizenz: | 8 000,- DM |
| Geltungsbereich: | Hochschulen, Fachhochschulen |
| Mengenstaffel: | 1 bis 9 Kopien: 67,00 DM pro Stück |
| | 10 bis 49 Kopien: 53,60 DM pro Stück |
| | 50 bis 99 Kopien: 43,55 DM pro Stück |
| | 100 bis 249 Kopien: 33,50 DM pro Stück |
| | 250 bis 499 Kopien: 26,80 DM pro Stück |
| | 500 bis 999 Kopien: 20,10 DM pro Stück |
| | ab 1000 Kopien: 13,40 DM pro Stück |

**Bezugsadresse/Autor**

Dipl.-Ing. Reinhard Diez
LASSO Ingenieurgesellschaft
TU
Markomannenstr. 11
7022 Leinfelden-Echterdingen
0711 9499150

Dr. Ulrich Hindenlang, Dipl.-Ing. Artur Kurz
LASSO Ingenieurgesellschaft
UH
Markomannenstr. 11
7022 Leinfelden-Echterdingen
0711 9499150

# Bauingenieurwesen

## Material_Base

| | |
|---|---|
| **Fachgebiete** | Architektur, Bauingenieurwesen, Maschinenbau |
| **Anwendungsbereiche** | Ausbildung, Ingenieurwesen, Werkstoffwissenschaften, Datenbank-Management |
| **Zielgruppen** | k.A. |
| **Version** | 0.6 |
| **Erstellungsdatum** | 10.03.1992 |

Material_Base ist eine Werkstoffdatenbank zur systematischen Archivierung (incl. Gefügen, Diagrammen, Fotos...) und ein intelligentes Abfragesystem (Graphische Query-Language), das aufgrund von neuer Datenbankstruktur komplexe Anfragen an größte Datenmengen sehr schnell löst.

Programminhalte sind selbstkonstruierte Datenbankalgorithmen; eine neue, schnellere Generation, deren Algorithmen & Strukturen bis heute noch nicht veröffentlicht wurden.

| | |
|---|---|
| **Betriebssysteme** | Amiga DOS |
| **Softwareumgebung** | DirMaster ist empfehlenswert |
| **Hardwareumgebung** | Amiga 3000/25; 4 MB RAM; VGA Color; Harddisk: 100 MB; 68882/68881; 2 Signalprozessorkarten für A/D-Wandlung, Vorverarbeitung, Klassifikation; |
| **Preis** | 40000 ÖS |
| **Bezugsbedingungen** | Obengenannter Preis bezieht sich auf Version 1.0, incl. 300 Werkstoffen, welche bereits in der Datenbank erfaßt sind (mit Gefügebilder,..) |

**Bezugsadresse/Autor**

Guy Jascht  
Montanistische Universität Leoben  
Metallkunde und Werkstoffprüfung  
Franz-Josefstr.18  
A-8700 Leoben (Österreich)  
0043/3842/42555/730

Dietmar Schreiner  
TU Wien  
Schwertgasse 2/a  
A-1010 Wien (Österreich)

## MECHANIK-MENUE

| | |
|---|---|
| **Fachgebiete** | Bauingenieurwesen, Mathematik, Maschinenbau |
| **Anwendungsbereiche** | 3 dim. Zeichnen, CAD, CAM, CAE, Auswahlkontrolle |
| **Zielgruppen** | CAD-Anwender |
| **Version** | 11.0 |
| **Erstellungsdatum** | 01.01.1987 |

Das MECHANIK-MENUE ist ein Tablettmenü für AutoCAD 11.0 und wird in der mechanischen Konstruktion optimal eingesetzt. Alle Befehle sind ergonomisch angeordnet. Eine intelligente Teileverwaltung organisiert Zusammenbauzeichnungen. Weitere Produkte wie Normteilebibliotheken, Berechnungsprogramme und eigene Symbolbibliotheken sind einfach zu integrieren. Das MECHANIK-MENUE ist für verschiedene AutoCAD-Sprachversionen erhältlich.

| | |
|---|---|
| **Betriebssysteme** | MS-DOS |
| **Softwareumgebung** | Konstruktionssoftware: AutoCAD; Fertigungssoftware: NC-Polaris; Offene Schnittstellen: ASCII, SDF, CDX, DXF, IGES, VDA-FS |
| **Hardwareumgebung** | Jeder IBM-kompatible PC mit minimalem RAM-Ausbau 1024 KB, sowie minimalem Plattenspeicher von 40 MB. Zur Eingabe wird weiterhin ein handelsübliches Digitalisierbrett benötigt. |
| **Preis** | 780 DM |
| **Bezugsbedingungen** | k.A. |
| **Sonderkonditionen** | Einzellizenz: 250,- DM |
| | Mehrfachlizenz: 2 - 4 Kopien 175,- DM pro Lizenz |
| | 5 - 9 Kopien 163,- DM pro Lizenz |
| | 10-19 Kopien 150,- DM pro Lizenz |
| | 20 Kopien 138,- DM pro Lizenz |
| | Campuslizenz: 3.500,- DM |
| | Geltungsbereich: Hochschulen, Fachhochschulen, sonstige öffentliche Bildungseinrichtungen |

**Bezugsadresse/Autor**
Dipl.-Ing. Hans Joachim Kemmann
IbK Ingenieurbüro H. J. Kemmann
Grünstraße 19
5620 Velbert 1
0 20 51 / 5 70 91

# MICADO

| | |
|---|---|
| **Fachgebiete** | Architektur, Bauingenieurwesen, Physik, Verfahrenstechnik |
| **Anwendungsbereiche** | 3 dim. Zeichnen, 3 dim. Graphik, 3 dim. Modell, Animation |
| **Zielgruppen** | Architekten, Kommunen, Ingenieurbüros |
| **Version** | 5.1 |
| **Erstellungsdatum** | 01.07.1992 |

MICADO ist ein 3D CAD System für das gesamte Bauwesen. Die modulare Bauweise des Programmes ermöglicht für jede Anwendung eine spezielle Paketzusammenstellung. Ein Grundriß kann im Architekturmodul mit Massen versehen werden, die in einem eigenen AVA System weiterverarbeitet werden können. Für folgende AVA Systeme sind Schnittstelen erhältlich: SDS Bau Plan, KHK ATP, COSOBA AVA, ARTEC AVA System, UM AVA, sowie freie ASCII Schnittstellen. Zahlreiche Konstruktionshilfen erleichtern die tägliche Arbeit im Architekturbüro, hervorzuheben sind die Programmteile für 3D Treppenautomatik sowie ein Programm für Dachausmittlungen, für beliebige Dachformen und Sparrenpläne. Zusatzmodule für die Architektur: Perspektivenberechnung über frei wählbare Stand- und Augenpunkte, Licht-, Farb - und Schattenberechnung sowie ein Highend Raytracer mit einer großen Material und Oberflächenbiliothek. Oberflächenstrukturen können über einen Bitmapeditor selbst erstellt werden. Alle Grundrißdaten stehen zur Bearbeitung im Statik zeichnen und Statik rechnen Paket bereit. Anpassungen für Statik: Lastautomatik, Durchlaufträger rechnen und zeichnen ( bewehren ). Bewehrungs und Schalpläne. Für die Bereiche Fertigteilbau kann MICADO mit Modulen für Holzständerbau, Wandabwicklungen, Elementdecken und Holbalkendecken erweitert werden. MICADO GEO ist eine spezielle Entwicklung für den Bereich Tiefbau, Kartierung, Kanalinformationssystem und Katasterpläne. Alle Eingaben können mit einer relationalen Datenbank gekoppelt werden. Das Kanalinformationssystem hält alle Informationen über Kanalhaltungen, Revisionsarbeiten, Profile, Materialen und Kanalschäden in einer Datenbank zum Zugriff bereit.

| | |
|---|---|
| **Betriebssysteme** | MS-DOS, Novell Netware, OS/2 |
| **Softwareumgebung** | QEM386, DesqView, Dos-Extender |
| **Hardwareumgebung** | ab IBM 386 SX, 8mb Hauptspeicher, VGA Einschirmlösung, TIGA, 2 Schirmsysteme, Plotter von A3 bis Endlos |
| **Preis** | 10000 DM |
| **Bezugsbedingungen** | k.A. |
| **Sonderkonditionen** | Mehrfachlizenz: Preisermäßigungen bei mehreren Kopien |
| | Campuslizenz: nach Absprache, ggf. nur gegen Unkosten für Handbücher, Disketten, Installation |
| | Geltungsbereich: Hochschulen, Fachhochschulen, sonstige öffentliche Bildungseinrichtungen |

**Bezugsadresse**
Peter Klöckner
Gerkhardt Software GmbH
Leitung-Vertrieb
Dr. Ernst Kilb Weg 13
6520 Worms 26
06241 3163

## MicroStation

| | |
|---|---|
| **Fachgebiete** | Bauingenieurwesen, Elektrotechnik, Maschinenbau, Verfahrenstechnik |
| **Anwendungsbereiche** | 2 dim. Zeichnen, 3 dim. Modell, kartographische Darstellung |
| **Zielgruppen** | Ingenieure, Wissenschaftler |
| **Version** | 4.0 |
| **Erstellungsdatum** | 01.01.1992 |

Die MicroStation-Software ist ein 2D/3D-Grafikpaket mit der Benutzeroberfläche und dem Komfort einer INTERGRAPH-Workstation. MicroStation ist eine hervorragende Basis für die Entwicklung von Anwendungssoftware. Dem INTERGRAPH-Benutzer wird die Möglichkeit geboten, die Konstruktions- und Zeichnungsfunktionen innerhalb des Unternehmens zu erweitern, indem es Zugriff auf das INTERGRAPH-System zur Verfügung stellt. Dies erlaubt dem Anwender, kleine Konstruktions- und Zeichnungssysteme zu benutzen, jedoch deren Daten mit großen INTERGRAPH-Systemen auszutauschen. MicroStation enthält eine benutzerdefinierbare 32-Bit 3D-Datenbasis mit über 4 Milliarden adressierbaren Punkten auf jeder Achse, so daß es in allen Bereichen optimale Einsatzmöglichkeiten bietet. MicroStation unterstützt Zeichnungs- und Referenzdateien in 2D und 3D. Mit Hilfe dieser Referenzfiles kann der Benutzer zusätzlich zur aktuellen Datei bis zu 32 weiteren Dateien im "NurLese-Modus" aufrufen. Alle Zeichnungsdateien enthalten 63 Zeichnungsebenen bzw. "Overlays", die unabhängig voneinander gesteuert werden können. Zusammen mit den Referenzdateien werden bis zu 2080 verschiedene Ebenen an Infomationen zur Verfügung gestellt, die wie Folien übereinandergelegt werden können. Außerdem können bestimmte Elemente, die immer wieder gebraucht werden, als sog. Zellen abgespeichert und beliebig oft wieder aufgerufen und plaziert werden.

| | |
|---|---|
| **Betriebssysteme** | HP-UX, MS-DOS, SUN OS 4.0, UNIX |
| **Softwareumgebung** | Bei Datenbankanbindung: Oracle, Dbase, Informix, RIS |
| **Hardwareumgebung** | PC: 386er Rechner aufwärts, 4 MB, 50 MB HardDisk, Coprozessor, Hercules + EGA + VGA; Apple Mac II Family; Sun Sparc; HP 7000; INTERGRAPH Workstation |
| **Preis** | 10350 DM |
| **Bezugsbedingungen** | k.A. |
| **Sonderkonditionen** | Einzellizenz: 1200,- DM |
| | Geltungsbereich: Hochschulen, Fachhochschulen, sonstige öffentliche Bildungseinrichtungen |
| **ASK-SAM** | Eine Demo-Version des Programmes kann über den Fileserver abgerufen werden. |

**Bezugsadresse**
Intergraph (Deutschland) GmbH
Robert-Bosch-Str. 5
6072 Dreieich-Sprendlingen
06103/377-0

**Autor**
Bentley Systems Inc.
PA 19341 Exton (USA)

INTERGRAPH Corp.
AL 35894 Huntsville (USA)

**Bauingenieurwesen**

## MW

| | |
|---|---|
| **Fachgebiete** | Bauingenieurwesen, Elektrotechnik, Maschinenbau, Physik, Verfahrenstechnik |
| **Anwendungsbereiche** | Datenerwerb, Meßgerät |
| **Zielgruppen** | k.A. |
| **Version** | Demoversion 0.60 |
| **Erstellungsdatum** | 26.02.1991 |

Das vorliegende Programm ist eine Bedienungsoberfläche zur Meßdatenerfassung, das nahezu beliebig viele Meßkanäle verwalten kann. Im einfachsten Falle wird hierzu ein PC mit der entsprechenden Hardware ausgerüstet. Die Meßdaten werden hierbei direkt auf die Festplatte aufgezeichnet, wobei Datenraten von einigen Kilohertz erreichbar sind. Höhere Datenraten können mit entsprechender Hardware erreicht werden. Die vorliegende Software wurde zunächst zur Benutzung im eigenen Hause entwickelt. Mögliche Anwender sind dabei auch Personen, die mit dem Umgang mit Computern überhaupt nicht vertraut sind. Das Programm soll durch eine einheitliche Bedienungsoberfläche dazu beitragen, die Meßdatenerfassung zu systematisieren und Schnittstellen zu Standard-Auswerteprogrammen zu schaffen. Die Archivierung der Meßdaten wird durch ein kompaktes Datenformat erleichtert, so daß alle zu einem Versuch gehörenden Daten und Zusatzinformationen zusammengefaßt werden können. Die vorliegende Programmversion wird erst in Kürze zum Einsatz kommen. In einer Vorversion gibt es dennoch schon einige praktische Erfahrungen. Eine Vorversion des vorliegenden Programms wurde schon zu umfangreichen dynamischen Messungen an einer Eisenbahnbrücke eingesetzt. Durch den Einsatz im eigenen Hause können die Erfahrungen im Einsatz unmittelbar wieder in Verbesserungen einfließen.

| | |
|---|---|
| **Betriebssysteme** | MS-DOS 2.x |
| **Softwareumgebung** | Treiber für Meßgeräte Hardware |
| **Hardwareumgebung** | PC-AT; 640 KB; EGA; 1 MB; Hardware zur Meßwerterfassung |
| **Preis** | k.A. |
| **Bezugsbedingungen** | noch nicht geklärt |

**Bezugsadresse/Autor**
Gerhard Koster
TH Darmstadt
Institut für Massivbau
Alexanderstraße 5
6100 Darmstadt
06151/16-3395

## NAMOD

| | |
|---|---|
| **Fachgebiete** | Bauingenieurwesen |
| **Anwendungsbereiche** | Lehrsoftware, mathematische Software, numerische Software |
| **Zielgruppen** | k.A. |
| **Version** | 8/92 |
| **Erstellungsdatum** | 05.02.1992 |

Das Programmsystem dient zur Simulation der Entstehung von Hochwasserwellen aus Niederschlag und deren Ablauf im Gewässernetz von Flußgebieten mit Hilfe deterministischer hydrologischer Berechnungsverfahren.

Die Phasen des Abflußgeschehens (Abflußbildung, Abflußkonzentration, Überlagerung von Einzelwellen, statische Retention und Wellenablauf im Gerinne (dynamische Retention)) werden durch geeignete Programmbausteine simuliert. Alle Verfahren sind auf die Berechnung flächendetaillierter Einzugsgebiete abgestimmt, wobei die Anzahl der Einzelelemente unbeschränkt ist. Ergänzt wird das Programmsystem durch Bausteine zum Vergleich zwischen Rechnung und Messung (Pegeleichung) sowie Programmbausteine für die Parameterbestimmung für Flächen und Gerinnestrecken.

Alle Wellen können tabellarisch oder graphisch ausgegeben werden. Bearbeitung von Einzelelementen im Dialog, automatische Abarbeitung von Stapeldateien (im Dialog einzugeben) für ganze Flußsysteme. Alle Daten, Parametersätze und Ergebnisse werden in editierbaren ASCII-Dateien abgelegt.

| | |
|---|---|
| **Betriebssysteme** | MS-DOS 4.x, MS-DOS 5.x |
| **Softwareumgebung** | k.A. |
| **Hardwareumgebung** | IBM PC/AT/386/486 mit Festplatte und VGA-Bildschirm |
| **Preis** | 900 DM |
| **Bezugsbedingungen** | Hochschulsonderpreis als Campuslizenz |
| **Sonderkonditionen** | Mehrfachlizenz: für Ingenieurbüros und Behörden 3.500,-- DM<br>Campuslizenz: 900,-- DM<br>Geltungsbereich: Hochschulen, Fachhochschulen, sonstige öffentliche Bildungseinrichtungen, persönliche Lizenzen für Hochschulangehörige und Studenten |

**Bezugsadresse/Autor**
Prof. Dr. Ing. Dieter Knauf
FH Darmstadt
FB Bauingenieurwesen
Schöfferstr. 1-3
6100 Darmstadt
06151/168 130

**Bauingenieurwesen**

## PHOCUS

| | |
|---|---|
| **Fachgebiete** | Bauingenieurwesen |
| **Anwendungsbereiche** | kartographische Darstellung |
| **Zielgruppen** | k.A. |
| **Version** | k.A. |
| **Erstellungsdatum** | k.A. |

PHOCUS ist ein fotogrammetrisch-kartographisches Informationssystem mit differenzierten Arbeitsstationen für Erfassung, Verarbeitung und Ausgabe von geometrischen und attributiven Daten.
Die objektorientierte und strukturierte Datenbank mit Berücksichtigung der topologischen Beziehungen ermöglicht einen schnellen Zugriff mit vielfältigen Auswahlkriterien. Zur benutzerfreundlichen Umgebung gehören Kommandöingabe und Menuwahl über verschiedene Eingabemedien, Help-Funktionen und Tutorials. Die objektorientierte Erfassung erfolgt in vorbereiteter Projektumgebung, unabhängig von der späteren grafischen Darstellung. Qualifizierte Editierfunktionen gestatten erfassungsnahes Editieren und interaktive Bearbeitung bestehender Datenbestände, verfügbar auch am Analytischen Plotter. Die flexible grafische Ausgabe erfolgt auf VIDEOMAP, Farbbildschirm, Plotter und Präzisionszeichentische PLANITAB nach frei definierbaren Zeichenschlüsseln. Leistungsfähige Daten- und Software-Schnittstellen ermöglichen die Verknüpfung von PHOCUS mit anderen GIS-Systemen und die Entwicklung benutzereigener Programme. Umsetzungsprogramme wurden realisiert für den Austauch mit verschiedenen nationalen Standards (z.B. EDBS) und Firmenstandards (z.B. ISIF, SICAD, DXF).

| | |
|---|---|
| **Betriebssysteme** | VMS |
| **Softwareumgebung** | k.A. |
| **Hardwareumgebung** | VAX, VAX/VMS |
| **Preis** | k.A. |
| **Bezugsbedingungen** | Preis: DM 200.000 - DM 370.000 |

**Bezugsadresse**
Carl Zeiss
Carl-Zeiss-Straße 22
7082 Oberkochen

# Profil

| | |
|---|---|
| **Fachgebiete** | Bauingenieurwesen |
| **Anwendungsbereiche** | 3 dim. Modell, Entscheidungs- u. Auswahlhilfesystem, Experiment, Simulationssoftware, Visualisierung |
| **Zielgruppen** | Hochschulen |
| **Version** | Version 1.0 |
| **Erstellungsdatum** | 01.02.1991 |

Die Vermittlung von Bemessungs- und Konstruktionsregeln im konstruktiven Ingenieurbau stützt sich im wesentlichen auf Versuche und deren Interpretation mit mechanischen Modellen. Das Ziel des Programms "Elektronischer Simulator für Versuche mit Bauteilen aus Stahl-PROFIL-FEM-3D" ist die Vorbereitung, Durchführung, Dokumentation und Interpretation von Versuchen am Bildschirm. Die Funktionen des Programms sind deshalb darauf gerichtet, in visueller Darstellung sämtliche Schritte der Vorbereitung und Durchführung eines Versuches sowie eigentlichen Versuchsablauf parallel mit der Meßwerterfassung beliebiger Bauteilreaktionen zu erleben. Durch beliebige Wiederholbarkeit der "Versuche" kann den verschiedenen Fragestellungen und Ergebnissen nachgegangen werden.

Im Hinblick auf die neue Bemessungsphilosophie mit Grenzzuständen, der Tragsicherheit und Gebrauchssicherheit und das komplexe Tragverhalten von dünnwandigen Stahlbauteilen in diesen Grenzzuständen, z.B. Fließzonenbildung, lokale Beulen, große Verformungen, räumliche Stabilität, ist dieses Programm nicht nur für den Versuchsforscher, sondern auch für die Studentenausbildung von großer Bedeutung. Die Fertigkeiten des Benutzers können sich auf die Bedienung konzentrieren, und es sind keinerlei Programmierkenntnisse erforderlich.

Das Programm besteht aus 3 Hauptmodulen. Das erste Modul besteht aus dem Eingabeteil; mit Versuchsplanung und Eingabe der Meßparameter für Werkstoff, Geometrie, Randbedingungen und Belastung. Das zweite Modul betrifft die FEM-Berechnung in last- oder verformungsgesteuerten inkrementellen Versuchsabläufen. Dieser Teil wird dem Benutzer nicht sichtbar. Das dritte Modul betrifft die Ergebnisdarstellung in Form beliebig angesteuerter Perspektiven, Vergrößerungen, Ergebnisdarstellung mit Farbdarstellung und wahlweise numerischer oder funktionaler Anzeige (x,y). Dabei werden die Lastfolgen in Form eines bewegten Bildes mit oder ohne Zeitlupeneffekt dargestellt.

**Preisträger des Deutschen Hochschul-Software-Preises 1991**

| | |
|---|---|
| **Betriebssysteme** | UNIX |
| **Softwareumgebung** | C und Fortran Compiler, X-Windows und PHIGS-Grafik |
| **Hardwareumgebung** | Silicon Grafiks Grafik Workstation Iris 4 D, 4 D 70 GT; Main Memory Size 16 MB; Graphik-Karte: Silicon-Grafiks Grafik-Workstation System; Festplatte: für 1 Bsp. 20 MB zusätzlich; CPU: MIPS 200 |
| **Preis** | k.A. |
| **Bezugsbedingungen** | Preis auf Anfrage gegen geringe Aufwandentschädigung. |

# Bauingenieurwesen

**Bezugsadresse**
Prof. Dr. Gerhard Sedlacek
RWTH Aachen
Lehrstuhl für Stahlbau
Mies-van-der-Rohe-Straße 1
5100 Aachen
0241/80 5177

**Autor**
Dirk Bohmann
RWTH Aachen
Lehrstuhl für Stahlbau
5100 Aachen

Roland Spangemacher
RWTH Aachen
Lehrstuhl für Stahlbau
5100 Aachen

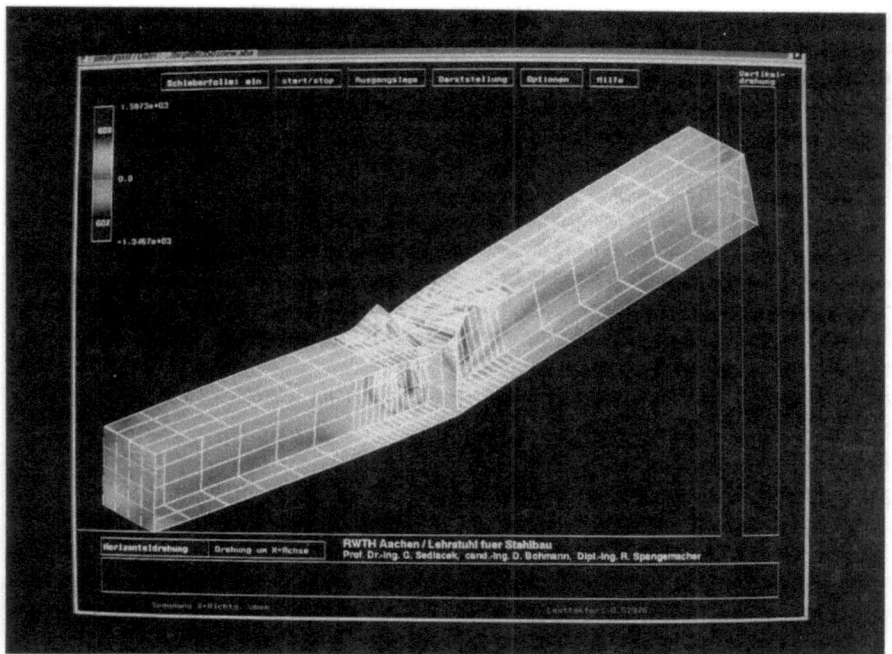

# PROPHYS

| | |
|---|---|
| **Fachgebiete** | Architektur, Bauingenieurwesen |
| **Anwendungsbereiche** | Anwendungsprogramm, ingenieurwissen. Anwendungen |
| **Zielgruppen** | Hochschulen, Architekten, Bauingenieure |
| **Version** | 3.0 |
| **Erstellungsdatum** | 01.08.1992 |

Mit Hilfe des Programms "PROPHYS" ist es möglich, die Dampfdiffusion nach OENORM B 8110, Teil 2 und nach DIN 4108, Teil 5, sowie die "Speicherwirksame Maße" nach OENORM B 8110, Teil 3 zu berechnen. Weiters kann der Luftschallschutz und der Trittschallschutz sowie die Normschallpegeldifferenz ermittelt werden. Für die Dampfdiffusionsberechnung wurde das sogenannte "Glaser Verfahren" verwendet. Dieses graphische Verfahren wurde in ein numerisches Verfahren übertragen, um mit dem Computer die erforderlichen Berechnungen durchführen zu können. Die Berechnung der "Speicherwirksamen Maße" erfolgt nach dem, gemäß Forschungsprojekt F117 "Reduzierung des Energieverbrauchs in Wohnungen.." entwickelten Verfahren. Dabei wird das "Norm-Speichervermögen" als das Verhältnis der Amplituden von Wärmestromdichte und Temperatur (Periode: 24 Stunden) auf der raumzugewandten Oberfläche eines Bauteils, das von gewissen Randbedingungen abhängt, ermittelt. Der erste Teil des "Katalogs für empfohlene Wärmeschutzrechenwerte von Baustoffen und Baukonstruktionen" wurde in einer Datei gespeichert und diese Baustoffe können im Programm verwendet werden. Weiteres wurde die Entwicklung eines Computerprogramms zur Dampfdiffusionsberechnung notwendig, da in der neuen OENORM B 8110 T2 gefordert wird, daß für jede Temperaturstufe, beginnend bei der Normaußentemperatur bis zur Erreichung der Kondensationsgrenztemperatur, die anfallende Kondensatmenge zu berechnen ist. Mit der Berechnung der "Speicherwirksamen Maße" kann festgestellt werden, ob eine sommerliche Überwärmung von Wohnräumen aufgrund fehlender Massen zu erwarten ist.

| | | |
|---|---|---|
| **Betriebssysteme** | MS-DOS | |
| **Softwareumgebung** | k.A. | |
| **Hardwareumgebung** | IBM PC-AT; 512 KB RAM; Hercules/EGA/VGA Graphik-Karte; Nadel- oder Laserdrucker (HPLJ-kompatibel) | |
| **Preis** | 4990 ÖS, 699 DM ohne Mwst. | |
| **Sonderkonditionen** | Mehrfachlizenz: | 400 DM pro Lizenz bei 2 Kopien |
| | | 300 DM pro Lizenz bei 3 Kopien |
| | Campuslizenz: | 200 DM |
| | Geltungsbereich: | Hochschulen, Fachhochschulen, sonstige öffentliche Bildungseinrichtungen, persönliche Lizenzen für Hochschulangehörige und Studenten |

**Bezugsadresse/Autor**
Stephan Giesbergen
TU Graz
Institut für Hoch- und Industriebau
Technikerstraße 4
A-8010 Graz (Österreich)
0316/873-6241

**Bauingenieurwesen**

## RISS-2

| | |
|---|---|
| **Fachgebiete** | Bauingenieurwesen |
| **Anwendungsbereiche** | Baukonstruktion |
| **Zielgruppen** | k.A. |
| **Version** | 1991 |
| **Erstellungsdatum** | k.A. |

Nachweis der Beschränkung der Rißbreiten von Stahlbetonbauteilen nach Heft 400 (DAfStb) bzw. Noakowski durch Ermittlung der erforderlichen Mindestbewehrung oder des max. zul. Stabdurchmessers. Nachweis der Druckzonenhöhe für den Nachweis der Wasserundurchlässigkeit. Gemischte Beanspruchung (Biegung, Zug/Druck) durch direkte Eingabe der Schnittgrößen oder über Näherungswerte. Simulation der Wirkung von zentrischem Zwang und/oder Biegezwang auf lastbeanspruchte Bauteile. Nachweis der Dehnwege. Stahlbetonbemessung unter Berücksichtigung vorhandener Druckbewehrung. Berechnung der inneren Kräfte von Stahlbetonquerschnitten im Gebrauchszustand. Systemeingabe über Bildschirmmasken.

| | |
|---|---|
| **Betriebssysteme** | MS-DOS |
| **Softwareumgebung** | k.A. |
| **Hardwareumgebung** | IBM PC/XT oder komp. |
| **Preis** | 1100 DM |
| **Bezugsbedingungen** | Campus-Lizenz: 600,- DM |

**Bezugsadresse/Autor**
Peter Lüders
Lüders Programmentwicklung
Görlitzer Str. 37
4670 Lünen
02306/48047

## RoSy Raster orientiertes System

| | |
|---|---|
| **Fachgebiete** | Bauingenieurwesen, Geographie, Geologie, Maschinenbau, Vermessungswesen |
| **Anwendungsbereiche** | Geodäsie, Vermessungslehre, Graphik, Bildverarbeitung |
| **Zielgruppen** | Ingenieure, Industriebetriebe, Versorgungsunternehmen |
| **Version** | 1.3 |
| **Erstellungsdatum** | 01.01.1990 |

RoSy (R) (Rasterorientiertes System) erlaubt die kostengünstige und schnelle Bearbeitung eingescannter Zeichnungen auf Standard-Workstations von DEC, IBM, Apollo (HP) und SUN. Mit RoSy wird Rasterbildbearbeitung zu einer ganz normalen Anwendung für das Technische Büro wie CAD oder DTP. Außer einem Scanner entsprechender Größe und Auflösung (für Papier bis DIN A0 oder Mikrofilm) wird keine weitere Spezial-Hardware benötigt, um die Zeichnungsbearbeitung kostensparend und in hoher Qualität durchführen zu können. RoSy erlaubt das "CAD-ähnliche" Überarbeiten gescannter Zeichnungen bis zu einer Auflösung von 1200 dpi - direkt im Hause des Kunden aktuell nach Kundenanforderungen. Als derzeit einziges Rasterbearbeitungssystem auf dem Markt bietet RoSy den von vektorieller Zeichnungssoftware gewohnten Bearbeitungskomfort auch für gescannte Zeichnungen. Es können selektierte Rasterobjekte als Ganzes skaliert, bewegt, gelöscht, dupliziert oder modifiziert werden. Durch die Vergabe von Merkmalen für alle grafischen Objekte kann die Zeichnung logisch strukturiert werden. Zusätzlich läßt sich eine Verbindung zwischen den Zeichnungselementen und externen Daten, wie z. B. Zeile- und Baugruppen-Sachnummern oder Stücklisten, herstellen. Spezielle teilautomatische Bildverarbeitungsroutinen unterstützen bei der Strukturierung der gescannten und vektorisierten Vorlagen. Da aber die meisten Anforderungen über das Bearbeiten reiner Rasterbilder hinausgehen, ist bei RoSy insbesondere die Handhabung von Vektordaten vollständig integriert.

RoSy ist ein hybrides System: Vektor-, Raster- und Text-Objekte können völlig gleichwertig und parallel unter derselben Oberfläche dargestellt und manipuliert werden. Das bedeutet, daß z. B. Ausschnitte aus CAD-Zeichnungen mit der eingescannten Papiervorlage integriert und den Erfordernissen der Technischen Dokumentation angepaßt werden können. Neben der Standardversion von RoSy gibt es spezielle Versionen für geographische Anwendungen mit automatisierter Bildinterpretation und Mustererkennung. Eine weitere Version sorgt für die Bild-Anzeige auf allen X11-fähigen Bildschirmen (wie X-Terminals, PCs mit X-Vi etc.).

| | |
|---|---|
| **Betriebssysteme** | AEGIS, AIX, SUN OS, ULTRIX, VMS |
| **Softwareumgebung** | OSF MOTIF |
| **Hardwareumgebung** | k.A. |
| **Preis** | k.A. |
| **Bezugsbedingungen** | Preis: DM 19.500 - DM 39.000 |

**Bezugsadresse/Autor**
Heiner Schwab
M.O.S.S. Computer Grafik-Systeme GmbH
Gollierstraße 70
8000 München
0049 89 5199951

# STAB2D

| | |
|---|---|
| **Fachgebiete** | Bauingenieurwesen, Maschinenbau |
| **Anwendungsbereiche** | Analyse, Ingenieurwesen, Finite Elemente, Graphik |
| **Zielgruppen** | Studenten |
| **Version** | 3.1 |
| **Erstellungsdatum** | 09.01.1992 |

Das Programm STAB2D ist ein Finite-Element-Programm zur Berechnung von in ihrer Ebene belasteten Stabtragwerken. Die Berechnung kann nach der Elastizitätstheorie I. und II. Ordnung durchgeführt werden. Außerdem kann die Knicklast des Systems nach der klassischen Näherung ermittelt werden. Der zugehörige Determinantenverlauf bis zum 3fachen der kleinsten Knicklast kann graphisch auf dem Bildschirm dargestellt werden. Die Stäbe können elastisch gebettet sein. Zwischen zwei Stäben können Biegemomenten-, Querkraft- oder Normalkraftgelenke liegen. Die Belastung kann aus Einzellasten in Knoten und Gelenken, Streckenlasten auf den Stäben, Zwangsverschiebungen der Lager, Temperatur und Vorverformungen (affin, oder parabolisch und Schrägstellung) bestehen. Weil zwischen Einzelwirkungen auf Knoten und auf Gelenke unterschieden wird, können sehr einfach Einflußlinien für Kraftgrößen berechnet werden. Das eingegebene System, die berechneten Schnittgrößenverläufe, die Biegelinie, die Knickbiegelinie und der Determinantenverlauf kann graphisch auf dem Bildschirm dargestellt werden. Die numerische Zuverlässigkeit der Ergebnisse wird durch den Einbau entsprechender Algorithmen mit berechnet und auf den Ausgabedateien durch Angabe der Anzahl der zuverlässigen Dezimalstellen ausgegeben. Weil man durch die Menüführung und den eingebauten Editor auf einfache Weise Änderungen im System oder in der Belastung durchführen kann, können die Auswirkungen auf Schnittgrößen und Biegelinie schnell in der graphischen Darstellung verfolgt werden. Die Formulierung des Stabelements basiert auf dem Drehwinkelverfahren von Ostenfeld. Die Ansatzfunktionen für die Biegelinie entsprechen den im Sinne dieses Verfahrens exakten Lösungsfunktionen. Dies gilt auch für den Fall der Berechnung nach Elastizitätstheorie II. Ordnung und für Berechnungen der Knicklast. Hierbei werden Sinus- und Cosinus-Funktionen als Ansatzfunktionen verwendet. Die Iterationsschritte der Theorie II. Ordnung erfolgen in einer Längskraftiteration.

| | |
|---|---|
| **Betriebssysteme** | MS-DOS 3.x |
| **Softwareumgebung** | k.A. |
| **Hardwareumgebung** | IBM-PC; 640 KB RAM; Hercules, CGA, EGA, VGA; Cop. optional |
| **Preis** | 300 DM |
| **Bezugsbedingungen** | Die Abgabe der im Umfang nicht eingeschränkten Demoversion an Stud. ist kostenlos. Hochschulinst., Ing.büros und Baufirmen erhalten eine eigene Version gegen Überweisg. des o.g. Kostenbeitrags. |
| **ASK-SAM** | Das Programm kann über den Fileserver abgerufen werden. |

**Bezugsadresse/Autor**

Dr.-Ing. Theo Hinkelmann,
Dipl.-Ing. Diedrich Rotert
Universität Hannover
Institut für Statik
Appelstr. 9 A, 3000 Hannover
(0511) 762-3260

Dipl.-Ing. Klaus Scholz
Universität Hannover
3000 Hannover

## STRASOFT

| | |
|---|---|
| **Fachgebiete** | Bauingenieurwesen |
| **Anwendungsbereiche** | interaktive Software |
| **Zielgruppen** | k.A. |
| **Version** | k.A. |
| **Erstellungsdatum** | k.A. |

STRASOFT ist ein hochintegriertes modulares Programmsystem zur computerunterstützten Ausarbeitung von Strassen- und Eisenbahnprojekten. STRASOFT verwaltet alle Daten projektbezogen. Die Eingaben und Berechnungen werden über benutzerfreundliche Masken bzw. interaktiven grafischen Bildschirm und Digitizer gesteuert. Umfangreiche Programmmodule für die Systemverwaltung, Datensicherung und Steuerung der Peripheriegeräte sind ebenfalls in STRASOFT integriert.

STRASOFT ist auf allen DEC-Rechnern unter dem Betriebssystem VMS (ab Vers. 4.2) lauffähig.

| | |
|---|---|
| **Betriebssysteme** | VMS |
| **Softwareumgebung** | k.A. |
| **Hardwareumgebung** | VAX |
| **Preis** | k.A. |
| **Bezugsbedingungen** | k.A. |

**Bezugsadresse**
Data Integral GmbH
Urachstraße 17
7800 Freiburg

# SYCOvista

| | |
|---|---|
| **Fachgebiete** | Betriebswirtschaftslehre, Bauingenieurwesen, Elektrotechnik, Maschinenbau, Verfahrenstechnik |
| **Anwendungsbereiche** | CAD, CAM, CAE, Hypertext, Informationsmanagement, Informationssuche, objekt-orientierte Integration |
| **Zielgruppen** | CAD-Anwender |
| **Version** | 2.0 |
| **Erstellungsdatum** | 01.08.1990 |

SYCOvista ist ein Produkt zur integrierten Teile- und Dokumentenverwaltung. SYCOvista ermöglicht die Visualisierung dieser Bezüge. Teile, Dokumente oder andere betriebsabhängige Objekte werden sowohl mit Attributen versehen als auch mit gegenseitig verknüpfbaren Beziehungen abgebildet. Jedes Objekt kann auf beliebig vielen Hierarchieebenen weiter detailliert ("verfeinert") werden. Weiterhin können von jedem Objekt alternativ beliebig viele Versionsvarianten gespeichert werden und der konsistente Bezug zur Umgebung der Variante hergestellt werden. Navigieren und Suchen: Das Auffinden von Informationen wird durch deterministisches und intuitives Suchen mit Hilfe der hypertext-semigrafischen Oberfläche unterstützt. Auf den am Bildschirm ausschnitthaft abgebildeten Beziehungsstrukturen kann interaktiv navigiert werden. Die Zusammenhänge der Teile- und Dokumentenstruktur ist mehrstufig detailliert visualisierbar (Drill-down). Gleichzeitig besteht die Möglichkeit, Teile über ihre Sachmerkmale auszuwählen oder in den Dokumenten zu recherchieren. Multimedial: SYCOvista integriert Text, Bild und Grafik unter VMS unter Einbindung von DECwrite, DECvi3D und ggf. einem CASystem. Zusammenhänge zwischen den Medien können hergestellt, manipuliert, verändert und gelöscht werden. Die Dokumente können nach festlegbarer Formatierungs- und Strukturierungsbehandlung ausgedruckt werden. Zugriffsberechtigung auf die Strukturelemente können entsprechend den betrieblichen Gegebenheiten definiert werden.

SYCOvista kann als multimediales Dokumentenverwaltungs- und Archivierungssystem eingesetzt werden. SYCOvista eignet sich als Einbettungsrahmen für Dokumenten- und Konstruktionszeichnungserstellung besonders unter dem Gesichtspunkt, daß die Ergebnisse sofort in fester Zuordnung zum Kontext erstellt werden. SYCOvista ist mehrbenutzerfähig und kann auch die Freigabe der Objekte verwalten. Der Anwender von SYCOvista hat Konstruktionszeichnungen und Dokumente im Online-Zugriff unter VMS/Rdb. (SYCOvista wurde von System Consult unter dem Namen "PRINS" für Siemens entwickelt und wird als Lizenzprodukt vertrieben, wobei Erweiterungen jederzeit realisiert werden können).

| | |
|---|---|
| **Betriebssysteme** | VAX/VMS V5.x |
| **Softwareumgebung** | k.A. |
| **Hardwareumgebung** | VAX |
| **Preis** | k.A. |
| **Bezugsbedingungen** | Preis: ab DM 30.000,-- abh. von CPU-Leistg.oder Benutzeranzahl |

**Bezugsadresse**
Reinhard Irsigler
System Consult GmbH
An der Rehwiese 28
1000 Berlin 31
030/816991-40, -0

# TRAM - TRANSYT-7F Animation

| | |
|---|---|
| **Fachgebiete** | Bauingenieurwesen |
| **Anwendungsbereiche** | Animation, Datendarstellung, graphische Darstellung, Simulation, Visualisierung |
| **Zielgruppen** | Bauingenieure, Verkehrsplaner, Studenten |
| **Version** | 1.1-001 |
| **Erstellungsdatum** | 15.01.1991 |

Das Programm TRAM setzt den von TRANSYT-7F gelieferten Signalzeitenplan in eine grafische, bewegte Darstellung des Verlaufs der Grünen Wellen um. TRANSYT-7F (TRAffic Network StudY Tool) dient zur Simulation und Optimierung von Signalzeitenplänen in lichtsignalgesteuerten Strassenverkehrsnetzen. Ziel der Berechnungen sind möglichst günstige Signalprogramme hinsichtlich unterschiedlicher Zielkriterien und Randbedingungen. Entwickelt wurde TRANSYT von dem "Transport and Road Research Laboratory" in Großbritannien, der Universität von Florida und der "Federal Highway Administration" in den USA.

TRANSYT-7F besitzt keine grafischen Ausgabemöglichkeiten. Alle Ergebnisse werden in Form von Tabellen in eine Datei ausgegeben. TRAM erlaubt neben der Betrachtung des ganzen Verkehrsnetzes auch die gezielte Auswahl eines Netzausschnitts. Die Ablaufgeschwindigkeit der bewegten Darstellung kann variiert werden. Durch die grafische Darstellung wird es möglich, Berechnungsergebnisse leichter zu vergleichen, zu analysieren und zu bewerten. Anhand der von TRANSYT-7F gelieferten Tabellen ist dies nur schwer möglich. TRAM dagegen bietet die Möglichkeit, die Ergebnisse in einer ansprechenden Art auszuwerten und ermöglicht somit einen sinnvollen Einsatz von TRANSYT-7F in der studentischen Ausbildung. Die Kombination von TRANSYT-7F und TRAM kann den Studenten Lösungsansätze zur Linderung des drohenden Verkehrsinfarkts in den Städten aufzeigen. Aber auch den Verkehrsingenieuren ist TRAM ein Werkzeug zur Analyse der TRANSYT-7F Optimierungsergebnisse.

| | | |
|---|---|---|
| **Betriebssysteme** | MS-DOS 3.x | |
| **Softwareumgebung** | TRANSYT-7F zur Erstellung der Eingabedaten | |
| **Hardwareumgebung** | IBM PC AT, 386, 486; 256 KB; EGA, Hercules; Festplatte | |
| **Preis** | 199 DM | |
| **Sonderkonditionen** | Einzellizenz: | 199,- DM |
| | Mehrfachlizenz: | 150,- DM pro Lizenz ab 2 Kopien |
| | | 100,- DM pro Lizenz ab 5 Kopien |
| | | 80,- DM pro Lizenz ab 10 Kopien |
| | Campuslizenz: | 1000,- DM |
| | Geltungsbereich: | Hochschulen, Fachhochschulen, sonstige öffentliche Bildungseinrichtungen, persönliche Lizenzen für Hochschulangehörige und Studenten |
| **ASK-SAM** | Eine Demo-Version des Programms kann über den Fileserver abgerufen werden. | |

**Bezugsadresse/Autor**
Dipl.-Inform. Klaus Nahr
Schützenstraße 11
7500 Karlsruhe 1
0721/376151

# Bauingenieurwesen

## TU_MODAL

| | |
|---|---|
| **Fachgebiete** | Bauingenieurwesen, Maschinenbau |
| **Anwendungsbereiche** | Animation, Ausbildung, Ingenieurwesen, Strukturanalyse |
| **Zielgruppen** | Hochschulen |
| **Version** | 1.0 |
| **Erstellungsdatum** | 15.11.1991 |

Das Programm TU_MODAL und die vorhandenen Treiber ermöglichen es, ab DM 10.000,-- inkl. Kosten für PC, ADC und Meßwertaufnehmer, experimentelle Modalanalyse durchzuführen. Im Gegensatz dazu belaufen sich die sonst üblichen Kosten auf DM 60.000 und mehr.

Es eignet sich daher speziell für Hochschulen zu Ausbildungszwecken für Studenten der Fachrichtungen Maschinenbau und Bauingenieurwesen - speziell in den neuen Bundesländern.

| | |
|---|---|
| **Betriebssysteme** | MS-DOS 3.x |
| **Softwareumgebung** | WINDOWS darf nicht geladen sein |
| **Hardwareumgebung** | IBM AT 286; 640 KB RAM; Hercules, CGA, EGA, VGA; Harddisk: 20 MB; 80287; A/D-Wandler oder FFT Analysator. ; |
| **Preis** | 250 DM |
| **Bezugsbedingungen** | Das Programm ist public domain, für Versandkosten und Bearbeitung wird eine Pauschale von DM 250,-- zzgl. MWSt erhoben. |

**Bezugsadresse**
Dipl.-Ing. Armin Schönrock
Rüderstieg 3
2107 Rosengarten
040/79 66 203

**Autor**
cand. phys. Holger Bernhardt
TU Hamburg-Harburg
Konstuktionstechnik II
2100 Hamburg 90

cand.ing. Klaus Rehders
TU Hamburg-Harburg
Konstruktionstechnik II
2100 Hamburg 90

cand. phys. Heinz Gielnik
TU Hamburg-Harburg
Konstruktionstechnik II
2100 Hamburg 90

## VECTORPIPE und PID/D

| | |
|---|---|
| **Fachgebiete** | Bauingenieurwesen |
| **Anwendungsbereiche** | Konstruktion |
| **Zielgruppen** | k.A. |
| **Version** | k.A. |
| **Erstellungsdatum** | k.A. |

VECTORPIPE und PID/D umfaßt zum einen die Erstellung von Verfahrensfließbildern und R&I-Diagrammen. Es besteht die Möglichkeit, mit Symbolbibliotheken gemäß DIN- und ANSI-Normen zu arbeiten. Auch benutzerspezifische Symbole können integriert werden. Aufbauend auf den mit PID/D erstellten Verfahrensfließbildern lassen sich die entsprechenden Rohrleitungs- und Instrumentierungsdiagramme generieren.

Desweiteren umfaßt das Paket den Anwendungsbereich der 3D-Anlagenkonstruktion, wobei die Daten als alphanumerische Modelldaten in der relationalen Datenbank gespeichert werden. Aus der Datenbasis lassen sich u.a. Informationen über die Wartung einzelner Anlagenkomponenten sowie für die Kostenrechnung ableiten. Auf der Grundlage des 3D-Anlagenmodells erfolgt die automatische Erstellung von Isometrien sowie Rohrleitungs- und Aufstellungsplänen.

| | |
|---|---|
| **Betriebssysteme** | ULTRIX, VMS |
| **Softwareumgebung** | k.A. |
| **Hardwareumgebung** | VAX |
| **Preis** | k.A. |
| **Bezugsbedingungen** | Preis: DM 30.000 - DM 70.000 |

**Bezugsadresse**
Auto-trol Technology GmbH
Wanheimer Straße 39
4000 Düsseldorf

# Bauingenieurwesen

## VeRa (R) (Vektorisierung von Rasterdaten)

| | |
|---|---|
| **Fachgebiete** | Architektur, Bauingenieurwesen, Geographie, Geologie, Maschinenbau |
| **Anwendungsbereiche** | 2 dim. Zeichnen, Geodäsie, Vermessungslehre, graphische Analyse, Graphik, Bildverarbeitung, topographisches Kartenzeichnen |
| **Zielgruppen** | Technische Dokumentation, Geodäten, Archivierung, Repro |
| **Version** | k.A. |
| **Erstellungsdatum** | 01.01.1990 |

VeRa (R) (Vektorisierung von Rasterdaten) bietet den Kunden eine geometrisch exakte, hardwareunabhängige und schnelle Vektorisierung von gescannten Strichzeichnungen. Durch einen intelligenten Algorithmus verändert VeRa den grafischen Zusammenhang (Topologie!) der Vorlage nicht. Linienstärken sowie Übergänge von Linien und Flächen werden automatisch erfaßt. Der Benutzer kann wahlweise Randlinien, Mittellinien oder Linien/Flächen generieren. Über Parameter lassen sich z. B. die Anzahl der Stützpunkte, Unterdrücken von Rauschen (Schmutz und "Fransen") oder die Erkennung von Kreisbögen steuern. Überdies können mit VeRa alle gängigen Vektor-Ausgabeformate wie HPGL, IGES, DXF etc. sowie spezielle Ladeformate wie z. B. für Interleaf erzeugt werden. Zusätzliche Hardware wird nicht benötigt. VeRa ist ein eingetragenes Warenzeichen der M.O.S.S. Computer Grafik-Systeme GmbH.

| | |
|---|---|
| **Betriebssysteme** | AIX, MS-DOS 5.x, SUN OS, ULTRIX, VMS |
| **Softwareumgebung** | OSF MOTIF |
| **Hardwareumgebung** | RISC, RISC/ULTRIX |
| **Preis** | k.A. |
| **Bezugsbedingungen** | Preis: DM 6.000 - DM 17.000 |

**Bezugsadresse**
M.O.S.S. Computer Grafik-Systeme GmbH
Gollierstraße 70
8000 München

## VERM

| | |
|---|---|
| **Fachgebiete** | Bauingenieurwesen |
| **Anwendungsbereiche** | Ausbildung, Ingenieurwesen, mathematische Software, numerische Software |
| **Zielgruppen** | Studenten, Auszubildende |
| **Version** | 2.0 |
| **Erstellungsdatum** | 20.02.1992 |

Das Programm bietet die Möglichkeit, Standardaufgaben aus dem Bereich der Vermessungstechnik komfortabel zu bearbeiten.

Der Benutzer muß die Grundaufgaben dieses Bereichs kennen, die sich im wesentlichen als trigonometrische Probleme darstellen, und er sollte mit der Nomenklatur dieses Bereichs vertraut sein, den üblicherweise verwendeten Bezugssystemen und Maßeinheiten. An die Computerbedienung werden keine besonderen Anforderungen gestellt. Die Wirkung sollte darin bestehen, daß der Benutzer durch die einfache Handhabung dazu gebracht wird, die Verfahren, die ihm bekannt sind, zu testen auch hinsichtlich ihrer Verwendbarkeit in Grenzfällen, und sich die ihm unbekannten Verfahren durch den Test mit einfachen Zahlenvorgaben zu erschließen.

Das Programm besteht aus ca. 35 Modulen, in denen die in jedem Lehrbuch des Vermeßungswesens behandelten Aufgabenstellungen in einer formularmäßig gegliederten Bildschirmmaske bearbeitet werden können. Neben den Modulen zur Berechnung der Koordinaten von Neupunkten und den Modulen für Nebenrechnungen mit koordinierten Punkten sind weitere Module installiert, die die Auswertung von Messungen erleichtern sollen, und schließlich noch solche, die umfangreichere Höhenmeßaufgaben behandeln. Für die Bearbeitung der Koordinatenrechnungen ist eine Dateiverwaltung integriert, die einmal eingegebene oder berechnete Punktkoordinaten nach Eingabe von Punktnummer und -art in neuen Aufgabenstellungen automatisch in die Masken einsetzt.

| | |
|---|---|
| **Betriebssysteme** | MS-DOS 3.x |
| **Softwareumgebung** | k.A. |
| **Hardwareumgebung** | IBM AT (comp.); 640 KB RAM; EGA (mit spezieller Anpassung auch mit Hercules); Harddisk; 80287; Drucker; |
| **Preis** | 200 DM |
| **Bezugsbedingungen** | k.A. |
| **ASK-SAM** | Eine Demo-Version des Programmes kann über den Fileserver abgerufen werden. |

**Bezugsadresse/Autor**
Dr.-Ing. Robert Theissen
Ruhruniversität Bochum
AG Geodäsie
Unistraße 150
463 Bochum
0234/7006066

# Bauingenieurwesen

## VERMSOFT (Vermessungs-Software)

| | |
|---|---|
| **Fachgebiete** | Bauingenieurwesen |
| **Anwendungsbereiche** | kartographische Darstellung |
| **Zielgruppen** | k.A. |
| **Version** | k.A. |
| **Erstellungsdatum** | k.A. |

VERMSOFT (Vermessungs-Software) ist ein Programmsystem, mit dem alle in der Praxis vorkommenden geodätischen Rechenaufgaben der Katastervermessung, Kartographie und Fotogrammetrie, rationell und flexibel gelöst werden können.

Die Eingaben und Berechnungen werden über benutzerfreundliche Masken bzw. interaktiven grafischen Bildschirm und Digitizer gesteuert. HELP - Funktionen in mehreren Ebenen erleichtern wesentlich die Handhabung der Programme.

VERMSOFT ist auf allen DEC-Rechnern unter dem Betriebssystem VMS (ab Version 4.2) lauffähig.

| | |
|---|---|
| **Betriebssysteme** | VMS |
| **Softwareumgebung** | k.A. |
| **Hardwareumgebung** | VAX |
| **Preis** | k.A. |
| **Bezugsbedingungen** | k.A. |

**Bezugsadresse**
Data Integral GmbH
Urachstraße 17
7800 Freiburg

## VIEWER light

| | |
|---|---|
| **Fachgebiete** | Bauingenieurwesen, Geographie, Geologie, Maschinenbau |
| **Anwendungsbereiche** | 2 dim. Plotten, 3 dim. Plotten, CAD, CAM, CAE, Ingenieurwesen |
| **Zielgruppen** | CAD-Anwender, DTP-Anwender |
| **Version** | 1.7d |
| **Erstellungsdatum** | 01.06.1991 |

VIEWER light ist der Emulator zur Visualisierung von HP-GL-Dateien auf dem Bildschirm oder dem Grafikterminal. VIEWER light wurde als Low-Cost-Version des VIEWER Professional entwickelt. Die vorhandenen Plotdateien werden am Bildschirm angezeigt und können dadurch auf ihren Inhalt überprüft bzw. anhand des Inhaltes identifiziert und katalogisiert werden. Die automatische Zoomfunktion zur Vergrößerung einzelner Ausschnitte der Zeichnung ist bei den menügesteuerten Bedienerfunktionen ebenso selbstverständlich wie die Möglichkeit der direkten Einflußnahme auf die Datei über zusätzliche HP-GL-Befehle und -erweiterungen. Dazu gehört u.a. die Zuordnung der Farben zu dem jeweiligen, der 10 vorhandenen, Stifte, wie auch die Anpassung des VIEWER an die vorhandene Hardware. Deutsche und amerikanische Papiergrößen (DIN A3 bis DIN A4 und A bis B) werden problemlos verarbeitet. Die HP-GL-Dateien werden am Bildschirm wahlweise als Zeichnung angezeigt oder der Dateiinhalt decodiert aufgelistet. Der VIEWER unterstützt und verarbeitet den HP-GL-Befehlssatz der HP-Plotterfamilie 7475 mit den wichtigsten Zusatzerweiterungen. HP-GL-Dateien, erzeugt für Plotter anderer Hersteller (z.B. Roland) können durch eine individuelle Einstellung des Koordinatenursprunges an die Bedürfnisse des VIEWER angepaßt werden. Die integrierte EchoPlot-Funktion ermöglicht die gleichzeitige Ausgabe der Zeichnungen am Bildschirm und auf dem angeschlossenen Plotter. Anwählbar ist darüber hinaus eine auf Tastendruck verfügbare optionale Screencapture-Funktion (z.B. mit GrafPlus) mit deren Hilfe der Bildschirminhalt an einen angeschlossenen Drucker oder in eine Datei im PCX- oder TIFF-Format übertragen werden kann.

Funktionsübersicht: Schnelle und einfache Bildschirmausgabe; Schnelle Suche benötigter Dateien auf Tastendruck; Volle Ausnutzung eines mathematischen Coprozessors; Einzelaus- und Wiederanwahl bereits angezeigter Dateien zur weiteren Bearbeitung (z.B. Zoom); Menügesteuerte Bedieneroberfläche; Menügesteuerte Dateiauswahl; Seitenorientierte Ausgabe bei mehrseitigen Plotdateien; Endlosanzeige für Demonstrationszwecke; Auflistung decodierter/decodierbarer und nicht interpretierbarer HP-GL-Befehle; Wahlweise Frab-/Stiftzuordnung;

| | |
|---|---|
| **Betriebssysteme** | MS-DOS |
| **Softwareumgebung** | HP-GL-Dateien mit dem Befehlssatz des HP7475 abgelegt im Format HP-IB oder RS232 |
| **Hardwareumgebung** | IBM PC/XT/AT/386/486 oder kompatibel, alle marktüblichen Grafikkarten, 0.5 MB Festplattenspeicherplatz, 256 KB RAM |
| **Preis** | 263 DM |
| **Bezugsbedingungen** | zzgl. gesetzl. Mehrwertsteuer, Verpackung und Versandkosten |
| **Bezugsadresse/Autor** | Klaus D. Huyke<br>ds-datasections datenservice<br>Hauptstr. 146a<br>8752 Glattbach<br>06021-46311 |

# WeGA (Werkzeuge für Grafische Auswertung)

| | |
|---|---|
| **Fachgebiete** | Bauingenieurwesen, Informatik, Mathematik, Verfahrenstechnik |
| **Anwendungsbereiche** | graphische Datenverarbeitung, Graphik, Software-Werkzeuge |
| **Zielgruppen** | Universitäten, Entwickler |
| **Version** | 3.1 |
| **Erstellungsdatum** | 01.02.1987 |

WeGA (Werkzeuge für Grafische Auswertung) ist eine Sammlung von Software-Modulen zur Erstellung grafischer Darstellungen von Meßdaten und zur Erzeugung von Schemazeichnungen. Der besondere Vorteil von WeGA liegt in der gemeinsamen Verwendung der grafischen Standards Calcomp und Plot 10 und der Möglichkeit, die verschiedenen auf dem Markt angebotenen Ausgabegeräte ansprechen zu können. In der WeGA-Bibliothek sind Fortran-Unterprogramme, die der Programmierer zu seinem Anwendungsprogramm dazulädt. Der Anwender kann geräteunabhängig programmieren. Mit dem WeGA-Editor ist es möglich, ohne Programmierkenntnisse schematische Grafiken zu erzeugen. Der Editor wird interaktiv mit einem grafischen Tablett oder einer Maus bedient. Als grafische Elemente stehen Punkt, Linie, Kreis, Kreisbogen, Text und Symbole zur Vefügung. Eine Grafik, die mit WeGA-Bibliothek programmiert wurde, kann mit WeGA-Editor vor dem Plotten am Bildschirm kontrolliert und verändert werden. Mit WeGA-Doku können Grafiken und Texte aus Textverarbeitungsprogrammen gemischt werden und auf einen der unterstützten grafikfähigen Drucker ausgedruckt werden. Mit WeGA-Dialog können Kurven-, Balken- und Kuchendiagramme im Dialog erstellt wrden. Die Werte können auch aus Tabellen im ASCII-Format eingelesen werden. WeGA-Schönschrift stellt 20 verschiedene Schriften zur Vefügung. Diese Schriften können in beliebiger Größe, an jeder Stelle und unter jedem Winkel eingefügt werden. Mit WeGA-3D können Meßwerte dreidimensional dargestellt werden. Die Stützpunkte können als Funktion oder als Wertetabelle übergeben werden. Mit WeGA Metafile können grafische Daten geräteunabhängig abgespeichert werden. Das Format ist an GKS angelehnt. Als Ausgabegeräte werden X-Windows, 401x, 410x, REGIS, LAxx, DPLxx, DLxx, Laserdrucker LN03+, Fxxxx, HP-Plotter und kompatible unterstützt.

| | |
|---|---|
| **Betriebssysteme** | Micro/RSX, SUN OS 4.x, UNIX, VAX/VMS V4.x, VAX/VMS V5.x |
| **Softwareumgebung** | k.A. |
| **Hardwareumgebung** | k.A. |
| **Preis** | 5000 DM |
| **Bezugsbedingungen** | Preis: DM 4.000 - DM 12.000 |

**Bezugsadresse**
Dipl.-Ing. Gerhard Biehl
BGS Besondere Graphik Systeme GmbH
Zentrale
Masurenweg 10
2359 Henstedt-Ulzburg 2
04193/ 9 20 85

**Bezugsadresse/Autor**
Dipl.-Ing. Siegfried Gmachl
BGS Besondere Graphik Systeme GmbH
Kaiserstr. 34
8000 München 40
089/33 14 85

# WiKO

| | |
|---|---|
| **Fachgebiete** | Architektur, Betriebswirtschaftslehre, Bauingenieurwesen, Wirtschaftswissenschaften |
| **Anwendungsbereiche** | Baukonstruktion, Geschäftsanwendungen, Kostenrechnung, Planungssoftware, Projektplanung |
| **Zielgruppen** | Bauingenieure |
| **Version** | 3.5 |
| **Erstellungsdatum** | 01.07.1992 |

Die Softwarelösung WiKO dient der Wirtschaftlichkeitskontrolle im Bauplanungsbüro. Die aktuelle Version 3.5 deckt Planungsphasen von der Honorarermittlung bis zur Nachkalkulation ab. Routinen ermöglichen die Auswertung von Projekt- und Betriebsdaten während der gesamten Planung, so daß eine ständige Kontrolle im Hinblick auf Wirtschaftlichkeit erfolgen kann. Zum Leistungsumfang des Systems zählen die Stammdatenverwaltung beispielsweise von Projekten, Mitarbeitern undd Material, die Honorarermittlung nach HOAI, die Kontrolle der Selbstkosten, die Verwaltung erbrachter oder besonderer Leistungen, sowie die leistungs- und projektbezogene Zeiterfassung. Insbesondere lassen sich mit diesem System Kostenüberschreitungen erkennen, denen dann durch geeignete Maßnahmen rechtzeitig entgegengewirkt werden kann. Alle Daten liegen in dBase-kompatiblem Format vor. Das Programm verfügt über einen Paßwortschutz.

| | |
|---|---|
| **Betriebssysteme** | DR-DOS 5.x, MS-DOS, Novell Netware, PC-DOS |
| **Softwareumgebung** | Betriebssystem DOS ab 3.3 |
| **Hardwareumgebung** | IBM kompatibler PC, 480KB freier Hauptspeicher, 10 MB freie Plattenkapazität, Hecules, VGA |
| **Preis** | 4750 DM |
| **Bezugsbedingungen** | k.A. |
| **Sonderkonditionen** | Einzellizenz: 50 DM |
| | Campuslizenz: 50 DM |
| | Geltungsbereich: Hochschulen, Fachhochschulen, sonstige öffentliche Bildungseinrichtungen, persönliche Lizenzen für Hochschulangehörige und Studenten |

| **Bezugsadresse/Autor** | **Autor** |
|---|---|
| Thomas Merkel | Rainer Trendelenburg |
| ODS GmbH | ODS GmbH |
| Rimsinger Weg 16 | 7800 Freiburg |
| 7800 Freiburg | |
| 0761 / 47 55 09 | |

# Bauingenieurwesen

## Windaussteifung

| | |
|---|---|
| **Fachgebiete** | Architektur, Bauingenieurwesen |
| **Anwendungsbereiche** | Hilfsprogramme |
| **Zielgruppen** | k.A. |
| **Version** | 1.1 |
| **Erstellungsdatum** | 01.01.1991 |

Das Programm Windaussteifung berechnet die statisch unbestimmte Lastverteilung von Horizontal- (z.B. Wind-) Lasten auf aussteifende Bauwerkselemente (Wandscheiben). Die Eingabe von Daten, Systemwerten, Koordinaten sowie Querschnittswahl erfolgen menügeführt. Die eingegebenen Aussteifungselemente können über Pull-Down-Menüs grafisch ausgegeben werden. Das Programm enthält zusätzliche Hilfefunktionen, die über F1 und F2 abgerufen werden können.

| | |
|---|---|
| **Betriebssysteme** | MS-DOS 3.x |
| **Softwareumgebung** | k.A. |
| **Hardwareumgebung** | IBM-kompatibler PC-AT; RAM: 1 MB; wahlweise EGA, Hercules, VGA-Karte; Festplatte (Empfehlung) 20 MB; |
| **Preis** | 850 DM |
| **Bezugsbedingungen** | Paßwortschutz |

**Bezugsadresse/Autor**

Thomas Eberhardt  
Gleiwitzerstraße 3  
5750 Menden 2  
02373/816 41

Prof. Dr. Gerd Becker  
FH Bochum  
FB 2  
Lennershofstraße 140  
4630 Bochum 1  
0234/700-7042

## xEAGLE

| | |
|---|---|
| **Fachgebiete** | Architektur, Bauingenieurwesen, Maschinenbau, Physik |
| **Anwendungsbereiche** | 3 dim. Modell, Graphik |
| **Zielgruppen** | k.A. |
| **Version** | 11 |
| **Erstellungsdatum** | 01.10.1991 |

Das xEAGLE CAD-System bietet dem Anwender auf Basis eines 3D-Volumenmodellierer einen vollständigen Katalog allgemeiner Zeichenfunktionen zur Konstruktion von Linien in verschiedenen Stärken und Farben, von Flächen und Körpern, zum Anbringen von Bemassungen, Schraffuren und zur Symbolerstellung. xEAGLE unterstützt die vollautomatische Konstruktion von Schnitten, Ansichten und Perspektiven sowie Volumenberechnungen. Farbschattierte Darstellungen sowie das Ausblenden von verdeckten Kanten sind jederzeit möglich. Den Konstruktionen können nicht-graphische Informationen zugeordnet und als Bestandteil von Listen ausgegeben und in relationalen Datenbanken verwaltet werden. Generatoren zur Gestaltung der Benutzeroberfläche sind in einer Vollizenz enthalten und ermöglichen die komfortable Einbindung von speziellen Anwender-Makros. Zusatzmodule für die Verarbeitung von Rasterdaten, boolsche Operationen und die Anbindung an relationale Datenbanken (Oracle, Informix) sowie verschiedene Standardschnittstellen ermöglichen den Einsatz von xEAGLE in allen Bereichen für die Bearbeitung dreidimensionaler Datenbestände.

| | |
|---|---|
| **Betriebssysteme** | AEGIS, AIX, SUN OS, UNIX, VMS |
| **Softwareumgebung** | k.A. |
| **Hardwareumgebung** | verschiedene Unix-Workstations |
| **Preis** | 24000 DM |
| **Bezugsbedingungen** | Mindestpreis |

**Bezugsadresse**
TEDATA GmbH
Brückstraße 48
4630 Bochum 1
0234/964090

# Elektrotechnik

**Elektrotechnik**

## AILS/ANALOG IC LAYOUT SYNTHESIS

| | |
|---|---|
| **Fachgebiete** | Elektrotechnik |
| **Anwendungsbereiche** | Anwendungsprogramm, Graphik, technisches Zeichnen |
| **Zielgruppen** | k.A. |
| **Version** | k.A. |
| **Erstellungsdatum** | 11.05.1990 |

AILS generiert aus gegebener parametrisierter Schematik CMOS-Layout wie auch Bipolare ICs. Der Output ist DRC geprüft und entspricht den Layout-Entwurfsregeln der entsprechend gewählten Technologie. Das Output-Format ist wahlweise CIF, GDS2, EDIF oder Versatec.

| | |
|---|---|
| **Betriebssysteme** | SUN OS 4.0 |
| **Softwareumgebung** | k.A. |
| **Hardwareumgebung** | SUN3, SUN4, (Apollo), 16 MB, ca. 50 MB Swap-space, Graphic-Monitor |
| **Preis** | k.A. |
| **Bezugsbedingungen** | bei ANACAD zu erfragen |

**Bezugsadresse/Autor**
ANACAD GmbH
7900 Ulm
0731 / 95 45 40

# ANALYTIS

| | |
|---|---|
| **Fachgebiete** | Elektrotechnik, Mathematik |
| **Anwendungsbereiche** | Analyse, Differentialgleichungen, Elektrisches Netzwerk, mathematische Software, Simulationssoftware |
| **Zielgruppen** | Studenten |
| **Version** | 4.2 |
| **Erstellungsdatum** | 24.02.1992 |

Das Programm ANALYTIS dient der Analyse und Simulation linearer elektrischer Schaltungen auf der Basis der Zustandsgleichungen. ANALYTIS löst ein System von bis zu 40 Differentialgleichungen für typische Störfunktionen, wobei bis zu 10 Quellen zugelassen sind. Im Regelfall - etwa bei der Nutzung durch Studenten zu Beginn der Ausbildung im Lehrgebiet "Grundlagen der Elektrotechnik" - sind folgende Schritte zu absolvieren: 1. Schaltungseingabe: Der Nutzer zeichnet mit Hilfe eines komfortablen grafischen Editors das Schaltbild und weist den Bauelementen Werte zu. 2. Netzwerkaufbereitung: Der Rechner analysiert die Schaltung, erzeugt die Bauelementetabelle und generiert das System der Zustandgleichungen vom Typ (dq/dt) = (A)*(q) + (B)*(x). Diese Operationen laufen nach Wahl des entsprechenden Menüpunktes unabhängig vom Nutzer ab. 3. Spezifizieren der Quellen und Eingabe der Anfangswerte 4. Wahl der Ausgabegrößen: Vom Nutzer können bis zu 4 Zweigspannungen und -ströme als Ausgabegrößen gewählt werden. Sie werden intern als Ausgabegleichung (y) = (C)*(q) + (D)*(x) gespeichert. 5. Vorbereitung der grafischen Ausgabe: Zur Vorbereitung der grafischen Ausgabe ist der Zeitbereich zu wählen, in dem die Ausgangsgrößen dargestellt werden sollen, und es sind die Normierungswerte für die Ausgabegrößen festzulegen. Dies kann auf der Basis der Eigenwerte und der analytisch formulierten Lösungsgleichung geschehen, die angezeigt werden können. 6. Grafische Ausgabe und Dokumentation. Neben diesem Minimalumfang gibt es zahlreiche weitere Möglichkeiten, wobei besonders die Berechnung von Systemen mit gekoppelten Induktivitäten und Kapazitäten sowie die Manipulation der Lösungsgleichungen zur Komponentendarstellung hervorzuheben sind.

| | |
|---|---|
| **Betriebssysteme** | MS-DOS 5.x |
| **Softwareumgebung** | Graphics zum Ausdruck der Graphiken |
| **Hardwareumgebung** | IBM PC (comp. ); 640 KB RAM; Hercules, EGA, VGA; Harddisk; 8087, 80287 (optional); Maus; |
| **Preis** | k.A. |
| **Bezugsbedingungen** | k.A. |

**Bezugsadresse/Autor**

Dr.-Ing. Günter Pfeifer
Technische Universität Chemnitz
FB Elektrotechnik
Reichenhainer Straße 70
9022 Chemnitz
561 3416

Dipl.-Ing. Gerd Albert
Technische Universität Chemnitz
FB Elektrotechnik
Reichenhainer Straße 70
9022 Chemnitz
561 3416

# Elektrotechnik

## Bravo3 (R) ALE (TM) (Automatic Layout Editor)

| | |
|---|---|
| **Fachgebiete** | Elektrotechnik |
| **Anwendungsbereiche** | Elektronik |
| **Zielgruppen** | k.A. |
| **Version** | k.A. |
| **Erstellungsdatum** | k.A. |

Bravo (R) ALE (TM), der automatische Layout Editor als Modul der Bravo3-Elektronik-Software, dient der umfangreichen Parametergestaltung für die automatische Realisierung einer Leiterplatte. Der Benutzer wird vom System durch ein Bildschirmmenü mit Erklärungsfunktionen geführt und hat die Möglichkeit Freihandsymbole und Kommandoprozeduren zur Dialogoptimierung frei zu definieren. Die wesentlichen Fähigkeiten dieses Produktes sind die Stromlaufplananalyse, die batchorientierte, automatische Bauteilplazierung (Placement), die automatische Leiterplattenentflechtung und die logische und geometrische Prüfung. Dabei wird das Paket von einer umfangreichen Logikbibliothek elektronischer Bauteile unterstützt. Weitere gravierende Features von Bravo3 ALE sind die Abstands- und Logiküberprüfung des Layouts, sowie der Soll-Ist-Vergleich (Backannotation). Bravo3 ist ein eingetragenes Warenzeichen und ALE ist ein Warenzeichen der Schlumberger Technologies, Inc.

| | |
|---|---|
| **Betriebssysteme** | VMS |
| **Softwareumgebung** | k.A. |
| **Hardwareumgebung** | VAX, VAX/VMS |
| **Preis** | k.A. |
| **Bezugsbedingungen** | k.A. |

**Bezugsadresse**
Schlumberger Technologies GmbH
CAD/CAM Division
Hahnstr. 70
6000 Frankfurt/Main 71
069/66403-0

## Bravo3 (R) DESCAP (TM) (DESign CAPture)

| | |
|---|---|
| **Fachgebiete** | Elektrotechnik |
| **Anwendungsbereiche** | Elektronik |
| **Zielgruppen** | k.A. |
| **Version** | k.A. |
| **Erstellungsdatum** | k.A. |

Bravo3 (R) DESign CAPture (TM) ist ein 2D-Editor zur Erstellung von Stromlaufplänen in der Elektronikentwicklung. Mit DESCAP ist sowohl hierarchische wie auch blattübergreifende Strukturierung möglich. Die Symbolelemente und Simulationsrandbedingungen sind frei definierbar. Durch die bestehenden Interfaces zum Digitalsimulator CADAT und zum Analogsimulator SPICE (sowohl Input wie Output) wird zeitaufwendige Datenübergabe hinfällig und die integrierende Gesamtlösung mit Bravo3 unterstrichen. Bravo3 DESCAP besticht weiterhin durch seine verbindungsorientierte Datenstruktur mit der Generierung von Stücklisten und anwenderspezifischen Netzlisten. Ein Soll-Ist-Vergleich (Backannotation) vom Stromlaufplan zum Layout ist ebenso möglich. Im Lieferumfang ist weiterhin eine umfangreiche ANSI / IEC Symbolbibliothek enthalten (optional sind weitere verfügbar). Die Funktionen von Bravo3 DESCAP auf einen Blick: Einfach zu erlernen und zu nutzen; komfortable Eingabe über Freihandsymbole und Bildschirmmenü; umfangreiche Symbolbibliotheken; Darstellung von Bibliotheksymbolen vor der Addition und Auswahl selbiger über Menü; einfachste Erzeugung neuer Elemente (auch aus Variation bestehender Elemente); Sichtbarkeitskriterien einstellbar - hohe Informationsdichte im Detail, geringe in der Gesamtansicht; Erbringung von Verbindungen per Freihandzeichen mit anschließender Rasterung; nachträgliches Auftrennen von logischen Verbindungen und evtl. Einfügen von Symbolen möglich; automatische Erzeugung von Netznamen; Selektieren von Netzen oder Symbolen über dazugehörige Texte; Bewegen von Symbolen mit automatischer Beibehaltung der Verbindungen, automatische Beschriftung der Symbole beim Addieren - nach Symboltyp geordnet; verbindungsorientierte Datenstruktur mit On-Line-Netzliste, Benutzerschnittstelle für freiformatierbare Netzlistenausgabe. Bravo3 ist ein eingetragenes Warenzeichen und DESCAP ist ein Warenzeichen der Schlumberger Technologies, Inc.

| | |
|---|---|
| **Betriebssysteme** | VMS |
| **Softwareumgebung** | k.A. |
| **Hardwareumgebung** | VAX, VAX/VMS |
| **Preis** | k.A. |
| **Bezugsbedingungen** | k.A. |

**Bezugsadresse**
Schlumberger Technologies GmbH
CAD/CAM Division
Hahnstr. 70
6000 Frankfurt/Main 71
069/66403-0

# Elektrotechnik

## Bravo3 (R) LADDER (TM)

| | |
|---|---|
| **Fachgebiete** | Elektrotechnik |
| **Anwendungsbereiche** | Elektronik |
| **Zielgruppen** | k.A. |
| **Version** | k.A. |
| **Erstellungsdatum** | k.A. |

Bravo3 (R) LADDER (TM) ist ein 2D-Anwendungspaket innerhalb des Bravo3-Systems für die Elektrokonstruktion zur Erstellung von Stromlauf-, Kabel-, Klemmen-, Inhalts-, Anlagen- und Funktionsplänen. Weitere Einsatzmöglichkeiten liegen in der Hydraulik- und Pneumatikplanerstellung. Mit einer großen Auswahl von Eingabetechniken sowie der Vielfachfenstertechnik stellt Bravo3 LADDER ein leistungsfähiges Werkzeug für die Elektrokonstruktion dar. Ladder ist ein verbindungsorientiertes System, d.h. die Verbindungen zwischen den Symbolen werden nicht nur als grafische Elemente registriert, sondern auch als logische Verknüpfung. Das System führt also "online" eine Netzliste. Die Datenstruktur von Bravo3 LADDER erlaubt, "online-Querverweise" zwischen räumlich verteilten Bestandteilen eines Elementes (z.B. Spulen, Kontakte) durchzuführen. Auftretende Fehler werden sofort erkannt und können bereits in einem frühen Stadium des Entwurfes behoben werden, was die Qualität des Entwurfes deutlich steigert. Bravo3 LADDER verfügt weiterhin über eine umfangreiche Symbolbibliothek nach DIN 40713. Durch die vollständige Integration in die Bravo3 Produktlinie ist jederzeit ein Datenaustausch in andere Bravo3-Module gewährleistet. Bravo3 ist ein eingetragenes Warenzeichen und LADDER ist ein Warenzeichen der Schlumberger Technologies, Inc.

| | |
|---|---|
| **Betriebssysteme** | VMS |
| **Softwareumgebung** | k.A. |
| **Hardwareumgebung** | VAX |
| **Preis** | k.A. |
| **Bezugsbedingungen** | k.A. |

**Bezugsadresse**
Schlumberger Technologies GmbH
CAD/CAM Division
Hahnstr. 70
6000 Frankfurt/Main 71
069/66403-0

# Bravo3 (R) PCB CIP (TM)

| | |
|---|---|
| **Fachgebiete** | Elektrotechnik |
| **Anwendungsbereiche** | Elektronik |
| **Zielgruppen** | k.A. |
| **Version** | k.A. |
| **Erstellungsdatum** | k.A. |

Mit dem Bravo3 (R) PCB CIP (TM) Component Insertion Program können (Leiterplatten-) Bestückungsautomaten angesteuert werden. Über eine Parameterdatei ist Bravo3 CIP jederzeit den individuellen Anforderungen anpaßbar. Radiale, achsiale, aufsetzende und SMT-Technologien werden standardmäßig unterstützt. Auch die Fahrwege der Bestückungsautomaten können auf dem Bildschirm dargestellt sowie optimiert werden. Bravo3 CIP bedient sich direkt der Daten, die mit Bravo3 ILE (TM) erzeugt wurden. Bravo3 ist ein eingetragenes Warenzeichen, und PCB CIP und ILE sind Warenzeichen der Schlumberger Technologies, Inc.

| | |
|---|---|
| **Betriebssysteme** | VMS |
| **Softwareumgebung** | k.A. |
| **Hardwareumgebung** | VAX, VAX/VMS |
| **Preis** | k.A. |
| **Bezugsbedingungen** | k.A. |

**Bezugsadresse**
Schlumberger Technologies GmbH
CAD/CAM Division
Hahnstr. 70
6000 Frankfurt/Main 71
069/66403-0

# Elektrotechnik

## Bravo3 (R) PCB Drill (TM)

| | |
|---|---|
| **Fachgebiete** | Elektrotechnik |
| **Anwendungsbereiche** | Elektronik |
| **Zielgruppen** | k.A. |
| **Version** | k.A. |
| **Erstellungsdatum** | k.A. |

Bravo3 (R) PCB Drill (TM) ist ein Formatierer zur Erzeugung von Bohrlochdaten für NC-Bohrmaschinen (ISO Norm) in der Leiterplattenfertigung. Die Bohrlöcher werden geometrisch sortiert, so daß die Werkzeugverfahrwege minimiert werden. Weiterhin können die Werkzeugverfahrwege im Editor grafisch dargestellt werden, sodaß auch hier eine Einflußnahme und Wegoptimierung möglich ist. Die Daten des Platinenlayouts, das mit ILE (TM) erstellt wurde, werden übernommen, während der Output auf alle Datenträger oder Bohrlochstreifenstanzer erfolgt. Bravo3 ist ein eingetragenes Warenzeichen, und PCB Drill und ILE sind Warenzeichen der Schlumberger Technologies, Inc.

| | |
|---|---|
| **Betriebssysteme** | VMS |
| **Softwareumgebung** | k.A. |
| **Hardwareumgebung** | VAX, VAX/VMS |
| **Preis** | k.A. |
| **Bezugsbedingungen** | k.A. |

**Bezugsadresse**
Schlumberger Technologies GmbH
CAD/CAM Division
Hahnstr. 70
6000 Frankfurt/Main 71
069/66403-0

## Bravo3 (R) PCB Interactive Layout Editor (TM)

| | |
|---|---|
| **Fachgebiete** | Elektrotechnik |
| **Anwendungsbereiche** | Elektronik |
| **Zielgruppen** | k.A. |
| **Version** | k.A. |
| **Erstellungsdatum** | k.A. |

Das Bravo3 (R) Interactive Layout Editor (TM) (ILE) Software-Modul dient der 3D-Erstellung von Elektronik Layouts. Der Benutzer wird vom System durch ein Bildschirmmenü mit Erklärungsfunktionen geführt und hat die Möglichkeit Freihandsymbole und Kommandoprozeduren zur Dialogoptimierung frei zu definieren. Diese Hilfsmittel erleichtern das manuelle Plazieren und Entflechten einer Leiterplatte wesentlich. Die wesentlichen Merkmale von Bravo3 ILE - SM, Hybrid- und Multilayer- Technologien werden unterstützt. Die Bauelemente und Platinenrandbedingungen in 2D/3D können frei definiert werden, wobei immer eine dreidimensionale Darstellung zur Durchführung von Einbauuntersuchungen möglich ist. Das erstellte Layout kann jederzeit verifiziert (Bewegung und Plazierung einzelner Komponenten) werden, bzw. an den Bravo3 Automatic Layout Editor (TM) (ALE) übergeben werden. Bravo3 ILE verfügt weiterhin über umfangreiche Bauteilbibliotheken. Durch die vollständige Integration in die Bravo3 Produktlinie ist die Übernahme der erstellten Layout-Geometrien in alle anderen Bravo3-Anwendungen gewährleistet. Die Bravo3 Interfaces für die Bohrdatenausgabe, zum Photoplotten und für Bestückungsautomaten sind weitere Module, die die "Elektronik"-Modul- Produktpalette von Bravo3 abrunden. Bravo3 ist ein eingetragenes Warenzeichen, und Interactive Layout Editor und Automatic Layout Editor sind Warenzeichen der Schlumberger Technologies, Inc.

| | |
|---|---|
| **Betriebssysteme** | VMS |
| **Softwareumgebung** | k.A. |
| **Hardwareumgebung** | VAX, VAX/VMS |
| **Preis** | k.A. |
| **Bezugsbedingungen** | k.A. |

**Bezugsadresse**
Schlumberger Technologies GmbH
CAD/CAM Division
Hahnstr. 70
6000 Frankfurt/Main 71
069/66403-0

# Elektrotechnik

## Bravo3 (R) PCB Layout (TM)

| | |
|---|---|
| **Fachgebiete** | Elektrotechnik |
| **Anwendungsbereiche** | Elektronik |
| **Zielgruppen** | k.A. |
| **Version** | k.A. |
| **Erstellungsdatum** | k.A. |

Bravo3 (R) PCB Layout (TM) umfaßt die Bravo3 Module Editor (TM), DESCAP (TM) (DESign CAPture) und den Interaktiven Layout Editor (ILE (TM)). Mit dem Bravo3 PCB Layout-Paket können Stromlaufpläne, Platinenlayouts und mechanische Konstruktionen erstellt werden. Der Bravo3 Editor ist das Basismodul der Bravo3-Softwarefamilie. Mit ihm können 2D/3D Grafikdaten präzise erzeugt, manipuliert und editiert werden. Das hierarchisch strukturierte Bildschirmmenü mit Bedienerführung, Freihandsymbolik und Tablettmenü sind Kennzeichen der Bravo3 Anwendungen, wo die Benutzeroberfläche in allen weiteren Applikationen beibehalten werden. Der Bravo3 Editor beinhaltet alle Bemassungsroutinen, unterstützt die Zeichnungserstellung und Bibliotheksroutinen. IAGL (TM), die interaktive Bravo3 Grafiksprache für die Variantenkonstruktion, ist eines der vielen Features, die für Bravo3 sprechen. Mit Bravo3 DESCAP sind Anwendungen, wie hierarchische und blattübergreifende Strukturierung; freie Definition der Symbolelemente und der Simulationsrandbedingungen; Interface zum Digitalsimulator CADAT (TM) und zum Analogsimulator SPICE; verbindungsorientierte Datenstruktur mit der Generierung von Stücklisten und anwenderspezifischen Netzlisten, Soll Ist Vergleich (Backannotation) vom Layout, umfangreiche ANSI/IEC Symbolbibliothek, möglich. Die wesentlichen Funktionen von Bravo3 ILE: SMD-, Hybrid- und Multilayer-Technologien werden unterstützt. Die Bauelemente und Platinenrandbedingungen in 2D/3D können frei definiert werden, wobei eine dreidimensionale Darstellung zur Durchführung von Einbauuntersuchungen immer möglich ist. Das erstellte Layout kann jederzeit verifiziert (durch Bewegung und Plazierung einzelner Komponenten) bzw. an den Bravo3 Automatic Layout Editor (ALE (TM)) übergeben werden. Bravo3 ILE verfügt über umfangreiche Bauteilbibliotheken. Durch eine vollständige Integration in die Bravo3 Produktlinie ist die Übernahme der erstellten Layoutgeometrien in alle anderen Bravo3 Anwendungen gewährleistet. Die Bravo3 Interfaces für die Bohrdatenausgabe, zum Photoplotten und für Bestückungsautomaten sind weitere Applikationen, die die Bravo3-Elektronik-Modul-Produktpalette abrunden. Bravo3 ist ein eingetragenes Warenzeichen. PCB Layout, Editor, DESCAP, ILE, CADAT, ALE und IAGL sind Warenzeichen der Schlumberger Technologies, Inc.

| | |
|---|---|
| **Betriebssysteme** | VMS |
| **Softwareumgebung** | k.A. |
| **Hardwareumgebung** | VAX, VAX/VMS |
| **Preis** | k.A. |
| **Bezugsbedingungen** | k.A. |

**Bezugsadresse**
Schlumberger Technologies GmbH
CAD/CAM Division
Hahnstr. 70
6000 Frankfurt/Main 71
069/66403-0

## Bravo3 (R) PCB Photoplott (TM)

| | |
|---|---|
| **Fachgebiete** | Elektrotechnik |
| **Anwendungsbereiche** | Elektronik |
| **Zielgruppen** | k.A. |
| **Version** | k.A. |
| **Erstellungsdatum** | k.A. |

Mit dem Bravo3 (R) PCB Photoplotter (TM) Interface werden die im Interactiven Layout Editor (TM) (ILE) erstellten Stromlaufpläne und Platinenlayouts aufgearbeitet, um anschließend an das Photoplott-Ausgabegerät übergeben zu werden. Kontrollen für Normierung, Plotting-Offset und Banddichte sind integriert, wobei zusätzliche Verifikationen im PL2 Format möglich sind. Das Bravo3 PCB Photoplotter-Modul kennzeichnet weiterhin eine optimierte Plottausgabe, die Aufarbeitungszeiten verringert (durch optimierenden Gebrauch der Geometriedaten) und die Herstellungskosten deutlich reduziert. Auch können verschiedene Entwürfe auf einem einzigen Film plaziert werden. Mit dem Bravo3 Photoplott-Interface können die unterschiedlichsten Plotter- und Controllertypen angesteuert werden. Bravo3 ist ein eingetragenes Warenzeichen, und PCB Photoplotter und Interactive Layout Editor sind Warenzeichen der Schlumberger Technologies, Inc.

| | |
|---|---|
| **Betriebssysteme** | VMS |
| **Softwareumgebung** | k.A. |
| **Hardwareumgebung** | VAX, VAX/VMS |
| **Preis** | k.A. |
| **Bezugsbedingungen** | k.A. |

**Bezugsadresse**
Schlumberger Technologies GmbH
CAD/CAM Division
Hahnstr. 70
6000 Frankfurt/Main 71
069/66403-0

# Elektrotechnik

## Cache-Simulation

| | |
|---|---|
| **Fachgebiete** | Informatik, Elektrotechnik |
| **Anwendungsbereiche** | X-Windows, Cache-Speicher, Hypertext, Simulation |
| **Zielgruppen** | Studenten |
| **Version** | 1.0 |
| **Erstellungsdatum** | 03.02.1992 |

Das Programm realisiert ein Simulationssystem zur graphischen Visualisierung der Arbeitsweise von Cachespeichern, Cachecontrollern und deren Zugriffsstrategien. Der Lernende hat die Aufgabe, durch die graphische Oberfläche unterstützt, selbst die Aufgaben eines Cachecontrollers zu übernehmen und die den Zugriffs-, Schreib- und Verdrängungsstrategien entsprechenden Datentransporte mit der Maus vorzunehmen. Weiterhin soll er am computersimulierten Modell mit Hilfe des Computers Messungen vornehmen, Kurven aufzeichnen und Parametereinflüsse nachvollziehen.

Das Programm vermittelt Wissen zu den folgenden Themen: 1. Wissen über den prinzipiellen Aufbau und die Funktionsweise eines Cachespeichers; 2. Kenntnisse über die verschiedenen Organisationsformen eines Cachespeichers; 3. Verständnis von unterschiedlichen Zugriffs-, Schreib- und Verdrängungsstrategien; 4. Kenntnis über die prinzipielle Leistungsfähigkeit eines Cachesystems und deren Untersuchungsmöglichkeiten; 5. Beziehungen zwischen Simulationsmodell und Realität auf Grund der Tatsache, daß das Simulationsmodell auf einem Rechner implementiert ist, der selbst einen eingebauten Cachespeicher besitzt. Die Punkte 1. und 2. umfassen die Wissensvermittlung von Begriffen und Strukturen, während bei Punkt 3. Algorithmen im Vordergrund stehen. Die Punkte 4. und 5. umfassen die Vermittlung der Vorgehensweise bei wissenschaftlichen Untersuchungen an Modellen sowie die Meßmethodik und Interpretation von Ergebnissen. An der TU München wird die Software im Rahmen eines Praktikums zum Thema Rechnertechnik eingesetzt.

| | |
|---|---|
| **Betriebssysteme** | HP-UX 7.0 |
| **Softwareumgebung** | X11R3_von HP; Framemaker2. 1 (Frameviewer); |
| **Hardwareumgebung** | HP 9000/300; Maus; 8 MB RAM; Farbe, Auflösung min. 768x1024; Harddisk: 2 MB (zusätzlich 15 MB für Demovers. Framemaker); Cop. optional; Farbmonitor; |
| **Preis** | k.A. |
| **Bezugsbedingungen** | Für Universitäten und Hochschulen unentgeltlich, falls das Programm ausschließlich in der Studentenausbildung eingesetzt wird. Für sonstige Institutionen Preis nach Vereinbarung. |

**Bezugsadresse/Autor**
Dipl.-Ing. Jörg Sauerbrey, Dipl.-Ing. Hans Nikolaus Schaller
Dipl.-Ing. Michael Wiedemann
TU München
Lehrstuhl für Datenverarbeitung
Arcisstr. 21
8000 München 2
(0 89) 21 05 - 83 86

# CADdy Elektrotechnik

| | |
|---|---|
| **Fachgebiete** | Elektrotechnik |
| **Anwendungsbereiche** | 2 dim. Zeichnen, 3 dim. Zeichnen, Anwendungsprogramm, CAD, CAM, CAE, Planungssoftware |
| **Zielgruppen** | Ingenieure, Unternehmen, Kommunen, Ausbildungsinstitute |
| **Version** | 8.00 |
| **Erstellungsdatum** | 01.07.1992 |

Vermesser nutzen mit CADdy die Vorteile von Planungstechniken, die exakt auf verschiedenen Aufgabenstellungen abgestimmt sind und der branchenspezifischen Vorgehensweise optimal entsprechen. Von ebenso zentraler Bedeutung für wirtschaftliches Planen sind durchgängige Planungsabläufe. Diese wiederum setzen ein flexibles und offenes Systemkonzept voraus. CADdy ist nach dem Baukastenprinzip aufgebaut. Alle Programm-Module besitzen die gleiche Datenstruktur und Benutzerführung. Das bringt zwei handfeste Vorteile mit sich: Zum einen lassen sich CADdy Software-Komponenten bedarfsgerecht kombinieren und steigenden Anforderungen anpassen - ohne alle Umstellungsprobleme. Zum anderen können Planungsdaten über alle Projektstufen und sogar aufgabenübergreifend weitergenutzt werden. Perfekte Anpassung des Programms an die Praxis: Das verkürzt die Planungszeiten entscheidend, verbessert die Qualität und reduziert gleichzeitig die Kosten.

| | |
|---|---|
| **Betriebssysteme** | MS-DOS |
| **Softwareumgebung** | k.A. |
| **Hardwareumgebung** | IBM-AT, IBM-PS/2 und komp., min. 640 K RAM, Arithmetik-Coprozessor (80287/387), Festplatte, Diskettenlaufwerk, Grafik-Controller, Maus, Plotter, Digitizer, parallele Schnittstelle (Centronics) |
| **Preis** | 12000 DM |
| **Bezugsbedingungen** | Mindestpreis für Branchenlösung |
| **Sonderkonditionen** | Geltungsbereich: Hochschulen, Fachhochschulen, sonstige öffentliche Bildungseinrichtungen, persönliche Lizenzen für Hochschulangehörige Für Lehrer und Schüler werden Sonderkonditionen angeboten. |

**Bezugsadresse**
ZIEGLER-Informatics GmbH
Nobelstr. 3-5
4050 Mönchengladbach 4
02166/955-56

# Elektrotechnik

## CADES-G

| | |
|---|---|
| **Fachgebiete** | Elektrotechnik |
| **Anwendungsbereiche** | CAD, CAM, CAE, CAI, CASE, Schaltkreissimulation, Elektronik, Elektronik, Hardware Entwurf |
| **Zielgruppen** | Elektronikindustie, Telekommunikation |
| **Version** | 3.70 |
| **Erstellungsdatum** | 09.09.1992 |

CADES-G (Computer Aided Design and Engineering System-Graphic) ist ein Komplettsystem für die Entwicklung und den Entwurf von Leiterplatten. Die Wirtschaftlichkeit und Leistungsfähigkeit des Systems wird besonders durch seinen modularen Aufbau und durch ein offenes Dateninformationssystem bestimmt. Schaltplanerfassung (SGS): Die Stromlaufplanerstellung erfolgt interaktiv bei voller Erfassung der signalorientierten Schaltungslogik. Die Netzwerkbeschreibung dient zugleich für die analoge und digitale Simulation von Schaltungen. Entflechtungsmodul (BLS): Das Entflechtungsmodul übernimmt die Daten des SGS und greift auf manuelle und automatische Routinen für die Plazierung (Placement) und die Entflechtung (Routing) zurück, auch unter Berücksichtigung der SMG-Techniken. Sogenannte "Tidy-Prozesse" ermöglichen einen fertigungsgerechten Entwurf der Leiterplatten. Postprocessing (CADRIC): Das umfangreiche Ausgabemodul dient zur normgerechten Dokumentation (Grafiken und Listen) und zur Unterstützung von Fertigungsprozessen (Fotoplotter, Penplotter, NC-Bohr-/Fräsmaschinen, Bestückungsautomaten, Incircuit-Testern). Datenbank: Integraler Bestandteil ist die hierarchisch strukturierte Bauteilebibliothek (nach DIN oder Werksnorm), die die Grundlage für alle Komponenten von CADES-G bildet. Alle Daten können auch im ASCII-Format bereitgestellt und somit auch für weitere Prozesse (z.B. PPS) verwendet werden.

| | |
|---|---|
| **Betriebssysteme** | AIX, HP-UX, SUN OS 4.x, ULTRIX, VAX/VMS V5.x |
| **Softwareumgebung** | X-Windows, Motif, Optional Relationale Datenbanken (RDB, ORACLE, INFORMIX, INGRES) |
| **Hardwareumgebung** | Workstations von DEC, HP, IBM und SUN; VAXstation (VAX/VMS), DECstation (RISC/Ultrix), HP9000 Serie 700 (HP-UX), IBM RS6000 (AIX), SUN Sparc (SUN-OS) |
| **Preis** | 61000 DM |
| **Bezugsbedingungen** | Hochschulrabatt 50 % |
| **Sonderkonditionen** | Einzellizenz: 30.500 DM |
| | Mehrfachlizenz: 15.250 DM pro Lizenz bei 10 Kopien |
| | Geltungsbereich: Hochschulen, Fachhochschulen, sonstige öffentliche Bildungseinrichtungen |

**Bezugsadresse**
Daniel Urech
CIM-Team Zweigniederlassung Turgi
Bahnhofstraße 17
CH 5300 Turgi (Schweiz)
056 331221

**Bezugsadresse/Autor**
Dipl. Ing. (Fh) Joachim Frank
CIM-Team Technische Informatik GmbH
Geschäftsleitung
Neue Gaße 10
7900 Laichingen
0731 382046

## CGRAPH - Mathematische Graphiken

| | |
|---|---|
| **Fachgebiete** | Elektrotechnik, Mathematik, Maschinenbau, Physik |
| **Anwendungsbereiche** | Analyse, mathematische Software, wissenschaftliche Graphik |
| **Zielgruppen** | k.A. |
| **Version** | 2.1 |
| **Erstellungsdatum** | 31.01.1991 |

CGRAPH dient zur Erstellung von Graphen reeller und komplexer Funktionen aller Art. Dazu werden im reellen Zahlenbereich Funktionen, ihre erste und zweite Ableitung sowie das bestimmte Integral graphisch dargestellt. Es können ebene und Raumkurven sowie (im dreidimensionalen Raum) Flächen und Oberflächen von Körpern gezeichnet werden. CGRAPH kann zur Erstellung von Gebietsabbildungen (z.B. konforme Abbildungen in der Elektrotechnik) verwendet werden. Es können die Ortskurve, die Dämpfung und der Phasengang von Übertragungsfunktionen dargestellt werden (z.B. in der Regelungstechnik). Darüberhinaus können Real- und Imaginärteil beliebiger Funktionen im dreidimensionalen Raum über der komplexen Ebene abgebildet werden. CGRAPH bietet eine Funktion zur graphischen Untersuchung der Konvergenz von Funktionenfolgen. Es können Fraktale beliebiger Funktionen erzeugt werden. In CGRAPH können auch Meßwerte verarbeitet und dargestellt werden. Dazu können den Wertepaaren durch Interpolation Kurven und damit die ihnen zugrundeliegenden mathematischen Gleichungen zugeordnet werden. Die Umrechnung von Wertepaaren mittels der Funktionenbibliothek von CGRAPH erlaubt die Rückgewinnung der Funktionen auch bei nicht explizit vorhandener Interpolationsfunktion. Auf dieselbe Weise werden auch Extrapolationen ermöglicht. Die erzeugten Graphiken können auf Festplatte gespeichert und ausgedruckt werden.

CGRAPH stellt dem Lehrenden oder Lernenden die Möglichkeit der graphische Unterstützung bei der Lösung reeller oder komplexer Aufgabenstellungen zur Verfügung. Die Problematik des Lerninhalts ist dabei vor allem die schnelle Verfügbarkeit der benötigten Graphiken ohne zeitraubende Vorarbeiten und die damit verbundene bessere Verständlichkeit der gefundenen Lösung. Innerhalb der Mittel der graphischen Lösungsverfahren kann CGRAPH aber auch zur Lösung vorhandener Problemstellungen verwendet werden, z.B. bei der Anwendung konformer Abbildungen zur Transformation unzugänglicher Geometrien in besser berechenbare Darstellungen. CGRAPH kann in diesem Sinne auch zur Demonstration der Anwendung der entsprechenden Lösungsverfahren eingesetzt werden.

| | |
|---|---|
| **Betriebssysteme** | MS-DOS 3.x |
| **Softwareumgebung** | k.A. |
| **Hardwareumgebung** | PC-386; 640 KByte; CGA, EGA, VGA, Hercules; 720 KB; Koprozessor 80x87 werden genutzt; nutzbar, aber nicht erforderlich sind Maus und verschiedene Drucker |
| **Preis** | 590 DM |
| **Sonderkonditionen** | Hochschul- und Lehrrabatt 50% (DM 295,--) |

| | |
|---|---|
| **Bezugsadresse** | **Autor** |
| CTS-Software | Franz Brennecke |
| Uli Ambrosius und Frank Brennecke GbR | 6209 Heidenrod 4 |
| Lahnstraße 75 | |
| 6200 Wiesbaden | |
| 0611-468630 | |

# Elektrotechnik

## COSIMEX

| | |
|---|---|
| **Fachgebiete** | Biologie, Chemie, Elektrotechnik, Physik |
| **Anwendungsbereiche** | Demo-Programm, numerische Software, wissenschaftliche Graphik, Simulationssoftware, Lernsoftware |
| **Zielgruppen** | Studenten, Lehrkräfte, Schüler, Ingenieure, Mathematiker, Wissenschaftler |
| **Version** | 1.0 |
| **Erstellungsdatum** | 01.09.1992 |

Es können solche Systeme simuliert werden, die als charakteristisch für Anfängervorlesungen und -praktika an Hochschulen oder eventuell für Leistungskurse an Gymnasien angesehen werden können. Dabei können die Anwendungen aus den verschiedensten Bereichen stammen. Die Benutzerführung des Programms ist menügesteuert und dialogorientiert. Für die mathematische Beschreibung der Systeme sind folgende Verknüpfungen zugelassen: 1. Funktionen in expliziter Form oder Parameterdarstellung, 2. Differenzengleichungen erster Ordnung in expliziter Form, 3. Differentialgleichungen erster Ordnung in expliziter Form. Neben der Zeit T oder einer vergleichbaren Größe als unabhängige Variable können maximal 2 abhängige Variable X und Y als Systemgrößen dienen. Da das Programm so konzipiert ist, daß der Simulationsrechner gleichzeitig als Masterrechner für einen Slaverechner dienen kann, der für die zeitlich parallele Durchführung, Überwachung und Auswertung von Realexperimenten vorgesehen ist und über eine RS-232- Schnittstelle mit dem Master kommuniziert, sind bereits in diesem Programm alle erforderlichen Hilfsmittel implementiert, die für die Datenkommunikation erforderlich sind. Nach Fertigstellung des Slaverechners und der erforderlichen Peripherie wird das hier beschriebene Programm um einen entsprechenden 2. Teil ergänzt.

| | |
|---|---|
| **Betriebssysteme** | TOS |
| **Softwareumgebung** | GEM |
| **Hardwareumgebung** | ATARI ST-Serie, Hauptspeicher 512 Kbyte |
| **Preis** | 198 DM |
| **Bezugsbedingungen** | Eine Demo-Version ist zu einem Preis von 20,00 DM erhältlich. |
| **Sonderkonditionen** | Einzellizenz: 198,00 DM |
| | Mehrfachlizenz: 178,00 DM pro Lizenz ab 2 Kopien |
| | 160,00 DM pro Lizenz ab 5 Kopien |
| | 148,00 DM pro Lizenz ab 10 Kopien |
| | Campuslizenz: 998,00 DM pro Fachbereichslizenz |
| | Geltungsbereich: Hochschulen, Fachhochschulen, sonstige öffentliche Bildungseinrichtungen, persönliche Lizenzen für Hochschulangehörige und Studenten (148,00 DM bzw. 98,00 DM) |

**Bezugsadresse/Autor**
Prof. Dr. Hans-Josef Patt
Universität des Saarlandes
Fachbereich 10.2 - Experimentalphysik
Gebäude 8
6600 Saarbrücken
0681/302-3773

**Autor**
Otto Vinzent
CICERO-Software
6676 Mandelbachtal 4

# DDS-C (Drafting-Design-System for Cabling)

| | |
|---|---|
| **Fachgebiete** | Elektrotechnik |
| **Anwendungsbereiche** | CAD (rechnerunterstützte Konstruktion) |
| **Zielgruppen** | k.A. |
| **Version** | k.A. |
| **Erstellungsdatum** | k.A. |

DDS-C (Drafting-Design-System for Cabling) ist ein Komplettsystem zur Erstellung von Schalt- und Stromlaufplänen für den Anlagen- und Maschinenbau. Schaltungserfassung (M1 / M2): Das Modul erlaubt die Erfassung von Schalt- und Stromlaufplänen für beliebig große Anlagen, einschließlich der automatischen Verwaltung aller Zeichnungsdaten nach Anlage und Ort. Die Zuordnung der Kontaktbelegung (Querverweise) und Signalreferenzierung erfolgt gleichfalls automatisch. Schaltschrank-Layout (M3): Mit dem Modul M3 wird die Möglichkeit gegeben, den Schaltschrank (einschließlich des Frontplattendesigns) in Abhängigkeit seiner Baugruppen zu konzipieren. Es erfolgt eine Überprüfung der Einbauhöhen, Sperrflächen, Sicherheitsabstände, Kollisionen mit Kabelkanälen usw. Datenbank: Integraler Bestandteil ist die hierarchisch strukturierte Bauteilebibliothek (nach DIN oder Werksnorm), die die Grundlage für alle Komponenten von DDS-C bildet. Alle Daten können auch mit ASCII-Format bereitgestellt und somit auch für weitere Prozesse (z.B. PPS, SPS) verwendet werden. Als Alternative zu der DDS-C Datenbank ist die Verwendung einer relationalen Datenbank möglich. Mit dem Informationsgenerator können alle firmenspezifischen Fertigungs- und Produktionsunterlagen erzeugt werden. Schnittstellen: DDS-C stellt Daten u.a. für Spezialmodule zur Kurzschluß- und Lastflußberechnungen, SPS-Programmierung bereit. Darüber hinaus können Produktbeschreibungen in Standardformaten, z.B. IGES, VNS, erzeugt werden.

| | |
|---|---|
| **Betriebssysteme** | VMS |
| **Softwareumgebung** | k.A. |
| **Hardwareumgebung** | VAX, VAX/VMS |
| **Preis** | k.A. |
| **Bezugsbedingungen** | k.A. |

**Bezugsadresse**
Andrea Kratzer
HP CADE GmbH
Carl-Benz-Straße 14
7903 Laichingen
07333-807-231

# Elektrotechnik

## DORA-PC

| | |
|---|---|
| **Fachgebiete** | Elektrotechnik, Mathematik, Maschinenbau, Physik |
| **Anwendungsbereiche** | mathematische Software, Simulation, Systemanalyse, Lernsoftware |
| **Zielgruppen** | Hochschulen, industrielle Anwender, Studenten, Regelungstechniker, Automatisierungstechniker, Nachrichtentechniker |
| **Version** | 5.0 |
| **Erstellungsdatum** | 31.08.1992 |

DORA-PC 5.0 erlaubt die Bearbeitung folgender mathematischer und regelungstechnischer Problemstellungen: MATHEMATISCHE PROBLEMSTELLUNGEN: - Lösung linearer Gleichungssysteme - Polynomarithmetik - Matrizenarithmetik - Least-Square-Approximation - Analyse von Funktionen, ANALYSE LINEARER DYNAMISCHER SYSTEME - Berechnung und grafische Darstellung von Frequenzgängen - Stabilitätsanalyse mit Hilfe des Routh-Kriteriums - Berechnung und grafische Darstellung von Wurzelortskurven - Analyse linearer Systeme in Zustandsraumdarstellung, SIMULATION UND REGELKREISSYNTHESE - Lösung linearer Differentialgleichungen und DIFFERENTIALGLEICHUNGSSYSTEME - Simulation linearer Regelstrecken und Reglerentwurf nach Faustformeln - Simulation und Optimierung linearer Regelkreise - Blockorientierte Simulation und Optimierung dynamischer Systeme - Echtzeitanwendungen - Fuzzy Control - Synthese von Zustandsregelkreisen (Polplazierung, Riccati- Entwurf), HILFSPROGRAMME - Generierung von Grafiken - Erzeugung von AutoCAD-Dateien.

| | |
|---|---|
| **Betriebssysteme** | MS-DOS |
| **Softwareumgebung** | k.A. |
| **Hardwareumgebung** | IBM PC/AT/386/486 und Kompatible; 640 KB; (2 MB empfohlen); CGA, Hercules, EGA, VGA; Festplatte; Coprozessor optional (wird unterstützt); Drucker, Plotter (HPGL), Maus optional; |
| **Preis** | 1750 DM |
| **Bezugsbedingungen** | Abgabe an Hochschulinstitute zum ermäßigten Preis (DM 650,- für eine Institutslizenz); |
| **Sonderkonditionen** | Einzellizenz: 1750,- DM (Update: 800,- DM) |
| | Mehrfachlizenz: 1225,- DM pro Lizenz (2.-5. Kopie) |
| | 700,- DM pro Lizenz (ab 6. Kopie) |
| | Campuslizenz: nicht verfügbar |
| | Institutslizenz (nur Hochschulen): 650,- DM (Update: 300,- DM) |
| | Studentenversion (eingeschränkter Leistungsumfang): 50,- DM |
| | Geltungsbereich: Hochschulen, Fachhochschulen, sonstige öffentliche Bildungseinrichtungen, persönliche Lizenzen für Studenten |

**Bezugsadresse/Autor**
Prof. Dr. H. Kiendl, Dipl.-Ing. Michael Krabs
Universität Dortmund
Lehrstuhl f. Elek. Steuerung u. Regelung
50 05 00
4600 Dortmund 50
0231/755-2760, 755-3762

**Autor**
DORA-Team
Universität Dortmund
Elektrische Steuerung und Regelung
4600 Dortmund 50

# Electina

| | |
|---|---|
| **Fachgebiete** | Elektrotechnik |
| **Anwendungsbereiche** | Schaltkreissimulation, Elektronik, Simulationssoftware |
| **Zielgruppen** | Universitäten, Schulen |
| **Version** | 2.1 |
| **Erstellungsdatum** | 25.09.1991 |

ELECTINA gestattet es, analoge Schaltungen zu entwerfen und deren Funktion zu simulieren. Entwurf und Test von linearen und nicht-linearen Schaltungen können mit den zur Verfügung gestellten CAE-Tools realisiert werden. Schaltpläne können über den leicht zu bedienenden grafischen Editor erstellt werden. Die aus einem Komponenten-Katalog ausgewählten Bauteil-Symbole werden mit den Cursortasten oder der Maus positioniert. Sämtliche Bauteil-Parameter können mit Toleranzen angegeben werden, und es besteht die Möglichkeit einer statistischen Untersuchung der Schaltung mit Hilfe der worst-case oder Monte-Carlo-Analyse. Dem Anwender seht ein umfassender und erweiterbarer Halbleiter-Katalog zur Verfügung. Durch Standard-Dateiformate und Export-Transaktionen gestattet ELECTINA eine Verbindung zu anderen weitverbreiteten Programmpaketen (z.B. PSpice, Ventura Publisher, WordPerfect). Die DC- und Transienten-Analyse kann lineare resistive und dynamische sowie nicht-lineare resistive Komponenten behandeln. Für die elektrischen Eingangsgrößen stehen verschiedene Signalformen (Impuls, Einheitssprung, Sinussignal, allgemeines Trapezsignal usw.) zur Verfügung, deren Parameter frei wählbar sind. Mit der AC-Analyse können Amplituden- und Phasenkennlinien der Schaltung aufgenommen werden, und es besteht die Möglichkeit, die markanten komplexen Größen (Spannung, Strom, Impedanz, Leistung) zu bestimmen. Die Mehrfach-Analyse ermöglicht das Berechnen der Antwortfunktion in Abhängigkeit von verschiedenen Parametern (Widerstandswerte, Umgebungstemperatur u.a.). Mit Hilfe der Optimierung werden die optimalen Bauteil-Parameter (z.B. Kapazität, Widerstand) in Bezug auf eine vorher angegebene Größe (Arbeitspunkt, Resonanzfrequenz usw.) bestimmt.

| | | |
|---|---|---|
| **Betriebssysteme** | DR-DOS 5.x, MS-DOS 3.x, PC-DOS 3.x | |
| **Softwareumgebung** | Für die Novell-Netzwerk-Version: Novell Netware 2.12 oder höher | |
| **Hardwareumgebung** | IBM PC XT/AT/PS2 oder kompat.; mindestens 640 kB RAM; Hercules/CGA/EGA/VGA; parallele Schnittstelle | |
| **Preis** | 1311 DM | |
| **Sonderkonditionen** | Einzellizenz: | 1049 DM |
| | Mehrfachlizenz: | 950 DM pro Lizenz ab 8 Kopien |
| | Geltungsbereich: | Hochschulen, Fachhochschulen, sonstige öffentliche Bildungseinrichtungen, persönliche Lizenzen für Hochschulangehörige und Studenten |
| **ASK-SAM** | Eine Demo-Version des Programmes kann über den Fileserver abgerufen werden. | |
| **Bezugsadresse** | **Autor** | |
| A & L Hard- und Software | Peter Illes | |
| Reichenbergerstr.14 | Rair Computer Ltd | |
| 8900 Augsburg | H-1067 Budapest (Ungarn) | |
| 0821/563377 | | |

# ElFi (Electrostatic Field)

| | |
|---|---|
| **Fachgebiete** | Elektrotechnik, Physik |
| **Anwendungsbereiche** | Verlade-Simulation, Elektrische Felder, Hardware Entwurf, numerische Software, Simulationssoftware |
| **Zielgruppen** | k.A. |
| **Version** | 1.0 |
| **Erstellungsdatum** | 31.03.1992 |

ElFi ist ein Programm zur Berechnung zweidimensionaler elektrischer Felder mit der "Simulationsladungsmethode". Hierbei wird bei vorgegebenen Spannungen der Elektroden die reale Ladungsverteilung einer Konfiguration durch Simulationsladungen nachgebildet, mit deren Kenntnis das Potential und das elektrische Feld an jedem Ort berechnet werden kann. Dieses Verfahren zeichnet sich durch eine sehr hohe Genauigkeit, kurze Rechenzeiten, geringe Speicherplatzanforderung und einer großen physikalischen Transparenz (Nachahmung bzw. Simulation der Wirklichkeit) gegenüber anderen Methoden aus. Neben dem Design von elektrischen Geräten und der Analyse komplexer Anordnungen (z.B. Strahlungsdetektoren), in denen das elektrische Feld von wesentlicher Bedeutung ist, kann ElFi auch hervorragend zur Ausbildung in den Bereichen Physik und Elektrotechnik eingesetzt werden. Durch die Visualisierung der elektrischen Felder und Potentialverteilung ist ein erheblicher Erkenntnisgewinn möglich. Dem Student wird die Möglichkeit gegeben, ein Gefühl für die abstrakten Begriffe "Potential" und "elektrisches Feld" zu entwickeln. Durch Veränderung der Parameter der Konfiguration am Bildschirm mit anschließender Neuberechnung können deren Auswirkungen studiert werden. Mit der Anwendung der Computertechnik zur Simulation ist eine Beschränkung auf idealisierte, analytisch lösbare Problemstellungen nicht nötig. Es können reale Probleme mit ihren Stör- und Randeffekten studiert und die Auswirkung von Idealisierungen untersucht werden. Eine Auslagerung der numerischen Programmteile, die in FORTRAN77 geschrieben sind, auf leistungsfähigere Systeme ist möglich, da dieser Code im Quellformat vorliegt. Das Zeichnen der Geometrie, das rechnergestützte Verteilen der Ladungen und die Visualisierung der Ergebnisse erfolgt innerhalb einer SAA-ähnlichen Oberfläche auf dem PC.

| | |
|---|---|
| **Betriebssysteme** | MS-DOS 3.x |
| **Softwareumgebung** | k.A. |
| **Hardwareumgebung** | IBM AT (comp.); 640 KB RAM; MGA/HGC, EGA, VGA, AT&T 400 Z., PC3270, IBM8514; Harddisk: 5 MB; 80287; Netzkarte (Ethernet, Arcnet, ...); |
| **Preis** | k.A. |
| **Bezugsbedingungen** | Der Preis ist noch nicht bekannt. |

**Bezugsadresse/Autor**

Prof. Dr. Günter Zech
Universität-GH Siegen
Fachbereich 7 (Physik)
Adolf-Reichwein-Str.
5900 Siegen
0271-7404147

Silvester Schmidt
Universität-GH Siegen
Fachbereich 7 (Physik)
Adolf-Reichwein-Str.
5900 Siegen
0271-7404789

# ElKon S

| | |
|---|---|
| **Fachgebiete** | Chemie, Elektrotechnik, Verfahrenstechnik |
| **Anwendungsbereiche** | CAD, CAM, CAE, Ingenieurwesen, interaktive Software, technischer Entwurf, technisches Zeichnen |
| **Zielgruppen** | Elektrowerkstätten, Ingenieurbüros |
| **Version** | k.A. |
| **Erstellungsdatum** | 01.05.1992 |

ElKon S ist ein CAD-Paket speziell für die Entwicklung und Pflege von elektrischen Stromlaufplänen. Einer der wesentlichen Vorzüge von ElKon S ist, daß die Querverweiserzeugung sofort nach Einfügen eines Bauteiles gemacht wird. Dadurch hat der Konstrukteur jederzeit den aktuellen Plan auf dem Bildschirm. Zur Unterstützung des Schaltschrankaufbaus werden Stück-, Material- und Klemmenanschlußlisten von ElKon S erzeugt. Durch die umfangreichen grafischen Funktionen von Elkon S können auch Übersichtspläne, Verlegungspläne oder andere zur Dokumentation des Projektes gehörende Unterlagen erstellt werden. Schaltelemente sind als Symbole im Symbolkatalog hinterlegt. Alle schaltungsrelevanten Bauteile werden im Bauteilekatalog erfaßt. Für die Erfassung und Pflege des Bauteilekataloges steht ein Dienstprogramm zur Verfügung. Der mitgelieferte Standardbauteilekatalog ist aus Siemens-Bauteilen aufgebaut. Es stehen bis zu 40 Ebenen zur Verfügung, die beliebig sichtbar gemacht werden können. Während der Schaltungserstellung kann jederzeit eine Stückliste erstellt werden. Das Format kann vom Benutzer frei definiert werden. Bei der Erzeugung der Materialliste werden wiederkehrende Bauteile zusammengefaßt. Auf Wunsch werden der Einzel- und Gesamtpreis ermittelt. ElKon S baut auf WeGA-Graphik-Toolpaket auf. Deshalb ist es möglich, die Elektrofunktionen abzuschalten und dann Schemazeichnungen wie Flußdiagramme, Prozeßbilder usw. zu erstellen. ElKon S Variant unterstützt die "Variantenkonstruktion" in der Elektrotechnik, d.h. in einem Stromlaufplan ist der Austausch ganzer Blätter möglich, dabei werden die Querverweise neu generiert.

| | |
|---|---|
| **Betriebssysteme** | VAX/VMS V4.x, VAX/VMS V5.x, VMS |
| **Preis** | 8000 DM |
| **Bezugsbedingungen** | DM 6.000 - DM 15.000; Variantenkonstruktion DM 4.000 |
| **Sonderkonditionen** | Einzellizenz: 1750,- DM (Update: 800,- DM) |
| | Mehrfachlizenz: 1225,- DM pro Lizenz (2.-5. Kopie) |
| | 700,- DM pro Lizenz (ab 6. Kopie) |
| | Institutslizenz (nur Hochschulen): 650,- DM (Update: 300,- DM) |
| | Studentenversion (eingeschränkter Leistungsumfang): 50,- DM |
| | Geltungsbereich: Hochschulen, Fachhochschulen, sonstige öffentliche Bildungseinrichtungen, persönliche Lizenzen für Studenten |

**Bezugsadresse**
Dipl.-Ing. Gerhard Biehl
BGS Besondere Graphik Systeme GmbH
Zentrale
Masurenweg 10
2359 Henstedt-Ulzburg 2
04193/ 9 20 85

**Bezugsadresse/Autor**
Dipl.-Ing. Gerhard Biehl
BGS Besondere Graphik Systeme GmbH
Kaiserstr. 34
8000 München 40
089/33 14 85

# ESIM

| | |
|---|---|
| **Fachgebiete** | Elektrotechnik |
| **Anwendungsbereiche** | Schaltkreissimulation, Lehrsimulation, Elektronik |
| **Zielgruppen** | Studenten, Ingenieure |
| **Version** | 2.2 |
| **Erstellungsdatum** | 20.09.1992 |

ESIM simuliert eine ständig wachsende Sammlung von Standardschaltungen, wie sie in Elektrotechnik-, Elektronik- und Musikelektronik-Vorlesungen und Praktikas anzutreffen sind. Diese werden in einfachster Weise über Hot-Keys ausgewählt. Für alle Bauteile sind günstige Bauteilewerte bereits vorhanden. Alle Diagramme liefern ohne jede Einstellarbeit immer eine optimale Darstellung. Somit bleibt dem Anwender nur mehr die Auswahl der gewünschten Schaltung und die Eingabe variierter Eingangsspannungs-, Bauteile-, Frequenzwerte udgl. Die verwendeten, festen Schaltungen werden automatisch verändert, wenn aufgrund des Betriebszustandes die Wirkung bestimmter Bauteile, z. B. eines Belastungswiderstandes, verschwindend klein geworden ist. Querverweise bieten neben der Information, daß es eine Schaltung mit gewissen Gemeinsamkeiten gibt, auch gleich die Möglichkeit, direkt zu ihr zu gelangen, ohne erst zeitraubend die gesamte Menuhierarchie hinauf- und hinuntersteigen zu müssen. Dank durchgängiger Verwendung von Vektorgraphik wurde automatische Einstellung auf alle wichtigen Graphikstandards erreicht. Ziel ist, parallel zum Durcharbeiten von Schaltungen mit Bauteilen in Praktikas, deren Simulation. Dank der unkritischen Hardware-Anforderungen ist ESIM darüber hinaus auch bestens zum Selbststudium geeignet. Dies wird erreicht durch eine optimale Verbindung zwischen Schaltbild, Formel und Ergebnis in Form von Diagrammen oder Wertetabellen. Dabei übernimmt der Rechner alle Routinetätigkeiten, so daß sich der Anwender auf die Wissenszusammenhänge konzentrieren kann.

| | |
|---|---|
| **Betriebssysteme** | MS-DOS 3.x, TOS |
| **Softwareumgebung** | k.A. |
| **Hardwareumgebung** | PC; Atari-TOS-Computer; Ab AT; ST/STE/TT/Falcon030 ab 512 KB RAM, S/W- und Farbmonitore ab 640 * 400 Pixel, Festplatte verwendbar, aber nicht erforderlich. |
| **Preis** | 79 DM |
| **Bezugsbedingungen** | k.A. |

| | |
|---|---|
| **Bezugsadresse/Autor** | **Autor** |
| Prof. Herbert Walz | Prof. Herbert Walz |
| Anton-Köck-Str. 8a | Fachhochschule München |
| 8023 Pullach | FB06 |
| 089/793 75 82 oder 793 03 98 | 8000 München 2 |

# FFT-Simulator V 2.0

| | |
|---|---|
| **Fachgebiete** | Elektrotechnik |
| **Anwendungsbereiche** | Analyse, Ingenieurwesen, Signalverarbeitung, Simulationssoftware, Lernsoftware |
| **Zielgruppen** | Studenten, Studenten |
| **Version** | FFT-Simulator V 2.0 |
| **Erstellungsdatum** | 28.01.1992 |

Diskrete Fouriertransformation vorgebbarer Zeitfunktionen. Die Zeitfunktionen können per Menü aus einem Satz von Standardzeitfunktionen ausgewählt werden oder formelmäßig unter Benutzung des eingebauten Formelinterpreters eingegeben werden. Die Ausgabe der berechneten und mit einer wählbaren Fensterfunktion bewerteten Zeitfunktion und des zugehörigen Amplituden- und Phasenspektrums erfolgen graphisch (oder auf Wunsch auch tabellarisch) auf dem Bildschirm oder Drucker. Die Gegenüberstellung der berechneten Spektren ohne bzw. mit Verwendung einer Fensterfunktion zeigt graphisch die Vor- und Nachteile beim Einsatz von Fensterfunktionen. Das Programm deckt folgende Bereiche ab: Simulation der Diskreten Fouriertransformation unter Verwendung verschiedener Fensterfunktionen, Einsatz des FFT-Algorithmus, integrierter Formelinterpreter.

| | |
|---|---|
| **Betriebssysteme** | DR-DOS 5.x, PC-DOS 3.x |
| **Softwareumgebung** | k.A. |
| **Hardwareumgebung** | IBM AT; 1 MB RAM; VGA; Harddisk: 5 MB; 80x87; COM1-Maus u. (LaserJetIII oder (EPSON-kompatibler Matixdrucker u. HPGL-Plotter)); |
| **Preis** | k.A. |
| **Bezugsbedingungen** | k.A. |

**Bezugsadresse/Autor**

Dipl.-Ing. (FH) Uwe Heims
Im Steinkamp 45
3163 Sehnde 2 ( OT Ilten )
05132 / 7335

Dipl.-Ing. (FH) Holger Möhle
Gutenbergstr. 14
3167 Burgdorf
05136 / 82142

Prof. Dr.-Ing. Rudolf Nocker
Fachhochschule Hannover
Elektrotechnik / Kommunikationstechnik
Ricklinger Stadtweg 120
3000 Hannover 91
0511 / 4503-194

# Elektrotechnik

## FILTER

| | |
|---|---|
| **Fachgebiete** | Elektrotechnik |
| **Anwendungsbereiche** | Elektrisches Netzwerk, Ingenieurwesen, mathematische Software, Telekommunikation |
| **Zielgruppen** | Studenten, Ingenieure |
| **Version** | 1.01 |
| **Erstellungsdatum** | 24.02.1992 |

Funktionen des Programmes: Programmteil "Netzwerkfunktionen": Eingabe der (max. 20) Pol- und Nullstellen einer analogen oder digitalen Übertragungsfunktion oder Eingabe in Form einer gebrochen rationalen Funktion; Berechnung von Betrag, Dämpfung, Phase und Gruppenlaufzeit; Darstellungsmöglichkeiten für diese Funktionen mit linearem und logarithmischem Frequenzmaßstab. Diese Darstellungsmöglichkeiten stehen auch für in anderen Programmteilen entworfene Filter zur Verfügung. Programmteil "Kaskadenfilter (analog/digital)": Entwurf aktiver Kaskadenfilter nach Dämpfungsvorschriften mit Butterworth-, Tschebyscheff- oder Cauer-Charakteristik. Tief- und Hochpäße werden bis zum 10. Grad, Bandpässe und Bandsperren bis zum Grad 20 entworfen. Der Benutzer kann den Schaltungsentwurf (Dimensionierung, Auswahl und Reihenfolge der Teilschaltungen, Skalierung) in vielfältiger Art steuern. Es können auch Filter für zuvor im Programmteil "Netzwerkfunktionen" eingegebene Pol-Nullstellenschemata entworfen werden; Entwurf digitaler Kaskadenfilter mit den gleichen Möglichkeiten. Programmteil "Standardfilter (analog/digital)": Entwurf passiver Filter nach Dämpfungsvorschriften mit Butterworth-, Tschebyscheff- und Cauer-Charakteristik. Tief- und Hochpäße bis zum Grad 10, Bandpäße, Bandsperren bis zum Grad 20. Entwurf von Leapfrog-Filtern nach entsprechenden Vorgaben; Entwurf von Wellendigitalfiltern nach entsprechenden Vorgaben. Programmteil "Schaltungsentwurf": Entwurf von passiven Filtern mit Tiefpasscharakter und Nullstellen, ausschließlich auf der imaginären Achse. Eingabedaten sind gebrochen rationale Übertragungsfunktionen (bis Grad 10) oder die Übernahme eines zuvor eingegebenen Pol-Nullstellenschemas (Programmteil "Netzwerkfunktionen" ). Programmteil "Schaltungseditor": Eingabe einer passiven Abzweigschaltung, wobei auch einige aktive Elemente (z. B. Gyratoren) zugelassen sind; Durchführung einer Schaltungsanalyse mit anschließender Darstellung von Ergebnissen im Programmteil "Netzwerkfunktionen"; Darstellung von in anderen Programmteilen entworfenen Schaltungen mit der Möglichkeit diese zu verändern. Programmteil "Nichtrekursive digitale Filter": Filterentwurf bei Eingabe der Impulsantwort; Entwurf von Tiefpaßsystemen mit linearer Phase. Programmteil "Reaktanzzweipole": Entwurf von Reaktanzzweipolschaltungen bis zum Grad 20. Entworfen werden die kanonischen Foster- und Cauerschaltungen.

| | |
|---|---|
| **Betriebssysteme** | MS-DOS 3.x |
| **Hardwareumgebung** | IBM XT/AT (comp. ); 400 KB RAM; Hercules, EGA, VGA; Harddisk; Cop. optional; COM1-Maus u. (LaserJetIII oder (EPSON-kompatibler Matixdrucker u. HPGL-Plotter)); |
| **Preis** | 48 DM |

**Bezugsadresse**  
Vieweg-Verlag  
Faulbrunnenstr. 13  
6200 Wiesbaden  
0611/160226  

**Autor**  
Prof. Dr.-Ing. Otto Mildenberger  
Fachhochschule Wiesbaden  
Nachrichtentechnik  
6090 Rüsselsheim

## Filter

| | |
|---|---|
| **Fachgebiete** | Elektrotechnik |
| **Anwendungsbereiche** | automatische Steuerung, Signalverarbeitung, Simulation |
| **Zielgruppen** | k.A. |
| **Version** | 1.0 |
| **Erstellungsdatum** | 30.01.1991 |

Filter ist ein Programm zum einfachen und komfortablen Testen und Realisieren von digitalen Filtern. Das Programm soll vor allem Personen ansprechen, die mit dem Umgang von Computern noch nicht so vertraut sind. Es eignet sich deshalb besonders für den Einsatz in Praktika (z.B. Regelungstechnik). Anwendereingaben werden nur in Dialogboxen getätigt, die hinsichtlich der Bedienung und der graphischen Gestaltung einheitlich sind. Graphische Tastensymbole erwecken den Eindruck, man bediene ein Gerät, beispielsweise ein Oszilloskop. Das Programm geht bei der Berechnung des Ausgangssignals von der Z-Übertragungsfunktion G(z) aus und berechnet ein Ausgangssignal wie folgt: $Ua(k) = b0*Ü(k)+b1*Ü(k-1)+...+b31*Ü(k-31) + a1*Ua(k-1)+a2*Ua(k-2)+...+a31*Ua(k-31)$ Das Eingangssignal kann a) simuliert werden, b) aus einer Datei stammen, c) vom AD-Wandler stammen. Das Ausgangssignal wird bei a) nur auf dem Bildschirm ausgegeben, b) zusätzlich in eine Outputdatei geschrieben, c) zusätzlich zum DA-Wandler gesendet. Neben der direkten Eingabe von Koeffizienten können auch Filterdateien geladen und gesichert werden. Es können Tiefpassprototypen als Hochpässe, Bandpässe und Bandsperren in andere Frequenzbereiche transformiert werden. Ferner können mit den entsprechenden analogen Parametern digitale PID-Regelalgorithmen berechnet werden.

| | |
|---|---|
| **Betriebssysteme** | MS-DOS 3.x |
| **Softwareumgebung** | k.A. |
| **Hardwareumgebung** | IBM AT; 256 KB; EGA, VGA, Hercules; Festplatte; RTI 815 (Analog Devices) |
| **Preis** | 200 DM |
| **Bezugsbedingungen** | Programm wird nur an Universitäten und Fachhochschulen abgegeben |

**Bezugsadresse/Autor**
Martin Bobert
Fachhochschule Hamburg
BPV, Labor f. Automatisierungstechnik
Lohbrügger Kirchstr. 65
2050 Hamburg 80

**Elektrotechnik** 95

## FUSE

| | |
|---|---|
| **Fachgebiete** | Informatik, Elektrotechnik |
| **Anwendungsbereiche** | Rechnerarchitektur, Hardware Entwurf, Simulationssoftware, Training Software |
| **Zielgruppen** | Studenten |
| **Version** | 1k2 |
| **Erstellungsdatum** | 01.02.1992 |

FUSE ist ein Simulationssystem welches speziell für den Entwurf von Computerpipelines zugeschnitten ist. In einer Pipeline laufen Vorgänge ähnlich wie in einer Fließbandverarbeitung ab. Eine Operation wird dabei in mehrere Teiloperationen zerlegt. Eine neue Operation kann dadurch in die Pipeline eintreten, ohne auf die Beendigung der vorhergehenden Operation warten zu müssen. Damit kann die Prozessor-Performance wesentlich gesteigert werden, ohne die Hardware Kosten wesentlich zu erhöhen. Daher wird Pipelining fast in jeder modernen Computer Architektur angewendet. Nun ist es jedoch außerordentlich schwierig solche Hardware (fehlerfrei) zu entwerfen, da mehrfache Datenabhängigkeiten zwischen verschiedenen Stufen in der Pipeline sowie Timing-Probleme auftreten. FUSE besteht aus einem Schematic Editor, einem Simulation Interface, einem Simulator-Kern, Modellen der GENESIL Silicon Compiler Library (z.B. ALU, Register-File, Gatter etc.), sowie mehreren Konversionsprogrammen. Durch symbolische Simulation sowie grafisch/textuelle Unterstützung ist es möglich, Abläufe (Datenfluß) in der Pipeline klar sichtbar zu machen und die gegebene FUNKTION der Schaltung EINDEUTIG und UNMITTELBAR zu erkennen. Ein "toleranter" Simulationsmodus (fuzzy mode) gestattet eine Minimierung des Spezifikationsaufwands, die für die Simulation einer Schaltung erforderlich ist. Zielgruppen sind Studenten an Fachhochschulen und Hochschulen zur Entwicklung von Fertigkeiten oder zur Vertiefung des Wissens über den Hardware-Entwurf und Rechnerarchitekturen. Kenntnisse über den digitalen Schaltungsentwurf sowie über Rechnerstrukturen sind von Vorteil. Folgende Konzepte kommen zur Anwendung: Logische Simulationsmodes, Translator-Konzept, Symbolic-Simulation, Fuzzy-Specification, Signal-Coloring, Grafische/Textuelle Unterstützung, objektorientierte Programmierung.

| | |
|---|---|
| **Betriebssysteme** | SUN OS 4.x |
| **Softwareumgebung** | (i) X11R4 (X Window System); (ii) Motif 1.1 (getestet mit ixi Motif); (iii) ELK-1.5 (oder ELK-1.4) |
| **Hardwareumgebung** | Solbourne S4000 (SPARC) color station; 16 MB RAM; Hercules, EGA, VGA; 80387 (optional); Drucker; |
| **Preis** | k.A. |
| **Bezugsbedingungen** | k.A. |

**Bezugsadresse/Autor**

Dipl.-Ing. Walter Eder
Technische Unversität Wien
Technische Informatik/VLSI Entwurf
Treitlstraße 3/2
A-1040 Wien (Österreich)
(++43.1)58801/8157

Dr.techn. Dipl.Ing. Hugo Pristauz
Technische Universität Graz
Institut für Regelungstechnik
Krenngasse
A-8010 Graz (Österreich)
(++43.1)316/824045

# GRAFFU

| | |
|---|---|
| **Fachgebiete** | Elektrotechnik, Mathematik, Maschinenbau, Physik |
| **Anwendungsbereiche** | mathematische Software, Graphikkunst, Lernsoftware |
| **Zielgruppen** | k.A. |
| **Version** | 3.91. EGA/VGA |
| **Erstellungsdatum** | 01.01.1991 |

Grafische Auswertung einer oder mehrerer Gleichungen $y=f(a..z,\beta,K,pi,\$)$ mit Konstanten K, pi und veränderbaren Parameterwerten $a,b,c..z,\beta$. Die unabhängige Variable für die waagrechte Achse kann aus den Gleichungsparametern $a,b,c...z,\beta$ ausgewählt werden. Wahlweise substituieren mit $ in $y=f(a..\$,..\$..z)$ und $\$=f(a..z,\beta)$. Wahlweise Verwendung eines Parameters z als Schleifenparameter von z1 bis z2 mit Schrittweite dz zur Erstellung affiner Graphen. Analytische und grafische Erstellung der Ableitungsfunktionen y' u. y" des eingegebenen Funktionsterms $y(a,b...z,\beta)$ nach einer hiervon ausgewählten beliebigen Variablen $a,b,c...z,\beta$ . Graphische Darstellung der Stammfunktion der dargestellten Funktion y( ). Wahlweise Darstellung mit kartesischen Koordinaten, Polarkoordinaten oder aus Z( ) und phi( ) auch in der komplexen Ebene. Unmittelbare Eingabe der Zahl pi (mit #-Taste). Auch Brüche und Vielfache. Winkelfunktionen im 360 Grad-Maß oder Bogenmaß rechnen bzw. darstellen. Ermittlung des Integrals und des arithmetischen Mittelwerts. Fourier-Analyse/Spektrum der dargestellten Funktion bzw. "CURSOR-Grafik". Newton-Polynom / Spline - "Kennlinien" aus Wertepaaren Xi/Yi (max. 6x20). (Farb)-Linienzug aus max. 200 Wertpaaren Xi/Yi einer ASCII-Disk.-Datei. Darstellung mit linearer, logarithmischer oder halblogarithmischer Teilung der Achsen; entsprechendes bei komplexer Darstellung für die unabhängige Variable in phi( ) und für die Z-Achse Z( ). Wahl der darzustellenden Zahlenbereiche und der Maßstäbe. Darstellung mit oder ohne Gitternetz/mit oder ohne Markierungs-Symbole. Linear oder logarithm. geteilte bzw. polare Achsen durchgehend beziffert. Einzelne Funktionswerte y1() u. y2() bzw. y(), y'() und y"() bzw. Z() und phi() im Grafikbild oder in einer Tabelle berechnen. Text und Markierungs-Symbole sowie Sonderzeichen in die Grafik schreiben. Wahlweise mehrere Grafiken überlagert (ineinander) oder untereinander (in zwei Halbbildern) darstellen. Auswertung logischer (schaltalgebraischer) Funktionen (AND/OR/XOR/NOT()). Eingegebene Gleichung(en)/Wertepaare mit Grafik-Layout-Parametern auf/ von Diskette/Festplatte speichern/laden. Komfortable Möglichkeit zum Editieren/Ändern der Gleichung(en).

| | |
|---|---|
| **Betriebssysteme** | MS-DOS 3.x |
| **Softwareumgebung** | k.A. |
| **Hardwareumgebung** | IBM PC/XT/AT; 540 KB; EGA, VGA 640x350, min. 4 Farben; (Versionen für CGA 320/640x200, VGA 640x480 und HGC 720x347 verfügbar); Drucker: Matrixdrucker NEC P6 |
| **Preis** | 299 DM |

**Bezugsadresse/Autor**
Roland Essinger
Gewerbl. Schulzentrum
GDS Sindelfingen
Neckarstr. 22
7032 Sindelfingen
07031/6108-0

# Elektrotechnik

## HANNOVER GRAPHICS

| | |
|---|---|
| **Fachgebiete** | Elektrotechnik, Maschinenbau, Physik |
| **Anwendungsbereiche** | Datenanalyse, Graphik, Statistik, Zeitreihenanalyse |
| **Zielgruppen** | Wissenschaftler, Techniker, Studenten |
| **Version** | 4.2 |
| **Erstellungsdatum** | 22.02.1991 |

HANNOVER GRAPHICS dient zur Analyse und Qualitätskontrolle langer Datenreihen, insbesondere Zeitreihen. Aber auch wenn die schnelle Durchsicht von Meßdaten oder Programmergebnissen gefragt ist, bietet sich HANNOVER GRAPHICS an, da es ASCII-Dateien schnell und flexibel einlesen und darstellen kann. Aus einer tabellarisch aufgebauten ASCII-Daten-Datei werden bis zu acht Spalten ausgewählt und eingelesen. Zu jeder Dateispalte wird eine Kurve gezeichnet. Die Länge der Datei darf weit über 100000 Zeilen betragen. Wenn sich nicht alle Daten auf einen Schlag in den Hauptspeicher laden lassen, liest HANNOVER GRAPHICS die Datei blockweise ein. Die Daten werden graphisch dargestellt. Die gesamte Zeitreihe läßt sich im Grafikmodus durchblättern. Die x- und y-Achsenskalierungen werden automatisch oder manuell eingestellt. Der Darstellungsmaßstab läßt sich jederzeit ändern. Ausschnitte der aktuellen Grafik können auf maximale Bildschirmgröße gedehnt werden. Die Skalierungen und Beschriftungen der aktuellen Grafik werden in einer Config-Datei gespeichert, die für ähnliche Daten-Dateien wieder zur Verfügung steht. Der aktuelle Bildschirm kann jederzeit als HP-GL-Datei gesichert werden. Diese Datei kann entweder direkt auf einen Plotter oder mit geeigneten Emulationsprogrammen auch auf einen Matrix- oder Laserdrucker ausgegeben werden. Die meisten modernen Textverarbeitungsprogramme ermöglichen die Einbindung der mit HANNOVER GRAPHICS erzeugten Abbildungen direkt in den Text (z.B. WordPerfect 5.1). Die Datenreihen können mit der Filterfunktion hoch- oder tiefpaß-gefiltert werden, wobei sich die Ergebnisse auch als ASCII-Datei sichern lassen. Gauss- und Rechteckfilter sind bereits "eingebaut". Mit der Funktion "Eigene Filter" lassen sich beliebige symmetrische Filter realisieren. Das Statistikpaket berechnet neben einfachen deskriptiven Kennwerten wie Mittelwert und Varianz auch Covarianzen und Korrelationskoeffizienten zwischen allen Datenreihen. Speziell zur Zeitreihenanalyse wurde das Spektrenpaket eingeführt. Es erlaubt die Berechnung der Auto- oder Kreuzcovarianzfunktion mit anschließender Spektralanalyse.

| | |
|---|---|
| **Betriebssysteme** | MS-DOS 3.x |
| **Softwareumgebung** | k.A. |
| **Hardwareumgebung** | AT-80286; 512 KB; VGA; 20MB; 80287 (optional); HP-GL-kompatibler Plotter (optional) |
| **Preis** | 80 DM |
| **Bezugsbedingungen** | Abgabe nur an Hochschulen |

**Bezugsadresse/Autor**
Uwe Hoppmann
Universität Hannover
Inst. f. Meteorologie und Klimatologie
Herrenhäuser Str. 2
3000 Hannover 21
0511-762-4413

# HDLCSIM

| | |
|---|---|
| **Fachgebiete** | Informatik, Elektrotechnik |
| **Anwendungsbereiche** | OSI-Referenzmodell, Kommunikation, Simulation, Visualisierung |
| **Zielgruppen** | Studenten |
| **Version** | 1.0 |
| **Erstellungsdatum** | 14.12.1989 |

Das Programm realisiert ein Simulationssystem zur graphischen Visualisierung von Protokollabläufen bei der Rechnerkommunikation. Dem Lernenden wird am Beispiel des HDLC-Protokolls die Funktionsweise von Kommunikationsprotokollen veranschaulicht. Durch eine ansatzweise vorhandene graphische Animation, wird der zeitliche Verlauf der einzelnen Protokollaktionen deutlich. Die Einordnung von Kommunikationsprotokollen in das ISO-OSI-Referenzmodell sowie die abstrakten Begriffe und Mechanismen des Modells sind ein weiterer Lernschwerpunkt. Die folgenden OSI-Begriffe bzw. Protokollmechanismen werden dem Lernenden deutlich gemacht: Dienstzugangspunkt, Protokolldateneinheit, Schichtung, Dienst, Blockbildung, Blocknummerierung.

Dem Simulationsmodell wird das Datex-P-Netz der deutschen Bundespost zugrundegelegt. Eine typische Kommunikationsbeziehung zwischen einer Datenendeinrichtung (DEE) und einer Datenvermittlungsstelle (DVST-P) wird simuliert. Visualisiert wird dabei die Kommunikationsbeziehung zwischen zwei Schicht-2-Protokollinstanzen. Die Instanzen der Paket- und Bitübertragungsschicht der DEE und alle Instanzen innerhalb der DVST-P werden simuliert. Der Benutzer des Systems hat die Aufgabe, sich wie eine HDLC-Protokoll-Instanz der DEE zu verhalten, d.h. er tauscht protokollgemäß Protokolldateneinheiten (PDU) mit der HDLC-Schicht der Datenvermittlungsstelle aus. Auf dem Monitor wird die grafische Veranschaulichung einer HDLC-Instanz innerhalb des ISO-OSI-Schichtenmodells dargestellt.

An der TU München wird das Programm im Rahmen eines Praktikums zum Thema Rechnernetze eingesetzt. Kenntnisse in grundlegenden Sachverhalten des ISO-OSI-Referenzmodells, von Protokollspezifikationen und Protokollmechanismen, sowie die HDLC-Spezifikation werden durch die Praktikumsanleitung vermittelt.

**Anerkennenswerte Leistung beim Deutschen Hochschul-Software-Preis 1991**

| | |
|---|---|
| **Betriebssysteme** | TOS |
| **Softwareumgebung** | k.A. |
| **Hardwareumgebung** | Atari ST; 1 MB |
| **Preis** | k.A. |
| **Bezugsbedingungen** | Für Universitäten und Hochschulen unentgeltlich, falls das Programm ausschließlich in der Studentenausbildung eingesetzt wird. Für sonstige Institutionen Preis nach Vereinbarung. |

**Bezugsadresse/Autor**

Stefan Kohlmann
Fa. AIC-Software
Elsenheimerstr. 43
8000 München 21
089/576057

Jörg Sauerbrey
Technische Universität München
Lehrstuhl für Datenverarbeitung
Postf. 20 24 20
8000 München 2
089/2105-8385

# Elektrotechnik

## hegraph

| | |
|---|---|
| **Fachgebiete** | Elektrotechnik |
| **Anwendungsbereiche** | CAL, rechnerunterstütztes Lernen, graphische Darstellung, Signalverarbeitung, Lernsoftware, Visualisierung |
| **Zielgruppen** | Hochschulen, Studenten |
| **Version** | 1.2 |
| **Erstellungsdatum** | 29.08.1991 |

Das Ein-/Ausgangsverhalten zeitdiskreter, linearer zeitinvarianter Systeme (in der Digitalen Signalverarbeitung z.B. digitale Filter) wird beschrieben durch ihre rationale Übertragungsfunktion H(z). Daraus können Eigenschaften wie Betrags- und Phasenfrequenzgang, Gruppenlaufzeit, Impulsantwort usw. abgeleitet werden. Eine Darstellung von H(z) durch die Pole und Nullstellen in der komplexen z-Ebene ist in der Systemtheorie sowohl aufgrund ihrer Anschaulichkeit als auch aufgrund des unmittelbaren Bezugs zu Frequenzgang und Eigenschwingungen des Systems von außerordentlicher Bedeutung. Mit dem Programm können Pole und Nullstellen in der komplexen z-Ebene mit den Cursortasten plaziert und auch interaktiv verschoben werden; vom Benutzer vorgewählte graphische Darstellungen der Systemeigenschaften werden nach jeder Änderung automatisch aktualisiert. Als wesentliche Vereinfachung der Handhabung können Solleigenschaften wie (I) Reellwertigkeit, Linearphasigkeit, Allpaßverhalten sowie (II) Stabilität und Minimalphasigkeit vorgeschrieben werden. Dadurch werden bei einer Veränderung eines Pols bzw. einer Nullstelle in der Pol-/Nullstellenkonfigurationen abhängige Pole bzw. Nullstellen automatisch so mitverändert (Gruppe I) oder erforderlichenfalls Eingaben ignoriert (Gruppe II), daß die gewählten Solleigenschaften aufrechterhalten bleiben. Die Berechnung der Systemeigenschaften anhand einer gegebenen Pol-/Nullstellenkonfiguration ist Gegenstand der Lehre in der DSV. Die programmiertechnische Umsetzung erfordert eine aufwendige Verwaltung der Pole und Nullstellen, um die eingestellten Sollsystemeigenschaften auch bei Veränderungen zu gewährleisten. Daneben wurden für die umfangreichen graphischen Darstellungen spezielle Ausgabefunktionen erstellt. Neben Effizienz kam es dabei vor allem auf eine leichte Erfaßbarkeit der gebotenen Informationen an.

**Teilnahme an der Endrunde und anerkennenswerte Leistung beim Deutschen Hochschul-Software-Preis 1991**

| | |
|---|---|
| **Betriebssysteme** | MS-DOS 3.x |
| **Hardwareumgebung** | IBM PC-AT; 512 KB; EGA; 80287 |
| **Bezugsbedingungen** | Universitäten und Fachhochschulen ist die Verwendung zur stud. Ausbildung unentgeltlich gestattet, jegliche kommerzielle Verwendung bedarf der Zustimmung durch den Lehrst. für Nachrichtentechnik der Uni Erlangen-Nürnberg |
| **ASK-SAM** | Das Programm kann über den Fileserver abgerufen werden. |

| **Bezugsadresse** | **Autor** |
|---|---|
| Prof. Dr. H. W. Schüssler | Wolfgang Heigl |
| Universität Erlangen-Nürnberg | Universität Erlangen-Nürnberg |
| Lehrstuhl für Nachrichtentechnik | Lehrstuhl für Nachrichtentechnik |
| Cauerstraße 7 | 8520 Erlangen |
| 8520 Erlangen | |

# Joker

| | |
|---|---|
| **Fachgebiete** | Elektrotechnik |
| **Anwendungsbereiche** | CAL, rechnerunterstütztes Lernen, Lernsoftware, Training Software, Tutorial |
| **Zielgruppen** | Studenten |
| **Version** | 1.01 |
| **Erstellungsdatum** | 27.02.1991 |

Der Lehrgang "Grundlagen der Elektrotechnik" beinhaltet verschiedene wichtige Kapitel um das Grundkonzept der Elektrotechnik einfacher verstehen zu lernen. Ziel war es, den programmtechnischen Ablauf des Programms der Realität (schulischer Ablauf) möglichst anzupassen. Prüfungen können wiederholt werden, während dem Lernen oder dem Ablegen einer Prüfung können verschiedene "Unterlagen" zu Hilfe gezogen werden (Lexikon, graphische Kennlinienanzeige, UPN-Taschenrechner, Formelsammlung, Tabellensammlung). Jeder Lernende hat über ein eigenes Paßwort Zugang zu seinen Daten, so können mehrere Benutzer, nacheinander mit dem Programm arbeiten, abbrechen und bei der abgebrochenen Lektion weiterarbeiten. Nach jeder Lektion erfolgt ein kurzer Test, in dem das aktuell vermittelte Wissen abgefragt wird. Die Testfragen werden jeweils per Zufallsgenerator aus der entsprechenden Fragen-Datenbank ermittelt, so daß nicht jeder Test identisch zum Vorgänger ist. Wurde der Test bestanden, kann in der darauffolgenden Lektion weitergearbeitet werden. Am Schluß erfolgt ein großer Abschlußtest über alle Lektionsinhalte. Die Inhalte der einzelnen Lernhilfen, wie etwa Kennlinien, Formeln, Lexikon, ... orientieren sich an den implementierten Stoffgebieten, so daß dem Anwender eine geschlossene und kompakte Wissensbasis zur Verfügung steht. Bei Interesse kann der Benutzer das Lexikon, die Formelsammlung und die Tabellenübersicht mit dem Zusatzprogramm SETUP beliebig erweitern und sich so seine eigene Wissens-Datenbank aufbauen und diese lexikalisch über das Programm SETUP jederzeit abrufen und nutzen.

| | |
|---|---|
| **Betriebssysteme** | MS-DOS 3.x |
| **Softwareumgebung** | k.A. |
| **Hardwareumgebung** | XT/AT; 512 KB; CGA/EGA/VGA; 20 MB |
| **Preis** | k.A. |
| **Bezugsbedingungen** | k.A. |

**Bezugsadresse/Autor**

Edmund Fink
Eisenbahnstr. 6
1000 Berlin 36
030 - 611 59 50

Thomas Kaschuba
Soldinerstr. 42
1000 Berlin 65
030 - 492 26 92

Ulrich Tannert
Hochstr. 8
1000 Berlin 65
030 - 465 37 77

Rolf Wind
Solmstr. 50
1000 Berlin 61
030 - 691 59 35

# Elektrotechnik

## LOGIC (Spreadsheet für Logik-Schaltungen)

**Fachgebiete**     Informatik, Elektrotechnik, Mathematik
**Anwendungsbereiche**     Ausbildung, mathematische Software, Simulationssoftware
**Zielgruppen**     k.A.
**Version**     1.0
**Erstellungsdatum**     26.03.1991

LOGIC ist ein Spreadsheet-Programm für Logik-Schaltungen. Das Arbeitsblatt besteht aus einzelnen Zellen, in die der Benutzer je ein logisches Gatter setzt. Dann verbindet der Benutzer die Gatter durch Leitungen. Ändert der Benutzer ein Eingangßignal (von EIN auf AUS oder umgekehrt), so werden die Ausgangszustände aller dadurch betroffenen logischen Gatter automatisch neu berechnet. Auch das Zusammenfassen von Teilschaltungen zu Makros ist möglich. Grundkenntnisse im Umgang mit Spreadsheets werden vorausgesetzt, ebenso Interesse und Grundwissen über logische Schaltungen. Lehrende können mit Hilfe diese Programms logische Schaltungen demonstrieren und erläutern, Studierende können rasch logische Schaltungen aufbauen und ihre Funktionsweise untersuchen, ohne zeitraubende Messungen durchführen zu müssen.

**Betriebssysteme**     MS-DOS 2.x
**Softwareumgebung**     k.A.
**Hardwareumgebung**     IBM PC/XT/AT; 640 KB RAM; CGA, EGA, Hercules; Festplatte: 290 KB; Koprozessor-Unterstützung auf Anfrage.
**Preis**     50 DM
**Bezugsbedingungen**     k.A.

**Bezugsadresse/Autor**
Peter Jakesch
Universität Wien
Institut für Theoretische Physik
Boltzmanngaße 5
A-1090 Wien (Österreich)
022/34-26-30/284

# LPC_Analyse

| | |
|---|---|
| **Fachgebiete** | Informatik, Elektrotechnik |
| **Anwendungsbereiche** | LPC, digitale Sprachanalyse |
| **Zielgruppen** | k.A. |
| **Version** | 1.1 |
| **Erstellungsdatum** | 15.02.1992 |

Das Programm beinhaltet zahlreiche Funktionen zur Darstellung, Analyse und Manipulation digitaler Sprachsignale. Dabei können bereits gespeicherte Sample-Files geladen werden, oder, falls die erforderliche Hardware vorhanden ist, direkt über Mikrofon oder von einem DAT-Recorder Signale eingelesen werden. Neben Möglichkeiten zur Spektrumsberechnung oder Grundfrequenzbestimmung, kann eine Berechnung der LPC-Koeffizienten durchgeführt werden, oder digitale Signale gefiltert werden. Alle Berechnungen oder Ergebnisse lassen sich in vielen Parametern verändern: bei Spektrumsbestimmungen können verschiedene Fenstertypen und Fensterlängen eingestellt werden, LPC-Polstellen lassen sich direkt in der komplexen Ebene editieren, Anregungssignale und Hüllkurven sind graphisch mit der Maus zu zeichnen, und Zeitsignale werden in zahlreichen Zoom-Stufen angezeigt. Die einfache Bedienung mit Maus und Pull-Down-Menüs in Verbindung mit der selbsterklärenden Benutzeroberfläche soll die Studenten aber auch zu eigenen Experimenten reizen. Deswegen wurde auch der in Studentenkreisen weit verbreitete Computertyp Atari ST gewählt, der mit seinem geringen Preis eine sehr kostengünstige Möglichkeit bietet, Erfahrungen in der digitalen Signalverarbeitung zu sammeln. Es muß dann mit fertigen Sample-Files (Konserven) gearbeitet werden, die von Dozenten zur Verfügung gestellt werden. Die Algorithmen, die das Programm verwendet, sind Standard in der digitalen Signalverarbeitung: - Butterfly Algorithmus zur Spektrumsbestimmung - Durbin Algorithmus bzw. Levinson-Rekursion zur Bestimmung der LPC-Koeffizienten. Das Programm, das Möglichkeiten bietet, die sonst nur auf kostspieligen Systemen realisiert sind, zeichnet sich besonders durch die Benutzeroberfläche aus und durch die Fähigkeit, bereits mit dem sehr weit verbreiteten Standard Atari ST mit der Problematik der digitalen Sprachverarbeitung vertraut zu werden.

| | |
|---|---|
| **Betriebssysteme** | TOS 1.4 |
| **Softwareumgebung** | k.A. |
| **Hardwareumgebung** | Atari ST; 1 MB RAM; Hercules-Plus, EGA, VGA; Harddisk: 4. 4 MB; A/D-Wandler und D/A-Wandler über ROM-Port; |
| **Preis** | 100 DM |
| **Bezugsbedingungen** | Programm wird nur für nicht-kommerzielle Zwecke abgegeben (nur für Lehr- und Studienzwecke). |

**Bezugsadresse/Autor**

Priv.-Doz. Dr.-Ing. Günther Ruske
TU München
Lehrstuhl für Datenverarbeitung
Franz-Joseph-Str. 38
8000 München
089/349451

Cand. Ing. Johannes Freyberger
TU München
Lehrstuhl für Datenverarbeitung
Franz-Joseph-Str. 38
8000 München
089/349451

# Elektrotechnik

## M1

| | |
|---|---|
| **Fachgebiete** | Elektrotechnik, Physik |
| **Anwendungsbereiche** | Akustik, Meßgerät, Signalverarbeitung, Lernsoftware, Tutorial |
| **Zielgruppen** | Ingenieure, Studenten, Assistenten |
| **Version** | April 1992 |
| **Erstellungsdatum** | 20.04.1992 |

M1 wurde konzipiert als Werkzeug zur Analyse von Files von Samples von 12-Bit AD-Wandlern ("Oszillogrammen"). Mit M1 kann man bequem einzelne Aspekte von Oszillogrammen untersuchen und darstellen. M1 erlaubt eine Strategie zur Bearbeitung erst spielerisch zu testen, wobei die Zwischenergebnisse nach jeder Manipulation einsehbar sind. Danach kann man die erfolgreichste Strategie bei der interaktiven Durchführung einmal protokollieren und hat dann ein Makro, mit dem die restlichen Dateien des Experiments in gleicher Art automatisch bearbeitet werden können. M1 wurde unter GEM und GEM-AES von Digital Reserach implementiert.

Intern stellt M1 Oszillogramme in 3 oder 4 Integer-Arrays mit bis zu 32766 Samples dar. Der Amplitudenraum umfaßt die Werte -2048..+2047. Zu jedem Array gehören eigene Skalierungsdaten und Überschriften. Bei arithmetischen Operationen werden die Skalierungen - soweit möglich - in Einheiten und Maßzahl mitgeführt. Die Routinen sind in folgende Gruppen eingeteilt: Schreiben und Lesen von Files (Oszillogramm-Daten, Beschriftungen, FIR-Koeffizienten...), Darstellungen (Übersicht, Lupe, Amplitude vs. Amplitude, Metafiles Darstellungsattribute, Messen in Darstellungen), Signal-Transformationen (Arithmetische Operatoren, Filter, Normierung, Verschiebung in Zeitachse), Signal-Analyse (Suchen relativer Extrema, Kreuzungspunkte, FFT Zeitkonstanten), Signal-Synthesen und Skalierung (Synthese von Rauschen, Dreieck, Rechteck, Rampen, Sinus, Skalierungen, Überschriften, FIR-Koeffizienten editieren), Routinen, die der Steuerung von M1 dienen (Files für Makros und numerische Ergebnisse öffnen/schließen, Makros editieren und den Funktionstasten zuordnen), Routinen, die Hilfstexte steuern. Um Files unterschiedlicher AD-Wandler-Programme verarbeiten zu können, bietet M1 verschiedene Formatwandlungen beim File-Import.

**Anerkennenswerte Leistung beim Deutschen Hochschul-Software-Preis 1991**

| | |
|---|---|
| **Betriebssysteme** | DR-DOS 4.x, GEM, MS-DOS 3.x, PC-DOS 3.x |
| **Softwareumgebung** | GEM und GEM-AES (A_pplication E_nvironment S_ystem) |
| **Hardwareumgebung** | IBM-PC; EGA, VGA; 640 KB; 10 MB Festplatte; 80X87, Maus |
| **Bezugsbedingungen** | M1 wird gegen Einsendung der Datenträger mit Rückumschlag unentgeltlich abgegeben. Der Source Code nach Absprache mit dem Autor. |
| **ASK-SAM** | Eine Demo-Version des Programmes kann über den Fileserver abgerufen werden. |

**Bezugsadresse/Autor**
Dr. Josef Gödde
Haag Elektronische Meßgeräte GmbH
Entwicklung Software
Emil-Hurm-Str. 118-120
6251 Waldbrunn 2
06436 4035

# Elektrotechnik

## Marquardt-Fit

| | |
|---|---|
| **Fachgebiete** | Elektrotechnik, Maschinenbau, Physik |
| **Anwendungsbereiche** | Anwendungsprogramm, Datenanalyse, Numerik |
| **Zielgruppen** | k.A. |
| **Version** | 4.29 |
| **Erstellungsdatum** | 12.02.1991 |

Das Programm dient der Anpassung von Parametern von Theoriefunktionen an Meßdaten. Es baut auf einer mathematischen Methode zur Anpassung von Parametern nichtlinearer Funktionen nach Marquardt auf. Dies ist eine ständig wiederkehrende Standardaufgabe. Häufig treten relative einfache Probleme (Funktionen mit nicht mehr als 10 Parametern und nicht mehr als 1000 Datenpunkte) auf. Für solche Probleme wurde ein Standardprogramm geschrieben. Besonderen Wert wurde auf die sofortige graphische Darstellung der Ergebnisse und Zwischenergebnisse gelegt, da hierdurch zum einen eine ständige Kontrolle des Programmablaufes gewährleistet ist, zum anderen beim Lernenden Erfahrungen aufgebaut werden, wie die Anpassung abläuft und welche Vorgehensweisen sich als sinnvoll erweisen. Ebenfalls wird dadurch die Beurteilung abstrakter Größen (wie der Chi-Quadrat-Summe) erleichtert und geschult. Für die praktische Anwendung besonders wichtig ist die Möglichkeit, neue Funktionen für die Anpassung selbst einzugeben, ohne daß das Programm neu compiliert werden muß. Der Benutzer kann also ohne großen Aufwand eigene Funktionen testen und anwenden. Da diese selbst eingegebenen Funktionen gespeichert werden, kann sich jeder Benutzer leicht eine eigene Bibliothek an Fit-Funktionen aufbauen. Für die routinemäßige Bearbeitung von bekannten Problemen ist ein sog. "Batch-Modus" vorgesehen, in dem die Benutzereingaben aus einer Datei statt über die Tastatur erfolgen.

Das Programm ist eine Weiterentwicklung eines seit Jahren an unserem Institut (6 Professoren, 20 wiss. Mitarbeiter und ca. 30 Diplomanden) eingesetzten Programmes. Es wurde in enger Zusammenarbeit mit den Anwendern ständig weiterentwickelt, bis es die vorliegende Form erreicht hat. Insbesondere die graphische Ausgabe jeder Iteration und die Möglichkeit der problemlosen Erweiterung um eigene Funktionen haben sich als sehr wertvoll erwiesen.

| | |
|---|---|
| **Betriebssysteme** | MS-DOS 2.x |
| **Softwareumgebung** | k.A. |
| **Hardwareumgebung** | IBM PC XT; 350 KB; Hercules, EGA, VGA, CGA |
| **Preis** | k.A. |
| **Bezugsbedingungen** | gegen Einsendung formatierter Disketten und frankiertem Rückumschlag bzw. über E-mail; nur an Universitäten, (Fachhoch-)Schulen und Forschungseinrichtungen (Änderung vorbehalten) |

**Bezugsadresse/Autor**
Christian Böttger
Technische Universität Braunschweig
Institut für Metallphysik
Mendelssohnstr. 3
3300 Braunschweig
0531/391-5113

# MCCGRAPH

| | |
|---|---|
| **Fachgebiete** | Elektrotechnik, Physik |
| **Anwendungsbereiche** | akustische Meßanalyse, Elektronik, Experimentelle Psychologie, Signalverarbeitung |
| **Zielgruppen** | k.A. |
| **Version** | 1.0 |
| **Erstellungsdatum** | 01.07.1991 |

Das Programm dient dem Entwurf phasenlinearer Bandpaß-Digitalfilter nach dem Verfahren von McClellan. Das Programm fragt folgende Eingabeparameter ab: N, die Filterlänge (L. d. Impulsantwort) (als INTEGER) T, das Abtastintervall in Sekunden (als REAL) NB, die Zahl der Bänder (ein Tief- oder Hochpaß hat 2 Bänder, ein Bandpaß mindestens 3 ) (als INTEGER) EDGE, die Eckfrequenzen der Bänder in Hz (die unterste Frequenz ist 0.0, die höchste 1/(2*T) ) (als REAL) FX, die Verstärkungsfaktoren in den Bändern (Ein Durchlaßband hat normalerweise die Verstärkung 1.0, ein Sperrband die Verstärkung 0.0 ) (als REAL) WTX, Gewichtsfaktoren, mit denen die Approximationsfehler in den Bändern gewichtet werden. (Oft kann im Durchlaßbereich der Faktor 1.0 gewählt werden, im Sperrbereich wählt man Werte 1, um die Sperrdämpfung zu verbessern, Werte bis ca. 100.0 sind möglich.) (als REAL) Das Programm berechnet eine optimale Impulsantwort und stellt den Betrag der Übertragungsfunktion in logarithmischem Maßstab graphisch zur Kontrolle auf dem Bildschirm dar. (Je 6 dB entsprechen einem Faktor 2, je 20 dB entsprechen einem Faktor 100.) Die Ausgabe erfolgt in einen File FILTERx.FIR, wobei in einem Programmaufruf bis zu 10 Filter berechnet werden können. Die Ausgabefiles heißen entsprechend FILTER0.FIR bis FILTER9.FIR. Danach bricht das Programm ab und muß neu gestartet werden. Vorher sollten die vorhandenen *.FIR-Files umbenannt oder gelöscht werden. Da die Impulsantwort von phasenlinearen - d.h.laufzeitverzerrungsfreien - Filtern spiegelsymmetrisch ist, wird sie nur zur Hälfte (bei N ungerade, (N+1)/2 ) in den File geschrieben, der Rest kann leicht durch Spiegelung ergänzt werden.

| | |
|---|---|
| **Betriebssysteme** | MS-DOS |
| **Softwareumgebung** | k.A. |
| **Hardwareumgebung** | 80286-PC mit VGA- EGA- CGA- oder Hercules- Graphik-Karte. |
| **Preis** | k.A. |
| **Bezugsbedingungen** | k.A. |
| **ASK-SAM** | Das Programm kann über den Fileserver abgerufen werden. |
| **Bezugsadresse/Autor** | |

James McClellan  
M.I.T.  
Dept. EECS  
MA 02139 Cambridge (USA)

Stephanie Maier  
Universität Trier  
Rechenzentrum  
Postf. 3825  
5500 Trier

## MESPRO

| | |
|---|---|
| **Fachgebiete** | Elektrotechnik, Physik |
| **Anwendungsbereiche** | Anwendungsprogramm, Meßgerät, Signalverarbeitung |
| **Zielgruppen** | k.A. |
| **Version** | 1.0 |
| **Erstellungsdatum** | 25.02.1991 |

Mit dem Programm soll die Möglichkeit gegeben werden, in Labors digitale Meßtechnik und Signalverarbeitung zu betreiben, was sonst nur mit sehr teuren Geräten oder Programmen möglich ist. Zielgruppen des Programms sind Studenten in Labor-, Studien- und Diplomarbeiten. Ebenso dient das Programm Dozenten, die damit Vorlesungsinhalte experimentell belegen können. Dem Programminhalt liegen die theoretischen Zusammenhänge der digitalen Signalverarbeitung (speziell der 2-Kanal-FFT-Analyse) zugrunde. Eingesetzt wird das Programm in Labors sowie in der Experimentalvorlesung Physikalische Meßtechnik. Durch die einfache Bedienung ist praktisch keine Einarbeitungszeit notwendig; es können sofortige Erfolgserlebnisse vermittelt und der Lehrstoff transparenter gemacht werden.

| | |
|---|---|
| **Betriebssysteme** | MS-DOS 3.x, PC-DOS 3.x |
| **Softwareumgebung** | k.A. |
| **Hardwareumgebung** | IBM PC-XT; 512 KB; CGA, Hercules, EGA, VGA; 80x87; zum Messen IEEE488-Karte sowie entspr. Oszi |
| **Preis** | 950 DM |
| **Bezugsbedingungen** | k.A. |
| **Sonderkonditionen** | Hochschulen erhalten das Programm für 500 DM. |

**Bezugsadresse/Autor**
Klaus Dickgiesser
FH Karlsruhe
Fachbereich Feinwerktechnik
Moltkestraße 4
7500 Karlsruhe 1
0721/169-339

# Elektrotechnik

## MG-CAD

| | |
|---|---|
| **Fachgebiete** | Elektrotechnik |
| **Anwendungsbereiche** | Ingenieurwesen |
| **Zielgruppen** | k.A. |
| **Version** | 3.7 |
| **Erstellungsdatum** | k.A. |

MG-CAD ist ein Elektrotechnik-Modul zu AutoCAD, mit dem auch große Projekte schnell, komfortabel und fehlerfrei zu realisieren sind. In der Grundversion beinhaltet MG-CAD eine umfangreiche, an der neuesten DIN orientierte Symbolbibliothek, den Zeichnungs- und Projektverwalter sowie Makros für die rationelle Symbol- und Zeichnungserstellung. Die Vollversion bietet neben den Funktionen der Grundversion eine Datenbank und eine Auswertung, in der Klemmen-, Stecker-, Kabel- und Verdrahtungslisten sowie die jeweiligen Pläne, Stück-, Bestell-, Ersatzteillisten, die Betriebsmittelkennzeichnung, Querverweise etc. erstellt werden können. MG-CAD enthält mit ca. 650 Symbolen die wichtigsten Symbole für die Elektrokonstruktion. Neue Symbole können gezeichnet, vorhandene abgeändert und anschließend ohne Editierung der AutoCAD-Menüdatei in das Tablettmenü aufgenommen werden. Der Anwender hat die die Möglichkeit, bis zu 256 selbstdefinierte bzw. gekaufte Wechselkarten zu verwenden. Optionen: Konstruieren nach JIC, Einlesen von Betriebsmitteldaten, Hydraulik und Starkstromübersicht.

| | | |
|---|---|---|
| **Betriebssysteme** | MS-DOS 3.x | |
| **Softwareumgebung** | Voraussetzung: AutoCAD | |
| **Hardwareumgebung** | wie AutoCAD | |
| **Preis** | 8900 DM | |
| **Bezugsbedingungen** | k.A. | |
| **Sonderkonditionen** | Einzellizenz: | 1300 DM |
| | Geltungsbereich: | Hochschulen, Fachhochschulen, sonstige öffentliche Bildungseinrichtungen |

| **Bezugsadresse** | **Autor** |
|---|---|
| Mensch und Maschine GmbH | MG-Data GmbH |
| Stefanus-Straße 6 | 4050 Mönchengladbach |
| 8032 Gräfelfing | |
| 089/854890 | |

## Minitools

| | |
|---|---|
| **Fachgebiete** | Informatik, Elektrotechnik, Mathematik, Maschinenbau |
| **Anwendungsbereiche** | Simulation, Lernsoftware |
| **Zielgruppen** | Studenten |
| **Version** | 1.00 |
| **Erstellungsdatum** | 24.02.1991 |

Minitools besteht aus den Programmen BDE-Sim, DE-Solver, Frequency und Abakus. 'BDE-Sim' ist ein Block-Diagramm-Editor und Simulator. Der Benutzer arbeitet auf der Stufe von Blockdiagrammen. Dabei gelten für die Blockdiagramme folgende Regeln: Jeder Block hat genau einen Ausgang und einen Eingang. Die Blöcke können in Serienschaltungen, Parallelschaltungen oder Schleifen miteinander verbunden werden. Die Definition des Diagramms geschieht mittels einer einfachen Sprache. Das Blockdiagramm und die Blockinhalte werden in einem kurzen Text beschrieben: Der erste Teil des Textes beschreibt die Struktur des Diagrammes, der zweite Teil die Funktion der Blöcke. Aus dem erstellten Text kann das Blockdiagramm grafisch dargestellt sowie Berechnungen im Frequenz- und Zeitbereich ausgeführt werden. Resultate von Berechnungen werden grafisch dargestellt. Sie können nach Bedarf auch in Textdateien abgelegt werden, um sie beispielsweise mit einem anderen Programm weiter zu bearbeiten. Mit Hilfe des 'DE-Solver' können Differentialgleichungssysteme bis sechster Ordnung editiert und numerisch gelöst werden (nach Runge-Kutta-4). Die Gleichungen werden in Dialogboxen editiert. Ist das Gleichungssystem erstellt, kann es direkt simuliert werden. Resultate der Simulationen werden grafisch dargestellt. Es können beliebig viele Kurven innerhalb einer Grafik erzeugt werden. Ein Differentialgleichungssystem kann auf eine Textdatei geschrieben und von einer solchen wieder gelesen werden. Ausgehend von linearen Übertragungsfunktionen bis sechster Ordnung können mit Hilfe von 'Frequency' Bodediagramme, Nyquistdiagramme, Wurzelortskurven und Schrittantworten berechnet und dargestellt werden. Die Übertragungsfunktionen werden in Dialogboxen eingegeben. Eine Übertragungsfunktion kann auf eine Textdatei geschrieben und von einer solchen gelesen werden. 'Abakus' ist ein Programm zur grafischen Ausgabe von Funktionen (bis zu vier gleichzeitig).

**Anerkennenswerte Leistung beim Deutschen Hochschul-Software-Preis 1991**

| | |
|---|---|
| **Betriebssysteme** | MAC OS, MS-DOS |
| **Softwareumgebung** | GEM Desktop (für IBM PC) |
| **Hardwareumgebung** | Apple Macintosh Plus oder größer; IBM PC mit 640 KB, Festplatte, Grafikkarte |
| **Preis** | k.A. |
| **Bezugsbedingungen** | k.A. |
| **ASK-SAM** | Das Programm kann über den Fileserver abgerufen werden. |

| **Bezugsadresse/Autor** | **Autor** |
|---|---|
| Prof. Walter Schaufelberger | Peter Kessler |
| ETH Zürich | SBB |
| Didaktikzentrum ETHZ | Dir. Informatik |
| Sonneggstr. 55 | CH-3030 Bern (Schweiz) |
| CH-8092 Zürich (Schweiz) | |
| 01 / 256 41 90 | |

# Elektrotechnik

## MOTIVE / TLC / PDQ

| | |
|---|---|
| **Fachgebiete** | Elektrotechnik |
| **Anwendungsbereiche** | Elektronik, Simulation |
| **Zielgruppen** | k.A. |
| **Version** | k.A. |
| **Erstellungsdatum** | k.A. |

MOTIVE / TLC / PDQ ist ein statischer Timing Verifier. Im Gegensatz zu den am Markt befindlichen, in Digitalsimulatoren intergrierten Timing-Simulatoren, die zu ihrer Funktion Testvektoren benötigen, arbeitet MOTIVE statisch, d.h. ohne Testvektoren. Für den Anwender bedeutet dies, daß er zur Überprüfung seines Timings nicht erst mühsam Testvektoren generieren muß. Desweiteren ist eine statische Timinganalyse erheblich schneller. MOTIVE berechnet alle Setup-, Hold- und Sk-Violations in einem Design. Kritische Pfade können am Anwender detailliert untersucht werden. MOTIVE bezieht im Gegensatz zu vielen am Markt befindlichen Timingsimulatoren auch die Charakteristik der Leiterbahnverbindungen mit in die Analyse ein. Dafür benötigt MOTIVE die Plazierungsdaten der einzelnen Bauteile. Anhand dieser Daten führt MOTIVE ein Daisy-Chain-Manhattan-Route aus und analysiert anhand der idealen Vebindungslinien das Timingverhalten der Schaltung (Pre-Layout-Simulation). Es werden Interfaces in allen gängigen Layout-Systemen angeboten. Mit Hilfe dieser Interfaces können die aktuellen Routingdaten der Schaltung in MOTIVE eingelesen und dort in die Simulation mit einbezogen werden (Post-Layout-Simulation). MOTIVE bietet die Möglichkeit aus einer Schaltung ein Timingmodell zu generieren, so daß ein hierarchisches Design möglich ist. In MOTIVE ist eine Bibliothek von ca. 1.500 Standard-Timingmodellen enthalten. Durch den einfachen Aufbau dieser Bibliothek ist es dem Anwender möglich, die Modelle anzupassen, bzw. selber neue Modelle zu erstellen. QUAD bietet Interfaces zu allen gängigen Schematic-Entry-Paketen an, sodaß eine Integration von MOTIVE in bestehende CAE-Applikationen leicht möglich ist. TLC (Transmission Line Calculator) ist ein Tool zur Überprüfung einzelner Signalnetze in einem digitalen Design. Störfaktoren, wie Undershoot, Overshoot von TLC ist der Anwender in der Lage zu untersuchen, wie sich Änderungen der Leiterbahncharakteristik auf diese Störgrößen auswirken. Die Daten von TLC können in MOTIVE zurückgeschrieben werden und dort in die Timingverifikation mit einbezogen werden. Mit PCD (Placement Delay Quantifier) kann der Anwender die Bauteile seiner Digitalschaltung plazieren. PDQ führt einen Daisy-Chain-Manhattan-Route aus und kalkuliert die Delays, die aufgrund dieser Verbindungen zustande kommen. Der Anwender kann seine Plazierung dann so verändern, daß die verbindungsbedingten Delays möglichst gering sind. Die Plazierungsdaten können an alle gängigen Layoutsysteme weitergegeben werden. Die Leiterbahndelays werden von MOTIVE für die Timingverifikation verwendet. Diese Werkzeuge sind sowohl für das PCB- als auch für das ASIC-Design einsetzbar.

| | |
|---|---|
| **Betriebssysteme** | ULTRIX, VMS |
| **Hardwareumgebung** | VAX |
| **Bezugsbedingungen** | Preis: DM 11.000 - DM 123.000 |

**Bezugsadresse**
MOStron Elektronik GmbH
Helmholtzstraße 20
4060 Viersen

## multi-level / mixed-mode Simulator UNISIM

| | |
|---|---|
| **Fachgebiete** | Informatik, Elektrotechnik |
| **Anwendungsbereiche** | CAD (rechnerunterstützte Konstruktion), Hardware Entwurf, Simulationssoftware |
| **Zielgruppen** | Unternehmen |
| **Version** | UNISIM / P 1.0 |
| **Erstellungsdatum** | 15.01.1992 |

Das multi-level / mixed-mode Simulationsprogramm UNISIM wurde als Pilotversion für Lehre und Forschung entwickelt und dient zur Illustration des modernen Entwurfsprozesses komplexer elektronischer Systeme. Dies erfordert eine große funktionelle Bandbreite, einfache Grundprinzipien und die Lauffähigkeit auf PC's. Vom Ansatz her ist es damit auch für mittelständische und Kleinbetriebe als Werkzeug der unteren Preisklasse interessant. Der moderne Entwurfsprozeß ist charakterisiert durch ein systematisches Voranschreiten von Ebene zu Ebene (top-down Methode, stepwise refinement), wobei das zu entwerfende komplexe System im Wechselspiel von funktioneller Vorgabe und struktureller Untersetzung schrittweise präzisiert wird. Parallel zum Entwurf ist die Verifikation jedes Teilergebnisses notwendig (rapid prototyping), um jeweils der nächsten Entwurfsetappe ein stabiles Zwichenergebnis zur weiteren Arbeit übergeben zu können. Weiterhin ist es erforderlich, im Zuge der fortschreitenden Präzisierung die Modellgenauigkeit zu erhöhen, d. h. verfeinerte Signalmodelle beschreiben und behandeln zu können. UNISIM trägt dem durch die einfache Entwurfssprache SDM Rechnung, die jedoch zu anderen Darstellungen isomorph und jederzeit in diese konvertierbar ist. Damit ist eine geschachtelte Beschreibung komplexer Systeme aus Verhaltens- und Strukturblöcken mit digitalen und analogen Signalmodellen möglich. Der Simulationsalgorithmus arbeitet rekursiv und folgt mit seinem Blockberechnungsmechanismus der Schachtelung der Systemhierarchie. Hervorzuheben ist, daß dies in gleicher Weise für digitale und analoge Blöcke erfolgt, so daß auch für die analoge Simulation solche beschleunigenden Verfahren wie event-driven und selective trace genutzt werden können. Insbesondere gestattet eine separate und ergänzungsfähige Verbindungsberechnung die Definition besonderer Wechselwirkungsbeziehungen, wodurch spezielle Anwendungen wie Fehlersimulation und Testgenerieren möglich werden.

| | |
|---|---|
| **Betriebssysteme** | MS-DOS 5.x |
| **Softwareumgebung** | Grafik-Treiber, Borland Turbo-Pascal |
| **Hardwareumgebung** | IBM AT (comp. ); 2 MB RAM; VGA; Harddisk; 80287; Maus; |
| **Preis** | 150 DM |
| **Bezugsbedingungen** | nur für Hochschulen, Fachhochschulen |

**Bezugsadresse/Autor**
Dr.-Ing. habil. Dietmar Reinert
Ingenieurhochschule Mittweida
Fachbereich Elektrotechnik
Technikumplatz 17
O-9250 Mittweida
(07285) 58364

**Autor**
Dipl.-Ing. Ralf Prinz
TU Chemnitz
Institut für Feinwerk- und Mikrosystem
O-9010 Chemnitz

# Elektrotechnik

## Netzsimulator für elektrische Energienetze

| | |
|---|---|
| **Fachgebiete** | Elektrotechnik |
| **Anwendungsbereiche** | Lehrsimulation, Prozeßmodell, Simulation, Lernsoftware, Training Software |
| **Zielgruppen** | Hochschulen, Fachakademie, Studenten |
| **Version** | 2.0 |
| **Erstellungsdatum** | 02.05.1992 |

Das Programm "Netzsimulator" dient dazu, das Verhalten eines elektrischen Energienetzes auf dem Rechner nachzubilden. Insbesondere sollen die Auswirkungen von Schaltungen im Netz, Änderungen der Transformatorstufen der Regeltransformatoren, Einspeiseänderungen von Wirk- und Blindleistungen der Kraftwerke auf den Netzzustand berechnet und visualisiert werden. Hierbei ist auch der Netzschutz einbezogen. Durch eine zyklisch laufende Berechnung des "künstlichen" Netzes und die ständig aktualisierte Darstellung des Netzzustandes in Übersichts- und Anlagenbildern entsteht für den Benutzer der Eindruck einer authentischen Simulation des Netzbetriebs wie in einer realen Netzwarte.

Mit dem Simulator kann - ergänzend zu der theoretischen Vorbereitung in den Vorlesungen - ein Lehrstoff erfahrbar gemacht werden, der wegen der teilweise komplizierten mathematischen Beschreibungen erfahrungsgemäß theoretisch nur schwer zu vermitteln ist. Durch ergänzende "praktische" Übungen am Simulator werden die Auswirkungen von fehlerhaftem Einsatz der Netzbetriebsmittel unmittelbar erlebt. Hierdurch prägen sich die technologischen Zusammenhänge besonders gut ein. Typisches Beispiel: Das Parallelschalten von Stufentransformatoren mit unterschiedlichen Übersetzungen wirkt sich im Anlagenbild zunächst durch eine Überlastwarnung (rot unterlegter Stromwert), bei größeren Kreisströmen durch eine zusätzliche akustische Alarmierung und schließlich durch eine Auslösung der Schutzeinrichtungen aus. Weitere Beispiele bilden die Beeinflussung der Spannungshöhe durch die Blindleistungseinspeisungen, die Möglichkeiten der Beeinflussung der Netzverluste und viele weitere Problemstellungen in der elektrischen Energieversorgung.

| | |
|---|---|
| **Betriebssysteme** | QNX 3.15E, RMX 2.1 |
| **Softwareumgebung** | QNX-Betriebssystem; RESY-CIM Leitsystem der Firma repas-GmbH in 6072 Dreieich 1, Voltastr. 8 |
| **Hardwareumgebung** | 2 PC Intel 486; 4-8 MB; VGA; 65 MB; RS 232 Verbindung; Hardlock |
| **Bezugsbedingungen** | Bezugsbedingungen für Teile und Gesamtsystem auf Anfrage. Ein Hochschulrabatt ist möglich. |
| **Sonderkonditionen** | Einzellizenz: 1000 - 10000 DM |
| | Geltungsbereich: Hochschulen, Fachhochschulen, sonstige öffentliche Bildungseinrichtungen, persönliche Lizenzen für Hochschulangehörige und Studenten |

**Bezugsadresse/Autor**

Prof. Dr. Dieter Metz
Fachhochschule Darmstadt
Fachbereich Elektrotechnik
Schöfferstraße 3
6100 Darmstadt
06151/16-8230 oder -8243 oder 06188/6577

Dipl.-Ing. Klaus-Peter Arnold, Roland Michel
repas GmbH
Netzleittechnik
Voltastraße 8
6972 Dreieich 1
06103/3908-0

## NUMERI

| | |
|---|---|
| **Fachgebiete** | Elektrotechnik, Maschinenbau, Physik, Verfahrenstechnik |
| **Anwendungsbereiche** | Datenanalyse, Signalverarbeitung, Training Software |
| **Zielgruppen** | Studenten, Ingenieure, Wissenschaftler |
| **Version** | 3.0 |
| **Erstellungsdatum** | 01.10.1992 |

NUMERI (numerische Verarbeitung digitaler Signale) erlaubt dem Anwender die Arbeit mit den Standardverfahren der numerischen Signalverarbeitung. Es wird vor allem dazu eingesetzt, die implementierten Algorithmen auf selbst erstellte Datensätze anzuwenden und miteinander zu vergleichen und damit Erfahrungen über deren Wirkungsweise, Qualität und Einsatzmöglichkeiten zu gewinnen. Im einzelnen können mit NUMERI folgende Bereiche der digitalen Signalverarbeitung bearbeitet werden: - Ausgleichsrechnung: Ausgleich mit algebraischen Polynomen, Fourier-Reihen, gebrochen rationalen Funktionen, benutzerdefinierten Funktionen, Spline-Interpolationen - Glätten, Differenzieren, Integrieren: verschiedene Glättungsalgorithmen, Integration (Rechteck-, Trapez- , Simpson-, 3/8-Verfahren), Lösung von Differentialgleichungssystemen (Euler, Heun, Runge- Kutta-Verfahren) - Diskrete Fouriertransformation: FFT, DFT, Inverse Transformation, unterschiedliche Fensterfunktionen, Rekonstruktion des kontinuierlichen Zeitsignals, Zero Filling, Interpolation im Spektrum - Digitale Filter: Entwurf und Analyse rekursiver und nichtrekursiver Filter mit Vorgabe von Filtertyp, -ordnung, -charakteristik usw., Berechnung von Filterkoeffizienten, Impulsantwort, Frequenzgang, Filterung von Datensätzen - Korrelation: Berechnung von Auto-/Kreuzkorrelationsfunktion (wahlweise über Spektral- oder Zeitbereich) und Auto-/Kreuzleistungsdichte-Spektrum - Amplitudenverteilungen: absolute Häufigkeit, Dichte-/Summenfunktion, Impulshöhenanalyse - Statistik: Verteilungsfunktionen (Binomial-, Poisson-, Normal-, Exponential-, Weibullverteilung), beurteilende Statistik (statistische Kenngrößen, Chi2-Test, absolute, relative Häufigkeit), Zufallszahlen. Im Programmteil "Dienstprogramme" können folgende Berechnungen durchgeführt werden: - Nullstellenbestimmung: (Newton-, Sekanten-, Regula-falsi- Methode), Lösung von linearen/nichtlinearen Gleichungssystemen (Gauss- Jordan, L/R-Zerlegung, Newton-Verfahren) - Datensätze grafisch überlagern - mathematische Verknüpfung von Datensätzen.

| | |
|---|---|
| **Betriebssysteme** | MS-DOS, PC-DOS |
| **Softwareumgebung** | k.A. |
| **Hardwareumgebung** | IBM PC-386/486 oder kompat.; 640KB RAM; CGA/EGA/VGA/Hercules; Coprozessor: optional 8087/80287/80387 |
| **Preis** | 86 DM |
| **Sonderkonditionen** | für Mehrfachlizenz (ab 10 Einzellizenzen), Campuslizenz: Preisgestaltung abhängig von Zahl der Einzellizenzen. |
| **ASK-SAM** | Eine Demo-Version des Programmes kann über den Fileserver abgerufen werden. |
| **Bezugsadresse** | **Autor** |
| Verlag Carl Hanser | Dipl.-Ing. Wilhelm Baldauf, |
| Kolbergerstr. 22 | Dipl.-Ing. Erwin Lindermeir |
| 8000 München 80 | Technische Universität München |
| (089) 99830-0 | Lehrstuhl für Elektrische Meßtechnik |
| | 8000 München 2 |

**Elektrotechnik**

## Numerik Programmbibliothek

| | |
|---|---|
| **Fachgebiete** | Informatik, Elektrotechnik, Mathematik |
| **Anwendungsbereiche** | Lehrsoftware, mathematische Software, numerische Software, Simulationssoftware |
| **Zielgruppen** | k.A. |
| **Version** | 3.0 |
| **Erstellungsdatum** | 01.05.1990 |

Die vorliegende Numerik-Programmbibliothek enthält über 250 Pascal-Routinen aus den Aufgabenbereichen: 1. Matrix- und Vektor-Operationen; 2. Nullstellenbestimmung; 3. Fixpunktbestimmung; 4. Lineare Gleichungssystem; 5. Eigenwerte; 6. Interpolation; 7. Numerische Intergration und Differentiation; 8. Gewöhnliche Differentialgleichungen; 9. Partielle Differentialgleichungen; 10. Approximation von Funktionen; 11. Gauss-Ausgleichung; 12. lineare und unrestringierte Optimierung; 13. Restringierte Optimierung; 14. Integralgleichungen; 15. Spezielle Funktionen; 16. Sortier- und Suchverfahren; 17. Standardfunktionen; 18. Komplexe Arithmetik; 19. Zufallszahlen; 20. Zeitmessung; 21. Eingabe und Auswertung von Ausdrücken; 22. Elementare Statistik der Numerischen Mathematik und verwandter Gebiete. Der Aufbau der Bibliotheksversion für den Compiler TURBO-PASCAL Version 4.0/5.X/6.0 der Firma Borland bzw. QUICK PASCAL 1.0 von Microsoft gliedert sich in verschiedene Units. Für jede der obigen Bereiche ist eine Unit vorhanden, ferner für die Deklaration global benötigter Konstanten und Typen.

| | |
|---|---|
| **Betriebssysteme** | MS-DOS, OS/2 |
| **Softwareumgebung** | Borland Turbo Pascal 4. 0 oder 5. X oder 6. 0 oder MS Quick Pascal 1. 0 |
| **Hardwareumgebung** | IBM PC; RAM: 512 KB; Coprocessor: optional; Festplatte vorteilhaft |
| **Preis** | 149 DM |
| **Bezugsbedingungen** | Das Programm wird an Hochschulen zu besonders günstigen Bedingungen abgegeben. |
| **ASK-SAM** | Eine Demo-Version des Programmes kann über den Fileserver abgerufen werden. |

**Bezugsadresse/Autor**
Prof. Dr. Helmut Weber
FH Wiesbaden
Fachbereich Informatik
Kurt-Schumacher-Ring 18
6200 Wiesbaden
0611/494 201

# Praktikum Logiksimulation

| | |
|---|---|
| **Fachgebiete** | Informatik, Elektrotechnik |
| **Anwendungsbereiche** | X-Windows, digitaler Logiksimulator, Hardware Entwurf |
| **Zielgruppen** | k.A. |
| **Version** | 2.0 |
| **Erstellungsdatum** | 20.02.1992 |

Das Praktikum Logiksimulation ist ein Tutorial zur interaktiven Entwicklung eines 8-Bit-Prozessors auf Gatterebene. Schrittweise werden die Komponenten Rechenwerk, Steuerwerk und Befehlsverarbeitung des Prozessors aufgebaut und mit Hilfe eines Logiksimulators auf ihr logisches und zeitliches Verhalten überprüft. Die Einzelkomponenten werden aus einer zu erstellenden Makrobibliothek zusammengesetzt, die Elemente wie Multiplexer, Addierer, Register, Zähler etc. enthält. Basis des Praktikums ist ein 6-wertiger Logiksimulator, der neben den logischen Werten L bzw. H (Low/High) die Werte R bzw. F (Rise/Fall) für steigende bzw. fallende Flanke und U bzw. C (Unknown/Change) für statisch bzw. dynamisch unbestimmt kennt. Zusätzlich stellt er ein sehr genaues Zeitmodell zur Verfügung, das pro primitives Element je eine minimale und eine maximale Verzögerungszeit für steigende und fallende Flanke erlaubt. Der Simulator eignet sich durch die hierarchische Schaltungseingabe und die hohe Simulationsgeschwindigkeit für die Verifikation sehr großer Schaltungen und wird unverändert auch für industrielle Schaltungs-Designs eingesetzt. Die Benutzeroberfläche zeichnet sich durch einfache Bedienung und Toleranz gegenüber Eingabefehlern aus. Zudem ist sie selbsterklärend und verdeckt das darunter liegende Betriebssystem UNIX vollständig, so daß der Benutzer ohne Grundkenntnisse über UNIX das System bedienen und den Entwurf des Prozessors durchführen kann. Ziel des Praktikums ist es, dem Benutzer einerseits den Aufbau eines Prozessors näherzubringen und andererseits den Entwurf mit Hilfe eines leistungsfähigen Entwurfssystems durchzuführen, ohne die Nachteile eines komplexen kommerziellen CAD-Systems in Kauf nehmen zu müssen. Außerdem ist durch die Modularität der Benutzeroberfläche gewährleistet, daß das Praktikum jederzeit dem neuesten technischen Stand und neuen Lehrinhalten angepaßt werden kann.

**Preisträger des Deutsch-Österreichischen Hochschul-Software-Preises 1992**

| | |
|---|---|
| **Betriebssysteme** | ULTRIX |
| **Softwareumgebung** | ksh (Korn-Shell), MIT X-Windows X11 Release 4, MOTIF 1. 1 Window-Manager mwm |
| **Hardwareumgebung** | DECstation; 16 MB RAM; Farbgraphikkarte mit 1024x860 Pixel Auflösung, 256 Farben; Harddisk: 5 MB für Grundinstallation + 3 MB pro Benutzer; Cop. optional; Postscript-Drucker; |
| **Preis** | k.A. |
| **Bezugsbedingungen** | Unentgeltliche Abgabe nur an Universitäten und Fachhochschulen oder sonstige öffentliche Schulen. Andere Interessenten sollten sich direkt mit den Autoren in Verbindung setzen. |

# Elektrotechnik

**Bezugsadresse/Autor**

Dipl.-Ing. Michael Hermann
Technische Universität München
Lehrstuhl f. rechnergest. Entwerfen
Arcisstr. 21
8000 München 2
(089) 55 17 43 31

Dipl.-Ing. Henning Spruth
Technische Universität München
Lehrstuhl f. rechnergest. Entwerfen
Arcisstr. 21
8000 München 2
(089) 55 17 43 63

Dipl.-Ing. Herbert Bauer
Technische Universität München
Lehrstuhl f. rechnergest. Entwerfen
Arcisstr. 21
8000 München 2
(089) 55 17 43 50

Dipl.-Ing. Christian Sporrer
Technische Universität München
Lehrstuhl f. rechnergest. Entwerfen
Arcisstr. 21
8000 München 2
(089) 55 17 43 51

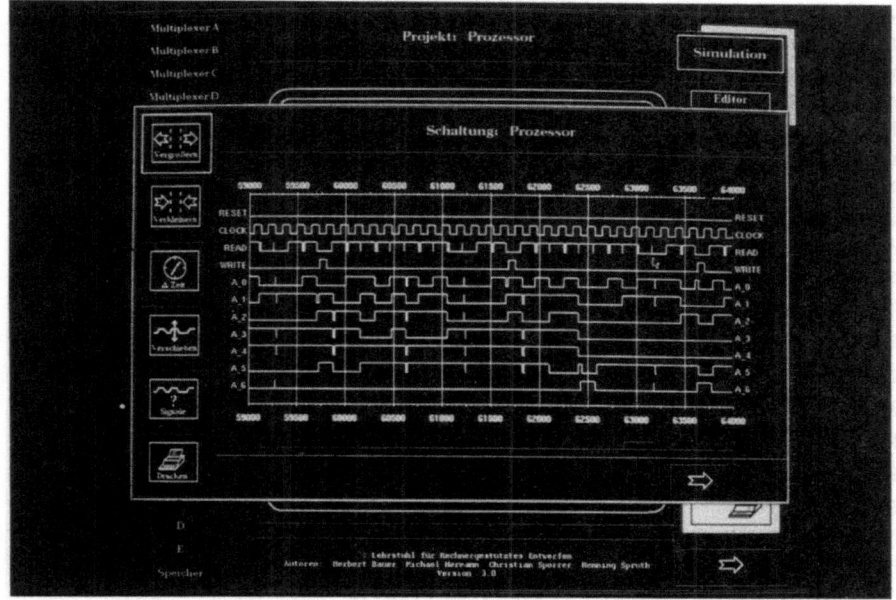

## PRECISE (TM)

| | |
|---|---|
| **Fachgebiete** | Elektrotechnik |
| **Anwendungsbereiche** | Elektronik |
| **Zielgruppen** | k.A. |
| **Version** | k.A. |
| **Erstellungsdatum** | k.A. |

PRECISE (TM) ist ein auf SPICE basierender Analogsimulator. Bei der Entwicklung von PRECISE wurde besonderer Wert darauf gelegt, die in den meisten SPICE Versionen vorhandenen Konvergenzprobleme zu beseitigen. Die Option MODELINK bietet den Zugriff auf den Source Code der Modellgleichungen. Damit ist der Anwender in der Lage, Modellgleichungen zu ändern, bzw. eigene Modelle in die Simulation mit einzubinden. Die Firma EES hat sich bemüht, die Zusammenfassung aller Modellgleichungen in einem bestimmten Bereich des Simulators und eine ausführliche Dokumentation einfach zu gestalten. Als Option zu PRECISE wird ein Optimizer angeboten, der es erlaubt, eine Analogschaltung hinsichtlich unterschiedlicher Parameter zu optimieren. Dabei wird das Ausgangsverhalten der Schaltung vom Anwender vorgegeben und SUXES optimiert die Bauteileparameter so, daß dieses Ausgangsverhalten erreicht wird. SUXES 20 ist eine Software zur Erstellung und Optimierung von Devicemodellen für die spätere Simulation. Mit Hilfe der Option PLUS können die Bauteiledaten in SUXES eingelesen und in Simulationsmodelle umgesetzt werden. Die Option EXModeller bietet die Möglichkeit, Makromodelle zu erstellen. SUXES enthält zahlreiche Optimierungsfeatures, mit denen die Simulationsmodelle an die geforderten Gegebenheiten angepaßt werden können. Anwendern, die eigene, auf SPICE basierende Analogsimulatoren einsetzen, bietet EES mit dem Produkt OPSIM die Möglichkeit, die Optimierungs-features von SUXES in den eigenen Simulator zu integrieren.

| | |
|---|---|
| **Betriebssysteme** | ULTRIX, UNIX, VMS |
| **Softwareumgebung** | k.A. |
| **Hardwareumgebung** | RISC, VAX, VAX/VMS, VAX/ULTRIX |
| **Preis** | k.A. |
| **Bezugsbedingungen** | k.A. |

**Bezugsadresse**
MOStron Elektronik GmbH
Helmholtzstraße 20
4060 Viersen

# Elektrotechnik

## REMOS (Rechnergestützte Motorensteuerung)

| | |
|---|---|
| **Fachgebiete** | Elektrotechnik |
| **Anwendungsbereiche** | Graphik, Messinstrument, Simulationssoftware, Visualisierung |
| **Zielgruppen** | k.A. |
| **Version** | 1.0 |
| **Erstellungsdatum** | 25.01.1991 |

Mit dem Programm REMOS können bis zu zwei Frequenzumrichter der Firma Lenze angesteuert werden, wobei sämtliche Parameter der Frequenzumrichter getrennt ausgelesen bzw. geändert werden können. Dies geschieht im Steuerteil des Programms. Innerhalb dieses Programmteils können die Kennlinien der angelegten Motorspannung (Frequenzumrichtungsausgangsspannung) und des Motorstroms als Funktion der Frequenz für eine Maschine im Leerlauf aufgenommen werden. Die Darstellung dieser vom Umrichter gelieferten Werte kann sowohl tabellarisch als auch graphisch erfolgen. Diese Darstellungen können ausgedruckt werden. Im Versuchsteil des Programms können Lastkurven von zwei Asynchronmaschinen (eine als Motor und eine als Generator) aufgenommen werden. Dazu müssen zwei Umrichter der Version 86. angesprochen werden können! Das Moment wird nicht direkt an der Welle gemessen, sondern mittels einer experimentell ermittelten Formel errechnet. Auch hier können die Werte in tabellarischer und/oder graphischer Darstellung dargestellt bzw. ausgedruckt werden.

| | |
|---|---|
| **Betriebssysteme** | MS-DOS |
| **Softwareumgebung** | k.A. |
| **Hardwareumgebung** | IBM-PC/AT und Kompatible; 512 KB RAM; CGA, VGA, EGA und Hercules Graphik-Karte; Festplatte: 200 KB; Schnittstellentreiber (Eigenentwicklung); Frequenzumrichter |
| **Preis** | k.A. |
| **Bezugsbedingungen** | Abgabe nur an Fachhochschulen und Universitäten. |

**Bezugsadresse**　　　　　　　　　　　**Autor**
Prof. Dr. Peter F. Brosch　　　　　　　　Volker Henrich
FH Hannover　　　　　　　　　　　　　FH Hannover
FB el. Maschinen- und Leistungselektronik　FB Leistungselektronik
Ricklinger Stadtweg 120　　　　　　　　4920 Lemgo
3000 Hannover 91
0511/4503-196

# Elektrotechnik

## RUPLAN (R)

| | |
|---|---|
| **Fachgebiete** | Elektrotechnik |
| **Anwendungsbereiche** | CAE |
| **Zielgruppen** | k.A. |
| **Version** | k.A. |
| **Erstellungsdatum** | k.A. |

RUPLAN (R) (Rechner-Unterstützte PLANerstellung) ist ein CAE-System zur Erstellung und Auswertung von Stromlaufplänen, das sich durch Funktionalität, Integrationsfähigkeit und Flexibilität auszeichnet. Schon beim Entwurf der Stromlaufpläne am grafischen Bildschirm wird der Anwender durch Kontrollen, Prüfungen und automatisch ablaufende Funktionen unterstützt; Fehler werden weitestgehend vermieden. RUPLAN verfügt über praxisorientierte und an firmenspezifische Anforderungen anpaßbare Auswertungen wie Deckblatt, Klemmenplan, Stückliste, Geräteplan, Kabelliste, Verdrahtungsliste und automatische Querverweise. Diese Auswertungen laufen zum Teil online ab, d.h. die Daten entsprechen immer dem aktuellen Stand im Stromlaufplan. RUPLAN ist durch eine Vielzahl von Schnittstellen in vorhandene DV-Umgebung integrierbar. Dadurch ist die mit RUPLAN erzielte Produktivitätssteigerung über die Konstruktion hinaus auf die gesamte Bearbeitung ausgedehnt. Nicht nur die Produktionszeit wird verkürzt, auch Änderungen während der Inbetriebnahme und Betriebszeit sind schneller durchgeführt. Die durch Automatismen erhöhte Qualität der Dokumentation ergibt zusätzliche Kostenreduzierung. RUPLAN ist ein eingetragenes Warenzeichen der debis Systemhaus GmbH.

| | |
|---|---|
| **Betriebssysteme** | VMS |
| **Softwareumgebung** | k.A. |
| **Hardwareumgebung** | VAX, VAX/VMS |
| **Preis** | k.A. |
| **Bezugsbedingungen** | Preis: ab DM 35.000 |

**Bezugsadresse**
debis Systemhaus GmbH
Epplestraße 225
7000 Stuttgart

# SCALD-SYSTEM

| | |
|---|---|
| **Fachgebiete** | Elektrotechnik |
| **Anwendungsbereiche** | Elektronik |
| **Zielgruppen** | k.A. |
| **Version** | k.A. |
| **Erstellungsdatum** | k.A. |

SCALD-SYSTEM (Structured Computer Aided Logic Design) besteht aus selbstgeschriebener Software, die auf Standard Hardware (Digital, IBM) läuft. Sie ist für Entwicklungen im CAD / CAE-Bereich gedacht und erlaubt den grafischen Entwurf von Schaltplänen, Simulation des Schaltungsentwurfs (inklusive VLSI-Konzepte), IC-Layout, Generierung von Stück- bzw. Verbindungslisten, Dokumentation, PCB-Layout, Thermoanalyse, IC-Layout. Die grafische Eingabe erfolgt unter Verwendung von zahlreichen Bibliothekselementen anhand des grafischen Editors. Für den Analogbereich existiert eine Bauelementebibliothek mit mehr als 2.800 Modellen. Nächster Schritt ist die logische Verifikation dieser Daten mit Hilfe der Digital- / Analogsimulation. Ist das logische und zeitliche Verhalten korrekt, wird eine Netzliste generiert, aus der dann das physikalische Layout erstellt wird. Der grafische Editor ist auch das Eingabemedium für das Leiterplattenentflechtungspaket "Allegro". Zur Überprüfung des Produkt-Prototyps steht das "Realchip Hardware Modelling System" zur Verfügung. Ähnliche Tools existieren für ASICCS.

| | |
|---|---|
| **Betriebssysteme** | ULTRIX, VMS |
| **Softwareumgebung** | k.A. |
| **Hardwareumgebung** | VAX |
| **Preis** | k.A. |
| **Bezugsbedingungen** | Preis: DM 20.000 - DM 170.000 |

**Bezugsadresse**
VALID Logic Systems GmbH
Conrad-Celtis-Straße 79
8000 München

# SERLES CAD-Platine

| | |
|---|---|
| **Fachgebiete** | Elektrotechnik |
| **Anwendungsbereiche** | CAD (rechnerunterstützte Konstruktion), Hardware Entwurf |
| **Zielgruppen** | Elektronik-Entwickler, Studenten, Schüler |
| **Version** | 3.0 |
| **Erstellungsdatum** | 01.03.1992 |

SERLES CAD-Platine dient zum Entflechten und Layoutdesign von Elektronikplatinen. Die Arbeit an einem neuen Job beginnt mit der Liste der Bauteile (Verbindung zur Bibliothek) und dem Schaltplan zeichnen. Über Netzlisteneingabe und Bauteile positionieren (Hilfe mit "Verbindungsspinne") kommt der Benutzer zum Autorouter. Die Arbeit des Autorouters wird durch diverse, automatisch ablaufende Optimierungen erleichtert. Der am Bildschirm sichtbare Routvorgang kann jederzeit für manuellen Eingriff unterbrochen und wieder fortgesetzt werden. Das fertige Layout wird auf Plotter oder Matrixdrucker ausgegeben oder für andere Ausgabemedien in ein File geschrieben. Es sind nur Grundkenntnisse in DOS notwendig, Fachkenntnisse (Handrouten) sind hilfreich aber nicht notwendig. Der Autorouter beruht auf einem verbesserten LEE-Algorithmus, durch automatisch ablaufende Routvorbereitung (Kettenoptimierung, Längensortierung, automatische Durchkontaktierung) wird das Routergebnis verbessert. Manueller Eingriff interaktiv mit dem Autorouter ergibt optimales Design.

| | |
|---|---|
| **Betriebssysteme** | MS-DOS 3.x |
| **Softwareumgebung** | k.A. |
| **Hardwareumgebung** | IBM AT (comp. ); 640 KB RAM; EGA, VGA; Harddisk: 1 MB; 80387; Maus (optional); |
| **Preis** | 12000 öS |
| **Bezugsbedingungen** | 30% Hochschulrabatt; Sonderpreis für Mehrfachinstallationen |

**Bezugsadresse**
Dr. Norbert Nessler
SERLES Hard- und Software Studio
Botanikerstraße 16a
A-6020 Innsbruck (Österreich)
0512/287692

**Autor**
Stud. Bernhard Nessler
Universität Graz
Telematik
A-8020 Graz (Österreich)

Ass.Prof. Dr. Norbert Nessler
Universität Innsbruck
Institut für Experimentalphysik
A-6020 Innsbruck (Österreich)

# SIMUA

| | |
|---|---|
| **Fachgebiete** | Elektrotechnik |
| **Anwendungsbereiche** | Simulation v. Maschinen, Simulation |
| **Zielgruppen** | k.A. |
| **Version** | 1.0 |
| **Erstellungsdatum** | 15.01.1991 |

Das Programm simuliert eine Asynchronmaschine mit Pulswechselrichter und Regelung auf dem PC. Vorgegeben wird die Drehzahl der Maschine. Alle notwendigen elektrischen und mechanischen Größen werden berechnet und können graphisch ausgewertet werden. Das Programm dient zur Untersuchung des Antriebssystems. Studenten und Ingenieurwissenschaftler, die auf dem Gebiet der elektrischen Antriebstechnik arbeiten bzw. ein Beispiel moderner Antriebstechnik kennenlernen wollen. Der Programmidee liegt das Prinzip der feldorientierten Regelung der Asynchronmaschine zugrunde. Das Programm erlaubt die einfache Untersuchung des Antriebssystems ohne das ein aufwendiger realer Versuchsaufbau vorhanden sein muß. Zunächst dient es der Forschung, da es sich jedoch um die Simulation eines aktuellen Antriebssystems handelt, kann es auch zu Demonstrationszwecken in der Lehre eingesetzt werden.

| | |
|---|---|
| **Betriebssysteme** | MS-DOS |
| **Softwareumgebung** | k.A. |
| **Hardwareumgebung** | IBM kompatibler PC-AT oder PC-XT; 640 KB RAM; Hercules, CGA, EGA oder VGA Graphik-Karte; Festplatte: 1 MB; Koprozessoren: 80x87 (wird empfohlen); |
| **Preis** | k.A. |
| **Bezugsbedingungen** | k.A. |

**Bezugsadresse/Autor**  
Götz Lipphardt  
TH Darmstadt  
Alfred-Messel-Weg 6A/32  
6100 Darmstadt  
0651/71 51 64

**Autor**  
Uwe Probst  
TH Darmstadt  
Inst. f. Stromrichtertechnik  
6100 Darmstadt

# Simulated Physical Experiments (SIPHEX)

| | |
|---|---|
| **Fachgebiete** | Informatik, Elektrotechnik, Mathematik, Physik |
| **Anwendungsbereiche** | 2 dim. Plotten, 3 dim. Plotten, Experiment, Simulation, Lernsoftware, Visualisierung |
| **Zielgruppen** | k.A. |
| **Version** | 1.0 |
| **Erstellungsdatum** | 01.06.1990 |

SIPHEX ist ein Programm zur Simulation physikalischer Experimente aus dem Bereich der Wellenlehre. Sinn des Programmes ist die Darstellung physikalischer Effekte, die sonst nur auf einem Oszilloskop ersichtlich sind. Im folgenden eine Beschreibung der einzelnen Funktionen: A) MEHRDIMENSIONALE WELLENZUEGE - Ebene Welle: Erzeugung einer ebenen Wellenfront, wobei Amplitude und Wellenlänge verändert werden kann. - 2D-Wellenzug: Erzeugung zweier sich kreuzender Wellenfronten mit unterschiedlicher oder gleicher Amplitude und Wellenlänge. 3D-Kugelwelle: Erzeugung einer sich kreisförmig ausbreitenden Welle mit veränderter Amplitude und Wellenlänge. B) UEBERLAGERUNG VON WELLENZUEGEN - gleiche Wellenlängen: Durch Addition zweier Sinusschwingungen gleicher Wellenlänge wird eine Sinusschwingung derselben Wellenlänge erzeugt. Dabei können folgende Werte verändert werden : Amplitude, Wellenlänge, Phase, Skalierung, Linienstärke - verschiedene Wellenlängen: Durch Addition zweier Sinusschwingungen verschiedener Wellenlänge können folgende Effekte auftreten : - die beiden Wellenlängen sind annähernd gleich und es entsteht eine Schwebung, - das Verhältnis der beiden Wellenlängen ist rational und die resultierende, Kurve ist periodisch - das Verhältnis der beiden Wellenlängen ist nicht rational und die resultierende Kurve ist somit nicht periodisch. Auch hier können dieselben Werte wie bei der Überlagerung von Wellen gleicher Wellenlänge verändert werden. C) LISSAJOUS-FIGUREN - 2D-Lissajous: Erzeugung der Lissajous-Figuren durch zwei Schwingungen, die in einer senkrecht zueinander stehenden Schwingungsebene schwingen. Mögliche Einstellungen : Amplituden, Frequenzen und Phase der Schwinger - 3D-Lissajous: Darstellung der 2D-Lissajous-Figuren bezüglich einer Zeitachse. Auch hier können Phase, Amplituden und Frequenzen eingestellt werden. D)KOHAERENZ Durch Auftreffen von mehreren Lichtwellen auf ein Detektorfeld kann die resultierende Lichtintensität, die sich durch Überlagerung von Wellen ergibt, durch eine Farbskala gemessen werden. Die Länge der Wellenzüge wird dabei von einem Zufallsgenerator erzeugt. Der Benutzer kann die maximale Phasenverschiebung der Wellenzüge, die mittlere Häufigkeit für das Erzeugen von Wellenzuegen und die mittlere Wellenzuglänge verändern.

| | |
|---|---|
| **Betriebssysteme** | MS-DOS 3.x |
| **Softwareumgebung** | k.A. |
| **Hardwareumgebung** | AT; 1 MB; VGA; 1 MB; INTEL 80287 |
| **ASK-SAM** | Das Programm kann über den Fileserver abgerufen werden. |

**Bezugsadresse/Autor**

Antje Lemper, Hofackerstr. 6
7819 Denzlingen, 07666/4444;
Felix Maussner, Eisenbahnstr. 26
7210 Rottweil, 0741/12058;
Harry Schlagenhauf, Weberstr. 10
7460 Balingen, 07433/7279

Andreas Mahler, Michael-Welte-Str. 29
7741 Vöhrenbach, 07727/7134;
Dirk Rautenberg, Hornusstr. 12
7800 Freiburg, 0761/50041

# Simulation v. Schrittmotoren

| | |
|---|---|
| **Fachgebiete** | Elektrotechnik, Maschinenbau |
| **Anwendungsbereiche** | Analyse, Ingenieurwesen, Graphik, interaktives Lernsystem, Simulationssoftware |
| **Zielgruppen** | Studenten, Doktoranden |
| **Version** | 1.0 |
| **Erstellungsdatum** | 22.01.1992 |

Die integrierte Software-Ausstattung SymGraOptNln (SGON) dient zur Analyse der dynamischen und quasistatischen Verhalten von Permanent-Magnetischen Schrittmotoren, deren Phasen-Wicklungen mit "H"-Brücke-Endstufen, unabhängig oder in einer Polygon-Schaltung, betrieben sind. Es sind verschiedene Steuerungs-Algorithmen der "H"-Brücken vorgesehen. Die Berechnungsergebnisse können tabellarisch (numerisch) oder graphisch auf einem Bildschirm dargestellt werden. Sie können auch auf einer Diskette gesichert werden. Das speziell für SGON entwickelte Graphik-Programm "GRASMEKO" erlaubt die Simulations-Ergebnisse schnell auf dem Bildschirm zu verarbeiten, sowie zu sichern oder/und zu drucken. Das angelegte interne kontextsensitive Help-System beschreibt deutlich die Benutzung der Software SGON. Als Zielgruppen sind vor allem Elektrotechnik-Studenten und Doktoranden vorgesehen. Der Programmidee zugrundeliegende Modelle waren auf internationalen Tagungen präsentiert und in der Proceedings veröffentlicht: - Incremental Motion Control Systems and Devices (IMCSD) an der University of Illinois in Urbana und - International Conference on Electrical Machines (ICEM'86) in München und ICEM'90 an dem MIT in Boston. Die Software SGON bietet die Möglichkeit, die Wirkungsweise von modernen Elektronik-Motoren zu analysieren und sie zu verstehen, sowie notwendige Berechnungen bei Schrittmotor-Antriebs-Entwürfen auszuführen. Sie wird die traditionelle Unterrichtsmedien unterstützen und vervollständigen. Das selbständige Lernverhalten von Studenten wird dadurch gefördert.

| | |
|---|---|
| **Betriebssysteme** | MS-DOS 5.x |
| **Softwareumgebung** | k.A. |
| **Hardwareumgebung** | IBM XT; 640 KB RAM; Hercules, CGA, VGA, IBM8514; Harddisk: 250 KB; MS-Maus (optional); |
| **Preis** | 275 DM |
| **Bezugsbedingungen** | 20% Hochschul- und Lehrrabatte |

**Bezugsadresse/Autor**
Dr.-Ing. Edmund Kokornaczyk
Technische Universität Berlin
Institut für Elektrische Maschinen
Einsteinufer 11
1000 Berlin 10
(030) 314-23374

## Simulation von Nachrichtensystemen

| | |
|---|---|
| **Fachgebiete** | Informatik, Elektrotechnik, Mathematik |
| **Anwendungsbereiche** | interaktives Lernsystem, Simulationssoftware, Statistik, Stochastik, Telekommunikation |
| **Zielgruppen** | Studenten, Studenten |
| **Version** | 3.0 |
| **Erstellungsdatum** | 18.03.1992 |

Die Programme behandeln typische Probleme aus den Fachgebieten "Systemtheorie", "Statistische Signaltheorie", "Digitale Signalverarbeitung", "Modulationsverfahren", "Digitale Übertragungstechnik" und "Codierungstheorie" und sollen insbesondere den Zusammenhang zwischen diesen Disziplinen herstellen. Darüberhinaus soll den Benutzern der Bezug zwischen Theorie und Praxis verdeutlicht werden, wozu sich die Systemsimulation besonders in der Hinsicht eignet, daß die oft komplizierten physikalischen Hintergründe in handhabbare Algorithmen umgesetzt werden müssen.

Die 18 Einzelkapitel bauen aufeinander auf und behandeln verschiedene Aspekte der Systemsimulation, beginnend mit Grundlagen (z.B. der Erzeugung von diskreten und kontinuierlichen Zufallsgrößen) bis hin zu vollständigen Übertragungssystemen einschließlich Codierung, Modulation und Viterbi-Entscheidung. Im einzelnen werden folgende Themenkreise angesprochen: Diskrete Zufallsgrößen, PN-Generatoren, Markovketten, Kontinuierliche Zufallsgrößen, Fehlerwahrscheinlichkeit, Zweidimensionale Zufallsgrößen, Stochastische Prozesse, Filterung stochastischer Signale, Diskrete Fouriertransformation, Spektralanalyse, Digitale Basisbandübertragung, Quantisierte Rückkopplung, Codierte und mehrstufige Übertragung, Nyquist-Systeme, Optimale Filter, Digitale Modulationsverfahren (ASK, FSK), Digitale Phasenmodulation, Korrelations- und Viterbi-Empfänger. Die 18 Einzelkapitel sind alle in ähnlicher Weise gestaltet, beginnend mit einer Zusammenfassung der dazugehörigen Theorie und einigen Vorbereitungsfragen. Bei der Versuchsdurchführung arbeiten die Teilnehmer im Dialogbetrieb mit interaktiven Graphikprogrammen (Betriebssystem: DOS). Die Bedienung dieser Programme erfolgt menü- und mausgesteuert und ist auch von Benutzern ohne Rechnererfahrung in wenigen Minuten erlernbar. Desweiteren haben die Benutzer die Möglichkeit, mit Hilfe der Übungsaufgaben praktische Erfahrungen für die Simulation von Nachrichtensystemen (oder ver- gleichbare Simulationsaufgaben) zu sammeln.

**Preisträger des Deutsch-Österreichischen Hochschul-Software-Preises 1992**

| | |
|---|---|
| **Betriebssysteme** | MS-DOS 5.x |
| **Softwareumgebung** | GSS-CGI (Graphikbibliothek), Ramdrive (wäre wünschenswert) |
| **Hardwareumgebung** | IBM AT 386 (comp. ); 2 MB RAM; Auflösung 1024x768, DGIS (z. B. Elsa) oder VGA mit Tseng-ET4000; Harddisk: 20 MB; 80387; MS-Maus (optional); |
| **Preis** | k.A. |
| **Bezugsbedingungen** | Verhandlungsbasis |

# Elektrotechnik

**Bezugsadresse/Autor**
Dr.-Ing. Günter Söder
Technische Universität München
Lehrstuhl für Nachrichtentechnik
Arcisstr. 21
8000 München 2
(089) 2105-3486

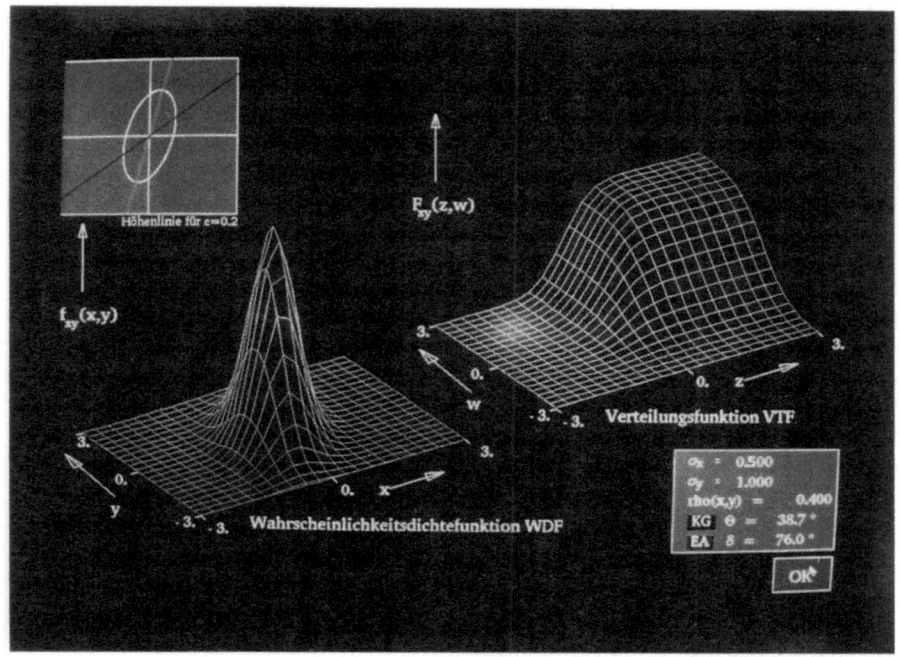

## Simulation von Bandpaßübertragungssystemen

| | |
|---|---|
| **Fachgebiete** | Informatik, Elektrotechnik |
| **Anwendungsbereiche** | Datenübertragung, Ausbildung, Simulationssoftware, Telekommunikation |
| **Zielgruppen** | Ingenieure, Studenten |
| **Version** | 1.2 |
| **Erstellungsdatum** | 18.02.1992 |

Mit Hilfe des Programms lassen sich Modems simulieren, die zur Datenübertragung verwendet werden und für die es internationale Normen des CCITT gibt. Die Datenquelle besteht aus einem Zufallsgenerator, der binäre Daten mit vorgebbarer Wahrscheinlichkeit erzeugt. Im Gegensatz zu realisierten Modems ist es möglich, dem Signalfluß von der Quelle bis zur Senke durch das Modem und den Übertragungskanal zu folgen, die Signale im Zeit- und Frequenzbereich darzustellen und die Auswirkung von einstellbaren Parameteränderungen zu verfolgen. Dadurch lassen sich wie in einem Laborversuch Erkenntnisse über die Funktion eines Datenübertragungssystems und eines dabei verwendeten Modems gewinnen. Die Konzeption des Programms ist auf Studenten der Nachrichtentechnik und Informatik, die sich mit Datenübertragung befassen, ausgerichtet. Bei entsprechenden Vorkenntnissen können auch Studierende des Wirtschaftsingenieurwesens und der Technomathematik Gewinn aus diesem Programm ziehen. Darüberhinaus kann man das Programm auch für die berufliche Fortbildung von Ingenieuren aus der Praxis verwenden. Grundidee des Programms ist es, das allgemeine Modell eines Nachrichtenübertragungssystems bestehend aus Sender, Kanal und Empfänger auf ein Datenübertragungssystem abzubilden, wobei die einzelnen Blöcke wie z.B. der Sender in Teilsysteme wie den Codierer, den Modulator usw. aufgespalten und dadurch getrennt zugänglich werden, was beim in Hardware realisierten System nicht möglich ist, da die Teilfunktionen in Form von Software z.B. von Signalprozessoren realisiert werden, in die man nicht "hineinsehen" kann.

| | |
|---|---|
| **Betriebssysteme** | MS-DOS 3.x |
| **Softwareumgebung** | k.A. |
| **Hardwareumgebung** | IBM AT (comp.); 640 KB RAM; Hercules, VGA; Harddisk: 180 KB; 80387; Drucker; |
| **Preis** | 100 DM |
| **Bezugsbedingungen** | k.A. |

**Bezugsadresse/Autor**

cand.el. Birgit Teutsch
Karlstraße 139
7100 Heilbronn
07131-78143

Prof. Dr.-Ing. Kristian Kroschel
Universität Karlsruhe
Institut für Nachrichtensysteme
Kaiserstraße 12
7500 Karlsruhe
0721-6083346

cand.el. Steffen Lechte
Am Rüppurrer Schloß 5
7500 Karlsruhe 51
0721-884432

# SIMUTRI.EXE

| | |
|---|---|
| **Fachgebiete** | Chemie, Elektrotechnik, Physik |
| **Anwendungsbereiche** | Animation, Graphik, Numerik, Simulation, Visualisierung |
| **Zielgruppen** | Studenten |
| **Version** | 4.0 |
| **Erstellungsdatum** | 28.02.1991 |

Das Programm dient zur Visualisierung der Bewegungen von drei Körpern, auf die verschiedene Wechselwirkungskräfte wirken. Der bekannteste Vertreter dieser Art von Kräften ist durch das Newton'sche Gravitationsgesetz gegeben. SIMUTRI kann damit die bekannten Planetenbewegungen graphisch in Farbe darstellen. Alle relevanten Parameter wie Massen, Startgeschwindigkeiten und eine Gleichungskonstante können frei gewählt werden. Hierzu stehen sowohl ein integrierter Text- als auch Graphik-Editor zur Verfügung. Die Körpermaßen werden während der Simulation durch einen entsprechend großen gefüllten Kreis farbig dargestellt. Die Körperbahnen werden durch verschiedenfarbige, bis zum Abbruch der Simulation auf dem Bildschirm verbleibende Spuren repräsentiert. Von diesem wohlbekannten Szenario ausgehend kann nun mit Hilfe von SIMUTRI das Wechselwirkungsgesetz verändert werden. Hierzu werden folgende Möglichkeiten geboten: - ein leicht verändertes Newton'sches Gesetz, - zwei linear zum Körperabstand abhängende Kraft-Gesetze, - ein Gesetz mit konstanter Kraft in bestimmten Bereichen, - ein mit 1/Körperabstand abhängendes Kraftgesetz. Die Gründe für die Wahl genau dieser Kraftgesetze lassen sich begründen durch neuere Erkenntnisse auf dem Gebiet der Elementarteilchenphysik. Für alle diese neuen Wechselwirkungsgesetze bestehen die gleichen Editiermöglichkeiten wie oben. Aus Gründen der Rechengeschwindigkeit auf PC's wurde ein recht einfacher Algorithmus für die Simulation verwendet. Es werden keine Differentialgleichungen gelöst, sondern über eine frei wählbare Iterationskonstante wird in genau diesen Zeitabständen (in Sekunden) der gegenseitige Einfluß der Körper aufeinander berechnet. Daraus resultiert die Änderung der jeweiligen Geschwindigkeits- und Impulskomponenten. Bis zur nächsten Iteration bewegen sich die Körper dann kräftefrei. Je größer also die Zeitkonstante gewählt wird, desto schneller aber auch ungenauer wird die Simulation und umgekehrt. Interessante Anfangsparameter können unter einem beliebigen Namen abgespeichert werden, um sie jederzeit wieder aufrufen zu können. Die zugrundeliegende SAA-Oberfläche kann in vieler Hinsicht vom Benutzer auf die eigenen Vorlieben bezüglich Farben, Ton und Mausbedienung angepaßt werden.

| | |
|---|---|
| **Betriebssysteme** | MS-DOS 3.x |
| **Softwareumgebung** | k.A. |
| **Hardwareumgebung** | IBM PC-AT 286/386; 640 KB; VGA; Festplatte; 80287/80387; Microsoft-kompatible Maus |
| **Bezugsbedingungen** | Das Programm wird nur an Hochschulen abgegeben. |

**Bezugsadresse/Autor**
Bernhard Tritsch
Universität Freiburg
Fak. für Physik
Römerweg 6
7801 Merdingen
07668/631

## SISAL

| | |
|---|---|
| **Fachgebiete** | Elektrotechnik |
| **Anwendungsbereiche** | Anwendungsprogramm, numerische Daten |
| **Zielgruppen** | k.A. |
| **Version** | 1.3 |
| **Erstellungsdatum** | 23.03.1990 |

SISAL berechnet das Zeitverhalten (Transientenanalyse) einer im SPICE-Format gegebenen elektronischen Schaltung. Es basiert auf der Waveform-Ralaxations-Methode und ist besonders für digitale MOS-Schaltungen sehr effizient. Modelliert werden Level 1 und Level 4 MOS-Transistoren, bipolare Transistoren, Dioden, Widerstände, Kapazitäten, verlustfreie gekoppelte Leitungen, Stromquellen und geerdete Spannungsquellen.

| | |
|---|---|
| **Betriebssysteme** | UNIX, VMS V3.0 |
| **Softwareumgebung** | k.A. |
| **Hardwareumgebung** | VAX-REGIS für graphischen Output |
| **Preis** | k.A. |
| **Bezugsbedingungen** | k.A. |

**Bezugsadresse**
GMD - Ges. f. Mathematik u. Datenverarb.
Schloß Birlinghoven
5205 Sankt Augustin

**Autor**
Bernhard Klaassen
GMD
I5
5205 Sankt Augustin

K.-L. Paap
5205 Sankt Augustin

# Elektrotechnik

## Symbolbibliothek Elektrik für AutoSketch

| | |
|---|---|
| **Fachgebiete** | Elektrotechnik, Maschinenbau |
| **Anwendungsbereiche** | 2 dim. Zeichnen, CAD, CAM, CAE, Training Software |
| **Zielgruppen** | Weiterbildung |
| **Version** | 1.0 |
| **Erstellungsdatum** | 01.03.1992 |

Das normgerechte, schnelle und komfortable Erstellen von Elektro-Schaltplänen für die Elektro-Pneumatik oder Elektro-Hydraulik ist möglich. Die Symbolbibliothek Elektrik umfaßt sowohl Elektrik-Symbole, als auch Symbole zur Erstellung von Logik-Schaltplänen (UND, ODER...). Die Symbole sind in 5 Verzeichnisse aufgeteilt. Im Verzeichnis Rahmen befinden sich vorgefertigte Zeichnungsrahmen, in denen alle Voreinstellungen für sie vorgenommen wurden.

| | |
|---|---|
| **Betriebssysteme** | MS-DOS 2.x, MS-DOS 3.x, MS-DOS 4.x, MS-DOS 5.x |
| **Softwareumgebung** | AutoSketch ab Version 2.0 |
| **Hardwareumgebung** | IBM-XT/AT/PS2, 512 kB, RAM Maus |
| **Preis** | 150 DM |
| **Bezugsbedingungen** | k.A. |

**Bezugsadresse**
Festo Didactic KG
Ruiter Str. 82
7300 Esslingen
0711/3467-0

# SYSLAB

| | |
|---|---|
| **Fachgebiete** | Elektrotechnik |
| **Anwendungsbereiche** | Ausbildung, Ingenieurwesen, Graphik, interaktives Lernsystem, Systemtheorie |
| **Zielgruppen** | Studenten, Hochschulen |
| **Version** | 1.0 |
| **Erstellungsdatum** | 02.03.1992 |

Das Ein-/Ausgangsverhalten zeitdiskreter und zeitkontinuierlicher, linearer zeitinvarianter Systeme wird beschrieben durch ihre rationalen Übertragungsfunktionen $H(z)$ bzw. $H(s)$. Daraus können Eigenschaften wie Betrags- und Phasenfrequenzgang, Gruppenlaufzeit, Impulsantwort usw. abgeleitet werden. Eine Darstellung von $H(z)$ bzw. $H(s)$ durch die Pole und Nullstellen in der komplexen z-Ebene (s-Ebene) ist in der Systemtheorie sowohl aufgrund ihrer Anschaulichkeit als auch aufgrund des unmittelbaren Bezugs zu Frequenzgang und Eigenschwingungen des Systems von außerordentlicher Bedeutung.

Mit dem Programm SYSLAB können Pole und Nullstellen in der komplexen z-Ebene (s-Ebene) mit den Cursortasten plaziert und auch interaktiv verschoben werden. Die graphische Darstellung der vom Benutzer ausgewählten Systemeigenschaften wird nach jeder Änderung in kürzester Zeit aktualisiert. Als wesentliche Vereinfachung bei der Handhabung können spezielle Systeme (reellwertig, stabil, minimalphasig, linearphasig, Allpaß) erzeugt werden. Dadurch werden bei einer Veränderung eines Pols bzw. einer Nullstelle in der Pol-/Nullstellen-Konfiguration abhängige Pole bzw. Nullstellen automatisch so mitverändert (oder erforderlichenfalls Eingaben ignoriert), daß die gewählte Systemart aufrechterhalten bleibt. Es können bis zu 5 (Teil-)Systeme erzeugt werden, wobei auch die Eigenschaften des Gesamtsystems (= Kaskade aller Teilsysteme) dargestellt werden können. Über vier verschiedene Transformationsarten (identisch, bilinear, impulsinvariant, sprunginvariant) kann von zeitkontinuierlichen zu zeitdiskreten Systemen übergegangen werden (u.u.). Jedes System kann in seinen minimalphasigen Anteil und einen Allpaß zerlegt werden. Das Abspeichern und Laden von Systemen ist möglich; auf diese Weise kann mit der Interpreter-Programmiersprache Matlab kommuniziert werden.

Die Berechnung der Systemeigenschaften anhand einer gegebenen Pol-/ Nullstellen-Konfiguration ist Gegenstand der Lehre in der Systemtheorie. Die programmiertechnische Umsetzung erfordert eine aufwendige Verwaltung der Pole und Nullstellen, um die speziellen Systemarten auch bei Veränderungen beizubehalten. Außerdem mußte die rechnerbedingte diskrete Darstellung auch von kontinuierlichen Funktionen implementiert werden. Daneben wurden für die umfangreichen graphischen Darstellungen spezielle Ausgabefunktionen erstellt. Neben Effizienz kam es dabei vor allem auf eine leichte Erfaßbarkeit der gebotenen Informationen an. Nachdem das Programm Werkzeug zur Untersuchung von Systemen sein soll, kommt einer einfachen Bedienbarkeit, möglichst sogar ohne Anleitung in Papier-Form, große Bedeutung zu. Dieses Ziel konnte durch die Verwendung hervorgehobener Buchstaben ("hotkeys") und eine knappe, aber prägnante Benutzerführung erreicht werden.

**Preisträger des Deutsch-Österreichischen Hochschul-Software-Preises 1992**

| | |
|---|---|
| **Betriebssysteme** | MS-DOS 3.x, MS-DOS 5.x |
| **Softwareumgebung** | k.A. |
| **Hardwareumgebung** | IBM AT (comp. ); 512 KB RAM; EGA; 80387; |

# Elektrotechnik

**Preis** k.A.

**Bezugsbedingungen** Programm wird nur an Universitäten und Fachhochschulen zur studentischen Ausbildung abgegeben. Jegliche kommerzielle Verwendung bedarf der Genehmigung durch den Lehrstuhl für Nachrichtentechnik, Universität Erlangen-Nürnberg

**ASK-SAM** Das Programm kann über den Fileserver abgerufen werden.

**Bezugsadresse**
Prof. Dr.-Ing. Hans-Wilhelm Schüßler
Universität Erlangen-Nürnberg
Lehrstuhl für Nachrichtentechnik
Cauerstraße 7
8520 Erlangen
09131/85-7100

**Autor**
Konrad Sticht
Universität Erlangen-Nürnberg
Lehrstuhl für Nachrichtentechnik
8520 Erlangen

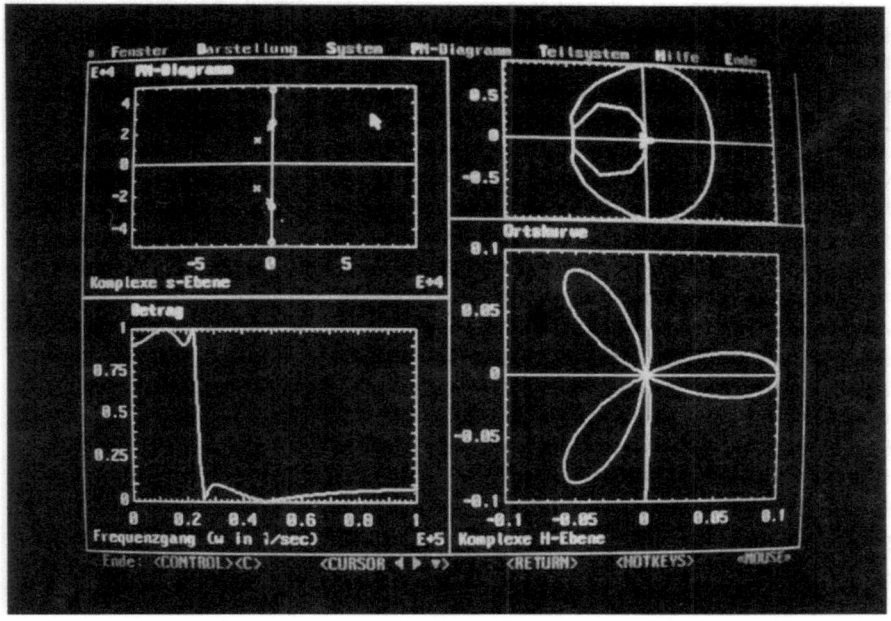

# Elektrotechnik

## Teilchen und Felder

| | |
|---|---|
| **Fachgebiete** | Elektrotechnik, Physik |
| **Anwendungsbereiche** | Elektrische Felder |
| **Zielgruppen** | Schüler |
| **Version** | k.A. |
| **Erstellungsdatum** | 01.02.1992 |

Das Programm "Teilchen und Felder" (TuF) dient primär zur Unterstützung einer Lehrperson bei der Einführung in die Elektrizitätslehre und der Behandlung der Begriffe Ladung, Feld, Potential sowie der Bewegung von Körpern aufgrund der Coulomb'schen Wechselwirkung. Darüber hinaus kann das Programm bei entsprechender Aufgabenstellung durch eine Lehrperson auch von Lernenden selbständig genutzt werden.

Das Programm erlaubt es, Ladungsträger entgegengesetzter Polarität an beliebigen Stellen auf dem Bildschirm zu plazieren und die dazugehörigen Feldlinien anzeigen zu lassen. Diese Feldlinien können wahlweise proportional zu $1/r2$ oder $1/r$ berechnet werden. Letzteres entspricht der Feldstärke von homogenen Linienladungen, die senkrecht zum Bildschirm verlaufen. Diese Wahlmöglichkeit soll die Probleme einer zweidimensionalen Darstellung von räumlichen Vorgängen verdeutlichen und kann außerdem von einer Lehrperson dazu genutzt werden, die Notwendigkeit mathematischer Verfahren einsichtig zu machen. Weiterhin ist es möglich, Äquipotentiallinien durch frei zu bestimmende Punkte zeichnen zu lassen, wobei das entsprechende Potential numerisch angegeben wird. Für die Darstellung der Teilchen werden zwei frei wählbare Symbole angeboten, um eine Diskussion über den Modellcharakter der Form einer Punktladung zu unterstützen. Die Bewegung von Ladungsträgern aufgrund ihrer gegenseitigen Wechselwirkung kann simuliert werden. Die Möglichkeit, einzelne Ladungsträger zu fixieren, erlaubt die Simulation von Keppler'schen Bahnen. Dabei kann der Unterschied einer "künstlich" fixierten Maße oder einer wegen ihrer relativen Größe unbeweglichen Maße diskutiert werden. In einem besonderen Unterprogramm "Feldhockey" kann ein Zielfeld und ein Hindernis auf dem Bildschirm plaziert werden, um in einer mehr spielerischen Form die Auswirkungen der Coulombkraft zwischen Ladungsträgern zu untersuchen.

| | |
|---|---|
| **Betriebssysteme** | MS-DOS 3.x |
| **Softwareumgebung** | k.A. |
| **Hardwareumgebung** | IBM PC/AT 640 KB RAM; EGA, VGA; Harddisk: 10 MB; 80287; Maus; |
| **Preis** | k.A. |
| **Bezugsbedingungen** | Das Programm wird unter Zusendung eines frankierten Rückumschlages und einer Leerdiskette zugesandt. Dabei wird die Erwartung ausgesprochen, daß die Empfänger sich an einer späteren Fragebogenaktion beteiligen. |

| **Bezugsadresse** | **Autor** |
|---|---|
| Dr. Hermann Härtel | Hans-Joachim Fierke |
| Universität Kiel | Universität Kiel |
| IPN | IPN |
| Olshausenstr. 62 | 2300 Kiel |
| 2300 Kiel | |
| 0431 880 4090 | |

# Elektrotechnik

## The Scientific Desk

| | |
|---|---|
| **Fachgebiete** | Informatik, Elektrotechnik, Mathematik, Physik |
| **Anwendungsbereiche** | Ausbildung, integriertes Graphikpaket, math. u. numerische Software, Programmentwicklung, statistische Analyse |
| **Zielgruppen** | Studenten, Lehrer, Ingenieure, Programmierer |
| **Version** | 5.0 |
| **Erstellungsdatum** | 01.01.1991 |

Der "Scientific Desk" oder der wissenschaftliche Schreibtisch ist eine Systemumgebung für die Lösung mathematischer und statistischer Probleme. Die Lösungskomponenten reichen von einfachem Matrizenrechnen, bis zu Rechenarten der höheren Mathematik. Die Routinen (z.Z. fast 600) sind in Form einer FORTRAN-Bibliothek realisiert. Die Bibliothek ermöglicht qualitativ hochwertiges, strukturiertes Arbeiten und leichteste Handhabung bei wissenschaftlichen Programmen. Sie hilft bei der Bearbeitung vieler Aufgabenstellungen, in folgenden Bereichen z.B.: Arithmetische- und Fehleranalyse, Lineare Algebra, Differentialgleichungen, Interpolation, Service Routinen, Druckersteuerung, Schätzungen und Näherungen, Statistik und Wahrscheinlichkeit, Optimierung, Nichtlineare Gleichungen, Integral Transformation, Grafische Bibliothek, Differentiation und Integration, Elementare und spezielle Funktionen der Physik. Hier findet der Anwender schon die Lösung für seine schwierigsten Probleme. C.Abaci ermöglicht über zwei verschiedene Wege diese Routinen zu nutzen. 1) Die "Scientific Desk Library" für den FORTRAN-Anwender, der den Zugriff aus FORTRAN heraus sucht, um die Möglichkeiten der Library anzuwenden. 2) Das "Analysis System" ist eine interaktive Systemumgebung, die über einfache Modellbefehle, verschiedene der mächtigen Möglichkeiten des "Scientific Desk", ohne FORTRAN-Kenntnisse, dem Anwender nahe bringt. Die Aufrufsequenzen und Fähigkeiten sind auf vielen Computerumgebungen gleich - vom PC über den Macintosh bis zum Großrechner. Über eine spezielle graphische Bibliothek lassen sich Bildschirm- und Druckausgabe steuern. Für Studenten ist ein spezielles Einführungspaket erhältlich. Die Einarbeitungszeit wird dadurch verkürzt, daß bei der Entwicklung der Codenamen und der Klassifizierung das Klassifizierungsschema für mathematische und statistische Software GAMS (Guide to Available Mathematical Software) von 1985 eingehalten wurde.

| | |
|---|---|
| **Betriebssysteme** | MAC OS, MS-DOS 3.x, UNIX, VMS |
| **Softwareumgebung** | FORTRAN-Schnittstelle; C mit Einschränkungen |
| **Hardwareumgebung** | IBM-PC 80386, Macintosh, SUN, MIPS, NeXT, UNIX-386, DEC, Convex, HP/Apollo, DAta General, Hewlett-Packard, IBM RISC, IBM AIX, SONY, Silicon Graphics, Cray, keine "Vector processing machines" |
| **Preis** | 890 DM |
| **ASK-SAM** | Eine Demo-Version des Programmes kann über den Fileserver abgerufen werden. |

**Bezugsadresse**  
Andreas Heilemann, Stefan Steinhaus  
ADDITIVE GmbH  
Max-Planck-Straße 9  
6382 Friedrichsdorf  
06172-77017 bzw. 77015

**Autor**  
Ed Battiste  
C. Abaci  
NC-27605 Raleigh, NC (USA)

# top-CAD

| | |
|---|---|
| **Fachgebiete** | Elektrotechnik |
| **Anwendungsbereiche** | Elektronik, Elektronik |
| **Zielgruppen** | k.A. |
| **Version** | 6.5 |
| **Erstellungsdatum** | 01.07.1990 |

top-CAD ist ein durchgängiges Leiterplattenentwicklungssystem von der Stromplaneingabe über Stück- und Netzliste bis zum Layout der Leiterplatte. top-CAD beinhaltet ebenso einen 100%-Autorouter, wie die Möglichkeit, komplette Produktionsdaten wie z.B. für einen Bestückungsautomaten oder Gerberdaten für die Filmvorlage der Leiterplatte zu generieren. Die umfangreichen Bibliotheken für Stromlaufplan und Layout ermöglichen einen sofortigen Beginn der Arbeit. Weiterhin ist es auch möglich, eigene Symbole und Bauteile zu erstellen oder vorhandene auf die Gegebenheiten anzupassen. Ebenfalls in top-CAD integriert ist eine Realtime Forward- and Backannotation; sobald in einem Modul (Stromlaufplan oder Layout) etwas geändert wird, wird es zeitgleich in alle anderen Module übertragen. top-CAD arbeitet sowohl im Stromlaufplan als auch im Layout mit einem Online-Check, so daß bei der Arbeit bereits Fehler ausgeschlossen werden und ein zeitraubender End-Check unnötig wird. Der Schaltplan-Modul top-Schematic ist auch einzeln erhältlich.

| | |
|---|---|
| **Betriebssysteme** | MS-DOS 3.x |
| **Softwareumgebung** | k.A. |
| **Hardwareumgebung** | PC-386/486 mit VGA oder SPEA-FGA, 4 MByte RAM, 40 MByte-Festplatte, Coprozessor 80387, Maus oder Tablett |
| **Preis** | 19995 DM |
| **Bezugsbedingungen** | k.A. |
| **Sonderkonditionen** | Einzellizenz: 3000 DM |
| | Geltungsbereich: Hochschulen, Fachhochschulen, sonstige öffentliche Bildungseinrichtungen |

**Bezugsadresse**  
Mensch und Maschine GmbH  
Stefanus-Straße 6  
8032 Gräfelfing  
089/854890

**Autor**  
SPEA Software AG  
8130 Starnberg

# Elektrotechnik

## Topt

| | |
|---|---|
| **Fachgebiete** | Elektrotechnik |
| **Anwendungsbereiche** | Elektronik |
| **Zielgruppen** | k.A. |
| **Version** | 1.01 |
| **Erstellungsdatum** | 01.04.1992 |

Aufgabe des Programmes TOPT ist es, eine gegebene Startlösung für ein Problem der Tschebyscheff-Approximation beim Entwurf von elektrischen Systemen zu verbessern, wenn dies noch möglich ist. Die Beschreibung des Problems und die Angabe der Startlösung geschieht durch Übergabe zweier Textdateien, d.h. getrennt für Startwerte und Forderungsbeschreibung. Diese beiden Dateien müssen beim Start der Approximation vorhanden sein und dem Programm über den Menüpunkt Config-Dateien bekannt gemacht werden. Die Namen von Startwertedatei und Endwertedatei können gleich sein. In diesem Fall wird bei Erfolg der Inhalt der Startwertedatei überschrieben. Es wird nicht nur eine Ergebnisdatei erzeugt, sondern auch eine Wertetabelle, aus der die letztlich vom Programm automatisch erstellte Stützstellenverteilung, der Verlauf von Soll- und Istwert, der Verlauf der Fehlerschranken (des Fehlerschlauches) und der normierte Fehlerverlauf abgelesen werden können. Der Fortgang der Approximation wird während des Programmlaufes grafisch veranschaulicht. Das Programm kann über den Menüpunkt Execute auch als Tabellenanzeigeprogramm verwendet werden. Innerhalb des Programmes können die beteiligten Dateien auch geändert werden (Menüpunkt: Dateien ändern).

| | |
|---|---|
| **Betriebssysteme** | MS-DOS 3.x |
| **Softwareumgebung** | MS-Windows 3. x |
| **Hardwareumgebung** | IBM-kombatibler AT ab 2 MByte RAM; arithmetischer Coprozessor für zügiges Arbeiten empfehlenswert. |
| **Preis** | k.A. |
| **Bezugsbedingungen** | Rücksprache mit dem Autor erforderlich. |

**Bezugsadresse/Autor**
Friedrich Heinrichmeyer
Fernuniversität Hagen
Elektronische Schaltungen
Frauenstuhlweg 31
5860 Iserlohn
02371/566-243

# TurboNet / TNetDemo

| | |
|---|---|
| **Fachgebiete** | Elektrotechnik |
| **Anwendungsbereiche** | dynamische Analyse, Netzwerk, Zustandsanalyse |
| **Zielgruppen** | Studenten |
| **Version** | 2.11 |
| **Erstellungsdatum** | 03.10.1990 |

Das Programm TurboNet / TNetDemo dient der Analyse und der Simulation des Verhaltens dynamischer, elektrischer Netzwerke. Es können Netze eines Umfanges von bis zu 80 Zweigen bearbeitet werden. Implementierte Netzelemente sind Ohm'scher Widerstand, Kapazität, Induktivität, Spannungs- und Stromquellen verschiedener Signalformen (ungesteuert, gesteuert, auch moduliert), Dioden verschiedener Kennlinien und Schalter. Errechnete Potentiale, Zweigspannungen, -ströme und -leistungen können sowohl numerisch, als auch grafisch dargestellt werden. Bei der dynamischen Analyse ist die Wahl zwischen verschiedenen Analyse- und Integrationsverfahren möglich.

Vorzugseinsatzgebiet ist die Nutzung durch Studenten der Fachrichtungen des Elektroingenieurwesens. Dabei dient das Programm sowohl als selbstständiges Analyseprogramm zur Problembearbeitung (selbstständige wissenschaftlich Arbeit) als auch als Instrument der Wissensaneigung (Übung, Praktikum). Dem Lehrenden kann das Programm aber auch zur Aufbereitung charakteristischer Schaltungen für die Vorlesung dienen, um ihr Verhalten und den Einfluß von Parametern zu demonstrieren. Vorausgesetzt werden Grundkenntnisse der Rechnerbedienung und der Elektrotechnik.

Das Programm bedient sich in zentraler Weise der Knotenpotentialanalyse. Die Verfahren der dynamische Analyse basieren auf der Neuberechnung aller Potentiale in jedem Zeitschritt bzw. auf der Aufstellung der modifizierten Zustandsgleichungen bei Änderungen der Netzwerktopologie. Die Integration nutzt lediglich einfache, vorwärtsgreifende Vorschriften.

| | |
|---|---|
| **Betriebssysteme** | MS-DOS 3.x |
| **Softwareumgebung** | k.A. |
| **Hardwareumgebung** | AT; 550 KB; Hercules, VGA, CGA |
| **Preis** | k.A. |
| **Bezugsbedingungen** | befinden sich im Klärungsprozeß |

**Bezugsadresse/Autor**
Renatus Rohde
Technische Universität Chemnitz
Sektion Automatisierungstechnik
PSF 964
9010 Chemnitz

# Elektrotechnik

## unscrambler

| | |
|---|---|
| **Fachgebiete** | Chemie, Elektrotechnik, Physik, Verfahrenstechnik |
| **Anwendungsbereiche** | statistische Analyse |
| **Zielgruppen** | k.A. |
| **Version** | 2.3 |
| **Erstellungsdatum** | k.A. |

Das Programm bietet sehr viele Möglichkeiten zur Auswertung von Meßwerten. Dabei bedient es sich der Methode der Principal Component Analysis und der Principal Component Regression. Es können eine Vielzahl von Diagrammtypen erstellt werden, alle gängigen sowie 3D Diagramme. Für 35 $ kann man eine Demodiskette bestellen, die den gesamten Funktionsumfang des Programms zeigt.

| | |
|---|---|
| **Betriebssysteme** | MS-DOS 2.x, MS-DOS 3.x |
| **Softwareumgebung** | k.A. |
| **Hardwareumgebung** | IBM kompatibler mit Hard Disk 640 KB RAM Standardgrafikkarte und Coprozessor (unbedingt nötig!!) |
| **Preis** | 2790 DM |
| **Bezugsbedingungen** | Hochschulpreis, darin ist ein 3monatiger Supportvertrag enthalten. |

**Bezugsadresse/Autor**
CAMO
Jarleiven 4
N-7041 Trondheim (Norwegen)

## VARCAD-E

| | |
|---|---|
| **Fachgebiete** | Elektrotechnik |
| **Anwendungsbereiche** | Elektronik |
| **Zielgruppen** | k.A. |
| **Version** | k.A. |
| **Erstellungsdatum** | k.A. |

VARCAD-E ist ein leistungsfähiges CAD-System für den elektrotechnischen Bereich. Das System unterstützt die grafisch-interaktive Erstellung von Stromlaufplänen und die automatische Auswertung der erstellten Zeichnungen. Hierbei können Stücklisten, Referenzlisten, Anschlußpläne, Verbindungslisten etc. ohne Unterbrechung der Arbeitssitzung und arbeitsplatzunabhängig erstellt werden. Alle Querverweis- und Logikinformationen werden vom System direkt bei der Erstellung (online) überprüft. Zur Variantenbildung stehen umfassende Kopierfunktionen zur Verfügung. Die "intelligente" Datenstruktur des Systems erlaubt das gleichzeitige Bearbeiten von mehreren Zeichnungsblättern auf unterschiedlichen Arbeitsplätzen innerhalb eines Projektes (d.h. permanente gemeinsame Projektlogik). Die Anzahl der Stromlaufplanblätter pro Projekt ist softwaretechnisch nicht begrenzt. Automatische Planübersetzungen sind durch angeschlossenes technisches Wörterbuch möglich. Mit VARCAE können sowohl kyrillische und griechische als auch firmenspezifische Zeichensätze verwendet werden, Schaltschrankaufbaupläne können systemunterstützt erstellt werden. Ein SPS-Modul zur Anbindung an SPS-Programmiergeräte ist ebenfalls verfügbar. Durch Kopplung mit dem Sachmerkmalsleistensystem ET-SML ist eine komfortable Bauteileverwaltung und -suche möglich.

| | |
|---|---|
| **Betriebssysteme** | VMS |
| **Softwareumgebung** | k.A. |
| **Hardwareumgebung** | VAX |
| **Preis** | k.A. |
| **Bezugsbedingungen** | Preis: DM 26.000 - DM 78.500 |

**Bezugsadresse**
TDV GmbH
Maybachstraße 10
7500 Karlsruhe

# Elektrotechnik

## VISULA (TM)

| | |
|---|---|
| **Fachgebiete** | Elektrotechnik |
| **Anwendungsbereiche** | Elektronik |
| **Zielgruppen** | k.A. |
| **Version** | k.A. |
| **Erstellungsdatum** | k.A. |

VISULA (TM) ist eine integrierte Systemlösung für Entwicklung, Simulation und Konstruktion von elektronischen Baugruppen (Leiterplatten, MCMs, Hybride) und Mikroelektronik-Komponenten (ASICs). Unter einem offen Tool-Framework (VISION) steht eine breite Palette von Werkzeugen zur Verfügung. Dies beginnt bei der Schaltungsentwicklung und -synthese auf der Basis von VHDL-Beschreibungen und erstreckt sich über die Baugruppen-Simulation bis hin zur rechnerunterstützten Leiterplatten-Entflechtung und Fertigungsvorbreitung. Entsprechend den typischen CAE-Applikationsschwerpunkten werden mit VISULA ASIC EXPERT, SYSTEM EXPERT und CAD Expert speziell für diese Bereiche zugeschnittene Applikationspakete angeboten. Sämtliche Applikationen von VISULA greifen auf eine zentrale, rationale Datenbank zu. In das System integriert sind auch System-Level Analog-, Digital- und Mixed-Mode Simulatoren. All diese Applikationen werden über eine einheitliche Benutzeroberfläche koordiniert und einfach durch "Antippen" der einzelnen Applikationssymbole mit der Maus abgerufen. Für VISULA ist ein Programm von mehr als 140 Interfaces für die Fertigung lieferbar. Mit einer CAM-Workstation kann jetzt auch die Fertigungsvorbereitung und -steuerung zentral geregelt werden. Durch die weitgehende Verwendung von Standards stellt VISULA eine ideale Basis für eine den gesamten Betrieb umspannende Vernetzung im Sinne von CIM dar. VISULA ist ein Warenzeichen von Racal-Redac Systems Ltd.

| | |
|---|---|
| **Betriebssysteme** | UNIX |
| **Softwareumgebung** | INFORMIX SQL Datenbank |
| **Hardwareumgebung** | Hewlett Packard 9000/700, DECstation 5000, Sun SPARCstation |
| **Preis** | k.A. |
| **Bezugsbedingungen** | Preis: DM 40.000 - DM 150.000 |

**Bezugsadresse**
Dipl.-Ing. Michael Perschthaler
Racal-Redac-Design-System GmbH
Muthmannstraße 4
8000 München 45
0 89 / 3 23 92 - 0

# VPSIM

| | |
|---|---|
| **Fachgebiete** | Elektrotechnik |
| **Anwendungsbereiche** | Analyse, Anwendungsprogramm, Simulation |
| **Zielgruppen** | Studenten |
| **Version** | 1.1 |
| **Erstellungsdatum** | 24.01.1991 |

Das Programm stellt ein Werkzeug zur rechnergestützten Simulation von in Labors aufgenommenen Meßkurven bereit. Zielgruppen sind Studenten in Labor-, Studien-, und Diplomarbeiten. Kenntnisse der Vierpoltheorie sind zur Benutzung des Programms nicht erforderlich. Dem Programminhalt liegen die Ketten- (A-) Parameter der Vierpoltheorie zugrunde.

| | |
|---|---|
| **Betriebssysteme** | MS-DOS 3.x |
| **Softwareumgebung** | k.A. |
| **Hardwareumgebung** | IBM PC-XT; 512 KB; CGA, Hercules, EGA, VGA |
| **Preis** | 500 DM |
| **Bezugsbedingungen** | Hochschulen erhalten 50% Rabatt |

**Bezugsadresse/Autor**
Klaus Dickgiesser
FH Karlsruhe
Fachbereich Feinwerktechnik
Moltkestraße 4
7500 Karlsruhe 1
0721/169-339

**Elektrotechnik**

## Workvi (TM)

| | |
|---|---|
| **Fachgebiete** | Elektrotechnik |
| **Anwendungsbereiche** | Elektronik |
| **Zielgruppen** | k.A. |
| **Version** | k.A. |
| **Erstellungsdatum** | k.A. |

Workvi (TM) ist ein CAE-Paket, das alle Arbeiten des Elektronik Entwicklers, wie Design, Simulation, Dokumentation und Kommunikation unterstützt. Workvi hat eine offene Architektur und es werden zahlreiche Interfaces zu CAE-Workstations, CAD-Systemen und Simulatoren anderer Hersteller angeboten (Valid, Mentor, Computervision, Calay, Redac), so daß eine Integration von Workvi in bereits vorhandene Applikationen leicht zu realisieren ist. Für einen CAE-Hersteller ist es wichtig, Standards zu unterstützen; deshalb wird dieses Paket mit einer EDIF Schnittstelle angeboten. Ein weiterer Standard, der sich in Zukunft durchsetzen wird, ist VHDL für die Erstellung von Simulationsmodellen. VHDL wurde vom US-Verteidigungsministerium definiert und soll dem Anwender die Möglichkeit bieten, Verhaltensmodelle für die Simulation unabhängig vom verwendeten Simulator zu erstellen. Mit Workvi wird eine komplette CAE-Lösung für alle Bereiche der Elektronik-Entwicklung angeboten. Workvi ist ein Warenzeichen der VIEWlogic Systems, Inc.

| | |
|---|---|
| **Betriebssysteme** | ULTRIX, VMS |
| **Softwareumgebung** | k.A. |
| **Hardwareumgebung** | RISC, VAX, VAX/VMS, RISC/ULTRIX, VAX/VMS |
| **Preis** | k.A. |
| **Bezugsbedingungen** | Preis: DM 20.000 - DM 150.000 |

**Bezugsadresse**
MOStron Elektronik GmbH
Helmholtzstraße 20
4060 Viersen

# XDQDB

| | |
|---|---|
| **Fachgebiete** | Informatik, Elektrotechnik |
| **Anwendungsbereiche** | X-Windows, Ausbildung, Netzwerk, Kommunikation, Simulationssoftware |
| **Zielgruppen** | Unternehmen, Studenten |
| **Version** | 1.0 |
| **Erstellungsdatum** | 20.03.1992 |

Simulation des neuartigen DQDB Protokolls, Verifizierung des Protokolls und Ermittlung erster Ergebnisse. Ausbildung von Studenten in Laboren und Unterstützung für Unternehmen, die ein DQDB Netz entwickeln wollen. Das bisher nicht in Hardware realisierte DQDB Protokoll soll mit dieser Simulations erstmals auf seine Leistungsfähigkeit geprüft werden, um eine Grundlage für eine sinnvolle Hardwareimplementierung zu gewährleisten.

| | |
|---|---|
| **Betriebssysteme** | SUN OS 4.x |
| **Softwareumgebung** | X Window Version 11 Release 4 oder 5 |
| **Hardwareumgebung** | Sun3, Sun4; 3. 5" Floppydisk; 8 MB RAM; VGA; Harddisk: 10 MB; 80287; Maus (optional); |
| **Preis** | 100 DM |
| **Bezugsbedingungen** | k.A. |

**Bezugsadresse/Autor**

Steffen Hauser  
TU-Berlin  
Quellweg 50  
1000 Berlin 13  
030/3824886

Klaus Zickelbein  
TU-Berlin  
Luisenstraße 1  
1000 Berlin 45  
030 / 7737332

# XSIO (X-Simulationsoberfläche)

| | |
|---|---|
| **Fachgebiete** | Elektrotechnik, Physik, Verfahrenstechnik |
| **Anwendungsbereiche** | X-Windows, Ausbildung, Simulationssoftware |
| **Zielgruppen** | Dozenten, Professoren |
| **Version** | 1.0 |
| **Erstellungsdatum** | 24.03.1992 |

Allgemein gehaltene windowgesteuerte Benutzeroberfläche für Simulationsprogramme in der Halbleitertechnologie. Eine Datei wird erstellt, die das Simulationsprogramm einliest. Zielgruppe: Schulung von Studenten innerhalb von Praktika; Simulation und Vergleich mit Messungen in Studentenarbeiten, Promotionsarbeiten und Industrieanwendungen; Grundlage für andere Simulationsoberflächen. Als Grundlage dienen die erforderlichen Eingabedaten für Icecrem von der Fraunhofer Arbeitsgruppe für Integr. Schaltungen; Anwendung von OSF/Motif-Toolkits.

| | |
|---|---|
| **Betriebssysteme** | UNIX |
| **Softwareumgebung** | X11-Windows, OSF/Motif, C-Compiler |
| **Hardwareumgebung** | HP 9000, UNIX; 8 MB RAM; VGA; Harddisk; 80287; Maus (optional); |
| **Preis** | k.A. |
| **Bezugsbedingungen** | k.A. |

**Bezugsadresse/Autor**
Michael Finkendey
Friedensallee 15
3012 Langenhagen
0511/771012

# ZET

| | |
|---|---|
| **Fachgebiete** | Elektrotechnik, Physik |
| **Anwendungsbereiche** | X-Windows, Animation, Graphik, Simulationssoftware |
| **Zielgruppen** | Hochschulen, Dozenten |
| **Version** | 1.1 |
| **Erstellungsdatum** | 15.03.1992 |

Das Programm ZET erlaubt generell die interaktive und perspektivisch korrekte dreidimensionale Darstellung von Objekten und Strukturen sowie deren Lageänderung aufgrund verschiedener Wechselwirkungen. In der vorliegenden Form dient es zur Einführung in die Elektrizitätslehre und zwar zur Darstellung von Ladungsanordnungen im Raum, deren gegenseitige Anziehung bzw. Abstossung zusammen mit unterschiedlicher Visualisierung des elektrischen Feldes sowie auszuwählender Äquipotentialflächen. Zusätzlich zur Simulation der Coulombkraft können gleichzeitig die Einflüsse der Gravitation und einer Wechselwirkung gemäß dem Hook'schen Gesetz simuliert werden. Somit eignet sich das Programm ebenfalls zur Einführung in Bereiche der Mechanik wie Keppler'sche Gesetze, Harmonischer Oszillator, Festkörper, u.a..

Für alle dargestellten Objekte bzw. Strukturen gilt, daß sie perspektivisch korrekt wiedergegeben werden und sich je nach ihrer Position hinsichtlich der Tiefe des "Raumes" in ihrer Farbe anpassen. Diese relativ aufwendige Darstellungstechnik ist notwendig, um einen ungestörten dreidimensionalen Eindruck entstehen zu lassen. Einmal erreicht kann dann aber auch kein Beobachter einer solchen Wahrnehmung mehr ausweichen. Somit ist gewährleistet, das Lehrende und Lernende sich in derselben Sprache mit dem zur Diskussion stehenden Gegenstand befassen. Der dargestellte "Raum" zusammen mit allen Objekten und Strukturen ist jeweils um zwei Achsen drehbar und Betrachtungsabstand und Winkel sind einstellbar. Unter Verwendung dieser Darstellungstechnik wird in dem vorliegenden Programm das allgemeine Thema "Wechselwirkende Objekte" behandelt. Als Objekte werden Teilchen mit unterschiedlich wählbarer Formgebung angeboten und als Wechselwirkung stehen die Coulombkraft, die Gravitation und Federkräfte gemäß dem Hook'schen Gesetz zur Auswahl. Es besteht die Möglichkeit, zu jeder Anordnung von Ladungsträgern die entsprechenden Feldlinien sowie einzelne Äquipotentialflächen zeichnen zu lassen. Damit sind aus dem traditionellen Physikunterricht die folgenden Themen angesprochen: Punktmechanik, Keppler'sche Gesetze, Elastischer Stoß, Harmonischer Oszillator, Coulomb'sches Gesetz, Potential, Energieerhaltung.

| | |
|---|---|
| **Betriebssysteme** | HP-UX 7.0 |
| **Softwareumgebung** | RMG (wird mitgeliefert) |
| **Hardwareumgebung** | HP 9000/300; 8 MB RAM; VGA; Harddisk: 100 MB; 68882; Bandkassettenlaufwerk HP 9144; |
| **Preis** | k.A. |
| **Bezugsbedingungen** | Das Programm kann an Interessierte nach Absprache zu Erprobungszwecken abgegeben werden. |

**Bezugsadresse/Autor**
Dipl. Informatiker Michael Lüdke
IPN
Olshausenstr. 62
2300 Kiel
0431/880 3144

**Maschinenbau**

# Maschinenbau

## 3D-Studio

| | |
|---|---|
| **Fachgebiete** | Architektur, Maschinenbau |
| **Anwendungsbereiche** | 3 dim. Modell, Animation, kreative Graphik, technisches Zeichnen |
| **Zielgruppen** | k.A. |
| **Version** | 2.0 |
| **Erstellungsdatum** | 08.05.1992 |

3D-Studio ist ein mächtiges Werkzeug für alle, die fotorealistische Bilder und Animationen auf dem PC erzeugen wollen. Dabei können Konstruktionen aus der CAD-Software AutoCAD übernommen werden (z.B. zur Visualisierung von geplanten Gebäuden), oder 3D-Studio kann dank der eingebauten Modeling-Fähigkeiten eigenständig eingesetzt werden (Anwendung: 3D-Animation). 3D-Studio unterstützt hochauflösende Grafikkarten im Echtfarbmodus. Fertige Filmsequenzen lassen sich im Animator-Format in Echtzeit auf dem PC abspielen oder per Zusatzhardware an Videogeräte übergeben. 3D-Studio besteht aus den Modulen 2D-Shaper (Zeichnen von Spline-Polygonen), 3D-Lofter (Aufbau der 3D-Geometrie), 3D-Editor (Zusammenstellung der Szenen, Plazierung von Lichtern und Kameras), Materials Editor (Definition von Materialien) und Keyframer (Definition von Filmsequenzen). Der integrierte Renderer erlaubt u.a. Gouraud- und Phong-Schattierung.

| | | |
|---|---|---|
| **Betriebssysteme** | MS-DOS 3.x | |
| **Softwareumgebung** | k.A. | |
| **Hardwareumgebung** | PC-386/486, 80387- oder Weitek-Coprozessor, VGA- oder Targa-Karte, 4 MB RAM, 40 MB Festplatte | |
| **Preis** | 5900 DM | |
| **Bezugsbedingungen** | k.A. | |
| **Sonderkonditionen** | Einzellizenz: | 1600 DM |
| | Geltungsbereich: | Hochschulen, Fachhochschulen, sonstige öffentliche Bildungseinrichtungen |

**Bezugsadresse**  
Mensch und Maschine GmbH  
Stefanus-Straße 6  
8032 Gräfelfing  
089/854890

**Autor**  
Autodesk GmbH  
8000 München

# ACAD-M

| | |
|---|---|
| **Fachgebiete** | Maschinenbau |
| **Anwendungsbereiche** | CAD (rechnerunterstützte Konstruktion), technisches Zeichnen |
| **Zielgruppen** | CAD-Anwender |
| **Version** | 10 |
| **Erstellungsdatum** | 01.01.1991 |

ACAD-M bietet dem AutoCAD-Benutzer im Maschinenbau eine Reihe von Funktionen an, die er zum normgerechten Zeichnen braucht: Oberflächenzeichen nach DIN/ISO 130, Form- und Lagetoleranzen, Toleranz- und Passungsangaben in Bemassungen, komfortable Stücklistenerstellung. ACAD-M ist in AutoLISP geschrieben und als eigenständiges Modul mit AutoCAD oder in CADiMenu eingebettet lauffähig. Das System wird wahlweise über Menü oder Tastatur-Kommandos bedient. Toleranz- und Passungsangaben werden von ACAD-M normgerecht mit kleinerer Schriftgröße und hoch- bzw. tiefgestellt in AutoCAD-Bemassungen eingefügt, ohne daß dabei die Assoziativität der Bemassung verlorengeht. Besonderheit des Programms ist die maschinenbaugerechte Stücklisten-Funktion. Die ACAD-M Stückliste ist mit den MuM-Paketen CADiLib und HASCO verwendbar und unterstützt auch den Aufbau eigener Teilebibliotheken mit vorbereiteter Stücklisten-Information.

| | | |
|---|---|---|
| **Betriebssysteme** | MS-DOS 3.x | |
| **Softwareumgebung** | Voraussetzung: AutoCAD | |
| **Hardwareumgebung** | wie bei AutoCAD | |
| **Preis** | 595 DM | |
| **Bezugsbedingungen** | k.A. | |
| **Sonderkonditionen** | Einzellizenz: | 395 DM |
| | Mehrfachlizenz: | 200 DM pro Lizenz bei 10 Kopien |
| | Geltungsbereich: | Hochschulen, Fachhochschulen, sonstige öffentliche Bildungseinrichtungen |

**Bezugsadresse/Autor**
Mensch und Maschine GmbH
Stefanus-Straße 6
8032 Gräfelfing
089/854890

# Maschinenbau

## ADAMS (R)

| | |
|---|---|
| **Fachgebiete** | Maschinenbau |
| **Anwendungsbereiche** | Analyse |
| **Zielgruppen** | Ingenieure |
| **Version** | k.A. |
| **Erstellungsdatum** | k.A. |

ADAMS (R) (Automatische Dynamische Analyse Mechanischer Systeme) ist ein universelles Programm zur kinematischen, statischen, dynamischen und modalen Analyse dreidimensionaler, nichtlinearer Mechanismen, Maschinen oder Fahrzeuge. Es ermöglicht die wirklichkeitsgetreue Vorhersage des Verhaltens noch nicht existierender Konstruktionen und die Rekonstruktion zurückliegender Ereignisse. Die oft komplizierte Erstellung des mathematischen Modells übernimmt ADAMS automatisch. ADAMS ist ein eingetragenes Warenzeichen der Mechanical Dynamics, Inc.

| | |
|---|---|
| **Betriebssysteme** | ULTRIX, VMS |
| **Softwareumgebung** | k.A. |
| **Hardwareumgebung** | VAX, VAX/VMS, VAX/ULTRIX |
| **Preis** | k.A. |
| **Bezugsbedingungen** | k.A. |

**Bezugsadresse**
TEDAS GmbH
Universitätsstraße 51-52
3550 Marburg

# Maschinenbau

## ANDI.PRG

| | |
|---|---|
| **Fachgebiete** | Maschinenbau |
| **Anwendungsbereiche** | Prozeß-/Menüauswertung, Meßdatenerfassung |
| **Zielgruppen** | k.A. |
| **Version** | 1.0 |
| **Erstellungsdatum** | 07.10.1991 |

Ein Programm für ATARI-Computer zur Aufnahme sowie Verarbeitung von analogen und digitalen Daten, die von einem Oberflächenmeßgerät übergeben werden. Zielgruppen sind alle Personengruppen, die im Rahmen der industriellen Qualitätskontrolle mit Oberflächenmeßgeräten arbeiten. Besondere Kenntnisse und Fähigkeiten in der PC-Bedienung sind nicht erforderlich. Das Programm hat eine graphische Benutzeroberfläche und eine interaktive Menüsteuerung. Die Bearbeitung und graphische Darstellung der Meßdaten wird erleichtert. Oberflächenmeßgeräte dienen dazu, technische Oberflächen abzutasten, und deren Struktur durch genormte Kennwerte (z.B. gemittelte Rauhtiefe Rz, Mittenrauhwert Rt, Traganteil Tp, usw.) zu definieren. Die überwiegende Anzahl der industriell eingesetzten Meßgeräte drucken diese Kennwerte auf einem Meßschrieb aus. Um die Meßdaten und die Arbeitsweise eines Oberflächenmeßgerätes einem größeren Auditorium sofort zugänglich zu machen, ist die On-Line-Darstellung der Daten auf dem Bildschirm vorteilhaft. Darüberhinaus wird eine weitergehende Verarbeitung der Daten wie z.B. die Ermittlung von speziellen Traganteilkurven, die Einbindung in eine Graphik oder das Erstellen einer Statistik von üblichen Oberflächenmeßgeräten nicht unterstützt und bleibt Sache des Anwenders. Mit Einsatz des Programms kann die Ausbildung an Oberflächenmeßgeräten vom trockenen Durchblättern eines Handbuchs entkoppelt werden. Es wird ein "spielerischer" Umgang mit dem Meßgerät gefördert.

| | |
|---|---|
| **Betriebssysteme** | TOS 1.3, TOS 1.4 |
| **Softwareumgebung** | Programm: ANDI. PRG, Resource-File: ANDI. RSC |
| **Hardwareumgebung** | Atari ST; 1 MB RAM; Hercules, EGA, VGA; Harddisk; 8087, 80287 (optional); Drucker, AD-Wandler, Oberflächenmeßgerät (Perthen S5P); |
| **Preis** | k.A. |
| **Bezugsbedingungen** | k.A. |

**Bezugsadresse/Autor**
Jens Christiansen
WZL an der RWTH Aachen
Lehrstuhl f. Techn. der Fertigungsverf.
Steinbachstr. 53 B
5100 Aachen
0241/80/7367

# ASKSIM

| | |
|---|---|
| **Fachgebiete** | Maschinenbau |
| **Anwendungsbereiche** | 2 dim. Zeichnen, CAD, CAM, CAE, Simulation, Training Software |
| **Zielgruppen** | Weiterbildung |
| **Version** | 1.0 |
| **Erstellungsdatum** | 01.09.1992 |

Pneumatik-Schaltpläne auf Funktion testen ohne eine aufwendige und zeitraubende Verschlauchung, wer möchte das nicht? Mit ASKSIM ist dies nun möglich. Er überprüft, ob alle Elemente des Schaltplanes korrekt angeschlossen sind, ob keine Leitungen offen gelassen wurden oder ob es Signalüberschneidungen gibt. Über die dxf-Schnittstelle können Pneumatik-Schaltpläne, die mit der Symbolbibliothek Pneumatik von Festo Didactic und AutoSketch ab Version 3.0 gezeichnet werden in ASKSIM übernommen und getestet werden.

| | |
|---|---|
| **Betriebssysteme** | MS-DOS 3.x, MS-DOS 4.x, MS-DOS 5.x |
| **Softwareumgebung** | AutoSketch ab Version 3.0 zum Erstellen eigener Schaltpläne |
| **Hardwareumgebung** | IBM-XT/AT/PS2, 640 kB RAM, Maus |
| **Preis** | 690 DM |
| **Bezugsbedingungen** | k.A. |

**Bezugsadresse**
Festo Didactic KG
Ruiter Str. 82
7300 Esslingen
0711/3467-0

## AutoShade

| | |
|---|---|
| **Fachgebiete** | Architektur, Maschinenbau |
| **Anwendungsbereiche** | Graphik |
| **Zielgruppen** | k.A. |
| **Version** | 2.0 |
| **Erstellungsdatum** | k.A. |

Mit dem Facetten-Schattierprogramm ist der AutoCAD-Anwender in der Lage, seine mit AutoCAD erstellten 3D-Modelle in schattierte Bilder zu verwandeln. Die Darstellung erfolgt wahlweise in Parallel- oder Zentralperspektive. Abrollmenüs und Dialogfenster erlauben dem Benutzer die bequeme Einstellung der Parameter für Szenenauswahl, Kamerastandort, Oberflächenreflexion, Lichtverhältnisse, "weiche" Schattierung usw. Die schattierten Bilder lassen sich im RND-, TIF- und TGA-Format abspeichern. In AutoShade ist die Rendering-Software Renderman von Pixar integriert, die über die Zuweisung von spezifischen Materialen, Schattenwurf, Texturen etc. die fotorealistische Darstellung von 3D-Körpern erlaubt.

| | |
|---|---|
| **Betriebssysteme** | MS-DOS 3.x |
| **Softwareumgebung** | AutoCAD |
| **Hardwareumgebung** | PC-386/486, Coprozessor 80387 oder Weitek, 3 MByte RAM, 30 MByte Festplatte |
| **Preis** | 2337 DM |
| **Bezugsbedingungen** | Schullizenz 1025 DM |

| **Bezugsadresse** | **Autor** |
|---|---|
| Mensch und Maschine GmbH | Autodesk AG |
| Stefanus-Straße 6 | CH-4133 Pratteln (Schweiz) |
| 8032 Gräfelfing | |
| 089/854890 | |

# Maschinenbau

## BESTFIT

| | |
|---|---|
| **Fachgebiete** | Mathematik, Maschinenbau |
| **Anwendungsbereiche** | Lehrsoftware, mathematische Software, numerische Software |
| **Zielgruppen** | k.A. |
| **Version** | k.A. |
| **Erstellungsdatum** | 03.05.1991 |

Das Programm enthält neue Routinen für die orthogonale Regression von 3D-Formelementen ohne und mit geometrischen Nebenbedingungen. Liste der Formelemente (sämtlich dreidimensional): Gerade im Raum, Ebene, Zylinder allgemein, Zylinder mit vorgegebener Achsrichtung, Zylinder mit vorgegebenem Radius, Kegel mit Winkel 0 .. 160 Grad, Kegel mit Winkel 30 .. 180 Grad, Kugel allgemein, Kugel mit vorgegebenem Radius, Kreis im Raum, Torus. Eingabe: kartesiche Punktkoordinaten P(x,y,z) bis max. 500, Punkte von Diskette. Ergebnis: Parameter der Formelemente einschließlich der Kovarianzmatrix, Ergebnisausgabe auf Bildschirm und wahlweise auf Drucker. Funktion: Regressionsrechnung nach Gauss und Tschebyscheff für geometrische Formelemente gemäß ISO 1101. Das Programm erlaubt Vergleiche zu anderen Programmen, die Ermittlung des Konvergenzradius der Lösungen, den Vergleich von Gauss- und Tschebyscheff-Lösungen, die Abschätzung der Unsicherheit der Lösungen. Die orthogonale Regression von Formelementen ist die Grundfunktion sämtlicher Auswerteprogramme für Koordinatenmeßgeräte zur geometrischen Qualitätsprüfung von Werkstücken im Maschinenbau. Die Genauigkeitsforderungen sind sehr hoch, da die Ergebnisse sowohl internationalen Standards als konventionellen Messungen entsprechen müssen. Das Programm ist mit weitgehender Menüführung in Window-Technik ausgeführt; eine integrierte Hilfe-Funktion gibt wesentliche Informationen zu den Leistungsparametern, zum Datenformat sowie zu den Fehlermitteilungen. Weitergehende Informationen zu den Parametern der Formelemente usw. sind der ausführlichen Dokumentation zu entnehmen. Das Programm enthält eine Vielzahl von einheitlich gestalteten Prozeduren in Turbo-Pascal, die zu speziellen Auswerteprogrammen zusammengestellt werden können. Das Programm BESTFIT ermöglicht Demonstration und Testen der Routinen. Die Prozeduren in Turbo-Pascal sind gesondert zu erwerben.

| | |
|---|---|
| **Betriebssysteme** | MS-DOS |
| **Softwareumgebung** | k.A. |
| **Hardwareumgebung** | PC, IBM-kompatibel, mit SW-Monitor 80x25, Printer mit IBM-Zeichensatz. |
| **Preis** | 100 DM |
| **Bezugsbedingungen** | Bestellung beim Verleger; es wird eine für ein Jahr gültige Programmversion abgegeben, für die eine update-Version nachgefordert werden kann. |

**Bezugsadresse/Autor**
Werner Lotze
Technische Universität Dresden
Inst. für Fertigungsmeßtechnik und Q.
Mommsenstr. 13
O-8027 Dresden
(0351) 463 4355

# BIESIM

| | |
|---|---|
| **Fachgebiete** | Maschinenbau |
| **Anwendungsbereiche** | CAD, CAM, CAE, Simulationssoftware |
| **Zielgruppen** | k.A. |
| **Version** | 2.0 |
| **Erstellungsdatum** | 10.12.1990 |

Die hier entwickelten Prozeßsimulationen bauen auf der Grundlage der elementaren Biegetheorie auf. Es wird ein realplastisches Werkstoffverhalten und ein dreidimensionaler Spannungszustand zugrunde gelegt. Die Simulationen basieren auf der Unterteilung des umzuformenden Bleches in Einzelsegmente, so daß in Verbindung mit der elementaren Biegetheorie von einer halbanalytischen Simulation gesprochen werden kann. Je nach Umformverfahren werden die Einzelsegmente belastet und dann geometrisch addiert. Eingabedaten sind die Werkzeug- und die Werkstückgeometrie sowie die Werkstoffbeschreibung. Ausgabedaten sind der Kraft-Weg-Verlauf, die Biegelinie, die Rueckfederung und der Biegewinkel. Hieraus können die CNC-Steuerdaten für den Biegeprozeß generiert werden.

| | |
|---|---|
| **Betriebssysteme** | VMS |
| **Softwareumgebung** | DEC VAX-VMS C oder DEC VAX-VMS Fortran, DEC VAX-VMS Motif oder DEC VAX-VMS GKS version 3. 1 |
| **Hardwareumgebung** | VAX-Station 3100 |
| **Preis** | k.A. |
| **Bezugsbedingungen** | Eine Preisangabe ist nur nach Absprache möglich. |

**Bezugsadresse/Autor**

Frauke Mävus
Universität Dortmund
Maschinenbau/LUF
Baroperstr. 301
4600 Dortmund 50
(0231) 755-2629

Hosen Sulaiman
Universität Dortmund
MB /LUF
Baroperstraße 301
4600 Dortmund 50
(0231) 755-2605

Ralf Warstat
Universität Dortmund
Maschinenbau/LUF
Baroperstraße 301
4600 Dortmund 50
(0231) 755-2605

# Maschinenbau

## Bravo3 (R) 2-D/3-D Mechanisms Analysis (TM)

| | |
|---|---|
| **Fachgebiete** | Maschinenbau |
| **Anwendungsbereiche** | Konstruktion |
| **Zielgruppen** | Ingenieure, Analytiker, Konstrukteure |
| **Version** | k.A. |
| **Erstellungsdatum** | k.A. |

Bravo3 (R) 2-D und 3-D Mechanisms Analysis (TM) sind die Arbeitsgrundlagen für Konstrukteure und Analytiker, die sich mit der Berechnung von zwei- und dreidimensionalen Bewegungen in der Mechanik auseinandersetzen. Beide Pakete sind vollkommen in Schlumbergers Bravo3 Produktfamilie integriert und bestechen durch ihre menübedingte Anwenderfreundlichkeit. Mit Hilfe der Software kann der Anwender mechanische Teile konstruieren, kinematische und dynamische Analysen durchführen und die Ergebnisse in unterschiedlichen Formaten darstellen. Als Grundlage gilt die im Bravo3 Solids Modeler (TM), Surface Modeler (TM) oder Editor (TM) (Wireframe Modeler) erstellte Geometrie. Die meisten im Solids Modeler erstellten Konstruktionen werden automatisch in das Mechanisms Modell übertragen. Analysefunktionen: In 2-D Mechanisms ist DRAM und im 3-D Mechanisms ist ADAMS (TM) integriert. Aufgrund dieser Integration muß der Anwender die Bravo3 Umgebung nicht verlassen, wenn Analysen vorgenommen werden sollen; d.h. diese Integration macht Schnittstellen zu DRAM und ADAMS unnötig. Deutlich wird dadurch ein weiterer Vorteil: Der Anwender kann die Auswahl einer Analyse innerhalb des Bravo3 Menüs treffen. DRAM und ADAMS klären planare, räumliche und große Verschiebungen, nicht-lineare und Systeme mit unterschiedlichen Freiheitsgraden. Die verschiedenen Arten der Analyse beinhalten kinematische, dynamische und statische Betrachtungen. Die Software ermöglicht "Batch"- oder "Online"-Analysen. Für gegenwärtige ADAMS-Anwender liest Bravo3 3-D Mechanisms bestehende ADAMS-Files und setzt die Modelle automatisch in grafische Formen um. Die Resultate der Analysen können wiederum grafisch dargestellt werden. Sowohl 2-D als auch 3-D Mechanism geben Informationen über Verschiebung, Geschwindigkeit, Beschleunigung und Kraftübertragung. Die Darstellungen beinhalten die animierten mechanischen Bewegungen, übereinanderliegende Zusammenhänge, unterschiedliche Zustände des Ablaufes und die Ausgabe in Tabellenform. Wenn Bravo3 SOLIDS (TM)-Konstruktionen eingesetzt werden, gibt das System Strukturinformationen an den Bravo3 Solids-Modeler weiter; damit kann automatisch montiert Sichtbarkeitskriterien und Störkanten kontrolliert werden. 2-D und 3-D Mechanisms sind mit Bravo3 GRAFEM / IFAD integriert.

| | |
|---|---|
| **Betriebssysteme** | VMS |
| **Softwareumgebung** | k.A. |
| **Hardwareumgebung** | VAX, VAX/VMS |
| **Preis** | k.A. |
| **Bezugsbedingungen** | k.A. |

**Bezugsadresse**
Schlumberger Technologies GmbH
CAD/CAM Division
Hahnstr. 70
6000 Frankfurt/Main 71
069/66403-0

## BravoMOST (TM)

| | |
|---|---|
| **Fachgebiete** | Maschinenbau |
| **Anwendungsbereiche** | CAD, CAM, CAE |
| **Zielgruppen** | Ingenieure |
| **Version** | k.A. |
| **Erstellungsdatum** | k.A. |

Das Bravo Softwaremodul BravoMOST (TM) wird zur Optimierung und Synthese von zwei- oder dreidimensionalen mechanischen Systemen (vorwiegend Getriebesynthese) eingesetzt. Der Anwender gibt die Ausgangsgeometrie sowie das gewünschte Bewegungsverhalten des Systems vor. BravoMOST optimiert automatisch das System und ändert dabei die vom Benutzer als änderbar definierten Gelenke, Gelenkpunkte, etc. Damit verkürzt sich die Zeit bei der Entwicklung drastisch. Der klassische, bisher eingesetzte Weg - System festlegen, Kinematik simulieren, Geometrie ändern, erneut simulieren ... und dies n-mal - ist mit BravoMOST automatisierbar; die einzelnen Schritte müssen nicht mehr vom Benutzer selbst durchgeführt werden. BravoMOST, das voll in die Bravo3-Umgebung integrierte Modul kann auch als Stand-alone-System eingesetzt werden, da die Dateneingabe im ADAMS-Format erfolgt. ADAMS (Automatic Dynamic Analysis of Mechanical Systems) ist die in der Industrie am weitesten verbreitete Software zur Simulation der Kinematik von mechanischen Systemen. Der Zielmarkt besteht nicht nur aus Interessenten, die eine integrierte CAD / CAM / CAE-Lösung suchen, sondern insbesondere aus Fachabteilungen, die bereits ADAMS als Simulationspaket einsetzen und zusätzlich eine Lösung für die automatische Optimierung suchen. Zielmärkte sind Entwicklungs- und Berechnungsabteilungen aller Unternehmen, die den Entwurf und die Konstruktion, Entwicklung und Fertigung zur Aufgabenstellung haben. Schwerpunkte liegen im Bereich der Luft- und Raumfahrt und in der Automobilindustrie. BravoMOST ist ein Warenzeichen der Schlumberger Technologies, Inc. ADAMS ist ein eingetragenes Warenzeichen der Mechanical Dynamics, Inc.

| | |
|---|---|
| **Betriebssysteme** | VMS |
| **Softwareumgebung** | k.A. |
| **Hardwareumgebung** | VAX, VAX/VMS |
| **Preis** | k.A. |
| **Bezugsbedingungen** | k.A. |

**Bezugsadresse**
Schlumberger Technologies GmbH
CAD/CAM Division
Hahnstr. 70
6000 Frankfurt/Main 71
069/66403-0

# Maschinenbau

## CADBAS-NORM

| | |
|---|---|
| **Fachgebiete** | Maschinenbau |
| **Anwendungsbereiche** | 2 dim. Zeichnen, Anwendungsprogramm, CAD, CAM, CAE |
| **Zielgruppen** | CAD-Anwender |
| **Version** | 2.6 |
| **Erstellungsdatum** | 01.01.1987 |

CADBAS-NORM ist eine CAD-Normteilebibliothek, bei welcher unter einer Bedieneroberfläche DIN/ISO/AFNOR-Normen, Werksnorm- und Zukaufteile verfügbar sind. Die CADBAS-Normteilebibliotheken sind CAD-systemunabhängig. Dadurch bleiben dem Anwender bei CAD-Systemwechsel die Bibliotheken erhalten. Das gilt auch bei Anwendung unterschiedlicher CAD-Systeme innerhalb einer Firma. Die CADBAS-Normteilebibliotheken bilden eine Unterprogrammbibliothek und sind als Variantenprogramme abgelegt. Die Bibliotheken können wahlweise über VDAPS (DIN V66304) oder über CAD-systemspezifische Schnittstellen an CAD-Systeme gekoppelt werden. Die Normteileparameter (Sachmerkmale) sind in programmexternen Tabellen (sequentielle Dateien) oder in beliebigen Datenbanksystemen gespeichert. Die Normteilprogramme orientieren sich sehr stark an den Belangen der 2D-Zeichnungserstellung. Verdeckte Kanten werden automatisch ausgeblendet. Die Normteilgeometrie wird im CAD-System als Gruppe gespeichert und mit einem Attribut (Identnummer oder Normbezeichnung) versehen. Damit sind Stücklistenauswertungen möglich. Für den Anwender, der neben den von CADBAS angebotenen Normen und Anbieterkatalogen zusätzlich Normen, Werksnormen oder auch Katalogteile benutzen will, besteht die Möglichkeit, eine eigene Bibliothek aufzubauen und seine Dateien und Programme oder auch Programme von Drittfirmen (z.B. DIN-Software GmbH) unter der gleichen Bedienoberfläche zu nutzen. Als Schnittstelle können dabei sowohl das Normteilekernsystem, als auch die VDA-Programmschnittstelle (DIN V66304) oder Datenschnittstellen wie HP-Macro oder DXF genutzt werden. Für die Werksteileprogrammierung wird eine ausführliche Dokumentation mitgeliefert. Die CAD-Normteilebibliotheken umfassen zur Zeit über 400 DIN/ AFNOR-Produktnormen und Kataloge der Firmen Arnold & Stolzenberg, Blohm, EOC, Freudenberg, Georg Fischer, Gutekunst, Kipp, Norelem, NSK, Parker-Ermeto, Ruebig, Stenzel, Strack-Norma und Wippermann.

| | | |
|---|---|---|
| **Betriebssysteme** | AIX, MS-DOS 3.x, ULTRIX, UNIX, VMS | |
| **Softwareumgebung** | CADBAS-NORM ist für ca. 30 CAD-Systeme verfügbar. | |
| **Hardwareumgebung** | UNIX-WS, VMS/ULTRIX, PC | |
| **Preis** | 3000 DM | |
| **Bezugsbedingungen** | Direktvertieb + Distribution, CAD-Systemanbieter | |
| **Sonderkonditionen** | Einzellizenz: | ab 3000 DM |
| | Mehrfachlizenz: | auf Anfrage |
| | Campuslizenz: | auf Anfrage |
| | Geltungsbereich: | Hochschulen, Fachhochschulen, sonstige öffentliche Bildungseinrichtungen |

**Bezugsadresse/Autor**
CADBAS GmbH
Kruppstraße 82
4300 Essen
0201 / 233701

## CADdy Maschinenbau

| | |
|---|---|
| **Fachgebiete** | Maschinenbau |
| **Anwendungsbereiche** | 2 dim. Zeichnen, 3 dim. Zeichnen, Anwendungsprogramm, CAD, CAM, CAE, Planungssoftware |
| **Zielgruppen** | Ingenieure, Unternehmen, Kommunen, Ausbildungsinstitute |
| **Version** | 8.00 |
| **Erstellungsdatum** | 01.07.1992 |

CADdy Maschinenbau stellt sich auf sein Anwendungsgebiet ein. Vermesser nutzen damit die Vorteile von Planungstechniken, die exakt auf verschiedenen Aufgabenstellungen abgestimmt sind und der branchenspezifischen Vorgehensweise optimal entsprechen. Von ebenso zentraler Bedeutung für wirtschaftliches Planen sind durchgängige Planungsabläufe. Diese wiederum setzen ein flexibles und offenes Systemkonzept voraus. CADdy ist nach dem Baukastenprinzip aufgebaut. Alle Programm-Module besitzen die gleiche Datenstruktur und Benutzerführung. Das bringt zwei handfeste Vorteile mit sich: Zum einen lassen sich CADdy Software-Komponenten bedarfsgerecht kombinieren und steigenden Anforderungen anpassen - ohne alle Umstellungsprobleme. Zum anderen können Planungsdaten über alle Projektstufen und sogar aufgabenübergreifend weitergenutzt werden.

| | |
|---|---|
| **Betriebssysteme** | MS-DOS |
| **Softwareumgebung** | k.A. |
| **Hardwareumgebung** | IBM-AT, IBM-PS/2 und komp. , min. 640 K RAM, Arithmetik-Coprozessor (80287/387), Festplatte, Diskettenlaufwerk, Grafik-Controller, Maus, Plotter, Digitizer, parallele Schnittstelle (Centronics) |
| **Preis** | 12000 DM |
| **Bezugsbedingungen** | Mindestpreis für Branchenlösung |
| **Sonderkonditionen** | Geltungsbereich: Hochschulen, Fachhochschulen, sonstige öffentliche Bildungseinrichtungen, persönliche Lizenzen für Hochschulangehörige. Für Lehrer und Schüler werden Sonderkonditionen angeboten. |

**Bezugsadresse**
ZIEGLER-Informatics GmbH
Nobelstr. 3-5
4050 Mönchengladbach 4
02166/955-56

# Maschinenbau

## CADiLib

| | |
|---|---|
| **Fachgebiete** | Maschinenbau |
| **Anwendungsbereiche** | technisches Zeichnen |
| **Zielgruppen** | k.A. |
| **Version** | 11 |
| **Erstellungsdatum** | k.A. |

CADiLib stellt dem AutoCAD-Benutzer eine umfangreiche Bibliothek von Normteilen für den Bereich Maschinenbau zur Verfügung. Obwohl insgesamt ca. 300.000 Teile und Kombinationen abrufbar sind, benötigt CADiLib wegen der parametrischen Speicherung nur etwa 1 MByte Platz auf der Festplatte. Nach Aufruf von CADiLib erscheint auf dem Dialogbildschirm ein Auswahlmenü mit 30 Punkten, aus dem heraus in die spezielle Eingabemaske für das gewünschte Element gesteuert wird. Wird z.B. der Menüpunkt Mutter gewählt, so geht CADiLib in die Formularmaske zur Auswahl sämtlicher Varianten von Muttern, Schraubenköpfen bzw. -enden oder Schraubverbindungen ohne Schaft. Nach der Dateneingabe wird das so generierte Teil als AutoCAD-Block eingefügt und kann im Zugmodus an beliebiger Stelle unter Sichtkontrolle auf dem Grafikbildschirm plaziert und gedreht werden. Interaktiv abrufbare Erläuterungen und Tabellen der jeweils verfügbaren Normgrößen erleichtern die Handhabung der Bibliothek.

| | |
|---|---|
| **Betriebssysteme** | MS-DOS 3.x |
| **Softwareumgebung** | Voraussetzung: AutoCAD |
| **Hardwareumgebung** | wie AutoCAD |
| **Preis** | 5928 DM |
| **Bezugsbedingungen** | Schullizenz 1482 DM |

**Bezugsadresse**
Mensch und Maschine GmbH
Stefanus-Straße 6
8032 Gräfelfing
089/854890

**Autor**
Caditron Bachman
CH-4125 Riehen (Schweiz)

# CADiLib 386

| | |
|---|---|
| **Fachgebiete** | Maschinenbau |
| **Anwendungsbereiche** | CAD (rechnerunterstützte Konstruktion) |
| **Zielgruppen** | Konstrukteure, Ingenieure |
| **Version** | k.A. |
| **Erstellungsdatum** | k.A. |

CADiLib stellt dem AutoCAD-Benutzer eine umfangreiche Bibliothek von Normteilen für den Bereich Maschinenbau zur Verfügung. Obwohl insgesamt ca. 300.000 Teile und Kombinationen abrufbar sind, benötigt CADiLib wegen der parametrischen Speicherung nur etwa 1 MByte Platz auf der Festplatte. Nach Aufruf von CADiLib erscheint auf dem Dialogbildschirm ein Auswahlmenü mit 30 Punkten, aus dem heraus in die spezielle Eingabemaske für das gewünschte Element gesteuert wird. Wird z.B. der Menüpunkt Mutter gewählt, so geht CADiLib in die Formularmaske zur Auswahl sämtlicher Varianten von Muttern, Schraubenköpfen bzw. -enden oder Schraubverbindungen ohne Schaft. Nach der Dateneingabe wird das so generierte Teil als AutoCAD-Block eingefügt und kann im Zugmodus an beliebiger Stelle unter Sichtkontrolle auf dem Grafikbildschirm plaziert und gedreht werden. Interaktiv abrufbare Erläuterungen und Tabellen der jeweils verfügbaren Normgrößen erleichtern die Handhabung der Bibliothek.

| | | |
|---|---|---|
| **Betriebssysteme** | MS-DOS 3.x | |
| **Softwareumgebung** | Voraussetzung: AutoCAD ab Version 11 | |
| **Hardwareumgebung** | wie AutoCAD | |
| **Preis** | 3995 DM | |
| **Bezugsbedingungen** | k.A. | |
| **Sonderkonditionen** | Einzellizenz: | 1300 DM |
| | Geltungsbereich: | Hochschulen, Fachhochschulen, sonstige öffentliche Bildungseinrichtungen |

| | |
|---|---|
| **Bezugsadresse** | **Autor** |
| Mensch und Maschine GmbH | Prof. Dr. Ziegler |
| Stefanus-Straße 6 | CAD Distribution AG |
| 8032 Gräfelfing | CH-4125 Riehen (Schweiz) |
| 089/854890 | |

# CADiMa

| | |
|---|---|
| **Fachgebiete** | Maschinenbau |
| **Anwendungsbereiche** | CAD, CAM, CAE, Ingenieurwesen |
| **Zielgruppen** | k.A. |
| **Version** | k.A. |
| **Erstellungsdatum** | k.A. |

CADiMa (Computer Aided Design im Maschinenbau) ist ein komplettes CAD System zur Erstellung von technischen Konstruktionen und Zeichnungen für den Maschinenbau. CADiMa zeichnet sich aus durch hohe Anpassungsfähigkeit: Das Menü läßt sich vom Anwender nach seinen Bedürfnissen umgestalten, die gesamten Benutzerführungstexte können in Inhalt und Sprache beliebig variiert werden. Die Befehlseingabe kann wahlweise über ein Menütablett oder über komfortable Bildschirmsteuerung erfolgen. Sicherheit: Eine spezielle Wiederherstellungsprozedur gewährleistet, daß keine Daten verloren gehen. Ausbaufähigkeit: Alle relevanten Schnittstellen und Ausbaumöglichkeiten sind vorhanden oder optional erhältlich. Offenheit: Die interne Datenstruktur erlaubt dem Anwender Zugriff auf die Zeichnungsdateien. Schnittstellen und Erweiterungsmöglichkeiten: NC-Programmierung, MAHO Form und APT, DXF-Schnittstelle zu CA und DTP-Systemen, CATIA-Schnittstelle, IGES / VDA-IS Schnittstelle zu großen CASystemen, Zeichnungsverwaltung, Programmierschnittstelle, Normteile-Bibliothek, Einlesen von Digitalisierdaten.

| | |
|---|---|
| **Betriebssysteme** | VMS |
| **Softwareumgebung** | k.A. |
| **Hardwareumgebung** | VAX, VAX/VMS |
| **Preis** | k.A. |
| **Bezugsbedingungen** | Preis: DM 16.800 - DM 45.000 |
| **Bezugsadresse** | |

Ingenieurbüro Rudolf Löw (IBL)
Taubenbergstraße 8
6228 Eltville

## CARO

| | |
|---|---|
| **Fachgebiete** | Informatik, Maschinenbau |
| **Anwendungsbereiche** | Lehrsimulation, Robotik |
| **Zielgruppen** | Studenten, Montageplaner, Ingenieure |
| **Version** | 2.1 |
| **Erstellungsdatum** | 01.12.1989 |

CARo ist ein Softwaresystem zur interaktiven Programmierung und Simulation von Roboterarbeitszellen. Mit Hilfe diverser Module können Zellenkomponenten geometrisch und kinematisch definiert werden. Zur Geometriebeschreibung wird ein dreidimensionales volumenorientiertes CAD-System herangezogen. Die definierten Komponenten können zur Layoutgenerierung in einer Zelle positioniert werden. Zur technologischen Beschreibung der Zellenkomponenten existieren Klassen von Komponenten, deren Verhalten spezifiziert werden muß. Komponenten der Klasse Roboter können übliche Achskonfigurationen bis sechs Freiheitsgraden enthalten.

Die Programmierung der aktiven Komponenten kann auf verschiedene Art und Weise erfolgen. Durch eine simulierte Teach-Box kann der Roboter achsweise in verschiedenen Koordinatensystemen (Weltkoordinaten, Achskoordinaten und Werkzeugkoordinaten) bewegt werden. Durch Angabe einer Zielposition in einem Koordinatensystem und Aktivierung einer Verfahranweisung kann direkt eine beliebige Position erreicht werden. Ein in das System integrierter Programmtexteditor kann dazu benutzt werden, die erreichten Raumpositionen abzuspeichern und gegebenenfalls die logische Programmstruktur aufzubauen. In dem Editor abgelegte Programmanweisungen können zeilenweise, blockweise oder programmweise ausgeführt werden. Bei der interaktiven Bewegung sowie der Programmausführung werden die durch den Programmablauf erzwungenen Bewegungen bzw. dadurch ausgelöste Effekte simuliert. So werden durch Greiferaktionen erfaßte Werkstücke aufgenommen und von den aktiven Elementen transportiert. Das Ergebnis der Simulation bzw. Programmierung ist ein validiertes Programm, das nun über ein beliebiges Medium in die Roboter- bzw. Zellensteuerung eingespielt und dort ausgeführt werden kann.

| | |
|---|---|
| **Betriebssysteme** | Domain-OS |
| **Softwareumgebung** | Domain-Aegis, GMR-3D, GPR, Dialog |
| **Hardwareumgebung** | Apollo-Domain (WS30) |

**Bezugsadresse/Autor**
Thomas Krebs
Universität Erlangen-Nürnberg
Lehrstuhl FAPS
Egerlandstraße 7
8520 Erlangen
09131/85-7964

# Maschinenbau

## CASOFT-BMVIS

| | |
|---|---|
| **Fachgebiete** | Maschinenbau |
| **Anwendungsbereiche** | CAD, CAM, CAE |
| **Zielgruppen** | Fertigungsbetriebe |
| **Version** | k.A. |
| **Erstellungsdatum** | 15.07.1992 |

Betriebsmittelverwaltung- und -informationssystem: Datenbanksystem zur Systematisierung, Beschreibung, Katalogisierung und Verwaltung von Betriebsmitteldaten (VWP). Informationsbereitstellung - Bildschirmkatalog - gedruckter Katalog - Betriebsmittelauswahl - Dateibereitstellung für Drittprojekte. Automatisierte Zusammenstellung von Komplettwerkzeugen für die Bohr- und Fräsbearbeitung, Erarbeitung/Druck von Werkzeugeinstellblättern, Analyse von NC-Steuerprogrammen des Projektes CASOFT-BOFR (Verfügbarkeitsprüfung, Erarbeitung Werkzeugliste), Bestandsführung / Bestellung - Inventurdatenerfassung - Protokollierung der Betriebsmittelbewegungen (Werkzeugausgabe) - Erarbeitung von Bestellempfehlungen bei Mindestmengen- unterschreitung - Einsatzanalyse BMVIS ist für die Verwaltung von bis zu 15000 Betriebsmitteln konzipiert. Die zu speichernden Informationen werden durch den Nutzer mit Hilfe von Masken beschrieben. Skizzen/Zeichnungen aus CAD-Systemen sind über die DXF-Schnittstelle integrierbar. Für einfache (maßstäbliche) Konturbeschreibungen steht ein entsprechender Modul zur Verfügung. Die verwendeten Dialogtexte sind über Programmtextdateien anpaßbar.

| | |
|---|---|
| **Betriebssysteme** | MS-DOS |
| **Softwareumgebung** | k.A. |
| **Hardwareumgebung** | IBM-PC/AT mit VGA, 640KB Hauptspeicher, 20MB Festplatte |
| **Preis** | 10000 DM |
| **Bezugsbedingungen** | Projekt besteht aus ca. 70 Einzelprogrammen, die zu anwenderspezifischen Programmpaketen zusammengestellt werden können (Preisliste für die Komponenten liegt vor). |
| **Sonderkonditionen** | Bei ausschließlichem Einsatz der Software für Ausbildungszwecke wird ein Rabatt von 75 % auf den Listenpreis gewährt. |

**Bezugsadresse/Autor**
Dipl.-Ing. Rolf Mierisch
FZM GmbH
Geschäftsbereich CASOFT
Annaberger Straße 238
O-9048 Chemnitz

## CASOFT-BOFR/DR

| | |
|---|---|
| **Fachgebiete** | Maschinenbau |
| **Anwendungsbereiche** | CAD, CAM, CAE, Benutzeroberfläche |
| **Zielgruppen** | Anwender von CNC-Maschinen |
| **Version** | BOFR33/DR43 |
| **Erstellungsdatum** | 06.05.1992 |

Bei CASOFT-BOFR/DR wird die Bearbeitungsaufgabe in einem anwenderfreundlichen benutzergeführten Eingabedialog beschrieben. Das Erlernen einer Eingabesprache ist nicht Voraussetzung. Bei der Eingabe entsteht automatisch ein Quellenprogramm, auf das immer wieder, auch bei späteren ähnlichen Bearbeitungsaufgaben oder bei Übergang auf eine andere NC-Maschine zurückgegriffen werden kann. Die Eingabedaten kann man direkt im Dialog oder mit einem frei wählbaren Texteditor korrigieren. Die Geometrieeingabe wird entweder durch Übernahme eines Geometriefiles aus einem CAD- System oder mit Hilfe eines leistungsstarken grafischen Editors realisiert. Es erfolgt eine sofortige grafische Kontrolle der eingegebenen Daten. Durch die Möglichkeit der Technologie-Geometrie-Verknüpfung, die Verarbeitung praxiserprobter technologischer Zyklen (Spanbrechen, Rückwärtssenken) und das Vermögen, Hindernisse zu umgehen, können effektive und kollisionsarme Arbeitsabläufe festgelegt werden. Das hohe technologische Leistungsvermögen wird weiterhin besonders durch folgendes charakterisiert: a) verschiedene Schnittaufteilungen beim Drehen, Variantenvorgabe für Bohr- und Fräsaufgaben b) Ermittlung bzw. Vorgabe von An und Überläufen in unterschiedlichen Varianten c) automatische Schnittwertberechnung, betrieblich anpaßbar, sowie Zeitermittlung mit allen Zeitkomponenten d) Drehmoment- und Leistungsüberprüfung für jeden Schnitt und Schnittwertreduzierung bei Überschreitung der Leistungsgrenzen von Maschine und Werkzeug e) automatische Auswahl der erforderlichen Korrekturwertspeicher f) Berücksichtigung von angetriebenen Werkzeugen bei Drehmaschinen sowie von Maschinen mit 2 Supporten (2x2 Achsen möglich) g) Ausgabe von aussagekräftigen technologischen Belegen. Zusätzliche Unterstützung bietet der Anschluß an ein Werkzeugverwaltungssystem bzw. der Zugriff auf Werkzeugkataloge. Zur Realisierung eines optimalen Programmablaufes an der Maschine werden steuerungs- und maschinenangepaßte Postprocessoren dem Kunden mitgeliefert.

| | |
|---|---|
| **Betriebssysteme** | MS-DOS |
| **Softwareumgebung** | CADdy-Treiber 3. 01 |
| **Hardwareumgebung** | IBM PC-AT mit VGA, 640KB Hauptspeicher, 20 MB Plattenspeicher, math. Coproz. Intel 8087 und Genius-Maus |
| **Preis** | 30000 DM |
| **Sonderkonditionen** | Für Hochschulen 50% Rabatt<br>Geltungsbereich: Hochschulen, Fachhochschulen, sonstige öffentliche Bildungseinrichtungen |

**Bezugsadresse/Autor**
Dr.-Ing. Rudolf Müller
FZM GmbH
CNC-Software
Annaberger Str. 231
O-9048 Chemnitz
599-384

# CASOFT-PRO

| | |
|---|---|
| **Fachgebiete** | Maschinenbau |
| **Anwendungsbereiche** | Planungs- u. Realisierungssoftware |
| **Zielgruppen** | Arbeitsplaner |
| **Version** | 2.1 |
| **Erstellungsdatum** | 30.04.1992 |

CASOFT-PRO ist ein offenes, modulares Programmsystem, das zur Erarbeitung, Änderung, Speicherung und Verwaltung von Arbeitsplänen dient. Bewährte Methoden, wie die Arbeit mit Typen- oder Vergleichsarbeitsplänen sowie mit getypten Arbeitsplanabschnitten für häufig wiederkehrende Arbeitsabläufe werden anwenderfreundlich unterstützt. Die Einbindung von Berechnungsmoduln, beispielsweise für die verfahrensspezifische Ermittlung von Schnitt- und Zeitwerten sowie von Rohteilinformationen, bringt wesentliche Vorteile in der Arbeitsvorbereitung und in der Fertigung. Die zu CASOFT-PRO entwickelten Arbeitsgangberechnungsbausteine, dazu zählen beispielsweise solche für die Verfahren Drehen, Fräsen, Außenrundschleifen, Innenrundschleifen, Flachschleifen, Verzahnungsfräsen, Verzahnungsschleifen und Sägen/Trennschleifen basieren auf Richtwerten namhafter Werkzeugmaschinenhersteller und sind auf veränderte Anwendungsbedingungen jederzeit vielfältig anpaßbar. Außer der rechnerunterstützten Ermittlung der unmittelbar arbeitsplanrelevanten Informationen (Zeitwerte) kann bei Bedarf eine Arbeitsunterweisung/Zeitvorrechnung ausgedruckt werden, die alle technologischen Informationen in übersichtlicher Form bereitstellt. Die Arbeitsgangprogramme sind auch autonom anwendbar. Eine wesentliche Eigenschaft von CASOFT-PRO ist die Anpassungsfähigkeit an unterschiedlichste Anwendungsbedingungen, d.h. die internen Strukturen und die Bedienoberfläche (Bildschirmmasken, HELP-Menüs, Befehlssätze) werden an die konkreten Bedingungen bzw. Wünsche im Rahmen der Generierung der speziellen Anwenderlösung angeglichen. Ein beim Anwender vorhandenes PPS-System wird, bezogen auf die Aufgaben der Arbeitsplanung, fachspezifisch unterstützt und untersetzt. CASOFT-PRO verfügt über die zur Kopplung mit bzw. Einbindung in PPS-Systeme notwendigen Schnittstellen im ASCII-Format.

| | |
|---|---|
| **Betriebssysteme** | MS-DOS |
| **Softwareumgebung** | MS-DOS (DR-DOS) ANSI- Treiber |
| **Hardwareumgebung** | IBM-PC AT 286, 386, . . . mind. 640 kByte Hauptspeicher EGA/VGA - Farbbildschirm Drucker |
| **Preis** | 10000 DM |
| **Bezugsbedingungen** | Sonderkonditionen für Hochschulen und Universitäten erhältlich |

**Bezugsadresse/Autor**

Dr.-Ing. Wolfram Märkl  
Forschungszentrum Maschinenbau Chemnitz  
Geschäftsbereich CASOFT  
Annaberger Straße 231  
O-9048 Chemnitz  
(0371) 599 428

Dr.-Ing. Dietmar Fröbel  
Forschungszentrum Maschinenbau Chemnitz  
Geschäftsbereich CASOFT  
Annaberger Straße 231  
O-9048 Chemnitz

## DATAPLAN

| | |
|---|---|
| **Fachgebiete** | Maschinenbau |
| **Anwendungsbereiche** | CAD, CAM, CAE, Industriesystem, Fertigungswesen, Netzwerk, Kommunikation |
| **Zielgruppen** | Maschinenbauer |
| **Version** | 4.0 |
| **Erstellungsdatum** | 01.09.1992 |

Mit der Produktfamilie DATAPLAN erhält der Anwender die Möglichkeit, ein CAM-System nach seinen Erfordernissen zusammenzustellen und allmählich auszubauen. DATAPLAN ist fertigungsorientiert. Mit den einzelnen Funktionsbausteinen erfüllt DATAPLAN vielseitige Aufgaben von der Auftragsverwaltung über Werkzeugmanagement, DNC-Programmübertragung mit Betriebsdatenerfassung (BDE und MDE) bis zum maschinellen Programmiersystem und zum Fertigungsleitstand. Die einzelnen Bausteine sind aufeinander abgestimmt und haben dort Schnittstellen zu Fremdsystemen, wo es sinnvoll erscheint, wie beispielsweise zu CAD- oder PPS-Systemen. Zentraler Baustein innerhalb der Fertigungsleittechnik DATAPLAN ist das maschinelle Programmiersystem DATAPLAN/NCPROG. Die Entwicklung von Teileprogrammen erfolgt unabhängig von der NC-Maschine und deren Steuerung. Mit einer interaktiven dialoggeführten Programmeingabe oder der Zerspanungsbeschreibung mittels einer einfachen Sprache in Verbindung mit der grafischen Anzeige für Spannmittel, Werkstückkonturen, Werkzeugen und berechneten Zerspanungswegen bietet DATAPLAN ein leistungsfähiges Instrument zur einfachen und sicheren NC-Programmerstellung.

| | |
|---|---|
| **Betriebssysteme** | VMS |
| **Softwareumgebung** | VMS, UNIX |
| **Hardwareumgebung** | VAX |
| **Preis** | 200000 DM |
| **Bezugsbedingungen** | Auftragsabwicklung auf der Basis von Produkten. |

| **Bezugsadresse** | **Bezugsadresse/Autor** |
|---|---|
| Dr. Lothar Richter | Jürgen Späth |
| Gildemeister Automation GmbH | GILDEMEISTER AUTOMATION GmbH |
| Max-Müller-Str.23 | Systemtechnik / SL |
| 3000 Hannover | Max-Müller-Straße 23 |
| | 3000 Hannover |
| | 0511/6707-416 |

# Maschinenbau

## DLoG NC-Programmiersystem

| | |
|---|---|
| **Fachgebiete** | Maschinenbau |
| **Anwendungsbereiche** | Industriesystem, Fertigungswesen |
| **Zielgruppen** | k.A. |
| **Version** | 3.0 |
| **Erstellungsdatum** | 01.01.1992 |

DLoG NC-Programmiersysteme bestehen aus schlüsselfertigen, voll ausgestatteten und konfigurierten Anlagen inklusive aller Software. Die Grundlage des NC-Systems sind leistungsfähige Personal-Computer. Das gesamte System arbeitet mit einer einheitlichen Bedienerführung und ermöglicht damit einen einfachen und schnellen Einstieg. Der NC-spezifische Editor beschleunigt die manuelle Programmerstellung. Einlesen und Ändern von vorhandenen Programmen, Ersetzen von Werten, Einfügen von Sätzen oder das Einlesen von Unterprogrammen werden zur einfachen Angelegenheit. An jedem Punkt eines Programmes kann der Bearbeitungsablauf dreidimensional und farbig am Bildschirm dargestellt werden. Das System arbeitet ohne teure Postprozessoren.

| | |
|---|---|
| **Betriebssysteme** | MS-DOS 5.x, VMS |
| **Softwareumgebung** | k.A. |
| **Hardwareumgebung** | IBM-PC und Kompatible, VAX-Rechner |
| **Preis** | k.A. |
| **Bezugsbedingungen** | k.A. |

**Bezugsadresse/Autor**
Dr. Thomas Tosse
DLoG Ges. f. elektron. Datentechnik mbH
Marketing
Werner-v.-Siemens-Straße 13
8037 Olching
0 81 42/28 60 0

## DOGS 2D

| | |
|---|---|
| **Fachgebiete** | Maschinenbau |
| **Anwendungsbereiche** | Graphik |
| **Zielgruppen** | k.A. |
| **Version** | 4.4 |
| **Erstellungsdatum** | 01.01.1991 |

DOGS 2D ist eine integrierte Softwarelösung für alle technischen Unternehmensbereiche aus dem CAD/CAM-Gebiet. Grundlage des Programms ist ein zweidimensionales, datenbankgestütztes CAD-System für Anwendungen im Maschinen-, Anlagen-, und Werkzeugbau. Darauf aufbauende Module ermöglichen weitere Funktionen für Konstruktionen, Arbeitsvorbereitung und Fertigung, wie z.B. Designstudien und Blechabwicklungen.

| | |
|---|---|
| **Betriebssysteme** | AIX, SUN OS, ULTRIX, VMS |
| **Softwareumgebung** | k.A. |
| **Hardwareumgebung** | IBM, Sun, HP, Digital Equipment; mind. 8 MB Hauptspeicher, 200 MB Platte. |
| **Preis** | 26000 DM |
| **Bezugsbedingungen** | Mindestpreis |

**Bezugsadresse**
TEDATA GmbH
Brückstraße 48
4630 Bochum 1
0234/964090

**Autor**
Pafec Ltd.
Nottingham (United Kingdom)

# Maschinenbau

## EBO

| | |
|---|---|
| **Fachgebiete** | Elektrotechnik, Maschinenbau |
| **Anwendungsbereiche** | integriertes Software-Paket |
| **Zielgruppen** | Kaufleute |
| **Version** | V 3.0 |
| **Erstellungsdatum** | 01.01.1980 |

EBO - die Software-Komplettlösung mit dem ganzheitlichen Konzept. Auf der Basis einer relationalen Datenbank schaffen Integration und hohe Funktionalität Transparenz für die operativen und strategischen Bedürfnisse bei Tagesarbeit und Steuerung von mittelständischen Unternehmen. Die Bereiche Materialwirtschaft, Vertrieb, Fertigungsorganisation, Zeitmanagement, Kostenrechnung, Personal- und Rechnungswesen werden mit EBO abgedeckt und bei über 100 Unternehmen der Branchen Elektro, Maschinenbau, Konsumgüter und Fahrzeugbau im In- und Ausland sind rund 500 Einzelmodule im Einsatz. EBO ist die Lösung aus einer Hand. Beratung, Schulung und Realisierung flankieren die eigene Entwicklung und machen so EBO zu einem erfolgreichen Produkt für die mittelständische Industrie.

| | |
|---|---|
| **Betriebssysteme** | AIX, BS2000, SINIX |
| **Softwareumgebung** | BS2000: COBOL-LZS, LEASY; UNIX: COBOL-LZS, c-tree |
| **Hardwareumgebung** | Siemens MX, IBM RISC 6000, 8 MB Hauptspeicher, 300 MB Festplattenspeicher; Siemens 75xx BS2000, 16 MB Hauptspeicher, 1 GB externer Speicher |
| **Preis** | 9000 DM |
| **Bezugsbedingungen** | Mindestpreis ohne Mwst. |
| **Sonderkonditionen** | Nutzung der Software für Lehrzwecke ist unentgeltlich. Einführung und Beratung nach Aufwand 170,- DM/Std. Geltungsbereich: Hochschulen, Fachhochschulen, sonstige öffentliche Bildungseinrichtungen Bemerkungen: Kostenlos für Hochschulen zu Übungszwecken. Auslieferung Objekt-Code, einschließlich komplette Dokumentation auf Datenträgern. |

**Bezugsadresse**
Eichenauer
Eichenauer Computer-Beratungs-GmbH
Georg-Todt-Str. 1
6744 Kandel
07275/708-0

## EDSim-H

| | |
|---|---|
| **Fachgebiete** | Maschinenbau |
| **Anwendungsbereiche** | flüssige Strömungslehre, Simulation v. Maschinen, Simulation, Training Software |
| **Zielgruppen** | Weiterbildung |
| **Version** | 1.0 |
| **Erstellungsdatum** | k.A. |

Hydrauliksimulation - ein starkes Stück Ausbildungs-Zukunft: Die Ausbildungsanorderungen in der Automatisierungstechnik enthalten neue Zielsetzungen, die teilweise mit herkömmlichen Ausbildungsmitteln nur schwer zu erreichen sind: Lernen am Arbeitsplatz (praxisnahes Lernen); anwendungsorientiertes, experimentelles Lernen; eigenverantwortliches Lernen. Schon während der Ausbildung sollen Organisationsfähigkeit, Kreativität und Teamfähigkeit vermittelt werden. Dazu werden Wissensquellen benötigt, die es ermöglichen, Zeit, Zugang und Zielsetzung beim Lernen weitgehend selbst zu bestimmen. Simulationsprogramme erfüllen einen großen Teil dieser Anforderungen und gewinnen als praxisnahe Ausbildungsmittel zunehmend an Bedeutung. EDSim-H, ein Simulationsprogramm zur Analyse hydraulischer Schaltungen, erhöht die Qualität der Aus- und Weiterbildung in der Hydraulik. EDSim-H ergänzt das TP 501 Hydraulik... Das Technologiepaket 501 ist Pflicht in der Hydraulik-Ausbildung. Mit modifizierten Industrie-Hardware-Komponenten und umfassender Teachware. Die Kür ist das Simulationsprogramm EDSim-H. Mit einer umfangreichen Schaltplanbibliothek aus der Aufgabensammlung des Technologiepaketes TP 501. Insgesamt stehen 25 hydraulische Grundschaltungen als Simulationsmodelle zur Verfügung. Die mitgelieferten Steuerdateien unterstützen Sie bei der Lösung der Aufgaben im TP 501. Selbstverständlich können Sie Schaltpläne und Steuerdateien in EDSim-H auch dann einsetzen, wenn Sie die Aufgabensammlung TP 501 noch nicht besitzen. Die Industriekomponenten des Gerätesatzes TP 501 liefern die technischen Daten für die Modellbildung. So können die simulierten Werte unmittelbar mit Messergebnissen am realen Übungsaufbau verglichen werden. EDSim-H erweitert - als zeitgemäßes Medium "zwischen Teachware und Hardware" - die didaktischen Möglichkeiten des Technologiepaketes TP 501.

| | |
|---|---|
| **Betriebssysteme** | MS-DOS 3.x, MS-DOS 4.x, MS-DOS 5.x |
| **Softwareumgebung** | k.A. |
| **Hardwareumgebung** | IBM-AT/PS2, mind. 640 kB RAM (530 kB freier Arbeitsspeicher), EGA-/VGA-Grafik, Maus, Empfehlung: math. Coprozessor |
| **Preis** | 1700 DM |
| **Bezugsbedingungen** | k.A. |

**Bezugsadresse**
Festo Didactic KG
Ruiter Str. 82
7300 Esslingen
0711/3467-0

# Maschinenbau

## ELISA

| | |
|---|---|
| **Fachgebiete** | Bauingenieurwesen, Maschinenbau, Verfahrenstechnik |
| **Anwendungsbereiche** | Strukturanalyse, Kalkulation |
| **Zielgruppen** | Konstrukteure, Ingenieure, Entwickler |
| **Version** | 3.0 |
| **Erstellungsdatum** | 01.06.1992 |

Programmpaket zur Berechnung von Maschinenelementen: Module für: Schraubenberechnungen nach VDI 2230 für Einschraubenverbindung oder Flanschverbindung; Wellenberechnungen für statisch unbestimmte Wellen mit rundem Querschnitt mit Hilfe der FEM-Methode; Welle-Nabe-Verbindungen (Keilwellen-, Paßfeder-, Kegel- und Preßverbindungen); Berechnung von Querschnittseigenschaften beliebiger Querschnitte. Grafische Kontrolle der Eingabe; Verzahnung (Außen- und Innenverzahnung), Berechnung nach DIN 3960 (Geometrie) und DIN 3990 (Tragfähigkeit); Werkstoffdatenbank mit über 50 Werkstoffen und ihren wichtigsten Daten. Frei erweiterbar; Federberechnungen (Druck-, Zug-, Schenkel-, Teller- und Drehstabfedern) nach DIN 2088 und DIN 2089; Zeitlich begrenzte Testinstallation ist möglich. Auslieferung mit umfangreichem Handbuch. Wartungsverträge sind möglich. Hotline steht zur Verfügung.

| | |
|---|---|
| **Betriebssysteme** | DR-DOS 3.x, MS-DOS 3.x, PC-DOS 3.x |
| **Softwareumgebung** | k.A. |
| **Hardwareumgebung** | IBM kompatibler PC, 640 kB Hauptspeicher, 500 kB freier Speicher, EGA Grafik, 20 MB Festplattenspeicher, Koprozessor |
| **Preis** | 12500 DM |
| **Bezugsbedingungen** | k.A. |
| **Sonderkonditionen** | Einzellizenz: 6.250 DM |
| | Mehrfachlizenz: auf Anfrage |
| | Campuslizenz: auf Anfrage |
| | Geltungsbereich: Hochschulen, Fachhochschulen, sonstige öffentliche Bildungseinrichtungen, persönliche Lizenzen für Hochschulangehörige |

**Bezugsadresse**
Thomas Holtschmidt
Holtschmidt Softwaretechnik GmbH
Heinrich-Hertz-Str. 2
8900 Augsburg 21
0821/8003-0

## ENTER / CAPOTE

| | |
|---|---|
| **Fachgebiete** | Maschinenbau |
| **Anwendungsbereiche** | graphische Analyse, Meßgerät |
| **Zielgruppen** | k.A. |
| **Version** | 1.0 |
| **Erstellungsdatum** | 10.03.1991 |

ENTER ist ein Programm zur Meßwertaufnahme bei einem Flachzugversuch nach DIN mittels PC. Hierbei werden die Dehnungen der Probe durch DMS und die Umformkraft durch piezoelektrische Meßaufnehmer in analoge Signale umgewandelt. Diese werden dann von dem PC über einen Meßwertverstärker und einen A/D-Wandler kontinuierlich eingelesen. Entsprechend der Meßgeräte werden Einstellungen umgerechnet und mit den Versuchsparametern zusammen abgespeichert. CAPOTE wertet die aufgenommenen Meßwerte aus. Hierbei können a) Spannungs-Dehnungs-Kurven ermittelt, b) Werkstoffkennwerte (E-Modul, Rp 0,2, Rm) bestimmt, c) Kennlinien (Fließkurve, Anisotropieverlauf, Verfestigungs- verhalten) grafisch ausgegeben und d) Fließkurvenapproximationen durchgeführt werden. Die Ergebnisse dieser Auswertung werden in einer Datenbank abgespeichert, so daß der Aufbau einer umfassenden Werkstoffdatenbank möglich ist.

| | |
|---|---|
| **Betriebssysteme** | MS-DOS 3.x, VMS |
| **Softwareumgebung** | Microsoft C, MS-DOS, VMS, DEC VAX-VMS C, Motif, VAX RDB |
| **Hardwareumgebung** | IBM kompatibler PC mit 640 KB Hauptspeicher, EGA, A/D-Wandler, 40 MB Disk, monochrom. VAX-Station 3100 |
| **Preis** | k.A. |
| **Bezugsbedingungen** | Preisangaben sind nur nach Absprache möglich. |
| **Bezugsadresse/Autor** | |

Frauke Maevus
Universität Dortmund
Maschinenbau/LUF
Baroperstr. 301
4600 Dortmund 50
(0231) 755-2629

# Maschinenbau

## ESAP

| | |
|---|---|
| **Fachgebiete** | Maschinenbau |
| **Anwendungsbereiche** | Lehrsimulation, Planungs- u. Realisierungssoftware |
| **Zielgruppen** | k.A. |
| **Version** | Lehrinstallation |
| **Erstellungsdatum** | 15.02.1991 |

Das Programmsystem ESAP ermittelt für die Drehbearbeitung automatisch die NC-Daten. Ausgehend von einer technischen Beschreibung des Fertigteiles werden alle technologischen Entscheidungsschritte, wie Zwischenzustände, Spannmöglichkeiten, Arbeitsstufenfolgen, Schnittaufteilungen und Werkzeugzuordnung vom Rechner ermittelt. Als Schnittstelle zum CAD-Prozeß fungiert eine Eingabenormalform (ENF). Die vollständigen NC-Daten werden gegenwärtig in der Quelltextform des Programmiersystems DR43 bereitgestellt. Andere Ausgabeformen sind problemlos ergänzbar. Das technologische Wissen wurde in Industriebetrieben zusammen mit NC-Programmierern erhoben und in Form von Regeln und Fakten erfaßt. Durch die Möglichkeit der Nutzung eines Implementierungsdialoges kann der Anwender sein eigenes betriebliches Erfahrungswissen einbringen und bei Bedarf aktualisieren. Für die maschinenbezogenen Datenbestände, wie Werkzeuge und Spannmittel, steht ein nutzerfreundliches Erfassungs- und Editiersystem (EDDA) zur Verfügung. Mit ESAP können bis zu 80% der NC-Programmierzeiten eingespart werden. Außerdem wird durch die wissensbasierte Methodik eine Objektivierung der Arbeitsplanung einschließlich der Qualitätssicherung in der Fertigung erreicht. Ein großer Vorteil ergibt sich aus der sofortigen Neuberechnung der NC-Steuerdaten bei Maschinenwechsel aus Gründen geänderter Aufträge der Fertigungssteuerung. Außerdem können in der Ausbildung befindliche NC-Programmierer mit dem System ESAP effizent angelernt werden.

| | |
|---|---|
| **Betriebssysteme** | MS-DOS 4.x |
| **Softwareumgebung** | k.A. |
| **Hardwareumgebung** | IBM XT/AT und Kompatible, Harddisk 20 MByte, 640 Kbyte Hauptsp., Floppylaufwerk, Drucker, Colorscreen empfohlen, VGA-Grafikkarte |
| **Preis** | k.A. |
| **Bezugsbedingungen** | Nach Absprache mit den Autoren |

**Bezugsadresse/Autor**

Dr. Holger Dürr
Technische Universität Chemnitz
Wissenschaftsbereich Prozeßgestaltung
Reichenhainer Str. 70
O-9010 Chemnitz
(071) 56 1-22 35

Dr. Johannes Steinmüller
Technische Universität Chemnitz
Wissenschaftsbereich Prozeßgestaltung
Reichenhainer Str. 70
O-9010 Chemnitz
(071) 56 1-22 34

# FHSTATIK

| | |
|---|---|
| **Fachgebiete** | Maschinenbau, Verfahrenstechnik |
| **Anwendungsbereiche** | Ausbildung, Ingenieurwesen, Graphik, Mechanik, Statik |
| **Zielgruppen** | Studenten |
| **Version** | 1.0 |
| **Erstellungsdatum** | 27.03.1992 |

Inhaltlich deckt FHSTATIK folgende Teilgebiete der ebenen Statik ab: a) Ebene Systeme, Schwerpunkte, Gleichwichtsbedingungen, b) Der Statisch bestimmt Gelagerte Balken mit Belastung in der Ebene, c) Der Ebene Rahmen, d) Ebene Fachwerke, e) Coulombsche Reibung, Seile. Der Lehrteil des Programms umfaßt ca. 200 Bildschirmseiten mit über 100 farbigen Graphiken. Der Aufgabenteil stellt z.Z. 45 Aufgaben zur Verfügung (mit Lösungen), von denen 24 Schritt für Schritt in graphischer Darstellung mit Anleitung gelöst werden (bis zu 16 Zwischenschritte). Bei 21 Beispielaufgaben kann der Anwender seine erworbenen Kenntnisse prüfen, dazu ist die Aufgabenstellung mit Graphik gegeben und die endgültige Lösung. Alle Aufgaben enthalten "sich entwickelnde Graphiken". Bei diesen Aufgaben werden wichtige Verfahren wie z.B. der CREMONA-Plan, der RITTERsche-Schnitt oder das Seileckverfahren behandelt. Alle Graphiken und Texte können in schwarz-weiß oder in Graustufen auf Druckern ausgegeben werden. Als kleine Zugabe wurde in das Programm ein "Notizblock" zu jedem Kapitel aufgenommen, der es dem Anwender ermöglicht, eigene Gedanken und Notizen in das Programm aufzunehmen. Eine Rezeptsammlung, in der die wichtigsten Verfahren nochmals in Kurzform dargestellt sind, soll speziell dem Studenten eine Hilfe beim Lösen von Aufgaben bieten. Das Programm ist außer in einer MS-DOS Version für PC auch in einer Version für Atari ST und TT Rechner in der Auflösung 640 x 400 (2 Farben) erhältlich.

| | |
|---|---|
| **Betriebssysteme** | MS-DOS 3.x |
| **Softwareumgebung** | k.A. |
| **Hardwareumgebung** | IBM XT, AT (comp.); 640 KB RAM; CGA, EGA, VGA; Harddisk: 1 MB; 80x87; COM1-Maus u. (LaserJetIII oder (EPSON-kompatibler Matixdrucker u. HPGL-Plotter)); |
| **Preis** | 30 DM |
| **Bezugsbedingungen** | k.A. |

**Bezugsadresse/Autor**

Andreas Alberstadt
Fachhochschule für Technik Mannheim
Verfahrenstechnik
Peterstr. 3
6840 Lampertheim
06206/58847

Andreas Röhlen
Fachhochschule für Technik Mannheim
Apparatebau
Franz-Knauff-Str. 7
6900 Heidelberg
06221/10181

Heiko Kreuzinger
Fachhochschule für Technik Mannheim
Verfahrenstechnik
Lagerstr. 12
6800 Mannheim
0621/316503

# Maschinenbau

## FLU_92 Feuchte Luft - Diagramme

| | |
|---|---|
| **Fachgebiete** | Chemie, Maschinenbau, Physik, Verfahrenstechnik |
| **Anwendungsbereiche** | Graphik, Bildverarbeitung, Thermodynamik |
| **Zielgruppen** | k.A. |
| **Version** | 3.00 |
| **Erstellungsdatum** | 25.02.1992 |

Das Programm DIA stellt Diagramme auf dem Bildschirm dar. Die erforderlichen Graphikdateien können mit dem Programm FLU, mit anderen Programmen oder auch auch im Editor erzeugt, verändert und ergänzt werden. Das Programm FLU gestattet die rechnerische Bearbeitung aller technisch interessanten Zustandsänderungen feuchter Luft. Alle Resultate werden als Textdateien festgehalten. Der Benutzer kann einen Zustand durch Wahl des Gesamtdrucks, einer Mengenangabe und zweier weiterer voneinander unabhängiger Zustandsgrößen definieren. Für diesen Luftzustand werden 15 intensive und 4 extensive Zustandsgrößen berechnet und gespeichert. Kontrollmechanismen unterbinden lückenhafte und unsinnige Eingaben; sie erleichtern Korrekturen und die Übernahme früher gespeicherter Daten. Isobare Zustandsänderungen durch Heizen (Kühlen) und Befeuchten (Entfeuchten) können berechnet und analysiert werden. Beim Befeuchten und beim Mischen können wahlweise die Teilströme beider Komponenten oder ein Strom und eine Zustandsgröße des Endzustands angegeben werden. Die Berechnung polytroper Zustandsänderungen ist auf ungesättigte (d.h. nebelfreie) feuchte Luft beschränkt. Zur Darstellung eines MOLLIER-h,x-Diagramms hat der Benutzer die Bereiche der Temperatur und des Wassergehalts sowie die Stufung der Temperatur, der relativen Feuchte und des spezifischen Volumens zu wählen. Falls keine zuvor gespeicherten Luftzustände ins Diagramm eingetragen werden sollen, muß auch der Druck angegeben werden. Gitternetz und Koordinatenbeschriftung sind dem gewählten Bereich angepaßt. Das Diagramm wird auch als Graphikdatei (ASCII-Textdatei) gespeichert und kann mit dem Programm DIA wiederholt aufgerufen werden. Hierbei steht es dem Benutzer frei, den ursprünglich festgelegten und nun im Programm DIA erneut angebotenen Bereich zu übernehmen oder einen neuen Bereich zu wählen.

| | |
|---|---|
| **Betriebssysteme** | MS-DOS 4.x |
| **Softwareumgebung** | k.A. |
| **Hardwareumgebung** | IBM XT, AT, PS/2 (comp.); 640 KB RAM; EGA, VGA; Harddisk: 30 MB; 80387 (optional); Drucker; |
| **Preis** | 124 DM |
| **Bezugsbedingungen** | Studentenrabatt 50 %; Demonstrationsversion DEMO_92 kostenlos (vom Verlag) |

**Bezugsadresse**
Resch Verlag KG
Software-Vertrieb
Geigerstraße 13
8032 Gräfeling
089/858 07 0 bzw. 089/858 07 46

**Autor**
Prof. Dr.-Ing. Bertold Krause
1000 Berlin 31

# Genius

| | |
|---|---|
| **Fachgebiete** | Maschinenbau |
| **Anwendungsbereiche** | CAD, CAM, CAE, Graphik, technisches Zeichnen |
| **Zielgruppen** | Maschinenbauer |
| **Version** | 12 |
| **Erstellungsdatum** | 31.08.1992 |

Genius ist eine Zusatzapplikation zum Programm AutoCAD. Genius versteht sich selbst als komplette Bedienoberfläche zu AutoCAD für den Maschinenbauer. Genius wird über einen Digitizer und die POPUP-Menüs gesteuert. Im Lieferumfang sind die Datenträger, eine Folie für den Digitizer und ein Hardlock sowie ein Handbuch enthalten. AutoCAD selbst kennt keine branchenspezifischen Elemente wie zum Beispiel Schrauben, Oberflächenzeichen, Kugellager oder Form- und Lagetoleranzen. Funktionen von Genius sind z.B.: Normgerechte Vermassung, Wellenvoll- und Halbschnitte, NC-Vermassung, Bohrlisten..; Detailvergrößerung: Sie bestimmen den zu vergrößernden Bereich und den Vergrößerungsfaktor, das Programm berechnet einen runden Ausschnitt und stellt ihn an beliebiger Position dar. Automatisches Sichern in einstellbaren Zeitintervallen. DIN-Zeichnungsrahmen und Schriftfelder. Rechteckfunktion. Editieren eines Zeichnungsblockes mit automatischem Ursprung und folgender Blockbildung. Verdeckte Kanten ausblenden: Eine Kontur als oben und eine Kontur als unten definieren, und Genius blendet die nicht sichtbaren Teile der unteren Kontur automatisch aus, auch wenn es sich hierbei um Blöcke oder Schraffuren handelt. Hilfslinen und Hilfskreise, wie Winkelhalbierende oder Paralelle durch Punkt.. Schnittlinien, Zentrumslinien, Linienverlängerung unter Beibehaltung des Winkels, abrunden mit Rueckführung der alten Linien. Neue Schnittpunkte für alle Funktionen wie z.B. Mitte vom Rechteck, Relativpunkte oder Schnittpunkt zweier Linien der nicht vorhanden ist. Automatische Schraffur, Sie tippen eine Grenzkante und einen Punkt in der Fläche, und die Fläche wird automatisch schraffiert. Flächenträgheitsmomentberechnung beliebiger Konturen. Durchbiegungsbrechnung. Komplette Stückliste mit Ausdruck in Zeichnung oder auf Drucker, eigene Maske für Stückliste frei definierbar. Druckeranpassung selbst einstellbar. Normteile wie Kugellager mit Lebensdauerberechnung, Schrauben, Paßfedern, Muttern, Zylinderstifte,,.. Schweißzeichen, Form- und Lagetoleranzen, Oberflächenzeichen, Paßmaße. Zentrierbohrungen, Freistiche, Wellenenden, Langlöcher...

| | |
|---|---|
| **Betriebssysteme** | MS-DOS 3.x, MS-DOS 4.x, MS-DOS 5.x, UNIX |
| **Softwareumgebung** | AutoCAD 12 |
| **Hardwareumgebung** | IBM-PC, Rechner wo AutoCAD 12 arbeitet, Digitizer A3 SUN-Sparc, Rechner wo AutoCAD12 arbeitet, Digitizer A3 Silicon Graphics, Rechner wo AutoCAD12 arbeitet, Digitizer A3 |
| **Preis** | 4900 DM |
| **Bezugsbedingungen** | Für Schulen und Universitäten sind Sonderkonditionen verfügbar. |

**Bezugsadresse**
Udo Siegemund
Genius CAD-Software GmbH
Werner-von-Siemens-Str. 62
8450 Amberg
09621/81096

# Maschinenbau

## Genius-Blech

| | |
|---|---|
| **Fachgebiete** | Maschinenbau |
| **Anwendungsbereiche** | technisches Zeichnen |
| **Zielgruppen** | k.A. |
| **Version** | 11 |
| **Erstellungsdatum** | k.A. |

Genius ist eine Zusatzapplikation zum Programm AutoCAD. Genius versteht sich selbst als kommplette Bedienoberfläche zu AutoCAD für den Maschinenbauer. Genius wird über einen Digitizer und die POPUP-Menüs gesteuert. Im Lieferumfang sind die Datenträger, eine Folie für den Digitizer und ein Hardlock sowie ein Handbuch enthalten. AutoCAD selbst kennt keine branchenspezifischen Elemente wie zum Beispiel Schrauben, Oberflächenzeichen, Kugellager oder Form-und Lagetoleranzen. Funktionen von Genius sind z.B.: Normgerechete Vermassung, Wellenvoll- und Halbschnitte, NC-Vermassung, Bohrlisten..; Detailvergrößerung: Sie bestimmen den zu vergrößernden Bereich und den Vergrößerungsfaktor, das Programm berechnet einen runden Ausschnitt und stellt ihn an beliebiger Position dar. Automatisches Sichern in einstellbaren Zeitintervallen. DIN-Zeichnungsrahmen und Schriftfelder. Rechteckfunktion. Editieren eines Zeichnungsblockes mit automatischem Ursprung und folgender Blockbildung. Verdeckte Kanten ausblenden: Eine Kontur als oben und eine Kontur als unten definieren, und Genius blendet die nicht sichtbaren Teile der unteren Kontur automatisch aus, auch wenn es sich hierbei um Blöcke oder Schraffuren handelt. Hilfslinien und Hilfskreise, wie Winkelhalbierende oder Paralelle durch Punkt.. Schnittlinien, Zentrumslinien, Linienverlängerung unter Beibehaltung des Winkels, abrunden mit Rueckführung der alten Linien. Neue Schnittpunkte für alle Funktionen wie z.B. Mitte vom Rechteck, Relativpunkte oder Schnittpunkt zweier Linien der nicht vorhanden ist. Automatische Schraffur, Sie tippen eine Grenzkante und einen Punkt in der Fläche, und die Fläche wird automatisch schraffiert. Flächenträgheitsmomentberechnung beliebiger Konturen. Durchbiegungsbrechnung. Komplette Stückliste mit Ausdruck in Zeichnung oder auf Drucker, eigene Maske für Stückliste frei definierbar. Druckeranpassung selbst einstellbar. Normteile wie Kugellager mit Lebensdauerberechnung , Schrauben, Paßfedern, Muttern, Zylinderstifte,,,. Schweißzeichen, Form- und Lagetoleranzen, Oberflächenzeichen, Paßmaße. Zentrierbohrungen, Freistiche, Wellenenden, Langlöcher...

| | |
|---|---|
| **Betriebssysteme** | MS-DOS 3.x, MS-DOS 4.x |
| **Softwareumgebung** | AutoCAD Applikation Genius |
| **Hardwareumgebung** | IBM-PC |
| **Preis** | 900 DM |
| **Bezugsbedingungen** | Schulversionen verfügbar |

**Bezugsadresse/Autor**

Udo Siegemund
Genius CAD-Software GmbH
Werner-von-Siemens-Str. 62
8450 Amberg
09621/81096

## Genius-ParaCAD

| | |
|---|---|
| **Fachgebiete** | Maschinenbau |
| **Anwendungsbereiche** | Interpreter, Software-Entwicklungs-Tool, technisches Zeichnen |
| **Zielgruppen** | k.A. |
| **Version** | 11 |
| **Erstellungsdatum** | k.A. |

Genius-Paracad ist ein Variantenprogramm zu AutoCAD. Während der Konstruktionsphase einer Variante wird laufend ein Lispfile mitgeschrieben. Dieses Lispfile kann später als Variante ablaufen, da es möglich ist, Variablen zu definieren und in der Konstruktion zu benutzen.

| | |
|---|---|
| **Betriebssysteme** | MS-DOS 3.x, MS-DOS 4.x |
| **Softwareumgebung** | k.A. |
| **Hardwareumgebung** | IBM-PC |
| **Preis** | 2200 DM |
| **Bezugsbedingungen** | Schulversionen verfügbar |

**Bezugsadresse/Autor**
Udo Siegemund
Genius CAD-Software GmbH
Werner-von-Siemens-Str. 62
8450 Amberg
09621/81096

# Genius-Pool

| | |
|---|---|
| **Fachgebiete** | Maschinenbau |
| **Anwendungsbereiche** | Datenmanagement, Graphik, technisches Zeichnen |
| **Zielgruppen** | k.A. |
| **Version** | 11 |
| **Erstellungsdatum** | k.A. |

Genius-Pool ist eine Blockverwaltung zu AutoCAD mit Genius. In Genius-Pool werden Blöcke als Datensatz, als Bild (slide) sowie als Drawing abgelegt. Durch Suchen in der Datenbank kann der richtige Eintrag gefunden und auch im AutoCAD angezeigt werden. Der Block wird mit dem Cursor positioniert und kann ebenfalls Daten für die Genius Stückliste tragen.

| | |
|---|---|
| **Betriebssysteme** | MS-DOS 3.x, MS-DOS 4.x |
| **Softwareumgebung** | AutoCAD Applikation Genius |
| **Hardwareumgebung** | PC |
| **Preis** | 1900 DM |
| **Bezugsbedingungen** | Sonderversionen für Schulen verfügbar. |

**Bezugsadresse/Autor**
Udo Siegemund
Genius CAD-Software GmbH
Werner-von-Siemens-Str. 62
8450 Amberg
09621/81096

## GERBER

| | |
|---|---|
| **Fachgebiete** | Maschinenbau |
| **Anwendungsbereiche** | Ingenieurwesen |
| **Zielgruppen** | k.A. |
| **Version** | 1.0 |
| **Erstellungsdatum** | 31.01.1992 |

Das Programm GERBER kann zur Berechnung der Schnitt- und Verformungsgrößen von geraden Durchlaufträgern und Gerberträgern verwendet werden. Diese Träger können statisch bestimmt oder n- fach statisch unbestimmt gelagert sein. Zulässig sind bis zu 50 Trägerabschnitte mit unterschiedlichen Querschnittskenngrößen. Die Gesamtzahl der Stützen und Gelenke ist auf maximal 47 begrenzt. Die Trägerenden können frei, gelenkig gelagert oder eingespannt sein. Zusätzlich zu den festen Stützen kann der Träger noch durch biege- und drehelastische Lager abgestützt sein. Der Träger kann durch konstante oder linear veränderliche Streckenlasten, Kräfte, Momente und Stützenversetzungen belastet werden. Die Anzahl der Stützen, elastischer Lager, Gelenke, Kräfte, Momente, Streckenlasten und Stellen der Schnittgrößenberechnung ist auf maximal 100 festgelegt. Bei der Berechnung kann der Einfluß der Querkraftschubdeformation berücksichtigt werden. Als Ergebnisse des Programmes wird die Ausgabe einer Textdatei auf Diskette und/oder Drucker mit allen vom Nutzer eingegebenen Daten, Lager- und Gelenkreaktionen, Verschiebung, Biegewinkel, Biegemoment, Querkraft und Biegespannung für alle festgelegten Punkte des Trägers geliefert. Grafische Ausgabe des Berechnungsmodells, der Biegelinie und des Querkraft- und Biegemomentenverlaufs auf Drucker. Alle aufgeführten Ergebnisse werden natürlich auch auf dem Bildschirm dargestellt.

| | |
|---|---|
| **Betriebssysteme** | MS-DOS 4.x |
| **Softwareumgebung** | k.A. |
| **Hardwareumgebung** | IBM- AT (mit 80286- oder höherem Prozessor), VGA-Farbgrafikkarte, EPSON- kompatibler 24- Nadel- Drucker |
| **Preis** | 1200 DM |
| **Bezugsbedingungen** | k.A. |
| **Sonderkonditionen** | An Universitäten und Schulen wird das Programm für 25% des Verkaufspreises abgegeben. |

| | |
|---|---|
| **Bezugsadresse/Autor** | **Autor** |
| Helmut Horeschi | Steffen Pfann |
| TU "OvG" Magdeburg | TU Magdeburg |
| Konstruktions- und Tribotechnik | Konstruktions- und Tribotechnik |
| Universitätsplatz 5 | O-3010 Magdeburg |
| O-3010 Magdeburg | |

# Maschinenbau

## GNC

| | |
|---|---|
| **Fachgebiete** | Informatik, Maschinenbau |
| **Anwendungsbereiche** | 3 dim. Modell, Graphikprogrammierung, Programmierumgebung, Simulationssoftware, Software-Entwicklungs-Tool |
| **Zielgruppen** | k.A. |
| **Version** | GNC-Plus |
| **Erstellungsdatum** | 01.01.1991 |

GNC ist ein graphisches Simulationssystem für die CNC-Bearbeitung. Das Einsatzgebiet von GNC ist recht vielseitig, es umfaßt u.a. Module für die Fräs-, Dreh-, Stanz/Nibbel und Brennschneidbearbeitung. Durch einfache Makro-Sprache lassen sich die o.g. Module auf andere Bearbeitungsverfahren wie z.B. Laserschneiden erweitern.

| | |
|---|---|
| **Betriebssysteme** | AEGIS, AIX, Domain-OS, SUN OS |
| **Softwareumgebung** | k.A. |
| **Hardwareumgebung** | IBM RISC 6000, Sun Sparcstation, HP/Apollo DN 3xxx - 9xxx |
| **Preis** | 28000 DM |
| **Bezugsbedingungen** | Mindestpreis |

**Bezugsadresse**
TEDATA GmbH
Brückstraße 48
4630 Bochum 1
0234/964090

**Autor**
CAD Centre Ltd.
Nottingham (United Kingdom)

## GRASP

| | |
|---|---|
| **Fachgebiete** | Maschinenbau |
| **Anwendungsbereiche** | 3 dim. Modell, Robotik, Simulationssoftware |
| **Zielgruppen** | k.A. |
| **Version** | V 8.3 |
| **Erstellungsdatum** | 01.01.1991 |

GRASP ist ein graphisch-interaktives Programm zur Planung, Simulation und Offline-Programmierung von Fertigungszellen und Robotern. Mit GRASP lassen sich allgemeine Objekte modellieren, bewegen und die Bewegung simulieren. Objekte können insbesondere Fertigungseinrichtungen wie Werkzeugmaschinen, Werkstücke, Zuführeinrichtungen, usw. als auch Roboter sein. GRASP besteht aus Modulen zur 2D/3D-Modellierung, kinematischen Modellierung, zum Bewegen und Darstellen, zur Programmierung sowie zur Simulation und Kollisionsprüfung. Anwendungsschwerpunkte liegen im Bereich der Bahnschweißapplikationen, Digitalen Simulation, Handhabung und Montage. Mit GRASP konnen unterschiedliche Layouts der Fertigungszellen untersucht und verschiedene Robotertypen eingesetzt und programmiert werden. Alle Bewegungsabläufe werden ereignis- oder zeitgesteuert untereinander synchronisiert. Zykluszeiten und statistische Daten können ermittelt und ausgewertet werden. Mit GRASP erstellte Roboterprogramme werden menügeführt in einer neutralen Hochsprache entwickelt. Sie können auf das Werkstück bezogen werden und sind somit unabhängig von Robotertyp und Zellenlayout. Über Postprozessoren erfolgt die Umsetzung und Übertragung in das entsprechende Roboterformat und die Robotersteuerung.

| | |
|---|---|
| **Betriebssysteme** | AIX, OS10, SUN OS, ULTRIX, VMS |
| **Softwareumgebung** | 3D Grafikkarte zur Beschleunigung der Grafik (optional), X-Windows (optional), Fortran Compiler |
| **Hardwareumgebung** | HP/Apollo, IBM RISC 6000, Sun Sparcstation, DEC Vaxstation |
| **Preis** | k.A. |
| **Bezugsbedingungen** | Preis: 30.000 bis 180.000 |

| **Bezugsadresse** | **Autor** |
|---|---|
| TEDATA GmbH | BYG Systems Ltd. |
| Brückstraße 48 | Nottingham (United Kingdom) |
| 4630 Bochum 1 | |
| 0234/964090 | |

# Maschinenbau

## GraVor

| | |
|---|---|
| **Fachgebiete** | Informatik, Mathematik, Maschinenbau, Physik |
| **Anwendungsbereiche** | Animation, CAD, CAM, CAE, CAI, CASE, graphischer Sprachinterpreter, Visualisierung |
| **Zielgruppen** | Studenten, Schüler |
| **Version** | 3.0 |
| **Erstellungsdatum** | 15.12.1989 |

Das Programm GraVor realisiert eine Fachsprache, mit deren Hilfe geometrische Szenen gestaltet werden können. Die Arbeitsweise entspricht der einer herkömmlichen Programmiersprache, d.h. Probleme werden als Befehlsfolgen formuliert und es existiert eine Programmierumgebung mit den Komponenten: File-Service, Editor, Übersetzungssystem und Test. Alle Komponenten sind über eine Bedienoberfläche erreichbar.

Die Grundidee des Programms ist, Prinzipien der Computergrafik mittels einer geometrischen Beschreibungssprache zu demonstrieren und zu üben. Ist das Schema zur Beschreibung von Gebilden mit nichtebenen Begrenzungsflächen bekannt, so ist es legitim, nur noch mit der Geometrie der Gebilde zu arbeiten (eine Kugel wird durch den Radius beschrieben). Das Berechnen der grafischen Daten, die z.B. erforderlich sind, wenn eine Kugel durch ebene Flächenstückchen angenährt wird, übernimmt das Programm. Die grafischen Daten sind extern nutzbar. Das Vereinbaren einer Szene ist die grundlegende Aufgabe der Computer-Grafik. Dieses zu realisieren, ist in vielfältiger Weise möglich. Man denke zum Beispiel nur an entsprechende Editoren. Auch Sprachen bzw. entsprechende Befehlsfolgen sind diesbezüglich bekannt. Das Neue an diesem System ist die Gesamtlösung im Sinne einer Programmiersprache einschließlich einer entsprechend gestalteten Programmierumgebung. Der Bezug auf bekannte Programmiersprachen ist gewollt, um Erfahrungen und Kenntnisse weitgehend zu übernehmen. Darüber hinaus wurde versucht, mittels erweiterbarer signifikanter Befehlswörter das Schreiben von umgangssprachlichen Wortfolgen zu ermöglichen. Diese Verfahrensweise trägt erheblich zur Reduzierung des Lernaufwandes bei. Wie bei Programmiersprachen kann auch diese Sprache allein nicht einen Lehrinhalt ersetzen bzw. ihn vermitteln. Man kann jedoch jederzeit Beispiele zum entsprechenden Stand der Vermittlung des Fachgebietes schaffen.

| | |
|---|---|
| **Betriebssysteme** | MS-DOS 3.x |
| **Softwareumgebung** | k.A. |
| **Hardwareumgebung** | IBM kompatibler PC XT oder AT; RAM: 640 kB; Grafikkarte: CGA, EGA, VGA |
| **Preis** | 90 DM |
| **Bezugsbedingungen** | k.A. |

**Bezugsadresse/Autor**
Dr. Ruediger Rennert
Universität Rostock
Elektrotechnik/Techn. Informatik
Richard-Wagner-Str. 31
O-2530 Warnemünde
57343

# happy CAM; hyper CAM

| | |
|---|---|
| **Fachgebiete** | Maschinenbau |
| **Anwendungsbereiche** | CAD, CAM, CAE |
| **Zielgruppen** | Werkzeugbauer, Formenbau, Modellbauer |
| **Version** | 2.0 |
| **Erstellungsdatum** | 05.10.1992 |

Die CAD/CAM-Systeme happyCAM (für alle 2D-Aufgaben) und hyperCAM (für 3d-Aufgaben) sind praxisorientierte Programmierlösungen, konzipiert für kleine und mittlere Unternehmen im Bereich Metall-, Kunststoff- und Holzbearbeitung. Besonderes Kennzeichen des modular aufgebauten Systems ist die leichte, graphische Bedienung, verbunden mit optimaler Praxisnähe und einer Leistungsfähigkeit, die ihresgleichen sucht. Die Technologiemodule zeichnen sich durch eine völlig neue, arbeitsplanorientierte Eingabe aus. Das reduziert die Programmierzeit um bis zu 70 Prozent. Die Geometriedefinition erfolgt entweder in beliebigen CAD-Systemen, über DXF- u. VDAFS-Schnittstellen, oder in der happyCAM Geometrie. Als Ergebnis liefert das System komprimierte NC-Programme, die alle Zyklen und Funktionen der gewählten CNC-Steuerung voll unterstützen. Technologiemodule für 2.5D-Fräsen, 3d-Fräsen und Drehen existieren.

| | |
|---|---|
| **Betriebssysteme** | MS-DOS, UNIX |
| **Softwareumgebung** | DOS ab 3. 1, UNIX |
| **Hardwareumgebung** | IBM-kompatible PC's; 80386, 80486 + VGA; 4MB RAM; 40MB Festplatte; Sun-Sparc-Station; IBM RS-6000; SGI Indigo; HP-9000 |
| **Preis** | 19670 DM |
| **Bezugsbedingungen** | k.A. |

**Bezugsadresse/Autor**
Product Manager Gunther König
"Happy User" Software GmbH
Kanalstr 7
8043 Unterföhring
089-95003-02

**Maschinenbau** 185

## HASCO-Normalien

| | |
|---|---|
| **Fachgebiete** | Maschinenbau |
| **Anwendungsbereiche** | CAD (rechnerunterstützte Konstruktion), Konstruktion |
| **Zielgruppen** | k.A. |
| **Version** | 5 |
| **Erstellungsdatum** | k.A. |

Das HASCO-Normalienmodul ist eine umfangreiche Standardteile- Bibliothek für die Konstruktion von Spritzgieß-, Preß- und Druckgießformen sowie sonstigen Formaufbauten mit Hilfe von AutoCAD. Das Modul stellt die überwiegende Anzahl der von HASCO verfügbaren K- und Z-Normalien (insgesamt mehrere zehntausend Teile) zur Verfügung. Jedes Teil wird über ein in Anlehnung an den HASCO-Katalogaufbau strukturiertes Auswahlmenü gewählt und kann in Seitenansicht und Draufsicht sowie in verschiedenen Detaillierungsgraden auf den Bildschirm geholt werden. Eine wesentliche Arbeitserleichterung für den Formenbauer stellt der Menüpunkt Baugruppen dar, über den in einem Arbeitsgang komplette Standard-Formaufbauten abrufbar sind, und zwar in Ein- bis Vierseiten-Ansicht. Jedes Bauteil ist auch einzeln abrufbar. Der Bediener hat dabei die Wahl zwischen Draufsicht, Quer- und Längsschnitt. Die Schnitte können in den drei Detaillierungsgraden Zusammenbau, Einzelteil und Skizze generiert werden.

| | | |
|---|---|---|
| **Betriebssysteme** | MS-DOS 3.x | |
| **Softwareumgebung** | Voraussetzung: AutoCAD | |
| **Hardwareumgebung** | wie AutoCAD | |
| **Preis** | 4950 DM | |
| **Bezugsbedingungen** | k.A. | |
| **Sonderkonditionen** | Einzellizenz: | 1300 DM |
| | Geltungsbereich: | Hochschulen, Fachhochschulen, sonstige öffentliche Bildungseinrichtungen |

**Bezugsadresse/Autor**
Mensch und Maschine GmbH
Stefanus-Straße 6
8032 Gräfelfing
089/854890

**Autor**
HASCO
5880 Lüdenscheid

# I-DEAS

| | |
|---|---|
| **Fachgebiete** | Maschinenbau |
| **Anwendungsbereiche** | 2 dim. Zeichnen, 3 dim. Zeichnen, 3 dim. Modell, Analyse, Entscheidungs- u. Auswahlhilfesystem |
| **Zielgruppen** | k.A. |
| **Version** | VI |
| **Erstellungsdatum** | 01.01.1991 |

I-DEAS bietet verschiedene Module: I-DEAS Drafting ist ein 2D-CAD-Paket inklusive dynamischer Bemassung, Variation, automatischer Bemassung und eigener Programmiersprache. Das I-DEAS Part Design ist ein 3D-CAD-Paket mit umfangreichen Möglichkeiten wie z.B. Skizzentechnik, automatische 3D-Vermassung inkl. Änderungsmöglichkeit, Projektion von Kurven auf Flächen und zahlreichen Möglichkeiten zur Generierung von Freiformflächen. Das I-DEAS Assembly Design ist ein Software-Modul für die Erstellung von dreidimensionalen Zusammenbauzeichnungen, das eine Kollisionsanalyse ebenso erlaubt wie die Verwaltung von Stücklisten und Teilebibliotheken. Mit I-DEAS Drawing Layout kann aus einem 3D-Modell eine 2D-Zeichnung erzeugt und entsprechend modifiziert werden. Das Modul I-DEAS FEM dient zur Generierung von FEM-Netzen mit freier Maschen-Generierung. Der I-DEAS Modulsolution als FEM Gleichungslöser. - Alle I-DEAS-Module haben eine einheitliche Benutzerschnittstelle und sind aufgrund der einheitlichen Datenstruktur assoziativ.

| | |
|---|---|
| **Betriebssysteme** | AIX, HP-UX, SUN OS, ULTRIX, VMS |
| **Softwareumgebung** | k.A. |
| **Hardwareumgebung** | Alle gängigen Workstations, Minimum 600 MB-Platte, 24 MB Hauptspeicher |
| **Preis** | k.A. |
| **Bezugsbedingungen** | Preis: je nach Modulen unterschiedlich. Hier ein Angebot, jedoch nur für Hochschulen: Komplettpaket wie in der Langbeschreibung beschrieben für 10 Arbeitsplätze, inkl. 2-jährige Software-Wartung DM 120.000,-- |

**Bezugsadresse**
TEDATA GmbH
Brückstraße 48
4630 Bochum 1
0234/964090

**Autor**
SDRC
6000 Frankfurt/Main

# Maschinenbau

## IKARUS

| | |
|---|---|
| **Fachgebiete** | Maschinenbau, Physik |
| **Anwendungsbereiche** | CAL, rechnerunterstütztes Lernen, interaktives Lernsystem, Lernsoftware, Thermodynamik |
| **Zielgruppen** | Lehrkräfte, Studenten |
| **Version** | 2.0 |
| **Erstellungsdatum** | 05.09.1991 |

Das Programm "IKARUS" ("Kreisprozesse - Verbrennungsmotoren") wird für den Übungsbetrieb und die selbständige Wissensfestigung zum Teilkomplex "Kreisprozesse" für die Lehrfächer Thermodynamik und Verbrennungskraftmaschinen bereitgestellt. Zur Arbeit mit diesem Programm müssen Grundkenntnisse zu idealen thermodynamischen Prozessen (isochore, isobare, isotherme, isentrope Zustandsänderung) und deren Darstellung in einem p-V- sowie T-S-Diagramm vorhanden sein. Kenntnisse über die Berechnungsgleichungen für die Zustandsgrößen werden ebenfalls vorausgesetzt. Der Programmnutzer bekommt eine große Anzahl von Übungsaufgaben angeboten, die ihn in letzter Konsequenz die Logik der Kreisprozeßberechnung verständlich machen. Die Vielzahl von Übungsbeispielen gestattet eine Analyse der Veränderung der Kreisprozeßkenngrößen unter verschiedenen Anfangsbedingungen, welches ein weiteres Lernziel charakterisiert. Im Hauptmenü kann zwischen den folgenden Möglichkeiten gewählt werden: a) Grafische Darstellung von idealen Kreisprozessen b) Berechnung von Kreisprozeßkenngrößen c) Demonstration d) Programmbeschreibung. Das Menü "Grafische Darstellung der Prozesse" erlaubt die Auswahl unter fünf idealen Kreisprozessen: Diesel-, Otto-, Seiliger-, Carnot- und Clausius-Rankine-Kreisprozeß. Der gewählte Kreisprozeß wird in einem p-V- und T-S- Diagramm grafisch dargestellt. Eine falsche Wahl der Zustandsänderungen wird durch eine Fehlermeldung auf dem Bildschirm und ein akustisches Signal quittiert. Die Fehleranzahl wird aufsummiert und angezeigt. Das Menü "Berechnung von Kreisprozessen" erlaubt die Auswahl unter drei idealen Kreisprozessen: Diesel-, Otto- und Seiliger-Prozeß. Das Programm ist so organisiert, daß immer wieder neue Ausgangsdaten für jede Rechnung bereit gestellt werden.

| | |
|---|---|
| **Betriebssysteme** | MS-DOS 3.x, MS-DOS 4.x, MS-DOS 5.x |
| **Softwareumgebung** | EGA/VGA. BGI (Grafik-Treiber von Borland); GRAPH. TPU (Grafik-Unit von Borland); PRINTER. TPU (Drucker-Unit von Borland) |
| **Hardwareumgebung** | Philips PC286, 146 kByte RAM, VGA-Grafikkarte, Drucker |
| **Preis** | k.A. |
| **Bezugsbedingungen** | k.A. |
| **ASK-SAM** | Das Programm kann über den Fileserver abgerufen werden. |

**Bezugsadresse/Autor**

Dr. Christine Hinkfoth
Universität Rostock
FB Maschinenbau und Schiffstechnik
Justus-von-Liebig-Weg 6
O-2500 Rostock 6
0381/4405 568

Dipl.-Ing. Larissa Rebelein
Universität Kiel
FB Agrarökonomie
Olshausenstraße 40
2300 Kiel
0431/880 4403

# ISAFEM

| | |
|---|---|
| **Fachgebiete** | Maschinenbau |
| **Anwendungsbereiche** | Finite Elemente-Simulation |
| **Zielgruppen** | Ingenieure |
| **Version** | 3.0 |
| **Erstellungsdatum** | 30.07.1992 |

ISAFEM 2.7 Ein allgemeines FEM-Programm. Kennwort-gesteuert. NASTRAN-kompatibel. Preprocessor: ISAGEN Postprocessor: ISPOST. Leistungsumfang: Lineare Statik, Statik mit nichtlinearen Materialeigenschaften. Lineare Stabilität. Modalanalyse - Eigenfrequenzen und Eigenformen. Erzwungene Schwingungen. Lineare u. nichtlineare Temperaturfeldprobleme, auch instationär.

| | |
|---|---|
| **Betriebssysteme** | AEGIS, MS-DOS 5.x, UNIX, VMS |
| **Softwareumgebung** | auf PC: MS-DOS 5.0, auf Workstation: UNIX, AEGIS, VMS |
| **Hardwareumgebung** | IBM-kompatible PC 386/486 unter MS-DOS 5.0 und Interactive UNIX. Workstations: Silicon Graphics, HP-Apollo, IBM RS 6000 DEC VAX |
| **Preis** | 4800 DM |
| **Bezugsbedingungen** | Preis-Leistungs-Staffelung, modulweise nachrüstbar, Kaufpreis beinhaltet immerwährendes Nutzungsrecht für den Binärcode. |
| **Sonderkonditionen** | Einzellizenz: Kaufpreis abhängig von Ausbaustufe |
| | Mehrfachlizenz: 2. Lizenz 50 % Rabatt |
| | Campuslizenz: 1000.-DM pro Jahr |
| | Geltungsbereich: Hochschulen, Fachhochschulen, sonstige öffentliche Bildungseinrichtungen, persönliche Lizenzen für Hochschulangehörige und Studenten |

**Bezugsadresse**
Dr.-Ing. Gerhard Krause
Dr. Krause Software GmbH
Vertrieb
Kaiserin-Augusta-Allee 5
1000 Berlin 21
030 - 345 90 63

# Maschinenbau

## ISAPOST

| | |
|---|---|
| **Fachgebiete** | Mathematik, Maschinenbau |
| **Anwendungsbereiche** | Finite Elemente-Simulation |
| **Zielgruppen** | Ingenieure |
| **Version** | 2.0 |
| **Erstellungsdatum** | 30.10.1991 |

ISAPOST: Postprocessor für FEM-Berechnungen. 3D-farbschattierte Darstellung von Berechnungsergebnissen: Verschiebungen, Spannungen. Darstellung an der verformten und unverformten Struktur. Eigenformen. Temperaturverteilungen. Strömungs- geschwindigkeiten. Maus-, Menü- und Piktogramm- gesteuert. On-Line Hilfe. Geradlinige Steuerung der 3D-Grafik mit der Maus. Auf Silicon Graphics Workstations Strukturrotationen in Echtzeit.

| | |
|---|---|
| **Betriebssysteme** | MS-DOS, UNIX, VMS |
| **Softwareumgebung** | Betriebssysteme: MS-DOS 5. 0 mit Windows 3. x , Interactive UNIX, IRIX, AIX, andere UNIX-Umgebungen, VMS |
| **Hardwareumgebung** | Silicon Graphics Iris und Iris Indigo; IBM RS 6000; PC 386/486 mit 8 MB RAM; DEC VAX |
| **Preis** | 4500 DM |
| **Bezugsbedingungen** | Preis abhängig von Ausbaustufe, ab DM 1.700.- . Wir erstellen individuelle Angebote. Immerwährendes Nutzungsrecht oder Miete des Binärcodes. |

**Bezugsadresse**
Dr.-Ing. Gerhard Krause
Dr. Krause Software GmbH
Vertrieb
Kaiserin-Augusta-Allee 5
1000 Berlin 21
030 - 345 90 63

# KINEMA_5

| | |
|---|---|
| **Fachgebiete** | Maschinenbau |
| **Anwendungsbereiche** | CAD (rechnerunterstützte Konstruktion), Analyse, Kinematik, Mechanik, Robotik |
| **Zielgruppen** | k.A. |
| **Version** | 2.0 |
| **Erstellungsdatum** | 20.12.1991 |

Das Programm KINEMA_5 wurde im Rahmen einer Diplomarbeit an der Fakultät Maschinenbau, Fachgebiet Getriebetechnik der Technischen Hochschule Ilmenau entwickelt. Es dient vorrangig der bewegungsgeometrischen Analyse 5-gliedriger ebener geschlossener Koppelgetriebe mit dem Freiheitsgrad F=2 in fünf Strukturvarianten, die sich gemäß der Anordnung von Dreh- und Schubgelenken unterscheiden (DDDDD, SDDDD, DDDDS, DDSDD, SDDDS). Durch zusätzliches Festlegen eines der bewegten Glieder der genannten Varianten lassen sich auch alle damit erzeugbaren 4-gliedrigen Mechanismenstrukturen mit F=1 in die Untersuchung einbeziehen. Während einer Bewegungsanimation können mehrere Koppelpunktbahnen schnell und anschaulich erzeugt, manipuliert und ausgegeben werden. Der Nutzer des Programms hat folgende Eingriffsmöglichkeiten: Auswahl bzw. Wechsel der kinematischen Struktur; Änderung der kinematischen und Antriebsparameter; Verschieben und Zoomen; Ein- und Ausschalten von Gliedern und Gelenken; Verändern der Bewegungsbereiche der Antriebsglieder; Speichern und Laden von Mechanismen. Das Programm kommt zum Einsatz in Lehrveranstaltungen im Fach Getriebetechnik, um den Studenten die Vielfalt von Bewegungsbahnen sowie schwer vorstellbare Bewegungsabläufe zu veranschaulichen und deren Abhängigkeit von Struktur, Abmessungen und Antriebsparametern zu verdeutlichen. Außerdem ist es Hilfswerkzeug für die Forschung zur Untersuchung der Formen, des Zusammenwirkens und der Beeinflussung von Bewegungsbahnen mit dem Ziel ihrer Nutzung für technologische und automatisierungstechnische Aufgabenstellungen der Praxis. KINEMA_5 zeichnet sich durch eine einfache Benutzerführung sowie Übersichtlichkeit und Anschaulichkeit aus, so daß auch Nutzer ohne spezielle Kenntnisse der Computertechnik bzw. der mechanismentheoretischen Grundlagen mit dem Programm arbeiten können.

**Preisträger des Deutsch-Österreichischen Hochschul-Software-Preises 1992**

| | |
|---|---|
| **Betriebssysteme** | DR-DOS 4.x, MS-DOS 3.x |
| **Softwareumgebung** | k.A. |
| **Hardwareumgebung** | IBM AT; 300 KB RAM; VGA; Harddisk; Cop. optional; Farbmonitor, Maus (optional); |
| **Preis** | k.A. |
| **Bezugsbedingungen** | Preis, Währung und Bedingungen: nach Vereinbarung |

**Bezugsadresse/Autor**

Diplomingenieur Volker Quast
Technische Hochschule Ilmenau
Fak.f. Maschinenbau; FG. Getriebetechnik
Am Ehrenberg
6300 Ilmenau
(09672) 691810/692476

cand. - ing. Alf Buchheim
Technische Hochschule Ilmenau
Fak.f. Maschinenbau; FG. Getriebetechnik
Am Ehrenberg
O-6300 Ilmenau
(09672) 691810/692476

# Maschinenbau

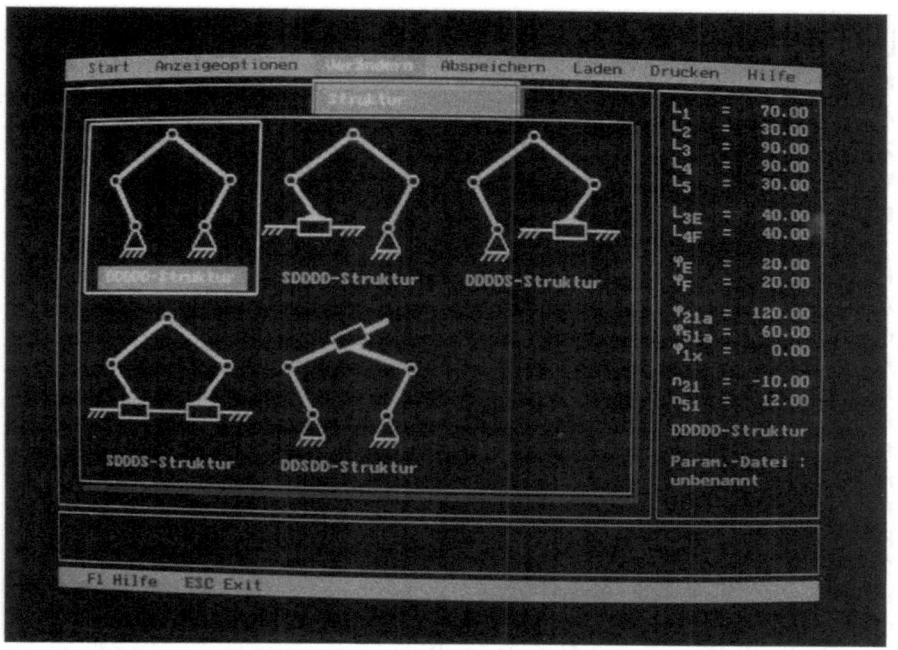

## Kette

| | |
|---|---|
| **Fachgebiete** | Maschinenbau |
| **Anwendungsbereiche** | CAD (rechnerunterstützte Konstruktion), Kettenrad |
| **Zielgruppen** | k.A. |
| **Version** | 1.0 |
| **Erstellungsdatum** | 23.03.1992 |

Hauptfunktion des Programmes ist die Rationalisierung des konstruktiven Prozesses bei der Auslegung von Rollen kettengetrieben. Es können Rollenkettengetriebe mit bis zu 9 Kettenrädern (seltenster Fall) berechnet werden. Unterfunktionen sind: a) Vorgabe der Basisdaten zur Konstruktion durch den Anwender und Auswahl der entsprechenden Rollenkette durch das Programm; b) Berechnung der Abmaße des Rollenkettengetriebes (zum Beispiel Teilkreisdurchmesser, erforderliche Kettenlänge und Gliederanzahl usw.); c) Nachrechnung der ausgewählten Rollenkette; d) Dokumentation der Berechnungsergebnisse einschließlich des Getriebeschemas in Form von Hardcopies. Zielgruppe sind in erster Linie Studenten des Studienganges Maschinenbau. Dabei soll das Programm als Hilfsmittel zur Bearbeitung von Belegen (Rollenkettengetriebe) dienen. Gleichzeitig soll der Programmanwender (Student) über Aufbau und Standardisierung der Rollenketten informiert werden. Bei der Konstruktion dieser Getriebe sind mehrere zeitaufwendige Schritte (Tabellensuche) und Berechnungen erforderlich. Diese werden durch das Programm "Kette" automatisiert, so daß sich der Anwender auf wesentliche Dinge im konstruktiven Prozeß (Variantenvergleich) konzentrieren kann. -- Grundlagen zur Realisierung des Programmes bildeten in erster Linie die Normen DIN 8195 "Auswahl von Kettentrieben" sowie DIN 8187 "Rollenketten - europäische Bauart" und DIN 8188 "Rollenketten - amerikanische Bauart".

| | |
|---|---|
| **Betriebssysteme** | DR-DOS 6.x, MS-DOS 5.x |
| **Softwareumgebung** | k.A. |
| **Hardwareumgebung** | IBM XT, AT, 386, 486, PS/2 (comp. ); 512 KB RAM; Hercules, VGA, SVGA; Harddisk; Cop. optional; 9/24-Nadeldrucker; |
| **Preis** | 500 DM |
| **Bezugsbedingungen** | Bei kommerzieller Nutzung Preis nach Vereinbarung |

**Bezugsadresse/Autor**
Dipl.-Ing. Hans-Werner Heinze
TH Zwickau
Inst.f. Masch.elemente u. Konstruktion
Stadtrodaer Str. 17
O-6501 Gera
(070) 272 83

# Maschinenbau

## KONSYS

| | |
|---|---|
| **Fachgebiete** | Maschinenbau |
| **Anwendungsbereiche** | Konstruktion, Logistik |
| **Zielgruppen** | Konstrukteure, Ingenieure |
| **Version** | k.A. |
| **Erstellungsdatum** | k.A. |

KONSYS ist ein Konstruktionssystem zur fertigungs-, montage- und logistikgerechten Produktionsentwicklung und Konstruktion. KONSYS wurde unter Anwendung gesicherter Erkenntnisse aus der Konstruktions-Systematik und Konstruktions-Logistik sowie unter Einbezug der Praxis für die Industrie konzipiert. Es unterstützt mit modernsten Rechner- und Datenbanktechnologien den Produktentwicklungs- und Konstruktionsprozeß. Das Teilsystem Geometrie dient der "zeichnerischen" Darstellung der Ergebnisse sowohl 2-dimensional (2D) als auch 3-dimensional (3D). Es ist speziell auf die Erfordernisse der Mechanik ausgelegt. Es können Prinzip-, Zusammenstellungs- und Einzelteilzeichnungen dargestellt werden. Volumenorientierte Beschreibungen und Modellierung 3-dimensionaler technischer Objekte sowie die Ableitung aus 2D-Darstellungen oder die Überführung von 3 in 2D-Darstellungen sind gegeben. Normalien- und DIN-Teile-Bibliotheken sowie die Möglichkeit eigener Bibliotheken für normierte oder standardisierte Teile reduzieren erheblich den Konstruktionsaufwand. Die Gruppentechnologie ermöglicht dem Konstrukteur bei der Erzeugung von Zusammenstellungen eine montagegerechte Vorgehensweise mit automatischer PPS-gerechter Stücklistenerzeugung. Vermaschungsgeneratoren zu FEM-Berechnung (Statik, Dynamik, Verformungsrechnung, Berechnung von Flussproblemen usw.) sowie Koppelbausteine zu NC (2D, 3D), Kinematik, Arbeitsplanung, PPS stellen die Weiterverarbeitung der Geometrie in Berechnung und Fertigung sowie die Integration in CIM-Umgebung sicher. Ein speziell auf die Bedürfnisse von Herstellern komplexer Formen und Teile ausgerichtetes Freiformflächenpaket mit direkter Kopplung zur 5-Achsen NC-Fertigung ist in KONSYS integriert und ergänzt die Eigenschaften aller Teilsysteme ideal.

| | |
|---|---|
| **Betriebssysteme** | VMS |
| **Softwareumgebung** | k.A. |
| **Hardwareumgebung** | VAX |
| **Preis** | k.A. |
| **Bezugsbedingungen** | Preis: ab DM 15.000 |

**Bezugsadresse**
sträßle Datentechnik GmbH
Industrie-Informatik
Vaihinger Straße 169
7000 Stuttgart

# KOPPEL4G

| | |
|---|---|
| **Fachgebiete** | Maschinenbau |
| **Anwendungsbereiche** | CAL, rechnerunterstütztes Lernen, graphische Darstellung, Simulation v. Maschinen |
| **Zielgruppen** | k.A. |
| **Version** | 1/91 |
| **Erstellungsdatum** | 31.01.1991 |

Die im Maschinen- und Fahrzeugbau häufig eingesetzten 4-gliedrigen ebenen Koppelgetriebe werden für unterschiedliche Bewegungsübertragungen und Führungsaufgaben verwendet. Mit Hilfe des Programmes können die wichtigsten Vertreter Viergelenk-, Schubkurbel-, Kreuzschubkurbel- und Schubschleifenkette kennengelernt werden. Das jeweils angebotene Standardgetriebe wird mit den konkreten kinematischen Abmessungen versehen und auf dem Bildschirm dargestellt. Für die Bahnkurvenberechnung eines Punktes oder einer Anzahl beliebig wählbarer Punkte der Koppelebene werden deren Polarkoordinaten eingegeben und daraufhin 360 Koppelkurvenpunkte abhängig vom Antriebskurbelwinkel berechnet und die Kurve dargestellt. Führungskurven, Markierungen aller 30 Grad Kurbelwinkel und Raster können wahlweise mit eingeblendet werden. Mit Hilfe der Bewegungssimulation des kinematischen Getriebeschemas können komplizierte Bewegungsabläufe auf dem Bildschirm studiert werden. Die ermittelten Koppelkurven unterstützen die Variantenauswahl beim Getriebeentwurf. Die Anwendungsbreite des Programms wird erhöht, indem Getriebe- und Darstellungsvarianten abgespeichert werden können. Mit der Abspeichermöglichkeit können Lehrveranstaltungen und Übungen am Rechner effektiv vorbereitet werden. Durch die Speichernutzung kann der Getriebeentwurf vielseitig unterstützt werden, wie z.B. Kopplung zweier Schubschleifen, Koppelgetriebe mit bis zu 8 Koppelkurven, Getriebe aus unterschiedlichen kinematischen Ketten in einer Bildschirmdarstellung. Aus dem Programm heraus kann jederzeit eine Druckerausgabe mit manuell einstellbaren Rahmenbedingungen eingeleitet werden. Das Programm soll in der Hochschulausbildung des Fachgebiets Getriebetechnik Verwendung finden. Mit dem Programm kann der Student im Rahmen des Selbststudiums am Computer seine Kenntnisse über 4-gliedrige Koppelgetriebe, die im Maschinen- und Fahrzeugbau häufig eingesetzt werden, vertiefen. Im Seminar können grafische Lösungen von Aufgaben der Getriebesystematik am Computer nachvollzogen und kontrolliert werden.

| | |
|---|---|
| **Betriebssysteme** | MS-DOS 3.x |
| **Softwareumgebung** | k.A. |
| **Hardwareumgebung** | AT; 512 KB; Hercules (720x348), VGA (640x480) oder CGA (640x200) Graphik-Karte; Festplatte optional; Koprozessor 80387. |
| **Preis** | 900 DM |
| **Bezugsbedingungen** | Abgabe nur an Universitäten, Hochschulen und Fachhochschulen |

**Bezugsadresse**
Dr. Meier
TH Zwickau
Institut für Maschinenelemente
Dr.-Friedrichs-Ring 2a
O-9541 Zwickau
823(0)842

**Autor**
Moritz Plomann
O-1095 Berlin

# Maschinenbau

## LOCAM

| | |
|---|---|
| **Fachgebiete** | Elektrotechnik, Maschinenbau |
| **Anwendungsbereiche** | Datenmanagement, Datenbank-Management-System, Planungssoftware, Produktentwicklung |
| **Zielgruppen** | k.A. |
| **Version** | 10.4.2 |
| **Erstellungsdatum** | 01.01.1991 |

Das LOCAM-Arbeitsplanmodul ermöglicht die Ezeugung detaillierter Fertigungspapiere und -dateien. Anzahl, Aussehen und Inhalte der Fertigungspapiere können durch einen im System integrierten Ausgabengenerator für jeden Nutzungsbereich spezifisch festgelegt werden. Fertigungsdaten, -texte und -logiken für verschiedenste Anwendungen bilden das Skelett dieses Expertensystems. Sie werden durch benutzerfreundliche Menüführung unter Nutzung der Funktionstasten angewählt und durch Dialogprogramme oder durch Anwahl des Editors in das System eingebracht. Die in Tabellen und Listen abgelegten Fertigungsdaten werden durch einen Aufruf aus Fertigungswissen beinhaltenden Macros zur Berechnung von optimalen Schnittwerten genutzt. Die Berechnung von Maschinenhauptzeiten und anteiligen nebenzeiten wird nach dem Herausfinden dieser Werte ebenfalls automatisch ausgeführt. Hierbei kann von Zeiten für einzelne Zerspannungsschnitte bis hin zu Fertigungszeiten für komplette Lose alles berechnet werden. Arbeitsvorgangsfolgen werden in Flußdiagrammen dargestellt. Hierdurch ist eine einfache Möglichkeit gegeben, alternative Arbeitsvorgangsfolgen darzustellen und auszuwählen. Durch eine Festlegung von Arbeitsgangwissen in Fertigungsmacros und hierauf aufbauend eine Festlegung von Arbeitsfolgewissen für Teilefamilienbereiche in Fertigungsprogrammen wird schließlich die Möglichkeit gegeben, die Erstellung von Arbeitsplanungsunterlagen durch Übergabe von Zeichnungsdaten aus dem DOGS-System automatisch auszulösen und durchzuführen. Weitere LOCAM-Module beinhalten eine Methodenplanung zur Planung und Etwicklung neuer Methoden, Verfahren und Hilfsmittel sowie ein Modul zur Codierung und Klassifizierung von Produkten und ein Modul zur Aufbereitung von Daten, die während der Ausführung von Arbeitsvorgangsfolgen angefallen sind.

| | |
|---|---|
| **Betriebssysteme** | AEGIS, SUN OS 4.0.3, VAX/VMS V5 |
| **Softwareumgebung** | Fortran Compiler des jeweiligen Rechnertyps |
| **Hardwareumgebung** | DEC VAXstation, Sun Sparcstation, Apollo/HP 3xxx- 4xxx |
| **Preis** | 48000 DM |
| **Bezugsbedingungen** | 1. Lizenz: 48.000 DM, 2.- 5. Lizenz: 40.000 DM, ab 6. Lizenz: 36.000 DM |

**Bezugsadresse**
TEDATA GmbH
Brückstraße 48
4630 Bochum 1
0234/964090

**Autor**
LOGAN Ltd.
Reading (United Kingdom)

## ME DESIGN

| | |
|---|---|
| **Fachgebiete** | Maschinenbau |
| **Anwendungsbereiche** | Entscheidungs- u. Auswahlhilfesystem |
| **Zielgruppen** | k.A. |
| **Version** | 3.1.e |
| **Erstellungsdatum** | 01.01.1991 |

ME DESIGN ist ein Programmpaket zur interaktiven Dimensionierung von Maschinenelementen. Es ist für die in einem Konstruktionsbüro täglich anfallenden Dimensionierungsaufgaben konzipiert. Dieses moderne, vollständig in "C" geschriebene System zeichnet sich bei Verwendung von Pop-Up-Menüs durch die Übersichtlichkeit und eine sehr einfache Handhabung aus. Basierend auf Standardberechnugsverfahren bietet ME DESIGN die Möglichkeit, schnell und präzise eine Vielzahl von Maschinenelementen zu dimensionieren. ME DESIGN ist mit einer benutzerfreundlichen Menüführung ausgestattet, die sowohl für Workstations als auch für PC's verfügbar ist. Auf Wunsch stellt TEDATA die Programme als "C-Library" zur Verfügung, so daß eine optimale Integration in die eigene Softwareumgebung möglich ist. ME DESIGN ist als offenes System konzipiert. D.h., es ist möglich, spezifische Daten wie z.B. zulässige Geometrien von Keilwellenverbindungen oder Paßfederverbindungen firmenspezifisch in Dateien abzulegen, so daß das Berechnungsprogramm auf diese Werte zugreifen kann. Bei der Berechnung der Maschinenelemente kann die zu berechnende Größe beliebig gewählt werden. Das Programm erkennt diese und berechnet sie anhand der vorgegebenen Werte. ME DESIGN besitzt eine on-line Hilfefunktion, die zu jedem Zeitpunkt angewählt werden kann und Auskunft über die entsprechenden Funktionen gibt. Eine Grafikfunktion unterstützt den Benutzer bei der Beurteilung der Ergebnisse. ME DESIGN umfaßt die folgenden Module: Bolzen und Stifte; Welle-Nabe-Verbindungen; Festigkeiten, Spannungen; Momente, Richtwerte; Riemen-, Kettenantrieb; Systemfunktionen; elasische Federn; Wellen, Achsen, Zapfen; Schrauben-Verbindungen; Verzahnug, Getriebe.

| | |
|---|---|
| **Betriebssysteme** | MS-DOS |
| **Softwareumgebung** | k.A. |
| **Hardwareumgebung** | PC IBM AT/XT, min 640 KB, VGA-Karte, Festplatte |
| **Preis** | 8800 DM |
| **Bezugsbedingungen** | k.A. |

**Bezugsadresse/Autor**
TEDATA GmbH
Brückstraße 48
4630 Bochum 1
0234/964090

# Maschinenbau

## Mechlab

| | |
|---|---|
| **Fachgebiete** | Maschinenbau |
| **Anwendungsbereiche** | Animation, Kinematik, Simulation |
| **Zielgruppen** | Studenten, Konstrukteure |
| **Version** | 1.0 |
| **Erstellungsdatum** | 28.02.1991 |

Das Programm MECHLAB simuliert die Bewegung von beliebigen Viergelenken und stellt alle wesentlichen kinematischen Zusammenhänge graphisch dar wie Übertragungsfunktionen, Koppelkurven, Krümmungskreise, Geschwindigkeiten, Beschleunigungen und Polkurven. Es werden aber auch äquivalente Viergelenke nach dem Satz von der 3-fachen Erzeugung von Koppelkurven berechnet. Es besteht die Möglichkeit einer Getriebesynthese nach der Vorgabe von Punkten der Koppelkurve und optional auch der Lagerpunkte.

MECHLAB soll primär in der Lehre Verwendung finden, um einerseits die Vorlesungen über Koppelgetriebe lebendiger gestalten zu können und andererseits den Studenten der Getriebelehre, Kapitel Koppelgetriebe, bei der Prüfungsvorbereitung die Möglichkeit zu geben, aus der Anschaulichkeit der Bewegung Erfahrung über das kinematische Verhalten der einzelnen Geometrien zu erlangen. Das Programm MECHLAB steht für alle Studenten zur Verfügung und kann auch kostenlos weitergegeben werden. Bei der Entwicklung von MECHLAB wurde besonderer Wert darauf gelegt, daß alle Sonderfälle berechnet werden können, daß zur Bedienung keinerlei Computer-Vorkenntnisse benötigt werden und daß das Programm absturzsicher läuft. Da das Programm primär nicht für den Einsatz in der Industrie gedacht ist, wurde zum Unterschied zu anderen kommerziellen Programmen die Ausgabe von abstrakten Zahlenwerten vermieden, um durch die rein graphische Ausgabe einen besonderen Schwerpunkt auf die Darstellung der Zusammenhänge in der Bewegung zu legen.

**Preisträger des Deutschen Hochschul-Software-Preises 1991**

| | |
|---|---|
| **Betriebssysteme** | MS-DOS 2.x |
| **Softwareumgebung** | k.A. |
| **Hardwareumgebung** | IBM PC AT; 360 KB; EGA, VGA |
| **Preis** | k.A. |
| **Bezugsbedingungen** | k.A. |
| **ASK-SAM** | Das Programm kann über den Fileserver abgerufen werden. |

**Bezugsadresse/Autor**
Dr. Peter Dietmaier,
Norbert Hiesleitner
Technische Universität Graz
Institut für Mechanik
Kopernikusgasse 24
A-8010 Graz (Österreich)
0316/873/7149

# MeKon 3D

| | |
|---|---|
| **Fachgebiete** | Architektur, Chemie, Maschinenbau |
| **Anwendungsbereiche** | CAD, CAM, CAE, kreative Graphik, Ingenieurwesen, integriertes Graphikpaket, technisches Zeichnen |
| **Zielgruppen** | Ingenieurbüros, Fertigungsbetriebe, Konstrukteure |
| **Version** | 9.1 |
| **Erstellungsdatum** | 01.06.1988 |

MeKon 3D ist ein assoziatives 2D und 3D Modellier- und Konstruktionspaket. MeKon 3D erkennt nicht nur Linien, Kreise, Kreisbögen usw., sondern verkettet alle Elemente zu Flächen und Körpern. Diese können als Gesamtheit bearbeitet werden. Bemassung, Schraffur, Fasen, Abrundungen usw. werden bei jeder Änderung automatisch angepaßt. Das System verfügt über einen mächtigen Befehlsvorrat für die 2D- und 3D-Bearbeitung. Hier einige Highlights der Software: hervorragende Bemassungsmöglichkeiten, Variantenkonstruktion mit Taschenrechner, Farbschattierung, Stücklistenerzeugung, Konstruieren unabhängig vom Maßstab, Flächen, Schwerpunkt, Trägheitsmoment- und Volumenberechnung, frei definierbare Menüs für Tablet, Bildschirm und Tastatur, Koordinatenliste für NC-Anbindung, assoziative, objektorientierte dreidimensionale Datenbank, integrierte Zeichnungsverwaltung, Einfach zu Programmieren, Konstruieren ohne Ruecksicht auf Maßstab. Bis zu 8 Viewports (Fenster) können gleichzeitig am Bildschirm angezeigt werden. Die Lage und Größe dieser Viewports ist frei definierbar. So können Sie sich verschiedene Ansichten oder Ausschnittvergrößerungen ansehen. Beim Konstruieren lassen sich alle Viewports ohne zusätzliche Angaben gleichwertig behandeln. Die Zeichnungen, Variablen, Stücklisten usw. können wahlweise auf dem Bildschirm, Drucker oder Plotter ausgegeben werden. MeKon 3D bietet Schnittstellen für den Im- und Export von Daten in den Formaten IGES, VDAFS, DXF, SIF, HPGL, eine stereolithographische Schnittstelle sowie Übergabe der Stückliste an alle gängigen Datenbanksysteme. Für den NC-Bereich können Daten direkt mit DLOG-, TCAPT-, MasterCAM und Programmat-Format ausgetauscht werden.

| | |
|---|---|
| **Betriebssysteme** | DR-DOS 3.x, MS-DOS, SUN OS 4.x, UNIX, VAX/VMS |
| **Softwareumgebung** | k.A. |
| **Hardwareumgebung** | k.A. |
| **Preis** | 11500 DM |
| **Bezugsbedingungen** | MeKon 3D Junior: 1.950 DM MeKon; 3DInterVision: 11.500 DM; MeKon 3DSuperVision: 14.500 DM; Optionen: RasterVision 3.000 DM, DLOG 3.600 DM, IGES 1.950 DM |
| **Sonderkonditionen** | Mehrfachlizenz: MeKon 3D |

| | | |
|---|---|---|
| MeKon 3D Junior | 1-10 Kopien | 250 DM pro Lizenz |
| MeKon 3DInterVision | 1-10 Kopien | 1.150 DM pro Lizenz |
| MeKon 3DSuperVision | 1-10 Kopien | 1.450 DM pro Lizenz |

| **Bezugsadresse** | **Bezugsadresse/Autor** |
|---|---|
| Dipl.-Ing. Gerhard Biehl | Dipl.-Ing. Siegfried Gmachl |
| BGS Besondere Graphik Systeme GmbH | BGS Besondere Graphik Systeme GmbH |
| Masurenweg 10 | Kaiserstr. 34 |
| 2359 Henstedt-Ulzburg 2 | 8000 München 40 |
| 04193/ 9 20 85 | 089/33 14 85 |

# Maschinenbau

## MPMS, MPMS-NET

| | |
|---|---|
| **Fachgebiete** | Wirtschaftswissenschaften, Elektrotechnik, Maschinenbau |
| **Anwendungsbereiche** | Planungs- u. Realisierungssoftware |
| **Zielgruppen** | k.A. |
| **Version** | 4.3 |
| **Erstellungsdatum** | 01.07.1991 |

MPMS (Mat.- u. Prod.-Management-System) ist ein modular aufgebautes PPS-Programmpaket zur Rationalisierung der administrativen Arbeiten in den Bereichen Maschinenbau, Produktion und Vertrieb. Es wird seit 1982 von der OSY-GmbH auf MS-DOS-Rechnern speziell für kleine und mittlere Fertigungsbetriebe entwickelt. Die einzelnen Programmbausteine können als abgeschlossene Teillösungen oder als integriertes Komplettpacket stufenweise eingesetzt werden. Das Programm soll besonders dem mittelständischen Anwender alle Vorteile eines EDV-gestützten Betriebsablaufs bieten, ohne ihn organisatorisch oder finanziell zu überfordern. Hilfsfenster, eine durchgängige Bedienerführung und ein ausführliches Handbuch erleichtern die Handhabung, so daß MPMS auch ohne spezielles Fachpersonal einzusetzen ist. MPMS ist multiuserfähig unter Novell NetWare, Banyan Vines und anderen gängigen Netzwerken. Die größte Anwendung umfaßt derzeit 30 Arbeitsplätze. Grundmodule: Stammdatenverwaltung, Lagerbestandsführung, Bestellwesen; PPS-Ausbaumodule: Disposition, Werkstattauftragsverwaltung-/Fertigungssteuerung, Erzeugniskalkulation; Weitere Ausbaumodule: Verkaufsabwicklunf/Fakturierung, Controlling; Zusatzmodule: Varianten-Abwicklung, Zeiterfassung, Electronic Banking; Schnittstellen zu Textsystemen, CAD-, FIBU-, BDE-, Electronic Banking

| | |
|---|---|
| **Betriebssysteme** | MS-DOS 3.x |
| **Softwareumgebung** | ODBS OSY-Datenbank-System, Novell Netware, Banyan Vines |
| **Hardwareumgebung** | MS-DOS-Rechner, 640 KB, Festplatte je nach Mengengerüst. |
| **Preis** | 6000 DM |
| **Bezugsbedingungen** | Preis je nach Konfiguration: Einplatz 6000-20000 DM, Mehrplatz 8000-35000 DM, Wartungsvertrag |
| **Sonderkonditionen** | Hochschulen erhalten generell 50% Rabatt. |
| | Eine Demo-Version mit der kompletten Funktionalität ist für DM 250,- erhältlich. |
| | Geltungsbereich: Hochschulen, Fachhochschulen, sonstige öffentliche Bildungseinrichtungen, persönliche Lizenzen für Hochschulangehörige und Studenten |
| | Bemerkungen: Einzelplatz je nach Konfiguration: 6-20000,- DM Netzlizenz für 2.-4. Arbeitsplatz: zzgl. 50% ab 5. Arbeitsplatz: je 750,- DM |
| | Mit dem Lizenzvertrag wird automatisch ein Wartungsvertrag für jährlich 10% des Softwarepreises geschlossen. |

**Bezugsadresse**
OSY-GmbH
Unternehmensberatung u. Software-Entw.
Scheuerleweg 11
7801 Schallstadt
07664-7031

**Autor**
Gerold Scherer
OSY-GmbH
Unternehmensberatung u. Software-Entw.
7801 Schallstadt

## NC-TEACH

| | |
|---|---|
| **Fachgebiete** | Informatik, Maschinenbau |
| **Anwendungsbereiche** | CAD (rechnerunterstützte Konstruktion), CAL (rechnerunterstütztes Lernen), Ausbildung, numerische Steuerungen, CAM (rechnergestützte Fertigung) |
| **Zielgruppen** | Studenten, Weiterbildung |
| **Version** | 1.0 |
| **Erstellungsdatum** | 02.03.1992 |

Der Einsatz der Lernsoftware "NC-Teach" erlaubt die Ausrichtung einiger Lerninhalte der CNC-Ausbildung auf das CAL (Computer Aided Learning). Der frühe Kontakt zum Computer als wichtigstes Modul moderner CNC-Werkzeugmaschinen führt zu einem starken Praxisbezug. Motivationsförderung und die Effektivierung der Ausbildung sind die daraus resultierenden Vorteile. Das Programm "NC-Teach" ermöglicht die Ausbildung der Grundkenntnisse in der NC-Programmierung. "NC-Teach" vermittelt prinzipielle NC-Programmstrukturen (z.B. Satzaufbau, Wörter, Adressen) nach der DIN 66025, erläutert wichtige Wegbedingungen in Funktion und Syntax und erklärt einige besondere Maschinenfunktionen. Zielgruppen des Programmes sind Studenten des Maschinenbaus und in der Umschulung befindliche Facharbeiter. Das Programm setzt bei seiner Anwendung nur elementare PC-Kenntnisse voraus. Der wesentliche Programminhalt wird von 3 Schwerpunkten bestimmt: 1. Historischer Abriß der Entwicklung von numerisch gesteuerten Fertigungsanlagen. 2. Vermittlung der grundlegenden Befehle der NC-Technik nach der DIN 66025. 3. Vorstellung einer effektiven Lösung zur automatischen Generierung von NC-Steuerbefehlen für das Laserbrennschneiden als Beispiel für eine effiziente CAD-NC-Kopplung. Der Studierende kann sich anhand des Programmes in dem von ihm gewählten Lerntempo und mit beliebigen Wiederholungen und Verzweigungen die notwendigen Grundkenntnisse aneignen. Durch die Loslösung von zeitlichen und räumlichen Einschränkungen (Anwendung im Lehrkabinett der Fakultät oder am privaten PC zu Hause) entstehen gegenüber dem obligatorischen, stundenplanorientierten Unterricht Vorteile wie flexible Ausbildungsplanung und ständige Verfügbarkeit. Das "trockene" Lernen der NC-Codes DIN 66025 wird durch informative Grafiken und praxisbezogene Anwendungen wesentlich anschaulicher gestaltet. Dazu trägt vor allem die in der Software integrierte Simulation eines Laserschneidvorganges bei. Er ist direkt der komplexen Softwarelösung LACAI der TH Ilmenau entnommen und hat so einen hochgradigen Praxisbezug.

| | |
|---|---|
| **Betriebssysteme** | MS-DOS 5.x |
| **Softwareumgebung** | k.A. |
| **Hardwareumgebung** | IBM AT; 512 KB RAM; VGA; Harddisk: 2.5 MB; 80287, 80387; MS-/LogiTech-Mouse; |
| **Preis** | k.A. |
| **Bezugsbedingungen** | k.A. |

**Bezugsadresse/Autor**
Dipl.-Ing. Rainer Weiss
Technische Hochschule Ilmenau
Fakultät Maschinenbau
O-6300 Ilmenau
(0037/672) 692478

# Maschinenbau

## NesCAD 7010

| | |
|---|---|
| **Fachgebiete** | Maschinenbau |
| **Anwendungsbereiche** | 2 dim. Zeichnen, CAD, CAM, CAE |
| **Zielgruppen** | Maschinenbauer |
| **Version** | 4.8 |
| **Erstellungsdatum** | 14.09.1992 |

Das Nestler CAD-System NesCAD 7010 ist ein flexibles, dem Anwender angepaßtes CAD/CAD System. Auffallendes Merkmal ist die einfache, benutzerfreundliche Bedienung, die eine kurze Einführungszeit ermöglicht. NesCAD 7010 wurde auf Hochleistungs-Workstations von SUN Mikrosystems entwickelt und nutzt konsequent die offene Entwicklungsumgebung, wie X/open Standards, X-Windows unter UNIX als Betriebssystem. Die Software wurde in der objektorientierten Programmiersprache C++ entwickelt. Ein weiterer Schwerpunkt bei der Entwicklung bildet die Integrationsfähigkeit und die Kommunikationsschnittstellen des Systems. NesCAD 7010 verfügt zum Datenaustausch mit CAD Systemen unterschiedlicher Anbieter über DXF und VDAIS-Schnittstellen. Eine Ingenieurdatenbank hält die Teilestammdaten, verwaltet und verknüpft die einzelnen Stücklisten, ermöglicht Teileverwendungsnachweise und erlaubt den Austausch der Daten mit der kommerziellen EDV. Trotz der hohen Leistungsfähigkeit ist NesCAD 7010 ein CAD-System, das den Arbeitsgewohnheiten des Konstrukteurs entspricht. Das System ist einfach erlernbar, übersichtlich aufgebaut und verfügt über eine bildschirmorientierte Menütechnik mit mausgesteuerter Bedienung. Sämtliche Befehle sind auf dem Bildschirm nebeneinander zu sehen und durch leicht verständliche Piktogramme dargestellt. Module: Normteile und DIN Bibliotheken, Axonometrie, Berechnungen, Koordinatentabelle, Variantenkonstruktion, Normalien. Schnittstellen: DXF, VDAFS, VDAPS,NC NESCAD Infosys: Dokumentenverwaltung, Artikelverwaltung, Sachmerkmalleiste, grafisches Blättern.

| | |
|---|---|
| **Betriebssysteme** | SUN OS, UNIX |
| **Softwareumgebung** | X-Windows |
| **Hardwareumgebung** | UNIX Workstations mind. 8MB Hauptspeicher und 400MB Festplatte |
| **Preis** | 26000 |
| **Bezugsbedingungen** | k.A. |
| **Sonderkonditionen** | Campuslizenz: 500.-DM |

**Bezugsadresse**
NesCAD 7010 A.Faisst
Nestler electronics GmbH
PM
Alte Bahnhofstr. 10
7630 Lahr
07821/2840

## PHOENICS

| | |
|---|---|
| **Fachgebiete** | Maschinenbau |
| **Anwendungsbereiche** | Simulation |
| **Zielgruppen** | k.A. |
| **Version** | k.A. |
| **Erstellungsdatum** | k.A. |

PHOENICS ist ein CFStandardberechnungsprogramm für Strömungs-, Wärmetransport-, Verbrennungs- und Reaktionsvorgänge in technischen Anlagen, Umwelt und Medizin. Mit der Möglichkeit, eine strömungsmechanische Simulation in die Entwicklung von Verfahren und Produkten zu integrieren, lassen sich aufwendige Versuchsreihen und Prototypen reduzieren. Vielseitige Auswertungsmöglichkeiten liefern den Zugang zu komplexen Strömungsfeldern und vertiefen das Verständnis für die Strömungsverhältnisse. PHOENICS findet Anwendung für a) ein-, zwei- oder dreidimensionale Felder, b) stationäre und instationäre Prozesse, c) ein- oder zweiphasige Medien, d) Ein- oder Mehrkomponentengemische mit chemischen Reaktionen, e) laminare oder turbulente Strömungen und f) parabolische, elliptische oder hyperbolische Probleme. Das Programmsystem PHOENICS besteht aus den 4 Modulen: EARTH, SATELLITE, PHOTON und GUIDE.

| | |
|---|---|
| **Betriebssysteme** | ULTRIX, VMS |
| **Softwareumgebung** | k.A. |
| **Hardwareumgebung** | RISC, VAX, VAX/VMS, RISC/ULTRIX |
| **Preis** | k.A. |
| **Bezugsbedingungen** | Preis: DM 32.000 - DM 360.000 |

**Bezugsadresse**
IKOSS GmbH
Waldburgstraße 21
7000 Stuttgart

# Maschinenbau

## PIUSS-O

| | |
|---|---|
| **Fachgebiete** | Elektrotechnik, Maschinenbau |
| **Anwendungsbereiche** | CIM, CAD, CAM, CAE, CAI, CASE, Ingenieurwesen, Industriesystem, Fertigungswesen, Planungs- u. Realisierungssoftware |
| **Zielgruppen** | Fertigungsbetriebe |
| **Version** | k.A. |
| **Erstellungsdatum** | 01.02.1992 |

PIUSS-O (Auftragsabwicklungs-,PPS-u.Durchsetz.-System), das integrierte PPS-System, geht über die reine Material- und Kapazitätswirtschaft hinaus. Die wichtigsten Moduln: Basißystem und Suchsystem, Vertriebssystem, Auftragspaketerstellung, Auftragsfreigabe, Kapazitätswirtschaft; Materialdisposition; Bestandsführung; Produktionsdatenverwaltung und Rueckmeldung; Kalkulation; Einkaufssystem, Kundenauftragsarchiv; Netzplanung; Produktionsprogrammplanung; Strukturengenerator; PC-Tools; Lagerverwaltung, Durchsetzung, Leistand, BDE / Anwesenheitszeiterfassung / Zutrittskontrolle. Das System ist hardwareneutral und arbeitet mit den jeweiligen Rechnerdatenbanken.

| | |
|---|---|
| **Betriebssysteme** | AIX, ULTRIX, VAX/VMS |
| **Softwareumgebung** | k.A. |
| **Hardwareumgebung** | IBM AS/400, OS/400; DEC VAX alle Modelle, VMS / ULTRIX; Unisys, UNIX; Workstation: 386er / kompatibler, DOS 3. 0 oder höher, MS-Windows 3. 0 oder höher; Leitstand: DEC VAX, IBM PC s. o. OS/2 |
| **Preis** | k.A. |
| **Bezugsbedingungen** | Preis auf Anfrage; Für Universitäten ermäßigte Lizenzgebühren. |

**Bezugsadresse**  
K. Eisele  
PSI GmbH  
Ltr. Vertrieb  
Kurfürstendamm 67  
1000 Berlin 15  
030 884230

**Autor**  
P. Kolliski  
PSI GmbH  
Ltr. Entwicklung  
1000 Berlin 47

C. Huthmacher  
PSI GmbH  
Internationaler Vertrieb  
Kurfürstendamm 67  
1000 Berlin 15  
030 884230

# PLATO-SIM

| | |
|---|---|
| **Fachgebiete** | Maschinenbau |
| **Anwendungsbereiche** | Simulationssoftware |
| **Zielgruppen** | Fertigungsbetriebe |
| **Version** | 1.1 |
| **Erstellungsdatum** | 31.01.1992 |

PLATO-SIM ist ein auf der Expertensystemshell KEE basierendes Simulationswerkzeug. Es ist durchgängig objektorientiert programmiert und stellt dem Anwender mit wenig Vorkenntnissen einen vordefinierten Satz an Modellbausteinen zur Verfügung, der sich vor allem für die Modellierung von Fließfertigungssystemen eignet. Für Modellaufbau, Experimentdurchführung und die Auswertung der Simulationsexperimente werden benutzerfreundliche Bedienungsoberflächen angeboten. Der Simulationsexperte kann die Vorteile der objektorientierten Programmierung voll nutzen. Durch gezielten Austausch von Bausteineigenschaften können schnell Veränderungen an bestehenden Bausteinen vorgenommen werden, durch Nutzung der Vererbungsmechanismen können neue Bausteine aus bestehenden abgeleitet werden. PLATO-SIM wurde für die Durchführung zahlreicher Simulationsstudien eingesetzt.

| | |
|---|---|
| **Betriebssysteme** | UNIX |
| **Softwareumgebung** | Expertensystemshell KEE/SimKit von IntelliCorp |
| **Hardwareumgebung** | Hardware auf der KEE/SimKit läuft, SUN oder Symbolics |
| **Preis** | k.A. |
| **Bezugsbedingungen** | k.A. |

**Bezugsadresse/Autor**
Wolfgang Amann
TU München
Inst.f. Werkzeugm. und Betriebswissens.
Arcisstr. 21
8000 München
089/90994-213

# PRO17/APSK

| | |
|---|---|
| **Fachgebiete** | Informatik, Maschinenbau |
| **Anwendungsbereiche** | Logistik, Ablaufplanung, Planungs- u. Realisierungssoftware, Training Software, Tutorial |
| **Zielgruppen** | k.A. |
| **Version** | Lehrinstallation |
| **Erstellungsdatum** | 01.02.1991 |

PRO 17-APSK ist ein Arbeitsplanungssystem, das sowohl in der Industrie als auch in der studentischen Ausbildung angewendet wird. Neben den Datenverwaltungsfunktionen werden viele Methoden der Arbeitsplanung von Rechner unterstützt. Die Grundfunktionen der Datenverarbeitung sind: a) Erfassen, Ändern, Löschen von Arbeitsplänen, b) Formulardruck der Arbeitspläne, c) Verzeichnisanzeige und Verzeichnisdruck - Anzeige, Druck der Prozeßübersicht (ausgewählte Daten), d) Setzen von Schaltern zur Programmhandhabung, e) Pflege der Datenbank. Das System verwaltet auftragsunabhängige Arbeitspläne, die aus bis zu vier verschiedenen Satzarten bestehen können; in der Regel sind das a) Kopfsätze mit globalen Angaben zum Arbeitsplan, b) Materialsätze mit den Angaben zu Material und Rohteil, c) Arbeitsgangsätze mit Angaben zu den einzelnen Arbeitsgängen, d) Textsätze mit ergänzenden Angaben. Die Lehrversion verwendet einen Datenbestand und eine Installation für einen im Studiengang Maschinenbau an der TUCh verwendeten fiktiven Betrieb. Funktionen der Arbeitsplanung, die das System unterstützt, sind: a) Die Recherche im Datenbestand zur Suche ähnlicher Fertigungsprozesse oder deren Teile. Die Recherche ist stufenweise möglich. Rechercheergebnisse können zum Maskieren des Datenbestandes (bei großen Datenmengen) verwendet werden. b) Das Kopieren von getypten Prozeßlösungen oder von ähnlichen Fertigungsprozessen mit anschließendem Editieren oder der Anwendung weiterer Methoden. c) Die Anwendung einfacher Berechnungsprogramme ohne Zugriff auf das technologische Dateisystem für die Berechnung von Daten, die innerhalb der Arbeitsplansätze benötigt werden (Nutzerschnittstelle, Programmiersprache Clipper). d) Das Prüfen der formalen Richtigkeit der Daten vor Übernahme in die Datenbank (Nutzerschnittstelle, Programmiersprache Clipper). e) Die Anwendung umfangreicher, komfortabler Berechnungsprogramme mit Zugriff auf das technologische Dateisystem. Diese Programme sind in sich geschlossen und liegen für folgende Verfahren vor: Fräsen konventionell, Drehen konventionell auf DLZ, Innenrundschleifen, Außenrundschleifen, Flachschleifen, Sägen, Trennschleifen, Fräsen von Kegelrädern (Kurvex-Verf.)

| | |
|---|---|
| **Betriebssysteme** | MS-DOS 4.x |
| **Softwareumgebung** | k.A. |
| **Hardwareumgebung** | PC AT und kompatible, MS-DOS Vers. 4. 01, Tastatur, Bildschirm (Color empfehlenswert), alpha-Drucker RAM: min. 1 Mbyte |
| **Bezugsbedingungen** | Nach Absprache mit den Autoren |

**Bezugsadresse/Autor**

Dr. Wolfgang Leidholdt
Technische Universität Chemnitz
Lehrstuhl Prozeßgestaltung
Reichenhainer Str. 72
O-9010 Chemnitz
(071) 561-22 22

Prof. Dr. Dieter Tischendorf
Technische Universität Chemnitz
Lehrstuhl Prozeßgestaltung
Reichenhainer Str. 72
O-9010 Chemnitz
(071) 561-22 34

# ProduCAM

| | |
|---|---|
| **Fachgebiete** | Maschinenbau |
| **Anwendungsbereiche** | CAD, CAM, CAE, Kunststoffverarbeitung, Datenerwerb, Materialwirtschaft, Simulation |
| **Zielgruppen** | Maschinenbauer, Fertigungsbetriebe |
| **Version** | k.A. |
| **Erstellungsdatum** | 01.11.1992 |

ProduCAM - Das Fertigungsleitsystem der Zukunft : Eine steigende Zahl von Produktvarianten in kleineren Stückzahlen mit kurzen Lieferterminen herzustellen und termintreu auszuliefern, ist für viele Unternehmen ein Muß. ProduCAM, das ursprünglich für die eigenen Fertigungsstätten entwickelte Fertigungsleitsystem von Asea Brown Boveri, löst diese Aufgabe mit modernen Methoden wirkungsvoll, wirtschaftlich und "flächendeckend". Es umfaßt: a) ProduCAM-FTP Fertigungstermin- und Kapazitätsfeinplanung für alle Produktionsressourcen sowie die Auftragsfreigabe. b) ProduCAM-SBM Grafischer ProduCAM-Leitstand mit der klassischen Wandtafeldarstellung, der grafisch-interaktiven Kommunikation zur Feinplanung und Feinverteilung der Aufträge, dem interaktiven, rechnergestützten Belastungsabgleich und der grafischen Simulation. c) ProduCAM-AZR Werkstattsteuerungssystem für die wirtschaftliche und flexible Fertigung kleiner und mittlerer Losgrößen. Es umfaßt prioritätsorientierte Reihenfolge- und Terminsteuerung, automatische Reihenfolgeplanung und Betriebsdatenerfassung. d) ProduCAM-DNC Verwaltungs- und Übertragungssystem für die CNC-Programme zur Maschinen- und Fertigungsprozeßsteuerung. e) ProduCAM-LVS Lagerverwaltungs- und Materialführungssystem zur Steuerung der betriebsinternen Materialbewegungen und Lager. Es enthält neben der Platz- und Artikelverwaltung auch die Führung von automatischen Transport- und Kommissioniersystemen. f) ProduCAM-BMS Betriebsmittel-Verwaltungs- und -steuerungssystem. Es verwaltet einerseits die Betriebsmittel und deren Daten und steuert andererseits die Versorgung und Entsorgung der Kapazitätsplätze (Maschinen etc.) mit Betriebsmitteln. Systemgrundsatz ist: Auf Basis von eindeutigen Regeln werden vom Rechner alle Aufträge und Abläufe automatisch geplant und abgewickelt. Wo Steuereingriffe des Meisters oder des Werkers notwendig sind, werden diese wirkungsvoll und komfortabel unterstützt.

| | |
|---|---|
| **Betriebssysteme** | UNIX, VAX/VMS V4.x, VAX/VMS V5.x, VMS V5.x |
| **Softwareumgebung** | neben Betriebssysteme PRIMO/S - Echtzeitdatenbank |
| **Hardwareumgebung** | VMS-Maschinen, alle UNIX-Maschinen |
| **Preis** | k.A. |
| **Bezugsbedingungen** | k.A. |

**Bezugsadresse**

Dipl.-Ing. Michael Landwehr
BSA
Abteilung FI
Geisental 12
4630 Bochum
0234 / 50 65 - 234

Dipl.-Math. Wolfgang Wichert
BSA
Bereich FI
Geisental
4630 Bochum
0234 / 50 65 - 250

# Maschinenbau

## Q-Daten

| | |
|---|---|
| **Fachgebiete** | Bauingenieurwesen, Mathematik, Maschinenbau, Verfahrenstechnik |
| **Anwendungsbereiche** | mathematische Software |
| **Zielgruppen** | CAD-Anwender |
| **Version** | 3.0 |
| **Erstellungsdatum** | 01.01.1987 |

Q-Daten ist ein Zusatzprogramm für AutoCAD in drei Ausbaustufen. Q-Daten-Basis berechnet aus Profilen (offen oder geschlossen) alle für den Konstrukteur relevanten Querschnittsdaten (Fläche, Trägheitsmomente, Widerstandsmomente etc.). Q-Daten-Datenbank verwaltet die Ergebnisse in einer frei konfigurierbaren Datenbank (DB). Q-Daten-Statik ermöglicht die statische Analyse von Durchlaufträgern mit beliebigen Querschnitten, Lagerung und Belastung. Die Querschnittsdaten werden der DB entnommen.

| | |
|---|---|
| **Betriebssysteme** | MS-DOS |
| **Softwareumgebung** | Konstruktionssoftware: AutoCAD; Fertigungssoftware: NC-Polaris; Offene Schnittstellen: ASCII, SDF, CDF, DXF, IGES, VDA-FS |
| **Hardwareumgebung** | IBM-kompatibler PC, Eingabegerät Tastatur, Maus oder handelsübliche Digitizer, Monitor mit einer Auflösung von 1280 x 1024 Pixel, 256 Farben |
| **Preis** | 2500 DM |
| **Bezugsbedingungen** | k.A. |
| **Sonderkonditionen** | Einzellizenz: 650,- DM |
| | Mehrfachlizenz: 455,- DM pro Lizenz bei 2 - 4 Kopien |
| | 423,- DM pro Lizenz bei 5 - 9 Kopien |
| | 390,- DM pro Lizenz bei 10-19 Kopien |
| | 358,- DM pro Lizenz bei 20 Kopien |
| | Campuslizenz: 9.500,- DM |
| | Geltungsbereich: Hochschulen, Fachhochschulen, sonstige öffentliche Bildungseinrichtungen |

**Bezugsadresse/Autor**
Dipl.-Ing. Hans Joachim Kemmann
IbK Ingenieurbüro H. J. Kemmann
Grünstraße 19
5620 Velbert 1
0 20 51 / 5 70 91

# QUERSPAN

| | |
|---|---|
| **Fachgebiete** | Maschinenbau |
| **Anwendungsbereiche** | numerische Analyse |
| **Zielgruppen** | Konstrukteure, Statiker |
| **Version** | 1.02 |
| **Erstellungsdatum** | 24.02.1992 |

Das Programm berechnet die konstanten und veränderlichen Querschnittswerte und die Spannungsverteilung für dünnwandige Querschnitte mit offenem Profil mit stückweise gerader Profilmittellinie. Eine grafische Ausgabe des Trägerquerschnittes und der Spannungsverteilungen (Normalspannung, Schubspannungsverlauf) über den grafischen Bildschirm ist möglich. Es wird dabei vorausgesetzt, daß die Profildicke s klein ist im Verhältnis zur Gesamthöhe und -breite des Profils. Verzweigungen 1. Ordnung des Profils sind zulässig. Das bedeutet, daß von einem beliebig gewählten Hauptweg Nebenbenäste abzweigen dürfen, die aber selbst keine Verzweigungen mehr aufweisen. Die Zahl der Nebenäste ist beliebig. In einem Verzweigungspunkt können auch mehrere Nebenzweige angeschlossen sein. Die Wanddicke s kann für jeden Abschnitt unterschiedlich sein. Für die Berechnung muß der Querschnitt in n Abschnitte mit gerader Profilmittellinie eingeteilt werden. Dabei ist die Lage der einzelnen Abschnitte in der Zeichenebene sowie deren Anzahl beliebig. Die Länge der einzelnen Abschnitte beginnt und endet im Schnittpunkt der Profilmittellinie. Der Fehler, der sich durch die Überschneidungen und Klaffungen am Beginn bzw. Ende eines Abschnitts ergibt, ist infolge der Dünnwandigkeit klein gegenüber den Ungenauigkeiten, die durch Massabweichungen des realen Querschnitts entstehen. Die Zahl n unterterliegt dabei keinen praktischen Einschränkungen (n kleiner als 101), so daß jeder beliebige dünnwandige Querschnitt mit hoher Genauigkeit approximiert werden kann.

| | |
|---|---|
| **Betriebssysteme** | MS-DOS 4.x |
| **Softwareumgebung** | k.A. |
| **Hardwareumgebung** | IBM PC-AT mit Farb-VGA; EPSON-kompatibler 24-Nadel-Drucker; Festplatte. |
| **Preis** | 1200 DM |
| **Bezugsbedingungen** | Programm wird an Universitäten und Schulen für 25% des Verkaufspreises ausgegeben. |
| **Sonderkonditionen** | Einzellizenz: 1.200,- DM |
| | Geltungsbereich: Hochschulen, Fachhochschulen, sonstige öffentliche Bildungseinrichtungen, persönliche Lizenzen für Hochschulangehörige und Studenten |

**Bezugsadresse/Autor**

Helmut Horeschi
Uni Flensburg
2390 Flensburg

Matthias Schultz
Lerchenstraße 02
O-2801 Magdeburg

# Maschinenbau

## Rechnergest. Meßsys. Torsionsschwingversuch

| | |
|---|---|
| **Fachgebiete** | Maschinenbau |
| **Anwendungsbereiche** | Ingenieurwesen, Werkstoffprüfung |
| **Zielgruppen** | Hochschulen |
| **Version** | 2.2 |
| **Erstellungsdatum** | 17.02.1992 |

Funktionen des Programms: - Auslösen und Auswerten einer Einzelschwingung, Darstellen des Ergebnisses auf dem Bildschirm, maßstäbliche Ausgabe auf Plotter möglich. - Durchführung des gesamten Versuches im eingestellten Temperaturintervall, fortschreitende Darstellung des Messergebnisses auf dem Bildschirm, Anzeige der jeweiligen Prüftemperatur, laufendes speichern der Messergebnisse, maßstäbliche Ausgabe der Meßkurven nach Versuchsende als Punktefolge oder Linienzug wahlweise möglich. - Einlesen alter Versuchsergebnisse mit Darstellung auf dem Bildschirm, Plotterausgabe wie oben möglich. - Hilfen zur Dateiverwaltung. - Einstellen der Schnittstellenkonfiguration sowie des Transienten recorders. - Bildschirmfüllende Temperaturanzeige. Das Programm dient der Ausbildung von Studenten im Praktikum Werkstoffprüfung der Kunststoffe: Das Programm ermöglicht den Teilnehmern eine selbstständige Versuchsdurchführung, wobei durch erläuternde Texte die einzelnen Versuchsschritte verfolgt werden können. Durch die Automatisierung des Versuches ist es erstmals möglich, ein aussagefähiges Ergebnis innerhalb des zeitlich begrenzten Praktikums zu erzielen. Das System wurde so konfiguriert, daß es auch in der Materialprüfung und Qualitätssicherung der Industrie einsetzbar ist. Nach der Installation des Programmes sind keine weiteren EDV-Kenntnisse erforderlich. Auf erläuternde Fehlertexte wurde besonderer Wert gelegt. Fehlerhafte Eingaben sind nicht möglich, wodurch ein besonders sicherer Programmablauf gewährleistet ist. Der Versuchsablauf wurde gemäß DIN 53 445, Stand August 1986 realisiert.

| | |
|---|---|
| **Betriebssysteme** | MS-DOS 3.x |
| **Softwareumgebung** | Treiber für das IEEE 488 Interface |
| **Hardwareumgebung** | COMPAQ Deskpro 386s; 1 MB RAM; VGA; Harddisk: 1 MB; 80x87 (optional); (i) Keithley-Relaiskarte PD-ISO 8; (ii) ines IEEE 488-Interface; |
| **Preis** | k.A. |
| **Bezugsbedingungen** | unentgeltliche Weitergabe nur an Universitäten und Fachhochschulen |

**Bezugsadresse/Autor**

Wolfgang Jander  
Fachhochschule München  
03 FA 8AS  
Heinrich-Schütz-Weg 15  
8000 München 60  
089/834 2308

Johann Kirner  
Fachhochschule München  
03 FA 8BS  
Nimrodstr. 26  
8080 Fürstenfeldbruck  
08141/27762

# REIFO

| | |
|---|---|
| **Fachgebiete** | Maschinenbau |
| **Anwendungsbereiche** | Planungs- u. Realisierungssoftware |
| **Zielgruppen** | k.A. |
| **Version** | 1.0 |
| **Erstellungsdatum** | 01.02.1991 |

In der rechnerunterstützten Arbeitsplanung ist das Ermitteln von Bearbeitungsfolgen auf der Basis von technisch-orientierten rechnerinternen Werkstückdarstellungen nur unbefriedigend gelöst. Bisher fehlte ein einheitliches aufgabenabhängiges Konzept zur Behandlung von Arbeitsgang- und Arbeitsstufenfolgen. Das entwickelte Rahmensystem REIFO gestattet dem Nutzer eine aufwandsarme wissensbasierte Lösung von Reihenfolgeproblemen. Grundlage der Methodik ist die graphentheoretische Aufbereitung des eingebrachten technologischen Regelwissens durch die Generierung zeitlicher VOR-NACH-Beziehungen. Generiert werden alle Reihenfolgen, die diese VOR-NACH-Beziehungen nicht verletzen. Für die Arbeit mit der Wissensbasis steht ein umfangreicher Service zur Verfügung (Laden, Speichern, Editieren). Außerdem enthält das Programm eine gut ausgebaute Erklärungskomponente (z.B. Widerspruchsprüfung des technologischen Regelwissens). Folgende Vorteile werden u. a. erreicht: a) Anwendungsmöglichkeiten für unterschiedliche Reihenfolgeaufgaben in der Arbeitsvorbereitung (z.B. zerspanende Fertigungsverfahren, Montage- und Fügeverfahren) b) flexible Generierung und Verarbeitung von Reihenfolgegraphen c) logische Überprüfungsmöglichkeiten des eingebrachten technologischen Wissens.

| | |
|---|---|
| **Betriebssysteme** | MS-DOS 4.x |
| **Softwareumgebung** | k.A. |
| **Hardwareumgebung** | IBM XT/AT und Kompatible, 640 KByte Hauptspeicher |
| **Preis** | k.A. |
| **Bezugsbedingungen** | Absprache mit dem Autor |

**Bezugsadresse/Autor**
Dr. Johannes Steinmüller
Technische Universität Chemnitz
Wissenschaftsbereich Prozeßgestaltung
Reichenhainer Str. 70
O-9010 Chemnitz
(071) 56 1-22 34

# Maschinenbau

## RELAX

| | |
|---|---|
| **Fachgebiete** | Maschinenbau |
| **Anwendungsbereiche** | CAE, Simulationssoftware |
| **Zielgruppen** | k.A. |
| **Version** | 3.1 |
| **Erstellungsdatum** | 22.10.1990 |

Das Programm RELAX stellt ein modular aufgebautes interaktives Simulationsprogramm zur Erzeugung und Analyse von NC-Programmen für das Walzrunden dar. Die Eingaben für das Werkstückmodell (Blechdicke, Sollgeometrie, etc), das Werkstoffmodell (Elasto-plastisches Verhalten) und das Maschinenmodell (Geometrie, Steifigkeit, etc) sind grafikunterstützt einzugeben. Das Programm breuecksichtigt bei der NC-Satzgenerierung u.a. den Biegemomentenverlauf, die Größe der Umformzonen, die Maschinenkennwerte und das elasto-plastische Verhalten des Werkstoffs. Es können Walzrundvorgänge für Werkstücke aus Fein-, Mitte- und Grobblechen simuliert werden. Relax ist in sowohl für IBM kompatible PC's als auch für VAX-Stations verfügbar.

| | |
|---|---|
| **Betriebssysteme** | MS-DOS 3.x, VMS |
| **Softwareumgebung** | Turbo Pascal, MS-DOS Pascal, UIS, VAX-VMS |
| **Hardwareumgebung** | IBM kompatibler PC mit 640 KB Hauptspeicher, VGA color, 40 MB Disk VAX-Station 3100 |
| **Preis** | k.A. |
| **Bezugsbedingungen** | Preisangaben sind nur nach Absprache möglich. |

**Bezugsadresse/Autor**
Universität Dortmund
Lehrstuhl für Umformende Fertigungsv.
Baroperstr. 301
4600 Dortmund 50
(0231) 755-2680

# ROBCAD

| | |
|---|---|
| **Fachgebiete** | Elektrotechnik, Maschinenbau, Physik |
| **Anwendungsbereiche** | 3 dim. Modell, Simulation v. Maschinen, Prozeßmodell, Robotik |
| **Zielgruppen** | k.A. |
| **Version** | 2.2.3 |
| **Erstellungsdatum** | 01.10.1992 |

ROBCAD ist ein CAD/CAM-System für die graphisch interaktive Konzeption, Planung, Konstruktion und Offline-Programmierung von flexiblen Fertigungszellen, in denen Roboter eingesetzt werden.(Punkt- und Bahnschweißen, Laserschneiden, Handhaben, Entkraten, Lackieren, Montieren, Pressenverkettungen, Koordinatenmeßmaschinen u.a.) Mit ROBCAD ist es möglich, auf dem Bildschirm die Roboter-Fertigungszellen einschließlich aller Komponenten wie Greifer, Spritzpistolen, Zangen, Förderer, Drehtische etc. zu modellieren und mit den notwendigen Bewegungsachsen zu versehen. Die genauen kinematischen Robotermodelle werden aus der ROBCAD-Bibliothek entnommen oder können in ROBCAD selbst erzeugt werden. Die kompletten Bewegungsabläufe der Komponenten und Roboter werden im dreidimensionalen Raum exakt simuliert. Die Durchführung von Taktzeitoptimierungen und Kollisionsbetrachtungen sowie die Erstellung der Roboterprogramme kann ohne Produktionsunterbrechung "offline" erfolgen.

| | |
|---|---|
| **Betriebssysteme** | AIX, UNIX |
| **Softwareumgebung** | Silicon Graphics: News; IBM: X-Windows |
| **Hardwareumgebung** | Silicon Graphics 4D30G, 16 MB RAM, 160 MB HD; IBM RS6000/320 H, 16 MB RAM, 160 MB HD, 3D+Graphiksystem, 19" Graphikmonitor, Mouse; |
| **Preis** | 90000 DM |
| **Bezugsbedingungen** | Hochschulrabatt möglich |
| **Sonderkonditionen** | Einzellizenz: nach Vereinbarung |
| | Mehrfachlizenz: nach Vereinbarung |
| | Geltungsbereich: Hochschulen, Fachhochschulen, sonstige öffentliche Bildungseinrichtungen |

**Bezugsadresse**  
TECNOMATIX  
Automatisierungssysteme GmbH  
Gallische Straße 2-4  
6057 Dietzenbach 2

**Autor**  
ROBCAD Ltd.  
Beit Delta  
ISR-46733 Herzliya (Israel)

# Maschinenbau

## Simulation einer Lambda-Regelung

| | |
|---|---|
| **Fachgebiete** | Elektrotechnik, Maschinenbau |
| **Anwendungsbereiche** | Ausbildung, Ingenieurwesen, Simulationssoftware |
| **Zielgruppen** | Kraftfahrzeugtechnikern |
| **Version** | 1.0 |
| **Erstellungsdatum** | 01.01.1991 |

Das Programm dient zur Erstausbildung von Ingenieuren, Kraftfahrzeugtechnikern und -meistern und führt im ersten Teil in einem 'Animationsprogramm' in die Wirkungsweise einer Abgasreinigung für Otto-Motoren mit geregeltem Katalysator und Lambdasonde ein. Das Verhalten des Kraftfahrzeug Otto-Motors mit Abgasreinigung wird graphisch anschaulich dargestellt. Die Parameter des Regelkreises, sowie die Kenndaten des Otto-Motors können dabei den jeweiligen technischen Motoren angepaßt werden. Das vorliegende Programm simuliert die verschiedenen Motorzustände, die sowohl in der 'Animationsgraphik' des Programmes als auch in Abhängigkeit von Kurbelwellenwinkel oder von der Zeit dargestellt werden können. Alle wichtigen Motorregelkreise sind in einem speziellen Programmteil als Differentialgleichungen programmiert, so daß die wirklichen Motorzustände durch das Programm modelliert werden. Der Verlauf der Abgaszustände kann dabei kontinuierlich dargestellt werden, wobei als 'Störgröße' die Gaspedalstellung aufgeschaltet ist. Die Voreinstellwerte der Regelkreise entsprechen dabei den Daten eines gängigen Kraftfahrzeug Otto-Motors. Dieser Teil des Programms ermöglicht die vollständige Simulation der Regelkreise eines geregelten Otto-Motors mit Dreiwegekatalysator und Lambda Sonde in allen Betriebspunkten. Die jeweiligen Regelparameter können dabei beliebig vorgegeben werden und den technischen Daten von betehenden Motoren angepaßt werden. Der Verlauf der geregelten Größen kann unmittelbar beobachtet werden, um die Auswirkungen der 'Störgröße' Gaspedalstellung und den Einfluß der verschieden Regler und deren Parametervorgaben zu untersuchen und zu vergleichen. Die aufgezeichneten Daten können gespeichert werden und mit normalen Matrixdruckern ausgedruckt werden.

| | |
|---|---|
| **Betriebssysteme** | MS-DOS 3.x |
| **Softwareumgebung** | k.A. |
| **Hardwareumgebung** | IBM PC (comp. ); 640 KB RAM; VGA; 80387; Drucker; |
| **Preis** | k.A. |
| **Bezugsbedingungen** | k.A. |

**Bezugsadresse**
Lucas-Nülle GmbH
Lehr- u. Meßgeräte f.d. KFZ-Elektronik
Siemensstraße 2
5014 Kerpen 3 (Sindorf)

**Autor**
Dipl.-Ing. Marcus Vollmershausen
FH Aachen, Abteilung Jülich
Elektrolabor
5170 Jülich

Dipl.-Ing. Marcus Klemt
FH Aachen, Abt. Jülich
Elektrolabor
5170 Jülich

## SIS CAD-M

| | |
|---|---|
| **Fachgebiete** | Maschinenbau |
| **Anwendungsbereiche** | CAD, CAM, CAE, Ingenieurwesen |
| **Zielgruppen** | k.A. |
| **Version** | k.A. |
| **Erstellungsdatum** | k.A. |

SIS CAD-M (Städtler InformationsSysteme CAD-Maschinenbau) ist ein CAD-Software-Paket für den allgemeinen Maschinenbau. Kommandosprache (im Sinne der Informatik eine echte Programmiersprache mit eigenem Sprach-Interpreter) einheitlich nach dem Befehlssatzprinzip aufgebaut; keine "Baumstruktur", daher beliebiges Aneinanderreihen von verschiedenen Befehlen möglich. Die Software ist modular aufgebaut. Dadurch können kundenspezifische Lösungen durch eine sinnvolle Zusammenstellung von Einzelmodulen realisiert werden. Der Dialogwortschatz (deutsch) ist dadurch mit beliebigen Sprachen austauschbar. SIS CAD-M ist ein flächenorientiertes CAD-System, voll assoziativ und 3D-strukturiert. Das CAD-Software-Paket bietet weitere Eigenschaften wie Netzpunkte, automatische Flächenverknüpfung und Flächenerkennung, inkl. Inseln, alternative Ablage nach dem Konstruktionsweg, absolute DIN-Konformität, Online-Benutzerhilfe, Ein- und Ausblenden von Punkten, Linien, Flächen und Gruppen als komfortable Lösung der sogenannten "Ebenentechnik" sowie eine Programmierschnittstelle - standardmäßig für Pascal; wird später auf alle höheren Programmiersprachen erweitert.

| | |
|---|---|
| **Betriebssysteme** | VMS |
| **Softwareumgebung** | k.A. |
| **Hardwareumgebung** | VAX, VAX/VMS |
| **Preis** | k.A. |
| **Bezugsbedingungen** | Preis: DM 26.000 - DM 30.000 |
| **Bezugsadresse** | |

Städtler Informationssysteme GmbH
Moosäckerstraße 3
8500 Nürnberg

**Maschinenbau**

## STRIM 100

| | |
|---|---|
| **Fachgebiete** | Maschinenbau |
| **Anwendungsbereiche** | 2 dim. Zeichnen, 3 dim. Graphik, 3 dim. Modell, CAD, CAM, CAE, Finite Elemente-Simulation |
| **Zielgruppen** | Formenbau, Werkzeugbauer, Modellbauer, Designer |
| **Version** | 5.2 |
| **Erstellungsdatum** | 12.02.1991 |

STRIM 100 ist ein 3D-CAD/CAM-System, das über einen integrierten 2D-Teil für die Zeichnungserstellung und 2D-Konstruktion verfügt und CAE-Komponenten für FEM-Berechnungen (Permas) und Rheologie-Berechnungen beinhaltet. NC-Programme für alle gängigen Bearbeitungsverfahren (2-Achsen, 21/2-Achsen, 3-Achsen, 5-Achsen) sind in STRIM 100 integriert. Alle Programme laufen auf Standard-Workstations und Computern führender Computerhersteller (DEC, Silicon Graphics).

| | |
|---|---|
| **Betriebssysteme** | UNIX, VAX/VMS, VMS |
| **Softwareumgebung** | STRIM 100 |
| **Hardwareumgebung** | Silicon Graphics 4D25/4D35 Silicon Graphics Iris Indigo Silicon Graphics Iris Crimson DEC VAX-Station DEC DEC-Station |
| **Preis** | 30000 DM |
| **Bezugsbedingungen** | Bezug über Cisigraph direkt durch Kaufvertrag |
| **Sonderkonditionen** | Preise und Konditionen je nach Applikation variabel |

**Bezugsadresse/Autor**
Dipl.-Betriebswirtin Bettina Meister
Cisigraph GmbH
Marketing
Bretonischer Ring 4b
8011 Grasbrunn
089/461009-0

## Symbolbibliothek Hydraulik für AutoSketch

| | |
|---|---|
| **Fachgebiete** | Maschinenbau |
| **Anwendungsbereiche** | 2 dim. Zeichnen, CAD, CAM, CAE, Training Software |
| **Zielgruppen** | Weiterbildung |
| **Version** | 1.0 |
| **Erstellungsdatum** | 01.02.1992 |

Das normgerechte, schnelle und komfortable Erstellen von Hydraulik-Schaltplänen ist kein Wunschtraum mehr. Die Symbolbbibliothek Hydraulik umfaßt 310 Symbole, die in 4 Verzeichnisse aufgeteilt sind. Im Verzeichnis "Rahmen" befinden sich vorgefertigte Zeichnungsrahmen, in denen alle Voreinstellungen für sie vorgenommen wurden. Fertige Symbole (Zylinder, Ventile...) finden sie in den Verzeichnissen Standard und Spezial. Sollten diese nicht ausreichen, können Sie Ihre eigenen mit den Symbolen aus dem Verzeichnis "Teile" zusammenbauen.

| | |
|---|---|
| **Betriebssysteme** | MS-DOS 2.x, MS-DOS 3.x, MS-DOS 4.x, MS-DOS 5.x |
| **Softwareumgebung** | AutoSketch ab Version 2.0 |
| **Hardwareumgebung** | IBM-XT/AT/PS2, 512 kB RAM, Maus |
| **Preis** | 240 DM |
| **Bezugsbedingungen** | k.A. |

**Bezugsadresse**
Festo Didactic KG
Ruiter Str. 82
7300 Esslingen
0711/3467-0

**Maschinenbau**

## Symbolbibliothek Pneumatik für AutoSketch

| | |
|---|---|
| **Fachgebiete** | Maschinenbau |
| **Anwendungsbereiche** | 2 dim. Zeichnen, CAD, CAM, CAE, Training Software |
| **Zielgruppen** | Weiterbildung |
| **Version** | 1.0 |
| **Erstellungsdatum** | 01.02.1992 |

Das normgerechte, schnelle und komfortable Erstellen von Schaltplänen ist kein Wunschtraum mehr. Die Symbolbibliothek Pneumatik umfaßt 480 Symbole, die in 4 Verzeichnisse aufgeteilt sind. Im Verzeichnis "Rahmen" befinden sich vorgefertigte Zeichnungsrahmen, in denen alle Voreinstellungen für Sie vorgenommen wurden. Fertige Symbole (Zylinder, Ventile...) finden Sie in den Verzeichnissen Standard und Spezial. Sollten diese nicht ausreichen, können Sie Ihre eigenen mit den Symbolen aus dem Verzeichnis "Teile" zusammenbauen.

| | |
|---|---|
| **Betriebssysteme** | MS-DOS 2.x, MS-DOS 3.x, MS-DOS 4.x, MS-DOS 5.x |
| **Softwareumgebung** | AutoSketch ab Version 2.0 |
| **Hardwareumgebung** | IBM XT/AT/PS2, 512 kB RAM, Maus |
| **Preis** | 240 DM |
| **Bezugsbedingungen** | k.A. |

**Bezugsadresse**
Festo Didactic KG
Ruiter Str. 82
7300 Esslingen
0711/3467-0

## Turbo Diesel

| | |
|---|---|
| **Fachgebiete** | Maschinenbau |
| **Anwendungsbereiche** | Simulation v. Maschinen, Lernsoftware, Training Software |
| **Zielgruppen** | k.A. |
| **Version** | 1.5 |
| **Erstellungsdatum** | 15.02.1990 |

Turbo Diesel zeigt den Einfluß des technischen Zustandes einzelner Komponenten wie z.B. fehlerhafte Brennstoffeinspritzung, Kolbenringverschleiß und Verschmutzung des Turboladers sowie veränderter äußerer Betriebsbedingungen wie z.B. Luftdruck und Ansauglufttemperatur auf die wichtigsten Betriebsparameter eines Dieselmotors. Diese sind u.a. Leistung, Drehmoment, Brennstoffverbrauch und Abgastemperaturen. Interessant ist, daß mehrere Störfaktoren gleichzeitig eingegeben werden können, um so Wechselwirkungen zu simulieren und zu zeigen. Zielgruppen des Programms sind Ingenieure und Studenten der Betriebstechnik, die mit dem Betrieb, der Überwachung und der Instandhaltung von Dieselmotoren beschäfig sind. Mit diesem Programm können die Zielgruppen, ohne daß eine große Dieselmotorenanlage vorhanden ist, die Auswirkung äußerer und innerer Einflußfaktoren auf den Motorbetrieb erkennen, Gegenmaßnahmen ergreifen und die Auswirkungen kontrollieren. Kernstück dieses Programms ist ein mathematisches Modell, das auf praktischen Untersuchungen und Auswertungen einer Vielzahl von Betriebsstörungen von Dieselmotoren im Einsatz beruht. Das Programm beschränkt sich dabei auf übliche Betriebsbereiche und die wichtigsten Einflußfaktoren. Das Programm ist für die Lehre konzipiert. Praktische Anwendungen ergeben sich durch die Möglichkeit, experimentell mit einem Dieselmotor zu arbeiten und so die Grenzen des Einsatzes kennenzulernen. Beim Bearbeiten von Beispielen bietet das Programm Möglichkeiten zur schnellen interaktiven Änderung der Auslegungsparameter sowie äußerer und innerer Einflußgrößen. Korrigierende Eingriffe werden in den Auswirkungen aufgezeigt und können beurteilt werden. Turbo Diesel wird zur Zeit zu Schulungszwecken an der Hochschule Bremerhaven, Studiengang: Schiffsbetriebstechnik; der Wyzsza Szkola Morska, Gdynia (Hochschule für Seefahrt, Gdynia) und der Escúla Tecnica Superior Ingenieros Industriales, Tarrasa/Barcelona eingesetzt.

| | |
|---|---|
| **Betriebssysteme** | MS-DOS 3.x |
| **Softwareumgebung** | k.A. |
| **Hardwareumgebung** | XT; 640 Kbytes; EGA oder Hercules; Harddisk |
| **Preis** | 2000 DM |
| **Bezugsbedingungen** | k.A. |

**Bezugsadresse/Autor**
Prof. Dr. Stefan Kluj
Hochschule Bremerhaven
Fachbereich 1
An der Karlstadt 8
2850 Bremerhaven
0471/4823-117, 0471/4823-111

# Maschinenbau

## UNIGRAPHICS

| | |
|---|---|
| **Fachgebiete** | Maschinenbau |
| **Anwendungsbereiche** | 2 dim. Zeichnen, 3 dim. Modell, CAD, CAM, CAE, Industriesystem, Fertigungswesen |
| **Zielgruppen** | Analytiker |
| **Version** | 9 |
| **Erstellungsdatum** | 17.09.1992 |

UNIGRAPHICS (R) ist ein CAD/CAM/CAE-System für sämtliche Phasen der Produktentwicklung, vom konzeptionellen Entwurf bis zur ingenieurmäßigen Konstruktion, von CAE-Analysen bis zur Zeichnungserstellung. Aus den 2D oder 3D Modellen können entsprechende NC-Steuerdaten für das Drehen, Fräsen (3 - 5 Achsen) oder Drahtrerodieren abgeleitet werden. Schnittstellen wie IGES VDA, SET, PDES/STEP oder Direktschnittstellen wie DXF, CATIA, CADDS, ME10 oder PDGS ermöglichen den Datenaustausch mit anderen Systemen. Für das FAST PROTOTYPING seht eine Stereolithographie Schnittstelle zur Verfügung. Da alle Informationen in einer Datenbasis gehalten werden, können zwischen den verschienen Anwendungsmodulen entsprechende Assoziativitäten aufgebaut werden. Durch daraus resultierende Automatismen wird die Enwicklungszeit erheblich verkürzt. Die offene Systemarchitektur läßt durch entsprechende Werkzeuge wie Programmiersprachen ( FORTRAN, C, oder GRIP ) eine vollständige Integration in eine bestehene EDV Umgebung zu.

| | |
|---|---|
| **Betriebssysteme** | SUN OS, ULTRIX, UNIX, VMS |
| **Softwareumgebung** | k.A. |
| **Hardwareumgebung** | DEC, HP, SUN und auf allen Workstations und Servern |
| **Preis** | k.A. |
| **Bezugsbedingungen** | SW-Preis modulabhängig ab 20000.-- |
| **Sonderkonditionen** | Einzellizenz: ab 20000 DM<br>Campuslizenz: möglich<br>Geltungsbereich: auf Anfrage |

**Bezugsadresse**
Produktmanager Aurang Rona
EDS Information Systems GmbH
Marketing
Ingolstädterstr. 20
8000 München
089 / 350 60 60

## Universelles Roboter-Simulationssystem

| | |
|---|---|
| **Fachgebiete** | Informatik, Maschinenbau |
| **Anwendungsbereiche** | 3 dim. Modell, Graphikeditor, Simulation v. Maschinen, Robotik, Simulation |
| **Zielgruppen** | Hochschulen, Schulen, Studenten |
| **Version** | 1.0 |
| **Erstellungsdatum** | 01.05.1991 |

Das hier beschriebene Programm stellt ein PC-basiertes, graphisch-interaktives Robotermodellier- und Simulationssystem dar. Ziel war, ein modulares, offenes und erweiterbares System zu schaffen, das sich insbesondere für die studentische Ausbildung im Rahmen von Praktika eignet. Dieser Einsatzbereich erfordert Merkmale wie einfache Erlern- und Bedienbarkeit, auf einfachsten Graphiksystemen, wie z.B. EGA-Graphik. Das entstandene System erlaubt auch auf Low-cost-Systemen ohne Einsatz spezieller Hardware die Simulation von Fertigungszellen durchzuführen, was bisher nur auf teuren High-end-Systemen möglich war. Der Funktionsumfang reicht von der Modellierung dreidimensionaler Körper, der Definition offener, unverzweigter kinematischer Ketten, der Generierung komplexer Fertigungszellen über die Off-line-Programmierung bis hin zur Simulation von Robotern in Fertigungszellen mit Verifikationsmöglichkeiten und Zeitabschätzungen programmierter Bewegungsabläufe.

**Preisträger des Deutschen Hochschul-Software-Preises 1991**

| | |
|---|---|
| **Betriebssysteme** | MS-DOS 3.x |
| **Softwareumgebung** | k.A. |
| **Hardwareumgebung** | IBM PC-AT, 640 KB RAM; EGA Graphik-Karte; Festplatte: sinnvoll; Koprozessor: Intel 287 (wird benötigt); Genius-Mouse sinnvoll. |
| **Preis** | 80 DM |
| **Bezugsbedingungen** | Abgabe nur an Fachhochschulen, Universitäten und allgemeinbildenden Schulen. |

| **Bezugsadresse/Autor** | **Autor** |
|---|---|
| Dipl.-Inform. Claudio Laloni | Dipl.-Inform. Georg Plank, |
| TU Braunschweig | Dipl.-Inform. Harald Rieseler |
| Inst. für Robotik u. Prozessinformatik | 3300 Braunschweig |
| Hamburger Straße 267 | |
| 3300 Braunschweig | |
| 0531/391-7460 oder -7451r | |

# Maschinenbau 221

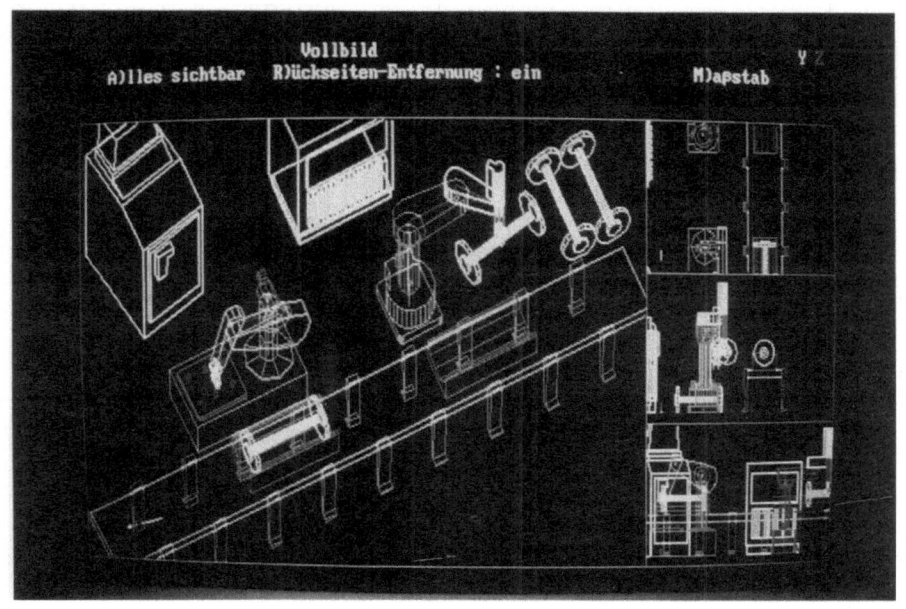

# VARCAD-M

| | |
|---|---|
| **Fachgebiete** | Maschinenbau |
| **Anwendungsbereiche** | 2 dim. Zeichnen, CAD (rechnerunterstützte Konstruktion) |
| **Zielgruppen** | Konstrukteure, CAD Ingenieure |
| **Version** | k.A. |
| **Erstellungsdatum** | k.A. |

VARCAD-M ist ein 2D-CAD-System, das sich insbesondere zur weitgehend automatisierten Zeichnungserstellung in allen Anwendungsbereichen eignet, bei denen eine Produktlogik zugrunde liegt (z.B. Hydraulik-, Armaturen-, Varianten- und Baugruppenzeichnungen, Baukastenprodukte, Schema- und Layout-Planerstellung etc.). Besondere Merkmale sind die insbesonders für ungeübte CAD-Anwender geeignete Benutzerschnittstelle und die leichte Beschreibbarkeit parametrischer, variabler Zeichnungselemente. Durch Kopplung zu ET-EPOS lassen sich beliebig komplexe Generierungs- und Variantenlogiken mit Hilfe von Entscheidungstabellen durch den Konstrukteur erstellen und auswerten.

| | |
|---|---|
| **Betriebssysteme** | VMS |
| **Softwareumgebung** | k.A. |
| **Hardwareumgebung** | VAX |
| **Preis** | k.A. |
| **Bezugsbedingungen** | Preis: DM 19.200 - DM 78.000 |

**Bezugsadresse**
TDV GmbH
Maybachstraße 10
7500 Karlsruhe

# Maschinenbau

## WINCAD

| | |
|---|---|
| **Fachgebiete** | Informatik, Maschinenbau |
| **Anwendungsbereiche** | 2 dim. Zeichnen, CAD, CAM, CAE, CAI, CASE, Graphik |
| **Zielgruppen** | k.A. |
| **Version** | k.A. |
| **Erstellungsdatum** | k.A. |

WINCAD unterstützt das Konzept von Windows durch eine bedienungsfreundliche und konsequente Programmgestaltung und verfügt über eine umfangreiche Hilfefunktion, die neben allgemeinen Erläuterungen zu jedem einzelnen Befehl informative Hilfetexte bietet. Es stehen Standardblattformate nach DIN/ISO und einige US-Formate zur Verfügung. Zusätzlich besteht die Möglichkeit, eine beliebige Blattgröße in Millimeter bzw. Zoll einzugeben. Es werden 265 Zeichenebenen unterschieden. Jede der Ebenen kann einzeln ausgeblendet, eingefroren oder in einer bestimmten Farbe angezeigt werden. Ferner kann für jede Ebene ein Stift definiert werden, dieser bestimmt dann Linienbreite, -farbe und -muster der zu zeichnenden Objekte dieser Ebene. Umfangreiche Zeichenfunktionen gewährleisten effizientes Arbeiten, auch wenn es sich um eine spezielle Anwendung handelt. Diverse Manipulationsfunktionen wie z.B. Kopieren, Skalieren, Drehen, Spiegeln, Verzerren, Zentrieren, Schützen, Freigeben, Hervorholen, Zurücksetzen von Objekten sind ebenfalls vorhanden. Die freikonfigurierbare Schraffurfunktion ermöglicht das Schraffieren mit Linien, deren Attribute, Abstand, Neigungswinkel eingestellt werden kann. Maßlinien und assoziative Bemassungsfunktionen richten sich nach DIN 406. Die Auswahl eines Objektes, um dieses anschließend z.B. zu manipulieren, geschieht in WINCAD mit Hilfe der Selektion. Mit Hilfe von sogenannten Umrissen können beliebig geformte Flächen erzeugt werden. Diese Umrisse bestehen aus einer Abfolge von Linien und Bezier-Kurven und können nachträglich verändert werden. Verschiedene Rastereinstellungen ermöglichen das exakte Positionieren von Punkten. Die Bibliotheksfunktionen können max. 900 Symbole verwalten. Das Erstellen eigener Bibliotheken ist möglich. Der aktuelle Zeichnungsausschnitt kann mit Pfeiltasten un Bildlaufleisten verschoben werden. Verschiedene Zoombefehle ermöglichen ein Ändern des Ausschnitts. Zusätzlich besteht die Möglichkeit, verschiedene Zoombereiche zu speichern und diese dann anschließend wieder anzuzeigen. Einstellungen, die innerhalb von WINCAD getätigt werden, können unabhängig von der Zeichnung gespeichert und geladen werden. Der Import/Export von Fremdformaten geschieht mit Hilfe spezieller Module. Diese Module basieren auf dem DLL-Konzept von Windows 3.0, d.h. sie sind unabhängig vom eigentlichen Programm und können diesem bei Bedarf nachträglich hinzugefügt werden.

| | |
|---|---|
| **Betriebssysteme** | MS-DOS |
| **Softwareumgebung** | Windows 3. 0 |
| **Hardwareumgebung** | IBM PC 368, PS/2 o. komp. , 2 MB RAM, Maus, Coproz. unterstützt |
| **Preis** | 1314 DM |
| **Bezugsbedingungen** | Preisstaffelung: W-Starter: 875.44 DM; W-Standard: 1314.04 DM; W-Plus: 1752.63 DM; alle Preise ohne MwSt. |

**Bezugsadresse**
Tommy Software
Selchower Str.32
1000 Berlin 44
030/621-4063, 030/621-5931

## ZAR1 - Zahnradberechnung

| | |
|---|---|
| **Fachgebiete** | Maschinenbau |
| **Anwendungsbereiche** | 2 dim. Zeichnen, CAD, CAM, CAE |
| **Zielgruppen** | Maschinenbauer, Getriebehersteller, Hochschulen, Unternehmen |
| **Version** | 6.2 |
| **Erstellungsdatum** | 07.07.1992 |

Geometrieberechnung nach DIN 3960/61/67 Festigkeitsberechnung nach DIN 3990 Teil 1-3 oder nach DIN 3990 Teil 41 (Fahrzeuggetriebe). Werkzeugabmessungen von Normal- und Protuberanzprofilen mit und ohne Kopfkantenbruch sind frei definierbar. Vorauslegung für einstufige Planetengetriebe. Simulation des Abwälzvorgangs mit dem Verzahnungswerkzeug. Fertigungszeichnungen, Maßtabellen, maßstäbliche Bilder vom Zahneingriff und vom kompletten Zahnradpaar kann man über DXF- oder IGES-Schnittstelle in CAD übernehmen. Benutzeroberfläche mit Pull-down Menüs, selbstablaufendem Demomodus, editierbaren Hilfetexten und Hilfebildern. Erweiterte Version ZAR1+ mit integrierter Werkstoffdatenbank.

| | |
|---|---|
| **Betriebssysteme** | MS-DOS, Novell Netware, PC-DOS |
| **Softwareumgebung** | k.A. |
| **Hardwareumgebung** | PC 286/386/486 VGA, EGA, Hercules Monochrom, 8514 640 kB RAM 20 MB HD |
| **Preis** | 1960 DM |
| **Bezugsbedingungen** | ZAR1: 1.960 DM; ZAR1+: 2.180 DM |
| **Sonderkonditionen** | Hochschulrabatt: 50 % |
| | Mehrfach- und Netzwerklizenzen: 2..3 : 25% |
| | 4..5 : 30% |
| | 6..7 : 35% |
| | 8..9 : 40% |
| | 10..14: 45% |
| | 15..24: 47% |
| | 25..49: 50% |
| | 50..99: 55% |
| | über 100: 60% |
| **ASK-SAM** | Eine Demo-Version des Programms kann über den Fileserver abgerufen werden. |

| **Bezugsadresse** | **Bezugsadresse/Autor** |
|---|---|
| Dr.-Ing. Tillmann Körner | Dipl.-Ing.(FH) Fritz Ruoss |
| J.M. Voith GmbH | HEXAGON Industriesoftware GmbH |
| ANE | GL |
| Alexanderstraße 4 | Stiegelstraße 8 |
| 7920 Heidenheim | 7312 Kirchheim/Teck |
| 07321/37-4632 | 07021/59578 |

# Verfahrenstechnik

**Verfahrenstechnik** 227

## autoLAB

| | |
|---|---|
| **Fachgebiete** | Verfahrenstechnik, Vermessungswesen |
| **Anwendungsbereiche** | Datenerwerb, Datenanalyse, Meßgerät, Signalverarbeitung, Visualisierung |
| **Zielgruppen** | k.A. |
| **Version** | 1.2 |
| **Erstellungsdatum** | 31.08.1992 |

LAB kann eine vollständige Meßapparatur zur Erfassung und Bearbeitung analoger Signale unterstützen bzw. ersetzen, von der Datenerfassung, der Datenspeicherung über die Signalverarbeitung und Analyse bis zur Dokumentation auf Papier. Dazu sind die Ansteuerung eines Analog-Digital-Wandlers, viele gängige Signalverarbeitungsroutinen (z.B. IIR- und FIR-Filter, Fourieranalyse), sowie Graphik- und Druckroutinen integriert, die mit einer eigens entwickelten Programmiersprache zu ganzen Programmen bzw. Meßapparaturen verknüpft werden können. Die Programmiersprache wird durch einen eingebauten Interpreter unterstützt. Zur Programmentwicklung ist ein Texteditor integriert. Da LAB über Ausgabemöglichkeiten verfügt und signalabhängige Entscheidungen fällen kann, ist eine vollautomatische Versuchssteuerung realisierbar.

Der Einsatzbereich von LAB liegt in der Erfassung und Bearbeitung analoger und auch digitaler Signale, z.B. in der Elektrophysiologie, zur Zeit im Bereich bis etwa 30kHz Abtastrate. Da LAB eine Programmiersprache enthält, mit der bestimmte Anwendungen in ihrem Ablauf festgelegt und durch eine Menüstruktur bedient werden können, sind dann kaum spezielle computer-bezogene Kenntnisse erforderlich. Schwerpunkt für den Einsatz von LAB liegt in der automatisierbaren und schnellen Auswertung von Experimenten, Versuchen oder Routinemessungen.

| | | |
|---|---|---|
| **Betriebssysteme** | MS-DOS 4.x, MS-DOS 5.x | |
| **Softwareumgebung** | k.A. | |
| **Hardwareumgebung** | AT mit ISA-Bus, 12-Bit AD-Wandler enthalten IBM-kompatibler 80286, 80386, 80486 mit Standard-Bus; 512 KB; VGA, Herkules, EGA, CGA u. a. ; Analog-Digital-Wandlerkarte ist im Lieferumfang enthalten. | |
| **Preis** | 3198 DM | |
| **Sonderkonditionen** | Mehrfachlizenz: | 2698,-DM pro Lizenz bei 5 Kopien |
| | | 2498,-DM pro Lizenz bei 10 Kopien |
| | | 2298,-DM pro Lizenz bei 20 Kopien |
| | | (jeweils inkl. AD-Wandler) |
| | Geltungsbereich: | Hochschulen, Fachhochschulen, sonstige öffentliche Bildungseinrichtungen, persönliche Lizenzen für Hochschulangehörige und Studenten |
| **ASK-SAM** | Eine Demo-Version des Programmes kann über den Fileserver abgerufen werden. | |

| | |
|---|---|
| **Bezugsadresse** | **Autor** |
| Soft- und Hardware Design (SHD) | Dr. Werner Kunze |
| Arnoldstr. 19 | Heinrich-Heine-Universität Düsseldorf |
| 4000 Düsseldorf 30 | Physiologisches Institut II |
| +49 211 723425 | 4000 Düsseldorf 1 |

## CADdy Anlagenplanung

| | |
|---|---|
| **Fachgebiete** | Verfahrenstechnik |
| **Anwendungsbereiche** | 2 dim. Zeichnen, 3 dim. Zeichnen, Anwendungsprogramm, CAD, CAM, CAE, Planungssoftware |
| **Zielgruppen** | Ingenieure, Unternehmen, Kommunen, Ausbildungsinstitute |
| **Version** | 8.00 |
| **Erstellungsdatum** | 01.07.1992 |

CADdy Anlagenplanung stellt sich auf sein Anwendungsgebiet ein. Vermesser nutzen damit die Vorteile von Planungstechniken, die exakt auf verschiedene Aufgabenstellungen abgestimmt sind und der branchenspezifischen Vorgehensweise optimal entsprechen. Von ebenso zentraler Bedeutung für wirtschaftliches Planen sind durchgängige Planungsabläufe. Diese wiederum setzen ein flexibles und offenes Systemkonzept voraus. CADdy ist nach dem Baukastenprinzip aufgebaut. Alle Programm-Module besitzen die gleiche Datenstruktur und Benutzerführung. Das bringt zwei handfeste Vorteile mit sich: Zum einen lassen sich CADdy Software-Komponenten bedarfsgerecht kombinieren und steigenden Anforderungen anpassen - ohne alle Umstellungsprobleme. Zum anderen können Planungsdaten über alle Projektstufen und sogar aufgabenübergreifend weitergenutzt werden. Perfekte Anpassung des Programms an die Praxis: Das verkürzt die Planungszeiten entscheidend, verbessert die Qualität und reduziert gleichzeitig die Kosten. Im Wettbewerb sind die Anwender von CADdy Anlagenplanung damit in der eindeutig besseren Position.

| | |
|---|---|
| **Betriebssysteme** | MS-DOS |
| **Softwareumgebung** | k.A. |
| **Hardwareumgebung** | IBM-AT, IBM-PS/2 und komp., min. 640 K RAM, Arithmetik-Coprozessor (80287/387), Festplatte, Diskettenlaufwerk, Grafik-Controller, Maus, Plotter, Digitizer, parallele Schnittstelle (Centronics) |
| **Preis** | 16000 DM |
| **Bezugsbedingungen** | Mindestpreis für Branchenlösung |
| **Sonderkonditionen** | Geltungsbereich: Hochschulen, Fachhochschulen, sonstige öffentliche Bildungseinrichtungen, persönliche Lizenzen für Hochschulangehörige. Für Lehrer und Schüler werden Sonderkonditionen angeboten. |

**Bezugsadresse**
ZIEGLER-Informatics GmbH
Nobelstr. 3-5
4050 Mönchengladbach 4
02166/955-56

**Verfahrenstechnik** 229

## Design/CPN

| | |
|---|---|
| **Fachgebiete** | Informatik, Maschinenbau, Verfahrenstechnik |
| **Anwendungsbereiche** | Hardware Entwurf, Simulation v. Maschinen, Modell-Software, Netzwerk, Kommunikation, Simulationssoftware |
| **Zielgruppen** | Software-Entwickler, Software-Entwickler, System-Analytiker |
| **Version** | +1.9.1 |
| **Erstellungsdatum** | 01.07.1992 |

Design/CPN ist ein Simulationswerkzeug, das gegenüber traditionellen CASE-Werkzeugen auch die Ausführung von komplexen graphischen Modellen gestattet. Design/CPN stützt sich dabei auf die formale Basis hierarchischer Petri-Netze höherer Ebenen - den sog. Colored Petri-Nets (CPN). Design/CPN unterstützt neben dem Entwurf komplexer Modelle durch eine hierarchisch strukturierte Zerlegung vor allem die Simulation und Validierung dieser Modelle. Durch Verfeinerungs- und Vergrößerungsmechanismen kann eine Mischung von Top-Down und Bottom-Up Strategien genutzt werden, ohne die dynamischen Eigenschaften des Systems zu verändern. Für die Simulation mit Zeiten ist es möglich, Marken mit Zeitstempeln zu versehen und Zeitverzögerungen Transitionen zuzuordnen. Design/CPN unterstützt die manuelle, halbautomatische und automatische Simulation. Die Transitionen können Codesegmente enthalten, die während der Simulation ausgeführt werden. Damit bietet Design/CPN die Möglichkeit der Animation, um die Simulation besser verfolgen zu können. Das CP-Netz kann mit der funktionalen Programmiersprache Standard-ML umfangreich beschriftet werden. Die offene Architektur ermöglicht es, Design/CPN mit anderen Software-Werkzeugen zu integrieren.

| | |
|---|---|
| **Betriebssysteme** | MAC OS 6.0, MAC OS 7.0, SUN OS 4.x |
| **Softwareumgebung** | X-Windows v11 (rel. 4), UNIX v4. 3 |
| **Hardwareumgebung** | Apple Macintosh Plus, SE oder Macintosh II mit mind. 5 MB Hauptspeicher; Sun-3 oder Sun-4 (SPARC), 16 MB Hauptspeicher |
| **Preis** | 39500 DM |
| **Bezugsbedingungen** | k.A. |
| **Sonderkonditionen** | Einzellizenz: 23700,00 DM<br>Mehrfachlizenz: auf Anfrage<br>Geltungsbereich: Hochschulen, Fachhochschulen, sonstige öffentliche Bildungseinrichtungen |

| | |
|---|---|
| **Bezugsadresse**<br>C.I.T. GmbH<br>Ackerstraße 71-76<br>1000 Berlin 65<br>(0 30) 4 63 60 77 | **Autor**<br>Meta Software Corporation<br>MA 02140 Cambridge (USA) |

## Design/IDEF

| | |
|---|---|
| **Fachgebiete** | Informatik, Verfahrenstechnik |
| **Anwendungsbereiche** | Bankwesen, Geschäftsleitung, CAD, CAM, CAE, CAI, CASE, Hardware Entwurf, Telekommunikation |
| **Zielgruppen** | Software-Entwickler, Software-Entwickler, Projektmanager, Organisatoren |
| **Version** | 2.0 |
| **Erstellungsdatum** | 01.04.1992 |

Design/IDEF ist ein Werkzeug, das die Modellierung mit SADT (Structured Analysis and Design Technique) automatisiert. Es liefert eine interaktive graphische und methodische Unterstützung für die Funktionsmodellierung durch IDEF0 (SADT) - Diagramme; die Datenmodellierung durch IDEF1-, IDEF1X- und Entity-Relationship (E/R)-Diagramme; das Systemverhalten durch IDEF/CPN - einer Komponente, die IDEF0-Diagramme in Petri-Netze höherer Ebenen (CPN) überführt. Damit bietet Design/IDEF die Funktionalität zur Modellierung großer und komplexer Systeme. Design/IDEF unterstützt den Entwurf von Funktionsmodellen durch eine hierarchisch strukturierte Zerlegung der SADT-Aktivitäten. Beziehungen zwischen den Aktivitäten werden durch sog. ICOM-Pfeile (Input-, Control-, Output-, Mechanism) ausgedrückt und von Design/IDEF ggfs. automatisch beschriftet. Alle Diagramme können durch Begriffskataloge (GloBare) und bei Bedarf durch Erläuterungen (FEOs und Textblätter) ergänzt werden. Durch integrierte Kontrollmechanismen stellt Design/IDEF sicher, daß das erzeugte Modell korrekt und in sich konsistent ist. Wenn beispielsweise der Text einer Aktivität oder einer ICOM-Beschriftung geändert wird, so wird diese Korrektur automatisch im gesamten Dokument wirksam. Design/IDEF liefert fünf verschiedene Arten von Reports zur Unterstützung der Modellwartung und -analyse. Diese Reports können auf dem Bildschirm angezeigt oder mit Hilfe eines Textverarbeitungsprogrammes weiterverarbeitet und ausgedruckt werden.

| | |
|---|---|
| **Betriebssysteme** | MAC OS 6.0, MAC OS 7.0, MS-DOS 3.x, SUN OS 4.x |
| **Softwareumgebung** | Windows 3.0 oder höher; X-Windows v11 (rel. 4) |
| **Hardwareumgebung** | IBM PC AT, PS/2 Modell 50, 60, 70, 80, Compaq 386 und Kompatible; Apple Macintosh Plus, SE oder Macintosh II; Sun-3 oder Sun-4 (SPARC) |
| **Preis** | 7950 DM |
| **Bezugsbedingungen** | Testinstallation erhältlich |
| **Sonderkonditionen** | Einzellizenz: 2544,00 DM |
| | Mehrfachlizenz: auf Anfrage |
| | Geltungsbereich: Hochschulen, Fachhochschulen, sonstige öffentliche Bildungseinrichtungen |

**Bezugsadresse**  
C.I.T. GmbH  
Ackerstraße 71-76  
1000 Berlin 65  
(0 30) 4 63 60 77  

**Autor**  
Meta Software Corporation  
MA 02140 Cambridge (USA)

# Verfahrenstechnik

## Design/SDL

| | |
|---|---|
| **Fachgebiete** | Informatik, Verfahrenstechnik |
| **Anwendungsbereiche** | Kommunikation, graphische Datenverarbeitung, Modell-Software, Netzwerk, Kommunikation, Telekommunikation |
| **Zielgruppen** | Software-Entwickler, Software-Entwickler, System-Analytiker |
| **Version** | 2.0 |
| **Erstellungsdatum** | 30.07.1992 |

Design/SDL ist ein Graphen-Editor, der eine Reihe von Funktionen zur Erstellung, Prüfung und Veränderung von SDL (Specification and Description Language)-Diagrammen unterstützt. Die Auswahl der SDL-Symbole kann dabei wahlweise über das Menü, über Tastaturkommandos oder über eine Palette erfolgen. Design/SDL basiert auf dem Standardprogramm MetaDesign und enthält alle Funktionen dieses Programms. Beim Zeichnen der Verbindungslinien ist lediglich die Auswahl von Start- und Zielsymbol vorzunehmen. Design/SDL verlegt die Verbindungen selbständig, so daß rechte Winkel entstehen und die Verbindungen horizontal oder vertikal verlaufen. Beim Verschieben von Symbolen werden die Verbindungen automatisch neu berechnet. Eine abschaltbare Rasterfunktion sorgt für eine gleichmäßige Ausrichtung der Symbole. Die integrierte Syntaxprüfung verhindert die Eingabe von Verbindungen, die die SDL-Regeln verletzen würden. Texte können zu jedem Symbol direkt eingegeben werden. Bereits bei der Eingabe ist das spätere Druckergebnis sichtbar. Alle Schriftarten und -größen von Windows sind verfügbar. Voreinstellungen können für jedes Projekt separat vom Benutzer selbst bestimmt und abgespeichert werden. Schriftart, Schriftgröße und die Textausrichtung (linksbündig, zentriert, rechtsbündig) können für jeden Symboltyp individuell bestimmt werden. Weitere Einstellungsmöglichkeiten gibt es für die Seitengröße in Punkten, den Abstand der Rasterpunkte für neue Seiten und die Durchführung von Plausibilitätsprüfung. Über die Zwischenablage lassen sich Diagramme aus Design/SDL leicht in andere Windows-Applikationen (z.B. Word für Windows zu Dokumentationszwecken) einfügen. Ein weiteres in Design/SDL enthaltenes Verfahren für den Datenaustausch zwischen Windows-Applikationen ist DDE (Dynamic Data Exchange). Der dynamische Datenaustausch ermöglicht die automatische Übertragung von einer Windows-Anwendung zu einer oder mehreren anderen Windows-Anwendungen.

| | | |
|---|---|---|
| **Betriebssysteme** | MS-DOS 3.x | |
| **Softwareumgebung** | MS-Windows 3.1 oder höher | |
| **Hardwareumgebung** | IBM PC AT, PS/2 Modell 50, 60, 70, 80 und Kompatible | |
| **Preis** | k.A. | |
| **Bezugsbedingungen** | Preis auf Anfrage | |
| **Sonderkonditionen** | Einzellizenz: | auf Anfrage |
| | Mehrfachlizenz: | auf Anfrage |
| | Geltungsbereich: | Hochschulen, Fachhochschulen, sonstige öffentliche Bildungseinrichtungen |

**Bezugsadresse/Autor**
C.I.T. GmbH
Ackerstraße 71-76
1000 Berlin 65
(0 30) 4 63 60 77

## DINO-PC

| | |
|---|---|
| **Fachgebiete** | Elektrotechnik, Mathematik, Maschinenbau, Physik, Verfahrenstechnik |
| **Anwendungsbereiche** | Datenanalyse, Identifikation, Modell-Software, Prozeßmodell |
| **Zielgruppen** | Hochschulen, Studenten, industrielle Anwender |
| **Version** | 3.1 |
| **Erstellungsdatum** | 13.08.1991 |

DINO ist ein interaktives Werkzeug zur Bestimmung rationaler Modellübertragungsfunktionen und -matrizen (optional auch mit zusätzlichem Totzeitglied) auf der Grundlage des Frequenzgangs, der je nach Kenntnis über das Originalsystem auf vielfältige Weise vorgegeben werden kann: --- Rationale Funktion hoher Ordnung: Das führt zu Anwendungen der Ordnungsreduktion von Regelstrecken bzw. Reglern. --- Analytische Übertragungsfunktionen: Dies ermöglicht die Realisierung einer beliebigen Übertragungsfunktion durch ein rationales Ersatzmodell, beispielsweise zu einem Originalsystem mit verteilten Parametern. --- Gemessene Übertragungsfunktion: Zu solchen Aufgaben der Identifikation im Frequenzbereich ist der Frequenzgang nur für eine Anzahl von Stützstellen im Frequenzbereich bekannt. --- Gemessene Sprungantwort: Daraus kann DINO mittels Fouriertransformation den Frequenzgang punktweise berechnen. --- Gemessene Zeitsignale am Eingang und am Ausgang des Systems: Auch zur Identifikation im Zeitbereich wird das Eingangs- und Ausgangssignal fouriertransformiert. Auf diese Weise kann der Frequenzgang beispielsweise mit bandbegrenztem Rauschen oder mit Daten aus dem laufenden Betrieb des Originalsystems bestimmt werden. Gegenüber konkurrierenden Verfahren zeichnet sich das vorliegende Konzept dadurch aus, daß im Vergleich zu allgemeinen Parameteroptimierungsverfahren hier weniger die Gefahr besteht, daß die Optimierung sich in vergleichsweise schlechten Nebenoptima festläuft, der Nutzer auf den Charakter der resultierenden dynamischen Ähnlichkeit gezielt Einfluß nehmen kann, der numerische Rechenaufwand vergleichsweise gering ist und damit die interaktive Arbeitsweise auch an einem PC ermöglicht wird.

| | |
|---|---|
| **Betriebssysteme** | MS-DOS |
| **Softwareumgebung** | k.A. |
| **Hardwareumgebung** | IBM PC/AT/386/486 und Kompatible; 640 KB; (2 MB empfohlen); CGA, Hercules, EGA, VGA; Festplatte; Coprozessor ; Drucker, Plotter (HPGL), Maus optional; |
| **Preis** | 3430 DM |
| **Bezugsbedingungen** | k.A. |
| **Sonderkonditionen** | Abgabe an Hochschulinstitute zum ermäßigten Preis: DM 480.- für eine Institutslizenz |

**Bezugsadresse/Autor**

Prof. Dr. H. Kiendl
Universität Dortmund
Lehrstuhl f. Elek. Steuerung u. Regelung
50 05 00
4600 Dortmund 50
0231/755-2760

Dipl.-Ing. Martin Fritsch
Universität Dortmund
Lehrstuhl f. Elek. Steuerung u. Regelung
50 05 00
4600 Dortmund 50
0231/755-3998

# DREPLAS

| | |
|---|---|
| **Fachgebiete** | Maschinenbau, Verfahrenstechnik |
| **Anwendungsbereiche** | CAD, CAM, CAE, Industriesystem, Fertigungswesen, Netzwerk, Kommunikation, Büroautomatisierung, Planungs- u. Realisierungssoftware |
| **Zielgruppen** | k.A. |
| **Version** | 3.01 |
| **Erstellungsdatum** | 01.03.1992 |

DREPLAS wurde im Rahmen eines mehrjährigen Verbundprojektes in Kooperation zwischen der SHD und der TH Karlsruhe für die auftragsbezogene Dreherei entwickelt und mittlerweile für den Berreich der Leiterplattenfertigung ergänzt. Die offene und flexible Gestaltung in den Technologiemodulen ermöglicht eine vollkommen problemlose Anpassung an sämtliche Branchen, deren organisatorische Abwicklung auftragsbezogen erfolgt.

DREPLAS ist ein integriertes Planungs- und Steuerungswerkzeug für die auftragsbezogene Fertigung. Es beruht im wesentlichen auf der Definition zweier Prozeßketten (Angebots- und Auftragsprozeßkette), die über eine gemeinsame Datenbasis kommunizieren und sich darüber gegenseitig Informationen zur Verfügung stellen. Mit jedem Angebot und / oder Auftrag entstehen bei der Arbeit mit DREPLAS eine Vielzahl von projektneutralen Daten, die in der Zukunft für neue oder sich wiederholende Tätigkeiten jederzeit zur Verfügung stehen. Deshalb versteht sich DREPLAS nicht nur als ein Instrument zur Rationalisierung Der organisatorischen Abläufe, sondern trägt entscheidend dazu bei, daß die Abwicklung von Angebot und Auftrag qualitativ verbessert wird. DREPLAS kann sowohl auf eigenständigen IBM-kompatiblen Personal Computern als auch in lokalen Netzwerken unter dem Betriebsystem OS/2 eingesetzt werden. Als Benutzeroberfläche dient der in Window-Technik realisierte Presentation Manager. Die Verwendung einer relationalen Datenbank für das Informationsmanagement ermöglicht es DREPLAS, als zentrales Kernsystem in der EDV des Unternehmens zu arbeiten, das Standard- und Individualkomponenten reibungslos miteinander verbindet.

| | |
|---|---|
| **Betriebssysteme** | OS/2 1.x, OS/2 2.0 |
| **Softwareumgebung** | Betriebssystem: OS/2 V 1. 3 und OS/2 V 2. 0; Netzwerk-BS: Novell Netware / IBM LAN Server / Microsoft; LAN Manager Datenbank: Oracle V 6. 0 / IBM Database Manager |
| **Hardwareumgebung** | IBM kompatible Personal Computer in lokalen Netzwerken Prozessor 386SX undd höher |
| **Preis** | k.A. |
| **Bezugsbedingungen** | Preis auf Anfrage |

**Bezugsadresse/Autor**

Dr. Ing. Heiner Michael Honeck
SHD Ingenieurgesellschaft bR
Rheinaustr. 59
7512 Rheinstetten 2
07242/6076

Dipl. Ing. Volker Schorp
SHD Ingenieurgesellschaft bR
Rheinaustr. 59
7512 Rheinstetten 2
07242/6076

## Hydraulische Grundschaltungen in der Haustechnik

| | |
|---|---|
| **Fachgebiete** | Verfahrenstechnik |
| **Anwendungsbereiche** | Ausbildung, Ingenieurwesen, Wärmetechnik, interaktives Lernsystem, Kältetechnik, Simulationssoftware, Training Software, Klimatechnik |
| **Zielgruppen** | Berufsschulen, Berufsschulen, Industrie, Universitäten |
| **Version** | 1.01 |
| **Erstellungsdatum** | 31.10.1991 |

Die Ziele des Lernprogrammes sind: die hydraulischen Grundschaltungen simulativ erleben; das Gelernte in die Praxis umsetzen können; die Flußrichtung von den verschiedenen Schaltungen nennen; die Diagramme zu den entsprechenden Schaltungen erkennen; Vor- und Nachteile der einzelnen Schaltungen nennen.

Da das Lernprogramm modular aufgebaut ist, können die Ausbilder sequentiell auf die einzelnen Module zugreifen, und so eine adreßatengerechte Ausbildung zusammenstellen. Die Lernprogramminhalte wurden aus einem bestehenden Kursus, Begleitheft und der Erfahrung von Spezialisten zusammengestellt. Das Ausbildungsmodell wurde eigens dafür geschaffen. Die Lerninhalte wurde nach dem Modell vom Groben zum Detail aufgebaut. Die Texte wurden in den Hintergrund gelegt und können bei Bedarf abgerufen werden. Großer Wert wurde auf die Simulation gelegt (Fließrichtungen).

**Preisträger des Deutsch-Österreichischen Hochschul-Software-Preises 1992**

| | |
|---|---|
| **Betriebssysteme** | MS-DOS 3.x |
| **Softwareumgebung** | k.A. |
| **Hardwareumgebung** | IBM AT (comp. ); 2 MB RAM; EGA; Harddisk: 20 MB; Cop. ; Maus; |
| **Preis** | 600 SFR |
| **Bezugsbedingungen** | Lizenz für hausinternen Gebrauch mit x-Kopien zum Preise von SFr. 3000.-- (Lizenz pro Institut) (exkl. Mwst). |

**Bezugsadresse/Autor**

Ingenieur HTL Walter Gasser
Landis & Gyr Building Control Schweiz AG
Ausbildung / S355
CH-6312 Steinhausen (Schweiz)
042/44 81 44

Rochus J. Burtscher
BIP Info SA
Ausbildung / Organisation
Neumattstraße 24
CH-8953 Dietikon (Schweiz)
++/01/741 07 72

Prof. Anne-Nelly Perret-Clermont
Universität Neuenburg
Psychologie
Rue de la Maladiere
CH-2000 Neuenburg (Schweiz)
038/21 31 81

Mech. Ing. Martin J. Lehmann
BIP Info SA
Geschäftsleitung
Chemin des Rochettes 1
CH-2016 Cortaillod / Neuenburg (Schweiz)
038/42 40 70

# Verfahrenstechnik 235

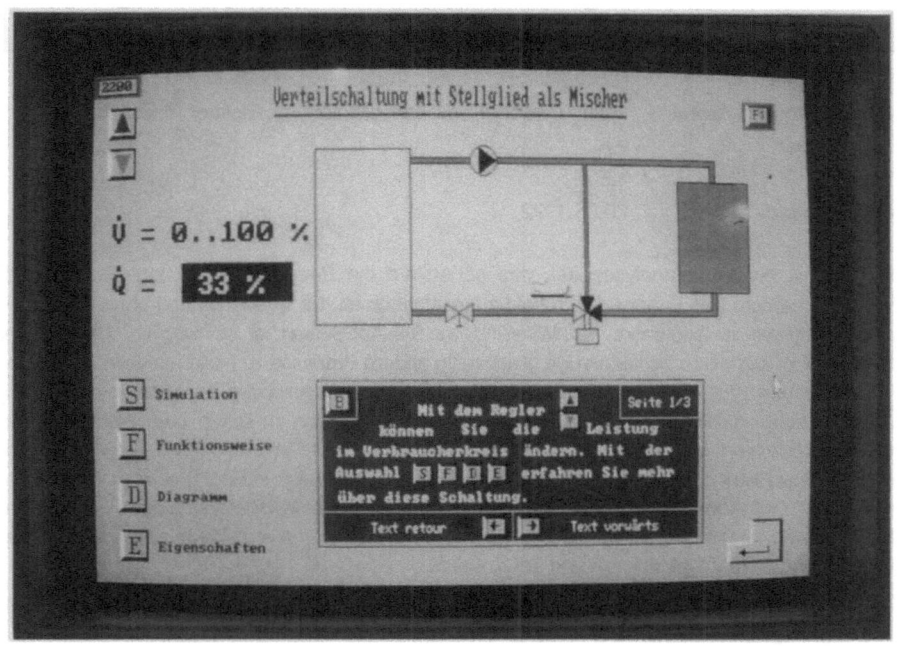

# FAMOS

| | |
|---|---|
| **Fachgebiete** | Elektrotechnik, Physik, Verfahrenstechnik |
| **Anwendungsbereiche** | 2 dim. Plotten, Kunststoffverarbeitung, Elektronik, Elektronik |
| **Zielgruppen** | k.A. |
| **Version** | 1.50 |
| **Erstellungsdatum** | 20.05.1992 |

FAMOS ist ein Signalanalysepaket, das genau auf die Bedürfnisse von Ingenieuren und Wissenschaftlern aus Labor und Prüffeld zugeschnitten ist. Es ist schnell und ohne Programmierkenntnisse zu bedienen. Als MS-Windows 3.x Applikation ist es möglich, FAMOS im Multitasking-Betrieb zu bedienen und gleichzeitig andere Prozesse zu parametrieren, zu regeln und zu steuern. FAMOS nimmt Ihnen sämtliche Routinearbeiten beim Analysieren der Daten auf sehr komfortable Weise ab. Gleichgültig ob die Meßdaten im Binär- oder ASCII-Format vorliegen bzw. vom Meßsystem MUSYCS stammen, oder über Dynamischen-Daten-Austausch oder via Netzwerk zu FAMOS gelangen, FAMOS liest, analysiet und dokumentiert Meßdaten mit bisher unbekanntem Komfort. FAMOS automatisiert die Meßdatenanalyse. Über einen Meßablaufgenerator, mit Schleifen- und Abfrage-Technik, lassen sich komplexe Analysen als Berechnungsabläufe generieren und auf Knopfdruck aktivieren.

FAMOS löst die Aufgaben des Meß- und Prüftechnikers. Im besonderen erlaubt FAMOS: Beliebig lange Datensätze zu bearbeiten, beliebige Meßabläufe ohne Programmierkenntnisse in gewohnter mathematischer Schreibweise generieren, die physikalischen Einheiten der Meßkurve automatisch zu verrechnen und zu kombinieren, in einer Multitasking-Umgebung zu arbeiten, mit nahezu allen Grafikkarten und Ausgabegeräten wegen der Geräteunabhängigkeit von Windows zu arbeiten, mit der Auflösung des Druckers/Plotters Kurven und Messergebnisse auszugeben und beliebig mit Grafik und Text zu mischen. Hier ein Auszug aus der Funktionsvielfalt: Ortskurve, Kennlinie, x hoch y, Extremwert, Effektivwert, dB-Darstellung, Differentiation, gleitende Integration, Spline-Interpolation, Fitting an e-Funktion, glättende Filterung über beliebige Punktzahl, Zeit- und Amplitudenhistogramm, FFT, wählbare Fensterfunktionen für FFT, Amplitudenspektrum, Korrelation, Schmitt-Trigger, Nachabtasten, Reduktion, Expansion, Umrechnung der ST-Einheiten,...

| | |
|---|---|
| **Betriebssysteme** | MS-DOS 3.x, MS-DOS 4.x, MS-DOS 5.x, PC-DOS 3.x |
| **Softwareumgebung** | Benötigt wird Windows 3.0 oder höher |
| **Hardwareumgebung** | k.A. |
| **Preis** | 3640 DM |
| **Bezugsbedingungen** | k.A. |
| **ASK-SAM** | Eine Demo-Version des Programmes kann über den Fileserver abgerufen werden. |

**Bezugsadresse**
Andreas Heilemann, Peter Scholz
ADDITIVE GmbH
Max-Planck-Straße 9
6382 Friedrichsdorf
06172-77017 bzw. 77018

**Autor**
Hippe
IMC Meßsysteme GmbH
1000 Berlin 65

**Verfahrenstechnik** 237

## Integr. PPS-/Logistik-System TRITON

**Fachgebiete** Informatik, Maschinenbau, Verfahrenstechnik
**Anwendungsbereiche** 4 GL Sprache, CAD, CAM, CAE, CAI, CASE, Datenbank-Management-System, Industriesystem, Fertigungswesen
**Zielgruppen** Unternehmen, Hochschulen
**Version** 2.0
**Erstellungsdatum** 17.09.1992

TRITON ist eine modulare und integrierte PPS-/Logistik- Anwendungssoftware für die verarbeitende Industrie: Einzelfertigung, Auftragsfertigung, Serienfertigung, Massenfertigung, Variantenfertigung. TRITON basiert auf der hardware-, datenbank- und sprachunabhängigen 4GL-Umgebung TRITON-Tools, die eine kundenindividuelle Anpassung der Standardsoftware ohne Programmierkenntnisse ermöglicht. Besondere Merkmale: Einheitliche Bedienoberfläche mit Fenstertechnik und Hilfsfunktionen, Standards (X/Open, X/Windows, OSF/Motif), Simiuationstechniken, Zeichengrafik auf ASCII-Terminals, Client/Server-Architekturen, Integration in heterogenen Netzen. Als Front-Ends werden X-Terminals, ASCII-Terminals und PC's unterstützt. Das Gesamtsystem besteht aus folgenden Modulen: Stammdaten, Artikelverwaltung, Herstellkostenberechnung, Stücklisten, Arbeitspläne, Lagerwirtschaft, Chaotische Lagerplatzverwaltung, Chargen, Einkauf, Vertrieb incl. Rahmen- und Abrufaufträge, Produktionsplanung und -steuerung, Zeitwirtschaft, Materialbedarfsplanung, Kapazitätsbedarfsplanung, Langfristige Fertigungsplanung, Elektronischer Datenaustausch Edifact, Projektabwicklung, Varianten/Produktkonfigurator, Service und Wartung (Instandhaltung), Zeichnungsverwaltung (CAD-Integration), Gruppentechnologie / Sachmerkmalsleiste (DIN 4000), Leitstand, Betriebs-/Maschinendatenerfassung, Kostenrechnung, Finanz- und Anlagenbuchhaltung, Electronic Banking, Berichtswesen und Konsolidierung, Lohn- und Gehaltsabrechnung, Bürokommunikation Uniplex, 4GL-Entwicklungsumgebung mit div. DB-Treibern.

**Betriebssysteme** AIX, HP-UX, SCO UNIX, SINIX, UNIX V
**Softwareumgebung** 4GL TRITON-TOOLS, hardware-, datenbank- und systemunabhangiges System. Verteilte Applikationen/DV und Datenhaltung mit bel. RDBMS, SQL.
**Hardwareumgebung** HP9000, IBM RISC/6000, SNI MX300/500, SNI RM400/600, UNIX V; 8MB + 1MB pro User Hauptspeicherbedarf; mind. 400 MB freier Festplattenspeicher; Client-Server; TCP-Netz
**Preis** 32000 DM
**Bezugsbedingungen** Nachlaß vom Listenpreis für Universitäten (Forschung und Lehre)
**Sonderkonditionen** Der angegebene Preis bezieht sich auf eine 4-User-Lizenz und PPS-Einstiegsmodule, rechnerunabhängig. Das Komplettsystem incl. FiBu und RDBMS-Optionen kostet DM 150.000,-- für 8 User.

**Bezugsadresse/Autor**
Betriebswirt (VWA) Ingo Fleckenstein
SPACE INFO SYSTEMS GmbH
Marketing
Scharnhorststr. 15
3000 Hannover
0511/8504-150

## MESSWERT-GRAFIK P24

| | |
|---|---|
| **Fachgebiete** | Chemie, Elektrotechnik, Mathematik, Maschinenbau, Physik, Verfahrenstechnik |
| **Anwendungsbereiche** | Datendarstellung, graphische Darstellung, graphische Darstellung, integriertes Graphikpaket, Graphikkunst/-wissenschaft |
| **Zielgruppen** | k.A. |
| **Version** | 2.18 |
| **Erstellungsdatum** | 09.02.1991 |

Im Bereich der Verfahrenstechnik/-forschung müssen sehr häufig Meßwerte in einem X-Y-Diagramm dargestellt werden. Dazu kommt häufig ein Vergleich mit errechneten Werten, die parallel zu den gemessenen Kurven in das Diagramm eingetragen werden. Die dargestellten Kurven beziehungsweise die Meßwerte werden dabei durch unterschiedliche Symbole charakterisiert. Um ein einheitliches Erscheinungsbild und die leichte Lesbarkeit der Diagramme zu gewährleisten, wurden am Institut für Verfahrenstechnik der Universität Hannover Richtlinien zum Erstellen von Diagrammen in Anlehnung an internationale Regelungen entwickelt. In diesen Richtlinien werden die Beschriftung in Normschrift und eine bestimmte Gestaltung der Diagramme vorgeschlagen. Ziel dieser Normung ist es, ein einmal gezeichnetes Diagramm jederzeit als Vorlage eines Diapositivs für Vortragszwecke verwenden zu können. Bisher war die Erstellung eines Diagramms nach diesen Richtlinien in Vortragsqualität nur durch Zeichnen per Hand möglich. Die Beschriftung mußte mit Schablone und Tuschestift erfolgen. Die Korrektur beispielsweise eines Schriftzuges ist so nur sehr umständlich und begrenzt möglich gewesen, gewöhnlich muß in diesem Fall neu gezeichnet werden. Ziel bei der Entwicklung des Grafik-Programmes war es, alle Funktionen, die sonst der technische Zeichner mit dem Tuschestift vorzunehmen hat, in dem Programm zusammenzufassen. Zur einfachen Programmsteuerung wurde eine grafische Bedienoberfläche mit Mausunterstützung erstellt, die eine schnelle und sichere Bedienung des Grafik-Programms erlaubt. Zur weiteren Unterstützung des Anwenders wurden in das Programm ausführliche Hilfstexte integriert, die auf einen Tastendruck auf die "Help"-Taste jederzeit auf dem Bildschirm dargestellt werden können und Hilfen für das weitere Vorgehen liefern. Die einzulesende Meßwert-Datei muß im ASCII-Format vorliegen. Derartige Dateien sind mit einem Editor jeweils zu überarbeiten und erlauben den sehr einfachen Datentausch mit anderen PCs bis hin zu Großrechnern, die für aufwendige Modellrechnungen notwendig sein können.

| | |
|---|---|
| **Betriebssysteme** | TOS 1.2 |
| **Softwareumgebung** | Editor z. B. Tempus; für sehr komplizierten Formelsatz auch Signum II |
| **Hardwareumgebung** | Atari 1040 ST/Mega ST; 1 MB; Monochrom-Monitor; 24-Nadel-Drucker möglichst mit 360x360 DPI, z. B. NEC P6 |
| **Preis** | 120 DM |

**Bezugsadresse/Autor**

Dr. Kai Hahn
Universität Hannover
Institut für Verfahrenstechnik
Callinstr. 36
3000 Hannover 1
0511/762-3822

Jens Uwe Timm
Universität Hannover
Institut für Verfahrenstechnik
Callinstr. 36
3000 Hannover 1
0511/79 53 96

## ODEM und CADSIM C++ -Klassenbibliotheken

**Fachgebiete**     Informatik, Mathematik, Verfahrenstechnik
**Anwendungsbereiche**     mathematische Software, objekt-orientierte Integration, Simulation, statistische Analyse, Prozeßmodell
**Zielgruppen**     k.A.
**Version**     1.2
**Erstellungsdatum**     07.03.1992

ODEM und CADSIM sind C++ -Klassenbibliotheken zur Unterstützung von Simulationsexperimenten in C++. Es können sowohl rein diskrete (z.B. Bedienungssysteme) und rein kontinuierliche (z.B. Differentialgleichungen) als auch kombinierte Modelle untersucht werden. Beide Klassenbibliotheken basieren auf einem in C++ implementierten (und damit weitgehend portablen) Prozeßkern, der die quasiparallele Abarbeitung von Modellen paralleler Prozesse erlaubt. Kernstück beider Bibliotheken ist die quasiparallele Abarbeitung von parallelen Prozessen auf Einprozessoranlagen durch Abbildung auf Koroutinen. Darüber hinaus sind innerhalb der Bibliotheken eine Vielzahl von Konzepten realisiert, von denen hier nur die wichtigsten stichpunktartig zusammengestellt werden sollen: - Synchronisationsprinzipien kooperierender Prozesse, - Next-Event-Simulation mit Prioritätensteuerung, - automatische Datensammlung, -aufbereitung und -ausgabe von Experimentdaten, - Basisklassen für die wichtigsten statistischen Verteilungsfunktionen auf Basis von Pseudozufallszahlengeneratoren, - Diskretisierung und numerische Behandlung kontinuierlicher Prozesse, - Lösung genereller Fragen der kombinierten Simulation (Synchronisation von zeitdiskreten und zeitkontinuierlichen Prozessen), - dynamische Schrittweitensteuerung zur optimalen numerischen Behandlung kontinuierlicher Systemkomponenten, - Online-Beobachtung von Zustandsgrößen durch graph. Ausgabeobjekte.

**Betriebssysteme**     MS-DOS 3.x
**Softwareumgebung**     k.A.
**Hardwareumgebung**     IBM AT (comp. ); 640 KB RAM; VGA Color; Harddisk: 2 MB; Cop. optional; MS-/LogiTech-Mouse;
**Preis**     500 DM
**Bezugsbedingungen**     Für Hochschulen und Privatpersonen (nicht-kommerzieller Einsatz) wird ein Rabatt von 80% gewährt. Bezug der C++ -Quellen ist unter gesonderten Bedingungen möglich.

**Bezugsadresse/Autor**
Dipl.-Ing. Dorota Witaszek
Humboldt-Universität zu Berlin
FB Informatik, Inst.f.Softwaretechnik
Clara-Zetkin-Str. 26
O-1086 Berlin
+37-2-20315219

Uwe Brunner
Humboldt-Universität zu Berlin
FB Informatik
Clara-Zetkin-Str. 26
O-1086 Berlin

Dr. rer. nat. Klaus Ahrens, Dr. sc. nat. Joachim Fischer
Humboldt-Universität zu Berlin, FB Informatik, Inst.f.Softwaretechnik
Clara-Zetkin-Str. 26, O-1086 Berlin
+37-2-20315201

## PLANTA-Projekt-Steuerungs-System PPSS

| | |
|---|---|
| **Fachgebiete** | Architektur, Maschinenbau, Verfahrenstechnik |
| **Anwendungsbereiche** | Planungs- u. Realisierungssoftware, Projektplanung |
| **Zielgruppen** | k.A. |
| **Version** | 2.7.0 |
| **Erstellungsdatum** | 01.07.1992 |

Mit PPSS werden Projekte effizient strukturiert, geplant und überwacht. Als echtes Multi-Projektmanagement-System auf Basis MPM- Netzplantechnik dient es zur Planung und Steuerung von vielen gleichzeitig ablaufenden Projekten unter Berücksichtigung vorhandener Kapazitäten und Engpaesse. PPSS ist branchenneutral und kann für jede Art von Projektierung eingesetzt werden. Typische Anwendungsgebiete von PPSS sind Auftrags-Grobplanung im Maschinen- und Anlagenbau, Steuerung von Serienanläufen / Entwicklungsprojekte, DV- und Organisationsprojekte. PPSS besteht aus den Modulen PPSS Terminplanung, PPSS Kapazitätsplanung, PPSS Kostenplanung. PPSS besitzt ein umfangreiches und leistungsfähiges Planungsmodell mit z.B.: MPM Netzplantechnik, Vorwärts-/Rueckwärts oder Mittelpunktterminierung, termin- oder kapazitätstreue Planung über Prioritäten Teilnetzbildung über beliebig viele Ebenen mit hierarchischer Terminierung, Soll- / Ist-Vergleich von Terminen, Kapazitäten und Kosten, Simulation von Planungsvarianten, frei definierbare Belastungs- und Kostenkurven, Kostenauswertungen auf wählbaren Verdichtungsebenen. Alle Auswertungen sind mit umfangreichen Sortier- und Selektionskriterien projektbezogen oder projektübergreifend möglich. Mit dem integrierten PPSS-Rueckmeldesystem (Stundenerfassung), lassen sich Ist-Stunden von Mitarbeitern direkt vor Ort erfassen, die somit automatisch und zeitnah die Planung aktualisieren. Über die integrierte Textverarbeitung können beliebig viele Texte zu Planungsobjekten hinterlegt werden. Mit dem Listen- und Graphikgenerator erstellt sich der Benutzer die Auswertungen seiner Wahl. Unter Benutzerbefehlen können komplette Auswertungen hinterlegt und auch für andere Benutzer zugänglich gemacht werden. Über Makros sind komplette Programm- und Auswertungsläufe möglich. PPSS besitzt standardisierte Schnittstellen zu Feinplanungssystemen und zu marktgängiger PC-Software. Die integrierte PPSS-Projektdatenbank ermöglicht umfangreiche Auswertungen, schnellen Datenzugriff, Mehrbenutzerbetrieb mit sehr großen Datenmengen, Archivierung von Projekten, Import und Export aller Daten, sowie den Zugriffschutz auf Planungsobjekte und Funktionen.

| | |
|---|---|
| **Betriebssysteme** | AIX, HP-UX 8.x, SCO UNIX, SINIX, XPG3-Standard |
| **Softwareumgebung** | k.A. |
| **Hardwareumgebung** | 486-er PC's unter SCO-Unix; HP9000; VAX; RISC 6000 |
| **Preis** | 10000 DM |
| **Bezugsbedingungen** | k.A. |

**Bezugsadresse/Autor**
Wirtschaftsingenieur R.M. Brenner
PLANTA GmbH
Eisenlohrstr. 24
7500 Karlsruhe
0721/812011

# Verfahrenstechnik

## PPS System Weber

| | |
|---|---|
| **Fachgebiete** | Bauingenieurwesen, Elektrotechnik, Maschinenbau, Verfahrenstechnik |
| **Anwendungsbereiche** | Informationsmanagement, Materialwirtschaft, Kalkulation |
| **Zielgruppen** | Fertigungsbetriebe |
| **Version** | 5.01 |
| **Erstellungsdatum** | 01.01.1990 |

Die Weber Datentechnik GmbH ist ein Tochterunternehmen der Unternehmensberatung Weber in Pforzheim, die sich seit 1970 mit der Fertigungsorganisation beschäftigt. Aus dieser Praxisarbeit entstand das PPS System Weber. Es ist ein modular aufgebautes Standardpaket, das für PC-Netzwerke und Unix-Systeme entwickelt wurde. Das System wird branchenunabhängig eingesetzt, Schwerpunkt ist die auftragsbezogene Fertigung mit folgenden Funktionen: Angebots/Auftragsbearbeitung, Materialwirtschaft/Bestellwesen, Fertigungssteuerung, Vor- und Nachkalkulation, Betriebsdatenerfassung, Kostenrechnung/Deckungsbeitragsrechnung, computerunterstützte Arbeitsplanerstellung. Die Einführung von EDV-Systemen wird unterstützt durch die Durchführung von Grundanalysen über Softwarebedarf und Festlegung der zeitlichen Reihenfolge, sowie die Erstellung von Pflichtenheften und Projektüberwachung. Schulungsmaßnahmen werden aufgrund der langjährigen Seminardurchführung der Unternehmensberatung Weber systematisch geplant und anwenderorientiert durchgeführt.

| | |
|---|---|
| **Betriebssysteme** | AIX, IX, MS-DOS 3.x, MS-DOS 5.x, OS/2 2.0 |
| **Softwareumgebung** | k.A. |
| **Hardwareumgebung** | PC-Netzwerk; Server 386/33; 4MB RAM; 210MB Festplatte; VGA; Drucker; Discless Workstations; Netzwerkperipherie |
| **Preis** | k.A. |
| **Bezugsbedingungen** | Preise je Modul auf Anfrage |

**Bezugsadresse/Autor**
Weber Datentechnik GmbH
Karlsruher Str. 91
7530 Pforzheim
07231/357377

## real time prod. manag. system WA2000

| | |
|---|---|
| **Fachgebiete** | Informatik, Verfahrenstechnik |
| **Anwendungsbereiche** | CAD, CAM, CAE, CAI, CASE, Datensammlung, Demo-Programm, Fertigungsplanung, Management Software |
| **Zielgruppen** | k.A. |
| **Version** | 8.17 T |
| **Erstellungsdatum** | 13.03.1991 |

Das Kernstück des Systems ist die Betriebsdatenerfassung (BDE), eine Echtzeit-Anwendung, die weit über die reine Erfassung betrieblicher Daten hinausgeht: Produktionsüberwachung mit Soll-Ist-Vergleich zur Steigerung der Wirtschaftlichkeit, und Prozeßdatenerfassung und direkte Bewertung mit Alarmgenerierung zur Qualitätsüberwachung. Das Gesamtsystem WA 2000 setzt sich aus folgenden Komponenten zusammen: BDE Produktionsüberwachung, Datenbanksystem, SPC, Leitstand, Leitrechnersystem SetUp 2000. Das System ist modular aufgebaut, so daß es schrittweise an den Bedarf des Betriebes angepaßt werden kann. Eine Reihe von System-Erweiterungen runden das Funktionsspektrum ab: Maschinengruppen-Software, personenbezogene Datenerfassung, Auswertung von analogen Meßwerten, Auswertung von Maschinen-Alarmen, Anschluß an Leitrechner-Schnittstellen von Steuerungen. Das System WA 2000 kann für den Anschluß von mehr als 100 Maschinen und für mehrere Workstations ausgelegt werden. 1.1.Funktionen: In der Basisversion ist WA 2000 ein System, das die Betriebsdaten in Echtzeit an den Maschinen erfaßt und zentral auswertet. Folgende Daten werden erfaßt: Stillstandsgründe, -zeiten und -häufigkeiten, Meldungs- bzw. Alarmgründe, -zeiten und -häufigkeiten, Produzierte Teile (Brutto, Netto, Ausschuß nach Gründen), Maschinenzyklus, Maschinenzustand ("läuft", bzw. "läuft nicht","-zu schnell", "-zu langsam"; der Maschinenzustand wird aus der Abfolge der Zyklen ermittelt). System-Erweiterung erlauben zusätzlich die erfassung und Verarbeitung von Prozeßdaten, die durch Zeitmessungen (z. B. Teilzyklen), Meßwertübernahme als Analogwert oder Meßwertübernahme über eine Rechnerschnittstelle einer Maschinensteuerung. gewonnen werden. Ferner kann die Zuordnung von Stillstands- und Alarmgründen über digitale Eingänge erfolgen. Zusätzlich ist die automatische Erfassung von Ausschußmengen und -gründen möglich.

| | |
|---|---|
| **Betriebssysteme** | MS-DOS, OS/2 |
| **Softwareumgebung** | k.A. |
| **Hardwareumgebung** | IBM-compatible PC with min 512 KB memory, EGA card |
| **Preis** | 25 DM |
| **Bezugsbedingungen** | k.A. |

**Bezugsadresse**
Wille Automationstechnik
Vertrieb
Friedrich-Ebert-Str. 59
4750 Unna
02303/61039

**Autor**
Dr. Hans Wille
Wille Automationstechnik
Vertieb
4750 Unna

**Verfahrenstechnik**

## Regelungstechnik

| | |
|---|---|
| **Fachgebiete** | Elektrotechnik, Physik, Verfahrenstechnik |
| **Anwendungsbereiche** | Experiment, Prozeßmodell, Simulation, Lernsoftware |
| **Zielgruppen** | Studenten |
| **Version** | 2.0 |
| **Erstellungsdatum** | 09.11.1990 |

Das Programm Regelungstechnik dient der Simulation regelungstechnischer Prozesse im Zeitbereich. Dem Nutzer werden komplexe Übertragungsverhalten mit frei wählbaren Parametern in Form von Modulen angeboten, wobei diese beliebig miteinander kombiniert werden können. Diese Module entsprechen weitestgehen den Grundelementen eines Regelkreises bzw. den bekannten Grundgliedern. Das theoretische Modell eines Regelkreises kann durch Zerlegen in Grundglieder so aufbereitet werden, daß eine ablauffähige Simulation entsteht. Nach dem Erstellen einer solchen Struktur, wird dem Nutzer die Möglichkeit gegeben, mittels verschiedener Testsignale, das Zeitverhalten aufzunehmen, komplexe Zusammenhänge darzustellen und die Ergebnisse auf dem Bildschirm bzw. Drucker auszugeben. An diesen Modellen können Untersuchungen von Stabilitätskriterien sowie der Einfluß von Störsignalen vorgenommen werden. Die Ergebnisse dieser Untersuchungen bilden die Grundlage für die praktische Arbeit mit Analogrechnern.

Das dem Programm zugrunde liegende Konzept basiert auf der Theorie der Abtastsysteme (z-Transformation). Aus den Differentialgleichungen bekannter Übertragungsglieder wird mittels z-Transformation ein Programmalgorithmus aufgestellt. Durch die Verkettung mehrerer Algorithmen entstehen komplexe Systeme, die sequentiell abgetastet werden können.

Der Einsatz dieser Simulation kann sowohl in der individuellen, als auch in der Gruppen-Ausbildung erfolgen. Durch das Modulare Konzept des Programms wird dem Nutzer die Möglichkeit gegeben, vielfältige Aufgabenstellungen mit Hilfe des Computers in leicht überschaubarer Weise aufzuarbeiten bzw. zu lösen. Der Lehrinhalt des Programms zielt auf eine Erweiterung traditioneller Unterrichtskonzepte mit den funktionellen Möglichkeiten rechnergestützter Simulationen. Durch die Implementierung auf das Betriebssystem MS-DOS und der dadurch möglichen Erweiterung, konnte das Programm in vorliegender Version, einem breiteren Nutzerkreis zugänglich gemacht werden.

**Anerkennenswerte Leistung beim Deutschen Hochschul-Software-Preis 1991**

| | |
|---|---|
| **Betriebssysteme** | MS-DOS 3.x |
| **Softwareumgebung** | k.A. |
| **Hardwareumgebung** | AT; 640 KB; EGA/VGA; Festplatte; Grafikfähiger Nadeldrucker |
| **Preis** | 70 DM |
| **Bezugsbedingungen** | Schüler/Studenten 30,-DM |

**Bezugsadresse/Autor**
Hans Joachim Beyer
Ingenieurschule f. Automatisierung
Veltener Str.5
1422 Hennigsdorf
03302/24223

## Regelungstechnische Programmsammlung

| | |
|---|---|
| **Fachgebiete** | Elektrotechnik, Maschinenbau, Verfahrenstechnik |
| **Anwendungsbereiche** | 2 dim. Plotten, automatische Steuerung, überwachtes Lernen, Differentialgleichungen |
| **Zielgruppen** | Ingenieure, Wissenschaftler, Studenten |
| **Version** | 2.0 |
| **Erstellungsdatum** | 01.10.1991 |

Inhalt: Datenstrukturen zur Darstellung von Übertragungsgliedern; Grundlegende Dialogroutinen; Datenstrukturen, Prozeduren und Funktionen für die komplexe Rechnung; Zusammenschaltung von Übertragungsgliedern; Sprung- Impuls- und Rampenantwort offener und geschlossener Regelkreise; Stabilitätsbestimmung nach Hurwitz; Frequenzgangsortskurven (Nyquist-Verfahren); Frequenzkennlinien (Bode-Diagramme).

| | |
|---|---|
| **Betriebssysteme** | DR-DOS 5.x, MS-DOS 3.x, MS-DOS 4.x, MS-DOS 5.x |
| **Softwareumgebung** | k.A. |
| **Hardwareumgebung** | PC XT, ab 256 kB, CGA, Hercules oder VGA-Bildschirm |
| **Preis** | 40 DM |
| **Bezugsbedingungen** | Zuzüglich Kosten für Versand, Nachnahme, etc. |

**Bezugsadresse/Autor**
Prof. Dr.-Ing. Wilfried Koch
Dopplerweg 3
7082 Oberkochen
(07364) 5335

# Simulation

# Simulation

## 3Kugel

| | |
|---|---|
| **Fachgebiete** | Physik |
| **Anwendungsbereiche** | Lehrsimulation |
| **Zielgruppen** | k.A. |
| **Version** | k.A. |
| **Erstellungsdatum** | 19.01.1990 |

Das Programm "Drei-Kugel-Streuung" simuliert die klassische Streuung einer Kugel bzw. eines Massenpunktes an drei harten, frei positionierbaren Kugeln. In Abhängigkeit vom Stoßparameter kann das Verhalten des Systems beobachtet werden. Ausfallswinkel und Anzahl der Stöße mit den drei Kugeln werden aufgezeichnet und können anschließend graphisch dargestellt werden. Es ist möglich, Graphiken auf einem Laserdrucker (HP-LaserJet) auszudrucken. Von links wird ein Teilchen eingeschossen und seine Trajektorie verfolgt (die Geschwindigkeit der Darstellung kann im Hauptmenü eingestellt werden). Nachdem es das System verlassen hat, wird es mit verändertem Stoßparameter erneut eingeschossen. Die Stoßimulation ist beendet, sobald der eingestellte Stoßparameterbereich durchlaufen oder eine Taste gedrückt wurde. Auswertung: Die bei der Simulation errechneten Daten werden in zwei Diagrammen graphisch dargestellt, in denen die Anzahl der Stöße und der Winkel, unter dem das Teilchen das System verläßt, gegen den Stoßparameter aufgetragen sind.

| | |
|---|---|
| **Betriebssysteme** | MS-DOS 3.x |
| **Softwareumgebung** | k.A. |
| **Hardwareumgebung** | IBM AT/XT, math. Coprozessor, EGA-Graphik |
| **Preis** | k.A. |
| **Bezugsbedingungen** | k.A. |
| **ASK-SAM** | Das Programm kann über den Fileserver abgerufen werden. |

**Bezugsadresse**
Fileserver der ASK

**Autor**
Thomas Kettenring
Universität Kaiserslautern
FB Physik
6750 Kaiserslautern

## Ammoniaksynthese

| | |
|---|---|
| **Fachgebiete** | Chemie |
| **Anwendungsbereiche** | Ammoniak-Synthese, Lehrsimulation, Lehrsoftware, Graphik |
| **Zielgruppen** | k.A. |
| **Version** | 1.41 |
| **Erstellungsdatum** | 01.12.1990 |

Das Programm Ammoniak-Synthese möchte Gedanken zu folgenden Themengebieten stimulieren und damit Probleme des industriellen Alltags und die dafür entwickelten Lösungswege anschaulich machen: 1) Die Komplexierung großtechnischer Prozesse; 2) Die Einflußgrößen eines Verfahrens und ihre Wirkungen; 3) Die wirtschaftlichen Randbedingungen eines Produktionsverfahrens; 4) Die Betriebssicherheit von Produktionsanlagen; 5) Die Simulation des Anlagenverhaltens mit Computerprogrammen; 6) Die Optimierung der Betriebsparameter unter wechselnden Bedingungen; 7) Das spielerische Erlernen komplexer Zusammenhänge.

| | |
|---|---|
| **Betriebssysteme** | MS-DOS, PC-DOS |
| **Softwareumgebung** | k.A. |
| **Hardwareumgebung** | IBM PC; 512 KB; empfohlen 80286 CPU, 80287 Coprocessor; EGA/VGA/Hercules graphic-card |
| **Preis** | k.A. |
| **Bezugsbedingungen** | Für die Computerprogramme des Fonds der Chemischen Industrie ist der Kopierschutz aufgehoben; d.h., man kann eine beliebige Anzahl von Kopien anfertigen und weitergeben. |
| **ASK-SAM** | Das Programm kann über den Fileserver abgerufen werden. |

| **Bezugsadresse** | **Autor** |
|---|---|
| Fonds der Chemischen Industrie | Michael Dietz, Dr. Joachim Metter, |
| Karlstraße 21 | Dr. Jürgen Pfennig |
| 6000 Frankfurt am Main 1 | BIJO-DATA |
| 069/25 56 - 504 | 8702 Holzkirchen/Unterfranken |

# ANIMOVIB

| | |
|---|---|
| **Fachgebiete** | Chemie, Informatik, Physik |
| **Anwendungsbereiche** | 3 dim. Modell, Animation, CAL, rechnerunterstütztes Lernen, Molekulartheorie |
| **Zielgruppen** | Wissenschaftler |
| **Version** | 1.0 |
| **Erstellungsdatum** | 27.02.1991 |

Ein interessanter Aspekt der Molekültheorie ist die Berechnung von Molekülschwingungen. Die gedankliche Umsetzung der numerischen Resultate in die entsprechenden komplexen atomaren Bewegungsvorgänge kann sich mit wachsender Molekülgröße schnell dem Vorstellungsvermögen entziehen. 3D Animation solcher Bewegungen bietet sowohl qualitativ als auch quantitativ neue Möglichkeiten der Auswertung theoretisch berechneter Schwingungsspektren. Gleichzeitig ist 3D Animation von Molekülschwingungen eine ausgezeichnete Möglichkeit zur Vermittlung des Schwingungsverhaltens von Molekülen in der studentischen Ausbildung.

Für die Bahnkurven der Moleküle liefert die Schwingungsanalyse die inneren Koordinaten eines Moleküls in Abhängigkeit von der Zeit. Die Visualisierung dieser Bahnkurven auf dem Bildschirm erfordert ihre Transformation in eine kartesische Darstellung über eine Potenzreihenentwicklung. Die angemessene Vermittlung des krummlinigen Verlaufs der Bahnkurven verlangt über das bisher übliche Vorgehen hinaus wenigstens die Einbeziehung des quadratischen Terms der Potenzreihenentwicklung. Da die Quellendaten Ergebnis der Schwingungsanalyse in harmonischer Näherung sind, ist die hauptsätzliche Einsatzmöglichkeit die qualitative Veranschaulichung molekularer Schwingungsvorgänge. Um aus der Darstellung des Schwingungsverhaltens zum Beispiel Vorstellungen über die Reaktionsmöglichkeiten von Molekülen ableiten zu können oder eine möglichst genaue Bestimmung des für CAMD-Modelle interessanten Raumbedarfs (Untersuchung von Struktur-Wirkungsbeziehungen) zu erhalten, muß im Rahmen der Schwingungsanalyse über die harmonische Näherung hinausgegangen werden.

| | |
|---|---|
| **Betriebssysteme** | MS-DOS 3.x, VM/CMS |
| **Softwareumgebung** | Bestandteil des Programmpaketes ANIMOVIB ist das FORTRAN-Programm GF. FOR. Dieses Programm erfordert einen FORTRAN 77-Compiler. |
| **Hardwareumgebung** | IBM AT; ab 640 KB RAM; EGA Graphik-Karte mit 256 KB VIDEO-RAM; ca. 2 MB Festplatte; Koprozessor 80287 erforderlich; oder: IBM/370; ab 1 500 KB RAM; ca. 10 MB Festplatte; |
| **Preis** | k.A. |
| **Bezugsbedingungen** | Das Programm wird unentgeltlich abgegeben. Abgabe nur an Universitäten und Hochschulen. |

**Bezugsadresse**
Prof. Dr. Hans-Joachim Köhler
Universität Leipzig
Sektion Informatik
Augustusplatz 10-11
O-7010 Leipzig
71 92 395

**Autor**
Peter Birner, Holger Dachsel, Axel Uhlig
Universität Leipzig
Sektion Informatik
O-7010 Leipzig

# AnySIM

| | |
|---|---|
| **Fachgebiete** | Maschinenbau |
| **Anwendungsbereiche** | Anatomie, Animation, Lehrsoftware, Robotik, Simulationssoftware |
| **Zielgruppen** | Konstrukteure |
| **Version** | 4.1 |
| **Erstellungsdatum** | 01.07.1992 |

Das grafische 3D-Simulationspaket AnySIM umfaßt Teilmodule für vielseitige Anwendungsmöglichkeiten: AnySIM-COSIMAN: Anhand eines kinematischen Modells des Menschen, das mit 44 Achsen die menschliche Bewegungsfähigkeit nachbildet, können detaillierte Untersuchungen durchgeführt werden, z.B. ergonomische Arbeitsplatzgestaltung, Belastungsanalysen, Vorgabezeitermittlung nach dem MTM-Verfahren, Zugänglichkeit bei Montageoperationen, etc. AnySIM-NC: Bei der NC-Simulation wird die Fertigungssituation inklusive Werkstück, Werkzeugen, Spannung und Arbeitsraum der Maschine dreidimensional dargestellt. Kollisionen werden rechnerisch erkannt. Das NC-Programm kann in AnySIM editiert werden, so daß Fehler korrigiert und von neuem simuliert werden können.

Mit dem Kinematikmodul kann der Anwender Kinematiken definieren und Bewegungsabläufe programmieren. Die Einsatzmöglichkeiten gehen von der Einbausimulation (Überprüfung der kollisionsfreien Montierbarkeit) bis zum Virtual Prototyping: Bei der Maschinenkonstruktion kann bereits in der Konzeptionsphase ein Simulationsprototyp der Maschine erstellt werden. Untersuchungen des Arbeitsraumes (Kollisionsbetrachtungen) und des zu erwartenden Zeitverhaltens der Maschine oder Anlage können so frühzeitig erfolgen. Die frühere Fehlererkennung bei der Entwicklung reduziert die Fehlerbehebungskosten. Durch die Vermeidung von Korrekturschleifen kann der Entwicklungsprozeß beschleunigt werden.

AnySIM-Robotics: Die Robotersimulation erlaubt die Konfigurierung und Optimierung von Roboterzellen. Komponentenauswahl, Layouterstellung, Offline-Programmierung und Kollisionsüberwachung werden von AnySIM unterstützt. AnySIM-CAD: Die grafische 3D-Simulation setzt das Vorhandensein von 3D-Volumenmodellen zur Verfügung. Diese können über Schnittstellen (u.a. von EUCLID, CATIA, Pro Engineer, Solid Designer, ME30) eingelesen werden.

| | |
|---|---|
| **Betriebssysteme** | UNIX |
| **Softwareumgebung** | CAD-Systeme zur Übernahme von Geometriemodellen, Datenbankkopplung |
| **Hardwareumgebung** | HP700 Serie, IBM RISC 6000, SUN Evans & Sutherland ESV Serie, vergleichbare PEX-Rechner |
| **Sonderkonditionen** | Einzel-, Mehrfach- und Campuslizenzen auf Anfrage |
| | Geltungsbereich: Hochschulen, Fachhochschulen, sonstige öffentliche Bildungseinrichtungen |

**Bezugsadresse/Autor**

Günter Kummetsteiner, Stefan Linner
ifm
Institut f. Montageautomatisierung GmbH
Karl-Hammerschmidt-Str. 39
8011 Dornach
089/906191

Gerhard Volkwein
TU München
Institut f. Montageautomatisierung
Karl-Hammerschmidt-Str. 39
8011 Dornach
089/906191

## Biohochreaktor

| | |
|---|---|
| **Fachgebiete** | Biologie, Chemie |
| **Anwendungsbereiche** | Kläranlage, Lehrsimulation, Lehrsoftware |
| **Zielgruppen** | k.A. |
| **Version** | 1.41 |
| **Erstellungsdatum** | 01.12.1990 |

Das Programm zur Simulation der biologischen Abwasserreinigung soll dazu dienen, dem Schüler einen Einblick in die komplexen Vorgänge und Zusammenhänge in einer Abwasserreinigungsanlage zu gewähren. Damit dies auch für einen Schüler auf verständliche Art geschieht, wurden aus allen in einer solchen Anlage ablaufenden Reaktionen nur die wesentlichen Abläufe und Einflußgrößen berücksichtigt. Es wurden die Größen ausgewählt, deren Variation wesentliche Auswirkungen auf das Reinigungsergebnis erwarten läßt: Sauerstoffzufuhr, Verweilzeit, Belebtschlammkonzentration. Indem diese Auswahl stattgefunden hat, ist der erste Schritt von der Realität zum Modell vollzogen. Das Modell stellt nun eine Vereinfachung beziehungsweise Schematisierung der Realität dar, mit der dennoch die Abhängigkeiten zwischen den Simulationsgrößen erhalten und nicht nur qualitativ, sondern auch quantitativ bestimmbar bleiben. Außerdem erlauben es diese Größen, vereinfachte Berechnungen über die Anlagenbelastung anzustellen und bringen somit auch den Aspekt der Wirtschaftlichkeit in den Simulationsprozeß ein. Ein weiterer Vorteil der rechnergestützten Simulation ist, daß auch Simulationen durchgespielt werden können, die weit außerhalb der betrieblichen Praxis liegen, also in der Realität nie auftreten. Damit kann in einem Schüler das Bewußtsein für Grenzsituationen geweckt werden. Das Simulationsmodell ermöglicht weiterhin den Schritt vom spielerischen Ausprobieren und Beobachten der Veränderungen hin zur gezielten Optimierung der für die Abwasserreinigung wichtigen Anlagegrößen und damit zu einem Verständnis für die komplexen Vorgänge.

| | |
|---|---|
| **Betriebssysteme** | MS-DOS, PC-DOS |
| **Softwareumgebung** | k.A. |
| **Hardwareumgebung** | IBM-PC; 512 kB; empfohlen: 80286 CPU, 80287 Coprocessor; EGA/VGA/Hercules graphic card |
| **Preis** | k.A. |
| **Bezugsbedingungen** | Für die Computerprogramme des Fonds der Chemischen Industrie ist der Kopierschutz aufgehoben; d.h. man kann eine beliebige Zahl von Kopien anfertigen und weitergeben. |
| **ASK-SAM** | Das Programm kann über den Fileserver abgerufen werden. |

**Bezugsadresse**
Fonds der Chemischen Industrie
Karlstraße 21
6000 Frankfurt am Main
069/25 56 - 504

**Autor**
Michael Dietz, Dr. Joachim Metter,
Dr. Jürgen Pfennig
BIJO-DATA
8702 Holzkirchen/Unterfranken

## BlockSim

| | |
|---|---|
| **Fachgebiete** | Biologie, Chemie, Elektrotechnik, Maschinenbau |
| **Anwendungsbereiche** | Graphik, Echtzeit-Regelung, Kontrollsystem-Simulation, Simulationssoftware, Lernsoftware, Überwachungs-/Kontroll-Software |
| **Zielgruppen** | Regelungstechniker, Studenten |
| **Version** | 2.1 (PC); 1.1 (MAC) |
| **Erstellungsdatum** | 20.06.1991 |

BlockSim ist ein Programmpaket, das sowohl zur Simulation von zeitdiskreten Systemen, wie auch zur Ansteuerung, Meßdatenerfassung und Echtzeitregelung von technischen Prozessen entwickelt wurde. Eigenschaften von BlockSim: 1. Die Formulierung eines zu lösenden Problems erfolgt in graphischer Form, indem der Benutzer ein Blockdiagramm am Bildschirm zeichnet. Diese Beschreibungsform entspricht am ehesten dem ingenieurmäßigen Arbeiten. Einzelne mathematische Funktionen werden dabei durch Blöcke symbolisiert. Die Ausgänge eines Blocks errechnen sich aus seinen Eingängen und der Übertragungsfunktion. Blockausgänge können weiteren Blöcken als Eingang dienen. Dieser Daten- bzw. Signalfluß wird durch gerichtete Kanten zwischen den Blöcken dargestellt. Mit BlockSim läßt sich somit ein komplexeres System graphisch aus einer relativ kleinen Menge von einfachen Blöcken übersichtlich aufbauen. Der zeitliche Verlauf der am System beteiligten Signale kann nach einer Experimentausführung, d.h. Simulation oder Echtzeitregelung am Prozeß, beurteilt werden. 2. Durch die Unterstützung mit vordefinierten Blöcken AnalogIn (A/D-Wandlung) und AnalogOut (D/A-Wandlung) (IBM PC-Version) können in einfacher Weise Meßsignale von einem realen technischen Prozeß in das Blockdiagramm aufgenommen werden, bzw. beliebige Signale aus dem Blockdiagramm auf den Prozeß ausgegeben werden. 3. Die Benutzereingabe in Blockdiagrammform, sowie die einfache Prozeßkopplung erlauben eine sehr schnelle Problemlösung, wenn es darum geht, einen Prozeß mit definierten Signalen anzusteuern (z.B. Messung einer Sprungantwort) oder einen entworfenen Regler probeweise zu implementieren. Dazu ist keine Codegenerierung notwendig. Das gezeichnete Blockdiagramm wird direkt simuliert und die analogen Signalein- und -ausgänge am Rechner werden in Echtzeit angesprochen. 4. Es stehen verschiedene Regler (z.B. PID, Lead-Lag, Zweipunkt), diverse Signalgeneratoren (Sprung, Sinus, ...) und lineare Übertragungsfunktionen zur Verfügung.

| | |
|---|---|
| **Betriebssysteme** | MAC OS 6.0, MS-DOS 3.x |
| **Softwareumgebung** | Macintosh: keine; IBM PC: GEM-Desktop Version 3 |
| **Hardwareumgebung** | Apple Macintosh II; IBM AT (comp. ); 640 KB RAM; VGA; Harddisk; Cop. optional; Maus; f. Echtzeitver. auf IBM komp. PC: A/D- D/A-Wandlerkarte v. BurrBrown; |
| **Preis** | 50 SFr |
| **Bezugsbedingungen** | GEM-Desktop wird nur für Unterrichtszwecke abgegeben. |

| **Bezugsadresse/Autor** | **Autor** |
|---|---|
| Dipl.-Ing. (Univ.) Peter Kolb | Prof. Dr. Walter Schaufelberger |
| ETH-Zürich | Dipl. El.-Ing. ETH Martin Rickli |
| Institut für Automatik | ETH Zürich |
| Physikstr. 3 | Institut für Automatik |
| CH-8092 Zürich (Schweiz) | CH-8092 Zürich (Schweiz) |
| 0041-1-2562823 | |

# BRAINSIM

| | |
|---|---|
| **Fachgebiete** | Informatik, Biologie |
| **Anwendungsbereiche** | Ausbildung, Prozeßmodell, Simulationssoftware |
| **Zielgruppen** | k.A. |
| **Version** | 1.0 |
| **Erstellungsdatum** | 11.02.1991 |

Das vorliegende Modell ermöglicht es, systemintrinsische Charakteristika von neuronalen Netzen zunächst einmal frei von jedem Anwendungsbezug zu studieren. Im Modell interessieren die Einflüsse lokaler Variationen in der Architektur der Einzelelemente auf die Verrechnungscharakteristika des gesamten Netzwerkes. Hierzu sollen prinzipielle Eigenschaften von Netzwerksarchitekturen deutlich gemacht werden, um einen Neurowissenschaftler in einem derart einfachen Modell Einblicke in synergistische Phänomene zu ermöglichen, wie sie in ähnlicher, wenn auch sehr komplexer Form im Nervengewebe auftreten. "Brainsim" erlaubt es, systemintrinsische Eigenschaften artifizieller neuronaler Netzwerke zu untersuchen und damit Erkenntnisse über die Verrechnungscharakteristika eines solchen Netzwerkes zu gewinnen. Das Modell sucht mit extrem reduzierten Netzwerkkonfigurationsbedingungen zu arbeiten. Es wird ein vergleichsweise uniformes Geflecht einzelner Elemente angelegt, die in einfacher Weise miteinander verknüpft sind. Hierdurch ist es möglich, die Vernetzungscharakteristika des Modells auch in komplexeren Simulationsläufen einsichtig zu halten und von daher deren Effekt in einer Variation der Erregungscharakteristika des Netzwerks zu interpretieren. Die Größenordnung der Simulationsmatrix ist so gewählt, daß in ihren Konfigurationsbedingungen der Dimension bestimmter prominenter Untereinheiten des Insektengehirns, der sogenannten Pilzkörper, nahekommt. Da auch die Einzelelemente der Simulationsmatrix Eigenschaften besitzen, die zumindest nährungsweise Grundcharakteristika realer Nervenzellen umschreiben, ist für "Brainsim." eine Architektur gewonnen, die - mit allen Einschränkungen - Rueckschlüsse auf gewisse Grundeigenschaften realer neuronaler Netze erlaubt.

| | |
|---|---|
| **Betriebssysteme** | MS-DOS 3.x |
| **Softwareumgebung** | k.A. |
| **Hardwareumgebung** | IBM PC-AT; 640 KB RAM; VGA Graphik-Karte; Festplatte: 20 MB |
| **Preis** | k.A. |
| **Bezugsbedingungen** | Der Verkaufspreis ist noch offen. |

**Bezugsadresse/Autor**
Dr. Olaf Breidach
Universität Bonn
Institut für Angewandte Zoologie
An der Immenburg 1
5300 Bonn
0228/735 126

**Autor**
Rolf Heimbach, Ralf Müller
Universität Bonn
Institut für Angewandte Zoologie
5300 Bonn 1

## Bravo3 (R) CADAT (TM)

| | |
|---|---|
| **Fachgebiete** | Informatik |
| **Anwendungsbereiche** | Ingenieurwesen, Simulation |
| **Zielgruppen** | k.A. |
| **Version** | k.A. |
| **Erstellungsdatum** | k.A. |

Bravo3 (R) CADAT (TM) ist ein Logik-, Zeit- und Verwerfungssimulator für Elektronik-Entwickler. CADAT wird mit Bravo3 DESCAP (TM) (DESign CAPture) eingesetzt und befähigt den Ingenieur Stromlaufpläne zu entwickeln, deren Funktionen mit Hilfe der Software zu testen, auf logische Fehler durchzuprüfen und anschließend deren Funktionen zu optimieren, ohne dafür einen Prototyp entwerfen zu müssen. Weitere Funktionen von Bravo3 CADAT sind die umfangreiche Bibliothek digitaler Standardzellen und die höhere Programmiersprache zur Bauteilbeschreibung in BDL. Bravo3 ist ein eingetragenes Warenzeichen und DESCAP ist ein Warenzeichen der Schlumberger Technologies, Inc. CADAT ist ein Warenzeichen der HHB Softron, Inc.

| | |
|---|---|
| **Betriebssysteme** | VMS |
| **Softwareumgebung** | k.A. |
| **Hardwareumgebung** | VAX |
| **Preis** | k.A. |
| **Bezugsbedingungen** | k.A. |

**Bezugsadresse**
Schlumberger Technologies GmbH
CAD/CAM Division
Hahnstr. 70
6000 Frankfurt/Main 71
069/66403-0

# Simulation

## Bravo3 (R) SPICE

| | |
|---|---|
| **Fachgebiete** | Informatik |
| **Anwendungsbereiche** | Ingenieurwesen, Simulation |
| **Zielgruppen** | k.A. |
| **Version** | k.A. |
| **Erstellungsdatum** | k.A. |

Bravo3 (R) SPICE ist die erweiterte Ausgabe des, von der University of California in Berkley entwickelten, SPICE Programms (Version 2G5) und kann in Bravo3 DESign CAPture integriert werden. SPICE ist die Industrienorm der praxisnahen Simulation und Analyse analoger elektronischer Schaltungen und wird zum Entwurf von intergrierten oder gedruckten Schaltungen eingesetzt. SPICE unterstützt DC, AC und Momentananalysen und verfügt weiterhin über eine umfangreiche Bibliothek analoger Standardzellen. In Bravo3 SPICE sind für die vier gebräuchlichsten Halbleiterpläne bereits Modelle vorgegeben. Der Anwender kann jedoch für den eigenen Prozeß spezifische Kataloge von Simulationsmodellen anlegen. Bravo3 ist ein eingetragenes Warenzeichen der Schlumberger Technologies, Inc.

| | |
|---|---|
| **Betriebssysteme** | VMS |
| **Softwareumgebung** | k.A. |
| **Hardwareumgebung** | VAX |
| **Preis** | k.A. |
| **Bezugsbedingungen** | k.A. |

**Bezugsadresse**
Schlumberger Technologies GmbH
CAD/CAM Division
Hahnstr. 70
6000 Frankfurt/Main 71
069/66403-0

## C.A.P.'s NET

| | |
|---|---|
| **Fachgebiete** | Informatik |
| **Anwendungsbereiche** | Ausbildung, Simulationssoftware, Petri-Netze |
| **Zielgruppen** | Studenten |
| **Version** | 1.20 |
| **Erstellungsdatum** | 06.12.1991 |

Entwicklungsumgebung für gerichtete nat-Petri-Netze: Graphischer nat-Petri-Netz-Editor: Knoten-orientierte Eingabe; Erzeugen von Stellen und Transitionen; Eingabe von Texten zur Kommentierung der Netz-Knoten; Verschieben und Löschen von Stellen und Transitionen einschließlich aller ein- und auslaufenden Kanten; Inzidente Kanten-Eingabe (Bipartitheit und Gerichtetheit des Netzes wird überprüft); Farbliche Differenzierung: Stellen werden rot dargestellt, Transitionen blau, (=n)-Kanten gelb und Teilnetz-Kanten orange; Simulationsumgebung: Wahlweise manuelle oder automatische Netz-Fortschaltung; Anzahl der maximal simultan schaltenden Transitionen ist einstellbar; Die Aktivität des Netzes und die Netz-Zustände können am Bildschirm verfolgt werden.

C.A.P.'s NET war eines der Siegerprogramme beim SUN-Preis 1991 der RWTH Aachen.

| | |
|---|---|
| **Betriebssysteme** | MS-DOS 2.x, PC-DOS 2.x |
| **Softwareumgebung** | k.A. |
| **Hardwareumgebung** | IBM AT (comp. ); 384 KB RAM; Hercules, EGA, VGA, SVGA; Harddisk; Cop. optional; MS-Maus (optional); |
| **Preis** | k.A. |
| **Bezugsbedingungen** | Gegen Einsendung einer Diskette (5.25") und eines ausreichend frankierten Rueckumschlages verfügbar. Handbuch auf Anfrage gegen Unkostenbeitrag erhältlich. |
| **ASK-SAM** | Das Programm kann über den Fileserver abgerufen werden. |

**Bezugsadresse/Autor**

Cand. Inform. Matthias Frank
RWTH Aachen
Urftstraße 251
4050 Mönchengladbach 2
02166 / 34210

Cand. Inform. Volker Schmidt
RWTH Aachen
Grillparzerweg 40
4040 Neuss 21
02137 / 8690

# Simulation

## Collegium Enzymologicum

| | |
|---|---|
| **Fachgebiete** | Biologie, Chemie |
| **Anwendungsbereiche** | Datenauswertung, Experiment, Simulation, Lernsoftware |
| **Zielgruppen** | Einsteiger in die Enzymkinetik |
| **Version** | 1.0 |
| **Erstellungsdatum** | 27.07.1990 |

Das Programm stellt zusammen mit dem Lehrbuch "Enzymkinetik" eine elementare Einführung in die Kinetik und Enzymkinetik dar. Das Programm hat die Funktion eines "Heimlaboratoriums", mit dem Versuche aus beiden genannten Gebieten sowohl simuliert als auch ausgewertet werden können. Insbesondere sind Simulationen zu folgenden Themen möglich: KINETIK: Zeit-Umsatz-Kurve, Reaktionsgeschwindigkeit, Geschwindigkeitskonstante, Reaktionsordnung, Hin- und Rueckreaktion, Chemisches Gleichgewicht, Temperaturabhängigkeit der Reaktionsgeschwindigkeit, Aktivierungsenergie, Arrheniusgleichung, Katalyse; ENZYMKINETIK: Enzymatische versus chemische Reaktion, Michaelis-Menten-Kurve, Mechanismus einer enzymatischen Reaktion, ES-Komplex, Herleitung der Michaelis-Menten-Gleichung (rapid equilibrium und steady-state approach), Enzymaktivität, Graphische Darstellungen der Michaelis-Menten-Beziehung (V/S-, Lineweaver-Burk-, Eadie-Hofstee- und Hanes-Woolf-Diagramm), Bestimmung von Km und Vmax, Enzymhemmung (kompetitiv, nicht-kompetitiv, unkompetitiv, Mischtyp), Diagnose des Hemmtyps sowie Bestimmung der entsprechenden Hemmkonstanten (Ki-Werte), Kooperativität, Allosterie, Isoenzyme, Produkthemmung, Substrathemmung. Außer den Teilen "KINETIK" und "ENZYMKINETIK" enthält das Programm noch einen dritten, sogenannten "PRAKTISCHEN TEIL", der die Bestimmung der kinetischen Parameter Km und Vmax, die in der enzymologischen Praxis am häufigsten bestimmten Größen, aus eigenen Labormeßdaten erlaubt. Auf diese Weise behält das Programm auch nach dem Studium der Enzymkinetik für den im Labor tätigen Benutzer einen Wert. Die Berechnung von Km und Vmax ist mit zwei unterschiedlichen, voneinander unabhängigen Verfahren möglich; - die Meßdaten können graphisch auf vier verschiedene Weisen dargestellt werden; - die kinetischen Parameter lassen sich auch graphisch bestimmen; - Meßdaten können außer über die Tastatur auch aus einer externen Datei eingelesen werden; - Meßwerte und errechnete Daten können zwecks Dokumentation in einer Datei gespeichert werden; - Daten von bis zu 10 Experimenten lassen sich parallel bearbeiten.

**Teilnahme an der Endrunde und anerkennenswerte Leistung beim Deutschen Hochschul-Software-Preis 1991**

| | |
|---|---|
| **Betriebssysteme** | MS-DOS 2.x |
| **Softwareumgebung** | k.A. |
| **Hardwareumgebung** | IBM XT, AT und Kompatible; 293 Kbyte; MCGA, EGA, Hercules, IBM 8514, VGA oder PC 3270 |
| **Preis** | 78 DM |
| **Bezugsbedingungen** | k.A. |

**Bezugsadresse**
Verlag Urban und Schwarzenberg
8000 München

**Autor**
Dr. Jürgen Lüthje
Georg Thieme Verlag
7000 Stuttgart 70

## Copolymerisation

| | |
|---|---|
| **Fachgebiete** | Chemie |
| **Anwendungsbereiche** | Animation, Copolymerisation, Lehrsimulation, Lehrsoftware, Graphik |
| **Zielgruppen** | Schüler, Lehrkräfte, Studenten, Dozenten |
| **Version** | 1.41 |
| **Erstellungsdatum** | 01.12.1990 |

Das Programm "Copolymerisation" ist so aufgebaut, daß die wichtigsten Theorieelemente zur Hypothesenbildung bei Bedarf aus dem laufenden Simulationsprogramm aufgerufen und wiederholt werden können. Es wird so ermöglicht, daß Änderungen der Simulationsparameter sowohl spielerisch als auch vor dem Theoriehintergrund vorgenommen werden können. Handelsübliche Polymere sind immer häufiger Copolymere oder Mischungen (Blends) aus mehreren Monomerensorten. Eigenschaften wie Schlagfestigkeit, Zähigkeit und Temperaturbeständigkeit bei tieferen Temperaturen können so gezielter verändert und beeinflußt werden. Es wurde deshalb für die Simulation einer Polymerisationsreaktion auch eine Copolymerisation gewählt. Die Reaktionsabläufe einer Copolymerisation sind zwar komplexer als bei einer Homopolymerisation, eröffnen aber als willkommenen Begleiteffekt auch die bessere Möglichkeit zur Darstellung der Steuerbarkeit einer industriell durchgeführten Reaktion.

| | |
|---|---|
| **Betriebssysteme** | MS-DOS, PC-DOS |
| **Softwareumgebung** | k.A. |
| **Hardwareumgebung** | IBM-PC; 512 kB; empfohlen: 80286 CPU, 80287 Coprocessor; EGA/VGA/Hercules graphic card |
| **Preis** | k.A. |
| **Bezugsbedingungen** | Für die Programme des Fonds der Chemischen Industrie ist der Kopierschutz aufgehoben; d.h. man kann eine beliebige Anzahl von Kopien anfertigen und weitergeben. |
| **ASK-SAM** | Das Programm kann über den Fileserver abgerufen werden. |

| | |
|---|---|
| **Bezugsadresse** | **Autor** |
| Fonds der Chemischen Industrie | Michael Dietz, Dr. Joachim Metter |
| Karlstraße 21 | Dr. Jürgen Pfennig |
| 6000 Frankfurt am Main 1 | BIJO-DATA |
| 069/25 56 - 504 | 8702 Holzkirchen/Unterfranken |

## COSIMO (COmpilerSIMulatiOn)

| | |
|---|---|
| **Fachgebiete** | Informatik |
| **Anwendungsbereiche** | Compiler, Ausbildung, interaktives Lernsystem, Programmiersprachen, Simulation |
| **Zielgruppen** | k.A. |
| **Version** | 2.0 |
| **Erstellungsdatum** | 07.12.1991 |

Das Programm COSIMO dient zur Veranschaulichung der Arbeitsweise eines Compilers. Dies erfolgt am praktischen Beispiel der Übersetzung von beliebigen Pascal-Programmen, dabei können die einzelnen Übersetzungsschritte durch die grafische Darstellung der jeweils relevanten Übersetzungsregeln des aktuell bearbeiteten Quelltextausschnitts und von aktuellen Zwischenergebnissen der Übersetzung am Bildschirm mitverfolgt werden. Der Benutzer hat durch die Übersetzung jeweils anderer Quellprogramme unter Verwendung immer neuer Sprachkonstrukte einen quasi spielerischen Zugang zu dem anspruchsvollen Lerninhalt. COSIMO ist ein Compiler für Programme in der Programmiersprache S-PASCAL, eine didaktisch sinnvolle Teilmenge von Pascal, der nur die GOTO-Anweisung, Zeiger, Mengen und Dateien fehlen. Es ist möglich, die darzustellenden Phasen der Übersetzung auszuwählen und einen für die Darstellung relevanten Textbereich festzulegen. Damit kann die Darstellung der Übersetzung auch auf jeweils interessante Programmbereiche und Übersetzungsphasen beschränkt werden.

COSIMO zeichnet sich schließlich durch seine leichte Bedienbarkeit aus, da sich die Benutzeroberfläche weitestgehend an den bestehenden Standards für PC-Anwendungen orientiert. Ein hoher Grad an Benutzerfreundlichkeit wird zusätzlich durch ein integriertes, kontextsensitives Hilfesystem gewährleistet, das umfangreiche Informationen zur Bedienung von COSIMO und während der Übersetzungsphasen auch zu den aktuell relevanten Lerninhalten anbietet.

| | |
|---|---|
| **Betriebssysteme** | MS-DOS 3.x |
| **Softwareumgebung** | k.A. |
| **Hardwareumgebung** | IBM PC (comp. ); 640 KB RAM; Hercules, EGA, VGA; Cop. optional; MS-Maus (optional); |
| **Preis** | 60 DM |
| **Bezugsbedingungen** | Lieferung gegen Vorausscheck |

**Bezugsadresse/Autor**

Sven Malpricht
TH Darmstadt
Heinrich-Fuhr-Straße 15
6100 Darmstadt
06151/421053

Marc Manns
TH Darmstadt
Zierkirschenstraße 24
6143 Lorsch
06251/53745

Stephan Wöllner
TH Darmstadt
Am Pelz 81b
6100 Darmstadt
06151/311195

Harald Ullrich
TH Darmstadt
Auestraße 29
6057 Dietzenbach
06074/26909

# CUSYM

| | |
|---|---|
| **Fachgebiete** | Chemie, Mathematik, Physik |
| **Anwendungsbereiche** | Animation, Kristallographie, Bildverarbeitung, Symetrie |
| **Zielgruppen** | Studenten, Studenten |
| **Version** | 2.0 |
| **Erstellungsdatum** | 30.03.1992 |

Der Benutzer des Programms CUSYM (Computer-unterstützte Symmetrien) kann auf einem Papier beliebige Grundmuster in verschiedenen Farben vorgeben. Über ein Bilderkennungs- und -verarbeitungssystem wird dieses Grundmuster in den Rechner übertragen und menügesteuert können mit einer Maus beliebige der 17 bekannten Ebenensymmetrien ausgewählt werden. Das Grundmuster wird mit einer oder mehreren der gewählten mathematischen Symmetrien der Ebenengruppe im Rechner bearbeitet und das Ergebnis wird dann am Bildschirm (oder Farbdrucker) ausgegeben. PROGRAMMINHALTE: Kristalle sind bekanntlich regelmäßige Anordnungen von Atomen mit einem gewissen Abstand. Dies impliziert bereits wesentliche geometrische Eigenschaften und macht es möglich, Kristalle zu klassifizieren. Wichtigstes Hilfsmittel dazu ist die "Symmetriegruppe" eines Objekts, hier also eines Kristalls, klassifiziert werden Kristalle auf Grund der Symmetrien, die sie besitzen. Im Programm CUSYM sind die 17 möglichen Symmetrien der ebenen Kristalle implementiert und beliebige Eingabegrundmuster können damit behandelt werden. Bekanntlich spielen Symmetrien auch in der Kunst eine wichtige Rolle - man denke an die Arbeiten von Escher -, das Programm CUSYM bietet die einzigartige Möglichkeit, die Auswirkungen von Symmetrieoperationen auf beliebig vorgebbare Grundmuster praktisch in Realzeit veranschaulichen zu können.

| | |
|---|---|
| **Betriebssysteme** | VMS 5.3-1 |
| **Softwareumgebung** | GKSGRAL 7. 4/3. 2 |
| **Hardwareumgebung** | VAXstation 3100 GPX; 16 MB RAM; VGA; Harddisk: 104 MB; Cop. optional; RGB/View 2050 Video & Windowing System (Bildverarbeitungssystem); |
| **Preis** | k.A. |
| **Bezugsbedingungen** | k.A. |

**Bezugsadresse/Autor**

cand. phys. Peter Buchberger
Universität Karlsruhe
Inst. für Theoretische Teilchenphysik
Kaiserstraße 12
7500 Karlsruhe
0721/608-2076

Professor Henning Genz
Universität Karlsruhe
Inst. f. Theoretische Teilchenphysik
Kaiserstraße 12
7500 Karlsruhe
0721/608-3587

Professor Hans-Martin Staudenmaier
Universität Karlsruhe
Institut für Anwendungen der Informatik
Kaiserstraße 12
7500 Karlsruhe

## Doppelpendel

| | |
|---|---|
| **Fachgebiete** | Physik |
| **Anwendungsbereiche** | Differentialgleichungen, Mechanik, Simulation |
| **Zielgruppen** | Studenten, Dozenten |
| **Version** | k.A. |
| **Erstellungsdatum** | 17.12.1990 |

Simulation eines Doppelpendels (math.). Darstellung der Phasenräume und Energien. Vergleich verschiedener Näherungsverfahren zum Lösen von DGL. Berechnung von Poincare-Schnitten. Darstellung eines nichtlinearen physikalischen Systems. Der Computer ist hier bei diesem Problem die einzige Möglichkeit, die Bewegung des Doppelpendels in nichttrivialen Fällen zu bestimmen. (Die DGLn sind nicht analytisch lösbar).

**Anerkennenswerte Leistung beim Deutschen Hochschul-Software-Preis 1991**

| | |
|---|---|
| **Betriebssysteme** | MS-DOS 3.x |
| **Softwareumgebung** | k.A. |
| **Hardwareumgebung** | IBM-AT, min. 640KB, VGA, math. Koprozessor, Drucker möglich |
| **Preis** | k.A. |
| **Bezugsbedingungen** | k.A. |

**Bezugsadresse**  
Hans-Jürgen Jodl  
Universität Kaiserslautern  
FB Physik  
Erwin-Schrödinger-Str.  
6750 Kaiserslautern  

**Autor**  
Ralf Getto  
6701 Waldsee  

Christian Laue  
6501 Ludwigshöhe  

Boris Ruffing  
6652 Bexbach

## DYNAMIS-GEM

| | |
|---|---|
| **Fachgebiete** | Mathematik |
| **Anwendungsbereiche** | Analyse, graphischer Sprachinterpreter, Prozeßmodell, Simulation, Lernsoftware |
| **Zielgruppen** | k.A. |
| **Version** | 1.8 |
| **Erstellungsdatum** | 26.02.1991 |

DYNAMIS-GEM - Interaktives Simulationssystem ist primär ein Programm zur einfachen Modellbildung und Simulation von Systemen, die sich durch Differentialgleichungen 1. Ordnung beschreiben lassen. Es besteht aus mehreren Komponenten, die sich mit spezifischen Teilfunktionen befassen. So verfügt DYNAMIS-GEM über Editoren zur Manipulation von Diagrammen, Programmtexten und sog. Bezeichnerlisten. Es besitzt einen Interpretierer, mit dessen Hilfe Experimente mit den erzeugten Modellen durchgeführt werden können. Eine weitere Komponente erlaubt die Analyse der bei den Simulationen erzeugten Ergebnisdaten. Die übrigen Komponenten befassen sich mit der Verwaltung der Modelle und Ergebnisdaten, geben dem Benutzer bei Bedarf Hilfestellung oder sorgen für eine gute Zusammenarbeit der einzelnen Komponenten untereinander bzw. mit dem Benutzer. Die Programmkonzeption sieht hierbei vor, daß die Modellbildung sowohl auf graphischem Wege, als auch durch eine schriftliche (programmähnliche) Notation erfolgen kann. Beide Modellbildungsprozesse stehen gleichwertig nebeneinander. Der Ablauf der Modellbildung erfolgt in enger Interaktion mit DYNAMIS-GEM und wird von diesem durch die unterschiedlichen Sichten (Programm, Diagramm, Bezeichnerliste), die es dem Benutzer auf ein Modell gibt, in allen Phasen optimal unterstützt. Alle Funktionen des Programms sind aus einer integrierten, graphischen Benutzeroberfläche heraus erreichbar. Die Durchführung der Simulationsexperimente geschieht ebenfalls interaktiv. Der Benutzer kann laufende Experimente jederzeit stoppen, aktuelle Werte von Modellgrößen ändern oder die Simulation in einem Einzelschrittmodus ausführen lassen. Die Ergebnisse der Simulationsläufe werden in Ergebnisdateien gespeichert, die mittels der Ergebnisanalyse zu einem späteren Zeitpunkt untersucht werden können.

| | |
|---|---|
| **Betriebssysteme** | MS-DOS 3.x |
| **Softwareumgebung** | GEM 3.0 oder höher |
| **Hardwareumgebung** | IBM-Kompatibler PC/XT/AT/386/486; 640 KB; Herkules/EGA/VGA; 2 MB Harddisk; Koprozessor optional; Maus |
| **Preis** | 888 DM |
| **Bezugsbedingungen** | k.A. |

**Bezugsadresse/Autor**

Bert Möhlmann
Universität Hamburg
Fachbereich Informatik
Wiedenthaler Sand 3
2104 Hamburg 92
040/7968463

Frank Rolf
Universität Hamburg
Fachbereich Informatik
Marienthaler Straße 1
2000 Hamburg 26
040/252178

# EKIN

| | |
|---|---|
| **Fachgebiete** | Biologie |
| **Anwendungsbereiche** | Simulationssoftware, Tutorial |
| **Zielgruppen** | Studenten |
| **Version** | 1.0 |
| **Erstellungsdatum** | 26.02.1991 |

Mit Hilfe des Programms EKIN kann die Auswirkung von Parametern der Enzymkinetik, (Michaelis-Menten Kinetik) getestet werden. Dies wird dadurch erreicht, daß vom Benutzer Parameter vorgegeben werden, oder Optionen angewählt werden, und dann im Laufe einer Kinetiksimulation festgestellt werden kann, welche Auswirkungen die einzelnen Optionen auf das Reaktionsgeschehen haben. Im wesentlichen wird in dem Programm der Reaktionsablauf von 3 Enzymen modelliert, die über eine Substratketten miteinander verknüpft sind. Das heißt, das Produkt das Enzym 1 ist gleichzeitig das Substrat von Enzym 2. Das Produkt von Enzym 2 wiederum ist das Substrat von Enzym 3. Es können eingestellt werden, die Substratmengen zu Beginn, die Michaelis-Menten-Konstante, der Parameter Vmax, der die maximale Reaktionsgeschwindigkeit darstellt. Zusätzlich kann noch zwischen verschiedenen Arten der Enzymhemmung und Hemmstoffen ausgewählt werden.

**Anerkennenswerte Leistung beim Deutschen Hochschul-Software-Preis 1991**

| | |
|---|---|
| **Betriebssysteme** | MS-DOS 3.x |
| **Softwareumgebung** | k.A. |
| **Hardwareumgebung** | AT-kompatibel, 512 kB RAM, Grafikkarte: Hercules, CGA, EGA, VGA; evtl. 24 Nadeldrucker (360 dpi) |
| **Preis** | 70 DM |
| **Bezugsbedingungen** | 70.- für jurist. Personen des privat. und öffentl. Rechtes. Für Studenten und Privatpersonen gegen Rueckporto und Leerdiskette. |

**Bezugsadresse/Autor**
Stefan Richter
Universität Tübingen
Institut für Biologie I
Engelfriedshalde 8
7400 Tübingen
07071/64978

# FEDMAS (FEDer-MASse-Systeme)

| | |
|---|---|
| **Fachgebiete** | Informatik |
| **Anwendungsbereiche** | Ingenieurwesen, Simulation |
| **Zielgruppen** | k.A. |
| **Version** | k.A. |
| **Erstellungsdatum** | k.A. |

FEDMAS (FEDer-MASse-Systeme) dient zur numerischen Simulation des Bewegungsverhaltens federelastisch gekoppelter Starrkörpersysteme bei Schockanregung. Je nach angestrebter Güte der Ergebnisse kann das zu untersuchende System mittels Punktmassen oder durch Starrkörper mit realem Trägheitsverhalten abgebildet werden. Die die einzelnen Strukturkomponenten verbindenden Feder-Dämpfer-Elemente benutzen beliebig nicht lineare Kennungen, die für wichtige Marine-Lagerungselemente in einer Bibliothek zusammengefaßt sind. Die Dämpfung des Systems wird frequenzabhängig in einem strukturellen Ansatz berücksichtigt. Das Programm arbeitet mit einer "lumped maß" Formulierung mit expliziter Zeitintegration. Durch die Voranstellung eines Statikvorlaufes werden realistische Anfangsbedingungen erreicht. Die Anregung des Systems kann vielfältig durch Kraft-, Beschleunigungs- oder Wegverläufe erfolgen, wobei die Anregung nach der Bauvorschrift für Schiffe der Bundeswehr 043 eine besondere Option darstellt. Die Möglichkeiten zur Ergebnisdarstellung sind ebenfalls vielfältig. So existieren angeschlossene Postprozessing-Programme für Time-History-Plots, Fast Fourier Analyse und Grafik-Auswertung mit MOVIE.BYU.

| | |
|---|---|
| **Betriebssysteme** | UNIX, VMS |
| **Softwareumgebung** | k.A. |
| **Hardwareumgebung** | VAX |
| **Preis** | k.A. |
| **Bezugsbedingungen** | Preis: DM 19.000 - DM 25.000 |

**Bezugsadresse**
Industrieanlagen-Betriebsges. mbH
Einsteinstraße 20
8012 Ottobrunn

# Simulation

## FUMOCA

| | |
|---|---|
| **Fachgebiete** | Biologie, Chemie, Informatik |
| **Anwendungsbereiche** | Simulationssoftware |
| **Zielgruppen** | Studenten, Wissenschaftler |
| **Version** | 0.1 |
| **Erstellungsdatum** | 15.01.1991 |

Dem Programm liegt die Fragestellung zugrunde, unter welchen Bedingungen sich individualistisch verhaltende Subsysteme (Zellen) in einem gegebenen deterministischen Gesamtsystem durchzusetzen vermögen bzw. miteinander kooperieren. Die Subsysteme des Systems werden als Zellen eines linearen zellulären Automaten betrachtet. Der Zustand jeder Zelle wird durch einen dreikomponentigen Vektor gekennzeichnet, dessen Komponenten als Produktivität, Phase und Individualität bezeichnet werden. Das Programm ermöglicht 1) die (getrennte) graphische Darstellung der zeitlichen Entwicklung zweier Komponenten (Phase und Produktivität) der einzelnen Zellen des Vektorautomaten, 2) die graphische Darstellung der zeitlichen Entwicklung des Durchschnittsverhaltens einer Komponente (Produktivität) aller Zellen des Vektorautomaten, 3) die variable Einstellung von Vergleichs- und Bestimmungsgrößen des Regelwerks, das die Werte zweier Komponenten (Phase und Produktivität) der einzelnen Zellen mit jedem Zeitschritt neu berechnet, 4) die variable Einstellung der Wahrscheinlichkeitsverteilung für die freien (zufälligen) individuellen Entscheidungen der als Individualisten gekennzeichneten Zellen, 5) die variable Einstellung von Farbkombinationen für die graphische Darstellung der Automaten, 6) die variable Einstellung dreier unterschiedlicher Randbedingungen für die "erste" und "letzte" Zelle des Automaten, 7) die Wahl zwischen zufälliger, deterministischer und Einzelzellinitialisierung der drei Komponenten (Phase, Produktivität, Individualität) der einzelnen Zellen des Automaten, 8) das getrennte Speichern und Laden von Gruppen von Variablen- und Initialisierungswerten.

| | |
|---|---|
| **Betriebssysteme** | TOS |
| **Softwareumgebung** | k.A. |
| **Hardwareumgebung** | Atari 1040 ST / Mega ST; Maus |
| **Preis** | k.A. |
| **Bezugsbedingungen** | k.A. |

**Bezugsadresse/Autor**
Elisabeth Swart
Uni Bremen
c/o Dr. habil. Peter Jörg Plath
Emil-Trinkler-Str. 27/29
2800 Bremen 1
0421/234651

## furore

| | |
|---|---|
| **Fachgebiete** | Informatik, Elektrotechnik, Mathematik, Physik |
| **Anwendungsbereiche** | Datenanalyse, Signalverarbeitung, Spektren-Simulation |
| **Zielgruppen** | Studenten, Naturwissenschaftler |
| **Version** | 2.03 |
| **Erstellungsdatum** | 31.01.1990 |

Das Programm "furore" ist ein "wissenschaftlicher Taschenrechner" für Meßreihen mit graphischer Darstellung und sehr schneller und flexibler Mathematik. Die speziell bei Experimenten in der Physik immer wieder benötigten Operationen wie Differenzieren, Glätten, Integrieren, Falten, Entfalten, Spektralanalyse, Rauschanalyse, Korrelation sind schnell und einfach verfügbar. Da theoretische Modelle meist durch Gleichungen beschrieben sind, ist ein extrem schneller Formelinterpreter integriert, welcher im Klartext eingegebene Funktionen einer Variablen in eine (unsichtbare) Metasprache übersetzt, welche mit der nahezu vollen Maschinengeschwindigkeit abgearbeitet wird. Die direkte graphische Kontrolle ist nach jedem Eingabeschritt gegeben. Besonderer Wert ist auf die schnelle, komplexe Fouriertransformationstechnik gelegt, da der Übergang in den zugehörigen Fourierraum erst viele Operationen ermöglicht. So können in der Spektroskopie die Daten direkt vom Zeit- in den Frequenzbereich oder zurück gewandelt werden und im Fourierraum sehr effiziente Filtertechniken angewandt werden. Durch das Baukastenprinzip setzen sich kompliziertere Abläufe aus einer Hintereinanderausführung einfacher Grundoperationen zusammen. Sowohl Meßdaten als auch bearbeitete Daten oder erzeugte Funktionen lassen sich in flexibler Form auf Platte oder Diskette übertragen oder von dort einlesen. Durch den Formelinterpreter lassen sich sehr leicht Beispieldaten für Auswerteprogramme erzeugen und Meßdaten vollständig simulieren.

Ziel der Entwicklung war es, ein "taschenrechnerähnliches" Hilfswerkzeug für Meßreihen und Funktionen mit graphischer Darstellung zu erhalten. Grundidee ist die bei hp-Taschenrechnern bekannte "UPN-Philosophie", nach der jede Operation auf die gerade aktuelle "TOP-of-Stack" Kurve angewand wird und das Ergebnis sofort zur Weiterverwendung zur Verfügung steht. Dieses Konzept erleichtert wesentlich die Bedienung und trägt zur Flexibilität bei. Der Formelinterpreter entstand aus der in der Praxis immer wieder auftauchenden Forderung, theoretische Modellergebnisse graphisch in die Meßdaten einzublenden. Die Eingabe der Formel im Klartext ermöglicht ein in C geschriebener portabler Funktionsparser und Funktionsevaluator.

| | |
|---|---|
| **Betriebssysteme** | MS-DOS 2.x |
| **Softwareumgebung** | k.A. |
| **Hardwareumgebung** | PC, 512 KB; Herkules, EGA, VGA; Koprozessor wird unterstützt |
| **Preis** | k.A. |
| **Bezugsbedingungen** | Für Universitäten und Fachhochschulen frei verfügbar |
| **Bezugsadresse/Autor** | |

Dr. Gert Denninger
Universität Bayreuth
Experimentelle Physik II
Postf. 101251
8580 Bayreuth
0921/55-2606

# GC_Simul

| | |
|---|---|
| **Fachgebiete** | Chemie |
| **Anwendungsbereiche** | Lehrsimulation, Simulationssoftware |
| **Zielgruppen** | k.A. |
| **Version** | 1.0 |
| **Erstellungsdatum** | 10.04.1991 |

SIMUL simuliert auf Grundlage der Renewaltheorie eine gaschromatographische Trennung für beliebige Temperaturprogramme. Zuerst muß eine isotherme Eichmessung für jede Substanz, die simuliert werden soll, durchgeführt werden. Als Eingabeparameter aus dieser Eichmessung müssen Totzeit, Retentionszeit des Peaks, Temperatur, bei der die Eichmessung durchgeführt wurde, sowie die Halbhöhenbreite des Peaks ermittelt werden. Das Programm ist dann in der Lage für die Geräteparameter, die bei der Eichung eingestellt waren, eine Simulation durchzuführen. Die Parameter Säulenlänge und Temperatur der zu simulierenden Messungen können für jede Simulation neu eingegeben werden. Das Programm bietet ferner die Möglichkeit, die Simulation auch für temperaturprogrammierte Gaschromatographie durchzuführen.

| | |
|---|---|
| **Betriebssysteme** | MS-DOS 3.x |
| **Softwareumgebung** | Tektronix Emulator pcplot3 wird benötigt |
| **Hardwareumgebung** | IBM kompatibler mit Coprozessor |
| **Preis** | k.A. |
| **Bezugsbedingungen** | k.A. |
| **ASK-SAM** | Das Programm kann über den Fileserver abgerufen werden. |

**Bezugsadresse/Autor**

Andreas Bruchmann
Ruhr-Universität Bochum
Lehrstuhl für analytische Chemie
Universitätsstraße 150
4630 Bochum
0234/7004193

Peter Zinn
Ruhr-Universität Bochum
Universitätsstraße 150
4630 Bochum
0234/7004193

# GEOLAB

| | |
|---|---|
| **Fachgebiete** | Geographie |
| **Anwendungsbereiche** | 3 dim. Modell, Simulation, Lernsoftware, topographisches Kartenzeichnen |
| **Zielgruppen** | Schulen, Universitäten, Weiterbildung |
| **Version** | 1.2 |
| **Erstellungsdatum** | 01.11.1990 |

GEOLAB ermöglicht eine Einführung in Fragen der Landschaftsökologie und der allgemeinen physischen Geographie der Alpen mit Mitteln geographischer Informationssysteme und Simulationen. Das Programm gibt Einblicke in komplexe Wirkungsgefüge geoökologischer Prozesse mit besonderer Ruecksicht auf Gefahrenpotentiale, die durch menschliche Nutzung verursacht wurden. Zur Veranschaulichung solcher Prozesse bietet GEOLAB folgendes Instrumentarium: 1) Die Naturausstattung und die kulturlandschaftlichen Elemente verschiedener Beispielgebiete werden in verschiedene digitale 3D - Höhenmodelle abgebildet. Einzelne Elemente können vom Benutzer systematisch variiert werden, um so die Abhängigkeit der einzelnen Geofaktoren zu erkennen.

GEOLAB erlaubt damit Experimente, die so in der Realität nicht möglich sind. Der Benutzer kann beispielweise das Gestein räumlich differenziert verändern und die Konsequenzen dieser Änderung auf Böden und Vegetation nachvollziehen. 2) Die Simulationskomponente ermöglicht es, die wichtigsten Gefahrenpotentiale im Hochgebirge wie Erosion, Lawinen und Hochwasser und ihre Verknüpfung mit den im Programm hinterlegten Naturfaktoren räumlich differenziert zu untersuchen. Dauernde Entwicklungen, wie das Aufwachsen der Vegetation, werden mit ereignishaften Prozessen wie Erosion und Lawinen rückgekoppelt und auf dem Bildschirm sichtbar gemacht. 3) Um die Naturausstattung und die Simulationsergebnisse genau analysieren zu können sind umfangreiche Ausgabemöglichkeiten vorgesehen: Sowohl einzelne Raster als auch ganze Gruppen von Rasterfeldern können nach räumlichen und/oder thematischen Gesichtspunkten selektiert und auf ihre Standorteigenschaften untersucht werden. Diese Informationen (meist in Form von Verteilungsstatistiken) und alle thematischen Karten und Blockbilder können auch ausgedruckt werden.

Ein fiktiver oder realer, dreidimensionaler Landschaftsausschnitt (ca 3 x 3 km) mit den wichtigsten Ökotopen und Höhenstufen dient als Schauplatz für: - Hochwassergefährdung und Überschotterung im Talboden - Lawinenbruch in Bannwäldern - Muren und Erosion an Steilhängen - Schäden durch Vieh und Wild in allen Höhenstufen. Für alle Rasterfelder (Rasterweite 50-100 Meter) sind Informationen über Vegetations- und Bodentyp sowie geometrische Kennwerte (Hangneigung, Exposition usw.) im Modell enthalten und abrufbar. Die fachliche Grundlagen der Wissensbasis und der Simulationskomponente stammen aus Forschungen im Rahmen des UNESCO-Projektes Man und Biosphere (MAB) sowie aus Lehrbüchern der physischen Geographie und ihrer Nachbarwissenschaften. Während der Entwicklung des Programms wurde ein Schulversuch mit einem Prototyp an der Oberstufe eines Gymnasiums durchgeführt. An der Universität Frankfurt wurde eine systematische Evaluation mittels Fragebogen an Studenten der Anfangssemester im Studiengang Diplom-Geographie vorgenommen.

**Preisträger des Deutschen Hochschul-Software-Preises 1991**

**Betriebssysteme**     MS-DOS 3.x

# Simulation

| | |
|---|---|
| **Softwareumgebung** | k.A. |
| **Hardwareumgebung** | PC XT, AT; 640 KB; Hercules, EGA, VGA; Maus |
| **Preis** | 898 DM |
| **Bezugsbedingungen** | Rabatt für allgemeinbildende Schulen. |

**Bezugsadresse**
CoMet Verlag für Unterrichtssoftware
Pappenstraße 34
4100 Duisburg

**Autor**
Norbert u. Wofgang Bayer u. Wasser
computer informations systeme
6000 Frankfurt a. M. 50

Prof.Dr. Volker Albrecht
J.W. Goethe - Universität Frankfurt
Institut für Didaktik der Geographie
6000 Frankfurt a. M. 1

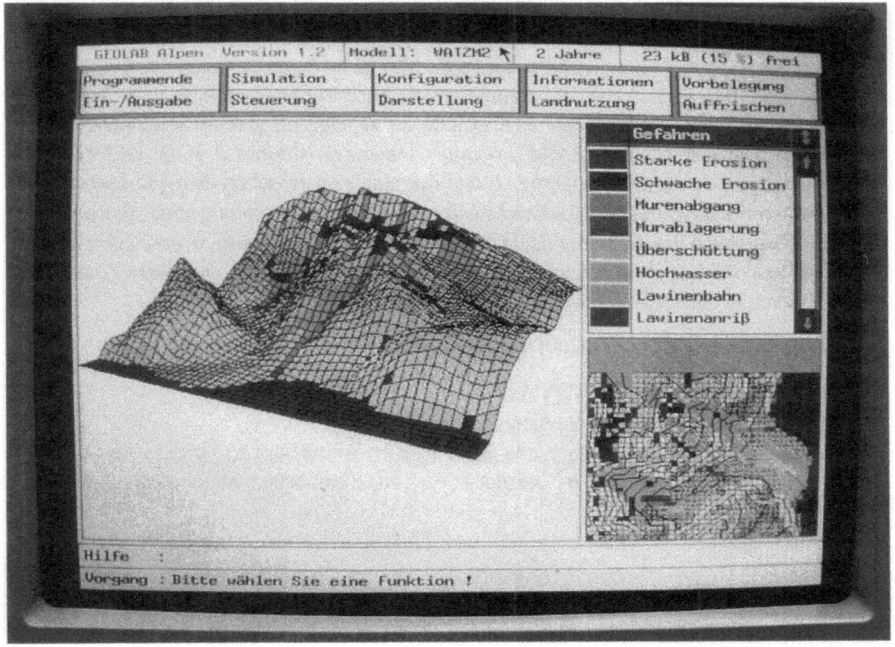

# GEMNMR

| | |
|---|---|
| **Fachgebiete** | Chemie |
| **Anwendungsbereiche** | Analyse, graphische Darstellung, Simulation, Spektren-Simulation |
| **Zielgruppen** | Chemiker |
| **Version** | 1.10 |
| **Erstellungsdatum** | 11.11.1991 |

Das Programm GEMNMR ermöglicht die Simulation zeitabhängiger NMR-Spektren. Dabei werden Parameter wie Relaxationszeit, Moleküldynamik und Molekülsymmetrie berücksichtigt. Die simulierten Spektren können auf dem Bildschirm manipuliert werden. Eine Ausgabe ist auf Druckern, Plottern oder in eine HPGL-Plotdatei möglich. Im letzteren Fall kann die Grafik mit geeigneten Textverarbeitungssystemen in Texte integriert werden. GEMNMR spricht insbesondere Studenten und Chemiker an, die NMR-Spektroskopie betreiben oder Vorlesungen zu diesem Thema besuchen oder halten. Im vorlesungsunterstützenden Einsatz ermöglicht es GEMNMR, die Auswirkungen der Molekül- und Meßparameter auf ein NMR-Spektrum anschaulich zu demonstrieren. Anhand von Beispielmolekülen ist es durch Variation der Eingabeparameter möglich, den Einfluß der Meßparameter, der chemischen Verschiebungen und Kopplungskonstanten sowie dynamischer Phänomene auf ein NMR-Spektrum anschaulich zu demonstrieren. Darüber hinaus hat der präparativ arbeitende Chemiker durch GEMNMR die Möglichkeit, NMR-Spektren zu analysieren und Korrelationen zwischen dem gemessenen und dem theoretisch zu erwartenden Spektrum herzustellen. Die Identifizierung neuer Verbindungen kann durch Vergleich des experimentellen mit dem theoretischen Spektrum erleichtert werden. GEMNMR ist in der Lage, dynamische Phänomeme zu berücksichtigen. In diesem Zusammenhang können z.B. Gleichgewichtskonstanten ermittelt werden.

**Anerkennenswerte Leistung beim Deutschen Hochschul-Software-Preis 1991**

| | |
|---|---|
| **Betriebssysteme** | PC-DOS, TOS |
| **Softwareumgebung** | IBM-Version benötigt GEM/3 |
| **Hardwareumgebung** | Atari ST/TT/Falcon; IBM PC XT, AT; 640 KB; EGA, VGA, Hercules; Intel mit spezieller Version 68881/68882; Maus empfehlenswert |
| **Preis** | k.A. |
| **Bezugsbedingungen** | k.A. |
| **ASK-SAM** | Das Programm kann über den Fileserver abgerufen werden. |

**Bezugsadresse/Autor**
Dipl. Chem. Uwe Seimet
Buchenlochstraße 29
6750 Kaiserslautern
0631/21237

# INSIDE80

| | |
|---|---|
| **Fachgebiete** | Informatik |
| **Anwendungsbereiche** | CAL, rechnerunterstütztes Lernen, Simulation, Lernsoftware, Visualisierung |
| **Zielgruppen** | Schüler, Studenten, Weiterbildung |
| **Version** | 1.2 |
| **Erstellungsdatum** | 23.11.1990 |

Das Programm dient der grafischen Veranschaulichung der Arbeitsweise von Digitalrechnern mit klassischer v. Neumann-Architektur. Grundlage hierzu bildet ein stark vereinfachtes grafisches Modell des Mikroprozessors Z80. Diese Grafik enthält Darstellungen der internen Busse des Prozessors, der wichtigsten Register, des Steuerwerks und der ALU. Durch animierte Grafiken werden in diesem Modell alle Aktivitäten des Prozessors beim Laden, Interpretieren und Ausführen eines Maschinenbefehls anschaulich dargestellt. Unterstützt wird die zentrale Darstellung des Prozessorinneren durch bei Bedarf erscheinenden überlappende Fenster in denen der Speicherzugriff, der Zugriff auf die PIO sowie eine Bildschirmausgabe und eine disassemblierte Fassung des gerade laufenden Programmkodes dargestellt werden. Der Detaillierungsgrad der Darstellung kann vom Nutzer in einem breiten Rahmen variiert werden. In der ausführlichsten Einstellung werden alle Phasen der Befehlsabwicklung unter Rueckgriff auf das Programmkode- und das Speicherfenster gezeigt. Durch schrittweises "Abschalten" einzelner Darstellungen kann auch eine Form erreicht werden, in der lediglich - wie bei einem Debugger - die nach einer Befehlsausführung vorliegenden neuen Registerstände gezeigt werden. Um die Demonstrationen für den Nutzer flexibel zu halten, verfügt das Programm über einen Editor mit Assembler, die dem Nutzer eine Entwicklung eigener Demonstrationen erlaubt. Hierbei ist das Programm in der Lage, eine Vielzahl verschiedener Demonstrationen zu verwalten. Das Programm faßt zusätzlich einen Einführungsteil, der die Funktion des Programms, den Aufbau einer Zentraleinheit, den Aufbau des Arbeitsspeichers und den Ablauf eines Speicherzugriffs erläutert und eine dem Editor/Assembler sowie der Demonstration zugeordnete Funktion, die einen Assemblerbefehl kurz in seiner Funktion erläutert und vorführt. Im Editor/Assembler kann ein bekannter Befehl direkt geschrieben oder aus einem Menü mit allen Befehlen ausgewählt und eingesetzt werden.

**Anerkennenswerte Leistung beim Deutschen Hochschul-Software-Preis 1991**

| | |
|---|---|
| **Betriebssysteme** | PC-DOS 3.x |
| **Softwareumgebung** | k.A. |
| **Hardwareumgebung** | IBM PC; 640KB; Hercules, EGA, VGA; Festplatte; Maus sinnvoll |
| **Preis** | k.A. |
| **Bezugsbedingungen** | Auf Anfrage |

| **Bezugsadresse/Autor** | **Autor** |
|---|---|
| Dr. Rolf Grap | Ralf Müller |
| RWTH Aachen | Ositron |
| IAW | IAW |
| Bergdriesch 27 | 5100 Aachen |
| 5100 Aachen | |
| 0241/80-4803 | |

## Katalytische Reinigung

| | |
|---|---|
| **Fachgebiete** | Chemie |
| **Anwendungsbereiche** | Animation, Katalyse, Lehrsimulation, Lehrsoftware, Graphik |
| **Zielgruppen** | k.A. |
| **Version** | 1.41 |
| **Erstellungsdatum** | 01.12.1990 |

Es wird ein einfaches Modell des Systems Auto-Motor-Katalysator dargestellt und simuliert. Das Programm arbeitet in "Echtzeit", d.h. alle Eingaben werden sofort wirksam und beeinflussen die angezeigten Ergebnisse. Ziel des Programms ist es, eine Teststrecke in möglichst kurzer Zeit und mit möglichst geringer Abgasemission zurückzulegen, wobei die gesamte Gemischaufbereitung im "Handbetrieb" erfolgt und nicht durch eine geregelte Einspritztechnik, wie dies im Kraftfahrzeug der Fall ist. Auf diese Weise erhält der "Experimentator" die Möglichkeit, alle wesentlichen Parameter beeinflussen zu können. Aufgrund des eingebauten Bestwertespeichers eignet sich das Programm darüber hinaus auch für einen kleinen Wettbewerb in einer Schulklasse.

| | |
|---|---|
| **Betriebssysteme** | MS-DOS, PC-DOS |
| **Softwareumgebung** | k.A. |
| **Hardwareumgebung** | IBM PC; 512 kB; empfohlen: 80286 CPU, 80287 Coprocessor; EGA/VGA/Hercules graphic card |
| **Preis** | k.A. |
| **Bezugsbedingungen** | Für die Computerprogramme des Fonds der Chemischen Industrie ist der Kopierschutz aufgehoben; d.h., man kann eine beliebige Anzahl von Kopien anfertigen und weitergeben. |
| **ASK-SAM** | Das Programm kann über den Fileserver abgerufen werden. |

**Bezugsadresse**
Fonds der Chemischen Industrie
Karlstraße 21
6000 Frankfurt am Main 1
069/25 56 - 504

**Autor**
Michael Dietz, Dr. Joachim Metter,
Dr. Jürgen Pfennig
BIJO-DATA
8702 Holzkirchen/Unterfranken

# Keil

| | |
|---|---|
| **Fachgebiete** | Physik |
| **Anwendungsbereiche** | Lehrsimulation, graphische Analyse, physikalische Anwendungen |
| **Zielgruppen** | k.A. |
| **Version** | 1.1 |
| **Erstellungsdatum** | 01.05.1991 |

Dieses Programm ermöglicht die Untersuchung chaotischer Dynamik anhand eines einfachen mechanischen Systems. Betrachtet wird ein ebener symmetrischer Keil, in dem sich unter dem Einfluß der Schwerkraft ein Massenpunkt bewegt. Die Bewegung des Teilchens kann im Orts- und Phasenraum verfolgt werden. Außerdem ist es möglich, den Öffnungswinkel des Keils und die Anfangsbedingungen zu ändern. Im Phasenraumdiagramm können Ausschnitte vergrößert werden.

| | |
|---|---|
| **Betriebssysteme** | MS-DOS |
| **Softwareumgebung** | k.A. |
| **Hardwareumgebung** | IBM-PC oder kompatible, mind. 256 kB RAM; Koprozessor 8087, 80287; EGA-Grafikkarte; ev. Drucker: HP-Laserjet, IBM-Graphikdrucker |
| **Preis** | k.A. |
| **Bezugsbedingungen** | k.A. |
| **ASK-SAM** | Das Programm kann über den Fileserver abgerufen werden. |

| **Bezugsadresse** | **Autor** |
|---|---|
| Hans-Jürgen Jodl | Stefan Steuerwald |
| Universität Kaiserslautern | Universität Kaiserlautern |
| FB Physik | FB Physik |
| Erwin-Schrödinger-Str. | 6750 Kaiseralautern |
| 6750 Kaiserslautern | |

# LAYERS

| | |
|---|---|
| **Fachgebiete** | Chemie, Physik |
| **Anwendungsbereiche** | graphische Darstellung, Graphikkunst, Spektren-Simulation |
| **Zielgruppen** | k.A. |
| **Version** | 13.02 |
| **Erstellungsdatum** | 31.01.1991 |

Mit LAYERS können gemessene Reflexions-, Transmissions- und Absorptionsspektren von beliebigen Schichtsystemen (max. 50 Schichten) unter schräger Inzidenz simuliert, ausgewertet, manipuliert und geplottet werden. Die Richtung des elektrischen Feldes ist entweder senkrecht (s-Polarisation), parallel (p-Polarisatiom) oder um 45 Grad gedreht zur Einfallsebene einzustellen. Im gewählten Frequenzintervall können maximal 4096 Datenpunkte gelegt werden. Eine eingelesene Messung kann zusammen mit den berechneten Daten auf dem Bildschirm dargestellt werden. Dies ermöglicht eine schnelle, manuelle Anpassung der theoretischen Spektren an die gemessenen Daten. EINGABE DER MODELL-PARAMETER: Für die Berechnung der Spektren muß die dielektrische Funktion der Einzelschicht bekannt sein. Sie kann entweder durch eine Modellfunktion oder durch ein Epsilon-Datenfile eingegeben werden. DIREKTE BERECHNUNG VON epsilon' und epsilon": Mit diesem Programmteil kann die komplexe dielektrische Funktion einer einzelnen Schicht direkt aus dem gemessenen Reflexions- und Transmissionsvermögen berechnet werden. DIE KOMPLEXE ADMITTANZ UND DAS KOMPLEXE AMPLITUDENREFLEXIONSVERMOEGEN: Die komplexe Admittanz (Amplitudenreflexionsvermögen) kann in Abhängigkeit der Schichtdicke bei einer festen Wellenzahl oder in Abhängigkeit der Wellenzahl bei festgehaltener Schichtdicke berechnet werden. Es besteht die Möglichkeit das Ergebnis in kartesischen Koordinaten (X-Achse: Realteil / Y-Achse: Imaginärteil) oder in Polarkoordinaten (Betrag und Phase) darzustellen. 3-DIMENSIONALE DARSTELLUNG VON SPEKTREN: Um den Einfluß von diversen Modellparametern auf das berechnete Spektrum zu verdeutlichen, besteht die Möglichkeit, eine einfache 3-dimensionale Ansicht der berechneten Spektren in Abhänigkeit eines Modellparameters zu erzeugen. Auf der X-Achse wird immer die Wellenzahl aufgetragen. Der ausgewählte Variationsparameter, zwischen den eingegebenen Intervallgrenzen, variiert den spektralen Verlauf in Y-Richtung.

**Anerkennenswerte Leistung beim Deutschen Hochschul-Software-Preis 1991**

| | |
|---|---|
| **Betriebssysteme** | MS-DOS 3.x |
| **Softwareumgebung** | k.A. |
| **Hardwareumgebung** | IBM PC-AT; 640 KB; Herkules, EGA, VGA oder SuperVGA; Koprozessor; Printer, Plotter (HP-GL Sprache) erforderlich |
| **Preis** | 2000 DM |
| **Bezugsbedingungen** | -20% Hochschulrabatt |
| **Bezugsadresse/Autor** | |

Dr. Bernhard Heinz
RWTH Aachen
I. Physikalisches Institut
Sommerfeldstraße
5100 Aachen
0241/807173

**Simulation** 275

## LINRK (LINearer RegelKreis)

| | |
|---|---|
| **Fachgebiete** | Elektrotechnik, Maschinenbau, Verfahrenstechnik |
| **Anwendungsbereiche** | Ausbildung, Simulation v. Maschinen, Kontrollsystem-Simulation |
| **Zielgruppen** | Regelungstechniker |
| **Version** | 2.2 |
| **Erstellungsdatum** | 23.08.1992 |

LINRK eignet sich zur Analyse linearer, einmaschiger Regelkreise im Zeit- und Frequenzbereich. Zulässig sind gebrochen rationale Übertragungs-Funktionen mit einem Gesamtgrad kleiner als 20. Mehrfache Polstellen dürfen Vielfachheiten kleiner als 5 besitzen. LINRK bietet dem Benutzer folgende Berechnungsarten an: - Auswertung der komplexen Übertragungs-Funktion $G(s=jw)$ zu jedem wählbaren Ausgang und die Darstellung von Betrag und Winkel bei festen Regelkreis-Parametern oder bei einer in bis zu 5 Schritten linearen Variation eines Parameters im BODE-DIAGRAMM für Regelkreis offen oder zu oder als ORTSKURVE in der G-Ebene für den offenen Regelkreis. - Darstellung der Pole und Nullstellen der komplexen Übertragungs-Funktion $G(s)$ zu jedem wählbaren Ausgang bei Regelkreis offen oder zu in der s-Ebene. - Auswertung und Darstellung der Stabilität des offenen oder geschlossenen Regelkreises bei der Variation eines Regelkreis-Parameters. - Berechnung und Darstellung der Wurzelortskurve (WOK) bei Regelkreis zu als Funktion der Regler-Konstante. Berechnung und Darstellung des Zeitverhaltens an jedem Ausgang für folgende Signaltypen bei W, Z1 und Z2 : - NULL; - Einheitsimpuls, Einheitssprung, Einheitsrampe; - Impuls, Sprung, Rampe (Kennwerte wählbar ) ; - Allgemeine Sinusfunktion (Kennwerte wählbar); bei offenem und geschlossenem Regelkreis, bei festen Parametern und mit einem variablen Parameter. Bei festen Parametern kann eine Tabelle Xaust(t), die Funktion Xaus(t) sowie die Funktion Xaus(s) ausgegeben werden. Die vorgesehenen Graphiken (farbige Darstellung möglich) erleichtern das Erfassen und Verarbeiten der Ergebnisse. - Dimensionierung von Reglern nach folgenden Methoden: - Ziegler/Nichols; - Chien/Reswick/Hrones; - Dynamische Kompensation; - Symmetrisches Optimum; - Betrags-Optimum; - Umrechnung von Polynomen ( Grad kleiner gleich 20 ) Summenform, Produktform.

**Anerkennenswerte Leistung beim Deutschen Hochschul-Software-Preis 1991**

| | |
|---|---|
| **Betriebssysteme** | MS-DOS 3.x |
| **Softwareumgebung** | k.A. |
| **Hardwareumgebung** | IBM PC/AT oder Kompatible; 640 KB RAM; EGA, VGA; Koprozessoren: 80X87 ; Drucker; |
| **Preis** | 440 DM |
| **Bezugsbedingungen** | Der Preis gilt für eine Lizenz. 20% Rabatt für Schulen und Hochschulen. |

**Bezugsadresse/Autor**
Prof. Dr. Eugen Müller
FH München
FB Elektrotechnik
Dachauer Straße 98b
8000 München 2
priv.: 08178/3984, dienst.: 089/12651380

## LORENTZ (Relativistischer Würfel)

| | |
|---|---|
| **Fachgebiete** | Physik |
| **Anwendungsbereiche** | Animation, Bewegungslehre, Ausbildung, Simulationssoftware |
| **Zielgruppen** | Dozenten, Studenten |
| **Version** | 3.0 |
| **Erstellungsdatum** | 26.03.1991 |

Das Programm bietet eine einführende Illustration zu der visuellen Sichtbarkeit relativistisch bewegter Körper und damit zu einigen grundlegenden Prinzipien der speziellen Relativitätstheorie (Endlichkeit der Geschwindigkeit, Unterschied zwischen Sehen und Beobachten). Die visuelle Sichtbarkeit der Form eines relativistisch bewegten Würfels und einer relativistisch bewegten Kugel wird in Form von bewegten perspektivischen Bildern gezeigt, wobei alle Parameter wie Geschwindigkeit, Entfernung vom Beobachter u. ä. frei wählbar sind.

**Preisträger des Deutschen Hochschul-Software-Preises 1991**

| | |
|---|---|
| **Betriebssysteme** | MS-DOS 2.x |
| **Softwareumgebung** | k.A. |
| **Hardwareumgebung** | IBM PC/XT/AT; 640 KB RAM; CGA, EGA oder Hercules Graphik-Karte; Festplatte: 480 KB; Koprozessor-Unterstützung auf Anfrage |
| **Preis** | 50 DM |
| **Bezugsbedingungen** | k.A. |

**Bezugsadresse/Autor**

Peter Jakesch  
Universität Wien  
Institut für Theoretische Physik  
Boltzmanngasse 5  
A-1090 Wien (Österreich)  
022/34-26-30/284

Prof. Roman v. Sexl  
A-1090 Wien (Österreich)

# Simulation

## MC68000

| | |
|---|---|
| **Fachgebiete** | Informatik |
| **Anwendungsbereiche** | Editor, integrierte Programmierumgebung, Simulation |
| **Zielgruppen** | k.A. |
| **Version** | 2.2 |
| **Erstellungsdatum** | 04.02.1991 |

MC68000 ist eine integrierte Programmentwicklungsumgebung, in der Assemblerprogramme für den Prozessor Motorola 68000 editiert, assembliert und per Simulation ausgeführt werden können. MC68000 unterstützt den vollen Befehlssatz dieses Prozessors und läuft auf allen IBM-kompatiblen PCs. Bei dem Assembler handelt es sich um einen Macro-Assembler mit folgenden Besonderheiten: Der Assembler erzeugt den Objektcode in einem für den Interpreter geeigneten Eingabeformat (ASCII-Datei). Daneben gibt es die Möglichkeit, den Assembler-Quelltext analysieren zu lassen, um daraus Assembler-Quelltext für andere, handelsübliche M68000- Assembler zu generieren. Die Eigenschaften des Zielassemblers werden dabei in einer Anpassungsdatei in standardisierter Form beschrieben. Alternativ hierzu können S-Records generiert werden, die sich zum Beispiel auf HP-Boards direkt herunter laden lassen. Der vom Interpreter ausführbare Maschinencode enthält die Quellzeilen als Kommentare und dazu Geschwindigkeitsinformationen, welche die Ausführungszeiten von Befehlsfolgen abschätzen helfen. Um die Lesbarkeit des Quelltextes zu erhöhen, kann wie bei höheren Programmiersprachen eine Blockstruktur festgelegt werden. Block-lokal deklariert werden Label, Macros und Equations.

Für die praktische Verwendung sind folgende Eigenschaften des Assemblers besonders nützlich: Es gibt eine Vielzahl von Direktiven, über die zum Beispiel bedingte Assemblierung oder die Verwendung von Include-Dateien (auch mehrstufig) angefordert werden können. Alle vom Assembler angesprochenen Dateien können in unterschiedlichen Verzeichnissen liegen. Es ist somit möglich, die Programme übersichtlich in Unterverzeichnisse zu ordnen und eine Assemblierung direkt aus diesen Verzeichnissen durchzuführen. Der Interpreter realisiert neben dem gesamten Befehlssatz auch den vollen Adreßraum (16 MBytes) des Prozessors Motorola 68000 - letzteres durch ein geeignetes Seitenaustauschverfahren.

**Anerkennenswerte Leistung beim Deutschen Hochschul-Software-Preis 1991**

| | |
|---|---|
| **Betriebssysteme** | MS-DOS 3.x |
| **Softwareumgebung** | k.A. |
| **Hardwareumgebung** | PC-XT/AT; 640 KB; Hercules, CGA, EGA, VGA; Festplatte 2 MB; Maus wird unterstützt |
| **Preis** | k.A. |
| **Bezugsbedingungen** | im Hochschulbereich, keine kommerzielle Nutzung |

**Bezugsadresse/Autor**
Dr. Lothar Schmitz
Universität der Bundeswehr München
Fakultät für Informatik
Werner-Heisenberg-Weg 39
8014 Neubiberg
089/60042140

**Autor**
Uwe Brobeil, Stefan Maly, Torsten Ziegler
Universität der Bundeswehr München
Fakultät für Informatik
8014 Neubiberg

# MOBIT

| | |
|---|---|
| **Fachgebiete** | Bauingenieurwesen, Geographie |
| **Anwendungsbereiche** | Ausbildung, Simulation, Verkehr(-swesen), Planungssoftware |
| **Zielgruppen** | Schulen, Hochschulen, Unternehmen, Verbände, Bürgerinitiativen |
| **Version** | 1.0 |
| **Erstellungsdatum** | 30.03.1992 |

MOBIT ist ein Simulationsprogramm zum Stadtverkehr in Mittel- und Großstädten Europas zu didaktischen Zwecken. Es soll Eigenschaften von Verkehrsplanungsstrategien transparent machen. Das Programm umfaßt die Simulation des Verkehrsgeschehens in einem Stadtbeispiel. Betrachtet werden die Verkehrsträger PKW, ÖPNV und Fahrrad. Die Berechnungsschritte sind dem klassischen "4-stufen-Algorithmus" nachgebildet: die Verkehrserzeugung (wieviele Personen fahren in den Stadtteilen los?); Verkehrsverteilung (wohin wird gefahren?); Verkehrsmittelwahl (welches ist das günstigste Verkehrsmittel?); Verkehrsumlegung (wie hoch ist das Verkehrsaufkommen auf den einzelnen Streckenabschnitten?). Der Schwerpunkt liegt dabei auf folgenden Fragestellungen: Wie hängen Stadtstruktur, Verkehrsnetze und Verkehrsaufkommen zusammen? Wie beeinflussen Reisezeiten und Fahrtkosten die Verkehrsmittelwahl? Wie vertragen sich Mobilitätsansprüche der Verkehrsteilnehmer und Eigenschaften der Verkehrsmittel? Welche Planungsszenarien haben welche Auswirkungen?

Arbeitsmöglichkeiten und Funktionen von MOBIT: Vielfältige planerische Eingriffsmöglichkeiten in Verkehrsnetze: Aus- und Rueckbau von Strassen- und Schienenverkehr; das Einführen von Bußpuren oder strassenunabhängigen Gleiskörpern von Strassenbahnen; Änderung der Frequenz einzelner ÖPNV-Linien; Begrenzung der Höchstgeschwindigkeit auf einzelnen Strassen; Anlegen verkehrsberuhigter Zonen; Ausbau der Fahrradinfrastruktur durch Radwege und Bike & Ride-Stationen usw. Eingriffsmöglichkeiten in die Stadt-, Bevölkerungs- und Arbeitsplatzstrukturen: Verändern der Bevölkerungsdichte in den Stadtteilen und/oder Rasterfeldern; Ändern von Stadtteiltypen (ein Wohngebiet wird z.B. zum Handels- und Dienstleistungszentrum); lokale Phänomene wie der Bau eines Bürohochhauses kann durch die Erhöhung der Arbeitsplätze in einem einzelnen Rasterfeld abgebildet werden; Veränderung der Arbeitsplätze in einem ganzen Stadtteil; die Bevölkerungsstruktur in einem Stadtteil kann durch Verschiebung der Anteile einzelner Gruppen (Erwerbstätige mit hohem Einkommen, Auszubildende, etc) vorgenommen werden; gleiches gilt für die Arbeitsplatzstruktur in einem Stadtteil (gut dotierte Industriearbeitsplätze können erhöht, Arbeitsplätze in Dienstleistungsbetrieben verringert werden); Flüsse und Berge können angelegt werden. Eingriffsmöglichkeiten, die nicht räumlich spezifiziert sind wie Variation der Fixkosten des PKW, des Bezins und der ÖPNV-Tarife, durchschnittlicher Besetzungsgrad der Autos, die Stärke des Einflusses der Reisekosten auf die Bevölkerung bei der Verkehrsmittelwahl usw. Ausgabe aller Informationen über Stadtteile, einzelne Rasterfelder, Verkehrswege, Verkehrsaufkommen etc. auf dem Bildschirm und Drucker. Graphische Ausgabe von thematischen Karten. Eigenständiges Aufbauen von Stadtbeispielen.

**Preisträger des Deutsch-Österreichischen Hochschul-Software-Preises 1992**

| | |
|---|---|
| **Betriebssysteme** | DR-DOS 4.x, MS-DOS 3.x |
| **Softwareumgebung** | Der Maustreiber muß aktiviert und die Maus in COM1 angeschlossen sein. |
| **Hardwareumgebung** | IBM AT (comp. ); 640 KB RAM; EGA, VGA Color; Harddisk; Cop. |

# Simulation

|  |  |
|---|---|
| | optional; Maus, optional Drucker; |
| **Preis** | 250 DM |
| **Bezugsbedingungen** | Mehrplatzversionen sind für 500 DM erhältlich |

**Bezugsadresse**  
Prof. Dr. Volker Albrecht  
Universität Frankfurt  
Institut für Didaktik der Geographie  
Schumannstr. 58  
6000 Frankfurt  
069/798-3569  

**Autor**  
Studienreferendar Stephan Sigler  
6350 Bad Nauheim  

Diplom-Geograph Reiner Dölger  
6000 Frankfurt  

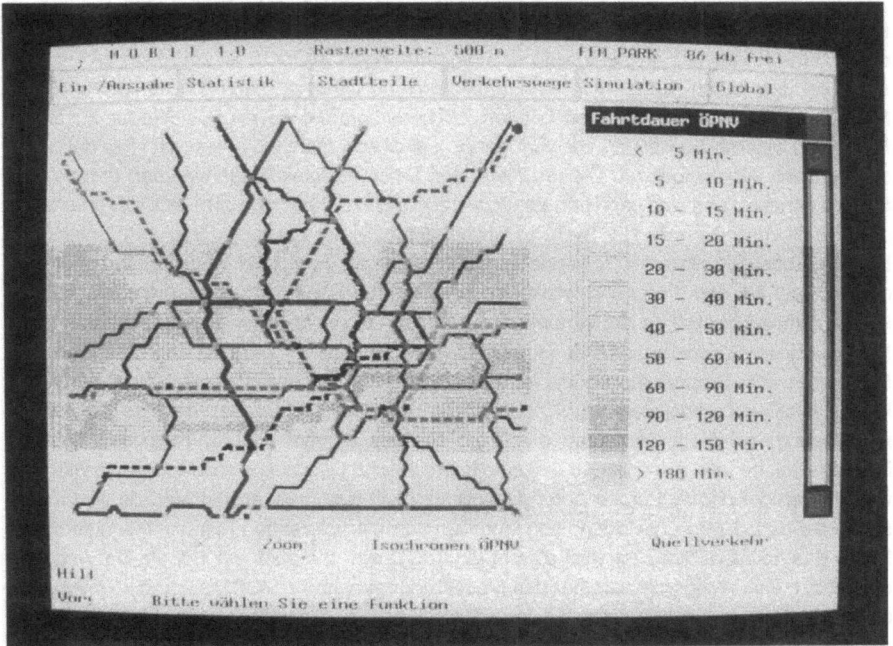

## Modus

| | |
|---|---|
| **Fachgebiete** | Mathematik, Allgemeines |
| **Anwendungsbereiche** | Graphikeditor, Modell-Software, Programmierumgebung, Simulation |
| **Zielgruppen** | Lernende, Lehrkräfte |
| **Version** | 1.0 |
| **Erstellungsdatum** | 20.02.1991 |

Das Modellbildungssystem MODUS dient der Modellierung und der Simulation von Modellen dynamischer Systeme, die sich durch Differentialgleichungssysteme Erster Ordnung darstellen lassen. Das Programm setzt keine Fertigkeiten in der Computerbedienung oder Betriebssystem-Kenntnisse voraus. Die gewählte Interaktionsstruktur und die Repräsentation der Modelle erlaubt eine Konzentration auf inhaltliche Fragestellungen. MODUS ist ein Modellbildungssystem, bei dem durch Aufbau von Strukturdiagrammen die Implementation der gewünschten Modelle erfolgt. In einem vektororientierten Zeichenprogramm stehen Symbole für Zustände, Raten und externe Funktionen zur Verfügung. Aus diesen Elementen wird mit Hilfe der Maus die Modellstruktur aufgebaut. Die resultierenden Differentialgleichungen werden daraus vom System generiert und sind dann den Benutzern zugänglich. Das Programm MODUS unterstützt die Modellierung dynamischer Systeme, wobei aufgrund der Leistungsfähigkeit (Funktionsbibliothek, Tabellenfunktionen, Teilmodellkonzept) auch sehr komplexe Modelle bearbeitet werden können. Mit dem Programm steht eine Lernumgebung zur Verfügung, die entdeckendes Lernen ermöglicht, weil es ein Menüsystem mit Informationscharakter enthält, ein gefahrloses Navigieren im Programm erlaubt (durch Rueckfragen des Programms bzw. Sperren und Entsperren von Programmoptionen je nach Arbeitsstatus) sowie Unterstützung durch ein kontextsensitives Hilfesystem. In MODUS ist ein Teilmodellkonzept realisiert, das die Zusammenfassung von Modellstrukturen durch ein einziges Symbol erlaubt. Teilmodelle können ihrerseits Teilmodelle enthalten, so daß eine hierarchische Darstellung von Modellen ermöglicht wird. Neben der dadurch erreichbaren Übersichtlichkeit auch sehr großer Modelle wird insbesondere die modulare Entwicklung von Modellen aus interagierenden Teilmodellen unterstützt. Durch das Teilmodellkonzept wird sowohl ein Top-Down- als auch ein Bottom-Up-Vorgehen unterstützt. Der Werkzeugcharakter des Modellbildungssystems MODUS und die Umsetzung als explorative Lernumgebung zielt nicht auf den Ersatz traditioneller Unterrichtsmedien, sondern auf die Erschließung neuer Inhalte (komplexe dynamische Systeme) und neuer Zugänge (strukturorientierte Entwicklung von Modellen) zu fachspezifischen Lerninhalten. Testfassungen des Programms wurden in verschiedenen Fächern an mehreren Universitäten (und auch an Schulen im Sekundarbereich I und II) erprobt. Die Ergebnisse dieser Erprobungen führten (neben der Beseitigung von Fehlern) teilweise von einer Modifikation der gewählten Interaktionsstruktur. Insgesamt bestätigten alle Einsätze, daß die Handhabung des Programms und die gewählte Repräsentation der Modelle ohne Schwierigkeiten von den Lernenden angewendet werden konnten, so daß die gewünschte Konzentration auf die inhaltlichen Fragestellungen gesichert wurde.

**Preisträger des Deutschen Hochschul-Software-Preises 1991**

| | |
|---|---|
| **Betriebssysteme** | MS-DOS 3.x |
| **Softwareumgebung** | k.A. |

# Simulation 281

| | |
|---|---|
| **Hardwareumgebung** | IBM PC; 640 KB; CGA, Herkules, EGA, VGA, AT&T; microsoft-kompatible Maus |
| **Preis** | 298 DM |
| **Bezugsbedingungen** | Einzel- und Mehrfach-Lizenzen möglich |

**Bezugsadresse**
CoMet Verlag für Unterrichtssoftware
Pappenstraße 34
4100 Duisburg

**Autor**
Werner Walser
Deut. Inst. f. Fernstudien an der Uni.
7400 Tübingen

Dr. Joachim Wedekind
Deut. Inst. f. Fernstudien an der Uni.
7400 Tübingen

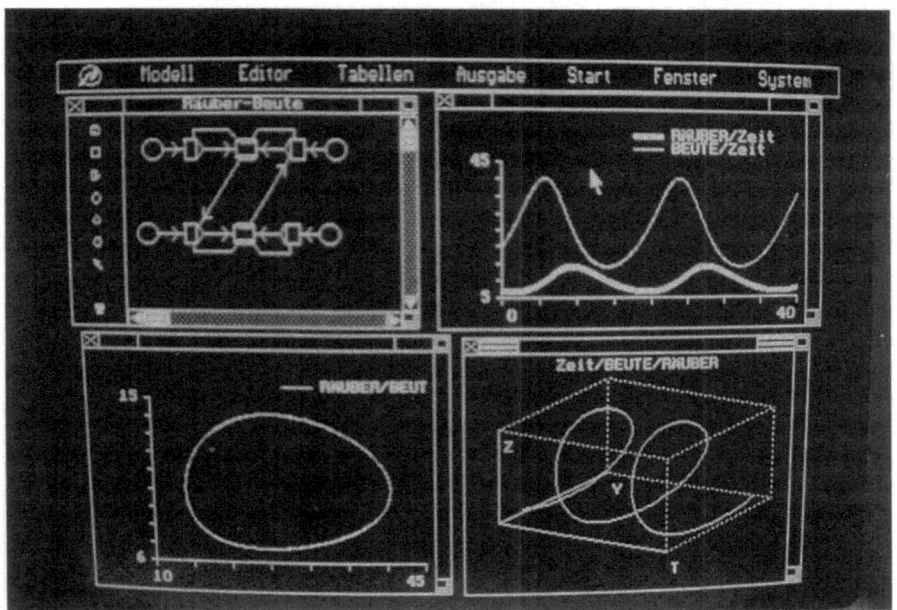

## N-SIM

| | |
|---|---|
| **Fachgebiete** | Agrarwissenschaften |
| **Anwendungsbereiche** | 4 GL Sprache, Graphik, Simulationssoftware |
| **Zielgruppen** | Studenten, Landwirte |
| **Version** | 2.0 |
| **Erstellungsdatum** | 18.02.1992 |

Das Programm N-SIM simuliert die Stickstoffdynamik in Boden und Pflanze für den Zeitraum Herbst bis Frühjahr. Während der Laufzeit werden die Veränderungen der Nitratgehalte im Boden, die Nitratauswaschung und die simulierte Stickstoffaufnahme durch den Pflanzenbestand graphisch am Bildschirm dargestellt. Zusätzlich können Informationen über den Mineralisierungsverlauf, die Biomasseentwicklung, den Verlauf von Wasserbilanzgrößen, die Veränderungen der Wassergehalte, und Witterungsverläufe graphisch aufbereitet werden.

Das Simulationsmodell N-SIM ist ein einfaches Wassermodell, welches den Boden in Schichten definierter Mächtigkeit und Speicherfähigkeit einteilt. Im einzelnen werden Evaporation und Transpiration, Oberflächenabfluß, Versickerung und kapillarer Wasseraufstieg simuliert. Hinsichtlich der N-Dynamik berücksichtigt das Modell N-SIM alle wichtigen Vorgänge wie Mineralisation, Immobilisation, Nitrifikation, Denitrifikation, mineralische und organische Düngung, sowie atmosphärische N-Einträge. Die verwendeten Ansätze zur Simulation der N-Transformationen stammen zum Großteil aus amerikanischen Modellen. Sie wurden jedoch in zahlreichen Punkten verändert und angepaßt.

Die Simulation von organischer Düngung und N-Deposition basiert auf eigenen Ansätzen, die aus Grundlagenuntersuchungen aus der Literatur abgeleitet wurden. Als Wachstumsmodell ist das CERES-Wheat-Modell nach Ritchie et al. integriert, welches Biomassebildung und phänologische Entwicklung von Winterweizen, sowie Stickstoffaufnahme und -verteilung in den einzelnen Pflanzenorganen simuliert.

Das Programm N-SIM wird seit dem Wintersemester 1990/91 im Lehrbetrieb mit Erfolg eingesetzt.

**Preisträger des Deutsch-Österreichischen Hochschul-Software-Preises 1992**

| | |
|---|---|
| **Betriebssysteme** | MS-DOS 3.x |
| **Softwareumgebung** | Microsoft-Windows 3. X |
| **Hardwareumgebung** | IBM AT 286, 386, 486 (comp. ); 3 MB RAM; VGA, SVGA (640x480, 800x600, 1028x768); Harddisk: 5 MB; 80287, 80387 (optional); MS-Maus; |
| **Preis** | k.A. |
| **Bezugsbedingungen** | Das Programm wird zur Zeit Interessenten für Testzwecke kostenlos zur Verfügung gestellt. |

**Bezugsadresse/Autor**
Dr. agr. Thomas Engel
TU München, Informatik im Pflanzenbau
Lange Point 51, 8050 Freising-Weihenstephan
08161/714120

# NETLAB

| | |
|---|---|
| **Fachgebiete** | Informatik, Elektrotechnik, Maschinenbau |
| **Anwendungsbereiche** | Analyse, Animation, Graphikeditor, Simulation, Petri-Netze |
| **Zielgruppen** | Studenten, Wissenschaftler |
| **Version** | 4.9 |
| **Erstellungsdatum** | 21.01.1991 |

Das Programm NETLAB stellt eine integrierte Entwicklungs- und Analyseumgebung für Petri-Netze zur Verfügung. Es besteht aus einem graphischen Editor mit interaktiver Syntaxprüfung, einem Animationsmodul und Modulen zur graphentheoretischen und algebraischen Analyse von Petri-Netzen. Diese Wirkung wird durch die Verwendung von graphischem Editor und Animation unterstützt. Weiterhin sollen die Bedeutung der Petri-Netze für die Automatisierungstechnik und die Möglichkeiten des Einsatzes in der Steuerungstechnik erkannt werden. Durch die kompakte Integration der einzelnen Programmteile von NETLAB kann beim Benutzer die Fähigkeit zur abstrakten Modellierung von Systemen in dem Kreislauf: "Wirklichkeit, reduziertes Modell als Petri-Netz, Analyse, Übertragung der Ergebnisse auf die Wirklichkeit und gegebenenfalls erneute Modellierung" geschult werden. Das vorliegende Programm soll die Ergebnisse, die Mathematiker und Informatiker auf dem Gebiet der Petri-Netze erarbeitet haben, aufbereiten und für Anwendungen in den Ingenieurwissenschaften zugänglich machen. In NETLAB werden als Analyseverfahren die Erstellung von Erreichbarkeitsgraphen, die Kondensation von Erreichbarkeitsgraphen und die Berechnung von Invarianten unterstützt. Das Programm setzt Methoden der Computergraphik zum anschaulichen, interaktiven Entwurf von Petri-Netzen ein, realisiert die Umsetzung in ein rechnerinternes Netzabbild und führt rechnergestützte Simulationen und Analysen durch.

**Anerkennenswerte Leistung beim Deutschen Hochschul-Software-Preis 1991**

| | |
|---|---|
| **Betriebssysteme** | MS-DOS 3.x, MS-DOS 4.x |
| **Softwareumgebung** | k.A. |
| **Hardwareumgebung** | IBM-PS2, IBM PC-AT; 640KB; VGA (640x480/16); Festplatte; Serielle Microsoft Maus; 24-Nadel-Drucker (Epson, NEC) |
| **Preis** | 200 DM |
| **Bezugsbedingungen** | k.A. |
| **Sonderkonditionen** | Hochschulrabatt 60% |

**Bezugsadresse/Autor**

Dr. Dirk Abel
RWTH Aachen
Institut für Regelungstechnik
Steinbachstraße 54
5100 Aachen
0241/807500

Stephan Rauber, Werner Seiche
RWTH Aachen
Institut für Regelungstechnik
Steinbachstraße 54
5100 Aachen
0241/807500

## NeuroSim

| | |
|---|---|
| **Fachgebiete** | Informatik, Mathematik |
| **Anwendungsbereiche** | Konnektionismus, Neuronale Netze, Simulation |
| **Zielgruppen** | Studenten |
| **Version** | 1.0 |
| **Erstellungsdatum** | 30.05.1990 |

Das Programm ist ein universeller Simulator neuronaler Netze. Es besteht aus einem Simulatorkern und einer integrierten graphischen Oberfläche zur Visualisierung, Erzeugung und Modifikation der untersuchten neuronalen Netze. Der Simulatorkern verwaltet die interne Repräsentation der neuronalen Netze und führt alle Operationen für die Simulation in der Arbeits- und der Lernphase durch. Er realisiert eine effiziente Speicherung und Manipulation der Netze. Die graphische Benutzerschnittstelle stellt die Topologie und den Zustand des Netzwerks dar. Sie ermöglicht es auch, neuronale Netze interaktiv zu konstruieren und zu ändern. Sie gibt je nach vorhandener Hardware eine schwarz/weiße bzw. farbige Darstellung der Topologie und der Aktivität des neuronalen Netzes. Die gesamte Interaktion des Simulators ist Maus- und Menügesteuert und sehr gut an die Macintosh-Oberfläche angepaßt. Beim Entwurf wurde großer Wert darauf gelegt, daß der Simulator einfach durch andere Aktivierungsfunktionen, Propagierungsfunktionen und Lernregeln erweiterbar ist. Diese können einfach in Pascal geschrieben und in den vorhandenen Simulator eingebunden werden. Durch eine spezielle Trace-Funktion läßt sich NeuroSim in Verbindung mit einem LCD-Overhead-Projektionsdisplay auch zur Unterstützung von Vorlesungen oder Tutorien zur Visualisierung der Verarbeitung neuronaler Netze einsetzen. Zum Kennenlernen der Konzepte konnektionistischer Modelle mit NeuroSim sind keine Programmierkenntnisse nötig. Für eine mögliche Erweiterung des Systems durch selbstdefinierte Funktionen und Lernverfahren sind dagegen Pascal-Programmierkenntnisse und Kenntnisse der Macintosh Toolbox notwendig.

**Anerkennenswerte Leistung beim Deutschen Hochschul-Software-Preis 1991**

| | |
|---|---|
| **Betriebssysteme** | MAC OS 6.0 |
| **Softwareumgebung** | Think Lightspeed Pascal 2.0 oder größer, falls selbst geschriebene Lernverfahren eingebaut werden sollen. |
| **Hardwareumgebung** | Macintosh II, IIcx, IIci, IIfx, IIsi mit num. Koprozessor; 2 MB |
| **Preis** | k.A. |
| **Bezugsbedingungen** | Verwendung in kommerziellen Anwendungen nur nach schriftl. Vereinbarung |

**Bezugsadresse**
Dr. Andreas Zell
Universität Stuttgart
IPVR
Breitwiesenstr. 20-22
7000 Stuttgart 80
0711/7816-350

**Autor**
Christof Sonntag
Universität Stuttgart
IPVR
7000 Stuttgart 80

# Oszilla

| | |
|---|---|
| **Fachgebiete** | Physik |
| **Anwendungsbereiche** | Analyse, Experiment, Numerik, Simulation, Lernsoftware |
| **Zielgruppen** | Studenten, Forscher |
| **Version** | 3.0 |
| **Erstellungsdatum** | 24.02.1991 |

Das Programm OSZILLA ist ein Simulationsprogramm für Schwingungen, die mit Differentialgleichungen beschrieben werden können. Im Programm ist eine allgemeine Differentialgleichung implementiert, die zum Beispiel die Simulation eines Duffing-Oszillators ermöglicht. Durch Nullsetzen von Parametern ist es jedoch möglich, Schwingungen zu simulieren, die auf einfacheren Differentialgleichungen beruhen. Die Charakteristik der Schwingung kann jederzeit durch laden einer Parameterdatei, durch Veränderung eines Parameters der Differentialgleichung oder durch das Rücksetzen auf den initialen Zustand verändert werden. Die Grafik kann in beiden Achsen skaliert werden, auf Wunsch paßt sich die Skalierung auch automatisch der Schwingung an. Die Schwingung kann im Amplituden- oder Phasenmodus angezeigt werden, zusätzlich kann auch noch die Erregerschwingung überblendet werden. Im Augenblick sind zwei verschiedene Erregerschwingungen auswählbar; eine Cosinus- und eine Maeandererregung. Der Quellcode kann jedoch leicht um weitere Funktionen erweitert werden. Eine Fourieranalyse der Schwingung ist jederzeit möglich. Dabei können auch subharmonische Schwingungsanteile erkannt werden. Die Fourierkoeffizienten können in eine Datei geschrieben oder ausgedruckt werden, das Balkendiagramm der Fourierkoeffizienten wie auch der normale Bildschirm können als Grafik auf einem Laserdrucker ausgegeben werden.

| | |
|---|---|
| **Betriebssysteme** | MS-DOS 3.x |
| **Softwareumgebung** | k.A. |
| **Hardwareumgebung** | PC/XT/AT; 640 KB; Hercules; 20 MB |
| **Preis** | 50 DM |
| **Bezugsbedingungen** | k.A. |

**Bezugsadresse/Autor**

| | |
|---|---|
| Patrick Dockhorn | Georg Schifferdecker |
| Klosterweg 28 - Zimmer I201 | Universität Karlsruhe (TH) |
| 7500 Karlsruhe 1 | Füsslinstraße 12 |
| 0721/6904-257 | 7500 Karlsruhe 1 |
| | 0721/621442 |

## PACE

| | |
|---|---|
| **Fachgebiete** | Informatik |
| **Anwendungsbereiche** | Ingenieurwesen, Simulation |
| **Zielgruppen** | k.A. |
| **Version** | k.A. |
| **Erstellungsdatum** | k.A. |

PACE (Prototyping, Analysis and Code-Generation Environment) ist ein grafisch-interaktives Simulations- und Prototyping-Werkzeug auf der Basis von erweiterten Petri-Netzen. Problemstellungen aus der Fertigungstechnik, Logistik, verteilten Kommunikationsnetzen oder allgemeinen parallelen Ablaufprozessen können modelliert und visualisiert werden. Eine dynamische Simulation zeigt die generelle Machbarkeit, das Zeitverhalten und eventuelle Systemengpaesse auf. Eine Animation, d.h. ein grafisches "Ablaufen" des Systems auf dem Bildschirm, veranschaulicht das Verhalten. PACE besteht auf einem grafischen Editor, dem Simulator und Animator, einem Performance-Analyzer, einer Dokumentations- und Codegeneration sowie Online Help-, Tutorial- und Manualbrowser. PACE ist über Menüs / Windows / Maussteürung einfach zu bedienen und zu erlernen.

| | |
|---|---|
| **Betriebssysteme** | ULTRIX |
| **Softwareumgebung** | k.A. |
| **Hardwareumgebung** | RISC, RISC/ULTRIX |
| **Preis** | k.A. |
| **Bezugsbedingungen** | Preis: DM 11.000 - DM 15.000 |
| **Bezugsadresse** | |

GPP Ges. für Prozeßrechnerprogramm.
Kolpingring 18a
8024 Oberhaching

# PDP-Graph

| | |
|---|---|
| **Fachgebiete** | Biologie, Informatik, Mathematik, Physik |
| **Anwendungsbereiche** | Konnektionismus, graphische Darstellung, Neuronale Netze, Simulation, Visualisierung |
| **Zielgruppen** | Studenten, industrielle Anwender, Wissenschaftler |
| **Version** | 3.1 |
| **Erstellungsdatum** | 26.02.1991 |

Das Programm ist für Lehre und Forschung entwickelt worden. Es dient einerseits der Entwicklung, Simulation und Analyse Neuronaler Netze und andererseits der Vermittlung ihrer Funktionsweise durch Visualisierung von Struktur- und Zeitverhalten konstruierter Modelle.

Das Programm ermöglicht es, alle gängigen neuronalen Netzwerk-Modelle zu studieren und für eigene Probleme zu verwenden. Unterstützt werden sowohl "klassische" Modelle wie das "Perzeptron" als auch aktuelle Modelle wie das "Back-Propagation". Die verfügbaren Modelle sind in vier Module aufgeteilt: das Back-Propagation Modul (Modelle: Hebb, Delta, Perzeptron, Back-Propagation, Jordan, Elman, Recurrent, Cascade), das Competitive Learning Modul (Modelle: Competitive Learning, Kohonen-Modell, ART1), das Constraint Satisfaction Modul (Modelle: Hebb, Delta, BSB, Hopfield, Boltzmann) und das Reinforcement Learning Modul (Modelle: Undelayed, Delayed). Eine alle Modelle integrierende Version ist erhältlich.

In der Kognitionspsychologie kann das Programm generell dazu beitragen, daß eine neue Sichtweise auf viele psychologische Phänomene ermöglicht wird, die traditionelle, auf dem Symbolverarbeitunsansatz beruhende Theorien, herausfordert. Die Kognitionspsychologie und Künstliche-Intelligenz Forschung wurde lange Zeit von dem Symbolverarbeitungsansatz dominiert. Dieser Ansatz versucht, die kognitiven Fähigkeiten des Menschen in Form von Regelsystemen zu beschreiben. Der herkömmliche Computer - ein Meister im Befolgen von (programmierten) Regeln - ist daher das ideale Medium zur Realisierung symbolischer Modelle. Es hat sich aber gezeigt, daß die Nachahmung gerade der Leistungen, die für uns Menschen einfach sind (z.B. Sehen oder Verstehen von Sprache) im Rahmen dieses Ansatzes nur sehr schwer zu realisieren sind. Das Grund-Problem besteht darin, Regeln zu finden, die den beeindruckenden geistigen Fähigkeiten des Menschen gerecht werden. PDP-Graph wurde bisher in zwei Seminaren über neuronale Netze an der Univ. Marburg und an der TU Braunschweig verwendet.

**Anerkennenswerte Leistung beim Deutschen Hochschul-Software-Preis 1991**

| | |
|---|---|
| **Betriebssysteme** | MS-DOS 3.x |
| **Softwareumgebung** | k.A. |
| **Hardwareumgebung** | IBM-PC, XT, AT, 386er, PS2; 350KB; EGA, VGA; 5 MB Festplatte; 80x87, i860 (otional); Maus |
| **Preis** | 950 DM |
| **Bezugsbedingungen** | k.A. |
| **Sonderkonditionen** | Hochschul- und Lehrrabatt: 40% |

| Bezugsadresse | Autor |
|---|---|
| Gerd Landsiedel | Rainer Göbel |
| PDP-networks | Technische Universität Braunschweig |
| Breitenstr. 14 | Institut für Psychologie |
| 6430 Bad Hersfeld | 3300 Braunschweig |

## PRISIM

| | |
|---|---|
| **Fachgebiete** | Biologie, Sozialwissenschaften |
| **Anwendungsbereiche** | Ausbildung, Spieltheorie, Gefangenendilemma, Simulationssoftware, Training Software |
| **Zielgruppen** | Studenten, Dozenten, , |
| **Version** | 1.1 |
| **Erstellungsdatum** | 13.09.1991 |

Das Programm führt die Computersimulation von Axelrod zum Gefangenen-Dilemma mit einer Strategien-Teilmenge durch. Dieses didaktisch aufbereitete Programm eignet sich zum Einsatz im Unterricht ist einfach zu bedienen, so daß einfachste DOS-Grundkenntnisse genügen. Dem Programm liegt das Modell des Gefangenen-Dilemmas zugrunde und eine Teilmenge von Strategien, wie sie in Axelrod (1987) beschrieben sind. Programm läßt sich leicht um weitere Strategien erweitern.

| | |
|---|---|
| **Betriebssysteme** | MS-DOS 3.x |
| **Softwareumgebung** | k.A. |
| **Hardwareumgebung** | IBM AT (comp. ); 384 KB RAM; Hercules, VGA; Harddisk: 2 MB; 80387; Drucker; |
| **Preis** | 100 DM |
| **Bezugsbedingungen** | k.A. |

**Bezugsadresse/Autor**
Dipl.Soz. Klaus Manhart
Universität München
Institut für Soziologie
Konradstr. 6
8000 München 40
089-363466

# ProSim 85/86

| | |
|---|---|
| **Fachgebiete** | Informatik |
| **Anwendungsbereiche** | Lehrsimulation, Signalverarbeitung, Datenverarbeitung |
| **Zielgruppen** | Schulen, Hochschulen |
| **Version** | 1.0a |
| **Erstellungsdatum** | 01.11.1991 |

Simulation der inneren Abläufe eines Microprozessors, bei der Abarbeitung einfacher Assemblerprogramme. Das Programm legt das jeweilige Blockschaltbild des Micro Prozessors zu Grunde und stellt dabei den Datenfluß zwischen den Registern dar. Programme können in einem integrierten Editor erstellt werden. Die nötigen Maschinenbefehle werden dabei einer Bibliothek entnommen.

| | |
|---|---|
| **Betriebssysteme** | MS-DOS 3.x |
| **Softwareumgebung** | k.A. |
| **Hardwareumgebung** | IBM AT; 512 KB RAM; Hercules, EGA, VGA; Harddisk; Cop. optional; |
| **Preis** | 498 DM |
| **Bezugsbedingungen** | Lieferbar: Vollversion, 10er Lizenz, Studentenversion, Demo |

**Bezugsadresse**  
Graf Elektronik Systeme GmbH  
Magnusstr. 13  
8960 Kempten (Allgäu)  
(08 31) 5 61 11-0

**Autor**  
Dipl.-Ing (FH) Günter Klotsche  
8942 Ottobeuren

## Protokoll-Visualisierung

| | |
|---|---|
| **Fachgebiete** | Informatik |
| **Anwendungsbereiche** | OSI-Referenzmodell, Ausbildung, Netzwerk, Kommunikation, Simulationssoftware, Telekommunikation |
| **Zielgruppen** | Studenten, Studenten |
| **Version** | 1.1 |
| **Erstellungsdatum** | 22.01.1992 |

Das Programm realisiert ein Simulationssystem zur graphischen Visualisierung der Abarbeitung von Kommunikationsprotokollen in Rechnernetzen bzw. Kommunikationsnetzen. Dem Lernenden wird am Beispiel des HDLC-Protokolls die Funktionsweise von Kommunikationsprotokollen veranschaulicht. Durch dynamische Visualisierung wird der zeitliche Verlauf der einzelnen Protokollaktionen deutlich. Lernziele sind die Fähigkeit der Einordnung von Kommunikationsprotokollen in das ISO-OSI-Referenzmodell sowie das Verständnis von abstrakten Begriffen und Mechanismen des Modells. Die folgenden OSI-Begriffe bzw. Protokollmechanismen werden dem Lernenden deutlich gemacht: Dienstzugangspunkt, Protokolldateneinheit, Schichtung, Dienst, Blockbildung, Blocknumerierung. Die Auswahl der Lernziele wurde so getroffen, daß die wichtigsten und elementarsten Begriffe und Mechanismen aus der OSI-Welt bzw. dem Bereich der Kommunikationsprotokolle vermittelt werden. Ausgehend von dieser Basis kann der Lernende sich weitergehende Konzepte aus diesem Bereich leicht selbstständig erarbeiten.

Dem Simulationsmodell wird das Datex-P-Netz der deutschen Bundespost zugrundegelegt. Eine typische Kommunikationsbeziehung zwischen einer Datenendeinrichtung (DEE) und einer Datenvermittlungsstelle (DVST-P) wird simuliert. Visualisiert wird dabei die Kommunikationsbeziehung zwischen zwei Schicht-2-Protokollinstanzen. Die Instanzen der Paket und Bitübertragungsschicht der DEE und alle Instanzen innerhalb der DVST-P werden simuliert. Der Benutzer des Systems hat die Aufgabe, sich wie eine HDLC-Protokoll-Instanz der DEE zu verhalten, d.h. er tauscht protokollgemäß Protokolldateneinheiten (PDUs) mit der HDLC-Schicht der Datenvermittlungsstelle aus. Er wird dabei weitestgehend durch die Benutzeroberfläche des Systems unterstützt. Auf dem Monitor wird die graphische Veranschaulichung einer HDLC-Instanz innerhalb des ISO-OSI-Schichtenmodells dargestellt. An der TU München wird das Programm im Rahmen eines Praktikums zum Thema Rechnernetze eingesetzt.

| | |
|---|---|
| **Betriebssysteme** | TOS 1.0, TOS 1.2, TOS 1.4 |
| **Softwareumgebung** | k.A. |
| **Hardwareumgebung** | Atari ST; 1 MB RAM; Atari Monitor SM124; Harddisk; Cop. optional; |
| **Preis** | k.A. |
| **Bezugsbedingungen** | Für Universitäten und Hochschulen unentgeltlich, falls das Programm ausschließlich in der Studentenausbildung eingesetzt wird. Für sonstige Institutionen Preis nach Vereinbarung. |

**Bezugsadresse/Autor**

Dipl.-Ing. Stefan Kohlmann
AIC-Software
Elsenheimerstr. 43
8000 München 21
(0 89) 57 60 57

Dipl.-Ing. Jörg Sauerbrey
Technische Universität München
Lehrstuhl für Datenverarbeitung
Arcisstr. 21
8000 München 2
(0 89) 21 05 - 83 86

# Simulation

## PSItool NET

| | |
|---|---|
| **Fachgebiete** | Informatik |
| **Anwendungsbereiche** | Ingenieurwesen, Simulation |
| **Zielgruppen** | k.A. |
| **Version** | k.A. |
| **Erstellungsdatum** | 01.01.1982 |

PSItool NET (Simulation mit Petri-NETzen) wird bei Projekten in der Phase der Anforderungsanalyse und -beschreibung eingesetzt. Es wird dazu benutzt, ein gesamtes System einschließlich seiner technischen und/oder organisatorischen Umgebung zu modellieren und zu simulieren. Untersucht werden außerdem zeitliche und sachliche Zusammenhänge, Belastungen von Teilsystemen sowie Informationsflüsse im modellierten System. Mit PSItool NET werden Netzmodelle interaktiv als Grafiken erstellt. Der dabei benutzte Netzeditor führt umfangreiche syntaktische Prüfungen durch und unterstützt den Benutzer bei der Korrektur der Fehler. Die Netzmodelle können als Grafiken und in Listenform ausgegeben werden. Für die Untersuchung eines Systemmodells empfiehlt sich eine zweistufige Vorgehensweise: Zuerst soviel Analyse wie möglich, um allgemeine Eigenschaften des Modells festzustellen. Dann soviel Simulation wie nötig, um die Eigenschaften zu klären, für die es bisher noch keine Analysemethoden gibt. Mit dem NET-Analysator kann man unter anderem folgende Eigenschaften eines Netzes untersuchen: Beschränktheit, Erreichbarkeit, Lebendigkeit. Durch die Simulation eines Netzmodells kann die funktionale Korrektheit eines Systems geprüft und das Zeitverhalten untersucht werden. Die Simulation kann schrittweise am Bildschirm verfolgt und als Protokoll ausgegeben werden. In der Workstation-Version von PSItool NET erlaubt ein Monotoring-Konzept die Online-Beobachtung von Systemgrößen. Zur anschaulichen Darstellung stehen Standardanzeigeinstrumente wie Füllstandsanzeiger, Tachometer etc. zur Verfügung. Die auf der Basis von Petri-Netzen erstellten Modelle bilden eine Kommunikationsgrundlage für Anwender und Entwickler. Die Funktionen eines Systems werden klarer und eindeutiger dargestellt als in verbalen Beschreibungen eines Pflichtenheftes. Eine Modellsimulation liefert einen Eindruck vom aktiven Verhalten des technischen Systems.

| | |
|---|---|
| **Betriebssysteme** | ULTRIX, VMS |
| **Softwareumgebung** | k.A. |
| **Hardwareumgebung** | RISC, VAX, VAX/VMS |
| **Preis** | k.A. |
| **Bezugsbedingungen** | Preis: DM 45.000 |

**Bezugsadresse**
PSI GmbH
Kurfürstendamm 67
1000 Berlin

## RELTOOLS - Relativistisches Labor

| | |
|---|---|
| **Fachgebiete** | Physik |
| **Anwendungsbereiche** | Animation, Ausbildung, Versuchsaufbau, graphische Darstellung, Simulationssoftware |
| **Zielgruppen** | Lehrkräfte |
| **Version** | 1.5 |
| **Erstellungsdatum** | 15.03.1991 |

Das Programm Reltools dient als Demonstration einer möglichen Meßmethode für relativistische Ereignisse, sowie - anhand der Ergebnisse der (simulierten) Experimente - als Hilfsmittel zur Veranschaulichung verschiedener Effekte der speziellen Relativitätstheorie (z.B. Zeitdilatation, Längenkontraktion). Die Experimente werden dabei in einem (zweidimensionalen) "Labor" durchgeführt, das mit einem quadratischen Gitter von synchronisierten Uhren ausgefüllt ist, die angehalten werden, wenn ein Objekt an ihnen vorbeikommt. Bei diesen Objekten kann es sich um weitere Uhren, um Balken und um Lichtblitze handeln, aber auch um aus Uhren, Balken und Blitzgeräten zusammengesetzte größere Einheiten. Reltools ist auf gleichförmige Bewegungen beschränkt und behandelt keine Wechselwirkungen (z.B. Kollisionen) zwischen relativ zum Labor bewegten Objekten. Das Programm soll die Lernenden zum aktiven Arbeiten und damit zur Beschäftigung mit der speziellen Relativitätstheorie ermuntern, und deren Effekte "erfahrbar" machen; darüberhinaus kann anhand der Resultate der durchführbaren Versuche das Verständnis für das Zustandekommen von verschiedenen Effekten gefördert werden.

**Teilnahme an der Endrunde und anerkennenswerte Leistung beim Deutschen Hochschul-Software-Preis 1991**

| | |
|---|---|
| **Betriebssysteme** | MS-DOS |
| **Softwareumgebung** | k.A. |
| **Hardwareumgebung** | PC/XT/AT; 512 KB; EGA oder CGA (EGA empfohlen) |
| **Preis** | 35 DM |
| **Bezugsbedingungen** | Bestellungen an Autoren |
| **Sonderkonditionen** | Einzellizenz: 35.- DM |
| | Mehrfachlizenz: auf Anfrage |
| | Campuslizenz: auf Anfrage |
| | Geltungsbereich: Hochschulen, Fachhochschulen, sonstige öffentliche Bildungseinrichtungen, persönliche Lizenzen für Hochschulangehörige und Studenten |

**Bezugsadresse/Autor**

Robert Rössler
Universität Wien
c/o Institut für Theoretische Physik
Boltzmanngasse 5
A-1090 Wien (Österreich)
0222/34 26 30/284

Dr. Alfred Pflug
Universität Wien
Institut für Theoretische Physik
Boltzmanngasse 5
A-1090 Wien (Österreich)
0222/34 26 30/284

# Schräger Wurf mit Reibung

| | |
|---|---|
| **Fachgebiete** | Informatik, Mathematik, Physik |
| **Anwendungsbereiche** | Demo-Programm, Lehrsimulation, numerische Software, Simulationssoftware |
| **Zielgruppen** | k.A. |
| **Version** | 1. |
| **Erstellungsdatum** | 20.02.1991 |

Mit Hilfe des Programms WURF kann der schräge Wurf unter dem Einfluß des Luftwiderstandes und unter Berücksichtigung des elastischen bzw. unelastischen Stoßes beim Aufprall simuliert werden. Durch eine übersichtliche Gestaltung der Bildschirmausgabe können dem Lernenden, die Zusammenhänge zwischen den Systemparametern und dem beobachteten Ergebnis deutlich gemacht werden.

**Anerkennenswerte Leistung beim Deutschen Hochschul-Software-Preis 1991**

| | |
|---|---|
| **Betriebssysteme** | MS-DOS 4.x |
| **Softwareumgebung** | k.A. |
| **Hardwareumgebung** | IBM PC-AT oder PS/2; 640 KB RAM; EGA/VGA Graphik-Karte; Koprozessoren: wünschenswert i80287 bzw. i80387; |
| **Preis** | k.A. |
| **Bezugsbedingungen** | Abgabe an Schulen und Hochschulen. |

**Bezugsadresse**  
Dr. Gustav Peinel  
Universität Leipzig  
Sektion Informatik  
Augustusplatz  
O-7010 Leipzig  
003741/719-2395

**Autor**  
Dirk Hönig  
Universität Leipzig  
Sektion Informatik  
O-7010 Leipzig

## schulis-Simulationssystem

| | |
|---|---|
| **Fachgebiete** | Biologie, Chemie, Physik |
| **Anwendungsbereiche** | Anwendungsprogramm, Lehrsimulation |
| **Zielgruppen** | k.A. |
| **Version** | 2.0 |
| **Erstellungsdatum** | 01.06.1990 |

Das schulis-Simulationssystem ist ein computerunterstütztes Simulationswerkzeug, mit dem eine Vielzahl von Modellen aus unterschiedlichen Fachbereichen, insbesonders aus den Naturwissenschaften, bearbeitet werden kann. Es soll in solchen Unterrichtssituationen eingesetzt werden, in denen der Gegenstand mit herkömmlichen Medien nur unzureichend übermittelt werden kann bzw. der Simulation entsprechende Realexperimente im Unterricht nicht durchführbar sind.

Mit dem schulis-Simulationssystem können ab Version 2.0 nicht nur die bereits vorgefertigten Modelle bearbeitet werden, sondern auch vom Anwender selbst neue Modelle erfaßt oder bereits vorhandene Modelle verändert werden. Das schulis-Simulationssystem ist ein universelles und flexibles Werkzeug, das trotz inhaltlicher Vielfalt der Modelle eine einheitliche Bearbeitung und Aufbereitung der Ergebnisse ermöglicht. Es besteht aus einer modellunabhängigen Simulationsumgebung sowie unterschiedlichen Modellen, die in sogenannten Modellbanken mit ihren Informationstexten, Modelldaten und -gleichungen abgelegt sind.

| | |
|---|---|
| **Betriebssysteme** | EUMEL 1.8.1 |
| **Softwareumgebung** | k.A. |
| **Hardwareumgebung** | AT-kompatibel, 512 KB, CGA, EGA, VGA, Hercules, Hard Disk 10 MB |
| **Preis** | 60 DM |
| **Bezugsbedingungen** | 60 DM (Grundsystem u. 2 Modellhandbücher) einschließlich Betriebssystem. |

**Bezugsadresse**
Treschwig
GMD
Schloß Birlinghoven
5205 St. Augustin

## SIM51

| | |
|---|---|
| **Fachgebiete** | Informatik, Elektrotechnik |
| **Anwendungsbereiche** | Debugger, Disassembler, Simulationssoftware |
| **Zielgruppen** | k.A. |
| **Version** | 1.02 |
| **Erstellungsdatum** | 26.01.1992 |

Auf SIM51 (Simulation von 8051 CPU auf PC) kann Code, der für eine CPU der (Intel) 8051 Familie erstellt wurde, geladen werden. Auf dem Bildschirm werden alle Register des 8051 dargestellt (es kann auf einem 8052 umgeschaltet werden). Die Darstellung erfolgt in Fenstertechnik. Das heißt, der Bildschirm scrolled nicht nach oben, sondern die Register bleiben immer eingeblendet. In anderen Fenstern wird ein Teil des Memory-Bereichs, der Stack und die näschsten 11 Befehle, in disassemblierter Form, dargestellt. Der geladene Code kann in Einzelschritten abgearbeitet werden. Dabei kann die Abarbeitung, wie sie in der CPU ablaufen würde, bequem nachvollzogen werden. Jederzeit können die CPU-Register und -Speicherbereiche editiert werden. Es ist auch eine Abarbeitung im Go-Modus möglich. Dazu können Breakpunkte gesetzt werden. Zu den einzelnen Fenstern gibt es On-Line Hilfstexte. Die Hilfstexte beinhalten Informationen zur Bedienung von SIM51 und Hinweise auf die Hardware der 8051 CPU. Zielgruppe sind Programmierer für 8051 Systeme. Der 8051 ist ein 8-Bit Mikrocontroller, der heute in vielen Bereichen Einzug hält. Er wird oft in digitalen Regelungen und Steuerungen verwendet. Für jemand, der (beispielsweise in Zusammenhang mit einer Semesterarbeit) die Programmierung des 8051 erlernen möchte, ist SIM51 eine große Hilfe, da er so die Funktion seiner ersten Programmierversuche nachvollziehen kann. In fullscreen-Darstellung zeigt SIM51 dem Anwender immer den Zustand, den der 8051 einnimmt. Bei der Befehlsabarbeitung werden die Befehle anhand einer Befehls-Tabelle interpretiert und auf dem PC ausgeführt. Die damit bewirkten Änderungen werden im Bildschirm aktualisiert. Zum Debuggen von 8051-Code gibt es auch kommerzielle Emulatoren. Emulatoren haben den wesentlichen Vorteil, daß der Code direkt in der Schaltung getestet wird. Solche Systeme benötigen jedoch eine spezielle Hardware und sind sehr teuer. Für Studenten und Anfänger sind sie kaum verfügbar.

| | |
|---|---|
| **Betriebssysteme** | MS-DOS 2.x |
| **Softwareumgebung** | k.A. |
| **Hardwareumgebung** | IBM XT/AT; 240 KB RAM; Harddisk: 1 MB; 80x87 (optional); (i) Keithley-Relaiskarte PD-ISO 8; (ii) ines IEEE 488-Interface; |
| **Preis** | 50 DM |
| **Bezugsbedingungen** | (i) Vollversion über direkten Versand; (ii) voll lauffähige Demoversionen gibt es über Sharewareversender; |

**Bezugsadresse/Autor**
Werner Hennig-Roleff
Techn. Hochschule Stuttgart
Sulzgrieser Str. 101
7300 Esslingen
0711/37 67 18

# SIMEX

| | |
|---|---|
| **Fachgebiete** | Elektrotechnik, Maschinenbau, Physik, Verfahrenstechnik |
| **Anwendungsbereiche** | CAD (rechnerunterstützte Konstruktion), CAE, Differentialgleichungen, Ingenieurwesen, Simulationssoftware |
| **Zielgruppen** | Ingenieure, Wissenschaftler |
| **Version** | 4.01 |
| **Erstellungsdatum** | 26.02.1992 |

SIMEX (SIMulation EXpert) ist ein interaktives, grafikorientiertes Programmpaket zur Modellbildung und Simulation komplexer nichtlinearer zeitinvarianter und zeitvarianter dynamischer Systeme. Parallel zur numerischen Berechnung erfolgt eine flexible graphische Darstellung der Simulationsergebnisse.

Die eingesetzte Modellbeschreibungssprache DSL (Dynamic System Language) erlaubt die textuelle Beschreibung beliebig komplexer, nichtlinearer, hierarchisch organisierter Modelle in einer einfachen, selbstdokumentierenden Syntax auf der Basis der Zustandsdarstellung. Diese Formulierung, der die grafische Darstellung des Blockschaltbildes entspricht, stellt eine normierte Darstellungsform dar und ermöglicht die Verknüpfung von Blöcken aus den unterschiedlichsten Fachgebieten (Mechanik, Hydraulik, Elektrotechnik, Elektromechanik etc.) über einfache Koppelbedingungen. Zu beschreibende Systeme können, analog zu ihrer physikalischen Ausprägung, modular formuliert werden (z. B. elementare Bausteine wie: Maße, Zylinder, Hydraulikleitung, elastischer Anschlag). Durch Verkopplung dieser Module lassen sich höher organisierte Aggregate bilden (z. B. Baugruppen wie: hydraulisches Servosystem), die ihrerseits wieder mit anderen Moduln oder Aggregaten verkoppelt werden können (z. B. Werkzeugmaschine). Hierdurch wird die Nutzung einer modularen und hierarchischen Subsystemtechnik gewährleistet. Auf bereits erstellte Moduln oder Aggregate kann immer wieder zugegriffen werden. Die formulierten Module werden durch einen Modellcompiler (kein Hochsprachencompiler) auf Fehler überprüft und, Fehlerfreiheit vorausgesetzt, in eine interne Datenstruktur umgesetzt. Diese wird bei der Auswertung (Simulation) interpretierend abgearbeitet. Interaktive, grafikorientierte Simulationsumgebung: Während der Simulation findet eine unmittelbare Visualisierung der berechneten Daten statt. Hierdurch erhält der Anwender bereits während des Simulationslaufs sowohl qualitative (Stabilität, Einschwingverhalten, Empfindlichkeit etc.) als auch quantitative (Kraft, Volumenstrom, Weg, Geschwindigkeit, Strom etc.) Aussagen über das modellierte System. Sowohl in der Modellierungsphase, wenn neue Modellbeschreibungen erstellt oder vorhandene manipuliert werden, als auch im Rahmen von Simulationsstudien, wenn erstellte Modelle variiert werden (Änderung von Kenngrößen, Materialkonstanten etc.) sind die Auswirkungen von Manipulationen unmittelbar abschätzbar.

Das Programm ist für viele Anwendungen einsetzbar, von der Simulation einfacher technisch-physikalischer Zusammenhänge (Resonanzen, Stabilität, Auswirkungen von Struktur- oder Materialänderungen) bis hin zur Simulation hochkomplexer Problemstellungen (Fahrwerksauslegung, Regelung elastischer Roboter). Aufgrund dieses breiten Anwendungsspektrums wird SIMEX sowohl in der Lehre (Automatisierungstechnik, rechnerintegrierte Produktion, Leistungselektronik und elektrische Antriebe) als auch im Rahmen von Kooperationsprojekten mit Industrieunternehmen (Bosch, Fichtel & Sachs, Daimler-Benz, SNI, VW) eingesetzt.

**Preisträger des Deutsch-Österreichischen Hochschul-Software-Preises 1992**

# Simulation

| | |
|---|---|
| **Betriebssysteme** | MS-DOS 3.x |
| **Softwareumgebung** | Beliebiger Editor. |
| **Hardwareumgebung** | IBM AT; 4 MB RAM; Hercules, EGA, VGA; Harddisk: 2 MB; 80x87; MS-/Logitech-kompatible Maus; |
| **Preis** | 350 DM |
| **Bezugsbedingungen** | Hochschul- und Lehrrabatte |

**Bezugsadresse**
Prof. Dr.-Ing. Joachim Lückel
Universität-GH Paderborn
FB 10, Automatisierungstechnik
Pohlweg 55
4790 Paderborn
05251/602422

**Autor**
Dipl.Ing. Frank Junker, Dipl.Ing. Ulrich Lefarth
Universität-GH Paderborn
FB 10, Automatisierungstechnik
4790 Paderborn

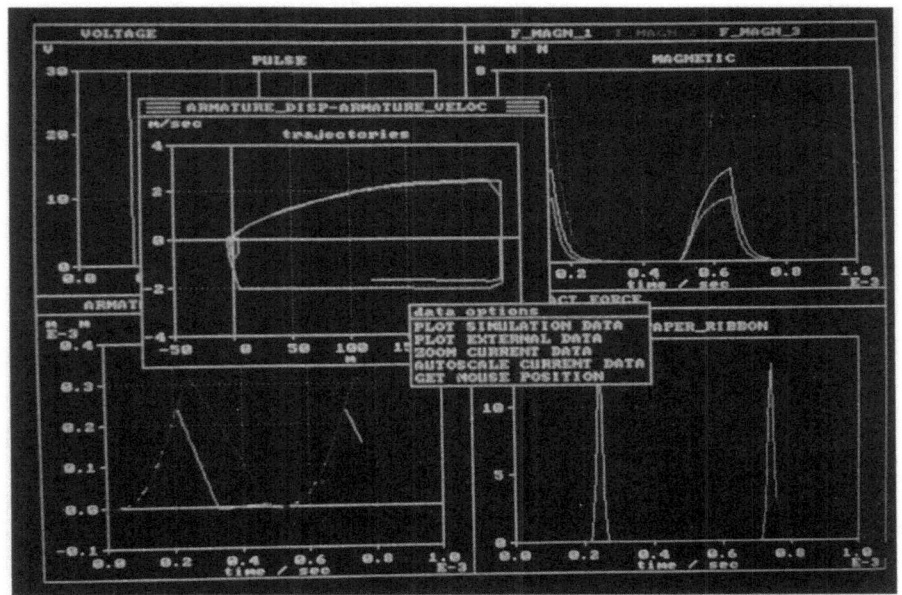

## SIMPEP

| | |
|---|---|
| **Fachgebiete** | Architektur, Bauingenieurwesen, Physik |
| **Anwendungsbereiche** | Bauphysik, Ausbildung, Ingenieurwesen, Simulationssoftware |
| **Zielgruppen** | Studenten, Architekten, Bauingenieure, Fassadenhersteller |
| **Version** | 2.1 |
| **Erstellungsdatum** | 15.09.1991 |

Das einfache Simulationsprogramm berechnet den zeitabhängigen Temperaturverlauf in einer mehrschichtigen Gebäudewand. Dabei könnten die solare Einstrahlung außen und die Temperaturen auf beiden Seiten der Wand als zeitliche Funktion vorgegeben werden. Der hinter der Gebäudefaßade liegende Raum kann über eine Heizung und Kühlung mit Zweipunktregelung auf einer vorgegebenen Raumtemperatur gehalten werden. Zu der Zielgruppe gehören neben Studenten und Berufstätige von technischer Fakultäten wie Architektur, Bauingenieurwesen und Energietechnik alle die Menschen, die an der Nutzung der Sonnenenergie in Gebäuden Interesse haben und die dynamische Vorgänge in dem solarpassiven Bauteil "Gebäudewand" verstehen wollen. Gerade für Leute aus dem Baugewerbe (Architekten, Baustoffhersteller, Bauunternehmer, Faßadenhersteller, usw.) ist dieses einfache Programm interessant, da sie erstmalig einen Eindruck über die dynamischen Vorgänge in ihren hergestellten Produkten bekommen. Das Ziel des Programmes besteht darin, dem Anwender die dynamischen Vorgänge in einer mehrschichtigen Wand auf spielerische Art und Weise näher zu bringen. Dazu wurde die Wand gemäß der elektrischen Netzwerkanalogie in ein Widerstands-Kapazitäten-Netzwerk zerlegt. Die Temperaturen und Wärmeströme werden je nach ausgewählten Lösungsverfahren (implizit, explizit) numerisch berechnet.

| | |
|---|---|
| **Betriebssysteme** | MS-DOS 3.x |
| **Softwareumgebung** | k.A. |
| **Hardwareumgebung** | IBM AT (comp.); 512 KB RAM; Hercules, EGA, VGA; Harddisk: 400 KB; 80x87; MS-/Logitech-kompatible Maus; |
| **Preis** | k.A. |
| **Bezugsbedingungen** | Müßten ggfs. geklärt werden. |
| **ASK-SAM** | Das Programm kann über den Fileserver abgerufen werden. |

**Bezugsadresse/Autor**

Dipl. Ing. Berthold Stanzel
Uni. Stuttgart, ITW
Rationelle Energienutzung
Pfaffenwaldring 6
7000 Stuttgart 80
0711 / 685 3203

cand. mach. Michael Sprenger
Universität Stuttgart
Thermodynamik und Wärmetechnik (ITW)
Pfaffenwaldring 6
7000 Stuttgart 80
0711 / 685 3238

# SKYPLAN

| | |
|---|---|
| **Fachgebiete** | Physik |
| **Anwendungsbereiche** | Astronomie, Ausbildung, Simulationssoftware |
| **Zielgruppen** | Schüler, Studenten, Lehrkräfte, Professoren, Hobby-Astronomen |
| **Version** | 4.0 |
| **Erstellungsdatum** | 01.02.1992 |

SKYPLAN ist ein Planetarium, das den gesamten Sternenhimmel mit Sonne, Mond, Planeten, Kometen, Planetoiden und ca 10.000 Sternen umfaßt. (In einer erweiterten Version kann zusätzlich auf ca 10 Mb der vollständige SAO-Katalog mit 259.000 Sternen bis zur 10. Größenklasse verwendet werden.) Es wird der nächtliche Himmel simuliert. Die Drehung des Sternenhimmels und die Bewegung von Sonne, Mond und Planeten können in einem Film-Modus sehr anschaulich gemacht werden. Es können Sternkarten dargestellt werden. Ein Teleskop mit fantastischen Zoommöglichkeiten kann simuliert werden. Hochgenaue Rechnungen über einen Zeitraum von mehr als 10.000 Jahren sind möglich, z.B. wie sah der Stern von Bethlehem aus, oder welcher Stern wird in 20.000 Jahren unser Polarstern sein? Die mathematischen und physikalischen Grundlagen sind die sphärische Geometrie und Astronomie, Ephemeridenrechnung, das Keplerproblem und die Störungsrechnung des klassischen N-Körper-Problems. Für die hochgenauen Rechnungen zur Position von Sonne, Mond und Planeten wurde die Programmbibliothek zum Buch von O. Monenbruck und T. Pfleger, Astronomie mit dem Personal Computer, Springer-Verlag, 1989 verwendet.

| | |
|---|---|
| **Betriebssysteme** | MS-DOS 3.x |
| **Softwareumgebung** | k.A. |
| **Hardwareumgebung** | IBM AT 386; 640 KB RAM + EMS; EGA, VGA; Harddisk: 20 MB; Cop. optional; |
| **Preis** | k.A. |
| **Bezugsbedingungen** | k.A. |

**Bezugsadresse/Autor**
Dr. Lothar Tiator
Universität Mainz
Institut für Kernphysik
Saarstraße 21
6500 Mainz
06131 39-3697

# SNNS

| | |
|---|---|
| **Fachgebiete** | Informatik, Mathematik |
| **Anwendungsbereiche** | Konnektionismus, Neuronale Netze, Simulation |
| **Zielgruppen** | Studenten |
| **Version** | 2.1 |
| **Erstellungsdatum** | 25.09.1992 |

Das Programm SNNS (Stuttgarter Neuronale Netze Simulator) ist ein sehr leistungsfähiger universeller Simulator neuronaler Netze für Unix Workstations. Es besteht aus einem Simulatorkern, einer graphischen Oberfläche zur Visualierung, Erzeugung und Modifikation der untersuchten neuronalen Netze und einem separaten Netzwerk-Compiler zur Erzeugung großer neuronaler Netze mit Hilfe einer high-level Netzwerk-Beschreibungssprache. Der Simulatorkern (aus Effizienzgründen in C implementiert, über 1.000.000 Verbind./s auf DECStation 3100) verwaltet die interne Repräsentation der neuronalen Netze und führt alle Operationen für die Simulation in der Arbeits- und der Lernphase durch. Er realisiert eine sehr effiziente Speicherung und Manipulation der Netze und läßt sich auch für größere Netzwerke (bis ca. 104 Neuronen, 106 Verbindungen) einsetzen. Die graphische Benutzerschnittstelle basiert auf X-Windows X11 Rel. 4 od. 5 mit Athena Toolkit und stellt die Topologie und den Zustand des Netzwerks graphisch dar. Sie ermöglicht es auch, neuronale Netze interaktiv zu konstruieren und zu ändern. Die Interaktion des Benutzers mit dem Simulator ist Maus- und Menü-gesteuert. Beim Entwurf wurde großen Wert darauf gelegt, daß der Simulator einfach durch andere Aktivierungsfunktionen, Propagierungsfunktionen und Lernregeln erweiterbar ist. Diese können in C geschrieben und in den vorhandenen Simulator eingebunden werden. Die Komponenten des SNNS-Simulators sind modular aufgebaut und verwenden detailliert beschriebene Schnittstellen, so daß sie auch als Teile einer größeren Anwendung verwendet werden können.

**Preisträger des Deutschen Hochschul-Software-Preises 1991**

| | |
|---|---|
| **Betriebssysteme** | AIX, HP-UX, SUN OS, ULTRIX, UNIX |
| **Softwareumgebung** | #X-Windows X11R4, X11R5; cc/gcc; LaTeX; lex/yacc |
| **Hardwareumgebung** | Sun 3, Sun 4, Sun SparcStation, DECStation 2100, 3100, 5400, IBM AT 80386; HP 9000/345, IBM RISCSystem 6000; 8 MB; 15 MB Festplatte |
| **Preis** | k.A. |
| **Bezugsbedingungen** | Die Software darf für nicht-kommerzielle Anwendungen oft beliebig kopiert, jedoch nicht an Dritte verkauft werden. Kommerz. Verwendung nur nach schriftl. Vereinb. bzw. im Rahmen eines Koop.abkommens mit dem IPVR. |
| **ASK-SAM** | Das Programm kann über den Fileserver abgerufen werden. |

**Bezugsadresse/Autor**

Ralf Hübner  
Universität Stuttgart  
IPVR  
Breitwiesenstr. 20-22  
7000 Stuttgart 80  
0711/7816-511

Niels Mache  
Universität Stuttgart  
IPVR  
Breitwiesenstr. 20-22  
7000 Stuttgart 80

# Simulation

**Bezugsadresse/Autor**
Dr. Andreas Zell
Universität Stuttgart
IPVR
Breitwiesenstr. 20-22
7000 Stuttgart 80
0711/7816-350

## Statistical Physics

| | |
|---|---|
| **Fachgebiete** | Physik |
| **Anwendungsbereiche** | Monte Carlo-Methode, Zellenautomat/-rechner, Chaos-Theorie, Wachstumsmodell, Simulation, statistische Physik |
| **Zielgruppen** | k.A. |
| **Version** | 1.0 |
| **Erstellungsdatum** | 14.02.1991 |

Ziel der Simulation des Metropolis-Algorithmus ist es die unterschiedlichen Clustergrößen und Strukturen bei Annäherung an den Phasenübergang dazustellen. Es soll auch gezeigt werden, welchen Einfluß Startbedingungen haben. Hierzu dient die Simulation eines 150 mal 200 Gitterplätze großen Isingsystems im Grafikmodus des PC. Up und Down Spins werden durch zwei Farben dargestellt. Man sieht unterschiedlich großen Cluster und das Critical Slowing Down. Um die Details des Metropolis Algorithmus zu verstehen, wird im Textmodus ein kleines System simuliert. Durch Tastendruck wird Schritt nach Schritt ausgeführt. Alle Details des Algorithmus sind erkennbar. So kann zum Beispiel auch nachvollzogen werden, welche Gitterplätze an den Ecken des Systems bei periodischen Randbedingungen die Nachbarn sind. Darüber hinaus erlaubt das Programm sechs verschiedene Ising Simulationsalgorithmen zu vergleichen. Es handelt sich um die beiden Ein-Spin-Flip Algorithmen: Metropolis-Algorithmus und Wärmebad-Algorithmus, die beiden mikrokanonischen Algorithmen: Creutz-Algorithmus und Q2R-Algorithmus sowie um die Cluster-Flip-Algorithmen: Swendsen-Wang-Algorithmus und Wolff-Algorithmus. Das Programm arbeitet die genauen Unterschiede im Ablauf der sechs Algorithmen heraus. Es würde an dieser Stelle zu weit führen die Unterschiede der Algorithmen zu erläutern. Die "große" Simulation im Grafikmodus zeigt dann die Unterschiede in der Dynamik im Isingsystem. Man kann sehr deutlich sehen, wie zum Beispiel das Critical Slowing Down durch die Clusteralgorithmen vermindert wird. Außer der Simulation des Isingsystems kann man mit dem Programm auch noch zellulare eindimensionale Automate und Wachstumsmodelle mit zwei und mit drei Inputs simulieren.

**Anerkennenswerte Leistung beim Deutschen Hochschul-Software-Preis 1991**

| | |
|---|---|
| **Betriebssysteme** | MS-DOS 3.x |
| **Softwareumgebung** | k.A. |
| **Hardwareumgebung** | IBM PC; 512 KB; CGA, MCGA, Hercules, EGA, VGA |
| **Preis** | k.A. |
| **Bezugsbedingungen** | k.A. |

**Bezugsadresse/Autor**
Rainer W. Gerling
Universität Erlangen-Nürnberg
Institut für Theoretische Physik
Staudtstr. 7
8520 Erlangen
09131/85-8451 oder 8442

# Simulation

## Stoßsimulation (STOSSIM)

| | |
|---|---|
| **Fachgebiete** | Physik |
| **Anwendungsbereiche** | Simulationssoftware |
| **Zielgruppen** | k.A. |
| **Version** | 1 |
| **Erstellungsdatum** | 22.02.1991 |

Es werden die Bewegungen von vier idealen Stoßkörpern auf einer geraden Stoßschiene simuliert. Die vorhandenen Freiheitsgrade bei der Anfangswertsetzung erfahren durch Bindung der Parameter, d.h. z.B. durch symmetrische Anordung, eine starke Einschränkung, so daß die Vorgabe von zwei Parametern genügt. Diese Parameter können eine mehr oder weniger lange Stoßfolge auslösen. Im Grunde handelt es sich um ein Zweikörpersystem, nämlich um zwei Außenkörper, die als Wandkugeln bezeichnet werden und die einen einzigen Stoß ausführen. Zwischen den beiden Wandkugeln werden zwei gleiche Innenkugeln mit kleiner Maße angeordnet. Diese Innenkugeln vermitteln die Austauschwechselwirkung und werden als Feldkugeln bezeichnet. Nach Anfangswertsetzung, die darauf abzielt, eine ganzzahlige Stoßfolge herzustellen bzw. einen exakten Energie-Stoßausgleich der Außenkugeln zu ermöglichen, wird die Simulation gestartet. Es stellt sich heraus, daß jeder Körper separat im Sinne einer Parallelverarbeitung simuliert werden kann.

| | |
|---|---|
| **Betriebssysteme** | MS-DOS 3.x |
| **Softwareumgebung** | GWBASIC (wird mitgeliefert) |
| **Hardwareumgebung** | XT genügt |
| **Preis** | k.A. |
| **Bezugsbedingungen** | k.A. |

**Bezugsadresse/Autor**
Bianca Kunz
Neuendorfer Straße 81
1000 Berlin 20

# STSIM

| | |
|---|---|
| **Fachgebiete** | Informatik, Elektrotechnik |
| **Anwendungsbereiche** | Ausbildung, Graphik, Simulationssoftware, Telekommunikation, Kommunikation |
| **Zielgruppen** | k.A. |
| **Version** | 2.0 Rev3 |
| **Erstellungsdatum** | 18.04.1991 |

Mit dem Programm STSIM können Vorgänge in großen, mit Bridges verbundenen lokalen Netzen simuliert werden. Besonders die Konfigurations- und Änderungsvorgänge bei der Verbindung von LANs mit Bridges, die nach dem Spanning-Tree-Prinzip arbeiten, kann der Benutzer am Bildschirm betrachten. Das Programm ist für alle, die mit vernetzten LANs umgehen und arbeiten müssen, gedacht. Dabei kann das vorliegende Programm sowohl in der Ausbildung als auch bei konkreten Problemstellungen aufgrund der transparenten visuellen Darstellung komplexer, zeitlich versetzt ablaufender Prozesse eine große Hilfe sein. Als grundlegende Basis für dieses Simulationsprogramm diente der Standard IEEE 802.1d, in dem die genaue Funktion des Spanning-Tree-Bridgings festgelegt ist. Aufgrund der optischen, realitätsnahen Darstellung dynamisch ablaufender Prozesse am Bildschirm wird das Verständnis für das zugrundeliegende Prinzip und die Funktionsweise des Spanning-Tree- Konzeptes gefördert. Besonders, da in der Realität verdeckt ablaufende Prozesse grafisch dargestellt und interaktiv beeinflußt werden können. Das Programm STSIM wird am Lehrstuhl für Kommunikationsnetze der Technischen Universität München im Rahmen eines vorlesungsbegleitenden Praktikums eingesetzt. Ebenso wird das Programm in der Industrie zur Aus- und Weiterbildung benutzt. Bitte beachten Sie zur fachlichen Beschreibung auch den Artikel "STSIM - ein Simulator für intelligentes LAN-Bridging" aus der Zeitschrift Elektronik (24/1991)!

| | |
|---|---|
| **Betriebssysteme** | DR-DOS 5.x, MS-DOS 3.x |
| **Softwareumgebung** | k.A. |
| **Hardwareumgebung** | IBM AT 286, 386, 486; 640 KB RAM; VGA; Harddisk: 20 MB; Cop. optional; |
| **Preis** | 4990 DM |
| **Bezugsbedingungen** | k.A. |

**Bezugsadresse/Autor**

Dr.-Ing. Martin Maier
Technische Universität München
Lehrstuhl für Kommunikationsnetze
Arcisstr. 21
8000 München 2
089 / 55 17 42 - 0

Dipl.-Ing. Thomas Pfluger
SEMA GmbH
Dorfmühlstr. 17
8961 Wildpoldsried
08304/5051

# Thick

| | |
|---|---|
| **Fachgebiete** | Geologie |
| **Anwendungsbereiche** | numerische Daten, Simulationssoftware |
| **Zielgruppen** | k.A. |
| **Version** | 1.0 |
| **Erstellungsdatum** | 25.03.1991 |

Die Simulation zeigt die Abkühlgeschichte eines Gebirges nach einer Verdopplung der kontinentalen Kruste an einer Überschiebung (Subduktion). Dabei kommt es zu einer sogenannten inversen Metamorphose, da die heiße Unterkruste der oberen Platte auf die kühle Oberkruste der unteren Platte überschoben wird. Das Programm THICK simuliert nun - nach Eingabe geeigneter Parameter (z.B. Erosion, Zeitintervall...) - die Temperaturentwicklung, bis der Ausgangszustand (Erosion des Gebirges auf die normale Krustendicke) wieder hergestellt ist. Gleichzeitig kann man auch den Metamorphoseweg von vier Proben in unterschiedlichen Tiefen in einem PT Diagramm (Druck versus Temperatur) entwickeln lassen.

**Anerkennenswerte Leistung beim Deutschen Hochschul-Software-Preis 1991**

| | |
|---|---|
| **Betriebssysteme** | MS-DOS, PC-DOS 3.x |
| **Softwareumgebung** | Microsoft Windows |
| **Hardwareumgebung** | AT; 1 MB RAM; EGA Graphik Karte; Festplatte: 20 MB; Koprozessor optional; Maus ; |
| **Preis** | k.A. |
| **Bezugsbedingungen** | k.A. |

**Bezugsadresse/Autor**
Bernhard Grasemann
Universität Wien
Labor für Geochronologie (Arsenal)
Franz-Grill Straße 9
A-1030 Wien (Österreich)
02236/231 40

## Vector_A/Chaolyse

| | |
|---|---|
| **Fachgebiete** | Biologie, Chemie, Informatik |
| **Anwendungsbereiche** | Zellenautomat/-rechner, Chaos-Theorie, interaktive Problemlösung, Modell-Software, Simulation |
| **Zielgruppen** | Wissenschaftler, Studenten |
| **Version** | 1.0 / 0.0beta |
| **Erstellungsdatum** | 01.02.1991 |

Das Programm ermöglicht die Eingabe von Regeln zur Berechnung von Zellulären Vektorautomaten. Aus der Berechnung können Zeitserien gewonnen werden, die in einem zweiten Schritt einer Analyse unterzogen werden. Dadurch kann festgestellt werden, wie weit das Modell des Automaten und die damit verbundene Interpretation mit dem reelen System übereinstimmt. Die Analyse durch 'Chaolyse' enthält die Sichtanalyse der Zeitreihe, die Fouriertransformation, Delaymaps, Poincaresections der Delaymap. Der Programmidee unterliegt der Vorstellung komplexe Systeme aus der Chemie, Biologie, Physik oder Soziologie mit möglichst einfachen Regeln zu beschreiben, um dennoch das ihnen typische Verhalten zu erzeugen. Die Konzepte der Modellierung beinhaltet Strategien wie der Hysterese, Phasen, Gedächtnisses, Nachbarschaftsbeeinflussung und die Zeitdiskretheit von Prozessen. Der hier vorgestellte Automat ist so variabel, daß viele verschiedene Probleme modelliert werden können.

| | |
|---|---|
| **Betriebssysteme** | TOS |
| **Softwareumgebung** | k.A. |
| **Hardwareumgebung** | Atari ST |
| **Preis** | k.A. |
| **Bezugsbedingungen** | k.A. |

**Bezugsadresse/Autor**
Jürgen Schwietering
c/o Dr.habil.Peter Jörg Plath
Emil-Trinkler-Str. 27/29
2800 Bremen 1
0421/234651

# Simulation

## VIEWSIM / SD

| | |
|---|---|
| **Fachgebiete** | Informatik |
| **Anwendungsbereiche** | Ingenieurwesen, Simulation |
| **Zielgruppen** | k.A. |
| **Version** | k.A. |
| **Erstellungsdatum** | k.A. |

VIEWSIM / SD wurde in enger Zusammenarbeit zwischen VIEWlogic und MicroSim entwickelt. VIEWSIM / SD, ein Produkt auf DEC-Basis, simuliert elektronische Schaltungen, die sowohl Digital- als auch Analogbauteile enthalten. Bei dieser Neuentwicklung arbeiten zwei Simulatoren (Analog und Digital) gleichzeitig auf der Digital-Workstation. Digitalbauteile werden mit VIEWSIM, VIEWlogics 28-State Logiksimulation simuliert, während die Simulation der Analogbauteile mit MicroSims PSPICE Analogsimulator erfolgt. Die leistungsstarke Kombination dieser zwei gängigen Simulatoren gewährleistet schnelle Simulationsergebnisse, ohne die Leistung oder die Genauigkeit zu beeinträchtigen. Präzise Simulation ist auch für solche Schaltungen gewährleistet, die Feedback-Loops haben oder große Unterschiede bei den Zeitkonstanten aufweisen. Ein spezielles, von MicroSim entwickeltes Interface überträgt die entsprechenden Informationen und synchronisiert die Simulatoren. Zur Unterstützung der Mixed-Mode-Funktion wurden VIEWSIM und der Schematic-Editor erweitert. VIEWSIM / SD ermöglicht somit eine echte Systemsimulation. Einerseits können analoge und digitale Elemente beliebig gemischt eingesetzt werden, andererseits kann ein beliebiger hierarchischer Aufbau erfolgen. Die digitale Seite deckt, ausgehend von Switch-, Gatter- und Funktionslevel über Standardbauteil-, PAL-, oder ASIC-Beschreibung oder Hardware-Modelling alle Bedürfnisse des Entwicklers ab. Nach Beendigung der Simulation ermöglicht der Waveformprozessor VIEWWAVE von VIEWlogic eine interaktive Darstellung der digitalen und analogen Ergebnisse.

| | |
|---|---|
| **Betriebssysteme** | ULTRIX, VMS |
| **Softwareumgebung** | k.A. |
| **Hardwareumgebung** | VAX |
| **Preis** | k.A. |
| **Bezugsbedingungen** | Preis: DM 20.000 - DM 150.000 |

**Bezugsadresse**
MOStron Elektronik GmbH
Helmholtzstraße 20
4060 Viersen

# VIRLAB

| | |
|---|---|
| **Fachgebiete** | Informatik |
| **Anwendungsbereiche** | Rechnersicherheit, Ausbildung, interaktives Lernsystem, Simulationssoftware, Training Software |
| **Zielgruppen** | EDV-Anwender |
| **Version** | 1.5 |
| **Erstellungsdatum** | 30.03.1992 |

VIRLAB simuliert, wie sich Computerviren in DOS-Rechnern ausbreiten können. Wann und wie sie das in der Simulation tun, ist allerdings nicht fest einprogrammiert. Stattdessen bringt VIRLAB eine PC-Umgebung auf den Bildschirm, in der der Benutzer vieles von dem tun kann, was er auch sonst auf seinem Rechner tut: Programme starten, Dateien und Verzeichnisse erstellen, kopieren und löschen, Disketten oder die Festplatte formatieren, den Schreibschutz bei Disketten und Dateien setzen oder entfernen usw. Interessant werden diese Tätigkeiten in VIRLAB, nachdem der Benutzer seinen (simulierten) Rechner mit einem Computervirus infiziert hat. Nun kann er nachvollziehen, wie sich die Infektion - in Abhängigkeit des gewählten Virentyps - im simulierten System ausbreitet, welche Effekte dabei auftreten, welche Möglichkeiten er hat, die Infektion zu erkennen und wie er die Infektion wieder beseitigen kann. Ebenso kann er ausprobieren, wie wirksam eine Reihe von Schutz- und Diagnoseprogrammen je nach Virentyp, Infektions- und Anwendungszeitpunkt sind (die Computerviren können aus einer Datenbasis von gegenwärtig über 480 Vertretern gewählt oder nach eigenen Vorstellungen "komponiert" werden).

Alle Computervirus-Aktivitäten und -Einflüsse werden (abschaltbar) durch Popup-Informationstexte begleitet, der Verseuchungszustand des Systems wird durch Rotfärbung angezeigt (ebenfalls abschaltbar). Zusätzlich gibt VIRLAB in einem Info-Fenster zu jedem Zeitpunkt Informationen über Eigenschaften der gewählten Computerviren, die aktuelle Belegung des Hauptspeichers, den tatsächlichen Zustand der Datenträger und der darauf vorhandenen Dateien und situationsbezogene Ratschläge zur Desinfektion. In einem Hilfe-Fenster sind Erklärungen zu allen relevanten Themen im Umgang mit VIRLAB abrufbar. Um mit VIRLAB zu "spielen" und dabei vielleicht Interesse für die dabei auftretenden "seltsamen" Effekte zu bekommen, reicht es auch völlig aus, über Computerviren nur zu wissen, daß sie auf Rechnern vorkommen und Schaden anrichten können. Wer allerdings ihre Ausbreitungsmechanismen verstehen will, sollte sich zumindest begleitend mit theoretischen Aspekten befassen.

VIRLAB simuliert drei grundlegende Klassen von Computerviren (oder Kombinationen davon): Bootsektorviren (Viren, die in Bootsektoren Unterschlupf suchen); Programmviren (Viren, die COM-, EXE- und evtl. zusätzlich OVL-Dateien angreifen); "Directory-Viren" (Viren, die Verzeichniseinträge manipulieren) wobei zu einem bestimmten Zeitpunkt immer nur ein Virus im System aktiv sein kann. Zusätzlich kann ein Virus resident sein oder Tarnkappenwirkung haben. Als Triggerbedingungen sind logische und Zeitbomben implementiert. Zu den simulierten Antivirenprogrammen gehören Scanner, Säuberungsprogramme, Prüfsummenprogramme, Überwachung von Interrupts durch ein residentes Programm, Scannen beim Laden von Programmen durch ein residentes Programm, Anbringen eines Selbsttest-Codes an ausführbaren Programmen.

**Preisträger des Deutsch-Österreichischen Hochschul-Software-Preises 1992**

# Simulation

| | |
|---|---|
| **Betriebssysteme** | MS-DOS 3.x |
| **Softwareumgebung** | k.A. |
| **Hardwareumgebung** | IBM PC comp. ; 640 KB RAM; EGA, VGA; Harddisk; 80287; Farbmonitor, Maus; |
| **Bezugsbedingungen** | Freie nicht-kommerzielle Nutzung durch Privatpersonen, öffentliche Schulen, Volkshochschulen und Universitäten etc. (incl. Kopieren des Handbuchs für Eigenbedarf); Firmen müssen pro Installation ein Handbuch (DM 20) kaufen |
| **ASK-SAM** | Das Programm kann über den Fileserver abgerufen werden. |

**Bezugsadresse/Autor**
Dipl.-Phys. Karlhorst Klotz
TU München, Institut für Informatik
Orleansstr. 34, 8000 München 80
089/48095-115

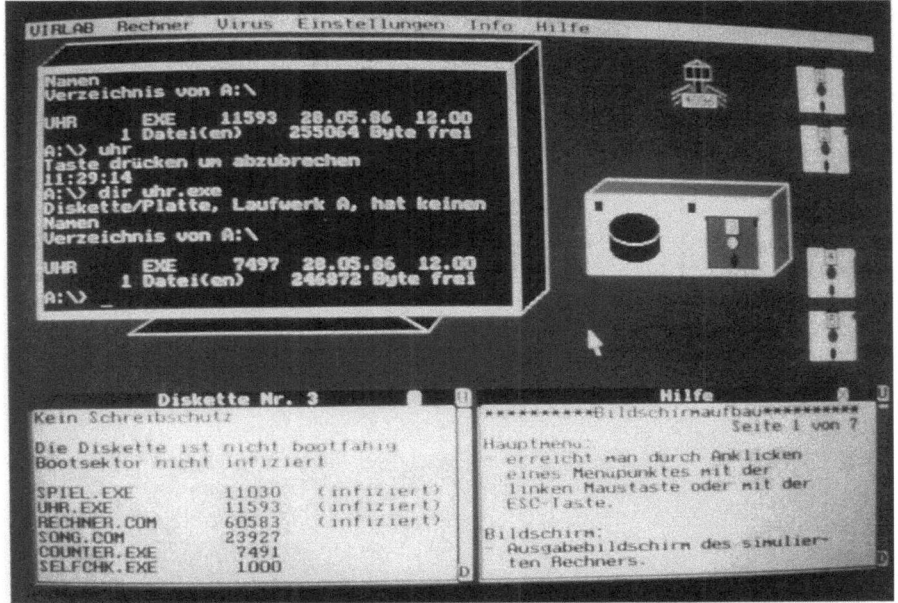

## WATCH

| | |
|---|---|
| **Fachgebiete** | Physik |
| **Anwendungsbereiche** | Einsteins Paradoxon, Experiment, Simulation, Relativitätstheorie |
| **Zielgruppen** | k.A. |
| **Version** | 1.0 |
| **Erstellungsdatum** | 25.02.1991 |

Das Programm "Watch - beobachten Sie die Relativitätstheorie" führt eine Simulation von Einsteinschen Uhren durch. Dadurch kann jeder, der sich mit der Relativitätstheorie beschäftigt, ein aufschlußreiches relativistisches Experiment durchführen. Wichtige Begriffe in der Relativitätstheorie wie etwa Synchronisation, Zeitdilatation oder Zeitvergleich können nachvollzogen und verstanden werden. Die sonst sehr überraschende und schwer begreifbare Relativitätstheorie wird anschaulich und erlebbar gemacht. Schwierigkeiten, die sich aus der "Realitätsferne" der Relativitätstheorie ergeben, werden beseitigt.

| | |
|---|---|
| **Betriebssysteme** | MS-DOS 3.x |
| **Softwareumgebung** | k.A. |
| **Hardwareumgebung** | IBM PC-AT; 640 KB; EGA; Festplatte |
| **Preis** | 99 DM |
| **Bezugsbedingungen** | k.A. |

**Bezugsadresse/Autor**
Ludwig Öfele
Pfr.-Wolpert-Str. 35
8861 Maihingen

**Lehrsoftware**

# Lehrsoftware

## 1st Card

| | |
|---|---|
| **Fachgebiete** | Informatik, Geologie |
| **Anwendungsbereiche** | Autorensystem, Entscheidungs- u. Auswahlhilfesystem, Expertensystem, Hypertext, Informationssuche |
| **Zielgruppen** | k.A. |
| **Version** | 1.2 |
| **Erstellungsdatum** | 25.08.1989 |

Erstellung logischer und hypertextueller Netze ohne Programmiersprache, insbesondere für Wissensbereiche, die überwiegend mit sprachlichen Formulierungen arbeiten. Der Einsatz der Befehlssprache durch eine vollständig mausgesteuerte Programmierung ermöglicht die Nutzung der Logikprogrammmierung ohne die sonst mit ihr verbundenen syntaktischen Probleme. Die Volltextfunktionen ermöglichen einen sehr flexiblen Umgang mit schriftlichen Informationen. Die Grafikeinbindung dient der Veranschaulichung z.B. durch Struktur- oder Beziehungsdiagramme. Die Einbindung von Tönen bzw. Tonsequenzen ermöglicht akustische Betonung bestimmter Vorgänge.

**Preisträger des Deutschen Hochschul-Software-Preises 1991**

| | |
|---|---|
| **Betriebssysteme** | TOS |
| **Softwareumgebung** | k.A. |
| **Hardwareumgebung** | ATARI ST; 1 MB RAM; keine Festplatte notwendig aber sehr empfohlen, da sonst zu langsam; s/w-Monitor; |
| **Preis** | 298 DM |
| **Bezugsbedingungen** | Übliche Kopier- und Mehrfacheinsatzverbote; Rabatte bei Betrieb in PC-Pools. |

**Bezugsadresse/Autor**
Gerhard Oppenhorst
Universität Bonn
Forschungsstelle f. jur. Informatik
Lennestraße 35
5300 Bonn 1
0228/739262 (dien.) oder 658 346 (priv.)

# 1st Grade

| | |
|---|---|
| **Fachgebiete** | Informatik, Mathematik |
| **Anwendungsbereiche** | X-Windows, Compiler, Editor, Ausbildung, interaktives Lernsystem |
| **Zielgruppen** | Schüler, Studenten |
| **Version** | 2.0 |
| **Erstellungsdatum** | 27.03.1992 |

1st Grade ist eine Programmierumgebung für den Entwurf von Graphalgorithmen. Sie ermöglicht ebenfalls ein effizientes Testen der Algorithmen, sowie die Animation der Abarbeitung der algorithmischen Schritte in beliebigen Beispielgraphen. Das System basiert hauptsächlich auf zwei Komponenten, einem Grapheditor und einer Programmiersprache. Der Grapheditor dient zur Erstellung und Manipulation von Graphen, welche als Eingaben für Algorithmen verwendet werden können. Die Programmiersprache wurde speziell für die Entwicklung von Graphalgorithmen entworfen.

Die 1st Grade Programmierumgebung wurde in erster Linie für Schüler und Studenten entworfen, die versuchen, bereits existierende Graphalgorithmen besser zu verstehen, oder auch selber neue Algorithmen zu entwerfen. Gegenwärtig verzichtet man bei komplexeren Verfahren aus Platz- oder Zeitgründen meist auf die Veranschaulichung durch Beispiele. Insbesondere bei sehr schwierigen Verfahren, oder wenn es um Varianten eines Algorithmus geht, setzt daher oft die Anschaulichkeit aus. Auch auf die Umsetzung der Verfahren durch die Lernenden selbst wird wegen des hohen Aufwandes üblicherweise verzichtet. In dieser Situation soll 1st Grade dem Lernenden Hilfestellung bieten und zu einem besseren Algorithmenverständnis beitragen. Entsprechend dieser Zielsetzung sind die beiden Komponenten von 1st Grade konzipiert: sowohl der Grapheditor als auch die 1st Grade Sprache sollen einerseits so einfach zu handhaben sein, daß auch Anfänger sie leicht erlernen können, und andererseits so vollständig, daß damit auch komplizierte Graphalgorithmen implementiert und veranschaulicht bzw. getestet werden können. Die wesentlichen Merkmale des Grapheditors sind seine Spezialisierung auf das Erzeugen und Manipulieren von Graphenobjekten, also Graphen, Knoten, Kanten und Informationen an all diesen Objekten. Die Handhabung und damit auch das Erlernen des Umgangs mit dem Grapheditor sind dabei auf der einen Seite spielerisch einfach. Auf der anderen Seite bietet der Editor breiteste Möglichkeiten, sowohl was die Bandbreite der generierbaren Graphen, als auch was deren graphische Manipulation anbelangt. So können Graphen mit den üblichen gerichteten oder ungerichteten Kanten ebenso erzeugt werden, wie Hyperkanten. Sogar anspruchsvolle Konstrukte wie Hyperkantenersetzungssysteme sind möglich. Für alle so generierten Graphen stehen umfangreiche Editiermöglichkeiten zur Verfügung, wie etwa Bewegen, Vergrößern, Verkleinern usw. Die Besonderheiten der 1st Grade-Sprache kann man folgendermaßen zusammenfassen: Die Sprache orientiert sich stark an der in allen Lehrbüchern zur Formulierung von Algorithmen gebräuchlichen Sprache. In vielen Fällen wird man die Texte sogar größtenteils einfach abtippen können. In der 1st Grade-Sprache können alle Objekte, wie sie von Graphalgorithmen manipuliert werden, sehr einfach benutzt werden; Graphen, Knoten, Kanten und Informationen an diesen allen werden unmittelbar deklariert und benutzt.

**Preisträger des Deutsch-Österreichischen Hochschul-Software-Preises 1992**

| | |
|---|---|
| **Betriebssysteme** | SUN OS 4.1.1 |

# Lehrsoftware 315

| | |
|---|---|
| **Softwareumgebung** | OpenWindows 3. 0, csh-Shell (oder tcsh-Shell) |
| **Hardwareumgebung** | SPARC; 8 MB RAM; Standard Monochrom- oder Farbbildschirm für SPARC; Harddisk; |
| **Preis** | k.A. |
| **Bezugsbedingungen** | k.A. |

**Bezugsadresse/Autor**

Aurel Balmosan, Curd Bergmann
Universität-Gesamthochschule Paderborn
Fachbereich Mathematik-Informatik
Warburger Str. 100
4790 Paderborn

Dr. Egon Wanke, Franz Höfting
Universität-Gesamthochschule Paderborn
Fachbereich Mathematik-Informatik
Warburger Str. 100
4790 Paderborn
05251/60-3074 bzw. 60-2065

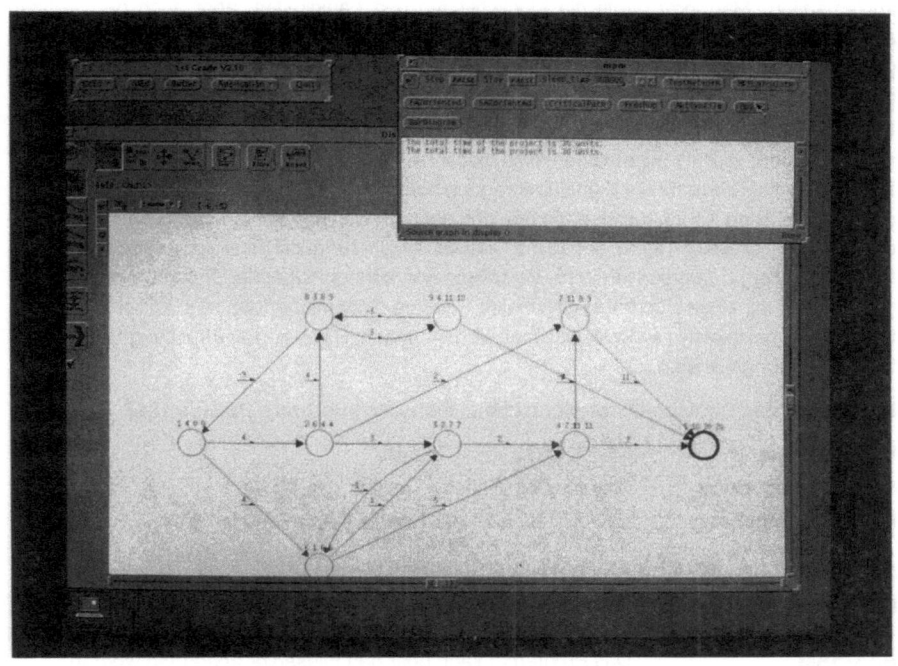

# ADAPTFIL

| | |
|---|---|
| **Fachgebiete** | Elektrotechnik |
| **Anwendungsbereiche** | Ausbildung, interaktives Lernsystem, Simulationssoftware, Training Software, Tutorial |
| **Zielgruppen** | Dozenten, Studenten |
| **Version** | 2.1 |
| **Erstellungsdatum** | 11.02.1992 |

Anhand eines Blockschaltbildes können Signalquellen und Übertragungsstrecken modelliert werden, die Adaptionsalgorithmen sowie deren Parameter ausgewählt, und die sich ergebenden Signale sowohl im Zeit- als auch im Frequenzbereich beobachtet, verglichen und ausgewertet werden. Die Realisierung digitaler Filter (Finite Impulse Response) ist im Programm implementiert. Man lernt damit die Möglichkeiten und Fähigkeiten, aber auch die Grenzen adaptiver Systeme kennen. Für spezielle Applikationen können verschiedene Konfigurationen gegeneinander abgewogen und Entscheidungen für praktische Realisierungen getroffen werden.

Die im Programm ADAPTFIL implementierten Algorithmen erlauben die Simulation von adaptiven Systemen, die im allgemeinen eine bessere Performance als nicht-adaptive Systeme bieten. Beispielsweise für die Signalübertragung heißt das, daß der Empfänger nicht von einem durchschnittlichen Kanal auszugehen braucht, sondern sich optimal auf den tatsächlich vorliegenden Kanal anpassen kann, sodaß die Qualität der Übertragung (Bitfehlerwahrscheinlichkeit, Verständlichkeit, ...) verbessert wird. Beispielsweise können folgende Systeme simuliert werden: Entzerrung eines Übertragungskanales = lineare Gesamtübertragungsfunktion; Echo-Unterdrückung beispielsweise in akustischen Verbindungen; Rausch-Unterdrückung bei schlechten Übertragungskanälen.

**Preisträger des Deutsch-Österreichischen Hochschul-Software-Preises 1992**

| | |
|---|---|
| **Betriebssysteme** | MS-DOS 3.x |
| **Softwareumgebung** | Maustreiber (2 oder 3 Tasten) |
| **Hardwareumgebung** | IBM XT, AT; 512 KB RAM; EGA, VGA; Harddisk: 200 KB; 8087, 80287 (optional); Maus; |
| **Preis** | k.A. |
| **Bezugsbedingungen** | Programm wird kostenlos nur an Universitäten und Fachhochschulen abgegeben. |
| **ASK-SAM** | Das Programm kann über den Fileserver abgerufen werden. |
| **Bezugsadresse/Autor** | |

Dipl.Ing. Herbert Zidek
Wiesengasse 4
A-2230 Gänserndorf (Österreich)
02282 / 8933

# Lehrsoftware

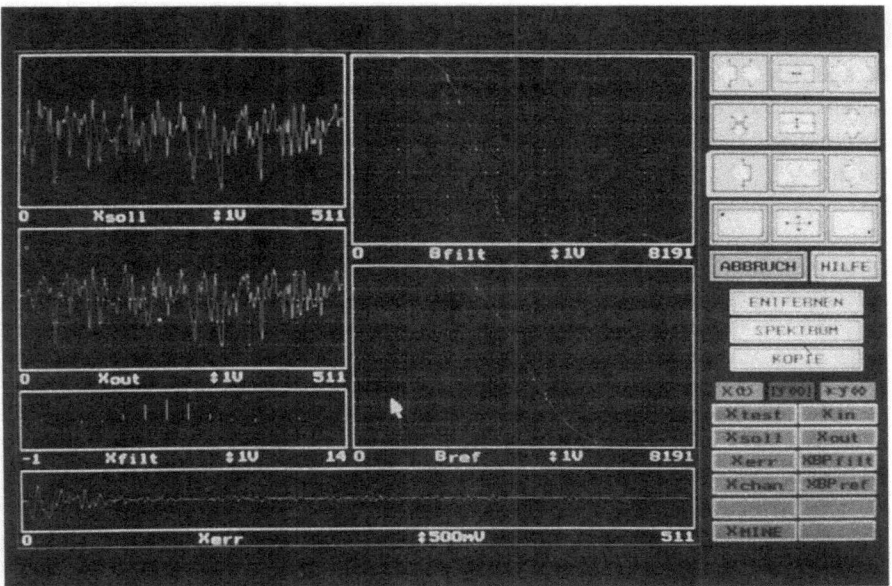

## Albioch

| | |
|---|---|
| **Fachgebiete** | Biologie, Chemie |
| **Anwendungsbereiche** | Ausbildung, interaktives Lernsystem, Tutorial |
| **Zielgruppen** | Studenten |
| **Version** | Albioch 1992 |
| **Erstellungsdatum** | 10.02.1992 |

Funktionen des Programms "Albioch - Lernprogrammbaukasten (Chemie/Biochemie)": Das Lernprogramm-Baukasten-System soll Nebenfach-Studierenden mit Chemie als Prüfungsfach im Grundstudium gezieltes Lernen zur Vorbereitung auf Klausuren und Prüfungen ermöglichen, wobei grundsätzlich unter anderen Kapiteloberbegriffen als während der Vorlesungen und des Praktikums vorgegangen wird, um ein Sich-Festhaken der Studierenden zu vermeiden. Der Lernstoff wurde deswegen gegenüber der Vorlesung bzw. dem Praktikum umgruppiert und nach einer Reihe von Rasterpunkten aufgeteilt, die jeweils einem der Einzel-Lernprogramme entsprechen. Ein Einzelprogramm soll bei gutem Vorwissen aus dem Unterricht einen halben Arbeitstag umfassen, ansonsten einen ganzen Arbeitstag. Es wurde Wert darauf gelegt, daß der Lernstoff vom Anfängerunterricht bis zum Einstieg in die Biochemie einschließlich des biochemischen Praktikums soweit als möglich abgedeckt wird. Die vorhandenen Überschneidungen zwischen den einzelnen Programmen sind geplant und zur Wiederholung absichtlich eingebaut. Seit 1988 werden die angebotenen Lernprogramme von Studierenden aller genannten Studiengänge zu ca. 25 % des jeweiligen Jahrganges (ca. 150 Nutzer/Jahr) angenommen.

Programminhalte: Es wurde vom Verfasser beobachtet, daß Studierende bei der Vorbereitung auf Prüfungen wegen Schwierigkeiten zu Beginn ihrer Lernphase zu viel Zeit für Einzelprobleme vergeudeten. Als Anleitung zum rationelleren und zeitlich vorgeplanten Lernen erhielten die Studierenden jahrelang eine Lernanleitung für 28 - 30 Halbtage während der letzten Vorlesung vor Beginn der vorlesungsfreien Zeit angeboten. Aus den für jeweils einen Halbtag vorgesehenen Wiederholungs- und Durcharbeitungsthemen dieser Lernhilfe sowie weiteren übergeordneten Kapiteln des anorganisch-chemischen Grundpraktikums und des im dritten Fachsemester anstehenden Biochemie-Praktikums wurden die jetzt vorliegenden 44 Lernprogramme entwickelt.

| | |
|---|---|
| **Betriebssysteme** | MS-DOS 3.x |
| **Softwareumgebung** | GWBASIC 3. 22 |
| **Hardwareumgebung** | Epson PC AX2; 640 KB RAM; EGA Monochrom; Harddisk: 200 KB; 8087, 80287 (optional); Maus; |
| **Preis** | k.A. |
| **Bezugsbedingungen** | k.A. |

**Bezugsadresse/Autor**
Dr.rer.nat. Eike Schmelz
Uni München, Fak. f. Landwirtschaft und Gartenbau
Lehrstuhl f. Allg. Chemie und Biochemie
Vöttinger Straße 40
8050 Freising-Weihenstephan
08161 - 714352 bzw. 713253

# Algebra

**Fachgebiete** Mathematik
**Anwendungsbereiche** Training Software, Tutorial
**Zielgruppen** Studenten, Schüler
**Version** 1.1
**Erstellungsdatum** 15.06.1989

Das Programm ALGEBRA präsentiert in vier Abschnitten jeweils 25 Test- und Übungsaufgaben zu den Themen Abbildungen, Verknüpfungen, Strukturen, Gruppen (vgl. zugehöriges Skriptum zur Einführung in die algebraischen Strukturen). Der Einsatz sollte parallel und zusätzlich zu praktischen mathematischen Übungen oder nachgeschaltet zu Wiederholungszwecken erfolgen. Vor allem Anfänger können auf diese Weise ihr Begriffswissen in den genannten Gebieten überprüfen und festigen.

Im einzelnen stellt ALGEBRA die folgenden Möglichkeiten zur Verfügung: Hilfe im Fenster, Menügesteuertes Lexikon zu den Begriffen, mit Querverweisen und direkt aktivierbaren Referenzen, Lernstand (individuell zu Kennwort verwaltet); Ausgabe im Fenster mit passender Analoganzeige, Informationsteile mit kompakter Inhaltspräsentation Lesezeichen-Option, die die Wiederaufnahme ab der früheren Position im Programm ermöglicht, Frei wählbare Darbietungsfolge (Reihenfolge, Zufallsfolge), Nach Abschluß jeder Inhaltseinheit ein ausführlich kommentiertes Ergebnis mit Hinweisen für remediales Arbeiten.

**Betriebssysteme** MS-DOS 3.x
**Softwareumgebung** k.A.
**Hardwareumgebung** IBM/Kompatibler PC/XT/AT usw., CGA-Grafik (oder CGA-Emulation), Festplatte
**Preis** 35 DM
**Bezugsbedingungen** Direkte Anforderung bei Dr. Merino und Partner

**Bezugsadresse**
Dr. Merino und Partner
Hauslücke 5
2391 Wees/Flensburg
04631/2476

**Autor**
Prof. Dr. Alfred Schreiber
Pädagogische Hochschule Flensburg
Seminar f. Mathematik und ihre Didaktik
2390 Flensburg

## Architektur/Implement. von DBS

| | |
|---|---|
| **Fachgebiete** | Informatik |
| **Anwendungsbereiche** | Datenbank, Hypertext, Lernsoftware |
| **Zielgruppen** | k.A. |
| **Version** | 1.0 |
| **Erstellungsdatum** | 15.01.1991 |

Das Datenbanklehrsystem soll als Unterrichtsmedium primär von Lehrenden zur Präsentation von Lehrstoff verwendet werden. Als Hypermediasystem unterstützt es besonders, bedingt durch seine Fähigkeit, vernetzte Strukturen direkt nachbilden zu können, die Darstellung von komplexen Lehrgebieten. Daneben wird Unterstützung für ein sequentielles Darbieten des Lehrstoffes geboten. Studenten sind mit dem System in der Lage, den Lernstoff explorativ nachvollziehen zu können. Das Lehrsystem wird an der Universität Erlangen-Nürnberg für die Vorlesung, Datenbanksystem II" als ausschließliches Präsentationsmittel eingesetzt, d.h. kein Einsatz von Folien. Als Vorlage für das Lehrsystem diente das Vorlesungsskript von Prof. Dr. Wedekind, "Datenbanksysteme II". In sehr aufwendiger Kleinarbeit wurden inhaltliche Verknüpfungen aufgespürt und als Links in das System integriert. Das Lehrsystem enthält ungefähr 10000 Verknüpfungen und wird somit seinem Namen als Hypertextsystem gerecht. Um Orientierungsproblem zu vermeiden wurde das Konzept der Wegespeicherung eingeführt. Das System speichert unter Steuerung des Benutzers den beschrittenen Pfad im Hypertextnetz auf und kann auf Anforderung des Benutzers den Weg in umgekehrter Reihenfolge zurückverfolgen. Eine Rückkehr in das allgemeine Inhaltsverzeichnis bzw. in Inhaltsverzeichnisse von einzelnen Kapiteln ist jederzeit möglich.

Ein zentraler Bestandteil des Systems sind die darin integrierten Animationen. Der Schwerpunkt bei der Auswahl und Realisierung von Animationen lag dabei auf Gebieten, die mit traditionellen Vorgehen nur mühsam vermittelt werden konnten, und den Studenten bekannterweise Schwierigkeiten bereiteten. Der Charakter der einzelnen Animationen stellt sich aufgrund der Komplexität und Heterogenität des Vorlesungsstoffes recht unterschiedlich dar. Folgende Grobklassifikation der Animationen ist möglich: Algorithmendarstellung, Darstellung von Protokollen, Darstellung der Wirkungsweise von Systemkomponenten, Darstellung von Wechselwirkungen zwischen Systemkomponenten, Abspielen von Szenarien (Normalfall, Fehlerfall).

**Teilnahme an der Endrunde und anerkennenswerte Leistung beim Deutschen Hochschul-Software-Preis 1991**

| | |
|---|---|
| **Betriebssysteme** | MAC OS 6.0 |
| **Softwareumgebung** | HyperCard Version 1. 2. 5 (deutsch) |
| **Hardwareumgebung** | Macintosh Plus; 1MB; 20 MB |

**Bezugsadresse/Autor**
Martin Nagler
Universität Erlangen-Nürnberg
Lehrstuhl für Datenbanksysteme
Martensstraße 3
8520 Erlangen
09131-85 7800

# BAYES

| | |
|---|---|
| **Fachgebiete** | Informatik, Mathematik |
| **Anwendungsbereiche** | Auswertung, interaktives Lernsystem, med. Entscheidungsfindung, Simulation, Statistik |
| **Zielgruppen** | Studenten |
| **Version** | 3.2 |
| **Erstellungsdatum** | 01.11.1991 |

Im interaktiven Dialog mit dem PC soll das Programm in anschaulicher und lebendiger Form als Lernprogramm dienen. Neben der Möglichkeit, statistische Grundlagen (Spezifität, Sensivität, Prävalenz, bedingte und unbedingte Wahrscheinlichkeiten, etc.) in spielerischer Form erlernen und/oder wiederholen zu können, erläutert das Programm eines der besten und zugleich noch gut verständlich zu machenden diagnostischen Entscheidungsmodelle, das auf der sog. BAYES'Formel beruht. Ergänzend zu der einfachsten Form der BAYES'Formel mit didotonen Testvariablen (positiv/negativ) kann bei noch nicht vorliegendem Trennpunkt zwischen positivem und negativem Testresultat bei einer quantitativen stetigen Testvariablen dieser Trennpunkt mittels ROC-Kurve, die dann die Beziehung zwischen Sensitivität und Spezifität veranschaulicht, festgelegt werden. Außerdem besteht die Möglichkeit, Stichproben unterschiedlicher Umfänge zu messen, Meßwerte zu variieren, die Prävalenz zu verändern und deren Auswirkung bzw. Streuung auf die verschiedenen Kenngrößen und auf die prädiktiven Werte, der Kostenfunktion usw. zu beobachten. Neben einer Normalverteilungsfunktion können die Verteilungen auch frei als Graphiken eingegeben werden.

| | |
|---|---|
| **Betriebssysteme** | MS-DOS |
| **Softwareumgebung** | k.A. |
| **Hardwareumgebung** | IBM PC comp. ; 640 KB RAM; Hercules, EGA, VGA; Cop. optional; Farbmonitor (optional); |
| **Preis** | 50 DM |
| **Bezugsbedingungen** | k.A. |
| **ASK-SAM** | Eine Demo-Version des Programmes kann über den Fileserver abgerufen werden. |

**Bezugsadresse/Autor**
Prof. Dr. Ruediger Klar
Albert-Ludwig-Universität Freiburg
Medizinische Informatik
Stefan-Meier-Straße 26
7800 Freiburg i.Br.
0761/203-3032

**Autor**
A.M.M. Muijtjens
State University of Limberg
Dept. of Med. Informatics and Statistics
6200 MD Maastricht (Niederlande)

A. Hasman
State University of Limberg
Dept. of Med. Informatics and Statistics
6200 MD Maastricht (Niederlande)

## BelWue

| | |
|---|---|
| **Fachgebiete** | Informatik |
| **Anwendungsbereiche** | Lehrsimulation, Netzwerk, Kommunikation, Lernsoftware |
| **Zielgruppen** | Hochschulangehörige |
| **Version** | 1.0 |
| **Erstellungsdatum** | 01.01.1991 |

Das interaktive Lernprogramm erläutert das Landesforschungsnetzes BelWue sowie den Gebrauch von telnet (interaktiver Zugang), ftp (Filetransfer), mail und nslookup (Nameserverabfrage). Die Software verwendet Zeichnungen, digitalisierte Bilder und Cartoons, um den Gebrauch des BelWue zu veranschaulichen. Für die bereits Kundigen bietet ein Lexikon die Gelegenheit, zu Stichworten Erläuterungen aus dem laufenden Text heraus aufzurufen. Eine Simulation des ftp bietet die Möglichkeit, das Gelernte anzuwenden. Das Lernprogramm setzt keine Kenntnisse voraus und eignet sich daher für Netzanfänger. UNIX-Kenntnisse sind allerdings von Vorteil, da die Beispiele in einer UNIX-Umgebung stattfinden. Dies wird z.B. im Kapitel über den ftp sichtbar, wo das Kommando "!ls" beschrieben wird, wobei das "!" ein Fluchtsymbol ins lokale Betriebssystem ist und auch weitere lokale Betriebssystemkommandos erlaubt. Voraussetzung ist wegen der Größe der Gebrauch einer Festplatte mit ca. 1.8 MByte freiem Platz. Die Installation sollte auf der Platte c: im Verzeichnis \belwue vorgenommen werden; falls dies nicht möglich ist, kann in der Datei "belwü.bat" ein anderes Verzeichnis angegeben werden. Das Programm wird mit "belwue" aufgerufen. Finden können Sie das Lernprogramm auf dem ftp-Server der Universität Stuttgart (rusmv1.rus.uni-stuttgart.de) im Verzeichnis info/netze/belwue/ lernprogramm. Fehlermeldungen bitte per Mail an belwue-koordination@belwue.dbp.de oder schriftlich an Peter Merdian, Rechenzentrum der Universität Stuttgart, Allmandring 30, 7000 Stuttgart 80. Abschließend noch zwei Tips: 1. Vergessen Sie bitte nicht, beim Transfer den binary Modus zu verwenden. 2. Das Programm ist relativ empfindlich bezüglich der Helligkeitseinstellung des Bildschirms. Versuchen Sie daher nach dem Aufruf verschiedene Helligkeits- und Kontrasteinstellungen.

| | |
|---|---|
| **Betriebssysteme** | MS-DOS 3.x |
| **Softwareumgebung** | k.A. |
| **Hardwareumgebung** | IBM PC und kompatibel, mind. EGA, 1.8 MByte Festplattenplatz |
| **Preis** | k.A. |
| **Bezugsbedingungen** | k.A. |
| **ASK-SAM** | Das Programm kann über den Fileserver abgerufen werden. |
| **Bezugsadresse** | |
| Fileserver der ASK | Peter Merdian<br>Rechenzentrum der Universität<br>BelWue Koordination<br>Allmandring 30<br>7000 Stuttgart 80<br>0711 / 685-5804 |

# BIOSIGNALANALYSE I

**Fachgebiete**      Informatik, Physik
**Anwendungsbereiche**      Signalverarbeitung, Tutorial
**Zielgruppen**      Studenten, Lehrkräfte
**Version**      1.2
**Erstellungsdatum**      09.03.1992

BIOSIGNALANALYE I dient der Vertiefung von Kenntnissen über elementare Prozesse der Signalverarbeitung (Analog-Digital-Wandlung, Hoch-Tiefpaß-Filterung, Transformation in den Frequenzbereich, Merkmalserkennung). Die im Hintergrund verwendeten Algorithmen sind nicht Lehrgegenstand. Ihre Erläuterung ist deshalb dem Lehrenden - die Übungen begleitend - vorbehalten, sofern sich die dazu Notwendigkeit ergibt (z.B. digitale Filteralgorithmen, Fast Fourier-Transformation). Die zu erläuternden Sachverhalte werden an synthetischen, vom Nutzer selbst erzeugten, und an echten Biosignalen dargestellt.

**Betriebssysteme**      MS-DOS 3.x
**Softwareumgebung**      k.A.
**Hardwareumgebung**      IBM AT; 640 KB RAM; VGA; Harddisk; Cop. optional; HP-Laserjet III;
**Preis**      20 DM
**Bezugsbedingungen**      Bei dem genannten Betrag handelt es sich um eine Schutzgebühr für Universitäten und Fachhochschulen.

**Bezugsadresse/Autor**
Dr.-Ing. Cammann Henning
Humboldt-Universität, Charite
Inst.f. Med.Inform. u. Bio-Math.
Schumannstr. 20/21
1040 Berlin
(Berlin-Ost) 286 5276

## Büroautomation

| | |
|---|---|
| **Fachgebiete** | Informatik |
| **Anwendungsbereiche** | Ausbildung, Lehrsimulation, Büroautomatisierung, Training Software |
| **Zielgruppen** | k.A. |
| **Version** | 2.0 |
| **Erstellungsdatum** | 28.06.1989 |

An wen wendet sich der Kurs? An interessierte Praktiker. Ohne besondere Vorkenntnisse werden Sie mit den technischen und organisatorischen Grundlagen vertraut gemacht, die zum tieferen Verständnis der Anwendungs- und Einsatzproblematik notwendig sind.

Was lernen Sie? Zunächst werden zentrale Aufgabenbereiche im Büro vorgestellt. Getrennt nach den Aufgabenbereichen Kommunikation, Dokumentation und Steuerung werden anschließend Automatisierungsmöglichkeiten diskutiert. Ziel der zehn Lektionen des Kurses ist, eine allgemeine Einführung in die technischen und organisatorischen Grundlagen der vielschichtigen Aspekte der Büroautomation zu geben.

| | |
|---|---|
| **Betriebssysteme** | MS-DOS 3.x |
| **Softwareumgebung** | Microsoft Windows 2.03 |
| **Hardwareumgebung** | IBM PC oder kompatibler Rechner; Speichergröße: 640 KByte; Graphik-Karte: EGA-Karte (VGA-Karte empfohlen); Festplatte erforderlich; Koprozessor oder spezielle Hardware nicht erforderlich |
| **Preis** | 300 DM |
| **Bezugsbedingungen** | Für Fernstudenten gilt ein ermäßigter Preis. Preis für Industriekunden, Universitäten, Institute, Akademien usw. erhalten Sie auf Anfrage. |

**Bezugsadresse**
Prof. Dr. Schlageter
Fernuniversität Hagen
Praktische Informatik I
Postf. 940
5800 Hagen

**Autor**
W. Rauch
Universität Klagenfurt
Klagenfurt (Österreich)

# Lehrsoftware 325

## CT-LEARN

| | |
|---|---|
| **Fachgebiete** | Elektrotechnik, Physik |
| **Anwendungsbereiche** | CAL, rechnerunterstütztes Lernen, Experiment, Simulation, Lernsoftware, Tutorial |
| **Zielgruppen** | Studenten |
| **Version** | 2.0 |
| **Erstellungsdatum** | 25.08.1992 |

Präambel Computer-Tomographie ist ein Bild-Rekonstruktionsverfahren, das zunehmend in unterschiedlichen Wissenschaftsbereichen Anwendung findet. Der Einsatzschwerpunkt der Computer-Tomographie liegt sicherlich im medizinischen Bereich (Röntgen-CT, Kernspin-CT), doch kommt das Verfahren mittlerweile in so verschiedenen Gebieten, wie Materialforschung (Mikro-CT), Geologie (Erdkrustenerkundung), Umweltschutz (Messung der örtlichen Schadstoffverteilung in der Luft mittels Laser) oder in der Astronomie (Messung der Mikrowellenemission der Sonne) zum Einsatz. Um das tomographische Verfahren sinnvoll einsetzen zu können, ist es erforderlich, daß der Nutzer zumindest einen groben Überblick über die Funktionsweise der angewandten Rekonstruktionsmethode besitzt. Nur so ist er in der Lage den Einfluß verschiedener Parameter, wie z. B. die Anzahl der Projektionen oder die Wahl des Filterkernes auf das Ergebnisbild zu beurteilen und Rekonstruktionsartefakte zu identifizieren. In diesem Sinne wendet sich das vorliegende Lehrprogramm zur Computer-Tomographie an Anwender aus unterschiedlichen Fachgebieten, die sich mit den Grundlagen der Computer-Tomographie, speziell mit der "Filtered-Backprojection"-Rekonstruktionsmethode vertraut machen möchten. Es werden dabei keine Vorbedingungen bzgl. mathematischer oder spezieller physikalischer Kenntnisse gestellt; auch bedarf es keiner besonderen Übung im Umgang mit Computerprogrammen. Nach der Beschäftigung mit CT-LEARN sollte der Benutzer in der Lage sein: Das Grundprinzip der Computer-Tomographie zu erklären. Die drei Schritte der Filtered-Backprojection- Rekonstruktionsmethode (Aufnahme von Projektionsfunktionen, Filterung, Rueckprojektion) zu benennen. Das Zustandekommen der Projektionsfunktionen zu erklären. Die Notwendigkeit einer Filterung der Projektionsdaten zu erkennen. Den Vorgang der Rueckprojektion zu erläutern. Durch eigene Experimente sollte er den Einfluß von - unterschiedlichen Materialien und Materialdicken auf die Projektionsfunktion - der Anzahl der Projektionen auf das Rekonstruktionsergebnis und die dabei auftretenden typischen Artefakte - den Einfluß der Filterung auf das Ergebnisbild erkannt haben.

**Anerkennenswerte Leistung beim Deutschen Hochschul-Software-Preis 1991**

| | |
|---|---|
| **Betriebssysteme** | DR-DOS 3.x, MS-DOS 3.x, PC-DOS 3.x |
| **Softwareumgebung** | k.A. |
| **Hardwareumgebung** | IBM-AT oder Kompatibel; 640KB; VGA; Farbmonitor; MS-Maus; |
| **Preis** | 50 DM |

| **Bezugsadresse/Autor** | **Autor** |
|---|---|
| Dr. Gerd Fuhrmann | Dipl.-Ing. Heinz-Josef Dahlmanns |
| Ing.-Büro | FH-Jülich |
| Schurzelter Str. 551 | 5130 Geilenkirchen |
| 5100 Aachen | |
| 0241/873416 | |

## Demoprogramm "optische Aktivität"

| | |
|---|---|
| **Fachgebiete** | Biologie, Chemie, Physik |
| **Anwendungsbereiche** | Optik, Lernsoftware |
| **Zielgruppen** | Studenten |
| **Version** | 1.1 |
| **Erstellungsdatum** | 27.03.1992 |

Das Lernprogramm zur optischen Aktivität ist in drei Kapitel gegliedert: I. Kapitel: Physikalische Grundlagen II. Kapitel: Licht und Materie III. Kapitel: Optische Aktivität Im III. Kapitel, dem Hauptteil des Programms, werden folgende zur optischen Aktivität (im weiteren Sinne) gehörende Phänomene behandelt: Optische Rotation; Zirkulardichroismus; (Normale) Rotationsdispersion; COTTON-Effekt (Anomale Rotationsdispersion). Zum Verständnis dieser Phänomene sind Analogien zu Phänomenen der "achiralen" Optik hilfreich, zumal jene aus dem Schulunterricht bekannt sein sollten. Folgenden Analogien sind gegeben: "achirale" Optik "chirale" Optik; Doppelbrechung Optische Rotation; Dichroismus Zirkulardichroismus; Normale Dispersion Rotationsdispersion; Anomale Dispersion COTTON-Effekt. Im Falle des COTTON-Effekts ist sogar die Kenntnis des analogen Effekts der anomalen Dispersion unumgänglich, da der COTTON- Effekt auf der anomalen Dispersion beruht. Diese analogen Phänomene aus der "achiralen" Optik werden im II. Kapitel "Licht und Materie" behandelt.

Im I. Kapitel wird kurz auf die elektromagnetische Natur des Lichtes hingewiesen und das physikalische Modell der erzwungenen Schwingung vorgestellt, das wiederum zum Verständnis der Dispersion erforderlich ist. Da bei den vorliegenden Modellen zeitlich veränderliche Größen vorliegen hat die dynamische Darstellung der Modelle einen klaren Vorteil gegenüber der Darstellung im Lernmedium Buch: Die zusätzliche Lernhürde, sich die Dynamik der Modelle vorstellen zu müssen entfällt. Die Studenten von Herrn Professor S. Kabuss, die das Programm schon genutzt haben, konnten dies bestätigen.

| | |
|---|---|
| **Betriebssysteme** | MS-DOS 4.x |
| **Softwareumgebung** | k.A. |
| **Hardwareumgebung** | IBM AT; 1 MB RAM; EGA, VGA; Harddisk; Maus; |
| **Preis** | k.A. |
| **Bezugsbedingungen** | k.A. |

**Bezugsadresse/Autor**

Siegfried Gmeiner
Universität Freiburg
Organische Chemie u. Biochemie
Gabelsbergerstr.14
7800 Freiburg
0761/474890

## DIAS-demo

| | |
|---|---|
| **Fachgebiete** | Informatik |
| **Anwendungsbereiche** | Ausbildung, Bildverarbeitung, interaktives Lernsystem |
| **Zielgruppen** | Studenten |
| **Version** | 3.1 |
| **Erstellungsdatum** | 24.08.1991 |

Das Programmsystem DIAS-demo ist ein interaktives Dialog- und Programmiersystem für die digitale Bildverarbeitung. Es enthält ca. 150 der wichtigsten Prozeduren zur Bildbearbeitung, Bildanalyse, Bildsynthese und Datenanalyse als Standardprozeduren. DIAS-demo läuft auf IBM-PC mit VGA unter allen DOS-Versionen ab 3.0. Der Speicher des PC wird als Bildspeicher genutzt, und die VGA wird zur Grauwert/Farbdarstellung verwendet. Es können mindestens 256x512 Bildpunkte angesprochen werden, so daß man mit einem 256x512-Bild oder mit acht 128x128-Bildern oder mit 32 64x64-Bildern usw. arbeiten kann. Bei kleineren Teilbildgrößen ist also auch eine 3D-Bildverarbeitung möglich. Bei Vorhandensein eines Erweiterungsspeichers (auf AT-386/486) kann dieser genutzt werden und der verfügbare Bildspeicherbereich vergrößert sich entsprechend.

DIAS-demo ist eine eigenständige Version des allgemeinen Softwaresystems DIAS, das auf unterschiedlicher Rechentechnik läuft (vor allem charakterisiert durch eine Vielzahl von Treibern für Bildverarbeitungskarten). Die Spezifik der Bildverarbeitung bedingt eine eigenständige Programmiersprache, die durch viele spezielle Standardprozeduren und eine für die Bildverarbeitung spezifische Arithmetik (z.B. Bildpunktzugriff) gekennzeichnet ist. Der sehr zeiteffektive Einpaßcompiler für diese Sprache gestattet die interaktive Nutzung aller Prozeduren. Das realisierte Portabilitätskonzept erlaubt den Transport von Programmen zwischen allen Systemen, auf denen DIAS oder DIAS-demo implementiert ist.

| | |
|---|---|
| **Betriebssysteme** | MS-DOS 3.x |
| **Softwareumgebung** | ANSI-Treiber |
| **Hardwareumgebung** | IBM PC 8086, 286, 386, 486; 640 KB RAM; VGA; Harddisk; Maus |
| **Preis** | 120 DM |
| **Bezugsbedingungen** | k.A. |

**Bezugsadresse**
Dr. Karl-Heinz Weber
TOWER_SOFT, Gesellsch.f.Bildverarbeitung
H.Duncker-Str. 120
O-1157 Berlin
030 - 508 3903

**Autor**
Doz. Dr. Herbert Süsse
Friedrich-Schiller-Universität Jena
Math. Fak. / Digitale Bildverarbeitung
O-6900 Jena

Prof. Dr. Klaus Voss, Dr. Wolfgang Ortmann
Friedrich-Schiller-Universität Jena
Math. Fak. / Digitale Bildverarbeitung
O-6900 Jena

## Digitale Bildverarbeitung (DBV)

| | |
|---|---|
| **Fachgebiete** | Biologie, Informatik |
| **Anwendungsbereiche** | Lehrsoftware, graphische Datenverarbeitung, Bildverarbeitung, interaktives Lernsystem, Lernsoftware |
| **Zielgruppen** | Studenten, Anwender digitaler Bildverarbeitung |
| **Version** | 1.0 |
| **Erstellungsdatum** | 20.02.1991 |

Das Programm DBV dient der anschaulichen Einführung und Einarbeitung in die Digitale Bildverarbeitung und ihre Methoden. Implementiert sind folgende Funktionen : zweidimensionale Fouriertransformation (FT); Filterfunktionen in Frequenzraum; Eingabe von Testbildern für FT's; Intensitätsskalierungen anhand des Histogramms; Äquidensitendarstellung von Bildern; Anwendung von Differenzoperatoren im Ortsraum.

Die mit obigen Verfahren veränderten Bilder können gespeichert werden und somit in beliebiger Reihenfolge weiteren Manipulationen unterzogen werden. Das didaktische Konzept von DBV beruht darauf, durch die Visualisierung von Methoden der Digitalen Bildverarbeitung dem Benutzer diese möglichst anschaulich vertraut zu machen. Die in der gängigen Literatur zu findenden Bildbeispiele sind oft nur begrenzt aussagefähig und werden durch beschränkte Reproduktionsmöglichkeiten weiter herabgesetzt. Somit liegt eine Zukunft für Programme wie DBV auch in der Erläuterung von Literatur, etwa als "Diskette zum Buch". Durch die Möglichkeit, Computerbilder mittels Displays für Overhead-Projektoren in Vorträgen zu nutzen, wird die Qualität von Vorträgen steigen, in denen "on line" Bildmanipulationen demonstriert werden können.

| | |
|---|---|
| **Betriebssysteme** | MS-DOS |
| **Softwareumgebung** | k.A. |
| **Hardwareumgebung** | AT; 640 KB; VGA; Festplatte; Koprozessor optional |
| **Preis** | 50 DM |
| **Bezugsbedingungen** | Keine kommerzielle Weiterverwendung. |

**Bezugsadresse/Autor**
Thomas Dekorsy
RWTH Aachen
Institut für Halbleitertechnik II
Sommerfeldstr. 24
5100 Aachen

# EDUCATE 3

| | |
|---|---|
| **Fachgebiete** | Allgemeines |
| **Anwendungsbereiche** | Ausbildung, interaktives Lernsystem, Training Software |
| **Zielgruppen** | Lehrkräfte, Studenten, |
| **Version** | 3.0 |
| **Erstellungsdatum** | 20.03.1992 |

Mit dem Programmpaket EDUCATE3 können Sie Lehrprogramme, Trainingsprogramme und Testprogramme zur Leistungskontrolle erstellen und ablaufen lassen. Zur Erstellung eines Programms genügt die Kenntnis einiger weniger Programmbefehle; sie benötigen also minimale Einarbeitungszeit. Andererseits ist der vorhandene Befehlssatz groß genug, um sehr umfangreiche und stark strukturierte Programme zu erstellen. Folgende Funktionen werden unterstützt: Bildschirmweise Textausgabe mit Vor- und Zurückblättern; Einbindung von Testfragen, automatische und differenzierte Auswertung der Antworten (durch Optionen spezifizierbar), in festgelegter Reihenfolge oder mit Zufallsgenerator aufrufbar; Erstellen von Grafikbildschirmen mit programmeigenen Befehlen; Einbinden von Grafik aus anderen Programmen; 2 programmierbare F-Tasten; Einlegen von "Lesezeichen" in den Text, Sprung dorthin; verschiedene Elemente, die aus Programmiersprachen bekannt sind (Programmverzweigung, Unterprogramme); Einbindung beliebiger anderer Programme in den Ablauf Ihres Lehrprogramms. Die Erstellung von Lehrprogrammen wird durch eine Entwicklungsumgebung unterstützt. Sie führt eine automatische Fehlersuche aus. Außerdem können Sie sich dort die von Ihnen gestalteten Bildschirme per Knopfdruck ansehen (Sie können sofort sehen, was Sie gerade programmiert haben). Eine integrierte Hilfe-Funktion sorgt dafür, daß Sie fast nichts auswendig lernen brauchen, um mit dem Programm zu arbeiten. Zur Bedienung sind keine besonderen Vorkenntnisse erforderlich.

Das Programm wendet sich insbesondere an Lehrer, aber auch an alle anderen in Lehre und Weiterbildung Beschäftigten, die Lehrprogramme selbst schreiben wollen, aber wenig Zeit in die Einarbeitung investieren wollen. Geeignet erscheint es insbesondere zur Ausbildung von Lehramtstudenten.

| | |
|---|---|
| **Betriebssysteme** | MS-DOS 3.x |
| **Softwareumgebung** | k.A. |
| **Hardwareumgebung** | AT 286 (comp.); 256 KB RAM; VGA; Harddisk: 613 KB; Maus; |
| **Preis** | 20 DM |
| **Bezugsbedingungen** | k.A. |

**Bezugsadresse/Autor**
Götz Gelbrich
Universität Greifswald
FR Mathematik / Informatik
Jahnstraße 15a
O-2200 Greifswald

## Eindimensionale Quantenmechanik

**Fachgebiete** Physik
**Anwendungsbereiche** CAL, rechnerunterstütztes Lernen, Modell-Software, Quantenmechanik, Lernsoftware
**Zielgruppen** Studenten
**Version** 1.0
**Erstellungsdatum** 15.02.1991

Das Programm "Eindimensionale Quantenmechanik" dient der Festigung und Veranschaulichung von Kenntnissen über quantenmechanische Vorgänge und Erscheinungen. Es unterstützt das die Vorlesung begleitende Selbststudium und ermöglicht den Studenten eine aktive Arbeit an implementierten physikalischen Modellen.

Das Lehrprogramm "Eindimensionale Quantenmechanik" gliedert sich in zwei separate Module. Der Modul RAM behandelt das Problem gebundener Zustände. Man kann in vorgegebenen oder selbstgewählten Potentialen nach Eigenzuständen suchen. Ausgangspunkt ist das Potential des Harmonischen Oszillators. In diesem Abschnitt werden die Grundgesetzmäßigkeiten von gebundenen Zuständen untersucht. In einem weiterführenden Abschnitt stehen verschiedene vordefinierte Potentiale zur Verfügung, und man kann selbst einen Potentialverlauf graphisch eingeben. Auf Wunsch übernimmt hier das Programm selbst die Suche nach Eigenzuständen und erkennt diese sicher. Der Modul SCAT behandelt das stationäre Streuproblem für den rechteckigen Potentialtopf und -wall. Die Lösung wird in zwei Veranschaulichungsebenen ausgegeben, als stationäre Lösung mittels harmonischer Wellen und als Animation des asymptotischen Verhaltens eines Wellenpaketes. Die inhaltlichen Beschränkungen resultieren aus der anzusprechenden Zielgruppe.

**Betriebssysteme** MS-DOS 3.x
**Softwareumgebung** k.A.
**Hardwareumgebung** IBM PC-XT/AT; 640 KB; VGA; 8087/287
**Preis** k.A.
**Bezugsbedingungen** k.A.

**Bezugsadresse/Autor**
Jan Ulf Schütze
Technische Universität Dresden
Institut für Experimentalphysik
Mommsenstraße 13
O-8027 Dresden
02/463-2899 oder -5410

# Einführg. in das Programmieren m. MODULA-2

| | |
|---|---|
| **Fachgebiete** | Informatik |
| **Anwendungsbereiche** | Ausbildung, Lehrsimulation, Programmiersprache MODULA, Training Software |
| **Zielgruppen** | k.A. |
| **Version** | 2.0 |
| **Erstellungsdatum** | 23.10.1990 |

An wen wendet sich der Kurs? Vorausgesetzt werden Grundkenntnisse der Informatik. Beherrschung einer Programmiersprache und Erfahrungen mit einem Betriebssystem sind zwar von Vorteil, aber keine unbedingten Voraussetzungen.

Was lernen Sie? Es ist ein Ziel des Kurses, eine allgemeine Einführung in das Programmieren mit MODULA-2 zu geben. MODULA-2 ist durch seine systematische Syntax und leichte Erlernbarkeit die ideale Sprache für eine solche Einführung. Natürlich werden auch die spezifischen Konzepte von MODULA-2 vermittelt. Wie alle Programmiersprachen kann auch MODULA-2 nicht allein durch das Lesen eines Buches oder das Durcharbeiten eines Kurses erlernt werden. Das ist nur in Verbindung mit praktischen Übungen am Rechner möglich.

Wie ist der Kurs strukturiert? Der Kurs besteht aus zehn Lektionen. Die ersten acht Lektionen sind jeweils in bis zu acht Kapitel aufgeteilt. Jedes Kapitel wird durch mindestens eine Frage abgeschlossen. Ein Fragenblock am Ende jeder Lektion ermöglicht eine Überprüfung des Lernerfolgs. In den letzten beiden Lektionen sind nocheinmal die Programmbeispiele des Kurses gesammelt.

| | |
|---|---|
| **Betriebssysteme** | MS-DOS 3.x |
| **Softwareumgebung** | Microsoft Windows 2. 03 |
| **Hardwareumgebung** | IBM PC oder kompatibler Rechner; Speichergröße: 640 KByte; Graphik-Karte: EGA-Karte (VGA-Karte empfohlen); Festplatte erforderlich; Koprozessor oder spezielle Hardware nicht erforderlich |
| **Preis** | 300 DM |
| **Bezugsbedingungen** | Für Fernstudenten gilt ein ermäßigter Preis. Preis für Industriekunden, Universitäten, Institute, Akademien usw. erhalten Sie auf Anfrage. |

**Bezugsadresse**  
Prof. Dr. Schlageter  
Fernuniversität Hagen  
Praktische Informatik I  
Postf. 940  
5800 Hagen

**Autor**  
Prof. Dr. Brockhaus  
Technische Universität Wien  
Institut für Praktische Informatik  
A-1040 Wien (Österreich)

## Einführung in die Expertensystemanwendung

| | |
|---|---|
| **Fachgebiete** | Informatik, Wirtschaftswissenschaften, Verfahrenstechnik |
| **Anwendungsbereiche** | Künstliche Intelligenz, Geschäftsanwendungen, Lehrsoftware, interaktives Lernsystem, Training Software |
| **Zielgruppen** | k.A. |
| **Version** | k.A. |
| **Erstellungsdatum** | k.A. |

Wissensverarbeitung ist eine wesentliche Entwicklungsrichtung der Informationstechnologie der 90er Jahre. Management und DV-Praktiker müssen sich vermehrt mit diesem Potential auseinandersetzen. Dieses Lernprogramm führt sie ein in: den Aufbau von Expertensystemen, die bewährten Entwicklungsmethodologien für Expertensysteme, die wesentlichen Wissenspräsentationsmodelle, die praktisch-relevanten Forschungsrichtungen im Bereich der Expertensysteme einschließlich neuronaler Netze, maschinellem Lernen und verteilten Problemlösungssystemen.

| | |
|---|---|
| **Betriebssysteme** | MS-DOS |
| **Softwareumgebung** | Betriebssystem DOS 3.0 oder höher |
| **Hardwareumgebung** | IBM PC mit 128 KBytes Hauptspeicher, Diskettenlaufwerk |
| **Preis** | k.A. |
| **Bezugsbedingungen** | k.A. |

**Bezugsadresse**
R. Oldenbourg Verlag GmbH
Rosenheimer Str. 145
8000 München 80
089 41 12-0

# Lehrsoftware

## Einführung in LISP

| | |
|---|---|
| **Fachgebiete** | Informatik |
| **Anwendungsbereiche** | Ausbildung, Lehrsimulation, Programmiersprache LISP, Training Software |
| **Zielgruppen** | k.A. |
| **Version** | 2.0 |
| **Erstellungsdatum** | 28.06.1989 |

An wen wendet sich der Kurs? Dieser Kurs setzt keine speziellen Informatikkenntnisse voraus. Informatikstudenten der ersten Semester oder erfahrene EDV-Praktiker können den Kurs erfolgreich bearbeiten. Was lernen Sie? Mangels einer verbindlichen Definition ist LISP keine einheitliche Sprache geblieben. Schon früh entwickelten sich auf verschiedene Bedürfnisse zugeschnittene Dialekte. Eine 1981 begonnene Standardisierung des Sprachkerns, der allen LISP-Dialekten gemeinsam ist, führte schließlich zu COMMON LISP. Dieser Kurs gibt auf der Grundlage von COMMON LISP eine durch viele bewegte Graphiken veranschaulichte Einführung in das Programmieren mit LISP. Ziel der 10 Lektionen des Kurses ist es, den Lernenden in die Lage zu versetzen, selbst nichttriviale LISP-Programme zu verstehen und zu schreiben.

| | |
|---|---|
| **Betriebssysteme** | MS-DOS 3.x |
| **Softwareumgebung** | Microsoft Windows 2.03 |
| **Hardwareumgebung** | IBM PC oder kompatibler Rechner; Speichergröße: 640 KByte; Graphik-Karte: EGA-Karte (VGA-Karte empfohlen); Festplatte erforderlich; Koprozessor oder spezielle Hardware nicht erforderlich |
| **Preis** | 300 DM |
| **Bezugsbedingungen** | Für Fernstudenten gilt ein ermäßigter Preis. Preis für Industriekunden, Universitäten, Institute, Akademien usw. erhalten Sie auf Anfrage. |

**Bezugsadresse**
Prof. Dr. Schlageter
Fernuniversität Hagen
Praktische Informatik I
Postf. 940
5800 Hagen

# Einführung in PROLOG

| | |
|---|---|
| **Fachgebiete** | Informatik |
| **Anwendungsbereiche** | PROLOG, Ausbildung, Lehrsimulation, Training Software |
| **Zielgruppen** | k.A. |
| **Version** | 2.0 |
| **Erstellungsdatum** | 14.07.1989 |

An wen wendet sich der Kurs? Vorausgesetzt werden Grundkenntnisse der Informatik. Beherrschung einer Programmiersprache und Erfahrungen mit einem Betriebssystem sind zwar von Vorteil, aber keine unbedingten Voraussetzungen.

Was lernen Sie? Ziel dieses Kurses ist, eine erste Einführung in die logische Programmiersprache PROLOG zu geben. Der Kurs soll nicht nur die grundlegenden Konstrukte und Konzepte von PROLOG veranschaulichen, sondern auch befähigen, PROLOG-Programme zu schreiben und einen PROLOG-Interpreter zu benutzen. Wie alle Programmiersprachen kann auch PROLOG nicht allein durch das Lesen eines Buches oder das Durcharbeiten eines Kurses erlernt werden. Das ist nur in Verbindung mit praktischen Übungen am Rechner möglich. Siehe in diesem Zusammenhang auch das von der FernUniversität angebotene EULE-Prolog-Labor.

Wie ist der Kurs strukturiert? Der Kurs besteht aus zehn Lektionen. Jede Lektion des Kurses besteht aus drei Abschnitten. Zu jedem Abschnitt werden Fragen gestellt, die eine Überprüfung des Lernerfolgs ermöglichen. Musterlösungen halten wichtige Erkenntnisse noch einmal fest.

| | |
|---|---|
| **Betriebssysteme** | MS-DOS 3.x |
| **Softwareumgebung** | Microsoft Windows 2.03 |
| **Hardwareumgebung** | IBM PC oder kompatibler Rechner; Speichergröße: 640 KByte; Graphik-Karte: EGA-Karte (VGA-Karte empfohlen); Festplatte erforderlich; Koprozessor oder spezielle Hardware nicht erforderlich |
| **Preis** | 300 DM |
| **Bezugsbedingungen** | Für Fernstudenten gilt ein ermäßigter Preis. Preis für Industriekunden, Universitäten, Institute, Akademien usw. erhalten Sie auf Anfrage. |

| **Bezugsadresse** | **Autor** |
|---|---|
| Prof. Dr. Schlageter | Dieter Rosin-Matthäi |
| Fernuniversität Hagen | Fernuniversität Hagen |
| Praktische Informatik I | Praktische Informatik II |
| Postf. 940 | 5800 Hagen |
| 5800 Hagen | |

# Lehrsoftware

## Einführung in UNIX

| | |
|---|---|
| **Fachgebiete** | Informatik |
| **Anwendungsbereiche** | Ausbildung, Lehrsimulation, Training Software, UNIX-Einführung |
| **Zielgruppen** | k.A. |
| **Version** | 2.0 |
| **Erstellungsdatum** | 21.06.1989 |

An wen wendet sich der Kurs? An UNIX-Anfänger. Der Kurs baut als Einführung nur auf Grundkenntnisse in der Informatik auf, er setzt keinerlei UNIX-Kenntnisse voraus. Was lernen Sie? Nach Durcharbeiten des Kurses verfügen Sie über Basiswissen, das zum täglichen Umgang mit einem UNIX-Rechner notwendig ist. Sie können gängige UNIX-Kommandos sicher anwenden und kleinere Routineaufgaben von selbstgeschriebenen Shell-Skripten erledigen lassen. Wie ist der Kurs strukturiert? Der Kurs besteht aus 10 Lektionen, die ihrerseits in 3 oder 4 Abschnitte unterteilt sind. An jedem Abschnitt schließt sich ein interaktiver Frageteil an, in dem der Lernende sein Verständnis des Stoffinhalts überprüfen kann. Insgesamt enthält der UNIX-Kurs etwa 100 Fragen.

| | |
|---|---|
| **Betriebssysteme** | MS-DOS 3.x |
| **Softwareumgebung** | Microsoft Windows 2. 03 |
| **Hardwareumgebung** | IBM PC oder kompatibler Rechner; Speichergröße: 640 KByte; Graphik-Karte: EGA-Karte (VGA-Karte empfohlen); Festplatte erforderlich; Koprozessor oder spezielle Hardware nicht erforderlich |
| **Preis** | 300 DM |
| **Bezugsbedingungen** | Für Fernstudenten gilt ein ermäßigter Preis. Preis für Industriekunden, Universitäten, Institute, Akademien usw. erhalten Sie auf Anfrage. |

**Bezugsadresse**  
Prof. Dr. Schlageter  
Fernuniversität Hagen  
Praktische Informatik I  
Postf. 940  
5800 Hagen  

**Autor**  
Prof. Dr. Wegner  
Gesamthochschule Kassel  
Abteilung Informatik  
3500 Kassel

## EULE-PROLOG-Labor

| | |
|---|---|
| **Fachgebiete** | Informatik |
| **Anwendungsbereiche** | PROLOG, Animation, Ausbildung, Lehrsimulation, Interpreter, Training Software |
| **Zielgruppen** | k.A. |
| **Version** | 1.0 |
| **Erstellungsdatum** | 03.02.1991 |

Die primäre Zielrichtung des Labors ist nicht die Vermittlung von umfassenden Kenntnissen, sondern vielmehr die Bereitstellung einer motivierenden Lernumgebung, die dem Lerner spielerisch den Umgang mit dem PROLOG-System ermöglicht, um ungezwungen eigene Erfahrungen zu sammeln (Learning by doing). Es wurde spezieller Wert auf die Visualisierung interner Abläufe gelegt, die sonst einem Lerner verborgen bleiben.

**Anerkennenswerte Leistung beim Deutschen Hochschul-Software-Preis 1991**

| | |
|---|---|
| **Betriebssysteme** | MS-DOS 3.x |
| **Softwareumgebung** | Microsoft Windows 2. 03 besser: Microsoft Windows 3. 0 |
| **Hardwareumgebung** | IBM PC oder kompatibler Rechner Speichergröße: 640 KByte + 256 extended Memory Graphik-Karte: EGA-Karte (besser VGA-Karte) Festplatte; Koprozessor oder spezielle Hardware nicht erforderlich |
| **Preis** | 50 DM |
| **Bezugsbedingungen** | k.A. |

**Bezugsadresse**
Prof. Dr. Schlageter
Fernuniversität Hagen
Praktische Informatik I
Postf. 940
5800 Hagen

**Autor**
Jörg Böhme, Manfred Börner
Fernuniversität Hagen
Praktische Informatik I
5800 Hagen

Dieter Rosin-Matthäi
Fernuniversität Hagen
Praktische Informatik II
5800 Hagen

# EULE-UNIX-Labor

| | |
|---|---|
| **Fachgebiete** | Informatik |
| **Anwendungsbereiche** | Animation, Ausbildung, Lehrsimulation, Interpreter, Training Software, UNIX-Einführung |
| **Zielgruppen** | k.A. |
| **Version** | 1.0 |
| **Erstellungsdatum** | 23.01.1991 |

Die primäre Zielrichtung des Labors ist nicht die Vermittlung von umfassenden Kenntnissen, sondern vielmehr die Bereitstellung einer motivierenden Lernumgebung, die dem Lerner spielerisch den Umgang mit dem UNIX-System ermöglicht, um ungezwungen eigene Erfahrungen zu sammeln (Learning by doing). Es wurde spezieller Wert auf die Visualisierung interner Abläufe gelegt, die sonst einem Lerner verborgen bleiben.

| | |
|---|---|
| **Betriebssysteme** | MS-DOS 3.x |
| **Softwareumgebung** | Microsoft Windows 2. 03 besser: Microsoft Windows 3. 0 |
| **Hardwareumgebung** | IBM PC oder kompatibler Rechner Speichergröße: 640 KByte + 256 extended Memory Graphik-Karte: EGA-Karte (besser VGA-Karte) Festplatte, Koprozessor oder spezielle Hardware nicht erforderlich |
| **Preis** | 50 DM |
| **Bezugsbedingungen** | k.A. |

**Bezugsadresse**
Prof. Dr. Schlageter
Fernuniversität Hagen
Praktische Informatik I
Postf. 940
5800 Hagen

**Autor**
Jörg Böhme, Heinrich Schwitalla
Fernuniversität Hagen
Praktische Informatik I
5800 Hagen

Dieter Rosin-Matthäi
Fernuniversität Hagen
Praktische Informatik II
5800 Hagen

## EVO

| | |
|---|---|
| **Fachgebiete** | Biologie, Mathematik |
| **Anwendungsbereiche** | Evolution, Numerik, Lernsoftware, Visualisierung |
| **Zielgruppen** | k.A. |
| **Version** | 1.20 |
| **Erstellungsdatum** | 27.02.1990 |

EVO visualisiert das Verhalten der Evolutionsstrategie im mehrdimensionalen Raum bei verschiedenen Optimierungsproblemen. Hat der Benutzer eine Qualitätsfunktion ausgewählt, so wird sie von EVO zunächst auf ein dreidimensionales Gebirge (eine Funktion von 2 Variablen) abgebildet. Dieses wird auf dem Bildschirm in perspektivischer oder in Isoqualitätsliniendarstellung gezeichnet. Bei perspektivischer Darstellung kann die grafische Darstellung mit zahlreichen Parametern verändert werden. Auf dem so entstandenen Gebirge können verschiedene Varianten der Evolutionsstrategien und einige einfache andere Optimierungsverfahren ausgeführt werden. Außerdem läßt sich ein Diagramm des Fortschritts in einem Optimierungslauf anzeigen.

Der Benutzer von EVO sollte Grundkenntnisse zur Evolutionsstrategie besitzen. Die Evolutionsstrategie bildet die fachliche Grundlage zu EVO. Zur Programmerstellung waren zusätzlich Kenntnisse der Computergraphik notwendig. Die Evolutionsstrategie arbeitet nur sinnvoll im hochdimensionalen Optimierungs- raum. Dies erschwert erheblich den intuitiven Zugang zu dem Verfahren. EVO schafft durch Visualisierung hier einen Weg, wie er ohne Einsatz von Computern mit vernünftigem Aufwand nicht möglich ist.

Nach einer mathematischen Einführung zum Verhalten der Evolutionsstrategie und anderer Strategien kann EVO zusätzlich eingesetzt werden, damit ein besseres intuitives Verständnis des Vorgehens einer mathematische Methode wie der Evolutionsstratgegie erreicht wird. Außerdem soll die Möglichkeit der einfachen Veränderung verschiedener Parameter zum experimentieren und selbständigen Erforschen der Strategien einladen.

| | |
|---|---|
| **Betriebssysteme** | TOS |
| **Softwareumgebung** | k.A. |
| **Hardwareumgebung** | ATARI ST/STe/TT |
| **Preis** | 15 DM |
| **Bezugsbedingungen** | EVO ist Public Domain. Teile des Quellcodes dürfen in nichtkommerziellen Programmen beliebig genutzt werden. |

**Bezugsadresse/Autor**

Matthias Kloas
Technische Universität Berlin
Institut für Energietechnik
Marchstraße 18
1000 Berlin
030/314-23281 (030/795 64 50 priv.)

Christian Nieber
Neue Bergstraße 5
1000 Berlin 20
030/3357900

# Lehrsoftware

## EVO_STRA

| | |
|---|---|
| **Fachgebiete** | Mathematik |
| **Anwendungsbereiche** | interaktives Lernsystem, Simulation, Tutorial |
| **Zielgruppen** | k.A. |
| **Version** | 1.0 |
| **Erstellungsdatum** | 17.02.1992 |

Das Programm besteht aus vier Kapiteln : a) Einführung: Dem Benutzer werden die Idee und der Zweck von Evolutionsstrategien erläutert. Evolutionsstrategien sind Optimierungsverfahren, die versuchen durch Nachahmung der biologischen Evolution technische Probleme zu lösen. Es handelt sich dabei um gerichtete Zufallsverfahren, die den Vorteil haben, daß nur sehr wenig Voraussetzungen gegeben sein müssen und die Konvergenzsicherheit sehr groß ist. b) Zufallszahlen: Da die Bedeutung von Zufallszahlen für Evolutionsstrategien relativ groß ist, wird auf ihre Erzeugung im Rechner eingegangen, die Probleme, die sich dadurch ergeben, und wie sich Zufallsgeneratoren einfach vergleichen lassen. Zwei Rekursionsgleichungen für Zufallsgeneratoren werden vorgestellt und mit dem ToolBook-internen Generator verglichen. Der Vergleich erfolgt durch Erzeugung von Zufallspunkten, die auf dem Bildschirm dargestellt werden. c) Verteilungen von Zufallszahlen: Um die Fähigkeiten der Strategien möglichst gut auszunützen, braucht man verschieden verteilte Zufallszahlen. Speziell bei der Mutation durch Addition von Zufallsvektoren ist es sinnvoll, kugelrandverteilte Zufallsvektoren zu nehmen, um die Varianz der Mutation kontrollieren zu können. Auf einer Seite des Buches werden Gleichverteilung, Normalverteilung und Kugelrandverteilung bei dreidimensionalen Vektoren gegenübergestellt. d) Strategien: Nach einer kurzen Erklärung, welche Strategien programmiert sind und wie der Programmablauf erfolgt, besteht die Möglichkeit, mit verschiedenen Anwendungsbeispielen zu experimentieren. Es handelt sich um vier einfache Optimierungsaufgaben, die hauptsächlich wegen der grafischen Darstellung gewählt wurden. Im ersten Beispiel soll der Abstand eines Punktes in der Ebene vom Ursprung minimiert werden, im zweiten ist der höchste Punkt einer Halbkugel gesucht. Das dritte und das vierte Beispiel bestehen aus willkürlich erfundenen Funktionen, die ein gut darstellbares Gütegebirge besitzen und etwas komplexer sind als die ersten zwei. Durch Eingabe verschiedener Parameter können verschiedene Strategien miteinander verglichen werden, oder mit den selben Parametern kann die gleiche Strategie an den verschiedenen Beispielen ausprobiert werden.

| | |
|---|---|
| **Betriebssysteme** | MS-DOS 3.x |
| **Softwareumgebung** | Windows |
| **Hardwareumgebung** | IBM AT; 2 MB RAM; VGA (640x480); Harddisk: 2 MB; Maus |
| **Preis** | k.A. |
| **Bezugsbedingungen** | k.A. |

**Bezugsadresse**
Dr. Winfried Kostka
Festo Didactic
DT-NT
Rechbergstr.42
7306 Denkendorf
0711 / 34 67 - 289

**Autor**
Christian Ringwald
FH für Technik Stuttgart
Mathematik
7300 Esslingen a.N.

## Feigenbaum-Szenario

| | |
|---|---|
| **Fachgebiete** | Mathematik, Physik |
| **Anwendungsbereiche** | Ausbildung, Lehrsimulation, Lernsoftware, Training Software |
| **Zielgruppen** | k.A. |
| **Version** | k.A. |
| **Erstellungsdatum** | k.A. |

Das Grundkonzept des hier betrachteten Themas ist die Iteration einer reellwertigen Funktion f. Man erhält eine Iterationsfolge x, f(x), f(f(x))... mit x als Iterationskeim (d.h. eine mathematische Rueckkopplung). Es stellen sich folgende Fragen: Gibt es bei solch einer Iteration Regelmäßigkeiten? Welche Funktionen können zykl. Verhalten zeigen? Warum betrachtet man solche Iterationen? In vielen Anwendungen hängen die betrachteten, dynamischen Systeme von Kontrollgrößen ab (kurz Parameter), z.B. Temperatur, zugeführte Energie ... Ein System hängt oft von mehreren Parametern ab, aber tatsächlich beschreibt jede einparametrige Familie einer eindimensionalen Abbildung geeigneten Typs das ganze Spektrum der Möglichkeiten. Es reicht also aus, einparametrige Familien von Abbildungen zu untersuchen.

| | |
|---|---|
| **Betriebssysteme** | MS-DOS 2.x, MS-DOS 3.x |
| **Softwareumgebung** | k.A. |
| **Hardwareumgebung** | IBM XT/AT oder kompatibel |
| **Preis** | k.A. |
| **Bezugsbedingungen** | k.A. |
| **ASK-SAM** | Das Programm kann über den Fileserver abgerufen werden. |

**Bezugsadresse**  
Fileserver der ASK

**Autor**  
Thomas Kettenring  
Universität Kaiserslautern  
FB Physik  
6750 Kaiserslautern

## Fraktale Wachstumsmodelle

| | |
|---|---|
| **Fachgebiete** | Physik |
| **Anwendungsbereiche** | Demo-Programm, Lernsoftware |
| **Zielgruppen** | k.A. |
| **Version** | 1.0 |
| **Erstellungsdatum** | 11.03.1991 |

Das Programm GROWTH simuliert Wachstumsvorgänge, die zum Teil zu fraktalen Wachstumsformen führen. Durch Verändern der Parameter kann mit den Modellen "experimentiert" werden. Das Programm simuliert folgende Modelle: Eden-Modell (Zellwachstum), Edentree-Modell, Epidemie-Modell (Ausbreitung von Epidemien, Flächenbrände), Invasions-Modell (Erdölgewinnung), Sawada-Modell (Blitzentladungen) und die diffusionsbegrenzte Anlagerung (Elektrolytablagerungen). Das Programm soll in die Begriffe des fraktalen Wachstums einführen und kann als Demo-Programm Lehrstoff vorführen bzw als Lernhilfsmittel zum eigenständigen Erlernen verwendet werden. Das Programm dient vor allem zur Erklärung des Begriffes eines Fraktals (Fraktaldimension kleiner als die topologische Dimension) und soll interessierte Schüler zum eigenständigen Lernen anregen. Durch die überschaubaren Modellalgorithmen ist es möglich, daß Schüler, angeregt durch das vorliegende Programm, eigene Programme entwickeln. Die einzelnen Modelle sind von ihren Autoren ausführlich untersucht und in Fachzeitschriften beschrieben worden.

| | |
|---|---|
| **Betriebssysteme** | MS-DOS |
| **Softwareumgebung** | k.A. |
| **Hardwareumgebung** | IBM PC; RAM: 640 kB; Grafikkarte: EGA; |
| **Preis** | k.A. |
| **Bezugsbedingungen** | k.A. |

**Bezugsadresse/Autor**
Prof. Dr. Leopold Mathelitsch
Universität Graz
Institut für Theoretische Physik
Universitätsplatz 5
A-8010 Graz (Österreich)
316-380-5247

## FrameMaker

| | |
|---|---|
| **Fachgebiete** | Allgemeines |
| **Anwendungsbereiche** | Autorensystem, CAL, Programmierumgebung, Lernsoftware |
| **Zielgruppen** | Programmentwickler, Lehrkräfte |
| **Version** | 2.0 |
| **Erstellungsdatum** | k.A. |

FrameMaker erlaubt das Erstellen von Lernprogrammen auf der Basis einer Makrosprache für computerunterstützten Unterricht. Die Makrosprache (=didaktischer Befehlssatz FM) realisiert selbsttätig ein Teilnehmersystem für den Lerner. Auf der Ebene des Autors lassen sich Fremdprogramme verwenden (z.B. für Grafik), Bildschirm(ausschnitt)e einbinden sowie Hilfen und eine Reihe von Dienstprogrammen nutzen. FrameMaker verwaltet selbsttätig eine Teilnehmerumgebung mit einer Reihe spezifischer Funktionen wie: - Kopfleiste mit Kursangaben - Fußleiste mit Tastenmenü - Hilfefenster - verschiebbarer Taschenrechner - aktueller Lernstand und optionale Lernstandsicherung unter Kennwort - zahlreiche Seitentypen ("frames" wie Titel, Information, Menüs, Auswahlantwort, Frei- und Lückentext, Ergebnis). Im Gesamtsystem sind ferner verfügbar: ein erweitertes Betriebsprogramm mit 3 frei belegbaren Schnittstellen für externe Programme; ein menügesteuerter Editor, mit dem unter anderem ASCII-grafische Seiten im Direktverfahren (WYSIWYG) erstellt werden können; die Einbindung eigener Grafiken mit der FM-Bildfangroutine; ein didaktischer Befehlssatz (FM); eine komplette FM-Kursschale (als ablauffähiges Leergerüst eines Test- und Übungsprogramms); Prüf- und Meßverfahren während der Laufzeit. Für die technische Anfangsausbildung der pädagogischen Autoren und CUU-Entwickler wurde FrameMaker als ein Modell ausgearbeitet, das die Phase des Einstiegs in die Lernprogramm-Entwicklung wie folgt abstuft: (1) In einem ersten Schritt wird mit einem fertigen Lernprogrammgerüst gearbeitet, das allein noch mit Inhalten zu füllen ist. (2) Auf der zweiten Stufe wird das Gerüst abgeworfen, so daß eigene Sequenzen und Programmstrukturen entworfen werden. (3) Eine weitere Phase ist aufzusetzen. Sie besteht darin, eigene "frame"-Formen zu schaffen. Die nun zu verwendenden Makroelemente liegen demnach in einer tieferen Schicht, von der aus sich eine höhere (nämlich der "frame") gestalten läßt. Betroffen sind dabei Komponenten wie: Form und Inhalt der Rueckmeldungen, Versuchsanzahl, oder Antwortprüfschlüssel; aber auch die variablere Gestaltung der textuellen Information auf einer frei editierbaren "Maske".

**Anerkennenswerte Leistung beim Deutschen Hochschul-Software-Preis 1991**

| | |
|---|---|
| **Betriebssysteme** | MS-DOS 3.x |
| **Softwareumgebung** | k.A. |
| **Hardwareumgebung** | IBM PC-AT; 512 KB; CGA; Festplatte 1, 5 MB |
| **Preis** | 249 DM |

**Bezugsadresse/Autor**
Prof. Dr. Alfred Schreiber
Pädagogische Hochschule Flensburg
Seminar f. Mathematik und ihre Didaktik
Mürwikerstraße 77
2390 Flensburg
0461/35052

# Lehrsoftware

## G.E.S.y

| | |
|---|---|
| **Fachgebiete** | Informatik |
| **Anwendungsbereiche** | Anwendungsentwicklung, CALL, rechnerunterstütztes Sprachenlernen, Lehrsoftware, Graphikeditor |
| **Zielgruppen** | Dozenten, Studenten |
| **Version** | 2.1 |
| **Erstellungsdatum** | 01.08.1992 |

Funktionen von G.E.S.y (Graphischer Editor für Struktogramme): Graphische und interaktive Erzeugung, Editierung und hochwertiger Ausdruck von Nassi-Shneiderman-Struktogrammen nach DIN 66261-A. Ausgabe des erstellten Struktogramms als Quelltext-Skelett-Rahmen. Einfache und (möglichst immer) visualisierte Bedienungsschritte. - Objektorientierte Bedienung (z.B. Bewegungen werden mittels ziehen an die Einfügestelle imitiert). - Graphische Benutzungsoberfläche unabhängig von bestehenden Standards. Bisherige Erstellung von Struktogrammen war nur auf dem Papier (sehr zeitraubend und arbeitsintensiv) oder nur im "Textmodus" ohne Berücksichtigung der DIN (unsaubere Dokumentation) möglich. Durch den Einsatz von G.E.S.y ist es einfach möglich, die ersten Schritte eines Programmier-Lehrlings von den Eigenarten einer Sprache fernzuhalten und sich auf die Implementierung von Algorithmen zu beschränken. Der Lehrende hat ein Medium, mit dem auch während des Unterrichts, mit den Schülern, ein Algorithmus als Struktogramm formuliert werden kann (z.B. Projektion eines LC-Schirms mittels Overhead-Projektor). Der Schritt vom Struktogramm -zum eigentlichen Quelltext eines Compilers wird mittels eines Quelltext-Skelett-Rahmens unterstützt, der alle Schlüsselworte der verwendeten Kontrollstrukturen enthält. G.E.S.y wird im Informatik-Unterricht der allgemeinen Schulen bereits von mehreren Lehrern zur Unterrichtsvorbereitung und zur Implementierung von Algorithmen eingesetzt.

**Anerkennenswerte Leistung beim Deutschen Hochschul-Software-Preis 1991**

**Anerkennenswerte Leistung beim Deutsch-Österreich. Hochschul-Software-Preis 1992**

| | | |
|---|---|---|
| **Betriebssysteme** | MS-DOS 3.x, MS-DOS 4.x, MS-DOS 5.x | |
| **Softwareumgebung** | k.A. | |
| **Hardwareumgebung** | PC, Empfehlung: 12 MHz-AT; 512 KB; Hercules, EGA, VGA; Maus | |
| **Preis** | 448 DM | |
| **Sonderkonditionen** | Mehrfachlizenz: | 312,-DM pro Lizenz bei 3 Kopien |
| | | 273,-DM pro Lizenz bei 10 Kopien |
| | | 250,-DM pro Lizenz bei 20 Kopien |
| | Geltungsbereich: | Hochschulen, Fachhochschulen, sonstige öffentliche Bildungseinrichtungen, persönliche Lizenzen für Hochschulangehörige und Studenten (198,-DM bzw. 99,-DM) |

**Bezugsadresse/Autor**
Dipl.-Ing. Michael Denzlein
S.I.P. - Software Lösungen
Griesäckerstr. 15
8608 Memmelsdorf / Bamberg
0951 / 43489

## GEOEXPERT

| | |
|---|---|
| **Fachgebiete** | Mathematik |
| **Anwendungsbereiche** | Künstliche Intelligenz, interaktives Lernsystem |
| **Zielgruppen** | Schulen, Hochschulen |
| **Version** | 1.1 |
| **Erstellungsdatum** | 05.03.1992 |

GEOEXPERT ist aus einem Konstruktionsprogramm durch die Integration wissensbasierter tutorieller Komponenten und Lehrer-Schnittstellen entstanden. In der gegenwärtigen Version sind dieses: a) ein Tutor für vorwärtsverkettendes Lösen von Beweis- und Berechnungsaufgaben (V-TUTOR), b) ein Tutor für rückwärtsverkettendes Lösen von Beweis- und Berechnungsaufgaben (R-TUTOR), c) ein Tutor für das Lösen von Konstruktionsaufgaben (K-TUTOR), - eine Lehrer-Schnittstelle zum Generieren geeigneter Beweisaufgaben für V-TUTOR und R-TUTOR, d) eine Lehrer-Schnittstelle zum Generieren geeigneter Konstruktionsaufgaben für K-TUTOR. Beim Durchführen einer Konstruktion am Bildschirm wird ein Konstruktionsprogramm generiert, das anschließend beliebig oft und mit beliebig veränderten Eingabeobjekten neu gestartet werden kann. Dieses ermöglicht den oder dem Lernenden die mühelose und schnelle empirische Verifikation geometrischer Theoreme, sowie - mit geeigneter Anleitung - das Entdecken neuer Sätze. Ein weiteres Merkmal von GEOLOG ist die beliebige Erweiterbarkeit des Prozedurenvorrates durch das Definieren benutzereigener Prozeduren.

Für die drei tutoriellen Komponenten wurde eine einheitliche Architekur angestrebt und weitgehend auch realisiert. Die von GEOEXPERT unterstützten Aufgabenklassen gehören zu einem Typ mathematischer Aufgabenklassen, bei denen die Lösung einer Aufgabe als Lösung eines Interpolationsproblems aufgefaßt werden kann. Für diesen Typ wurde das Konzept des "aufgabenorientierten ITS" (ITS = Intelligentes Tutorielles System) kreiert. Es läßt sich kurz wie folgt charakterisieren: a) Gegenstandsbereich und globales Lernziel werden durch eine Aufgabenklasse definiert. b) Das vom Tutor unterstützte Lernen findet ausschließlich durch das Lösen von Aufgaben der Aufgabenklasse statt. Der Benutzer lernt einerseits durch die Fehler, die er macht und die vom Tutor korrigiert werden, andererseits durch die Inanspruchnahme gestufter Hilfen, die der Tutor auf Anforderung bietet. c) Die dem Benutzer präsentierten Aufgaben werden vom System so ausgewählt, daß die bisher bearbeiteten Aufgaben einen hohen Transfer für die neue Aufgabe liefern, um dem Benutzer die Chance zu bieten, möglichst ohne Inanspruchnahme inhaltlicher Hilfe die jeweils neue Aufgabe zu lösen.

| | |
|---|---|
| **Betriebssysteme** | MS-DOS 3.x |
| **Softwareumgebung** | k.A. |
| **Hardwareumgebung** | IBM AT; 640 KB RAM; VGA; Harddisk; 80387 (optional); MS-Maus; |
| **Preis** | k.A. |

**Bezugsadresse/Autor**
Prof.Dr. Gerhard Holland
Justus-Liebig-Universität Gießen
Institut für Didaktik der Mathematik
Karl-Glöckner-Str. 21C
6300 Gießen
0641-702-2570

# GSTAT

| | |
|---|---|
| **Fachgebiete** | Mathematik, Wirtschaftswissenschaften |
| **Anwendungsbereiche** | Simulation, statistische Analyse, Statistik, Lernsoftware, Visualisierung |
| **Zielgruppen** | Studenten, Statistiker |
| **Version** | 9.1992 |
| **Erstellungsdatum** | 01.09.1992 |

GSTAT ist als Statistikprogrammpaket zur didaktischen Unterstützung der Lehre in Anfängervorlesungen gedacht, also weniger ein Programmpaket zur Auswertung von Daten. Ein Problem für Anfänger ist es, den Zusammenhang zwischen der Empirie (Umgang mit Daten) und der nötigen mathematischen Theorie (Wahrscheinlichkeitstheorie) zu verstehen. Dies herauszuarbeiten ist ein Ziel von GSTAT (z.B. relative Häufigkeiten pendeln sich mit wachsendem Stichprobenumfang auf Wahrscheinlichkeiten, Mittelwerte auf Erwartungswerte ein). Schwierige Zusammenhänge können in Vorlesungen für Studenten mit begrenzten mathematischen Kenntnissen häufig nicht bewiesen werden. Durch graphische Darstellung sollen diese Zusammenhänge visualisiert werden (z.B. zentraler Grenzwertsatz, Gesetz der großen Zahlen). In einer Reihe von Programmen werden zur Illustration von statistischen Sachverhalten Stichproben aus der bekannten Altersverteilung der Bewohner der Bundesrepublik Deutschland gezogen: Berechnung von Mittelwerten und Standardabweichungen, Darstellung von Histogrammen (Zufall), Vergleich mit der wahren Verteilung, Histogramme von Stichprobenmittelwerten bei variablem Stichprobenumfang (Abnahme der Streuung und zentraler Grenzwertsatz), Pfad der Mittelwerte bei wachsendem Stichprobenumfang (Erwartungswert, Schätzer, Konsistenz), Darstellung von Mittelwerten gegen Stichprobenumfang (Abnahme der Streuung umgekehrt proportional zu /n). Münzwurf (Wahrscheinlichkeit). Einlesen von stetigen und diskreten Daten, graphische Darstellung, Berechnung elementarer Kennzahlen. Graphische Darstellungen und Berechnung von Wahrscheinlichkeiten für Normal-, Exponential-, Binomial-, Poisson- und hypergeometrische Verteilung. Simulation, Berechnung und graphische Darstellung von Konfidenzintervallen.

| | |
|---|---|
| **Betriebssysteme** | MS-DOS 3.x |
| **Softwareumgebung** | k.A. |
| **Hardwareumgebung** | IBM PC XT, AT; 640 KB; VGA, EGA, CGA, Herkules |
| **Preis** | 98 DM |
| **Bezugsbedingungen** | Einzellizenz: Nutzung nur von einer Person oder Institution an einem Gerät |
| **Sonderkonditionen** | Mehrfachlizenz: beliebig viele Kopien innerhalb einer Institution 500 DM für Institute, Fachbereiche, Firmen, 400 DM für Schulen zusätzlich zum Preis der Disketten (98 DM) |
| **ASK-SAM** | Eine Demo-Version des Programmes kann über den Fileserver abgerufen werden. |

**Bezugsadresse**
Verlag Vandenhoeck und Ruprecht
Theaterstr. 13
W-3400 Göttingen
0551/54031

**Autor**
Dr. Fred Böker
Universität Göttingen
Institut für Statistik und Ökonometrie
3400 Göttingen

## GSTAT2

| | |
|---|---|
| **Fachgebiete** | Mathematik, Wirtschaftswissenschaften |
| **Anwendungsbereiche** | Simulation, statistische Analyse, Statistik, Lernsoftware, Zeitreihenanalyse |
| **Zielgruppen** | Studenten, Statistiker |
| **Version** | 2.1991 |
| **Erstellungsdatum** | 28.02.1991 |

GSTAT2 ist wie GSTAT ein Statistikprogrammpaket zur didaktischen Unterstützung der Lehre. Entsprechend dem Vorlesungstoff erfolgt ein allmählicher Übergang hin zu den Methoden, so daß auch kleinere Analysen von Daten möglich sind. Das Schwergewicht liegt dabei auf Erklärung und Veranschaulichung der Methoden. Vor jeder Analyse von Daten steht daher die graphische Darstellung der Daten, oft in verschiedener Form. Es werden nicht nur die Ergebnisse angegeben, sondern auch Arbeitstabellen, damit der Benutzer sieht, wie die Ergebnisse zustande kommen. Wenn möglich wird das Ergebnis graphisch erläutert (siehe Graphiken zum P-Wert nach fast allen statistischen Tests, zur Erläuterung der Kolmogorov- oder Chiquadratprüfgröße). Zu jeder Analyse gehört auch die Überprüfung der Modellannahmen (z.B. die Residualanalyse in der Regressionsrechnung oder Varianzanalyse).

GSTAT besitzt folgende Programminhalte: Einführung in die Testtheorie anhand eines konstruierten Beispiels mit Hilfe von Simulationen, Irrtumswahrscheinlichkeiten, Gütefunktion, Zeichentest und Tests bei normalverteilten Beobachtungen, graphische Darstellungen von Daten, Modellanpassung für eindimensionale Daten (Plots auf Wahrscheinlichkeitspapier, Anpassungstests usw.), 2-dimensionale Normalverteilung, lineare und polynomiale Regression, Varianzanalyse, Kontingenztafeln, Klassische Zeitreihenanalyse und exponentielles Glätten.

| | |
|---|---|
| **Betriebssysteme** | MS-DOS 3.x |
| **Softwareumgebung** | k.A. |
| **Hardwareumgebung** | IBM PC XT, AT; 640 KB; VGA, EGA, CGA, Herkules |
| **Preis** | 128 DM |
| **Bezugsbedingungen** | Einzellizenz: Nutzung nur von einer Person oder Institution an einem Gerät |
| **Sonderkonditionen** | Einzellizenz: 98 DM |
| | Mehrfachlizenz: Beliebig viele Kopien innerhalb einer Institution: 500 DM für Institute, Fachbereiche oder Firmen, 400 DM für Schulen (zusätzlich zum Diskettenpreis von 98 DM). |
| **ASK-SAM** | Eine Demo-Version des Programmes kann über den Fileserver abgerufen werden. |

**Bezugsadresse**
Verlag Vandenhoeck und Ruprecht
Theaterstr. 13
W-3400 Göttingen
0551/54031

**Autor**
Dr. Fred Böker
Universität Göttingen
Institut für Statistik und Ökonometrie
3400 Göttingen

# Lehrsoftware

## GUPU

| | |
|---|---|
| **Fachgebiete** | Informatik |
| **Anwendungsbereiche** | PROLOG, Kommunikation, Ausbildung, interaktives Lernsystem, Programmiersprachen |
| **Zielgruppen** | Studenten |
| **Version** | k.A. |
| **Erstellungsdatum** | 19.02.1992 |

Die Umgebung dient der Durchführung einer Laborübung Prolog und Logik-orientierte Programmierung mit bis zu 44 Studenten und einem Betreuer. Die Umgebung verbessert die Betreuung der Übungsteilnehmer bei der Lösung der Übungsaufgaben durch folgende Maßnahmen:

a) einfache Schnittstelle: der Übungszettel liegt in elektronischer Form vor und muß nur mehr ausgefüllt werden. Dieser Übungszettel bzw. Teile davon müssen (für den Studenten) nie kopiert werden, (keine Files mit verschiedenen Versionen etc.) dadurch bleibt die Identität des Zettels (wie bei einem richtigen Zettel) gewahrt. Dennoch ist Funktionalität, die man sonst nur durch Kopieren erreicht, (z.B. email mit Frage und kopiertem Programmteil abschicken, Antwort und Kopie der Kopie als Antwort erhalten) vorhanden. Die Syntax dieses Zettels ist zeilenorientiert. Dadurch können einzelnen Zeilen verschiedene Bedeutungen (Angabetext, Frage, Antwort, Fehlermeldung, Programmtext) zugewiesen werden. Komplexere Aufgabenstellungen (z.B. Ändern eines vorgegebenen Programms) sind einfach darstellbar;

b) gezielte Rueckmeldung von Fehlern: Fehlermeldungen (insbes. in Bezug auf die Formatierung von Programmen) werden direkt in denselben „Zettel' geschrieben; weitere Fragen (also Gespräche) können vor Ort an der entsprechenden Programmstelle im Zettel gestellt/geführt werden.

c) (für Betreuer) Überblick über momentanen Stand der Lösungsansätze. „Ungefragtes' Kommentieren ebenso möglich.

d) Mitschreiben aller wichtigen Änderungen der Zettel, um (später, nach der Übung) allgemeine Fehlerquellen zu finden.

| | |
|---|---|
| **Betriebssysteme** | ULTRIX |
| **Softwareumgebung** | k.A. |
| **Hardwareumgebung** | DECstation; 640 KB RAM; VGA; Harddisk; 80387 (optional); MS-Maus; |
| **Preis** | k.A. |

**Bezugsadresse/Autor**
Univ.Ass. Dipl.Ing. Ulrich Neumerkel
TU Wien
Institut für Computersprachen
Argentinierstraße 8
A-1040 Wien (Österreich)
+431 588801/4477

# HELP

| | |
|---|---|
| **Fachgebiete** | Physik |
| **Anwendungsbereiche** | CALL, rechnerunterstütztes Sprachenlernen, Experiment, Tutorial, Visualisierung |
| **Zielgruppen** | Studenten |
| **Version** | 1.0 |
| **Erstellungsdatum** | 31.03.1990 |

Das Tutorial HELP ist soll Studenten in die Themenbereiche Messen, Regeln und Steuern mit Mikrocomputern einführen. Es hat folgende Aufgaben: * Einweisung in die Bedienung des Mikrocomputers * Einweisung in das Betriebssystem MS-DOS * Einweisung in die Programmiersprache Turbo-Pascal * Einweisung in das Interface-Programm * Präsentation der Aufgabensammlung "Messen", "Steuern" und "Regeln". In diesen Sammlungen sind z.B. folgende Aufgaben enthalten: Aufnahme und grafische Darstellung langsam veränderlicher Signale, Transientenrecorder (Aufnahme und Darstellung akustischer Signale), Fallröhre, LC-Schwingung, Fourieranalyse und -synthese, Steuerung eines Schrittmotors, Interferenzversuche mit akustischen Wellenpaketen, Abstandsmessung mit Ultraschall, Geschwindigkeitsregelung eines Gleichstrommotors, Temperaturregelung mit einem Peltierelement. Die Studenten sollen hierzu möglichst einfache Programme erstellen, die die Aufgabenstellung minimal erfüllen. Bei allen Meß- und Steuerungsproblemen wird die Hardware (AD-Wandler, DA-Wandler, Ports, Timer ...) direkt programmiert. Neben allgemeinen Lernzielen (Umgang mit einem neuen Medium, Schulung des logischen Denkens, ...) sollen folgende Lernziele im Praktikum erreicht werden: Die Studenten sollen * meßtechnisch relevante oder problematische Systemkomponenten des verwendeten Rechners kennenlernen: DOS-Uhr, Interrupts. * die Hardware des Interface-Systems programmieren: Analog-Digital-Wandler, Digital-Analog-Wandler, Paralleler Portbaustein, Zähler/Timer-Baustein. * Grafik programmieren: Meßwertroutinen mit unterschiedlichen Abtastraten und verschiedenen Tiggerbedingungen entwickeln, Abtastraten kalibrieren. * Auswerte-Routinen entwickeln: Flanken finden, Maxima bestimmen, verrauschte Eingangssignale mitteln, differenzieren, integrieren, Periodendauern bestimmen, Funktionen anpassen. * Steuerungs-Programme entwerfen: Schrittmotoren und Gleichstrommotoren ansteuern, Impulsfolgen erzeugen und ausgeben. * Regelungs-Programme entwerfen: verschiedene Regelverfahren programmieren (2-Punkt-, PID-Regler).

| | |
|---|---|
| **Betriebssysteme** | MS-DOS |
| **Softwareumgebung** | k.A. |
| **Hardwareumgebung** | IBM-PC/AT oder hinreichend kompatibel; 512 KB RAM; CGA oder EGA, VGA mit CGA Modus; Festplatte optional; NEVA-PC-Interface-System und diverse Versuchsaufbauten; |
| **Preis** | 45 DM |

**Bezugsadresse/Autor**
Dr. Tim Aschmoneit
Universität Kiel
Institut für Experimentalphysik
Leibnizstraße
2300 Kiel 1
privat: 0431/681 017

# Lehrsoftware

## Hypadapter

| | |
|---|---|
| **Fachgebiete** | Informatik |
| **Anwendungsbereiche** | Hypertext, Programmierumgebung, Tutorial, Benutzermodell |
| **Zielgruppen** | k.A. |
| **Version** | 2.1 |
| **Erstellungsdatum** | 09.10.1990 |

Das System dient der individuellen Unterstützung von Programmierern beim Erlernen von CommonLisp sowie beim Arbeiten mit CommonLisp. Das System verhält sich dabei wie ein intelligenter Assistent, der eine adaptive und adaptierbare Lernumgebung anbietet. Es generiert individualisierte Präsentationen von tutoriellen Informationen und erlaubt den Benutzern, persönliche Pfade im komplexen Netz der Informationseinheiten (Lerninhalte) anzulegen und zu verwalten.

Das System ist als Hypertextsystem implementiert, erweitert um eine Komponente zur Benutzermodellierung. Es kann folgendermaßen charakterisiert werden: Die verfügbaren Lerninhalte, die den Anwendungsbereich CommonLisp beschreiben, sind als Informationseinheiten in einer komplex strukturierten Wissensbasis repräsentiert. In Abhängigkeit vom Kenntnißtand des Benutzers, der in einem dynamischen Benutzermodell repräsentiert ist, identifiziert eine auf Auswahlregeln basierende Auswahlkomponente geeignete Lerninhalte. Diese werden auf einer direkt-manipulativen Benutzeroberfläche visualisiert. Die Präsentation wird dabei durch Präsentationsregeln bestimmt, die über den Inhalt des Benutzermodells gesteuert werden. Ein auf Hypertext-Designprinzipien basierendes Browsingwerkzeug unterstützt die Navigation im Netz der Lerninhalte.

Ein Prototyp des Systems wird derzeit innerhalb des Instituts für Informatik von Studenten und Mitarbeitern getestet. Die daraus gewonnene Erkenntnisse sollen dazu benutzt werden, einzelne Systemkomponenten der Lernumgebung (Wissensbasis, Benutzermodellierungskomponente, Regelmechanismus) aufeinander abzustimmen, um so eine ausführliche Evaluation des Systems zu ermöglichen.

**Anerkennenswerte Leistung beim Deutschen Hochschul-Software-Preis 1991**

| | |
|---|---|
| **Betriebssysteme** | Symbolics GENERA 7.2 |
| **Softwareumgebung** | k.A. |
| **Hardwareumgebung** | Symbolics-Lispmaschine Typ 3640 |
| **Preis** | k.A. |
| **Bezugsbedingungen** | k.A. |

**Bezugsadresse/Autor**
Dipl. Inform. Hubertus Hohl
Universität Stuttgart
Institut für Informatik
Breitenwiesenstr. 20-22
7000 Stuttgart 1
0711/7816-359

## HyperTurtle

| | |
|---|---|
| **Fachgebiete** | Informatik, Mathematik |
| **Anwendungsbereiche** | CAL, rechnerunterstütztes Lernen, Geometrie, Graphik, Programmierumgebung, Lernsoftware |
| **Zielgruppen** | Schüler, Lehrkräfte |
| **Version** | 2.12 |
| **Erstellungsdatum** | 17.12.1991 |

HyperTurtle stellt eine Programmierumgebung zur Verfügung, wie sie von S. Papert u.a. zum ersten Mal in der Programmiersprache LOGO implementiert worden ist. HyperTurtle beschränkt sich dabei in der vorliegenden Version auf die graphischen Möglichkeiten der Schildkröte oder Turtle. Diese Programmierumgebung ist besonders geeignet für Kinder, die über die von der Schildkröte erstellten geometrischen Objekte einen unmittelbaren Zugang erhalten, wie ein Computer Anweisungen befolgt. Auch für erwachsene, naive Benutzer stellt die Schildkröte eine Möglichkeit dar, die algorithmischen Arbeitsweise eines Rechners zu verstehen und wesentliche Aspekte moderner Programmiertechnik (Zerlegung in Prozeduren, top-down- bzw. bottom-up-Programmierung, debugging) beispielhaft zu erleben. Das umfangreiche didaktische Konzept ist nachzulesen in verschiedenen Veröffentlichungen von Papert (z.B. Mindstorms, Basel 1982).
Im Gegensatz zu den existierenden LOGO-Versionen für den Macintosh verzichtet HyperTurtle bewußt auf die in LOGO bestehenden, über das Turtle-Konzept hinausgehenden Möglichkeiten (Manipulation von Listen, Erstellung von stand-alone-Anwendungen) zugunsten einer besonders einfachen, intuitiven Benutzeroberfläche.

| | |
|---|---|
| **Betriebssysteme** | MAC OS 6.0 |
| **Softwareumgebung** | HyperCard 2 |
| **Hardwareumgebung** | Macintosh Plus, SE, SE/30, II; 1 MByte |
| **Preis** | k.A. |
| **Bezugsbedingungen** | k.A. |

**Bezugsadresse/Autor**
Volkmar Ahrens
Landesbildstelle
Arbeitsgruppe ITB
Uhlandstr. 53
2800 Bremen
0421/4963178

# Icon Author

| | |
|---|---|
| **Fachgebiete** | Informatik, Allgemeines |
| **Anwendungsbereiche** | Autorensystem, Ausbildung, Graphik, Training Software, Tutorial |
| **Zielgruppen** | k.A. |
| **Version** | 4.0 |
| **Erstellungsdatum** | 01.09.1991 |

Icon Author ist ein PC-Autorensystem unter MS Windows und bringt Multimedia auf den PC. Mit Icon Author können Sie Text, Grafiken, Standbilder (Fotos) und bewegte Bilder (Video) sowie Ton in einer Applikation integrieren. Die Befehle und Funktionen werden durch Icons dargestellt, die Sie aus einer Icon-Bibliothek auswählen. Jedes Icon der Icon-Bibliothek repräsentiert klar seine Funktion. Ton wird beispielsweise eindeutig durch einen Kopfhörer dargestellt. Aber auch Schleifen und "Wenn ... dann"-Befehle sind eindeutig zu erkennen. Sie klicken lediglich darauf und kopieren die Funktion auf das Arbeitsblatt. Die so ausgewählten Icons binden Sie in einem Flußdiagramm zusammen und koppeln Sie dann mit entsprechenden Befehlen. Sie geben beispielsweise an, welchen Videoclip Sie abspielen wollen, wo sich dieser Videoclip befindet und welche Effekte Sie haben wollen. Durch die Darstellung im Flußdiagramm haben Sie einen hervorragenden Überblick über logische Struktur und Ablauf Ihres Programmes. Selbst Anwender, die noch nie programmiert haben, können durch diese objektorientierte Vorgehensweise auf komfortable Weise selbst programmieren. Icon Author besitzt eine Reihe von Editoren. Mit dem Animations-Editor können Sie beispielsweise auch komplexe Animationen entwickeln. Der Video-Editor ist dazu da, direkt auf Videorecorder zuzugreifen. Die Recorderkontrolle ist hervorragend: Sie können ein einzelnes Bild heraussuchen oder in unterschiedlicher Geschwindigkeit vor- und rückspulen. Der Ton für die beiden Videokanäle kann ein- oder ausgeschaltet werden. Mit dem Video-Editor können Sie einzelne Bilder, ganze Sequenzen oder ein ganzes Band einbauen. Über den Smart Text-Editor binden Sie Text in Icon Author-Applikationen ein. Mit Icon Author können Sie hochentwickelte Menüs und diffizile Subroutinen definieren. Icon Author arbeitet mit Variablen inklusive Arrays. Die Werte dieser Variablen können von Festplatte gelesen beziehungsweise auf Platte geschrieben werden (ASCII-Format). Sie können auch dBASE-Dateien entwerfen und bearbeiten. Vor allem ist es auch möglich, externe Programme in die Applikationen einzubauen. Dies müssen keine Windows-Applikationen sein. Auch DOS-Anwendungen können über PIF-Dateien aufgerufen werden. Icon Author unterstützt in der Version 3.0 Dynamischen Datenaustausch (DDE) und Dynamic Link Libraries von Windows.

| | |
|---|---|
| **Betriebssysteme** | MS-DOS |
| **Softwareumgebung** | MS-Windows 3.0 |
| **Hardwareumgebung** | ab PC-AT, 2 MByte RAM, Festplatte |
| **Preis** | 4708 DM |
| **Bezugsbedingungen** | 14 Tage netto, Hochschulnachweis |

**Bezugsadresse**
Armin Fourier
intellis software GmbH
Molkereistraße 3b
3550 Marburg
06421/12031

# IGOR2

| | |
|---|---|
| **Fachgebiete** | Chemie |
| **Anwendungsbereiche** | Anwendungsprogramm, Experiment, graphische Darstellung, Lernsoftware |
| **Zielgruppen** | Studenten |
| **Version** | k.A. |
| **Erstellungsdatum** | 02.04.1990 |

Das Programm IGOR2 dient zum Generieren von chemischen Reaktionen, sowie zum Generieren von chemischen Strukturen. Dem Programm IGOR2 liegt ein von I.Ugi und J.Dugundij 1973 entwickeltes Modell der "logischen Struktur der konstitutionellen Chemie" zugrunde. Hier werden Moleküle und Reaktionen mittels Matrizen beschrieben (BE- und R-Matrizen) und in die Algebra der Matrizen eingebettet. Dieser Formalismus ermöglicht es neben einer einfachen Datenstruktur für Moleküle, die Erkenntnisse der Graphentheorie zur Lösung chemischer Probleme heranzuziehen.

Ausgehend von einem durch den Benutzer vorgegebenen Reaktionsschemata erzeugt IGOR2 zu diesem alle unter gegebenen Randbedingungen möglichen Reaktionen. Es werden dabei keine Hintergrundbibliotheken als Auswahlkriterien verwendet, sondern lediglich allgemeingültige chemische Aussagen über Art und Anzahl von Ringstrukturen, Ladungen, über die Topologie von Molekülen, über die Art und Bindungskonfigurationsmöglichkeiten der zu Verfügung stehenden chemischen Elemente bzw. Elementgruppen etc.. Diese Sachverhalte können in sog. "Limitsregeln" formuliert und dem Programm als Randbedingungen zum Generieren des daraus resultierenden Lösungsraumes übergeben werden.

Nach Sichtung und Auswertung der Ergebnisse können diese Einschränkungen beliebig - meist restriktiv - variiert werden, um so schrittweise die kombinatorische Vielfalt einzudämmen. IGOR2 kann ebenso sämtliche Strukturen z.B. zu gegebenen Summenformeln erzeugen (Valenzisomerie). Hierbei wird ebenfalls die Methode der Limitsregeln angewandt. Mittels IGOR2 lassen sich die Vielfalt chemischer Reaktionsmöglichkeiten, deren hierarchische Systematik, sowie der Einfluß von beliebig variierbaren Randbedingungen auf chemische Reaktionsverhalte vermitteln.

**Preisträger des Deutschen Hochschul-Software-Preises 1991**

| | |
|---|---|
| **Betriebssysteme** | MS-DOS 3.x |
| **Softwareumgebung** | k.A. |
| **Hardwareumgebung** | IBM-PC XT, AT, 80386, 80486; 480 KB; CGA, EGA, VGA, Hercules, Olivetti; Festplatte, Coprozessor, Drucker empfehlenswert |
| **Preis** | k.A. |
| **Bezugsbedingungen** | Bezug über Autor nur für Universitäten, Fachhochschulen und Schulen |

| **Bezugsadresse** | **Bezugsadresse/Autor** |
|---|---|
| Tetrahedron Computer Methodologie | Dr. Johannes Bauer |
| University of California | TU München, Organisch Chemisches Institut |
| Thimann Laboratories | Lichtenbergstr. 4 |
| CA 95064 Santa Cruz (USA) | 8046 Garching |
| | 089/3209-3378 |

# Lehrsoftware 353

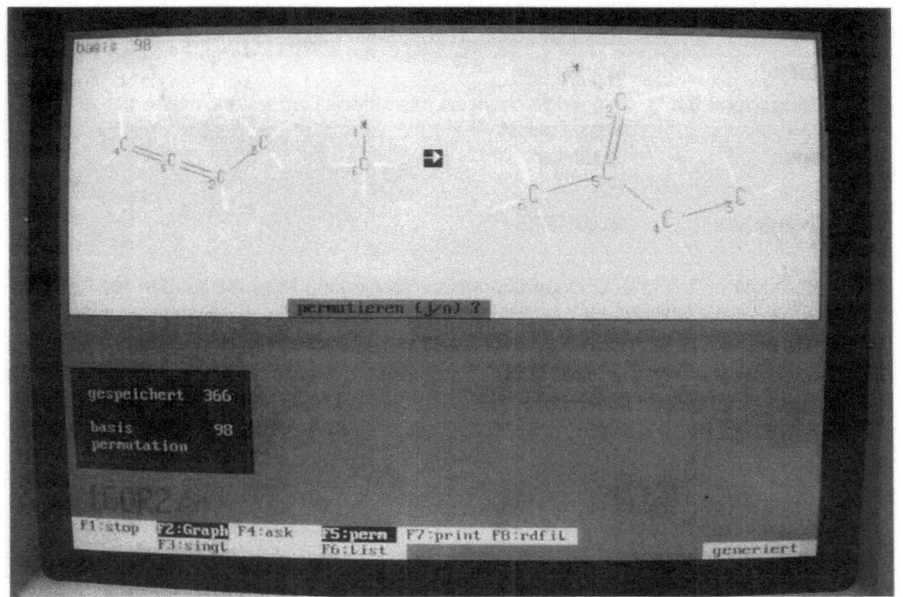

## Integral - Übungshilfe

| | |
|---|---|
| **Fachgebiete** | Mathematik |
| **Anwendungsbereiche** | Integralgleichungen, interaktives Lernsystem, mathematische Software, Tutorial |
| **Zielgruppen** | Studenten |
| **Version** | 1.2 |
| **Erstellungsdatum** | 30.03.1992 |

Das Lernprogramm "Integral- Übungshilfe" stellt verschiedene Integralaufgaben zur Auswahl, bei denen man unter solchen von etwas leichterer oder etwas schwererer Art auswählen kann. Diese Aufgaben sollen sodann auf einem Blatt Papier selbständig gelöst werden Stellen sich dabei Schwierigkeiten ein - man bleibt bei irgendeinem Rechenschritt hängen -, so bietet das Programm mehrere Möglichkeiten der Hilfe :

a) kompletter Lösungsweg : Hier werden alle Rechenschritte bis zum Ergebnis angegeben. b) Lösungshinweise : Dabei handelt es sich in der Regel um einzelne Rechenschritte oder Hinweise auf Lösungsverfahren. Sie sind gestaffelt und müssen der Reihe nach abgerufen werden. Bei den Aufgaben handelt es sich um numerische Integrale. Es kommt also auch ein numerisches Ergebnis heraus, das man unter einem Menüpunkt mit dem des Programms vergleichen kann. Hier zeigen sich sehr schnell Rechenfehler. Ein wichtiger Punkt ist auch die bildliche Vorstellung des Funktionsgraphen! Sollte man damit Schwierigkeiten haben, so kann man sich unter dem entsprechenden Menüpunkt die Funktion darstellen lassen. Weitergehende Hilfen bietet das Zusatzprogramm "werkzeug". Hierbei handelt es sich um die Zusammenfassung mehrerer nützlicher Hilfsprogramme. So lassen sich folgende Optionen sowohl für die implementierten Integralaufgaben als auch für beliebig einzugebende Funktionen aufrufen: Nullstelle : Zur Berechnung der Nullstelle(n) einer Funktion muß lediglich ein (frei zu wählender) Anfangswert eingegeben werden. Numerisches Ergebnis : Für das Intervall eines bestimmten Integrals läßt sich das numerische Ergebnis errechnen. Funktionswert : Berechnet den Wert (y) einer Funktion an einer gewünschten Stelle (x). Funktionsgraph : Zeichnet den Funktionsgraphen. Dieser läßt sich durch Eingabe der Grenzen zoomen. Speichern des Funktionsgraphen : Diese Option ist für den Fall gedacht, daß neue Integralaufgaben in das Programm implementiert werden. Der Funktionsgraph wird nach Wunsch als Bilddatei auf Platte gespeichert. Er kann so schneller dargestellt werden. Ebenso werden die Darstellungsgrenzen gespeichert.

| | |
|---|---|
| **Betriebssysteme** | MS-DOS 3.x |
| **Softwareumgebung** | k.A. |
| **Hardwareumgebung** | IBM PC; 135 KB RAM; Hercules, CGA, EGA, VGA; Harddisk: 1. 3 MB; 80x87; Genius Maus; |
| **Bezugsbedingungen** | Abgabe nur an Universitäten, Fachhochschulen und deren Studenten. Kostenerstattung für Diskette und Porto bei Direktbezug. |

**Bezugsadresse/Autor**
Klaus Bassimir
FH Rheinland-Pfalz, Kaiserslautern
FB Maschinenbau / Ing.informatik
Ländelstr. 58
6750 Kaiserslautern
(0631)94520

# Interaktive Statikübungen am PC

| | |
|---|---|
| **Fachgebiete** | Architektur, Bauingenieurwesen, Elektrotechnik, Maschinenbau |
| **Anwendungsbereiche** | Anwendungsentwicklung, CAL, rechnerunterstütztes Lernen, Ausbildung |
| **Zielgruppen** | k.A. |
| **Version** | 3.0.3 |
| **Erstellungsdatum** | 10.01.1991 |

Um den PC in die Ausbildung miteinzubeziehen, arbeitet der Student zu Hause an seinem PC. In einem weiteren Schritt wird der Studenten-PC über eine Datenleitung mit dem Hochschulrechner verbunden sein. Damit ist direkt nach der häuslichen Übung eine Erfolgskontrolle möglich. Für die Ausbildung ergeben sich neue Aspekte: * Früher Umgang mit dem PC als Hilfsmittel. * Freie Wahl des Übungstermins nach Lernfortschritt. * Fehlerhinweise bei der Bearbeitung (Lerneffekt). * Entlastung von Routinearbeiten bei der Bearbeitung. * Training des Fachspezifischen Denkvermögens. * Nachvollzug des zeitlichen Verlaufs der Bearbeitung und gezielte Lernhilfen. Für die Lehrenden ergeben sich Vorteile: * Rationalisierte Aufgabenstellung für Übung und Klausur. * Erstellung und Verwaltung einer Aufgabenbibliothek. * Wesentlich vereinfachte Korrektur. * Überprüfung der eigenen Lehr- und Übungsveranstaltungen. Mit einem selbständigen Aufgabenerstellungsprogramm werden im Institut am PC Aufgaben erstellt und erstellte Aufgaben bearbeitet. Daneben wird eine Aufgabenbibliothek verwaltet. Aufgabendisketten können für die Studenten zusammengestellt werden. Mit dem Aufgabenbearbeitungsprogramm bearbeitet der Student in freier Gestaltung ohne Einschränkung seiner schöpferischen Fähigkeit am Studenten-PC die von der Diskette aufgerufenen Aufgaben. Die persönlichen Daten, die Bearbeitung und eventuell gegebene Fehlerhinweise werden auf der Aufgabendiskette gespeichert. Das Korrekturprogramm rekonstruiert die Bearbeitung des Studenten. Gleichzeitig werden die Fehler, die durch Überprüfungsroutinen vom PC erkannt wurden, angezeigt. Bei der Korrektur müssen nur noch die Fehler gekennzeichnet werden, die vom Programm nicht erkannt werden können. Eine automatisierte Korrektur würde die Kreativität des Studenten zu sehr einschränken.

**Anerkennenswerte Leistung beim Deutschen Hochschul-Software-Preis 1991**

| | |
|---|---|
| **Betriebssysteme** | MS-DOS 4.x |
| **Softwareumgebung** | Mousetreiber |
| **Hardwareumgebung** | IBM PS/2 Typ 60; RAM: größer 640 KB; VGA Graphik-Karte; Festplatte: 40 MB; Mathem. Koprozessor 80287; IBM-Mouse |
| **Preis** | k.A. |
| **Bezugsbedingungen** | Preis und Bezugsbedingungen auf Anfrage an Bezugsquelle. |

**Bezugsadresse**
Prof. Dr. E.-R. Richter
FH Rheinland-Pfalz
FB Maschinenbau
Am Finkenherd 4
5400 Koblenz
0261/52015

**Autor**
Joachim Baumgärtner
5400 Koblenz;
Georg Müller
5431 Holler;
Wolfgang Stürmer
5417 Urbar

## Kernchem

| | |
|---|---|
| **Fachgebiete** | Biologie, Chemie |
| **Anwendungsbereiche** | CAL, rechnerunterstütztes Lernen, Lernsoftware, Visualisierung |
| **Zielgruppen** | k.A. |
| **Version** | 1991/1 |
| **Erstellungsdatum** | 26.02.1991 |

Lernziel des Programms Kernchem (Lernprogramm Kern- und Radiochemie) ist die Vermittlung von Basiswissen auf dem Gebiet der Nuklearchemie. Mit dem interaktiven Lernprogramm "Kernchem" wird ein Tutorial vorgestellt. Die Behandlung des Themas "Kern- und Radiochemie " geht nicht in die Tiefe. Vielmehr soll Allgemeinwissen vermittelt werden. Um in allen Phasen eine Selbstkontrolle zu ermöglichen, wurde den meisten Kapiteln ein Quiz angefügt. Das menügeführte Programm umfaßt 23 Kapitel, die über vier Themenblöcke zugänglich sind. Je nach Überwindung der Quiz- Hürden kann das Programm in 60 bis 120 Minuten bewältigt werden. Ein ausbaufähiges Lexikon ist aus jeder Lernphase heraus anwählbar. Ein Literaturverzeichnis steht im Menü zur Wahl. Mit dem Lernziel der Vermittlung von Basiswissen auf dem Gebiet der Nuklearchemie war eine starke Kompression des Stoffes notwendig. Die Auswahl der Beispiele ist auf die Zielgruppe "Studenten der Tiermedizin" zugeschnitten, läßt sich aber auch für andere Fachstudien verwenden, wenn einige Kapitel ergänzt oder ausgetauscht werden. Der Bereich "Röntgenstrahlen und ihre Anwendung" wurde bewußt ausgespart, weil dieses Gebiet von anderen Dozenten der Tierärztlichen Hochschule betreut wird. Inhaltsverzeichnis Kap 1 Nuklide a la carte, Kap 2 Kernumwandlungen, Kap 3 Strahlenarten, Kap 4 Zerfallsgesetz, Kap 5 Natürliche Radioaktivität, Kap 6 Künstlich produzierte Radionuklide, Kap 7 Kernspaltung, Kap 8 Atombomben und andere Kernwaffen, Kap 9 Kernreaktoren, Kap 10 Das Phänomen von Oklo, Kap 11 Kernfusion, Kap 12 Tschernobyl & Co, Kap 13 Meßeinheiten, Kap 14 Molekularbiologische Strahlenwirkung, Kap 15 Strahlenbelastung, Strahlenschäden, Kap 16 Strahlenschutz und Dosimetrie, Kap 17 Strahlungsmeßtechnik, Kap 18 Entsorgungsprobleme, Kap 19 Tracertechnik, Markierungen, Kap 20 Nutzen für Medizin, Tiermedizin und Biochemie Kap 21 Aktivierungsanalyse, Kap 22 Altersbestimmungen, Kap 23 Stabile Isotope zur Markierung,

| | |
|---|---|
| **Betriebssysteme** | MS-DOS 3.x |
| **Softwareumgebung** | k.A. |
| **Hardwareumgebung** | IBM PC-AT; 400 KB; VGA, EGA; 3 MB |
| **Preis** | k.A. |
| **Bezugsbedingungen** | noch ungeklärt |

**Bezugsadresse/Autor**
Dr. Helmut Kolm
Tierärztliche Hochschule Hannover
Institut für Statistik und Biometrie
Bischofsholer Damm 15
3000 Hannover
0511/856-7531

# Lehrsoftware 357

## KRISTALL.EXE

| | |
|---|---|
| **Fachgebiete** | Chemie, Geologie, Physik |
| **Anwendungsbereiche** | Anwendungsentwicklung, CAL, rechnerunterstütztes Lernen, Ausbildung, graphische Darstellung, wissenschaftliche Graphik |
| **Zielgruppen** | k.A. |
| **Version** | 2.0 |
| **Erstellungsdatum** | 11.02.1991 |

Die Bedienung des Programmes erfolgt ausschließlich über die Tastatur. Für jedes Kommando ist eine Taste reserviert. Allerdings ist für ungeübte Benutzer auf Tastendruck ein Menü abrufbar, wodurch ebenfalls alle Kommandos abgedeckt sind. Gleichzeitig wird beim Aufklappen des Menüs die Taste, über die der Befehl normal zu erreichen ist, angezeigt, so daß die benötigten Befehle sehr schnell erlernt werden können. Durch die Verwendung eines Konfigurationsfiles kann das Programm sehr schnell auf andere Rechner übertragen, auf andere Grafikkarten eingestellt, die Farbpalette geändert etc. werden. Das Programm benötigt keine spezielle Softwareumgebung. Es müssen keine Treiber für Bildschirm, Plotter oder Drucker vorher geladen werden. Einzig die serielle Schnittstelle für den Plotter ist mit der richtigen Baurate etc. zu initialisieren. Es ist nicht sinnvoll, diese Anpassung vom Programm vornehmen zu lassen, da diese Parameter keine allgemeinen Systemvariablen, deren Veränderung zu Störungen führen könnte. KRISTALL.EXE ist ein Programm, das beim Verstehen und Interpretieren von Kristallstrukturen hilft. Die Strukturen, die dreidimensional dargestellt werden, lassen sich um alle Achsen drehen, entlang spezieller Richtungen orientieren etc. Besonders leicht zugänglich sind Informationen über Abstände und Winkel zwischen Atomen. Sehr hilfreich ist auch die Möglichkeit der Erstellung von Stereobildern, wie sie in modernen Lehrbüchern mehr und mehr Verwendung finden.

| | |
|---|---|
| **Betriebssysteme** | MS-DOS 3.x |
| **Softwareumgebung** | k.A. |
| **Hardwareumgebung** | PC, XT, AT (IBM kompatibel); 640 KB RAM; Festplatte: 150 KB; Koprozessoren optional: 8087, 80287, 80387, ...; optional: HPGL-Plotter, NEC-Drucker. |
| **Preis** | k.A. |
| **Bezugsbedingungen** | k.A. |

**Bezugsadresse/Autor**

Markus Weidenauer  
TH Darmstadt  
Institut für Physikalische Chemie  
Petersenstraße 20  
6100 Darmstadt  
06151/165 194

Michael Mahr  
TH Darmstadt  
Institut für Physikalische Chemie  
Petersenstraße 20  
6100 Darmstadt  
06151/162 697

# Lern-Tutor

| | |
|---|---|
| **Fachgebiete** | Allgemeines |
| **Anwendungsbereiche** | Datenbank, Lernsoftware, Tutorial |
| **Zielgruppen** | Studenten |
| **Version** | Januar 1991 |
| **Erstellungsdatum** | 27.02.1991 |

Das Programm dient zum Einprägen und Wiederholen von Definitionen und Begriffen aus beliebigen Fachgebieten. Der Wissensstoff ist dabei nach verschiedenen Unterbereichen strukturierbar. Der Benutzer erstellt mit seinem Textverarbeitungsprogramm eigene Fragedateien, hierfür ist jeder ASCII-Editor geeignet. Das Programm enthält einen Prüfmodus, der auf etwaige Deklarierungsfehler aufmerksam macht. Zur Demonstration befinden sich ca. 150 Dateien aus verschiedenen Rechtsgebieten auf den Disketten zwei und drei. Das Markieren der Begriffe erfolgt entweder direkt oder indirekt durch Aufbau einer logischen Struktur innerhalb der Fragedatei. Jedes so erstellte File enthält bis zu neun Fragen; zu jeder Frage kann aus INCLUDE-Dateien zusätzlich Hintergrundinformation in einem scrollbaren Fenster angezeigt werden. Das Beantworten der Fragen erfolgt entweder im Multiple-Choice-Verfahren, als Lückentext oder durch "freihändiges" Eingeben der Antwort im Antwortfenster. Dabei wird die Bildschirmeingabe des Benutzers mit den markierten Begriffen aus der Fragedatei verglichen und bewertet. Wahlweise werden ungenügend beantwortete Fragen während des Abfragens nochmals gestellt oder bzw. und für einen späteren Durchgang zwischengespeichert. Nach Auswertung und Punktvergabe kann der Benutzer die abgefragte Datei einsehen. Die vom Programm erwarteten Begriffe werden dabei im Zusammenhang des Textes optisch hervorgehoben. Das Programm enthält eine integrierte Wortsuche, mit dem der gesamte Datensatz oder Teile davon nach Begriffen durchsucht werden kann. Das Ergebnis der Wortsuche kann auch als Fragegebiet festgelegt werden.

Entwickelt wurde das Programm aus der Idee der Karteikarten: im Rahmen des Jurastudiums ist es üblich, die einzuprägenden Definitionen auf Karteikarten zu übertragen und diese ständig zu wiederholen. Die Übertragung dieser Aufgabe auf den Computer ermöglicht es nunmehr, mehr Informationen zu speichern, diese jederzeit zu ändern und den erstellten Datensatz gleichzeitig als Datenbank zu verwenden. Zudem hält das Erstellen von Fragen zu zusätzlichem gedanklichen Strukturieren des Lernstoffs an.

| | |
|---|---|
| **Betriebssysteme** | MS-DOS 3.x |
| **Softwareumgebung** | ASCII-Texteditor |
| **Hardwareumgebung** | PC; 250 KB; Festplatte vorteilhaft |
| **Preis** | 55 DM |
| **Bezugsbedingungen** | k.A. |

**Bezugsadresse/Autor**
Stefan Martin Czech
Igensdorferstr. 9
8500 Nürnberg 10
0911/522711

# LFS - Labor Formale Sprachen

| | |
|---|---|
| **Fachgebiete** | Informatik |
| **Anwendungsbereiche** | Grammatikstrukturen, Kellerautomat, Lernsoftware |
| **Zielgruppen** | Dozenten, Studenten |
| **Version** | 2.1 |
| **Erstellungsdatum** | 01.10.1990 |

Das LFS zerfällt in zwei Teile, den Sprachen-Manager und den Automaten Browser: Mit dem Sprachen-Manager können kontextfreie Grammatiken und Kellerautomaten erstellt, manipuliert und verwaltet werden. Er besteht im wesentlichen aus drei Modulen: Grammar-Browser, (der eigentliche) Sprachen-Manager und Parser.

Der Grammar-Browser ist ein komfortabler Spezialeditor, der es dem Benutzer auf bequeme Weise ermöglicht, Grammatiken zu erstellen oder zu verändern. Der Sprachen-Manager ist die Zentraleinheit, welche die Verwaltung aller Grammatiken und Kellerautomaten übernimmt und auch die meisten Operationen hierauf anhand von Protokollen visualisiert. So werden alle wesentlichen Manipulationen an kontextfreien Grammatiken, wie sie üblicherweise in Einführungsvorlesungen zum Gebiet "Formale Sprachen" behandelt werden, angeboten (Chomsky-Normalform, Greibach-Normalform usw.). Darüber hinaus können Ableitungsbäume von Grammatiken graphisch erzeugt und aus einer kontextfreien Grammatiken ein sprachgleicher Kellerautomat generiert werden und umgekehrt. Der Parser schließlich bietet dem Benutzer die Möglichkeit die Syntaxanalye zu einem Wortproblem für einen Kellerautomaten mitzuverfolgen, wobei er auch steuernd eingreifen kann. Grammatiken wie Kellerautomaten können sowohl als Datenstruktur im System selber verwaltet werden als auch auf Datei ausgelagert werden.

**Anerkennenswerte Leistung beim Deutschen Hochschul-Software-Preis 1991**

| | |
|---|---|
| **Betriebssysteme** | MS-DOS 3.x |
| **Softwareumgebung** | Smalltalk/V 1. 2 |
| **Hardwareumgebung** | IBM-XT; 640 KB; Hercules, EGA, VGA; Festplatte; Maus (Microsoft kompatibel) |
| **Preis** | k.A. |
| **Bezugsbedingungen** | im Hochschulbereich, keine kommerzielle Nutzung |

**Bezugsadresse/Autor**
Dr. Lothar Schmitz
Universität der Bundeswehr München
Fakultät für Informatik
Werner-Heisenberg-Weg 39
8014 Neubiberg
089/60042140

**Autor**
Jörg Kröger, Dirk Mörs
Universität der Bundeswehr München
Fakultät für Informatik
8014 Neubiberg

Peter Lachenmayer
Universität der Bundeswehr München
Fakultät für Informatik
8014 Neubiberg

## LINDO, LINGO, GINO, What's Best

| | |
|---|---|
| **Fachgebiete** | Informatik, Wirtschaftswissenschaften, Mathematik, Physik |
| **Anwendungsbereiche** | Lehrsoftware, Simulationssoftware, Software-Entwicklungs-Tool |
| **Zielgruppen** | k.A. |
| **Version** | k.A. |
| **Erstellungsdatum** | 01.01.1991 |

ADDITIVE bietet die komplette Palette an Software für lineare, ganzzahlige, quadratische und nichtlineare Optimierungsmodelle an. LINDO Systems Inc. ist der Hersteller dieser Softwarepakete. Die Programme entstehen in der "Graduate School of Business" an der University of Chicago und werden dort ständig weiter gepflegt und mit Kundenwünschen angereichert.

Die Produktlinie besteht aus: a) LINDO (Linear Interactive aNd Discrete Optimizer): LINDO ist ein leicht zu nutzender, leistungsstarker und für allgemeinen Gebrauch konzipierter LP, QP und IP Optimierer. LINDO verarbeitet Integer Variablen (auch 0/1), freie Variablen, Variablen in Grenzen und Dateien im MPS Format. Das Auflösen von Problemen mit 1000 Reihen auf einem PC ist nun in weniger als 10 Minuten möglich!

b) GINO (General INteractive Optimizer) GINO kombiniert die Benutzerfreundlichkeit von LINDO mit dem mächtigen Lösungsalgorithmus GRG2 (nach Lasden und Waren 1978) für nichtlineare Optimierung. GINO erlaubt, nichtlineare Modelle (Matrix:400 x 800) zu beschreiben und schnell zu lösen, ohne selbst programmieren zu müssen.

c) LINGO (Language for INteractive General Optimization): Wenn Sie große, strukturierte Modelle schnell entwickeln müssen, dann sollten Sie sich die Features von LINGO ansehen. LINGO ist zugleich eine "Spezifikations-Modellsprache" und ein schneller Modelloptimierer. Dies bedeutet, daß Sie nur Ihr Modell spezifizieren müssen und LINGO nach einem Lösungsweg sucht. Sie sagen nur, was Sie machen wollen und LINGO kümmert sich um das "Wie".

| | |
|---|---|
| **Betriebssysteme** | MAC OS, MS-DOS 3.x, UNIX |
| **Softwareumgebung** | FORTRAN-Schnittstelle, C-Schnittstelle |
| **Hardwareumgebung** | IBM-PC 80386, Macintosh, SUN, MIPS, NeXT, UNIX-386, DEC, Convex, HP/Apollo, DAta General, Hewlett-Packard, IBM RISC, IBM AIX, SONY, Silicon Graphics, Cray, keine "Vector processing machines" |
| **Preis** | 207 DM |
| **Bezugsbedingungen** | Bezugspreise: ab 104.- für Studenten bis zu 11489.- für Industrie |
| **ASK-SAM** | Eine Demo-Version des Programmes kann über den Fileserver abgerufen werden. |

**Bezugsadresse**
Andreas Heilemann, Stefan Steinhaus
ADDITIVE GmbH
Max-Planck-Straße 9
6382 Friedrichsdorf
06172-77017 bzw. 77015

**Autor**
Kevin Cunnigham
LINDO Syst
IL-60622 Chicago, IL (USA)

# LINPRO

| | |
|---|---|
| **Fachgebiete** | Wirtschaftswissenschaften, Mathematik |
| **Anwendungsbereiche** | Ausbildung, lineare Optimierung, mathematische Software, Tutorial, Visualisierung |
| **Zielgruppen** | Studenten |
| **Version** | Version 2.6 - Januar |
| **Erstellungsdatum** | 27.02.1991 |

LINPRO ist ein interaktives Übungsprogramm (problemorientiertes Tutorial) zur linearen Optimierung. Ziel von LINPRO ist es, seine Benutzer mit Optimierungsalgorithmen vertraut zu machen. In LINPRO sind acht Algorithmen implementiert; darunter sind geometrisch orientierte Algorithmen (Start mit einer Ecke des zulässigen Bereichs, Start mit einem zulässigen Punkt, Probleme mit nur Ungleichungen bzw.mit Gleichungen und Ungleichungen), Algorithmen zur Initialisierung von Optimierungsproblemen, das revidierte Simplex-Verfahren(samt Phase 1) sowie ein Algorithmus zur parametrischen linearen Optimierung. ----- Die lineare Optimierung ist grundlegend für viele Bereiche der angewandten Mathematik. In der linearen Optimierung wiederum sind Algorithmen ein zentrales Thema. Wichtiges Lernziel dabei ist die Förderung des algorithmischen, kalkülhaften Moments mathematischen Arbeitens; dazu gehören neben dem Aufbau von Algorithmen auch das Ausführen algorithmischer Prozesse und die Rueckinterpretation der Lösungen sowie Erfahrungen zur Grenze algorithmischer Vorgehensweise. Das Erreichen dieser Lernziele setzt die Anwendung von Algorithmen an angemessenen Beispielen voraus. Hierfür ist der Computer als Rechengerät unabdingbar. Darüber hinaus wird in LINPRO der Computer zur Visualisierung der Algorithmen (an geeigneten Beispielen) und zur Steuerung der Interaktion mit den Benutzern eingesetzt.

**Preisträger des Deutschen Hochschul-Software-Preises 1991**

| | |
|---|---|
| **Betriebssysteme** | MS-DOS |
| **Softwareumgebung** | k.A. |
| **Hardwareumgebung** | IBM PC-AT; 640 KB RAM, LINPRO benötigt 550 KB; VGA Graphik-Karte; Festplatte - LINPRO benötigt 1 MB; |
| **Preis** | 500 DM |
| **Sonderkonditionen** | Hochschulpreis: DM 300.-- (incl. Skriptum). |

**Bezugsadresse/Autor**
Dr. Bruno Riedmüller, Guillermina Schröder
TU München
Inst. f. Angew. Mathematik u. Statistik
Arcisstr. 21
8000 München 2
089/2105-8215 bzw. 2105-8236

## MIC - MINI's illustrierender Compiler

| | |
|---|---|
| **Fachgebiete** | Informatik |
| **Anwendungsbereiche** | Compiler, Lernsoftware |
| **Zielgruppen** | k.A. |
| **Version** | 1.3 |
| **Erstellungsdatum** | 05.03.1992 |

MIC ist ein illustrierter Mehr-Paß-Compiler für MINI, einer Modula-ähnlichen Sprache. Der Compiler vermittelt dem Betrachter ein Verständnis der wichtigsten Datenstrukturen und Algorithmen, die in den Phasen einer Übersetzung auftreten. Eingeteilt ist das illustrierte System nach den Phasen der Compilation, von Analyse- über Synthesephase bis zu einer Interpretation des Ergebnisses auf einer virtuellen Maschine.

MIC ist für den Einsatz in der Lehre entwickelt. Einerseits hilft es dem Lehrenden, die Thematik einer Übersetzung von Programmen anschaulich und im Zusammenhang zu demonstrieren, andererseits besitzt der Lernende die Möglichkeit, im ersten Schritt beliebige Testprogramme als Eingabe zu definieren, um das Verhalten des Compilers zu beobachten, und in einem weiteren Schritt eigene Modifikationen und Sprachexperimente durchzuführen. Durch den modularen Aufbau des Systems und der Verwendung von genormten Schnittstellen ist es möglich, nur Teilaspekte zu demonstrieren und zu verändern.

Mit diesem Programm wird ein Konzept für ein allgemeines, illustriertes Programmsystem vorgestellt. Dieses Modell beinhaltet die Klassifikation von darstellbaren Basisobjekten und die Definition eines generellen Illustrators in Wechselwirkung mit seiner Umgebung, ausgedrückt durch die Angabe von Schnittstellen, in der Form von Daten und Funktionen. Die Compilerentwicklungswerkzeuge Lex und YACC werden demonstriert. Die Analysephase entspricht einem erweiterten YACC-Debugger. Ausgehend vom Quellcode wird durch syntaxgesteuerte Definition (YACC-Beschreibung) die Symboltabelle und ein genormter Zwischencode generiert. Dieser Zwischencode wird in der Synthesephase in elementare Blöcke eingeteilt, für die Analysen von Variablen durchgeführt werden. Der Maschinencode wird für eine beliebige Anzahl von Registern auf einer Zielmaschine generiert. Diese Ausgabe kann in der Folge von einer virtuellen Maschine interpretiert werden. Die verschiedenen Phasen kommunizieren über genormte, lesbare ASCII-Schnittstellen. Diese können zugleich als Textdateien für die Dokumentation von Ausgaben und Protokollen herangezogen werden

| | |
|---|---|
| **Betriebssysteme** | MS-DOS 3.x |
| **Softwareumgebung** | k.A. |
| **Hardwareumgebung** | IBM AT; 200 KB RAM; Hercules, EGA, VGA; 80x87 (optional); Keyboard LK201 oder höher, Terminal mind. VT100; |
| **Preis** | k.A. |
| **Bezugsbedingungen** | Das Programm ist nur für den Einsatz an Universitäten und Fachhochschulen vorgesehen. |

**Bezugsadresse/Autor**
Johann Maierhofer
Technische Universität Wien
Lerchenfeldstr. 124/2/32
A-1080 Wien (Österreich)
0222 408 65 01

# Lehrsoftware

## MIKRO-PPS

| | |
|---|---|
| **Fachgebiete** | Wirtschaftswissenschaften, Maschinenbau |
| **Anwendungsbereiche** | Anwendungsprogramm, CAL, rechnerunterstütztes Lernen, integriertes Software-Paket, Planungssoftware, Lernsoftware, Training Software |
| **Zielgruppen** | Studenten, Auszubildende |
| **Version** | 9.4 |
| **Erstellungsdatum** | 04.02.1991 |

MIKRO-PPS (Produktionsplanung und -steuerung) ist ein Lehrsystem für das wichtige Gebiet der Produktionsplanung und -steuerung (PPS), welches der Kern eines CIM-Konzeptes für Fertigungsunternehmen ist. MIKRO-PPS besteht aus den folgenden Funktionsgruppen: - Produktionsplanungs-Hardware ( Erzeugnisse, Baugruppen, Komponenten, Rohmaterialien Arbeitsplätze ), - Produktionsplanungs-Software ( Stücklisten und Arbeitspläne ), - Kunden, Angebote und Aufträge, - Lieferanten und Bestellwesen, - Betriebsaufträge, Produktionspläne, - Materialwirtschaft, - Fertigungsaufträge, Kapazitätswirtschaft und Termindisposition, - Kalkulation. Die Datenbank besteht aus ca. 50 Tabellen, die eine Auswahl typischer Felder enthalten, wie sie in der industriellen Produktionsplanung vorkommen, ohne jedoch das System zu überlasten. Tabellen gibt es beispielsweise zur Beschreibung der Datenbereiche: - Erzeugnisse, Baugruppen, Einzelteile, Rohmaterialien, - Arbeitsplätze, - Stücklisten, - Arbeitspläne, - Kunden, - Kundenaufträge, - Lieferanten, - Lieferanten-Angebote, - Lieferanten-Bestellungen, - Betriebs- und Fertigungsaufträge, - Kapazitätsdaten, - Kalkulationsschema, Kalkulationssätze und -werte. Die Einrichtung der Datenbank sowie die Berechnung der benötigten Größe ist in MIKRO-PPS integriert. Zu allen Modulen und Funktionen werden ausführliche Erläuterungen bereitgestellt. Dort wo Industriesysteme Dispositionen und Verarbeitungsläufe in der Regel im Batch-Betrieb vornehmen, kann sich der Lernende die einzelnen Verarbeitungsstufen Schritt für Schritt einblenden lassen, um zu verstehen, wie PPS-Systeme arbeiten.

| | |
|---|---|
| **Betriebssysteme** | MS-DOS 3.x |
| **Softwareumgebung** | k.A. |
| **Hardwareumgebung** | AT, PS2; 640 KB; CGA, EGA, VGA; 10 MB Festplatte |
| **Preis** | 9800 DM |
| **Bezugsbedingungen** | Abgabe nur an Weiterbildungseinrichtungen, Sonderkonditionen für landsweiten Einsatz an berufsbildenden Schulen, Berufsakademien und Fachhochschulen |

**Bezugsadresse**
Prof. K.D. Kern + Partner
Software-Entwicklung und -Vertrieb
Badstr. 52
7410 Reutlingen 1
07121/4 46 33

**Autor**
Prof. Dr. A. Frick
FH f. Wirtschaft und Technik Reutlingen
FB Wirtschaftsinf., Fertigungswirtschaft
7410 Reutlingen

Prof. Klaus Dieter Kern
FH f. Wirtschaft und Technik Reutlingen
Fertigungswirtschaft
7410 Reutlingen

## MOBY

| | |
|---|---|
| **Fachgebiete** | Chemie |
| **Anwendungsbereiche** | 3 dim. Modell, Modell-Software, Lernsoftware |
| **Zielgruppen** | Studenten |
| **Version** | 1.5 |
| **Erstellungsdatum** | 26.05.1992 |

MOBY 1.5 ist ein Software-Programm, mit dem Molecular Modelling auf Industriestandard-Personalcomputern möglich wird. Es reicht in seinen Funktionen an ähnliche Programme für Workstations heran: 3D Graphikdarstellung für bis zu 2000 Zentren, Ein- und Auslesen von gängigen Strukturformaten, unabhängige Manipulation von freidefinierbaren Fragmenten, Struktur- und Eigenschaftsvergleich, Kraftfeldrechnungen mit Geometrieoptimierung und Konformationsanalyse, Moleküldynamische Simulation und quantenchemische Rechnungen nach semiempirischen Verfahren, Druckausgabe der Standbilder, Online-Zugriff auf die Hilfefunktionen des Handbuchs, editierbare Geometriebibliothek mit gängigen Strukturen, Darstellung von IR-Spektren und Normalkoordinaten, UV/VIS-Spektren, Molekülorbital-Schemata.

MOBY wird in Ausbildung und Lehre erfolgreich eingesetzt. Durch seine Funktionsvielfalt und die besonders gut abgestimmten Berechnungsparameter eignet es sich auch für Forschungsprojekte und als Darstellungs- und Manipulationsinstrument für großrechnergestützte Programme.

| | | |
|---|---|---|
| **Betriebssysteme** | MS-DOS 2.x | |
| **Softwareumgebung** | k.A. | |
| **Hardwareumgebung** | IBM PC oder Kompatibler Computer mit 640 kB RAM EGA, VGA oder Hercules Graphikkarte 80x87 Koprozessor Maus empfohlen | |
| **Preis** | 1998 DM | |
| **Bezugsbedingungen** | k.A. | |
| **Sonderkonditionen** | Einzellizenz: | 1.998,- DM |
| | Mehrfachlizenz: | 799,20 DM pro Lizenz (5-9 Kopien) |
| | | 599,40 DM pro Lizenz (10 und mehr Kopien) |
| | Sonderpreis für Universitäten: | |
| | Einzellizenz: | 998,- DM |
| | | 399,20 DM pro Lizenz (5-9 Kopien) |
| | | 299,40 DM pro Lizenz (10 und mehr Kopien) |
| | Geltungsbereich: | Hochschulen, Fachhochschulen |

| | |
|---|---|
| **Bezugsadresse** | **Autor** |
| Auftragsbearbeitung | Dr. Udo Höweler |
| Springer Verlag Berlin | Universität Münster |
| Heidelberger Platz 3 | Organisch-Chemisches Institut |
| 1000 Berlin | 4400 Münster |

## ModulaMehrProzeßSystem (MoMPS)

| | |
|---|---|
| **Fachgebiete** | Informatik |
| **Anwendungsbereiche** | Ausbildung, Systemprogrammierung |
| **Zielgruppen** | Hochschulen |
| **Version** | 1.0 |
| **Erstellungsdatum** | 28.03.1992 |

MoMPS beinhaltet folgende Konzepte: * Bereitstellen einer überschaubaren Systemumgebung, die die wesentlichen Konzepte moderner Betriebssysteme enthält, wie z.B. Multitasking, Synchronisation von Prozessen mittels Semaphoren oder Botschaften. * Verwendung der Hochsprache Modula-2, die auch als Sprache für systemnahe Programmierung entworfen wurde. * Anbieten einer benutzerfreundlichen, fensterorientierten Oberfläche. * Möglichst geringe Hardwarevoraussetzungen. MoMPS bietet drei verschiedene Einsatzebenen an: 1) Der Benutzer kann anhand vorgefertigter Beispielprogramme den parallelen Ablauf von Prozessen und deren Zusammenspiel verfolgen. Dazu kann er - mehrere Prozesse menügesteuert starten, laufen lassen, manipulieren und beenden. - Attribute der Prozesse (Programmname, Prozeßname, Priorität, verbrauchte CPU-Zeit, Rechenstatus) abfragen und - die Fenster, in die die Ein- und Ausgabe der Prozesse er folgt, während des Programmablaufs in ihrer Größe und Lage verändern 2) Der Benutzer schreibt selbständig (in einem speziellen Modula-Modul) Benutzerprogramme, die er im MoMPS als Prozesse starten lassen kann. Dabei wird er vertraut mit den Mitteln der parallelen Programmierung, die MoMPS zur Prozeßsynchronisation und -kommunikation zur Verfügung stellt. Einsatzgebiet: begleitende Übung zu einer Vorlesung in Methoden paralleler Programmierung. 3) Der Benutzer nimmt Veränderungen und Erweiterungen am System selbst vor. Zum Beispiel kann er - andere Strategien für die Zuteilung des Rechnerkerns entwickeln, ins System integrieren und testen. - die Benutzeroberfläche des MoMPS verändern. - Strategien zur Erkennung und Vermeidung von Verklemmungen implementieren. - zusätzliche Systemprozeduren integrieren, wie z.B. Abbruch eines Prozesses nach Ablauf einer maximalen. Rechenzeit. MoMPS wird an der Universität München für die Informatikausbildung eingesetzt.

| | |
|---|---|
| **Betriebssysteme** | MS-DOS 3.x |
| **Softwareumgebung** | Top Speed Modula-2 Compiler, falls eigene parallele Programme erstellt werden sollen bzw. das System erweitert werden soll. |
| **Hardwareumgebung** | IBM AT; 512 KB RAM; Hercules; Harddisk: 20 MB; 68882/68881; 2 Signalprozessorkarten für A/D-Wandlung, Vorverarbeitg., Klassifik. |
| **Preis** | k.A. |

**Bezugsadresse/Autor**

Dr. Martin Leischner
Ludwig-Maximilians-Universität München
Institut für Informatik
Theresienstraße 39
8000 München
089 - 23944441

Ewald Einwanger
Technische Universität München
Taubenberg 10
8153 Weyarn

Rainer Maierhofer
Technische Universität München
Klosterstraße 10
8311 Johannesbrunn
08744-1274

## Moessbauerspektrometer-Trainingsprogramm

**Fachgebiete** Chemie, Geologie, Physik
**Anwendungsbereiche** CAL, rechnerunterstütztes Lernen, Simulation v. Maschinen, Training Software
**Zielgruppen** Studenten
**Version** 1.0
**Erstellungsdatum** 01.12.1989

FUNKTION DES PROGRAMMS: Ein Moessbauerspektrometer wird auf einem Computerbildschirm graphisch simuliert, wobei die relevanten manuellen Bedienungsvorgänge mit Hilfe der Maus vorgenommen werden können. Die Befehlcodes der echten Apparatur können ebenfalls eingegeben und deren Effekte simuliert werden. PROGRAMMINHALT: Erweiterung des "Fahr- und Flugsimulator" - Konzepts auf die Ausbildung: ohne Gefahr für die echte Apparatur ein umfassendes Training ohne Schwellenangst absolvieren zu können. DIDAKTISCHE KONZEPTION / INNOVATIONSGEHALT: Die echte Apparatur wird nicht mehr durch früher notwendige Praktika bzw. Fehlbedienungen belastet; der Lerninhalt wird vorwiegend durch Selbststudium (selbstverständlich mit Hilfestellung des Tutors) vermittelt; durch das gefahrlose Üben sind die Studenten nach Absolvierung des Praktikums sicher im Umgang mit der echten Apparatur; der Computer wird quasi als Gerätesimulator eingesetzt; ein traditionelles Unterrichtsmedium wäre hier die theoretische Einweisung mit Tafel oder Projektionsfolie und die Apparatur selbst (die während dieser Zeit im wissenschaftlichen Einsatz gestoppt werden müßte). Der Computer macht Letzteres unnötig (Zeitersparnis) und ersetzt quasi spielerisch die aufwendige theoretische und praktische Einweisung.

**Betriebssysteme** Amiga DOS
**Softwareumgebung** Standard-STARTUP-Diskette (WORKBENCH 1.3)
**Hardwareumgebung** Amiga 500 / 2000; 1 MB RAM; Amiga-standard Graphik-Karte; Festplatte: optional; Koprozessor: optional; Maus
**Preis** k.A.
**Bezugsbedingungen** Das Programm wird auf Disketten zum Selbstkostenpreis abgegeben.

**Bezugsadresse/Autor**
Dr. Werner Lottermoser
Universität Salzburg
Institut für Mineralogie
Heilbrunnerstraße 34
A-5020 Salzburg (Österreich)
0043-662/8044-5422

# Lehrsoftware

## Multi Media Database

| | |
|---|---|
| **Fachgebiete** | Allgemeines |
| **Anwendungsbereiche** | Animation, Ausbildung, Hypertext, interaktives Lernsystem, Training Software |
| **Zielgruppen** | Dozenten |
| **Version** | MMD 1.0 |
| **Erstellungsdatum** | 01.05.1991 |

Multi Media Database ist ein Präsentationswerkzeug für Bereiche, wo die Verwendung verschiedener Medien zum besseren Verständnis des Inhaltes beiträgt. Darüberhinaus kann MMD als alleinstehendes Lern-, Tutoren- oder Bibliothekssystem eingesetzt werden. Das System könnte aber auch zur Erzeugung von Lernsoftware für alleinstehende Trainingsterminals verwendet werden. Der Autor einer entsprechenden Präsentation sollte fundierte Kenntnisse über die Apple Macintosh Benutzeroberfläche besitzen und darüber hinaus Erfahrung im Umgang mit Graphikeditoren mitbringen, da das Erstellen der Lektionen in den Graphikeditoren des Macro Mind Director Systems geschieht. Ein Nachteil des neuen Verfahrens liegt im weitaus größeren Zeitaufwand, der zur Erstellung einer Präsentation notwendig ist (verglichen mit einem herkömmlichen Overheadprojektor). Dies resultiert jedoch zu einem Großteil aus einem selbst auferlegten Perfektionismus, dem der Entwickler unterliegt, da der Wunsch entsteht mit einem Werkzeug, das die Gestaltung von komplexen Layouts ermöglicht, auch perfekte Ergebnisse zu erzielen. Das System beinhaltet 3 programmtechnische Schwerpunkte: 1. Die Einbindung von verschiedensten Medien in eine Präsentation, dh. die Ansteuerung von externen Geräten wie Videorecorder oder CD-Player. Die entsprechenden Geräte werden über eine serielle Leitung angesteuert. Für Live-Videoclips am Computerschirm wird eine Echtzeitdigitalisiererkarte eingesetzt. 2. Die Verwirklichung einer "Hyperstruktur" als zugrundeliegendes Verwaltungsprinzip, d.h. die einzelnen Informationsknoten sind assoziativ verkettet, der Betrachter kann sich in der Wissensdatenbank von einem Knoten zu einem verketteten anderen Knoten frei bewegen. Multi Media Database ist nach drei verschiedenen Ordnungsindizes organisiert, die durch entsprechende Objektklassen der Programmiersprache Lingo repräsentiert werden. 3: Größtmögliche Interaktion des Betrachters, d.h. der Reisende durch den Wissensraum soll jederzeit alle Navigationsmöglichkeiten haben um sich im System zu bewegen.

| | |
|---|---|
| **Betriebssysteme** | MAC OS 6.0 |
| **Softwareumgebung** | Als Autorensystem: Macro Mind Direktor 2. 0. Als Präsentations- und Bibliothekssystem: Multi Med Projektor |
| **Hardwareumgebung** | Apple Macintosh IIcx; 5 MB RAM; Macintosh 8bit, 13"-Monitor; Harddisk: 2. 9 MB; 68882/68881; 2 Signalprozessorkarten für A/D-Wandlung, Vorverarbeitung, Klassifikation; |
| **Preis** | k.A. |

**Bezugsadresse/Autor**
Mag. Petricek Werner
Technische Universität Wien
Institut für Computergraphik
Karlsplatz 13/186
A-1040 Wien (Österreich)
+43 (1) 58801 4549

# NEURONET

| | |
|---|---|
| **Fachgebiete** | Informatik, Physik |
| **Anwendungsbereiche** | Neuronale Netze, Lernsoftware |
| **Zielgruppen** | Universitäten, Schulen |
| **Version** | 2.0 |
| **Erstellungsdatum** | 19.03.1992 |

Das Programm dient der Darstellung der Funktionsweise autoassoziativer Netzwerke. Dabei geht es um die Speicherung vorgegebener Information (in Form eines Musters) in einem Netzwerk durch eine geeignete Lernregel, sowie um die dynamischen Eigenschaften verschiedener Netzwerke bei der Vervollständigung unvollständig angebotener Information. Die in der Theorie solcher Netzwerke gefundenen Ergebnisse sollen sichtbar gemacht werden. Gleichzeitig soll das Programm aber auch für den Wissenschaftler ein brauchbares, auch quantitatives Hilfsmittel bei seinen Untersuchungen verschiedener Netzwerkarchitekturen sein. Die Dynamik des Netzwerkes entspricht dem Hopfieldmodell, wobei auch Rauschen gemäß der Monte Carlo Dynamik vorgegeben werden kann. Dies erlaubt die Ergebnisse der statischen Mechanik zu demonstrieren, wie die Abhängigkeit eines erfolgreichen Wiedererkennungsprozesses bei Präsentation eines unvollständigen gespeicherten Musters von der Speicherrate und dem Rauschen (Phasendiagramm). Quantitativ wird dies durch den Überlapp und die Energiefunktion dargestellt. Neben der Hebbschen Lernregel steht die Pseudoinverse Lernregel zur Verfügung. Es können aber beliebige andere Lernregeln importiert und mit dem Programm dargestellt werden. Ebenfalls eingebaut ist das Entlernen. Die einzelnen Entlernschritte können am Bildschirm verfolgt werden, sowie die Änderung des Netzwerkes durch den Entlernvorgang. Die den Lernregeln entsprechenden synaptischen Stärken werden einerseits in Histogrammen dargestellt, andererseits wird die Architektur in Form der Kopplungsmatrix sichtbar gemacht. Der Einsatz im wissenschaftlichen Bereich wird wohl das Studium der Architektur eines Netzwerkes für stark strukturierte Muster betreffen. In allen Fällen sind Kenntnisse aus dem Gebiet Neuronaler Netzwerke vorausgesetzt. Das Programm bietet folgenden Funktionsumfang: Anschauliche Demonstration der Arbeitsweise neuronaler Netzwerke, Vergleich verschiedener Netzwerke, Übersättigung von Netzwerken und Verbesserung durch Entlernen vor dem Beobachter sichtbar gemacht, Anschauliche Vermittlung der Unempfindlichkeit solcher Netzwerke gegen Störungen und dadurch Verdeutlichung der globalen Speicherung von Information in den neuronalen Netzwerken in Gegensatz zu herkömmlichen Computern.

| | |
|---|---|
| **Betriebssysteme** | MS-DOS 3.x |
| **Softwareumgebung** | WINDOWS 3.0 |
| **Hardwareumgebung** | IBM AT (comp.); 2 MB RAM; VGA; Harddisk: 20 MB; Cop. optional; MS-/LogiTech-Mouse; |
| **Preis** | 2400 ÖS |
| **Sonderkonditionen** | Hochschullehrer, Schüler und Studenten : 40% Rabatt |

**Bezugsadresse/Autor**
Dipl.-Ing. Christian Aberger
Interaktive Software & Info.systeme
Bürgerstr. 7
A-4020 Linz (Österreich)
0663/870440

**Autor**
Univ. Doz. Dr. Reinhard Folk
Johannes Kepler Universität Linz
Institut f. Theoretische Physik
A-4040 Linz (Österreich)

# NICOLE's QUSS

| | |
|---|---|
| **Fachgebiete** | Mathematik |
| **Anwendungsbereiche** | Geometrie, mathematische Software, Training Software, Tutorial |
| **Zielgruppen** | Studenten |
| **Version** | 1.0 |
| **Erstellungsdatum** | 31.10.1990 |

NICOLE's QUSS ist ein Aufgabelöser für Lineare Algebra, der neben der numerischen Lösung auch einen Lösungsplan in Textform und Visualisierungen anbietet. Mathematikvorlesungen an Fachhochschulen werden, im Gegensatz zu solchen Vorlesungen an Universitäten, i.a. wegen der fehlenden Infrastruktur, nicht durch Übungen und Tutorien ergänzt. Dadurch entsteht ein empfindlicher Mangel an Übungsgelegenheiten für die Studierenden. Das Programm soll helfen, dieses Defizit zu verringern. Mit Hilfe des Programms können Standardaufgaben (etwa aus Aufgabensammlungen) am PC gelöst werden, wobei der Lösungsweg und die einzelnen Rechenschritte aufgezeigt werden. Die Benutzer sind dadurch in der Lage, Standardaufgaben zu trainieren, bzw. ihre eigenen Lösungen zu kontrollieren.

| | |
|---|---|
| **Betriebssysteme** | MS-DOS 3.x |
| **Softwareumgebung** | k.A. |
| **Hardwareumgebung** | PS2/60; 640 KB; EGA; 3 MB Festplatte |
| **Preis** | k.A. |
| **Bezugsbedingungen** | Das Programm wird kostenlos an Universitäten und Fachhochschulen abgegeben. |

**Bezugsadresse/Autor**

Patrick Preuss  
Witwe-Bolte-Weg 22  
2800 Bremen

Prof. Dr. Rainer Roos, Michael Scheffe  
Fachhochschule Karlsruhe  
Institut für Innovation und Transfer  
Moltkestraße 4  
7500 Karlsruhe 1  
0721/169454

## ORIENT-Lernprogramm

| | |
|---|---|
| **Fachgebiete** | Vermessungswesen |
| **Anwendungsbereiche** | Ausbildung, interaktives Lernsystem, Photogrammetrie, Simulationssoftware, Tutorial |
| **Zielgruppen** | Studenten |
| **Version** | k.A. |
| **Erstellungsdatum** | 13.03.1992 |

Dieses Lernprogramm wurde für das am Institut für Photogrammetrie und Fernerkundung entwickelte photogrammetrische Programmsystem ORIENT verfaßt. Es wurde ausschließlich mit ORIENT-Hilfsmitteln erstellt und soll das zur Bedienung von ORIENT notwendige theoretische Wissen vermitteln. Das Lernprogramm beinhaltet die Kapitel: Die photographische Aufnahme; Die innere Orientierung; Die Bildkoordinatentransformation; Die äußere Orientierung; Der Bündelblockausgleich.

Der Unterricht erfolgt mit Hilfe graphischer Darstellungen samt erläuternden Texten und findet in Form von Dialogen und Simulationen statt. In den Dialogteilen werden Informationen vermittelt, Fragen an den Benutzer gestellt und dessen Antworten mit Hilfe von Rueckmeldungen des Programmes beurteilt. Bei den Simulationen kann der Benutzer Parameter für eine Funktion (z.B. für einen räumlichen Rueckwärtsschnitt) angeben - anschließend wird diese Funktion durch das Programm simuliert.

Die Unterrichtssprache ist wahlweise Deutsch oder Englisch. Mit diesem Lernprogramm soll Anfängern der Einstieg in das Programmsystem ORIENT erleichtert werden, gleichzeitig kann es aber auch zur Unterstützung des photogrammetrischen Unterrichts eingesetzt werden.

| | |
|---|---|
| **Betriebssysteme** | MS-DOS 4.x |
| **Softwareumgebung** | ORIENT |
| **Hardwareumgebung** | PC 286; 520 KB RAM; VGA Color; Harddisk: 2. 9 MB; 80287; Systems Mouse; |
| **Preis** | 20000 ÖS |
| **Bezugsbedingungen** | ORIENT-Demoversion mit Graphikmodul und Lernprogramm. Preis für Universitäten und Hochschulen: 10000 ATS |

**Bezugsadresse/Autor**
Dipl.-Ing. Gerald Forkert
Technische Universität Wien
Inst.f. Photogrammetrie u. Fernerkundung
Gusshausstraße 27-29
A-1040 Wien (Österreich)
0222-58801-3802

# Lehrsoftware

## Präsentationssoftware Movie

| | |
|---|---|
| **Fachgebiete** | Informatik, Allgemeines |
| **Anwendungsbereiche** | CAL, rechnerunterstütztes Lernen, Datendarstellung, Ausbildung, Visualisierung |
| **Zielgruppen** | Lehrkräfte, Dozenten |
| **Version** | 2.2 |
| **Erstellungsdatum** | 01.02.1991 |

EINSATZ ALS UNTERRICHTSMATERIAL: Vortragstexte (Folien, Strukturen) sind auf Platte/Diskette nach didaktischen Gesichtspunkten vorbereitet. Während des Vortrags kann der Referent mit MOVIE diese Lehrinhalte mittels Cursorsteuerung (Overlaytechnik, Wiederholungen) darbringen. Registerfunktion! Ergänzende Informationen können sofort in die Folie aufgenommen werden (Flip Chart Funktion). Fremde Softwarepakete können, sofern vorbereitet und vorhanden, dann direkt aus dem Vortrag aktiviert werden. Nach dem Verlassen des Softwarepaketes wird der Vortrag an der letzten Stelle fortgesetzt. EINSATZ FÜR DOKUMENTATION: Aus dem konzipierten Vortrag können schriftliche Unterlagen produziert werden (Konzept, Skriptum, "echte Folie"). EINSATZ FÜR SELBSTSTUDIUM: Nachholung von versäumten Lehrstoff und Nachschreiben von vollständigen und richtigen Lösungen. EINSATZ FÜR WERBEZWECKE: Automatischer Ablauf der Texte nach vordefinierten Zeiten. Tag der offenen Tür, Hausmessen, Messestand.

**Anerkennenswerte Leistung beim Deutschen Hochschul-Software-Preis 1991**

| | | |
|---|---|---|
| **Betriebssysteme** | MS-DOS | |
| **Softwareumgebung** | k.A. | |
| **Hardwareumgebung** | Standard-PC; für Präsentation: Data Display für Overhead; Standard-Drucker; | |
| **Preis** | 3300 ÖS | |
| **Bezugsbedingungen** | Preis exklusive 20% Mehrwertsteuer. | |
| **Sonderkonditionen** | Einzellizenz: | 4000,- OES für Nicht-Schulen |
| | Campuslizenz: | 3300,- OES |
| | Geltungsbereich: | Hochschulen, Fachhochschulen, sonstige öffentliche Bildungseinrichtungen, persönliche Lizenzen für Hochschulangehörige und Studenten |

**Bezugsadresse/Autor**

Prof.Mag. Ernst Heffeter
Hauptplatz 31
2130 Mistelbach (Österreich)
02572/4146

Prof. Mag. Johannes Berthold
2223 Martinsdorf 158 (Österreich)
02574/8877

## Produktionsplanung und -steuerung - PPS

| | |
|---|---|
| **Fachgebiete** | Informatik, Wirtschaftswissenschaften |
| **Anwendungsbereiche** | Lernsoftware, Tutorial |
| **Zielgruppen** | Studenten |
| **Version** | 3.2 |
| **Erstellungsdatum** | 02.04.1992 |

Das interaktive Lernprogramm ist eine computergestützte Einführung in die Produktionsplanung und -steuerung. Zu den Lerninhalten gehören: / Integration und Stellung innerhalb der CIM-Konzeption / Erarbeitung der Sukzessivplanungsstufen / Beschreibung der Planungs- und Steuerungsfunktionen / Darstellung geeigneter mathematischer Verfahren / Entwicklung eines konzeptionellen Datenmodells / Überführung in das Relationenmodell. Das zugehörige Handbuch beschreibt die Benutzung des Kurses, enthält eine Zusammenfassung der Lerninhalte und ergänzt das Lernprogramm durch vertiefende Anwendungsbeispiele. Aus dem Inhalt: / Einführung in die Produktionsplanung und -steuerung / Primärbedarfsplanung / Materialwirtschaft / Zeit- und Kapazitätswirtschaft / Auftragsfreigabe / Fertigungssteuerung / Betriebsdatenerfassung / Die technischen Komponenten von CIM

| | |
|---|---|
| **Betriebssysteme** | MS-DOS, PC-DOS |
| **Softwareumgebung** | k.A. |
| **Hardwareumgebung** | IBM PC/AT; 256 KByte; VGA, CGA, EGA, Hercules; hard disk: 860 KByte |
| **Preis** | 98 DM |
| **Bezugsbedingungen** | Bezug über R.Oldenbourg Verlag |

**Bezugsadresse/Autor**

Dr. Peter Loos
Universität des Saarlandes
Institut für Wirtschaftsinformatik
Im Stadtwald, Geb. 14
6600 Saarbrücken 11
+49/681/302-3106; direkt: -2160

Dipl.-Kfm. Gunter Jün
Ludwigstr. 26
6650 Homburg
06841/79742

# Rasim - Professional

| | |
|---|---|
| **Fachgebiete** | Allgemeines |
| **Anwendungsbereiche** | Simulation, Lernsoftware, Training Software |
| **Zielgruppen** | Auszubildende, Studenten |
| **Version** | 2.1d |
| **Erstellungsdatum** | 01.11.1990 |

Das Programmpaket gliedert sich in drei Abschnitte. RASIM ist der eigentliche Simulator. RADEDI ist ein Editor zur Erstellung von Übungen. RADPLOT ist ein Programm zur Analyse von Einzellösungen.

Die Idee zur Entwicklung dieses Programmpaketes basiert auf der Erkenntnis, daß der Einsatz von kommerziellen Simulatoren mit enormen Kosten und Folgekosten, erst ab einem bestimmten Ausbildungsstand sinnvoll ist. Zur Vermittlung von Kenntnissen über relative Bewegungsabläufe auf Radarbildschirmen kann durchaus ein leistungsfähiger Computer mit entsprechender Software herangezogen werden.

Das Programm leistet einen wesentlichen fachlichen Beitrag dadurch, daß es bei vorhandenen kommerziellen Anlagen diese entlastet. Andererseits bietet das Programm kleineren Ausbildungsstätten ohne Großanlagen überhaupt erst die Möglichkeit Simulationsausbildung zu betreiben. Dabei ersetzt der Computer nicht nur traditionelle Unterrichtsmethoden sondern verbessert auch entscheident den Praxisbezug. Die im Einsatz am Fachbereich Seefahrt gemachten Erfahrungen zeigen, daß die Reduzierung der Radarbildauswertung durch das Programm auf die eigentlichen Bewegungsabläufe ein Vorteil ist. Der Student ist beim Übergang von der Theorie auf echte Radarbilder durch Bedienung und Problemvielfalt überfordert. Beim Einsatz in der Sportschifferausbildung kommt einem billigen Simulator noch ein weiterer Effekt zugute. Durch die Möglichkeit der Editierung der Aufgaben durch den Lehrenden ist eine Abstufung des Schwierigkeitsgrades auf die einzelnen Gruppen möglich.

| | |
|---|---|
| **Betriebssysteme** | MS-DOS 2.x |
| **Softwareumgebung** | k.A. |
| **Hardwareumgebung** | IBM PC-AT; 640 KB; EGA/VGA |
| **Preis** | 1198 DM |
| **Bezugsbedingungen** | Abgabe nur an Ausbildungsstätten |

**Bezugsadresse**
Trainer Systems GmbH
Am Liener Deich 30
2887 Elsfleth

**Autor**
Jürgen Groß
Lehrbeauftragter FB Seefahrt Elsfleth
2887 Elsfleth

Prof. Jürgen Rahn
Fachhochschule Oldenburg
Fachbereich Seefahrt Elsfleth
2887 Elsfleth

# REGELKREISE

| | |
|---|---|
| **Fachgebiete** | Biologie, Physik |
| **Anwendungsbereiche** | Ausbildung, Hypertext, interaktives Lernsystem, Simulationssoftware, Training Software |
| **Zielgruppen** | k.A. |
| **Version** | 1.0 |
| **Erstellungsdatum** | 01.02.1992 |

Das Programm REGELKREISE stellt in anschaulichen Bildern Regelkreismodelle vor. Darüber hinaus ermöglicht es durch Simulationen ein vertiefendes Eindringen in die den Modellen zugrundeliegenden Vorgänge. Sie können aus folgenden Themen wählen: Allgemeiner Regelkreis (Schema nach Hassenstein); Temperaturregelung beim Ofen; Regelung des pH-Wertes im Darm (Sekretin-Regelkreis); Regelung des Blutzuckerspiegels.

Zu jedem Thema können an einem Schaubild die wichtigsten Begriffe "nachgeschlagen" oder in einem Test zugeordnet werden. Die Benutzerantworten werden anschließend vom Programm überprüft. In den Simulationen können auf der Grundlage der Schaubilder verschiedene Parameter verändert werden. Damit sollen die komplexen Zusammenhänge bei Regelungsvorgängen veranschaulicht werden.

| | |
|---|---|
| **Betriebssysteme** | MS-DOS 3.x |
| **Softwareumgebung** | k.A. |
| **Hardwareumgebung** | IBM-kompatibler Rechner 640 KB RAM; EGA, VGA; Harddisk: 2 MB; 80x87 (optional); Maus (optional); |
| **Preis** | 148 DM |
| **Bezugsbedingungen** | Eine Zehnfachlizenz für die Schule kostet DM 378,- |

**Bezugsadresse**
CoMet Verlag für Unterrichtssoftware
Postfach 10 02 49
4100 Duisburg 1

**Autor**
Dr. Dittmar Graf
Universität Gießen
Institut für Biologiedidaktik
6300 Gießen

Dr. Hartmut Michael Möltgen
Gesamtschule Troisdorf
5210 Troisdorf

Erwin Schorr
Staatliches Realgymnasium
6610 Lebach

## Schlüsselaustausch-Lernprogramm

| | |
|---|---|
| **Fachgebiete** | Informatik |
| **Anwendungsbereiche** | interaktives Lernsystem, Netzwerk, Kommunikation, Tutorial |
| **Zielgruppen** | Studenten, Praktikanten |
| **Version** | 1.0 |
| **Erstellungsdatum** | 30.03.1992 |

Das Programm ermöglicht den Praktikumsteilnehmern den Einblick in die Schwierigkeit, Schlüssel zum Verschlüsseln von Nachrichten auszutauschen, ohne daß potentielle Angreifer Kenntnis davon erhalten und folglich das Netz abhören können.

Lerninhalte sind: Einführung in die Problematik sicheren Schlüsselaustauschs; Sinn der Einführung von Schlüsselverteilzentrale(n); Warum mehrere Zentralen; Wie setz ich Kryptosysteme richtig ein; Wie erreiche ich Anonymität und Authentizität; Welche Angriffe auf Schlüsselaustauschprotokolle richten viel Schaden an; Wie gehe ich mit Schlüsseln um und wie werden sie aufbewahrt; Zusätzlich gab es zum Praktikum noch Fragebögen und Lösungsblätter, welche zum Verständnis der Problematik hilfreich beitragen sollten und von den Praktikanten mit abgegeben werden mußten. Durch die Möglichkeit des Zurückblätterns erhält der Praktikant die Chance, jedes Problem so oft wie nötig zu wiederholen. Jeder Teil kann beliebig oft wiederholt werden und man kann das Programm jederzeit verlassen. Für die endgültige Version sind noch viele Features vorgesehen, wie z.B. Anschluß ans Netz (AppleTalk), Initialisierung durch Diskettenaustausch, "reale" Kommunikation übers Netz, vollständige Einhaltung des Needham-Schröder-Protokolls.

| | |
|---|---|
| **Betriebssysteme** | MAC OS 7.0 |
| **Softwareumgebung** | "Lernsys. applic" reicht allein vollkommen aus (Doppelklick). |
| **Hardwareumgebung** | Apple Macintosh II; 600 KB RAM; EGA; 80387; |
| **Preis** | k.A. |
| **Bezugsbedingungen** | Preis nach Absprache. |

**Bezugsadresse/Autor**
Charlie Hammerer
TH Karlsruhe
Inst.f. Rechnerentwurf u. Fehlertoleranz
Rudolfstr. 4
7500 Karlsruhe
0721 / 606594

## schulis-Mathematiksystem

| | |
|---|---|
| **Fachgebiete** | Mathematik |
| **Anwendungsbereiche** | Anwendungsprogramm, mathematische Software, Lernsoftware |
| **Zielgruppen** | k.A. |
| **Version** | 1.0 |
| **Erstellungsdatum** | 01.04.1990 |

Das schulis-Mathematiksystem ist ein Werkzeug zur numerischen, graphischen und symbolischen Bearbeitung von Funkionen beliebiger Komplexität. Es ist konzipiert als offenes Werkzeug zur Unterstützung des Mathematikunterrichts, insbesondere des Analysis-Unterrichts in der Sekundarstufe II und zur Unterstützung der Fächer der Sekundarstufe II, in denen entsprechende Teilgebiete der Mathematik angewendet werden.

| | |
|---|---|
| **Betriebssysteme** | EUMEL 1.8.7 |
| **Softwareumgebung** | k.A. |
| **Hardwareumgebung** | AT-kompatibel, mind. 512 KB, CGA, EGA, VGA, Hercules, ca. 10 MB |
| **Preis** | 25 DM |
| **Bezugsbedingungen** | Preis beinhaltet die runtime-Version des Betriebssystem EUMEL. |

**Bezugsadresse**
Treschwig
GMD
Schloß Birlinghoven
5205 St. Augustin

# Lehrsoftware 377

## Shannons Waage

| | |
|---|---|
| **Fachgebiete** | Informatik, Elektrotechnik, Mathematik |
| **Anwendungsbereiche** | Lehrsoftware, Spiele, mathematische Software, Tutorial |
| **Zielgruppen** | k.A. |
| **Version** | 3.1 |
| **Erstellungsdatum** | 02.02.1991 |

Spielprogramm: Der Computer spielt zwei Rollen: Zum einen ist er Spielpartner, zum anderen bewertet er das Spiel während des Spielablaufs, und er macht eine Abschlußbewertung. Zielgruppe des Programms: Studierende der Informatik und der Nachrichtentechnik, aber auch Schüler eines Informatikkurses am Gymnasium. Das Programm dient dazu, die Lernenden mit dem Shannonschen Maß H für die Datenmenge vertraut zu machen. Der/die Lernende erkennt vor allem, daß H dann maximal wird, wenn die Wahrscheinlichkeiten für das Auftreten der verschiedenen Zeichen gleich wird. Das Programm ist als Spiel angelegt. Der/die Lernende spielt gegen den Computer. Am Ende wird das Spiel bewertet. Der/die Lernende erfährt erstens ob seine/ihre Strategie gut war und zweitens ob er/sie Glück hatte. Der Vorteil einer solchen Programmkonzeption besteht darin, daß der Spieltrieb als Lernmotivation benutzt wird. Das so Gelernte bleibt wesentlich besser in Erinnerung, als es bei herkömmlichen Unterrichtsmethoden der Fall ist. Das Programm wurde in einem Seminar mit dem Thema "Information und Entropie", sowie im Informatikunterricht am Gymnasium eingesetzt. In beiden Fällen wurde das Programm mit Begeisterung gespielt, und der Lernerfolg war sehr gut.

| | |
|---|---|
| **Betriebssysteme** | MAC OS 6.0 |
| **Softwareumgebung** | k.A. |
| **Hardwareumgebung** | Apple Macintosh II oder Apple Macintosh LC; 1 MB RAM; Farbe empfehlenswert; Maus. |
| **Preis** | k.A. |
| **Bezugsbedingungen** | Public domain |

**Bezugsadresse**
Prof. Friedrich Herrmann
Universität Karlsruhe
Institut für Theoret. Festkörperphysik
Kaiserstraße 12
7500 Karlsruhe
0721/608-3364

**Autor**
Immanuel Herrmann
Kooperative Gesamtschule Bad Bergzabern
Klasse 10a
6729 Vollmersweiler

Heinz Riesch
Universität Karlsruhe
Institut für Didaktik der Physik
7500 Karlsruhe

## SIC

| | |
|---|---|
| **Fachgebiete** | Informatik |
| **Anwendungsbereiche** | Compiler, objekt-orientierte Lehrsoftware, Visualisierung |
| **Zielgruppen** | Lehrkräfte, Studenten |
| **Version** | 2.0 |
| **Erstellungsdatum** | 01.10.1990 |

"SIC" steht für "Smalltalk-basierter Interaktiver Compiler-Compiler". Das SIC-System zerfällt in einen syntaxanalysebezogenen und in einen attributauswertungsbezogenen Teil. Der erste Teil enthält Komponenten - zur Bearbeitung von Grammatiken, - zum Sichten von daraus abgeleiteten Informationen und Zerteilungsautomaten, - und die Syntaxanalysekomponente im engeren Sinn. Der zweite Teil enthält Komponenten - zum Attributieren kontextfreier Grammatiken, - zum Aufzeigen von Attributabhängigkeiten, - zum Festlegen von Auswertungsstrategien bzw. Auswertungsreihenfolgen, und - die Attributauswertungskomponente im engeren Sinn.

Nun zu den einzelnen Komponenten: Kontextfreie Grammatiken können mit Texteditoren oder dem dafür vorgesehenen Spezialeditor bearbeitet werden. Aus einem beliebigen nichtterminalen Zeichen können Satzformen interaktiv abgeleitet und zusätzlich als Syntaxbaum dargestellt werden. SIC verwaltet Mengen von Grammatiken, Mengen von Satzformen, Mengen von Zerteilungsautomaten usw. in Dateien. All diese Objekte können formatiert gedruckt werden. Aus der Grammatik abgeleitete Informationen wie die Menge der epsilon-Symbole, first-, und follow-Mengen, sowie LL(1)-Entscheidungsmengen oder -Konflikte können angezeigt und ihre Berechnung schrittweise zurückverfolgt werden. Die Zustände (oder Konflikte) von LR-Automaten (LR(0), SLR(1), LALR(1), LR(1)) können angezeigt und Übergänge in diesen Automaten von Hand ausgelöst werden. Während der interaktiven Syntaxanalyse werden der augenblickliche Kellerinhalt, der Eingaberest und die Linksableitung (für LL(1)) bzw. die Linksreduktion (für die LR-Verfahren) angezeigt (die Ableitung/Reduktion auf Wunsch auch in Form von Bäumen). Nichtdeterministische Analyse und Eingabe von Satzformen (anstelle von terminalen Zeichenreihen) sind möglich. Der Benutzer kann die Analyse einzelschrittweise vorwärts oder rückwärts oder durch Positionieren im Keller, in der Eingabe oder in der Ableitungs- bzw. Reduktionsfolge steuern. Bei der nichtdeterministischen Analyse gibt es einen Backtracking-Modus (mit Abbruch bei zyklischen Situationen).

SIC unterstützt eine zweistufige Analyse: lexikalische Analyse, gefolgt von syntaktischer Analyse. Bei der Attributierung können jedem nichtterminalen Symbol beliebig viele ererbte und synthetisierte Attribute zugeordnet werden. Attributauswertungsregeln werden als Smalltalk-Programmstücke eingegeben und vor dem Abspeichern auf Fehlerfreiheit überprüft und kompiliert. Die Attributabhängigkeiten an einem Knoten des Syntaxbaums können entweder statisch in graphischer Form dargestellt oder bei Auswahl dynamisch durch Unterlegung angezeigt werden. Eine Attributauswertungsreihenfolge (auch mit mehreren Pässen) kann entweder durch Auswahl einer der vordefinierten Strategien (u.a. bottom-up, left-right, parallel) festgelegt werden oder mit Hilfe des "Reihenfolgeeditors" von Hand zusammengestellt werden. Während der Attributauswertung werden laufend der zuletzt berechnete Attributwert, die verwendete Attributauswertungsreihenfolge und der "Auswertungskontext" angezeigt. Grundlagen von SIC sind die Theorie der Syntaxanalyseverfahren (sowohl top-down:LL(1) als auch bottom-up:LR(0), SLR(1), LALR(1), LR(1)) und der attributierten Grammatiken.

# Lehrsoftware

**Preisträger des Deutschen Hochschul-Software-Preises 1991**

| | |
|---|---|
| **Betriebssysteme** | MS-DOS 3.x |
| **Softwareumgebung** | Smalltalk/V286 1.1 |
| **Hardwareumgebung** | AT; 2 MB; Hercules, EGA, VGA; 20 MB; Maus (Microsoft kompat.) |
| **Preis** | k.A. |
| **Bezugsbedingungen** | im Hochschulbereich, keine kommerzielle Nutzung |

**Bezugsadresse/Autor**  
Dr. Lothar Schmitz  
Universität der Bundeswehr München  
Fakultät für Informatik  
Werner-Heisenberg-Weg 39  
8014 Neubiberg  
089/60042140

**Autor**  
Jörg Kröger, Dirk Mörs  
Universität der Bundeswehr München  
Fakultät für Informatik  
8014 Neubiberg

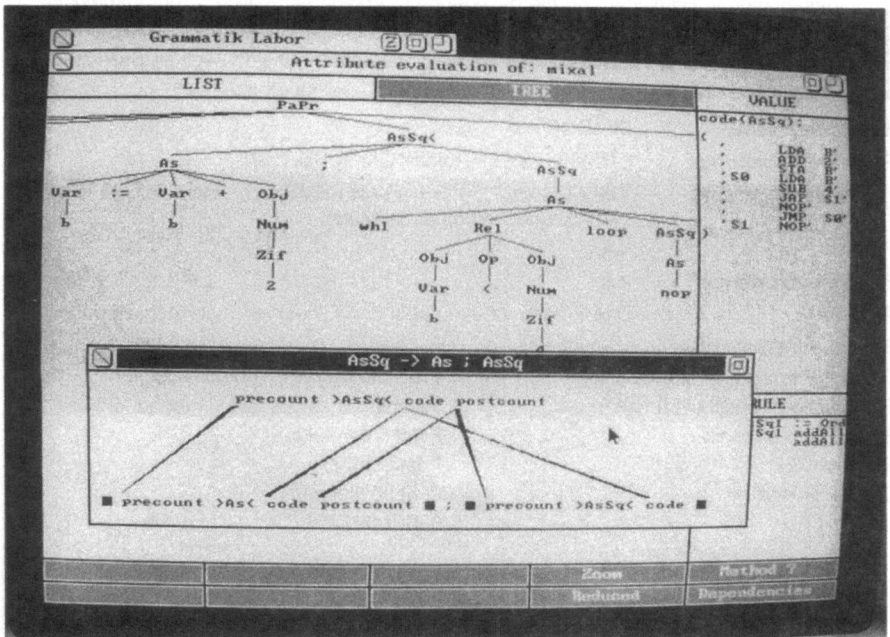

## SIMPL

| | |
|---|---|
| **Fachgebiete** | Elektrotechnik, Physik |
| **Anwendungsbereiche** | Ausbildung, interaktives Lernsystem, Simulationssoftware |
| **Zielgruppen** | Studenten |
| **Version** | 1.1 |
| **Erstellungsdatum** | 30.03.1992 |

Das Programm dient dem computerunterstützen Unterricht zum Thema "Ionenimplantation in Halbleitern". Es vermittelt Fakten zum Prozeß und der verwendeten Anlage. Es trainiert Fertigkeiten bei der Bedienung von Implantationsanlagen. Zielgruppen: Studenten der Elektrotechnik im Fachstudium, Weiterbildung von Fachpersonal in der Halbleiterindustrie. Für die Computerbedienung werden keine speziellen Kenntnisse vorausgesetzt; der Lernende soll sich auf Inhalte konzentrieren. Die Beschäftigung mit dem Programm macht den Prozeß der Ionenimplantation in Halbleiter und die dazugehörige Anlage begreiflich. Programminhalte: 1. Die numerische Berechnung von 2D-Implantationsprofilen in nichtebenen Oberflächen von Mehrschichtstrukturen nach Gauss und Pearson. 2. Die Berechnung des Anlagenverhaltens als energiebestimmtes Massenspektrometer einschließlich Quellenverhalten.

| | |
|---|---|
| **Betriebssysteme** | MS-DOS 4.x |
| **Softwareumgebung** | EMM386. SYS - Treiber; GMOUSE. COM |
| **Hardwareumgebung** | IBM AT (comp. ); 640 KB RAM + EMS; VGA; Harddisk: 20 MB; Cop. ; MS-/Logitech-kompatible Maus; |
| **Preis** | k.A. |
| **Bezugsbedingungen** | k.A. |
| **ASK-SAM** | Das Programm kann über den Fileserver abgerufen werden. |

**Bezugsadresse/Autor**

Dipl.-Ing Alexander Petraschenko
Technische Hochschule Ilmenau
Festkörperelektronik
Postfach 327
O-6300 Ilmenau

Prof. Dr.-Ing.habil. Albrecht Zur
Technische Hochschule Ilmenau
Festkörperelektronik
Postfach 327
O-6300 Ilmenau
03677/693715

## SmallCard

| | |
|---|---|
| **Fachgebiete** | Informatik |
| **Anwendungsbereiche** | Autorensystem, CAL, rechnerunterstütztes Lernen, Hypertext, objekt-orientierte Integration |
| **Zielgruppen** | k.A. |
| **Version** | 1.0 |
| **Erstellungsdatum** | 01.08.1990 |

Das System SmallCard wurde mit dem Ziel entwickelt, zu bestehenden Lernprogrammen vom Typ 'Simulation und Modellierung' Begleitmaterialien in adäquater Form bereitzustellen. Die Simulationsprogramme (eine AVL-Baum-Demo, ein interaktiver Compiler-Compiler und Visualisierungen verschiedener Konstruktionen aus dem Bereich 'Formale Sprachen') sind in Smalltalk/V implementiert worden. Da die Simulationsprogramme nur innerhalb der Smalltalk-Umgebung ausführbar sind, ergab sich der Wunsch, Smalltalk mit Hypertextkomponenten zu ergänzen anstatt ein eigenständiges Hypertext- oder Autorensystem zu verwenden.

Im Rahmen der Diplomarbeit wurde ein Lerntext erstellt, der den Einsatz von SmallCard als Autorensystem demonstriert. Der Computer wird hierbei in dreierlei Weise als 'simuliertes Labor, als Vorführ- und individuelles Lerngerät' genutzt, da ein programmiertes, benutzergesteuertes Modell des behandelten Gegenstandes in den Lerntext eingebunden ist. Das Paket ist dann für Präsentation und Selbststudium gleichermaßen geeignet. Im Lerntext wird sowohl die Theorie der AVL-Baume als auch die Realisierung der Datenstruktur 'AVL-Baum' in Smalltalk besprochen. Die Theorie wurde in Kapitel unterteilt wie 'Einfügen in einen AVL-Baum' oder 'Löschen in einem AVL-Baum'. Für jedes Kapitel wurde vom Autor ein eigener Kartenstapel eingerichtet. Zu jedem Kapitel existiert eine Folie (Graphik) mit der Darstellung mehrerer Phasen eines Baumes, die dieser während eines Einfüge- oder Löschvorganges durchläuft. Diese Folien wurden vom Autor gezeichnet und den einzelnen Kapiteln im Lerntext (Kartenstapeln) zugeordnet. Anschließend wurden diese Folien auf den einzelnen Karten eines Stapels so beschriftet, daß die Theorie der AVL-Baume anhand dieser Illustrationen Schritt für Schritt gelernt werden kann. An einigen Stellen wurden vom Autor Querverweise in andere Kapitel angebracht. Er regt den Lernenden hierdurch dazu an, Sachverhalte aus unterschiedlichen Blickwinkeln zu sehen und miteinander zu vergleichen.

**Anerkennenswerte Leistung beim Deutschen Hochschul-Software-Preis 1991**

| | |
|---|---|
| **Betriebssysteme** | MS-DOS 3.x |
| **Softwareumgebung** | Smalltalk/V286 1.1 |
| **Hardwareumgebung** | PC-AT; 2 MB; Hercules; 20 MB; Maus (Microsoft kompatibel) |
| **Preis** | k.A. |
| **Bezugsbedingungen** | im Hochschulbereich, keine kommerzielle Nutzung |

| **Bezugsadresse/Autor** | **Autor** |
|---|---|
| Dr. Lothar Schmitz | Klaus Meusel |
| Universität der Bundeswehr München | 8000 München 71 |
| Fakultät für Informatik | |
| Werner-Heisenberg-Weg 39 | |
| 8014 Neubiberg | |
| 089/60042140 | |

## Sortieralgorithmen

| | |
|---|---|
| **Fachgebiete** | Informatik |
| **Anwendungsbereiche** | Graphik, Simulation, Lernsoftware |
| **Zielgruppen** | Studenten, Wissenschaftler |
| **Version** | 1.1 |
| **Erstellungsdatum** | 25.02.1991 |

Die Experimentierumgebung gestattet das Arbeiten mit folgenden Sortieralgorithmen: Direktes Einfügen (INSERT) Shell Sort (SHELL), Direktes Auswählen (SELECT) Heap Sort (HEAP), Bubble Sort (BUBBLE), Quick Sort (QUICK), Shaker Sort (SHAKER), Merge Sort (MERGE). Sortiert wird immer auf einem linearen Feld A[100], das natürliche Zahlen enthält. Die möglichen Initialzustände werden im Folgenden erläutert. F1: invers, $A[i]=101-i$; $i=1..100$; F2: permutiert, eine zufällig ausgewählte Permutation der natürlichen Zahlen von 1 bis 100, d.h. jeder Wert kommt im Feld genau einmal vor. F3: zufällig, 100 Zufallszahlen n aus N mit 1 kleiner als n kleiner als 100, bei diesem Zustand können mehrere Elemente des Feldes denselben Wert haben. F4: speziell, spezielle Permutation der Zahlen von 1 bis 100, die die maximale Laufzeit des Quick_Sort in dieser Implementation bewirkt. Durch Drücken einer Taste wird der Sortiervorgang gestartet und unterbrochen. Bei jeder Unterbrechung kann man den Sortieralgorithmus wechseln. Auch bereits sortierte Felder lassen sich bearbeiten. Das fertig sortierte Feld und jeder andere mit Hilfe der Algorithmen herbeigeführte Zwischenzustand kann also wieder als Ausgangspunkt zum weiteren Sortieren verwendet werden. Damit lassen sich Arbeitsweise und Effizienz der einzelnen Algorithmen in speziellen Fällen bewerten. Die gesamte Experimentierumgebung ist auch mit einer Microsoft-Maus (oder einer dazu kompatiblen anderen Maus) bedienbar. In der Mitte des Bildschirms ist in einem Quadrat das betrachtete Feld A[100] grafisch dargestellt. Der Index dient als Abszisse, der Wert des Feldelementes als Ordinate. Die Feldelemente werden (diskret) durch Punkte im Quadrat dargestellt. Es besteht die Möglichkeit, zu jedem Zeitpunkt einzelne Elemente zu markieren und ihren Weg während des Sortiervorganges zu verfolgen. Die grafische Darstellung des Feldes während der Sortierung illustriert überzeugend die sinnfällige Namensgebung einiger Algorithmen. Im Programm Sortgraf sind nur die Verfahren Quick-, Heap- und Merge Sort rekursiv programmiert.

| | |
|---|---|
| **Betriebssysteme** | MS-DOS 3.x |
| **Softwareumgebung** | k.A. |
| **Hardwareumgebung** | IBM-PC AT; 256 KB; VGA, EGA, Hercules |
| **Preis** | 20 DM |
| **Bezugsbedingungen** | k.A. |

**Bezugsadresse/Autor**

Matthias Fischer  
Potsdam Kolleg  
gemeinnützige GmbH  
Wallstraße 61-65  
1020 Berlin  
(0)0372 - 2741433

Joachim Schmidt  
Thomasstraße 63  
1000 Berlin 44  
030/4681607 o. 030/6812442 (priv.)

# Lehrsoftware

## SQL - Die relationale Datenbanksprache

| | |
|---|---|
| **Fachgebiete** | Informatik |
| **Anwendungsbereiche** | Datenmanagement, Datenbank-Management, Ausbildung, Lehrsimulation, Datenbanksprache SQL, Training Software |
| **Zielgruppen** | k.A. |
| **Version** | 2.0 |
| **Erstellungsdatum** | 15.05.1991 |

An wen wendet sich der Kurs? Für die Bearbeitung des Kurses werden Grundkenntnisse der Informatik vorausgesetzt. Spezielle Vorkenntnisse über Datenbanken sind nicht erforderlich.

Was lernen Sie? Ziel dieses Kurses ist, eine Einführung in die relationale Datenbanksprache SQL zu geben. Neben einer Einführung in die Grundkonzepte relationaler Datenbanken werden systemunabhängige SQL-Kenntnisse vermittelt, die sich an der SQL-Norm ISO/IEC 9075 orientieren. Mit diesen Grundlagen ist es möglich, sich schnell in die SQL-Sprache eines speziellen Datenbank- Systems einzuarbeiten. Die Behandlung von SQL beinhaltet auch die Darstellung der Schwächen dieser Datenbanksprache. Praktische Hinweise zum Umgang mit diesen Schwächen gehören zum vermittelten Stoff. Der Kurs hat das Ziel, ausgehend von einer gründlichen Einarbeitung in SQL, die Grundlage für die effiziente Nutzung von relationalen Datenbanken zu schaffen.

Wie ist der Kurs strukturiert? Der Kurs besteht aus zehn Lektionen. Jede Lektion stellt einen in sich abgeschlossenen Lehrstoff dar. Eine Lektion besteht aus drei Abschnitten, die jeweils einzelne Teilaspekte behandeln. Zu jedem Abschnitt werden Fragen gestellt, die eine Überprüfung des Lernerfolgs ermöglichen. Musterlösungen halten wichtige Erkenntnisse noch einmal fest. Die in den Lektionen besprochenen und verwandten Begriffe werden im Glossar definiert. Durch das allgemeine Nachschlagewerk wird eine durchgängige Begriffswelt geboten.

| | |
|---|---|
| **Betriebssysteme** | MS-DOS 3.x |
| **Softwareumgebung** | Microsoft Windows 2.03 |
| **Hardwareumgebung** | IBM PC oder kompatibler Rechner; Speichergröße: 640 KByte; Graphik-Karte: EGA-Karte (VGA-Karte empfohlen); Festplatte erforderlich; Koprozessor oder spezielle Hardware nicht erforderlich |
| **Preis** | 300 DM |
| **Bezugsbedingungen** | Für Fernstudenten gilt ein ermäßigter Preis. Preis für Industriekunden, Universitäten, Institute, Akademien usw. erhalten Sie auf Anfrage. |

| **Bezugsadresse** | **Autor** |
|---|---|
| Prof. Dr. Schlageter | Thomas Berkel |
| Fernuniversität Hagen | Fernuniversität Hagen |
| Praktische Informatik I | Praktische Informatik I |
| Postf. 940 | 5800 Hagen |
| 5800 Hagen | |

# STATIX

| | |
|---|---|
| **Fachgebiete** | Informatik, Mathematik, Wirtschaftswissenschaften |
| **Anwendungsbereiche** | Analyse, mathematische Software, statistische Analyse, Statistik, Lernsoftware |
| **Zielgruppen** | Studenten |
| **Version** | 2.00 |
| **Erstellungsdatum** | 01.01.1991 |

STATIX (Statistical Programming Language) ist eine benutzerfreundliche Programmiersprache zum Erlernen der statistischen Methoden. STATIX wird als Demonstrations-, Simulations- und Rechenwerkzeug für die Ausbildung im Statistikgrundstudium eingesetzt. STATIX stellt eine Programmiersprache zum Studium der statistischen Methoden zur Verfügung. Statistische Verteilungen (diskrete sowie stetige) können mit dem Computer erzeugt und die Ergebnisse der Modellrechnungen graphisch dargestellt werden. Die Verteilungen können auch simuliert werden (Theoretischer Zugang bei stetigen Verteilungen ist wegen methematischer Vorkenntnisse der Studenten oft nicht möglich). Mit dem Hilfesystem sind vielfältige Datenmanipulationen möglich. Statistische Verfahren (u. a. Regressionsrechnung, Tests und Konfidenzintervalle) sollen nicht nur ermittelt, sondern auch simuliert werden können. Spielerisch werden die Verfahren, ihre Voraussetzungen und ihre Grenzen vorgestellt. Durch Optionen lassen sich dabei die Ergebnisse individuellen Wünschen anpassen. Es stehen zwei eingebaute Zufallszahlengeneratoren zur Verfügung, die auch verändert werden können.

Die Aufgaben sind im Batchmode und auch interaktiv mit guten Editiermöglichkeiten zu bearbeiten (man kann seinen eigenen Editor in STATIX einfügen). Der Output kann mit allen Standardtextprogrammen überarbeitet werden.

| | |
|---|---|
| **Betriebssysteme** | MS-DOS 3.x |
| **Softwareumgebung** | k.A. |
| **Hardwareumgebung** | IBM-PC; 640 KB; Floppy mit 720KB |
| **Preis** | 25 DM |
| **Sonderkonditionen** | Für Studenten: 50% Hochschulrabatt |

**Bezugsadresse/Autor**

Götz Gärtner  
TU Berlin  
Institut für Quantitative Methoden  
Franklinstr. 28-29  
1000 Berlin 10  
(030)314-73400  

Ingolf Hoffmann  
Sommerfieldring 47  
1000 Berlin 39  

Andreas Kluge  
Kyllmannstr. 15  
1000 Berlin 39

# Lehrsoftware

## TEACHSOFT

| | |
|---|---|
| **Fachgebiete** | Mathematik |
| **Anwendungsbereiche** | CAL, rechnerunterstütztes Lernen, graphische Darstellung, mathematische Software, Simulation, Lernsoftware |
| **Zielgruppen** | Hochschullehrer, Studenten |
| **Version** | 2.1 |
| **Erstellungsdatum** | 02.01.1990 |

TEACHSOFT ist ein CAE (Computer Assisted Education) Programmpaket mit dessen Hilfe die Mathematik an Universitäten, Hochschulen erfolgreicher gelehrt bzw. gelernt werden kann. Bei TEACHSOFT stehen Demonstration/Simulation im Vordergrund, die meisten Programme enthalten jedoch auch einen Problemlösungsteil. Eine theoretische Zusammenfassung ergänzt jedes Programm, worin die benutzte Terminologie bzw. Zusammenhänge erklärt werden. Mit TEACHSOFT können Begriffe und Verfahren der Mathematik anschaulicher, verständlicher und übersichtlicher vorgestellt, und somit besser verstanden werden, sowie Fertigkeiten in der rechnerunterstützten Problemlösung vermittelt bzw. erworben werden.

Das Programmpaket unterstützt das Unterrichten der wichtigsten Gebiete der angewandten Mathematik. Es besteht gegenwärtig aus 7 Modulen wobei jedes Modul im Durchschnitt 9 Programme enthält. Die verfügbaren Module sind: Funktionen einer Variabeln, Folgen und Reihen, Integralrechnung, Gewöhnliche Differentialgleichungen, Komplexe Funktionentheorie, Berechnung von Wurzeln, Wahrscheinlichkeitsrechnung. In der Regel enthält jedes Programm sorgfältig ausgesuchte Demonstrationsbeispiele und einen Problemlösungsteil. Die im Programmpaket angebotenen bzw. die selbst kreierbaren Demonstrationen können an entsprechenden Teilen einer Vorlesung integriert werden und den Studenten im Hörsaal durch Projektion oder an Monitoren gezeigt werden. TEACHSOFT wird gegenwärtig bereits an etwa 10 Universitäten und Hochschulen benutzt.

| | |
|---|---|
| **Betriebssysteme** | MS-DOS 3.x |
| **Softwareumgebung** | k.A. |
| **Hardwareumgebung** | IBM PC XT, AT; 384 KB; CGA, EGA, VGA; optional Festplatte; optional Drucker. |
| **Preis** | 3750 DM |
| **Bezugsbedingungen** | Zusätzliche Dokumentationen werden für 12 DM/Band geliefert. |

**Bezugsadresse**
KoD-EX GmbH
Hegedüs Gy. ut 12.IV.25.
H-1136 Budapest (Ungarn)

**Autor**
T. Mori
Eötvös Universität
Lehrstuhl f. Wahrscheinlichkeitstheorie
H-1051 Budapest (Ungarn)

Prof. Dr. Dezsö Sima, E.Talosi
Technische Hochschule Kando Kalman
Institut für Mathematik und Informatik
H-1034 Budapest (Ungarn)

## Thermo Education

| | |
|---|---|
| **Fachgebiete** | Physik |
| **Anwendungsbereiche** | Hypertext, objekt-orientierte Integration, Lernsoftware, Thermodynamik, Tutorial |
| **Zielgruppen** | Studenten |
| **Version** | 2.0 |
| **Erstellungsdatum** | 01.05.1990 |

Es handelt sich um ein Lernprogramm zur Thermodynamik. Das Wissen liegt in drei Ebenen von unterschiedlichem Detaillierungsgrad vor, der Benutzer legt seinen eigenen Pfad durch das Stoffgebiet. Das Programm enthält einige bewegte Graphiken sowie eine sehr ausführliche Tabelle von chemischen Potentialen, auf die man z.B. von der Seite 172 des Stapels "ausführlich" aus zugreifen kann. Man kann dann die Reaktionsrichtung einer chemischen Reaktion vollautomatisch bestimmen lassen, die Werte werden aus der Tabelle gesucht. Besondere Computerkenntnisse sind nicht notwendig, das Programm erklärt sich selbst und ist sehr einfach per Maus zu bedienen.

| | |
|---|---|
| **Betriebssysteme** | MAC OS 6.0 |
| **Softwareumgebung** | Hypercard muß installiert sein (Version 1). |
| **Hardwareumgebung** | Apple Macintosh; mindestens 1 MB RAM; Festplatte empfehlenswert; |
| **Preis** | k.A. |
| **Bezugsbedingungen** | Preis: bisher unentgeltlich, Preis noch nicht fixiert; keine Zugangsbeschränkungen. |

**Bezugsadresse/Autor**
Erwin Rojewski
Stephanienstraße 59
7500 Karlsruhe 1
0721/240 51

# TRAINER

| | |
|---|---|
| **Fachgebiete** | Allgemeines |
| **Anwendungsbereiche** | CAL, rechnerunterstütztes Lernen, Lernsoftware, Training Software |
| **Zielgruppen** | Studenten |
| **Version** | 1.0 |
| **Erstellungsdatum** | 22.02.1991 |

Hauptfunktion des Programmes "TRAINER (universell einsetzb. Lernhilfeprogramm)" ist die Anlage von benutzerindividuellen Datensätzen zu einem frei zu wählenden Test-bzw. Lernbereich, welche dem Anwender in Abhängigkeit des Lernfortschrittes in verschiedenen Ebenen (Stufen) zur Verfügung stehen. Hierdurch ist eine gezielte und gesicherte Aufnahme von Wissen gewährleistet, da die Aufbereitung des Lernstoffes des entsprechenden Fachgebietes nach den Gesichtspunkten von Kurz-und Langzeitgedächtnis erfolgt. Die anzulegenden Datensätze werden in benutzerfreundlichen Eingabemasken verwaltet. Suchfunktionen (alphanumerisch und numerisch nach Datensatznummer) sowie integrierte Wiedervorlage der Datenbestände machen eine nachträgliche Änderung und Erweiterung der Datei möglich. Die Möglichkeit, sowohl Fachwörter und die dazugehörigen Definitionen, Vokabeln und entsprechende Übersetzungen, als auch Sachverhalte und Erläuterungen beliebig zu kombinieren, machen das Programm als Lernhilfe universell einsetzbar. Eine Auswahl, welcher Teil des Testbereiches bei der rechnergestützten Abfrage zuerst angezeigt werden soll (Bsp. erst Fachwort, dann Definition oder umgekehrt), macht ein "Lernen in beide Richtungen" realisierbar. (z.B. Fach/Vokabelabfragen). Eine Dokumentation auf Drucker ist gegeben.

Durch die Vielschichtigkeit der Möglichkeiten der Anwendereingabe sowie der freien Auswahl von bis zu 10 unterschiedlichen Test- und Fachbereichen parallel, ist der Einsatz des Programmes gerade für das Studium ideal, eine Einschränkung auf Fachgebiete gibt es nicht.

Die dem Programm zugrundeliegende Idee basiert auf der Erkenntnis, daß neben der Leistungsfähigkeit besonders die Leistungsbereitschaft entscheidenden Einfluß auf das Arbeitsergebnis hat. Die Leistungsbereitschaft wiederum ist eine Funktion, auf welche die Hilfsmittel bzw. Ausrüstung/Ausstattung, die bei der Leistungsunterstützung zur Verfügung stehen, stark motivierende Wirkung haben können. Dies und die Notwendigkeit einer universellen, nicht thematisch begrenzten Lernhilfe haben mich veranlaßt, das Programm zu entwickeln.

| | |
|---|---|
| **Betriebssysteme** | MS-DOS 3.x |
| **Softwareumgebung** | k.A. |
| **Hardwareumgebung** | XT; 640 KB; EGA; Drucker und Maus optional |
| **Preis** | k.A. |
| **Bezugsbedingungen** | k.A. |

**Bezugsadresse/Autor**
Bernhard Doll
Plauener Straße 49
4600 Dortmund 1
0231/136385

# TURES

| | |
|---|---|
| **Fachgebiete** | Informatik |
| **Anwendungsbereiche** | Automatentheorie, Editor, Programmierumgebung, Lernsoftware, Training Software |
| **Zielgruppen** | k.A. |
| **Version** | 1.0 |
| **Erstellungsdatum** | 30.01.1991 |

Mit Hilfe von TURES (TURing-EntwicklungsSystem) kann man Programme für die TURING - Maschine editieren und interpretativ abarbeiten lassen, wobei sowohl die Beschriftung des Bandes als auch die Art der Ausführung vielfältig variiert werden können. Damit ist es möglich, die Wirkungsweise einer TURING - Maschine mit unendlichem Band zu simulieren. Allerdings muß man beachten, daß nur ein begrenztes Band (höchstens 60 Zeichen) zur Verfügung steht und daß das TURING - Programm nicht mehr als 32 Befehle haben darf.

| | |
|---|---|
| **Betriebssysteme** | MS-DOS 3.x |
| **Softwareumgebung** | k.A. |
| **Hardwareumgebung** | IBM AT, 640 KBytes |
| **Preis** | k.A. |
| **Bezugsbedingungen** | k.A. |
| **ASK-SAM** | Das Programm kann über den Fileserver abgerufen werden. |

**Bezugsadresse**  
Dr. Wolf-Gert Matthäus  
Martin-Luther-Uni. Halle-Wittenberg  
Uni.rechenzentrum /Inst. f. Informatik  
Weinbergweg 17  
O-4050 Halle (Saale)  
(0037 46) 622497

**Autor**  
Andrej Eichler  
Martin-Luther-Universität  
FB Mathematik/Informatik  
O-4050 Halle (Saale)

# Turing

| | |
|---|---|
| **Fachgebiete** | Informatik, Mathematik |
| **Anwendungsbereiche** | CAL, rechnerunterstütztes Lernen, Simulation v. Maschinen, Simulation, Lernsoftware |
| **Zielgruppen** | Informatiker, Mathematiker |
| **Version** | 1.0 d |
| **Erstellungsdatum** | 25.02.1991 |

Anschauliche Simulation einer Turingmaschine auf einem PC. Editieren von Bändern und Programmen ist möglich. Beobachtung des Ablauf eines Turingprogrammes. Debugger: Einzelschritt, Breakpoints, bedingte Breakpoints. Analyse von Bändern und Programmen. "Compiler", um aus Turingprogramm ein EXE-File zu machen, für große oder langlaufende Programme z.B. fleißige Biber. Dem Programm liegt das Konzept der Turingmaschine des Mathematikers Alan M. Turing zugrunde, das er 1936 entwickelt hat. Von gebräuchlichen Programmiersprachen ist man heute komfortable Enwicklungsumgebungen mit integrierten Debuggern gewohnt. Dieser Komfort wurde nun auch für die Turingmaschine zur Verfügung gestellt. Den Studenten wird so ein spielerischer Zugang zur meist trockenen Materie "Turingmaschine" ermöglicht.

| | |
|---|---|
| **Betriebssysteme** | MS-DOS 3.x |
| **Softwareumgebung** | k.A. |
| **Hardwareumgebung** | mind. XT; 512 KB; Herkules, CGA, EGA, VGA |
| **Preis** | 100 DM |
| **Bezugsbedingungen** | Kein Verkauf an überwiegend militärisch orientierte Institutionen. Studentenpreis (ohne gedrucktes Handbuch) 30.- DM. |
| **Sonderkonditionen** | Campuslizenz:     200.- DM<br>An Hochschulen und sonstigen Schulen darf die Software dann innerhalb der Universität/Schule beliebig oft installiert werden.<br>Bezugsbedingungen für Studenten:<br>          Ohne gedrucktes Handbuch für 30.- DM. |
| **ASK-SAM** | Eine Demo-Version des Programmes kann über den Fileserver abgerufen werden. |

**Bezugsadresse/Autor**
Peter T. Miller
Dorfstraße 22
8941 Westerheim-Günz

# TURTUTOR

| | |
|---|---|
| **Fachgebiete** | Informatik, Mathematik |
| **Anwendungsbereiche** | Interpreter, Sprachtrainingsprogramm, Training Software, Tutorial |
| **Zielgruppen** | Studenten |
| **Version** | 1ä |
| **Erstellungsdatum** | 01.06.1991 |

Ausgangspunkt für die Programmidee war der Wunsch, daß Studenten, die in der Informatik-Vorlesung über die TURING-Maschine und deren Bedeutung für die Theorie informiert werden, auch eine Möglichkeit bekommen sollten, mit einer solchen Maschine konkret arbeiten zu können. Insbesondere sollten sie damit auch kleine Beweise aus dem Gebiet der Berechenbarkeit, die gern konstruktiv mittels der TURING-Maschine geführt werden, anschaulich verifizieren können.

Die TURING Befehle werden zur Abarbeitung codiert. Diese codierten Programme können editiert und interpretativ abgearbeitet werden, wobei sowohl Bandinschrift als auch Startposition des Schreib und Lesekopfes individuell verändert werden können. Auch die Geschwindigkeit der Verarbeitung sowie gegebenenfalls sogar Einzelschrittverarbeitung sind einstellbar. Die erarbeiteten TURING-Programme können gesichert und wieder geladen werden. TURTUTOR will einen Beitrag zur Visualisierung eines ansonsten recht abstrakten Gegenstandes, der TURING-Maschine, leisten. Damit kann TURTUTOR als Element der aktiven Computerunterstützung in der Lehre eingesetzt werden: sowohl zur Vorführung in der Vorlesung, als auch in der Eigenarbeit der Studenten.

Aufgrund der relativen Anspruchslosigkeit von TURTUTOR in Bezug auf Hard- und Software, kann es in jedem Computer-Pool bereitgestellt werden und auch von den Studenten für die Arbeit auf ihrem privaten Computer mitgenommen werden. Damit erfolgt eine Ergänzung der klassischen Unterrichtsformen und -medien.

| | |
|---|---|
| **Betriebssysteme** | PC-DOS |
| **Softwareumgebung** | k.A. |
| **Hardwareumgebung** | PC ; VGA |
| **Preis** | k.A. |
| **Bezugsbedingungen** | Zusendung einer 3 1/2 Zoll Diskette und eines frankierten Rueckumschlages. |

**Bezugsadresse**
Andrej Eichler
Martin-Luther-Universität
FB Mathematik/Informatik
Weinbergweg 17
O-4050 Halle (Saale)
(0037 46)622497

## TUTLAB

| | |
|---|---|
| **Fachgebiete** | Informatik, Wirtschaftswissenschaften, Mathematik |
| **Anwendungsbereiche** | Autorensystem, Ausbildung, interaktives Lernsystem, Simulationssoftware, Tutorial |
| **Zielgruppen** | Schüler, Studenten, Berufsschulen, Weiterbildung |
| **Version** | 2.1 |
| **Erstellungsdatum** | 31.03.1992 |

TUTLAB ist ein Werkzeug zur Erstellung von Lernsoftware und eignet sich besonders für die Herstellung von tutoriellen Lernprogrammen mit algorithmischen oder algorithmisierbaren Inhalten sowie von interaktiven Simulationsprogrammen zum Einsatz in der Lehre. Der Wissensbasis liegt ein Algorithmus bzw. ein physikalischer, chemischer, technischer oder wirtschaftlicher Prozeß zugrunde, der in einem nicht-interaktiven Basisprogramm modelliert und implementiert werden muß. TUTLAB ist besonders auf die Verknüpfung einer algorithmisch-prozessualen Wissensbasis mit einem Lernprogramm und auf die Bereitstellung von variablen Daten für das Lernprogramm abgestimmt. Lernprogramme, die mit herkömmlichen Autorensystemen erzeugt werden, können eine solche Wissensbasis nicht adäquat anbinden, weil das Lernprogramm die Kontrolle übernimmt. Anders in tutoriellen Lern- und interaktiven Simulationsprogrammen, die mit TUTLAB erzeugt werden: Hier liegt die Kontrolle bei der Wissensbasis, auf der das interaktive Lernprogramm aufgebaut wird. Mit TUTLAB erzeugte Tutorials haben einen wohlorganisierten Daten-Transfer zwischen der Wissensbasis und dem Lernprogramm. TUTLAB nutzt die Möglichkeiten des Computers zum einen zur automatischen Erstellung von Dateien, die für das zu erstellende Lernprogramm wesentlich sind, und zur Überprüfung von Eingaben des Autors im Zusammenhang mit dem Lernprogramm, das er erstellen möchte. Diese Eingaben entwirft der Autor weitestgehend so, wie sie sich dem Lernenden beim Ablauf des Lernprogramms präsentieren. Zum zweiten generiert TUTLAB aus den Eingaben des Autors automatisch den Code des Lernprogramms. Dieser automatisch erzeugte Code ist vom Autor des Tutorials dann nur noch zu übersetzen und mit dem übersetzten Code seines Basisprogramms und seiner Graphik-Routinen sowie mit einer im Rahmen von TUTLAB bereitgestellten Bibliothek LIS (Library of Interaction Subroutines) zusammenzulinken. So entsteht das lauffähige Tutorial. Mit TUTLAB wurden bereits einige Tutorials zur angewandten Mathematik erzeugt. Zu nennen sind hier LINPRO und QUAPRO, ein Tutorial zur quadratischen Optimierung, die an der TU München in der Ausbildung von Mathematik- und Informatikstudenten eingesetzt werden.

| | |
|---|---|
| **Betriebssysteme** | MS-DOS 5.x |
| **Softwareumgebung** | Microsoft Fortran Version 5.0 |
| **Hardwareumgebung** | IBM XT, AT (comp.); 640 KB RAM; 8-Bit VGA mit 256 KB Videospeicher; Harddisk; 80x87; A/D-D/A-Wandler; |
| **Bezugsbedingungen** | Auf Anfrage |

**Bezugsadresse/Autor**

Guillermina Schröder-Roman
Technische Universität München
Inst. f. Angew. Mathematik und Statistik
Arcisstr. 21
8000 München 2
089-2105-8236

Dr. rer. nat. Bruno Riedmüller
Technische Universität München
Inst. f. Angew. Mathematik und Statistik
Arcisstr. 21
8000 München 2
089-2105-8215 oder 8212

# WinDLX

| | |
|---|---|
| **Fachgebiete** | Informatik |
| **Anwendungsbereiche** | Rechnerarchitektur, Ausbildung, interaktives Lernsystem, Simulationssoftware, Tutorial |
| **Zielgruppen** | Hochschulen, Studenten |
| **Version** | .1.2 |
| **Erstellungsdatum** | 01.01.1992 |

Das Programm dient zur Erläuterung der Arbeitsweise von modernen Computern, insbesondere zur Erläuterung der Arbeitsweise einer Computerpipeline. Es kann im Rahmen von Lehrveranstaltungen über Rechnerorganisation eingesetzt werden. Dem Programm liegt ein "Ausbildungs"-Rechner zugrunde, wie er im Buch "Computer Architecture A Quantitative Approach" von J. L. Henneßy und D. Patterson beschrieben ist.

| | |
|---|---|
| **Betriebssysteme** | MS-DOS 3.x |
| **Softwareumgebung** | MS-Windows 3.0 |
| **Hardwareumgebung** | IBM AT 386; 1 MB RAM; VGA; Harddisk: 1 MB; 80287; Maus (optional); |
| **Preis** | k.A. |
| **Bezugsbedingungen** | k.A. |

**Bezugsadresse/Autor**

Dipl.-Ing. Maziar Khosravipour
Technische Universität Wien
Technische Informatik / VLSI-Entwurf
Treitlstr. 3/2
A-1040 Wien (Österreich)
(++43.1)58801/8153

Günther Raidl
Technische Universität Wien
Weidlingerstr. 53/1/2/9
A-3400 Klosterneuburg (Österreich)

# X25DECOD

| | |
|---|---|
| **Fachgebiete** | Informatik |
| **Anwendungsbereiche** | Analyse, Kommunikation, CAL, rechnerunterstütztes Lernen, Lernsoftware |
| **Zielgruppen** | Studenten, Lehrkräfte |
| **Version** | 1.3 |
| **Erstellungsdatum** | 01.02.1991 |

FUNKTIONEN: Übersichtliche und erklärende Decodierung eines aufgezeichneten oder manuell erstellten X.25-Datenstroms einschließlich X.29. Besonderheiten des Datex-P wurden beachtet. Das Programm fördert das Verständnis der Ebenen 2 und 3 des OSI-Referenz- modells im allgemeinen und vertieft die Kenntnisse über die entsprechenden Ebenen der darauf beruhenden CCITT-Empfehlung X.25 und X.29. PROGRAMMINHALTE: Das Programm stellt eine interpretierende Implementation der CCITT-Empfehlung X.25 mit X.29 unter besonderer Berücksichtigung von Datex-P dar. KONZEPTION/INNOVATIONSGEHALT: Das Programm ermöglicht die Analyse selbst erstellter X.25-Datenströme. Somit ist es beispielsweise möglich, im Rahmen eines Praktikums die Studenten selbstständig vorbereitete Protokollsequenzen analysieren, eingebaute Fehler finden und eventuell beseitigen zu lassen.

**Anerkennenswerte Leistung beim Deutschen Hochschul-Software-Preis 1991**

| | |
|---|---|
| **Betriebssysteme** | MS-DOS 3.x |
| **Softwareumgebung** | k.A. |
| **Hardwareumgebung** | PC, AT; 512 KB |
| **Preis** | 99 DM |
| **Bezugsbedingungen** | k.A. |

**Bezugsadresse/Autor**
Joseph Michl
Universität Mannheim / Stuttgart
Rechenzentrum
Allmandring 30
7000 Stuttgart 80
0711/685-2541

## Y-System

| | |
|---|---|
| **Fachgebiete** | Allgemeines |
| **Anwendungsbereiche** | Animation, Autorensystem, graphische Darstellung, Hypertext, Simulation, Lernsoftware |
| **Zielgruppen** | Lehrkräfte, Forscher |
| **Version** | 1.0 |
| **Erstellungsdatum** | 16.02.1991 |

Das Y-System ist ein Hypertextsystem. Es werden Textabschnitte und sogenannte "Experimentale" von verschiedenen AutorInnen erstellt, manipuliert und verbunden. Das Y-System beinhaltet einen grafischen "Browser", der es erlaubt, das Hyper-Dokument in seiner Struktur (also Texten und Experimentalen und ihren Verbindungen) im Überblick zu betrachten und von hier aus in direkter Manipulation zu den im folgenden genannten Funktionseinheiten zu wechseln. Texte und Experimentale und ihre Verbindungen können gelöscht und erzeugt werden. Weiterhin kann im Browser durch Skalierung, Filterung und grafische Neuordnung das Dokument nach der Sichtweise der/des Benutzenden geordnet werden. Mit dem "Anseher" ist es möglich, Texte auf dem Bildschirm anzusehen. Es können prinzipiell beliebig viele Texte zugleich angesehen werden, jeder wird in einem eigenen GEM-Fenster dargestellt. Im Text werden fett unterlegte Wörter als Verweis-Punkt/Link-Icon eingesetzt von denen aus direkt zu anderen Texten oder Experimentalen gewechselt werden kann, Verbindungen können erzeugt und gelöscht werden. Der "Ausführer" dient zum Ansehen, Edieren und Ausführen der Experimentale. Er umfaßt den Startgraph-Editor, in dem ein Sachverhalt als Graph dargestellt werden kann; den Regel-Editor, in dem eine auf Graphen arbeitende Regel in drei Graphen (einem, der den Ansatz der Regel in dem Graphen, einem, der den durch die Regelanwendung unveränderten Randbereich und einem, der das Ergebnis der Regel-Anwendung mit dem unveränderten Randbereich darstellt) ediert werden kann; den Ableiter, in dem die Stelle zur Anwendung einer Regel auf den Graphen bestimmt wird und der Graph nach Anwendung der Regel gezeigt wird. Graphen als Gebilde aus Knoten und Kanten sind prädestiniert zur Darstellung von Systemen, deren Objekte und Relationen auf sie abgebildet werden können. Die Darstellung dieser Objekte kann im Ausführer variiert werden. In einem beliebigen ASCII-Text-Editor können Textteile erstellt werden.

**Anerkennenswerte Leistung beim Deutschen Hochschul-Software-Preis 1991**

| | |
|---|---|
| **Betriebssysteme** | TOS |
| **Softwareumgebung** | Editor |
| **Hardwareumgebung** | Atari-ST |
| **Preis** | k.A. |
| **Bezugsbedingungen** | k.A. |

**Bezugsadresse/Autor**

Thomas Beckmann
Teufelsmoor 13
2860 Osterholz/Scharnbeck 11
04796/243

Stefan Janssen
Universität Bremen
Fehrfeld 50
2800 Bremen
0421/700507

# Lehrsoftware

## ZUSE Z22 Emulator

| | |
|---|---|
| **Fachgebiete** | Informatik |
| **Anwendungsbereiche** | Compiler, Programmierumgebung, Simulation, Programmentwicklungskit, Lernsoftware |
| **Zielgruppen** | k.A. |
| **Version** | ASK Version 1.0 |
| **Erstellungsdatum** | 23.02.1991 |

Die Komplexität heutiger Rechnersysteme verhindert ein umfassendes Verständnis dieser Systeme bis ins kleinste Detail. Dreht man am Zeitrad der Informatik, so gelangt man zu den Anfängen der Computer: Die Elektronischen Rechenanlagen der Firma Zuse KG, Bad Hersfeld. Viel zu primitiv, total aus dem Rennen, längst verschrottet, so die allgemeine Reaktion. Doch einige bemerken wissend: war einfach genial, RISC und CISC zugleich, seiner Zeit voraus. Das Programm stellt nun dem Interessierten eine Z22r zur Verfügung. Bis in die Bitebene hat er Kontrolle über die Maschine. Programme laufen im Einzel- Schrittmodus ab. Er hat alle Möglichkeiten eines heute üblichen Debuggers. Assembler und Compiler werden mitgeliefert. Nicht ein ungefähres Verständis soll das Programm vermitteln, sondern konkretes Detail-Verständnis. Das Programm begleitet den Lernenden von der Eingabe einzelner Zuse-Assembler Befehle bis Generierung eines Compilers für Zuse-Assembler. 68 Programm-Funktion unterstützen ihn dabei. Das didaktische Konzept des Programms ist eindeutig "learning by doing". Die Erfahrung zeigt, daß die eigene Motivation, der Forschergeist des Lernenden gefragt ist. Das Programm wird niemals eine Frage stellen. Außerdem ist eine fachliche Begleitung wärend der Arbeit mit der Z22R hilfreich. Das Programm grenzt sich dadurch ab, daß es keinen Lernassistenten darstellt, der archiviertes Wissen präsentiert, sondern daß es - offensichtlich passiv - ein Lernobjekt darstellt. Erst durch den Benutzer, der in die virtuelle Welt der Z22R eintaucht, entwickelt das Programm seine Eigendynamik. Das Lernen besteht darin, die sich selbst (oder von außen) gestellten "Rätsel" zu lösen.

| | |
|---|---|
| **Betriebssysteme** | MS-DOS 3.x |
| **Softwareumgebung** | k.A. |
| **Hardwareumgebung** | IBM PC; 640 KB; EGA/VGA; Festplatte |
| **Preis** | k.A. |
| **Bezugsbedingungen** | Programm nur für Forschung und Lehre |

**Bezugsadresse/Autor**
Andreas und Thomas Filsinger
Weiherer Straße 111
7526 Ubstadt-Weiher 3
07251/61935

# Programmentwicklung

# babylon

| | |
|---|---|
| **Fachgebiete** | Informatik |
| **Anwendungsbereiche** | Künstliche Intelligenz, Expertensystem, Programmierumgebung, Programmentwicklung |
| **Zielgruppen** | k.A. |
| **Version** | 3.0 |
| **Erstellungsdatum** | 03.02.1992 |

Als hybrides Softwarewerkzeug bietet babylon die Möglichkeit, Wissen durch Objekte (Frames), Logik (Regeln) und Abhängigkeiten (Constraints) in optimaler Form darzustellen. Zusätzliche Formalismen zur Wissensdarstellung können jederzeit in die offene Struktur von babylon integriert werden. Mit Hilfe der interaktiven graphischen Werkzeuge wie Strukturgraphen und Editoren kann die erarbeitete Softwarelösung jederzeit optimiert, erweitert und gewartet werden.

Die babylon-Architektur enthält drei wesentliche Komponenten: den Kern, die Entwicklungsumgebung, die Applikation. Modular um den Kern konfigurierte Komponenten wie Editoren, Korrektoren und Inspektoren bilden die babylon-Entwicklungsumgebung. Eine neue Anwendung wächst mit Hilfe dieser Bausteine um den Kern. Die Ablaufumgebung bindet nur den Kern ein. Eine ständige Wartung und Optimierung der Anwendung ist mit Hilfe der Entwicklungswerkzeuge jederzeit möglich. Der babylon-Kern enthält Prozessoren zur Verarbeitung von Objekten (Frames), Logik (Regeln) und Abhängigkeiten (Constraints). Frames können ihre Eigenschaften über Relationen anderen Frames auch mehrfach, vererben. Die Eigenschaften der Frames lassen sich auf zulässige Wertebereiche bzw. Typen beschränken. Statische und dynamische Instanzen repräsentieren den Zustand der Anwendung. Regeln können in Regelmengen strukturiert werden und durch Prioritätenvergabe den Programmablauf beeinflussen. Sequentielle und allgemeine Vorwärts- sowie Rueckwärtsverkettung von Regeln werden unterstützt. Constraints ermöglichen dem Benutzer Abhängigkeiten zwischen Frames zu definieren. Ein wichtiger Bestandteil des babylon-Kerns ist die babylon query language (BQL). Die BQL bietet eine einheitliche Sicht auf Wissenselemente und dient so als Ein- und Ausgabesprache.

Die babylon Entwicklungsumgebung besteht aus Editoren, Korrektoren, Inspektoren. Formulargestützte Editoren zur Definition und Optimierung von Frames, Instanzen, Regeln, Regelmengen, Tasks und Constraints stehen auf der Basis von OSF/Motif zur Verfügung. Sie ermöglichen neben der Änderung der Elementeigenschaften eine syntaktische und logische Überprüfung.

| | |
|---|---|
| **Betriebssysteme** | AIX, MAC OS 6.0, SUN OS 4.x, ULTRIX |
| **Softwareumgebung** | Common Lisp, auf SUN Workstations Allegro Common Lisp 4. 0, auf Macintosh Macintosh Common Lisp 1. 3. 2. Auf UNIX Plattformen ist OSF/Motif Voraussetzung. |
| **Hardwareumgebung** | UNIX Workstations SUN SPARC, DEC unter ULTRIX, RS 6000 in Vorbereitung; 16 MB RAM empfohlen |
| **Preis** | 25000 DM |
| **Bezugsbedingungen** | Sonderkonditionen für Hochschulen. |

**Bezugsadresse/Autor**
VW GEDAS
Pascalstr. 11
1000 Berlin 10
+49-30/39007-0

# BBxPROGRESSION/4

| | |
|---|---|
| **Fachgebiete** | Informatik |
| **Anwendungsbereiche** | Anwendungsentwicklung, Programmiersprachen, Programmentwicklung |
| **Zielgruppen** | Software-Entwickler, Programmentwickler |
| **Version** | 1.x |
| **Erstellungsdatum** | 01.04.1992 |

BBxPROGRESSION/4 ist das universelle Software-Entwicklungssystem zur Erstellung kommerzieller Anwendungen für moderne Hardware und entsprechende Betriebssysteme, das über einen integrierten Data-Dictionary und einen Menü-Generator verfügt. Über 380.000 Installationen weltweit (über 30.000 im deutschsprachigen Raum Europas) sprechen für die Akzeptanz von BBx. BBxPROGRESSION/4 gewährleistet absolute Portabilität der Programme und Dateien, auch unter sämtlichen modernen Betriebssystemen wie UNIX, XENIX, MS-DOS, DOS-Netzwerken, AIX, SINIX, aber auch Ultrix und VMS -- unabhängig von der Rechnerarchitektur und peripheren Geräten. Darüber hinaus verfügt es über Dienstprogramme, mit denen komplette Branchenlösungen aus den klassischen Business Basic Programmiersprachen ohne nennenswerte Änderungen der Programme und ohne Verlust von Daten konvertiert werden können. Damit ermöglicht BBx den Einsatz dieser Programme und Dateien auf modernen EDV-Systemen, und frühere Investitionen bleiben gesichert. Softwarehäuser sind durch BBx in der Lage, ihre Branchenlösungen auf einer Vielzahl von Systemen zu installieren, zu warten und zu pflegen, ohne irgendwelche Anpassungen der Software vornehmen zu müssen. BBxPROGRESSION/4 wurde für Multi-User-Systeme wie UNIX, aber auch für DOS und DOS-Netzwerke entwickelt.

| | |
|---|---|
| **Betriebssysteme** | AIX, MS-DOS 5.x, SINIX, UNIX, XENIX |
| **Softwareumgebung** | k.A. |
| **Hardwareumgebung** | vom PC bis Mainframe, Mindestanforderungen: Festplatte. Speicher größer als 512 KB, HD-Bedarf mind. 1. 2 MB. |
| **Preis** | 600 DM |
| **Bezugsbedingungen** | Sonderkonditionen auf Anfrage |
| **Sonderkonditionen** | Verkaufspreise unter Abzug des Hochschulrabattes ohne Mehrwertsteuer. |

    Einzellizenz: 360,- DM (MS-DOS)
    Mehrfachlizenz: auf Anfrage
    Campuslizenz: auf Anfrage
    Geltungsbereich: Hochschulen, Fachhochschulen
    Bemerkungen: Vorbehalt der Änderung der Hochschulkonditionen

**Bezugsadresse**

Marketing Manager Gerhard Reichmann
EDIAS KG Software International
Hessenstr. 21
6238 Hofheim-Wallau
06122/80040

BASIS International
Albuquerque/New Mexico (USA)

# Programmentwicklung

## BOXES

| | |
|---|---|
| **Fachgebiete** | Informatik |
| **Anwendungsbereiche** | Programmentwicklung |
| **Zielgruppen** | Entwickler, Ingenieure |
| **Version** | k.A. |
| **Erstellungsdatum** | k.A. |

BOXES ist ein objekt- und ereignisorientiertes Entwicklungswerkzeug für interaktive Anwendungen mit SQL-Datenbanken. Mit BOXES steht ein leistungsfähiges Entwicklungswerkzeug zur effizienten Generierung von interaktiven Anwendungen im Zusammenhang mit SQL Datenbanken zur Verfügung. BOXES ist eine moderne Kombination von Interpreter und Compiler zur effizienten Programmentwicklung mit hoher Laufzeitperformance. BOXES ist objektorientiert mit Schnittstellen zu unterschiedlichen SQL-Datenbanken und beinhaltet eine Maskenerstellung, Formularerstellung, Quellcode-Lister sowie als Option C-Codegenerierung.

| | |
|---|---|
| **Betriebssysteme** | ULTRIX |
| **Softwareumgebung** | k.A. |
| **Hardwareumgebung** | RISC |
| **Preis** | k.A. |
| **Bezugsbedingungen** | Preis: DM 10.000 - DM 70.000 |

**Bezugsadresse**
ICD GmbH
Eupener Straße 150
5000 Köln

## C Network Compiler/386

| | |
|---|---|
| **Fachgebiete** | Informatik |
| **Anwendungsbereiche** | Kommunikation, Compiler, Netzwerk |
| **Zielgruppen** | Programmierer, Studenten |
| **Version** | k.A. |
| **Erstellungsdatum** | k.A. |

Der NetWare C Network Compiler gibt Entwicklern direkten Zugriff auf NetWare. Dieser Compiler wurde geschaffen, um die Entwicklung von Netzwerk-Applikationen zu ermöglichen bzw. zu erleichtern. Das Produkt basiert auf der ausgereiften Technologie von WATCOM Systems, die sich im Bereich der Compiler einen hervorragenden Namen gemacht haben. Das Produkt enthält einen erweiterten Test Editor, Linker, Debugger, Standard SQL, Application Design Tutorial, Expreß C, Grafik Bibliothek und weitere Utilities. Zusätzlich wird die komplette Bibliothek der NetWare APIs (Application Programming Interfaces) mit ausgeliefert. Der C Network Compiler ist ein komplettes Tool zur Entwicklung von Applikationen und Utilities. Er generiert echten 32-Bit Code im Protected Mode. Dadurch wird die Entwicklung von Client- und Server-Applikationen für jeden geübten C-Programmierer möglich.

| | |
|---|---|
| **Betriebssysteme** | MS-DOS 3.x |
| **Softwareumgebung** | MS-DOS 3.x |
| **Hardwareumgebung** | Intel 80386 oder 80486; 512 KB Hauptspeicher |
| **Preis** | 2700 DM |
| **Bezugsbedingungen** | k.A. |

**Bezugsadresse**
Novell GmbH
Marketing Communications
Willstädter Str. 13
4000 Düsseldorf
0211 / 5973 0

# C++ Cross Debugger MULTI

| | |
|---|---|
| **Fachgebiete** | Informatik |
| **Anwendungsbereiche** | Anwendungsentwicklung, Compiler, Programmierumgebung, Programmiersprachen, Programmentwicklung |
| **Zielgruppen** | k.A. |
| **Version** | 1.8.6 |
| **Erstellungsdatum** | 01.03.1992 |

MULTI ist ein echter C++ Sourcelevel Debugger der die volle C++ Funktionalität unterstützt. Man kann sich Variablen, Klassen und Referenzfenster anzeigen lassen und Breakpoints auf überladene Memberfunktionen setzen. Mit MULTI kann man alle Green Hills Sprachen, ANSI C, K&R C, C++, Pascal und FORTRAN sowie Assembler Code debuggen. Da MULTI sprachsensitiv ist, können die Programme die genannten Sprachen gemischt enthalten. Man kann 'make', 'build' oder einen Editor laufen lassen ohne die MULTI-Umgebung zu verlassen.

| | |
|---|---|
| **Betriebssysteme** | UNIX |
| **Softwareumgebung** | k.A. |
| **Hardwareumgebung** | Rechner mit 680x0 und 88000 Prozessoren, SPARCstations, DECstations, IBM RS6000 |
| **Preis** | 2500 DM |
| **Bezugsbedingungen** | Forschungsrabatte bis zu 50 % |
| **Sonderkonditionen** | Einzellizenz: ab 2.500 DM |
| | zusammen mit dem Compiler im Paketpreis! |
| | Mehrfachlizenz: 3 Kopien 10% Rabatt |
| | 6 Kopien 20% Rabatt |
| | 20 Kopien 40% Rabatt |
| | Campuslizenz: 20 % Rabatt oder 2 zum Preis von 1 |
| | Geltungsbereich: Hochschulen, Fachhochschulen, sonstige öffentliche Bildungseinrichtungen |

**Bezugsadresse**
Dipl.Inform. Christine Sosinka
Xcc Karlsruhe
Software Tools und Vertrieb
Durlacher Allee 53
7500 Karlsruhe
0721/616474

**Autor**
Kathy Zieman
Oasys Inc. / Green Hills
Softwareentwicklung
MA 02173 Lexington (USA)

## CA-DB:EXPERT (TM)

| | |
|---|---|
| **Fachgebiete** | Informatik |
| **Anwendungsbereiche** | Datenbank-Management-System, Informationsmanagement, Toolkit |
| **Zielgruppen** | k.A. |
| **Version** | k.A. |
| **Erstellungsdatum** | k.A. |

CA-DB:EXPERT (TM) ist eine Expertensystem-Shell, die speziell für den Einsatz in kommerziellen Produktionsumgebungen entwickelt wurde. Das Produkt ist lauffähig auf allen Digital / VAX-Rechnern unter VMS. CA-DB:EXPERT erlaubt ein regelbasiertes Programmieren als Stand-Alone Anwendung wie auch als eingebettetes Modul in herkömmlich entwickelten Anwendungen. Es bestehen Schnittstellen zu den üblichen 3GL Sprachen sowie zu SQL-Datenbanken. Weiterhin wird die Sprachausgabe mit DECvoice sowie Electronic Mail unterstützt. Eine einmal erstellte Regelbasis kann sowohl interaktiv als auch im Batch zugegriffen werden und ist über mehrere Rechnersysteme portabel. Mehrere Regelbasen können untereinander vernetzt werden. CA-DB:EXPERT eignet sich durch die Technik eines kombinierten Forward-Backward-Chaining gleichermaßen für das Lösen von Konfigurations- wie Selektionsproblemen. Das System kann in die Produkte CA-DB / VAX und CA-DB:GENERATOR (TM) integriert werden. CA-DB:EXPERT und CA-DB:GENERATOR sind Warenzeichen der Computer Associates International, Inc.

| | |
|---|---|
| **Betriebssysteme** | VMS |
| **Softwareumgebung** | k.A. |
| **Hardwareumgebung** | VAX, VAX/VMS |
| **Preis** | k.A. |
| **Bezugsbedingungen** | k.A. |

**Bezugsadresse**
CA Computer Associates GmbH
Kastanienweg 1
6108 Weiterstadt

# Programmentwicklung

## CA-DB:GENERATOR (TM)

| | |
|---|---|
| **Fachgebiete** | Informatik |
| **Anwendungsbereiche** | Datenbank-Management-System, Informationsmanagement |
| **Zielgruppen** | k.A. |
| **Version** | k.A. |
| **Erstellungsdatum** | k.A. |

CA-DB:GENERATOR (TM) enthält eine Gruppe von Tools sowohl für den Anwendungsentwickler als auch für den Endbenutzer. Diese Tools können auf einer Datenbasis von SQL-Datenbanken (CA-DB / VAX, Rdb, ORACLE (R)) wie auch RMS-Files eingesetzt werden. Grundlage für alle Werkzeuge ist ein aktives Data Dictionary. In der Anwendungsentwicklung werden mit entsprechenden menügeführten Werkzeugen einzelne Module erstellt (Datendefinition, Datensichten, Masken, Reports, Call-Module, etc.), die dann zu einer Anwendung zusammengebunden werden. Aus dieser Spezifikation wird letztendlich 3GL Code automatisch erzeugt (COBOL, FORTRAN, BASIC, C). Die Wartung erfolgt ausschließlich auf der Spezifikationsebene. Die entwickelten Anwendungen werden in ein komplettes Menüsteuerungs- und -sicherheitskonzept eingebunden. Als Datenzugriffssprache wird ANSI-Standard-SQL erzeugt. Der Spezifikationscode ist auf andere Rechnersysteme portabel. Dem Endbenutzer stehen menügeführte Auswertungstools für die Erzeugung von Ad-Hoc-Abfragen wie auch komplexer Reports zur Verfügung. Mit interaktiver SQL kann direkt auf die untergelagerte Datenbank zugegriffen werden. Alle Tools von CA-DB:GENERATOR liegen in einer einheitlichen, individuell generierbaren (benutzerabhängig) Oberfläche, und werden über "intelligent" angezeigte Softkeys gesteuert. Es besteht eine direkte Schnittstelle zum Betriebssystem VMS. CA-DB:GENERATOR ist ein Warenzeichen der Computer Associates International, Inc. ORACLE ist ein eingetragenes Warenzeichen der Oracle Corporation.

| | |
|---|---|
| **Betriebssysteme** | VMS |
| **Softwareumgebung** | k.A. |
| **Hardwareumgebung** | VAX, VAX/VMS |
| **Preis** | k.A. |
| **Bezugsbedingungen** | k.A. |

**Bezugsadresse**
CA Computer Associates GmbH
Kastanienweg 1
6108 Weiterstadt

# DEC C++ v 3.0

| | |
|---|---|
| **Fachgebiete** | Informatik |
| **Anwendungsbereiche** | Anwendungsentwicklung, CAD, CAM, CAE, CAI, CASE, Compiler, Debugger |
| **Zielgruppen** | k.A. |
| **Version** | 2.0 |
| **Erstellungsdatum** | 01.03.1992 |

DER DEC C++ Compiler ist ein 'echter' native Compiler, der die komplette Sprachdefinition, wie sie in "The Annotated C++ Reference Manual" von M.Ellis und B. Stoustrup spezifiziert wurde, enthält. Dieser C++ Compiler ist der erste Compiler auf dem Markt, der mit cfront, Version 3.0 kompatibel ist. Zu diesem DEC C++ Compiler gehört auch der Leistungsstarke Debugger DECladebug. Dieser Debugger ist ein C++ Sourcelevel- debugger der alle Spracheigenschaften von C++ unterstützt. Dazu gehören z.B.: Mehrfachvererbung, Virtuelle Basisklassen, Virtuelle Funktionen, uvm ... Mit DECladebug kann der Programmierer sowohl die ausführbaren wie auch die Hauptspeicherdaten debuggen; die "Stack Trace" der derzeit laufenden Funktionen überprüfen; Breakpoints und Tracepoints setzen; Registerwerte des Speicher überprüfen; Aufzeichungen erstellen und weitergeben in denen Debuggerkommandos enthalten sind; Alternativen für häufig verwendete Debugger Kommandosequenzen erstellen; uvm .. Zusätzlich werden auch einige Classlibraries zur Verfügung gestellt.

| | |
|---|---|
| **Betriebssysteme** | SUN OS, ULTRIX |
| **Softwareumgebung** | Ultrix Operating System V4. 2 - V4. 4 A oder Ultrix Worksystem Software V4. 2 - V4. 2 A; Optionale Software: DEC Fuse, DEC C++ Support für Ultrix, DEC Fuse für Ultrix. |
| **Hardwareumgebung** | DECstations/systems, später auch Sun SPARC |
| **Preis** | 5000 DM |
| **Bezugsbedingungen** | k.A. |

**Bezugsadresse**
Dipl.Inform. Christine Sosinka
Xcc Karlsruhe
Software Tools und Vertrieb
Durlacher Allee 53
7500 Karlsruhe
0721/616474

# Programmentwicklung

## DEC FUSE

| | |
|---|---|
| **Fachgebiete** | Informatik |
| **Anwendungsbereiche** | Anwendungsentwicklung, CAD, CAM, CAE, CAI, CASE, Compiler, Debugger |
| **Zielgruppen** | k.A. |
| **Version** | 2.0 |
| **Erstellungsdatum** | 10.10.1991 |

DEC FUSE ist eine integrierte Programmierumgebung, die die Softwareentwicklung um zwei Innovationen bereichert. Erstens stellt DEC FUSE eine Benutzerschnittstelle für verschiedene, häufig verwendete UNIX Befehle und Dienstprogramme bereit, und zweitens integriert DEC FUSE diese Befehle und Dienstprogramme mit einer Softwaretechnologie, die für die Verwaltung und Kommunikation zwischen den Werkzeugen sorgt. Werkzeuge im Rahmen von DEC FUSE: Editor, Debugger, Programm Builder, Call Graph- und C++- Browser, Profiler, Cross Referencer, Code Management Tool, MCMS Tool. Da die Applikationsentwicklung mit DEC FUSE keine Umwandlung oder spezielle Applikationsvorbereitung erfordert, ist DEC FUSE ein ausgezeichnetes Werkzeug für die Entwicklung neuer und die Pflege bereits vorhandener Systeme.

| | |
|---|---|
| **Betriebssysteme** | SUN OS, ULTRIX |
| **Softwareumgebung** | Motif |
| **Hardwareumgebung** | DECstations/systems, Sun SPARC |
| **Preis** | 5000 DM |
| **Bezugsbedingungen** | k.A. |

**Bezugsadresse**
Dipl.Inform. Christine Sosinka
Xcc Karlsruhe
Software Tools und Vertrieb
Durlacher Allee 53
7500 Karlsruhe
0721/616474

## DEC VUIT

| | |
|---|---|
| **Fachgebiete** | Informatik |
| **Anwendungsbereiche** | Anwendungsentwicklung, CAD, CAM, CAE, CAI, CASE, Compiler, Debugger |
| **Zielgruppen** | k.A. |
| **Version** | 2.0 |
| **Erstellungsdatum** | 10.10.1991 |

DEC VUIT hilft dem Programmierer, die Erstellung von Benutzeroberflächen und die Erstellung des Back-End der Anwendung getrennt zu halten. Damit kann man die Schnittstelle testen und verbessern, ohne das gesammte System umarbeiten zu müssen. Da DEC VUIT standardgemäßen UIL-Sprachcode erzeugt, können Benutzeroberflächen, die mit DEC VUIT entwickelt wurden, von einer Plattform zur anderen portiert werden. Mit DEC VUIT können auch bereits bestehende in UIL definierte Schnittstellen umgeändert werden. Es werden echte Widgets erzeugt, die in Aussehen und Funktionalität den Vorgaben des OSF/Motif Style Guides entsprechen. Der Anwender kann aber auch selbst definierte Widgets in DEC VUIT einbinden.

| | |
|---|---|
| **Betriebssysteme** | SUN OS, ULTRIX, VAX/VMS |
| **Softwareumgebung** | Motif |
| **Hardwareumgebung** | DECstations/systems, VAX, Sun SPARC |
| **Preis** | 2000 DM |
| **Bezugsbedingungen** | k.A. |

**Bezugsadresse**
Dipl.Inform. Christine Sosinka
Xcc Karlsruhe
Software Tools und Vertrieb
Durlacher Allee 53
7500 Karlsruhe
0721/616474

# Programmentwicklung

## DECimage Application Services for ULTRIX

| | |
|---|---|
| **Fachgebiete** | Informatik |
| **Anwendungsbereiche** | Graphik, Bildverarbeitung |
| **Zielgruppen** | k.A. |
| **Version** | k.A. |
| **Erstellungsdatum** | k.A. |

Mit den DECimage-Application Services für ULTRIX verfügt der Benutzer über eine Programmierschnittstelle für die Bilddatenbearbeitung. Das Programm besteht aus bibliotheksresidenten Routinen für das Scannen, Anzeigen, Drucken und Bearbeiten von Bilddaten. Mit den DECimage-Anwendungsdiensten haben Anwendungsentwickler und Systemintegratoren im Rahmen der Anwendungsentwicklung mit Paralleleinsatz von Bild, Text und Grafik die Möglichkeit, Doppelton- und Graustufen-Bilddaten (photographisch) sowie RGB-Farbbilddaten (rot, grün, blau) zu bearbeiten. Die Routinen bieten C-Sprachanbindung und enthalten Beispiele in C. Dieses Werkzeugpaket für ein produktives Programmieren bietet eine einheitliche Schnittstelle, die aufgrund ihrer Übereinstimmung mit den MIT-C-Anbindungen und Routinenbezeichnungen die Quellcodeuebertragung ermöglicht. Die DECimage-Anwendungsdienste für ULTRIX stimmen mit folgenden Standards überein: CCITT, Gruppe III (1D und 2D) und Gruppe IV (2D) (CCITT-Standards T.4 und T.6), Richtlinien für Doppelton-(Bildfunk)-Bilddatenverdichtungsschemata; X-Window-Standard; PostScript (R) Language Reference Industry Standard. Die Funktionalität dieses Produkts umfaßt die zwischen VMS und ULTRIX portierbare Condition Handling Facility (CHF) für die Fehlersignalübertragung. CHF bietet eine gemeinsame Schnittstelle für Anwendungen unter VMS und ULTRIX und enthält Nachrichtenunterstützungsdienste. Das Funktionsspektrum der DECimage-Anwendungsdienste bietet des weiteren die Bildeingabedienste. Durch diese erhält der Programmierer die Möglichkeit, ein Bildeingabegerät zu steuern und die Bilddaten von diesem zu erfassen. Die Bilddienste-Bibliothek bietet integrierte Bilddatenunterstützung sowie essentielle Funktionen im Zusammenhang mit Doppelton- und Halbton-Bildern. Mit den Bilddarstellungsdiensten kann der Anwender geräteunabhängige Bildanzeigen für Anwendungen übertragen und darstellen. PostScript ist ein eingetragenes Warenzeichen der Firma Adobe Systems, Inc.

| | |
|---|---|
| **Betriebssysteme** | ULTRIX |
| **Softwareumgebung** | k.A. |
| **Hardwareumgebung** | RISC, VAX |
| **Preis** | k.A. |
| **Bezugsbedingungen** | k.A. |

**Bezugsadresse**
Digital Equipment GmbH
Freischützstraße 91
8000 München

## deLite

| | |
|---|---|
| **Fachgebiete** | Informatik, Elektrotechnik, Maschinenbau |
| **Anwendungsbereiche** | Anwendungsentwicklung, CAD, CAM, CAE, CAI, CASE, Datendarstellung, Programmentwicklung, Unterprogrammbibliothek |
| **Zielgruppen** | k.A. |
| **Version** | 2.12 |
| **Erstellungsdatum** | 01.10.1992 |

DeLite für Turbo-Pascal 6.0 ist eine Grafiktoolbox zur Entwicklung von Programmen mit einer professionellen graphischen Benutzeroberfläche. DeLite-Programme besitzen Menüs, Fenster und Dialoge und sind ereignisgesteuert und Maus-bedienbar. Mit deLite entwickelte Programme passen sich der Auflösung des verwendeten Grafiktreibers an, ein Wechsel des Grafiktreibers ist ohne Neuübersetzung einfach durch einen Eintrag in der ASCII-Konfigurationsdatei möglich. Eigene Hochgeschwindigkeitstreiber ersetzen die BGI-Treiber und überwinden deren Beschränkungen (wie die mangelnde Unterstützung von Super-VGA Karten oder die Verwendung eines 8x8-Zeichensatzes auch auf VGA-Karten). Treiber für viele Super-VGA-Karten in der Auflösung 800x600 sind bereits heute verfügbar. Die Menüstruktur einer deLite-Applikation wird beim Start aus einer resource-Datei gelesen und kann zur Laufzeit modifiziert werden. Ein Austausch der Resource-Datei, die mit einem Menücompiler erzeugt wird, erlaubt die Anpassung an andere Sprachen. Ein eigenes, kontextabhängiges Hilfesystem erlaubt die Erstellung anwenderfreundlicher Programme. Die mitgelieferten Beispielprogramme vermitteln einen Eindruck von den Möglichkeiten der deLite-Prgrammierung und erleichtern den Einstieg in das ereignisgesteuerte Programmiermodell von deLite. Der neue, objektorientierte Dialogmanager der Version 2.0, erlaubt die Erstellung von beliebigen Dialogfeldern, die in Optik und Funktionalität den großen Vorbildern in nichts nachstehen. DeLite ist an der Technischen Universität Berlin entstanden und wird mittlerweile von mehreren Instituten und einer Reihe von mittelständischen Unternehmen zur Visualisierung und Auswertung von Meßdaten verwendet. Bei den Autoren entstand mit deLite ein CAD-System zum Entwurf von Leiterplatten. Eine Version für C++ (Turbo-C, Borland-C) ist ebenfalls erhältlich.

| | |
|---|---|
| **Betriebssysteme** | MS-DOS |
| **Softwareumgebung** | Turbo-Pascal 6.0 |
| **Hardwareumgebung** | IBM PC-AT; EGA/VGA/HGC-Karte; empfehlenswert: Maus, EMS-Speicher, Super-VGA Karte |
| **Preis** | 450 DM |
| **Bezugsbedingungen** | Vollversion (incl. Quelltexte) für Hochschulen 250.- DM, sonst 450.- DM. Laufzeitversion ohne Quelltexte (nur TPUs) 80.- DM. Demo 10.- DM. Mehrfach- und Campuslizenzen auf Anfrage. |
| **ASK-SAM** | Eine Demo-Version des Programmes kann über den Fileserver abgerufen werden. |

**Bezugsadresse/Autor**

Frank Seidinger
Technische Universität Berlin
Institut für Elektronik
Koloniestraße 71
1000 Berlin 65
030/4915959

Dipl. Ing. Andreas Schumm
Technische Universität Berlin
Institut für Elektronik
Koloniestraße 71
1000 Berlin 65
030/4915959

# Programmentwicklung

## Der Entwurfsstruktur-Editor (Eddi)

| | |
|---|---|
| **Fachgebiete** | Informatik |
| **Anwendungsbereiche** | Programmentwurf, Programmentwicklungskit, Struktur-Editor |
| **Zielgruppen** | Praktikanten |
| **Version** | 1.90 |
| **Erstellungsdatum** | 27.01.1991 |

Der Entwurfsstruktur-Editor dient als unterstützendes Werkzeug bei der Durchführung von Programm-Entwürfen. Die ihm zugrundeliegende Theorie einer Entwurfs-Methodik wurde von Gregor Engels und Jürgen Perl (vgl. [1]) entwickelt. Sie wird im Benutzerhandbuch zu Eddi ausführlich mit Beispielen erklärt. Der Kern dieser Methode ist eine Strukturierung der Entwurfsphase und deren Dokumente mit verschiedenen Konsistenzbedingungen. Sie will mit Absicht nicht das "Wie" der Entwurfstätigkeit vorschreiben, sondern sie hält die Ergebnisse gewissermassen in einem geeigneten "Struktur-Raster" fest. Da das Entwerfen von Software-Systemen ein kreativer Prozeß ist, ist eine nicht-systematische und damit oftmals chaotische Vorgehensweise erforderlich. Das macht viele Revisionen notwendig, die mit einem hohen Änderungsaufwand der einzelnen Dokumente verbunden sind. Diese sehr fehleranfällige und wenig anspruchsvolle Tätigkeit wird nun durch den Entwurfsstruktur-Editor vereinfacht, der die Entwurfsergebnisse für den Benutzer in verschiedenen Repräsentationsformen auf Bildschirm und Drucker aufbereitet, komfortable Operationen zur Änderung (bei gleichzeitiger Pflege der betroffenen Dokumente) bereitstellt und außerdem die Konsistenz einer Struktur automatisch sicherstellt. Um nun das Programm in den Software-Praktika, die die Vorlesung "Software-Engineering" begleiten, einsetzen zu können, wurde dieses Zerlegungs-Konzept noch um die Unterscheidung verschiedener Benutzergruppen und dazugehörenden Zugriffsrecht-Profilen erweitert. Der Entwurfsstruktur-Editor unterstützt durch seine Mehrplatz-Fähigkeit (in einem Rechner-Netzwerk) die gleichzeitige und vor allem kollisionsfreie Bearbeitung einer gemeinsamen Entwurfsstruktur von verschiedenen Arbeitsstationen aus.

**Anerkennenswerte Leistung beim Deutschen Hochschul-Software-Preis 1991**

| | |
|---|---|
| **Betriebssysteme** | MS-DOS 3.x |
| **Softwareumgebung** | Bei Mehrplatz-Betrieb ist zu der verwendeten Netz-Hardware die entsprechende Netz-Software notwendig. (Das Programm wurde ausgetestet unter "Novell Advanced NetWare Version 2.15".) |
| **Hardwareumgebung** | IBM PC-XT; 640 KB; CGA; Festplatte; Drucker |
| **Preis** | k.A. |
| **Bezugsbedingungen** | Gegenwärtig wird das Programm nur für Lehrzwecke weitergegeben. |

**Bezugsadresse/Autor**
Christian Rasbach
Johannes Gutenberg-Universität
Institut für Informatik - FB 17
Postf. 3980
6500 Mainz
06131/393378

# DESY

| | |
|---|---|
| **Fachgebiete** | Informatik |
| **Anwendungsbereiche** | Datenmanagement, Datenbank, Editor, Programmentwicklungskit |
| **Zielgruppen** | Software-Entwickler |
| **Version** | 1.0 |
| **Erstellungsdatum** | 30.01.1991 |

Das Programm DESY (Das EntwicklungsSYstem für Turbo Pascal) bietet folgende Funktionen: Editieren einer Bildschirmmaske (Formular) mit dem Editor DESYEDIT. Auswertung der Bildschirmmaske durch die einzelnen Programme. Erzeugen von Turbo Pascal Quelltexten. Compilieren der erzeugten Quelltexte zu einem fertigen Anwendungsprogramm. Zusammenfassen vieler Bildschirme zu einem Software-Projekt. Erzeugen eines komplett lauffähigen Anwendungsprogrammes aus den Daten der Bildschirmmaske auf einem Standard-AT mit Festplatte in ca. 35 Sekunden.

DESY spricht Softwareentwickler im Bereich der Anwendungsentwicklung und Software-Prototyping an. Grundkenntnisse in Turbo Pascal sind wünschenswert. Der Entwickler erhält durch den Einsatz von DESY ein einheitliches Konzept zur Erzeugung von Anwendungsprogrammen mit einer ausgefeilten Benutzerführung (incl. Mauseinsatz). DESY erzeugt ein Programm-Grundgerüst, welches sich leicht auf die Bedürfnisse des Programmieres/Anwenders erweitern oder modifizieren läßt. Durch gleichartiges Aussehen der Quelltexte ist ein Einarbeiten für fremde Programmierer in bestehende Programme sehr einfach.

**Anerkennenswerte Leistung beim Deutschen Hochschul-Software-Preis 1991**

| | |
|---|---|
| **Betriebssysteme** | MS-DOS 3.x |
| **Softwareumgebung** | Borland Turbo Pascal ab Version 4.0 Borland Turbo Pascal Database Toolbox Version 4.0 Thomas Gottschalk & Partner GmbH Turbo Program Development Tools Units Globdef, Level1, Level2, Level3 |
| **Hardwareumgebung** | AT mit 80286 Prozessor; 640KB; CGA, EGA, VGA, Hercules; Festplatte |
| **Preis** | 399 DM |
| **Bezugsbedingungen** | k.A. |

**Bezugsadresse/Autor**

Thomas Gottschalk
Fachhochschule Karlsruhe
Fachbereich Wirtschaftsinformatik
Moltkestraße
7500 Karlsruhe
0721 / 1690-494

# Programmentwicklung 413

## diamond X-TOOLS und windows X-TOOLS

| | |
|---|---|
| **Fachgebiete** | Informatik, Elektrotechnik, Maschinenbau, Verfahrenstechnik |
| **Anwendungsbereiche** | Software-Entwicklungs-Tool |
| **Zielgruppen** | k.A. |
| **Version** | 1.01c, 2.0 und 1.0a |
| **Erstellungsdatum** | 01.10.1990 |

Programmsystem bestehend aus: Struktogramm-Editor mit Multi-Window/Multi-Struktogramm; Technik zur interaktiven Programm-Erstellung mit Struktogrammen; Sourcetexter zur Umwandlung von Struktogrammen in linearen Sourcecode für die Compilierung; es stehen Sourcetexter für 'C', PL/M, Pascal, Fortran, Cobol, dBase und ADA zur Verfügung; Syntaxchecker zur Syntaxprüfung direkt im Struktogramm mittels des Original-Compilers; Transformatoren zur Umwandlung alter bestehender Sourcen in Struktogramme, die dann mit diamond X-TOOLS weiterbearbeitet werden können; die Transformatoren dienen auch dem Re-Engineering bzw. der Re-Dokumentation.

| | |
|---|---|
| **Betriebssysteme** | MS-DOS 3.x, SCO UNIX, ULTRIX, VMS |
| **Softwareumgebung** | k.A. |
| **Hardwareumgebung** | Standard AT, 640kB, Harddisk 20MB min., Maus; ggf. VGA/EGA mit Farbmonitor |
| **Preis** | 650 DM |
| **Bezugsbedingungen** | Der Hochschulsonderpreis gilt je Lizenz. Ausbau: Struktogramm-Editor, Sourcetexter f. 2 Sprachen, Syntaxchecker für eine Sprache. Jeder weitere Ausbau kostet für (Hoch-)Schulen DM 225,-. Alle Preise zuzügl. MwSt. |

**Bezugsadresse**
Thomas Gross
AiD GmbH
Marienbergstr. 78
8500 Nürnberg 10
0911 / 520160

## EBIS-DRL

| | |
|---|---|
| **Fachgebiete** | Informatik |
| **Anwendungsbereiche** | Informationsmanagement |
| **Zielgruppen** | k.A. |
| **Version** | k.A. |
| **Erstellungsdatum** | k.A. |

EBIS-DRL ist eine dialogorientierte Macro-Programmier- bzw. Datenbanksprache. Es ist wie das EBIS-Datenbanksystem für EDV-Fachleute als auch für den EDV-Laien geeignet. EBIS-DRL verfügt über mächtige Macro-Befehle zur Datenein- und -ausgabe. Ferner bietet EBIS-DRL die Möglichkeit, Programme mit Echtdaten zu simulieren, ohne gespeicherte Daten durch eventuelle Programmfehler zu verändern. Vereinfachte Fehlerbehandlungsroutinen ermöglichen das Anspringen beliebiger Programmadressen (Labels) bei Auftreten von Fehlern. Es können beliebig viele Dateien miteinander verknüpft werden.

| | |
|---|---|
| **Betriebssysteme** | Micro/RSTS, Micro/RSX, RSTS, RSX, UNIX, VMS |
| **Softwareumgebung** | k.A. |
| **Hardwareumgebung** | PDP, VAX |
| **Preis** | k.A. |
| **Bezugsbedingungen** | Preis: DM 4.900 - DM 30.000 |

**Bezugsadresse**
Ergometric Hartmann GmbH
Amthausstraße 24
7500 Karlsruhe

# Programmentwicklung 415

## EPOS

| | |
|---|---|
| **Fachgebiete** | Informatik |
| **Anwendungsbereiche** | Programmentwicklung |
| **Zielgruppen** | Entwickler, Ingenieure |
| **Version** | k.A. |
| **Erstellungsdatum** | k.A. |

EPOS (Entwicklungs- und Projektmanagement-Orientiertes Spezifikationssystem) schafft eine integrierte Produktionsumgebung, die Systementwicklern, Ingenieuren und Projektmanagern in allen Phasen eines Projekts integrierte Rechnerunterstützung bietet für die Erstellung eines konsistenten, vollständigen und eindeutig formulierten Lasten- bzw. Pflichtenhefts; Entwicklung strukturierter, fehlerfreier und gut dokumentierter Software; Projektleitung und das Projektmanagement zur Projektplanung, -steuerung und -kontrolle; Qualitätssicherung und Qualitätskontrolle; kostengünstige Entwicklung und langfristige Wartung. EPOS ist ein datenbankgestütztes System. Die Datenbank enthält alle während der Softwareentwicklung entstandenen Informationen. Diese bilden die Grundlage für automatische Funktionen, wie Dokumentation integriert (grafisch und/oder textuell; Dokumentationsstandard definierbar); Analyse zum Erkennen von Entwurfsfehlern; Generierung der Programme aus der Entwurfsinformation für beliebige Zielsprachen, besonders komfortabel für FORTRAN, Pascal, C, Ada, COBOL und viele weitere Funktionen zur Qualitätserhöhung und Rationalisierung der Softwareproduktion.

| | |
|---|---|
| **Betriebssysteme** | VMS |
| **Softwareumgebung** | k.A. |
| **Hardwareumgebung** | VAX, VAX/VMS |
| **Preis** | k.A. |
| **Bezugsbedingungen** | Preis: DM 7.125 - DM 114.000 |

**Bezugsadresse**
GPP Ges. für Prozeßrechnerprogramm.
Kolpingring 18a
8024 Oberhaching

## ET-EPOS (R)

| | |
|---|---|
| **Fachgebiete** | Informatik |
| **Anwendungsbereiche** | Ingenieurwesen, Systemumgebung |
| **Zielgruppen** | k.A. |
| **Version** | k.A. |
| **Erstellungsdatum** | k.A. |

ET-EPOS (R) ist ein universell einsetzbares Programmier-System auf Basis der bewährten Entscheidungstabellentechnik nach DIN 66241. ET-EPOS erlaubt es auch dem DV-unkundigen Bearbeiter, "Programme" in Form von Entscheidungstabellen (ET"n) zu erstellen, in den Rechner im Dialog einzugeben, zu testen, zu ändern und die Programme im Dialog- und Stapelbetrieb ausführen zu lassen. ET-"Programme" werden interpretativ verarbeitet, so daß eine ET-Änderung ohne weitere DV-technische Aktivität, wie Übersetzen und Binden, ausgeführt wird. Aufgrund der leichten Lesbarkeit und Übersichtlichkeit der ET-"Programme" sind Ausführungsanweisungen an den Rechner und Dokumentation identisch. Programmerstellung und -wartung können vollständig in der Fachabteilung durchgeführt werden. Zu den Anwendungsgebieten von ET-EPOS zählen: Automatische Arbeitsplan-Erstellung und -Verwaltung unter Nutzung der Entscheidungstabellentechnik (ET-CAP); Stücklisten-Erstellungs- und Verwaltungssystem (ET-STL); CASystem zur automatischen Erstellung von Varianten- und Baugruppen-Zeichnungen (Zusammenstellungszeichnungen) mit integrierter Stücklisten-Erstellung (ET-CAD); automatische Text-Erstellung (Textzusammenstellung aus Textbausteinen (ET-TEXT). Die ET-EPOS-Programmschnittstelle ermöglicht eine Einbindung von Anwenderprogrammen in ET-EPOS-Funktionen an beliebiger Stelle. Die ET-EPOS-Export- / -Import-Funktion gestattet die Implementierung von ET-EPOS auf verschiedenen Rechnersystemen - auch unterschiedlicher DV-Hersteller. ET-EPOS ist ein eingetragenes Warenzeichen des Dr.-Ing. Walter Heiob.

| | |
|---|---|
| **Betriebssysteme** | VMS |
| **Softwareumgebung** | k.A. |
| **Hardwareumgebung** | VAX |
| **Preis** | k.A. |
| **Bezugsbedingungen** | Preis: DM 12.000 - DM 85.000 |
| **Bezugsadresse** | |

TDV GmbH
Maybachstraße 10
7500 Karlsruhe

# Programmentwicklung

## FIGARO+

| | |
|---|---|
| **Fachgebiete** | Informatik |
| **Anwendungsbereiche** | 3 dim. Graphik, Anwendungsentwicklung, CAD, CAM, CAE, CAI, CASE, Programmentwicklungskit, Unterprogrammbibliothek |
| **Zielgruppen** | Anwendungsentwickler |
| **Version** | 3.0 |
| **Erstellungsdatum** | 31.08.1992 |

FIGARO+ ist die weltweit am meisten benutzte Implementierung des ISO/ANSI X3H3 Standard PHIGS+. FIGARO+ stellt eine vollständige Integration mit dem X Window System inklusive Toolkits wie MOTIF oder OpenLook zur Verfügung. Damit wird es ermöglicht, 3D-Anwendungen in X-Window zu programmieren und garantiert damit Konformität zu in Zukunft zu erwartenden PEX-Servern.

FIGARO+ besteht aus zwei verschiedenen Subsystemen, der Datendefinition und der Datendarstellung. FIGARO+ verwaltet einen (konzeptuellen) zentralen Datenspeicher zur Generierung von Grafikstrukturen, die nachträglich ebenfalls editierbar sind und vererbbare Transformationen enthalten können. Spezielle mathematische Objekte wie NURBS surfaces, Polyhedrons oder quadrilaterale Gitter werden dabei von FIGARO+ standardmäßig angeboten. Das Strukturkonzept vereinfacht die Programmierung von vielen Anwendungen und reduziert die zum Bildaufbau benötigten Datenmengen. Bei der Datendarstellung der Daten können diese durch das Viewingsystem in vielfältigster Weise angezeigt werden. Zur wirklichkeitsnahen Darstellung stellt FIGARO+ ein Licht- und Schattenmodell zur Verfügung. Spezielle Rendertechniken (depth cueing, antialiasing, face culling, etc.) werden entweder softwaremäßig emuliert oder an die Grafikhardware weitergegeben, sofern die Funktionen dafür verfügbar sind. Lokales quick update und immediate mode graphics gehören ebenfalls zu FIGARO+.

| | |
|---|---|
| **Betriebssysteme** | MS-DOS, MVS, UNIX, VM, VMS |
| **Softwareumgebung** | k.A. |
| **Hardwareumgebung** | von PC über UNIX-Workstation bis hin zu CRAY und IBM-Großrechner wird nahezu jeder Rechner unterstützt |
| **Preis** | 2220 DM |
| **Bezugsbedingungen** | Preis ohne Mwst. |
| **Sonderkonditionen** | Verkaufspreise unter Abzug des Hochschulrabattes ohne Mehrwertsteuer. <br> Einzellizenz: 1470.- DM <br> Mehrfachlizenz: auf Anfrage <br> Campuslizenz: auf Anfrage <br> Geltungsbereich: Hochschulen, Fachhochschulen, sonstige öffentliche Bildungseinrichtungen |

**Bezugsadresse**

Gerald Ismaier
GraS GmbH
Goethestr. 17
8000 München 2
089/555382

Gerald von Tschirnhaus
GraS GmbH - Graphische Systeme
Mecklenburgische Str. 27
1000 Berlin 33
030-823 2074

## FRAME

| | |
|---|---|
| **Fachgebiete** | Elektrotechnik, Maschinenbau, Physik, Verfahrenstechnik |
| **Anwendungsbereiche** | Kunststoffverarbeitung, Elektronik, Elektronik, Ingenieurwesen |
| **Zielgruppen** | k.A. |
| **Version** | 1.3 |
| **Erstellungsdatum** | 31.01.1992 |

FRAME ist ein Programmgenerator zur Automatisierung von Meßdatenerfassung, Auswertung und Dokumentation unter MS-Windows. Es bildet den Rahmen zur Integration verschiedener Programme, die der Meßgerätesteuerung und der Signalanalyse dienen. Mit einem integrierten grafischen Dialogeditor können Bedieneroberflächen erstellt werden, die eine komfortable Meß- und Prüfprogrammerstellung ermöglichen. Die Bedienoberflächen lassen sich optimal auf das Messproblem zuschneidern und befreien den Anwender von überflüssigem Ballast. Messungen werden mit FRAME gesteuert, die Meßwerte mit den mathematischen FAMOS Funktionen weiterverarbeitet und die Resultate mit dem integrierten Druckbild-Generator gedruckt. Im besonderen erlaubt FRAME: - Bedienoberflächen unter MS-Windows zu realisieren - Programmabläufe mit mächtigen Macrobefehlen zu realisieren - mathematische Signalanalyse ins Programm einzubinden - MUSYCS-, IEC Bus- und RS 232 Hardware fernzusteuern - Andere MS-Windows Applikationen über DDE fernzusteuern - Beliebige Datenformate einzulesen - Den Programmfluß mit einem komfortablen Debugger zu verfolgen - Hochwertige Ergebnisprotokolle mit dem integrierten Druckbildgenerator zu erzeugen - Applikationen mit der FRAME-Runtimeversion zu erstellen

| | |
|---|---|
| **Betriebssysteme** | MS-DOS 3.x, MS-DOS 4.x, MS-DOS 5.x, PC-DOS 3.x |
| **Softwareumgebung** | Windows 3.0 oder höher |
| **Hardwareumgebung** | k.A. |
| **Preis** | 2000 DM |
| **Bezugsbedingungen** | k.A. |

**Bezugsadresse**
Peter Scholz, Andreas Heilemann
ADDITIVE GmbH
Max-Planck-Straße 9
6382 Friedrichsdorf
06172-77018 bzw. 77017

**Autor**
Hippe
IMC Meßsysteme GmbH
1000 Berlin 65

# GAL-DEVELOPMENT-TOOLS

| | |
|---|---|
| **Fachgebiete** | Informatik, Elektrotechnik, Physik, Verfahrenstechnik |
| **Anwendungsbereiche** | Elektronik, Elektronik, Hardware Entwurf, Software-Werkzeuge |
| **Zielgruppen** | Studenten, Schüler, Lehrkräfte, elektronische Werkstätten |
| **Version** | Version 2.0 |
| **Erstellungsdatum** | 01.09.1992 |

Das Entwicklungspaket "GAL-DEVELOPMENT-TOOLS" besteht aus folgenden Programmen: 1. GAL_TOOL.PRG: Menügesteuertes und dialogorientiertes Hauptprogramm (Software-Simulation und ein "GAL-Burner" sind integriert, Text- und Grafikeditoren sowie andere "Burner"-Programme können aus dem Menü unmittelbar aufgerufen werden. 2. GAL_COMP.TTP: GAL-Compiler zur Erzeugung von "Fuse"-, "JEDEC"- und "SIM"-Dateien aus "GAL"- oder "DIS"-Dateien (DIS-assemblierte "JEDEC"-Dateien). 3. GAL_DIS.TTP: JEDEC-Disassembler zur Erzeugung von "DIS"-Dateien aus "JEDEC"- oder "MAT"-Dateien (Daten aus ausgelesenen GAL-Matrizen). 4. PALTOGAL.TTP: Konvertiert "PAL"-Dateien ("JEDEC"-Dateien für PALs) in "JEDEC"-Dateien für GAL-Bausteine, so daß PAL-Bausteine leicht durch GAL-Bausteine ersetzt werden können. Im Ordner "GAL_TOOL.DAT" sind zahlreiche exemplarische Beispiele enthalten. Als Hardwareprogrammiergerät kann jedes entsprechende Gerät verwendet werden, das eine Anschlußmöglichkeit an einen AT-PC besitzt.

| | | |
|---|---|---|
| **Betriebssysteme** | TOS | |
| **Softwareumgebung** | GEM | |
| **Hardwareumgebung** | ATARI ST-Serie, Hauptspeicher 512 Kbyte | |
| **Preis** | 198 DM | |
| **Bezugsbedingungen** | Schriftliche Bestellung an die angegebene Anschrift. Eine Demo-Version ist zu einem Preis vom 25,00 DM erhältlich. | |
| **Sonderkonditionen** | Einzellizenz: | 198,00 DM |
| | Mehrfachlizenz: | 178,00 DM pro Lizenz ab 2 Kopien |
| | | 160,00 DM pro Lizenz ab 5 Kopien |
| | | 148,00 DM pro Lizenz ab 10 Kopien |
| | Campuslizenz: | 998,00 DM pro Fachbereichslizenz |
| | Geltungsbereich: | Hochschulen, Fachhochschulen, sonstige öffentliche Bildungseinrichtungen, persönliche Lizenzen für Hochschulangehörige und Studenten (148,00 DM bzw. 98,00 DM) |

| | |
|---|---|
| **Bezugsadresse/Autor** | **Autor** |
| Prof. Dr. Hans-Josef Patt | Dipl.-Biol. Martin Mörz |
| Universität des Saarlandes | Universität des Saarlandes |
| Fachbereich 10.2 - Experimentalphysik | Fachbereich 13.4 - Zoologie |
| Gebäude 8 | 6600 Saarbrücken |
| 6600 Saarbrücken | |
| 0681/302-3773 | |

## GH C Cross Compiler - 68k,88k,SPARC,MIPS,386 Targ

| | |
|---|---|
| **Fachgebiete** | Informatik |
| **Anwendungsbereiche** | Anwendungsentwicklung, Compiler, Programmierumgebung, Programmiersprachen, Programmentwicklung |
| **Zielgruppen** | k.A. |
| **Version** | 1.8.6 |
| **Erstellungsdatum** | 01.03.1992 |

Der C Cross Compiler von Green Hills dient speziell für 'embedded' Applikationen. Er ermöglicht eine vollständige Implementierung des ANSI Standards. Es sind spezielle Erweiterungen für die einzelnen CPUs, sowie allgemeine Erweiterungen des Standards (Inline Assembly, Interrupt auf C-ebene usw.) enthalten. Wie alle Green Hills Compiler, ist auch der C Cross Compiler in der Lage C++, Pascal und FORTRAN Routinen aufzurufen. Als Optimierungen werden bei der Codegenerierung angewandt: Common Subexpression Elimination, globale Registervergabe durch Markierung, genaue Datenflußanalyse, Peephole-Optimierung, Entfernung invarianter Teile aus Schleifen und Sprungketten, Register-Inhaltsdatenbasis. Mit diesem Compiler kann COFF-Output erzeugt werden.

| | |
|---|---|
| **Betriebssysteme** | AIX, SUN OS, ULTRIX, UNIX, VAX/VMS V4.x |
| **Softwareumgebung** | Dieser Cross Compiler muß mit einenem speziellen Assembler/Linker Paket betrieben werden. |
| **Hardwareumgebung** | DECstations, DEC VAX, Sun SPARC, IBM RS6000, Motorola 68k und 88k maschinen, Solboune, Data General Aviion... |
| **Preis** | 6000 DM |
| **Bezugsbedingungen** | Forschungsrabatte bis zu 50 % |
| **Sonderkonditionen** | Einzellizenz: ab ca. 6000 DM |
| | Mehrfachlizenz: 3 Kopien 10% Rabatt |
| | 6 Kopien 20% Rabatt |
| | 20 Kopien 40% Rabatt |
| | Campuslizenz: 20% Rabatt oder 2 zum Preis von 1 |
| | Geltungsbereich: Hochschulen, Fachhochschulen, sonstige öffentliche Bildungseinrichtungen |

**Bezugsadresse**
Dipl.Inform. Christine Sosinka
Xcc Karlsruhe
Software Tools und Vertrieb
Durlacher Allee 53
7500 Karlsruhe
0721/616474

**Autor**
Kathy Zieman
Oasys Inc. / Green Hills
Softwareentwicklung
MA 02173 Lexington (USA)

# Programmentwicklung

## GH C Cross Compiler 680x0,88000,SPARC,MIPS,386 Tar

| | |
|---|---|
| **Fachgebiete** | Informatik |
| **Anwendungsbereiche** | Anwendungsentwicklung, Compiler, Programmierumgebung, Programmiersprachen, Programmentwicklung |
| **Zielgruppen** | k.A. |
| **Version** | 1.8.5Rc |
| **Erstellungsdatum** | 01.03.1992 |

Der C Cross Compiler von Green Hills dient speziell für 'embedded' Applikationen. Er ermöglicht eine vollständige Implementierung des ANSI Standards. Es sind spezielle Erweiterungen für die einzelnen CPUs, sowie allgemeine Erweiterungen des Standards (Inline Assembly, Interrupt auf C-ebene usw.) enthalten. Wie alle Green Hills Compiler, ist auch der C Cross Compiler in der Lage C++, Pascal und FORTRAN Routinen aufzurufen. Als Optimierungen werden bei der Codegenerierung angewandt: Common Subexpression Elimination, globale Registervergabe durch Markierung, genaue Datenflußanalyse, Peephole-Optimierung, Entfernung invarianter Teile aus Schleifen und Sprungketten, Register-Inhaltsdatenbasis. Mit diesem Compiler kann COFF-Output erzeugt werden.

| | | | |
|---|---|---|---|
| **Betriebssysteme** | AIX, SUN OS, ULTRIX, UNIX, VAX/VMS V4.x | | |
| **Softwareumgebung** | Dieser Cross Compiler muß mit einenem speziellen Assembler/Linker Paket betrieben werden. | | |
| **Hardwareumgebung** | DECstations, DEC VAX, Sun SPARC, IBM RS6000, Motorola 68k und 88k maschinen, Solboune, Data General Aviion... | | |
| **Preis** | 6000 DM | | |
| **Bezugsbedingungen** | Forschungsrabatte bis zu 50 % | | |
| **Sonderkonditionen** | Einzellizenz: | ab ca. 6000 DM | |
| | Mehrfachlizenz: | 3 Kopien | 10% Rabatt |
| | | 6 Kopien | 20% Rabatt |
| | | 20 Kopien | 40% Rabatt |
| | Campuslizenz: | 20 % Rabatt oder 2 zum Preis von einem | |
| | Geltungsbereich: | Hochschulen, Fachhochschulen, sonstige öffentliche Bildungseinrichtungen | |

**Bezugsadresse**
Dipl.Inform. Christine Sosinka
Xcc Karlsruhe
Software Tools und Vertrieb
Durlacher Allee 53
7500 Karlsruhe
0721/616474

**Autor**
Kathy Zieman
Oasys Inc. / Green Hills
Softwareentwicklung
MA 02173 Lexington (USA)

## GH C++ Cross Compiler 680x0, 88000, 386er Targets

**Fachgebiete** Informatik
**Anwendungsbereiche** Anwendungsentwicklung, Compiler, Programmierumgebung, Programmiersprachen, Programmentwicklung
**Zielgruppen** k.A.
**Version** 1.8.5Rc
**Erstellungsdatum** 01.03.1992

Der Green Hills C++ Cross Compiler ist sourcecodekompatibel mit den AT&T C++ Versionen 2.1, 2.0 und 1.2 (umschaltbar). Der übersetzte Code kann mit dem echten C++ Debugger MULTI debugged werden. C++ in Stichworten: Mehrfachvererbung, Name mangling/demangling, Überladen von Funktionen, Namen und Operatoren, Data Hiding, uvm.

**Betriebssysteme** AIX, SUN OS, ULTRIX, UNIX, VAX/VMS
**Softwareumgebung** Dieser Cross Compiler muß mit einem speziellen Assembler/Linker-Paket betrieben werden.
**Hardwareumgebung** DECstations, DEC VAX, IBM RS6000, Sun SPARC, Solbourne, Data General Aviion, Motorola 68k und 88k Rechner uvm. . . .
**Preis** 6000 DM
**Bezugsbedingungen** Es muß ein amerikanischer Lizenzvertrag unterschrieben werden.

**Bezugsadresse**
Thomas Weinstein
X computer consulting GmbH
Software Tools und Vertrieb
Durlacher Allee 53
7500 Karlsruhe
0721/616474

**Autor**
Zieman Kathy
Oasys Inc. / Green Hills
Softwareentwicklung
MA 02173 Lexington (USA)

## GH FORTRAN Cross Compiler -68k,88k,SPARC,MIPS,386

| | |
|---|---|
| **Fachgebiete** | Informatik |
| **Anwendungsbereiche** | Anwendungsentwicklung, Compiler, Programmierumgebung, Programmiersprachen, Programmentwicklung |
| **Zielgruppen** | k.A. |
| **Version** | 1.8.5Rc |
| **Erstellungsdatum** | 01.11.1991 |

Der FORTRAN Cross Compiler von Green Hills ist eine Implementierung von F77 mit allen VAX/VMS FORTRAN Erweiterungen. Wie alle Green Hills Compiler, ist auch der FORTRAN Cross Compiler in der Lage C++, C und Pascal Routinen aufzurufen. Als Optimierungen werden bei der Codegenerierung angewandt: Common Subexpression Elimination, globale Registervergabe durch Markierung, genaue Datenflußanalyse, Peephole-Optimierung, Entfernung invarianter Teile aus Schleifen und Sprungketten, Register-Inhaltsdatenbasis. Dieser FORTRAN Cross Compiler erzeugt Code, der 30% kleiner ist als UNIX F77 portabler Code aber vier mal schneller läuft als dieser.

| | |
|---|---|
| **Betriebssysteme** | AIX, SUN OS, ULTRIX, UNIX, VAX/VMS |
| **Softwareumgebung** | Der Compiler muß mit einem speziellen Assembler/Linker Paket betrieben werden. |
| **Hardwareumgebung** | DECstations, DEC VAX, Sun SPARC, IBM RS6000, Solbourne, Data General Aviion, Motorola 68k und 88k Rechner uvm. ... |
| **Preis** | 6000 DM |
| **Bezugsbedingungen** | Forschungsrabatte bis zu 50 % |

**Bezugsadresse**
Dipl.Inform. Christine Sosinka
Xcc Karlsruhe
Software Tools und Vertrieb
Durlacher Allee 53
7500 Karlsruhe
0721/616474

**Autor**
Kathy Zieman
Oasys Inc. / Green Hills
Softwareentwicklung
MA 02173 Lexington (USA)

## GH Pascal Cross Compiler -68k,88k,SPARC,MIPS,386

| | |
|---|---|
| **Fachgebiete** | Informatik |
| **Anwendungsbereiche** | Anwendungsentwicklung, Compiler, Programmierumgebung, Programmiersprachen, Programmentwicklung |
| **Zielgruppen** | k.A. |
| **Version** | 1.8.6 |
| **Erstellungsdatum** | 01.03.1992 |

Dieser Pascal Cross Compiler von Green Hills unterstützt voll den BSI/ISO level 1 Standard. Wie alle Green Hills Compiler, ist auch der Pascal Compiler in der Lage C++, C und FORTRAN Routinen aufzurufen. Als Optimierungen werden bei der Codegenerierung angwandt: Common Subexpression Elimination, globale Registervergabe durch Markierung, genaue Datenflußanalyse, Peephole-Optimierung, Entfernung invarianter Teile aus Schleifen und Sprungketten, Register-Inhaltsdatenbasis.

| | |
|---|---|
| **Betriebssysteme** | AIX, SUN OS, ULTRIX, UNIX, VAX/VMS |
| **Softwareumgebung** | k.A. |
| **Hardwareumgebung** | DEC VAX, DEC RISC, IBM RS6000, Sun SPARC, Motorola 68k und 88k Rechner, Data General Aviion, Solbourne uvm. . . . |
| **Preis** | 6000 DM |
| **Bezugsbedingungen** | Forschungsrabatte bis zu 50 % |

**Sonderkonditionen**

| | | |
|---|---|---|
| Einzellizenz: | ab ca. 6000 DM | |
| Mehrfachlizenz: | 3 Kopien | 10% Rabatt |
| | 6 Kopien | 20% Rabatt |
| | 20 Kopien | 40% Rabatt |
| Campuslizenz: | 20 % Rabatt oder 2 zum Preis von einem | |
| Geltungsbereich: | Hochschulen, Fachhochschulen, sonstige öffentliche Bildungseinrichtungen | |

**Bezugsadresse**
Dipl.Inform. Christine Sosinka
Xcc Karlsruhe
Software Tools und Vertrieb
Durlacher Allee 53
7500 Karlsruhe
0721/616474

**Autor**
Kathy Zieman
Oasys Inc. / Green Hills
Softwareentwicklung
MA 02173 Lexington (USA)

# GOLEM

| | |
|---|---|
| **Fachgebiete** | Informatik |
| **Anwendungsbereiche** | graphischer Sprachinterpreter, Programmierumgebung, Systemumgebung, Simulation, Visualisierung |
| **Zielgruppen** | Studenten, Wissenschaftler |
| **Version** | 1.0 |
| **Erstellungsdatum** | 07.01.1991 |

Das Programmiersystem enthält neben einer graphischen Programmiersprache eine Programmierumgebung und Hilfsfunktionen. Es können sehr allgemeine Probleme programmiert werden, aber in erster Linie ist GOLEM dazu gedacht, Simulationsmodelle in einer übersichtlichen Weise als Flußdiagramme darzustellen und das mathematische Modellieren zu unterrichten. Die didaktische und die inhaltliche Konzeption von GOLEM beruht auf zwei Säulen: 1) Es macht den Informationsfluß sichtbar. 2) Es erzwingt eine hierarchische Darstellung des Programms, die auf jeder Ebene übersichtlich ist. Ein GOLEM-Programm besteht aus einer Hierarchie von Diagrammen. Jedes Diagramm ist eine Prozedur in zweidimensionaler graphischer Darstellung. Es wird vom Benutzer auf dem Bildschirm zusammengestellt und enthält Bausteine, welche durch Linien verbunden sind, sowie Angabe der Ausführungsreihenfolge und informelle Kommentare. Die Bausteine entsprechen den Unterprozeduren: Ein Baustein enthält entweder wieder ein vom Programmierer erzeugtes Diagramm (nächst niedrigere Stufe in der Hierarchie) oder es handelt sich um einen vorgefertigten Systembaustein. Umgekehrt ist außer an der Hierarchiespitze jedes Diagramm in geschlossener, verkleinerter Form wieder Baustein eines übergeordneten Diagramms. Dabei kann dem Baustein eine frei festzulegende Form gegeben werden. Bausteine können sich rekursiv selbst enthalten. Die Vernetzung der Subbausteine ist zweifach: Informationsfluß und Ausführungsreihenfolge. Die Informationen werden in der Regel durch Verbindungslinien übertragen, die den Variablen im Sinne von Records entsprechen, d.h. eine Linie kann mehrere Zahlen, Strings und Boolesche Werte tragen. Die durch Linien repräsentierten Variablen haben meistens keinen Namen, ihre Werte werden von den angeschlossenen Bausteinen benutzt und geändert. Es ist auch "drahtlose" Übertragung von und zu globalen Speichern möglich. In GOLEM wird die Ausführungsreihenfolge durch Zahlen an den Bausteinen festgelegt. Bedingte Sprünge und Loops sind vielfältig möglich. Viele Hilfsmittel (Debugging, Parameter- und Anfangswertbehandlung, Tabellen, Graphik u.a.) unterstützen das Programmieren und Simulieren mit GOLEM, ein Handbuch enthält eine Einführung, Erklärungen und Beispiele.

| | |
|---|---|
| **Betriebssysteme** | TOS |
| **Softwareumgebung** | k.A. |
| **Hardwareumgebung** | Atari MegaST; 1 MB; Festplatte (optional) |
| **Preis** | k.A. |

**Bezugsadresse/Autor**
Prof. Dr. Wolfgang Ebenhöh
Universität Oldenburg
Fachbereich Mathematik und ICBM
C.v.Ossietzky-Straße
2900 Oldenburg
0441/798-3231

## Green Hills C Compiler

| | |
|---|---|
| **Fachgebiete** | Informatik |
| **Anwendungsbereiche** | Anwendungsentwicklung, Compiler, Programmierumgebung, Programmiersprachen, Programmentwicklung |
| **Zielgruppen** | k.A. |
| **Version** | 1.8.6 |
| **Erstellungsdatum** | 01.03.1992 |

Der C Compiler von Green Hills stellt eine vollständige Implementierung von K&R C mit umschaltbarer ANSI C Unterstützung dar. Benchmarks haben gezeigt, daß dieser Compiler den dichtesten (geringsten) Code aller im Handel befindlichen Compiler erzeugt. Als Optimierungen werden bei der Codegenerierung angewandt: Common Subexpression Elimination, globale Registervergabe durch Markierung, genaue Datenflußanalyse, Peephole-Optimierung, Entfernung invarianter Teile aus Schleifen und Sprungketten, Register-Inhaltsdatenbasis.

| | |
|---|---|
| **Betriebssysteme** | UNIX |
| **Softwareumgebung** | k.A. |
| **Hardwareumgebung** | Rechner mit 680x0, 88000, SPARC, MIPS (R3000) und 386er Prozessoren |
| **Preis** | 2500 DM |
| **Bezugsbedingungen** | Forschungsrabatte bis zu 50 % |
| **Sonderkonditionen** | Einzellizenz: ab ca. 5000 DM |
| | Mehrfachlizenz: 3 Kopien 10% Rabatt |
| | 6 Kopien 20% Rabatt |
| | 20 Kopien 40% Rabatt |
| | Campuslizenz: 20 % Rabatt oder 2 zum Preis von einem |
| | Geltungsbereich: Hochschulen, Fachhochschulen, sonstige öffentliche Bildungseinrichtungen |

**Bezugsadresse**
Dipl.Inform. Christine Sosinka
Xcc Karlsruhe
Software Tools und Vertrieb
Durlacher Allee 53
7500 Karlsruhe
0721/616474

**Autor**
Kathy Zieman
Oasys Inc. / Green Hills
Softwareentwicklung
MA 02173 Lexington (USA)

# Green Hills C++ Translator C++

| | |
|---|---|
| **Fachgebiete** | Informatik |
| **Anwendungsbereiche** | Anwendungsentwicklung, Compiler, Programmierumgebung, Programmiersprachen, Programmentwicklung |
| **Zielgruppen** | k.A. |
| **Version** | 1.8.6 |
| **Erstellungsdatum** | 01.12.1991 |

Der Green Hills C++ Translator ist sourcecodekompatibel mit den AT&T C++ Versionen 2.1, 2.0 und 1.2 (umschaltbar). Der übersetzte Code kann mit dem echten C++ Debugger MULTI debugged werden. C++ Translator in Stichworten: Mehrfachvererbung, Name mangling/demangling, Überladen von Funktionen & Namen und Operatoren, Data Hiding, uvm.

| | |
|---|---|
| **Betriebssysteme** | AIX, ULTRIX, UNIX |
| **Softwareumgebung** | k.A. |
| **Hardwareumgebung** | DECstation/system, IBM RS6000, Solbourne |
| **Preis** | 3800 DM |
| **Bezugsbedingungen** | Forschungsrabatte bis zu 50 % |
| **Sonderkonditionen** | Einzellizenz: auf Anfrage |
| | Mehrfachlizenz: 3 Kopien 10% Rabatt |
| | 6 Kopien 20% Rabatt |
| | 20 Kopien 40% Rabatt |
| | Campuslizenz: 20 % Rabatt oder 2 zum Preis von einem |
| | Geltungsbereich: Hochschulen, Fachhochschulen, sonstige öffentliche Bildungseinrichtungen |

**Bezugsadresse**
Dipl.Inform. Christine Sosinka
Xcc Karlsruhe
Software Tools und Vertrieb
Durlacher Allee 53
7500 Karlsruhe
0721/616474

**Autor**
Kathy Zieman
Oasys Inc. / Green Hills
Softwareentwicklung
MA 02173 Lexington (USA)

## Green Hills C++ v.2.1 Compiler

| | |
|---|---|
| **Fachgebiete** | Informatik |
| **Anwendungsbereiche** | Anwendungsentwicklung, Compiler, Programmierumgebung, Programmiersprachen, Programmentwicklung |
| **Zielgruppen** | k.A. |
| **Version** | 1.8.6 |
| **Erstellungsdatum** | 01.12.1991 |

Der Green Hills C++ Compiler ist sourcecodekompatibel mit den AT&T C++ Versionen 2.1, 2.0 und 1.2 (umschaltbar). Der übersetzte Code kann mit dem echten C++ Debugger MULTI debugged werden. C++ in Stichworten: - Mehrfachvererbung, - Name mangling/demangling, - Überladen von Funktionen, Namen und Operatoren, - Data Hiding, uvm.

| | | | |
|---|---|---|---|
| **Betriebssysteme** | Interactive IX/386, SCO UNIX, SUN OS 3.x, ULTRIX, UNIX | | |
| **Softwareumgebung** | k.A. | | |
| **Hardwareumgebung** | SPARC, MIPS, 680x0, 88000 und 386er Prozessor bestückte Rechner | | |
| **Preis** | 2500 DM | | |
| **Bezugsbedingungen** | Forschungsrabatte bis zu 50 % | | |
| **Sonderkonditionen** | Einzellizenz: | 2.300 DM (z.B. 386er) | |
| | Mehrfachlizenz: | 3 Kopien | 10% Rabatt |
| | | 6 Kopien | 20% Rabatt |
| | | 20 Kopien | 40% Rabatt |
| | Campuslizenz: | 20 % Rabatt oder 2 zum Preis von einem | |
| | Geltungsbereich: | Hochschulen, Fachhochschulen, sonstige öffentliche Bildungseinrichtungen | |

| | |
|---|---|
| **Bezugsadresse** | **Autor** |
| Dipl.Inform. Christine Sosinka | Kathy Zieman |
| Xcc Karlsruhe | Oasys Inc. / Green Hills |
| Software Tools und Vertrieb | Softwareentwicklung |
| Durlacher Allee 53 | MA 02173 Lexington (USA) |
| 7500 Karlsruhe | |
| 0721/616474 | |

# Green Hills Pascal Compiler

| | |
|---|---|
| **Fachgebiete** | Informatik |
| **Anwendungsbereiche** | Anwendungsentwicklung, Compiler, Programmierumgebung, Programmiersprachen, Programmentwicklung |
| **Zielgruppen** | k.A. |
| **Version** | 1.8.5Rc |
| **Erstellungsdatum** | 01.03.1992 |

Dieser Pascal Compiler von Green Hills unterstützt voll den BSI/ISO level 1 Standard. Wie alle Green Hills Compiler, ist auch der Pascal Compiler in der Lage C++, C und FORTRAN Routinen aufzurufen. Als Optimierungen werden bei der Codegenerierung angewandt: Common Subexpression Elimination, globale Registervergabe durch Markierung, genaue Datenflußanalyse, Peephole-Optimierung, Entfernung invarianter Teile aus Schleifen und Sprungketten, Register-Inhaltsdatenbasis.

| | | | |
|---|---|---|---|
| **Betriebssysteme** | UNIX | | |
| **Softwareumgebung** | k.A. | | |
| **Hardwareumgebung** | Rechner mit 680x0, 88000 und 386er Prozessoren | | |
| **Preis** | 2500 DM | | |
| **Bezugsbedingungen** | Forschungsrabatte bis zu 50 % | | |
| **Sonderkonditionen** | Einzellizenz: | auf Anfrage | |
| | Mehrfachlizenz: | 3 Kopien | 10% Rabatt |
| | | 6 Kopien | 20% Rabatt |
| | | 20 Kopien | 40% Rabatt |
| | Campuslizenz: | 20 % Rabatt oder 2 zum Preis von einem | |
| | Geltungsbereich: | Hochschulen, Fachhochschulen, sonstige öffentliche Bildungseinrichtungen | |

**Bezugsadresse**
Dipl.Inform. Christine Sosinka
Xcc Karlsruhe
Software Tools und Vertrieb
Durlacher Allee 53
7500 Karlsruhe
0721/616474

**Autor**
Kathy Zieman
Oasys Inc. / Green Hills
Softwareentwicklung
MA 02173 Lexington (USA)

## herCules

| | |
|---|---|
| **Fachgebiete** | Informatik |
| **Anwendungsbereiche** | Anwendungsentwicklung, Datenbank-Management, Dateimanagement, Datenbank-Management |
| **Zielgruppen** | Programmentwickler |
| **Version** | 3.0 |
| **Erstellungsdatum** | 01.10.1991 |

herCules wurde mit dem Anspruch entwickelt, auf möglichst vielen Plattformen zur Verfügung zu stehen. So können Sie herCules unter Windows 3.0 als Library oder DLL, ferner unter DOS, OS/2 (auch 2.0), SCO Xenix/Unix und AT&T Unix einsetzen. Für den Programmierer ist die Schnittstelle zur Datenbank unter allen Betriebssystemen gleich. Die 150 zur Verfügung stehenden Funktionen enthalten neben dem Zugriff auf Daten- und Memobestände auch Befehle zur : Konvertierung, Bearbeitung von Zeichenfeldern, Memoryverwaltung, verkettete Listen und für Dateizugriffe. Die Befehlssyntax von dBase ist in herCules möglichst direkt abgebildet. Daher ist die Einarbeitungszeit für Programmierer gering und der C-Zugriff auf die Datenbestände einfach. Neben diesen Features bietet herCules einige Möglichkeiten an, die unter dBase-Produkten nicht zur Verfügung stehen. Stellt dBase nur : alphanumerische Felder, numerische Felder, Datumsfelder, logische Felder und Memofelder zur Verfügung ( die als Zeichenfolgen gespeichert werden ), stehen unter herCules auch Datentypen zur Verfügung, die als Bitfolge gespeichert und verarbeitet werden. herCules unterstützt den automatischen, netzwerkmäßigen Zugriff auf Datenbestände. Dabei braucht der Programmierer sich um Locking und Unlokking der einzelnen Datenbanken nicht mehr zu kümmern. Die Sortierfolgen von Umlauten und europäischen Sonderzeichen sind unter herCules in einfachen Tabellen an die eigenen Bedürfnisse anpaßbar. herCules kann, ähnlich wie Clipper, maximal 1022 Felder und bis zu 2.000.000.000 Datensätze verarbeiten. Anwendungen, die unter herCules entwickelt wurden, können ohne zusätzliche Lizenz- und Runtimegebühren vertrieben werden. herCules wird (außer der SCO- und DLL-Version) immer mit komplettem C-Quellcode ausgeliefert. In der Grundversion wird ein ausführliches deutsches Handbuch (ca. 400 Seiten) mitgeliefert.

| | |
|---|---|
| **Betriebssysteme** | MS-DOS, OS/2, SCO UNIX, SUN OS 4.x, UNIX |
| **Softwareumgebung** | k.A. |
| **Hardwareumgebung** | Unter DOS : AT- Standard Computer. Unter UNIX : Getestet unter SCO UNIX, SCO XENIX, NEXT, Data General, IBM EISA |
| **Preis** | 1025 DM |
| **Bezugsbedingungen** | Verschiedene Versionen erhältlich. Preise ab 390.-- DM |
| **Sonderkonditionen** | Studentenrabatt 40% |
| **ASK-SAM** | Eine Demo-Version des Programmes kann über den Fileserver abgerufen werden. |

| **Bezugsadresse** | **Autor** |
|---|---|
| Michael Becker, Claudius Galinski | Jürgen Schwibs |
| APIS Software | APIS Software |
| Vertrieb | 6230 Frankfurt 80 |
| Bolongarostraße 113 | |
| 6230 Frankfurt 80 | |
| 069/303906 | |

# Programmentwicklung

## KEN (Knowledge ENvironment)

| | |
|---|---|
| **Fachgebiete** | Elektrotechnik, Maschinenbau, Verfahrenstechnik |
| **Anwendungsbereiche** | ingenieurwissen. Anwendungen, Expertensystem Tool, Software-Entwicklungs-Tool |
| **Zielgruppen** | Industrie, Variantenhersteller |
| **Version** | 2.0 |
| **Erstellungsdatum** | 25.09.1992 |

KEN (Knowledge ENvironment) ist eine Umgebung zur Erstellung von Expertensystemen. KEN erlaubt die Repräsentierung von Wissen in der Form von Frames (Strukturen zur Beschreibung von Objekttypen), Regeln (Beschreibung der Abhängigkeiten zwischen den Objekttypen) und Fakten. Ein integriertes Reason Maintenance System verwaltet alle Fakten und deren Abhängigkeiten. Es unterstützt die Erklärungskomponente und entfernt alle Fakten, deren Begründungen nicht mehr gültig sind, aus der Wissensbasis. KEN erlaubt inkrementelles Vorgehen auf folgende Weise: Mit einem kleinen Ausschnitt der Problematik wird begonnen, der dann sukzessiv erweitert wird. Die Benutzeroberfläche erlaubt es, anwendungsspezifisches Wissen darzustellen und zu verändern. Frames werden am Bildschirm in Windows dargestellt, und alle Kommandos sind über Pop-up- oder Pull-down-Menüs abrufbar.

| | |
|---|---|
| **Betriebssysteme** | MS-DOS 5.x, OS/2 2.0 |
| **Softwareumgebung** | Golden Common Lisp |
| **Hardwareumgebung** | PC, Intel 386/486 |
| **Preis** | k.A. |
| **Bezugsbedingungen** | k.A. |

**Bezugsadresse/Autor**
Michael Vitins
Hewlett-Packard (Schweiz) AG
Allmend 2
8967 Widen (Schweiz)
0041-57-317598

## KNOSSOS

| | |
|---|---|
| **Fachgebiete** | Informatik |
| **Anwendungsbereiche** | Programmentwicklung |
| **Zielgruppen** | Entwickler |
| **Version** | k.A. |
| **Erstellungsdatum** | k.A. |

KNOSSOS ist eine Entwicklungs- und Anwendungsumgebung für wissensbasierte Systeme (Expertensystem-Shell) mit folgenden Merkmalen: Die Bedienung des Systems erfolgt im Maskendialog unterstützt durch Pop-up-Menüs; die Beschreibung des Wissens erfolgt mit einer leicht erlernbaren, problemorientierten Wissensrepräsentationssprache in Form von Wissensobjekten; zur Entwicklung einer konsistenten Wissensbeschreibung existieren vielfältige Analysefunktionen; zur Illustration der Wissensbeschreibung stehen grafische und textuelle Dokumentationsmöglichkeiten zur Verfügung; über eine Programmschnittstelle können externe Programme integriert werden; zusätzlich steht ein integrierter LISP-Interpreter zur Verfügung; die Inferenzmaschine beinhaltet zwei alternative Interpretationsmechanismen (Forward- / Backward-Chaining) zur Konsultation von Wissensbanken; über Benutzerfragen können Vorgehensweise und Schlußfolgerungen bei der Anwendung transparent gemacht werden.

| | |
|---|---|
| **Betriebssysteme** | VMS |
| **Softwareumgebung** | k.A. |
| **Hardwareumgebung** | VAX, VAX/VMS |
| **Preis** | k.A. |
| **Bezugsbedingungen** | Preis: DM 9.000 - DM 27.000 |

**Bezugsadresse**
GPP Ges. für Prozeßrechnerprogramm.
Kolpingring 18a
8024 Oberhaching

# Programmentwicklung

## KNOWLEDGE CRAFT (R)

**Fachgebiete** Informatik
**Anwendungsbereiche** Programmentwicklung
**Zielgruppen** Entwickler
**Version** k.A.
**Erstellungsdatum** k.A.

KNOWLEDGE CRAFT (R) ist ein mächtiges Entwicklungssystem für Expertensysteme und wurde mit dem Ziel konzipiert, den gesamten Lebenszyklus wissensbasierter Anwendungen vom Prototypen über die Entwicklung bis hin zum Laufzeitsystem abzudecken. KNOWLEDGE CRAFT bietet dem Benutzer folgende Funktionalität: Darstellung des gesamten Wissens zu einem Problemkreis; Erstellung, Test und Auswertung eines Prototyps vor der Implementation des vollständigen Systems; Realisierung bedienerfreundlicher grafischer Benutzerschnittstellen; Entwicklung und Lieferung großer, wissensbasierter Anwendungen. KNOWLEDGE CRAFT erlaubt die vollständige Darstellung des Wissens über ein beliebiges Problem und ermöglicht durch die objektorientierte Abbildung die Implementation naturgetreuer Modelle der Realität. Damit verringert der Einsatz von KNOWLEDGE CRAFT das Entwicklungsrisiko und erhöht die Produktivität sowie die Kosteneffizienz. KNOWLEDGE CRAFT setzt sich aus folgenden Modulen zusammen: Die CARNEGIE REPRESENTATION LANGUAGE (CRL) ermöglicht die Darstellung einer "Wissenseinheit" als SCHEMA bzw. als FRAME. Ein SCHEMA enthält alle Eigenschaften der Wissenseinheit in Form von SLOTS (Attribute) und VALUES (Werte der SLOTS). SCHEMATA sind durch RELATIONEN miteinander verknüpft und können ihre Eigenschaften (VALUES) über diese "vererben". Die INTEGRATED SCHEMA BASE erlaubt den transparenten Zugriff von mehreren Benutzern auf dieselbe Wissensbasis sowie "Checkpoints" auf die Wissensbasis. CRL-OPS stellt einen vorwärtsverkettenden Regelinterpreter zur Verfügung, während CRL-PROLOG die Rückwärtsverkettung abdeckt. Für beide Interpreter stehen spezielle Entwicklungswerkzeuge wie Editor, Browser und Debugger zur Verfügung (WORKCENTER). Die RAPID PROTOTYPING TECHNOLOGY (RPM) ermöglicht die schnelle und einfache Entwicklung von Prototypen mit Hilfe einer weitergehend vorgefertigten Prototypen-Shell. SIMPAK stellt dem Entwickler Hilfsmittel zur Simulation diskreter Ereignisse und zur statistschen Auswertung von Simulation zur Verfügung. GRAPHAK ermöglicht die Darstellung von Werten in grafischen Symbolen, wobei die Werte auch über die Grafiksymbole (per Maus) eingegeben werden können. KNOWLEDGE CRAFT ist ein eingetragenes Warenzeichen der Carnegie Group, Inc.

**Betriebssysteme** VMS
**Softwareumgebung** k.A.
**Hardwareumgebung** VAX
**Preis** k.A.
**Bezugsbedingungen** Preis: DM 8.000 - DM 100.000
**Bezugsadresse**
DANET GmbH
Otto-Röhm-Straße 71
6100 Darmstadt

## M++ Klassenbibliothek

| | |
|---|---|
| **Fachgebiete** | Informatik |
| **Anwendungsbereiche** | Anwendungsentwicklung, Compiler, Programmierumgebung, Programmiersprachen, Programmentwicklung |
| **Zielgruppen** | k.A. |
| **Version** | v.3.0 |
| **Erstellungsdatum** | 13.04.1992 |

C++ bietet durch das Überladen von Operationen und Funktionen eine flexible und effiziente Methode der Spracherweiterung. M++ ist eine spezielle Klassenbibliothek zur Erweiterung von C++ um Operationen auf Vektoren und Matritzen. M++ besitzt hochoptimierte Mechanismen zur dynamischen Speicherverwaltung. Diese können sowohl von den M++ eigenen als auch von benutzerdefinierten Klassen verwendet werden. Alle Klassen in M++ sind erweiterbar, so daß eigene spezialisierte Datentypen sehr einfach abgeleitet werden können.

| | |
|---|---|
| **Betriebssysteme** | UNIX |
| **Softwareumgebung** | k.A. |
| **Hardwareumgebung** | DECstations/systems, SUN 3, SPARC, Solbourne, IBM RS6000 HP 9000/3xx, HP 9000/400t |
| **Preis** | 2500 DM |
| **Bezugsbedingungen** | k.A. |

**Bezugsadresse**
Dipl.Inform. Christine Sosinka
Xcc Karlsruhe
Software Tools und Vertrieb
Durlacher Allee 53
7500 Karlsruhe
0721/616474

**Autor**
Kathy Zieman
Oasys Inc. / Green Hills
Softwareentwicklung
MA 02173 Lexington (USA)

# Programmentwicklung

## m2dB

| | |
|---|---|
| **Fachgebiete** | Informatik |
| **Anwendungsbereiche** | Compiler, Datenbank-Management-System |
| **Zielgruppen** | Datenbank-Anwender, Software-Entwickler |
| **Version** | 1.0 |
| **Erstellungsdatum** | 04.07.1992 |

m2dB ist ... - ein PreCompiler, der zu jeder beliebigen dBASE-Datenstruktur eine entsprechende Klasse (=Datenstruktur+Methoden) für objektorientiertes Modula-2 generiert - eine Klassenbibliothek mit den elementaren Methoden, um auf dBASE-Daten von Modula-Programmen zugreifen zu können. m2dB eignet sich sowohl als komfortable Schnittstelle für die Entwicklung effizienter Programme als auch zur Lehre (objektorientierte Schnittstelle für Datenbanken).

| | |
|---|---|
| **Betriebssysteme** | MS-DOS |
| **Softwareumgebung** | MS-DOS |
| **Hardwareumgebung** | IBM-PC oder kompatible mit Minimalausstattung |
| **Preis** | 57 DM |
| **Bezugsbedingungen** | nicht kommerzieller Einsatz |

**Bezugsadresse/Autor**
Prof. Dr. Heinz-Erich Erbs
FH Darmstadt
Fb Informatik
Schöfferstr. 8b
6100 Darmstadt

## MASTER PDS

| | |
|---|---|
| **Fachgebiete** | Informatik |
| **Anwendungsbereiche** | Programmierumgebung |
| **Zielgruppen** | EDV-Anwender |
| **Version** | 2.8 |
| **Erstellungsdatum** | 01.09.1992 |

MASTER ist ein kompletter und leistungsfähiger Projektgenerator für Microsoft C-Entwickler. Anwendungsprogramme, wie z.B. Finanzbuchhaltung, Warenwirtschaftssysteme, Auftragsbearbeitung sowie aus dem Versicherungs-, Bank- und Kreditwesen können mit MASTER schnell und effizient entwickelt werden. MASTER reduziert die Entwicklungszeit sowie die Fehlersuche und -behebung auf ein Minimum. Programmieren mit MASTER geht schnell, da Bildschirm- und Drucklayouts sowie viele Standardfunktionen, wie DOS-SHELL, MAUSGESCHWINDIGKEIT, FARBEINSTELLUNG usw. automatisch generiert werden. Programmieren mit MASTER ist flexibel, da die eigenen MICROSOFT-C Programme mit eingebunden werden können, bevor die Applikation compiliert wird. Für Programmierer, die nicht in de Quelltext eingreifen möchten, besteht die Möglichkeit mit dem Menügenerator *EXE, *COM, oder *BAT direkt aufzurufen. MASTER verwendet das Datenbanksystem Btrieve, dadurch werden alle erzeugten Programme automatisch netzwerkfähig. Die Definition der Datenbank beschränkt sich voll und ganz auf die Deklarierung der Variablen. Die Aufgabe des MASTER Programmierers liegt darin, zu bestimmen, welcher Art die Variable entspricht und welche Feldlänge dieser zugeteilt wird. Die Feldvariablen orientieren sich nach dem C-Standard. Das RECORDLOCKING wird bereits vollständig vom Datenbanksystem Btrieve übernommen.

| | | |
|---|---|---|
| **Betriebssysteme** | MS-DOS 3.x | |
| **Softwareumgebung** | Microsoft C-Compiler ab Version 5. 1 oder Microsoft Quick-C-Compiler ab Version 2. 1 Borland C++ ab Vesrsion 2. 0 | |
| **Hardwareumgebung** | IBM PC, XT, AT; jede Grafikkarte, 640 K Hauptspeicher, 500 frei, Festplatte mind. 4 MB frei, Maus optional; | |
| **Preis** | 1140 DM | |
| **Bezugsbedingungen** | MASTER PE mit eingeschränktem Umfang: 300.- + MwSt., MASTER PES Vollversion : 1000.- + MwSt.; Universitätsrabatt : 20-30 Prozent. | |
| **Sonderkonditionen** | Einzellizenz: | 600,--DM plus MwSt. |
| | Campuslizenz: | 3000 DM plus MwSt. |
| | Geltungsbereich: | Hochschulen, Fachhochschulen, sonstige öffentliche Bildungseinrichtungen, persönliche Lizenzen für Hochschulangehörige und Studenten |
| **ASK-SAM** | Eine Demo-Version des Programmes kann über den Fileserver abgerufen werden. | |

| | |
|---|---|
| **Bezugsadresse/Autor** | **Autor** |
| UEDING Electronics | Frangia Software, Inc. |
| Landwehr 25 | Representative Office Germany |
| 5750 Menden 1 | 7500 Karlsruhe 1 |
| 02373 63159 | |

# Programmentwicklung

## mbp VISUAL COBOL

| | |
|---|---|
| **Fachgebiete** | Informatik, Wirtschaftswissenschaften |
| **Anwendungsbereiche** | Compiler, Programmiersprachen |
| **Zielgruppen** | k.A. |
| **Version** | 2.2 |
| **Erstellungsdatum** | 01.06.1991 |

Visual Cobol realisiert den höchsten genormten Cobol-Standart ANSI 85 und ist offiziell zertifiziert. Auf dieser Basis werden zusätzliche Sprachelemente angeboten, die Kompatibilität zu weiteren Industriestandarts weitestgehend herstellen. Das Visual Screen Management System ist eine leicht handhabbare interaktive Designhilfe für Maskenentwurf. Es erübrigt das übliche Detailcodieren von Maskenelementen durch Cobol-Sprachmittel. Der Entwickler malt sein Layout einfach auf den Bildschirm. Ein eigenständiger Maskeneditor generiert Working-Storage-Definitionen für das Cobol-Programm. Statische Hintergrunddaten werden in einer Bibliothek gespeichert. Ein/Ausgabeoperationen können dann durch eine einzige CALL-Anweisung bewerkstelligt werden. Visual Debug ist ein interaktives Testhilfeprogramm, das die direkte Ablaufverfolgung einen Cobol-Programms auf Quellcodeebene erlaubt. Hilfreich ist dies zum Kennenlernen und zur Analyse bereits bestehender Sourcen. Produktive Nutzbarkeit neuer Anwendungen wird sehr schnell erreicht, während Programmierkosten stark reduziert werden: Doppelfenster für Kommandos und Quellcodelisting; Setzen von Haltepunkten, Einzelschrittverfahren; Überspringen von Unterprogrammen; Inhaltsanzeige von Variablen in ASCII oder Hexadecimal; Modifizieren von Variableninhalten; Ablaufverfolgung (Tracing); Umschalten auf Anwenderbildschirm per Hotkey; uneingeschränktes Blättern im Listing; Unterbrechung von aus der Kontrolle gelaufenen Programmen. Weitere Produktivitätswerkzeuge: Visual Edit (Ganzseiteneditor mit Cobol-Syntaxcheck); Visual MuSQLe (Reportgenerator mit SQL Abfragesprache); DSA Source Generator (Cobol Quellsprachengenerator); Visual Dialog (Prototyping Tool zur Generierung von Benutzeroberflächen).

| | |
|---|---|
| **Betriebssysteme** | AIX, MS-DOS, OS/2, ULTRIX, UNIX |
| **Softwareumgebung** | k.A. |
| **Hardwareumgebung** | MSDOS: 1MB RAM, 10MB Platte UNIX: 4MB RAM, 20 MB Platte |
| **Preis** | 4450 DM |
| **Sonderkonditionen** | Mehrfachlizenz: 373,80 DM pro Lizenz (2 - 25 Kopien) |
| | Campuslizenz: 9345,- DM |
| | Geltungsbereich: Hochschulen, Fachhochschulen, persönliche Lizenzen für Studenten |
| **ASK-SAM** | Eine Demo-Version des Programmes kann über den Fileserver abgerufen werden. |

**Bezugsadresse/Autor**
mbp SOFTWARE + SYSTEMS GmbH
TC
Vosskuhle 38
4600 Dortmund 1
0231/944-1605

# NEXPERT OBJECT

| | |
|---|---|
| **Fachgebiete** | Informatik |
| **Anwendungsbereiche** | Expertensystem Tool |
| **Zielgruppen** | k.A. |
| **Version** | 2.0B |
| **Erstellungsdatum** | k.A. |

NEXPERT OBJECT ist ein Entwicklungswerkzeug für Expertensysteme. Klassen, Objekte, Methoden: Für die Modellierung von Problemen steht ein Objekt- und Klassenkonzept zur Verfügung. Die Generierung dieser Strukturen erfolgt mittels syntaxgesteuerter Editoren. Jede Klasse und jedes Objekt wird durch Eigenschaften beschrieben, die zur Charakterisierung und Abgrenzung dienen. Eigenschaften und Werte können durch Verebungsmechanismen automatisch abgeleitet werden. Über Meta-Slots werden Methoden in den Eigenschaften verankert, die funktionales und prozedurales Wissen beschreiben. Konfliktlösungsstrategien können durch Vergabe von Prioritäten festgelegt werden. Regeln: Das Wissen wird in erweiterten wenn... dann... Regeln abgebildet. "Es gibt"- und "Für alle"-Operatoren erlauben den Zugriff auf mehrere Objekte oder ganze Klassen und helfen, die Anzahl der Regeln zu minimieren.

Wissensverarbeitung: Die Ableitung der Problemlösung durch die Inferenzmaschine kann durch unterschiedliche Vorgehensweisen erfolgen: datengetriebener Ansatz (forward chaining), hypothesengetriebener Ansatz (backward chaining). In NEXPERT OBJECT ist zusätzlich die Kombination beider Ansätze mittels einer automatischen Zielgenerierung realisiert. Die Veränderung von Fakten führt über den Agenda-Mechanismus automatisch zur Überprüfung aller dadurch betroffenen Hypothesen. Durch Änderung der Strategiekomponente kann diese Vorgehensweise während der Konsultation beeinflußt werden. Die eingebaute Erklärungskomponente erlaubt jederzeit das Warum und Wie der Vorgehensweise zu hinterfragen. Ein integrierter Journal-Mechanismus erlaubt die Aufzeichnung und Wiedergabe von Konsultationen.

Die Netzwerke: Die in der Wissensbasis enthaltenen Strukturen und Abhängigkeiten können in einem Regel- und Objektnetzwerk graphisch dargestellt werden. Im Verlauf einer Konsultation kann im Regelnetzwerk die Wissensableitung visualisiert und durch Symbole mitverfolgt werden. Modularisierung: Eine komplexe Problemlösung kann in mehrere Wissensbasen zerlegt werden, die gezielt nachgeladen oder entladen werden können. Schnittstellen: Über die integrierte Datenbankschnittstelle ist der Zugriff auf Datenbanken wie z.B. ORACLE, SYBASE, INGRES, INFORMIX, RDB oder Dateiformate wie DBF3, SYLK, WKS, NXP in SQL-ähnlicher Abfragesprache möglich. Der Aufruf von konventionellen Programmen in C, PASCAL, Fortran etc. ist über einen Execute-Operator möglich.

| | |
|---|---|
| **Betriebssysteme** | MAC OS, MS-DOS, OS/2, UNIX, VMS |
| **Softwareumgebung** | k.A. |
| **Hardwareumgebung** | PC, MAC, VAX, Apollo, HP 9000, SUN, IBM RISC/6000 etc. |
| **Preis** | 12000 DM |

**Bezugsadresse**
NEXUS GmbH
Martin-Schmeisser-Weg 12
4600 Dortmund 50
0231/75442-01

**Autor**
Neuron Data
CA Palo Alto (USA)

# Programmentwicklung

## OPEN INTERFACE

| | |
|---|---|
| **Fachgebiete** | Informatik |
| **Anwendungsbereiche** | Software-Entwicklungs-Tool |
| **Zielgruppen** | k.A. |
| **Version** | 1.0 |
| **Erstellungsdatum** | k.A. |

OPEN INTERFACE ermöglicht die einfache Entwicklung und Portabilität graphischer Benutzeroberflächen. Die mit OPEN INTERFACE erstellten Oberflächen sind ohne Änderung auf die Fenstersysteme Windows 3.0, Presentation Manager, Macintosh OS, Open Look, Motif und DECwindows portierbar. Mit dem mächtigen, objektorientierten Layout-Werkzeug OPEN EDITOR wird die graphische Benutzeroberfläche im WYSIWYG-Modus entworfen. Dazu steht eine Obermenge der üblicherweise angebotenen Widgets zur Verfügung und kann durch benutzerdefinierte Widgets sogar noch erweitert werden. Derzeit werden folgende Widgets unterstützt: Static Text, Text Edit, List Box, Popup, Panel, Scrollbar, Scrollable Area, Scrollable Area Overview, Browser, Browser Overview, Icon Button, Radio Button, Check Button, Push Button. Eine reiche Auswahl an Fonts und Cursorn rundet die Gestaltungsmöglichkeiten der Oberfläche ab. Jegliches Editieren erfolgt graphikorientiert. Browser ermöglichen jederzeit eine graphische Darstellung der Oberflächenobjekte und ihrer Attribute. Anhand der so definierten Oberfläche erzeugt der OPEN EDITOR generischen Ansi-C-Code, portable Resource-files und plattformspezifische Make-Files. Das C-Template wird durch eigenen applikationsspezifischen Programmcode ergänzt. Zudem bieten die Graphik-Libraries von OPEN INTERFACE eine umfassende Programmierschnittstelle mit einer Vielzahl von API-Funktionen zur Kontrolle der Oberflächenobjekte. Nach Fertigstellung des Programms erzeugen Compiler und Linker die ausführbare Anwendung. Änderungen an der Oberfläche können nachträglich mit dem OPEN EDITOR vorgenommen werden, ohne den Programmcode neu kompilieren zu müssen. Die mit OPEN INTERFACE erstellte Anwendung ist ohne Änderung einer einzigen Zeile Programmcode portierbar und nach Neukompilierung auf dem Zielrechner sofort lauffähig, wobei dort nur die zugehörigen OPEN INTERFACE Runtime-Libraries benötigt werden.

| | |
|---|---|
| **Betriebssysteme** | MAC OS, MS-DOS, OS/2, UNIX |
| **Softwareumgebung** | k.A. |
| **Hardwareumgebung** | PC, MAC, VAX, HP 9000, SUN, IBM RS/6000, DEC |
| **Preis** | 15000 DM |
| **Bezugsbedingungen** | k.A. |

**Bezugsadresse**  
NEXUS GmbH  
Martin-Schmeisser-Weg 12  
4600 Dortmund 50  
0231/75442-01

**Autor**  
Neuron Data  
CA Palo Alto (USA)

## p-Form

| | |
|---|---|
| **Fachgebiete** | Informatik |
| **Anwendungsbereiche** | Programmentwicklung |
| **Zielgruppen** | Programmentwickler, Re-Engineering, FMS-Umstellung |
| **Version** | 3.2 |
| **Erstellungsdatum** | k.A. |

p-Form ist ein hardware-unabhängiges Maskensystem mit den Komponenten Maskeneditor, Maskenbibliotheksverwaltung, Pre-Compiler, Laufzeitsystem, Test-, Dokumentations- und Dienstprogrammen sowie Funktionstasten-Verwaltung. Alle Masken sind hardware- und betriebssystemunabhängig, sowie portabel auf alle unterstützten Zielsysteme, d.h. einmal erstellte Masken sind unter allen angegebenen Betriebssystemen und Programmiersprachen ohne Änderung verwendbar. Eine Änderung des Maskenlayouts ist ohne Modifikation der Programme möglich. Datenprüfungen bei der Eingabe, integrierte formale und kontextabhängige Prüfroutinen über User-Exits, Plausibilitätsprüfungen mit Ausgabe von Fehlerhinweisen bzw. Zusatzinformationen unterstützen die korrekte Eingabe durch den Benutzer. Feld- und maskenspezifische Hilfeinformationen erleichtern die Eingabe für den Benutzer, diese Informationen können in beliebiger Länge definiert werden. Sämtliche Video-Attribute, grafische Darstellung und Formatangaben werden unterstützt. Spezielle Funktionen zur Maskensteuerung, Pull-Down-Menüs, Definition von Benutzerroutinen, Funktionstastensteuerung, Feldsteuerung reduzieren und vereinfachen die Programmierarbeit. Definition von Bildschirmfenstern, die beliebig überlagert werden können und Feld-Selektions-Menüs bieten weitere Gestaltungsmöglichkeiten ohne Programmieraufwand. Das gleiche gilt für die Definition von Vorgabewerten, Feld- und Benutzersteuerungen. Eine programmiersprachenunabhängige Syntax zur Maskenkommunikation ermöglicht die Umsetzung in die Zielsprachen COBOL, FORTRAN, C, BASIC, Pascal. Funktion zur Definition und Abruf von Funktionstastenbelegung im Klartext. Farbunterstützung für MS-DOS (nur VGA/CGA/EGA Textmodus).

| | |
|---|---|
| **Betriebssysteme** | AIX, MS-DOS, ULTRIX, UNIX, VMS |
| **Softwareumgebung** | k.A. |
| **Hardwareumgebung** | UNIX-Systeme, MS-Dos-Systeme, VAX |
| **Preis** | k.A. |
| **Bezugsbedingungen** | Preis: 1.300,- DM - 48.000 DM |

**Bezugsadresse**
Dipl.-Inform.(FH) Volker Möhlmann
Software-Engineering/Unternehmensber.
Berliner Straße 44
7743 Furtwangen
07723 3928

# Parallaxis

| | |
|---|---|
| **Fachgebiete** | Chemie, Informatik, Mathematik, Physik |
| **Anwendungsbereiche** | Debugger, Ausbildung, Simulation v. Maschinen, Parallelprogrammierung, -verarbeitung, Programmierumgebung, Forschung |
| **Zielgruppen** | k.A. |
| **Version** | 2.01 |
| **Erstellungsdatum** | 01.08.1991 |

Parallaxis ist eine prozedurale massiv parallele Programmiersprache, die das Erstellen von maschinenunabhängigen parallelen Programmen erlaubt. Entsprechend dem von uns gewählten Modell der Parallelität umfaßt jedes Programm nicht nur den parallelen Algorithmus, sondern enthält auch eine funktionale Beschreibung der virtuellen Systemarchitektur (bei dem hier zugrundegelegten SIMD Modell, single instruction multiple data, ist dies Zahl und Anordnung der Prozessoren, sowie die Topologie des Verbindungsnetzwerkes). Das Simulationssystem für Parallaxis umfaßt einen Compiler, der Parallaxis-Programme in die maschinen-unabhängige parallele Zwischensprache PARZ (ein Pseudo-Assembler) übersetzt, und einen Simulator mit integriertem symbolischem Debugger, der die Zwischensprachen-Programme ausführt. Darüberhinaus existiert ein Compiler von PARZ nach C, der es erlaubt, Parallaxis-Programme in stand-alone Applikationen zu übersetzen. Diese werden ungefähr doppelt so schnell wie die Simulation ausgeführt. Als echte parallele Implementierung existiert ein Codegenerator für den MasPar MP-1 Parallelrechner. Ein weiterer Codegenerator für die Connection Machine CM-2 ist derzeit in Entwicklung. Mit dieser Programmierumgebung ist es möglich, parallele Programme auf Workstations oder PCs zu entwickeln und auszutesten, bevor diese mit mit großen Datenmengen auf Parallelrechnern zum Einsatz kommen. Parallaxis wird zur Entwicklung von massiv parallelen Algorithmen aus verschiedenen Bereichen eingesetzt. Mehrere Anwendungen aus den Bereichen der Bildverarbeitung (Kantenerkennung, Stereobild-Analyse), Computergraphik (Scanline-Algorithmen, Ray Tracing) und der Numerischen Mathematik wurden bis jetzt fertiggestellt.

| | |
|---|---|
| **Betriebssysteme** | HP-UX, MAC OS 6.0, MS-DOS, SUN OS 4.0, UNIX |
| **Softwareumgebung** | Unix (Workstations), MS-DOS (PC), Mac-OS (Mac) |
| **Hardwareumgebung** | Apple Macintosh, IBM-PC, Sun3, SPARC/Sun4, HP800, HP9000, DECstation, VAXstation, IBM RS 6000, Cray-2, MasPar MP-1 |
| **Preis** | k.A. |
| **Bezugsbedingungen** | Software über Netz (anonymous ftp): ftp.informatik.uni-stuttgart.de (in: pub/parallaxis) Handbuch gegen DM 10,- von Uni Stuttgart/IPVR/-Parallaxis- Breitwiesenstr. 20-22/ 7000 Stuttgart 80 |
| **ASK-SAM** | Das Programm kann über den Fileserver abgerufen werden. |

**Bezugsadresse/Autor**

Dr. Thomas Bräunl, Frank Sembach
Univ. Stuttgart
Informatik IPVR
Breitwiesenstr. 20-22
7000 Stuttgart 80
0711 7816-373

Ingo Barth, Stefan Engelhardt
Univ. Stuttgart
Informatik IPVR
Breitwiesenstr. 20-22
7000 Stuttgart 80
0711/7816-373

## PRADOS

| | |
|---|---|
| **Fachgebiete** | Informatik |
| **Anwendungsbereiche** | Programmentwicklung |
| **Zielgruppen** | Entwickler |
| **Version** | k.A. |
| **Erstellungsdatum** | k.A. |

PRADOS (PRojekt Abwicklungs- und DOkumentations System) ist eine integrierte Software-Produktions-Umgebung und besteht aus aufeinander abgestimmten Methoden und Werkzeugen, die ein sicheres und effektives Entwickeln und Warten von Software unterstützen. PRADOS unterstützt auch die Entwicklung von portablen Applikationen. Für VAX-Anlagen ist eine Untermenge der PRADOS-Werkzeuge verfügbar. Diese besteht aus der integrierten Kette der drei Werkzeuge ESS, PSC und ITS für Entwurf, Realisierung und Test. Zusätzlich kann als Option das PRADOS-Dokumentationssystem SCRIBE geliefert werden. Alle Werkzeuge sind über das PRADOS-Menü wählbar. ESS stellt 12 Werkzeuge für einen strukturierten, in Modulen gegliederten Entwurf zur Verfügung. Die Schnittstellen zwischen Modulen werden formal beschrieben, können auf Konsistenz geprüft und in Form von Querverweislisten dokumentiert werden. ESS unterstützt das Prinzip des Information Hiding. Die ESS-Sprache ist zum PRADOS-Pseudocode kompatibel. ESS kann daher auch Pseudocode-Programme bearbeiten. PSC stellt 11 Werkzeuge für eine weitgehend programmiersprachenunabhängige Entwicklung einzelner Module zur Verfügung. Die Ablaufstruktur wird semiformal mit Hilfe eines Pseudocode beschrieben; dieser besteht aus Kontrollstrukturen und natürlichsprachlichem Text. Nach Einfügung von Codezeilen erzeugen die PSC-Precompiler kompilierbare Programme in C oder FORTRAN. PSC unterstützt das Prinzip der schrittweisen Verfeinerung. Es können u.a. Naßi-Shneidermann-Diagramme erzeugt werden. ITS dient zum systematischen, interaktiven Testen von Software, die mit Hilfe des PRADOS-Pseudocode erstellt wurde. Das Testsystem erlaubt sowohl Black-Box-Tests als auch White-Box-Tests. Bei diesen wird aufgezeigt, wie oft welche Programmzweige im Test durchlaufen werden. ITS kann interaktiv oder über vorbereitete Files bedient werden. SCRIBE ist ein kompilatives Schreibsystem und dient zur Erstellung beliebiger Dokumente in einem vom Benutzer wählbaren Dokumentenformat. Scribe benutzt eine Dokumentenformat-Datenbasis, die Informationen über die Struktur vieler Dokumentenarten enthält. SCRIBE unterstützt die Features moderner Schreibsysteme und ist besonders für Organisationen geeignet, die eine Vielzahl von Dokumentenstandards besitzen. SCRIBE-Manuskripte enthalten reinen ASCII-Text. SCRIBE ist geräteunabhängig und kann eine Vielzahl von Ausgabegeräten (u.a. PostScript-Geräte) ansteuern.

| | |
|---|---|
| **Betriebssysteme** | ULTRIX, UNIX, VMS |
| **Softwareumgebung** | k.A. |
| **Hardwareumgebung** | VAX |
| **Preis** | k.A. |
| **Bezugsbedingungen** | k.A. |

**Bezugsadresse**
SCS Informationstechnik GmbH
Öhleckerring 40
2000 Hamburg

# Programmentwicklung 443

## programming frame 1

| | |
|---|---|
| **Fachgebiete** | Informatik |
| **Anwendungsbereiche** | 4 GL Sprache, Anwendungsentwicklung, CAD, CAM, CAE, CAI, CASE, Programmierumgebung, Programmentwicklung |
| **Zielgruppen** | Datenbank-Anwender |
| **Version** | 2.0 |
| **Erstellungsdatum** | 01.10.1992 |

Programming frame 1 (pf1) ist eine Softwareentwicklungsumgebung für dBASE IV. pf1 stellt einen leistungsfähigen Systemkern zur Verfügung, der die am häufigsten benötigten Funktionen einer datenbankbasierten Applikation in einer endbenutzersicheren und endbenutzergeeigneten Umgebung fertig bereitstellt. Zu diesen Funktionen gehören: -Neuanlegen/Verändern eines Datensatzes -Blättern in Datensätzen -Einstellen eines beliebigen Sortierkriteriums der Datenbank -Indexgestütztes Suchen nach einem beliebigen Kriterium -Definition beliebiger Ausdrucke mit bestimmten Eigenschaften -Schnelle Ausgabe einer Bildschirmliste mit den wichtigsten Informationen der jeweiligen Datensätze (BROWSE-Funktion).

Die Speicherung der Module unter pf1 erfolgt objektorientiert und ebenfalls mit Hilfe der pf1-Konzepte. pf1 verwaltet sich außerdem selbst, ähnlich den Compilern, die sich selbst compilieren (Bootstrapping). Die Systemmodule unter pf1 sind: Modulverwaltung (globale Speicherung aller Moduleigenschaften), Indexverwaltung (globale Speicherung aller Sortierkriterien), Reportverwaltung (globale Speicherung der Reporteigenschaften), Fehlerverwaltung (automatische Speicherung von Fehlern), Druckseitendefinitionen (Seitenlänge, Seitenrand, Schriftart...), Druckertreiber (Druckertyp und Schnittstelle), Data Dictionary (Datenbank aller Felder und glob. Variablen), Zählerverwaltung, Hilfetextverwaltung.

| | |
|---|---|
| **Betriebssysteme** | MS-DOS, MS-DOS 5.x, Novell Netware |
| **Softwareumgebung** | dBASE IV 1.1 Entwicklerversion dBASE IV 1.5, 2.0 |
| **Hardwareumgebung** | PC ab 386-33 für Einzelplatzentwicklung/4 MB Platz/VGA PC ab 486-50 für Entwicklung unter NOVELL |
| **Preis** | 1737 DM |
| **Bezugsbedingungen** | Universitäten, Fachhochschulen, usw. erhalten 50% Ermäßigung. |
| **Sonderkonditionen** | Demoversion: 53 DM |
| | Source-Code des Systemkerns: 3491 DM |
| | Mehrfachlizenz: 868 DM pro Lizenz ab der 2. Kopie |
| | Campuslizenz: auf Anfrage |
| | Geltungsbereich: Hochschulen, Fachhochschulen, sonstige öffentliche Bildungseinrichtungen, persönliche Lizenzen für Hochschulangehörige und Studenten |
| **ASK-SAM** | Eine Demo-Version des Programmes kann über den Fileserver abgerufen werden. |

**Bezugsadresse/Autor**
Hans-Bernhard Korthaus
Software-Systeme Korthaus
Franz-Bracht-Str.154
4350 Recklinghausen
02361/184874

# ProMod-PLUS

| | |
|---|---|
| **Fachgebiete** | Informatik |
| **Anwendungsbereiche** | Programmentwicklung |
| **Zielgruppen** | Software-Entwickler |
| **Version** | 2.2 |
| **Erstellungsdatum** | 02.09.1992 |

ProMod (PROject MODelling) ist die integrierte Softwareentwicklungsumgebung der GEI für CASE. ProMod bietet durchgängige Unterstützung für die Entwicklung komplexer Systeme von Analyse bis Implementierung. ProMod bringt spürbare Qualitätsverbesserung durch den Einsatz industrieerprobter Engineeringmethoden, frühe Fehlererkennung durch automatische Prüfungen und entwicklungsbegleitende, aktuelle Dokumentation. Alle ProMod Werkzeuge sind sowohl durch eine gemeinsame Benutzeroberfläche (DECwindows) als auch eine gemeinsame Datenbasis (ProMod / DM) integriert. ProMod / SA unterstützt die Analysephase eines Projektes. Ziel ist Aufbau, Prüfung und Pflege des Pflichtenheftes in strukturierter Form und nach Industriestandards (Strukturierte Analyse mit Real Time Erweiterungen). ProMod hilft, die verschiedenen Aspekte des zu erstellenden Systems konsistent zu betrachten und zu modellieren, auf Fehler und Schwachstellen zu überprüfen, sowie das Ergebnis in Form übersichtlicher Dokumente aus Text bzw. Grafik aufzubereiten. Alle ProMod Dokumente können als Text oder Postscript Dateien auch außerhalb von ProMod bearbeitet werden. Mit ProMod / MD wird - ausgehend von den Informationen aus der Analysephase - der Systementwurf gestaltet. Ziel ist die Aufteilung des Systems in einzelne Arbeitspakete (Module), die unabhängig voneinander im Team entwickelt werden und einfach zum Gesamtsystem integriert werden können. Ein Modul faßt zusammengehörige Funktionen und Daten zusammen. Die Beziehungen zwischen den Funktionen eines Moduls werden grafisch nach der Methode des Structured Design dokumentiert.

ProMod / MD kann jederzeit Schnittstellen zwischen Moduln bzw. zwischen Funktionen überprüfen, d.h. schon in der Planungsphase einen Integrationstest durchführen. Das Entwurfsergebnis wird von ProMod / MD dokumentiert, dabei auch die für die Wartung wichtigen Informationen wie Verwendungsnachweise einbezogen. ProMod / SI automatisiert die Programmierung für die Zielsprachen C, Pascal und Ada. ProMod / SI setzt den mit ProMod / MD dokumentierten Entwurf in einen Coderahmen um. ProMod / SI baut Compilationseinheiten mit ihren Schnittstellendeklarationen auf, erzeugt Funktionsrümpfe mit Parameterlisten, definiert Daten inclusive Datentypen und baut Kontrollstrukturen auf. Spätere Änderungen im Sourcecode kann ProMod / SI nach ProMod / MD zurückführen, so daß Programm und Entwurf immer auf dem gleichen Stand bleiben.

| | |
|---|---|
| **Betriebssysteme** | ULTRIX, UNIX, VMS |
| **Softwareumgebung** | k.A. |
| **Hardwareumgebung** | VAX, VAX/VMS, VAX/ULTRIX |
| **Preis** | k.A. |
| **Bezugsbedingungen** | Preis: DM 29.000 - DM 180.000 |

**Bezugsadresse**
GEI Ges. f. Elektr. Informationsverarb.
Pascalstraße 14
5100 Aachen

# Programmentwicklung 445

## RS / Decision (TM) Software

| | |
|---|---|
| **Fachgebiete** | Informatik |
| **Anwendungsbereiche** | Ingenieurwesen |
| **Zielgruppen** | k.A. |
| **Version** | k.A. |
| **Erstellungsdatum** | k.A. |

RS / DECISION (TM) bietet als Expertensystem-Shell die Möglichkeit, in die gesamte RS / Serie integrierte Expertensysteme mit einfachen Mitteln selbst aufzubauen. Ein Expertensystem verwendet dabei Regeln an Stelle von Algorithmen für die Speicherung und Organisation von Wissen oder Erfahrungen. Der Vorteil von Expertensystemen liegt in der Bereitstellung dieses Wissens zu beliebiger Zeit an beliebigem Ort, ohne daß ein menschlicher Experte jeweils zur Verfügung steht. Der Vorteil von RS / DECISION liegt in der vollständigen Integration mit RS/1 (R) und den anderen RS / Produkten. Es können z.B. aus Erfahrung oder mit RS / EXPLORE (TM) und RS / DISCOVER (TM) gewonnene Erkenntnisse in ein solches Expertensystem gelegt werden. Wird mit RS / QCA II eine Qualitätsabweichung erkannt, so kann unmittelbar durch das Expertensystem die entsprechende Gegenmaßnahme ermittelt und dem Operator mitgeteilt werden. Vollständiger Zugriff von RS / DECISION auf RPL wie auch Zugriff von RPL-Anwendungen auf Expertensysteme mit RS / DECISION erlauben den Aufbau mächtiger Systeme aus Teillösungen, die bereits bestehen oder im Lauf der Zeit entwickelt werden. RS / DECISION, RS / EXPLORE und RS / DISCOVER sind Warenzeichen, und RS/1 ist ein eingetragenes der BBN Software Products.

| | |
|---|---|
| **Betriebssysteme** | ULTRIX, VMS |
| **Softwareumgebung** | k.A. |
| **Hardwareumgebung** | VAX, VAX/VMS, VAX/ULTRIX, VAX/VMS |
| **Preis** | k.A. |
| **Bezugsbedingungen** | Preis: DM 8.000 - DM 100.000 |

**Bezugsadresse**
BBN Deutschland GmbH
Thomas-Wimmer-Ring 17
8000 München

## Screens++

| | |
|---|---|
| **Fachgebiete** | Informatik |
| **Anwendungsbereiche** | Anwendungsentwicklung, Compiler, Programmierumgebung, Programmiersprachen, Programmentwicklung |
| **Zielgruppen** | k.A. |
| **Version** | v.2.0 |
| **Erstellungsdatum** | 13.04.1992 |

Screens++ ist eine C++ Bibliothek zur Programmierung von Benutzeroberflächen. Screens++ beinhaltet die folgenden C++ Klassen: abstrakte Datentypen, Typen für die Stringbehandlung und spezielle Formatbehandlungen, Screen Fields um die Dateneingabe zu unterstützen, hardwareunabhängige I/O Funktionen und Windowtypen, Text Attribute.

| | |
|---|---|
| **Betriebssysteme** | UNIX |
| **Softwareumgebung** | k.A. |
| **Hardwareumgebung** | SUN 3, IBM RS6000, 386(UNIX) |
| **Preis** | 1600 DM |
| **Bezugsbedingungen** | k.A. |

**Bezugsadresse**
Dipl.Inform. Christine Sosinka
Xcc Karlsruhe
Software Tools und Vertrieb
Durlacher Allee 53
7500 Karlsruhe
0721/616474

**Autor**
Kathy Zieman
Oasys Inc. / Green Hills
Softwareentwicklung
MA 02173 Lexington (USA)

# Programmentwicklung

## SemanticEd

| | |
|---|---|
| **Fachgebiete** | Informatik |
| **Anwendungsbereiche** | CASE (rechnerunterstützte Software-Entwicklung), Analyse, Editor, Programmiersprachen, Programmiertechnik |
| **Zielgruppen** | k.A. |
| **Version** | 1.0 |
| **Erstellungsdatum** | 19.03.1992 |

Das Werkzeug erzeugt halbautomatisch aus Typbezeichner und einer Komponentenliste eine orthogonale Schnittstelle für Datenabstraktionsmodule. Die erzeugten Schnittstellenressourcen werden dabei einer Semantikkategorie zugeordnet.

Das Werkzeug ist für den Einsatz in Forschung, Lehre und Anwendung entwickelt worden. Benutzer sollten Interesse an Architekturüberlegungen haben und die Fähigkeit zu abstrahieren besitzen. Kenntnisse im Bereich Programmieren-im-Großen sind hilfreich. Eine Wirkung des Werkzeuges auf die Zielgruppe ist es, das orthogonale Design von Datenabstraktionsmodulschnittstellen zu fördern. Das Werkzeug ist aus der Ideenwelt der objektbasierten Programmierung und der Datenabstraktion hervorgegangen. Die Schnittstellengestaltung für Datenabstraktionsmodule sollte semiautomatisch erfolgen, wobei manuelle Erweiterbarkeit nicht eingeschränkt und Modifizierung der generierten Anteile ohne Informationsverlust möglich sein sollte. Ziel war es, zu möglichst schlanken, orthogonalen und einheitlichen Schnittstellen zu kommen.

| | |
|---|---|
| **Betriebssysteme** | SUN OS 4.1.1 |
| **Softwareumgebung** | (i) Openwindows 2.0; (ii) C-Shell (wegen der Syntax des Startup-Skripts) |
| **Hardwareumgebung** | Sun SPARCstation; 600 KB RAM; EGA; 80387; Maus; |
| **Preis** | k.A. |
| **Bezugsbedingungen** | k.A. |

**Bezugsadresse**
RWTH Aachen
Lehrstuhl für Informatik III
Ahornstraße 55
5100 Aachen
0241 / 8021310

**Autor**
Anton Jöressen
RWTH Aachen
Lehrstuhl für Informatik III
4050 Mönchengladbach 5

## SMART-CASE-HDE

| | |
|---|---|
| **Fachgebiete** | Informatik |
| **Anwendungsbereiche** | Anwendungsentwicklung, CAD, CAM, CAE, CAI, CASE, Lehrsoftware, Programmentwicklung, Software-Werkzeuge |
| **Zielgruppen** | Software-Entwickler, Software-Entwickler, Bildungseinrichtungen |
| **Version** | 3.0 |
| **Erstellungsdatum** | 01.08.1991 |

SMART-CASE-HDE ist ein Software-Werkzeug zur Unterstützung des Programmentwicklers während des Programmentwurfs und in der Codierphase. Es basiert auf allgemein anerkannten Prinzipien des Software-Engineering wie Top-Down-Vorgehensweise und strukturierter Programmierung. In der derzeit verfügbaren Version können Programme in grafischer Form als Ablaufhierarchiediagramme interaktiv erstellt werden. Nach Abschluß des Editiervorgangs kann aus dem baumförmigen Hierarchiediagramm automatisch der lineare Quellcode in Pascal, C oder C++ erzeugt und der Übersetzungsvorgang gestartet werden. Eine übersichtliche Programmdokumentation ist durch Ausgabe des Ablaufhierarchiediagramms auf dem Drucker oder Plotter gegeben. Ebenso ist eine Archivierung des Diagramms auf Datenträger möglich. Der Hierarchiediagramm-Editor SMART-CASE-HDE ist in Konfigurationen für Firmen und Einzelentwickler lieferbar. Die Firmenlizenz bietet die Möglichkeit einer unbeschränkten Anzahl von Benutzern zu einem äußerst attraktiven Preis ein produktivitätssteigerndes, modernes Dokumentationshilfsmittel in die Hand zu geben, das von ungeliebten Routineaufgaben entlastet und mehr Freiräume für die persönliche Kreativität des Programmentwicklers schafft. Durch die SAA-ähnliche Benutzeroberfläche und die ausführlichen kontextsensitiven Hilfeinformationen können die zahlreichen Möglichkeiten von SMART-CASE-HDE schon nach kürzester Einarbeitungszeit voll genutzt werden.

| | |
|---|---|
| **Betriebssysteme** | MS-DOS 3.x, MS-DOS 4.x, MS-DOS 5.x |
| **Softwareumgebung** | k.A. |
| **Hardwareumgebung** | IBM-kompatibler PC XT, 512 kB ausreichend. Empfehlenswert: Prozessoren ab 80386/16 MHz, 640 kB Arbeitsspeicher, Maus und Drucker. |
| **Preis** | 475 DM |
| **Bezugsbedingungen** | Einzellizenzen zu 475 DM werden nur an Firmen mit weniger als 20 Softwareentwicklern abgegeben. Für andere Fälle: Site-Lizenz mit 10 Handbüchern: 1750 DM. Sonderkonditionen auf a. A., Aufpreis für fremd- und mehrsprachige Versionen. |

**Bezugsadresse/Autor**
Prof. Dr.-Ing. Wilfried Koch
Fachhochschule Ravensburg-Weingarten
Institut für Informatik
Doggenriedstraße
7987 Weingarten / Württemberg
(0751) 501-742, (07364) 5335

# Programmentwicklung

## SMART-CASE-HDG

| | |
|---|---|
| **Fachgebiete** | Informatik |
| **Anwendungsbereiche** | Anwendungsentwicklung, CAD, CAM, CAE, CAI, CASE, Lehrsoftware, Programmentwicklung, Software-Werkzeuge |
| **Zielgruppen** | Software-Entwickler, Software-Entwickler, Bildungseinrichtungen |
| **Version** | 2.0 |
| **Erstellungsdatum** | 01.12.1991 |

SMART-CASE-HDG ist ein Software-Werkzeug zur Unterstützung des Programmentwicklers während des Programmentwurfs und in der Codierphase, besonders aber bei der Wartung unbekannter Programme und in der Nachdokumentation. Es basiert auf allgemein anerkannten Prinzipien des Software-Engineering wie Top-Down-Vorgehensweise und strukturierter Programmierung. SMART-CASE-HDG erstellt aus undokumentierten Programmen Baumstrukturen, die dann mit SMART-CASE-HDE oder SMART-CASE-STE weiterbearbeitet werden können.

| | |
|---|---|
| **Betriebssysteme** | MS-DOS 3.x, MS-DOS 4.x, MS-DOS 5.x |
| **Softwareumgebung** | k.A. |
| **Hardwareumgebung** | IBM-kompatibler PC XT , 256 kB ausreichend, Prozessoren ab 80386/16 MHz, 640 kB Arbeitsspeicher, Maus und Drucker empfehlenswert. |
| **Preis** | 190 DM |
| **Bezugsbedingungen** | Einzellizenzen zu 190 DM werden nur an Firmen mit weniger als 20 Softwareentwicklern abgegeben. Für andere Fälle: Site-Lizenz mit 10 Handbüchern: 700 DM. Sonderkonditionen auf a. A., Aufpreis für fremd- und mehrsprachige Versionen. |
| **Sonderkonditionen** | Einzellizenz: 114 DM |
| | Sitelizenz: 420 DM |
| | (für einen Standort (zusammenhängendes Areal)) |
| | Geltungsbereich: Hochschulen, Fachhochschulen, sonstige öffentliche Bildungseinrichtungen, persönliche Lizenzen für Hochschulangehörige und Studenten |
| | Die Sonderkonditionen gelten für den nicht-kommerziellen Einsatz! |

**Bezugsadresse/Autor**
Prof. Dr.-Ing. Wilfried Koch
Fachhochschule Ravensburg-Weingarten
Institut für Informatik
Doggenriedstraße
7987 Weingarten / Württemberg
(0751) 501-742, (07364) 5335

## SMART-CASE-STE

| | |
|---|---|
| **Fachgebiete** | Informatik |
| **Anwendungsbereiche** | Anwendungsentwicklung, CAD, CAM, CAE, CAI, CASE, Lehrsoftware, Programmentwicklung, Software-Werkzeuge |
| **Zielgruppen** | Software-Entwickler, Bildungseinrichtungen, Software-Entwickler |
| **Version** | 1.1 |
| **Erstellungsdatum** | 01.12.1991 |

SMART-CASE-STE ist ein Software-Werkzeug zur Unterstützung des Programmentwicklers während des Programmentwurfs und in der Codierphase. Es basiert auf allgemein anerkannten Prinzipien des Software-Engineering wie Top-Down-Vorgehensweise und strukturierter Programmierung. In der derzeit verfügbaren Version können Programme in grafischer Form als Struktogramme (Nassi-Shneiderman-Diagramme) interaktiv erstellt werden. Nach Abschluß des Editiervorgangs kann aus dem Struktogramm Hierarchiediagramm automatisch der lineare Quellcode in Pascal, C oder C++ erzeugt und der Überstzungsvorgang gestartet werden. Eine übersichtliche Programmdokumentation ist durch Ausgabe des Ablaufhierachiediagramms auf dem Drucker oder Plotter gegeben. Ebenso ist eine Archivierung des Diagramms auf Datenträger möglich. Der Struktodiagramm-Editor SMART-CASE-STG ist in Konfigurationen für Firmen und Einzelentwickler lieferbar. Die Firmenlizenz (site-lizenz) bietet die Möglichkeit, einer unbeschränkten Anzahl von Benutzern zu einem äußerst attraktiven Preis ein produktivitätssteigerndes, modernes Dokumentationshilfsmittel in die Hand zu geben, das von ungeliebten Routineaufgaben entlastet und mehr Freiräume für die persönliche Kreativität des Programmentwicklers schafft. Durch die SAA-änliche Benutzeroberfläche und die ausführlichen kontextsensitiven Hilfeinformationen können die zahlreichen Möglichkeiten von SMART-CASE-STE schon nach kürzester Einarbeitungszeit voll genutzt werden.

| | |
|---|---|
| **Betriebssysteme** | MS-DOS 3.x, MS-DOS 4.x, MS-DOS 5.x |
| **Softwareumgebung** | k.A. |
| **Hardwareumgebung** | IBM-kompatibler PC XT , 512 kB ausreichend, Prozessoren ab 80386/16 MHz, 640 kB Arbeitsspeicher, Maus und Drucker empfehlenswert. |
| **Preis** | 475 DM |
| **Bezugsbedingungen** | Einzellizenzen zu 475 DM werden nur an Firmen mit weniger als 20 Softwareentwicklern abgegeben. Für andere Fälle: Site-Lizenz mit 10 Handbüchern: 1750 DM. Sonderkonditionen auf a. A., Aufpreis für fremd- und mehrsprachige Versionen. |

**Bezugsadresse/Autor**
Prof. Dr.-Ing. Wilfried Koch
Fachhochschule Ravensburg-Weingarten
Institut für Informatik
Doggenriedstraße
7987 Weingarten / Württemberg
(0751) 501-742, (07364) 5335

# SMART-CASE-STG

| | |
|---|---|
| **Fachgebiete** | Informatik |
| **Anwendungsbereiche** | Anwendungsentwicklung, Lehrsoftware, Programmentwicklung |
| **Zielgruppen** | Software-Entwickler, Bildungseinrichtungen |
| **Version** | 3.2 |
| **Erstellungsdatum** | 01.12.1991 |

SMART-CASE-STG ist ein Entwicklungswerkzeug für die Dokumentation und autorenunabhängigen Wartung von Programmen, das auf den Methoden der strukturierten Programmierung bzw. Codierung basiert. In der derzeit verfügbaren Version können aus gegebenen Quelltexten in Pascal, C oder C++ automatisch Struktogramme (Nassi-Shneiderman-Diagramme) generiert werden. Selbstverständlich unterstützt SMART-CASE-STG auch modulare Entwicklungskonzepte wie z.B. das UNIT-Konzept von Turbo-Pascal. Das Programm ist konfigurierbar, so daß Diagrammumfang, Ausgabeformat und Ausgabegerät (z.B. Drucker, Bildschirm oder Plattendatei) vom Benutzer freizügig bestimmt werden können. SMART-CASE-STG ist in als Einzel- oder als Site-Lizenz lieferbar. Die Sitelizenz bietet die Möglichkeit, zu einem äußerst attraktiven Preis einer unbeschränkten Zahl von Benutzern an einem Standort ein produktivitätssteigerndes, modernes Dokumentationshilfsmittel in die Hand zu geben, das von ungeliebten Routineaufgaben entlastet und mehr Freiräume für die persönliche Kreativität des Programmentwicklers schafft. Durch die Benutzerführung mittels selbsterklärender Menüs können die Möglichkeiten von SMART-CASE-HDE schon nach kürzester Einarbeitungszeit voll genutzt werden.

| | |
|---|---|
| **Betriebssysteme** | MS-DOS 3.x, MS-DOS 4.x, MS-DOS 5.x |
| **Softwareumgebung** | k.A. |
| **Hardwareumgebung** | IBM-kompatibler PC XT, 256 kB ausreichend; empfehlenswert: Prozessoren ab 80386/16 MHz, 640 kB RAM, Maus und Drucker. |
| **Preis** | 450 DM |
| **Bezugsbedingungen** | Einzellizenzen zu 450 DM werden nur an Firmen mit weniger als 20 Softwareentwicklern abgegeben. Für andere Fälle: Site-Lizenz mit 10 Handbüchern: 1500 DM. Sonderkonditionen auf a. A., Aufpreis für fremd- und mehrsprachige Versionen. |
| **Sonderkonditionen** | Einzellizenz: 270 DM<br>Sitelizenz: 900 DM<br>(für einen Standort (zusammenhängendes Areal))<br>Geltungsbereich: Hochschulen, Fachhochschulen, sonstige öffentliche Bildungseinrichtungen, persönliche Lizenzen für Hochschulangehörige und Studenten<br>Die Sonderkonditionen gelten für den nicht-kommerziellen Einsatz! |

**Bezugsadresse/Autor**
Prof. Dr.-Ing. Wilfried Koch
Fachhochschule Ravensburg-Weingarten
Institut für Informatik
Doggenriedstraße
7987 Weingarten / Württemberg
(0751) 501-742, (07364) 5335

## StoL - Literate Programming in SCHEME

| | |
|---|---|
| **Fachgebiete** | Informatik |
| **Anwendungsbereiche** | kommentiertes Programmieren, Programmiersprachen, Programmiertechnik, Textformatierung |
| **Zielgruppen** | Software-Entwickler |
| **Version** | Revision 1.2 |
| **Erstellungsdatum** | 25.11.1991 |

StoL erlaubt es, Scheme-Programme auf elegante Weise mit dem mächtigen Textsatzprogramm (La)TeX zu verbinden. Dabei bleibt der Programm-Code so formatiert, wie ihn der Benutzer an StoL übergibt, d.h. StoL verzichtet bewußt auf eine (möglicherweise unerwünschte) Reformatierung des Source-Codes. Auf der anderen Seite kann der Benutzer die volle Leistungsfähigkeit von (La)TeX in seinen Kommentaren ausnutzen. So lassen sich z.B. sehr einfach mathematische Beweise mit in das Programm einbinden. Zwar bietet StoL eine kleine Anzahl von Zusatzfunktionen, doch wirklich nötig ist (wenn überhaupt), nur eine einzige Funktion, nämlich die Anweisung (an TeX), sich an den gegebenen Zeilensprung zu halten. Zudem bietet StoL die Möglichkeit, mehrere Listings in einer einzigen TeX-Datei zusammenzufassen (z.B. aufgeteilt in verschiedene Kapitel, ...).

| | |
|---|---|
| **Betriebssysteme** | MS-DOS 3.x, UNIX |
| **Softwareumgebung** | PC-Scheme (Minimalversion auf Diskette enthalten) bzw. irgend ein anderes SCHEME (z. B. MIT-Scheme auf UNIX) |
| **Hardwareumgebung** | PC, UNIX; 100 KB RAM; VGA; Harddisk; 80x87; A/D-D/A-Wandler; |
| **Preis** | k.A. |
| **Bezugsbedingungen** | StoL ist erhältlich via anonymous ftp von flop.informatik.tu-münchen.de (131.159.8.35) in pub/stol und beinhaltet (PC/UNIX) Sourcen sowie Manual. |
| **ASK-SAM** | Das Programm kann über den Fileserver abgerufen werden. |

**Bezugsadresse/Autor**
Daniel Kobler
TU München
Inst. für Informatik c/o D. Hernandez
Arcisstr. 21
8000 München 2

# TAOS

| | |
|---|---|
| **Fachgebiete** | Informatik |
| **Anwendungsbereiche** | 4 GL Sprache, Anwendungsentwicklung |
| **Zielgruppen** | k.A. |
| **Version** | k.A. |
| **Erstellungsdatum** | k.A. |

TAOS ist ein Programmgenerator, der als Sprache der vierten Generation arbeitet, jedoch ohne die typischen SQL-Beschränkungen. Er liefert Programme, indem er die Funktionalität und die Flexibilität der Programmiersprache voll nutzt. TAOS baut auf den Dateistrukturen von BBxPROGRESSION/3 auf. Diese hat ein Dateisystem bereits als integralen Bestandteil. Es muß nicht mehr getrennt von der Sprache eingerichtet werden. Bei der Entwicklung des DATA DICTIONARY von TAOS wurde darauf geachtet, daß alle wesentlichen Grundregeln von Dr. Codd berücksichtigt sind. Hervorzuheben ist die Unabhängigkeit der physikalischen und logischen Dateistrukturen sowie das Modell der Datenzusammenhänge mit Hilfe des DATA DICTIONARY. TAOS beinhaltet zusätzlich einen Formular- und einen Menü-Generator. Mit Hilfe dieser alles integrierenden Verwaltungsprogramme eignet sich TAOS sehr gut zur Entwicklung und Verwaltung auch kompletter Software-Pakete. Auch die Datenbasis bereits bestehender BBx-Applikationen kann mit den generierten Programmen bearbeitet werden. TAOS als Applikationsgenerator produziert BBxPROGRESSION/3-Code und arbeitet mit dem BBxPROGRESSION/3-Dateisystem, einer relationalen, multi-keyed-Dateistruktur. Auch über TAOS ist detailliertes Info-Material (allerdings nur in Englisch) von EDIAS beziehbar.

| | |
|---|---|
| **Betriebssysteme** | MS-DOS 5.x, OS/2, SINIX, UNIX, XENIX |
| **Softwareumgebung** | BBxPROGRESSION/3 |
| **Hardwareumgebung** | k.A. |
| **Preis** | 5000 DM |
| **Bezugsbedingungen** | Sonderkonditionen auf Anfrage |
| **Sonderkonditionen** | Verkaufspreise unter Abzug des Hochschulrabattes ohne Mehrwertsteuer.<br>Einzellizenz: 3000,- DM<br>Geltungsbereich: Hochschulen, Fachhochschulen<br>Bemerkungen: Vorbehalt der Änderung der Hochschulkonditionen |

**Bezugsadresse**
EDIAS KG Software International
Hessenstr. 21
6238 Hofheim-Wallau
06122/80040

## Toolbook

| | |
|---|---|
| **Fachgebiete** | Informatik |
| **Anwendungsbereiche** | Animation, Autorensystem, Graphik, Programmentwicklung, Training Software |
| **Zielgruppen** | k.A. |
| **Version** | 1.5 |
| **Erstellungsdatum** | 01.07.1991 |

Asymetrix ToolBook: Programmentwicklung leicht gemacht. ToolBook von Asymetrix ist ein vielseitiges Entwicklungswerkzeug, mit dem Sie eigene Anwendungen entwickeln können, ohne über Programmierkenntnisse zu verfügen. Durch eine Kombination von Datenmanagement, Hypertext und Textverarbeitung ist es möglich, Programme auf einfachste Art und Weise zu erstellen. Dies können einfache Datenverwaltungen, FrontEnds für andere Programme oder aber komplett selbstentwickelte ToolBook-Applikationen sein. All das ist durch eine Reihe von Features möglich. Beispielsweise werden fertige Applikationen mitgeliefert, unter anderem ein Programm, das in der Lage ist, dBase-Daten zu importieren und exportieren. Auf diese Weise können dBase-Daten weiterverarbeitet werden. ToolBook wird zum dBase-FrontEnd unter MS-Windows. Eine weitere mitgelieferte Beispielapplikation ist DayBook, ein kleiner Personal Organizer, der Termine, Adressen und zu erledigende Pflichten verwaltet. Weitere Ideen für verschiedenste Anwendungen verbergen sich hinter den Page und Script Ideas. ToolBook-Applikationen können hervorragend optisch gestaltet werden. Durch anwenderfreundliche und intuitiv erfaßbare Bildschirmmasken ist es für den Anwender leicht, mit einer ToolBook-Applikation umzugehen. In die ToolBook-Bildschirme können Bitmaps eingebunden werden, das Programm besitzt eigene Zeichentools und eine Reihe fertiger Clip Arts werden zudem mitgeliefert. Ähnliche Funktionen kann das Programm auch für andere Datenbanken übernehmen. ToolBook kann Grafiken und Daten kombinieren. Die grafische Vorgehensweise führt zu einer schnellen Entwicklung von Applikationen. Hinter den grafischen Objekten, ob es nun ein Schaltknopf oder ein Clip Art ist, verbergen sich Scripts, kleine Programme, die bestimmen, welche Reaktionen ausgelöst werden sollen. Solche Makros können mit dem Script Recorder von ToolBook problemlos mitgeschnitten werden. Natürlich ist aber auch möglich, "per Hand" zu programmieren. Hinter ToolBook steht eine leistungsfähige objektorientierte Programmiersprache namens Open Script. Die Syntax von Open Script ist stark an das Englische angelehnt. Externe Routinen in anderen Programmiersprachen können eingebunden werden. Ein Editor und ein Debugger erleichtern die Programmentwicklung mit Open Script.

| | |
|---|---|
| **Betriebssysteme** | MS-DOS |
| **Softwareumgebung** | MS-Windows |
| **Hardwareumgebung** | PC ab 80386SX-Prozessor, 2 MByte RAM, Festplatte |
| **Preis** | 1030 DM |
| **Bezugsbedingungen** | 14 Tage netto, Hochschulnachweis |

**Bezugsadresse**
Armin Fourier
intellis software GmbH
Molkereistraße 3b
3550 Marburg
06421/12031

# Programmentwicklung

## Turbo Vision Constructor

| | |
|---|---|
| **Fachgebiete** | Informatik |
| **Anwendungsbereiche** | Toolkit |
| **Zielgruppen** | EDV-Anwender |
| **Version** | 2.0 |
| **Erstellungsdatum** | 10.03.1992 |

Das Programm unterstützt die Entwicklung von Programmoberflächen auf Basis von Turbo Vision. Es erlaubt die getrennte Abspeicherung des Interface unabhängig vom Anwenderteil. Bei einem Wechsel des Interface ist keine Neucompilierung des Anwendermoduls nötig. Damit können für ein und dasselbe Programm ganz unterschiedliche Programmoberflächen vorbereitet werden, z. B. in unterschiedlichen Sprachen oder für unterschiedliche Nutzerniveaus. -- Alle Entwickler von Turbo Pascal Programmen sollen sich angesprochen fühlen. -- Das Programm besteht aus 5 Teilen: TVMENU.EXE - Gestaltung von Menu-Fenstern und Status-line; TVDIALOG.EXE - Gestaltung von Dialog-Fenstern; TVHELP.EXE - Editieren von Hilfe-Informationen; TVSTR.EXE - Gestaltung von Listen ASCII-Strings; TVRES.EXE - Editieren von Resource Files;

| | |
|---|---|
| **Betriebssysteme** | MS-DOS 3.x |
| **Softwareumgebung** | k.A. |
| **Hardwareumgebung** | IBM AT; 640 KB RAM; Hercules, CGA, EGA, VGA; Harddisk: 750 KB; 80287; Maus; |
| **Preis** | k.A. |
| **Bezugsbedingungen** | k.A. |

**Bezugsadresse/Autor**
Igor Gorin
Technische Hochschule Ilmenau
Festkörperelektronik
Postfach 327
O-6300 Ilmenau

## UNIFACE (TM)

| | |
|---|---|
| **Fachgebiete** | Informatik |
| **Anwendungsbereiche** | Programmentwicklung |
| **Zielgruppen** | Software-Entwickler |
| **Version** | k.A. |
| **Erstellungsdatum** | k.A. |

UNIFACE (TM) ist ein Entwicklungssystem der 4. Generation für portierbare Anwendungen auf Basis von ORACLE (R), INGRES (TM), Rdb, RMS, C-ISAM, u.a. UNIFACE bietet dem Anwender nicht nur die Unabhängigkeit von Datenbanken, sondern auch Portabilität zwischen vielen Hardwaresystemen, z. B. Digital / VAX unter VMS und ULTRIX, HP (R), NCR / Tower, IBM / RT und anderen UNIX-Rechnern. UNIFACE ist aufgebaut nach dem ANSI / ISO Standard. Grundlage für die Anwendungsentwicklung ist das konzeptionelle Schema, in dem die Tabellen, Felder, Schlüssel, sowie die Beziehungen zwischen den Tabellen definiert werden und referentielle Integrität festgelegt wird. Im externen Schema sind die einzelnen Benutzersichten definiert. Das interne Schema garantiert die Unabhängigkeit der Anwendung von der Datenbank. Die Schnittstellen zu Datenbanken und CASE-Tools sind offen, eigene Treiber können mit Hilfe eines "Cookbooks" selbst geschrieben werden. UNIFACE stellt eine eigene 4GL-Sprache zur Verfügung und ist voll linkfähig. Mit UNIFACE kann der Software-Entwickler Oberflächen mit höchstem Komfort erstellen - so sind beliebig viele Masken möglich, der Bildschirm kann horizontal und vertikal rollen. Die Felder eines Fensters kann man scrollen, Felder können gezoomt werden. Weiter ist die Überlagerung von Windows ebenso möglich wie "Pop-up"- Menüs und Textbearbeitung. UNIFACE Anwendungen sind im Sinne der Client Server Architektur netzwerkfähig. Diese Unabhängigkeit erlaubt, von einem Arbeitsplatz aus auf verschiedene Datenbanken verschiedener Hersteller im Netz zugreifen zu können. UNIFACE ist ein Warenzeichen der Uniface BV. ORACLE ist ein eingetragenes Warenzeichen der Oracle Corporation. INGRES ist ein Warenzeichen der Relational Technology, Inc. HP ist ein eingetragenes Warenzeichen der Hewlett-Packard Company.

| | |
|---|---|
| **Betriebssysteme** | MS-DOS, UNIX, VMS |
| **Softwareumgebung** | k.A. |
| **Hardwareumgebung** | Intel, PC, VAX |
| **Preis** | k.A. |
| **Bezugsbedingungen** | Preis: DM 6.200 - DM 246.000 |

**Bezugsadresse**
GEI Ges. f. Elektr. Informationsverarb.
Pascalstraße 14
5100 Aachen

# Programmentwicklung

## VMEPROM Cross-Entwicklung Toolkit

| | |
|---|---|
| **Fachgebiete** | Informatik |
| **Anwendungsbereiche** | Programmiersprachen |
| **Zielgruppen** | Entwickler |
| **Version** | k.A. |
| **Erstellungsdatum** | k.A. |

VMEPROM Cross-Entwicklung Toolkit zwischen den Betriebssystemen VAX / VMS bzw. VAX / ULTRIX und der VMEPROM-Umgebung auf 680x0 Systemen, erlaubt die Entwicklung von Anwendersoftware unter gewohnter Host-Umgebung. Unter dem Host-Betriebssystem VAX-VMS kann der Anwendersoftware Source-Code erstellt werden. Auf dem Host-Rechner wird der Source-Code editiert, compiliert, gelinkt und der RUN-Code in S-Records konvertiert und per Down-load auf das Zielsystem zur Ausführung und zum Test transferiert. Das Toolkit beinhaltet einen C-Cross-Compiler, PDOS C-Librariers, Utilities zur Erzeugung von S-Records und Dokumentation. Zur Cross-Entwicklung ist es nötig, den entwickelten Source-Code in Download-fähige S-Records umzusetzen. Der C-Compiler unterstützt dies im Zusammenhang mit den im Paket enthaltenen Tools. Zusätzlich sind Utilities enthalten, die die Zielsystemsoftware und die Library-Files zusammenfassen und somit die Entwicklungsarbeiten auf ein Minimum reduzieren.

| | |
|---|---|
| **Betriebssysteme** | MS-DOS, ULTRIX, UNIX, VMS |
| **Softwareumgebung** | k.A. |
| **Hardwareumgebung** | PC, VAX |
| **Preis** | k.A. |
| **Bezugsbedingungen** | Preis: DM 12.000 - DM 18.000 |

**Bezugsadresse**
Systrix Computersysteme GmbH
Hindenburgring 31
7900 Ulm

## ZIM (TM)

| | |
|---|---|
| **Fachgebiete** | Informatik |
| **Anwendungsbereiche** | 4 GL Sprache, Informationsmanagement, Programmierumgebung |
| **Zielgruppen** | k.A. |
| **Version** | k.A. |
| **Erstellungsdatum** | k.A. |

ZIM (TM) ist eine hochentwickelte Entwicklungsumgebung der 4. Generation, das alle Komponenten der Applikationserstellung zur Verfügung stellt. Es arbeitet auf der Grundlage eines DBMS nach dem "Entity-Relationship Modell". Der Leistungsumfang beinhaltet volle Portabilität von ZIM-Applikationen zwischen Betriebssystemen für Mainframes, Minis und Personal Computer; homogene, hochproduktive Entwicklungsumgebung; voll integriertes Data-Dictionary; die Verknüpfung der Tabellen sind Bestandteil des Data Dictionary und erlauben 1:n-, n:1- und n:m- sowie reflexive Beziehungen; Zugriffsschutz bis auf Feldebene und Chiffrierung der Daten; Transaktionsorientierter Multiuser-Betrieb mit Transaktions-Logging und Rollback; strukturierte homogene 4GL-Sprache, die neben mengenorientierter Datenbankmanipulation auch die volle prozedurale Prozeßkontrolle umfaßt; leistungsfähiger Masken- und Listengenerator; ZIM läßt maximale Freiheit in der Gestaltung der Benutzeroberfläche, die auf allen Systemen identisch ist; Ausführung der Module kann compiliert und interpretativ erfolgen, dadurch werden sehr flexible und dynamische Applikationen unterstützt; verteilte Datenbanken im DECnet; ZIM unterstützt Prototyping und Codegenerierung; CASE-Produkte zur Datenmodellierung nach dem ER-Modell als Zusatzprodukt; Runtime-Versionen zur Integration in fertige Applikationen; ZIM / ISQL mit interaktivem SQL als zusätzliche Sprachebene; ZIM / SQL-DB bietet den transparenten Zugriff auf SQL-DBMS und SQL-Server anderer Anbieter, dadurch Integration "fremder" Systeme und Applikationen; Programmierschnittstelle für C. ZIM ist ein Warenzeichen der Zanthe Information, Inc.

| | |
|---|---|
| **Betriebssysteme** | MS-DOS, VMS |
| **Softwareumgebung** | k.A. |
| **Hardwareumgebung** | PC, VAX |
| **Preis** | k.A. |
| **Bezugsbedingungen** | Preis: DM 15.860 - DM 310.300 |

**Bezugsadresse**
Soft System GmbH
Wilhelm-Leuschner-Straße 255
6103 Griesheim

# Statistik / Datenanalyse

# APUDI

| | |
|---|---|
| **Fachgebiete** | Chemie |
| **Anwendungsbereiche** | math. u. numerische Software |
| **Zielgruppen** | k.A. |
| **Version** | 1.0 |
| **Erstellungsdatum** | 01.03.1990 |

Das Atomare Punkt Dipol Modell (APUDIMO) von Häfelinger dient zur semiempirischen Berechnung der ringstrominduzierten chemischen Verschiebung bei benzoiden Aromaten und Annulenen.

APUDIMO eignet sich für aromatische und aliphatische Protonen. Auch nichtebene Pi-Syteme können damit berechnet werden. Zur Berechnung des Einflusses von Partialladungen im aromatischen System können die Geometriefaktoren nach Buckingham ermittelt werden. Zum Molekülaufbau erlaubt das Programm APUDI die Eingabe aus einer Atom-Route (COORD), aus karthesischen Koordinaten oder aus einer Mischung von beiden Methoden. Fraktinelle Koordinaten aus der Röntgenstrukturanalyse können mit einem Zusatzprogramm (FRAKO) in karthesiche Koordinaten umgerechnet werden. Verdrillungen von Methylgruppen und von einzelnen Substrukturen können eingegeben werden. APUDIMO berechnet neben den Einzelwerten auch den resultierenden Mittelwert. Zur Kontrolle der Molekülstruktur ist ein Grafikteil mit verschiedenen Features (z.B. Stereo) implementiert. Das TURBO PASCAL Programm ist modular aufgebaut, so daß verschiedene Features separat angewählt werden können.

| | |
|---|---|
| **Betriebssysteme** | MS-DOS 3.x |
| **Softwareumgebung** | k.A. |
| **Hardwareumgebung** | IBM-kompatibler PC mit EGA/VGA Grafik |
| **Preis** | 20 DM |
| **Bezugsbedingungen** | Für 20,- DM erhält man das Programm (EXE File) sowie Infos und Daten. Für 30,- DM erhält man den Quellcode |

**Bezugsadresse/Autor**
Michael Westermayer
Gödecke AG
Mooswaldallee 1-9
7800 Freiburg

# BASMAN

| | |
|---|---|
| **Fachgebiete** | Informatik |
| **Anwendungsbereiche** | Datensammlung, Informationsmanagement |
| **Zielgruppen** | k.A. |
| **Version** | k.A. |
| **Erstellungsdatum** | k.A. |

BASMAN (BAuSteine für Meßdatenerfassung und SystemANalyse) ist ein Werkzeug zur Erfassung und Analyse von Meßdaten in Entwicklungsabteilungen, der Fertigung oder in Forschungsinstituten. Der Ingenieur oder Meßtechniker kann es unverzüglich und umfassend nutzen. Der Informatiker kann BASMAN leicht in eine CIM-Umgebung integrieren. BASMAN zeichnet sich durch Modularität im Aufbau, Flexibilität im Einsatz, Stabilität in der Anwendung und Erweiterungsfähigkeit für Hard- und Software aus.

| | |
|---|---|
| **Betriebssysteme** | Micro/RSX, RSX, VMS |
| **Softwareumgebung** | k.A. |
| **Hardwareumgebung** | PDP, VAX |
| **Preis** | k.A. |
| **Bezugsbedingungen** | Preis: DM 10.000 - DM 100.000 |

**Bezugsadresse**
Industrieanlagen-Betriebsges. mbH
Einsteinstraße 20
8012 Ottobrunn

# CANLINE

| | |
|---|---|
| **Fachgebiete** | Betriebswirtschaftslehre, Bauingenieurwesen, Wirtschaftswissenschaften, Verfahrenstechnik |
| **Anwendungsbereiche** | Algebra, Geschäftsanwendungen, Ingenieurwesen, mathematische Software, Kalkulation |
| **Zielgruppen** | Analytiker, Studenten, Wirtschaftsberater, Kaufleute, Handwerker, Ingenieure, Wissenschaftler |
| **Version** | 1.92 |
| **Erstellungsdatum** | 01.01.1992 |

Gestaltbares Programmsystem zur Herstellung von Programmabläufen für kaufmännische und technische Anwendungen bei denen gerechnet wird. Das Programm analysiert Texte gemischt mit Berechnungen und Tabellen. Die Übertragung von Ergebnissen in andere Dateien (auch in u. aus Adreßdateien) ist möglich. Das Programm löst Gleichungen mit Variablen, wie sie im Ingenieurwesen, Wissenschaft und Wirtschaft vorkommen. Fachspezifische Vorlagen sind vorhanden. Geeignet zum Einlesen von DIN-Vorlagen (und anderen Normen, auch fremdsprachlichen) in denen Gleichungen im Text oder in Tabellen enthalten sind. Das Programm eignet sich für schulisches Fachrechnen. Ein komfortables Textprogramm mit Silbentrennung ist integriert und behält seine volle Funktionsfähigkeit auch in Tabellenspalten. Fach- und branchenspezifische Lösungen in reicher Auswahl vorhanden. Außerdem: Arbeiten in zwei unabhängigen Ebenen, Taschenrechner mit Variablen, Lösung impliziter konvergierender Gleichungen durch Iteration, "If-Bedingungen", Adreßverwaltung mit Fragmentsuche in Haupt- und Nebeneinträgen, sowie Modemanwahl.

| | |
|---|---|
| **Betriebssysteme** | DR-DOS 3.x, MS-DOS, Novell Netware, OS/2 2.0, PC-DOS 3.x |
| **Softwareumgebung** | k.A. |
| **Hardwareumgebung** | Ab AT286, 1MB, Festpl. ab 20MB, VGA/EGA, Drucker Epson/IBM oder Euronorm, unterstützt Tel.-Anwahl: Modem |
| **Preis** | 1875 DM |
| **Sonderkonditionen** | Einzellizenz: 70% xEK |
| | Mehrfachlizenz: bei Benutzung im gleichen Fachbereich |
| | n = 1 bis 8 Kopien 1/n der Einzellizenz |
| | ab 8 Kopien 1/8 der Einzellizenz |
| | Vollfunktionsfähige Demoversion von CANLINE-TEXT gratis |

**Bezugsadresse**
Dipl.-Ing. Christian Gallus
Gallus Computer-Hard-und Software
Warthaer Str. 110/80-63
O-8029 Dresden
0351/434945

Dipl.-Ing. Theodor Schwetje
TARGON Computer GmbH
Softwareberatung
Wittstocker Str. 4
1000 Berlin 21
030/3931058

**Bezugsadresse/Autor**
Dr.-Ing. Carl-August Neinens
Achim Neinens Computeranwendung
Softwareentwicklung
Stiegstück 14
2000 Hamburg
040/5385553

# CHEM-FIT

| | |
|---|---|
| **Fachgebiete** | Chemie, Mathematik |
| **Anwendungsbereiche** | Analyse, Ingenieurwesen, mathematische Software, Statistik |
| **Zielgruppen** | Personen, die Meßwerte mathematisch beschreiben müssen |
| **Version** | 1.1 |
| **Erstellungsdatum** | 01.02.1992 |

Die primäre Idee des Programmes ist die Beschreibung von Meßwerten mittels mathematischen Funktionen. Somit können experimentelle Daten anhand von Modellvorstellungen verifiziert werden. Die Meßwerte können mit bis zu acht verschiedenen Kurven gleichzeitig graphisch dargestellt werden. Meßwerterfassung; graphische Fehlerdarstellung; 30 vordefinierte Funktionen; benutzerdefinierte Gleichungen können einfach erstellt und abgerufen werden; reines Kurvenzeichnen (kein Fitten) möglich; graphische Bereiche können beliebig vergrößert bzw. verkleinert werden; Wahlweise logarithmische Darstellung. ANWENDUNG: Die Ermittlung von Fitkoeffizienten mittels graphischer Auftragung auf Millimeterpapier (zB. Log-Log Darstellung) fällt weg; desweiteren können z.B. Reaktionsordnungen von Chemische Abläufen ermittelt werden; Interpolieren und Extrapolieren; WIRKUNG: Zeitersparnis; Ermöglicht die Auswertung von komplexen Gleichungen. Der Algorithmus zur Koeffizientenermittlung basiert auf der Methode der Kleinsten Fehlerquadrate. Die Variation der zu bestimmenden Koeffizienten wird solange durchgeführt, bis die Fehlerquadrate ein Minimum erreichen. Es stehen wahlweise zwei Algorithmen zur Verfügung: Housholder: Bei dieser Methode werden die Koeffizienten mit dem gedämpften NEWTON-Verfahren berechnet, wobei die Matrizen mit Hilfe der Housholdertransformation verbessert werden. Marquardt: allgemein bekanntes Verfahren (Levenberg-Marquardt).

| | |
|---|---|
| **Betriebssysteme** | MS-DOS 3.x |
| **Softwareumgebung** | k.A. |
| **Hardwareumgebung** | IBM AT 286, 386, 486; 512 KB RAM; Hercules, CGA, EGA, VGA; Cop. optional; MS-Maus (optional); |
| **Preis** | 1500 ÖS |
| **Bezugsbedingungen** | k.A. |
| **Sonderkonditionen** | Rabatt: Hochschulen (50%), Schulen (50%), Studenten (70%) |

**Bezugsadresse/Autor**
Dipl.-Ing. Kurt Burtscher
Techn. Univ. Graz
Thermische Verfahrenstechnik
Inffeldgasse 25
A-8010 Graz (Österreich)
0316/873-7478

# CHLOROPHYLLFIX

| | |
|---|---|
| **Fachgebiete** | Agrarwissenschaften, Biologie |
| **Anwendungsbereiche** | Analyse |
| **Zielgruppen** | Wissenschaftler, Studenten, Diplomanden, Doktoranden |
| **Version** | 1.3 |
| **Erstellungsdatum** | 29.12.1991 |

Chlorophyllfix dient der schnellen Verrechnung von Analysedaten der Chlorophyll- und Atomabsorptionsspektrometrischen Analytik. Es müssen nur die am Meßgerät ermittelten Werte eingegeben werden, nachdem Verdünnungs- und Formelparameter spezifiziert wurden. Die Formelparameter müssen natürlich der entsprechenden Literatur entnommen werden. Dieses Programm ist besonders effektiv bei größeren Probemengen, sowie Serienanalysen. Von technischen Wiederholungen einer Probe wird automatisch das Mittel errechnet. Eine sofortige Umrechnung von Trockenmaße auf Frischmaße, wie sie in der Analytik oft nötig ist, ist problemlos möglich.

Weitere Vorteile bieten die Routinen zur Dateiverarbeitung: Die Daten können sortiert, spaltenweise aneinandergefügt und den entsprechenden biologischen Versuchsvarianten zugeordnet werden. Die so aufbereiteten Daten können problemlos in Statistikpakete importiert werden, was besonders Diplomanden und Doktoranden zugute kommen wird. Selbstverständlich kann Chlorophyllfix auch in anderen analytischen Bereichen, wie der IC-Messung, der Transmissionsanalyse oder der HPLC eingesetzt werden.

Dem Programm liegen die üblichen Analyseverfahren im oben genannten Bereich zugrunde, wobei Formeln, Verdünnungsparameter, Einwaagegrößen, technische Wiederholungen und verwendete Probensubstanz den speziellen Gegebenheiten angepaßt werden können, so wie sie der praktischen Arbeit entsprechen.

| | |
|---|---|
| **Betriebssysteme** | MS-DOS 3.x |
| **Softwareumgebung** | k.A. |
| **Hardwareumgebung** | IBM AT; 400 KB RAM; Hercules; Harddisk: 1.5 MB; Cop. optional; Drucker; |
| **Preis** | k.A. |
| **Bezugsbedingungen** | Kostenpflichtiges Programm für kommerziellen Einsatz. |

**Bezugsadresse/Autor**

cand. agr. Klaus Walbeck
Justus-Liebig-Universität Gießen
Institut f. Pflanzenernährung
Durlacher Str. 25
5000 Köln 91
0221/895940

Gregor Walbeck
Durlacher Str. 25
5000 Köln 91
0221/895940

## Cholesky

| | |
|---|---|
| **Fachgebiete** | Bauingenieurwesen |
| **Anwendungsbereiche** | mathematische Software, Numerik, Lernsoftware, Visualisierung |
| **Zielgruppen** | k.A. |
| **Version** | 1.0 |
| **Erstellungsdatum** | 27.02.1991 |

Das Programmsystem CHOLESKY wurde entwickelt, um den codierten Lösungsalgorithmus zur Berechnung eines linearen Gleichungssystems mit einer graphischen Darstellung zu verbinden. Das Programmsystem arbeitet nach dem Verfahren von Cholesky. Es löst lineare symmetrische positiv definite Gleichungssysteme. Zur Minimierung des Speicherbedarfs wird die Matrix als Linksdreiecksmatrix mit Profilstruktur (Skyline) abgespeichert. Die unzerlegte Matrix wird durch die zerlegte Matrix überschrieben. Unbekannte des Gleichungssystems können auf beiden Seiten der Gleichung auftreten.

Das Programmsystem visualisiert parallel zum Lösungsalgorithmus die Algorithmusanweisungen. Die Visualisierung des Gleichungslösers erfolgt gleichzeitig in drei Darstellungen:

1. Das Gleichungssystem wird in Vektor- Matrixschreibweise graphisch visualisiert. Die vom Programmcode ausgeführten Anweisungen betreffen jeweils Koeffizienten der Matrix und der Vektoren. Die betroffenen Koeffizienten werden farbig hinterlegt. Parallel zur Berechnung werden die Werte der Koeffizienten entsprechend der Programmanweisung geändert. Für die verschiedenen Bearbeitungszustände der Koeffizienten, aktuell bearbeiteter Koeffizient, Zwischenergebnis, Ergebnis und zur Berechnung benötigter Koeffizient werden unterschiedliche Farben eingesetzt. Die Speicherstruktur des Programmsystems wird ebenso angezeigt.

2. Der Programmcode wird alphanumerisch visualisiert. Die aktuell auszuführende Anweisung wird farbig hinterlegt.

3. Die aktuellen Variablen der auszuführenden Anweisung werden numerisch dargestellt. Neben den Werten der von der Anweisung betroffenen Koeffizienten sind dies die benötigten Schleifenindizes.

**Anerkennenswerte Leistung beim Deutschen Hochschul-Software-Preis 1991**

| | |
|---|---|
| **Betriebssysteme** | IBM AIX 1.1 |
| **Softwareumgebung** | IBM AIX-X-Windows 1.1 |
| **Hardwareumgebung** | IBM PS/2, Intel 80386 Prozessor, IBM 8514/A Graphikkarte, IBM 8514; Bildschirm, Maus |
| **Preis** | k.A. |
| **Bezugsbedingungen** | Auf Anfrage am Institut erhältlich |

**Bezugsadresse/Autor**

| | |
|---|---|
| Jörg Enseleit | Thomas Fellerhoff |
| Technische Universität Berlin | Technische Universität Berlin |
| Institut für Allg. Bauingenieurmethoden | Institut für Allg. Bauingenieurmethoden |
| 1000 Berlin | 1000 Berlin |
| Straße des 17. Juni 135 | Straße des 17. Juni 135 |
| 030/314-23193/23693 | 030/314-23193/23693 |

# DOPRES

| | |
|---|---|
| **Fachgebiete** | Physik |
| **Anwendungsbereiche** | Datenauswertung, graphische Darstellung, numerische Analyse |
| **Zielgruppen** | k.A. |
| **Version** | 1.1 |
| **Erstellungsdatum** | 01.08.1989 |

Das Programm wird an der Universität Tübingen im Fortgeschrittenen-Praktikum Experimentalphysik verwendet. Das Experiment ist eine Doppelresonanz-Messung am Quecksilber. Ohne auf die Physik des Versuchs einzugehen, wird hier das Fluoreszenzleuchten von Atomen als Funktion eines angelegten Magnetfeldes aufgezeichnet. Die Kurvenform hängt von weiteren Gegebenheiten des Versuchaufbaus ab und kann theoretisch durch ein Model (Brossel-Bitter) erklärt werden. (siehe z.B. Alan Corney, Atomic and Laser Spectroscopy, Oxford Science Publications p. 534 ff ) DOPRES dient nun der Aufnahme der Meßkurven, der Anpassung der theoretischen Kurvenform nach der Methode der kleinsten Fehlerquadrate und der Ausgabe der Messergebnisse. Abgesehen vom experimentellen Aufbau ist für die Benutzung des Programms eine Analog-Digital-Wandlerkarte für den PC nötig. Das Programm verwendet eine DT2801-A DATA-Translation Karte, kann jedoch ohne größeren Aufwand durch Änderung zweier Funktionen in der Unit AD_CARD auf andere Karten angepaßt werden.

| | |
|---|---|
| **Betriebssysteme** | MS-DOS 3.x |
| **Softwareumgebung** | Turbo-Pascal 4.0 |
| **Hardwareumgebung** | IBM PC-AT, 640 KB; EGA-VGA, Hercules; Cop. : 80X87; printer with Epson-graphic-mode; MS-mouse (not neceßary but helpful); AD-Converter (DT-2801-A 1rrm DATA Translation) |
| **Preis** | k.A. |
| **Bezugsbedingungen** | k.A. |
| **ASK-SAM** | Das Programm kann über den Fileserver abgerufen werden. |

**Bezugsadresse/Autor**
Dipl.-Phys. Eberhardt Kümmel
Universität Tübingen
Physikalisches Institut
Auf der Morgenstelle 14
7400 Tübingen 1
07071/296 282

# EXCALC

| | |
|---|---|
| **Fachgebiete** | Mathematik, Physik |
| **Anwendungsbereiche** | Anwendungsprogramm, Computeralgebra, mathematische Software, Programmiertechnik |
| **Zielgruppen** | k.A. |
| **Version** | k.A. |
| **Erstellungsdatum** | k.A. |

EXCALC ist eine Implementierung des Kalküls der modernen Differentialgeometrie. Es erlaubt die symbolische Manipulation von Ausdrücken in einer sehr natürlichen lehrbuchnahen Syntax. Der Äußere Kalkül (Cartan Kalkül, Differentialformen) steht mit den Operationen Äußeres Produkt, Äußere Ableitung, Inneres Produkt, Lie-Ableitung, Hodge Dualitätsoperator und Variationsableitung voll zur Verfügung. Darüber hinaus können Rechnungen mit indizierten Ausdrükken, Kobasen, Konnexionsformen und Metrischen Räumen durchgeführt werden. EXCALC ist voll in das Computer Algebra System REDUCE integriert. Daher stehen alle sinnvoll anwendbaren Operationen dieses Systems auch in einer EXCALC Session zur Verfügung.

| | |
|---|---|
| **Betriebssysteme** | any |
| **Softwareumgebung** | REDUCE 3.3 |
| **Hardwareumgebung** | Fast alle Systeme |
| **Preis** | k.A. |
| **Bezugsbedingungen** | Der Preis ist von der Hardware abhängig. Erwerb v. REDUCE 3.3. |

**Bezugsadresse**  
Dr. A. C. Hearn  
RAND Corporation  
Santa Monica (USA)

**Autor**  
Eberhard Schrüfer  
5205 Sankt Augustin

# F-PATCH

| | |
|---|---|
| **Fachgebiete** | Biologie, Physik |
| **Anwendungsbereiche** | Biophysik, Physiologie, wissenschaftliche Graphik, Einzelkanalanalyse, Datenanalyse |
| **Zielgruppen** | Studenten, Doktoranden, Dozenten |
| **Version** | 2.4 |
| **Erstellungsdatum** | 20.03.1992 |

Das Programm dient der Auswertung von Patch-Clamp-Daten. Folgende Analysen werden in einem Arbeitsgang durchgeführt: - Strom-Spannungs-Beziehungen; - Offenwahrscheinlichkeiten; - Amplitudenhistogramme; - Zeithistogramme. Die Daten müssen als Binärdaten (von einem Analog-Digital-Wandler) vorliegen. Bei der Auswertung wird die Datenmenge schrittweise interaktiv reduziert. Analyseergebnisse können an Funktionen angepaßt (gefittet), grafisch dargestellt, gedruckt oder reproduktionsreif geplottet werden. Auch die Originaldaten können dargestellt und in eine Grafik übernommen werden. Die Elemente einer Grafik können editiert und mit anderen Grafiken kombiniert werden. Ein Texteditor zur Bearbeitung der diversen verwendeten ASCII-Dateien ist integriert.

Die Patch-Clamp-Methode hat sich als äußerst erfolgreiche Meßmethode etabliert, (Medizin-Nobelpreis 1991). Das Grundkonzept der Analyse von Patch-Clamp-Daten ist nicht kompliziert; aufwendig wird die Analyse vor allem durch die großen anfallenden Datenmengen.

| | |
|---|---|
| **Betriebssysteme** | MS-DOS 3.x, MS-DOS 4.x, MS-DOS 5.x |
| **Softwareumgebung** | Expansionsspeicher (EMS) LIM4. 0, mindestens 512 KB |
| **Hardwareumgebung** | IBM AT 286, 386, 486; 580 KB RAM, 512 KB EMS; EGA, VGA; Harddisk: 5 MB; 80x87; COM1-Maus u. (LaserJetIII oder (EPSON-kompatibler Matixdrucker u. HPGL-Plotter)); |
| **Preis** | k.A. |
| **Bezugsbedingungen** | Das Programm F-PATCH wird unentgeltlich abgegeben. |

**Bezugsadresse/Autor**
Dr. Ulrich Fröbe
Albert-Ludwigs-Universität
Physiologisches Institut
Hermann-Herder-Straße 7
7800 Freiburg
0761 203 3287

# FH KIEL MATHLIB

| | |
|---|---|
| **Fachgebiete** | Biologie, Chemie, Wirtschaftswissenschaften, Elektrotechnik, Mathematik |
| **Anwendungsbereiche** | mathematische Software, numerische Software |
| **Zielgruppen** | k.A. |
| **Version** | 1.1 |
| **Erstellungsdatum** | 01.03.1991 |

Die FH KIEL MATHLIB ist eine Bibliothek von ca. 250 Benutzerprogrammen aufrufbaren FORTRAN-Unterprogrammen für numerische Anwendungen. Die Programme sind in folgende Kapitel unterteilt: 1. Lineare Algebra, 2. Eigenwertprobleme, 3. Nichtlineare Gleichungen, 4. Minimierung von Funktionen, 5. Interpolation und Approximation, 6. Modellanpassung und Datenglättung, 7. Fouriertransformation, 8. Intergration von Funktionen, 9. Differentialgleichungen, 10. Spezielle Funktionen, 11. Zufallszahlen, 12. Vektor- und Matrixoperationen, 13. Sortieren und Suchen, 14. Arithmetik, 15. Maschinenparameter, 16. Hilfsprogramme. Das ursprüngliche Ziel bei der Entwicklung der FH KIEL MATHLIB war es, eine Numerik-Unterprogrammbibliothek für die Ausbildung zu erhalten, die ohne Lizenzprobleme auf beliebigen Rechnern der FH Kiel installiert werden kann. Zielgruppe sind vor allem Studenten in Lehrveranstaltungen, in denen Anwendungen numerischer Verfahren auf naturwissenschaftliche und technische Problemstellungen behandelt werden. Grundkenntnisse numerischer Begriffe und Verfahren sowie der Programiersprache FORTRAN werden vorausgesetzt bzw. müssen vom Lehrenden vermittelt werden. Die Bibliothek wird im Fachbereich Technik der FH Kiel seit zwei Semestern erfolgreich eingesetzt. Seit Herbst 1990 steht die Software allen Universitäten und Fachhochschulen für Zwecke von Forschung und Lehre zur Verfügung.

| | |
|---|---|
| **Betriebssysteme** | any |
| **Softwareumgebung** | Normkonformer FORTRAN-77-Compiler (voller Sprachumfang) |
| **Hardwareumgebung** | beliebig |
| **Preis** | 20 DM |
| **Bezugsbedingungen** | Preis ist der Unkostenbeitrag für Disketten und Versand. Nichtkommerzielle Nutzung kostenlos. Für kommerzielle Nutzung ist eine Lizenzvereinbarung mit dem Autor erforderlich. |
| **ASK-SAM** | Das Programm kann über den Fileserver abgerufen werden. |

**Bezugsadresse/Autor**
Prof. Dr. Guido Hartmann
FH Kiel
FB Technik
Legienstraße 35
2300 Kiel
0431/55 47 44

Statistik / Datenanalyse

## Graphics Language Interpreter GLI

| | |
|---|---|
| **Fachgebiete** | Chemie, Informatik, Elektrotechnik, Mathematik, Physik |
| **Anwendungsbereiche** | Analyse, Graphik, Sprache, technisches Zeichnen, Visualisierung |
| **Zielgruppen** | Wissenschaftler, Forscher, Ingenieure |
| **Version** | GLI V4.2 |
| **Erstellungsdatum** | 01.07.1991 |

Der Graphics Language Interpreter (GLI) ist ein Software-System für die interaktive Analyse, Reduktion und Darstellung technisch-wissenschaftlicher Daten. Das Programm ermöglicht es Anwendern, über verschiedenste Benutzerschnittstellen Daten zu analysieren, vorzuverarbeiten und in publikationsreife Grafiken zu konvertieren. Er kann sich sogar eine eigene Sprachumgebung aufbauen, die der Graphics Language Interpreter dann "versteht". Die Kommandoschnittstelle kann dabei über Tastatur oder über Pull-Down-Menüs bedient werden.

Durch die Module AUTOPLOT oder SIMPLEPLOT erhält der Anwender vorgefertigte Anwendungen, die ein unmittelbares und selbsterklärendes Arbeiten erlauben. AUTOPLOT eignet sich da bei zum Erstellen von X/Y-Grafiken mit automatischer Legendenerstellung, Wertebereichsfindungen und vielfältiger Repräsentationsarten der zugrundeliegenden Daten. So können damit X/Y-Daten als Marker, Polylinie, Spline - mit bis zu 20 verschiedenen Glättungsstufen -, lineare Regression, straight-line-fits, Fast Fourier Transformation (FFT) und deren Inverse dargestellt werden. Bei SIMPLEPLOT, einem Modul, das sich sehr stark an die Gegebenheiten bei der Frequenzanalyse anlehnt ist es möglich Teilbereiche aus X/Y-Graphen mit Filtern, wie z.B. Splines, Bandpaessen oder Hochpaessen, zu belegen und sie punkteweise zu modifizieren. Direkt aufschaltbare Analyseverfahren wie z.B. FFT, erlauben mittels Tastendruck eine zeiteffiziente Untersuchung großer Datenmengen. Neben mannigfaltigen mathematischen Grundfunktion zur Vorverarbeitung der Daten steht ebenfalls ein Formeleditor zur Verfügung, der es erlaubt die erzeugten Plots mit einer Vielzahl von mathematischen Symbolen und Ausdrücken zu beschriften. Zur Beschriftung 3-dimensionaler Bilder kann man diese Formeltexte auch 3-dimensional ausrichten. Der GLI wird schon seit mehreren Jahren von einer Vielzahl von Anwendern im technisch-wissenschaftlichen Bereich eingesetzt und hat dabei auch seine Robustheit bei komplizierten Anwendungen unter Beweis gestellt.

| | | |
|---|---|---|
| **Betriebssysteme** | AIX, SUN OS, ULTRIX, UNIX, VMS | |
| **Softwareumgebung** | k.A. | |
| **Hardwareumgebung** | DEC, CRAY, SUN, HP, IBM | |
| **Preis** | 4130 DM | |
| **Bezugsbedingungen** | Demoprogramm kostenlos beim Centera Technologies erhältlich. | |
| **Sonderkonditionen** | Mehrfachlizenz: | 3.300,-- DM bei 2 bis 5 Kopien |
| | | 2.900,-- DM ab 6 Kopien |
| | Geltungsbereich: | Hochschulen, Fachhochschulen, sonstige öffentliche Bildungseinrichtungen |

**Bezugsadresse**
Centera Technologies Deutschland GmbH
Goethestraße 17
8000 München 2
089/555381

# HARVEST

| | |
|---|---|
| **Fachgebiete** | Mathematik |
| **Anwendungsbereiche** | Datendarstellung, Graphik, mathematische Software, Statistik |
| **Zielgruppen** | Wissenschaftler, Studenten |
| **Version** | 1.0 |
| **Erstellungsdatum** | 11.12.1990 |

Die Darstellung und Auswertung von Meßwertpaaren erfordert eine Regressionsrechnung. Das Programm führt eine Anpassung vorgegebener Modellfunktionen an einen beliebigen Datensatz durch, die Schätzung für Vertrauensintervalle bzw. -bänder auch Nichtlinearer Funktionen stellt die Besonderheit des Programms dar. Die Dokumentation, Aufbereitung und Ausgabe der Datensätze und errechneten Kurven ist möglich. Die Auswertung und Aufbereitung von Meßreihen gehört zum wissenschaftlichen Alltag. Es wurde deshalb ein möglichst vielseitiges und einfach zu bedienendes Programm angestrebt, welches auch dem Nichtstatistiker die Arbeit mit nichtlinearen Modellfunktionen erlaubt. Die Handhabung des Programms setzt prinzipiell keinerlei statistische Vorkenntnisse voraus. Die Auswertearbeit wird einerseits vielfach von wissenschaftlichen Hilfskräften ausgeführt, andererseits herrscht von Seiten der Studenten aus nichtmathematischen Disziplinen ein reger Bedarf an Mitteln zur zügigen und nicht allzu aufwendigen statistischen Auswertung. Die Programminhalte sind im wesentlichen mathematischer Art. Der Ableitung des optimalen Parametersatz liegt der von M. Weber modifizierte Marquardt-Algorithmus zugrunde. Zur Kontrolle ist noch eine weitere Variante des Marquardt-Verfahrens implementiert. Die Grundlagen zur Berechnung der Konfidenzbänder sind von Bates und Watts übernommen. Als fachlich interessant dürfte die Berechnung der Konfidenzbänder für Nichtlineare Regressionsmodelle gelten. Neben den kommerziellen und äußerst umfangreichen auf dem Markt erhältlichen Statistikpaketen bietet das Programm eine Verdichtung vieler leicht bedienbarer Funktionen vom Datentransfer bis hin zur Grafikausgabe mit insgesamt geringen Ansprüchen an den Festplattenspeicher.

| | |
|---|---|
| **Betriebssysteme** | MS-DOS 3.x |
| **Softwareumgebung** | k.A. |
| **Hardwareumgebung** | AT; 560 KB; EGA, VGA, Hercules; Festplatte; serielle Maus verwendbar; 24-Nadeldrucker (epson-kompatibel) |
| **Preis** | k.A. |
| **Bezugsbedingungen** | k.A. |

**Bezugsadresse/Autor**
Johannes Lutz
Patriziusstr. 45
7090 Ellwangen-Eggenrot
07961/7125

# HIQ

| | |
|---|---|
| **Fachgebiete** | Elektrotechnik, Mathematik, Maschinenbau, Physik |
| **Anwendungsbereiche** | Algebra, Analyse, Differentialgleichungen, Kalkulation, Rechner |
| **Zielgruppen** | Wissenschaftler, Physiker, Ingenieure |
| **Version** | k.A. |
| **Erstellungsdatum** | k.A. |

HIQ ist eine Mischung aus einem mathematischen DTP-Programm, einer hochqualifizierten Programmiersprache für mathematische Problemstellungen und fertigen, grafisch elegant gestalteten Anwendermodulen für tägliche Probleme aus dem ingenieurmathematischen Bereich. Ein ideales Tool für Ingenieure und Wissenschaftler, Physiker, Universitätsanwender. HIQ ist ein Werkzeug zur kompletten technischen Projektabwicklung: Planung, Datenanalyse und -reduktion, Lösungsentwurf und Programmierung, grafische Auswertung und die komplette Überwachung aller Schritte. Drei Komponenten zeichnen dieses System aus: Projektterminplaner, Analysis Engine und die HIQ-Script-Umgebung.

Der Terminplaner ist die Arbeitsfläche, auf der Zahlenmaterial erzeugt oder importiert, analysiert, bearbeitet und als Grafik, Tabelle, Matrix oder Text präsentiert wird.

Die Analysis Engine ist der "Analyse-Motor" und umfaßt einen leistungsfähigen Kern von mehr als 500 mathematischen und grafischen Funktionen.

HIQ-Script ist die wissenschaftliche Programmiersprache für den Ingenieur. Es besteht keine Notwendigkeit, sich über Variablendimensionen, Speicherverwaltung oder Ausgabefunktionen Gedanken zu machen, dies stellt das grafische Benutzerinterface zur Verfügung. Die HIQ-Script-Umgebung vereinigt die unterschiedlichen Teile von HIQ und automatisiert die Abläufe.

HIQ besitzt folgende Merkmale: 2D- und 3D-Farbphotos; euklidische, polare, zylindrische und sphärische Koordinatensysteme; freie Achsenskalierung; Punkt-, Kurven-, Oberflächen-, Kontur- und Intensitätsplots; Bildbearbeitung und Renderingfunktionen.

| | |
|---|---|
| **Betriebssysteme** | MAC OS 6.0, MAC OS 7.0, UNIX |
| **Softwareumgebung** | Macintosh System 6. x oder 7. x UNIX |
| **Hardwareumgebung** | Apple Macintosh, SUN, HP, DEC und IBM Workstations |
| **Preis** | k.A. |
| **Bezugsbedingungen** | k.A. |

**Bezugsadresse**
Andreas Heilemann, Ralf Rosenberger
ADDITIVE GmbH
Max-Planck-Straße 9
6382 Friedrichsdorf
06172-77017 bzw. 77016

**Autor**
Uwe Kastner
macware GmbH
3100 Celle

## irfit

| | |
|---|---|
| **Fachgebiete** | Chemie |
| **Anwendungsbereiche** | mathematische Software, numerische Software |
| **Zielgruppen** | k.A. |
| **Version** | 1.0 |
| **Erstellungsdatum** | 01.12.1988 |

Das Programmpaket Irfit besteht aus 3 Komponenten. Das Programm fit1.exe paßt die Kurve an die Meßwerte der Irbande an, das Programm sp.exe wandelt die Ergebnisse der angepaßten Kurve in Wellenzahl/Extinktionswerte um, die dann mit dem Programm grafik.exe dargestellt werden können.

Das Programm fit1.exe braucht insgesamt 3 Eingabedateien. Eine Eingabedatei enthält die Meßpunkte der anzupassenden Banden, die andere enthält Steuerinformationen für das Programm. Die Eingabedatei mit dem Namen 'work' enthält die Namen der zu bearbeitenden Dateien. Dabei müssen die Namen in der Reihenfolge Steuerdatei, Meßpunktdatei und Ausgabedatei eingegeben werden. Das Format jeder Zeile ist 3A10. Die Steuerdatei bestimmt, wie die Kurvenanpassung vorgenommen wird.

Das Programm sp2.exe berechnet aus den optimal angepaßten Funktionen wieder eine Meßwertdatei. Dies Programm fragt den Namen der Steuerdatei ab, aus der die Werte gelesen werden sollen, dies ist in der Regel die Ausgabedatei des Programmes fit1.exe nämlich fit1.out. Nach Eingabe des Namens der Zieldatei beginnt die Berechnung der Meßpunkte der angepaßten Kurve, die in dem oben beschriebenen Format in die angegebene Datei geschrieben werden. Damit ist nun eine Grafikausgabe möglich.

Das Programm grafik.exe benötigt eine Tektronixemulation, damit die Grafik auch korrekt wiedergegeben wird. Das Programm grafik.exe greift auf die Dateien grafik.in und fit1.in zu, dabei ist fit1.in die Steuerdatei. Die Datei grafik.in stellt Parameter für die grafische Darstellung zur Verfügung.

| | |
|---|---|
| **Betriebssysteme** | MS-DOS 3.x |
| **Softwareumgebung** | Tektronixemulator PCPLOT3 wird benötigt |
| **Hardwareumgebung** | IBM-kompatibler PC |
| **Preis** | k.A. |
| **Bezugsbedingungen** | k.A. |
| **ASK-SAM** | Das Programm kann über den Fileserver abgerufen werden. |
| **Bezugsadresse/Autor** | |

Peter Zinn
Ruhr-Universität Bonn
Universitätsstraße 150
4630 Bochum
0234/7004193

# Statistik / Datenanalyse

## KAREN

| | |
|---|---|
| **Fachgebiete** | Chemie |
| **Anwendungsbereiche** | Kalibrierung, Lichtstärkenmessung, Photometrie, Meßdatenverarbeitung, Regler-/Regelungsentwurf, Statistik, Lernsoftware |
| **Zielgruppen** | Wissenschaftler, Studenten, Praktikanten |
| **Version** | 1.1 |
| **Erstellungsdatum** | 15.02.1991 |

Das Programm KAREN dient zur Auswertung von Meßdaten aus der Photometrie, Flammen-Atomabsorptions-Spektrometrie (AAS) oder AAS-Graphitrohrtechnik nach dem Verfahren der Eichkurvenkalibration. Die heutigen Gerätesysteme besitzen üblicherweise eine integrierte vollautomatische Datenerfassung und -auswertung. Diese bringt, neben dem von kommerziellen Anwendern gewünschten Bedienerkomfort, auch Nachteile. Ausreißer bei der Aufnahme der Bezugsfunktion werden meist mit einem Programmabbruch quittiert. Dadurch wird oft ein kompletter Neustart des Meßzyklus erforderlich. KAREN bietet ein Formblatt als Benutzeroberfläche an, in das Wertepaare bestehend aus den Meßgrößen Extinktion und Analytkonzentration der vorgegebenen Bezugslösungen eingetragen werden können. Diese dienen als Stützpunkte für die zu ermittelnde Bezugsfunktion. Neben der linearen Regressionsrechnung stehen dem Anwender verschiedene nichtlineare Alternativen zur Auswahl, die aus dem thematischen Sachverstand des Anwenders heraus mit ersterer vergleichend diskutiert werden können. Die graphische Darstellung der Bezugsfunktion wird durch statistische Parameter zur Güte der Kurvenanpassung ergänzt. In der studentischen Ausbildung zeigt sich bei der Benutzung von AAS-Vollautomaten häufig die Neigung zur unkritischen Akzeptanz gegenüber Meßwerten. Um den Auswerteprozeß durchschaubarer und beeinflußbar zu machen, wurde Karen als sog. Tool konzipiert. Das Programm findet sowohl im analytisch-geochemischen Praktikum im Zuge der vertiefenden Einführung in die AAS-Graphitrohrtechnik, als auch im gewässerchemischen Praktikum im Rahmen der Spektralphotometrie Verwendung. KAREN bietet im Vergleich mit dem automatisierten Lauf moderner AAS-Geräte den Vorzug hoher Flexibilität, in dem einfache Möglichkeiten zur Streichung von erkennbaren Ausreißern und Hinzufügen von Wertepaaren zur Liste der gemessenen Bezugslösungen bestehen. Mit KAREN kann ähnlich einer Tabellenkalkulation solange durch Nachsetzen von weiteren Bezugslösungen ein Durchspielen von sog. 'Was wäre wenn'- Alternativen vollzogen werden, bis das angestrebte Gütemaß für die Paßform der Bezugsfunktion erreicht wird.

| | |
|---|---|
| **Betriebssysteme** | MS-DOS 3.x |
| **Softwareumgebung** | k.A. |
| **Hardwareumgebung** | IBM PC-XT/AT; 640 KB; VGA, EGA, CGA, Hercules; CITIZEN 120D oder EPSON-FX kompatibler Drucker im IBM-Grafikmodus |
| **ASK-SAM** | Das Programm kann über den Fileserver abgerufen werden. |

**Bezugsadresse/Autor**
Dr. Bernd Prause
Technische Universität Clausthal
Inst. f. Mineralogie u. Min. Rohstoffe
Adolph-Römer-Str. 2a
3392 Clausthal-Zellerfeld
05323/72-2326

## LABORSYSTEM (LS)

| | |
|---|---|
| **Fachgebiete** | Physik |
| **Anwendungsbereiche** | Anwendungsprogramm, Datenanalyse, graphische Darstellung, Meßgerät, Signalverarbeitung |
| **Zielgruppen** | Studenten, Wissenschaftler |
| **Version** | 2.1 |
| **Erstellungsdatum** | 06.02.1991 |

Das Programm enthält folgende Funktionen: i) Meßdatenerfassung für Spektren $F(U)$, $F(U(T),U)$, $F(x,y,U)$. U=Spannung, T=Temperatur, x,y = Ortskoordinaten. ii) Meßablaufsteuerung für diverse Spektrometer iii) Datenmanipulation: - skalieren, normieren - glätten - differenzieren, integrieren - FFT, Linienformanalyse (Peakfit) - Untergrundbehandlung etc.

Die Benutzer können interaktiv die Wirkung von diversen Auswert-Algorithmen auf einen Datensatz erfahren und die dem Problem am besten angepaßte Möglichkeit der Datenauswertung ausprobieren (z.B. die Wahl eines geeigneten Glätt-Algorithmus). Anschließend kann ein Auswertvorgang automatisiert werden. Die Möglichkeit, jeden Schritt der Auswertung eines Spektrums nachvollziehen zu können, führt zu optimalen Ergebnissen und verhindert typische Fehler, wie sie z.B. immer wieder beim "Peakfitten von Hand" unterlaufen.

Programme wie LS werden immer wieder neu "erfunden". Jede Arbeitsgruppe schwört auf ihr selbstgeschriebenes Datenerfassungs- und Auswertprogramm, und das sicher mit gutem Grund. Kommerziell erhältliche Software deckt oft nur einen kleinen Bereich der Anforderungen ab. Andere Programme sind für sehr spezielle Probleme ausgelegt und oft nicht konvertierbar. Mit LS wurde versucht, ein breites Anwendungsspektrum zu erschließen. Dieses wird durch folgende Features deutlich: - Einbindung von Treibern für (fast) beliebige Meßkarten und somit von beliebigen Meßapparaturen, - Formelparser für spezielle Auswertprobleme, - FFT- und Peakfit-Prozeduren in einem Programm, - 3 verschiedene Smooth-Algorithmen usw., - diverse Plotter-Ausgaben (z.B. beliebig viele Spektren übereinander), - umfangreiche Automatismen (zum Messen und Auswerten), - einfach zu bedienende und durchgängige Benutzeroberfläche. Wir sind der Ansicht, daß LS im Prinzip alle Probleme im Bereich der Meßwerterfassung und -Auswertung für die spektroskopischen Methoden der Festkörper- und Oberflächen-Physik bewältigen kann. Im interaktiven Betrieb erlaubt LS das "Spielen" mit Spektren, ein nicht zu unterschätzender Lerneffekt für Studenten.

| | |
|---|---|
| **Betriebssysteme** | MS-DOS 3.x |
| **Softwareumgebung** | k.A. |
| **Hardwareumgebung** | IBM AT (80286, 80386); 640 KB; EGA; 40 MB; 80x87; Maus (3 Knopf, z. B. Logitech), HPGL-Plotter, Meßkarte(n); |
| **Preis** | 6000 DM |
| **Bezugsbedingungen** | k.A. |

**Bezugsadresse/Autor**
Felix Lodders
Universität GhK Kassel
Experimental Physik II
Heinrich-Plett-Straße 40
3500 Kassel
0561/8044257

# LP-Lupe

| | |
|---|---|
| **Fachgebiete** | Wirtschaftswissenschaften, Mathematik |
| **Anwendungsbereiche** | Hypertext, lineare Optimierung, mathematische Software, Operations Research, Lernsoftware |
| **Zielgruppen** | Studenten |
| **Version** | 1.0 |
| **Erstellungsdatum** | 01.09.1990 |

LP-LUPE dient zur Analyse und Lösung von Linearen Programmen (=LPs). Die LPs werden dabei in Form von Variablen und linearen Ungleichungen angelegt. In dieser Formulierungsphase wird das LP als System von Ungleichungen angezeigt. Außergewöhnlich ist, daß bei allen Eingaben auch die Einheiten der Werte und Variablen berücksichtigt werden können. Auf diese Weise ist eine formale Plausibilitätskontrolle möglich. LPs, die lediglich zwei Strukturvariablen beinhalten, stellt LP- Lupe auch grafisch dar. Auf diese Weise kann der Benutzer auf einen Blick Aufklärung über das Wesen des LPs, den Effekt der Restriktionen und die zulässige Lösungsmenge erhalten. Außerdem ist es möglich die Zielfunktion parallel zu verschieben und so eine Näherungslösung zu ermitteln. Innerhalb der numerischen Optimierung zeigt der Bildschirm das LP in der gebräuchlichen Tableaus-Darstellung. Während der sukzessiven Lösung des LPs sieht der Lernende alle Veränderungen des Tableaus; die wichtigen Schritte des Simplex-Algorithmus können mitverfolgt werden. Zusätzlich ist es möglich durch die Auswahl der Pivotspalte den Fortgang der Rechnung zu beeinflussen. Zur Lösung von ganzzahligen und gemischt-ganzzahligen LPs ist der Branch-and-Bound-Algorithmus von Dakin implementiert. Die Generierung des Entscheidungsbaumes kann hierbei ebenfalls am Bildschirm nachvollzogen werden. Selbstverständlich ist es möglich LPs auf einem Massenspeicher abzulegen und später wieder einzulesen und weiter zu bearbeiten. LP-Lupe besitzt eine kontext-sensitive Hilfefunktion, die zusätzlich Hypertext-Links enthält.

Die folgenden Inhalte und Lernziele werden von LP-Lupe abgedeckt: - Formale Struktur und Konstruktionsprinzipien von LPs - Der Simplex-Algorithmus zur Lösung von LPs - Selektion eines Pivotelements - Umgestaltung des Tableaus während einer Iteration - Kriterien für die Beendigung des Algorithmus - Der Dakin-Algorithmus zur Lösung gemischt-ganzzahliger LPs. LP-Lupe wird innerhalb der Lehrveranstaltungen als ein Medium zur Vermittlung der Konzepte der Linearen Programmierung eingesetzt.

**Anerkennenswerte Leistung beim Deutschen Hochschul-Software-Preis 1991**

| | |
|---|---|
| **Betriebssysteme** | MS-DOS 3.x |
| **Softwareumgebung** | k.A. |
| **Hardwareumgebung** | IBM-PC; 300 KB; MGA, CGA, EGA, VGA, Hercules |
| **Preis** | k.A. |

**Bezugsadresse/Autor**

Ullrich Baum
Universität Erlangen-Nürnberg
Lehrstuhl für Operations Research
Unterlimpurger Str. 97
7170 Schwäbisch Hall
(0791) 43953

Klaus Bodenschatz, Hans-Martin Fetzer
Unterlimpurger Str. 97
7170 Schwäbisch Hall
(0791) 43953

# MESSYS

| | |
|---|---|
| **Fachgebiete** | Elektrotechnik, Maschinenbau, Physik, Verfahrenstechnik |
| **Anwendungsbereiche** | Experiment, integriertes Software-Paket, Meßgerät, objekt-orientierte Integration, Statistik |
| **Zielgruppen** | Studenten, Wissenschaftler |
| **Version** | 2.0 |
| **Erstellungsdatum** | k.A. |

Neben der zentralen Aufgabe von MESSYS (Objektorient. Meßdatenerfaß./-auswertung), der Integration unterschiedlichster Labormeßgeräte zu einem Meß- und Steuersystem, erlaubt das Programm auch die Aufbereitung, Analyse und grafische Darstellung der gewonnenen Meßdaten. Zur Datenanalyse wird zum Beispiel Fouriertransformation, Faltung und Korrelation zur Verfügung gestellt. Besondere Fähigkeiten beim Umgang mit Rechnern wird nicht erwartet. Die Grundidee des Programms ist es, mit objektorientierten Programmiertechniken die real existierenden Meßgeräte, die über Norm-Schnittstellen mit dem Rechner kommunizieren, softwaremäßig nachzubilden. Diese so gebildeten Software-Geräte erhalten zusätzliche Fähigkeiten, wie zum Beispiel die Möglichkeit die Meßwerte auf einem Massenspeicher abzulegen. Das Programm zielt didaktisch in zwei Richtungen, zum einen soll den Studenten der Umgang mit hochmodernen Meßgeräten erleichtert werden und zum anderen sollen sie die Fähigkeiten und Kenntnisse erlangen können, um selbst Meßtechnik-Software schreiben zu können. Das Programm ist so über einen weiten Bereich der Ausbildung nutzbar. Die erste Funktion, die leichte Bedienbarkeit, gestaltet sich je nach Entwicklungsstand der verwendeten Geräte verschieden. Ältere Meßgeräte haben in der Regel nicht die Möglichkeit, die letzte Konfiguration abzuspeichern. Dies übernimmt MESSYS, sodaß der Benutzer nach dem Einschalten immer auf dem letzten Stand ist. Geräte der neuesten Generation (z.B. Oszilloskop HP 54510) erwarten zur Einstellung eine komplette Datei. In MESSYS ist diese, genauso wie andere Einstellungen, bereits vordefiniert und auf sinnvolle Startwerte gesetzt. Verändert ein unerfahrener Benutzer diese Daten und generiert er dabei Fehler, so gestattet MESSYS eine interaktive Korrektur. Es wird automatisch die Zeile angezeigt, in der die Fehleinstellung erfolgte.

| | |
|---|---|
| **Betriebssysteme** | MS-DOS 3.x, PC-DOS 3.x |
| **Softwareumgebung** | k.A. |
| **Hardwareumgebung** | AT-x86; 1MB; Herkules; Festplatte 2MB; V24. ; Num. Koproz. ; EMS; XMS; UMB; Maus; VGA; IEC (mit 7210, z. B. Keithley); HPIB (HP82335A von HP) und HPGL-Plotter. Meßgeräte mit Schnittstelle. |
| **Preis** | k.A. |
| **Bezugsbedingungen** | k.A. |

**Bezugsadresse/Autor**

Dipl.-Ing. Thomas Wendt,
Dipl.-Ing. Joachim Altmann
Universität Kassel
Fachbereich Elektrotechnik
Wilh. Allee 71
3500 Kassel
0561/804-6428

Dipl.-Phys. Wolfgang Burda
Universität Kassel
Fachbereich Elektrotechnik
Wilh. Allee 71
3500 Kassel
0561/804-6473

# ModulPlot

| | |
|---|---|
| **Fachgebiete** | Biologie, Chemie, Mathematik, Physik |
| **Anwendungsbereiche** | Datenanalyse, Datendarstellung, graphischer Sprachinterpreter, wissenschaftliche Graphik |
| **Zielgruppen** | Wissenschaftler, Mathematiker, Statistiker |
| **Version** | 2.1 |
| **Erstellungsdatum** | 30.08.1992 |

Analyse von Meßdaten : - komfortabler Dateneditor zur Eingabe und Berechnung von Datensätzen - numerische oder statistische Datenanalyse in externen Modulen - leistungsfähige Grafiksprache zur Datenpräsentation - Tabelleneditor zur formatierten Datenübernahme in Texte - Batchsprache zur Automatisierung von Auswerteverfahren.

ModulPlot stellt alle aufwendigen Programmteile (Eingabe, Grafik, Batchinterpreter, Benutzeroberfläche) zur Verfügung, während die eigentliche Datenanalyse in externen Programmen geschieht. Diese müssen sich fast nur noch auf das jeweilige numerische Verfahren konzentrieren und sind somit relativ einfach zu schreiben. Standardverfahren sind natürlich im Lieferumfang. ModulPlot entlastet die mit der Auswertung beschäftigten Personen wesentlich: : - Das Schreiben von Auswertesoftware entfällt bzw. beschränkt sich auf ein verhältnismäßig einfaches Modul. - Die Automation der Auswertung mittels Batchdatei erlaubt die Analyse auch größerer Datenmengen z.B. über Nacht, ohne daß ständig irgendwelche Eingaben gemacht werden müssen.

ModulPlot ist schon an einer Reihe von Instituten im Einsatz und wird durchweg positiv beurteilt.

| | | |
|---|---|---|
| **Betriebssysteme** | GEM, TOS | |
| **Softwareumgebung** | k.A. | |
| **Hardwareumgebung** | ATARI ST/TT; 1. 5 MB; color and monochrome | |
| **Preis** | 360 DM | |
| **Bezugsbedingungen** | Gestaffelte Preise bei Sammelbestellung, Studentenrabatt | |
| **Sonderkonditionen** | Einzellizenz: | 360 DM |
| | Mehrfachlizenz: | 650 DM pro Lizenz bei 2 Kopien |
| | | 870 DM pro Lizenz bei 3 Kopien |
| | | 1050 DM pro Lizenz bei 4 Kopien |
| | Geltungsbereich: | Hochschulen, Fachhochschulen, sonstige öffentliche Bildungseinrichtungen, persönliche Lizenzen für Hochschulangehörige und Studenten |
| **ASK-SAM** | Eine Demo-Version des Programmes kann über den Fileserver abgerufen werden. | |

**Bezugsadresse/Autor**
Jürgen Altmann
Universität Köln
Institut für Kernphysik
Zülpicherstraße 77
5000 Köln 41
0221/470-3629

## MOSES (Modulares-SW-Experimentiersystem)

| | |
|---|---|
| **Fachgebiete** | Physik |
| **Anwendungsbereiche** | Datenanalyse, Experiment, integriertes Softwarepaket, Simulation |
| **Zielgruppen** | Studenten, Schüler |
| **Version** | 2.3 |
| **Erstellungsdatum** | 01.10.1992 |

Verschiedene Softwaremodule für Simulations- und Realexperimente geben ihre Daten zur Anaylse direkt an das allgemeine Basismodul AUSWERTUNG. Zwischen einem Meßmodul und AUSWERTUNG kann sehr schnell hin- und hergeschaltet werden. Mit dem speziellen Meßmodul KONDENSATOR wird die Spannung eines Kondensators in Abhängigkeit von der Zeit bei Auf- und Entladevorgängen registriert. LAMPENSTROM registriert den Einschaltstrom einer Glühlampe. DMMXY registriert die Meßwerte von zwei Digitalmultimetern, die an den seriellen Computerschnittstellen angeschlossen werden. Das Modul DREHUNGEN mißt bei Drehbewegungen die für verschiedene Winkel benötigte Zeit. Das Modul ZERFALL simuliert Zerfallsvorgänge und stellt diese anschaulich dar. Das Modul BEWEGUNG simuliert zweidimensionale Bewegungen aufgrund frei definierbarer Bewegungsgleichungen a(s,v,t) und stellt diese anschaulich als Animationen oder Bahnkurven dar. Auch die Simulationsmodule registrieren "Meß"- Daten, die mit dem Basismodul AUSWERTUNG analysiert werden können. Das auch allein lauffähige Basismodul AUSWERTUNG kann bis zu 2000 Wertepaare in einem kartesischen Koordinatensystem grafisch darstellen, diese beliebig umrechnen und mit Hilfe verschiedener Regressionsverfahren Grafen hindurch legen. Mit der Maus sind die Diagramme ausmeßbar. Die Fläche unter den Wertepaaren kann ermittelt werden, auch wenn keine Funktion bekannt ist, ebenso die Steigung der Wertepaare. Beliebige Funktionen, ihr Integral und ihre Ableitungen lassen sich grafisch darstellen.

MOSES wird seit 1989 in Kursen zur Studienvorbereitung ausländischer Studenten und seit 1991 in Kursen "Computer im Physik Unterricht" am Institut für Lehrerfortbildung in Hamburg eingesetzt. Die Hamburger Schulbehörde hat eine Landeslizenz von MOSES bezogen.

| | |
|---|---|
| **Betriebssysteme** | DR-DOS 5.x, MS-DOS, PC-DOS |
| **Softwareumgebung** | k.A. |
| **Hardwareumgebung** | IBM 386/486; MS Mouse; Grafik: CGA, Hercules, EGA, VGA. |
| **Preis** | 290 DM |
| **Bezugsbedingungen** | Abgabe nur an Hochschulen, Schulen und den dort Lehrenden und Lernenden (Demo- Version für DM 20,- vom Verfasser). |
| **Sonderkonditionen** | Campuslizenz: 2900 DM |
| | Geltungsbereich: Hochschulen, Fachhochschulen, persönliche Lizenzen für Hochschulangehörige und Studenten |
| | Vergabe von Schul- und Landeslizenzen nach Vereinbarung |

**Bezugsadresse/Autor**

Joachim Schmidt
Studienkolleg f. ausl. Stud. an der Uni
Holstenglacis 6
2000 Hamburg 36
040/34973064

Joachim Schmidt
Krochmannstraße 4
2000 Hamburg 60
(040) 5117959

Statistik / Datenanalyse

## NIL-FIT (nichtlin. Parameterfit)

| | |
|---|---|
| **Fachgebiete** | Mathematik, Physik |
| **Anwendungsbereiche** | Datendarstellung, mathematische Graphik, numerische Software |
| **Zielgruppen** | k.A. |
| **Version** | 1.0 |
| **Erstellungsdatum** | 01.01.1991 |

Das Programm Nilfit ermöglicht einen nichtlinearen Fit nach der Levenberg-Marquardt Methode. Der zu bestimmende Funktionsterm kann dabei analytisch eingegeben werden und maximal 12 Parameter enthalten. Format der Meßwertdateien: Hierbei handelt es sich um Textdateien (ASCII), die zeilenweise zu beschriften sind und vor dem Programmstart (z.B. mit dem Turbo-Pascal Editor) erstellt werden müssen. Dabei muß jede Zeile ein Wertepaar enthalten. Durch Angabe eines dritten Wertes in der gleichen Zeile kann die Standardabweichung des jeweiligen y-Wertes berücksichtigt werden. Wird auf den dritten Wert in einer Zeile verzichtet, so setzt das Programm den betreffenden Wert auf 1. Hinweise zu den verwendeten Größen: Die folgenden Angaben genügen, um mit dem Programm sinnvoll arbeiten zu können. Eine genauere Beschreibung des benutzten numerischen Verfahrens findet man im Programm. Standardabweichungen der y-Meßwerte: diese Größen erlauben eine Wichtung der einzelnen Wertepaare und dienen der Berechnung der Parameterabweichungen. Sind diese Abweichungen nicht bekannt, so sollte eine grobe Schätzung vorgenommen werden (z.B. gleiche Standardabweichungen für alle Werte). Parameterabweichungen geben die Unsicherheit der berechneten Fitparameter an. Fehlerquadrat: entspricht der Summe der einzelnen Abstandsquadrate zwischen den y-Meßwerten und den relevanten Werten der Fitfunktion (jeweils dividiert durch die zugehörige Standardabweichung). Güte des Fits: der Wertebereich dieser Zahl liegt zwischen 0 und 1. Sie gibt eine Art Wahrscheinlichkeit dafür an, ob der ermittelte Fit brauchbar ist und hängt sowohl vom Fehlerquadrat als auch von der Zahl der Freiheitsgrade des Systems (= Differenz aus Werteanzahl und Fitparameterzahl) ab. Ein sehr kleiner Wert der 'Güte' bedeutet eine hohe Wahrscheinlichkeit dafür, daß die Abweichungen zwischen Daten und Modell nicht statistischer Natur sind. Wahrscheinlicher ist: Das Modell ist falsch, die Standardabweichungen sind in Wirklichkeit größer als angegeben, die Fehler in den Daten sind nicht normalverteilt. Ein sehr hoher Wert der 'Güte' ("Das Ergebnis ist zu gut, um wahr zu sein") legt nahe, daß die Fehler in den Daten kleiner sind als angenommen.

| | |
|---|---|
| **Betriebssysteme** | MS-DOS |
| **Softwareumgebung** | k.A. |
| **Hardwareumgebung** | IBM AT/XT oder kompatibel; Koprozessor 8087/80287; EGA-, CGA-, oder Hercules-Graphik; Drucker: Epson LQ-1500, IBM PC Graphik Printer; Plotter: Epson HI-80- bzw. HPGL-Plotter |
| **ASK-SAM** | Das Programm kann über den Fileserver abgerufen werden. |

**Bezugsadresse**
Hans-Jürgen Jodl
Universität Kaiserslautern
FB Physik
Erwin-Schrödinger-Str.
6750 Kaiserslautern

## Normalkoordinatenanalyse NK 32

| | |
|---|---|
| **Fachgebiete** | Chemie, Physik |
| **Anwendungsbereiche** | Analyse, Graphik, mathematische Software, Spektren-Simulation |
| **Zielgruppen** | k.A. |
| **Version** | 1.1 |
| **Erstellungsdatum** | 01.10.1990 |

Berechnung von Molekülspektren aus vorgegebenen Daten für Molekülgeometrie und harmonischem Kraftfeld, Fit des Kraftfeldes an experimentelle Spektren. Das Programm beruht auf der Theorie der Molekül-Schwingungsspektren nach Wilson, Decius und Cross. Es enthält weiter Routinen zur Lösung aktueller Fragestellungen: Algorithmus zur Erzeugung von Molekülgeometrien unterschiedlicher Kettenlänge für Zwecke der Polymerchemie, Erzeugung von Molekülgeometrie für Rotationsisomere. Die Graphische Darstellung der Normalkoordinaten veranschaulicht das Vorliegen von innermolekularer Schwingungs-Koppluung. An Hand der systematischen Spektrenanalyse von Oligomeren unterschiedlicher Kettenlänge konnte das Vorliegen innermolekularer pi-Elektronen-Kopplung gezeigt werden.

| | |
|---|---|
| **Betriebssysteme** | MS-DOS |
| **Softwareumgebung** | k.A. |
| **Hardwareumgebung** | AT; RAM: 640 KB; VGA Graphik-Karte; kein Koprozessor |
| **Preis** | k.A. |
| **Bezugsbedingungen** | k.A. |
| **ASK-SAM** | Das Programm kann über den Fileserver abgerufen werden. |

**Bezugsadresse/Autor**
Dr. Michael Pfeiffer
ehemalige Adw der DDR
Institut f. Optik u. Spektroskopie
Rudower Chaussee 5
O-1199 Berlin
00372/674-3847

# Numbers

| | |
|---|---|
| **Fachgebiete** | Mathematik |
| **Anwendungsbereiche** | mathematische Software |
| **Zielgruppen** | Lernende, Lehrkräfte, Forscher |
| **Version** | 2.02B |
| **Erstellungsdatum** | 23.01.1992 |

Der Calculator NUMBERS berechnet die gängigen Funktionen, die in einer Vorlesung zur elementaren Zahlentheorie benutzt werden. Weiterhin sind viele Funktionen als object code beigefügt, die in eigene Turbo Pascal Programme eingebunden werden können (mit * in der Liste gekennzeichnet). Es können natürliche Zahlen mit über 100 Dezimalstellen bearbeitet werden. Addition, Subtraktion, Multiplication, DIV und MOD (*), Potenzen zu einem Modulus (*), Integrale Quadratwurzel (*), Größter gemeinsamer Teiler (*), Kleinstes gemeinsames Vielfaches (*), Inverse von n mod m, Ordnung von n mod m, Primitive Wurzeln, Quadratische Reste, Chinesische Restklassensysteme, Primzahltest (*), Faktorisierung in Primzahlpotenzen (*), Berechnung von Eulers Phi-Funktion (*), Anzahl und Summe von Teilern, Iterierte Summe echter (aliquot) Teiler, Lösung einer linearen Gleichung, Verschiedene Pseudoprimzahltests, Berechnung von Kettenbrüchen, Kettenbruch Darstellung einer irrationalen Wurzel, Lösung der Pellschen Gleichung, Annäherung durch Farey Brüche, die ersten 100 Fibonacci und Lucas Zahlen, Cäsar, Vigenere und RSA Verschlüsselung, Kasiski Analyse eines kurzen Textes. Es werden die gängigen Algorithmen der Zahlentheorie verwandt.

| | |
|---|---|
| **Betriebssysteme** | MS-DOS 2.x, OS/2 2.0 |
| **Softwareumgebung** | k.A. |
| **Hardwareumgebung** | IBM comp. ; 128 KB RAM; CGA, EGA, VGA; Harddisk: 20 MB; Cop. optional; MS-/LogiTech-Mouse; |
| **Preis** | k.A. |
| **Bezugsbedingungen** | Nur für Lehre & Forschung, nicht kommerzielle Nutzung |
| **ASK-SAM** | Das Programm kann über den Fileserver abgerufen werden. |

**Bezugsadresse/Autor**
Dr. Ivo Düntsch
Universität Osnabrück
Rechenzentrum
Albrechtstr. 28
4500 Osnabrück
0541/969 2346

## OPTIMIZE 4.0

| | |
|---|---|
| **Fachgebiete** | Chemie, Elektrotechnik, Maschinenbau, Physik, Verfahrenstechnik |
| **Anwendungsbereiche** | Meßdatenanalyse, Graphik, numerische Software, Stochastische Optimierung, Unterprogrammbibliothek |
| **Zielgruppen** | k.A. |
| **Version** | 4.0 / 1.05 |
| **Erstellungsdatum** | 29.03.1992 |

OPTIMIZE 4.0 ermöglicht durch einen Meßwert-Editor mit Tabellenkalkulations-Funktion die gezielte, numerische Manipulation von Meßreihen mit bis zu 700 Wertepaaren. Diese können entweder aus Dateien eines vereinbarten Formats gelesen oder per Hand eingegeben ("Meßblatt abtippen") und auch gespeichert werden. Im Rahmen eines quantitativen Vergleichs der Messergebnisse mit einer betreffenden Theorie müssen meistens irgendwelche Funktionen an die Meßreihe angepaßt werden. Im Benutzerprogramm können bis zu 9 solcher Modellfunktionen mit bis zu 20 Parametern in vereinbarter Weise definiert und an OPTIMIZE 4.0 übergeben werden. Zur Laufzeit des Benutzerprogramms können auch noch weitere, weniger komplizierte Anpassungsfunktionen über einen Funktionseditor eingegeben, gespeichert oder geladen werden. Dies ermöglicht die Anlage einer vom spezifischen Benutzerprogramm unabhängigen "Funktionsbibliothek" zu OPTIMIZE 4.0, die immer wieder auftretende, einfache Grundtypen von Anpassungsfunktionen ebenso enthalten kann wie zu speziellen Experimenten gehörende Abhängigkeiten, Verläufe, Kennlinien u.s.w. Die Anpassung selbst kann wahlweise nach verschiedenen Verfahren erfolgen. Zur Verfügung stehen derzeit das globale stochastische Suchverfahren BLINDSEARCHEX nach Stier (eine Monte Carlo-Variante), die mehrdimensionale Trisektion nach Türck sowie die (1+1)- und die (1,5)-Evolutionsstrategie nach Rechenberg. Eine komfortable Graphikroutine mit zahlreichen wichtigen Optionen erzeugt dokumentationsreife Diagramme, die sofort ausgedruckt werden können, wenn bestimmte Drucker angeschlossen sind. Sie können aber auch als LaTeX- oder HPGL-Files von Textverarbeitungsprogrammen importiert und so in Protokolle und Veröffentlichungen eingebunden werden, ohne daß sie dazu ausgedruckt, ausgeschnitten und eingeklebt werden müssen. Die Diagramme können Meßwerte in verschiedenen Darstellungen und/oder Funktionsgraphen enthalten und beschriftet werden.

| | |
|---|---|
| **Betriebssysteme** | MS-DOS 4.x |
| **Softwareumgebung** | Borland TurboPascal 6.0 |
| **Hardwareumgebung** | IBM AT 386 (comp.); 640 KB RAM; VGA; Harddisk: 2 MB; 80387; Drucker; |
| **Preis** | k.A. |
| **Bezugsbedingungen** | Eine verkäufliche Vollversion von OPTIMIZE 4.0 ist bei den Autoren erhältlich. |

**Bezugsadresse/Autor**

cand.phys.cand.math. Oliver Stier
Technische Universität Berlin
Inst. für technische Chemie, Sekr. TC 3
Straße des 17. Juni 124
1000 Berlin 12
030/314-79373

cand. phys. Volker Türck
Technische Universität Berlin
Institut für Fachdidaktik, Sekr. PN 1-1
Hardenbergstraße 36
1000 Berlin 12
030/314-23056

# ORIGIN

| | |
|---|---|
| **Fachgebiete** | Chemie, Wirtschaftswissenschaften, Elektrotechnik, Maschinenbau, Physik |
| **Anwendungsbereiche** | 2 dim. Plotten, 3 dim. Plotten, Geschäftsgraphik, Datenanalyse, graphische Datenverarbeitung |
| **Zielgruppen** | Chemiker, Ingenieure, Physiker |
| **Version** | 2.0 |
| **Erstellungsdatum** | 30.04.1992 |

Origin ist ein MS-Windows Programmpaket zur schnellen wissenschaftlichen Darstellung und Analyse von Daten mit DTP Möglichkeiten. Sie haben alle Freiheitsgrade bei der zweidimensionalen Gestaltung der Daten. Verschiedene statistische Funktionen runden dieses Paket ab. Daten können als ASCII, Lotus, Excel, Quattro, DBase, Paradox, EPS, DIF Dateien eingelesen werden. - Statistik: Tabellenkalkulationsfunktionen, Integrale, Differentiale, Glättungen, reale/komplexe FFT, lineare und Polynomregression, nichtlineare Fits, Histogramme, t-Test, Gamma, Beta, Uniform, Normal, Bessel, Incbeta, Erf, Inverf,.. - Grafiken: Wasserfall, Polar, Contour, Histogramme, Spline, Area Stack, Column Stack, Scatter, Hi-lo-close, Piechart - Fitting: ExpDecray, ExpGrow, ExpAßoc, Gaussian, Lorentz, Logistic, Boltzmann, Dhyperbl, Pulse, Levenberg-Marquard - DTP: beliebige Achsenskalierung und Plazierung von Texten in der Grafik, Textrotation, WYSIWIG, Zooming - Programmierung: objektorientierte Programmiersprache - bis 32.768 Datenpunkte je Kurvenzug (RAM abhängig) - Unterstützung von DLL; OEM Versionen

| | |
|---|---|
| **Betriebssysteme** | MS-DOS 3.x, MS-DOS 4.x, MS-DOS 5.x, PC-DOS 3.x |
| **Softwareumgebung** | Benötigt wird Windows 3.x |
| **Hardwareumgebung** | Lauffähig auf PCs mit Windows 3.x |
| **Preis** | 1290 DM |
| **Bezugsbedingungen** | Hochschul- und Mehrplatzlizenzen sind erhältlich |

| **Bezugsadresse** | **Bezugsadresse/Autor** |
|---|---|
| Andreas Heilemann, Ralf Rosenberger | Stefan Steinhaus |
| ADDITIVE GmbH | ADDITIVE GmbH |
| Max-Planck-Straße 9 | Max-Planck-Straße 9 |
| 6382 Friedrichsdorf | 6382 Friedrichsdorf |
| 06172-77017 bzw. 77016 | 06172-77015 HotLine für Kunden |

# ORVICO

| | |
|---|---|
| **Fachgebiete** | Physik |
| **Anwendungsbereiche** | Datenerwerb, Datenanalyse, Experiment, graphische Darstellung, Meßgerät |
| **Zielgruppen** | Schulen |
| **Version** | 5.1 |
| **Erstellungsdatum** | 01.06.1990 |

Von der speziell entwickelten Elektronik wird der hellste Punkt des Videobildes erfaßt. Deshalb wird bei Versuchen aus der Mechanik das zu beobachtende Objekt in geeigneter Weise markiert (weiße Farbe, Klebepunkt, Lampe, Leuchtdiode, ...). Im Signal der Videokamera (beliebiger normgerechter Schwarzweiß- oder Farbtyp) ist die Information über die Lage des Punktes enthalten. Da ein Fernsehbild aus Zeilen aufgebaut ist, genügt es, diese abzuzählen bis der Punkt zum ersten Mal gefunden ist. Dies ist ein Maß für seine vertikale Koordinate (y). Die horizontale Koordinate (x) ist durch die Position des Punktes innerhalb dieser Zeile festgelegt. Die Zeitskala erhält man durch den Bildtakt. Die für MS-DOS-Rechner geeignete elektronische Schaltung, die aus dem Videosignal computergerechte Daten erzeugt, befindet sich auf einer Karte, die in einen 62-poligen Erweiterungssteckplatz eines PCs eingesetzt werden kann. Über eine Buchse (einzige Verbindung nach außen) wird das Videosignal von der Kamera in den Computer geführt. Das hier vorgestellte Programm erfüllt mehrere Aufgaben. Es sorgt für die korrekte Erfassung und Weiterverarbeitung der so gewonnenen Daten. Hierzu gehört auch das Einstellen des Schwellwertes zur Erkennung des Punktes. Das Programm ermöglicht sowohl die direkte (d.h. online-) Darstellung als auch das Abspeichern der Daten. Die online-Darstellung (es erfolgen 50 Messungen pro Sekunde) liefert z.B. die momentane Lage (x,y) des Punktes (woraus seine Spur entsteht) oder auch Zeit-Weg-Diagramme (t-x, t-y). Die abgespeicherten Daten (t,x,y) können zur späteren detaillierten Auswertung (Bestimmen der Geschwindigkeit usw. und deren graphische Darstellung in Abhängigkeit der Zeit) weiterverwendet werden. Anspruchsvollere Berechnungen, wie z.B. Fourieranalyse, Geschwindigkeitsverteilung u.a., sind natürlich auch möglich.

**Preisträger des Deutschen Hochschul-Software-Preises 1991**

| | |
|---|---|
| **Betriebssysteme** | MS-DOS 3.x |
| **Softwareumgebung** | k.A. |
| **Hardwareumgebung** | PC, XT, AT; 640 KB; EGA; Festplatte empfohlen; Koprozessor empfohlen (8087, 80287 bzw. 80387); ORVICO-Interfacekarte (62-poliger Erweiterungssteckplatz) |
| **Bezugsbedingungen** | k.A. |
| **ASK-SAM** | Das Programm kann über den Fileserver abgerufen werden. |

**Bezugsadresse/Autor**

Dr. Roman Dengler
Universität München
Lehrstuhl für Didaktik der Physik
Schellingstr. 4
8000 München 40
(089) 2180-2893 oder 2180-2020

Monika Mende
Universität München
Lehrstuhl für Didaktik der Physik
Schellingstr. 4
8000 München 40
(089) 2180-2893 oder 2180-2020

## Statistik / Datenanalyse

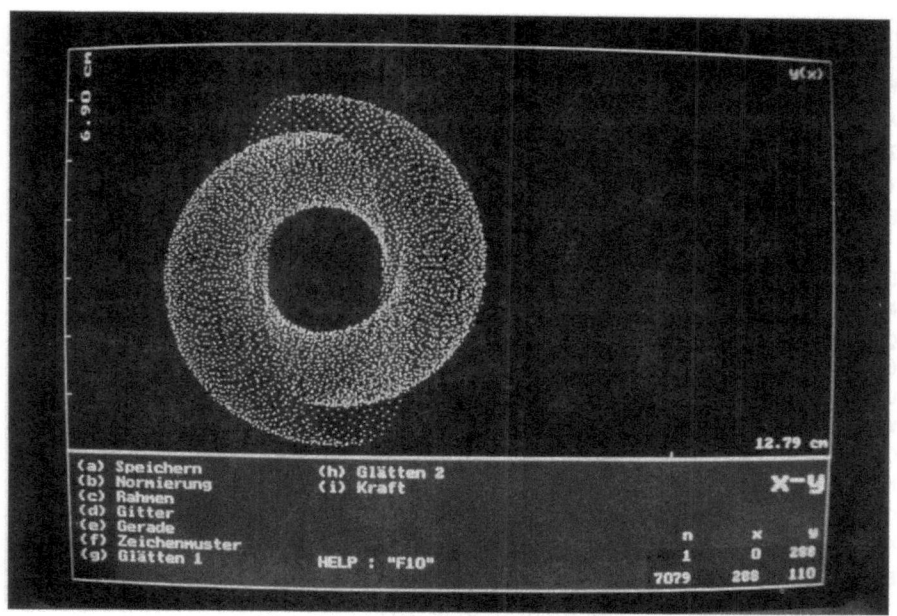

## P-Stat

| | |
|---|---|
| **Fachgebiete** | Mathematik |
| **Anwendungsbereiche** | Analyse, Graphik, mathematische Software, Statistik |
| **Zielgruppen** | k.A. |
| **Version** | 2.14 |
| **Erstellungsdatum** | 01.07.1991 |

Die von P-Stat abgedeckten Bereiche statistischer Analyse umfassen die descriptive Statistik, Inferenzstatistik (t-Test, F-Test, nicht-parametrische Tests), Tabellierungsverfahren, Fragebogenanalyse, semi-grafische Darstellungen, explorative Datenanalyse, multivariate Verfahren (so etwa Varianz-, Faktoren-, Diskriminanz-, Regressions- und Clusteranalyse), ferner Trend- und Zeitreihenanalyse als auch die Verfahren zur statischen Qualitätskontrolle, Überlebensdaten und robuste Statistik und vieles andere mehr. Als Zusatzmodul ist ferner das integrierte Grafiksystem PX-GRAPH verfügbar, das erlaubt, neben den üblichen Geschäftsgrafiken wie Kreis-, Balken-, Säulen-, Liniendiagrammen auch spezielle hochauflösende Darstellungen aus dem Bereich der Zeitreihen-Analyse und der Qualitätssicherung (Regelkarten, Wahrscheinlichkeitsnetz, etc) zu erstellen.

| | | |
|---|---|---|
| **Betriebssysteme** | MS-DOS, UNIX, any | |
| **Softwareumgebung** | unter UNIX: PX-Graph X11 | |
| **Hardwareumgebung** | IBM XT, AT, verschiedene andere Systeme auf Anfrage | |
| **Preis** | 1000 DM | |
| **Bezugsbedingungen** | MS-DOS Version ab ca 1000.- und UNIX ab ca. 6500.- | |
| **Sonderkonditionen** | Einzellizenz: | 1237,50 DM |
| | Mehrfachlizenz: | 1072,50 DM (2-10 Kopien) |
| | Campuslizenz: | 2800,- DM (PC) |
| | | 3500,- DM (UNIX) |
| | Geltungsbereich: | Hochschulen, Fachhochschulen, sonstige öffentliche Bildungseinrichtungen, persönliche Lizenzen für Hochschulangehörige und Studenten |

**Bezugsadresse**
VGSPS mbH
Pützchens Chaussee 60
5300 Bonn 3
0228/4600-38

# PADMOS

| | |
|---|---|
| **Fachgebiete** | Informatik, Wirtschaftswissenschaften, Mathematik, Physik |
| **Anwendungsbereiche** | 2 dim. Zeichnen, Meßdatenanalyse, nichtlineare Optimierung, numerische Software |
| **Zielgruppen** | Mathematiker, Ingenieure, Wissenschaftler |
| **Version** | 2.1 |
| **Erstellungsdatum** | 01.02.1992 |

PADMOS, die Demo-Version PADFIT und das Tutorial PADTUT sind komfortable Benutzerschnittstellen zur Lösung von Datenanpassungs- und nichtlinearen Optimierungsproblemen der Form min { f(x) ; unter Nebenbedingungen (NB) h(j), j=1,..,m } mit unbekannten Parametern x = (x[1],..,x[n]). Auf gebräuchlichen PCs können Datenanpassungs- und Optimierungsprobleme mit bis zu 15 Variablen und 40 Nebenbedingungen gelöst werden. PADMOS unterscheidet sich von IMSL/NAG-Bibliotheks- und anderen Optimierungsprogrammen für PCs oder Workstations wie EMP und OPTIA durch: / Menüführung und Editor analog zu Turbo-Pascal / Benutzerfreundliche Eingabe der Formeln für f und die NB in MS-DOS-Files; z.B. f := x1*x2 + exp(x3); / Eingabedaten (Funktionen,NB,Grenzen für NB etc.) durch integrierten Editor leicht änderbar / Gradienten und Hessematrizen durch automatisches Differenzieren / kein Kodieren von Ableitungs-Subroutinen / moderne Optimierungsalgorithmen vom Newton-Typ; d.h. - gute globale und - rasche lokale Konvergenz - Methoden (fast alle sind quadratisch konvergent): - keine NB: Newton; ggf. Richtungen negativer Krümmung - BFGS - Trust-Region - Heuristiken,einfache Suchstrategien - lineare NB: + Gradienten-Projektion 2. Ordnung + Barrier-Active-Set-Methode - nichtlin. NB: + Augmented Lagrange + SQP: sequential quadratic programming + Robinson: lokal konv. Methode 2. Ordnung; Daten und optimal angepaßte Modellfunktionen werden in graphisch ansprechender Form sofort am PC geplottet.

| | | |
|---|---|---|
| **Betriebssysteme** | MS-DOS 3.x, MS-DOS 4.x, MS-DOS 5.x, PC-DOS 3.x | |
| **Softwareumgebung** | k.A. | |
| **Hardwareumgebung** | IBM PC; 550 KB; EGA/VGA; optional Koprozessor 80x87. | |
| **Preis** | 500 DM | |
| **Sonderkonditionen** | Hochschul-Rabatt: | 200 DM |
| | Campuslizenz: | 1000 DM |
| | Geltungsbereich: | Hochschulen, Fachhochschulen, sonstige öffentliche Bildungseinrichtungen, persönliche Lizenzen für Hochschulangehörige und Studenten |
| **ASK-SAM** | Eine Demo-Version des Programmes kann über den Fileserver abgerufen werden. | |

**Bezugsadresse/Autor**

Michael Greiner  
TU München  
Institut für Informatik  
Arcisstraße 21  
8000 München 2  
089/2105-2385

Dr. Christian Kredler  
TU München  
Inst. f. Angew. Mathematik u. Statistik  
Arcisstraße 21  
8000 München 2  
089/2105-8205

# PC-BIOMED+

| | |
|---|---|
| **Fachgebiete** | Biologie, Mathematik |
| **Anwendungsbereiche** | Analyse, Datenanalyse, Datenauswertung, statistische Analyse, Statistik |
| **Zielgruppen** | Studenten, Diplomanden, Doktoranden |
| **Version** | 2.21 |
| **Erstellungsdatum** | 03.02.1991 |

BIOMED+ ist ein System zur statistischen Analyse und graphischen Darstellung biomedizinischer Daten. Im Unterschied zur übrigen Statistik-Software ist BIOMED eng menügesteuert, so daß das Erlernen einer eigenen Programmiersprache nicht erforderlich ist. Zum Datenmanagement stehen alle Funktionen zur Verfügung, die zur Verwaltung einer numerischen Datenbank nötig sind. Die statistischen Prozeduren wurden speziell auf die Bedürfnisse der biomedizinischen Wissenschaften zugeschnitten: Alle Tests auf Nominal-, Rang- und Intervallskalenniveau für den zwei- und n-Stichprobenfall, multiple Tests, Korrelations- und Regressionsmaße sowie die gängigen biometrischen Verfahren der Überlebenszeitanalyse stehen zusammenhängend zur Verfügung. Vortests zur Überprüfung, ob parametrische Verfahren angewendet werden dürfen, werden von BIOMED+ automatisch durchgeführt. Die Schlußfolgerungen aus den statistischen Tests werden vom Programm sprachlich ausformuliert, so daß keine Interpretationsfehler auftreten können. Verfügbare Statistikprozeduren: - Deskriptive Statistik - Datendeskription - Häufigkeitsauszählung - Teststatistik - Chi-Quadrat-Vier-Felder-Test - Mc-Nemar-Test - U-Test - Wilcoxon-Paardifferenz-Test - Der T-Test für unabhängige und paarige Stichproben - kx2-Felder-Chi-Quadrat-Test (Brandt-Snedecor-Test) - Cochran's Q-Test - H-Test - Friedman-Test - Varianzanalyse - Korrelations- und Regressionsanalyse - Pearson-Produkt-Moment-Korrelationskoeffizient - Spearman-Korrelationskoeffizient - Steigung und y-Achsenabschnitt der Regressionsgeraden - Test auf Steigung der Regressionsgeraden gegen 0 - Überlebenszeitanalyse - Kaplan-Meier Verfahren - Sterbetafelmethode nach Cutler und Ederer - Lee-Desu-k-Stichprobentest

| | |
|---|---|
| **Betriebssysteme** | MS-DOS 2.x |
| **Softwareumgebung** | k.A. |
| **Hardwareumgebung** | XT, AT; 512 K; Hercules |
| **Preis** | 180 DM |
| **Bezugsbedingungen** | k.A. |

**Bezugsadresse**
Jungjohann Verlagsgesellschaft
Postf. 12 52
7107 Neckarsulm

**Bezugsadresse/Autor**
Dr. Harry Kolles
Universitätskliniken des Saarlandes
Pathologisches Institut
6650 Homburg/Saar
06841/61739

# PCXA

| | |
|---|---|
| **Fachgebiete** | Informatik, Elektrotechnik, Mathematik, Maschinenbau |
| **Anwendungsbereiche** | mathematische Software, numerische Analyse, Software-Entwicklungs-Tool, Unterprogrammbibliothek |
| **Zielgruppen** | Studenten, Wissenschaftler |
| **Version** | 2.0 |
| **Erstellungsdatum** | 29.09.1991 |

Bis heute unterstützen höhere Programmiersprachen die IEEE Arithmetik Norm 754 nur in geringem Umfang und diese selbst kennt weder auslöschungsfreie Summation, exakte Multiplikation noch Intervallarithmetik. PCXA stellt einerseits die vollen Möglichkeiten der IEEE Norm, wie sie in der mathematischen Coprozessorserie Intel 80x87 realisiert sind, zur Verfügung, andererseits werden darüberhinaus die in der sogenannten Kulisch Arithmetik definierten Funktionen für exakte Summation und exaktes Skalarprodukt sowie Intervallrechnung angeboten. PCXA (Personal Computer eXtended Arithmetic) besteht aus einem Satz Funktionen für die 4 Grundrechenarten für Skalare, Vektoren, Matrizen, Arrays, doppelt lange Multiplikation, exakte Summe, exaktes Skalar und Matrizenprodukt, Emulation variabler Mantissenlänge zwischen 2 und 64 Bit, adaptive Multipräzision (4 Grundrechenarten), - Rundungs- und Konversionsroutinen, Trennung von Mantiße und Exponent, schnelles Skalieren, Vergleiche, Nachfolger und Vorgänger im Gleitkommaraster, einige Elementarfunktionen und Konstante (sqrt, exp, y*ln(x), pi, e, ld(10), log(2)), Rundung einstellbar nach Norm (zur nächsten, nach Null, Auf-, Abrunden) und Intervallrundung. Basisidee für auslöschungsfreie Addition ist die Addition mit Rest nach Ideen von Bolender, Dekker und Kahan. Diese wird auf der Hardwaregrundlage des mathematischen Coprozessors in Gleitkommaarithmetik verwirklicht. Summen werden in Gleitkommaarithmetik nur so lange wie fehlerfrei möglich addiert, ansonsten werden die bei der Addition entstehenden Reste als nicht summierbare Gleitkommazahlen gespeichert.

**Anerkennenswerte Leistung beim Deutschen Hochschul-Software-Preis 1991**

| | | |
|---|---|---|
| **Betriebssysteme** | MS-DOS | |
| **Softwareumgebung** | APL2/PC Interpreter + Datei AP87. COM + Arbeitsbereich AP87. ATF; oder MS-FORTRAN + PCXA. LIB; oder Turbo-PASCAL (5. x) + PCXA. TPU; Turbo-C (2. 0) + PCXA. h + PCXA. LIB | |
| **Hardwareumgebung** | IBM-PC, XT, AT, PS/2; Coprozessor 80x87 erforderlich | |
| **Preis** | 68 DM | |
| **Sonderkonditionen** | Campuslizenz: | 199.- DM |
| | Geltungsbereich: | Hochschulen, Fachhochschulen, sonstige öffentliche Bildungseinrichtungen, persönliche Lizenzen für Hochschulangehörige und Studenten |

| | |
|---|---|
| **Bezugsadresse/Autor** | **Autor** |
| Prof. Dr. Willi Hahn | Dipl.Math. Karlheinz Mohr |
| Fachhochschule Rheinland/Pfalz | Wissenschaftszentrum der IBM Deutschland |
| Abteilung Bingen | 6900 Heidelberg |
| Rochusallee 4 | |
| 6530 Bingen | |
| 06721 409-133 | |

# PITSA 3.2

| | |
|---|---|
| Fachgebiete | Physik |
| Anwendungsbereiche | Geophysik, Erdbebenkunde, Simulationssoftware, Zeitreihenanalyse, Training Software, Tutorial |
| Zielgruppen | Geophysiker, Studenten |
| Version | 3.2 |
| Erstellungsdatum | 10.02.1992 |

PITSA stellt ein System zur Verarbeitung digitaler seismischer Daten dar, welches gleichzeitig die Erarbeitung der in diesem Zusammenhang notwendigen Kenntnisse digitaler Signalverarbeitung sowie der Grundlagen der System- und Filtertheorie ermöglicht. PITSA enthält eine Vielzahl von 'tools' für die Signalverarbeitung wie beispielsweise: Interaktives Editieren von Zeitserien; Filtern mit einer Vielzahl von Charakteristiken, darunter sind Bandpaß-, Tiefpaß-, Hochpaß- und Notch Filter sowie Polarisationsfilter; PITSA ermöglicht Filtern mit vorgegeben ARMA Koeffizienten sowie anhand der Verteilung von Pol- und Nullstellen der Übertragungsfunktion; Integration und Differentiation; Interaktive Bestimmung der Magnitude von Erdbeben; Korrektur der Seismometerübertragungsfunktion und Simulation beliebiger Instrumente aus Breitbandregistrierungen; 'Baseline' Korrekturen; Konvolution und Dekonvolution von Zeitserien; Visualisierung der Bodenbewegung in 2 und 3 Dimensionen; Komponentenrotation; Berechnung der Hilberttransformation und der Enveloppe von Zeitserien; Kreuzkorrelationsanalyse; Kohärenzspektrum; Kreuzspektrum; komplexes Fourierspektrum (dazu gehört auch die Möglichkeit, Amplitude und Phase, bzw. Real- und Imaginärteil zu demultiplexen, getrennt zu bearbeiten, wieder zu multiplexen und anschließend die Ruecktransformation in den Zeitbereich vorzunehmen); Maximum Entropie Spektrum; verschiedene Verfahren zur Einsatzzeitbestimmung von Erdbebensignalen (dazu gehört auch die Möglichkeit, eine automatische Phasenerkennung durchzuführen); Skalierung und Spurmanipulationen sowie die Durchführung einfacher algebraischer Operationen mit Zeitserien; Seismogrammsektionen; Resamplen von Zeitserien; Simulation der Arbeitsweise von 'gain ranging' Analog - Digital Wandlern; Erzeugung einer Vielzahl von Testsignalen unter anderem mit einem digitalen Funktionsgenerator in 'reverse polish'; Stapeln (Beam forming). Zusätzlich zu der direkten Anwendung dieser Funktionen auf Zeitserien erlaubt PITSA eine programmierte Verknüpfung aller Funktionen über eine interaktiv erstellbare Kommandodatei.

Im sogenannten 'program mode' zeichnet PITSA alle durchgeführten Operationen in eine Datei auf, wobei Benutzereingaben als solche beibehalten oder auf Wunsch festgelegt werden können. Im 'track mode' läuft PITSA unter Kontrolle der so erstellten Datei und wiederholt - bis auf die Benutzereingaben - alle durchgeführten Operationen. Dadurch läßt sich einmal die routinemäßige Auswertung einer Vielzahl von Zeitserien durchführen, anderseits ermöglicht es die Erstellung von Animationen für seismologische Auswertung.

PITSA ist menügesteuert und verfügt über eine interaktive Hilfsfunktion. Der Kern des Programmes ist maschinenunabhängig in C geschrieben. Gegenwärtig existieren zwei 'front ends', eines unter DOS, ein weiteres unter UNIX und X-Window, welches bisher auf Sun und HP Workstations installiert ist. Die UNIX-Version des Programmes ermöglicht außer den bereits erwähnten Funktionen, die Simulation und nichtlineare Inversion von Erdbebenspektren sowie die Erstellung von Hardcopies in skalierbare Postscript Dateien. Die DOS Version ermöglicht die Erstellung von Hardcopies in nichtskalierbare Plotfiles sowie das direkte Ausdrucken.

# Statistik / Datenanalyse

**Preisträger des Deutsch-Österreichischen Hochschul-Software-Preises 1992**

**Betriebssysteme** MS-DOS 3.x
**Softwareumgebung** k.A.
**Hardwareumgebung** AT 286, 386, 486, PS/2; 1 MB RAM; CGA, EGA, VGA; Harddisk: 6 MB; Cop. optional; Maus (optional);
**Preis** 150 $
**Bezugsadresse/Autor**

James Johnson
Ludwig Maximilians Universität
Institut für Geophysik
Theresienstr. 41
8000 München 2
089-2394-4204

Prof. Dr. Frank Scherbaum
Ludwig Maximilians Universität
Institut für Geophysik
Theresienstr. 41
8000 München 2
089/2394-4204

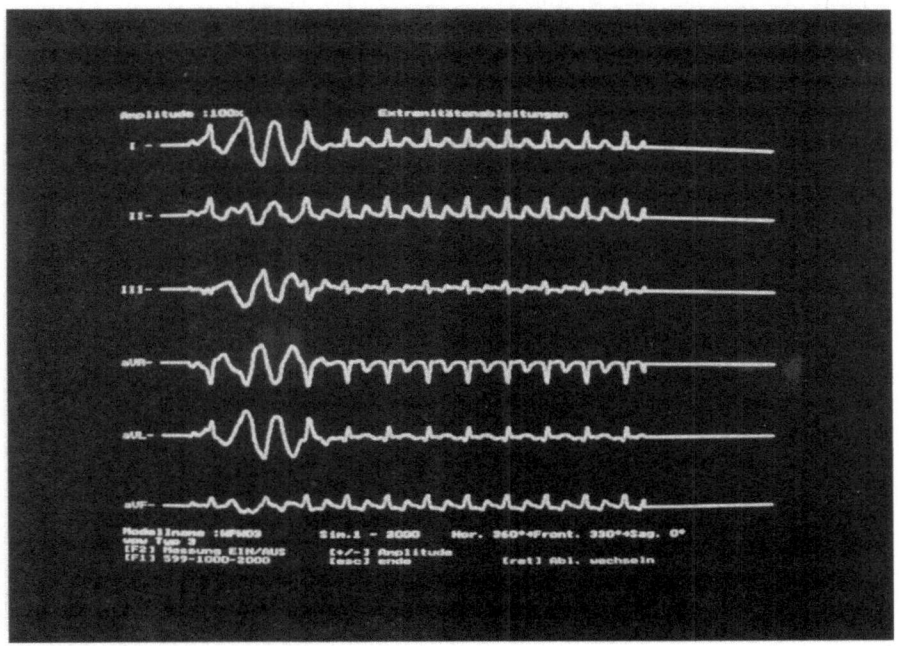

## ProSt Professional Statistics

| | |
|---|---|
| **Fachgebiete** | Wirtschaftswissenschaften, Geographie, Geologie, Physik |
| **Anwendungsbereiche** | Graphik-Tool, mathematische Graphik, wissenschaftliche Graphik, Statistik |
| **Zielgruppen** | k.A. |
| **Version** | ProSt 2.1 |
| **Erstellungsdatum** | 12.08.1991 |

ProSt ist ein interaktives, menügesteuertes Anwendungsprogramm zur Erstellung und Manipulation der graphischen Repräsentation statistischer Daten. Die Zeichnungen können zur Weiterverarbeitung mit einem Graphikeditor als GKS-Metafile ausgegeben werden. Zeichnungen können vor der Ausgabe beliebig manipuliert werden, z.B. in Bezug auf: Position, Größe, Achsenbeschriftung, Schriftarten, Symbole und Farben. Individuelle Parametereinstellungen (Sprache, Farbdefinition etc.) sind möglich. Folgende Darstellungsformen stehen zur Verfügung: Barchart, Piechart, Scattergram (Regressionskurven können berechnet werden), Funktionsverlauf mit optionalem Glättungs-Spline.

| | |
|---|---|
| **Betriebssysteme** | ULTRIX, UNIX, VAX/VMS |
| **Softwareumgebung** | k.A. |
| **Hardwareumgebung** | k.A. |
| **Preis** | 6500 DM |
| **Bezugsbedingungen** | Zeitlich unbegrenztes Nutzungsrecht: ab DM 6.500,-- |

**Bezugsadresse**
Roland Nahse
Fa. Graphische Systeme GmbH
Mecklenburgische Straße 27
1000 Berlin 33
030/ 823 20 74

Statistik / Datenanalyse

## Riemann

| | |
|---|---|
| **Fachgebiete** | Informatik, Elektrotechnik, Mathematik, Maschinenbau, Verfahrenstechnik |
| **Anwendungsbereiche** | mathematische Software, numerische Software |
| **Zielgruppen** | k.A. |
| **Version** | 1.f |
| **Erstellungsdatum** | 07.05.1990 |

RIEMANN (Symbolisches Algebra-Programmiersystem) ist sowohl ein, Mathematikprogramm für symbolische Algebra und Analysis, als auch eine vollständige KI-nahe und LISP-ähnliche Programmiersprache. Weiterhin sind Numerik- und Grafikfunktionen integriert. RIEMANN ist nahezu vollständig kompatibel zu muSIMP/mu-MATH-83. Aber im Bereich der Mathematikfunktionen kann RIEMANN noch wesentlich mehr (Numerik, Formula Modelling, Einzelausfaktorisierung, Grafik, CUTOFF usw.). Die interne Darstellung von RIEMANN ist LISP sehr ähnlich, nicht so sehr jedoch die äußere Syntax, die eher an z.B. PASCAL orientiert ist. Mit dem Programm RIEMANN werden auch Textfiles mit dem Quellcode fast aller RIEMANN-Funktionen mitgeliefert. Diese können dann vom Anwender nach Belieben modifiziert und erweitert werden. RIEMANN rechnet nicht nur mit Zahlen, sondern auch mit beliebigen symbolischen Ausdrücken, Funktionen, Formvariablen etc., selbst beim Rechnen mit Zahlen können niemals Rundungsfehler auftreten, da RIEMANN eine exakte rationale Arithmetik mit unvorstellbarem Darstellungsbereich besitzt. Auf Wunsch des Anwenders kann für jede Funktion auch alternativ zur symbolischen Berechnung eine hochgenaue Fließkommaarithmetik aktiviert werden, um auf diese Weise ein numerisches Ergebnis zu erhalten. RIEMANN beherrscht die Regeln der Differentiation und Integration, sowie das Berechnen von Grenzwerten. Mit RIEMANN können Gleichungen und lineare Gleichungssysteme gelöst werden, selbst gewöhnliche skalare Differentialgleichungen stellen für RIEMANN kein Problem dar. Daneben können (auch unendliche) Summen und Produkte berechnet werden. Weiterhin bietet RIEMANN Routinen für Vektoralgebra, Vektoranalysis und Tensorrechnung (allgemeine Relativitätstheorie), sowie einen 'Pattern Matcher', mit dem es möglich ist, Regeln über bestimmte Muster zu definieren. Außerdem stehen dem Anwender Funktionen für graphische Darstellungen zur Verfügung. Völlig neuartig ist unser Konzept des 'Formula Modelling', welches ein interaktives Bearbeiten (z.B. Selektion oder Substitution) von mathemat. Ausdrücken mit der Maus auf dem Bildschirm ermöglicht.

| | |
|---|---|
| **Betriebssysteme** | TOS |
| **Softwareumgebung** | k.A. |
| **Hardwareumgebung** | Atari ST, RAM: 1MB, special hardware: Monitor SM 124 |
| **Preis** | 238 DM |
| **Bezugsbedingungen** | Für Studenten DM 168,- |

**Bezugsadresse/Autor**

Alexander Niemeyer
Oberländer Str. 33
8000 München
089 / 7252441

Begemann und Niemeyer
Softwareentwicklung GbR
Schwarzenbrinkerstr. 91
4930 Detmold 1
0521 / 68302

Jörg Begemann, Göllnitzer Str. 12
7500 Karlsruhe, 0721 / 404703

## RM/AS/DS-Paket für Raman-Spektroskopie

| | |
|---|---|
| **Fachgebiete** | Chemie, Physik |
| **Anwendungsbereiche** | Datenanalyse, Meßwerterfassung, Physikalische Chemie, Spektroskopie, Datendarstellung |
| **Zielgruppen** | k.A. |
| **Version** | 1.2 |
| **Erstellungsdatum** | 17.02.1992 |

RM/AS/DS ist ein Programmpaket zur Steuerung konventioneller (linearer) Raman-Spektrometer, zur Aufnahme von Spektren, zur Analyse, Dokumentation und Präsentation der erhaltenen Spektren. Das Gesamtpaket läßt sich in 2 aufeinander abgestimmte Pakete aufteilen. RM ist ein Programm zur Steuerung konventioneller Raman-Apparaturen und zur Aufnahme von Raman-Spektren (Einfach- oder Mehrfachspektren) mit Menü- und Fenster-Oberfläche nach SAA-Standard. Alle wesentlichen Angaben zur Messung können editiert werden und werden als Header zusammen mit den Spektren in einem Meßdaten-File gespeichert. Eine Messung der Intensität gegen die Zeit ist ebenfalls möglich. Das Programm RM arbeitet mit einem Slave-Rechner (auf Basis des M68000, Kat'Ce) zusammen. Die Benutzung von RM setzt diesen Meßrechner und die dahinter angeordnete Raman-Apparatur voraus.

AS ermöglicht die interaktive Auswertung der mit RM erhaltenen Spektren (Darstellen auf Bildschirm, Ausschnitte, umfangreiche Bearbeitungsmöglichkeiten), die Abfolge der durchgeführten Bearbeitungen wird dokumentiert. Spektren und Auswertungen können auf mehreren Ausgabemedien präsentiert werden. Die aktuelle Bearbeitung kann auf einem der Ausgabemedien in standardisierter Form dokumentiert werden. Eine standardisierte Präsentation einer Messung oder Auswertung ist von AS und DS aus möglich. DS ermöglicht die freie Konfigurierung der Präsentation und ermöglicht Serienpräsentation von Messungen und Auswertungen. In AS/DS können auch xy-AsciiDatenfiles ohne Header oder Files von SpectraCalc eingeladen und bearbeitet werden. Kernstück von AS ist eine interaktive graphische Oberfläche zur Auswertung von Spektren, welche auf einem 3-Spektren-Modell beruht: Jede Auswertemethode von Spektren kann in elementare Methoden zerlegt werden, so daß mit der Handhabung von drei Spektren und der Hintereinanderausführung elementarer Auswerteverfahren komplexe Auswertemethoden zusammengesetzt werden können. Der Inhalt der graphischen Oberfläche kann auf einem der Ausgabemedien präsentiert werden. Das Gesamtpaket ist auf die Bedürfnisse der konventionellen (linearen) Raman-Spektroskopie abgestimmt, die Programme AS/DS können jedoch für die Auswertung und Präsentation von xy-Datensätzen genutzt werden.

| | |
|---|---|
| **Betriebssysteme** | MS-DOS 3.x |
| **Softwareumgebung** | bei Hercules-Grafik Treiber msherc.com (auf Diskette) laden |
| **Hardwareumgebung** | PC; 640 KB RAM; Hercules, EGA, VGA; Harddisk: 4 MB; 80x87 |
| **ASK-SAM** | Das Programm kann über den Fileserver abgerufen werden. |

**Bezugsadresse/Autor**
Dipl.-Phys. Thilo Michelis
Universität Würzburg
Inst. für Physik. Chemie, AK Kiefer
Marcusstr. 9-11
W-8700 Würzburg
0931-31586

# S-PLUS

| | |
|---|---|
| **Fachgebiete** | Wirtschaftswissenschaften, Mathematik, Geographie |
| **Anwendungsbereiche** | 4 GL Sprache, graphischer Sprachinterpreter, Graphik, Statistik |
| **Zielgruppen** | Wissenschaftler, Forscher, Ingenieure |
| **Version** | 3.0(UNIX), 2.0(DOS) |
| **Erstellungsdatum** | 16.08.1991 |

S-PLUS ist ein interaktives System zur Analyse und grafischen Auswertung von Daten hinsichtlich statistischer Gesichtspunkte. Die Arbeitsumgebung von S-PLUS enthält neben einem vollständig ausgebauten grafischen Analysesystem ebenfalls eine sehr fortschrittlich ausgeprägte 4GL-Programmiersprache, die es ermöglicht, Anwendungen exakt auf die eigene Problematik auszurichten. S-PLUS ist eine verbesserte Version und eine Obermenge der von AT&T Bell Laboratories entwickelten interaktiven Grafiksprache New S (*).

Für die statistische Analyse stehen über 500 Funktionen zur Verfügung. S-PLUS wurde ausschließlich für interaktive Grafikworkstations entwickelt. S-PLUS"s Programmiersprache bietet eine hohe Flexibilität, Analysen für spezielle Probleme zurechtzuschneiden. Zusätzlich zur erforschenden Datenanalyse und zu den Standard-Statistikmethoden, bietet S-PLUS moderne und fortschrittliche Statistiktools wie kaum ein anderes Softwarepaket. S-PLUS"s Programmiersprache ist "straight-forward", konsistent und einfach zu erlernen, was dem Anwender den Vorteil bietet, Ergebnisse mit wenig Vorbereitung und minimalem Aufwand zu erzielen. S-PLUS läuft auf einer Vielzahl von Workstations von Sun, HP, DEC, Apollo, Silicon Graphics und IBM PC's.

| | |
|---|---|
| **Betriebssysteme** | MS-DOS, UNIX |
| **Softwareumgebung** | k.A. |
| **Hardwareumgebung** | IBM-386, mind. 2MB RAM, VGA, 40 MB Disk |
| **Preis** | 1925 DM |
| **Bezugsbedingungen** | Preisspanne zur Orientierung für Interessenten: DM 1.925,-- bis DM 19.800,-- abhängig vom Rechner und Anzahl der Benutzer. |
| **Sonderkonditionen** | Mehrfachlizenz: 1575,- DM (2-5 Kopien) |
| | 1225,- DM(6-10 Kopien) |
| | Campuslizenz: auf Anfrage |
| | Geltungsbereich: Hochschulen, Fachhochschulen, sonstige öffentliche Bildungseinrichtungen, persönliche Lizenzen für Hochschulangehörige und Studenten |

**Bezugsadresse**

Roland Nahser
GraS - Graphische Systeme GmbH
Mecklenburgische Straße 27
1000 Berlin 33
030/ 823 20 74

Centera Technologies Deutschland GmbH
Goethestraße 17
8000 München 2
089/555381

## Sequenzanalyse

| | |
|---|---|
| **Fachgebiete** | Mathematik |
| **Anwendungsbereiche** | Analyse, Statistik, Textanalyse |
| **Zielgruppen** | k.A. |
| **Version** | 3.1 |
| **Erstellungsdatum** | 01.01.1990 |

Das Programm "SequenzAnalyse" führt eine Sequenzanalyse der in einer Datei als ASCII-Zeichen codierten Ereignisse durch. Der Anzahl verschiedener Ereignisse, verschiedener Sequenzen, Quelldateilänge oder Auftretenshäufigkeit sind praktisch keine Grenzen gesetzt. Die Länge der zu suchenden Sequenzen sowie die Anzahl der Zeichen, die ein Ereignis codieren, sind wählbar. Der Einsatz einer Sequenzanalyse empfielt sich in vielen Fällen der Verhaltensbeobachtung sowohl in der Ethologie als auch in der Psychologie. Wann immer der Zusammenhang verschiedener Ereignisse dokumentiert werden soll, kann es zum Einsatz kommen. Die Ereignisse aus der Quelldatei werden als Zeichenketten nacheinander mit allen bereits gefundenen Sequenzen verglichen. Gab es die Sequenz bereits, so wird nur der Zähler für diese Kombination erhöht, sonst wird der Liste der bereits gefundenen Sequenzen die neue angehängt. Um die Suche nach den Vergleichssequenzen zu beschleunigen, wird die Liste sortiert geführt in Form einer Kette von Vorgängern und Nachfolgern. Beispiel: Liste von vier Sequenzen (AG,BF,NH,RQ) Listenplatz i = Vor(i) = Nach(i) = Sequenz: 1 = 0 = 4 = "AG" (kein Vorgänger); 2 = 4 = 3 = "NH" ; 3 = 2 = 0 = "RQ" (kein Nachfolger); 4 = 1 = 2 = "BF" . So müssen bei Eintrag einer neuen Sequenz nur die vier entsprechenden Vor / Nach - Verweise geändert werden, um eine sortierte Datei zu erhalten. Als Startposition für die Durchsuchung wird die Position einer Sequenz mit dem gleichen Anfangsereignis genutzt. Die Suche erfolgt je nach der ermittelten sinnvollen Suchrichtung vorwärts oder rückwärts in der Kette, wobei den Verweisen gefolgt wird. Nach Beendigung der Analyse wird das Ergebnis sortiert in eine Zieldatei geschrieben, wobei die jeweils gefundene Kombination und die Anzahl ihres Auftretens durch einen Strich getrennt aufgelistet wird. Zu Beginn der Datei werden einige allgemeine Daten in einer Zeile aufgeführt (z.B. "Quell.dat: 4711 Ereignisse zu je 2 Zeichen in 34 Sequenzen der Länge 5"). Zur Erhöhung der verwertbaren Sequenzanzahl wird die Liste der Sequenzen extern in einer Datei mit wahlfreiem Zugriff verwaltet. Der Pfad hierfür wird zu Beginn des Programms erfragt. Hier sollte möglichst eine RAM-Disk angegeben werden. Um über den Fortschritt der Analyse zu berichten, werden verschiedene Angaben im Sekundentakt auf dem Bildschirm aktualisiert.

| | |
|---|---|
| **Betriebssysteme** | MS-DOS 3.x |
| **Softwareumgebung** | k.A. |
| **Hardwareumgebung** | IBM XT, AT (comp. ); 600 KB RAM; EGA; 80387; |
| **Bezugsbedingungen** | Kostenlose Abgabe an Institute, falls Autor angegeben wird, wenn die betreffenden Arbeiten oder Veröffentlichungen Ergebnisse enthalten, die mit Hilfe des Programms oder des Algorithmus' erzielt wurden. |

**Bezugsadresse/Autor**
Dipl. Biol. Aidt Feldkamp
Philipps-Universität, Biologie / Ethologie
Lahnberge, Karl-von-Frisch-Straße, 3550 Marburg
(06421) 32471 (Priv), 28-3415 (Uni)

# SETCLUST

| | |
|---|---|
| **Fachgebiete** | Allgemeines |
| **Anwendungsbereiche** | automat. Klassifikation, Clusteranalyse, Entscheidungshilfesystem, statistische Analyse |
| **Zielgruppen** | k.A. |
| **Version** | 1.0 |
| **Erstellungsdatum** | 20.02.1991 |

SETCLUST ist ein Hilfswerkzeug für Lernende zum Kennenlernen und Anwenden von insgesamt 8 verschiedenen Verfahren zur Clusterung von Daten, zur Schaffung eines Vergleichs- und Experimentierrahmens für Studenten, zur graphischen Veranschaulichung rechnerischer Lösungen sowohl auf Bildschirm als auch Drucker, zur Darstellung von Cluster-Analyse-Verfahren im Rahmen von Vorlesungen mittels Übertragung auf Overhead-Projektoren, zur interaktiven Vertiefung der Theorie zu Cluster-Analyse-Verfahren im Rahmen von Übungen und Seminaren, zur Schaffung eines Experimentierfeldes für Studenten, die dann mit Datenbasen und einem konkreten Untersuchungsvorschlag ausgestattet, im Rahmen von Studien- oder Vertiefungsarbeiten Arbeiten mit diesem Programm durchführen können. Dabei gewährt SETCLUST die Möglichkeit, frei Normierung, Datenbasis, Distanzmaß und Verfahren zu wählen, sowie eigene Verfahren auszuprobieren.

SETCLUST stellt die in der Literatur diskutierten hierarchischen Verfahren zur Gruppierung von Daten und die damit in der Praxis wohl am meisten verbreitete Gruppe von Klassifikationsverfahren zur Verfügung: Single Linkage, Complete Linkage, Average Linkage, Weighted Average Linkage, Median-Verfahren, Centroid-Verfahren, Verfahren von Ward, Flexible Strategie. Das Programm bedient sich dabei einer in der Literatur breit diskutierten rekursiven Formel von LANCE & WILLIAMS, die es erlaubt, alle hierarchischen Verfahren nur durch unterschiedliche Wahl von Parametern zu repräsentieren. Die Parameter sind dabei voreingestellt und werden je nach Wahl des Verfahrens in die Formel eingesetzt. Zusätzlich wird dem Anwender eine Option zur Verfügung gestellt, die es erlaubt, Parameter nach eigener Wahl festzulegen.

**Anerkennenswerte Leistung beim Deutschen Hochschul-Software-Preis 1991**

| | |
|---|---|
| **Betriebssysteme** | MS-DOS 3.x |
| **Softwareumgebung** | k.A. |
| **Hardwareumgebung** | IBM PC XT, AT, 386, 486; 512 KB; HGC, MGA, CGA, MCGA, EGA, VGA, ATT400, IBM8514, PC3270; Festplatte 1,1 MB; optional Intel 80x87, Harris; optional Epson-Komp. Drucker mit erweitertem ASCII-Zeichensatz |
| **Preis** | 50 DM |
| **Bezugsbedingungen** | Nur an Hochschulpersonen; Privatpersonen auf Anfrage; Kommerzielle Nutzung untersagt |

**Bezugsadresse/Autor**
Bernhard Markl
Lortzingstr.3
8481 Altenstadt/WN
0941/77730

## Supereva/Eva

| | |
|---|---|
| **Fachgebiete** | Allgemeines |
| **Anwendungsbereiche** | Datenauswertung, Datenbank, statistische Analyse |
| **Zielgruppen** | Wissenschaftler |
| **Version** | 1.0 |
| **Erstellungsdatum** | 27.02.1991 |

Das Programm Supereva dient der Erstellung von standardisierten Multiple-Choice-, Zeichenfolge- und rangskalierten Tests. Diese Test können ausgewertet werden hinsichtlich Häufigkeiten (damit auch Schwierigkeit der Aufgabenstellung), Mean, Summe und Trennschärfe. Die Ergebnisse können graphisch als Histogramm, Polygonzüge und Kreisdiagramme dargestellt werden. Die Dateien können als TenCORE-, ASCII und WORD-Dateien ausgegeben werden. Das Programm Eva stellt die unter Supereva kreierten Tests im Schülermodus dar. Als Hilfsprogramm ist das Programmpaket inhaltlich weitgehend von dem abhängig, was der Benutzer daraus macht. Die mit diesem Programm erstellbaren Tests können aus jedem Fachbereich sein. Eingebaute Kontrollen verhindern Benutzerfehler (z.B. Tests mit nur einer Antwort). Die Auswertung umfaßt jene statisischen Prozeduren und Darstellungsweisen, wie sie in den Erziehungswissenschaften (und nicht nur dort am häufigsten genutzt werden. Die verschiedenen Ausgabemöglichkeiten sollen es dem Benutzer ermöglichen, weiterführende Statistik (z.B. mit SPSS) anzuhängen.

Mit diesem Programmpaket werden erstmals standardisierte Tests in dieser Weise mit dem Computer erstellt und ausgewertet. Die Auswertung der Daten erfolgt zunächst auf einfache Weise. Es wird dabei aber die Möglichkeit geboten, Schwierigkeit und Trennschärfe einer Frage zu beurteilen und damit die Brauchbarkeit von Items zu bewerten. Damit kann die Testevaluation rasch durchgeführt werden. Höhere Statistik, z. B. Faktorenanalyse, ist zur Zeit noch nicht vorgesehen, doch ermöglicht die ASCII-Ausgabe das Einbinden von Dateien in SPSS. Ein Vorteil des Programmpakets besteht auch darin, daß im Programm EVA die Testergebnisse sowohl als Rohwerte als auch als 1/0-codierte Werte (richtig/falsch) abgelegt werden. Zusätzlich werden bei Multiple-Choice- und Zeichenfolge-Tests die Anzahl der richtigen Antworten und ihr Prozentanteil ausgerechnet. Dies erspart langwierige Recodierung und Berechnung in weiterführenden Statistik-Programmen.

**Anerkennenswerte Leistung beim Deutschen Hochschul-Software-Preis 1991**

| | |
|---|---|
| **Betriebssysteme** | MS-DOS 3.x |
| **Softwareumgebung** | k.A. |
| **Hardwareumgebung** | IBM XT/AT; EGA, Hercules; Maus (optional) |
| **Bezugsbedingungen** | nur für Hochschulen im internen Betrieb |

**Bezugsadresse/Autor**
Dr. Günter Hess
Universität Erlangen-Nürnberg
Erziehungswissenschaftliche Fakultät
Regensburger Str. 160
8500 Nürnberg 30
0911-5302524

# TIFFANY

| | |
|---|---|
| **Fachgebiete** | Biologie, Chemie, Physik |
| **Anwendungsbereiche** | ESR (Elektronenspinresonanz), Auswertung, Simulationssoftware |
| **Zielgruppen** | k.A. |
| **Version** | 1.0 |
| **Erstellungsdatum** | 31.03.1992 |

Das Programm TIFFANY dient zur Auswertung von ESR Spektren (Elekronenspinresonanz). Dabei gestattet es folgende Manipulationen vorzunehmen: 1) Weiterverarbeitung von ESR Spektren, die an einem ESR Spektrometer aufgenommen wurden 2) Simulation von Pulver ESR Spektren unter Einbeziehung anisotroper Hyperfeinwechselwirkungen und der Kern-Zeeman Aufspaltung für Protonen 3) Zusammenstellung von Bildern dieser Spektren zur Einbindung in Textverarbeitungsprogramme 4) Zusammenstellung von Bildern für die Ausgabe auf einem Plotter 5) Weiterverarbeitung von ESR Spektren, die mittels Scanner z.B. aus Veröffentlichungen eingelesen wurden 6) Einlesen von experimentellen ESR Spektren und Simulationen aus einem Archiv. Das Programm richtet sich an alle, die experimentelle ESR Spektren weiterverarbeiten wollen. Dabei sind zur Programmführung keine besonderen Computerkenntnisse erforderlich. Das Programm bietet die Möglichkeit der Pulversimulation und der Bildbearbeitung.

| | |
|---|---|
| **Betriebssysteme** | TOS |
| **Softwareumgebung** | k.A. |
| **Hardwareumgebung** | Atari MEGA ST; 2 MB RAM; Atari Monitor SM124; Harddisk; 80x87; A/D-D/A-Wandler; |
| **Preis** | k.A. |
| **Bezugsbedingungen** | k.A. |

**Bezugsadresse/Autor**
Jörg Ohlmann
Universität des Saarlandes
Fachbereich 3.6 Biophysik
6650 Homburg / Saar
06841 / 16 - 6226

# TITREX

| | |
|---|---|
| **Fachgebiete** | Chemie |
| **Anwendungsbereiche** | Graphik, Statistik, Kunststoffverarbeitung |
| **Zielgruppen** | Hochschulen |
| **Version** | 90 |
| **Erstellungsdatum** | 01.01.1991 |

Das Programm bietet die Möglichkeit, in einer erweiterbaren Säure/Daten-Bank Säuren und Daten mit ihren K(S)- bzw- K(B)-Werten zu speichern. Dabei können bis zu 6 K-Werte gespeichert und bei der nachfolgenden Berechnung verwendet werden. Selbstverständlich können einmal eingegebene Daten beliebig geändert oder ergänzt werden. Das Programm berechnet und gibt über den Bildschirm oder einen Drucker die exakt berechneten Titrationskurven aus, wobei bis zu fünf Kurven gleichzeitig dargestellt werden können. Dies ist von besonderer Bedeutung für die Verwendung des Programms zu Lehr- und Unterrichtszwecken: Man kann durch den direkten Vergleich der Titrationskurven verschiedener Säuren/Basen zeigen, wie die verschiedenen Größen [z.B die K(S)- und K(B)- Werte, das Verhältnis der einzelnen Stufen der K(S)-/K(B)-Werte zueinander, die Konzentration] die Titrationskurven beeinflussen, die jeweilige Säure für eine Titration mit einer bestimmten Base geeignet oder aber völlig ungeeignet machen und in welchen pH-Bereichen die Säure/Salz-Gemische, die im Verlauf der Titration entstehen, eine Pufferwirkung zeigen. Für didaktische Zwecke ist es besonders wichtig, daß man K(S)-Werte eingeben kann, wie sie in der Realität einer wässrigen Lösung nicht vorkommen. So kann der Nutzer des Programmes mit den K(S)-Werten spielerisch umgehen und Titrationskurven zeichnen (lassen), die vor ihm noch kein Chemiker gesehen hat. Dabei benützt das Programm keinerlei Näherung, sondern arbeitet mit der Lösung der exakten Funktion, die den pH-Wert als Funktion des Titrationsgrades beschreibt.

| | |
|---|---|
| **Betriebssysteme** | MS-DOS |
| **Softwareumgebung** | Turbo-Professional 5. 06; Turbo-Graphix 4. 0 modif. |
| **Hardwareumgebung** | IBM PC-XT oder AT ggf. mit Drucker |
| **Preis** | 49 DM |
| **Bezugsbedingungen** | k.A. |

| **Bezugsadresse** | **Autor** |
|---|---|
| Diesterweg, Salle, Sauerländer | Friedhelm Kober, Vladan Kubat |
| Wächtersbacherstr. 89 | TH Darmstadt |
| 6000 Frankfurt 63 | Fachbereich Chemie |
| | 6100 Darmstadt |

Statistik / Datenanalyse

## UNISTAT für DOS

| | |
|---|---|
| **Fachgebiete** | Chemie, Wirtschaftswissenschaften, Mathematik |
| **Anwendungsbereiche** | 2 dim. Plotten, 3 dim. Plotten, Bankwesen, Geschäftsgraphik, Datenanalyse |
| **Zielgruppen** | Chemiker, Physiker, Analytiker, Forscher |
| **Version** | 4.7 |
| **Erstellungsdatum** | 19.05.1992 |

UNISTAT ist eine Statistiksoftware zur statistischen Berechnung, grafischen Darstellung und Dokumentation in 2- und 3-D. Daten können als ASCII, Lotus, Excel, DBase, SYLK, oder DIF Dateien eingelesen werden. Vielfältige Analysemethoden für Marktforscher, Chemiker, Physiker, Analytiker und jeden der Statistiken schnell aufbereiten muß. - alle wissenschaftlichen Standardfunktionen - 32600 x 32600 Matrix - verarbeitet Regressionen mit bis zu 175 unaäbhängigen Variablen - berechnet bis zu 230 x 230 Korrelationen oder Kovariante Matrizen - X-Y Plots, X-Y-Z-Scatter Plots, X-Y-Z-Grid Plots, Pie-Charts, 3-D Bar Charts, Area/Ribbon Charts - beschreibende Statistik, Verteilungsfunktionen, statistische Testverfahren, Korrelationsfunktionen - Tables, Regressionsanalysen, Varianzanalysen, Mehrbereichsanalysen, Homogenitätstests - Multivariante Analysen, Clusteranalysen, Faktoranalysen, Multidimensionale Skalierung

| | |
|---|---|
| **Betriebssysteme** | MS-DOS 3.x, MS-DOS 4.x, MS-DOS 5.x, PC-DOS 3.x |
| **Softwareumgebung** | k.A. |
| **Hardwareumgebung** | Lauffähig auf PCs auf MS/PC-DOS 3. x oder höher |
| **Preis** | 1450 DM |
| **Bezugsbedingungen** | Hochschul- und Mehrplatzlizenzen sind erhäältlich |
| **ASK-SAM** | Eine Demo-Version des Programmes kann über den Fileserver abgerufen werden. |

**Bezugsadresse**
Andreas Heilemann, Stefan Steinhaus
ADDITIVE GmbH
Max-Planck-Straße 9
6382 Friedrichsdorf
06172-77017 bzw. 77015

**Autor**
Mehmet Toker
UNISTAT Ltd.
W9 3DY London (United Kingdom)

## UNISTAT für Windows

| | |
|---|---|
| **Fachgebiete** | Betriebswirtschaftslehre, Wirtschaftswissenschaften, Mathematik |
| **Anwendungsbereiche** | 2 dim. Plotten, 3 dim. Plotten, Blockdiagramm, Geschäftsgraphik, Datenanalyse |
| **Zielgruppen** | Chemiker, Physiker, Analytiker, Forscher |
| **Version** | 1.1 |
| **Erstellungsdatum** | 01.08.1992 |

UNISTAT ist eine MS-Windows Statistiksoftware zur statistischen Berechnung, grafischen Darstellung und Dokumentation in 2- und 3-D. Daten können als ASCII, Lotus, Excel, DBase, SYLK, oder DIF Dateien eingelesen werden. Vielfältige Analysemethoden für Marktforscher, Chemiker, Physiker, Analytiker und jeden der Statistiken schnell aufbereiten muß. - alle wissenschaftlichen Standardfunktionen - 32600 x 32600 Matrix - verarbeitet Regressionen mit bis zu 175 unabhängigen Variablen - berechnet bis zu 230 x 230 Korrelationen oder Kovariante Matrizen - X-Y Plots, X-Y-Z-Scatter Plots, X-Y-Z-Grid Plots, Pie-Charts, 3-D Bar Charts, Area/Ribbon Charts - beschreibende Statistik, Verteilungsfunktionen, statistische Testverfahren, Korrelationsfunktionen - Tables, Regressionsanalysen, Varianzanalysen, Mehrbereichsanalysen, Homogenitätstests - Multivariante Analysen, Clusteranalysen, Faktoranalysen, Multidimensionale Skalierung

| | |
|---|---|
| **Betriebssysteme** | MS-DOS 3.x, MS-DOS 4.x, MS-DOS 5.x, PC-DOS 3.x |
| **Softwareumgebung** | Windows 3. x wird benöötigt |
| **Hardwareumgebung** | Lauffäähig auf PCs mit Windows 3. x |
| **Preis** | 1750 DM |
| **Bezugsbedingungen** | Hochschul- und Mehrplatzlizenzen sind erhäältlich |

**Bezugsadresse**  
Andreas Heilemann, Stefan Steinhaus  
ADDITIVE GmbH  
Max-Planck-Straße 9  
6382 Friedrichsdorf  
06172-77017 bzw. 77015

**Autor**  
Mehmet Toker  
UNISTAT Ltd.  
W9 3DY London (United Kingdom)

**Grafik**

# Grafik

## A-Font+

| | |
|---|---|
| **Fachgebiete** | Architektur, Elektrotechnik, Maschinenbau |
| **Anwendungsbereiche** | Zeichensatz, technisches Zeichnen |
| **Zielgruppen** | k.A. |
| **Version** | k.A. |
| **Erstellungsdatum** | k.A. |

A-Font+ beinhaltet 68 SHX-Schriften in hoher typografischer Qualität für AutoCAD. Die Schriften eignen sich auch für Grafiken, Gravur und Folienschnitt. A-Font unterscheidet drei Schrifttypen: Einstrich-, Umriß- und gefüllte Schriften. Die Einstrichschriften lassen sich auf allen Ausgabegeräten, insbesondere auch auf Laserdruckern, ohne Qualitätsverlust gravieren, plotten und ausdrucken. Umrißschriften bestehen aus den inneren und äußeren Umrißlinien der Buchstaben und eignen sich daher zur Ausgabe insbesondere auf Schneidplotter. Die deutschen Umlaute sowie das ß sind bei allen Schriften vorhanden.

| | | |
|---|---|---|
| **Betriebssysteme** | MS-DOS 3.x | |
| **Softwareumgebung** | Voraussetzung: AutoCAD | |
| **Hardwareumgebung** | wie AutoCAD | |
| **Preis** | 795 DM | |
| **Bezugsbedingungen** | k.A. | |
| **Sonderkonditionen** | Einzellizenz: | 495 DM |
| | Geltungsbereich: | Hochschulen, Fachhochschulen, sonstige öffentliche Bildungseinrichtungen |

**Bezugsadresse**  
Mensch und Maschine GmbH  
Stefanus-Straße 6  
8032 Gräfelfing  
089/854890

**Autor**  
Schenk-Data  
CH Zuzwil (Schweiz)

## ABC Flowcharter

| | |
|---|---|
| **Fachgebiete** | Informatik |
| **Anwendungsbereiche** | Graphik, Management Software, mathematische Software, numerische Software, Planungssoftware, technisches Zeichnen |
| **Zielgruppen** | Programmierer, Organisatoren |
| **Version** | 1.13 dtsch. |
| **Erstellungsdatum** | 01.01.1991 |

Der ABC-Flowcharter wurde für die grafische Umsetzung komplexer Prozesse konzipiert: Mit ihm ist es möglich, auch diffizile Programmablaufpläne oder anspruchsvolle Organigramme druckreif zu realisieren. Der Grafikfundus des ABC-Flowcharters enthält alles, was zur Entwicklung eines Ablauf- und Datenflußplanes nach DIN 66001 oder eines Struktogrammes benötigt wird: Zylinder, Dreiecke, Rechtecke, Rauten, Kreise, gewelltes Papier und vieles mehr dienen der Darstellung von Speichermedien (Festplatten, Trommelspeicher oder Magnetbänder), Ausgabegeräten, Programmoperationen, Verzweigungen, Grenzstellen oder Unterprogrammen. Zahlreiche Linien- und Pfeiltypen symbolisieren Ablaufrichtungen, Datenübertragungen oder Datenträgertransporte. Eine Palette mit über 40 verschiedenen Farben und Füllmustern sowie ein Schatteneffekt erweitern die Optionen zur anspruchsvollen Gestaltung der Flußdiagramme, die sich mit dem ABC-Flowcharter bis hin zum Format A0 bearbeiten lassen. Die Positionierung der Linien und Symbole erfolgt mit der Maus. Als Positionierhilfen sind horizontale und vertikale Lineale sowie ein einblendbares Raster vorhanden. Noch viel einfacher werden die Grafiken aber mit der Option zur automatischen Positionierung plaziert. Schiefe Linien und geknickte Pfeile gehören mit dem ABC-Flowcharter der Vergangenheit an: Um zwei Symbole miteinander zu verbinden, genügt es, die Objekte nacheinander mit der Maus anzuklicken. Ähnlich wie bei einem Projekt-Management-Programm lassen sich mit dem ABC-Flowcharter einzelne Phasen eines Ablaufes oder bestimmte Elemente eines Organisationsschemas sogar mehrere Ebenen tief gliedern. Zu diesem Zweck legt der Flowcharter für jede Gliederungsebene ein separates Sub-Chart an. So bleibt eine Zeichnung übersichtlich, ohne daß der Anwender auf eine detaillierte und vielschichtige Darstellung verzichten muß. Über die Report-Funktion des Flowcharters erhält der Anwender jederzeit eine Liste aller vorhandenen Sub-Charts mit sämtlichen Objekten einschließlich deren hierarchischer Zuordnung. Der Flowcharter gestattet die Texteingabe an jeder Stelle des Zeichenblattes, ob innerhalb oder außerhalb eines Objektes.

| | |
|---|---|
| **Betriebssysteme** | MS-DOS |
| **Softwareumgebung** | MS-Windows |
| **Hardwareumgebung** | ab PC AT, Festplatte, 640 KByte RAM |
| **Preis** | 998 DM |
| **Bezugsbedingungen** | 14 Tage netto, Hochschulnachweis |
| **ASK-SAM** | Eine Demo-Version des Programmes kann über den Fileserver abgerufen werden. |

**Bezugsadresse**
Armin Fourier
intellis software GmbH
Molkereistraße 3b
3550 Marburg
06421/12031

# Grafik 509

## AGS / UNIEDIT 2000

| | |
|---|---|
| **Fachgebiete** | Allgemeines |
| **Anwendungsbereiche** | Graphik, Kartenzeichnen, Kartographie, technisches Zeichnen |
| **Zielgruppen** | k.A. |
| **Version** | k.A. |
| **Erstellungsdatum** | 01.01.1989 |

AGS / UNIEDIT 2000 ist ein interaktiver grafischer 2D-Editor. Er kann einerseits stand-alone genutzt werden, um Freihand-Grafiken, Flußdiagramme, Textfolien etc. zu erzeugen. Andererseits ist UNIEDIT 2000 ideal geeignet, um die Ergebnisse anderer UNIRAS-Pakete (z.B UNIMAP oder UNIGRAPH) zu bearbeiten. UNIEDIT 2000 hat, wie alle interaktiven UNIRAS-Produkte, eine moderne, fensterorientierte Benutzeroberfläche mit PopUp-Menüs und Mausunterstützung. Neben den üblichen grafischen Funktionen ist besonders das Textsystem herauszuheben, das eine Ausgabe in DTP-Qualität erlaubt. Die Ausgabeformate schließen Postscript und CGM ein und ermöglichen so die direkte Einbindung Ihrer Grafik in die gängigen DTP-Programme wie Ventura Publisher, Pagemaker etc.

| | |
|---|---|
| **Betriebssysteme** | MVS, ULTRIX, UNIX, VMS |
| **Softwareumgebung** | k.A. |
| **Hardwareumgebung** | DEC, SUN, HP, APOLLO, CDC, etc. RAM: 4-8 MB |
| **Preis** | k.A. |
| **Bezugsbedingungen** | k.A. |

**Bezugsadresse/Autor**
UNIRAS GmbH
Niederkasseler Lohweg 8
4000 Düsseldorf 11
0211 / 5961017

## AGS / UNIGRAPH + 2000

| | |
|---|---|
| **Fachgebiete** | Allgemeines |
| **Anwendungsbereiche** | kartographische Darstellung, Graphik, Kartenzeichnen, Kartographie, technisches Zeichnen |
| **Zielgruppen** | k.A. |
| **Version** | k.A. |
| **Erstellungsdatum** | 01.01.1989 |

AGS / UNIGRAPH + 2000 ist ein leistungsfähiges, vollständig interaktives Datenvisualisierungssystem, das dem Anwender folgende Möglichkeiten bietet: * Abrufen von technischen und kommerziellen Daten aus einer Datei oder Datenbank * Editieren und Aufbereiten dieser Daten mit Hilfe zahlreicher Verfahren * Schnelle Analyse und Visualisierung in verschiedenen Formen, von einfachen Diagrammen bis zu mehrdimensionalen Darstellungen * Grafische Präsentation in Hardcopies höchster Qualität. Mit Hilfe dieses benutzerfreundlichen Systems können Wissenschaftler, Ingenieure oder Manager - erfahrere Anwender ebenso wie Erstbenutzer - ihre Daten mit einer Maus oder der Tastatur interaktiv analysieren. Und UNIGRAPH + 2000 bietet eine Vielzahl von Visualisierungsfunktionen, die keinem anderen Grafikpaket verfügbar sind. UNIGRAPH + 2000 ist ein modernes Workstation Grafiksystem mit intelligenter Benutzeroberfläche, Pop-Up-Menüs, Dialogfeldern und Mausunterstützung. UNIGRAPH + 2000 emuliert diese Features auch auf allen gängigen Grafikterminals und, um den Einsatz so einfach wie möglich zu machen, unterstützt UNIGRAPH + 2000 den Anwender durch eine umfangreiche on-line-Benutzerführung. AGS / UNIGRAPH 2000: Als Einstiegsystem bietet UNIRAS UNIGRAPH 2000 an, eine vereinfachte Version für Benutzer, die die hochentwickelten Interpolations-, Analyse- und Darstellungsfunktionen von UNIGRAPH + 2000 für ihre Arbeit nicht benötigen.

| | |
|---|---|
| **Betriebssysteme** | MVS, ULTRIX, UNIX, VMS |
| **Softwareumgebung** | k.A. |
| **Hardwareumgebung** | DEC, SUN, HP, APOLLO, CDC etc., RAM: 4-8 MB |
| **Preis** | k.A. |
| **Bezugsbedingungen** | k.A. |

**Bezugsadresse/Autor**
UNIRAS GmbH
Niederkasseler Lohweg 8
4000 Düsseldorf 11
0211 / 5961017

# Aladin

| | |
|---|---|
| **Fachgebiete** | Betriebswirtschaftslehre, Informatik |
| **Anwendungsbereiche** | Analyse, Datenmanagement, Ausbildung, Hypertext, Software-Management, Visualisierung |
| **Zielgruppen** | k.A. |
| **Version** | 1.3 |
| **Erstellungsdatum** | 08.12.1991 |

Das Programm Aladin erlaubt die Visualisierung und Bearbeitung von Daten verschiedener Datenmodelle und Datenbanksysteme in einer einheitlichen als Informationsnetz dargebotenen Sichtweise (Hypertext-Prinzip). Damit wird dem Benutzer gestattet, sich einen Überblick über die vorhandenen Informationen zu verschaffen, ohne daß er Kenntnis von datenbanktechnischen Informationsmodellen oder komplizierten Anfragesprachen (wie etwa SQL) haben müßte. Aladin realisiert damit die informationstechnologische Basis eines Management-Informations-Systems.

Die dem Programm zugrundeliegende Idee besteht darin, Datenbasen verschiedenartiger Strukturierung und Ausprägung so zu interpretieren, daß dem Anwender die Informationen als Hypertext/Hypermedia-Netzwerk dargeboten werden können. Der Datenbestand selbst bleibt von diesem Interpretationsprozeß unbeeinflußt; er muß für den Ablauf des Programms nicht verändert werden. Damit ist der gleichzeitige Zugriff von fachfremden Anwendern (die über die Aladin-Schnittstelle zugreifen) und den Fach-Benutzern (die beispielsweise über SQL zugreifen) auf den gleichen Datenbestand möglich. Erste Erfahrungen von Anwendern des CEC Karlsruhe und der Universitäten Kaiserslautern und Göttingen liegen vor. Weiterhin plant das Landesinstitut für Schule und Weiterbildung des Landes Nordrhein-Westfalen den flächendeckenden Einsatz unserer Lösung für alle Schulen des Bundeslandes. Es kann festgestellt werden, daß in den bisherigen konkreten Anwendungsfällen das Ziel einer Visualisierung und Bearbeitung verschiedenartiger Datenbestände in einheitlicher und intuitiv verständlicher Manier voll erfüllt wurde. Alle Anwender schätzen außerdem den Integrationsaspekt, der durch die Darstellung der Informationen als Hypertext/Hypermedia-Netzwerk automatisch gegeben ist.

| | |
|---|---|
| **Betriebssysteme** | MS-DOS 3.x, UNIX |
| **Softwareumgebung** | Smalltalk-Lizenz, Oracle-Lizenz |
| **Hardwareumgebung** | IBM PC (comp. ), UNIX-Workstation; 512 KB RAM; EGA, VGA; Harddisk: 200 KB; 8087, 80287 (optional); Maus; |
| **Preis** | k.A. |
| **Bezugsbedingungen** | Beschränkungen finden Anwendung, falls eine kommerzielle Verwendung beabsichtigt wird, in die das Programm eingebunden werden soll; dies wäre Gegenstand einzelner Verhandlungen |

**Bezugsadresse/Autor**

Dipl.-Inform. Stefan Lang
Universität Karlsruhe
IPD
Kaiserstraße 12
7500 Karlsruhe 1
(0721) 608-4069

Dipl.-Inform. Martin Dürr
Universität Karlsruhe
IPD
Kaiserstraße 12
7500 Karlsruhe 1
(0721) 608-2757

## ALCHEMY II

| | |
|---|---|
| **Fachgebiete** | Chemie |
| **Anwendungsbereiche** | Graphik |
| **Zielgruppen** | k.A. |
| **Version** | k.A. |
| **Erstellungsdatum** | 01.01.1988 |

ALCHEMY II ermöglicht es dem Benutzer per Maus Moleküle auf dem Bildschirm zu editieren. Die Darstellung erfolgt dreidimensional, wahlweise als Strichmodell, Kalottenmodell oder als "Ball-and Stick"-Darstellung. Zum Aufbau steht eine umfangreiche Bibliothek von Molekülgruppen und -bausteinen zur Verfügung. Rotation des gesamten Moleküls oder um einzelne Bindungen ist möglich. Die Größe des Moleküls kann stufenlos eingestellt werden. Die Molekülgeometrie läßt sich durch Minimierung von Bindungsenergien optimieren (Math-Coprozessor vorteilhaft). Ein Vergleich von Molekülen ist möglich, ebenso wie die Darstellung von Bindungsschwingungen. Zur Ausgabe können HPGL-Files für Plotter angelegt werden, die auch von vielen Textsystemen wie z. B. WordPerfect 5.0 eingelesen und für viele Druckertypen verwendet werden können. Die Strukturinformationen werden in ASCII-Dateien als Connectiontable abgelegt, auf die über formatierte Eingabe von externen Programmen zugegriffen werden kann.

| | |
|---|---|
| **Betriebssysteme** | MS-DOS 2.x |
| **Softwareumgebung** | k.A. |
| **Hardwareumgebung** | IBM PC, XT, At, PS/2 compatible mindestens 512 K Hauptspeicher Festplatte Microsoft oder Mouse Systems Maus EGA Grafikadapter mit 256 K Grafikspeicher oder VGA Karte EGA oder VGA Monitor |
| **Preis** | k.A. |
| **Bezugsbedingungen** | k.A. |

**Bezugsadresse**
Tripos Associates, Inc.
1699 South Hanley Road, Suite 303
63144 St. Louis, Missouri (USA)
(314) 647-1099

**Grafik** 513

## Animator

| | |
|---|---|
| **Fachgebiete** | Allgemeines |
| **Anwendungsbereiche** | Animation, Graphik |
| **Zielgruppen** | EDV-Anwender |
| **Version** | 1.01 |
| **Erstellungsdatum** | 30.03.1990 |

Animator ist ein Low-cost Desktop-Video-Programm für den PC mit VGA-Grafik. Es bietet ein komplette Trickfilmstudio mit einer Fülle von Werkzeugen zur Erstellung von Trickfilmen und Animationen. Fertige Filmsequenzen lassen sich mit Hilfe der Public-Domain-Software AA-Player in Echtzeit auf dem PC ausgeben. Animator bietet 22 Zeichenwerkzeuge, 26 Malarten, 5 Animationskonzepte (Titling, Color Cycling, Cel Animation, Optics, Polymorphic Tweening). Damit ist es dem PC-Anwender ein profesionelles Arbeitsmittel für animierte Verkaufs- Marketing- und Schulungspräsentationen. Mit entsprechender Hardware- ausstattung lassen sich Bildvorlagen und Videosequenzen in den Animator einlesen bzw. an Videorecorder übergeben.

| | |
|---|---|
| **Betriebssysteme** | MS-DOS 3.x |
| **Softwareumgebung** | k.A. |
| **Hardwareumgebung** | PC-XT/AT mit VGA-Grafik, 640 KByte RAM, 10 MByte Festplatte, Maus |
| **Preis** | 1134 DM |
| **Bezugsbedingungen** | Schullizenz: 1021 DM |

**Bezugsadresse**  
Mensch und Maschine GmbH  
Stefanus-Straße 6  
8032 Gräfelfing  
089/854890

**Autor**  
Autodesk AG  
CH-4133 Pratteln (Schweiz)

## AutoCAD

| | |
|---|---|
| **Fachgebiete** | Architektur, Elektrotechnik, Geographie, Maschinenbau, Verfahrenstechnik |
| **Anwendungsbereiche** | 2 dim. Zeichnen, 3 dim. Zeichnen, CAD, CAM, CAE, Modell-Software |
| **Zielgruppen** | k.A. |
| **Version** | 12.0 |
| **Erstellungsdatum** | 15.09.1992 |

AutoCAD erweitert mit der Version 12 seine Leistungsfähigkeit, Flexibilität und Bedienerfreundlichkeit. 3D-Körper lassen sich im Draht-, Flächen- und Volumenmodell erzeugen und darstellen. Die integrierte Rendering-Funktion erlaubt unterschiedliche Schattierungsarten und Beleuchtungseffekte. Bis zu 16 Zeichnungsansichten erleichtern die Arbeit am Bildschirm. Die wichtigsten Merkmale des CAD-Systems AutoCAD: komfortable, leicht erlernbare Bedienung (Dialog,Bildschirmmenü, Abrollmenü, Dialogboxen, Dateiauswahlmenü, vier Tablettmenüs, beliebig kombinierbar, konstextsensitive Hilfefunktionen) und geometrische Grundelemente (Linie, Punkt, Kreis/Bogen, Ellipse, Polylinie, Spline, 3D-Fläche, Text, Schraffur u.a.) sind zu komplexen Elementen (Blöcken) kombinierbar. Werden Blöcke beim Einfügen mit Attributinformationen versehen, so können sie in einer Stückliste aufgeführt werden. Vielfältige Manipulationen (Verschieben, Merhfachkopie, rechteckige und kreisförmige Anordnung, Drehen, Spiegeln, Strecken, Trimmen, Runden, Fasen, Eigenschaften ändern, Befehle rückgängig machen) und Zeichnungshilfen (Zoom, Fangraster, Konstruktionshilfen mit Objektfang, Layer, automatische assoziative Bemassung, benutzerdefiniertes 3D-Koordinatensystem, Mehrfachansichtsfenster) erleichtern die Bedienung. Die eingebaute Programmiersprache Lisp, C-Schnittstelle, programmierbare Menüs und Dialogboxen, Netzunterstützung mit File-Locking und externen Referenzen, Schattierfunktionen mit unterschiedlichen Beleuchtungseffekten, Ausgabe in Echtfarbe, Im- und Export von Rastergrafik, Postscriptunterstützung, SQL-Erweiterung mit Schnittstelle zu Datenbanken gehören zu den weiteren Merkmalen von AutoCAD. Zusatzprodukte u.a.: CADi-Menü: Bedienungsoberfläche für Grafiktabletts mit Makros und Lisproutinen CADiLib: Maschinenbau-Normteilebibliothek HASCO: Normalienbibliothek für Formenbauer MG-CAD: Elektrotechnikpaket mit Nachverarbeitung ACAD-M: Maschinenbauzusatz mit Stückliste ACAD-BAU: Architekturpaket mit Schnittstelle zu AVA.

| | |
|---|---|
| **Betriebssysteme** | MS-DOS 3.x, UNIX |
| **Softwareumgebung** | k.A. |
| **Hardwareumgebung** | PC-386/486 mit Coprozessor, Standard- oder hochauflösende Grafik, 8 MByte RAM, 20 MByte Festplatte |
| **Preis** | 11300 DM |
| **Sonderkonditionen** | Einzellizenz: 1600 DM einschließl. Solid-Modeling-Modul |
| | Geltungsbereich: Hochschulen, Fachhochschulen, sonstige öffentliche Bildungseinrichtungen |

**Bezugsadresse**
Mensch und Maschine GmbH
Stefanus-Straße 6
8032 Gräfelfing
089/854890

**Autor**
Autodesk GmbH
8000 München

# Grafik

## Autofont

| | |
|---|---|
| **Fachgebiete** | Architektur, Elektrotechnik, Maschinenbau, Verfahrenstechnik |
| **Anwendungsbereiche** | Zeichensatz, technisches Zeichnen |
| **Zielgruppen** | k.A. |
| **Version** | 11 |
| **Erstellungsdatum** | k.A. |

Autofont erweitert AutoCAD um 45 SHX-Schriften und 3 Schriften, die als Blöcke gespeichert sind. Die Schriften eignen sich für Gravier- und Fräsarbeiten sowie für die Ausgabe auf Schneidplottern. Um gefüllte Schriften unabhängig von Stiftbreite und Zeichenhöhe auszugeben, stehen die Soltex-Stile Helvetica, Microgramma und Futura zur Verfügung. Darüber hinaus werden Hilfsprogramme zum Setzen der Soltex-Schriften, zum Kerning, zur Eingabe von Text entlang von Bögen u.a. angeboten.

| | |
|---|---|
| **Betriebssysteme** | MS-DOS 3.x |
| **Softwareumgebung** | Voraussetzung: AutoCAD |
| **Hardwareumgebung** | wie AutoCAD |
| **Preis** | 906 DM |
| **Bezugsbedingungen** | Schullizenz 564 DM |

**Bezugsadresse/Autor**
Mensch und Maschine GmbH
Stefanus-Straße 6
8032 Gräfelfing
089/854890

## AutoSketch für Windows

| | |
|---|---|
| **Fachgebiete** | Architektur, Elektrotechnik, Maschinenbau, Verfahrenstechnik |
| **Anwendungsbereiche** | 2 dim. Zeichnen, technisches Zeichnen |
| **Zielgruppen** | Architekten, Maschinenbauer |
| **Version** | 1.0 |
| **Erstellungsdatum** | 27.08.1992 |

AutoSketch für Windows ist die Low-End-CAD-Software aus dem Hause Autodesk. Dieses vektororientierte Programm findet für einfache technische Skizzen, Abbildungen, Schemapläne etc. Verwendung, wo AutoCAD zu anspruchsvoll und zu teuer ist. AutoSketch arbeitet mit 8 "Werkzeugkästen", die folgende Funktionen enthalten: Zeichnen (Kreis, Bogen, Polylinie, Kurve, Ellipse, gefüllte Fläche, Schraffur u.a.), Ändern (Kopieren, Schieben, Strecken, Spiegeln, rechtwinklig/ kreisförmige Anordnung, Brechen, Fasen, Abrunden, Zurücknehmen von Befehlen), Ansicht (Zoom, Pan, Plotfenster), Fangen (Raster, Orthogonal, Bezugsmodi), Messen (automatisches, assoziatives Bemassen), Extras (Voreinstellung unterschiedlicher Zeichenparameter, Editieren der "Werkzeugkästen", Makrofunktionen, Zwischenablage), Datei (Eingabe, Ausgabe, DXF-Schnittstelle), Hilfe. Symbolbibliotheken werden angeboten für: Architektur, Innenarchitektur, Haustechnik, E-Technik, Hydraulik/Pneumatik, Verfahrenstechnik/Lufttechnik, Maschinenbau.

| | |
|---|---|
| **Betriebssysteme** | MS-DOS 3.x |
| **Softwareumgebung** | Windows ab 3.0 |
| **Hardwareumgebung** | 386/486er mit VGA-Grafik, 2 MByte RAM, 5 MByte Festplatte für das Programm, Maus, Coprozessor wird unterstützt. |
| **Preis** | 595 DM |
| **Bezugsbedingungen** | k.A. |

**Bezugsadresse**  
Mensch und Maschine GmbH  
Stefanus-Straße 6  
8032 Gräfelfing  
089/854890

**Autor**  
Autodesk GmbH  
8000 München

# Ball & Stick

| | |
|---|---|
| **Fachgebiete** | Chemie, Physik |
| **Anwendungsbereiche** | Animation, Desk Top Publishing, Graphik, Molekulargraphik, Strukturanalyse |
| **Zielgruppen** | k.A. |
| **Version** | 3.06 |
| **Erstellungsdatum** | 14.03.1992 |

3D-Molekülgraphikprogramm, integriert in die Macintosh Benutzeroberfläche. Hauptanwendungen: Illustration von Druckwerken (Fachartikel, Fachbücher, Werbematerial der chemischen Industrie, Lehrbehelfen etc.); Erstellung von Dias und Overheadfolien; Animation und interaktive Analyse dreidimensionaler Molekülstrukturen; Molekülmodellbau; Frontend zu Molekülmodellierungsprogrammen und Strukturdatenbanken. Wesentliche Eigenschaften: bis zu 32000 Atome darstellbar; 5 Modellvarianten: Wire Frame/Ball&Stick/Simple Space Filling/Space Filling/Dotted Sphere; Perspektive und Stereodarstellung; Zoom bis +/-8x; Details und Farbgebung der Darstellung frei einstellbar; Vollautomatische Formaterkennung bei Eingabedateien (auch Kristalldaten); Flexible Freiformat-Eingabe; Kompatibel mit den gängigsten Molekülmodellier- und Datenbankprogrammen; Echtzeitstrukturmanipulation (Rotation und Translation); Interaktive Geometrieänderung; Ausschnittfunktion (Schicht- oder Kugelselektion); Ausgabe auf QuickDraw und PostScript Druckern und Belichtern in höchster Qualität; Export der Bilder über die Zwischenablage und Standard PICT-Dateien; Automatische Generierung von Animationssequenzen (z.B. f. QuickTime); Batch-Verarbeitung von Molecular Dynamics Daten; Aufbau neuer Strukturen aus Atomen, Fragmenten und Strukturbibliotheken; Messen und Ändern von Distanzen Winkeln und Torsionen; 128 Seiten illustriertes Handbuch (englisch).

| | |
|---|---|
| **Betriebssysteme** | MAC OS 6.0 |
| **Softwareumgebung** | MAC OS 6. 05, auf Farbsystemen 32bit QuickDraw oder Mac OS 7. 0, ein beliebiger TextEditor |
| **Hardwareumgebung** | Apple Macintosh Plus; 1 MB RAM; Macintosh Grafikkarte; Harddisk; Cop. optional; Laser- bzw. Farbdrucker (optional); |
| **Preis** | 495 $ |
| **Bezugsbedingungen** | Gratis-Demoversion (40 Atome), Universitätspreis: 269 $ |

**Bezugsadresse**  
Cherwell Scientific Publishing  
The Magdalen Centre  
Oxford Science Park  
OX4 4GA Oxford (United Kingdom)  
+44 865 784 800

**Autor**  
Dipl. Ing. Alexander Falk  
Johannes Kepler Universität  
Institut für Experimentalphysik  
A-4040 Linz (Österreich)

Univ.-Doz. Dr. Norbert Müller  
Johannes Kepler Universität  
Institut für Chemie  
A-4040 Linz (Österreich)

## Bizeps und Trizeps

| | |
|---|---|
| **Fachgebiete** | Informatik |
| **Anwendungsbereiche** | 2 dim. Zeichnen, Graphik, Visualisierung |
| **Zielgruppen** | Ingenieure, Wissenschaftler, Studenten |
| **Version** | k.A. |
| **Erstellungsdatum** | 16.08.1991 |

Die Unterprogrammbibliotheken Bizeps und Trizeps wurden speziell für die Bedürfnisse technisch-wissenschaftlicher Grafik-Anwender entwickelt. Beide Pakete sind von Rechnern und Betriebssystemen unabhängig, da sie das international genormte Graphische Kernsystem GKS als Basissoftware nutzen und in FORTRAN 77 erstellt wurden.

Bizeps und Trizeps stellen dem Anwendungsprogrammierer zahlreiche Unterprogramme zur Verfügung, die die Erstellung technisch-wissenschaftlicher Grafiken erleichtern. In Kombination mit GKS können mit Bizeps und Trizeps interaktive Anwendungsprogramme, aber auch Einmal-Lösungen für spezielle Probleme erstellt werden. Beide Programm-Bibliotheken bieten Routinen zum Zeichnen von Achsen (auch logarithmischen), Histogrammen und Kreisdiagrammen sowie X-Y-Graphen. Einfache 3D-Grafiken sind mit beiden möglich (vgl. Besonderheiten von Trizeps). Zusätzlich bietet Bizeps: a) Funktionen, die die Programmierung interaktiver Anwendungen erleichtern, z.B. Menüs b) Routinen zur Berechnung und Darstellung von Isoflächen und c) Unterprogramme zur Integration von Rastergrafiken in GKS. Die Besonderheiten von Trizeps: Feldliniendarstellung, Chorophlet-Diagramme (Grau- bzw. Farbstufen-Karten), benutzerdefinierte Linien- und Füllmuster, komplexe 3D-Darstellungen.

| | |
|---|---|
| **Betriebssysteme** | MS-DOS, MVS, NOS/VE, UNIX, VAX/VMS |
| **Softwareumgebung** | k.A. |
| **Hardwareumgebung** | k.A. |
| **Preis** | 3500 DM |
| **Bezugsbedingungen** | Preisspannen für Bizeps und Trizeps sind verschieden: Bizeps ab DM 3.500,--; Trizeps ab 9.000,--, jeweils abhängig vom Rechner und Anzahl der Benutzer. |

**Bezugsadresse**

Roland Nahser
GraS - Graphische Systeme GmbH
Mecklenburgische Straße 27
1000 Berlin 33
030/ 823 20 74

Reinhard Sy
GraS - Graphische Systeme GmbH
Mecklenburgische Straße 27
1000 Berlin 33
030/823 20 74

# C-Design

| | |
|---|---|
| **Fachgebiete** | Chemie |
| **Anwendungsbereiche** | 2 dim. Zeichnen, 2 dim. Plotten |
| **Zielgruppen** | Wissenschaftler, Studenten |
| **Version** | 2.0 |
| **Erstellungsdatum** | k.A. |

Mit C-Design können auf einfache Weise chemische Formelzeichnungen auf einem PC erstellt werden. Die Zeichnungen können gespeichert, verändert, kopiert und zusammengefügt werden. Teile einer Zeichnung können aktiviert werden, um sie Veränderungsoptionen zu unterwerfen. Es stehen Möglichkeiten zur Verfügung, das Layout von Reaktionsschemata am Bildschirm zu entwerfen und fertige Zeichnungen in Textverarbeitungssysteme zu integrieren. C-Design ist ein echtes WYSIWYG-Programm (What You See Is What You Get), d.h. die Zeichnung wird auf dem Bildschirm exakt so dargestellt, wie sie später auf dem Papier aussehen wird. Dies betrifft auch die verschiedenen Zeichensätze, Superscripts, Subscripts und Linienstärken. C-Design wird mit einer Strukturbibliothek ausgeliefert, die nach Belieben ergänzt werden kann.

| | |
|---|---|
| **Betriebssysteme** | MS-DOS |
| **Softwareumgebung** | k.A. |
| **Hardwareumgebung** | IBM PC oder kompatibler Computer, 512 kB RAM Maus (MS oder kompatibel) Graphikkarte (CGA, EGA, VGA, HERCULES, Olivetti) arithmetischer Koprozessor empfohlen |
| **Preis** | 706 DM |
| **Bezugsbedingungen** | k.A. |
| **Sonderkonditionen** | Sonderpreis für Universitäten: 495,90 DM<br>Geltungsbereich: Hochschulen, Fachhochschulen, sonstige öffentliche Bildungseinrichtungen |

**Bezugsadresse**
Auftragsbearbeitung
Springer Verlag Berlin
Heidelberger Platz 3
1000 Berlin

**Autor**
Dr. Eric Fontain
FoBaSoft Softwareentwicklungs-VertriebsG
8122 Penzberg

Bauer
FoBaSoft Softwareentwicklungs-VertriebsG
8122 Penzberg

## CA-DISSPLA (TM)

| | |
|---|---|
| **Fachgebiete** | Informatik |
| **Anwendungsbereiche** | Graphik-Tool, Graphik |
| **Zielgruppen** | k.A. |
| **Version** | k.A. |
| **Erstellungsdatum** | k.A. |

CA-DISSPLA ist eine Bibliothek von leistungsfähigen Subroutinen zur grafischen Darstellung von Daten. Es ermöglicht die grafische Aufbereitung von Daten unterschiedlichster Herkunft in beliebiger Form, darunter Grafiken, Diagramme, Landkarten, Oberflächen, Höhenlinien und zwei- oder dreidimensionale Darstellungen. Durch die leistungsfähigen und integrierten Subroutinen von CA-DISSPLA können Anwendungsprogramme mit minimalem Programmieraufwand entwickelt werden, so daß dem Anwender mehr Zeit zur Analyse der Ergebnisse zur Verfügung steht. CA-DISSPLA-Programme können auch automatisch durch Codebook, einen Programmgenerator erzeugt werden. Der Anwender kann in kürzester Zeit Anwendungsprogramme in CA-DISSPLA erstellen, ohne über Erfahrung mit CA-DISSPLA oder Programmierkenntnisse verfügen zu müssen. Im einfachen Dialog braucht er nur Systemmeldungen zu beantworten, die gewünschte Anwendung aufzurufen, die Daten oder die Datenquelle zu wählen, Titel, Legende sowie andere anwendungsspezifische Informationen zu definieren. Codebook erstellt ein FORTRAN-Programm, das automatisch übersetzt, gebunden und ausgeführt wird; die Ausgabe der Grafik kann auf über 300 verschiedenen Geräten erfolgen.

| | |
|---|---|
| **Betriebssysteme** | TOPS-10, TOPS-20, VMS |
| **Softwareumgebung** | k.A. |
| **Hardwareumgebung** | 36bit, VAX, VAX/VMS |
| **Preis** | k.A. |
| **Bezugsbedingungen** | k.A. |

**Bezugsadresse**
CA Computer Associates GmbH
Kastanienweg 1
6108 Weiterstadt

# Grafik

## CA-GKS (TM)

| | |
|---|---|
| **Fachgebiete** | Informatik |
| **Anwendungsbereiche** | Graphik-Tool, Graphik |
| **Zielgruppen** | k.A. |
| **Version** | k.A. |
| **Erstellungsdatum** | k.A. |

CA-GKS (TM) ist eine Level 2B-Implementierung des Grafischen Kernsystems (Graphical Kernel System, GKS). CA-GKS eignet sich besonders für die zweidimensionale grafische Aufbereitung unterschiedlichster Daten. Das auf einer DIN-Norm basierende CA-GKS bietet einfache Portabilität, Programmierer-Schulung und Aufwärtskompatibilität zum Schutz der Anwendungsprogramme. CA-GKS ist als eigenständige Implementierung oder als Option zu CA-DISSPLA erhältlich. Die erweiterte CA-GKS-Option für CA-DISSPLA ermöglicht die gemeinsame Nutzung von Metafiles innerhalb des Metafile-Systems von CA und die Ausgabe auf über 300 Grafikgeräte, die von der CA-Grafik-Software unterstützt werden. CA-GKS ist ein Warenzeichen der CA Computer Associates GmbH.

| | |
|---|---|
| **Betriebssysteme** | VMS |
| **Softwareumgebung** | k.A. |
| **Hardwareumgebung** | VAX |
| **Preis** | k.A. |
| **Bezugsbedingungen** | k.A. |

**Bezugsadresse**
CA Computer Associates GmbH
Kastanienweg 1
6108 Weiterstadt

## CA-MASTERPIECE/GRO

| | |
|---|---|
| **Fachgebiete** | Informatik |
| **Anwendungsbereiche** | Graphik, Bildgenerator |
| **Zielgruppen** | k.A. |
| **Version** | k.A. |
| **Erstellungsdatum** | k.A. |

CA-MASTERPIECE/GRO (Graphic Reporting Option) dient der endbenutzerfreundlichen Erstellung von hochwertigen Grafiken für Führungskräfte. Mit Hilfe der Schnittstelle zu CA-GENERAL LEDGER hat der Benutzer gezielten Zugang auf Einzel- oder Gesamtinformationen aus der CA-GENERAL LEDGER-Datenbank und kann die Informationen mit einer der 47 hochwertigen Grafiken darstellen. Auswertungen wie BWA, Gewinn und Verlust und Bilanz werden nach Ihren Erfordernissen aufgebaut und können jederzeit ausgedruckt werden. CA-MASTERPIECE/GRO ist die einfachste Art, mit GENERAL LEDGER aussagefähige, farbige Grafiken zu entwickeln; professionell entwickelte Kurven- und Balkendiagramme, die nur nach Ihren Vorstellungen angepaßt werden müssen; das GRO Chartbook gibt Ihnen Tips und Vorschläge für die in der jeweiligen Situation geeignete Grafik; Ausgaben erfolgen über Grafik-Terminals, Color-Plotter, Laser Printer oder als 35mm Dias.

| | |
|---|---|
| **Betriebssysteme** | VMS |
| **Softwareumgebung** | k.A. |
| **Hardwareumgebung** | VAX |
| **Preis** | k.A. |
| **Bezugsbedingungen** | k.A. |

**Bezugsadresse**
CA Computer Associates GmbH
Kastanienweg 1
6108 Weiterstadt

# CAD-PACK

| | |
|---|---|
| **Fachgebiete** | Architektur, Bauingenieurwesen, Elektrotechnik, Maschinenbau, Verfahrenstechnik |
| **Anwendungsbereiche** | CAD, CAM, CAE, CAI, CASE, Lehrsoftware, Graphik |
| **Zielgruppen** | Konstrukteure, Zeichner, Designer, Ausbildung |
| **Version** | 6.06 |
| **Erstellungsdatum** | 07.09.1992 |

CAD-PACK ist ein 2D/3D Design-Werkzeug für den universellen Einsatz in verschiedenen Fachgebieten, lauffähig auf PC's und Workstations verschiedener Hersteller. Haupteinsatzgebiet ist die mechanische Konstruktion. Zu den besonderen Eigenschaften zählt die Kompatibiltät zu den marktführenden Systemen für Mainframes von IBM, CATIA und CADAM. Im Unterschied zu vielen anderen CAD-Systemen unterstützt CAD-PACK sämtliche Strukturierungsmöglichkeiten für CAD-Modelle wie sie auch in CATIA/CADAM verwendet werden. Dazu gehören Ansichten, Ebenen, Details, Dittos und die Overlay-Technik. CAD-PACK verfügt bereits in der Standardversion über eine DXF und IGES Schnittstelle. Damit ist dann auch der problemlose Datenaustausch zwischen AutoCAD und z.B. CATIA möglich. Der Datenaustausch mit I-DEAS/CAEDS ist ebenfalls realisiert und nutzt das "Universal File Format". CAD-PACK deckt sämtliche Basisfunktionen im 2 1/2D ab und ermöglicht die Weiterbearbeitung von CATIA/CADAM 3D Modellen im 2D Bereich über seine Funktion "3D-View" und "CUT PLANE".

| | |
|---|---|
| **Betriebssysteme** | AIX/6000, HP-UX 8.x, MS-DOS 3.x, Novell Netware, SUN OS 4.x |
| **Softwareumgebung** | DOS 3. x oder höher, MS-Windows 3. x, AIX/6000 und AIX Win, SUN OS mit OpenWindows, HP-UX 8. x mit X. 11, AEGIS 10. x, SGI-UNIX mit X. 11, Windows NT |
| **Hardwareumgebung** | IBM AT, RS/6000, SGI, SUN, HP9000, Auf PC's: VGA u. a. , 4 MB Hauptsp. , 40 MB, Maus (Tabl. ), Koprozessor. Auf WS: Grafikschirm, X-Windows, 16 MB Hauptsp. , Maus o. Tablet, 100 MB Festplatte. |
| **Preis** | 5520 DM |
| **Bezugsbedingungen** | 5520.- für DOS/WINDOWS, 7998.- für UNIX Plattformen. |
| **Sonderkonditionen** | DOS-Einzellizenz: 2.760,-- DM |
| | DOS-Mehrfachlizenz: 12.500,-- DM insg. (bis 30 Kopien) |
| | DOS-Campuslizenz: 19.500,-- DM |
| | Geltungsbereich: Hochschulen, Fachhochschulen, sonstige öffentliche Bildungseinrichtungen |
| | Bemerkungen: Preise und Sonderkonditionen auch für alle gemeinnützigen Einrichtungen. |
| **ASK-SAM** | Eine Demo-Version des Programms kann über den Fileserver abgerufen werden. |

**Bezugsadresse**

E. Oberle  
International CAD-Consulting (ICC)  
Hauptstraße 23  
6729 Vollmersweiler  
06340-8840

Dipl. Ing. (FH) Klaus Barisch  
International CAD-Consulting (ICC)  
Fasanenweg 15  
7268 Gechingen  
07056-2535

## CADiMenu

| | |
|---|---|
| **Fachgebiete** | Architektur, Elektrotechnik, Maschinenbau |
| **Anwendungsbereiche** | technisches Zeichnen |
| **Zielgruppen** | k.A. |
| **Version** | 11 |
| **Erstellungsdatum** | 01.06.1991 |

CADiMenu ist eine Bedienungsoberfläche für AutoCAD, die dem ungeübten wie auch dem fortgeschrittenen Benutzer die Handhabung des Systems erleichtert. Der AutoCAD-Anfänger findet auf dem Tablet-Menü alle Befehle übersichtlich nebeneinander und muß nicht das Bildschirm-Menü mit seinen jeweils 20 Befehlen pro Ebene durchlaufen. Für den Experten bedeuten die praxisorientierten Makro- und LISP-Befehle eine starke Erhöhung des Arbeitstempos, da sie jeweils eine ganze Reihe einzelner Bedienungschritte zusammenfassen. Über 80 AutoLISP-Programme verhelfen CADiMenu zu höheren Funktionen, z.B. Generieren von Hilfslinien, Koordiantenbemassung, 3D-Körper oder Verwaltung von Variablen-Registern. Mit letzteren kann auch der eingebaute Taschenrechner kommunizieren, so daß dessen Ergebnisse als Eingaben für AutoCAD verwendbar sind.

| | |
|---|---|
| **Betriebssysteme** | MS-DOS 3.x |
| **Softwareumgebung** | Voraussetzung: AutoCAD ab Version 11 |
| **Hardwareumgebung** | wie AutoCAD |
| **Preis** | 795 DM |
| **Bezugsbedingungen** | k.A. |
| **Sonderkonditionen** | Einzellizenz: 495 DM |
| | Mehrfachlizenz: 200 DM pro Lizenz bei 10 Kopien |
| | Verfügbarkeit der Hochschulkonditionen: |
| | Geltungsbereich: Hochschulen, Fachhochschulen, sonstige öffentliche Bildungseinrichtungen |

**Bezugsadresse**
Mensch und Maschine GmbH
Stefanus-Straße 6
8032 Gräfelfing
089/854890

**Autor**
CAD Distribution AG
CH-4125 Riehen (Schweiz)

# Chemograph Plus

| | |
|---|---|
| **Fachgebiete** | Chemie, Medizin |
| **Anwendungsbereiche** | 2 dim. Zeichnen, 3 dim. Zeichnen, 3 dim. Graphik |
| **Zielgruppen** | Chemiker, Lehrkräfte, |
| **Version** | 1.0(IBM),5.0 (Atari) |
| **Erstellungsdatum** | 01.08.1992 |

Chemograph Plus ist ein interaktives, benutzerfreundliches Programm zum einfachen Erstellen von Strukturformeln und 3D-Graphiken aus dem Bereich der Chemie unter Windows. Die erstellten Strukturformeln oder 3D-( Stereo) Graphiken können beliebig gemischt und in publikationsfähiger Form ausgedruckt werden. Umfangreiche Strukturformelbibliotheken erleichtern das Erstellen auch komplizierter Graphiken. Neben leistungsfähigen Zeichenmodi für Einfach-, Mehrfach- oder Stereobindungen, Reaktionspfeilen, Einelektronenpfeilen in Kreis- oder Ellipsenform ect. bietet das Programm u.a. eine Doppel- bzw. Dreifachbindungsfunktion, eine Anellierungs-, Alkylketten- und eine Bezierfunktion zur Generation von Atom- oder Molekülorbitalen. Eine integrierte SNAP-Funktion ermöglicht die automatischen Positionierung von funktionellen Gruppen. Hierbei können jeweils zwei Moleküle gleichzeitig bearbeitet werden. Zur Abspeicherung der Graphiken werden gängige Graphikformate unterstützt (Window-Metafiles (WMF), TIFF, IMG, BMP), so daß eine problemlose Einbindung in alle gängigen Text- und DTP-Programme wie MicrosoftWord oder Pagemaker gewährleistet ist. Die im 3D-Teil des Programmes erstellten Graphiken können mit den im 2D-Teil erstellten beliebig gemischt werden. Daneben unterstützt das Programm u.a. auch das Brookhaven-Protein-Datenbankformat, so daß auch große interessante Biomoleküle bearbeitet werden können. Der 3D-Teil des Programmes unterstützt alle gängigen geometrischen Operationen wie Translation, Rotation um alle Raumachsen, Vergrößerungen/ Verkleinerungen, Zentrierfunktion, Einpaßfunktion etc.

| | |
|---|---|
| **Betriebssysteme** | MS-DOS |
| **Softwareumgebung** | 1. Windows 3. 0 oder höher 2. GDOS |
| **Hardwareumgebung** | 1. IBM kompatible Rechner 80386 oder höher; 4MB RAM; Harddisk<br>2. Atari ST/TT ab 2MB; Harddisk |
| **Preis** | 800 DM |
| **Sonderkonditionen** | Mehrfachlizenz:    700.00 DM pro Lizenz (2 Kopien)<br>                     600.00 DM pro Lizenz (5 Kopien)<br>                     500.00 DM pro Lizenz (10 Kopien)<br>Campuslizenz:     400.00 DM<br>Geltungsbereich: Hochschulen, Fachhochschulen, sonstige öffentliche Bildungseinrichtungen, persönliche Lizenzen für Hochschulangehörige und Studenten |

**Bezugsadresse**
Dr. Michael Mainka, Am Roten Steine 39
3200 Hildesheim, 05121/52823

Andreas Huth, DigiLab GmbH
Dörpstraat 59a, 2307 Scharnhagen
04349/1224

**Autor**
Dr. Peter Rösner
DigiLab GmbH
2300 Altenholz/Stift

# CRYSCOMP-CRYSDRAW

| | |
|---|---|
| **Fachgebiete** | Chemie, Mathematik, Physik |
| **Anwendungsbereiche** | Kristallographie, Graphik, mathematische Software, Strukturanalyse |
| **Zielgruppen** | Kristallographen |
| **Version** | 240292 |
| **Erstellungsdatum** | 24.02.1992 |

FUNKTION: Sehr vielfältige kristallographische Berechnungen, Kristallprojektionen; Zeichnen von Kristallen und beliebigen anderen Polyedern. PROGRAMMINHALTE: CRYSCOMP-CRYSDRAW ist ein Programmsystem, das aus den Einzelprogrammen "CRYSCOMP" und "CRYSDRAW" besteht. 1. Programm "CRYSCOMP" zur Kristallberechnung: Eingabe: Gitterparameter und Kristallsystem. Berechnet werden: - Volumen der Elementarzelle, reziproke Gitterparameter, Umrechnung der Gitterparameter hexagonal-rhomboedrisch und umgekehrt, - Achsentransformationen (Ändern der "Aufstellung"), transformierte direkte und reziproke Gitterparameter, Umrechnen der (hkl), [uvw], Atomkoordinaten xyz etc. und zurück, cartesische ("kristallphysikalische") Koordinaten für den Umgang mit Tensoren, Netzebenenabstände, Flächen von Elementarmaschen, Aufsuchen aller in einem eingegebenen d-Wert-Intervall befindlichen Flächenpole (hkl), Darstellung als Projektion mit beliebig wählbarem Zentrum, Ausgabe numerisch und graphisch. Winkelkoordinaten von beliebigen Flächenpolen (hkl) und/oder von Gitterrichtungen [uvw], Aufsuchen des in einem Winkelkoordinaten-Intervall befindlichen Flächenpols (hkl) mit den kleinsten Indizes, Darstellung als Projektion mit beliebig wählbarem Zentrum, Ausgabe numerisch und graphisch. Projektion (stereographische, flächentreue, gnomonische, Laue-Projektion) mit beliebig wählbarem Zentrum, Ändern des Zentrums ("Wälzen" einer Projektion), Ausgabe numerisch und graphisch, - Winkel zwischen beliebigen Flächennormalen und/oder Vektoren [uvw], - Bindungslängen, Bindungswinkel (nach Eingabe von Atomkoordinaten); 2. Programm "CRYSDRAW" zum Zeichnen von Kristallen, Körpern der Ikosaedergruppe und beliebigen Polyedern: Eingabe: Kristallklasse und Gitterparameter, Formen des Kristalls (Flächenpol (hkl) und Zentraldistanz d); Zeichnen von beliebigen Polyedern: Eingabe: Flächenpol (hkl) und Zentraldistanz d oder Achsenabschnitte (mnp) und Zentraldistanz d oder Winkelkoordinaten der Flächennormalen und Zentraldistanz d oder Anstieg (Steilheit), Azimut und Zentraldistanz d) Das Programm generiert anhand der eingegebenen Symmetrie selbstständig alle (bis zu 120) Flächen, die zu jeweils einer eingegebenen Form gehören. Dabei werden alle speziellen Formen (Formen, die weniger Flächen besitzen) berücksichtigt. Das Programm berechnet die dreidimensionale geometrische Form des Polyeders. Das heißt, aus einer (großen) Schar von Ebenen wird der Körper ermittelt, der tatsächlich durch diese begrenzt ist! (Der Algorithmus ist unabhängig von der Anzahl der Flächen. Eine Höchstgrenze ist nur durch den benutzten RAM-Speicher gesetzt. In dieser Version können Polyeder mit bis zu 420 Flächen berechnet werden. Das Programm benötigt auf einem 386-SX ohne Koprozessor zur Berechnung eines 120 flächigen Körpers nur ca. 15 Sekunden!) Graphisch ausgeführt werden: Zeichnung des Kristalls bzw. Polyeders aus jeder gewünschten Blickrichtung, wahlweise mit oder ohne unsichtbare (hintere) Kanten in orthographischer oder klinographischer Projektion. Ausdruck möglich.

**Preisträger des Deutsch-Österreichischen Hochschul-Software-Preises 1992**

| | |
|---|---|
| **Betriebssysteme** | DR-DOS 5.x |

# Grafik

|  |  |
|---|---|
| **Softwareumgebung** | MS/DR DOS |
| **Hardwareumgebung** | IBM AT; 640 KB RAM; Hercules, EGA, VGA; Cop. optional; Drukker; |
| **Preis** | 299 DM |
| **Bezugsbedingungen** | für Privatpersonen DM 199,- |

**Bezugsadresse/Autor**
cand. phys. Martin Bohm
Martin-Luther-Universität Halle
Fachbereich Physik
Trützschlerstraße 14
O-1197 Berlin
63 53 284 (Berlin-Ost)

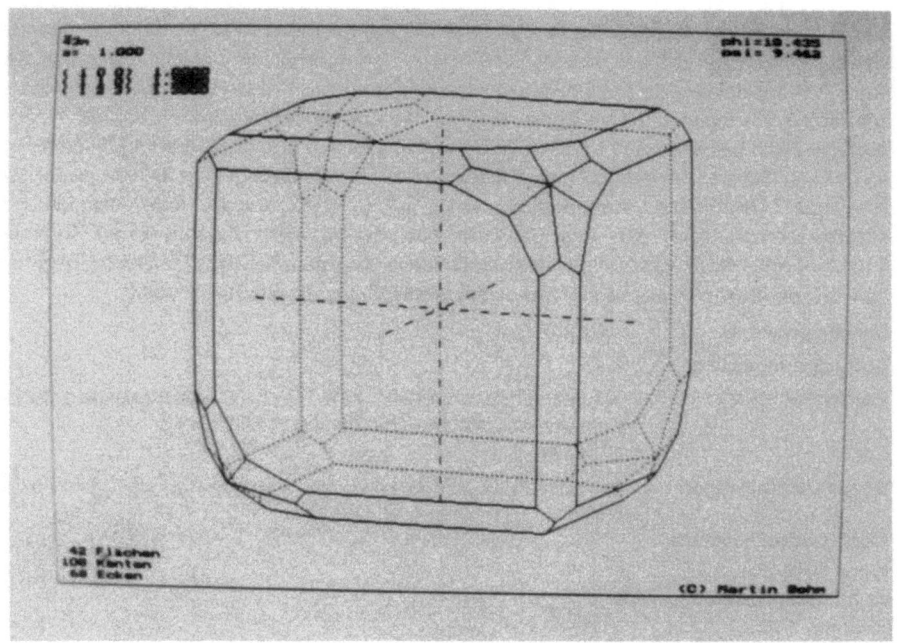

## ConVertPlot (CVP)

| | |
|---|---|
| **Fachgebiete** | Architektur, Elektrotechnik, Maschinenbau |
| **Anwendungsbereiche** | 2 dim. Plotten, 3 dim. Plotten, CAD, CAM, CAE, Plotten, Drucker-Utility |
| **Zielgruppen** | Anwender von Calcomp-Stift- und Thermalplottern |
| **Version** | 2.0 |
| **Erstellungsdatum** | 01.01.1991 |

ConVertPlot (CVP) übersetzt die HP-GL-Ausgabe der bekannten Businessgrafik-, Projektplanungs- und CAD-Softwarepakete in die für CalComp-Plotter verständliche Befehlsstruktur. Dadurch realisiert CVP den Anschluß der CalComp-Präzisionsplotter an alle marktüblichen Softwarepakete, die diese Ausgabe bisher nicht beherrschten. Präzisionsalgorithmen erzeugen Plotzeichnungen auf allen Stift-, Thermotransfer- und elektrostatischen Ausgabegeräten deckungsgleich zu den Ausgabeergebnissen der Original-HP-Plotter. Wahlweise anzugebende Übergabeparameter und weitgehende Fehlertoleranz ermöglichen die einfache Integration des Tools in Stapeldateien zur Batchverarbeitung sowie in andere Softwareprodukte und kundenspezifische Lösungen. CVP, verfügbar als Comman-Line-Version, kontrolliert darüber hinaus auch die Zeichnungsausgabe bei allen CalComp-Farbplotter. Funktionsübersicht: Übersetzung von HP-GL-Dateien in die CalComp-Plottersprache; Unterstützung des Befehlssatzes der HP-Plotter 7475; Ein- und Ausgabegröße bis DIN A0; Unterstützung aller Stift-, Thermal- und elektrostatischen Plotter der Firma CalComp; Ausgabe der Zeichnungen auch auf Thermo-Transfer-Farbplottern; Veränderung des Koordinatenursprunges; Beliebige Platzierung der Ausgabe auf der Seite; Commandline-Version zur leichten Integration in Batchdateien.

| | |
|---|---|
| **Betriebssysteme** | MS-DOS |
| **Softwareumgebung** | k.A. |
| **Hardwareumgebung** | Alle marktüblichen IBM PC/XT/AT/386/486 oder kompatible Rechnersysteme, Calcomp-Thermal- oder Stiftplotter |
| **Preis** | 1754 DM |
| **Bezugsbedingungen** | zzgl. gesetzlicher Mehrwertsteuer, Verpackungs- und Versandkosten |

**Bezugsadresse/Autor**
Klaus D. Huyke
ds-datasections datenservice
Hauptstr. 146a
8752 Glattbach
06021-46311

## CSC ChemOffice

| | |
|---|---|
| **Fachgebiete** | Biologie, Chemie |
| **Anwendungsbereiche** | 2 dim. Plotten, 3 dim. Modell, Kunststoffverarbeitung, Versuchsaufbau, Nuklearphysik |
| **Zielgruppen** | k.A. |
| **Version** | k.A. |
| **Erstellungsdatum** | k.A. |

ChemOffice besteht aus den drei Paketen: ChemDraw/Plus, Chem3D/Plus und ChemFinder CSC ChemDraw/Plus. Mit ChemDraw designen Sie chemische Strukturen so einfach wie mit Papier und Bleistift. ChemDraw unterstützt den Anwender durch spezielle Zeichenwerkzeuge für den Chemiker. CSC Chem3D/Plus: Dreidimensionale Molekülmodelle vereinfachen und beschleunigen das Verständnis vieler chemischen Reaktionen. Oftmals sind die Strukturen so komplex, daß Sie nicht mehr vorstellbar sind. Um aber grundsätzliche Aussagen machen zu können, ist das Erkennen der dreidimensionalen Struktur eine wichtige Komponente. Chem3D ist ein leicht bedienbares molekulares Modellierungssystem für den Chemiker; den Forscher, der seine Arbeit erklären will; den Lehrer, um die Grundprinzipien der Chemie aufzuzeigen und Studenten, die mit den Strukturen experimentieren wollen. Features: Modelle mit über 2000 Atomen, viele eingebaute Standardstrukturen, Vollständige Integration der Periodentafel, Konvertiert 2-D Strukturen aus ChemDraw in 3D Strukturen, Rotation der Modelle in jeder Richtung, Animation der Modelle, durch unterschiedliche Ansichten, Strukturfehleranimation, MM2 Energie Minimierung CSC ChemFinder. CSC ChemFinder integriert Strukturformeln, Molekülmodelle und frei definierbare Informationen in einem grafischen Arbeitsblatt. Innerhalb des Arbeitsblattes können die Strukturinformationen unter automatischem Einsatz von ChemDraw/Plus und Chem3D/Plus einfach und direkt verändert werden. Über intelligente Suchwerkzeuge lassen sich Namen, Strukturen oder ganze Moleküle finden. Durch die Möglichkeit unterschiedliche Informationen auf einem einzigen Papier darzustellen, eliminiert ChemFinder das ständige Hin und Her zwischen verschiedenen Programmen. ChemOffice ist ein Zeichnungs-, Modellierungs- und Informationsmanagementsystem für chemische Strukturen. Diese State-of-the-art Software wird sowohl in der Biotechnologie, Chemie, Protochemie und pharmazeutischen Industrie wie auch von staatlichen Instituten und für die Ausbildung eingesetzt. Wissenschaftler und Ingenieure aus diesen Gebieten erarbeiten ständig neue innovative Lösungen für chemische Aufgabenstellungen, um diese in ChemOffice einzubinden.

| | |
|---|---|
| **Betriebssysteme** | AIX, MAC OS 6.0, MS-DOS 3.x, SUN OS 4.x |
| **Softwareumgebung** | k.A. |
| **Hardwareumgebung** | Apple Macintosh System 6 & 7 PC-80386 oder höher mit MS-Windows 3. 1 IBM RS/6000 AIX 3. 2 Silicon Graphics IRIX 4. 1 SunOS 4. 1 &Solaris 1. 0 |
| **Preis** | 1500 DM |

**Bezugsadresse**
Andreas Heilemann, Stefan Steinhaus
ADDITIVE GmbH
Max-Planck-Straße 9
6382 Friedrichsdorf
06172-77017 bzw. 77015

**Autor**
Michael Schwartz
Cambridge Scientific Computing Inc.
MA 02139 Cambridge (USA)

## DEC GKS-3D for ULTRIX

| | |
|---|---|
| **Fachgebiete** | Informatik |
| **Anwendungsbereiche** | Graphik-Tool, Graphik |
| **Zielgruppen** | Anwendungsprogrammierer |
| **Version** | k.A. |
| **Erstellungsdatum** | k.A. |

DEC GKS-3D für ULTRIX (Graphical Kernel System für 3Grafik) ist eine Subroutinen-Bibliothek, die in Form einer verknüpfbaren Objektbibliothek für ULTRIX angeboten wird. DEC GKS-3D stellt Anwendungsprogrammierern eine Reihe von Funktionen für interaktive und nicht-interaktive Grafikanwendungen zur Verfügung, die für die Definition und die Anzeige von elektronisch erstellten 3D-Bildern verwendet werden, wobei verschiedene Grafikplattformen eingesetzt werden können. DEC GKS-3D implementiert den internationalen ISO-Standard (IS 8805), der der Ebene 2c des Internationalen GKS-3D-Standards entspricht und umfangreiche Ausgabemöglichkeiten, u.a. datenstationsunabhängige Segmentspeicherung (Ebene 2) sowie umfangreiche Eingabemöglichkeiten (synchrone und asynchrone Eingabe, Ebene c) bietet. GKS-2D Grafikanwendungen, die den ISO-Standards entsprechen, können ohne Änderungen mit DEC GKS-3D durchgeführt werden. DEC GKS-3D bietet keine volle Aufwärtskompatibilität mit implementierungsspezifischen Erweiterungen des DEC GKS-Standards, z.B. GDPs (General Drawing Primitives), Escapes und Grafik-"Handler"-Support. DEC GKS-3D ermöglicht dem Benutzer, dreidimensionale Ansichten von Objekten anzugeben und das dazugehörige Koordinatensystem zu definieren (Weltkoordinaten); Weltkoordinaten können jede beliebige Maßeinheit verwenden. Der Benutzer kann also verschiedene Ansichten eines einzigen Objekts auf mehreren Oberflächen gleichzeitig steuern und die Position des Objekts auf der Oberfläche verändern. DEC GKS-3D bietet eine Schnittstelle zu sequentiellen Dateien, in denen Grafikdaten abgelegt werden können. Die Dateien werden an Systeme übertragen, die mit kompatiblen GKS-3D Versionen ausgestattet sind. DEC GKS-3D unterstützt die Speicherung zweidimensionaler Ansichten (Vis) von dreidimensionalen Objekten im Digital Document Interchange Format (DDIF). Ansichten, die im DDIF-Format abgespeichert sind, können anschließend von Anwendungsprogrammen innerhalb der CDA-Architektur (Compound Document Architectur) weiterverarbeitet werden. Weitere Funktionen: Unterstützung von ULTRIX DECwindows; Escape-Mechanismus, über den Benutzer auf Gerätefunktionen zugreifen können, die nicht im GKS-Standard definiert sind; geräteunabhängige "precision-stroke"-Zeichensätze (gestochene Schärfe); Möglichkeit, Text, der normalerweise auf einer Ebene liegt, dreidimensional anzuzeigen; Sprachenanbindung sowie Unterstützung von verschiedenen grafischen Ausgabegeräten.

| | |
|---|---|
| **Betriebssysteme** | ULTRIX |
| **Softwareumgebung** | k.A. |
| **Hardwareumgebung** | RISC, VAX, VAX/ULTRIX, RISC/ULTRIX |
| **Preis** | k.A. |
| **Bezugsbedingungen** | k.A. |

**Bezugsadresse**
Digital Equipment GmbH
Freischützstraße 91
8000 München

# Grafik

## DEC PHIGS for ULTRIX

| | |
|---|---|
| **Fachgebiete** | Informatik |
| **Anwendungsbereiche** | Graphik-Tool, Graphik |
| **Zielgruppen** | k.A. |
| **Version** | k.A. |
| **Erstellungsdatum** | k.A. |

DEC PHIGS (Programmers Hierarchical Interactive Graphics System) für ULTRIX ist ein 3D-Grafikunterstützungssystem zur Steuerung von Definition, Modifikation und Darstellung hierarchischer Grafikdaten. DEC PHIGS ist geräteunabhängig, d.h., ein und dasselbe Programm kann auf unterschiedlichen Geräten Grafik-Outputs erstellen, ohne daß der Quellcode modifiziert werden muß. DEC PHIGS ist ein Managementsystem für Organisation und Anzeige der in einer konzeptionell zentralisierten Datenbank gespeicherten Grafikdaten. DEC PHIGS für ULTRIX unterstützt DECwindows über die ULTRIX Worksystem Software. Ebenso bietet dieses System Unterstützung für die meisten der unter DEC GKS, Version 4.0, laufenden Hardcopy-Geräte, wie z.B. die HPGL-Plotterserie und die kompatiblen Sixel-Geräte von Digital Equipment, sowie für die von DEC GKS unterstützten Terminals. DEC PHIGS ist eine als anbindbare Objektbibliothek fungierende Subroutine Library für ULTRIX und basiert auf dem PHIGS-Standard von 1988 für geräteunabhängige 3D-Grafiken. So stehen im Rahmen dieses Systems u.a. Funktionen für Verdeckte Linien/verdeckte Oberflächen löschen (HLHSR - Hidden Line/Hidden Surface Removal), Ausleuchten, Schattieren und Depth Cueing sowie zusätzliche Grundelemente, z.B. Kreise und Kreisbögen, Dreikantlinien, vierseitige Maschen, indexierte Vielecke, angeschnittene und unbeschnittene NURBs (Non-uniform Rational B-Splines) zur Verfügung. DEC PHIGS bietet FORTRAN-und C-Anbindungen sowie eine sprachenunabhängige Anbindung (PHIGS$). Die von DEC PHIGS verwaltete Grafikdatenbank bezeichnet man als Strukturspeicher. Dieser enthält neben den klassischen Strukturelementen (z.B. Vielecke, Auswahl der Markierungsart etc.) Attributauswahlfunktionen, Kennsätze, Anwendungsdaten, Namensatzspezifikationen, verschiedene Transformationsmöglichkeiten und Strukturverweise. Diese Strukturelemente können jederzeit vom Anwendungsprogramm editiert werden. Die Erstellung der Grafik-Outputs erfolgt durch einen traversalen Strukturmechanismus, der Einheiten im Strukturspeicher übersetzt. Jeder Ausgabefunktion ist eine bestimmte Gruppe von Attributen zugeordnet, die die Ausgabe attributspezifisch steuert. Hauptelemente sind hierbei u.a. Linienart, Linienbreite, Farbe sowie Zeichenattribute (besondere Schriftart sowie Zeichenmittenabstand, Zeichenhöhe, Zeichenwinkel, Zeichenpfad und Zeichensynchronisierung können spezifiziert werden).

| | |
|---|---|
| **Betriebssysteme** | ULTRIX |
| **Softwareumgebung** | k.A. |
| **Hardwareumgebung** | RISC, VAX, VAX/ULTRIX, RISC/ULTRIX, VAX/ULTRIX, RISC/ULTRIX |
| **Preis** | k.A. |
| **Bezugsbedingungen** | k.A. |

**Bezugsadresse**
Digital Equipment GmbH
Freischützstraße 91
8000 München

## DECimage Scan Software for ULTRIX

**Fachgebiete** Informatik
**Anwendungsbereiche** Graphik, Bildverarbeitung
**Zielgruppen** k.A.
**Version** k.A.
**Erstellungsdatum** k.A.

DECimage Scan Software für ULTRIX ist eine Anwendung zur Digitalisierung von bitonalen (schwarzweißen) Bildern und Anpassung von Bitonal-, Graustufen- und RGB-Farb-Bildern, die von Bilddateien im DDIF-Format eingelesen wurden. Die Software verfügt über Funktionen für Digitalisierung, Previ, Bildanpassung sowie für das Lesen und Erstellen von DDIF-Bilddateien. Andere Anwendungen, die mit DDIF-Bilddateien arbeiten, können Dateien verwenden, die mit der DECimage Scan Software erstellt wurden. Die Funktion "Scanner Setup" ermöglicht dem Benutzer die Auswahl des Scanners sowie die Einstellung von Kontrast, Helligkeit, Auflösung, Seitengröße, Betriebsart, Scan Framing, Ausschnitteinstellung und Maßeinheiten für das Framing und Einstellen von Ausschnitten. Mit "Previ Image" wird das Bild so skaliert, daß es in den Previ-Ausschnitt paßt, oder es wird so vergrößert, daß jedes Pixel des digitalisierten Bildes angezeigt werden kann. Zu den Bearbeitungsfunktionen gehört CROP, WASH, REVERSE, ROTATE und UNDO. Bei den Dateifunktionen stehen die Befehle SAVE AS, OPEN AS und CLIPBOARD zur Verfügung. Funktionen zur benutzerspezifischen Anpassung ermöglichen dem Anwender das Abspeichern von Einstellungen, mit denen die Funktionsweise von DECimage Scan individuell angepaßt wird.

**Betriebssysteme** ULTRIX, VMS
**Softwareumgebung** k.A.
**Hardwareumgebung** RISC, VAX
**Preis** k.A.
**Bezugsbedingungen** k.A.
**Bezugsadresse**
Digital Equipment GmbH
Freischützstraße 91
8000 München

# Grafik 533

## DECimage Storage Manager for VMS

| | |
|---|---|
| **Fachgebiete** | Informatik |
| **Anwendungsbereiche** | Graphik, Bildverarbeitung |
| **Zielgruppen** | k.A. |
| **Version** | k.A. |
| **Erstellungsdatum** | k.A. |

DECimage Storage Manager für VMS ist die Speicherkomponente der Produktserie DECimage. Diese Komponente ermöglicht die zentrale Speicherung von Bilddaten und den verteilten Zugriff darauf. Der DECimage Storage Manager basiert auf einer Client/Server-Architektur, bei der die Server-Software für die zentrale Speicherung zuständig ist, die Client Software übernimmt dabei den verteilten Zugriff auf die Bilddaten. Der Server ermöglicht die Steuerung des Zugriffs auf die Bilddaten und der Client-Berechtigungen auf dem Server, die Steuerung der Speicherressourcen, den transparenten Zugriff auf die Bilddaten und bietet Funktionen für Shutdown und Restart. Die Client-Software beginnt und beendet Sessions bei einem Server-Knoten, bestimmt die Stelle, an der Bildobjekte physisch gespeichert werden, und steuert den Zugriff darauf; bietet Dienstfunktionen zur Erstellung neuer Speicherbereiche, Erweiterung vorhandener Speicherbereiche, Löschen eines Speicherbereiches und Auflistung der verfügbaren Speicherbereiche auf einem Server-Knoten; und bietet Möglichkeiten zur Bearbeitung von Zugriffssteuerungs-Listen. Die Software stellt überdies Funktionen zum Erstellen, Abrufen und Löschen von Bildobjekten sowie zur Einstellung und zum Abruf von Bildattributen; außerdem wird die Verlagerung von Bildern von einer Speichereinheit zu einer anderen unterstützt. DECimage Storage Manager ist für den Einsatz mit einem Datenbankprodukt ausgelegt. Die Software vergibt für jedes gespeicherte Bildobjekt einen eindeutigen Schlüssel. Dieser Bild-Schlüssel kann in eine Datenbank übernommen werden, um so eine Zuordnung der Anwendungsinformationen zu den gespeicherten Bilddaten vorzunehmen. Wenn eine Anwendung das Bild abrufen möchte, holt sie den Bild-Schlüssel aus der Datenbank und gibt ihn anschließend an die Client-Software zurück.

| | |
|---|---|
| **Betriebssysteme** | VMS |
| **Softwareumgebung** | k.A. |
| **Hardwareumgebung** | VAX |
| **Preis** | k.A. |
| **Bezugsbedingungen** | k.A. |

**Bezugsadresse**
Digital Equipment GmbH
Freischützstraße 91
8000 München

# Design/OA

| | |
|---|---|
| **Fachgebiete** | Informatik |
| **Anwendungsbereiche** | CAD, CAM, CAE, CAI, CASE, wissenschaftliche Graphik, Software-Entwicklungs-Tool, Software-Werkzeuge |
| **Zielgruppen** | Software-Entwickler, Programmentwickler, Software-Entwickler |
| **Version** | 3.0 |
| **Erstellungsdatum** | 01.05.1992 |

Design/OA ist eine offene Architektur, die über 400 C-Funktionen zur schnellen Implementierung von Graphen-Editoren und graphischen Benutzungsoberflächen (Front/Ends) zur Verfügung stellt. Dabei setzt die Entwicklung auf den Funktionen des Design-Kerns (MetaDesign) auf. Die Funktionen und Datenstrukturen von MetaDesign können Schritt für Schritt verändert und auf eigene Anforderungen zugeschnitten werden. Dadurch läßt sich die Entwicklungszeit bis zur Realisierung eines Prototypen erheblich verkürzen. Der Fortgang der Entwicklung ist jederzeit sichtbar. Design/OA beinhaltet nicht nur grundlegende Zeichen- und Editierfunktionen, sondern auch spezielle Funktionen zur Behandlung logisch zusammenhängender Graphen mit integrierten Texten. Darüber hinaus stellt Design/OA Funktionen bereit, die die Definition der Syntax und Semantik einer graphischen Entwurfsmethode unterstützen. Design/OA befreit den Entwickler von Details der Verwaltung der Benutzungsoberfläche und ermöglicht die Konzentration auf die wesentlichen Funktionen: Kontrolle der Konsistenz der verwendeten graphischen Darstellungsart gegenüber den definierten methodischen Regeln und Koordinierung der Kommunikation in einer Client-Server Architektur, wie sie z.B. bie Datenbanken, CASE-Tools oder Data Dictionaries vorkommen kann. Durch die leistungsfähigen Funktionen von Design/OA können Anwendungen schneller entwickelt und leichter gewartet werden. Design/OA ist eine ideale Basis für die Entwicklung graphischer Werkzeuge, die Methoden wie SADT, Petri-Netze, SA und Entity-Relationship unterstützen. Die Programmierschnittstelle von Design/OA gibt dem Software-Entwickler einen vollständigen Zugriff auf die Datenstrukturen der Diagramme und Funktionen von MetaDesign.

| | |
|---|---|
| **Betriebssysteme** | MAC OS 6.0, MAC OS 7.0, MS-DOS 3.x, SUN OS 4.x |
| **Softwareumgebung** | MS C PDS v6. 0 od. höher, MS-Windows SDK oder MS QuickC für Windows, Lightspeed C Compiler v3. 0 od. höher und mind. 2MB RAM X-Windows X11R4 (MIT-Release), ANSI C Compiler (z. B. GNU gcc) 8 MB RAM |
| **Hardwareumgebung** | IBM PC AT, PS/2 Modell 50, 60, 70, 80 und Kompatible, Macintosh Plus, SE oder Macintosh II, Sun-3 oder Sun-4 (SPARC) |
| **Preis** | 15500 DM |
| **Sonderkonditionen** | Einzellizenz: 9300,00 DM<br>Mehrfachlizenz: auf Anfrage<br>Geltungsbereich: Hochschulen, Fachhochschulen, sonstige öffentliche Bildungseinrichtungen |

**Bezugsadresse**
C.I.T. GmbH
Ackerstraße 71-76
1000 Berlin 65
(0 30) 4 63 60 77

**Autor**
Meta Software Corporation
MA 02140 Cambridge (USA)

# Grafik

## DI-3000 (R)

| | |
|---|---|
| **Fachgebiete** | Informatik |
| **Anwendungsbereiche** | Ingenieurwesen, Graphik |
| **Zielgruppen** | k.A. |
| **Version** | k.A. |
| **Erstellungsdatum** | k.A. |

DI-3000 (R) ist ein leistungsstarker Grafikbaustein, mit dem Grafikprogramme entsprechend den individuellen Anforderungen maßgeschneidert werden können. DI-3000 hat eine modulare Architektur und besteht aus über 200 Subroutinen, die der Anwendungsprogrammierer in sein Programm einschließt. Es stehen Funktionen für nahezu alle grafischen Anforderungen zur Verfügung, z.B. 2D- / 3D-Grundelemente, volle Farbunterstützung, Schattierungs- sowie Schraffierungsmöglichkeiten, interaktive grafische Eingabe, Echtzeit-Anwendungen, grafische Makros, usw. DI-3000 ist sowohl computer- als auch endgeräteunabhängig. Das heißt, es können grafische Anwendungen portiert werden. Durch die mehr als 100 von PVI angebotenen Gerätetreiber können alle bedeutenden grafischen Endgeräte unterstützt / eingesetzt werden. Dabei sind die Gerätetreiber so konzipiert, daß sie die lokal verfügbare Intelligenz der Endgeräte vollständig ausnützen und Funktionen simulieren, falls diese nicht vorhanden sind. Die Qualität von PVI"s Grafikprodukten wird durch ein komplettes Spektrum an Dienstleistungen abgerundet. DI-3000 ist ein eingetragenes Warenzeichen der Precision Visuals, Inc.

| | |
|---|---|
| **Betriebssysteme** | ULTRIX, VMS |
| **Softwareumgebung** | k.A. |
| **Hardwareumgebung** | RISC, VAX, VAX/VMS, VAX/ULTRIX, RISC/ULTRIX |
| **Preis** | k.A. |
| **Bezugsbedingungen** | Preis: DM 8.800 - DM 111.000 |

**Bezugsadresse**
PVI Precision Visuals International GmbH
Lyoner Stern/Hahnstraße 70
6000 Frankfurt

## Dialog Maschine

| | |
|---|---|
| **Fachgebiete** | Informatik |
| **Anwendungsbereiche** | Autorensprache, Autorensystem, Lehrsimulation, Graphik, Training Software, Tutorial |
| **Zielgruppen** | k.A. |
| **Version** | PC 2.0/1.63 |
| **Erstellungsdatum** | 01.04.1989 |

Die Dialog-Maschine enthält etwa 300 Routinen zur Programmierung von graphischen Benutzeroberflächen. Es können damit mit wenigen Zeilen einfache Lehrprogramme erstellt werden, dies mit voller Unterstützung von Maus, Fenstern, Menus und Dialogboxen. Diese Programme (in Modula-2) sind voll portabel, sie laufen auf Apple Maciintosh, DOS-PCs mit GEM und ATARI STs. An der ETH sind mehrere Dutzend Unterrichtsprogramme in Regeltechnik, Informatik, Pharmazie, Mechanik, Statistik u.a. erstellt worden.

| | |
|---|---|
| **Betriebssysteme** | MAC OS, MS-DOS 3.x |
| **Softwareumgebung** | Apple: MacMETH Modula-2; DOS/GEM: JPI Topspeed Modula-2; DOS/Windows: Stony Brook; ATARI ST: MAMOS Modula-2 |
| **Hardwareumgebung** | Apple Macintosh, DOS-PC mit GEM (Windows in Vorbereitung), ATARI ST |
| **Preis** | 200 sfr |
| **Bezugsbedingungen** | Preis (sfr 90-200) je nach Rechnertyp und Compiler. Bitte genaue Bezugsbedingungen anfordern bei: ETH, IDA-Projektzentrum, 8092 Zürich. |

**Bezugsadresse/Autor**

Daniel Keller
ETH
Projekt-Zentrum IDA
CH-8092 Zürich (Schweiz)
01 256 45 49

Walter Schaufelberger
ETH
Projektzentrum IDA
CH-8092 Zürich (Schweiz)

Andreas Fischlin
ETH
Systemökologie
VOD
CH-8092 Zürich (Schweiz)

# Grafik

## DISLIN

| | |
|---|---|
| **Fachgebiete** | Informatik, Geographie, Mathematik, Physik |
| **Anwendungsbereiche** | Datendarstellung, graphische Darstellung, Plotten, wissenschaftliche Graphik |
| **Zielgruppen** | Wissenschaftler, Programmentwickler |
| **Version** | 5.0 |
| **Erstellungsdatum** | 22.05.1991 |

DISLIN ist eine in FORTRAN geschriebene Bibliothek von Unterprogrammen und Funktionen, die seit mehreren Jahren am Max-Planck-Institut für Aeronomie in Lindau für die grafische Darstellung von wissenschaftlichen Daten genutzt wird. Zu dem Leistungsumfang von DISLIN gehören: 9 Software-Fonts mit jeweils 7 Alphabeten (Hardware-Fonts von PostScript-Druckern werden unterstützt), variable Achsensysteme mit linearen, logarithmischen, zeitlichen und geographischen Achsen, das Plotten von Kurven in verschiedenen Interpolationen, Farben, Linientypen und -stärken, die Darstellung von Legenden, eine farbige 3D-Grafik in Verbindung mit Farbbildschirmen und PostScript-Druckern, eine räumliche 3D-Grafik mit variablem Viewpoint, beschrifteten Achsensystemen und Routinen zum Plotten von Oberflächen, das Plotten von Konturen, Business-Grafik zum Plotten von Kreis- und Balkendiagrammen, Landkartenplots in 14 möglichen geographischen Projektionen, ein Manual in englischer Sprache. Die Plotvektoren und Farbinformationen werden von DISLIN in einem Plotfile gespeichert, für das verschiedene Formate möglich sind. Dies sind im wesentlichen die systemunabhängigen Formate GKSLIN und CGM, sowie einige systemabhängige Formate wie HPGL, PostScript und Prescribe, die direkt von üblichen Ausgabegeräten interpretiert werden können. Eine direkte Ausgabe einer Grafik auf einem Tektronix-, X-Window- oder VGA-Bildschirm ist ebenfalls möglich. Für die individuelle Gestaltung einer Grafik stehen dem Anwender zahlreiche parametersetzende Routinen zur Verfügung. DISLIN kontrolliert den Aufbau von Programmen und die Zulässigkeit von Parametern und gibt gegebenfalls Fehlermeldungen aus. Neben der Unterprogramm-Bibliothek gehören die folgenden vier Utility-Programme zu dem Lieferumfang von DISLIN: DISHLP gibt zu jeder Routine eine Beschreibung auf dem Bildschirm aus. DISPRV überprüft in einem FORTRAN-Programm die Reihenfolge der Aufrufe von DISLIN-Routinen, den Typ und die Dimensionierung von Parametern und das Überschneiden von FORTRAN-Einheiten, Commonblock- und Routinen-Namen mit internen DISLIN-Deklarationen.

| | |
|---|---|
| **Betriebssysteme** | MS-DOS 4.x, ULTRIX, VAX/VMS |
| **Softwareumgebung** | Compiler: MS-FORTRAN 5.0, VAX-FORTRAN |
| **Hardwareumgebung** | Rechner: IBM-PC 286, 386 oder 486, VAX unter VMS; Terminals: Tektronix, X-Window, VGA, Super-VGA; Drucker; PostScript-, Prescribe-, HPGL-, PCL-Drucker |
| **Preis** | 855 DM |
| **Bezugsbedingungen** | k.A. |
| **ASK-SAM** | Eine Demo-Version des Programmes kann über den Fileserver abgerufen werden. |

**Bezugsadresse**
GARCHING INSTRUMENTE GmbH
Königinstr. 19
8000 München 22

**Autor**
Helmut Michels
MPI für Aeronomie
3411 Katlenburg-Lindau

## dp_draft

| | |
|---|---|
| **Fachgebiete** | Bauingenieurwesen |
| **Anwendungsbereiche** | 2 dim. Zeichnen, 2 dim. Plotten, 3 dim. Zeichnen, 3 dim. Plotten |
| **Zielgruppen** | Bauingenieure, Architekten, Großküchenplaner, Ladenbau |
| **Version** | 92.2 |
| **Erstellungsdatum** | k.A. |

Das CAD-Programm dp_draft wurde speziell für Architekten entwickelt. Es bietet effiziente Unterstützung des Architekten vom Vorentwurf über die Werk- bis hin zur Detailplanung. Es ist praxisnah aufgebaut und entspricht weitgehend dem bisherigen Denken und Arbeiten des Architekten. Durch die eigens entwickelte Datenhaltung sind Bauvorhaben beliebiger Größenordnung möglich. Weiterhin wird auch softwaretechnisch der Zugriff von mehreren Arbeitsplätzen auf ein und dasselbe Projekt unterstützt. Dies ermöglicht insbesondere bei Grossprojekten stark verkürzte Planungszeiten.

Dem System liegt ein 2.5D-3D Hybriddatenmodell zugrunde. Dieses gestattet einen fließenden Übergang im Anlegen und in der Bearbeitung von 2.5D und 3D Daten. Das Programm ist modular aufgebaut und bietet somit "maßgeschneiderte" Lösungen für jeden Anwender. dp_draft entlastet nicht nur den Architekten, sondern bietet ihm darüber hinaus durch spezielle Routinen die Möglichkeit, Entwurfsvarianten mit einem Minimum an Aufwand durchzuspielen und somit zu einem ausgewogenen Entwurf zu kommen. Die Planungssicherheit wird gewährleistet durch assoziative Zeichnungs- und Berechnungseinheiten, wie Maßlinien, Flächenwerte, Gebäudekenndaten oder Massenauszüge.

| | |
|---|---|
| **Betriebssysteme** | HP-UX, UNIX |
| **Softwareumgebung** | k.A. |
| **Hardwareumgebung** | HP 9000/700, 16 MB RAM (min.), 420 MByte Disc (min.), 19" Farbbildschirm, Maus |
| **Preis** | 14000 DM |
| **Bezugsbedingungen** | Mindestpreis: 14.000.-; Max.Preis: 40.000.- |
| **Sonderkonditionen** | Für Hochschulen wird 50% Nachlaß gewährt. |
| | Geltungsbereich: Hochschulen, Fachhochschulen, sonstige öffentliche Bildungseinrichtungen, persönliche Lizenzen für Hochschulangehörige und Studenten |

**Bezugsadresse**  
Dipl. Ing. Rainer Kortländer  
data-plan  
datenverarbeitungssysteme  
Eisenfelden 66  
8261 Neuötting 2  
08671/72320  

**Autor**  
Frank Herford  
data-plan  
datenverarbeitungssysteme  
8261 Neuötting 2

# Grafik 539

## Dreieck

| | |
|---|---|
| **Fachgebiete** | Chemie, Geologie |
| **Anwendungsbereiche** | 2 dim. Plotten, Datenanalyse, Graphik, Statistik |
| **Zielgruppen** | k.A. |
| **Version** | k.A. |
| **Erstellungsdatum** | 20.10.1989 |

FUNKTION: Darstellung und grafische Analyse von geochemischen, petrologischen, etc. Daten in einem ternären (Dreiecks-) Diagramm. Zusätzlich kann zu den 3 prinzipiellen Variablen, die in einer ternären Darstellung möglich sind, eine Klassifizierung nach einer vierten Variablen erfolgen (sichtbar durch verschiedene Symbole im Diagramm). Die Symbolgröße kann in Abhängigkeit von einer fünften Variablen gewählt werden. Das erstellte Diagramm kann auf einem HPGL-kompatiblen Plotter (ISO A4/A3) in Publikationsqualität ausgegeben werden. Zum Betrieb des Programmes werden fast keine Computerkenntnisse benötigt, lediglich für kleine Änderungen im Programm sind Grundkenntnisse in BASIC erfoderlich. PROGRAMMINHALTE: Ein Dreiecks-Plot ist nur eine etwas andere Darstellungsart als ein X-Y-Diagramm. Hier werden drei Variable gegeneinander aufgetragen (im 2-dim. Raum), wobei natürlich gelten muß: Var.A + Var.B + Var.C = const. (z.B. 1 oder 100%).

| | |
|---|---|
| **Betriebssysteme** | MS-DOS 2.x |
| **Softwareumgebung** | Falls nicht die . EXE Version bearbeitet werden soll, sondern die Source-Code . BAS Version, so braucht man natürlich einen GWBASIC-Interpreter. |
| **Hardwareumgebung** | IBM XT/AT; 640KB; EGA; Coprozessor; Plotter (HPGL-kompatibel, optional) an serieller Schnittstelle |
| **Preis** | 100 öS |
| **Bezugsbedingungen** | k.A. |

**Bezugsadresse/Autor**
Mag. Dr. Eugen Libowitzky
Univ. Wien
Inst. f. Mineralogie u. Kristallographie
Dr. Karl Luegerring 1
1010 Wien (Österreich)
40103/2689

## EURODAT

| | |
|---|---|
| **Fachgebiete** | Informatik |
| **Anwendungsbereiche** | Datendarstellung, Datenbank, graphische Darstellung, Statistik |
| **Zielgruppen** | k.A. |
| **Version** | 1.0 |
| **Erstellungsdatum** | 26.02.1991 |

FUNKTION DES PROGRAMMES: Das Programm ermöglicht die Auswahl von beliebigen Daten aus einer Tabelle. Diese Daten werden in verschiedene Graphiken umgesetzt. Zu einer Datei gibt es 21 Varianten der Darstellung. Diese unterschiedlichen Graphiken (Statistikarten) bilden nun die Grundlage für die Weiterarbeit im Seminar oder anderen Tätigkeitsbereichen. PROGRAMMINHALTE: Dem Programm liegt die Eurostattabelle zugrunde. Deren Daten können wahlweise in verschiedenen Graphikdarstellungen veranschaulicht werden. Dabei stehen dem Benutzer 3 Grundgraphiken zur Verfügung: Histogramm, Kreisdiagramm, Polygonzug, innerhalb derer weitere Graphikoptionen gewählt werden können. DIE DIDAKTISCHE KONZEPTION: Dieses Programm ist für jeden geeignet, der Daten durch Graphiken veranschaulichen möchte. Dadurch, daß man die Daten frei eingeben kann, ist der Benutzer nicht an die Eurostat gebunden. Durch den Anschluß an Textverarbeitende Systeme wie Word und die Möglichkeit des Direktdrucks können die Benutzer auch außerhalb des Computers mit den Daten und Graphiken arbeiten.

| | |
|---|---|
| **Betriebssysteme** | MS-DOS 3.x |
| **Softwareumgebung** | k.A. |
| **Hardwareumgebung** | IBM XT/AT; EGA; Maus (optional) |
| **Preis** | k.A. |
| **Bezugsbedingungen** | für Hochschulen im internen Betrieb |

**Bezugsadresse/Autor**
Christiane Kohlhof
Petersauracher Straße 41
8500 Nürnberg 60

# FGL

| | |
|---|---|
| **Fachgebiete** | Informatik, Allgemeines |
| **Anwendungsbereiche** | Graphik, Kartenzeichnen, Kartographie |
| **Zielgruppen** | k.A. |
| **Version** | k.A. |
| **Erstellungsdatum** | 01.01.1989 |

UNIRAS bietet Grafiklösungen auf vier technologische Anwendungsebenen: FGL - Fundamental Graphics Library; AGL - Application Graphics Library; AGS - Application Graphics Systems; UIMS - User Interface Management Systems; F G L: Die Fundamental Graphics Libraries bilden den Kern der UNIRAS-Software, auf dem alle Anwendungssysteme basieren. Wesentliche Zielsetzung der FGL-Werkzeuge ist die möglichst optimale Ausnutzung moderner Hochleistungs- Grafikhardware bei gleichzeitig maximaler Flexibilität in der Realisierung grafischer Visualisierungsaufgaben. Die FGL-Bibliothek besteht aus den Modulen - FGL/GRAPHICS: Basis-Softwarepaket für die Entwicklung grafischer Anwendungssysteme - FGL/IMAGE: Basis-Softwarepaket für die interaktive und Hardcopy- Visualisierung großer Datenmengen - FGL/3D RENDER: 3D-Festkörper-Darstellung mit Unterdrückung verdeckter Linien und Flächen sowie naturgetreuer Farbschattierung und Beleuchtung - FGL/CGM: Generierung und Interpretierung von Standard- CGM- Files - FGL/UNIGKS: FORTRAN-Implemetierung des GKS-Standards Level 2b - FGL/UNIGKS-CGM: Spezielle CGM-Implementierung für UNIGKS - FGL/HLSR: Software-Simulation zur Unterdrückung verdeckter Linien für Vektor-Ausgabesysteme - FGL/HOSTRASTER: Software-Rasterzerlegung für Raster-Ausgabesysteme

| | |
|---|---|
| **Betriebssysteme** | MVS, ULTRIX, UNIX, VMS |
| **Softwareumgebung** | k.A. |
| **Hardwareumgebung** | DEC, SUN, HP, APOLLO, CDC, etc. RAM: 4-8 MB |
| **Preis** | k.A. |
| **Bezugsbedingungen** | k.A. |

**Bezugsadresse/Autor**
UNIRAS GmbH
Niederkasseler Lohweg 8
4000 Düsseldorf 11
0211 / 5961017

# FIGRAPH

| | |
|---|---|
| **Fachgebiete** | Informatik, Allgemeines |
| **Anwendungsbereiche** | 3 dim. Graphik, Anwendungsentwicklung, wissenschaftliche Graphik, Programmentwicklung, Unterprogrammbibliothek |
| **Zielgruppen** | Ingenieure, Wissenschaftler |
| **Version** | 1.0 |
| **Erstellungsdatum** | 31.08.1992 |

FIGraph gehört zur neuen Generation von 2D/3D-Visualisierungstoolkits, zur integrierten Datenrepräsentation in X-Window und PHIGS+. Die Bereitstellung von allgemeinen und häufig wiederkehrenden techn.-wissenschaftlichen Darstellungsarten ermöglicht es Softwareentwicklern sich auf ihr Problem zu konzentrieren und von Routineaufgaben zu befreien. Die in FIGRAPH verfügbaren Routinen haben "application level", was bedeutet, daß Grafiken mit nur 2 Unterprogrammaufrufen erzeugt werden können. Jedes Graphikelement im hierarchischen Baum kann dann interaktiv durch ein Script-File geändert werden. FIGRAPH Darstellungsfähigkeiten umfassen Contouring, Funktionsgraphen, Vektorplots, Boxplots, Polardiagramme, Histogramme, Tortendiagramme, Streudiagramme und 3D Anwendungen wie Oberflächen mit hidden surface, Schattierungsperspektiven und freie Lichtquellen- und Sichtpunktplazierung. FIGRAPH setzt auf FIGARO+, der führenden Implementation des PHIGS+ Standards auf und stellt damit sicher, daß Kompatibilität und Unterstützung zu den unmittelbar neusten Grafikstandards in Hardware und Software (inkl. PEX) gewährt ist.

| | |
|---|---|
| **Betriebssysteme** | UNIX, VAX/VMS |
| **Softwareumgebung** | FIGARO+ |
| **Hardwareumgebung** | UNIX-Workstation |
| **Preis** | 4140 DM |
| **Sonderkonditionen** | Verkaufspreise unter Abzug des Hochschulrabattes ohne Mehrwertsteuer. |
| | Einzellizenz: 2.898.- DM |
| | Mehrfachlizenz: auf Anfrage |
| | Campuslizenz: auf Anfrage |
| | Geltungsbereich: Hochschulen, Fachhochschulen, sonstige öffentliche Bildungseinrichtungen |

**Bezugsadresse**

Gerald Ismaier  
GraS GmbH  
Goethestr. 17  
8000 München 2  
089/555382

Gerald von Tschirnhaus  
GraS GmbH - Graphische Systeme  
Mecklenburgische Str. 27  
1000 Berlin 33  
030-823 2074

# Grafik 543

## FORTRAN/GKS-Unterprog.-Sammlung

| | |
|---|---|
| **Fachgebiete** | Geographie, Physik |
| **Anwendungsbereiche** | GKS (graphisches Kernsystem), kartographische Darstellung, Datenanalyse, Graphik, Unterprogrammbibliothek |
| **Zielgruppen** | Studenten, Wissenschaftler, Schüler |
| **Version** | 2.1 |
| **Erstellungsdatum** | 24.12.1991 |

Die Unterprogramme reichen von einfachen Zeichenroutinen bis hin zu komplexen Algorithmen für dreidimensionale Darstellungen. Mit Hilfe dieser Makroprogramme ist es dem Anwender möglich, Programme für komplexe oder ungewöhnliche Visualisierungen von Datenanalysen zu entwickeln.

| | |
|---|---|
| **Betriebssysteme** | MS-DOS 3.x |
| **Softwareumgebung** | Neben dem unter MS-DOS laufenden oben angegebenen Compiler wird keine weitere Software benötigt. |
| **Hardwareumgebung** | IBM XT, AT (comp. ); 640 KB RAM; Hercules, EGA, VGA; 80387 (optional); Drucker; |
| **Preis** | k.A. |
| **Bezugsbedingungen** | Die Unterprogrammsammlung darf für nichtkommerzielle Zwecke der Forschung und Lehre benutzt und weitergegeben werden. Interessierte erhalten gegen Einsendung einer Leerdiskette an die Autoren kostenlos eine Kopie der Unterprg.sammlung. |
| **ASK-SAM** | Das Programm kann über den Fileserver abgerufen werden. |

**Bezugsadresse/Autor**

Dipl.-Ing. Klaus Spiekermann
Universität Dortmund
Institut für Raumplanung
August-Schmidt-Straße 6
4600 Dortmund 50
0231 755 4754

Dr.-Ing. Michael Wegener
Universität Dortmund
Institut für Raumplanung
August-Schmidt-Straße 6
4600 Dortmund 50
0231 755 2401

## GenericCADD

| | |
|---|---|
| **Fachgebiete** | Architektur, Elektrotechnik, Maschinenbau, Verfahrenstechnik |
| **Anwendungsbereiche** | 2 dim. Zeichnen, technisches Zeichnen |
| **Zielgruppen** | k.A. |
| **Version** | 5.0 |
| **Erstellungsdatum** | 01.06.1992 |

GenericCADD beeindruckt vor allem durch seine professionelle Funktionalität im 2D-Konstruktionsbereich. Sowohl im Preis wie in der Leistung ist dieses Programm zwischen AutoCAD und AutoSketch aus dem Hause Autodesk angesiedelt. Es ist mit über 300.000 Installationen in den USA Marktführer in seinem Segment. GenericCADD wird über Bildschirm- bzw. Tablettmenü oder über 2-Tasten-Befehle gesteuert. Neben den Grundbefehlen stehen Funktionen wie Freihandkurve, assoziative Bemassung, Schraffur, automatisches Trimmen von Doppellinien u.a. zur Verfügung. Aufgrund der einfachen Zeichensatzerzeugung und der Schnittstellen zu DTP-Programmen eignet sich GenericCADD auch hervorragend für die technische Dokumentation.

| | | |
|---|---|---|
| **Betriebssysteme** | MS-DOS 3.x | |
| **Softwareumgebung** | k.A. | |
| **Hardwareumgebung** | PC-XT/AT mit 640 KByte RAM, 10 MByte Festplatte, Standardgrafikkarte, Coprozessor wird unterstützt | |
| **Preis** | 1995 DM | |
| **Bezugsbedingungen** | k.A. | |
| **Sonderkonditionen** | Einzellizenz: | 995 DM |
| | Geltungsbereich: | Hochschulen, Fachhochschulen, sonstige öffentliche Bildungseinrichtungen |

| | |
|---|---|
| **Bezugsadresse** | **Autor** |
| Mensch und Maschine GmbH | Autodesk GmbH |
| Stefanus-Straße 6 | 8000 München |
| 8032 Gräfelfing | |
| 089/854890 | |

# GK-2000 (R)

| | |
|---|---|
| **Fachgebiete** | Informatik |
| **Anwendungsbereiche** | Graphik-Tool, Graphik |
| **Zielgruppen** | k.A. |
| **Version** | k.A. |
| **Erstellungsdatum** | k.A. |

GK-2000 (R) ist das Basisprodukt für eine hardwareunabhängige Grafikprogrammierung und eine vollständige Implementation der Norm des Grafischen Kernsystems (GKS) im Level 2b. GK-2000 ist modular aufgebaut und besteht aus mehr als 190 Subroutinen, die vom Anwendungsprogrammierer für eine individuelle Grafikerstellung eingesetzt werden. Sobald das Anwendungsprogramm fertiggestellt wurde, ist es ausgesprochen einfach, dieses durch Anbindung des entsprechenden Gerätetreibers auf einem anderen grafischen Endgerät zu betreiben. Es werden für GK-2000 über 100 verschiedene Gerätetreiber zur Verfügung gestellt, die die volle Leistungsbreite des jeweiligen Gerätes ausnutzen. So sind verschiedene Funktionen wie segmentierte Display Listen, Farbdefinitionstafeln, Realtime-Bewegung, hardware-generierter Text, selektives Löschen u.s.w. implementiert, die von der lokalen Intelligenz des Endgerätes Gebrauch machen, wo immer sie verfügbar ist. In vielen Bereichen geht GK-2000 über die Norm von GKS hinaus, so z.B. bei den Fehlererkennungs- und Beseitigungsprozeduren, bei den Pause- und Inquiry-Funktionen, Filename-Belegung usw. Diese Erweiterungen, die die Produktivität der Programmierer erheblich verbessern, resultieren aus langjähriger Erfahrung in der Entwicklung und Pflege von Grafik Bausteinen. GK-2000 ist ein eingetragenes Warenzeichen der Precision Visuals, Inc.

| | |
|---|---|
| **Betriebssysteme** | ULTRIX, VMS |
| **Softwareumgebung** | k.A. |
| **Hardwareumgebung** | RISC, VAX, VAX/VMS, VAX/ULTRIX, RISC/ULTRIX |
| **Preis** | k.A. |
| **Bezugsbedingungen** | Preis: DM 4.200 - DM 50.800 |

**Bezugsadresse**
PVI Precision Visuals International GmbH
Lyoner Stern/Hahnstraße 70
6000 Frankfurt

## GKSedit - Graphischer Editor

| | |
|---|---|
| **Fachgebiete** | Informatik, Allgemeines |
| **Anwendungsbereiche** | GKS (graphisches Kernsystem), Graphikeditor |
| **Zielgruppen** | Ingenieure, Wissenschaftler, Studenten |
| **Version** | k.A. |
| **Erstellungsdatum** | 13.08.1991 |

GKSedit dient zur interaktiven Erzeugung und Manipulation von Zeichnungen. Das Programm basiert auf dem Graphischen Kernsystem (GKS). Es eignet sich insbesondere zur Sichtung und Manipulation von bestehenden Zeichnungen, die im GKS-Metafile-Format vorliegen und zur Erzeugung von einfachen Graphiken wie zum Beispiel Ablaufpläne, Flußdiagramme etc.

Das Programm ist menügesteuert, so daß alle Befehle einfach angewählt werden können. Als grafische Darstellungselemente stehen alle notwendigen Grundformen wie Linie, Text, Symbole, Kreis, Ellipse, Kurve, Fläche etc. zur Verfügung. Für jedes Element können die Attribute wie z.B. Farbe, Linientyp, Muster usw. einzeln eingestellt werden. Im Bereich der Textdarstellung werden eine Vielzahl von Optionen wie gedrehte Texte, beliebige Textgröße, Auswahl aus 21 Schriftarten, rechtsbündige oder linksbündige Darstellung geboten. Sämtliche Darstellungselemente können selbstverständlich auch zur nachträglichen Bearbeitung von bestehenden Zeichnungen verwendet werden. So ist es beispielsweise möglich, in eine vorliegende Zeichnung Legenden, Symbole oder Beschriftungen einzufügen. Zur Manipulation von Zeichnungen stehen Funktionen wie Kopieren, Verschieben, Löschen, Skalieren und Spiegeln zur Auswahl. Eine Zoom-Funktion ermöglicht die Kontrolle und das Bearbeiten von Zeichnungsdetails. Einfache Objekte können zu komplexen Gebilden zusammengefaßt werden, die dann als Ganzes manipulierbar sind. Mit GKSedit bearbeitete Zeichnungen können vollständig oder in Ausschnitten gespeichert oder auf anderen Geräten ausgegeben werden. Treiber stehen u.a. für Laserdrucker, Stift- und elektrostatische Plotter sowie Thermotransfer-Drucker zur Verfügung. Durch die Wahl des Graphischen Kernsystems als Grundlage von GKSedit ist eine Installation auf nahezu jedem Computersystem möglich und größtenteils schon erfolgt. Da GKS-Metafiles verwendet werden, können Zeichnungen über die Grenzen unterschiedlicher Systeme jederzeit ausgetauscht werden.

| | |
|---|---|
| **Betriebssysteme** | MS-DOS, NOS/VE, ULTRIX, UNIX, VAX/VMS |
| **Softwareumgebung** | Notwendige Software-Voraussetzung: newGKS |
| **Hardwareumgebung** | k.A. |
| **Preis** | 250 DM |
| **Bezugsbedingungen** | Zeitlich unbegrenztes Nutzungsrecht: Preisspanne zur Orientierung für Interessenten: DM 2.500,-- bis 7.500,-- DM |

**Bezugsadresse**

Christian Kirsch
GraS - Graphische Systeme GmbH
Mecklenburgische Straße 27
1000 Berlin 33
030/823 20 74

Roland Nahser
GraS - Graphische Systeme GmbH
Mecklenburgische Straße 27
1000 Berlin 33
030/ 823 20 74

## GKSoft Graph

| | |
|---|---|
| **Fachgebiete** | Chemie, Mathematik, Physik |
| **Anwendungsbereiche** | technisches Zeichnen |
| **Zielgruppen** | k.A. |
| **Version** | 1.30 |
| **Erstellungsdatum** | 06.08.1990 |

Das Programmpaket "GKSoft Graph - Datenauswertung und Publikation" beinhaltet Module zur Datenübernahme, Bearbeitung und Korrektur (komportabler Dateneditor), zur Auswertung mit vielen Standardfunktionen (lineare, nichtlineare Fits usw.). Die Daten werden in einer umfangreichen zwei- oder dreidimensionalen objektorientierten Vektorgraphik in wählbaren Skalierungsmodi dargestellt (Overlaytechnik der Kurven) und wahlweise als geräteunabhängige Metafiles (Ausgabe auf allen gängigen Druckertypen in Auflösungen bis 360dpi möglich) oder zur direkten Übernahme in Textverarbeitungs- programme (z.B. SIGNUM2) als Hardcopy gespeichert. Das Layout der Graphik ist völlig frei erstellbar. Die Auswertung wird dokumentiert und damit jederzeit nach- vollziehbar. Der Gang einer Auswertung läßt sich im Ablauf programmieren wodurch Methodenbibliotheken zur Routineauswertung erstellbar sind. Die Schnittstelle zu den Daten wurde so flexibel wie möglich gestaltet, so daß praktisch keine Konvertierung nötig wird. Die vorhandene Bibliothek mit Standardfunktionen (FFT, Fitalgorithmen, Splines, Autokorrelation, Simulation von Rauschen, usw.) wird ständig überarbeitet und erweitert. Die verarbeitbare Datenmenge ist nur durch den vorhandenen Hauptspeicher begrenzt. Durch frei programmierbare Module können beliebige Rechenoperationen mit den Daten durchgeführt werden.

| | |
|---|---|
| **Betriebssysteme** | TOS |
| **Softwareumgebung** | k.A. |
| **Hardwareumgebung** | Atari ST, Mega ST |
| **Preis** | 400 DM |
| **Bezugsbedingungen** | 50 % Studentenrabatt, weitere Vergünstigungen auf Anfrage |

**Bezugsadresse**  
Gerolf Kraus  
GKSoft Software  
Schulstr. 43  
7024 Filderstadt 4  
0711/775988  

**Autor**  
Gerolf Kraus  
Tübingen  
Inst. für Phys. und Theor. Chemie  
7400 Tübingen

## GOLD-System

| | |
|---|---|
| **Fachgebiete** | Informatik |
| **Anwendungsbereiche** | Graphik, Bildgenerator |
| **Zielgruppen** | k.A. |
| **Version** | k.A. |
| **Erstellungsdatum** | k.A. |

Mit dem GOLD-System kann jeder Benutzer seine Daten, Zahlen, Pläne und Ideen leicht in Grafiken mit Präsentationsqualität umsetzen. Wissenschaftler, Ingenieure und Grafiker können ihre Daten in Grafiken darstellen, gegebenenfalls die Diagramme verändern und über ein elektronisches Postsystem verteilen. Systemmanager können mit Hilfe der Kommandosprache die Software firmenspezifischen Anforderungen anpassen und so die Produktivität erhöhen. Das GOLD-System ist eigenständig oder unter dem ALL-IN-1 Büroinformationssystem auf dem Betriebssystem VAX/VMS lauffähig.

| | |
|---|---|
| **Betriebssysteme** | VMS |
| **Softwareumgebung** | k.A. |
| **Hardwareumgebung** | VAX, VAX/VMS |
| **Preis** | k.A. |
| **Bezugsbedingungen** | Preis: DM 24.300 - DM 234.600 |

**Bezugsadresse**
PVI Precision Visuals International GmbH
Lyoner Stern/Hahnstraße 70
6000 Frankfurt

# GRAFkit

| | |
|---|---|
| **Fachgebiete** | Biologie, Elektrotechnik, Geographie, Maschinenbau |
| **Anwendungsbereiche** | Datendarstellung, graphischer Sprachinterpreter, Grafik, Simulation, Visualisierung |
| **Zielgruppen** | k.A. |
| **Version** | 3.3 |
| **Erstellungsdatum** | 01.08.1991 |

Ein in über 20 Jahren angesammelter Erfahrungsschatz in Form hochwertiger Dienstprogramme stellt einem Benutzer ein einfach handhabbares und flexibles Programmierwerkzeug zur Verfügung, um Daten aller Art in Form von Funktionsgraphen, Histogrammen, Streudiagrammen, Oberflächen, 3D-Körper, 3D-Flächen, Grautonrasterung, Vektoren, Stromlinien oder Höhenlinien darzustellen. Als Grundprogramm zur Ausgabe graphischer Primitive verwendet GRAFkit den Grafikstandard GKS. Zur geräteunabhängigen Speicherung von Ergebnißbildern unterstützt GRAFkit den Computer Graphic Metafile (CGM). Durch den Einsatz von CGM ist die Möglichkeit gegeben, GRAFkit mit anderen Systemem, die auch Standards verwenden zu integrieren. Der Einbau von neuen Standards, wie z.B. DECwindows trägt dem Konzept der offenen Systeme weiter Rechnung. Durch den Einsatz von DECwindows werden die Vorteile der Verbreitung von dedizierten systemen, wie Workstations, gefördert. Das von DECwindows zur Verfügung gestellte Server-Client-Modell, bei dem eine rechenintensive Anwendung (Client) auf einem Großrechner arbeitet und die Grafikausgabe auf einer Workstation (Server) stattfindet, bildet dafür die Grundlage. Leistungsübersicht: GKS Anwenderschale für technisch-wissenschaftliche Problematiken; Programm Bibliothek für Grafik und mathematische Verfahren; Visualisierung großer Datenmengen; mehrdimensionale Daten; beliebige Datenformate; Unterstützung des CGM als Ausgabeformat; Interpretation von CGM; einfacher Anschluß neuer Ausgabegeräte und Programmsysteme (wie z.B. DTP); Vorteile für den Anwender: Durch die Verwendung von hochwertigen GRAFkit-Routinen, kann sich der Benutzer auf sein Problem konzentrieren und wird von vielen administrativen Aufgaben befreit. Durch die Verwendung des CGM sind Möglichkeiten zum Previewing, zur Archivierung und Mehrfachausgabe auf unterschiedlichsten Geräten möglich.

| | |
|---|---|
| **Betriebssysteme** | MS-DOS 3.x, UNIX, VMS |
| **Softwareumgebung** | k.A. |
| **Hardwareumgebung** | DOS: GGA, VGA, Coprozessor; DEC (VMS, ULTRIX); HP (HPUX); SUN (SunOS); IBM (AIX). |
| **Preis** | 2990 DM |
| **Bezugsbedingungen** | Mindestpreis |

**Bezugsadresse**
Centera Technologies Deutschland GmbH
Goethestraße 17
8000 München 2
089/555381

**Autor**
Centera Information Systems Inc.
Boulder (USA)

## GrafPlus

| | |
|---|---|
| **Fachgebiete** | Informatik, Allgemeines |
| **Anwendungsbereiche** | DTP-Utility, graphische Datenverarbeitung, Graphik-Tool, Drucker-Utility |
| **Zielgruppen** | EDV-Anwender |
| **Version** | 1.7 |
| **Erstellungsdatum** | 01.06.1992 |

GrafPlus, als eine speicherresidente Hintergrundroutine (TSR), verarbeitet die Bildschirminformationen aller marktüblichen Grafikkarten und wandelt diese in Druckinformationen für über 200 marktübliche Ausgabegeräte, darunter auch Farb- und Laserdrucker, um. Über ein im Lieferumfang enthaltenes Zusatzprogramm kann jedes nicht implementierte grafikfähige Ausgabegerät integriert werden. Die Umleitung der generierten Druckinformationen in eine Datei (PCX- oder TIFF-Format) und die punktgenaue Auswahl von Teilbereichen des Bildschirmes für die Ausgabe sind mit GrafPlus selbstverständlich. Die endgültige Druckausgabe kann um 90 Grad gedreht und/oder auf beliebige Ausmaße vergrößert bzw. verkleinert und invertiert dargestellt werden.

Die mitgelieferten Objectmodule können vom Anwender in alle Pascal-, C-, Fortran- und Basicprogramme eingebunden und somit von eigenen Anwendungsprogrammen aufgerufen werden. Funktionsübersicht: Abspeicherung oder Ausdruck beliebiger Bereiche des Grafik- oder Textbildschirmes; Stapelweise Ausgabe der abgespeicherten Bildschirminhalte mit dem mitgelieferten Hilfsprogramm PCXPRINT; Abspeicherung der Bildschirminhalte im PCX- oder TIFF-Grafikformat zur Integration in DTP-Dokumente; Bearbeitung und Einstellung der bei der Druckausgabe benutzten Grauschattierungen; Unterstützung aller grafikfähigen Matrix-, Tintenstrahl- oder Laserdrucker; Wahlweise Druckausgabe in Farbe oder Schwarz/Weiß mit zusätzlicher Möglichkeit der Invertierung; Anwählbare Vergrößerungs- oder Verkleinerungsfunktion für die Druckausgabe; Selektierbare Druckausgabe im Hoch- oder Querformat; Ausgabe von Text- und Grafikbildschirmen; Über 200 mitgelieferte Druckertreiber; Mitgeliefertes Hilfsprogramm zur Erstellung und Änderung eigener Druckertreiber; Belegung von nur 20 KB Arbeitsspeicher.

| | |
|---|---|
| **Betriebssysteme** | MS-DOS |
| **Softwareumgebung** | k.A. |
| **Hardwareumgebung** | Alle marktüblichen IBM PC/XT/AT/386/486 und kompatible Rechnersysteme, Festplatte und Drucker empfohlen, jedoch nicht unbedingt notwendig, alle marktüblichen Grafikkarten |
| **Preis** | 219 DM |
| **Bezugsbedingungen** | zzgl. der gesetzlichen Mehrwertsteuer, Verpackungs- und Versandkosten |

**Bezugsadresse**
Klaus D. Huyke
ds-datasections datenservice
Hauptstr. 146a
8752 Glattbach
06021- 46311

**Autor**
Jewell Technologies
Seattle (USA)

# Grafik

## GRIBS-GKS

| | |
|---|---|
| **Fachgebiete** | Informatik |
| **Anwendungsbereiche** | Graphik, integrierte Graphik |
| **Zielgruppen** | k.A. |
| **Version** | k.A. |
| **Erstellungsdatum** | k.A. |

GRIBS-GKS (GRafisches Interaktives BasisSystem - Grafisches Kern-System) ist eine Implementierung des Grafischen Kernsystems, dem international genormten Standard für 2D-Darstellungen (ISO 7942, DIN 66252). GRIBS-GKS ist ein konfigurierbares System mit weitestgehender Ausnutzung der Gerätefähigkeiten bei gleichzeitiger Anpassungsmöglichkeit an beinahe beliebige Zielkonfigurationen und Kundenwünsche. Mit GRIBS-GKS ist eine einheitliche Grafisch-Interaktive-Basis-Software, realisiert für alle grafischen Anwendungen vom PC über Workstations bis zu Mainframes. Das System ist ausgereift und auf den gängigsten Computersystemen verfügbar. Durch ausschließliche Verwendung von Standardelementen der Programmiersprache FORTRAN-77 ist GRIBS-GKS auf einfache Weise auf verschiedenste Rechnersysteme portierbar. Eine sehr gute Performance und ein schneller Bildaufbau wird durch die Ausnutzung der schnellen E/A-Routinen des jeweiligen Betriebssystems erreicht. Dem Anwender steht eine Vielzahl intelligenter Gerätetreiber zur Auswahl. Die Treiberentwicklung geschieht unter weitestgehender Ausnutzung der Geräteeigenschaften. Durch die Unterteilung in geräteabhängige und geräteunabhängige Funktionen wird eine einfache Treiberentwicklung gewährleistet. Benutzeranforderungen können durch Verwendung von kundenspezifischen Konfigurationsparametern und effizienter Implementierung von ESCAPE-Funktionen schnell integriert werden. In der Ausbaustufe 2b (GKS-Funktionalität Level 2b) beinhaltet GRIBS-GKS die vollständige Implementierung der Ausgabefähigkeiten und des Bündelkonzeptes. Gleichzeitiges Arbeiten mit mehreren Arbeitsplätzen, volles Segmentkonzept inklusive des arbeitsplatzunabhängigen Segmentspeichers und sämtliche Anforderungseingabemöglichkeiten inklusive Pickerinput für das Auswählen von Segmenten sind ebenfalls realisiert. Weitere besondere Fähigkeiten: 20 Softwarelinienarten, Softwarelinienbreiten, 15 Softwaremarkenarten, 33 Softwaretextarten, 14 GDPs, 6 Softwareschraffurarten, 10 frei definierbare Füllgebietsmuster und Ausnutzung aller GKS-Ausgabeelemente und -attribute, die von der verwendeten Grafikhardware zur Verfügung gestellt werden; maximal 32.000 Segmente; editierbarer String- und Stroke-Input (Text- und Liniengeber); einstellbarer Distanz- und Zeitfilter bei Stroke-Input); Aufbau von Menüs im Echofeld des Choice-Inputs und Auswahl über ein eindeutiges Präfix oder eine grafische Methode; Dateiname und Dateiformat von GKS-Metafiles sind einstellbar.

| | |
|---|---|
| **Betriebssysteme** | Micro/RSX, RSX, VMS |
| **Softwareumgebung** | k.A. |
| **Hardwareumgebung** | PDP, VAX, VAX/VMS |
| **Preis** | k.A. |
| **Bezugsbedingungen** | Preis: DM 1.500 - DM 40.000 |

**Bezugsadresse**
S.E.P.P. GmbH
Lohmühlweg 4
8551 Röttenbach

# HAMOG

| | |
|---|---|
| **Fachgebiete** | Chemie, Informatik |
| **Anwendungsbereiche** | Graphik, CAD, CAM, Molekulargraphik |
| **Zielgruppen** | k.A. |
| **Version** | 1.2 |
| **Erstellungsdatum** | 10.12.1991 |

HAMOG (Hallesches Molekülgraphikprogramm) ist ein Programm für IBM-kompatible Personalcomputer zur Darstellung und Manipulation von maximal 20 unabhängigen Molekülen mit bis zu 10.000 Atomen. Zur Berechnung und Untersuchung von Moleküleigenschaften stehen spezielle Funktionen zur Verfügung. Der Anwender hat die Möglichkeit, aus einer Vielzahl von graphischen Darstellungsarten für Molekülstrukturen die geeignetsten auszuwählen. Dreidimensionale Abbildungen werden interaktiv auf dem Bildschirm erzeugt und können zur Präsentation auf einen Plotter oder Drucker ausgegeben werden. Die Untersuchung von Struktur-Wirkungsbeziehungen wird durch die Visualisierung der molekularen elektrostatischen Potentiale (MEP) und Felder (MEF) unterstützt. HAMOG besitzt eine übersichtliche Menüführung und eine große Anzahl einfach zu handhabender Möglichkeiten zur Generierung von Biomolekülen, wie Peptid- und Proteinstrukturen sowie DNA/RNA-Standardstrukturen aus. HAMOG wird bereits erfolgreich sowohl in Forschung und Lehre an vielen Universitäten und Hochschulen aber auch in der Industrie eingesetzt.

| | |
|---|---|
| **Betriebssysteme** | MS-DOS 3.x |
| **Softwareumgebung** | k.A. |
| **Hardwareumgebung** | IBM PC (comp. ); 640 KB RAM; CGA, EGA, VGA; Cop. optional; Plotter, Drucker; |
| **Preis** | 600 DM |
| **Bezugsbedingungen** | 600 DM ist Hochschulpreis |

**Bezugsadresse**
Reihnold Ellmer
Umschau Verlag
CLB, Chemie für Lab. und Biotechnik
Birkenstr. 1a
5840 Schwerte
02304-81854

**Autor**
Diplom Chemiker Heiko Schinke,
Dr. rer. nat. Iris Thondorf,
Dr. rer. nat. Wolfgang Brandt,
Diplom Biochemiker Mirco Wahab
Martin-Luther-Universität Halle
FB Biochemie/Biotechnologie
4050 Halle/Saale

# HPGEM

| | |
|---|---|
| **Fachgebiete** | Informatik, Allgemeines |
| **Anwendungsbereiche** | Dateiumwandlung, graphischer Sprachinterpreter, Plotten, Umwandlung/-formung |
| **Zielgruppen** | Grafik-Anwender |
| **Version** | 2.0 |
| **Erstellungsdatum** | 12.11.1991 |

HPGEM ist ein Programm zur Betrachtung von HPGL-Files auf dem Grafikschirm. Die Plotterbefehle werden in Befehle des GEM von ATARI umgesetzt, dabei wird das Erscheinungsbild der Zeichnung auf dem Plotter so weit wie möglich nachgebildet. Es können verschiedene Zeichensätze und Linientypen verwendet werden. Es wird der komplette Befehlssatz eines HP7550A-Plotters unterstützt. Das Programm arbeitet mit allen Grafikauflösungen zusammen, sofern GDOS installiert ist, kann auch auf dem Drucker und in ein GEM-Metafile ausgegeben werden. Damit läßt sich ein Matrixdrucker auch als Plotter benutzen. Das Programm besteht aus 2 Teilen, einer Kommandozeilen-Version und einem GEM-Interface, das eine komfortable Bedienung ermöglicht.

| | |
|---|---|
| **Betriebssysteme** | TOS |
| **Softwareumgebung** | Es werden alle Bildschirmauflösungen des ATARI-ST/TT unterstützt. Für die Ausgabe auf Drucker und Metafile muß GDOS installiert sein. |
| **Hardwareumgebung** | k.A. |
| **Preis** | k.A. |
| **Bezugsbedingungen** | Das Programm ist Public Domain. Der Quelltext wird mitgeliefert. |

**Bezugsadresse/Autor**
Bernhard Reissenauer
Uni Ulm
Abt. Chemische Physik
Albert-Einstein-Allee 11
7900 Ulm
0731/502-2822

## HPGKS

| | |
|---|---|
| **Fachgebiete** | Informatik, Allgemeines |
| **Anwendungsbereiche** | Dateiumwandlung, graphischer Sprachinterpreter, Plotten, Umwandlung/-formung |
| **Zielgruppen** | Grafik-Anwender |
| **Version** | 2.1a |
| **Erstellungsdatum** | 11.11.1991 |

HPGKS ist ein Interpreter für die Befehle der Grafiksprache HPGL. Es wird der gesamte Befehlssatz (mit wenigen Ausnahmen) des Plotters HP7550A unterstützt. Die Befehle werden nach DEC-GKS umgesetzt, die Zeichnung entspricht so weit wie möglich dem Erscheinungsbild auf dem Plotter. Es werden auch verschiedene Linienmuster und Zeichensätze unterstützt. Es können alle Treiber, die DEC-GKS bietet, verwendet werden. Die Ausgabe kann in eine Datei umgelenkt, und es können auch GKS-Metafiles erzeugt werden.

| | |
|---|---|
| **Betriebssysteme** | VAX/VMS |
| **Softwareumgebung** | DEC-GKS, VAX/VMS C-Compiler |
| **Hardwareumgebung** | k.A. |
| **Preis** | k.A. |
| **Bezugsbedingungen** | Das Programm ist Public Domain. Der Quelltext (ANSI-C) wird mitgeliefert. |

**Bezugsadresse**
Dr. Volker Typke
Universität Ulm
RZFUL
Albert-Einstein-Allee 11
7900 Ulm
0731/502-2473

**Bezugsadresse/Autor**
Bernhard Reissenauer
Uni Ulm
Abt. Chemische Physik
Albert-Einstein-Allee 11
7900 Ulm
0731/502-2822

# Grafik

## HPVIEW

| | |
|---|---|
| **Fachgebiete** | Informatik, Allgemeines |
| **Anwendungsbereiche** | Dateiumwandlung, graphischer Sprachinterpreter, Plotten, Umwandlung/-formung |
| **Zielgruppen** | Grafik-Anwender |
| **Version** | 2.0 |
| **Erstellungsdatum** | 07.11.1991 |

Das Programm liest Files mit HPGL-Befehlen ein und stellt die Zeichnung auf dem Grafikbildschirm dar. Es wird versucht, das Erscheinungsbild auf dem Plotter so weit wie möglich nachzubilden, dabei werden die Fähigkeiten der Grafikkarte (Auflösung, Farben) ausgenutzt, das Programm erkennt die installierte Grafikkarte automatisch. Es wird der komplette Befehlssatz des Plotters HP7550A unterstützt.

| | |
|---|---|
| **Betriebssysteme** | MS-DOS |
| **Softwareumgebung** | k.A. |
| **Hardwareumgebung** | Eine der folgenden Grafikkarten muß vorhanden sein: ATT, CGA, EGA, VGA, Hercules, IBM8514, PC3270 |
| **Preis** | k.A. |
| **Bezugsbedingungen** | Das Programm ist Public Domain. Der Quelltext wird mitgeliefert. |

**Bezugsadresse/Autor**
Bernhard Reissenauer
Uni Ulm
Abt. Chemische Physik
Albert-Einstein-Allee 11
7900 Ulm
0731/502-2822

## IMAGE

| | |
|---|---|
| **Fachgebiete** | Informatik |
| **Anwendungsbereiche** | Graphik |
| **Zielgruppen** | k.A. |
| **Version** | k.A. |
| **Erstellungsdatum** | k.A. |

Außer dem Anschluß von Scannern mit SCSI-Scanner-Protokoll via DENIS-Interfacebox ermöglicht das Software-Tool IMAGE die Einstellung aller relevanten SCAN-Parameter über integriertes Werkzeug zur Einbindung von digitalisierten Bildern in Interleaf. Es können Parameter wie Auflösung, Bildhelligkeit, Kontrast, Scanning-Modus (Strichzeichnungen, Halbtonbilder) und Bildschirmausschnitte ausgewählt werden. Die Einstellung des Bildschirmausschnitts kann in Einheiten von Zoll, Zentimeter oder Bildschirmpunkten erfolgen. Für alle Parameter können in der Konfigurationsdatei für jeden Benutzer individuelle Voreinstellungen gespeichert werden. Dazu kann das Programm angewiesen werden, vor der Ausführung eines Scan-Vorgangs alle Parameter auszugeben und eine Bestätigung zu verlangen, sowie nach Ende des Scan-Vorgangs ein Signal abzugeben. IMAGE legt die erzeugten Bild-Dateien, sofern kein Dateiverzeichnis angegeben wurde, im Interleaf-Desktop des aufrufenden Benutzers ab, sodaß sie anschließend sofort zur Einbindung in Interleaf-Dokumente zur Verfügung stehen.

| | |
|---|---|
| **Betriebssysteme** | VMS |
| **Softwareumgebung** | k.A. |
| **Hardwareumgebung** | VAX |
| **Preis** | k.A. |
| **Bezugsbedingungen** | k.A. |

**Bezugsadresse**
Data Integral GmbH
Urachstraße 17
7800 Freiburg

# LATTICE II

| | |
|---|---|
| **Fachgebiete** | Chemie |
| **Anwendungsbereiche** | Animation, Kristallstruktur, Datenbanksuchsystem, Dokumentation, Graphik |
| **Zielgruppen** | k.A. |
| **Version** | 1.0 |
| **Erstellungsdatum** | 25.03.1992 |

LATTICE II ist ein Programmsystem zur Datenbank-Recherche, Analyse, grafischen Darstellung und Dokumentation von Kristallstrukturen. Der Schwerpunkt der Anwendungsmöglichkeiten liegt in der anorganischen Festkörperchemie und Kristallographie. LATTICE II besteht aus einem Datenbank-Retrieval-System für die 'Inorganic Crystal Structure Database (ICSD)' und einem Grafikprogramm zur Visualisierung und Analyse von Kristallstrukturen. Ein direkter Datenaustausch zwischen den Programm-Modulen ist möglich. Beide Module besitzen eine dialog-orientierte, SAA-konforme Benutzeroberfläche mit Menüsystem, Fenstertechnik und Mausbedienung. Das Retrieval-System erlaubt die Suche nach 25 verschiedenen Datenkategorien, u.a. bibliographische Daten, chemische Zusammensetzung und Symmetrie-Informationen. Die Recherche-Ergebnisse können angezeigt, ausgedruckt und gespeichert werden. Dabei kann die Form der Darstellung in weiten Grenzen vom Benutzer beeinflußt werden. Ferner können ausgewählte Datensätze direkt an das Grafikprogramm übergeben werden. Das Grafikprogramm gestattet den schrittweisen oder automatischen Aufbau von Kristallstrukturen am Bildschirm. Die Suche nach Bindungen zwischen Atomen kann das Programm selbständig durchführen. Die Strukturen können mausgesteuert gedreht, verschoben oder in Größe oder perspektivischer Verzerrung verändert werden. Die Vermessung von interatomaren Abständen und Winkeln erfolgt ebenfalls interaktiv. Ca. 70 Funktionen erlauben die Bearbeitung und Variation der Darstellung. Beeinflußt werden können u.a. Atomradien, farbliche Differenzierung, Darstellungsmodelle (Kugel-Stab-Modell, Drahtgitter) und Beschriftung. Das Lesen und Schreiben von Struktur- und Grafikdaten in Fremdformaten wird unterstützt, Treiber für den Ausdruck auf Nadel oder Laserdruckern sind implementiert.

| | |
|---|---|
| **Betriebssysteme** | MS-DOS 4.x |
| **Softwareumgebung** | k.A. |
| **Hardwareumgebung** | IBM AT 286 (comp. ); 640 KB RAM; EGA, VGA; Harddisk: 6 MB; 80x87 (optional); MS-Maus; |
| **Preis** | k.A. |
| **Bezugsbedingungen** | k.A. |

**Bezugsadresse/Autor**

Klaus Brandenburg
Universität Bonn
Institut für anorganische Chemie
Gerhard-Domagk-Str. 1
5300 Bonn
0228/735355

Michael Berndt
Universität Bonn
Institut für physiologische Chemie
Nußallee 11
5300 Bonn

# Maple V

| | |
|---|---|
| **Fachgebiete** | Biologie, Informatik, Elektrotechnik, Mathematik, Physik |
| **Anwendungsbereiche** | Analyse, Ausbildung, Visualisierung, Algorithmen |
| **Zielgruppen** | Wissenschaftler, Ingenieure, Lehrkräfte |
| **Version** | 5 |
| **Erstellungsdatum** | 09.05.1992 |

MAPLE V ist ein interaktives Mathematik-Paket für symbolisches, numerisches Rechnen und Visualisierung. Die mathematische Wissensbasis in Form einer 2500 Funktionen umfassenden Bibliothek, deckt neben den Grunddisziplinen (Analysis, Lineare Algebra, Statistik) auch Spezialgebiete (boolsche Logik, Kombinatorik, Zahlentheorie, Gruppentheorie orthogonale Polynome usw.) ab. Nahezu alle Funktionen sind in der eigenen, prozeduralen Maple-Sprache geschrieben und sind dementsprechend einsehbar und /oder abänderbar; eigene Funktionen können der Bibliothek hinzugefügt werden und sind plattformunabhängig. Der Kern (ca. 400KB in C) und die Bibliothek (ca. 7MB) sind maschinenunabhängig, ein Benützer- Interface besteht dagegen für jede unterstützte Plattform. Mit MAPLE V wird interaktiv gearbeitet, bei einigen Plattformen können Eingaben, Resultate, Text und Graphiken im selben Dokument gemischt werden, um vollständige Dokumentationen zu erhalten. MAPLE-Resulate können nach den Sprachen C und Fortran portiert oder in LaTeX-Format übertragen werden. 2D und 3D Graphikfunktionen (Oberflächen, Trajektoren, Konturen, Röhren usw.) erleichtern das Interpretieren von Ergebnissen und großen Datenmengen.

| | |
|---|---|
| **Betriebssysteme** | AIX, MAC OS, MS-DOS 5.x, SUN OS 4.x, VAX/VMS |
| **Softwareumgebung** | X-Windows, DEC-Windows, MS-Windows 3. 0, Mac-Finder 6 od. 7. |
| **Hardwareumgebung** | Unterstützte Plattformen: Mac, 386, 486, Amiga, Atari, Sun SPARC, IBM RS/6000, HP 9000 Series 300, 400, 700, DEC Ultrix, DEC VAX/VMS, Convex, Cray, Mips, SGI, Apollo usw. |
| **Preis** | 1200 DM |
| **Bezugsbedingungen** | Preis ist versionsabhängig; Software-Vertrag für Renewals, Up-dates sind erhältlich. Preise und Konditionen für Workstation-Software auf Anfrage. |
| **Sonderkonditionen** | Für Ausbildung und Forschungsinstitutionen an Universitäten und Hochschulen stehen kostengünstige Lösungen zur Verfügung; z.B. Einzel-, Mehrfach-CPU-, Site-, Campus-wide- und landesweite Lizenzen werden angeboten. |

**Bezugsadresse**

Carl J. Bergström  
COMSOL AG  
Product Manager  
Funkstraße 112  
CH-3084 Wabern/Bern (Schweiz)  
0041 31 961 70 11

Michael Vetsch  
COMSOL AG  
Technical & Application Support  
Funkstraße 112  
CH-3084 Wabern/Bern (Schweiz)  
0041 31 961 70 11

Dipl.-Inform. Helmut Filipp, Universität Karlsruhe  
Akademische Software Kooperation, Englerstr. 14  
7500 Karlsruhe 1, 0721-608-3802

# Grafik

## Mathematica

| | |
|---|---|
| **Fachgebiete** | Biologie, Informatik, Elektrotechnik, Mathematik, Physik |
| **Anwendungsbereiche** | Animation, Lehrsoftware, Graphik, Numerik, Software-Entwicklungs-Tool |
| **Zielgruppen** | k.A. |
| **Version** | 2.1 |
| **Erstellungsdatum** | 01.09.1992 |

Mathematica befähigt den Anwender die Tiefen der Mathematik auszuschöpfen zu visualisieren und zu lösen ohne Papier und Bleistift, Taschenrechner oder komplexe Software. Durch die wahlfreie Genauigkeit und die Möglichkeit zur Matrixmanipulation, unterstützt Mathematica den Anwender ideal als interaktives Kalkulationswerkzeug und als Hochsprachen-Programmierumgebung. Es erlaubt Formeln direkt in algebraischer Form einzugeben und zu manipulieren. Darüberhinaus bietet Mathematica erweiterte Möglichkeiten zur symbolischen Gleichungslösung, Integration, Differentiation und Auflösung Gleichungen höherer Ordnung an. Die hardwareoptimierten Grafikroutinen befähigen Mathematica Konturen zu generieren sowie 2- und 3-dimensionale Plots in Schwarz und Weiß sowie in Farbe auszugeben. Mathematica arbeitet mit Zahlen arbiträrer Größe und Genauigkeit. Hierdurch erhält der Anwender vollständige Kontrolle über numerische Rundungsfehler.

| | |
|---|---|
| **Betriebssysteme** | MAC OS, MS-DOS 3.x, UNIX, VMS |
| **Softwareumgebung** | "C"- und FORTRAN-Schnittstelle; MS-WINDOWS 3. x bei der Windows-Version |
| **Hardwareumgebung** | IBM-PC 80386, Macintosh, SUN, MIPS, NeXT, UNIX-386, DEC, Convex, HP/Apollo, Data General, Hewlett-Packard, IBM RISC, IBM AIX, SONY, Silicon Graphics, Cray, Wang |
| **Preis** | 1214 DM |
| **Bezugsbedingungen** | Mehrplatz- und Campuslizenzen sind erhältlich, Notebooks aus wissenschaftlichen und technischen Bereich sind als Public Domain Software erhältlich |
| **ASK-SAM** | Eine Demo-Version des Programmes kann über den Fileserver abgerufen werden. |

**Bezugsadresse**  
Andreas Heilemann  
ADDITIVE GmbH  
Max-Planck-Straße 9  
6382 Friedrichsdorf  
06172-77017

**Autor**  
Stephen Wolfram  
Wolfram Research, Inc  
IL-61820 Champaign, IL, (USA)

## MEGRAX

| | |
|---|---|
| **Fachgebiete** | Elektrotechnik, Mathematik, Maschinenbau, Physik, Verfahrenstechnik |
| **Anwendungsbereiche** | 2 dim. Graphik, Datenauswertung, Graphik, Graphikkunst/-wissenschaft |
| **Zielgruppen** | k.A. |
| **Version** | 1.0 |
| **Erstellungsdatum** | 30.10.1991 |

MEGRAX dient zur Darstellung von Meßwert- und Funktionsläufen (2D). Es können maximal 20 Kurven mit insgesamt bis zu 1000 Punkten verarbeitet werden. Das Darstellen eines Diagramms erfolgt im menügesteuerten Dialog (Top-Down-Menüs). Die Wertepaare der Kurven können sowohl manuell als auch per Diskette (ASCII Datei) eingegeben werden. Sie können editiert, auf Diskette abgelegt als auch in Form einer Tabelle auf einen Drucker ausgegeben werden. Eine Reihe von Manipulationen können am Diagramm vorgenommen werden: Einzeichnen eines Rasters mit wählbare Abständen; Eingabe und Plazieren von Text; Hardcopy; Ausschnittsvergrößerungen; Glätten der Kurven (TP-Filter, Spline-Interpolation); Ausgleichsrechnung (linear, expomnentiell, logarithmisch, potentiell); Kurvenarithmetik (Addition, Substraktion, Multiplikatipon, Division); Ausgabegeräte für Graphik: Nadeldrucker (9, 24), Laserdrucker, Plotter. Es besteht die Möglichkeit des Exports des Diagramms als HPGL-Datei.

| | |
|---|---|
| **Betriebssysteme** | MS-DOS 3.x |
| **Softwareumgebung** | k.A. |
| **Hardwareumgebung** | PC XT/AT, PC-386/486; 512 KB RAM; SVGA, VGA, EGA, CGA, Hercules Graphik-Karte |
| **Preis** | 290 DM |
| **Bezugsbedingungen** | k.A. |
| **ASK-SAM** | Eine Demo-Version des Programmes kann über den Fileserver abgerufen werden. |

**Bezugsadresse**
Techn. und wiss. Software R. Ellmer
Postf. 1247
5840 Schwerte
02304/818 54

**Autor**
Ralf Moros
Universität Leipzig
FB Chemie/TA
O-7010 Leipzig

Umschau Verlag
Software für die Chemie
Stuttgarter Straße 18-24
6000 Frankfurt/Main
069/2600-611

## MetaDesign

| | |
|---|---|
| **Fachgebiete** | Betriebswirtschaftslehre, Informatik, Wirtschaftswissenschaften, Verfahrenstechnik |
| **Anwendungsbereiche** | Graphikeditor, graphische Darstellung, Modell-Software, Prozeßmodell, wissenschaftliche Graphik |
| **Zielgruppen** | System-Analytiker, Programmentwickler, Verwaltungen, Organisatoren |
| **Version** | 3.0 |
| **Erstellungsdatum** | 01.11.1992 |

MetaDesign ist ein Graphen-Editor, der über das reine Zeichnen von Diagrammen hinaus den Entwurf von komplexen Systemen unterstützt. Dabei erlaubt MetaDesign u.a. die Erzeugung von beliebigen Objekten, die nach verschiedenen ästhetischen Gesichtspunkten ausgerichtet sowie mit diversen Füllgebieten, Farben und Linientypen versehen werden können. Das Einbeziehen von Graphiken aus anderen Werkzeugen über die Zwischenablage ermöglicht die Erstellung eines individuellen Symbolvorrats, um oft benötigte Symbole oder vorgefertigte Teilstrukturen wiederverwendbar zu machen. Graphische Objekte können miteinander verbunden werden. Die Verbindungen bleiben erhalten, wenn ein Objekt verschoben oder in seiner Größe verändert wird. In der neuesten Version gibt es eine Zoom-Funktion, die eine stufenlose Skalierung der Seitengröße ermöglicht. MetaDesign unterstützt aktiv die Bildung von Hierarchien, um die Diagrammkomplexität beherrschbar zu machen. Die "logischen" Beziehungen zwischen Objekten, die sich auf unterschiedlichen Seiten in der Diagrammhierarchie befinden, bleiben weiterhin bestehen. Außerdem wird die Verwendung von Hypertexten unterstützt, die auch seitenübergreifend hergestellt oder als Textdatei gespeichert werden können. Ein Zusatzmodul ermöglicht die Erstellung von Entity-Relationship-Diagrammen. Anwendungen sind u.a. Organigramme, Programmdokumentationen, Datenflußpläne (DIN 66001), Flußdiagramm, E/R-Diagramme, Bubble Charts und Präsentationsgraphiken.

| | |
|---|---|
| **Betriebssysteme** | MS-DOS 3.x |
| **Softwareumgebung** | MS-Windows 3.0 oder höher |
| **Hardwareumgebung** | IBM PC AT, PS/2 Modell 50, 60, 70, 80 und Kompatibel; EGA, VGA; Maus; mind. 640 kB Hauptspeicher |
| **Preis** | 1250 DM |
| **Bezugsbedingungen** | k.A. |
| **Sonderkonditionen** | Einzellizenz: 1000,00 DM<br>Mehrfachlizenz: auf Anfrage<br>Geltungsbereich: Hochschulen, Fachhochschulen, sonstige öffentliche Bildungseinrichtungen |

**Bezugsadresse/Autor**
C.I.T. GmbH
Ackerstraße 71-76
1000 Berlin 65
(0 30) 4 63 60 77

## MOL-CAD

| | |
|---|---|
| **Fachgebiete** | Chemie |
| **Anwendungsbereiche** | Graphikeditor |
| **Zielgruppen** | k.A. |
| **Version** | V. 2.3 |
| **Erstellungsdatum** | 23.01.1991 |

FUNKTION: Sehr nutzerfreundlicher graphischer Editor für die Erstellung und Handhabung 2-dimensionaler chemischer Strukturen, enthält Informationen über alle Elemente des Periodensystems (z. B. Standard-Bindigkeiten, Symbolge, rel. Atommaße u. a.), generiert standardisierte Strukturformeln führt Valenztest durch und berechnet Summenformeln und molare Maße, zur Identifikation der Strukturformeln ist ein Molekülname speicherbar, es existieren mehrere in der Arbeitsgruppe Computerchemie der TH Merseburg entwickelte Anschlussprogramme (Molecular Modelling, 3D-Generierung und Berechnung von Eigenschaften), Interfaces für weitere Programme und Strukturformate (z. B. PDB- und SMD Format). KONZEPT: Hilfsmedium zur Erläuterung über chem. Strukturen, Graphentheorie, Struktur-Wirkungs-Beziehungen u. a. gutes Hilfsmittel für Massenspektroskopie. EINSATZ/ERFAHRUNGEN: Lehreinsatz im Rahmen der Vorlesung "Computerchemie" (mit Praktikum) für Studenten des 4. und 5. Studienjahres (2. Hälfte Hauptstudium) erfolgt, positive Reaktionen, Erfahrungsaustausch mit MOL-CAD-Anwendern (Studenten, andere Hochschulen z. B. Uni Jena und Industriepartnern) trugen zur weiteren Verbesserung des Programms bei. Umfassende kontextsensitive Hypertext-Hilfefunktion für alle Optionen, erzeugte Strukturen werden in einem äußerst kompakten Format gespeichert.

**Teilnahme an der Endrunde und anerkennenswerte Leistung beim Deutschen Hochschul-Software-Preis 1991**

| | |
|---|---|
| **Betriebssysteme** | MS-DOS 3.x |
| **Softwareumgebung** | k.A. |
| **Hardwareumgebung** | IBM PC XT/AT 80x86; 512 KB; CGA, EGA, VGA, Super-VGA; Maus |
| **Preis** | 50 DM |
| **Bezugsbedingungen** | k.A. |

**Bezugsadresse/Autor**

Dr. H. Bögel  
Technische Hochschule Merseburg  
Inst. f. Physikalische Chemie  
Geusaer Str.  
4200 Merseburg  
442/46-2127, 2137

M. Neeb  
Technische Hochschule Merseburg  
Inst. f. Physikalische Chemie  
Geusaer Str.  
4200 Merseburg

Tomasz Sadowski  
Technische Universität München  
Lst. f. Mechanik  
Arcisstr. 21  
8000 München

## Molkick

| | |
|---|---|
| **Fachgebiete** | Chemie |
| **Anwendungsbereiche** | Anwendungsprogramm, Datenaustausch, graphische Darstellung, Graphikeditor, Informationssuche |
| **Zielgruppen** | Chemiker, Datenbank-Anwender |
| **Version** | 2.0 |
| **Erstellungsdatum** | 01.01.1992 |

Molkick ist ein speicherresidentes Programm zur interaktiven graphischen Eingabe von chemischen Strukturen. Zur eingegebenen Struktur wird ein Suchstring erstellt für die Struktur- oder Substruktursuche in chemischen Datenbanken. In Verbindung mit jedem Kommunikationsprogramm, das die Verbindung zu einer Anbieter chemischer Datenbanken herstellt und den Dialog mit dem dort aufliegenden Programm führt, können chemische Substruktursuchen gestartet werden. Die vom Suchsystem des Datenbankanbieters gefundenen Treffer (chemische Strukturen, die der Anfrage entsprechen) können von Molkick auf dem Bildschirm graphisch ausgegeben werden. Die angezeigten Strukturen können ausgedruckt werden.

| | |
|---|---|
| **Betriebssysteme** | MS-DOS |
| **Softwareumgebung** | k.A. |
| **Hardwareumgebung** | IBM-kompatibler PC, Maus |
| **Preis** | 1120 DM |
| **Bezugsbedingungen** | k.A. |

**Bezugsadresse**
Auftragsbearbeitung
Springer Verlag Berlin
Heidelberger Platz 3
1000 Berlin

**Autor**
Beilstein Institut
6000 Frankfurt

## MOLSTARplus

| | |
|---|---|
| **Fachgebiete** | Biologie, Chemie, Physik |
| **Anwendungsbereiche** | Graphik, Molekularmodell, Quantenmechanik, Simulationssoftware, Strukturanalyse, Quantenmechanik |
| **Zielgruppen** | k.A. |
| **Version** | 1.1 |
| **Erstellungsdatum** | 12.02.1992 |

Funktionen des Programms: Interaktiver und bildschirmorientierter Aufbau molekularer Systeme in farbiger 3D-Graphik; Schrittweise Eingabe von Elementsymbolen (1. bis 3. Periode des PSE) entsprechend der Valenzstrichformel bzw. von Subsystemen (Fragmente oder Moleküle); komfortable Möglichkeiten der chemischen Variation (z.B. Konfiguration, Löschen von Molekülteilen) und der geometrischen Manipulation (z.B. innere Rotation, intermolekulare Positionierung) des molekularen Systems (azyklische und zyklische Einzelmoleküle bzw. Ionen sowie Assoziate aus mehreren Molekülen); Erfassung und Darstellung der stereochemischen Verhältnisse und Valenzstrukturen (Einfach-, Doppel- und Dreifachbindungen, mesomere Bindungen, einsame Elektronenpaare, vakante Orbitale); energetische Bewertung der intra- und intermolekularen Wechselwirkungen des Molekülsystems auf der Grundlage der PCILO-Methode (Perturbative Configuration Interaction Using Localized Orbitals); Bestimmung von Konformations- und Anlagerungsverhalten (Konformations- bzw. Anlagerungsenergie, stabile Konformation bzw. Assoziate, Energiebarrieren); Vorgabe der abzurasternden Energiehyperfläche; automatische partielle oder totale Geometrieoptimierung; Darstellung der berechneten Energiekarten und Potentialkurven; Berechnung und Darstellung der Atomnettoladungen und des Dipolmoments. Programminhalte: Einarbeitung der Valenzbindungs-Theorie in das ElektronenpaarAbstossungs-Modell; automatische Geometriegenerierung; quantenchemische PCILO-Methode (Perturbative Configuration Interaction using Localiced Orbitals); Berechnung von EnergieHyperflächen und Geometrieoptimierung.

**Preisträger des Deutsch-Österreichischen Hochschul-Software-Preises 1992**

| | |
|---|---|
| **Betriebssysteme** | MS-DOS 3.x |
| **Softwareumgebung** | für die vorhandene Maus geeigneter Treiber; möglichst Treiber für Ramdrive (mindestens 300KB konfigurieren) |
| **Hardwareumgebung** | IBM AT (comp. ); Maus; 1 MB RAM; VGA Color; Harddisk: 2 MB; Cop. : IIT 2C87, 387/486; 2 Signalprozessorkarten für A/D-Wandlung, Vorverarbeitung, Klassifikation; |
| **Preis** | 1850 DM |
| **Bezugsbedingungen** | Hochschul- und Lehrrabatte werden gewährt. |

| **Bezugsadresse** | **Autor** |
|---|---|
| Reinhold Ellmer | Doz.Dr.rer.nat.habil. Jens Rainer Lochmann, |
| Umschau Verlag | Dr.rer.nat. Jens Lange, Peter Stephan |
| CLB-Redaktion | Technische Hochschule Merseburg |
| Birkenstraße 1a | Experimentalphysik |
| W-5840 Schwerte | O-4200 Merseburg |
| (02304) 8 18 54 | |

# Grafik

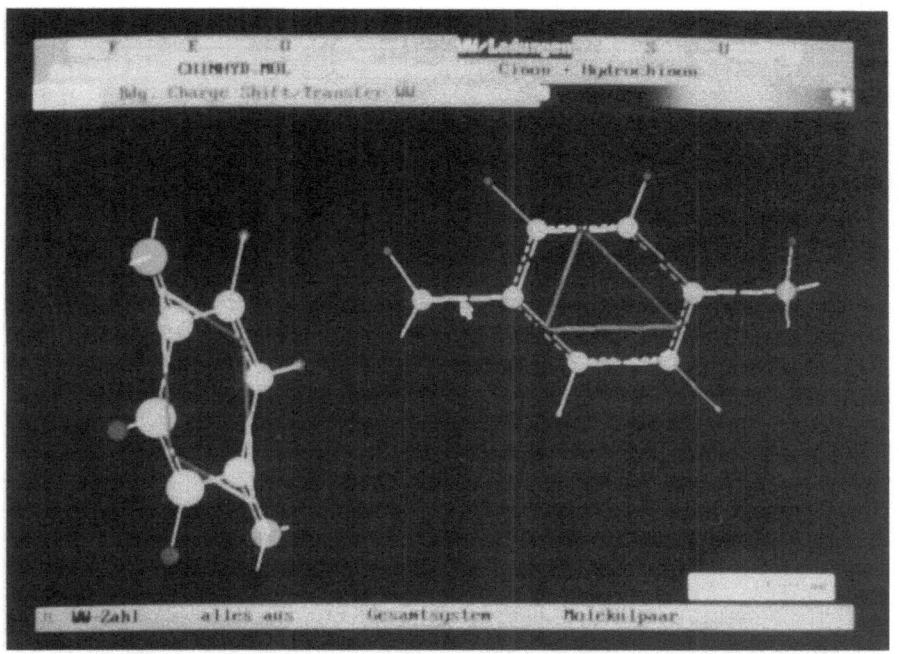

## MultiGraf

| | |
|---|---|
| **Fachgebiete** | Informatik, Allgemeines |
| **Anwendungsbereiche** | 2 dim. Plotten, Anwendungsprogramm, Graphikeditor, Graphik |
| **Zielgruppen** | Studenten, Ingenieure |
| **Version** | 1.0 |
| **Erstellungsdatum** | 01.02.1991 |

Nach dem Start erscheint eine Beispielgrafik. Sie besetzt alle möglichen Eingaben mit Initialwerten. Der Benutzer kann die Vorbesetzungen sukzessive ändern, bis er zu einem eigenen Ergebnis kommt. Oder er läd eine Beispieldatei in das Programm. Sie kann als Grundgerüst für weitere Grafiken dienen. Ein eingebauter Wiederholungs-Mechanismus besteht aus drei ineinander geschachtelten Schleifen. Er verändert die Variablen x, y, z in den vom Benutzer bestimmten Schleifengrenzen. Grafische Objekte und deren Eigenschaften können entweder direkt ausgewählt oder durch eine Formel bestimmt werden. Die Formel ist ein mathematischer Ausdruck, der von den Variablen abhängt. Nach jeder Veränderung durchläuft das Programm die Schleifen, verändert die Variabeln, wertet die Formel mit den aktuellen Variablen aus und zeichnet die so bestimmten Objekte. Durch Verändern der Formeln und die sofortige Reaktion des Programms mit einem neuen Bildaufbau entsteht interaktiv die gewünschte Grafik. Die Ergebnisse können entweder als "Grafiken" oder als "Bilder" abgespeichert werden. Im Gegensatz zu den Grafiken können die Bilder nur in anderen Programmen weiterverarbeitet werden. Falls ein Drucker angeschlossen ist, können die Grafiken auch ausgedruckt werden. Es wird angenommen, daß sich ein allgemeines Bild aus einer Aufzählung einzelner Primitiven aufbaut. Das können Punkte, Linien, Kurven, Flächen usw. sein. Diese Primitive haben bestimmte Eigenschaften, wie die Position im Bild, die Größe, Farbe, Musterung. Die Fähigkeiten eines Rechners bieten sich vor allem bei vielen Wiederholungen und starker Redundanz an. Nun soll nicht nur kopiert werden, sondern es sollen auch Veränderungen während dem Kopieren möglich sein. Dazu werden ein Wiederholungs-Mechanismus und parametrisierte Objekte zur Verfügung gestellt. Um den Ansatz möglichst allgemein zu halten, erfolgt die Parametrisierung durch mathematische Ausdrücke (Formeln). Die Formeln werden nach jedem Dialog in einen Strukturbaum übersetzt. Dadurch wird die langsamere Interpretation der Formeln während des Zeichnens vermieden. Zur Vereinfachung der Formeln wurden statt einer Schleife drei Schleifen gewählt. Die Vorgabe von drei Variablen ermöglicht die direkte Veränderung in drei Dimensionen.

| | |
|---|---|
| **Betriebssysteme** | MAC OS 6.0 |
| **Softwareumgebung** | k.A. |
| **Hardwareumgebung** | Macintosh SE; 1 MB |
| **Preis** | 500 DM |

**Bezugsadresse/Autor**
Dominik Henrich
Uni Karlsruhe
Inst. f. Prozeßrechentechn. u. Robotik
Kaiserstr. 12
7500 Karlsruhe 1
0721/608-4265

## Neurolab

| | |
|---|---|
| **Fachgebiete** | Biologie |
| **Anwendungsbereiche** | Datenanalyse, Meßgerät, Physiologie, Visualisierung |
| **Zielgruppen** | Wissenschaftler, Studenten |
| **Version** | 7.0 |
| **Erstellungsdatum** | 01.09.1992 |

Neurolab ist aus der neurobiologischen Praxis speziell für Fragestellungen der Neurobiologie entwickelt worden. Neurolab leistet nicht die Datenerfassung, diese muß mit einer 12Bit-A/D-Karte im Turbolab-Format erfolgt sein. Für Turbolab-Dateien mit maximal 16 Kanälen hat Neurolab die wesentlichen Auswertungsstrategien und typischen Histogrammformen der Neurobiologie implementiert. DARSTELLUNG UND AUSWAHL DER DATEN: Das Programm gestattet eine rasche Durchsicht und selektive Markierung der Meßdaten auf dem Bildschirm. Der Bildschirminhalt kann direkt auf grafische Ausgabedevices oder in HPGL-Files kopiert werden. Die Erstellung von Versuchsprotokollen in der gewünschten Zeitablenkung, Amplitudenauflösung und Kanalzusammenstellung wird dadurch erheblich vereinfacht. FILTER UND OPERATOREN: Das Programm bietet 20 Filter/Operatoren (z.B. Offset, Glätten,Differenzierung, Invertierung, Spikefilter etc.) zur Verarbeitung der Meßdaten an. Als Besonderheit des Programms sind komplexe Funktionen durch beliebige Verkettungen der Operatoren möglich. Insgesamt können bis zu 16 Kanäle mit verrechneten Daten gleichzeitig zu den Orginaldaten erzeugt und verarbeitet werden. TRIGGER-MÖGLICHKEITEN: Als Trigger-Algorithmen stehen u.a. Schwellen-Triggerung, Minimum- und Maximum-Triggerung über gleitendem Mittelwert, Minimum- und Maximumtriggerung in Amplitudenfenster, handverlesene Triggerwahl zur Verfügung. Triggerstellen können sowohl in den Orginaldaten als auch in den gefilterten Daten berechnet werden. Alle Triggerdaten können als ASCII-File exportiert werden. AVERAGEN: Eine Mittelwertsbildung kann prinzipiell über beliebige Zeitbereiche erfolgen, dabei können maximal 5000 Zeitabschnitte je File verrechnet werden. Das Programm bietet auch ein phasenabhängiges Averagen an. ZEITHISTOGRAMME UND PHASENHISTOGRAMME: Die Zeitabstände zwischen den Trigger-Stellen von verschiedenen Kanälen können für maximal 8000 Ereignisse je File und für ca 30000 Werte insgesamt ausgewertet und als Intervall- und Post- Referenz-Time bzw Prä-Referenz-Time Histogramme dargestellt werden. Dieselben Trigger-Stellen können auch zur Berechnung von Phasenhistogrammen, Autokorrelogrammen und Kreuzkorrelogrammen verwendet werden.

| | |
|---|---|
| **Betriebssysteme** | PC-DOS 3.x |
| **Softwareumgebung** | k.A. |
| **Hardwareumgebung** | IBM PC-AT; 640 KB; Herkules, EGA, VGA; Koprozessor 80x87 oder 80486 empfehlenswert; HP-Plotter. |
| **Preis** | 1950 DM |

**Bezugsadresse/Autor**

Dr. Berthold Hedwig
Universität Göttingen
I. Zoologisches Institut
Berlinerstr. 28
3400 Göttingen
0551/395408

Dipl. Phys. Marko Knepper
MPI für Strömungsforschung
Bunsenstr. 10
3400 Göttingen
0551/7092590

## newGKS - networking GKS

| | |
|---|---|
| **Fachgebiete** | Informatik, Allgemeines |
| **Anwendungsbereiche** | GKS (graphisches Kernsystem), graphische Darstellung, Graphik-Tool, Plotten, Programmentwicklung |
| **Zielgruppen** | k.A. |
| **Version** | newGKS Level 2b |
| **Erstellungsdatum** | 12.08.1991 |

newGKS ist eine GKS-Implementation gemäß DIN/ISO. Diese Unterprogrammbibliothek ist anwendungsunabhängig, rechnerunabhängig sowie graphikgeräteunabhängig und erlaubt damit die Entwicklung peripherieunabhängiger CAE/CAD/CAM-Produkte bei gleichzeitig optimaler Ausnutzung der Graphikgeräte. Trotz seines hohen Leistungsumfanges bietet newGKS aufgrund hochmodularer Struktur dem Anwendersoftware- Entwickler einen einfachen Zugang zur Erstellung auch hochinteraktiver Programme. newGKS unterstützt: Output von Linien- und Rastergraphik, 21 Software-Textfonts, 30 Hatchstyles, mindestens 21 Liniendicken, 53 Markersymbole, benutzerdefinierbare Füllmuster auf allen Ausgabegeräten, Spline-Kurven, Fadenkreuz-, Text-, und Funktionstasten-Input, Pick-Input-Simulation auch auf nicht-intelligenten Geräten, Bildsegmentierung, Erstellung und anwenderkontrollierte Interpretation geräte- und rechnerunabhängiger Metafiles auch anderer GKS-Implementationen, paralleles Ansteuern mehrerer Workstations. Zur Verarbeitung von Rasterbildern stehen atomare Cell-Arrays zur Verfügung. Des weiteren unterstützt newGKS: graphische Menüs durch Choice-Segmente; schnelleres Segment-Handling; Meßages mit mehr als einer Zeile auf fast allen Terminals und Workstations. Diverse Anwendungsschalen für die Bereiche Businessgraphik, technisch-wissenschaftliche Graphik, CAD, Kartographie sowie ein graphischer Editor sind verfügbar. Zudem steht ein Computer Graphics Metafile-Generator, -Interpreter und -Converter zur Verfügung.

| | |
|---|---|
| **Betriebssysteme** | BS2000, MS-DOS, UNIX, VAX/VMS, VM/CMS |
| **Softwareumgebung** | k.A. |
| **Hardwareumgebung** | k.A. |
| **Preis** | 3000 DM |
| **Bezugsbedingungen** | Bemerkung zur Preisangabe: Preisspanne als Orientierungshilfe für Interessenten: DM 3000,-- bis DM 29.000,-- |

**Bezugsadresse**

Christian Kirsch
GraS - Graphische Systeme GmbH
Mecklenburgische Straße 27
1000 Berlin 33
030/823 20 74

Roland Nahser
GraS - Graphische Systeme GmbH
Mecklenburgische Straße 27
1000 Berlin 33
030/823 20 74

# Nichtlineare Prozesse

| | |
|---|---|
| **Fachgebiete** | Biologie, Chemie, Physik |
| **Anwendungsbereiche** | Graphiktreiber, Bewegungsbilder, Simulation, Programmbibliothek, Visualisierung |
| **Zielgruppen** | Lehrkräfte, Lernende, Wissenschaftler |
| **Version** | 2.1 |
| **Erstellungsdatum** | 15.02.1991 |

Mit dem Programm "Nichtlineare Prozesse - Visualisierung mit XWindow" können Modellsysteme von nichtlinearen Prozessen studiert werden, für die es keine oder einfachen analytischen Lösungen gibt. Bei der Entwicklung der Programme wurden folgende Kriterien berücksichtigt: 1) Visualisierung möglichst aller typischen Lösungen des Modells, 2) adäquates numerisches Verfahren, 3) schnelle Graphik (Zeit für Graphik kleiner als Zeit für Numerik), 4) möglichst online Graphik, so daß die Parameterwerte vor jedem Lauf neu gewählt werden können 5) Option für postprocessing-Graphik bei rechenintensiven Prozessen.

**Anerkennenswerte Leistung beim Deutschen Hochschul-Software-Preis 1991**

| | |
|---|---|
| **Betriebssysteme** | UNIX |
| **Softwareumgebung** | FORTRAN und C Compiler, XWindow Library X11 |
| **Hardwareumgebung** | DECStation 2100, 3100, 5000 oder andere Rechner mit UNIX und XWindow; 8 MB; XWindow X11 |
| **Preis** | k.A. |
| **Bezugsbedingungen** | k.A. |

**Bezugsadresse/Autor**

Sebastian Meyer
Freie Universität Berlin
Institut für Experimentalphysik
Arnimallee 14
1000 Berlin 33
030/838-6165

Dr. Eberhard Tränkle
Freie Universität Berlin
Institut für Theoretische Physik
Arnimallee 14
1000 Berlin 33
030/838-6129

## OPAL

| | |
|---|---|
| **Fachgebiete** | Elektrotechnik, Mathematik, Maschinenbau, Physik, Verfahrenstechnik |
| **Anwendungsbereiche** | Datenanalyse, Graphik, Optimierung, Parameteranalyse |
| **Zielgruppen** | k.A. |
| **Version** | 1.0 |
| **Erstellungsdatum** | 14.08.1991 |

OPAL gestattet die Anpassung beliebiger Funktionen an einen Satz gegebener Punkte (x,y-Wertepaare). Die Anzahl der Punkte ist auf maximal 400 begrenzt. Die Funktion ist in ihrer Komplexität nur durch den umfangreichen Funktionsinterpreter beschränkt. Es sind maximal sechs Parameter zugelassen. Das Programm nutzt ein leistungsfähiges Optimierverfahren zur Behandlung nichtlinearer Probleme und gestattet die statische Bewertung des Rechenergebnisses. Die integrierte 2D-Graphik gestattet jederzeit eine Veranschaulichung des Standes der Optimierung und eine Bewertung durch den Anwender. Die Programmbedienung ist ausgesprochen einfach, so daß auch dem mathematisch weniger Geschulten ein komfortables Werkzeug zur vertieften Datensatzauswertung zur Verfügung steht. Die Eingabe der Daten kann über Tastatur oder von Diskette aus erfolgen, die Ausgabe der Daten und Graphiken ist auf den Bildschirm, auf Festplatte oder Diskette sowie auf Nadeldrucker oder Laserdrucker möglich.

| | |
|---|---|
| **Betriebssysteme** | MS-DOS 3.x |
| **Softwareumgebung** | k.A. |
| **Hardwareumgebung** | PC XT/AT, PC-386/486; 512 KB RAM; VGA, EGA, CGA, Hercules Graphik-Karte |
| **Preis** | 420 DM |
| **Bezugsbedingungen** | k.A. |
| **ASK-SAM** | Eine Demo-Version des Programmes kann über den Fileserver abgerufen werden. |

**Bezugsadresse**
Techn. und wiss. Software R. Ellmer
Postf. 1247
5840 Schwerte
02304/818 54

Umschau Verlag
Software für die Chemie
Stuttgarter Straße 18-24
6000 Frankfurt/Main
069/2600-611

**Autor**
Ralf Moros
Universität Leipzig
FB Chemie/TA
O-7010 Leipzig

Dr. Heiko Kalies
Universität Leipzig
FB Chemie/TA
O-7010 Leipzig

## OXALIS

| | |
|---|---|
| **Fachgebiete** | Agrarwissenschaften, Biologie, Physik |
| **Anwendungsbereiche** | Datenerwerb, Datenauswertung, graphische Datenverarbeitung, Bildverarbeitung, Meßgerät |
| **Zielgruppen** | Wissenschaftler, Studenten, Schüler |
| **Version** | 5.00 |
| **Erstellungsdatum** | 18.08.1992 |

Das Programm OXALIS dient der Registrierung langsamer Bewegungen. Das Versuchsobjekt wird unter geeigneten Lichtbedingungen von einer Videokamera aufgenommen. Die analogen Signale der Videokamera werden digitalisiert und in den Bildschirmspeicher des ATARI eingelesen. Das Bild wird in Zeitabständen ( 2 bis 3 Sekunden) aktualisiert und von OXALIS ausgewertet. Bis zu 512 sensitive Bildschirmbereiche können definiert werden. Als Ergebnis der Bildauswertung werden Größe, Lage und Verteilung der Objektpixel jedes definierten Bildschirmbereichs in einer Datei gespeichert. Nach Definition einer Aktivitätsbedingung können Aktogramme erzeugt werden. OXALIS wurde in der Arbeitsgruppe ENGELMANN zur Erfassung biologischer Rhythmen entwickelt. In folgenden Bereichen wurde OXALIS erfolgreich eingesetzt: Registrierung der Blattbewegungen von Oxalis, Desmodium, Kalanchö, Arabidopsis, Aufenthaltsortbestimmung bei Drosophila, Aktogramme bei Drosophila, Registrierung der Schwarmbildung bei Fischen

| | |
|---|---|
| **Betriebssysteme** | TOS |
| **Softwareumgebung** | k.A. |
| **Hardwareumgebung** | ATARI 1040 STF; 1 MB; SM124; Videodigitizer VIDEO 1000 ST, Ingenieurbüro Fricke, Berlin; Videokamera |
| **Preis** | 420 DM |
| **Bezugsbedingungen** | OXALIS mit den Auswerteprogrammen OXALPRIM, OXALAKTO, OXALDIFI und OXALUTIL als Softwarepaket für 420,- DM. Dokumentation als WINWORD2-Documente auf Diskette. Dokumentation ausgedruckt als fertiges Handbuch für 30,- DM. |

**Bezugsadresse/Autor**  
Joachim Schuster  
Rotweg 86  
7000 Stuttgart 40  
0711/844655

**Autor**  
Prof. Dr. Wolfgang Engelmann  
Universität Tübingen  
Institut für Botanik  
7400 Tübingen 1

# PADGLANA

| | |
|---|---|
| **Fachgebiete** | Mathematik, Physik |
| **Anwendungsbereiche** | 3 dim. Zeichnen, Analyse, graphische Darstellung, Graphikkunst/-wissenschaft, Training Software |
| **Zielgruppen** | k.A. |
| **Version** | 1.0 |
| **Erstellungsdatum** | 20.02.1991 |

Das Programm PADGLANA (PArtielle DifferentialGLeichungen in ANAglyphen) veranschaulicht die Lösungsflächen von Rand- und Rand-Anfangswertproblemen für lineare partielle Differentialgleichungen 2. Ordnung mit konstanten Koeffizienten. Bei den Lösungen handelt es sich um reelle Funktionen in zwei Veränderlichen. Diese werden dreidimensional mit Hilfe von Anaglyphen (zweifarbige Raumbilder) dargestellt. Wie das Titelbild des Programmes zeigt, ist es sogar schon möglich, bewegte Anaglyphen darzustellen, was die Verwendbarkeit dieser Technik für die Didaktik noch einmal vervielfacht. Im Umgang mit der Rechentechnik werden keine allzu hohen Kenntnisse vorausgesetzt. Die partiellen Differentialgleichungen 2. Ordnung werden meist in elliptische, parabolische, hyperbolische und ultrahyperbolische Differentialgleichungen eingeteilt. Die Zugehörigkeit zu diesen Mengen wird aus den Koeffizienten der Gleichung bestimmt. Dazu wird die Gleichung mittels einer Koordinatentransformation auf Normalform gebracht. Da wir uns auf Gleichungen mit konstanten Koeffizienten beschränken und es sich um Funktionen mit zwei Veränderlichen handelt, wird obige Klassifikation zu einer Klasseneinteilung, und die Klasse der ultrahyperbolischen Gleichungen wird leer. Im Programm beschränken wir uns auch noch auf ein rechteckiges Gebiet um den Koordinatenursprung. Die Differentialgleichungen werden in Differenzengleichungen überführt und dann iterativ gelöst. Über die Lösungsmethode erfährt der Benutzer nichts (Black-Box-Methode). Der Benutzer ändert nur die Parameter des Problems und wird dann mit der Lösung konfrontiert. Die Möglichkeit, viele Probleme lösen zu können, wurde mit einer großen Allgemeinheit des Algorithmus erkauft, sodaß es naturgemäß spezielle Probleme gibt, für die die Iteration divergiert. Diese Fälle werden abgefangen, und der Benutzer wird aufgefordert, neue Koeffizienten zu wählen. Die Darstellung der Lösung erfolgt als Anaglyph. Das ist ein zweifarbiges Raumbild, welches durch eine Brille betrachtet wird. Diese Brille besteht aus zwei verschiedenfarbigen Filtern. Das Programm berechnet für jedes Auge eine Zentralperspektive und zeichnet diese dann in der entsprechenden Farbe. Da jedes Auge durch den Filter nur ein Bild sieht und beide Bilder voneinander verschieden sind, gleicht das Gehirn diese Unterschiede aus, indem es beide Bilder zu einem im Raum befindlichen Bild überlagert.

| | |
|---|---|
| **Betriebssysteme** | DR-DOS 5.x |
| **Softwareumgebung** | k.A. |
| **Hardwareumgebung** | IBM PC-AT; 640 KB; Festplatte; VGA 640x480 color; Stereobrille |
| **Bezugsbedingungen** | Registrierung: 20 DM |

**Bezugsadresse/Autor**
Thilo Buchholz
Am Annatal 15
O-1260 Strausberg

# Grafik

## PIG (C)

| | |
|---|---|
| **Fachgebiete** | Informatik |
| **Anwendungsbereiche** | Graphik, Bildgenerator |
| **Zielgruppen** | k.A. |
| **Version** | k.A. |
| **Erstellungsdatum** | k.A. |

PIG (C) ist ein universelles Programmpaket für Grafikerstellung. Es sind Histo-, Planungs-, Funktions-, Höhenlinien-, 3 und Polar- Diagrammdarstellungen möglich. PIG ist ein interaktives und batchorientiertes Softwarepaket zur grafischen Darstellung im technischen Bereich. Es überzeugt durch sein breites Spektrum an Einsatzmöglichkeiten in den Bereichen Entwicklung, Forschung, Versuch und Qualitätssicherung. PIG übernimmt in der Regel die darzustellenden Datenfiles aus Anwenderprogrammen, die ihre Ergebnisse in Tabellenform gespeichert haben. Die variablen Textblöcke zur Beschriftung des Bildes werden in einem separaten Datenfile abgespeichert. PIG läßt sich problemlos in das Anwenderprogramm integrieren, so daß jedes Programm mit einer Grafikausgabe versehen werden kann. Bei Bedarf kann das Layoutfile per Programm variiert werden, z.B. Achsdarstellung, Achsenmaßstab, Farbe der Kurve, usw. PIG erstellt vor der grafischen Ausgabe ein sogenanntes Metafile, in dem sämtliche Informationen stehen. Die Ausgabe erfolgt wahlweise auf Plotter, Printer oder Terminal. Eine gerätespezifische Anpassung ist nicht erforderlich.

| | |
|---|---|
| **Betriebssysteme** | VMS |
| **Softwareumgebung** | k.A. |
| **Hardwareumgebung** | VAX |
| **Preis** | k.A. |
| **Bezugsbedingungen** | Preis: DM 14.500 - DM 97.000 |

**Bezugsadresse**
IIS GmbH
Kleiststraße 15
7104 Obersulm

## PIGS

| | |
|---|---|
| **Fachgebiete** | Informatik |
| **Anwendungsbereiche** | Ingenieurwesen, Graphik |
| **Zielgruppen** | k.A. |
| **Version** | k.A. |
| **Erstellungsdatum** | k.A. |

Mit PIGS (PAFEC Interactive Graphics System), Interaktiver FEM- und Postprozessor, kann man auf einfache Weise Finite Elemente Modelle erzeugen oder aus vorhandenen IGES-Dateien oder DOGS / Boxer-Zeichnungen übernehmen. Schnittkurvenberechnungen und das Ausblenden verdeckter Kanten sind ebenso möglich wie die farbige und farbschattierte Darstellung der Ergebnisse und Modelle.

| | |
|---|---|
| **Betriebssysteme** | VMS |
| **Softwareumgebung** | k.A. |
| **Hardwareumgebung** | VAX |
| **Preis** | k.A. |
| **Bezugsbedingungen** | Preis: DM 55.000 - DM 150.000 |

**Bezugsadresse**
TEDATA Ges. f. tech. Inf.systeme mbH
Brückstraße 48
4630 Bochum

# Grafik

## PIX-IT!

| | |
|---|---|
| **Fachgebiete** | Bauingenieurwesen |
| **Anwendungsbereiche** | 3 dim. Zeichnen, Animation, Geometrie, Graphik, Simulation, Visualisierung |
| **Zielgruppen** | Wissenschaftler, Studenten |
| **Version** | DemoVersion 2.0 |
| **Erstellungsdatum** | 28.02.1991 |

PIX-IT! erzeugt pixelorientierten Körperdarstellungen auf dem Bildschirm, im RAM-Bereich und auf einem virtuellem Laufwerk: Die über das Menü ausgewählten Körper oder die programmierten Körperkombinationen werden je nach ihrer Lage im Raum, Kriterien der Lichtbedingungen, Sichtbarkeit/Unsichtbarkeit ect. mit Bit-Mustern gefüllt, so daß ein räumlich anschauliches Bild entsteht. Die Größe des Bildes ist durch den vorhanden Speicherplatz bestimmt und entspricht in der vorgelegten Version einem DIN-A4-Ausdruck auf einem Laserdrucker (Aufl. 150 dots). Mehrere Seiten können kombiniert werden. Das Programm PIX-IT umfaßt folgende Funktionen: Definition von Körpern durch Typ und seinen Abmessungen; Bewegen eines Körpers als Drahtmodell im Raum: Mittels Maus oder Pfeiltasten kann ein gewählter Körper in allen Ebenen frei im Raum bewegt (verschoben, gedreht) werden; Simulation von geometrischen Projektionen: Das Drahtmodell kann in normaler Projektion (Wegfall der Z-Koordinaten), schiefer Projektion oder Zentral-Projektion dargestellt werden; Darstellung der zugehörigen Aufriße/reuzriße; Einbindung der pixelorientierten Darstellung von Körpern in andere Grafiken (Zufallsstrukturen, gescannte Vorlagen). Ausdruck als Hardcopy oder Gesamtbild. Bewegte Bilder durch Abfolge von Einzelgrafiken. Texteinbindung. Editieren der Bit-Maps. Aufbauend auf einem auswählbaren Polygonzug (3 bis 12 Eckpunkte) wird ein Körper (Ebene, Prisma, Stumpf) als Drahtmodell erzeugt. Blickrichtung, Projektionsart und -Parameter bestimmen seine zweidimensionale Darstellung. Die Flächen werden durch einen Zufallsgenerator mit Bit-Mustern gefüllt und verleihen dem Körper so Anschaulichkeit.

Das Programm wurde aus dem Bedürfnis heraus entwickelt, Computer-Darstellungen nicht als Strich-, sondern als Flächenzeichnung zu entwickeln. Komplexere Gebilde werden durch Programmblöcke erzeugt, der Nutzer kann aber im Menü einzelne Körper anwählen und sein räumliches Vorstellungsvermögen trainieren.

| | |
|---|---|
| **Betriebssysteme** | DR-DOS 5.x, MS-DOS 3.x |
| **Softwareumgebung** | (in Klammern: Minimalversion) Virtuellem Laufwerk f: mind 250 kB (Festplatte c: 130 kb); Turbo-Pascal Bildschirmtreiber; eigene Beispielgrafiken, -Dateien |
| **Hardwareumgebung** | AT386; 4 MB; VGA, Modus 12, 640x480 farbig; 80 MB; 80387; Laserdrucker HP Laser Jet Series II+, III |
| **Preis** | 100 DM |

**Bezugsadresse/Autor**
Uvo Bittner
Universität Hannover
Institut für Gestaltung und Darstellung
Brühlstraße 27
3000 Hannover 1
0511/762-3926

# PLOSSYS

| | |
|---|---|
| **Fachgebiete** | Informatik |
| **Anwendungsbereiche** | Graphik, Bildgenerator |
| **Zielgruppen** | k.A. |
| **Version** | k.A. |
| **Erstellungsdatum** | k.A. |

PLOSSYS (PLOt-Spool-SYStem) übernimmt die automatische Verwaltung und Ausgabe von Zeichnungen, die auf verschiedenen Rechenanlagen unter Verwendung verschiedener CAD-Systeme erzeugt wurden. Als einheitliches Datenformat wird das GKS 7.4 Metafile Format verwendet. PLOSSYS ist damit geräteunabhängig. PLOSSYS kann auch in einem vernetzten Rechnerverbund eingesetzt werden. Die in der VAX-Version standardmäßig enthaltene Menüsteuerung erlaubt die Bedienung ohne spezielle Betriebssystemkenntnisse. Als Zeichnungsdatenformat können das GKS 7.4 Level 0a/2a Metafileformat nach DIN 66252 Anhang E und beliebige Kundendatenformate verarbeitet werden. Neben der zentralen Verfügbarkeit der Zeichengeräte, der Verminderung der Störanfälligkeit, der Verbesserung der Auslastung, der Netzwerkfähigkeit und der Entlastung der CAD-Rechner ist die Möglichkeit der Archivierung und das Mischen von Zeichnungen aus verschiedenen CAD-Systemen ein weiterer Vorteil des Programms. Der Anschluß weiterer Plotter und CAD-Systeme ist mit geringem Aufwand möglich. Der Anwender hat über Konsolen verschiedene Eingriffsmöglichkeiten in das System, die der Bedienung der Plotter und der Verwaltung der Zeichnungen dienen. Der Dialog des Operators mit dem Plot-Spool-System erfolgt über ein alphanumerisches Terminal und ist menügesteuert. Dadurch sind keine speziellen Kenntnisse des Operators bezüglich des Rechners und seines Betriebssystems notwendig. Gleichzeitig wird dadurch die Gefahr der Fehlbedienung vermindert. Das Plot-Spool-System PLOSSYS wird seit 1985 von großen deutschen Automobilwerken eingesetzt und laufend erweitert. Der Operator kann über eine Menge von Systemdiensten verfügen, wie z.B. Informationen über den aktuellen Zustand des Systems (z.B. Liste der zur Ausgabe anstehenden Zeichnungen, Zustand der Ausgabegeräte). Für CAD-Systeme, die zur Zeit noch keine Metafile-Schnittstelle enthalten, verfügt PLOSSYS über Datenformatkonverter, die in den Zeichnungsannahmeprozeß für das CAD-System integriert werden können.

| | |
|---|---|
| **Betriebssysteme** | VMS |
| **Softwareumgebung** | k.A. |
| **Hardwareumgebung** | VAX, VAX/VMS |
| **Preis** | k.A. |
| **Bezugsbedingungen** | Preis: DM 15.000 - DM 150.000 |
| **Bezugsadresse** | |

S.E.P.P. GmbH
Lohmühlweg 4
8551 Röttenbach

# Plot 3.0

| | |
|---|---|
| **Fachgebiete** | Architektur, Elektrotechnik, Maschinenbau |
| **Anwendungsbereiche** | 2 dim. Plotten, 3 dim. Plotten, CAD, CAM, CAE, Plotten, Drucker-Utility |
| **Zielgruppen** | CAD-Anwender |
| **Version** | 3.1 |
| **Erstellungsdatum** | 01.01.1992 |

Mit Plot 3.0 werden vorhandene HP-GL-Dateien in hochauflösende Grafiken mit einer maximalen Auflösung von 360*360 dpi zur Ausgabe auf handelsübliche Matrix-, Tintenstrahl- und Laserdrucker umgewandelt. Interpretiert werden alle Plotbefehle des HP-Plottertyps 7475A. Eine zusätzliche Konvertierungsfunktion ermöglicht die Umwandlung der Plotdateien in das DXF-Format, das z.B. von AutoCAD und MS-Word als Datei eingelesen, in andere Dateien eingebunden und weiterverarbeitet werden kann. Über Verarbeitungsparameter können die Ausgabeeinheit, die Anzahl der Kopien, die Plotgröße, der bei der Konvertierung benutzte Maßstab, die auszudruckenden Linienstärken und die für die Ausgabe anzuwendenden Ränder definiert werden. Die Angabe des Maßstabes und des Rotationswinkels positioniert die Druckausgabe beliebig gedreht und vergrößert auf dem Papier. Plot 3.0 realisiert die HP-GL-Ausgabe mit der Qualität eines handelsüblichen Präzisionsplotters und der Ausgabegeschwindigkeit des angeschlossenen Druckers. Funktionsübersicht: Druckausgabe der HP-GL-Dateien auf allen marktüblichen Matrix-, Tintenstrahl- oder Laserdruckern; Verarbeitung des Befehlsatzes der HP-Plotter 7475; Ausgabe wahlweise im Raster- oder DXF-Format zum Datenexport in andere Programme; Maximale Auflösung 300*300 dpi (druckerabhängig); Einstellung der Kopien; Anwahl des Maßstabes bei der Druckausgabe zur Vergrößerung bzw. Verkleinerung; Druckausgabe im Hoch- oder Querformat; Wahlweise Veränderung der Nullpunktlage der Zeichnung.

| | |
|---|---|
| **Betriebssysteme** | MS-DOS |
| **Softwareumgebung** | k.A. |
| **Hardwareumgebung** | Alle marktüblichen IBM PC/XT/AT/386/486 oder kompatiblen Rechnersysteme mit mind. 512 KB RAM; Matrix-, Tintenstrahl- oder Laserdrucker |
| **Preis** | 620 DM |
| **Bezugsbedingungen** | zzgl. gesetzlicher Mehrwertsteuer, Verpackungs- und Versandkosten |

**Bezugsadresse/Autor**
Klaus D. Huyke
ds-datasections datenservice
Hauptstr. 146a
8752 Glattbach
06021-46311

## PLOT_4_U (Plot for you)

| | |
|---|---|
| **Fachgebiete** | Elektrotechnik, Maschinenbau, Verfahrenstechnik |
| **Anwendungsbereiche** | Datenanalyse, Systemsoftware, Hilfsprogramme |
| **Zielgruppen** | k.A. |
| **Version** | V.1.02 |
| **Erstellungsdatum** | 12.02.1991 |

PLOT_4_U ist ein Hilfsmittel für den täglichen Betrieb im CAD/CAM-Labor der Fachhochschule Wilhelmshaven. PLOT_4_U überträgt Daten von asynchronen Schnittstellen (COM1 bis COM4) und /oder Massenspeichern (Blocktransfergerät A-Z) zu asynchronen Schnittstellen, Massenspeichern oder zur parallelen Schnittstelle. Außerdem kann PLOT_4_U die einkommenden Daten interpretieren, analysieren und übersetzen. Die so behandelten Plotfiles können geschachtelt und/oder in ein gewünschtes Plotterformat konvertiert werden. Als Ein/Ausgabeformat versteht PLOT_4_U die Plottersprache BENSON, HPGL und DXY. PLOT_4_U ist somit für fast alle handelsüblichen Plotter zu benutzen. Die Schachtelung unterstützt die Formate DIN A0 bis DIN A4. Da größere Plots auf Stift-Plottern sehr viel Zeit in Anspruch nehmen (bis zu 4 Stunden für ein A0-Blatt), bietet es sich an, vor der Ausgabe an den Plotter das zu plottende Blatt zur Überprüfung auf dem Matrixdrucker auszugeben. Die Zeit, die hierfür benötigt wird, liegt im Bereich von 20 Minuten. Hierbei ist es sehr leicht und schnell möglich, größere Fehler zu erkennen und diese abzustellen, bevor das eigentliche zeit- und kostenintensive Ausplotten durchgeführt wird. Eine Besonderheit von PLOT_4_U ist, daß alle Prozessoren parallel ablaufen, d.h., daß zur gleichen Zeit mehrere Plotfiles empfangen, analysiert, geschachtelt und gesendet werden können.

| | |
|---|---|
| **Betriebssysteme** | MS-DOS |
| **Softwareumgebung** | Maustreiber |
| **Hardwareumgebung** | AT 286; 512 KB RAM; EGA Graphik-Karte; Festplatte: 32 MB; Bus-Mouse |
| **Preis** | 500 DM |
| **Sonderkonditionen** | Hochschulrabatt 60% |

**Bezugsadresse**
Prof. Albert Weisgerber
FH Wilhelmshaven
FB Maschinenbau, CAD/CAM-Labor
Friedrich-Pfaffrath-Straße 101
2940 Wilhelmshaven
04421/804-241

**Autor**
Horst Sudholz
FH Wilhelmshaven
FB Maschinenbau
2940 Wilhelmshaven

CAD/CAM-Labor
2940 Wilhelmshaven

# Grafik

## PostPlot

| | |
|---|---|
| **Fachgebiete** | Architektur, Elektrotechnik, Maschinenbau |
| **Anwendungsbereiche** | 2 dim. Plotten, 3 dim. Plotten, Graphik, Plotten, Drucker-Utility |
| **Zielgruppen** | CAD-Anwender |
| **Version** | 1.0 |
| **Erstellungsdatum** | 01.06.1991 |

PostPlot verarbeitet alle HP-GL-Befehle (Hewlett-Packard Graphics Language) der Plottertypen HP 7475A/HP 7550A und übersetzt diese in PostScript zur weiteren Verarbeitung auf Laserdruckern. Die dadurch erstellte Datei kann wahlweise auf einem PostScriptdrucker ausgegeben oder im EPSF-Format von allen marktüblichen Desktop-Publishing-Programmen weiterverarbeitet werden. Der Anwender kann Einfluß auf die Orentierung der Druckausgabe (Längs- oder Querformat) nehmen und die Skalierung zur Verkleinerung bzw. Vergrößerung der Zeichnung zwischen einem und 600 Prozent bestimmen. Durch die wahlweise Veränderung der Nullpunktlage der Zeichnung paßt sich PostPlot den unterschiedlichen Definitionen der CAD- und Businessgrafik-Anwendungsprogramme äußerst flexibel an. Es besteht darüberhinaus die Möglichkeit, auch von der Blattgröße des Druckers (DIN A4/DIN A3) abweichende Zeichnungen auszugeben. Die zur Beschriftung benutzten Post-Script-Zeichensätze können über ein integriertes Menüsystem angewählt werden. Für die zur Verfügung stehenden zehn Plotterstifte sind anwenderspezifische unterschiedliche Grauwerte und Linienbreiten möglich. Funktionsübersicht: Übersetzung von HP-GL-Dateien in PostScript; Ausgabe des PostScript-Codes in eine Datei und/oder zu Laserdrucker; Alle Einstellung anwenderfreundlich, menügesteuert einstellbar; Individuelle Abspeicherung der Verarbeitungsparameter für die jeweilige HP-GL-Datei; Verarbeitung von HP-GL-Dateien im RS-232- oder HP-IB-Format; Veränderung von Dateien im Endlosformat in les- und bearbeitbare Textdateien mit einstellbarer Zeilenlänge; Unterstützung des Befehlssatzes der HP-Plotter 7475; Verarbeitbare Papiergröße bei der Druckausgabe bis DIN A3; Einstellbare Druckausgabe im Hoch- oder Querformat; Skalierung zwischen 1 und 600 Prozent; Einstellbare Veränderung der Nullpunktlage der Original- zeichnung; Zoomfunktion zur Ausschnittvergrößerung zwischen 1 und 600 Prozent; Verarbeitung von deutschen Sonderzeichen in Beschriftungen; Wahlweise Einstellung des Zeichensatzes, der Buchstabenhöhe und -breite; Anwahl der Systemschnittstelle für die Druckausgabe; Integrierter Texteditor zur Bearbeitung der HP-GL- oder PostScript-Datei.

| | |
|---|---|
| **Betriebssysteme** | MS-DOS |
| **Softwareumgebung** | k.A. |
| **Hardwareumgebung** | Alle martüblichen IBM PC/XT/AT/386/486 oder kompatible Rechnersysteme mit min. 512 KB Hauptspeicher, PostScript Laserdrucker, alle marktüblichen Grafikkarten, Festplattenlaufwerk |
| **Preis** | 620 DM |
| **Bezugsbedingungen** | zzgl. gesetzl. Mehrwertsteuer, Verpackungs- und Versandkosten |

**Bezugsadresse**
Klaus D. Huyke
ds-datasections datenservice
Hauptstr. 146a
8752 Glattbach
06021-46311

**Autor**
Traalsoft
6000 Frankfurt

## PrePlot

| | |
|---|---|
| **Fachgebiete** | Architektur, Elektrotechnik, Geographie, Geologie, Maschinenbau |
| **Anwendungsbereiche** | 2 dim. Plotten, 3 dim. Plotten, Baukonstruktion, Graphik, technisches Zeichnen |
| **Zielgruppen** | CAD-Anwender, |
| **Version** | 2.0 |
| **Erstellungsdatum** | 01.06.1991 |

PrePlot ermöglicht den universellen Einsatz der Kyocera-Laserdrucker für Businessgrafik, CAD-Anwendungen, grafische Auswertungen aus Projektplanungssystemen und allen Programmen, die eine HP-GL-Ausgabe offerieren. Die HP-GL-Befehle werden während der Verarbeitung direkt in PreScribe-Kommandos transformiert. Dialog- und menügesteuert (optional) werden Plotzeichnungen, die die Papiergröße des Druckers (DIN A4) überschreiten, über mehrere Seiten verteilt originalgetreu dargestellt. Mit Hilfe einer Zoom-Funktion können die HP-GL-Grafiken beliebig verkleinert bzw. vergrößert werden. Ausgefüllte Flächen werden mit den vom Anwender ausgewählten Grauschattierungen dargestellt. Dabei können für die einzelnen Plotterstifte unterschiedliche Stiftstärken und -farben (Grauwerte) definiert werden. Alle generierten PreScripe-Dateien sind darüber hinaus für eine Download-Funktion sowie zur Formulargestaltung und Integration in andere Druckdokumente verfügbar. Die Ausgabe erfolgt wahlweise in eine Datei oder direkt zum angeschlossenen Drucker Funktionsübersicht: Übersetzung von HP-GL-Befehlen in PreScripe; Druckausgabe auf Kyocera-Laserdruckern; Umwandlung von HP-GL-Dateien in PreScripe-Macros; Erzeugung von Firmenzeichen und -logos aus HP-GL-Dateien; Unterstützung des Befehlssatzes der HP-Plotter 7475; Verarbeitbare Zeichnungsgrößen bis DIN A0; Wahlweise Verkleinerung übergroßer Zeichnungen auf die Blattgröße des Laserdruckers (DIN A4); Beliebige Positionierung der Druckausgabe auf der Seite; Wahlweise Umdefinition des Koordinatenursprungs; Anwenderspezifische Definition der Stiftstärken und -farben; Wahlweise Angabe der Kopienanzahl für die Druckausgabe; Commandline-Version zur leichten Integration in Batchdateien.

| | |
|---|---|
| **Betriebssysteme** | MS-DOS |
| **Softwareumgebung** | k.A. |
| **Hardwareumgebung** | Alle marktüblichen IBM PC/XT/AT/386/486 und kompatible Rechnersysteme, Kyocera-Laserdrucker |
| **Preis** | 750 DM |
| **Bezugsbedingungen** | zzgl. gesetzl. Mehrwertsteuer, Verpackungs- und Versandkosten |
| **Bezugsadresse/Autor** | |

Klaus D. Huyke
ds-datasections datenservice
Hauptstr. 146a
8752 Glattbach
06021-46311

# PROFILEGRAPH

| | |
|---|---|
| **Fachgebiete** | Biologie, Chemie |
| **Anwendungsbereiche** | Analyse, Graphik, Toolkit |
| **Zielgruppen** | Studenten |
| **Version** | 1.3a |
| **Erstellungsdatum** | 01.03.1992 |

Dieses Programm soll für den Anwender zum einen eine Hilfe bei der Computer-unterstützten Analyse von Proteinsequenzen mit Hilfe bekannter und bewährter Verfahren darstellen, zum anderen bietet es die Möglichkeit, durch Kombinationen und Modifikationen neue Verfahren zu entwickeln und zu überprüfen. Als dritte Möglichkeit dient PROFILEGRAPH zur Visualisierung der Eigenschaften von Proteinen, die sich aus der Primärstruktur herleiten. Das Grundprinzip von PROFILEGRAPH ist die "sliding window"-Methode (weiter unten erläutert). Ergänzend bietet das Programm noch einige Funktionen die bei der Beurteilung der erhaltenen Ergebnisse hilfreich sein können, so ist z.B. ein einfaches "helical wheel"-Diagramm integriert. Außerdem besteht die Möglichkeit, die Einzelwerte der Aminosäuren interaktiv zu betrachten. Die "sliding window"-Methode stellt ein Verfahren zur Berechnung und Visualisierung von lokalen Eigenschaften einer Proteinsequenz dar. Ein bekanntes Beispiel stellt die Hydrophobizitätsanalyse zur Bestimmung der membrandurchspannenden Bereiche eines integralen Membranproteins dar. Hierbei wird ein aminosäure-spezifischer Parameter, hier die relative Hydrophobizität, gegen die entsprechende Position in der Proteinkette graphisch aufgetragen. Zur Unterdrückung von lokalen Mikro-Schwankungen wird üblicherweise für jede Position ein Mittelwert aller Werte innerhalb eines Fensters um diese Position berechnet. Aus diesen grundlegenden Methoden sind auch Berechnungen zur Verteilung von spezifischen Aminosäure-Parameter innerhalb bestimmter Sekundärstrukturen möglich. (Beispiel: hydrophobes Moment). Das Standardverfahren zur Hydrophobizitätsanalyse nach Kyte und Doolittle dürfte allgemein bekannt sein, Profilegraph lädt zum Variieren der beteiligten Parameter ein.

| | |
|---|---|
| **Betriebssysteme** | MS-DOS 3.x |
| **Softwareumgebung** | k.A. |
| **Hardwareumgebung** | IBM AT (comp. ); 640 KB RAM; Hercules, EGA, VGA, SVGA; Harddisk; 80387; Maus (optional); |
| **Preis** | k.A. |
| **Bezugsbedingungen** | Public Domain Programm, keine Bezugsbeschränkungen, Quelltext frei modifizierbar |

**Bezugsadresse/Autor**
Kay Hofmann
Universität Köln
Institut für Biochemie (med. Fak.)
Joseph Stelzmann Str. 52
5000 Köln 41
+49 221 478 6980

## PV-WAVE (TM)

| | |
|---|---|
| **Fachgebiete** | Informatik |
| **Anwendungsbereiche** | Ingenieurwesen, Graphik, Visualisierung |
| **Zielgruppen** | k.A. |
| **Version** | k.A. |
| **Erstellungsdatum** | k.A. |

PV-WAVE (TM), Precision Visuals Workstation Analysis and Visualisation Environment, ist ein interaktives System zur Analyse, Visualisierung und Präsentation technischer Daten. Der Benutzer einer DEC-Workstation kann mit diesem System Datenmengen von bisher nicht bewältigbarem Umfang verwalten, reduzieren, filtern und analysieren. Merkmale und Trends der Daten können so in publikationsreife Grafiken umgesetzt werden, ohne daß eine komplexe Programmiersprache erlernt werden muß. Die ganze Bandbreite der heute in der technisch-wissenschaftlichen Welt üblichen Darstellungsformen vom einfachen Liniendiagramm über Kontur-Karten, 3-Gitteroberflächen bis zu schattierten Oberflächendarstellungen und Rasterbildern können hierbei mit einem einzigen Befehl aktiviert werden. Das System verbindet traditionelle Computer-Analyse und Computer-Grafik mit neuen Bildverarbeitungsmöglichkeiten, so daß ganz neue Daten- bzw. Ergebnispräsentationen ermöglicht werden. Mit PV-WAVE können maximal 4-dimensionale Datensätze in einem Bild und bis zu 6-dimensionale Datensätze in einem Fender grafisch dargestellt werden. Auch die Generierung von Animationen (schnelle Bildlauffolgen) ist dank der enormen Darstellungsgeschwindigkeit durch einfaches, wiederholtes Aufblenden vordefinierter Rasterbilder sehr leicht möglich. PV-WAVE hat eine leicht zu erlernende, interaktive Benutzerführung, die es ermöglicht, das System entweder als eine kommandogesteuerte Endanwendung oder als mächtige 4-Generation-Hochsprache zur Datenanalyse zu benutzen. Kommandos können entweder direkt am Terminal eingegeben werden oder sie können, als Prozeduren und Programme formuliert, einem Endbenutzer zur Verfügung gestellt werden. Insbesondere die Einbettung der PV-WAVE-Menüsteuerung in die DEC-Umgebung unterstützt die Entwicklung von hochqualifizierten Spezialprogrammen. PV-WAVE ist ein Warenzeichen der Precision Visuals, Inc.

| | |
|---|---|
| **Betriebssysteme** | ULTRIX, VMS |
| **Softwareumgebung** | k.A. |
| **Hardwareumgebung** | RISC, VAX, VAX/VMS, VAX/ULTRIX, RISC/ULTRIX |
| **Preis** | k.A. |
| **Bezugsbedingungen** | Preis: DM 8.800 - DM 88.400 |

**Bezugsadresse**
PVI Precision Visuals International GmbH
Lyoner Stern/Hahnstraße 70
6000 Frankfurt

# QC for MOBY

| | |
|---|---|
| **Fachgebiete** | Chemie |
| **Anwendungsbereiche** | Modell-Software |
| **Zielgruppen** | Chemiker |
| **Version** | k.A. |
| **Erstellungsdatum** | 01.06.1992 |

QC for MOBY ist eine Software-Routine für das Molecular Modelling Programm MOBY. Sie extrahiert Struktur- und Schwingungsdaten aus den Ausgabedateien der bekannten Quantenchemie-Programme GAUSSIAN 82/90, SCAMP und MOPAC und bereitet sie für MOBY auf.

| | |
|---|---|
| **Betriebssysteme** | MS-DOS 2.x |
| **Softwareumgebung** | k.A. |
| **Hardwareumgebung** | IBM PC oder kompatibler Computer, 640 kB RAM 80x87 Koprozessor EGA, VGA oder HERCULES Graphikkarte |
| **Preis** | 50 DM |
| **Bezugsbedingungen** | k.A. |

**Bezugsadresse**
Auftragsbearbeitung
Springer Verlag Berlin
Heidelberger Platz 3
1000 Berlin

## Reclam-Let

| | |
|---|---|
| **Fachgebiete** | Architektur, Bauingenieurwesen, Elektrotechnik, Maschinenbau |
| **Anwendungsbereiche** | Zeichensatz, technisches Zeichnen |
| **Zielgruppen** | CAD-Anwender |
| **Version** | 11 |
| **Erstellungsdatum** | k.A. |

Reclam-Let bietet dem AutoCAD Anwender 30 unterschiedliche Schriften einschließlich Kerning-Tabellen in hoher typografischer Qualität an. Da der gewünschte Schriftsatz von einem externen Programm erzeugt wird, ist die Ausgabequalität unabhängig von der gewählten Schriftgröße. Darüberhinaus sind Zeichnungen, die diese Schriften enthalten, auch von Anwendern weiter verarbeitbar, die nicht über diese Fonts verfügen. Reclam-Let eignet sich insbesondere für die Ausgabe auf Schneidplotter und Graviermaschienen. Der Setzbefehl beinhaltet über die üblichen Textbefehle hinaus u.a. folgende Optionen: Breitenfaktor, Zusatzblei, fixer Spationierungswert, Strecken /Spationieren. Die Zeichensätze sind: Clarendon bold, Avant Garde medium, Lubalin Graph, Lubalin rounded, Geometrica bold, Geometrica medium, Futura Black, Swiss regular, Revü, Pump Bold, Swiss extra, Times Roman, Times Bold, Superstar shadow, Superstar outl, La Charette, Frankfurt Bold, Binner, Marvin Demi, Rocco, Avant Garde light, Bauhaus light, Benguiat Gothic, Eurostyle Roman ext, Futura light, Van Dijk, Squire, Liquid Cristal, Plaza Regular, Superstar Solid.

| | |
|---|---|
| **Betriebssysteme** | MS-DOS 3.x |
| **Softwareumgebung** | Voraussetzung: AutoCAD |
| **Hardwareumgebung** | wie AutoCAD |
| **Preis** | 1995 DM |
| **Bezugsbedingungen** | k.A. |
| **Sonderkonditionen** | Einzellizenz: 795 DM |
| | Geltungsbereich: Hochschulen, Fachhochschulen, sonstige öffentliche Bildungseinrichtungen |

**Bezugsadresse**
Mensch und Maschine GmbH
Stefanus-Straße 6
8032 Gräfelfing
089/854890

**Autor**
Schenk-Data
CH Zuzwil (Schweiz)

# SCAN

| | |
|---|---|
| **Fachgebiete** | Informatik |
| **Anwendungsbereiche** | Graphik |
| **Zielgruppen** | k.A. |
| **Version** | k.A. |
| **Erstellungsdatum** | k.A. |

Das Programm SCAN ermöglicht es, Scanner an eine VAXstation anzuschließen und damit gescannte Vorlagen ins Interleaf-Format zu übertragen. Für die Input-Peripherie ist der Microtek Image Scanner MSF 3000 vorgesehen, der mit einer Auflösung von 300 x 300 dpi arbeitet. Mit dem MSF 300C lassen sich sowohl Liniengrafiken als auch Halbtonbilder, z.B. Fotos, in hoher Qualität digitalisieren. Alle wesentlichen Parameter wie Kontrast, Helligkeit, Wahl von Bildausschnitten, Auflösung etc. lassen sich mit dem Programm SCAN von der VAXstation aus einstellen. Der Anschluß findet über eine normale Terminalschnittstelle statt. In Kürze wird die Integration des neuen AGFA-Scanner mit einer Auflösung von 406 x 406 dpi und 64 Graustufen in jedem Bildpunkt abgeschlossen sein. Die Einbindung dieses Scanners ins Ethernet beschleunigt dann die Übertragung gescannter Zeichnungen und Fotografien ins Interleaf-Format wesentlich.

| | |
|---|---|
| **Betriebssysteme** | VMS |
| **Softwareumgebung** | k.A. |
| **Hardwareumgebung** | VAX |
| **Preis** | k.A. |
| **Bezugsbedingungen** | Preis: ab DM 2.000 |

**Bezugsadresse**
Data Integral GmbH
Urachstraße 17
7800 Freiburg

## SGL (Sofbid Graphic Language)

| | |
|---|---|
| **Fachgebiete** | Informatik |
| **Anwendungsbereiche** | Graphik, integrierte Graphik |
| **Zielgruppen** | k.A. |
| **Version** | k.A. |
| **Erstellungsdatum** | k.A. |

SGL (Sofbid Graphic Language) ist eine GKS-basierte Grafiksprache zur Darstellung zweidimensionaler Geometrien. Sie ist ein schlüsselwortgesteuertes interaktives System mit zusätzlicher Programmierschnittstelle. Es können verschiedene Koordinatensysteme und verschiedene Workstation-Typen behandelt werden. Interaktiv können in den Fenstern mehrere Koordinatensysteme gleichzeitig bearbeitet werden. Bei der Auslieferung beinhaltet die Sprache neben den GKS-Elementen die grafischen Konstruktionsmittel Gerade, Ellipse, Polygonzug, Splines, Balken- und Kuchendiagramm. Zeitlich veränderliche Werte, Flächen, Farben bzw. Grautoene sind ebenso vorgesehen. Der Benutzer kann selbst entwickelte Konstruktionselemente in die Sprache integrieren und sie so für sein Anwendungsgebiet zu noch mehr Effizienz ausbauen. SGL läuft auf Rechnern, auf denen FORTRAN-77 und GKS implementiert sind, und gestattet, in einfacher Weise Grafiken zu erstellen, die auf zweidimensionaler Geometrie beruhen. Hierzu gehören die Darstellung funktionaler Zusammenhänge, Präsentationsgrafik und Anlagenbilder mit Prozeßdynamik.

| | |
|---|---|
| **Betriebssysteme** | VMS |
| **Softwareumgebung** | k.A. |
| **Hardwareumgebung** | VAX |
| **Preis** | k.A. |
| **Bezugsbedingungen** | Preis: DM 15.000 - DM 25.000 |

**Bezugsadresse**
Sofbid GmbH
Horeth 21
6105 Ober-Ramstadt

## STereograph

| | |
|---|---|
| **Fachgebiete** | Geographie, Geologie |
| **Anwendungsbereiche** | Kristallographie, Geometrie, Graphikkunst/-wissenschaft |
| **Zielgruppen** | k.A. |
| **Version** | 1.0 |
| **Erstellungsdatum** | 25.02.1991 |

Die stereographische Projektion ist eine einfache Methode zur Darstellung räumlicher Anordnungen in der Ebene. Dazu werden ausgezeichnete Richtungen dieses Körpers - beispielsweise Flächennormalen und Kantenrichtungen bei Kristallen - mit einer um den Körper gedachten Projektionskugel zum Schnitt gebracht. Der Schnittpunkt der Verbindungslinie zwischen einem solchen Durchstoßpunkt und dem jeweils gegenüberliegendem Pol der Kugel mit der Äquatorebene der Kugel, ist der jeweilige Projektionspunkt. Die so erhaltenen Projektionen sind winkel-, jedoch nicht flächentreu zum projizierten Körper. Die herkömmliche Methode solche Projektionen zu erstellen ist, die Winkelkoordinaten der Richtungen mit Hilfe des sogennanten Wulfschen-Netzes direkt in der Projektion abzutragen. Diese wird auf Pergamentpapier gezeichnet, unter dem das Wulfsche Netz liegt und gedreht werden kann. Ebenso erfolgt das weitere Arbeiten mit der Projektion immer unter Zuhilfenahme des Wulfschen Netzes. In der Langwierigkeit und Umständlichkeit dieses Verfahrens, besonders bei komplexeren Aufgaben, lag die Motivation das vorliegende Programm zu schreiben. Es kam vor allem darauf an, das Programm so zu gestalten, daß es sich weitestgehend von selbst erklärt, wenn man mit den Grundzuegen des Verfahrens vertraut ist. Um das Programm so benutzerfreundlich wie möglich zu machen, wurde konsequent die Maus und die Benutzeroberfläche GEM genutzt.

Folgende Funktionen bietet das Programm: Das Zeichnen der Projektion nach Eingabe der Winkelkoordinaten, sowie das Editieren dieses Datensatzes, die Möglichkeit des ständigen Zugriffs auf die Koordinaten einzelner Projektionspunkte, Winkelbestimmungen, Berechnung von Zonenachsen und deren Projektion, Umrechnung von Meßdaten aus ebenen Laue-Röntgenaufnahmen, Drehung der Projektionskugel um drei starre Achsen, Die Projektionspunkte können mit Indizes versehen werden. Es ist die Möglichkeit der Darstellung in zwei Größen vorhanden. Ein Drucken und Abspeichern der Projektionen, sowie Speichern und Laden der Datensätze gehören ebenfalls zum Funktionsumfang von STereograph. Daneben können mit dem Programm 'PLOTDATA' die erzeugten Datensätze auf einen Drucker ausgegeben werden. Außerdem ist ein Programm beigefügt, das ein Wulfsches Netz erzeugt, um auch eine eventuelle manuelle Nachbehandlung der Projektionen zu ermöglichen.

| | |
|---|---|
| **Betriebssysteme** | TOS |
| **Softwareumgebung** | k.A. |
| **Hardwareumgebung** | Atari-ST; 1 MB; NEC-24-Nadel-Drucker |
| **Bezugsbedingungen** | Public-Domain / Update, Quelltext und Anleitung gegen 10 DM. |
| **Bezugsadresse/Autor** | Thomas Malcherek<br>Beckhofstr.3<br>4400 Münster<br>0251/36455 |

## TechGraf

| | |
|---|---|
| **Fachgebiete** | Elektrotechnik, Maschinenbau, Physik |
| **Anwendungsbereiche** | graphische Darstellung, Meßgerät, Graphikkunst/-wissenschaft |
| **Zielgruppen** | Studenten, Wissenschaftler |
| **Version** | 2.2 |
| **Erstellungsdatum** | 20.02.1991 |

Das Programm realisiert folgende Funktionen: Graphische Darstellung von zweidimensionalen Wertefeldern; Lineare und logarithmische Darstellung; Wählbare Überschrift, Legenden, Achsenbeschriftungen; Anzeige der Graphik in WYSIWYG-Form; Ausgabegröße des Plots oder Druckes frei wählbar; Speicherung einzelner Diagramme (Bilder); Zusammenstellung verschiedener Bilder zu einer Präsentation; Export der Bilder im DXF- oder HPGL-Format; Export der Daten (internes Binärformat) in einem formatierten ASCII-Format oder einem für Datenbanken verständlichen ASCII-Format; Editor für die Wertefelder; Integration der Wertefelder; Differentation der Wertefelder; Negieren der Wertefelder -X- und Y; Werte der Felder vertauschen; Sortieren der X-Werte mit Anpassung der Y-Werte; Datenglättung/iterpolation durch Spline- und Bezierfunktionen; Frequenzanalyse durch FFT und MEM (noch nicht ganz ausgereift); Graphischer Meßwerteditor zum "Ausschneiden" von bestimmten Werten; Frei gestaltbares Menü zum Einbinden eigener (Meß)Applikationen; Verwendung verschiedener Vektorzeichensätze nach dem Borland BGI-Standard; Farbanpassung zum Anpassen von Farbbildern auf Monochromsystemen.

TechGraf wird seit der ersten Version im April 1990 im Projekt Windenergie an der Fachhochschule Wiesbaden eingesetzt.

| | |
|---|---|
| **Betriebssysteme** | MS-DOS 3.x |
| **Softwareumgebung** | Programmiersprache (egal), MS- oder Turbo-Pascal empfohlen |
| **Hardwareumgebung** | IBM PC XT, AT; 512 KB; VGA, EGA, CGA, HGC, ATT; 20 MB; HP-kompatibler Plotter, EpsonLQ-kompatibler Drucker |
| **Preis** | k.A. |
| **Bezugsbedingungen** | k.A. |

**Bezugsadresse/Autor**
Burkhard Schranz
Fachhochschule Wiesbaden
Projekt Windenergie
Stahlstraße 13-15
6090 Rüsselsheim
06142/81494

# Techni-Curve

| | |
|---|---|
| **Fachgebiete** | Wirtschaftswissenschaften, Elektrotechnik, Mathematik, Physik |
| **Anwendungsbereiche** | 2 dim. Plotten, Kunststoffverarbeitung, Datenanalyse |
| **Zielgruppen** | k.A. |
| **Version** | k.A. |
| **Erstellungsdatum** | 17.03.1992 |

Techni-Curve für Windows wurde entwickelt, um technische und wissenschaftliche Daten grafisch aufzuarbeiten. Die Graphen werden auf dem Monitor bis ins kleinste Detail so dargestellt, wie sie später im Ausdruck erscheinen. Der komfortable Point-und-Klick Editor ermöglicht das Ändern von Parametern des Graphen, ohne durch diverse Menüs gehen zu müssen. Das Format eines fertiggestellten Graphen kann als Vorlage gespeichert werden. Import von Daten. Das Paket enthält umfassende mathematische Routinen zur Bearbeitung und Transformation von Daten aus einem oder mehreren Datensätzen. Das Ergebnis kann als neuer Datensatz gespeichert, oder die ursprünglichen Daten werden überschrieben. Die Daten können zwischen X- und Y-Werten hin- und herkopiert werden und können sortiert werden. Die X- und Y-Werte sind unabhängig, der Bereich der X-Werte ist beliebig. Grundlegende Funktionen für statistische Anwendungen und zur Interpolation sind implementiert. Darunter sind die in der Technik am häufigsten benötigten Funktionen inclusive linearer, multilinearer, polynomieller und geometrischer Regression, kubischer Splines und der Neville Aitken Interpolation. Die Anwendung dieser Routinen erfolgt ebenfalls im Point-und-Click Verfahren. Der Graph der Daten kann mit der Kurve der angenäherten Funktion kombiniert werden. Genauigkeitsschranken von 90% bis zu 99.9%, Balken mit den Fehlern der X- und Y-Richtung, sowie die Gleichung der angenäherten Kurve können in beliebiger Größe in den Graph eingefügt werden. Die quantitativen Routinen ermöglichen die automatischen Erzeugung von kalibrierten Kurven aus Standard Datensätzen und die nachträgliche Auswertung unbekannter X- oder Y-Werte aus einer angenäherten Kurve. Das Auswerten beliebiger Gebiete von einem Teil des Graphen wird durch Definition einer graphischen Grundlinie von Hand ebenfalls unterstützt. Eine Zusammenstellung von Gleichungen zum Erzeugen von annähernd einhundert Funktionen ist im Paket enthalten. Die Daten werden einfach durch die Eingabe von X- und Y-Werten in eine der Funktionen erzeugt, der Graph der Funktion kann sofort ausgegeben werden. Eine Hardcopy kann auf alle Grafiken Geräten erfolgen, die von Windows unterstützt werden. Dazu gehören unter anderem Matrix- und Laserdrucker, Recorder, Plotter und Postscript Ausgabegeräte.

| | |
|---|---|
| **Betriebssysteme** | MS-DOS, PC-DOS 3.x |
| **Softwareumgebung** | Windows 3. x |
| **Hardwareumgebung** | PC |
| **Preis** | 990 DM |
| **ASK-SAM** | Eine Demo-Version des Programms kann über den Fileserver abgerufen werden. |

**Bezugsadresse**
Andreas Heilemann, Stefan Steinhaus
ADDITIVE GmbH
Max-Planck-Straße 9
6382 Friedrichsdorf
06172-77017 bzw. 77015

**Autor**
Martin Perry
Aston Scientific Ltd.
HP 225 T Stoke Mandevill (United Kingdom)

## Technobox CAD/2 für Windows

| | |
|---|---|
| **Fachgebiete** | Informatik, Allgemeines |
| **Anwendungsbereiche** | CAD, CAM, CAE, Graphik |
| **Zielgruppen** | k.A. |
| **Version** | k.A. |
| **Erstellungsdatum** | k.A. |

CAD/2 für Windows bietet folgende Funktionen: gemischte Tastatur-Maus-Eingabe mit selektiven Fangfunktionen, visuelle Zeichnungs- und Symbolauswahl, leistungsfähige Konstruktionsbefehle wie Fasen, Abrunden, Trimmen, etc., beliebige Dateigrößen durch virtuelle Speicherverwaltung, eine Multifenstertechnik und vieles mehr.

| | |
|---|---|
| **Betriebssysteme** | MS-DOS |
| **Softwareumgebung** | MS-Windows, Version 3. x |
| **Hardwareumgebung** | IBM AT (286) oder kompatibler Computer, 2 MB Arbeitsspeicher, 20 MB Festplatte, 720 kB Diskettenlaufwerk, MS-Windows-fähige Grafikkarte mit Bildschirm, MS-Windows-fähige Maus |
| **Preis** | 2191 DM |
| **Bezugsbedingungen** | Preis für Einzellizenz ohne MwSt. |
| **Sonderkonditionen** | Verkaufspreise unter Abzug des Hochschulrabattes ohne Mehrwertsteuer.<br>Einzellizenz: 700.- DM<br>Mehrfachlizenz: auf Anfrage<br>Geltungsbereich: Hochschulen, Fachhochschulen, sonstige öffentliche Bildungseinrichtungen, persönliche Lizenzen für Studenten |

**Bezugsadresse**
Technobox Software GmbH
Kornharpener Straße 122a
4630 Bochum 1
0234/503060

# Grafik

## Technobox CAD/2-TOS

| | |
|---|---|
| **Fachgebiete** | Informatik, Allgemeines |
| **Anwendungsbereiche** | CAD, CAM, CAE, Graphik |
| **Zielgruppen** | k.A. |
| **Version** | k.A. |
| **Erstellungsdatum** | k.A. |

Das Programm ist voll farbfähig, bietet mehr Rechenleistung durch Mathecoprozessor-Nutzung und Zeichnungsdateien in beliebiger Größe durch eigene virtuelle Speicherverwaltung bearbeitet. Darüberhinaus bietet Technobox CAD/2-TOS weitere Funktionen wie Stücklistengenerierung, technische Bemassung, Schraffur, selektives Fangen in Verbindung mit gemischter Maus-Tastatur-Eingabe oder Konverter für DXF, ASC, GEM-Metafile.

| | |
|---|---|
| **Betriebssysteme** | TOS |
| **Softwareumgebung** | k.A. |
| **Hardwareumgebung** | Atari Mega St 2 oder höher, GEM-unterstützter Bildschirm ab 640x400 Pixel, Atari Festplatte ab 20 MB, die Verwendung des mathematischen Coprozessors MC68881 wird dringend empfohlen. |
| **Preis** | 1753 DM |
| **Bezugsbedingungen** | Preis für Einzellizenz ohne MwSt |
| **Sonderkonditionen** | Verkaufspreise unter Abzug des Hochschulrabattes ohne Mehrwertsteuer.<br>Einzellizenz: 700.- DM<br>Mehrfachlizenz: auf Anfrage<br>Geltungsbereich: Hochschulen, Fachhochschulen, sonstige öffentliche Bildungseinrichtungen, persönliche Lizenzen für Studenten |

**Bezugsadresse**
Technobox Software GmbH
Kornharpener Straße 122a
4630 Bochum 1
0234/503060

## Technobox Drafter/2-TOS

| | |
|---|---|
| **Fachgebiete** | Informatik, Allgemeines |
| **Anwendungsbereiche** | CAD, CAM, CAE, Ingenieurwesen, Graphik |
| **Zielgruppen** | k.A. |
| **Version** | k.A. |
| **Erstellungsdatum** | k.A. |

Der Technobox Drafter/2-TOS, ein Zeichenprogramm, wurde nach Erkenntnissen der Benutzerführung und Softwareentwicklung gestaltet. Dabei konnten die Entwickler der Technobox Software GmbH auf jahrelange Erfahrungen mit dem allseits bekannten Campus CAD und später Technobox CAD/1 zurückgreifen.

| | |
|---|---|
| **Betriebssysteme** | TOS |
| **Softwareumgebung** | k.A. |
| **Hardwareumgebung** | Atari ST oder TT, 1MB Arbeitsspeicher, GEM-unterstützter Bildschirm ab 640x400 Pixels |
| **Preis** | 700 DM |
| **Bezugsbedingungen** | Preis für Einzellizenz ohne MwSt. |
| **Sonderkonditionen** | Verkaufspreise unter Abzug des Hochschulrabattes ohne Mehrwertsteuer. |
| | Einzellizenz: 349,12 DM |
| | Mehrfachlizenz: auf Anfrage |
| | Geltungsbereich: Hochschulen, Fachhochschulen, sonstige öffentliche Bildungseinrichtungen, persönliche Lizenzen für Studenten |
| | Demonstrationsprogramm ist beim Vertreiber für 20.- DM (inkl.MwSt.) erhältlich. |

**Bezugsadresse**
Technobox Software GmbH
Kornharpener Straße 122a
4630 Bochum 1
0234/503060

# Grafik

## The Juggler

| | |
|---|---|
| **Fachgebiete** | Informatik, Allgemeines |
| **Anwendungsbereiche** | DTP-Utility, Dateiumwandlung, Graphikeditor, Graphik-Tool, Graphik, Umwandlung/-formung |
| **Zielgruppen** | EDV-Anwender, DTP-Anwender |
| **Version** | 3.0 |
| **Erstellungsdatum** | 10.05.1992 |

Der Juggler verarbeitet alle marktüblichen Grafikformate wie PCX, TIFF, GIF, BMP, IMG, HP-GL sowie viele andere und konvertiert diese untereinander. Für viele gängige Softwarepakete besteht im Juggler eine Konvertierungsmöglichkeit durch die direkte Anwahl des Programmnamens der Applikation in einem speziellen Auswahlmenü. Präzisionsalgorithmen ermöglichen die Umsetzung von Farbdateien im 24-Bit-Format mit z.B. 16,7 Millionen Farben in eine für Desktop-Publishing benötigte 8-Bit-Datei mit 256 Farben oder Graustufen mit einer individuellen Einstellung und Veränderungsmöglichkeit des Kontrastes, der Helligkeit und Farbabstufung, sowie des Gamma-Faktors. Komplette Bildschirminhalte können mit Hilfe der zur Verfügung stehenden Mal- und Zeichenwerkzeuge sowie der angebotenen Zeichensätze gedreht, gedehnt, gespiegelt, verkleinert und beschnitten werden. Derzeitig werden folgende Grafikformate unterstützt: BMP Windows Bitmap, CLP Windows Zwischenablage, DIB IBM/Microsoft OS/2 Bitmap, GIP Grafik Interchange Format, IMG GEM Image, JUG Juggler Format, MAC MacPaint, MSP Microsoft Paint, PCX PC Paint Brush, PIC Grasp Picter, PLT HP Plotter Language, SCX ColorRix, SCR Microsoft Word Capture, TGA Tempra, Tips, Topas, TIF Aldus Pagemaker, VMG ColorRix, WMF Windows Metafile.

The Juggler versteht und verarbeitet alle von MS-Windows und entsprechenden Anwendungsprogrammen erzeugte Grafikformate; konvertiert das gelesene Format in das benötigte durch einfaches Anklicken der entsprechenden Applikation; erzeugt das benötigte Grafikformat aus vielen unterschiedlichen, normalerweise nicht kompatiblen Dateien; ermöglicht eine Farbreduktion oder Umwandlung von Farb- in Grautoene; erlaubt die individuelle Einstellung des Kontrastes, der Helligkeit und der Farben jeder einzelnen Grafikdatei; ermöglicht die nachträgliche Bearbeitung der Grafiken durch eine breite Palette von Mal- und Zeichenwerkzeugen, sowie Text; ermöglicht eine Manipulation durch Beschneiden, Drehen, Verzerren, Spiegel, Vergrößern und Verkleinern; druckt die Grafiken in Farbe oder mit Grauschattierungen auf jedem von MS-Windows unterstützten Drucker aus; ermöglicht die Kombination unterschiedlicher Grafidateien und -formate zu einer Gesamtdatei im benötigten Format.

| | |
|---|---|
| **Betriebssysteme** | MS-DOS |
| **Softwareumgebung** | MS-Windows 3. X |
| **Hardwareumgebung** | IBM PC/XT/AT/386/486 oder kompatibel mit mind. 2 MB RAM |
| **Preis** | 438 DM |
| **Bezugsbedingungen** | zzgl. gesetzl. Mehrwertsteuer, Verpackungs- und Versandkosten |

**Bezugsadresse**
Klaus D. Huyke
ds-datasections datenservice
Hauptstr. 146a
8752 Glattbach
06021-46311

**Autor**
Jewell Technologies
Seattle (USA)

## THEMAK2/THEMAK2-Digitor

| | |
|---|---|
| **Fachgebiete** | Geographie, Geologie |
| **Anwendungsbereiche** | kartographische Darstellung, graphische Analyse, Kartenzeichnen, Kartographie, Statistik |
| **Zielgruppen** | Industrie, Verwaltungen |
| **Version** | k.A. |
| **Erstellungsdatum** | 12.08.1991 |

THEMAK2/THEMAK2 Digitor dient zur Konstruktion und Gestaltung thematischer Karten. Typische Einsatzbeispiele sind Umsatzzahlen nach Regionen, Umweltbelastungen, Bevölkerungs- und Wirtschaftsentwicklung in verschiedenen Gebieten oder die Darstellung von Wahlergebnissen. THEMAK2 arbeitet mit Geometrie- und Attribute-Dateien. Geometriedateien enthalten die geographischen Grundinformationen der Karte, z.B. Grenzen, Flüsse, Strassen. Diese geographischen Objekte werden durch alphanumerische Schlüssel identifiziert. Attributedateien beschreiben die auf bestimmte Regionen bezogenen Informationen, die in der Karte dargestellt werden sollen. Attribute werden den jeweiligen geographischen Objekten über deren Schlüssel zugeordnet. Sechzehn Kartentypen stehen in THEMAK2 zur Verfügung, um die verschiedensten Informationen eindrucksvoll präsentieren zu können. Mosaikkarten werden benutzt, um qualitative Daten (z.B. geologischer Formationen) darzustellen. Zur Darstellung von kontinuierlichen Phänomenen wie zum Beispiel radioaktiver Belastung, stehen Isolinien- und Schichtstufen-Karten zur Verfügung. Um Werte an einzelnen Punkten (z.B. Verkehrsdichte in Städten) zu dokumentieren, werden Rechteck- und Kreisdiagramm-Karten verwendet. Mit Liniendiagramm-Karten können beispielsweise Verkehrsflüsse symbolisiert werden. Bei den meisten Kartentypen erzeugt THEMAK2 automatisch einen Legendenteil. Der Benutzer hat die Möglichkeit, für spezielle Anforderungen selbst eine Legende zu generieren oder die vom Programm Erstellte zu modifizieren. THEMAK2 wird durch eine einfache Kommandosprache gesteuert. Die Parameter der einzelnen Kommandos sind mit kartographisch sinnvollen Werten vorbesetzt, so daß der Benutzer nur individuelle Anpassungen vornehmen muß. Die abgearbeiteten Kommandos protokolliert THEMAK2 in einer Datei. Diese kann als Eingabe für weitere Programmläufe verwendet werden. Dabei ist es möglich, einzelne Kommandos zu Makros zusammenzufassen. THEMAK2 wurde in FORTRAN 77 geschrieben. Als Basissoftware benutzt es das international genormte Graphische Kernsystem. Es besteht die Möglichkeit der nachträglichen Bearbeitung von THEMAK2-Karten durch den Einsatz des THEMAK2-Digitors.

| | |
|---|---|
| **Betriebssysteme** | MS-DOS, ULTRIX, UNIX, VAX/VMS, XENIX |
| **Softwareumgebung** | k.A. |
| **Hardwareumgebung** | k.A. |
| **Preis** | 6500 DM |
| **Bezugsbedingungen** | Zeitlich unbegrenztes Nutzungsrecht, abhängig vom Rechner: Preisspanne: ab DM 6.500,-- bis 23.000,-- und max.: 48.000,-- |

**Bezugsadresse**

Betina Hurtz
Fa. GraS, Graphische Systeme GmbH
Mecklenburgische Straße 27
1000 Berlin 33
030/ 823 20 74

Christian Kirsch
GraS - Graphische Systeme GmbH
Mecklenburgische Straße 27
1000 Berlin 33
030/823 20 74

# Grafik

## TIMCON

| | |
|---|---|
| **Fachgebiete** | Informatik |
| **Anwendungsbereiche** | Dateiumwandlung, Graphik, Umwandlung/-formung |
| **Zielgruppen** | k.A. |
| **Version** | k.A. |
| **Erstellungsdatum** | k.A. |

TIMCON, ist ein in die DCL-Kommandooberfläche integriertes Werkzeug zur Konvertierung von Bilddateien im TIFF-Format ins IMG-Format und vice versa. Das Programm ist auf allen VAXstations unter VMS ab Betriebssystem Vers. 5.1-1 lauffähig. Umgewandelt wird ein Bildfile im IMG-Format des aktuellsten TIFF-Standards Version 5.0. Somit können Images, die im TIFF-Format vorhanden sind, im Interleaf in Dokumente eingebunden und bearbeitet werden bzw. IMG-Dateien in Applikationen, die nicht das IMG-Format jedoch das TIFF-Format unterstützen, integriert werden.

| | |
|---|---|
| **Betriebssysteme** | VMS |
| **Softwareumgebung** | k.A. |
| **Hardwareumgebung** | VAX |
| **Preis** | k.A. |
| **Bezugsbedingungen** | k.A. |

**Bezugsadresse**
Data Integral GmbH
Urachstraße 17
7800 Freiburg

## VIA+NCA/DrawVibr

| | |
|---|---|
| **Fachgebiete** | Chemie, Physik |
| **Anwendungsbereiche** | 3 dim. Graphik, Animation, graphische Darstellung, Numerik |
| **Zielgruppen** | k.A. |
| **Version** | Februar 1991 |
| **Erstellungsdatum** | 25.02.1991 |

Zum Verständnis der Infrarot-, Raman-, Absorptions- und Fluoreszenzspektren organischer und anorganischer Moleküle stellt die Normalkoordinaten- oder Normalschwingungsanalyse ein wichtiges Hilfsmittel dar. Das Programmpaket NCA/DrawVibr, mit den dazugehörigen Hilfsprogrammen und der modernen Menüoberfläche VIA, kann den Studenten in die Normalschwingungsanalyse einführen und gibt gleichzeitig dem Forscher ein mächtiges Werkzeug zur Berechnung und Visualisierung der Eigenschwingungen auch komplexer Moleküle in die Hand.

Herzstück des Programmpakets ist das Programm NCA (Normal Cordinate Analysis). Es verarbeitet die Eingabedaten, führt alle wesentlichen Rechnungen durch und stellt die Daten für die übrigen Programme bereit. NCA erstellt die B-Matrix, transformiert das Kraftfeld aus inneren Koordinaten in kartesische Massengewichtkoordinaten und berechnet die Eigenschwingungen des Moleküls. Die Eigenvektoren können nach Symmetrieeigenschaften klassifiziert und mit gemessenen Werten verglichen werden. Auf der Basis dieser Vergleiche ist es optional auch möglich, eine (oder verschiedene) Optimierungen des Kraftkonstantensatzes zur besseren Reproduktion der Messergebnisse durchzuführen. Schließlich können für Modellrechnungen die Daten der Eingabedateien parametrisiert und systematisch variiert werden. DrawVibr dient zur dreidimensionalen Darstellung des Moleküls und seiner Eigenschwingungen auf Drucker oder Bildschirm. Die Darstellung auf dem Bildschirm kann statisch mit Auslenkungspfeilen oder dynamisch als bewegte Darstellung des schwingenden Moleküls erfolgen. Gerade die bewegte dreidimensionale Darstellung des schwingenden und gleichzeitig (optional) im Raum rotierenden Moleküls ermöglicht die Vermittlung der Eigenschwingungen auch komplizierter Moleküle. Zur Nachbearbeitung mit einem kommerziellen Zeichenprogramm kann die Ausgabe der Schwingungsbilder auch in eine Metadatei erfolgen.

**Anerkennenswerte Leistung beim Deutschen Hochschul-Software-Preis 1991**

| | |
|---|---|
| **Betriebssysteme** | MS-DOS 3.x |
| **Softwareumgebung** | GEM |
| **Hardwareumgebung** | IBM PC, AT; 640 KB; von GEM unterstützte Grafikkarte und Drucker |
| **Preis** | 100 DM |
| **Bezugsbedingungen** | Die Rechte an der wiss. Auswertung der Beispieldateien bleiben beim Autor. Einsatz zu kommerziellen Zwecken nur mit schriftlicher Genehmigung des Autors. |

**Bezugsadresse/Autor**
H.-Christian Fleischhauer
Heinrich-Heine-Universität Düsseldorf
Inst. Physik der kondensierten Materie
Universitätsstr. 1
4000 Düsseldorf
0211/311-4811 (0211/4912130 priv.)

# Grafik

## VIEWER Professional

| | |
|---|---|
| **Fachgebiete** | Bauingenieurwesen, Geographie, Geologie, Maschinenbau |
| **Anwendungsbereiche** | 2 dim. und 3 dim. Plotten, Geschäftsgraphik, CAD, CAM, CAE |
| **Zielgruppen** | CAD-Anwender, DTP-Anwender |
| **Version** | 1.7d |
| **Erstellungsdatum** | 01.06.1991 |

VIEWER Professional ist der Emulator zur Visualisierung von HP-GL-Dateien auf dem Bildschirm oder dem Grafikterminal. Die vorhandenen Plotdateien werden am Bildschirm angezeigt und können dadurch auf ihren Inhalt überprüft bzw. anhand des Inhaltes identifiziert und katalogisiert werden. Die automatische Zoomfunktion zur Vergrößerung einzelner Ausschnitte der Zeichnung ist bei den menügesteuerten Bedienerfunktionen ebenso selbstverständlich wie die Möglichkeit der direkten Einflußnahme auf die Datei über zusätzliche HP-GL-Befehle und -erweiterungen. Dazu gehört u.a. die Zuordnung der Farben zu dem jeweiligen, der 10 vorhandenen, Stifte, wie auch die Anpassung des VIEWER an die vorhandene Hardware. Deutsche und amerikanische Papiergrößen (DIN A0 bis DIN A4 und A bis E) werden problemlos verarbeitet. Die HP-GL-Dateien werden am Bildschirm wahlweise als Zeichnung angezeigt oder der Dateiinhalt decodiert aufgelistet. Der VIEWER unterstützt und verarbeitet den HP-GL-Befehlssatz der HP-Plotterfamilie 7475 mit den wichtigsten Zusatzerweiterungen. HP-GL-Dateien, erzeugt für Plotter anderer Hersteller (z.B. Roland) können durch eine individuelle Einstellung des Koordinatenursprunges an die Bedürfnisse des VIEWER angepaßt werden. Die integrierte EchoPlot-Funktion ermöglicht die gleichzeitige Ausgabe der Zeichnungen am Bildschirm und auf dem angeschlossenen Plotter. Anwählbar ist darüber hinaus eine auf Tastendruck verfügbare optionale Screencapture-Funktion (z.B. mit GrafPlus) mit deren Hilfe der Bildschirminhalt an einen angeschlossenen Drucker oder in eine Datei im PCX- oder TIFF-Format übertragen werden kann. Funktionsübersicht: Schnelle und einfache Bildschirmausgabe; Schnelle Suche benötigter Dateien auf Tastendruck; Einzelaus- und Wiederanwahl bereits angezeigter Dateien zur weiteren Bearbeitung (z.B. Zoom); Menügesteuerte Bedieneroberfläche; Menügesteuerte Dateiauswahl; Anzeige von bis zu 25 Dateien auf einer Bildschirmseite; Unlimitierte stufenlose Ausschnittvergrößerung; Seitenorientierte Ausgabe bei mehrseitigen Plotdateien; Endlosanzeige für Demonstrationszwecke; Auflistung decodierter/decodierbarer und nicht interpretierbarer HP-GL-Befehle; Wahlweise Frab-/Stiftzuordnung; verarbeitbare Plotgrößen bis DIN A0; Nur-Lese-Zugriffe im Netzwerk; Modulversion zur leichten Integration in andere Softwareprodukte.

| | |
|---|---|
| **Betriebssysteme** | MS-DOS |
| **Softwareumgebung** | HP-GL-Dateien mit dem Befehlssatz des HP7475 abgelegt im Format HP-IB oder RS232 |
| **Hardwareumgebung** | IBM PC kompatibel, alle marktüblichen Grafikkarten, 256 KB RAM. |
| **Preis** | 620 DM |
| **Bezugsbedingungen** | zzgl. Mehrwertsteuer, Verpackung und Versandkosten |

**Bezugsadresse/Autor**
Klaus D. Huyke
ds-datasections datenservice
Hauptstr. 146a
8752 Glattbach
06021-46311

## WinArtWare

| | |
|---|---|
| **Fachgebiete** | Informatik, Allgemeines |
| **Anwendungsbereiche** | Graphik, Kartenzeichnen, Kartographie |
| **Zielgruppen** | k.A. |
| **Version** | 1.0 |
| **Erstellungsdatum** | 20.12.1990 |

Über 700 Bilder und 2 Programme. Das Album enthält alle die Bilder und durch Eingabe der Bildnummer (aus dem Handbuch) erscheint sofort das gewünschte Bild am Bildschirm. Natürlich kann man in den Bilder auch vorwärts und rückwärts blättern. Bis zu 1000 Bilder können in das Album aufgenommen werden (fast 300 gehen also noch rein). Die Bedienung ist sehr einfach. Benötigen Sie ein Bild, klickt man einfach auf Bearbeiten/Kopieren und im Empfangsprogramm auf Bearbeiten/Einfügen. Dadurch können die Bilder auch in Programmen verwendet werden, die keine Grafikimportfunktion besitzen (z.B. Windows Write). Ein Druckprogramm ermöglicht das direkte Ausdrucken der Grafiken mit Eingabe eines Skalierungsfaktors. Die ArtWare ist eine Sammlung von über 700 Bildern. Diese ClipArts werden im PCX-Format ausgeliefert, das heute die meisten Programme, die Grafiken importieren und/oder bearbeiten können, verstehen. Da alle Bilder in einem relativ großen Format gespeichert sind, ist die Qualität ganz besonders gut.

| | |
|---|---|
| **Betriebssysteme** | MS-DOS |
| **Softwareumgebung** | MS-Windows 3.x |
| **Hardwareumgebung** | IBM-PC bzw. PS/2 oder kompatibler |
| **Preis** | 435 DM |
| **Bezugsbedingungen** | Die Bilder gibt es als ArtWare auch ohne die Programme. Dann benötigt man kein Windows. Die Bilder bei ArtWare sind im PCX-Format gespeichert. Die ArtWare kostet 350,00 DM. |
| **Sonderkonditionen** | Verkaufspreise unter Abzug des Hochschulrabattes ohne Mehrwertsteuer.<br>Einzellizenz: 304,50 DM<br>Campuslizenz: auf Anfrage<br>Geltungsbereich: Hochschulen, Fachhochschulen, sonstige öffentliche Bildungseinrichtungen, persönliche Lizenzen für Hochschulangehörige und Studenten |

**Bezugsadresse/Autor**
Nieder PC-KnowHow GmbH
Voltastraße 3
6072 Dreieich 1
06103-36544

# Grafik

## WinGL

| | |
|---|---|
| **Fachgebiete** | Elektrotechnik, Maschinenbau |
| **Anwendungsbereiche** | 2 dim. Plotten, 3 dim. Plotten, Plotten, Drucker-Utility, Hilfsprogramme |
| **Zielgruppen** | EDV-Anwender, CAD-Anwender |
| **Version** | 3.1 |
| **Erstellungsdatum** | 01.06.1992 |

WinGL visualisiert vorhandene HP-GL-Dateien unter MS-Windows 3.1 am Bildschirm. Alle Optionen des grafischen Betriebssystems werden dabei vollständig unterstützt. Der Ausdruck der Zeichnungen kann komplett oder als Teilbereich auf allen in MS-Windows integrierten Ausgabegeräten erfolgen. Darüber hinaus ermöglicht WinGL den Datenexport in das DXF- oder Windows-Metafile-Dateiformat, die z.B. von AutoCAD und MS-Word eingelesen und weiterverarbeitet werden können. Über das Kopieren in die Zwischenablage kann die gesamte Zeichnung oder Teilbereiche davon für die Weiterverarbeitung mit anderen Windowsapplikationen bereitgestellt werden. Stufenlose Ausschnittvergrößerung, wahlfreie Stift-/Farbzuordnung, freie Bestimmung der P1/P2-Koordinaten, wahlweise Bestimmung der Koordinatenangaben in Inch oder Millimeter sind für WinGL ebenso selbstverständlich wie ausführliche Online-Hilfen, die zu jedem Zeitpunkt der Bearbeitung zur Verfügung stehen. Über den DDE-Kanal von Ms-Windows 3.1 kann WinGL aus jeder anderen Windowsapplikation aufgerufen werden. Funktionsübersicht: Anzeige von HP-GL-Dateien am Bildschirm; Verarbeitung des Befehlssatzes der HP-Plotter 7475; Ausgabe der angezeigten Zeichnungen auf jedem von MS-Windows unterstützten Drucker; Ausgabe der Zeichnungen in eine Datei im DXF- oder Windows-Metafile-Format zum Export in andere Programme; Verarbeitbare Zeichnungsgrößen bis DIN A0; Stufenlose Ausschnittvergrößerung von Detailbereichen der Zeichnungen; Stiftstärke und -farbe getrennt einstellbar; Stiftebenen (Layer) einzeln ein- und ausblendbar; Einstellung getrennter Hintergrundfarben für die Bildschirm- und Druckausgabe; Mehrere Zeichnungen miteinander kombiniert darstellbar; Integrierte Online-Hilfe; Volle Unterstützung aller Funktionen von MS-Windows 3.1.

| | |
|---|---|
| **Betriebssysteme** | MS-DOS |
| **Softwareumgebung** | MS-Windows 3.1 |
| **Hardwareumgebung** | Alle marktüblichen IBM PC/XT/AT/386/486 oder kompatible Rechnersysteme, von MS-Windows unterstützter Drucker |
| **Preis** | 620 DM |
| **Bezugsbedingungen** | zzgl. gesetzl. Mehrwertsteuer, Verpackungs- und Versandkosten |

**Bezugsadresse/Autor**
Klaus D. Huyke
ds-datasections datenservice
Hauptstr. 146a
8752 Glattbach
06021-46311

# Anwendungsprogramme

# Anwendungsprogramme

## 2D - CTR

| | |
|---|---|
| **Fachgebiete** | Informatik, Mathematik |
| **Anwendungsbereiche** | Anwendungsprogramm, Datenmanagement, Simulationssoftware |
| **Zielgruppen** | k.A. |
| **Version** | 1.0 |
| **Erstellungsdatum** | 28.01.1991 |

Das Programm 2D - CTR führt eine zweidimensionale Cosinustransformation durch. Diese erzeugt in der Transformationsmatrix Nullen bzw. Werte nahe Null. Durch Abschneiden kleiner Werte werden längere Datenketten von Nullen erzeugt und codiert. Die Codierung bewirkt eine Verkleinerung des Datenumfanges. Der theoretische Hintergrund der Cosinustransformation wurde mit diesem Programm praktisch getestet. Es hat sich gezeigt, daß sich diese Art der Transformation durchaus zur Erzeugung redundanter Datenfiles eignet. Ferner wurde die Funktion dieser Transformationsart durch die praktische Anwendung bestätigt und ausgiebig getestet. Speziell bei der Bildübertragung über weite Entfernungen mittels Modem o.ä. ist eine Reduzierung der Datenmenge mit dieser Methode zur Verringerung der Fehlerhäufigkeit denkbar. Testläufe mit einem erzeugten Bild der Dimension 64x64 Pixel haben gezeigt, daß mit einer Redundanz von mehr als 17% der wesentliche Informationsgehalt des Bildes noch deutlich erhalten bleibt. Mit einer Bildmatrix von 512x512 Pixel konnte eine Reduzierung von bis zu 50% erzielt werden. Wegen der hohen Laufzeit bei solch großen Matrizen (bedingt durch häufige Plattenzugriffe) wird der Einsatz einer entsprechend großen Ramdisk empfohlen.

| | |
|---|---|
| **Betriebssysteme** | MS-DOS |
| **Softwareumgebung** | k.A. |
| **Hardwareumgebung** | IBM PC-XT und IBM PC-AT; 90 KB RAM; EGA Graphik-Karte; |
| **Preis** | k.A. |
| **Bezugsbedingungen** | k.A. |

**Bezugsadresse/Autor**

Stefan Kappel
Schultenstraße 25
4542 Tecklenburg
05482/7955

Dipl.-Ing. (FH) Thomas Helmig
Siekenweg 1
4535 Westerkappeln
05456/1237

Dipl.-Ing. (FH) Thomas Helmig
Fachhochschule Osnabrück
Fb M CAD/CAM-Labor
Albrechtstr. 30
4500 Osnabrück
0541/969-2949

## Ad Oculos

| | |
|---|---|
| **Fachgebiete** | Informatik, Elektrotechnik, Physik, Verfahrenstechnik |
| **Anwendungsbereiche** | Anwendungsprogramm, Bildverarbeitung, interaktives Lernsystem, Programmiertechnik, Unterprogrammbibliothek |
| **Zielgruppen** | k.A. |
| **Version** | 1.0 |
| **Erstellungsdatum** | 01.03.1992 |

Vom Aufbau her besteht AdOculos aus einem Rahmenprogramm und einer Sammlung von mehr als 50 Algorithmen der digitalen Bildverarbeitung aus den Bereichen Lokale und globale Operatoren; Bereichs- und Kontursegmentierung; Hough-Transformation; Morphologische Bildverarbeitung; Mustererkennung; Bildfolgeverarbeitung. Diese Verfahren wurden an der Universität Bremen programmiert und von DBS an Windows 3.0 angepaßt. DBS hat außerdem das Rahmenprogramm entwickelt, mit dem die Verfahren per Maus-Klick zu komplexen Abläufen kombiniert werden können. Für eine Aufgabenstellung läßt sich so ein Prototyp entwickeln und testen. Da alle Verfahren mit Source-Code geliefert werden, läßt sich dieser Prototyp unabhängig vom Rahmenprogramm auf Basis einer beliebigen Hardware umsetzen. Für den umgekehrten Weg ist die Programmierschnittstelle ausführlich dokumentiert, eigene Entwicklungen lassen sich also leicht in das Rahmenprogramm integrieren. Verarbeitet werden Bilddateien mit Grauwertbildern im TIFF-Format, die von der Steuersoftware einer Bildaufnahmevorrichtung wie Scanner oder Kamera stammen. Der Source-Code aller Verfahren und das im Springer-Verlag erscheinende Grundlagenwerk "Bildverarbeitung Ad Oculos" der Autoren Baessmann/Beßlich sind im Lieferumfang enthalten. Das Gebiet der digitalen Bildverarbeitung ist nicht wie andere Wissenschaftsgebiete durch ein abgeschlossenes Theoriengebäude beschrieben. Es umfaßt eher eine Sammlung von Methoden, die für bestimmte Problemstellungen angewendet werden können. Ad Oculos ermöglicht eine autodidaktische Erarbeitung der grundlegenden Themen dieses Komplexes. Die wichtigsten Methoden sind eingehend in dem mitgelieferten Grundlagenwerk beschrieben. Die Wirkung der daraus abgeleiteten Verfahren kann direkt am Bildschirm erprobt werden. Andererseits können Lehrkräfte Ad Oculos als komfortables Werkzeug für Präsentationen nutzen. Für Forschung und Entwicklung läßt sich Ad Oculos als fertige Entwicklungsumgebung nutzen. Außerdem handelt es sich um ein offenes System, das auf Standardrechnern lauffähig ist. So kann vor der Einführung eines Systems zur Bildverarbeitung ohne Mehraufwand geprüft werden, ob eine gegebe Aufgabenstellung überhaupt mit Methoden der digitalen Bildverarbeitung lösbar ist. Dagegen erfordern die auf dem Markt erhältlichen Anwendungen schon vorab hohe Investitionen für die Anschaffung oder für Eigenentwicklungen. Hieraus ergibt sich eine Hemmschwelle, die nach häufig geäußerter Meinung verursacht, daß immer noch relativ wenig Anwendungen existieren, die auf digitaler Bildverarbeitung basieren.

**Preisträger des Deutsch-Österreichischen Hochschul-Software-Preises 1992**

| | |
|---|---|
| **Betriebssysteme** | MS-DOS 3.x |
| **Softwareumgebung** | MS Windows, Version 3.0 |
| **Hardwareumgebung** | IBM AT (comp.); 2 MB RAM; VGA; Harddisk: 20 MB; Maus; |
| **Preis** | 590 DM |
| **Bezugsbedingungen** | k.A. |

# Anwendungsprogramme

**Bezugsadresse**
DBS GmbH
Fahrenheitstraße 1
2800 Bremen
0421/2208-162

**Autor**
Heiner Suhr
DBS GmbH
2800 Bremen

Dr. Henning Bässmann
Universität Bremen, FB1
DIGSY
2800 Bremen 33

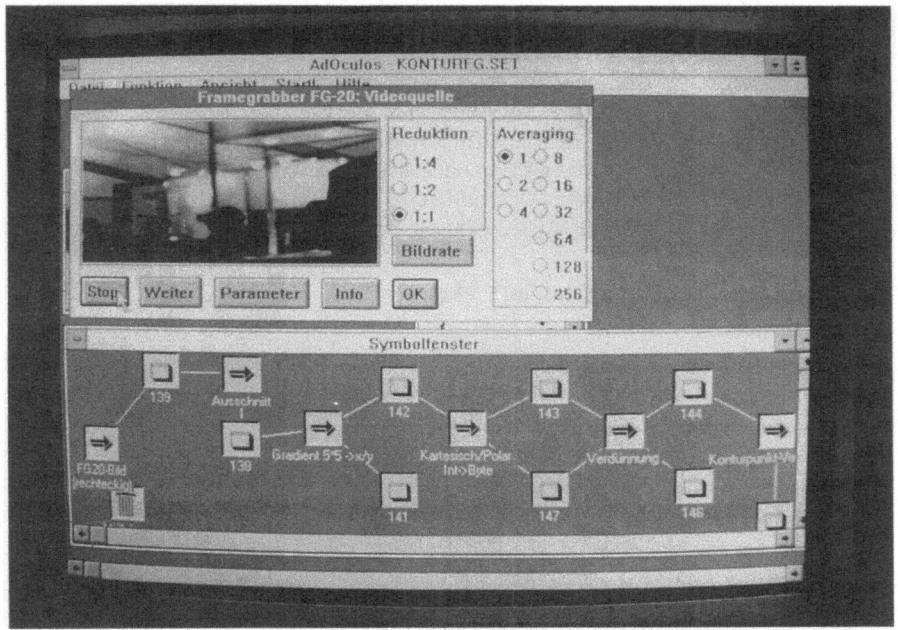

## AGL

| | |
|---|---|
| **Fachgebiete** | Informatik |
| **Anwendungsbereiche** | Graphik, Kartenzeichnen, Kartographie, technisches Zeichnen, Hilfsprogramme |
| **Zielgruppen** | k.A. |
| **Version** | k.A. |
| **Erstellungsdatum** | 01.01.1989 |

AGL Die Application Graphics Library umfaßt aufgabenspezifisch FORTRAN-Routinen für die schnelle Entwicklung dezidierter Anwendungssysteme. Die AGL-Werkzeuge sind aufgeteilt nach den Anwendungsbereichen: AGL/AXES Modellierung beliebiger Achsentypen; AGL/CHARTS Präsentation von 2D/3D-Diagrammen; AGL/GRIDS Konstruktion von Gittergrafiken; AGL/CONTOURS Erzeugung von Konturlinien und -flächen in 2D und 3D; AGL/CONTOUR PLUS Erweiterte Manipulation von Konturlinien und Gitternetzen; AGL/BLOCKS Visualisierung von 3D-Block-Daten; AGL/INTERPOLATION Interpolation zufallsverteilter Daten; AGL/KRIGING Erzeugung von statistischen Kennfeldern aus verteilten Daten; AGL/PROJEKTIONS Kartografische Projektionen; AGL/SEISPLOTS Interaktive Darstellung und Hardcopy für seismische Daten; AGL/WORLDMAPS Zeichnung von Landkarten auf Basis der World Data Bank II;

| | |
|---|---|
| **Betriebssysteme** | ULTRIX, UNIX, VMS |
| **Softwareumgebung** | k.A. |
| **Hardwareumgebung** | DEC; SUN; HP; APOLLO; CDC; RAM: 4-8MB |
| **Preis** | k.A. |
| **Bezugsbedingungen** | k.A. |

**Bezugsadresse/Autor**
UNIRAS GmbH
Niederkasseler Lohweg 8
4000 Düsseldorf 11
0211 / 5961017

# Anwendungsprogramme

## ANSYS (R)

| | |
|---|---|
| **Fachgebiete** | Informatik |
| **Anwendungsbereiche** | Anwendungsprogramm, Ingenieurwesen |
| **Zielgruppen** | Entwickler, Konstrukteure, Forscher |
| **Version** | 5.0 |
| **Erstellungsdatum** | 01.01.1990 |

ANSYS (R), das Finite-Elemente-Programm, ermöglicht die Lösung komplexer Festigkeits-, Wärmeleitungs-, Magnetfeld- und allgemeiner Potentialprobleme. ANSYS bietet eine Vielfalt von Lösungstechniken, eine umfangreiche Elementebibliothek, eine aktuelle Beschreibung von Materialeigenschaften sowie CAD-Schnittstellen und interaktive Pre- und Postprozessoren.

Die wesentlichen Leistungsmerkmale sind: Lineare und nichtlineare statische und dynamische Berechnungen: Beulen, große Verformungen, Material- und Struktur- Nichtlinearität; Kinematik (Drehgelenk, Aktuator); Akustik; lineare und nichtlineare stationäre und instationäre thermische Berechnungen: Wärmeleitung, Wärmeübertragung und -strahlung, Wärmetransport für vorgegebenes Geschwindigkeitsfeld, Fluid-Temperatur-Interaktion (zweidimensionale freie Konvektion); Berechnung von elektrostatischen und magnetischen Feldern: nichtlineare B-H-Kurven oder Permeabilität, Wirbelstrom (2D und 3D), thermisch-elektrisch-magnetische-mechanische Interaktion; Piezoelektrizität; analoge Potentialprobleme, z.B. ideale Strömung, Strömung in porösem Material; 2D-Strömung (Navier-Stokes); Substruktur- und Submodelltechnik: Grob- / Feinrechnung mit automatischer Interpolation, Super-Elemente; Strukturoptimierung: Optimierung von Entwurfsparametern unter Berücksichtigung von Restriktionen; umfangreiche, aktuelle Elementebibliothek: mehr als 100 Elementetypen, viele Spezialelemente, wie Kontaktoberflächen, Regler und User-Elemente; Materialeigenschaften temperaturabhängig: elastisch-plastisches Verhalten mit Verfestigung, anisotrope Plastizität, Viskoplastizität, Drucker-Prager-Plastizität, nichtlinear-elastisches Verhalten, Kriechen und Schwellen infolge Bestrahlung, Betonelement, Rißelement, Hyperelastizität (Gummi), User-Materialgesetze; effiziente Pre- und Postprozessoren: Geometriemodul, Boole'sche Operationen, NURBS, automatische Netzgenerierung, Piping-Modul, ASME- und ANSI-Auswertung, Ermüdungsanalyse; Parameter- und Formel-Input.

| | |
|---|---|
| **Betriebssysteme** | AIX, HP-UX, MS-DOS, ULTRIX, VMS |
| **Softwareumgebung** | X-11 |
| **Hardwareumgebung** | IBM, SUN, DEC, SGI, HP, CONVEX, CRAY, INTERGRAPH, PC-386-486 |
| **Sonderkonditionen** | Campuslizenz: 1200 DM |
| | Geltungsbereich: Hochschulen, Fachhochschulen, sonstige öffentliche Bildungseinrichtungen, persönliche Lizenzen für Hochschulangehörige |

| **Bezugsadresse** | **Autor** |
|---|---|
| Dr.-Ing. Günter Müller | Dr. John Swanson |
| CAD-FEM GmbH | Swanson Analysis Systems Inc. |
| Anzingerstraße 11 | PA 15342 Houston (USA) |
| 8017 Ebersberg | |
| 08092-24021 | |

## AUTONOM

| | |
|---|---|
| **Fachgebiete** | Chemie |
| **Anwendungsbereiche** | Anwendungsprogramm |
| **Zielgruppen** | Chemiker |
| **Version** | 1.0 |
| **Erstellungsdatum** | 01.02.1992 |

AUTONOM ist ein PC-Programm zur Namensgebung von organisch-chemischen Verbindungen. Die Eingabe der Struktur erfolgt mit der Maus, dabei kann man auf verschiedene Bindungstypen, eine Vielzahl von Ringen, verschiedene vorgefertigte Strukturen und funktionelle Gruppen zugreifen. Nach der Struktureingabe vergibt das Programm einen IUPAC-gültigen Namen. Dieser Name ist eindeutig, systematisch und reproduzierbar. Nur wenn die Namensvergabe eindeutig ist, generiert das Programm einen Namen, anderenfalls gibt es eine Fehlermeldung aus. Stereochemische Bezeichnungen in den Namen, sowie Benennung von Salzen, geladenen Stoffen und Multikomponenten Systemen sind in dieser Version noch nicht möglich.

| | | |
|---|---|---|
| **Betriebssysteme** | MS-DOS | |
| **Softwareumgebung** | k.A. | |
| **Hardwareumgebung** | IBM-kompatibler PC, Maus | |
| **Preis** | 3950 DM | |
| **Bezugsbedingungen** | k.A. | |
| **Sonderkonditionen** | Hochschulpreis: | 1.950,-- DM |
| | Mehrfachlizenzen: | auf Anfrage |

| | |
|---|---|
| **Bezugsadresse** | **Autor** |
| Auftragsbearbeitung | Bauer |
| Springer Verlag Berlin | FoBaSoft Softwareentwicklungs-VertriebsG |
| Heidelberger Platz 3 | 8122 Penzberg |
| 1000 Berlin | |

# AUWEIA

| | |
|---|---|
| **Fachgebiete** | Informatik |
| **Anwendungsbereiche** | Editor, Ausbildung |
| **Zielgruppen** | Informatiker, Wirtschaftsingenieure |
| **Version** | 1.0 |
| **Erstellungsdatum** | 24.07.1991 |

AUWEIA (Assembler-Umgebung für Wirtschaftswissenschaftler zur Einführung in die Assemblerprogrammierung) ist ein Texteditor für Apple Macintosh Computer. Die Benutzerführung erfolgt durch deutsche Menüs und Dialogboxen, Programmfunktionen können mit der Maus oder über Tastatur-Shortcuts ausgelöst werden. Dabei wurden die Richtlinien der Firma Apple Computers für die Gestaltung der Benutzeroberfläche beachtet, um das Programm als 'typische Mac-Applikation' erscheinen zu lassen und dem Erstbenutzer so die Eingewöhnung zu erleichtern. Der Benutzer kann bis zu zehn Editorfenster gleichzeitig und unabhängig voneinander öffnen und bearbeiten. Die angebotenen Editorfunktionen umfassen Laden, Ausdrucken und Speichern von Textdateien (auf Wunsch mit Erhaltung der letzten Version als 'Backup'), Ausschneiden, Kopieren und Einfügen von mit der Maus markierten Textteilen (natürlich auch zwischen verschiedenen Fenstern), eine 'Undo/Redo'-Funktion zur Ruecknahme der letzten Editieroperation, Suchen und Ersetzen von Text. Speziell für Assemblerprogrammierer gibt es eine Dialogbox, die das Umwandeln einer Integerzahl von Binär-, Dezimal-, Hexadezimal, Oktal- oder ASCII-Darstellung in alle anderen der genannten Systeme erlaubt. Die Besonderheit von AUWEIA liegt in seiner flexiblen Syntaxkontrolle während der Texteingabe (auf Wunsch auch abschaltbar) und seinem eingebauten, erweiterbaren Onlinemanual 'OMA'. Syntaktisch korrekte Eingabezeilen werden auf Wunsch automatisch einheitlich umformatiert.

Erfahrungsgemäß haben gerade Anfänger Schwierigkeiten mit der häufig großen Anzahl wenig mächtiger Assembler-Instruktionen und bei der Beachtung der jeweils 'erlaubten' Adressierungsarten, insbesondere bei Prozessoren mit nicht orthogonalem Befehlssatz. An dieser Stelle setzt AUWEIA an: Eingegebene Programmzeilen werden sofort auf syntaktische Korrektheit geprüft. Korrekte Zeilen werden automatisch einheitlich umformatiert (spaltenrichtige Ausrichtung von Label/Mnemonic/Operanden/ Kommentarfeldern), ansonsten erscheint eine Dialogbox mit einer Fehlermeldung und die Fehlerstelle wird mit durch Verwendung der Schriftart 'outlined' im Programmtext hervorgehoben. Andererseits kann der Benutzer jederzeit in einem Online-Manual nachschlagen.

| | |
|---|---|
| **Betriebssysteme** | MAC OS 6.0 |
| **Softwareumgebung** | k.A. |
| **Hardwareumgebung** | Apple Macintosh II; 1 MB RAM; VGA; Harddisk; 9/24-Nadeldrucker; |
| **Preis** | k.A. |
| **Bezugsbedingungen** | k.A. |

**Bezugsadresse/Autor**
Wolfgang Weitz
Kissinger Str. 5
4100 Duisburg
0203 / 781131

## Backpropagation-Generator

| | |
|---|---|
| **Fachgebiete** | Informatik |
| **Anwendungsbereiche** | Anwendungsprogramm, Neuronale Netze, Parallelprogrammierung, -verarbeitung, Mustererkennung |
| **Zielgruppen** | k.A. |
| **Version** | 1.0 |
| **Erstellungsdatum** | 15.01.1991 |

Vom Steuerprogramm "main" aus kann ein Evolutionslauf gestartet und dessen Verlauf beobachtet werden. Dazu müssen die zu lernende Musterstichprobe und die beim Start zu verwendenden Neuronalen Netze ausgewählt werden, d.h. die zu verwendenden Dateien ausgewählt werden. Ferner muß die Rechnerkonfiguration eingestellt werden, um die Berechnungsprozesse auf den entsprechenden Rechnern in der gewünschten Anzahl plazieren zu können. Der Evolutionsablauf und das Trainieren der Netze kann über eine Vielzahl von Parametern gesteuert werden, die sich abspeichern bzw. laden lassen. Nach dem Starten der Evolution kann die Güte der Netze beobachtet werden. Die Achsenskalierung der graphischen Darstellung läßt sich den jeweiligen Bedürfnissen anpassen. Beim Abbrechen bzw. Beenden eines Evolutionslaufes können Netze aus dem Evolutionspool gesichert werden. Ferner können Mustereditor, Netzeditor und Netztester aufgerufen werden. Der Mustereditor "muster" erlaubt das Erstellen von Lernstichproben und kann ferner Neuronale Netze erzeugen, die als Ausgangsnetze für die Evolution benutzt werden können. Der Netzeditor "neuredi" dient zum Editieren und Analysieren von Neuronalen Netzen. Neben Informationen über die Netztopologie können auch in Verbindung mit einer Lernstichprobe Aktivierungszustände der Neuronen dargestellt werden. Der Netztester "tester" erlaubt eine Kontrolle der Netzfunktion, indem er Eingangs-, gewünschtes Ausgangs- und vom Netz erzeugtes Ausgangsmuster gegenüberstellt. Es existiert eine Vielzahl verschiedener Modelle für künstliche Neuronale Netze. Das hier zugrundeliegende Modell von rückkopplungsfreien ("feedforward") Netzen, deren Neuronenaktivierung über eine sigmoide Funktion bestimmt wird und die mittels Backpropagation trainiert werden, ist einer der Ansätze.

**Anerkennenswerte Leistung beim Deutschen Hochschul-Software-Preis 1991**

| | |
|---|---|
| **Betriebssysteme** | DG/UX, RiscOS, SUN OS 4.0.3 |
| **Softwareumgebung** | XWindows X11 Release 3 |
| **Hardwareumgebung** | für die Benutzeroberfläche: Sun 3/60 oder Sun 3/80 8MB; für den Berechnunsprozeß: Beliebige Anzahl Sun 3/60, Sun 3/80, Sun 4/150, GEI C2000, GEI C3000, Data General Aviion 200. |
| **Preis** | k.A. |

**Bezugsadresse/Autor**

Merten Joost
Koblenzerstr. 236
5400 Koblenz, 0261/408977

Ralf Paffrath
Roonstr. 30
5400 Koblenz

Karl-Heinz Staudt
In der Felsch 11
5400 Koblenz, 0261/76124

Randolf Werner
Lerchenweg 1-3
5400 Koblenz, 0261/55988

# BAYTHE-NET

| | |
|---|---|
| **Fachgebiete** | Mathematik |
| **Anwendungsbereiche** | Anwendungsprogramm, Management Software, mathematische Software, Methodenbank, Operations Research |
| **Zielgruppen** | Studenten, Dozenten, Professoren |
| **Version** | 1.0 |
| **Erstellungsdatum** | 30.06.1990 |

BAYTHE-NET enthält in der Methodenbank state-of-the-art Implementierungen der zur Zeit effizientesten Algorithmen für Standard-Netzwerk-Optimierungsprobleme. In der Modellbank kann der Benutzer Graphenstrukturen anwendungs- und algorithmenneutral verwalten. Die Modellrechnung erfolgt durch einfaches Kombinieren einer Methode der Methodenbank mit einem Graph der Modellbank.

Das Programmsystem ist (in der vorliegenden Dimensionierung und Betriebssystemumgebung) für den Einsatz in der Lehre zur Unterstützung des Übungs- insb. Modellierungsbetriebes innerhalb eines Kurses zum Operations Research gedacht und unterstützt damit sowohl den Lehrenden als auch die Studenten in dem zum einen die aufwendige manuelle Lösung von "Rechen"problemen ersetzt wird und damit gleichzeitig die Betrachtung größerer und evtl. praxisnaherer Probleminstanzen möglich wird. Bei der Anwendung sind nur elementare Grundkenntnisse in der Nutzung von Arbeitsplatzrechnern erforderlich.

| | |
|---|---|
| **Betriebssysteme** | MS-DOS 3.x |
| **Softwareumgebung** | k.A. |
| **Hardwareumgebung** | IBM PC; 512 KB RAM; Hercules, EGA, VGA; Cop. optional; Farbmonitor (optional); |
| **Preis** | 95 DM |
| **Bezugsbedingungen** | k.A. |

**Bezugsadresse/Autor**

Dipl.Math. Stephan Vogel
Universität zu Köln
Lehrstuhl für Wirtschaftsinformatik
Albertus Magnus Platz
5000 Köln
0221 / 36 71 127

Prof.Dr.Dr. Ulrich Derigs
Universität zu Köln
Lehrstuhl für Wirtschaftsinformatik
Albertus Magnus Platz
5000 Köln
0221 / 36 71 127

## CADdy Architektur

| | |
|---|---|
| **Fachgebiete** | Architektur, Bauingenieurwesen |
| **Anwendungsbereiche** | 2 dim. Zeichnen, 3 dim. Zeichnen, Anwendungsprogramm, CAD, CAM, CAE, Planungssoftware |
| **Zielgruppen** | Ingenieure, Unternehmen, Kommunen, Ausbildungsinstitute |
| **Version** | 8.00 |
| **Erstellungsdatum** | 01.07.1992 |

CADdy Architektur stellt sich auf sein Anwendungsgebiet ein. Vermesser nutzen damit die Vorteile von Planungstechniken, die exakt auf verschiedenen Aufgabenstellungen abgestimmt sind und der branchenspezifischen Vorgehensweise optimal entsprechen. Von ebenso zentraler Bedeutung für wirtschaftliches Planen sind durchgängige Planungsabläufe. Diese wiederum setzen ein flexibles und offenes Systemkonzept voraus.

CADdy ist nach dem Baukastenprinzip aufgebaut. Alle Programm-Module besitzen die gleiche Datenstruktur und Benutzerführung. Das bringt zwei handfeste Vorteile mit sich: Zum einen lassen sich CADdy Software-Komponenten bedarfsgerecht kombinieren und steigenden Anforderungen anpassen - ohne alle Umstellungsprobleme. Zum anderen können Planungsdaten über alle Projektstufen und sogar aufgabenübergreifend weitergenutzt werden. Perfekte Anpassung des Programms an die Praxis: Das verkürzt die Planungszeiten entscheidend, verbessert die Qualität und reduziert gleichzeitig die Kosten.

| | |
|---|---|
| **Betriebssysteme** | MS-DOS |
| **Softwareumgebung** | k.A. |
| **Hardwareumgebung** | IBM-AT, IBM-PS/2 und komp., min. 640 K RAM, Arithmetik-Coprozessor (80287/387), Festplatte, Diskettenlaufwerk, Grafik-Controller, Maus, Plotter, Digitizer, parallele Schnittstelle (Centronics) |
| **Preis** | 11000 DM |
| **Bezugsbedingungen** | Mindestpreis für Branchenlösung |
| **Sonderkonditionen** | Geltungsbereich: Hochschulen, Fachhochschulen, sonstige öffentliche Bildungseinrichtungen, persönliche Lizenzen für Hochschulangehörige. Für Lehrer und Schüler werden Sonderkonditionen angeboten. |

**Bezugsadresse**
ZIEGLER-Informatics GmbH
Nobelstr. 3-5
4050 Mönchengladbach 4
02166/955-56

# CADdy Elektronik

| | |
|---|---|
| **Fachgebiete** | Allgemeines |
| **Anwendungsbereiche** | 2 dim. Zeichnen, 3 dim. Zeichnen, Anwendungsprogramm, CAD, CAM, CAE, Planungssoftware |
| **Zielgruppen** | Ingenieure, Unternehmen, Kommunen, Ausbildungsinstitute |
| **Version** | 8.00 |
| **Erstellungsdatum** | 01.07.1992 |

CADdy Elektronik stellt sich auf sein Anwendungsgebiet ein. Vermesser nutzen damit die Vorteile von Planungstechniken, die exakt auf verschiedene Aufgabenstellungen abgestimmt sind und der branchenspezifischen Vorgehensweise optimal entsprechen. Von ebenso zentraler Bedeutung für wirtschaftliches Planen sind durchgängige Planungsabläufe. Diese wiederum setzen ein flexibles und offenes Systemkonzept voraus.

CADdy ist nach dem Baukastenprinzip aufgebaut. Alle Programm-Module besitzen die gleiche Datenstruktur und Benutzerführung. Das bringt zwei handfeste Vorteile mit sich: Zum einen lassen sich CADdy Software-Komponenten bedarfsgerecht kombinieren und steigenden Anforderungen anpassen - ohne alle Umstellungsprobleme. Zum anderen können Planungsdaten über alle Projektstufen und sogar aufgabenübergreifend weitergenutzt werden. Perfekte Anpassung des Programms an die Praxis: Das verkürzt die Planungszeiten entscheidend, verbessert die Qualität und reduziert gleichzeitig die Kosten.

| | |
|---|---|
| **Betriebssysteme** | MS-DOS |
| **Softwareumgebung** | k.A. |
| **Hardwareumgebung** | IBM-AT, IBM-PS/2 und komp., min. 640 K RAM, Arithmetik-Coprozessor (80287/387), Festplatte, Diskettenlaufwerk, Grafik-Controller, Maus, Plotter, Digitizer, parallele Schnittstelle (Centronics) |
| **Preis** | 8000 DM |
| **Bezugsbedingungen** | Mindestpreis für Branchenlösung |
| **Sonderkonditionen** | Geltungsbereich: Hochschulen, Fachhochschulen, sonstige öffentliche Bildungseinrichtungen, persönliche Lizenzen für Hochschulangehörige. Für Lehrer und Schüler werden Sonderkonditionen angeboten. |

**Bezugsadresse**
ZIEGLER-Informatics GmbH
Nobelstr. 3-5
4050 Mönchengladbach 4
02166/955-56

## CADdy Technische Illustration

| | |
|---|---|
| **Fachgebiete** | Allgemeines |
| **Anwendungsbereiche** | 2 dim. Zeichnen, 3 dim. Zeichnen, Anwendungsprogramm, CAD, CAM, CAE, Planungssoftware |
| **Zielgruppen** | Ingenieure, Unternehmen, Kommunen, Ausbildungsinstitute |
| **Version** | 8.00 |
| **Erstellungsdatum** | 01.07.1992 |

CADdy Technische Illustration stellt sich auf sein Anwendungsgebiet ein. Vermesser nutzen damit die Vorteile von Planungstechniken, die exakt auf verschiedenen Aufgabenstellungen abgestimmt sind und der branchenspezifischen Vorgehensweise optimal entsprechen. Von ebenso zentraler Bedeutung für wirtschaftliches Planen sind durchgängige Planungsabläufe. Diese wiederum setzen ein flexibles und offenes Systemkonzept voraus.

CADdy ist nach dem Baukastenprinzip aufgebaut. Alle Programm-Module besitzen die gleiche Datenstruktur und Benutzerführung. Das bringt zwei Vorteile mit sich: Zum einen lassen sich CADdy Software-Komponenten bedarfsgerecht kombinieren und steigenden Anforderungen anpassen - ohne alle Umstellungsprobleme. Zum anderen können Planungsdaten über alle Projektstufen und sogar aufgabenübergreifend weitergenutzt werden. Perfekte Anpassung des Programms an die Praxis: Das verkürzt die Planungszeiten entscheidend, verbessert die Qualität und reduziert gleichzeitig die Kosten.

| | |
|---|---|
| **Betriebssysteme** | MS-DOS |
| **Softwareumgebung** | k.A. |
| **Hardwareumgebung** | IBM-AT, IBM-PS/2 und komp. , min. 640 K RAM, Arithmetik-Coprozessor (80287/387), Festplatte, Diskettenlaufwerk, Grafik-Controller, Maus, Plotter, Digitizer, parallele Schnittstelle (Centronics) |
| **Preis** | 11000 DM |
| **Bezugsbedingungen** | Mindestpreis für Branchenlösung |
| **Sonderkonditionen** | Geltungsbereich: Hochschulen, Fachhochschulen, sonstige öffentliche Bildungseinrichtungen, persönliche Lizenzen für Hochschulangehörige. Für Lehrer und Schüler werden Sonderkonditionen angeboten. |

**Bezugsadresse**
ZIEGLER-Informatics GmbH
Nobelstr. 3-5
4050 Mönchengladbach 4
02166/955-56

# Anwendungsprogramme 615

## CADdy Vermessung

| | |
|---|---|
| **Fachgebiete** | Vermessungswesen |
| **Anwendungsbereiche** | 2 dim. Zeichnen, 3 dim. Zeichnen, Anwendungsprogramm, CAD, CAM, CAE, Planungssoftware |
| **Zielgruppen** | Ingenieure, Unternehmen, Kommunen, Ausbildungsinstitute |
| **Version** | 8.00 |
| **Erstellungsdatum** | 01.07.1992 |

CADdy Vermessung stellt sich auf sein Anwendungsgebiet ein. Vermesser nutzen damit die Vorteile von Planungstechniken, die exakt auf verschiedenen Aufgabenstellungen abgestimmt sind und der branchenspezifischen Vorgehensweise optimal entsprechen. Von ebenso zentraler Bedeutung für wirtschaftliches Planen sind durchgängige Planungsabläufe. Diese wiederum setzen ein flexibles und offenes Systemkonzept voraus. CADdy ist nach dem Baukastenprinzip aufgebaut. Alle Programm-Module besitzen die gleiche Datenstruktur und Benutzerführung. Das bringt zwei handfeste Vorteile mit sich: Zum einen lassen sich CADdy Software-Komponenten bedarfsgerecht kombinieren und steigenden Anforderungen anpassen - ohne alle Umstellungsprobleme. Zum anderen können Planungsdaten über alle Projektstufen und sogar aufgabenübergreifend weitergenutzt werden. Perfekte Anpassung des Programms an die Praxis: Das verkürzt die Planungszeiten entscheidend, verbessert die Qualität und reduziert gleichzeitig die Kosten.

| | |
|---|---|
| **Betriebssysteme** | MS-DOS |
| **Softwareumgebung** | k.A. |
| **Hardwareumgebung** | IBM-AT, IBM-PS/2 und komp., min. 640 K RAM, Arithmetik-Coprozessor (80287/387), Festplatte, Diskettenlaufwerk, Grafik-Controller, Maus, Plotter, Digitizer, parallele Schnittstelle (Centronics) |
| **Preis** | 10500 DM |
| **Bezugsbedingungen** | Mindestpreis für Branchenlösung |
| **Sonderkonditionen** | Geltungsbereich: Hochschulen, Fachhochschulen, sonstige öffentliche Bildungseinrichtungen, persönliche Lizenzen für Hochschulangehörige. Für Lehrer und Schüler werden Sonderkonditionen angeboten. |

**Bezugsadresse**
ZIEGLER-Informatics GmbH
Nobelstr. 3-5
4050 Mönchengladbach 4
02166/955-56

# CARE

| | |
|---|---|
| **Fachgebiete** | Geographie, Vermessungswesen |
| **Anwendungsbereiche** | Datenmanagement, Entscheidungshilfesystem, interaktive Software, Planungssoftware, Lernsoftware |
| **Zielgruppen** | Flurbereinigungsverwaltung, Studenten |
| **Version** | 3.0 |
| **Erstellungsdatum** | 15.01.1991 |

Das Programm CARE bietet die Möglichkeit, den zentralen Bereich der Bodenordnung in der Flurbereinigung computerunterstützt durchzuführen. Durch die Verwendung des Programms CARE ist aufgrund der umfassenden Informationsbereitstellung und aufgrund unterstützender Funktionen (z.B. das Anbieten von Buchungsvorschlägen anhand eines Umbuchungsalgorithmus) eine qualitative Verbesserung des Neuverteilungsprojekts zu erwarten.

Das Programm gliedert sich in zwei Komponenten. Komponente "Wunschtermin": Die Forderungen der Teilnehmer sind flurstücksgruppenbezogen vorgehalten. Ebenso stehen die lamellierten Gewannen als Datenbasis bereit. Der Planer muß nun die von den Beteiligten geäußerten Wünsche buchen. Um die subjektiv geprägten Wünsche zu relativieren, vergibt der Planer einen Ordnungsfaktor, der ebenfalls gespeichert wird. Zur Ausnutzung des Umbuchungsalgorithmus sollten möglichst viele Alternativwünsche gebucht werden. Nach Abschluß des Wunschtermins führen die Wünsche naturgemäß zu Über- und Unterbelegungen in den einzelnen Gewannen. Um diese zu beseitigen, steht die Komponente "Neuverteilungsprojekt" zur Verfügung: Das Modul "automatische Umbuchung" ermittelt unter Verwendung eines speziellen Algorithmus solche Alternativwünsche, bei deren Berücksichtigung die Gewannenbelegungen verbessert werden. Es wird dazu nicht auf eine umfassende Ausgleichung zurückgegriffen, vielmehr wird jeweils ein lokales Optimum ermittelt, welches dem Planer dann angeboten wird. Unter Berücksichtigung einer Unzahl von Faktoren zur Erzielung einer wertgleichen Abfindung muß der Planer aufgrund seiner planerischen Kompetenz entscheiden, ob die vom Programm angebotene Umbuchung realisiert werden soll. Der Umbuchungsalgorithmus greift auf die beim Wunschtermin vergebenen Ordnungsfaktoren zurück. Es werden daraus aus einem vom Planer vorgebbaren Modell Gewichte ermittelt, die die Wünsche auf ein einheitliches Niveau reduzieren. Kann aufgrund des Algorithmus keine Umbuchungsalternative mehr erkannt werden, so greift das Modul "Feinabstimmung".

**Anerkennenswerte Leistung beim Deutschen Hochschul-Software-Preis 1991**

| | |
|---|---|
| **Betriebssysteme** | MS-DOS 3.x |
| **Softwareumgebung** | k.A. |
| **Hardwareumgebung** | AT 80286; 640 KB Hauptspeicher; CGA; 20 MB HDU; IBM-Proprinter kompatibler Drucker zur Darstellung der ASCII-Hochbit-Codes |

**Bezugsadresse**
Univ. Prof. Dr.-Ing. Richard Hoisl
TU München
Lehrstuhl f. Bodenord. u. Landentwickl.
Arcisstraße 21
8000 München 2
089/2105-2534

**Autor**
Dr.-Ing. Harald Stützer
8800 Ansbach 2

# Anwendungsprogramme

## CONTROL:Manufacturing (TM)

| | |
|---|---|
| **Fachgebiete** | Chemie, Wirtschaftswissenschaften, Elektrotechnik, Maschinenbau |
| **Anwendungsbereiche** | Geschäftsanwendungen, Materialwirtschaft |
| **Zielgruppen** | Fertigungsbetriebe |
| **Version** | Release 7.1 |
| **Erstellungsdatum** | 20.10.1992 |

CONTROL:Manufacturing (TM) ist ein online-fähiges Anwendungssystem im Echtzeitbetrieb, mit dem die Verwaltung der Finanzen sowie die Produktivität eines Unternehmens optimiert werden können. Alle CONTROL-Systeme sind vollständig unter Mantis geschrieben. Mantis ist die 4GL-Sprache von CINCOM. Die Umgebung dieser Informationssysteme unterstützt die gesamten wiederkehrenden Geschäftsvorfälle sowie individuelle und spontane Informationsbedürfnisse (MRPII-Planungsmethode, JIT, Kanban, usw.). CONTROL:Manufacturing besteht aus dem BOM-Modul (Stücklisten und Arbeitspläne), MAT-Modul (Materialwirtschaft), MPS-Modul (Produktions- und Ressourcen-Planung), MRP-Modul (Materialbedarfsplanung), SFC-Modul (Fertigungssteuerung), ECC-Modul (Überwachung von technischen Änderungen), ECO-Modul (Verwaltung von technischen Änderungsaufträgen), PUR-Modul (Einkauf), LST-Modul (Chargenverfolgung), CMS-Modul (Kostenrechnung), OMS-Modul (Kundenauftragsbearbeitung), PMC-Modul (Überwachung von Projektfertigung), PCC-Modul (Projektbezogene Kostenüberwachug), RMC-Modul (Unterstützung von Wiederholfertigung), G/L-Modul (Sachkonten-Buchhaltung), A/R-Modul (Debitoren-Buchhaltung), A/P-Modul (Kreditoren-Buchhaltung) und PPS- und Fibu-Anwendungen für Luftfahrt und Verteidigung und weitere Sondermodule. C:M ist in den unterschiedlichsten Branchen einsetzbar, wie viele Installationen in den Bereichen Maschinenbau, Elektronikindustrie, Chemie, Pharmazie, NuG u.a. zeigen. Spezielle Module ermöglichen den Einsatz des Paketes in Firmen oder Konzernen die eine Verwaltung mehrerer Standorte verlangen. Die offene Systemarchitektur und die Modularität des Systems erlaubt einen weichen Übergang in die Strukturen einer Client/Server Architektur und in die Unix Welt, so daß Investitionen in Ausbildung und internes Know-How auch bei fortschreitenden Standards in Hardware oder Systemsoftware erhalten bleiben ohne daß Neuinstallationen notwendig werden. Für Detailinformationen in der jeweiligen Landessprache stehen die lokalen Cincom-Organisationen jederzeit gerne zur Verfügung. CONTROL:Manufacturing ist Warenzeichen der Cincom Systems, Inc.

| | |
|---|---|
| **Betriebssysteme** | HP-UX, MVS, ULTRIX, VAX/VMS |
| **Softwareumgebung** | IBM: CICS VAX: VMS, ULTRIX HP: HP(UX) |
| **Hardwareumgebung** | IBM: MVS, VSE Digital: VAX/VMS, Ultix HP: HP(UX) |
| **Preis** | k.A. |
| **Bezugsbedingungen** | Preis: TDM 500 ./. TDM 1.200 |

**Bezugsadresse/Autor**
Dipl. Wirtsch.ing Horst Zschope
Cincom Systems GmbH & Co. oHG
Control:Manufacturing
Frankfurter Straße 27
6236 Eschborn
06196-9003-0 (216)

## COSMOS (TM)

| | |
|---|---|
| **Fachgebiete** | Informatik |
| **Anwendungsbereiche** | Anwendungsprogramm, Ingenieurwesen |
| **Zielgruppen** | k.A. |
| **Version** | k.A. |
| **Erstellungsdatum** | k.A. |

COSMOS (TM) weist eine umfangreiche Finite-Elemente-Berechnung auf, ermöglicht sowohl statische als auch dynamische Berechnungen (linearer und nichtlinear) von Bauteilen und bietet ein sehr gutes Preis / Leistungs-Verhältnis. Pre- und Postprocessing sind ebenso verfügbar wie Schnittstellen zu CAD-Programmen, z.B. AutoCAD. Ein Modul zur Wärmeflußberechnung, COSMOS/T, wird ebenfalls angeboten. COSMOS ist auf vielen technisch-wissenschaftlichen Rechnern einschließlich PC's verfügbar. Auf einem PC der AT03-Klasse kann das dynamische Verhalten einer Struktur mit 4500 Freiheitsgraden in ca. 27 Minuten berechnet werden. COSMOS ist ein Warenzeichen der Structural Research & Analysis Corp.

| | |
|---|---|
| **Betriebssysteme** | VMS |
| **Softwareumgebung** | k.A. |
| **Hardwareumgebung** | VAX, VAX/VMS, VAX/ULTRIX, RISC/ULTRIX, VAX/VMS |
| **Preis** | k.A. |
| **Bezugsbedingungen** | k.A. |

**Bezugsadresse**
TEDAS GmbH
Universitätsstraße 51-52
3550 Marburg

# CSS-KEY Familie

| | |
|---|---|
| **Fachgebiete** | Informatik, Wirtschaftswissenschaften |
| **Anwendungsbereiche** | Anti-Viren, CAD, CAM, CAE, CAI, CASE, Identifikation, Sicherheit, Hilfsprogramme |
| **Zielgruppen** | Software-Entwickler |
| **Version** | 1992 |
| **Erstellungsdatum** | 31.08.1992 |

Kopplung von Software und Hardware, dadurch nur in Verbindung lauffähig. Zusätzliche Sicherheitsfeatures: PCS Verschleierung der KEY-Aufrufe, Verschlüsselung von Programmen, Virenselbstschutz, Datenverschlüsselung. Durch die zusätzlichen Memorybausteine hochgesicherte individuelle Problemlösungen möglich. Die spezielle NET Variante kontrolliert zusätzlich die Anzahl der erlaubten Lizenzen (Parallele Aufrufe im Netz)

| | |
|---|---|
| **Betriebssysteme** | MS-DOS 3.x, OS/2, UNIX, XENIX |
| **Softwareumgebung** | k.A. |
| **Hardwareumgebung** | IBM PC oder Kompatible Macintosh |
| **Preis** | k.A. |
| **Bezugsbedingungen** | Preis verschieden nach Typ und Menge. Bezug über CSS GmbH in Essen, bzw. die Niederlassungen in Frankfurt und Dresden sowie über den spezialisierten Fachhandel |

**Bezugsadresse**
Rainer Peter
CSS GmbH
Abt. PC-Sicherheit
Am Westbahnhof 2
4300 Essen 1
0201/7498640

Eckhard Bäse
CSS GmbH
Backhausstr. 10
6000 Frankfurt 1
069/723724

**Autor**
Aladdin
Aladdin Knowledge Systems
Tel Aviv (Israel)

## CUPDAT (DATenbankverwaltung)

| | |
|---|---|
| **Fachgebiete** | Informatik |
| **Anwendungsbereiche** | Informationsmanagement |
| **Zielgruppen** | k.A. |
| **Version** | k.A. |
| **Erstellungsdatum** | k.A. |

CUPDAT (DATenbankverwaltung) enthält neben einem komfortablen Dateigenerator mit Maskeneditor einen Listengenerator sowie eine Menüverwaltung mit Benutzersteuerung. Mit diesem Softwarewerkzeug hat der Endanwender die Möglichkeit nach eigenem Belieben Listen zu ändern oder Stammsätze zu generieren oder zu erweitern. Durch übersichtliche Menüsteuerung sowie der Unterstützung durch Hilfetexte kann der Bediener ohne große Kenntnisse alle Funktionen in kürzester Zeit erlernen.

| | |
|---|---|
| **Betriebssysteme** | DSM (MUMPS), VMS |
| **Softwareumgebung** | k.A. |
| **Hardwareumgebung** | PDP, VAX |
| **Preis** | k.A. |
| **Bezugsbedingungen** | Preis: DM 12.000 - DM 180.000 |

**Bezugsadresse**
CuP Computer und Peripherie GmbH
Walsroder Straße 59 A
3012 Langenhagen

# Anwendungsprogramme 621

## DAD

| | |
|---|---|
| **Fachgebiete** | Informatik |
| **Anwendungsbereiche** | Anti-Viren, Hilfsprogramme |
| **Zielgruppen** | k.A. |
| **Version** | 1.1 |
| **Erstellungsdatum** | k.A. |

DAD (Daten-Änderungs-Detektor) ist ein Anti-Virus-Programm. Die Basis seines Verfahrens ist ein Prüfprogramm. Dieses bildet bei seinem ersten Aufruf Prüfsummen zu allen auf der Platte vorhandenen Files. Hierbei wurden auch Boot-Sektor und Partition-Loader mit in die Überprüfung einbezogen. Die Prüfsummen werden zusammen mit den File-Namen in einer speziellen Datei auf der jeweiligen Platte festgehalten. Bei jedem weiteren Aufruf von DAD werden die Prüfsummen neu gebildet und mit den früher berechneten verglichen. Über die Ergebnisse der Überprüfung wird Protokoll geführt. Um die Prüfsummen-Datei zu schützen, wird jede Datei vor der Bildung der Prüfumme mit einer Einwegfunktion verschlüsselt. DAD arbeitet also nach einem neuen Verfahren, benutzt keine Mustererkennung. DAD überprüft eine 80MB-Platte in 3 bis 5 Minuten.

| | |
|---|---|
| **Betriebssysteme** | MS-DOS 2.x |
| **Softwareumgebung** | k.A. |
| **Hardwareumgebung** | k.A. |
| **Preis** | 150 DM |
| **Bezugsbedingungen** | k.A. |

**Bezugsadresse**
Beratungszentrum für Telekommunikation
Westfälische Wilhelms-Universität
Inst. für angewandte Informatik
Fliednerstr. 21
4400 Münster
0251 / 839994

**Autor**
H.-W. Kisker
Westfälische Wilhelms-Universität
Inst. für angewandte Informatik
4400 Münster

W. Lange
Westfälische Wilhelms-Universität
Inst. für angewandte Informatik
4400 Münster

## Datenbankpraktikum

| | |
|---|---|
| **Fachgebiete** | Informatik |
| **Anwendungsbereiche** | Datenerwerb, Datenmanagement, Datenbank, Datenbank-Management-System, Informationssuche |
| **Zielgruppen** | Studenten |
| **Version** | 3.0 |
| **Erstellungsdatum** | 01.10.1990 |

Das Praktikum übt den Einsatz von Datenbanksystemen in realen Anwendungen und vermittelt die für den Praktiker notwendigen Grundkenntnisse über die bedeutendsten Datenmodelle und den Datenbankentwurf.

Das Praktikum gliedert sich in 3 Versuche: - Im ersten Versuch steht das CODASYL Datenmodell im Mittelpunkt. Die Praktikumsteilnehmer arbeiten zunächst interaktiv mit einer Datenbasis zur Diskurswelt "Luftfahrt". Nach einer Einarbeitungszeit besteht die Aufgabe darin, verschiedene Anwendungsprogramme zu entwickeln, für die Rahmenprogramme vorgegeben sind. Durch diese Vorgabe von Rahmenprogrammen wird erreicht, daß sich die Teilnehmer auf die datenbankspezifischen Teile des Anwendungsprogramms konzentrieren können. - Im zweiten Versuch wird das ebenfalls weitverbreitete relationale Datenmodell genauer betrachtet. Ausgehend von einer Modellierung der Geographie der Erde müssen die Teilnehmer diverse Anfragen lösen. Als Anfragesprache kommt hier interaktives SQL zum Einsatz. Wie schon im ersten Versuch werden diese Aufgaben in Grupppen zu je drei Personen bearbeitet. - Den letzten Teil des Praktikums bildet ein Versuch zum Datenbankentwurf. In größeren Gruppen (ca. 10 Personen) wird die Aufgabe gestellt, eine Datenbasis zur Verwaltung der olympischen Spiele zu entwerfen. Als Beschreibungsmechanismus für die Diskurswelt wird das ER-Modell verwendet, bevor die semantische Modellierung sowohl in das relationale- als auch das Netzwerkmodell umgesetzt wird. Gegen Ende des Versuchs werden die Teilnehmer aufgefordert, die erarbeiteten Ergebnisse vor der Gruppe zu präsentieren und zu verteidigen. Das Praktikum wird seit 5 Semestern mit jeweils 36 Studenten in dieser Form abgehalten, wobei zu Beginn dieser Zeit kleine Modifikationen an den einzelnen Versuchen vorgenommen wurden.

**Anerkennenswerte Leistung beim Deutschen Hochschul-Software-Preis 1991**

| | |
|---|---|
| **Betriebssysteme** | VMS V5.1 |
| **Softwareumgebung** | VAX DBMS oder vergleichbares CODASYL-DBMS; RDB/VMS oder vergleichbares relationales DBMS |
| **Hardwareumgebung** | VAX unter VMS; Übertragung auf kleinere Rechner (PC oder Workstation) problemlos möglich, solange entsprechende Datenbanksysteme verfügbar sind. |
| **Bezugsbedingungen** | Das Programm wird unentgeltlich lediglich für den ausschließlichen Einsatz für Lehrzwecke abgegeben |

**Bezugsadresse/Autor**

| | |
|---|---|
| Martin Dürr | Klaus Radermacher |
| Universität Karlsruhe | Universität Karlsruhe |
| Inst. f. Programmstruk. u. Datenorgan. | Inst. f. Programmstruk. u. Datenorg. |
| Kaiserstraße 12 | Kaiserstraße 12 |
| 7500 Karlsruhe | 7500 Karlsruhe |
| (0721)608-2757 | (0721)608-3911 |

# Anwendungsprogramme 623

## DDETec

| | |
|---|---|
| **Fachgebiete** | Informatik |
| **Anwendungsbereiche** | Kommunikation, Datenmanagement, Datendarstellung, Datenbanksystem |
| **Zielgruppen** | k.A. |
| **Version** | 1.05 |
| **Erstellungsdatum** | 01.05.1991 |

DDETec ermöglicht die Integration aller Daten aus einer SQL-Datenbank in jede DDE-fähige MS-Windows Standardanwendung (z.B Word for Windows, Excel, AmiPro). Über Makros oder Feldfunktionen, die durch die Standardanwendung zur Verfügung gestellt werden, kann der Anwender mit DDETec jeden gültigen SQL-Befehl (SELECT, UPDATE, IMPORT, EXPORT) absetzen. DDETec ist für SQLBase, ComfoBase, Oracle, SQL-Server u.a. Datenbanken verfügbar. Einige Vorteile, die DDETec im Zusammenspiel Ihrer bereits gewohnten Anwendung bietet: Unterstützung kompletter SQL-Sprachumfang; "kalte" und "heiße" DDE-Verbindungen; Export aus, Import in Datenbanken; mehere Datenbanken gleichzeitig; Ergebnistabellen oder Einzelsätze je nach Wahl; automatisches Update der Ergebnistabelle bei Änderungen in der Datenbank; Datenbankadministration aus Front-End.

| | |
|---|---|
| **Betriebssysteme** | MS-DOS 3.x, MS-DOS 4.x, MS-DOS 5.x |
| **Softwareumgebung** | Windows 3. 0 oder höher, SQL-Datenbank (Gupta SQLBase, SNI Comfobase) |
| **Hardwareumgebung** | IBM oder Kompatibler, Intel 80286 oder höher, VGA, 2 MB RAM |
| **Preis** | 370 DM |
| **Bezugsbedingungen** | Mindestpreis |
| **Sonderkonditionen** | Listenpreis: 324,56 DM |
| | Offizieller Listenpreis für eine Einzellizenz ohne Mehrwertsteuer und Preisnachlä. Falls unterschiedliche Preise zu unterschiedlichen Hardwareplattformen bestehen, dient der niedrigste Preis als Grundlage. |
| | Verkaufspreise unter Abzug des Hochschulrabattes ohne Mehrwertsteuer. |
| | Einzellizenz: 162,28 DM |
| | Mehrfachlizenz: 545,62 DM bei 3 Lizenzen |
| | 740,35 DM bei 5 Lizenzen |
| | Geltungsbereich: Hochschulen, Fachhochschulen |

**Bezugsadresse/Autor**
Heike Hiestermann
HEC GmbH
Knochenhauerstraße18/19
2800 Bremen 1
0421/30906-0

## EBIS-DBMS

| | |
|---|---|
| **Fachgebiete** | Informatik |
| **Anwendungsbereiche** | Datenbank-Management-System, Informationsmanagement |
| **Zielgruppen** | k.A. |
| **Version** | k.A. |
| **Erstellungsdatum** | k.A. |

EBIS-DBMS (DatenBankManagementSystem) ist ein Datenbanksystem, das allen im täglichen Arbeitsablauf vorkommenden Anforderungen an eine Datenbank gerecht wird. In der Grundversion dient das erste Datenfeld als Primärschlüssel und alle weiteren Datenfelder können für Match-Operationen als Suchbegriff verwendet werden. Es ist sowohl für den EDV-Fachmann als auch für den Laien geeignet. Datenbanken beliebiger Struktur können erstellt werden. Einfache, verständliche Anweisung macht das System sehr bedienerfreundlich. Es ist sehr vielseitig einsetzbar.

| | |
|---|---|
| **Betriebssysteme** | Micro/RSTS, Micro/RSX, RSTS, RSX, UNIX, VMS |
| **Softwareumgebung** | k.A. |
| **Hardwareumgebung** | PDP, VAX |
| **Preis** | k.A. |
| **Bezugsbedingungen** | Preis: DM 3.400 - DM 24.800 |

**Bezugsadresse**
Ergometric Hartmann GmbH
Amthausstraße 24
7500 Karlsruhe

# Anwendungsprogramme 625

## EDCS II

| | |
|---|---|
| **Fachgebiete** | Informatik |
| **Anwendungsbereiche** | Anwendungsprogramm, Ingenieurwesen |
| **Zielgruppen** | k.A. |
| **Version** | k.A. |
| **Erstellungsdatum** | k.A. |

VAX EDCS wird, gestützt auf eine gemeinsame zentrale Datenbank, zur automatischen Verwaltung und Kontrolle technischer Dokumentationen eingesetzt. Das Softwarepaket ist besonders gut für dezentrale CAD / CAM Anwendungen geeignet. VAX EDCS verwaltet Dateien, unabhängig davon, mit welchen Anwendungsprogrammen sie erstellt wurden. Das Paket kontrolliert die Daten und sorgt durch Zugriffsberechtigungen für erhöhte Datensicherheit. VAX EDCS besteht aus dem EDCS-Serverpaket und dem EDCS-Satellitenpaket. EDCS-Befehle können von jedem Knoten im Netzwerk gegeben werden, auf dem das Satellitenpaket installiert ist. Der VAX-EDCS-Server verarbeitet die Eingaben von den Server- und Satellitenknoten und führt die EDCS-Befehle aus. Der Server enthält die relationale Datenbank auf Basis von VAX Rdb / VMS und VAX Rally, in der die Elemente (Dateien) und Projekte gespeichert sind.

| | |
|---|---|
| **Betriebssysteme** | VMS |
| **Softwareumgebung** | k.A. |
| **Hardwareumgebung** | VAX |
| **Preis** | k.A. |
| **Bezugsbedingungen** | k.A. |

**Bezugsadresse**
Digital Equipment GmbH
Freischützstraße 91
8000 München

## Einsatz v. Standard LAN's

| | |
|---|---|
| **Fachgebiete** | Informatik |
| **Anwendungsbereiche** | LAN, Nahverkehrsnetz, Anwendungsprogramm, Regelungstechnik, Netzwerk, Kommunikation, Prozeßautomatisierung |
| **Zielgruppen** | k.A. |
| **Version** | 1.0 |
| **Erstellungsdatum** | 10.07.1991 |

Typisch für heute sind Automatisierungssysteme mit dezentralen Strukturen: Autonome Prozeß-Stationen, die MSR-Aufgaben für einen begrenzten Anlagenbereich übernehmen, sind dabei über ein Netzwerk gekoppelt, über das allg. Funktionen des Prozeß-Managements abgewickelt werden. Für den Verkehr mit den lokalen Stationen setzt man bisher eigene, kostspielige Netze ein. Im Zuge der zunehmenden Vernetzung von PC's durch sogenannte LAN's (Ethernet, Tokenring, usw.) ist es naheliegend, auch ein Prozeßleitsystem auf der Basis eines solchen LAN's zu realisieren. Da eine Kommunikation zwischen den einzelnen Stationen, bei Standard-LAN's normalerweise über den Netzserver, abgewickelt wird und dieser einen gewissen Engpaß und Kostenpunkt darstellt, haben wir deshalb ein Software-Tool erstellt, das diesen Engpaß umgeht, wobei aber die Funktion des LAN für andere Benutzer vollständig erhalten bleibt. Da die meiste PC-Netzwerksoftware (Novell) die sogenannte IPX (Internet Packet Exchange Protokol) Schnittstelle verwendet, lag es nahe, an diese anzuknüpfen. Aufbauend auf IPX hat das Institut für Innovation und Transfer Automatisierungssysteme an der Fachhochschule Ulm ein Tool für schnelle Datenübertragung, entwickelt. Das Tool übernimmt das Senden (auch größerer Datenpakete) und das Empfangen der Pakete im Hintergrund. Die Benutzerschnittstelle besteht aus einfachen Send- und Receivebefehlen. Die Applikation ist unabhängig vom Rechner bzw. von der Node (Hardware-Adresse). Dadurch ist es möglich eine Anwendung mühelos auf einem beliebigen Netzrechner zu starten. Auf Sub-Stationen sind sowohl Änderungen während des Betriebs als auch Starten von Prozessen problemlos möglich.

| | |
|---|---|
| **Betriebssysteme** | MS-DOS 3.x |
| **Softwareumgebung** | k.A. |
| **Hardwareumgebung** | PC; 640 KB RAM; VGA; Harddisk: 613 KB; Netzkarte (Ethernet, Arcnet, ... ); |
| **Preis** | 500 DM |
| **Bezugsbedingungen** | k.A. |

| **Bezugsadresse** | **Autor** |
|---|---|
| Hans-Peter Schmollinger | Hans-Peter Schmollinger |
| Wagnerstr. 107 | FH Ulm |
| 7900 Ulm | Inst. f. Innovativetechnik u. Automat. |
| 0731/36263 | 7900 Ulm |

# Anwendungsprogramme

## ERMS

| | |
|---|---|
| **Fachgebiete** | Informatik |
| **Anwendungsbereiche** | Anwendungsprogramm, Ingenieurwesen |
| **Zielgruppen** | Ingenieure, Wissenschaftler |
| **Version** | k.A. |
| **Erstellungsdatum** | k.A. |

ERMS (Engineering Records Management System) ist speziell für die Verwendung in einer CAD / CAM-Umgebung ausgelegt. Es kann mit anderen CAM-X-Anwendungen zusammenarbeiten und sie ergänzen. ERMS dient so zur Verwaltung des Arbeitsflusses durch das System und liefert aktuelle Informationen bei gleichzeitiger Wahrung der Datensicherheit. Es ist vielseitig einsetzbar für Aufgaben wie effiziente und zuverlässige Speicherung, Wiedergewinnung und Verwaltung von Daten in CAM-X, wie z.B. Dokumentenverwaltung, Maschinendaten, Teilelisten, usw.

| | |
|---|---|
| **Betriebssysteme** | VMS |
| **Softwareumgebung** | k.A. |
| **Hardwareumgebung** | VAX |
| **Preis** | k.A. |
| **Bezugsbedingungen** | Preis: ab DM 75.000 |

**Bezugsadresse**
Ferranti GmbH
Unternehmensbereich Infographics
Hahnstraße 70
6000 Frankfurt

# ET-SML

| | |
|---|---|
| **Fachgebiete** | Informatik |
| **Anwendungsbereiche** | Informationsmanagement, Suchsystem |
| **Zielgruppen** | k.A. |
| **Version** | k.A. |
| **Erstellungsdatum** | k.A. |

ET-SML ist ein einfach zu bedienendes Dialogsystem für die Suche nach bau- und funktionsgleichen oder ähnlichen Einzelteilen, Baugruppen, Standardteilen, Normteilen sowie Werksnormen auf der Basis technischer Merkmale (Sachmerkmale). Grundlage der Suche sind Sachmerkmalstabellen, die auf einfache Weise - vergleichbar mit der Anwendung eines Textsystems - im Dialog eingegeben werden. Diese Tabellen können jederzeit von den zuständigen Bearbeitern erweitert und geändert werden. Alle Merkmale eines Objektes, einschließlich der Identnummer, können suchrelevante Merkmale sein. Eine Gegenstandsgruppe kann durch max. 99 Merkmale beschrieben werden; beliebig viele Gruppen sind möglich. ET-SML besitzt eine allgemeine Schnittstelle zur Übernahme bereits bestehender Sachmerkmals-Daten, z.B. aus dem Teilestamm oder DIN-Normteile-Bibliotheken. Anwendungsgebiete von ET-SML sind: In der Konstruktion zum schnellen Wiederfinden von Normteilen, Standardteilen, Zukaufteilen, Baugruppen, etc.; im Technischen Vertrieb wird ET-SML für schnellere und risikoärmere Angebotserstellung durch Verwendung bereits vorliegender Komponenten, Baugruppen, etc., inklusive Kalkulationsdaten eingesetzt; in der Arbeitsvorbereitung zur Wiederverwendung kompletter Arbeitspläne, Werkzeuge, Vorrichtungen und Prüfmittel.

| | |
|---|---|
| **Betriebssysteme** | VMS |
| **Softwareumgebung** | k.A. |
| **Hardwareumgebung** | VAX |
| **Preis** | k.A. |
| **Bezugsbedingungen** | Preis: DM 12.000 - DM 85.000 |

**Bezugsadresse**
TDV GmbH
Maybachstraße 10
7500 Karlsruhe

# FEM-BAUKASTEN

| | |
|---|---|
| **Fachgebiete** | Informatik, Mathematik, Physik |
| **Anwendungsbereiche** | Anwendungsprogramm, Finite Elemente-Methode, graphische Ein-/Ausgabe, Numerik, Visualisierung |
| **Zielgruppen** | Hochschulen |
| **Version** | 1.0 |
| **Erstellungsdatum** | 25.02.1991 |

Mit Hilfe des FEM-BAUKASTENS kann ein zweidimensionales Finite-Elemente-Modell generiert, kontrolliert, graphisch dargestellt und berechnet werden. Ebenso können Berechnungsergebnisse unter Verwendung von Falschfarben anschaulich dargestellt werden. Quantitative Ergebnisse kann man durch Pick-Funktionen und Listen-Ausgaben erhalten. Das Anwendungsgebiet des FEM-BAUKASTENS ist ein Finite-Elemente-Verfahren, das auf einer parabolischen Differentialgleichung beruht. Die Benutzerschnittstelle wurde insbesondere zur Berechnung von Schadstoffausbreitungen (Diffusionsproblem) und der Wärmeleitung konzipiert.

Das Programm wendet sich an Studierende, die zuvor oder parallel zur Benutzung des Programms eine Lehrveranstaltung über die theoretischen Hintergründe der Finite-Elemente-Methode gehört haben oder hören. Das Programm kann im Übungsbetrieb für die Bearbeitung von Berechnungsbeispielen eingesetzt werden. Die Erweiterung oder Modifikation des Programms im Rahmen von Übungen und Diplomarbeiten wird durch klar gegliederte und dokumentierte Schnittstellen unterstützt. Die Leistungsfähigkeit des Programms ist aber durchaus so angelegt, daß es auch für praktische Anwendungen geeignet ist. Es stellt darüber hinaus ein Werkzeug für Entwicklungsprojekte dar.

Der FEM-BAUKASTEN wurde (in der jeweils aktuellen Version) im SS 1990 und im WS 1990/91 im Rahmen der Lehrveranstaltung "Finite-Elemente- Methoden" im Studiengang Mathematik im 6. und 7. Semester im Hauptstudium eingesetzt. Außerdem wurde und wird das Programm als FEM-Baukasten zur Erstellung von Diplomarbeiten benutzt.

| | |
|---|---|
| **Betriebssysteme** | OS/2 |
| **Softwareumgebung** | IBM Graphics Development Toolkit Version 1. 01 |
| **Hardwareumgebung** | IBM PS/2 70 386; 8 MB; IBM 8514 Adapter, IBM 8514 Bildschirm; 110 MB Festplatte; Koprozessor; Maus, ggf. HP-GL-fähiger Plotter |
| **Preis** | 2000 DM |
| **Sonderkonditionen** | Hochschulrabatt 90 % |

**Bezugsadresse/Autor**
Prof. Dr. Horst Herrmann
Technische Fachhochschule Berlin
Fachbereich 2 Mathematik/Physik
Limburger Str. 20
1000 Berlin 65
030 / 4504-2213

# GeoWorks Ensemble

| | |
|---|---|
| **Fachgebiete** | Informatik |
| **Anwendungsbereiche** | Anwendungsprogramm, Desk Top Publishing, Graphik, Systemsoftware, Textformatierung |
| **Zielgruppen** | k.A. |
| **Version** | 1 |
| **Erstellungsdatum** | 01.04.1991 |

GeoWorks Ensemble ist eine grafische Benutzeroberfläche für alle PC-kompatiblen Rechner und enthält sechs leistungsstarke integrierte Anwendungen: GeoWrite (WYSIWYG-Textverarbeitung), GeoDraw (Grafik/DTP), GeoManager (Datei- und Festplatten-Management), GeoComm (DFÜ), GeoDex (Adre.kartei) und GeoPlanner (Terminkalender).

Bisherige Auszeichnungen: BEST SOFTWARE AWARD / COMDEX FALL 1990 (Byte), MOST VALUABLE PRODUCT 1990 (PC/Computing), BEST NEW IDEA 1990 (InfoWorld), FINALIST / TECHNICAL EXCELLENCE AWARD (PC Magazine), BEST NEW USE OF A COMPUTER (Software Publisher's ABociation), CRITICS CHOICE AWARD (Software Publisher's ABociation), BEST CONSUMER SOFTWARE (Software Publisher's ABociation), BEST PERSONAL PRODUCTIVITY/CREATIVITY SOFTWARE (Software Publisher's ABociation).

| | |
|---|---|
| **Betriebssysteme** | MS-DOS |
| **Softwareumgebung** | k.A. |
| **Hardwareumgebung** | Lauffähig auf jedem PC/XT, AT, 386er und 486er. Erfordert Maus und Festplatte (mit ca. 4 MB freiem Speicher) sowie Grafikkarte (EGA, VGA, CGA, MCGA, Hercules). Benötigt 512 KByte Hauptspeicher. |
| **Preis** | 399 DM |
| **Bezugsbedingungen** | k.A. |
| **Sonderkonditionen** | Offizieller Listenpreis für eine Einzellizenz ohne Mehrwertsteuer (falls unterschiedliche Preise bestehen der niedrigste Preis): 350 DM |
| | Hochschulkonditionen (Preise unter Abzug des Hochschulrabattes ohne Mehrwertsteuer): |
| | Einzellizenz: 233.33 DM |
| | Mehrfachlizenz: nicht verfügbar |
| | Campuslizenz: Anfrage erforderlich |
| | Geltungsbereich: Hochschulen, Fachhochschulen, sonstige öffentliche Bildungseinrichtungen, persönliche Lizenzen für Hochschulangehörige und Studenten |
| **ASK-SAM** | Eine Demo-Version des Programmes kann über den Fileserver abgerufen werden. |

**Bezugsadresse**
HEUREKA Verlags GmbH
Bodenseestraße 19
8000 München 60
(089) 83 60 47

**Autor**
GeoWorks Inc.
CA 94704 Berkeley (USA)

# Anwendungsprogramme 631

## I-DEAS (TM)

| | |
|---|---|
| **Fachgebiete** | Informatik |
| **Anwendungsbereiche** | Anwendungsprogramm, Ingenieurwesen |
| **Zielgruppen** | Entwickler, Konstrukteure, Forscher |
| **Version** | k.A. |
| **Erstellungsdatum** | k.A. |

I-DEAS (TM) (Integrated Design Engineering and Analysis System) ist ein komplettes MCAE-Softwaresystem, das eine breite Palette an MCAE-Anwendungslösungen einschließlich Volumenmodellierung, FE-Analyse, Auswertung von Meßdaten und Zeichnungserstellung bietet. Der modulare Aufbau von I-DEAS gewährleistet dem Kunden eine maßgeschneiderte Konfiguration mit optimalem Preis-Leistungs-Verhältnis. Schnittstellen zu anderen CAD / CAM-Systemen, FE-Berechnungsprogrammen, Programmen für die Simulation von Spritzgußverfahren und NC-Programmen für die Fertigung erlauben den direkten Datenaustausch.

Zu den I-DEAS Modulen zählen: Solid Modeling (TM), Drafting (TM), FEM (TM), Model Solution, Optimization, System Dynamics (TM), Test Data Analysis (TM), Dokumentationssystem. Solid Modeling dient zum Erzeugen von komplexen Geometrien in der Entwurfsphase. Die Volumenmodelle enthalten mathematisch vollständige Beschreibungen der Produkte, die dem Entwicklungsingenieur die vielfältigen Untersuchungen zur Überprüfung der Geometrie-Integrität (Ergonomie, Packaging, Gicht und Anordnung) ermöglichen, ohne den Bau eines Prototyps zu erfordern. Drafting ist ein interaktives 2-D Zeichnungsprogramm zur Zeichnungserstellung und Konstruktionsdokumentation. Es bietet die Möglichkeit, auf die in Solid Modeling gespeicherten Daten zuzugreifen und Zeichnungen zu erstellen (3D - 2D Assoziativität). DIN-Teile sind über VDA-PS zugänglich. Das FEM-PRE- und Postprozessor-Modul erlaubt die Netzgenerierung zur Finite-Elemente-Berechnung. Model Solution ist das integrierte FE-Berechnungsprogramm für lineare statische und dynamische Berechnungen, Berechnungen von Potentialströmungen für vielfältige Anwendungen sowie Berechnungen für Verbundwerkstoffe. Optimization automatisiert die Anforderungen des Entwicklungsingenieurs an die Gichtsreduzierung einer bestimmten Struktur. System Dynamics berechnet ein System, das aus mehreren zusammenhängenden Teilen besteht. Komplexe Strukturen lassen sich sehr effizient am Rechner simulieren. Test Data Analysis ist das Modul für die Meßdatenerfassung und -auswertung mit den Funktionen Schwingungsmessungen, statistische Analyse, Lebensdauerermittlung, Spektralanalyse und Signalverarbeitungsberechnung. Das Dokumentationssystem basiert auf der Interleaf Workstation Publishing Software und bietet alle Möglichkeiten zum Erstellen von technischen Berichten.

| | |
|---|---|
| **Betriebssysteme** | ULTRIX, VMS |
| **Softwareumgebung** | k.A. |
| **Hardwareumgebung** | RISC, VAX, VAX/VMS, RISC/ULTRIX, VAX/VMS |
| **Preis** | k.A. |
| **Bezugsbedingungen** | Preis: DM 19.500 - DM 163.000 |

**Bezugsadresse**
SDRC CAE International
Im Vogelsgesang la
6000 Frankfurt

## I.Q.S.-Windows

| | |
|---|---|
| **Fachgebiete** | Bauingenieurwesen, Informatik, Elektrotechnik, Maschinenbau |
| **Anwendungsbereiche** | Anwendungsprogramm, Industriesystem, Fertigungswesen |
| **Zielgruppen** | QS-Leiter, EDV-Leiter |
| **Version** | 1.1 |
| **Erstellungsdatum** | 22.09.1992 |

IQS ist ein integriertes, rechnergestütztes Qualitätssicherungssystem, das die Anforderungen der QS-Bereiche Wareneingang, Fertigung, Statistische Prozeßregelung (SPC), Warenausgang, Qualitätsdatenerfassung, Prüfmittelverwaltung und FMEA, erfüllt. Alle QS-relevanten Funktionen, wie Prüfplanung und Stammdatenverwaltung, Prüfauftragsgenerierung, Prüfergebniserfassung (attributiv, variabel, manuell, online), Prüfauftragsinformation, Qualitätshistorie, Auswertung und Statistik, Protokoll- und Berichtswesen, Archivierung, diverse Stichprobenpläne, etc., sind vorhanden. Funktionale Erweiterungen und kundenspezifische Anpassungen sind möglich.

IQS basiert auf der konsequenten Verfeinerung des Dezentralisierungskonzepts unter Ausnutzung optimaler Verteilung von Rechnerintelligenz (Client-Server-Prinzip). Ein VAX-Rechner (VMS) verwaltet die CAQ-Datenbasis (Relationale Datenbank Rdb), während AT-kompatible PCs als Intelligenz vor Ort eigenständig sämtliche CAQ-Funktionen bearbeiten ("mit dem Rechner zum Arbeitsplatz - und nicht umgekehrt"). Die Kommunikation mit der zentralen Datenbasis erfolgt über die Hochgeschwindigkeitsverbindung Decnet/Ethernet-LAN. Einerseits wird hierdurch eine optimale Verteilung der Systemaktivitäten auf unterschiedlichen Ebenen gewährleistet, andererseits stellt die Datenbasis, als Bestandteil einer möglichen CIM-Datenbank, die logische Schnittstelle zu anderen CIM-Teilsystemen (PPS, CAD, etc.) dar.

| | |
|---|---|
| **Betriebssysteme** | VMS |
| **Softwareumgebung** | VMS/RDB/ORACLE, NOVELL, UNIX/ORACLE |
| **Hardwareumgebung** | DB-Server: PC, VAX/VMS, UNIX |
| **Preis** | k.A. |
| **Bezugsbedingungen** | Preis: ab DM 13.000 - 65.000 Systemabhängig |
| **Sonderkonditionen** | Rücksprache erforderlich |

**Bezugsadresse**
IDOS GmbH
Gerwigstraße 53
7500 Karlsruhe
0721-616411

# Anwendungsprogramme

## IBS

| | |
|---|---|
| **Fachgebiete** | Informatik |
| **Anwendungsbereiche** | Informationsmanagement, Suchsystem |
| **Zielgruppen** | k.A. |
| **Version** | k.A. |
| **Erstellungsdatum** | k.A. |

IBS (Informations-Broker"s Services) ist ein Abfragesystem, das in alle mit MUMPS und MUSTANG erstellten Anwendungen integriert werden kann. Es beinhaltet eine deutsche Abfragesprache, die sowohl vom DV-Anwender für Datenbankabfragen als auch von der Programmierung als Listengenerator benutzt werden kann. Zur Orientierung in bestehenden DV-Anwendungen (Datenbank-Navigation) stehen umfangreiche Informationsfunktionen zur Verfügung, um dem Anwender das Auffinden der gesuchten Informationen zu erleichtern. Die Ausgabe der Ergebnisse einer Abfrage kann nach Wunsch an alle Geräte (Bildschirm, Drucker, Datei) geschickt werden. Auch ein Download der Daten auf PC zur Weiterbearbeitung mit Standardsoftware ist möglich. Die Abfragesprache hat die Struktur einer Kommandosprache, d.h., in Form direkter Befehle teilt der Benutzer dem System seine Auswertungswünsche mit. Ein Abfrageprogramm besteht aus einzelnen Abfragesätzen, die sich aus Anweisungen zusammensetzen. Der ungeübte Benutzer hat neben der direkten Eingabe von Abfragesätzen aber auch die Möglichkeit, per Menü Abfragen in einer standardisierten Form zu erzeugen und diese weiter zu bearbeiten.

| | |
|---|---|
| **Betriebssysteme** | DSM (MUMPS), MS-DOS, VMS |
| **Softwareumgebung** | k.A. |
| **Hardwareumgebung** | Intel, PC, VAX |
| **Preis** | 15.000 DM |
| **Bezugsbedingungen** | k.A. |

**Bezugsadresse**
Hamburger Hafen- und Lagerhaus-AG
Bei St. Annen 1
2000 Hamburg

# Imagic

| | |
|---|---|
| **Fachgebiete** | Informatik |
| **Anwendungsbereiche** | Anwendungsprogramm, Bildverarbeitung |
| **Zielgruppen** | k.A. |
| **Version** | 1.0 |
| **Erstellungsdatum** | 25.03.1992 |

'Imagic' stellt jedem Benutzer Grundfunktionen zur Verfügung, die zur Entwicklung von Algorithmen aus dem Bereich der digitalen Bildverarbeitung benötigt werden (Bilder laden, anzeigen und speichern, Manipulationen der Look-up-Tabelle, Vermessungsfunktionen, Vergrößerungsfunktionen, Abfrage von Grauwerten etc.). Die Bedienung erfolgt menügesteuert. Vom Benutzer können nun eigene Programme erstellt werden, und, auch zur Laufzeit, in 'Imagic' eingebunden werden. Folgende Manipulationen des Bildmaterials sind dabei möglich: Aus zwei Bildern wird ein drittes erzeugt (z.b. addiert); aus einem Bild wird ein zweites erzeugt (z.B. logarithmiert); aus einem Bild wird durch Filteroperationen ein zweites erzeugt. Wichtig anzumerken ist, daß keine Änderungen am Quelltext von 'Imagic' notwendig sind. Der Benutzer erhält lediglich das ausführbare Programm. Dieses Konzept wurde mit Erfolg erprobt und kann, was die Weiterentwicklung softwaretechnischer Problemlösungen an Universitäten betrifft, die oft durch nur sehr kurzzeitig beschäftigte studentische Arbeitskräfte erfolgt, als richtungsweisend angesehen werden.

Das Programm wird seit 1 1/2 Jahren am Institut für Biokybernetik und Biomedizinische Technik in Karlsruhe eingesetzt und in dieser Zeit neuen Erkenntnissen entsprechend laufend verbessert. Der Benutzer ist nicht gezwungen, sich zusätzliche, die Grafik des Systems betreffende, Kenntnisse anzueignen und kann sich sofort mit den eigentlichen Problemen seiner Arbeit befassen. Das Programm ist in seiner jetzigen Form auch für die Verwendung in Praktika für digitale Bildverarbeitung sehr geeignet. Des weiteren wurde der Einsatz als Bildauswertestation in der Radiologie erprobt.

| | |
|---|---|
| **Betriebssysteme** | EURIX V/3.2 |
| **Softwareumgebung** | k.A. |
| **Hardwareumgebung** | Intel 386/387, 486; 8 MB RAM; EIZO MDB10, Optima Mega ET4000; Harddisk: 100 MB; Cop. ; Genius Maus; |
| **Preis** | k.A. |
| **Bezugsbedingungen** | k.A. |

**Bezugsadresse**
Dipl.-Inform. Ihno Krummreich
Firma Generics GmbH
Softwareentwicklung
Breite Straße 24
7500 Karlsruhe 1
(0721) 387094

**Autor**
Dipl.-Ing. Holger Schlüter
Universität Karlsruhe (TH)
Inst.f. Biokybernetik u. Biomed. Technik
7500 Karlsruhe 1

cand. inform. Heiko Leberer
Universität Karlsruhe (TH)
Inst.f. Biokybernetik u. Biomed. Technik
7500 Karlsruhe 1

# Anwendungsprogramme

## InTeR

| | |
|---|---|
| **Fachgebiete** | Informatik |
| **Anwendungsbereiche** | Anwendungsprogramm, Kommunikation, Datenmanagement |
| **Zielgruppen** | k.A. |
| **Version** | k.A. |
| **Erstellungsdatum** | k.A. |

Bei InTeR handelt es sich um Software für den Einsatz in Rechnernetzen. InTeR vermittelt jeden netzweit angebotenen Dienst an jeden autorisierten Anwender, ohne daß dieser die Vermittlungsleistung selbst wahrnimmt. Generell kann jede Anwendungssoftware als Dienst zur Verfügung gestellt werden, die nicht ausschließlich im Dialog betrieben werden muß. Neben eigenentwickelten Anwendungen kommen hierfür eine Vielzahl von Standardsoftwarepaketen aus dem Telekommunikationsbereich infrage. Der Schwerpunkt liegt in der Vermittlung von Telekommunikationsdiensten. Die Software, deren Leistung als Dienst angeboten werden soll, muß parametergesteuert von anderen Programmen aufgerufen werden können. Damit ein Dienst von InTeR angesprochen werden kann, sind 2-3 externe Programme notwendig. Für die Standardversionen von InTeR liegen sie bereits vor. Auf Wunsch werden die Schnittstellen dokumentiert zur Verfügung gestellt, so daß Anpassungen für eigene Dienste selber vorgenommen werden können.

| | |
|---|---|
| **Betriebssysteme** | MS-DOS 3.x |
| **Softwareumgebung** | k.A. |
| **Hardwareumgebung** | DOS-Rechner mit mind. 256KB Hauptspeicher; Systemanschluß: LAN-Netzwerkkarte oder Host-Terminalemulationskarte oder V. 24 oder (. . . je nach Systemumgebung). |
| **Preis** | 950 DM |
| **Sonderkonditionen** | Für Hochschulen: 40% Preisermäßigung |

**Bezugsadresse**
Beratungszentrum für Telekommunikation
Westfälische Wilhelms-Universität
Inst. für angewandte Informatik
Fliednerstr. 21
4400 Münster
0251 / 839994

## LATUSE (LATtice USEr)

| | |
|---|---|
| **Fachgebiete** | Physik |
| **Anwendungsbereiche** | 3 dim. Modell, Analyse, Anwendungsprogramm, Lernsoftware, Visualisierung |
| **Zielgruppen** | Physiker, Chemiker, Kristallographen |
| **Version** | 3.11 |
| **Erstellungsdatum** | 22.05.1992 |

LATUSE stellt ein kombiniertes Konstruktions-, Analyse- und Visualisierungsprogramm für periodische Kristallstrukturen, Oberflächen und Cluster beliebiger Komplexität dar. Ausgehend von einer Kristallgeometrie, die aus einer LATUSE-internen Datenbasis gewählt oder vom Benutzer selbst definiert wird, und entsprechenden Miller-Indizes (h k l) lassen sich Kristallausschnitte als Stapelung benachbarter (h k l)-Netzebenenbereiche festlegen. Diese Ausschnitte kann man auf vielfältige Weise graphisch darstellen und am Bildschirm interaktiv analysieren, wobei auch nachträgliche Geometriemodifikationen möglich sind. Weiter lassen sich die Kristalldaten (Geometrien, Symmetrien, Atompositionen) numerisch und z.B. für weiterführende Rechnungen abspeichern. Die weitgehende Flexibilität in der Wahl der Kristallstrukturen zusammen mit der einfachen Bedienung von LATUSE erlaubt den Einsatz bei vergleichenden Untersuchungen sowohl im Forschungs- als auch vor allem im Lehrbereich.

Dem Programm liegt die mathematische Theorie periodischer Kristallsysteme zugrunde, die weitgehend streng (Minkowski 1910), d.h. mit Hilfe zahlentheoretischer Methoden (Theorie der linearen diophantischen Gleichungen), implementiert ist. Dadurch ist der Einsatz für beliebig komplexe periodische Systeme und beliebige Netzebenenorientierungen ohne Einschränkungen und Genauigkeitsverlust möglich. Entsprechende computeradaptierte Algorithmen wurden für das Programm zum Teil neu entwickelt.

LATUSE wurde in Studentenkursen mit 10 - 15 Teilnehmern an der FU Berlin und TU Clausthal erfolgreich eingesetzt.

**Anerkennenswerte Leistung beim Deutschen Hochschul-Software-Preis 1991**

| | |
|---|---|
| **Betriebssysteme** | MS-DOS 3.x |
| **Softwareumgebung** | k.A. |
| **Hardwareumgebung** | IBM PC-AT, PS/2, 80386, 80486 DOS-Systeme; 640 KB; CGA, EGA, VGA (Farbmonitor); 1 MB; 80287, 80387; Maus (optional); (Farb-)PostScriptdrucker (optional) Maus; PostScript-Laserdrucker (optional) |
| **Preis** | 300 $ |
| **Bezugsbedingungen** | LATUSE ist Bestandteil des Softwarepakets SARCH/LATUSE und wird nur im Paket vertrieben |

| Bezugsadresse | Autor |
|---|---|
| Dr. Michel Van Hove | Prof. Dr. Klaus Hermann |
| University of California Berkeley | Fritz-Haber-Institut |
| Dept. of Chemistry | Abt. Theorie |
| CA 94720 Berkeley (USA) | 1000 Berlin 33 |

# Anwendungsprogramme

## LitVer

| | |
|---|---|
| **Fachgebiete** | Informatik, Allgemeines |
| **Anwendungsbereiche** | bibliographische Daten, Textformatierung, Hilfsprogramme |
| **Zielgruppen** | Wissenschaftler, Studenten |
| **Version** | 4.3 |
| **Erstellungsdatum** | 01.09.1992 |

LitVer ist ein Zusatzprogramm zu LaTeX und WordPerfect ab 5.0 und bindet Literaturtitel aus einer Datenbank in einen Text ein, so daß diese nicht erneut geschrieben werden müssen. Es verwendet das gebräuchlichste Datenbankformat .DBF, so daß bei Benutzung entsprechender Programme auch RELATIONAL gearbeitet werden kann. Für die endgültige Gestaltung der Fußnoten und die Formatierung in den WordPerfect-Texten sorgt dann ein Makro. Das Programm arbeitet so, daß man jedem Literaturtitel in der Datenbank eine neue Nummer gibt, durch die im Text der jeweilige Literaturtitel angesprochen wird. Beim ersten Auftreten eines Titels im Text wird der volle Literaturtitel aus der Datenbank gelesen, bei allen späteren Zitaten nur noch der auch in der Datenbank definierte Kurztitel. Alle im Text durch die Nummer zitierten Literaturtitel werden dann automatisch in die Bibliographie übernommen, sofern man den Befehl für ihre Erzeugung absetzt.

Es gibt vielfältige Konfigurationsmöglichkeiten, z.B. für die Abgrenzungszeichen zwischen den einzelnen Literaturfeldern. Zusätzlich werden Hilfsprogramme zur Überprüfung der Identifizierungsnummern und der Kurztitel auf Redundanz sowie zur Auflistung der Nummern und Kurztitel mitgeliefert, damit man bei Eingabe der Texte weiß, welche Nummer für welchen Titel steht.

| | |
|---|---|
| **Betriebssysteme** | MS-DOS |
| **Softwareumgebung** | LaTeX oder WordPerfect ab 5.0, Programm zum Bearbeiten einer .dbf-Datei, für relationales Arbeiten dBase ab III, Foxbase, Clipper, etc. |
| **Hardwareumgebung** | IBM-kompatibler PC-XT, PC-AT |
| **Preis** | 30 DM |
| **Bezugsbedingungen** | Shareware-Version des Programms darf nur im nichtgewerblichen Bereich unentgeltlich genutzt werden. Wer unter Nutzung des Programms in irgendeiner Form Geld verdient, muß Lizenzgebühren bezahlen. |
| **Sonderkonditionen** | Einzellizenz: 30 DM<br>Campuslizenz: nach Vereinbarung<br>Geltungsbereich: Hochschulen, Fachhochschulen, sonstige öffentliche Bildungseinrichtungen, persönliche Lizenzen für Hochschulangehörige und Studenten (20 DM bzw. 10 DM) |
| **ASK-SAM** | Das Programm kann über den Fileserver abgerufen werden. |

**Bezugsadresse/Autor**
Fred Sumbeck
Westfälische Wilhelms-Universität
Jeilerstraße 14
4400 Münster
0251 / 56426

## MERCATOR

| | |
|---|---|
| **Fachgebiete** | Geographie, Vermessungswesen |
| **Anwendungsbereiche** | Anwendungsprogramm, Datendarstellung, graphische Darstellung, topographisches Kartenzeichnen |
| **Zielgruppen** | k.A. |
| **Version** | 1.0 |
| **Erstellungsdatum** | 01.01.1991 |

Das Programm MERCATOR dient der interaktiven Erstellung thematischer Karten. Da MERCATOR nach dem "What you see, is what you get"-Prinzip arbeitet, versetzt es den Anwender schon nach kurzer Einarbeitungszeit in die Lage, raum- oder punktbezogene Daten als Mosaikkarte (Choroplethen) oder als Kartodiagramm (2D- und 3D-Stab, Kreißektor-und Kreisflügeldiagramm) darzustellen. Dem Anwender stehen z.Zt. 12 Füllmuster und je nach Grafikkarte des PCs verschiedene Farben zur Verfügung. Für die Beschriftung der Karte stellt MERCATOR 10 Schrifttypen in je 20 Größen zur Verfügung. Dabei wird der Text in einem Dialogfenster eingegeben und in der ausgewählten Schriftart und Größe auf dem Bildschirm angezeigt. Zum Plazieren des Textes auf der Karte zeichnet Mercator einen Rahmen in den Ausmassen des erstellten Schriftzuges, der mit der Maus frei auf dem Bildschirm bewegt werden kann. Die Legende wird von MERCATOR automatisch generiert. Sie enthält bei Choroplethenkarten einen gestuften Signaturenschlüssel und ein Häufigkeitsdiagramm. Bei der Darstellung von Diagrammen wird ein Signaturenschlüssel und ein Signaturenmaßstab erzeugt. Weiterhin lassen sich alle vom Programm generierten Grafikobjekte, wie Legendenbausteine und Maßstabbalken, nachträglich vom Anwender verändern und verschieben. MERCATOR achtet beim Zeichnen der Diagramme darauf, daß kleine nicht von größeren verdeckt werden. Zusätzlich besteht die Möglichkeit, die Diagramme direkt am Bildschirm zu verschieben. Weiterhin können Übersichtskarten (z.B. geographische Lage der Gemeinden, Fundorte usw) erstellt werden.

MERCATOR bietet die Möglichkeit, Karten zu überlagern, z.B. können Diagramme oder Ortsbezeichnungen über eine Choroplethenkarte gezeichnet werden. Mit MERCATOR können auch Ausschnittszeichnungen erstellt werden. Dazu wird der zu zeichnende Ausschnitt auf dem Bildschirm markiert und dann von dem Programm vergrößert dargestellt. Einfach statistische Auswertungen (z.B. Mittelwert, Standardabweichung und Quartile) der Datensätze sind mit MERCATOR möglich. Auf Grund von Beschränkungen in vergleichbaren Kartographieprogrammen auf dem PC, ist bei der Darstellung als Choroplethenkarte die Anzahl der Polygone nicht begrenzt. Bei Kartodiagrammen können 550 Diagramme dargestellt werden. Diese Beschränkung reicht an die Grenze der Darstellbarkeit heran. Ziel dieses Programmes ist es, nach kurzer Einarbeitungszeit Karten erstellen zu können, die kartographischen Ansprüchen genügen und ein breites Spektrum an Möglichkeiten zur Kartengestaltung bieten. Durch die Benutzerführung mit POP-UP Menüs und Dialogboxen wird der Anwender alle Parameter abgefragt, die das Programm zur Erstellung der verschiedenen Karten benötigt. So ist schon nach wenigen Schritten, ein akzeptables und ansprechendes Ergebnis auf dem Bildschirm zu sehen. Die Umsetzung eines Kartographieprogrammes auf den PC, gibt dem Anwender (z.B. Studenten) die Möglichkeit, unabhängig vom Großrechner oder einer Workstation zu arbeiten.

Das Programm wird in diesem Jahr am Geographisches Institut der Universität Heidelberg in der Lehre eingesetzt und ersetzt ein Programm, das für den Großrechner konzipiert ist. Am Institut für Wirtschafts- und Sozialgeographie in Wien wird mit MERCATOR gearbeitet.

# Anwendungsprogramme 639

**Preisträger des Deutschen Hochschul-Software-Preises 1991**

| | |
|---|---|
| **Betriebssysteme** | MS-DOS 3.x |
| **Softwareumgebung** | k.A. |
| **Hardwareumgebung** | IBM PC/AT; 640 KB; Herkules/EGA/VGA; 20 MB; 80x87; unterstützt Maus, falls vorhanden |
| **Preis** | 900 DM |
| **Sonderkonditionen** | Schulrabatt 25%; Studenten 50% |

**Bezugsadresse**                          **Autor**
Sigrid Schüller SDE                Stefan Klein
Ladenburger Str. 7                 Universität Heidelberg
6831 Plankstadt                     Geographisches Institut
                                         6900 Heidelberg

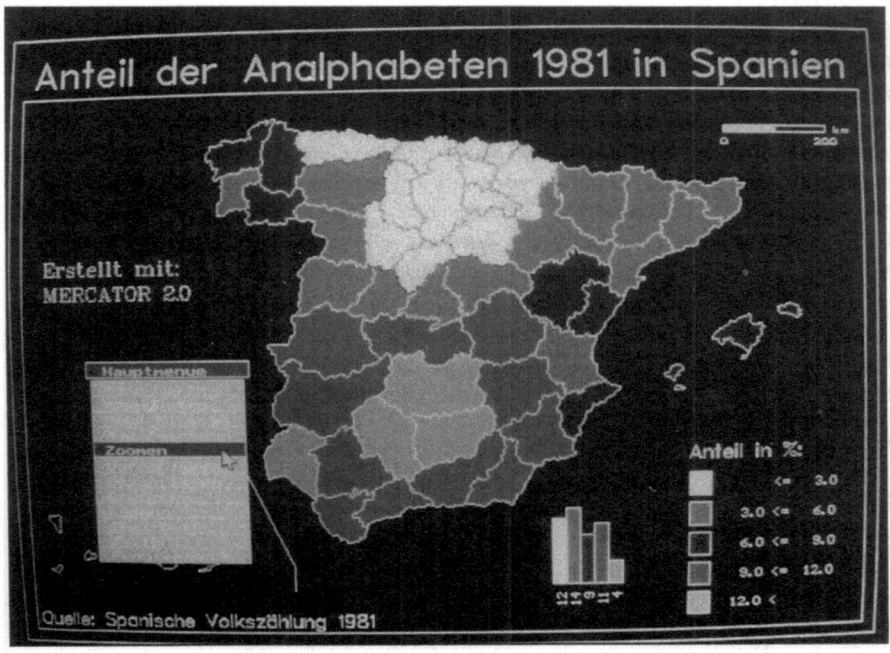

# MU_KENN

| | |
|---|---|
| **Fachgebiete** | Informatik, Maschinenbau, Verfahrenstechnik |
| **Anwendungsbereiche** | Anwendungsprogramm, Mustererkennung, Signalverarbeitung, statistische Analyse, Lernsoftware |
| **Zielgruppen** | k.A. |
| **Version** | 1.02 B |
| **Erstellungsdatum** | 20.02.1991 |

Das Programm "MU_KENN - Mustererkennungsverfahren" versucht beim Entwickeln und Testen von Klassifikationskriterien folgende Fragen zu beantworten: Ist es möglich, meine Objekte eindeutig zu klassifizieren? Welches Verfahren kann ich einsetzen? Wieviel Aufwand muß ich treiben? Wieviele Merkmale benötige ich? Wird das Ergebnis durch Meßdatenmanipulation besser?

Das Programm beinhaltet mathematische Grundlagen, verfeinerte Standardalgorithmen sowie praktische Erfahrung.

MU_KENN kann herkömmliche Methoden der Mustererkennung verbessern bzw. ablösen. Zur Bedienung von MU_KENN ist nur ein Mindestwissen von Klassifikation nötig. Ohne Computer sind die implementierten Algorithmen für die Bearbeitung derart großer Merkmalsdimensionen gar nicht lösbar. Die MU_KENN-Software wird mit Projektionsmaschinen im Unterricht, in Diplomarbeiten, in Versuchen und Praktika eingesetzt. Der Unterricht wird durch den Einsatz von neuen Vortragsmethoden positiver angenommen. Durch die Möglichkeit der Präsentation mit dem Rechner wird das eigene Lehrverhalten auch in anderen Fächern verändert.

**Anerkennenswerte Leistung beim Deutschen Hochschul-Software-Preis 1991**

| | |
|---|---|
| **Betriebssysteme** | MS-DOS 3.x |
| **Softwareumgebung** | MU_KENN-Software, Signalerfassungßoftware, Merkmalsextraktionssoftware. |
| **Hardwareumgebung** | IBM 80386; 640 KB; EGA; 40 MB; 80387; Maus; Epson-kompatibler Drucker |
| **Preis** | k.A. |
| **Bezugsbedingungen** | k.A. |

**Bezugsadresse/Autor**

Prof. Dieter Becker  
Fachhochschule  
Fachbereich Maschinenbau  
Friedrich-Streib-Str. 2  
8630 Coburg  
09561/317167

Frank Höllein  
Fachhochschule  
Fachbereich Maschinenbau  
Friedrich-Streib-Str. 2  
8630 Coburg  
09561/317267

# Neuralworks Professional 2

| | |
|---|---|
| **Fachgebiete** | Informatik |
| **Anwendungsbereiche** | Anwendungsprogramm |
| **Zielgruppen** | k.A. |
| **Version** | 2.5 |
| **Erstellungsdatum** | 30.01.1989 |

Mit dem Programm kann man die unterschiedlichsten neuronalen Netze erstellen, es können zum einen vorgefertigte Netze übernommen werden, die man in der Größe verändern kann (z.B Perceptron, Adaline/Madaline, Brain State in Box, Hopfield, Back Propagation, CounterPropagation, Bam, SPR, Hamming, ART, Recirculation, Probalistic, Boltzmann und Functional Link) zum anderen kann man aber auch nach Belieben selbst Netze zusammenstellen.

Das Programm ermöglicht das Einlesen von Lotus oder Symphony Dateien und das Weiterbearbeiten der Ergebnisse von Neuralworks mit diesen Programmen. In Neuralworks kann eine Vielzahl von Netzparametern graphisch dargestellt werden oder in eine Datei geschrieben werden. Es ist möglich, Ein- und Ausgabe über selbstgeschriebene C-Programme abzuwickeln, so erhält man eine große Flexibilität. Die Beschreibung ist sehr ausführlich, sie führt auch in die Grundlagen neuronaler Netze ein, und ist auch für den Anfänger auf diesem Gebiet geeignet.

Wenn man größere Netze plant, sollte man auf jeden Fall eine Speichererweiterung installiert haben, dabei gerät man sehr leicht in den Bereich einiger Megabyte, die das Programm benötigt um die Netze zu erstellen. Die Speichererweiterung muß dem EMS Standard genügen. Das Programm ist mit Hilfe einer Maus einfach zu bedienen.

| | |
|---|---|
| **Betriebssysteme** | MAC OS, MS-DOS 3.x, UNIX |
| **Softwareumgebung** | k.A. |
| **Hardwareumgebung** | PC, AT 286/386/486 mit Festplatte Programm unterstützt EMS, 20 MB Festplattenplatz |
| **Preis** | 3950 DM |
| **Bezugsbedingungen** | Preise jeweils zzgl. Mehrwertsteuer |
| **Sonderkonditionen** | Preis für Hochschulen: 3555 DM |

| **Bezugsadresse** | **Autor** |
|---|---|
| Scientific Computers | NeuralWare, Inc. |
| Franzstraße 107 | PA 15276 Pittsburgh (USA) |
| 5100 Aachen | |
| 0241/26041-42 | |

# PC-GUARD

| | |
|---|---|
| **Fachgebiete** | Informatik |
| **Anwendungsbereiche** | Verwaltung, Anti-Viren, Kommunikation, Hilfsprogramme |
| **Zielgruppen** | EDV-Anwender |
| **Version** | 3.0 |
| **Erstellungsdatum** | 31.08.1992 |

PC-Guard ist ein international eingesetztes Programm, lieferbar in deutsch, englisch, französisch, weitere Sprachen in Vorbereitung. Benutzeranmeldung: ID/Paßwort//oder Diskette//,Paßwort individuell mit Kontrollmechanismen (Wechselpflicht, Mindestlänge, Ausschlüsse, ...), Benutzerrechte für Nutzen von Diskettenlaufwerken, Schnittstellen, Programmen und Daten. Sicherheitseigenschaften: Bootschutz, Verschlüsselung, Portkontrolle, Zeitsperre, Benutzersperre, Virenschutz, Protokollierung, Kopierschutz. Utilities für Mehrfachinstallation: Definition von Sicherheitsprofil, Kopieren von Grundkonfigurationen.

| | |
|---|---|
| **Betriebssysteme** | MS-DOS 2.x, MS-DOS 3.x, MS-DOS 4.x, MS-DOS 5.x, OS/2 2.0 |
| **Softwareumgebung** | k.A. |
| **Hardwareumgebung** | IBM-PC oder Kompatible mit 512 KB Speicher und Harddisk und Diskettenlaufwerk |
| **Preis** | 598 DM |
| **Bezugsbedingungen** | Preis: max. 598 DM + Mwst. über CSS in Essen und Niederlassungen in Frankfurt und Dresden sowie über Fachhandel |
| **Sonderkonditionen** | Einzellizenz: 598 DM |
| | Mehrfachlizenz: 499,50 DM pro Lizenz bei 10 Kopien |
| | Geltungsbereich: Hochschulen, Fachhochschulen, sonstige öffentliche Bildungseinrichtungen, persönliche Lizenzen für Hochschulangehörige und Studenten |

**Bezugsadresse**

Rainer Peter
CSS GmbH
Abt. PC-Sicherheit
Am Westbahnhof 2
4300 Essen 1
0201/7498640

Eckhard Bäse
CSS GmbH
Backhausstr. 10
6000 Frankfurt 1
069/723724

# PerSoft PPS

| | |
|---|---|
| **Fachgebiete** | Informatik, Allgemeines |
| **Anwendungsbereiche** | Industrie, Planungssoftware, Produktentwicklung |
| **Zielgruppen** | k.A. |
| **Version** | 3.26 |
| **Erstellungsdatum** | 01.04.1991 |

PerSoftPPS besteht aus sieben integrierten Modulen. Jedes der genannten Programme stellt für sich ein Höchstmaß an Funktionalität und Mächtigkeit dar: Auftragsabwicklung, Lagerverwaltung, Einkaufsverwaltung, Stücklistenorganisation, Arbeitsplanorganisation, Zeitwirtschaft. Die Module greifen auf eine Materialwirtschaft zu, die über moderne Optimierungsalgorithmen verfügt und den Planbedarf sehr exakt ermittelt. Einige Funktionen seien hier erwähnt, wie u.a. deterministische und verbrauchsgesteuerte Dispositionen, Bestimmung absoluter Lieferfähigkeiten und Verfügbarkeiten, ABC-Klassifizierungen, Werkstoffverwaltung nach DIN und geometrischen Umrechnungsschlüsseln oder Ausschußmengendisposition. Zu den Standard-Modulen werden praxiserprobte Programmoptionen angeboten, die z.T. auch branchenübergreifenden Lösungscharakter haben: die Chargenverwaltung mit Analysennummernsteuerung für Lager, Fertigung und Verkauf; Programme zur freien Listen- und Formulargenerierung; die DEL-Notiz für Rohstoffverarbeiter; die Meß- und Wiegedatenerfassung in Mikrogrammdarstelung, Rezepturen, Packzettel- und Gebindebegleitscheine für die Chemie und Pharmazie; die Werkzeugamortisation und Maschinendatenverwaltung für die Kunststofffertigung; Werkzeugstoffdateien und spezielle Arbeitspapiere für den Maschinenbau; Zuschnittoptimierung in der Textil-, Fenster- und Papierindustrie; Reparaturhistorien für Apparate- und Anlagenbauer.

| | |
|---|---|
| **Betriebssysteme** | AIX, MS-DOS, SINIX, SUN OS, UNIX, XENIX |
| **Softwareumgebung** | k.A. |
| **Hardwareumgebung** | IBM-kombatibler PC, Mini-Rechner von Siemens, IBM, etc. |
| **Preis** | 35000 DM |
| **Bezugsbedingungen** | Einzellizenz ohne MwSt. |
| **Sonderkonditionen** | Preise unter Abzug des Hochschulrabattes ohne Mehrwertsteuer: |
| | Einzellizenz: 5.000,-- DM |
| | Mehrfachlizenz: auf Anfrage |
| | Geltungsbereich: Hochschulen, Fachhochschulen, sonstige öffentliche Bildungseinrichtungen, persönliche Lizenzen für Hochschulangehörige und Studenten |
| | Demonstrationsprogramme sind verfügbar. |

**Bezugsadresse**
PerSoft GmbH
Kurfürstenstr. 46
1000 Berlin 42
030-7062018

## pH-Wert

| | |
|---|---|
| **Fachgebiete** | Chemie |
| **Anwendungsbereiche** | Anwendungsprogramm, wässrige Lösung |
| **Zielgruppen** | Studenten, Dozenten, Schüler |
| **Version** | 91 |
| **Erstellungsdatum** | 10.10.1990 |

Berechnet alle Fragen im Zusammenhang mit dem pH-Wert in wässriger Lösung exakt und auf der Basis der üblichen "Lehrbuch-Näherungen". Das Programm ist interessant für jeden, der sich mit Chemie in wässriger Lösung, speziell im Zusammenhang mit Säuren und Basen beschäftigt. Als Vorkenntnisse sind nur die erforderlich, die diese Zielgruppe mitbringt; außerdem sind in die Programme abrufbare Infos eingebaut. Die Arbeit mit den Programmen erfordert keinerlei EDV-Kenntnisse; außerdem wird in den Programmen stets angegeben, was der Benutzer als nächstes tun soll. Die Wirkung auf die genannten Zielgruppen könnte in einem vertieften Interesse an diesem Teilgebiet der Chemie bestehen, an einem vertieften Verständnis, aber sie könnte auch darin bestehen, daß sich diese Zielgruppe für die Computer-Anwendung in der Chemie zu interessieren beginnt. Die zu lösenden Gleichungen höheren Grades (bis zu 6. Grades) werden durch das Verfahren der Einschachtelung gelöst.

| | |
|---|---|
| **Betriebssysteme** | MS-DOS 3.x |
| **Softwareumgebung** | k.A. |
| **Hardwareumgebung** | XT (comp. ); 512 KB RAM; Harddisk: 40 MB; 13" RGB Touch-Screen mit Aktiv-Lautsprecher; |
| **Preis** | 40 DM |
| **Bezugsbedingungen** | k.A. |

**Bezugsadresse**
Diesterweg-Verlag
Bürohaus am Riederwald
6000 Frankfurt

**Autor**
Professor Dr. Friedhelm Kober
Technische Hochschule Darmstadt
Fachbereich Chemie
6100 Darmstadt

# Anwendungsprogramme 645

## PISA

| | |
|---|---|
| **Fachgebiete** | Informatik |
| **Anwendungsbereiche** | Datenbank-Management-System, Informationsmanagement |
| **Zielgruppen** | k.A. |
| **Version** | k.A. |
| **Erstellungsdatum** | k.A. |

PISA (Portable Information System Architecture) ist ein verteiltes, realzeitorientiertes DBMS mit NF2-Relationen. Die modulare Struktur ermöglicht den Aufbau maßgeschneiderter Informationssysteme aus fertigen Bausteinen. Auf diese Weise können mit PISA Informationssysteme kostengünstig aufgebaut werden und optimal sowohl an die Bedürfnisse einer Anwendung als auch an die Leistungsfähigkeit einer vorhandenen Hardware und des zugrundegelegten Betriebssystems angepaßt werden. PISA/DB ist ein portables Datenbanksystem für realzeitorientierte und dezentrale Anwendungen. Alle mit PISA zu bearbeitenden Daten werden von PISA/DB verwaltet. PISA/DB unterstützt ausfallsichere Systeme. Dabei besteht die Möglichkeit, Spiegelplatten und Mehrfachprozessoren einzusetzen. Für extrem hohe Zugriffsanforderungen stehen in PISA/DB spezielle zyklische Dateien und Direktzugriffsdateien zur Verfügung, die über schnelle Algorithmen einer Datenverfügbarkeit an den Grenzen der Platten E/A ermöglichen. PISA/NT ist eine Verteilungskomponente für PISA/DB. Die Datenbestände können auf mehrere Rechner verteilt sein. Alle Zugriffe erfolgen transparent, als wäre der gesamte Datenbestand lokal. PISA/NT unterstützt den Einsatz von lokalen Netzwerken. Mit PISA/RG (Report-Generator) können nach beliebigen Selektions- und Sortier-Kriterien Übersichten über den Datenbestand in frei wählbaren Formaten erzeugt werden. Mit PISA/MP (Formular-Generator und Maskenprozessor) können Datenein- und -ausgaben formulargesteuert erfolgen; Eingaben werden dabei vorgebbaren Überprüfungen unterzogen.

| | |
|---|---|
| **Betriebssysteme** | RSX, ULTRIX, VMS |
| **Softwareumgebung** | k.A. |
| **Hardwareumgebung** | PDP, RISC, VAX, VAX/VMS, VAX/ULTRIX, RISC/ULTRIX |
| **Preis** | k.A. |
| **Bezugsbedingungen** | Preis: DM 5.000 - DM 300.000 |

**Bezugsadresse**
Infodas GmbH
Rhonestraße 2
5000 Köln

# Pixel-FX

| | |
|---|---|
| **Fachgebiete** | Informatik, Allgemeines |
| **Anwendungsbereiche** | Anwendungsprogramm, Bildverarbeitung |
| **Zielgruppen** | k.A. |
| **Version** | k.A. |
| **Erstellungsdatum** | k.A. |

Mit dem Softwareprodukt Pixel-FX steht dem UNIX- bzw ULTRIX-Anwender ein professionelles Bildbearbeitungssystem unter der Motif/X-Windows Oberfläche zur Verfügung. Das Produkt ist zu den meisten heute gebräuchlichen Scannern kompatibel, so daß z. B. die Scannerfamilie der HP- und Sharpscanner angeschlossen werden können (über die SCSI- bzw. GPIB Schnittstelle).

Als komplette Bildbearbeitungslösung - also Bildeingabe, Bilddarstellung und Manipulation sowie Bildausgabe - stehen dem Anwender verschiedene Peripheriegeräte zur Verfügung. Unterstützt werden die meisten heute gebräuchlichen Scannerfamilien, wobei die Software sämtliche Scannerfunktionen enthält und Bilddaten von 1 Bit- (Line art), 8 Bit- (Graustufen) bis 24 Bit (Color) Tiefe erkennt. Nachdem die Bilder gescannt sind, bietet die Software dem Anwender eine Vielzahl von Bildbearbeitungsfunktionen. So stehen über normale Editier-Funktionen hinaus verschiedene Filter (Schärfen, Rauschen, adaptive Farbverteilung usw.) zur Verfügung. Außerdem gibt es die Möglichkeit, Farbbilder von RGB nach CMYK zu konvertierne und Bilder durch Farbseparation und Kalibrierung für Belichter vorzubereiten.

| | |
|---|---|
| **Betriebssysteme** | HP-UX, SCO UNIX, SUN OS, ULTRIX, UNIX |
| **Softwareumgebung** | k.A. |
| **Hardwareumgebung** | DEC (Ultrix), HP (Apollo), Sun Sparcstation, IBMRS6000, SCO-UNIX |
| **Preis** | k.A. |
| **Bezugsbedingungen** | k.A. |

**Bezugsadresse**
Bernd Lauinger
Data Integral GmbH
Urachstraße 17
7800 Freiburg
0761/70311 32

# Anwendungsprogramme

## PRO/LS

| | |
|---|---|
| **Fachgebiete** | Informatik, Betriebswirtschaftslehre |
| **Anwendungsbereiche** | graphische Datenverarbeitung, Industriesystem, Fertigungswesen, Planungs- u. Realisierungssoftware, Zeitplanung, Kontrollsystem-Simulation |
| **Zielgruppen** | Fertigungsbetriebe |
| **Version** | 2.0 |
| **Erstellungsdatum** | 01.03.1992 |

PRO/LS bietet eine graphisch gestützte Feinplanung und Steuerung der Produktionsphase mit anpaßbaren Schnittstellen für PPS, BDE, u.a.

PRO/LS ermöglicht: Verwaltungsfunktionen (Import, Export, Erfassen, Ändern von Projekten, Aufträgen, Arbeitsgängen, Maschinengruppen, Maschinen, Zeitmodellen, Schichtplänen, Kalender; Auswertungen; Sofort-Auskünfte; Bedienerhilfe), Graphische Darstellung (Projektplan für Aufträge; Arbeitsgänge aus AuftragBicht; Arbeitsgänge aus Maschinengruppen-/Maschinenschicht; Belastungsanzeigen für Arbeitsgänge im Belastungspanorama, geplante Belastung, wahrscheinliche Belastung, durchschnittliche Belastung), Planungs- und Steuerungsfunktionen (Arbeitsgangterminierung; Zuteilen (Einlasten) von Maschinengruppen auf Maschinen; Manipulationen, Ändern, Verschieben, Umlegen, Splitten, Stornieren, Stoppen; Freigabe zur Abarbeitung), Rueckmelden (direkt oder über BDE-Schnittstelle).

| | |
|---|---|
| **Betriebssysteme** | OS/2 2.0 |
| **Softwareumgebung** | OS/2 Data Base Manager, OS/2 Presentation Manager |
| **Hardwareumgebung** | CPU 486-33 MHz, min. 12 MB Hauptspeicher, min. 70 MB Plattenbedarf, min. 16" Monitor, Farbgraphik VGA (besser 8514/A oder XGA, SVGA), netzwerkfähig im OS/2-LAN |
| **Preis** | 10000 DM |
| **Bezugsbedingungen** | Mindestpreis |
| **Sonderkonditionen** | Preise unter Abzug des Hochschulrabattes ohne Mehrwertsteuer:<br>Einzellizenz: 1800.- DM<br>Geltungsbereich: Hochschulen, Fachhochschulen, sonstige öffentliche Bildungseinrichtungen |

**Bezugsadresse**
Karl Bourges
sib Software GmbH
Vertrieb
Teuchelweg 19
7260 Calw
07051/1306-19

# RAIN

| | |
|---|---|
| **Fachgebiete** | Chemie |
| **Anwendungsbereiche** | Anwendungsprogramm, Reaktionsmechanismus, Reaktionssimulation |
| **Zielgruppen** | k.A. |
| **Version** | 2.0 |
| **Erstellungsdatum** | 16.03.1992 |

RAIN ist ein Programm zur Erstellung aller formal möglichen Reaktionspfade (Mechanismen), die die Ausgangsstoffe mit den Produkten einer chemischen Reaktion verbinden und die unter den gegebenen Randbedingungen erlaubt sind. Die Ausgangsstoffe und die Produkte werden vom Benutzer mit einem grafischen Moleküleditor eingegeben (gezeichnet). Mit einem formalen Reaktionsgenerator und einem Netzwerkmanagementsystem versucht RAIN nun, die Endpunkte dieser Reaktion mit einer oder mehreren Folgen von Reaktionschritten zu verbinden. Die vom Benutzer in weiten Grenzen veränderbaren Randbedingungen limitieren die elektronische und topologische Komplexität der einzelnen Schritte. Für die erzeugten Intermediate können Eigenschaften wie Ringkomplexität, unerwünschte Substrukturen oder Valenzzustände als Ausschlußkriterien herangezogen werden. Die erhaltenen Reaktionspfade werden dem Benutzer in grafischer Form ausgegeben und können mit Hilfe spezieller Editoren im Detail studiert bzw. ausgedruckt werden.

| | |
|---|---|
| **Betriebssysteme** | MS-DOS 3.x |
| **Softwareumgebung** | Maustreiber muß installiert sein. |
| **Hardwareumgebung** | IBM XT, AT, 386, 486; 505 KB RAM; Hercules, CGA, EGA, VGA; Harddisk: 2 MB; 80x87 (optional); MS-Maus; |
| **Preis** | 100 DM |
| **Bezugsbedingungen** | Zum oben angegebenen Preis nur für Hochschulen. Für Kunden aus der Industrie wird von Fall zu Fall ein angemessener Preis verhandelt. |

**Bezugsadresse/Autor**
Dr. Eric Fontain
Technische Universität München
Organisch-Chemisches Institut
Lichtenbergstraße 4
8046 Garching
(089)-3209-3378

# Anwendungsprogramme 649

## RS / DISCOVER (TM)

| | |
|---|---|
| **Fachgebiete** | Informatik |
| **Anwendungsbereiche** | Ingenieurwesen |
| **Zielgruppen** | k.A. |
| **Version** | k.A. |
| **Erstellungsdatum** | k.A. |

RS / DISCOVER (TM) ist das Werkzeug zur Versuchsplanung. Ziel der Versuchsplanung ist die Gewinnung optimal aussagekräftiger Ergebnisse durch eine Minimalzahl an Versuchsläufen. Dies wird erreicht durch methodisches Vorgehen bei der Wahl der einzelnen Versuchseinstellungen. Das Ergebnis eines Versuchsplans ist ein Arbeitsblatt, in dem die Einstellungen für alle Versuchsläufe enthalten sind und die Messergebnisse eingetragen werden. Die Auswertung des Versuchs geschieht dann wieder mit RS / EXPLORE (TM). Der Anwender muß zuerst die Zielsetzung seines Versuchs definieren. Will er nur wissen, welche Faktoren überhaupt einen Einfluß haben (Screening), oder will er quantitativ wissen, welchen Einfluß die einzelnen Faktoren haben (Response Surface Modelling). Je nach Zielsetzung bietet RS / DISCOVER unterschiedliche Designs, dazu gehören die klassischen voll- und teil faktoriellen Designs, Box-Behnken, Plackett-Burmann, CCI, CCC und CCF, sowie das rechnergestützte optimale Verfahren. Das optimale Design wird immer dann eingesetzt, wenn klassische Designs versagen, z.B. wenn nicht alle denkbaren Versuchseinstellungen auch möglich sind (Ausschlußbereiche) oder wenn bereits existierende Versuchsdaten mit übernommen werden sollen. RS / DISCOVER unterstützt zusätzlich Mischungsexperimente und Versuchspläne nach dem Taguchi-Verfahren. Während Mischungsexperimente hauptsächlich im chemischen Bereich Anwendung finden, wird das Taguchi-Verfahren zunehmend für Prozesse eingesetzt, in denen die Auswirkungen von streuenden Einflußgrößen minimiert werden sollen. Der Einsparungseffekt ist in den meisten Fällen beträchtlich, da sich jeder eingesparte Versuchslauf in Mark und Pfennig umrechnen läßt. RS / DISCOVER und RS / EXPLORE sind Warenzeichen der BBN Software Products Corporation.

| | |
|---|---|
| **Betriebssysteme** | ULTRIX, VMS |
| **Softwareumgebung** | k.A. |
| **Hardwareumgebung** | VAX, VAX/VMS, VAX/ULTRIX |
| **Preis** | k.A. |
| **Bezugsbedingungen** | Preis: DM 9.000 - DM 500.000 |

**Bezugsadresse**
BBN Deutschland GmbH
Thomas-Wimmer-Ring 17
8000 München

## RS / QCA II

| | |
|---|---|
| **Fachgebiete** | Informatik |
| **Anwendungsbereiche** | Ingenieurwesen |
| **Zielgruppen** | k.A. |
| **Version** | k.A. |
| **Erstellungsdatum** | k.A. |

RS / QCA II ist das Werkzeug für die statistische Prozeßkontrolle. Voll integriert in die übrigen RS / Produkte bietet es alle Möglichkeiten zur Aufbereitung der Qualitätsdaten eines Prozesses. Dazu gehört die Erstellung von Regelkarten für die variable und attributive Prüfung, Prozeßfähigkeitsuntersuchungen und die Pareto-Analyse. Die Variablen eines Prozesses und die zugehörigen Auswerte-Methoden können einmal definiert und als Konfiguration abgelegt werden, so daß beim laufenden Prozeß die Erstellung der entsprechenden Grafiken jeweils automatisch erfolgt.

RS / QCA II besitzt ein voll interaktives Menü-Interface für die Dateneingabe, die einzelnen Auswertungen und die Definition von Konfigurationen. Daneben schließt RS / QCA II ein Werkzeug zur Entwicklung von eigenen Qualitäts-Anwendungen mit ein. In RPL programmierte Anwendungen können dabei auf die Funktionen von RS / QCA II direkt zugreifen. Zusätzlich steht ein Werkzeug zur Erstellung eigener Menüs und ein kontext-sensitiver Tabellen-Editor zur Verfügung. Die statistische Prozeßkontrolle von RS / QCA II ist ein wichtiges Werkzeug bei der Überwachung laufender Prozesse. Beachtet werden sollte jedoch, daß statistische Prozeßkontrolle immer nur feststellt, wie sich die Qualität des Ausgangsprodukts verhält, nicht warum eventuelle Abweichungen entstanden sind. RS / QCA II dient daher der passiven Qualitätskontrolle, für die aktive Qualitätsverbesserung sind Werkzeuge wie RS / EXPLORE (TM) und RS / DISCOVER (TM) einzusetzen. RS / EXPLORE und RS / DISCOVER sind Warenzeichen der BBN Software Products Corporation.

| | |
|---|---|
| **Betriebssysteme** | ULTRIX, VMS |
| **Softwareumgebung** | k.A. |
| **Hardwareumgebung** | VAX, VAX/VMS, VAX/ULTRIX |
| **Preis** | k.A. |
| **Bezugsbedingungen** | Preis: DM 3.000 - DM 50.000 |

**Bezugsadresse**
BBN Deutschland GmbH
Thomas-Wimmer-Ring 17
8000 München

# Anwendungsprogramme

## SANDRA

| | |
|---|---|
| **Fachgebiete** | Chemie |
| **Anwendungsbereiche** | Anwendungsprogramm, bibliographische Daten |
| **Zielgruppen** | k.A. |
| **Version** | 2.0 |
| **Erstellungsdatum** | 01.01.1988 |

Programm zur Korrelation organischer Strukturen mit der entsprechenden Referenzposition im "Beilstein". Unabhängig von der Tatsache, ob die gefragte Struktur tatsächlich bereits bekannt ist, wird auf den entsprechenden Seitenbereich bzw. die Systemnummer verwiesen. Mit diesem Programm ist das undurchsichtige Beilsteinsystem transparent gemacht und es gibt keine Ausreden mehr, eine Information im "Beilstein" nicht gefunden zu haben.

| | |
|---|---|
| **Betriebssysteme** | MS-DOS |
| **Softwareumgebung** | k.A. |
| **Hardwareumgebung** | IBM-PC MAUS |
| **Preis** | 980 DM |
| **Bezugsbedingungen** | k.A. |

**Bezugsadresse**
Auftragsbearbeitung
Springer Verlag Berlin
Heidelberger Platz 3
1000 Berlin

**Autor**
Prof. A. S. Lawson
Beilstein Institut
6000 Frankfurt/Main

# SCOUT

| | |
|---|---|
| **Fachgebiete** | Chemie, Mathematik, Physik |
| **Anwendungsbereiche** | Anwendungsprogramm, Datenmanagement, Lehrsoftware, objektorientierte Integration, physikalische Anwendungen, Hilfsprogramme |
| **Zielgruppen** | k.A. |
| **Version** | 2.0 |
| **Erstellungsdatum** | 03.09.1992 |

Das Programm SCOUT ist ein Utility zur Manipulation und graphischen Darstellung von Daten. Hierzu bietet es eine Reihe von Möglichkeiten, unterschiedliche Arten von Datensätzen, wie sie in den Naturwissenschaften häufig auftreten, zu erzeugen oder gezielt zu verändern (es handelt sich im wesentlichen um ein- und zweidimensionale Datenfelder). SCOUT kann vorhandene Daten aus Textdateien einlesen, die als Schnittstellen zu anderen Programmen dienen. Dies ermöglicht zum Beispiel eine Meßwertanalyse und -präsentation mit SCOUT. Die Manipulation der Daten erfolgt durch vom Benutzer als Text eingebbare Formeln, wobei das Programm eine Vielzahl von vordefinierten Funktionen beinhaltet. Mit diesem Formelinterpreter ist es natürlich auch möglich, Daten selbst zu erzeugen.

Daneben bietet SCOUT eine Reihe von Modulen zur linearen Interpolation, womit z.B. bestimmte Bereiche aus langen Datensätzen in handliche, kleinere Datenfelder extrahiert werden können. Eine Fouriertransformation ist ebenfalls vorhanden. Die graphische Ausgabe von SCOUT erfolgt natürlich nicht nur über den Bildschirm, sondern hauptsächlich über HPGL-Vektorgraphiken, die entweder direkt auf einen Plotter oder aber in Dateien ausgegeben werden können. Hier ist streng darauf geachtet worden, daß der HPGL-Output streng dem Bildschirmoutput entspricht. Die HPGL-Dateien können über auf dem Markt erhältliche Konvertierungssoftware natürlich auch auf Matrix- und Laserdruckern ausgegeben werden. Mit Plottern und Laserdruckern ist damit eine hochwertige Ausgabequalität erreichbar, die für wissenschaftliche Publikationen ohne weiteres geeignet ist.

| | |
|---|---|
| **Betriebssysteme** | MS-DOS 5.x |
| **Softwareumgebung** | Microsoft Windows 3. x |
| **Hardwareumgebung** | 386, 486; 2 MB; VGA, EGA, HERCULES; Coprozessor |
| **Preis** | 600 DM |
| **Bezugsbedingungen** | Ermäßigter Preis für Studenten: 50 DM |

**Bezugsadresse/Autor**
Dr. Wolfgang Theiss
RWTH Aachen
I.Physikalisches Institut A
Sommerfeldstr. Turm 28
5100 Aachen
0241/807173

# Anwendungsprogramme

## SIR / DBMS (R)

| | |
|---|---|
| **Fachgebiete** | Informatik |
| **Anwendungsbereiche** | Datenbank-Management-System, Informationsmanagement |
| **Zielgruppen** | k.A. |
| **Version** | k.A. |
| **Erstellungsdatum** | k.A. |

SIR / DBMS (R) ist ein intelligentes relationales Datenbanksystem der 4. Generation. SIR / DBMS ist ein branchenunabhängiges Software-Paket, welches aber über Features verfügt, durch die es speziell für den Forschungssektor geeignet ist; dies sind die zahlreichen Schnittstellen, über die SIR verfügt, z.B. zu SAS, SPSS und BMDP. SIR selbst verfügt ebenfalls über Funktionen für statistische Auswertungen. SIR / DBMS ist eine concurrency-fähige Datenbank, d.h. mehrere Benutzer können lesend und schreibend auf eine Datenbank zugreifen. SIR / DBMS verfügt über verschiedene Benutzer-Schnittstellen, die der Anwender je nach Können und Zielsetzung siener Anwendung auswählen kann. Selbstverständlich steht das standardisierte SQL zur Verfügung, wobei dem Anwender in SIR / DBMS aber einige nützliche Features zur Verfügung stehen, die den Umgang mit SQL erleichtern und über das Standards-SQL hinausgehen. PQL ist eine zweite Schnittstelle zur Datenbank, eine hochentwickelte Sprache der 4. Generation mit vielen automatischen Prozeduren. Mir SIR / EASY ist es möglich, PQL-Code durch interaktive Eingaben automatisch zu erzeugen. Dieser Code ist jederzeit nachträglich modifizierbar. FORMS ist das bildschirmorientierte Datenbankabfrage- und Pflegetool, in dem leicht die verschiedensten Masken miteinander verbunden werden können. Die Standard-Masken kann sich der Benutzer automatisch erzeugen lassen. Die Datenbanken selbst werden interaktiv in dem SCHEMA-Modul definiert. Dabei können Wertebereiche, Valü-Labels, etc. gleich mit festgelegt werden. Eine besonders nützliche Einrichtung ist die Möglichkeit, für eine Variable mehrere fehlende Werte zu definieren. Dadurch wird SIR / DBMS bei statistischen Auswertungen besonders effizient. Auch in Sprachen der 3. Generation geschriebene Programme können weiterverwendet werden, da SIR / DBMS über entsprechende Schnittstellen verfügt.

| | |
|---|---|
| **Betriebssysteme** | ULTRIX, UNIX, VMS |
| **Softwareumgebung** | k.A. |
| **Hardwareumgebung** | VAX, VAX/VMS, VAX/ULTRIX |
| **Preis** | k.A. |
| **Bezugsbedingungen** | Preis: DM 2.300 - DM 300.000 |

**Bezugsadresse**
IQBAL EDV-Systeme GmbH
Heiser Weg 51
2855 Hollen

# SLAVE-A UNIX Editor Approach

| | |
|---|---|
| **Fachgebiete** | Informatik |
| **Anwendungsbereiche** | Editor |
| **Zielgruppen** | Ingenieure, Programmentwickler, Wissenschaftler, Studenten |
| **Version** | 1.3B |
| **Erstellungsdatum** | 15.02.1991 |

Sämtliche übliche Funktionen zur Bearbeitung von Texten aller Art. Es wird der erweiterte ASCII Code (256 Characters) verwendet. Auf dafür geeigneten Terminals oder Terminalemulationsprogrammen wird der SAA Farbcode weitgehend verwendet. Weitgehend bedeutet in diesem Fall, daß auf UNIX spezifische Einschränkungen aus Kompatibilitätsgründen Ruecksicht genommen werden mußte. Als besondere Funktionen kann der Benutzer Texte einfach mit Wordwrap (automatischer Zeilenumbruch) eingeben und diese Texte dann in einen Blocksatz verwandeln. Für Programmierer bietet der Editor die Möglichkeit, direkt den Compiler aufzurufen. Die etwaigen Fehlermeldungen des Compilers werden analysiert (genaueres im Handbuch) und einzeln am Schirm dargestellt. Dabei sucht der Editor selbständig die richtige Stelle im Quellcode. Es gibt noch viele weitere Funktionen, die jedoch den Rahmen dieser Zusammenfassung bei Weitem sprengen würden. Es sei daher noch einmal mit Nachdruck auf das Handbuch verwiesen. Diverse Modelle der modernen Bedienbarkeit unter Berücksichtigung schneller Bedienbarkeit. Daher Verwendung von Roll-Down-Menus, Pop-Up Windows oder Farben.

| | |
|---|---|
| **Betriebssysteme** | EURIX, Interactive IX/386, SCO UNIX, UNIX |
| **Softwareumgebung** | Korrekte Terminfo |
| **Hardwareumgebung** | Ein UNIX Rechner. Für die mitgelieferte Version benötigen Sie: 386/486er; 2 MB RAM; Hercules bzw. EGA + VGA Graphik-Karte für Farbunterstützung (ANSI Farbcodes); Festplatte: 60 MB |
| **Preis** | 720 DM |
| **Bezugsbedingungen** | Hochschulrabatte nach Absprache. Ansonsten: Run-Time Lizenz (1 CPU) DM 720.-; Right-To-Copy (für 1 weitere CPU) DM 360.-; Update-Vertrag DM 72.-/Jahr; Source-Code-Lizenz DM 10.000.-. |

**Bezugsadresse/Autor**
Christoph G. Prinz
Universität Wien
Hartäckerstraße 40
A-1190 Wien (Österreich)
363661

# SLP - super linear programming

| | |
|---|---|
| **Fachgebiete** | Wirtschaftswissenschaften, Mathematik |
| **Anwendungsbereiche** | Anwendungsprogramm, Matrixerzeuger, Planungssoftware, lineares Programmieren |
| **Zielgruppen** | Software-Entwickler |
| **Version** | 1.2 |
| **Erstellungsdatum** | 01.07.1992 |

Mit SLP - super linear programming ist es möglich, eine Matrix für eine LP-Formulierung am Bildschirm zu bearbeiten. Dabei können Matrizen mit 1000 Aktivitäten erstellt werden. Damit man die Übersicht über die Matrix nicht verliert, ist sichergestellt, daß die Namen von Aktivitäten oder Begrenzungen nicht doppelt vorkommen können. Die Verwaltung der Aktivitäten und Begrenzungen umfaßt folgende Funktionen: Aktivitäten und Begrenzungen am Ende der Matrix anfügen, bestehende Aktivitäten und Begrenzungen ändern, Aktivitäten und Begrenzungen löschen, Aktivitäten und Begrenzungen an beliebiger Stelle einfügen, Aktivitäten und Begrenzungen mit allen dazugehörigen Koeffizienten beliebig verlagern, Aktivtitäten und Begrenzungen mit allen dazugehörigen Koeffizienten kopieren, Übernahme von Aktivitäten und Begrenzungen anderer Matrizen. Zur Eingabe der Koeffizienten werden bis zu sechs Zeilen der Matrix mit sechs Spalten dargestellt. Durch die Definition verschiedener Tasten ist es möglich, rasch jede Aktivität oder Begrenzung am Bildschirm darzustellen. Die Erstellung des Mps(mathematical programming system)-Formats als Voraussetzung für das Rechnen der Optimierung erfolgt weitgehend automatisch. Es können jedoch noch Zusatzinformationen zu den einzelnen Aktivitäten und Begrenzungen eingegeben werden, soweit dies im Rahmen von XA vorgesehen ist. Es handelt sich dabei um die Definitionen von RANGES und BOUNDS. Die Darstellung der Ergebnisse der Optimierung erfolgt so, daß der Benutzer gezielt auf die einzelnen Aktivitäten oder Begrenzungen zugreifen kann. Jede Matrix wird von SLP einem Betrieb zugeordnet. So ist eine klare Übersicht über die vorhandenen Matrizen und deren Zugehörigkeit zu einem bestimmten Problembereich gegeben. Eine Druckroutine ermöglicht das Ausdrucken der Matrix entweder im Normalmodus (sechs Spalten pro DIN A4-Seite) oder in Schmalschrift (zehn Spalten pro DIN A4-Seite). Zusätzlich kann noch die Mps-Datei ausgedruckt werden. Mit SLP ist es gelungen, den Zyklus Bearbeiten der Matrix - Erstellen des Mps-Formats - Rechnen der Optimierung - Analysieren des Ergebnisses - Neuerliches Bearbeiten der Matrix in einer Menüoberfläche zu vereinen, und so die genannten Arbeitsschritte rasch und bequem ausführen zu können.

| | |
|---|---|
| **Betriebssysteme** | DR-DOS 5.x, MS-DOS |
| **Softwareumgebung** | k.A. |
| **Hardwareumgebung** | IBM PC-AT oder Kompatibler, 640 K Ram |
| **Preis** | 2000 DM |
| **Bezugsbedingungen** | k.A. |

**Bezugsadresse/Autor**
Dipl. Ing. Richard Geiblinger
A. Stifter-Str. 4
A-3300 Amstetten (Österreich)
07472/63549

# SNAPAD

| | |
|---|---|
| **Fachgebiete** | Informatik, Wirtschaftswissenschaften |
| **Anwendungsbereiche** | EDI-Software, SNA Software, X.25 Software, Kommunikation, Systemsoftware |
| **Zielgruppen** | Wissenschaftler, Studenten |
| **Version** | 4.5 |
| **Erstellungsdatum** | k.A. |

SNAPAD (SoftwarePAD and X.25 Connectivity for SNA) ermöglicht es, vom Terminal des IBM-Rechners aus beliebige IBM- und non-IBM-Rechner (die gesamte ASCII-Welt) über X.25/X.29 (DATEX-P) anzuwählen. Dies umfaßt insbesondere alle Online-Datenbank-Anbieter, die üblicherweise ein ASCII Terminal oder einen PC als Zugangsdevice voraussetzen. SNAPAD übernimmt dabei alle PAD-Funktionen (Packet-Assembly/Disassembly nach CCITT X.3/X.28/X.29), die Umsetzung EBCDIC/ASCII und die funktionsgerechte Darstellung auf dem IBM-Terminal. Ab SNAPAD Version 4.0 ist die Anwahl anderer IBM-Systeme (z.B. DIALIBM) im 3270 fullscreen mode möglich. Dabei wird der gesamte 3270-Datenstrom transparent durchgeschaltet. Eine umfangreiche SNA/SNI-Generierung auf beiden Systemen ist nicht erforderlich: SNAPAD-PAD3270 emuliert hier Funktionen einer IBM 3174 Steuereinheit. Weitere SNAPAD Komponenten: PADSLX(script processor zur Automatisierung von Dialogen) PADCBC(Batchfile-transfer mit dem Mark III von General Electric (EDI)) PADAPI(Programmschnittstelle zur X.29-Kommandoebene) PADSMF(Auswertung von SMF-records) juris formular (z.Zt. für MVS und MS(PC)-DOS; menugesteuerte Oberfläche für Online-Recherchen in den Datenbanken der juris GmbH)

| | |
|---|---|
| **Betriebssysteme** | MVS, MVS/ESA, MVS/XA, VM/SP, VM/XA, VM/ESA |
| **Softwareumgebung** | MVS(/XA, /ESA) , (TSO) ; VM(/SP, /XA, /ESA, 9370) , (CMS) ; X. 25 NPSI; NCP; VTAM; für VM9370: OSNS; für PADISPF: ISPF; für PADMENU: REXX; für Kostenabrechnungs-Routine: PL/1-Compiler |
| **Hardwareumgebung** | Jede von MVS(/XA, /ESA) oder VM(/SP, /XA, /ESA, 9370) unterstützte CPU; Communications-Controller 37xx (oder kompatibel); X. 25-Anschluß |
| **Preis** | 21000 DM |
| **Bezugsbedingungen** | Preise je nach Betriebssystem und Leistungsumfang ab 21.000 DM |

**Bezugsadresse/Autor**

Ges. für Mathematik und Datenverarbtg.
I8.NW
5205 St. Augustin

codework Software GmbH
Friedrich-Ebert-Platz 2a
5202 Hennef
02242-85064

# Anwendungsprogramme

## Sofbid-TDB / SQL

| | |
|---|---|
| **Fachgebiete** | Informatik |
| **Anwendungsbereiche** | Informationsmanagement |
| **Zielgruppen** | k.A. |
| **Version** | k.A. |
| **Erstellungsdatum** | k.A. |

Sofbid-TDB / SQL ist ein NF2-relationales Datenbanksystem mit einem erweiterten SQL als Bediensprache. Entsprechend den Erfordernissen technisch-wissenschaftlicher Programmierung können folgende Datentypen verarbeitet werden: Bitfelder, logische Größen, ganzzahlige Werte verschiedener Länge mit oder ohne Vorzeichen, Gleitkommagrößen bis zu vierfacher Genauigkeit, Zeichenketten, unterschiedliche Zeit- und Datumformate. Diese Datentypen können in folgenden Datenstrukturen verarbeitet werden: Elzelgrößen, mehrfach indizierte Felder, Relationen, Unterrelationen. Ein Relationsattribut kann einfach oder multipel sein, es kann also eine mehrdimensionale Matrix oder eine Unterrelation beinhalten, die ihrerseits wieder solche Strukturen aufweisen kann. Die in der Prozeßdatenverarbeitung benötigten Umlaufpuffer können als zyklische Relationen angelegt werden. Vorgegebene Direktzugriffsdateien können ohne Konvertierung in den Zugriff des Datenbanksystems gestellt werden. Auf diese Weise lassen sich Datenbestände verschiedener Herkunft zu einer einheitlichen Datenbank integrieren. Beim Anlegen der Verwaltung definiert der Anwender logische Dateistrukturen, die dann der physikalischen Ablage auf dem Speichermedium entsprechen. Sofbid-TDB verwaltet diese Strukturen zusammen mit den Attributspezifikationen und ermöglicht eine Bearbeitung der Dateien nach dem Vorbild üblicher relationaler Datenbanksysteme, allerdings ergänzt um die aus den zusätzlichen Eigenschaften resultierenden Möglichkeiten. Zur Darstellung von Dateninhalten der Datenbank stehen ein Report-Layout-Editor und eine GKS-basierte Grafiksprache zur Verfügung. Es können damit Berichte erstellt werden, die auch grafische Darstellungen enthalten.

| | |
|---|---|
| **Betriebssysteme** | VMS |
| **Softwareumgebung** | k.A. |
| **Hardwareumgebung** | VAX |
| **Preis** | k.A. |
| **Bezugsbedingungen** | Preis: DM 40.000 - DM 100.000 |

**Bezugsadresse**
Sofbid GmbH
Horeth 21
6105 Ober-Ramstadt

## SPDE

| | |
|---|---|
| **Fachgebiete** | Mathematik, Physik |
| **Anwendungsbereiche** | Anwendungsprogramm, Computeralgebra, mathematische Software |
| **Zielgruppen** | k.A. |
| **Version** | k.A. |
| **Erstellungsdatum** | k.A. |

Das Paket SPDE (Symmetries of Part. Differential Equations) bestimmt die Gruppe von Lie Symmetrien für ein beliebiges System algebraischer gewöhnlicher oder partieller Differentialgleichungen. Die Symmetrien sind eine wichtige Voraussetzung, um Lösungen in geschlossener Form zu finden. Dieses Paket wird ein wichtiges Hilfsmittel bei der Implementierung eines automatischen Differentialgleichungslösers sein.

| | |
|---|---|
| **Betriebssysteme** | any |
| **Softwareumgebung** | REDUCE 3. 3 |
| **Hardwareumgebung** | k.A. |
| **Preis** | k.A. |
| **Bezugsbedingungen** | Erwerb von REDUCE 3.3; Preis ist abhängig von der Hardware |

| **Bezugsadresse** | **Autor** |
|---|---|
| Dr. A. C. Hearn | Dr. Fritz Schwarz |
| RAND Corporation | GMD |
| Santa Monica (USA) | Institut F1 |
| | 5205 Sankt Augustin |

**Anwendungsprogramme** 659

## SYCOment

| | |
|---|---|
| **Fachgebiete** | Betriebswirtschaftslehre, Informatik |
| **Anwendungsbereiche** | Datenmanagement, Informationsmanagement, Informationssuche, Büroautomatisierung |
| **Zielgruppen** | Unternehmen, Behörden, Hochschulen |
| **Version** | k.A. |
| **Erstellungsdatum** | k.A. |

SYCOment ist ein Dienstleistungspaket, das für den Einstieg in die unternehmensweite integrierte Dokumentenverarbeitung angeboten wird. Das Dienstleistungspaket bietet im einzelnen Analysen hinsichtlich der Anforderungen, die vom Unternehmen an die Dokumentenhandhabung gestellt werden, Darstellung von Lösungsmöglichkeiten basierend auf COMPOUND DOCUMENTS mit den vorhandenen Produkten der CDA-Welt, Ausarbeiten von ergänzenden Lösungsansätzen und die prototypenhafte Realisierung eines durchgehenden Lösungsansatzes. Mit SYCOment wird einem Unternehmen ermöglicht, die Zukunftsinvestitionen für eine integrierte Dokumentenverarbeitung in durchführbare Schritte zu zerlegen und die erforderlichen Investitionen für Software und Hardware gezielt vorzunehmen. Eine Zielrichtung von SYCOment ist auch, für eine definierte Aufgabenstellung prototypenhaft einen Zukunftsarbeitsplatz zu realisieren; damit kann rechtzeitig die Akzeptanz der Gesamtlösung zur Dokumentenhandhabung sichergestellt werden, und es können im Vorfeld Anpassungen vorgenommen werden. Die unternehmensweite integrierte Dokumentenverarbeitung berührt alle Unternehmensbereiche. Mit dem Ergebnis einer SYCOment-Dienstleistungsstudie wird der Nutzen der erforderlichen Investition aufgezeigt, und es werden im Vorfeld geeignete Schnittstellen aufgezeigt, die die Einführung unternehmensweiter Standards begünstigen. Weitere Stichworte: ODA/ODIF, CDA/DDIF, SGML Analysen und Konzepte für unternehmensweiten Dokumentenaustausch spezielle Konverterentwicklungen Dokumentationswerkzeuge, Dokumentationsorganisation und inhaltliche Konzeption, Dokumentationsgestaltung.

| | |
|---|---|
| **Betriebssysteme** | PC-DOS 3.x, ULTRIX, UNIX, VAX/VMS V5.x |
| **Softwareumgebung** | k.A. |
| **Hardwareumgebung** | k.A. |
| **Preis** | k.A. |
| **Bezugsbedingungen** | Preis: DM 20.000 - DM 120.000 |

**Bezugsadresse**
Hans-Joachim Dohrmann
System Consult GmbH
FB3
An der Rehwiese 28
1000 Berlin 31
030/816991-51, -0

## SYCOnvert

| | |
|---|---|
| **Fachgebiete** | Betriebswirtschaftslehre, Informatik |
| **Anwendungsbereiche** | Informationsmanagement, Büroautomatisierung, Bürorechner |
| **Zielgruppen** | Unternehmen, Hochschulen, Behörden |
| **Version** | 2.8 |
| **Erstellungsdatum** | 01.09.1992 |

SYCOnvert ist eine Familie von CDA-Konvertern, die es ermöglichen, strukturierte Verbunddokumente (Text, Grafik & Bild) zwischen Desktop- und CDA-Welt von Digital zu konvertieren. Die übertragenen und konvertierten Dokumente können dann mit den CDA-Tools von Digital weiterverarbeitet, zusammengefaßt, vervollständigt und im Postscript- oder DDIF-Format ausgegeben werden. Die konvertierten Dokumente behalten aufgrund der "intelligenten" Konvertierung ihre ursprüngliche Struktur- und Auszeichnungsinformation und können somit auch nach der Konvertierung weiter bearbeitet werden. Diese Vorgehensweise unterstützt die unternehmensweite integrierte Dokumentenverarbeitung und ermöglicht eine dezentrale Dokumentenerstellung mit kostengünstigen Desktop-Systemen in Verbindung mit einer zentralen Dokumentenverwaltung und -archivierung sowie der Weiterverarbeitung auf VAX-Systemen. Medienbrüche und mehrfache Texterfassung werden durch SYCOnvert vermieden, Dokumente können mit den jeweils geeignetsten oder kostengünstigsten Werkzeugen bearbeitet werden und bleiben dennoch austauschbar. Damit wird ein Weg geschaffen zur unternehmensweiten Integration von Texten, Bildern und Grafiken in den zu erstellenden Dokumenten.

SYCOnvert unterstützt WORD für DOS, WORD für Windows, WORD für Macintosh, WordPerfect sowie DECwrite, WPSPlus/ALL-IN-1 und Digital Standard Runoff. SYCOnvert ist verfügbar für VAX/VMS, RISC/ULTRIX und DOS/Windows. Wahlweise werden DEC/PCSA oder andere Filetransfermöglichkeiten unterstützt. Folgende Einzelmodule sind verfügbar: SYCOnvert-W5 --- WORD 4.0, 5.0, 5.5 SYCOnvert-RTF --- WORD für Windows, WORD für Macintosh SYCOnvert-WP --- WordPerfect (alle Plattformen) SYCOnvert-RNO --- Digital Standard Runoff Es besteht auch die Möglichkeit, alle Konverter gebündelt als Library zu besonders günstigen Konditionen zu erwerben. Weitere Konverter sind in der Entwicklung, u.a. für das Bürokommunikationssystem ALIS. Broschüren und Datenblätter mit technischen Details sind auf Anfrage erhältlich.

| | |
|---|---|
| **Betriebssysteme** | PC-DOS 3.x, ULTRIX, VAX/VMS V5.x |
| **Softwareumgebung** | CDA Library oder CDA Base Services von Digital Equipment |
| **Hardwareumgebung** | VAX |
| **Preis** | k.A. |
| **Bezugsbedingungen** | Preis: DM 1.000,-- bis DM 30.000,-- abhängig von der CPU-Konfiguration bzw. Benutzeranzahl |

**Bezugsadresse**
Hans-Joachim Dohrmann
System Consult GmbH
FB3
An der Rehwiese 28
1000 Berlin 31
030/816991-51, -0

# Anwendungsprogramme

## TABLO

| | |
|---|---|
| **Fachgebiete** | Informatik |
| **Anwendungsbereiche** | Anwendungsprogramm, Ingenieurwesen |
| **Zielgruppen** | k.A. |
| **Version** | k.A. |
| **Erstellungsdatum** | k.A. |

TABLO, ein Entscheidungstabellensystem nach DIN 66241, ist ein benutzerorientiertes Dialogsystem zur Entwicklung, Pflege und Abarbeitung von Entscheidungslogiken in Tabellenform. Entscheidungsvorgänge können in übersichtlicher Form beschrieben und einfach mit anderen Applikationen gekoppelt werden. Die Entscheidungslogik kann vom Endbenutzer einfach aufgebaut, geprüft, angewandt und weiterentwickelt werden. TABLO ist ein Verbundsystem, das die Definition des Kontrollwissens durch Strukturierung der Tabellen in Verbunden erlaubt. Die Logikverarbeitung erfolgt mit der KI-Sprache IF / Prolog, einem hervorragenden Werkzeug für die Entwicklung von Expertensystemen. TABLO läßt sich einsetzen für: Technischer Vertieb: Konfigurationen; Entwicklung: Erzeugnislogik; Konstruktion: Stücklistengenerierung, Programm-Makros; Arbeistvorbereitung: Verarbeitung von Variantenarbeitsplänen; NC-Programmierung: Ableitung der NC-Programme; CIM-Bereiche: Allgemeine Definition von Logiken. Funktionalität: Erstellen, Ändern, Kopieren, Abarbeiten, Löschen, Layouten, Informieren und Drucken einzelner Entscheidungstabellen (ET) sowie komplexer ET-Verbunde; Aufruf der Tabellen dabei wahlweise in einem der folgenden Modi: Trace Modus (für Test und Fehlersuche mit integriertem Debugger), interpretierend (für die Entwicklung) und compilierend (für die Anwendung freigegebene Logiken); Ein- und Mehrtreffertabellen möglich, Abarbeitung spalten- oder zeilenweise; einfache Bedienung: Alle Variablen können vorbelegt (Defaults) und mit Hilfetexten hinterlegt werden, direkte Quersprünge zwischen den verschiedenen Dialogmasken, übersichtliche Status- und Eingabezeile, umfassende Online-Hilfefunktion; kompakte Definition von variablen Ein- und Ausgabemasken für den Endanwender; kundenspezifische Anpassungen: freie, interaktive Definition des Bildschirmlayouts für jede einzelne Tabelle, externe Sprach- und Hilfetextdatei, Parametrisierbarkeit aller internen Felder; Definition lokaler und globaler Variablen und Konstanten (3 Ebenenkonzept: System - Verbund - Tabelle); Aufruf von Tabellen in anderen Verbunden mit Parameterübergabe; dynamische Nachforderung noch unbesetzter Variablen; Einbindung von fremden Prolog-Programmen; Erweiterung durch Definition von eigenen Prolog-Prädikaten; direkte SQL-Schnittstelle zur Kopplung mit RDBMS-Applikationen (select, insert); programmierbare Datei-Schnittstelle (mktemp, open, write, read, close, delete); Export / Import-Funktion (ASCII-Datei) zum Übertragen von Logik-Daten.

| | |
|---|---|
| **Betriebssysteme** | VMS |
| **Softwareumgebung** | k.A. |
| **Hardwareumgebung** | VAX, VAX/VMS |
| **Preis** | k.A. |
| **Bezugsbedingungen** | Preis: DM 18.000 - DM 51.750 |

**Bezugsadresse**
Eigner + Partner GmbH
Ruschgraben 133
7500 Karlsruhe

## Tech Illustrator Series

| | |
|---|---|
| **Fachgebiete** | Informatik |
| **Anwendungsbereiche** | Anwendungsprogramm, Ingenieurwesen |
| **Zielgruppen** | Ingenieure, Wissenschaftler |
| **Version** | k.A. |
| **Erstellungsdatum** | k.A. |

Tech Illustrator ist ein Anwendungssoftwarepaket, das speziell für technische Illustrationen entwickelt wurde. Das Produkt, bestehend aus einer Vielzahl von leistungsstarken, leicht zu handhabenden Zeichen- und Beschriftungswerkzeugen, kommt dort zum Einsatz, wo hochwertige technische Grafik erforderlich ist. Der Anwender hat die Möglichkeit, Zeichnungen von einfachen 2D-Schemazeichnungen bis hin zu komplexen 3D-Zusammenbau- und Explosionszeichnungen in isometrischer, dimetrischer und trimetrischer Projektion zu erstellen. Tech Illustrator dient u.a. zur Erstellung von Handbüchern, illustrierten Teilekatalogen, Dokumentationen, Präsentationsunterlagen etc. Es stehen zahlreiche Schriftarten zur Verfügung. Zeichnungen von externen Datenbasen können mittels IGES- oder Plotfile-Schnittstellen als Illustrationsgrundlage übernommen werden. Bereits vorhandene Zeichnungen auf unterschiedlichen Medien lassen sich mittels Scanner und Digitalisierer in die Tech Illustrator Datenbasis übertragen. Schnittstellen zu Satzsystemen, Laserdruckern und Farbfilm-Recordern sind verfügbar.

| | |
|---|---|
| **Betriebssysteme** | VMS |
| **Softwareumgebung** | k.A. |
| **Hardwareumgebung** | VAX, VAX/VMS |
| **Preis** | k.A. |
| **Bezugsbedingungen** | Preis: DM 18.000 - DM 45.000 |

**Bezugsadresse**
Auto-trol Technology GmbH
Wanheimer Straße 39
4000 Düsseldorf

# Anwendungsprogramme 663

## Termex

| | |
|---|---|
| **Fachgebiete** | Informatik, Allgemeines |
| **Anwendungsbereiche** | Datenerwerb, Datenbank, Text, Übersetzunghilfesystem, Bürorechner |
| **Zielgruppen** | Dolmetscher, Journalisten, Autoren |
| **Version** | 2.11 |
| **Erstellungsdatum** | 01.05.1992 |

Speicherresidentes Terminologie- u. Wörterbuchverwaltungsprogramm zur Erstellung und Abruf von eigenen oder gekauften Wörterbüchern. Es können Wörterbücher verschiedener namhafter Verlage zugekauft werden. Termex wird seit Jahren von Firmen, Institutionen, Universitäten, Behörden und Freiberuflern eingesetzt. Das Programm wird ständig weiterentwickelt und an neue technische Standards angepaßt.

| | |
|---|---|
| **Betriebssysteme** | MS-DOS |
| **Softwareumgebung** | k.A. |
| **Hardwareumgebung** | IBM-kompatible PC's |
| **Preis** | 799 DM |
| **Bezugsbedingungen** | k.A. |

**Bezugsadresse**
Erhard Strobel
ES-Übersetzungsdienst
Barlachstr. 28/ App.443
8000 München 40
089/3004968

# TESTBENCH (R)

| | |
|---|---|
| **Fachgebiete** | Informatik |
| **Anwendungsbereiche** | Anwendungsprogramm, Programmentwicklung |
| **Zielgruppen** | k.A. |
| **Version** | k.A. |
| **Erstellungsdatum** | k.A. |

TESTBENCH (R) ist ein komplettes Diagnosesystem zur Analyse von Maschinenfehlern und Problemen in der Produktion. TESTBENCH wurde auf der Basis von KNOWLEDGE CRAFT (R) entwickelt. TESTBENCH enthält technisches und empirisches Wissen, das für die Identifizierung und Behebung von Problemen in komplexen technischen Systemen, z.B. Motoren, erforderlich ist. Das System schlägt aufgrund der Antworten des Anwenders entsprechende Verfahren zur Durchführung von Tests und Reparaturen vor und bietet für jede Frage oder Anweisung eine Erklärung an. TESTBENCH speichert problembezogene Information in einer Wissensbasis, die auch Benutzern ohne spezielle technische Erfahrung die Analyse schwieriger technischer Probleme in Form eines Dialogs mit dem System ermöglicht. Damit können Fehler beim eigentlichen Experten weitgehend lokalisiert werden. TESTBENCH diagnostiziert Maschinenfehler und Prozeßprobleme in mechanischen, elektrischen und elektronischen Komponenten wie z.B. KFZ-Technik und Motoren, automatische Testsysteme, Robotik, Generatoren und Turbinen, CNC-Maschinen. TESTBENCH ist am besten für die Diagnose von Systemen mit hohen Kosten bei Ausfallzeiten und knappem Expertenpotential geeignet. TESTBENCH setzt sich aus drei Modulen zusammen: TESTBUILDER versetzt den Anwender in die Lage, eine Wissensbasis mit allen Informationen über das zu diagnostizierende System zu kreieren. TESTBUILDER besitzt einen grafischen Editor (knowledge editor) zur Erstellung und Aktualisierung der Wissensbasis. TESTBUILDER erfordert als Entwicklungsumgebung eine VAXstation unter VMS mit entsprechendem Grafikmonitor. TESTVIEW enthält als Laufzeitsystem die Wissensbasis sowie Inferenzkomponente und läuft auf AT-kompatiblen PC"s. Damit kann der Einsatz des Diagnosesystems vor Ort auf preiswerten Arbeitsstationen erfolgen. TESTBRIDGE läuft auf AT-kompatiblen PC"s und transformiert die auf dem Entwicklungssystem erstellte Wissensbasis in das für TESTVIEW notwendige DOS-Format. TESTBENCH und KNOWLEDGE CRAFT sind eingetragene Warenzeichen der Carnegie Group, Inc.

| | |
|---|---|
| **Betriebssysteme** | VMS |
| **Softwareumgebung** | k.A. |
| **Hardwareumgebung** | VAX, VAX/VMS |
| **Preis** | k.A. |
| **Bezugsbedingungen** | k.A. |

**Bezugsadresse**
DANET GmbH
Otto-Röhm-Straße 71
6100 Darmstadt

# Anwendungsprogramme 665

## TextCount

| | |
|---|---|
| **Fachgebiete** | Informatik, Allgemeines |
| **Anwendungsbereiche** | Rechnungswesen, Anwendungsprogramm, Journalismus, Sprachtrainingsprogramm, Textanalyse |
| **Zielgruppen** | Dolmetscher, Journalisten, Autoren |
| **Version** | 3.0 |
| **Erstellungsdatum** | 01.05.1992 |

Mit TextCount 3.0 lassen sich Texte nach definierten Vorgaben auswerten. So lassen sich beispielsweise Texte nach definierten Zeilen, Wörtern oder Seiten auswerten. Die Rechnung kann anhand verschiedener Parameter abgespeichert oder gedruckt werden, wobei die Eingabe verschiedener Zusätze möglich ist. TextCount 3.0 wird von vielen Firmen, Institutionen, Behörden und Freiberuflern eingesetzt und wird als "Standard" anerkannt.

| | |
|---|---|
| **Betriebssysteme** | MS-DOS |
| **Softwareumgebung** | k.A. |
| **Hardwareumgebung** | IBM-kompatible PC's |
| **Preis** | 128 DM |
| **Bezugsbedingungen** | k.A. |

**Bezugsadresse/Autor**
Erhard Strobel
ES-Übersetzungsdienst
Barlachstr. 28/ App.443
8000 München 40
089/3004968

# Textlesesystem

| | |
|---|---|
| **Fachgebiete** | Informatik |
| **Anwendungsbereiche** | Anwendungsprogramm, Sprache, Textanalyse, Textlese-Software |
| **Zielgruppen** | sehgeschädigte Personen, sehgeschädigte Personen |
| **Version** | 1.0 |
| **Erstellungsdatum** | 27.02.1991 |

Das Programm ist ein Textlesesystem mit vielen integrierten Funktionen und dient insbesondere zum Lesen von on-line-Büchern. Funktionen: - lineares Positionieren in einem Text . Zeile vor/zurück . Textanfang/ende . Seite, halbe Seite vorwärts/rückwärts . Cursor nach rechts/links, an Zeilenanfang/ende . wortweise nach rechts/links . braillefensterweise nach rechts/links - textbezogenes Positionieren . Suchen eines Textes - strukturbezogenes Positionieren (nach einer halbautomatischen Aufbereitung) -- Strukturerkennung. Positionieren über Kapitelverzeichnis . Positionieren über den Index . Benutzen der intrakapitulären Aufzählungen zum Positionieren - halbautomatische Strukturerkennung für die Funktionen des strukturbezogenen Positionieren. Der Text darf danach nicht mehr geändert werden. - automatisches, halbautomatisches und manuelles Aufzeichnen von besuchten Textpositionen zur späteren Wiederverwendung. - Aufzeichnen eines Status bei Verlassen des Textlesesystems, um bei einem späteren Wiedereintritt die gleiche Konfiguration (z.B. die gelesenen Texte, die aktuelle Position, die Information über die aufgezeichneten Textpositionen) zu erhalten. - Betrachten eines Buches (virtuell) als eine Folge von (realen) Dateien. Gründe: Maximale Dateigröße ist 4Mbyte, praktischer Gebrauch, Zusammenspiel mit anderen Werkzeugen. - Ansteuern der Braille-Box, wenn vorhanden. Funktionen für deren praxisgerechten Gebrauch. - Ansteuern der Sprachausgabe, wenn vorhanden. Umfangreiche Funktionen für die Grundeinstellung und die während des Lesens benötigten Hilfen (z.B. Umstellen auf Buchstabiermodus). - interaktive Hilfestellung, on-line-manual. Anwendungen: on-line-manuals, on-line-Literatur. Dies betrifft insbesondere Texte, die oft oder von verschiedenen Personen gelesen werden. Programminhalte sind halbautomatische Strukturerkennung eines ASCII-Textes, i.e. Extraktion von Merkmalen, die auf eine abstrakte Beschreibung eines Textes (z.B. TeX) hinauslaufen. (siehe Diplomarbeit) - integrierte menü- und kommandogesteuerte Dialogform.

**Preisträger des Deutschen Hochschul-Software-Preises 1991**

| | |
|---|---|
| **Betriebssysteme** | MS-DOS 3.x |
| **Softwareumgebung** | k.A. |
| **Hardwareumgebung** | AT, XT; 220 KB; Festplatte; Sprachkarte "SpeechPlus Prose 4000"; VIPI-Karte |
| **Preis** | k.A. |
| **Bezugsbedingungen** | k.A. |
| **ASK-SAM** | Das Programm kann über den Fileserver abgerufen werden. |

**Bezugsadresse**
Bertold Schulz
Uni Karlsruhe
Modellversuch "Informatik für Blinde"
Engesserstr. 4, 7500 Karlsruhe 1

**Autor**
Stefan Trcek
7530 Pforzheim

# Anwendungsprogramme 667

## TOTO

| | |
|---|---|
| **Fachgebiete** | Allgemeines |
| **Anwendungsbereiche** | TeX, Editor, Shell |
| **Zielgruppen** | k.A. |
| **Version** | 1.0 |
| **Erstellungsdatum** | 01.03.1992 |

TOTO ist ein Editor mit TeX-spezifischen Eigenschaften und einer kontextsensitiven Hilfe. TOTO vereinfacht den Aufruf von TeX, Bildschirm- und Druckertreibern, beliebigen Utilities, usf. Klarerweise ist TOTO vorrangig für TeX-Benutzer erstellt worden. TOTO ist mit objektorientierter Programmierung und mit Hilfe des Vererbungsprinzips geschrieben worden. Der unserer Meinung nach größte Vorteil von TOTO ist der, daß dieses einer der ersten TeX-Editoren mit moderner Benutzerführung zu sein scheint.

| | |
|---|---|
| **Betriebssysteme** | MS-DOS 3.x |
| **Softwareumgebung** | TeX und LaTeX (z. B. emTeX, PCTeX, PublicTeX) Bildschirm- und Druckertreiber (z. B. DVIDRV, DVIJEP, VIEWMAX, DVIPS, . . . . ) |
| **Hardwareumgebung** | IBM PC; 512 KB RAM; VGA; Harddisk; 80x87; A/D-D/A-Wandler; |
| **Preis** | 200 DM |
| **Bezugsbedingungen** | Studentenrabatte |

**Bezugsadresse/Autor**

Marco Battocletti
LMU
Sektion Physik
Boschetsriederstr.1
8000 München 70
089-7238671

Ullrich Martini
Ludwig-Maximilians-Universität München
Sektion Physik
Reginfriedstr.13
8000 München
089-6923049

## TX1

| | |
|---|---|
| **Fachgebiete** | Allgemeines, Mathematik |
| **Anwendungsbereiche** | Produktionsanlagen, Dateimanagement, interaktive Software, Auswahlkontrolle, Büroautomatisierung |
| **Zielgruppen** | Studenten, TeX-Benutzer |
| **Version** | 4.10 |
| **Erstellungsdatum** | 23.07.1992 |

Seit September 1991 steht die TeX-Benutzeroberfläche TX1 allen interessierten Nutzern kostenlos als FREEWARE, nunmehr in der Version 4.10, zur Verfügung. Diese Software erleichtert die Handhabung mit dem Satzsystem TeX (emTeX, sbTeX, pcTeX) und besitzt folgende, zentrale Eigenschaften : Direkte Ansteuerung von TeX, LaTeX, SliTeX, einem Editor, einem Lister (File Browser) und der DOS-Shell; Flexible Einbindung der landeßpezifischen TeX-Formatdateien; Übergabe von weiteren Optionen an die bekanntgemachten TeX-Gerätetreiber (auch temporär); Einstellbare Anzahl der Formatierungsläufe; Automatische Seitenvorschau nach Formatierungslauf (optional); Einbindung von vier Druckern aus vier Geräteklassen (9-Nadeldrucker, 24-Nadeldrucker, Laser-/Tintenstrahldrucker und Satzbelicher); Multipler Dokumentendruck aus einer Dateiliste (FIFO); Dokumentenausgabe in eine druckerspezifische Datei (wahlweise auch komprimiert); Seitenvorschau in drei Skalierungsstufen; Betrachtung von bis zu 14 Protokolldateien; Einbindung von 14 individuellen, benutzerdefinierten Menüpunkten je Dokument (mit korrespondierender, individueller Hilfestellung), welche mittels 30 Makros zum Teil interaktiv gehandhabt werden können. Somit ist es bequem möglich, Zusatzprogramme wie METAFONT, WEAVE, TANGLE, BibTeX, Makelndex, MFJOB, TeXCad, TeXChk, PKEdit, MAKEDOT, DVIPS, GNUPlot, BM2FONT etc. direkt in die Benutzeroberfläche zu integrieren; Archivierung/Komprimierung von Dokumenten mittels eines frei definierbaren Komprimierprogramms (ARJ, LHA, PKZIP, ZOO ...); Echtzeituhr, Bildschirmschoner, freie Farbkonfiguration (mittels des Programmteils TX1PARAM, welches nunmehr in die Benutzeroberfläche eingebunden ist), Zeileneditor, komfortable Dateiverzeichnisfunktion, diverse Hilfestellungen, das Spiel MASTERMIND(tm), umfangreiche Dokumentation und vieles andere mehr.

| | |
|---|---|
| **Betriebssysteme** | DR-DOS 3.x, MS-DOS 3.x, PC-DOS 3.x |
| **Softwareumgebung** | Satzsystem TeX (emTeX, sbTeX, pcTeX etc. ) |
| **Hardwareumgebung** | IBM-kompatibler PC (möglichst AT) mit mindestens 400 KByte freiem Hauptspeicher, Festplatte erforderlich |
| **Preis** | k.A. |
| **Bezugsbedingungen** | Darf nicht in Projekten der militärischen Forschung oder Ruestung zum Einsatz kommen ! |
| **ASK-SAM** | Das Programm kann über den Fileserver abgerufen werden. |
| **Bezugsadresse/Autor** | Thomas Esken<br>Im Hagenfeld 84<br>4400 Münster<br>0251/232585 |

# ViruSafe

| | |
|---|---|
| **Fachgebiete** | Informatik, Allgemeines |
| **Anwendungsbereiche** | Hilfsprogramme |
| **Zielgruppen** | EDV-Anwender |
| **Version** | 4.07 |
| **Erstellungsdatum** | 27.07.1992 |

VIRUSAFE ist ein umfassendes Antivirus System auf neuestem technologischen Stand, das Viren auf vier Arten behandelt. VIRUSAFE sucht und identifiziert Viren, die im Computerspeicher aktiv sind, einschließlich unbekannter Viren, die Programme befallen. VIRUSAFE hat einen Echtzeit-Virusfilter, der Viren erkennt, vor ihnen warnt und unübliche Vorgänge im System verhindert, einschließlich sofortiges Erkennen infizierter Software oder Disketten. VIRUSAFE überprüft die Integrität und Authentität wichtiger Programme, der Bootsektoren, der File Allocation Table und Partitionstabellen. Es enthält eine Option zum automatischen Backup und Rekonstruktion. Die Integrität der Dateien wird überprüft, indem mittels eines speziellen Algorithmus eine digitale Signatur errechnet wird. VIRUSAFE überprüft Programmdateien und die Sektoren des Betriebssystems nach bekannten Viren. Es kann die meisten Virustypen sicher und erfolgreich entfernen.

| | |
|---|---|
| **Betriebssysteme** | DR-DOS 5.x, MS-DOS 3.x, MS-DOS 4.x, MS-DOS 5.x, PC-DOS 3.x |
| **Softwareumgebung** | k.A. |
| **Hardwareumgebung** | Lauffähig auf allen PC's und auf LAN's |
| **Preis** | 299 DM |
| **Bezugsbedingungen** | Netzwerklizenzen sind erhältlich |
| **ASK-SAM** | Eine Demo-Version des Programmes kann über den Fileserver abgerufen werden. |

**Bezugsadresse**
Andreas Heilemann, Stefan Steinhaus
ADDITIVE GmbH
Max-Planck-Straße 9
6382 Friedrichsdorf
06172-77017 bzw. 77015

**Autor**
Efraim Rotem
EliaShim microcomputers Ltd.
ISR-31086 Haifa (Israel)

## XMCS

| | |
|---|---|
| **Fachgebiete** | Physik |
| **Anwendungsbereiche** | Spectra-Beschaffung, Anwendungsprogramm, Datenerwerb, Elektronenspektrum, Experiment, Meßgerät, Spektren-Simulation |
| **Zielgruppen** | Forscher |
| **Version** | 1.30 |
| **Erstellungsdatum** | 15.12.1990 |

Das Programm erlaubt die simultane Erfassung einer Schar von Elektronenspektren mittels eines ortsauflösenden Detektorsystems. Während der Messung werden die Spektren automatisch stabilisiert. Weitere Funktionen stehen zur Auswertung (Signal/Untergrund-Bestimmung, Peakposition), Datenmanipulation (Addition, Subtraktion, Normierung von Spektren), grafischen Aufbereitung (Pseudo-3D-Darstellung) sowie zum Export in fremde Dateiformate zur Verfügung.

Als Programminhalte sind die Echtzeit-Datenerfassung über DMA, Interrupt-Steuerung, Echtzeitdarstellung zu nennen.Der Schwerpunkt von XMCS liegt auf der Erschließung neuer Meßtechniken, Studium bisher unbekannter physikalischer Prozesse (z.B. winkelaufgelöste Elektronenspektren aus atomaren Stossprozessen).

Das Programm wurde in Zusammenarbeit mit Experten für elektronenspektroskopische Messungen entwickelt.

| | |
|---|---|
| **Betriebssysteme** | MS-DOS 3.x |
| **Softwareumgebung** | k.A. |
| **Hardwareumgebung** | PC-AT; 384 KB; VGA; Festplatte; 8087; DMA-Karte, digital I/O & timer card, psd-system von eg&G Ortec |
| **Preis** | k.A. |
| **Bezugsbedingungen** | k.A. |

**Bezugsadresse/Autor**
Franz Speckert
Bienwaldstr. 28
7512 Rheinstetten 1
0721/518287

# Anwendungsprogramme

## Zahnrad

| | |
|---|---|
| **Fachgebiete** | Maschinenbau |
| **Anwendungsbereiche** | Anwendungsprogramm, Editor |
| **Zielgruppen** | Getriebehersteller |
| **Version** | 3.0 |
| **Erstellungsdatum** | 01.09.1989 |

Der Zahnradeditor ist ein Preprozessor für das FVA-Stirnradprogramm "ESGET". Das FVA-Stirnradprogramm bietet eine Fülle von Auslegungs- und Nachrechnungsmethoden für Stirnradverzahnungen. Es beinhaltet die gesamte Geometrieberechnung für Evolventenstirnräder sowie insgesamt 15 Berechnungsverfahren zur Tragfähigkeitsnachrechnung. Für die Berechnung einer Verzahnung ist es erforderlich, eine formatierte ASCII-Datei anzulegen, die für jeden Parameter eine Kennziffer und den zugeordneten Zahlenwert enthält. Durch die Vielzahl der Kennziffern (bis zu 999) und die unterschiedlichen Kombinationsmöglichkeiten für die Berechnungsverfahren ist die Anwendung des Stirnradprgogramms schwierig und nur in Verbindung mit einem umfangreichen Handbuch möglich. Aus dieser Situation heraus entstand die Notwendigkeit, eine Umgebung zu schaffen, welche die erforderlichen Eingaben für das Stirnradprogramm unabhängig von der Suche nach den richtigen Kennziffern und dem manuellen Erstellen einer formatierten Datei ermöglicht. Bei der Konzeption des Zahnradeditors wurden deshalb folgende Funktionalitäten festgelegt: Die Dateneingabe erfolgt über beschreibende Datenmasken unter Loslösung der verzahnungsspezifischen Daten von den programminternen Kennziffern. Verschiedene Berechnungsverfahren werden durch übersichtliche Bildschirmmenüs zur Auswahl angeboten. Nach der Auswahl eines Berechnungsverfahrens erfolgt eine gezielte Bedienerführung bei der Dateneingabe. Hierzu wurde der Aufbau der Datenmaske in vier Blöcke unterteilt. Im Beschreibungsblock wird die Eingabegröße durch ihre Benennung dargestellt. In einem zweiten Block wird die Variablenkennzeichnung durch Angabe des Kurzzeichens, der Maßeinheit und einer eventuellen Vorbelegung dokumentiert. Im Eingabeblock befinden sich die Datenfelder für die erforderlichen Werte der Räder 1 und 2.

| | |
|---|---|
| **Betriebssysteme** | MS-DOS 3.x |
| **Softwareumgebung** | k.A. |
| **Hardwareumgebung** | IBM PC-AT; 640 KB; CGA, EGA, VGA; 20 MB |
| **Preis** | 2450 DM |
| **Bezugsbedingungen** | Abgabe erfolgt an alle Interessenten (nur sinnvoll in Verbindung mit dem FVA-Zahnradprogramm "ESGET"). Hochschulrabatt möglich. |

**Bezugsadresse**
CADEC GmbH
Lütjenseer Str.8
2077 Trittau
04154/82206

**Autor**
Heinz-Uwe Amscheidt
Universität der Bundeswehr Hamburg
Inst. f. Konstruktions/Fertigungstechnik
2000 Hamburg 70

Siegfried Meyer
Universität der Bundeswehr Hamburg
MEUVA
2000 Hamburg 70

## ZugangData

| | |
|---|---|
| **Fachgebiete** | Bauingenieurwesen, Wirtschaftswissenschaften |
| **Anwendungsbereiche** | Verwaltung, Anwendungsprogramm, Geschäftsleitung, Personalwesen, Identifikation, Sicherheit |
| **Zielgruppen** | Hochschulen, Unternehmen |
| **Version** | 3.0 |
| **Erstellungsdatum** | 01.08.1992 |

ZugangaData (Zutrittkontrollsystem-Access Control) ist ein Zutrittskontroll- und Alarmverarbeitungssystem, mit dem sich ein Unternehmen wirkungsvoll schützen und gleichzeitig für einen geordneten, disziplinierten Arbeitsablauf sorgen kann. Denn ZugangData stellt sicher, daß sich zu jeder Zeit an jedem Ort innerhalb des Unternehmens nur Personen aufhalten, die dazu befugt sind - und daß bei allfälligen Unregelmäßigkeiten eine sofortige Alarmierung erfolgt. Dank seiner Vielseitigkeit und Flexibilität läßt sich ZugangData perfekt an firmenspezifische Anforderungen anpassen und bei Bedarf quantitativ wie qualitativ ausbauen. Von der Steuerung eines einzelnen Durchgangs bis zur globalen Überwachung und Leitung ganzer Anlagen- und Gebäudekomplexe. Die Hardware eines ZugangData-Systems besteht aus einem Lesermodul (unterschiedliche Leser anschließbar: Induktiv, wiegand, berührungslos) für die Zutrittskontroll-Ausweise und aus einem intelligenten Leserterminal SCA. Zusammen bilden diese beiden Einheiten die Basis von TAGIS ZugangData, welche die Anforderungen an ein Sicherheitssystem für Zutrittskontrolle und Alarmverarbeitung ganzheitlich erfüllt. ZugangData läßt sich nicht nur perfekt aus die spezifischen Sicherheitsbedürfnisse und Organisationsstrukturen jedes Unternehmens zuschneiden, sondern auch jederzeit problemlos ausbauen und neuen, veränderten Gegebenheiten anpassen. Durch Vernetzung: Zusätzliche Leser werden mit einem PC oder einem Mehrplatz-System zentral programmiert, gesteuert und überwacht. Mittels Konzentrator: Mehrere Leser und SCA-Terminals können mit einem Konzentrator verbunden und zum Online System mit Hierarchien, 4-Augen Prinzip und Raumbilanzierung ausgebaut werden.

| | |
|---|---|
| **Betriebssysteme** | MS-DOS, SINIX, ULTRIX, UNIX, VMS |
| **Softwareumgebung** | dbVISTA, dBase, INGRES or other DBs |
| **Hardwareumgebung** | PCs, PDP, RISC, VAX etc. |
| **Preis** | 8000 DM |
| **Bezugsbedingungen** | Preis: DM 8.000 (DOS) - DM 40.000 (UNIX,VMS) |
| **Sonderkonditionen** | Mehrfachlizenz: 7.000,-- DM pro Lizenz bei 5-7 Kopien |
| | Campuslizenz: 50.000,-- DM |
| | Geltungsbereich: Hochschulen, Fachhochschulen, sonstige öffentliche Bildungseinrichtungen |

**Bezugsadresse/Autor**
Dr. Ahmet Turan Tagmat
TAGIS-Dr.Tagmat Informationssysteme GmbH
Eiffestr. 422
2000 Hamburg 26
040 / 250 29 98

# Anwendungsprogramme 673

## ZyIndex

| | |
|---|---|
| **Fachgebiete** | Allgemeines, Informatik |
| **Anwendungsbereiche** | Anwendungsprogramm, bibliographische Daten, Datenmanagement, Informationssuche, Textsuchsystem |
| **Zielgruppen** | k.A. |
| **Version** | 1.0 (Windows) |
| **Erstellungsdatum** | 01.07.1991 |

ZyIndex ist ein Textretrieval-Programm für MS-Windows, MS-DOS und UNIX. Sie können frei nach Begriffen suchen aber auch mit Boolschen Suchen oder Wildcards recherchieren. Ein Thesaurus sucht automatisch nach Synoynmen. Damit offeriert ZyIndex eine weite Plattform an Einsatzmöglichkeiten im Bereich Textretrieval. Einmal gefundene Informationen können markiert, kopiert und weiter benutzt werden

| | |
|---|---|
| **Betriebssysteme** | MS-DOS, UNIX |
| **Softwareumgebung** | MS-Windows 3. 0 |
| **Hardwareumgebung** | ab PC AT, 640 KByte RAM, Festplatte |
| **Preis** | 999 DM |
| **Bezugsbedingungen** | 14 Tage netto, Hochschulnachweis |
| **ASK-SAM** | Eine Demo-Version des Programmes kann über den Fileserver abgerufen werden. |

**Bezugsadresse**
Armin Fourier
intellis software GmbH
Molkereistraße 3b
3550 Marburg
06421/12031

# Index

# Index 677

## Alphabetisches Programmverzeichnis

| | |
|---|---|
| 1st Card | 313 |
| 1st Grade | 314 |
| 2D - CTR | 603 |
| 3D-Studio | 147 |
| 3Kugel | 247 |
| A-Font+ | 507 |
| ABaS - Anschauliche Balken-Statik | 19 |
| ABC Flowcharter | 508 |
| ACAD-BAU | 20 |
| ACAD-M | 148 |
| Ad Oculos | 604 |
| ADAMS (R) | 149 |
| ADAPTFIL | 316 |
| AGL | 606 |
| AGS / UNIEDIT 2000 | 509 |
| AGS / UNIGRAPH + 2000 | 510 |
| AILS/ANALOG IC LAYOUT SYNTHESIS | 71 |
| Aladin | 511 |
| Albioch | 318 |
| ALCHEMY II | 512 |
| Algebra | 319 |
| ALK-GIAP | 21 |
| Ammoniaksynthese | 248 |
| ANALYTIS | 72 |
| ANDI.PRG | 150 |
| Animator | 513 |
| ANIMOVIB | 249 |
| ANSYS (R) | 607 |
| AnySIM | 250 |
| APUDI | 461 |
| ARC / INFO (R) | 22 |
| Architektur/Implement. von DBS | 320 |
| ASKSIM | 151 |
| AutoCAD | 514 |
| Autofont | 515 |
| autoLAB | 227 |
| AUTONOM | 608 |
| AutoShade | 152 |
| AutoSketch für Windows | 516 |
| AUWEIA | 609 |
| babylon | 399 |
| Backpropagation-Generator | 610 |
| BALCAD/BALCAL | 23 |
| Ball & Stick | 517 |
| BASMAN | 462 |
| BAU-REGIE-MANAGER | 25 |
| BAULIT | 24 |
| BAYES | 321 |
| BAYTHE-NET | 611 |
| BBxPROGRESSION/4 | 400 |
| BelWue | 322 |
| BESTFIT | 153 |
| BIESIM | 154 |
| Biohochreaktor | 251 |
| BIOSIGNALANALYSE I | 323 |
| Bizeps und Trizeps | 518 |
| BlockSim | 252 |
| BOXES | 401 |
| BRAINSIM | 253 |
| Bravo3 | 26 |
| Bravo3 (R) 2-D/3-D Mechanisms Analysis (TM) | 155 |
| Bravo3 (R) 3D Anlagenbau (TM) | 27 |
| Bravo3 (R) ALE (TM) (Automatic Layout Editor) | 73 |
| Bravo3 (R) CADAT (TM) | 254 |
| Bravo3 (R) DESCAP (TM) (DESign CAPture) | 74 |
| Bravo3 (R) LADDER (TM) | 75 |
| Bravo3 (R) PCB CIP (TM) | 76 |
| Bravo3 (R) PCB Drill (TM) | 77 |
| Bravo3 (R) PCB Interactive Layout Editor (TM) | 78 |
| Bravo3 (R) PCB Layout (TM) | 79 |
| Bravo3 (R) PCB Photoplott (TM) | 80 |
| Bravo3 (R) SPICE | 255 |
| BravoMOST (TM) | 156 |
| Büroautomation | 324 |
| C Network Compiler/386 | 402 |
| C++ Cross Debugger MULTI | 403 |
| C-Design | 519 |
| C.A.P.'s NET | 256 |
| CA-DB:EXPERT (TM) | 404 |
| CA-DB:GENERATOR (TM) | 405 |
| CA-DISSPLA (TM) | 520 |
| CA-GKS (TM) | 521 |
| CA-MASTERPIECE/GRO | 522 |
| Cache-Simulation | 81 |
| CAD-PACK | 523 |
| CAD-Programmodul Holz-Fachwerk | 28 |
| CADBAS-NORM | 157 |
| CADdy Anlagenplanung | 228 |
| CADdy Architektur | 612 |
| CADdy Bauingenieurwesen | 29 |
| CADdy Elektronik | 613 |
| CADdy Elektrotechnik | 82 |
| CADdy Maschinenbau | 158 |
| CADdy Technische Illustration | 614 |
| CADdy Vermessung | 615 |
| CADES-G | 83 |
| CADiLib | 159 |
| CADiLib 386 | 160 |
| CADILLAC | 30 |
| CADiMa | 161 |
| CADiMenu | 524 |

| | | | |
|---|---|---|---|
| CANLINE | 463 | DLoG NC-Programmiersystem | 167 |
| CARE | 616 | DOGS 2D | 168 |
| CARO | 162 | Doppelpendel | 261 |
| CASOFT-BMVIS | 163 | DOPRES | 467 |
| CASOFT-BOFR/DR | 164 | DORA-PC | 87 |
| CASOFT-PRO | 165 | dp_draft | 538 |
| CGRAPH - Mathematische Graphiken | 84 | Dreieck | 539 |
| CHEM-FIT | 464 | DREPLAS | 233 |
| Chemograph Plus | 525 | DYNAMIS-GEM | 262 |
| CHLOROPHYLLFIX | 465 | EAGLE (Graphics Language Environment) | 32 |
| Cholesky | 466 | EBIS-DBMS | 624 |
| Collegium Enzymologicum | 257 | EBIS-DRL | 414 |
| CONTROL:Manufacturing (TM) | 617 | EBO | 169 |
| ConVertPlot (CVP) | 528 | EDCS II | 625 |
| Copolymerisation | 258 | EDSim-H | 170 |
| COSIMEX | 85 | EDUCATE 3 | 329 |
| COSIMO (COmpilerSIMulatiOn) | 259 | Eindimensionale Quantenmechanik | 330 |
| COSMOS (TM) | 618 | Einführg. in das Programmieren m. MODULA-2 | 331 |
| CRYSCOMP-CRYSDRAW | 526 | Einführung in die Expertensystemanwendung | 332 |
| CSC ChemOffice | 529 | Einführung in LISP | 333 |
| CSS-KEY Familie | 619 | Einführung in PROLOG | 334 |
| CT-LEARN | 325 | Einführung in UNIX | 335 |
| CUPDAT (DATenbankverwaltung) | 620 | Einsatz v. Standard LAN's | 626 |
| CUSYM | 260 | EKIN | 263 |
| DAD | 621 | Electina | 88 |
| DATAPLAN | 166 | ElFi (Electrostatic Field) | 89 |
| Datenbankpraktikum | 622 | ELISA | 171 |
| DDETec | 623 | ElKon S | 90 |
| DDS-C (Drafting-Design-System for Cabling) | 86 | ENTER / CAPOTE | 172 |
| DEC C++ v 3.0 | 406 | EPOS | 415 |
| DEC FUSE | 407 | ERMS | 627 |
| DEC GKS-3D for ULTRIX | 530 | ESAP | 173 |
| DEC PHIGS for ULTRIX | 531 | ESIM | 91 |
| DEC VUIT | 408 | ET-EPOS (R) | 416 |
| DECimage Application Services for ULTRIX | 409 | ET-SML | 628 |
| DECimage Scan Software for ULTRIX | 532 | EULE-PROLOG-Labor | 336 |
| DECimage Storage Manager for VMS | 533 | EULE-UNIX-Labor | 337 |
| deLite | 410 | EURODAT | 540 |
| Demoprogramm "optische Aktivität" | 326 | EVO | 338 |
| Der Entwurfsstruktur-Editor (Eddi) | 411 | EVO_STRA | 339 |
| Design/CPN | 229 | EXCALC | 468 |
| Design/IDEF | 230 | F-PATCH | 469 |
| Design/OA | 534 | FAMOS | 236 |
| Design/SDL | 231 | FEDMAS (FEDer-MASse-Systeme) | 264 |
| DESKTOP - Dienste | 31 | Feigenbaum-Szenario | 340 |
| DESY | 412 | FEM-BAUKASTEN | 629 |
| DI-3000 (R) | 535 | FEMFAM | 33 |
| Dialog Maschine | 536 | FFT-Simulator V 2.0 | 92 |
| diamond X-TOOLS und windows X-TOOLS | 413 | FGL | 541 |
| DIAS-demo | 327 | FH KIEL MATHLIB | 470 |
| Digitale Bildverarbeitung (DBV) | 328 | FHSTATIK | 174 |
| DINO-PC | 232 | FIGARO+ | 417 |
| DISLIN | 537 | FIGRAPH | 542 |

# Index

|  |  |
|---|---|
| FILTER | 93 |
| Filter | 94 |
| FLU_92 Feuchte Luft - Diagramme | 175 |
| FORTRAN/GKS-Unterprog.-Sammlung | 543 |
| Fraktale Wachstumsmodelle | 341 |
| FRAME | 418 |
| FrameMaker | 342 |
| FUMOCA | 265 |
| furore | 266 |
| FUSE | 95 |
| G.E.S.y | 343 |
| GAL-DEVELOPMENT-TOOLS | 419 |
| GC_Simul | 267 |
| GEMNMR | 270 |
| GenericCADD | 544 |
| Genius | 176 |
| Genius-Blech | 177 |
| Genius-ParaCAD | 178 |
| Genius-Pool | 179 |
| GEOEXPERT | 344 |
| GEOLAB | 268 |
| GeoWorks Ensemble | 630 |
| GERBER | 180 |
| GH C Cross Compiler - 68k,88k,SPARC,... | 420 |
| GH C Cross Compiler 680x0,88000,SPARC,... | 421 |
| GH C++ Cross Compiler 680x0, 88000,... | 422 |
| GH FORTRAN Cross Compiler -68k,88k,... | 423 |
| GH Pascal Cross Compiler -68k,88k,SPARC,... | 424 |
| GIS | 34 |
| GK-2000 (R) | 545 |
| GKSedit - Graphischer Editor | 546 |
| GKSoft Graph | 547 |
| GLASER -isb cad- | 35 |
| GNC | 181 |
| GOLD-System | 548 |
| GOLEM | 425 |
| GRAFFU | 96 |
| GRAFkit | 549 |
| GrafPlus | 550 |
| Graphics Language Interpreter GLI | 471 |
| GRASP | 182 |
| GraVor | 183 |
| Green Hills C Compiler | 426 |
| Green Hills C++ Translator C++ | 427 |
| Green Hills C++ v.2.1 Compiler | 428 |
| Green Hills Pascal Compiler | 429 |
| GRIBS-GKS | 551 |
| GSTAT | 345 |
| GSTAT2 | 346 |
| GUPU | 347 |
| HAMOG | 552 |
| HANNOVER GRAPHICS | 97 |
| happy CAM; hyper CAM | 184 |
| HARVEST | 472 |
| HASCO-Normalien | 185 |
| HDLCSIM | 98 |
| hegraph | 99 |
| HELP | 348 |
| herCules | 430 |
| HIQ | 473 |
| HOKUS-POKUS | 38 |
| HPGEM | 553 |
| HPGKS | 554 |
| HPP-GMS | 36 |
| HPVIEW | 555 |
| HYDRA-WSP91 | 39 |
| Hydraulische Grundschalt. in der Haustechnik | 234 |
| Hypadapter | 349 |
| HyperTurtle | 350 |
| I-DEAS | 186 |
| I-DEAS (TM) | 631 |
| I.Q.S.-Windows | 632 |
| IBS | 633 |
| Icon Author | 351 |
| IGOR2 | 352 |
| IKARUS | 187 |
| IMAGE | 556 |
| Imagic | 634 |
| INSIDE80 | 271 |
| Integr. PPS-/Logistik-System TRITON | 237 |
| Integral - Übungshilfe | 354 |
| InTeR | 635 |
| Interaktive Statikübungen am PC | 355 |
| irfit | 474 |
| ISAFEM | 188 |
| ISAGEN | 40 |
| ISAPOST | 189 |
| Joker | 100 |
| KANA-PROG | 41 |
| KAREN | 475 |
| Katalytische Reinigung | 272 |
| Keil | 273 |
| KEN (Knowledge ENvironment) | 431 |
| Kernchem | 356 |
| Kette | 192 |
| KINEMA_5 | 190 |
| KNOSSOS | 432 |
| KNOWLEDGE CRAFT (R) | 433 |
| KONSYS | 193 |
| KOPPEL4G | 194 |
| KRISTALL.EXE | 357 |
| LABORSYSTEM (LS) | 476 |
| LARSTRAN | 42 |
| LATTICE II | 557 |
| LATUSE (LATtice USEr) | 636 |

| | | | |
|---|---|---|---|
| LAYERS | 274 | multi-level / mixed-mode Simulator UNISIM | 110 |
| Lern-Tutor | 358 | MultiGraf | 566 |
| LFS - Labor Formale Sprachen | 359 | MW | 47 |
| LINDO, LINGO, GINO, What's Best | 360 | N-SIM | 282 |
| LINPRO | 361 | NAMOD | 48 |
| LINRK (LINearer RegelKreis) | 275 | NC-TEACH | 200 |
| LitVer | 637 | NesCAD 7010 | 201 |
| LOCAM | 195 | NETLAB | 283 |
| LOGIC (Spreadsheet für Logik-Schaltungen) | 101 | Netzsimulator für elektrische Energienetze | 111 |
| LORENTZ (Relativistischer Würfel) | 276 | Neuralworks Professional 2 | 641 |
| LP-Lupe | 477 | Neurolab | 567 |
| LPC_Analyse | 102 | NEURONET | 368 |
| M++ Klassenbibliothek | 434 | NeuroSim | 284 |
| M1 | 103 | newGKS - networking GKS | 568 |
| m2dB | 435 | NEXPERT OBJECT | 438 |
| Maple V | 558 | Nichtlineare Prozesse | 569 |
| Marquardt-Fit | 104 | NICOLE's QUSS | 369 |
| MASTER PDS | 436 | NIL-FIT (nichtlin. Parameterfit) | 481 |
| Material_Base | 43 | Normalkoordinatenanalyse NK 32 | 482 |
| Mathematica | 559 | Numbers | 483 |
| mbp VISUAL COBOL | 437 | NUMERI | 112 |
| MC68000 | 277 | Numerik Programmbibliothek | 113 |
| MCCGRAPH | 105 | ODEM und CADSIM C++ -Klassenbibliotheken | 239 |
| ME DESIGN | 196 | OPAL | 570 |
| MECHANIK-MENUE | 44 | OPEN INTERFACE | 439 |
| Mechlab | 197 | OPTIMIZE 4.0 | 484 |
| MEGRAX | 560 | ORIENT-Lernprogramm | 370 |
| MeKon 3D | 198 | ORIGIN | 485 |
| MERCATOR | 638 | ORVICO | 486 |
| MESPRO | 106 | Oszilla | 285 |
| MESSWERT-GRAFIK P24 | 238 | OXALIS | 571 |
| MESSYS | 478 | p-Form | 440 |
| MetaDesign | 561 | P-Stat | 488 |
| MG-CAD | 107 | PACE | 286 |
| MIC - MINI's illustrierender Compiler | 362 | PADGLANA | 572 |
| MICADO | 45 | PADMOS | 489 |
| MicroStation | 46 | Parallaxis | 441 |
| MIKRO-PPS | 363 | PC-BIOMED+ | 490 |
| Minitools | 108 | PC-GUARD | 642 |
| MOBIT | 278 | PCXA | 491 |
| MOBY | 364 | PDP-Graph | 287 |
| ModulaMehrProzeßSystem (MoMPS) | 365 | PerSoft PPS | 643 |
| ModulPlot | 479 | pH-Wert | 644 |
| Modus | 280 | PHOCUS | 49 |
| Moessbauerspektrometer-Trainingsprogramm | 366 | PHOENICS | 202 |
| MOL-CAD | 562 | PIG (C) | 573 |
| Molkick | 563 | PIGS | 574 |
| MOLSTARplus | 564 | PISA | 645 |
| MOSES (Modulares-SW-Experimentiersystem) | 480 | PITSA 3.2 | 492 |
| MOTIVE / TLC / PDQ | 109 | PIUSS-O | 203 |
| MPMS, MPMS-NET | 199 | PIX-IT! | 575 |
| MU_KENN | 640 | Pixel-FX | 646 |
| Multi Media Database | 367 | PLANTA-Projekt-Steuerungs-SYSTEM PPSS | 240 |

# Index

| | |
|---|---|
| PLATO-SIM | 204 |
| PLOSSYS | 576 |
| Plot 3.0 | 577 |
| PLOT_4_U (Plot for you) | 578 |
| PostPlot | 579 |
| PPS System Weber | 241 |
| PRADOS | 442 |
| Praktikum Logiksimulation | 114 |
| Präsentationssoftware Movie | 371 |
| PRECISE (TM) | 116 |
| PrePlot | 580 |
| PRISIM | 288 |
| PRO/LS | 647 |
| PRO17/APSK | 205 |
| ProduCAM | 206 |
| Produktionsplanung und -steuerung - PPS | 372 |
| Profil | 50 |
| PROFILEGRAPH | 581 |
| programming frame 1 | 443 |
| ProMod-PLUS | 444 |
| PROPHYS | 52 |
| ProSim 85/86 | 289 |
| ProSt Professional Statistics | 494 |
| Protokoll-Visualisierung | 290 |
| PSItool NET | 291 |
| PV-WAVE (TM) | 582 |
| Q-Daten | 207 |
| QC for MOBY | 583 |
| QUERSPAN | 208 |
| RAIN | 648 |
| Rasim - Professional | 373 |
| real time prod. manag. system WA2000 | 242 |
| Rechnergest. Meßsys. Torsionsschwingversuch | 209 |
| Reclam-Let | 584 |
| REGELKREISE | 374 |
| Regelungstechnik | 243 |
| Regelungstechnische Programmsammlung | 244 |
| REIFO | 210 |
| RELAX | 211 |
| RELTOOLS - Relativistisches Labor | 292 |
| REMOS (Rechnergestützte Motorensteuerung) | 117 |
| Riemann | 495 |
| RISS-2 | 53 |
| RM/AS/DS-Paket für Raman-Spektroskopie | 496 |
| ROBCAD | 212 |
| RoSy Raster orientiertes System | 54 |
| RS / Decision (TM) Software | 445 |
| RS / DISCOVER (TM) | 649 |
| RS / QCA II | 650 |
| RUPLAN (R) | 118 |
| S-PLUS | 497 |
| SANDRA | 651 |
| SCALD-SYSTEM | 119 |
| SCAN | 585 |
| Schlüsselaustausch-Lernprogramm | 375 |
| Schräger Wurf mit Reibung | 293 |
| schulis-Mathematiksystem | 376 |
| schulis-Simulationssystem | 294 |
| SCOUT | 652 |
| Screens++ | 446 |
| SemanticEd | 447 |
| Sequenzanalyse | 498 |
| SERLES CAD-Platine | 120 |
| SETCLUST | 499 |
| SGL (Sofbid Graphic Language) | 586 |
| Shannons Waage | 377 |
| SIC | 378 |
| SIM51 | 295 |
| SIMEX | 296 |
| SIMPEP | 298 |
| SIMPL | 380 |
| SIMUA | 121 |
| Simulated Physical Experiments (SIPHEX) | 122 |
| Simulation einer Lambda-Regelung | 213 |
| Simulation v. Schrittmotoren | 123 |
| Simulation von Bandpaßübertragungssystemen | 126 |
| Simulation von Nachrichtensystemen | 124 |
| SIMUTRI.EXE | 127 |
| SIR / DBMS (R) | 653 |
| SIS CAD-M | 214 |
| SISAL | 128 |
| SKYPLAN | 299 |
| SLAVE-A UNIX Editor Approach | 654 |
| SLP - super linear programming | 655 |
| SmallCard | 381 |
| SMART-CASE-HDE | 448 |
| SMART-CASE-HDG | 449 |
| SMART-CASE-STE | 450 |
| SMART-CASE-STG | 451 |
| SNAPAD | 656 |
| SNNS | 300 |
| Sofbid-TDB / SQL | 657 |
| Sortieralgorithmen | 382 |
| SPDE | 658 |
| SQL - Die relationale Datenbanksprache | 383 |
| STAB2D | 55 |
| Statistical Physics | 302 |
| STATIX | 384 |
| STereograph | 587 |
| StoL - Literate Programming in SCHEME | 452 |
| Stoßsimulation (STOSSIM) | 303 |
| STRASOFT | 56 |
| STRIM 100 | 215 |
| STSIM | 304 |
| Supereva/Eva | 500 |
| SYCOment | 659 |

| | | | |
|---|---|---|---|
| SYCOnvert | 660 | UNISTAT für DOS | 503 |
| SYCOvista | 57 | UNISTAT für Windows | 504 |
| Symbolbibliothek Elektrik für AutoSketch | 129 | Universelles Roboter-Simulationssystem | 220 |
| Symbolbibliothek Hydraulik für AutoSketch | 216 | unscrambler | 137 |
| Symbolbibliothek Pneumatik für AutoSketch | 217 | VARCAD-E | 138 |
| SYSLAB | 130 | VARCAD-M | 222 |
| TABLO | 661 | Vector_A/Chaolyse | 306 |
| TAOS | 453 | VECTORPIPE und PID/D | 60 |
| TEACHSOFT | 385 | VeRa (R) (Vektorisierung von Rasterdaten) | 61 |
| Tech Illustrator Series | 662 | VERM | 62 |
| TechGraf | 588 | VERMSOFT (Vermessungs-Software) | 63 |
| Techni-Curve | 589 | VIA+NCA/DrawVibr | 596 |
| Technobox CAD/2 für Windows | 590 | VIEWER light | 64 |
| Technobox CAD/2-TOS | 591 | VIEWER Professional | 597 |
| Technobox Drafter/2-TOS | 592 | VIEWSIM / SD | 307 |
| Teilchen und Felder | 132 | VIRLAB | 308 |
| Termex | 663 | ViruSafe | 669 |
| TESTBENCH (R) | 664 | VISULA (TM) | 139 |
| TextCount | 665 | VMEPROM Cross-Entwicklung Toolkit | 457 |
| Textlesesystem | 666 | VPSIM | 140 |
| The Juggler | 593 | WATCH | 310 |
| The Scientific Desk | 133 | WeGA (Werkzeuge für Grafische Auswertung) | 65 |
| THEMAK2/THEMAK2-Digitor | 594 | WiKO | 66 |
| Thermo Education | 386 | WinArtWare | 598 |
| Thick | 305 | WINCAD | 223 |
| TIFFANY | 501 | Windaussteifung | 67 |
| TIMCON | 595 | WinDLX | 392 |
| TITREX | 502 | WinGL | 599 |
| Toolbook | 454 | Workvi (TM) | 141 |
| top-CAD | 134 | X25DECOD | 393 |
| Topt | 135 | XDQDB | 142 |
| TOTO | 667 | xEAGLE | 68 |
| TRAINER | 387 | XMCS | 670 |
| TRAM - TRANSYT-7F Animation | 58 | XSIO (X-Simulationsoberfläche) | 143 |
| TU_MODAL | 59 | Y-System | 394 |
| Turbo Diesel | 218 | Zahnrad | 671 |
| Turbo Vision Constructor | 455 | ZAR1 - Zahnradberechnung | 224 |
| TurboNet / TNetDemo | 136 | ZET | 144 |
| TURES | 388 | ZIM (TM) | 458 |
| Turing | 389 | ZugangData | 672 |
| TURTUTOR | 390 | ZUSE Z22 Emulator | 395 |
| TUTLAB | 391 | ZyIndex | 673 |
| TX1 | 668 | | |
| UNIFACE (TM) | 456 | | |
| UNIGRAPHICS | 219 | | |

# Index

## Bauingenieurwesen

| | |
|---|---|
| ABaS - Anschauliche Balken-Statik | 19 |
| ACAD-BAU | 20 |
| ALK-GIAP | 21 |
| ARC / INFO (R) | 22 |
| BALCAD/BALCAL | 23 |
| BAU-REGIE-MANAGER | 25 |
| BAULIT | 24 |
| Bravo3 | 26 |
| Bravo3 (R) 3D Anlagenbau (TM) | 27 |
| CAD-PACK | 523 |
| CAD-Programmodul Holz-Fachwerk | 28 |
| CADdy Bauingenieurwesen | 29 |
| CADILLAC | 30 |
| CANLINE | 463 |
| Cholesky | 466 |
| DESKTOP - Dienste | 31 |
| EAGLE (Graphics Language Environment) | 32 |
| ELISA | 171 |
| FEMFAM | 33 |
| GIS | 34 |
| GLASER -isb cad- | 35 |
| HOKUS-POKUS | 38 |
| HPP-GMS | 36 |
| HYDRA-WSP91 | 39 |
| I.Q.S.-Windows | 632 |
| Interaktive Statikübungen am PC | 355 |
| ISAGEN | 40 |
| KANA-PROG | 41 |
| LARSTRAN | 42 |
| Material_Base | 43 |
| MECHANIK-MENUE | 44 |
| MICADO | 45 |
| MicroStation | 46 |
| MOBIT | 278 |
| MW | 47 |
| NAMOD | 48 |
| PHOCUS | 49 |
| PPS System Weber | 241 |
| Profil | 50 |
| PROPHYS | 52 |
| Q-Daten | 207 |
| RISS-2 | 53 |
| RoSy Raster orientiertes System | 54 |
| SIMPEP | 298 |
| STAB2D | 55 |
| STRASOFT | 56 |
| SYCOvista | 57 |
| TRAM - TRANSYT-7F Animation | 58 |
| TU_MODAL | 59 |
| VECTORPIPE und PID/D | 60 |
| VeRa (R) (Vektorisierung von Rasterdaten) | 61 |
| VERM | 62 |
| VERMSOFT (Vermessungs-Software) | 63 |
| VIEWER light | 64 |
| VIEWER Professional | 597 |
| WeGA (Werkzeuge für Grafische Auswertung) | 65 |
| WiKO | 66 |
| Windaussteifung | 67 |
| xEAGLE | 68 |
| ZugangData | 672 |

# Elektrotechnik

| | |
|---|---|
| A-Font+ | 507 |
| Ad Oculos | 604 |
| ADAPTFIL | 316 |
| AILS/ANALOG IC LAYOUT SYNTHESIS | 71 |
| ANALYTIS | 72 |
| AutoCAD | 514 |
| Autofont | 515 |
| AutoSketch für Windows | 516 |
| BlockSim | 252 |
| Bravo3 (R) ALE (TM) (Automatic Layout Editor) | 73 |
| Bravo3 (R) DESCAP (TM) (DESign CAPture) | 74 |
| Bravo3 (R) LADDER (TM) | 75 |
| Bravo3 (R) PCB CIP (TM) | 76 |
| Bravo3 (R) PCB Drill (TM) | 77 |
| Bravo3 (R) PCB Interactive Layout Editor (TM) | 78 |
| Bravo3 (R) PCB Layout (TM) | 79 |
| Bravo3 (R) PCB Photoplott (TM) | 80 |
| Cache-Simulation | 81 |
| CAD-PACK | 523 |
| CADdy Elektrotechnik | 82 |
| CADES-G | 83 |
| CADiMenu | 524 |
| CGRAPH - Mathematische Graphiken | 84 |
| CONTROL:Manufacturing (TM) | 617 |
| ConVertPlot (CVP) | 528 |
| COSIMEX | 85 |
| CT-LEARN | 325 |
| DDS-C (Drafting-Design-System for Cabling) | 86 |
| deLite | 410 |
| diamond X-TOOLS und windows X-TOOLS | 413 |
| DINO-PC | 232 |
| DORA-PC | 87 |
| EBO | 169 |
| Electina | 88 |
| ElFi (Electrostatic Field) | 89 |
| ElKon S | 90 |
| ESIM | 91 |
| FAMOS | 236 |
| FEMFAM | 33 |
| FFT-Simulator V 2.0 | 92 |
| FH KIEL MATHLIB | 470 |
| FILTER | 93 |
| Filter | 94 |
| FRAME | 418 |
| furore | 266 |
| FUSE | 95 |
| GAL-DEVELOPMENT-TOOLS | 419 |
| GenericCADD | 544 |
| GRAFFU | 96 |
| GRAFkit | 549 |
| Graphics Language Interpreter GLI | 471 |
| HANNOVER GRAPHICS | 97 |
| HDLCSIM | 98 |
| hegraph | 99 |
| HIQ | 473 |
| I.Q.S.-Windows | 632 |
| Interaktive Statikübungen am PC | 355 |
| Joker | 100 |
| KEN (Knowledge ENvironment) | 431 |
| LARSTRAN | 42 |
| LINRK (LINearer RegelKreis) | 275 |
| LOCAM | 195 |
| LOGIC (Spreadsheet für Logik-Schaltungen) | 101 |
| LPC_Analyse | 102 |
| M1 | 103 |
| Maple V | 558 |
| Marquardt-Fit | 104 |
| Mathematica | 559 |
| MCCGRAPH | 105 |
| MEGRAX | 560 |
| MESPRO | 106 |
| MESSWERT-GRAFIK P24 | 238 |
| MESSYS | 478 |
| MG-CAD | 107 |
| MicroStation | 46 |
| Minitools | 108 |
| MOTIVE / TLC / PDQ | 109 |
| MPMS, MPMS-NET | 199 |
| multi-level / mixed-mode Simulator UNISIM | 110 |
| MW | 47 |
| NETLAB | 283 |
| Netzsimulator für elektrische Energienetze | 111 |
| NUMERI | 112 |
| Numerik Programmbibliothek | 113 |
| OPAL | 570 |
| OPTIMIZE 4.0 | 484 |
| ORIGIN | 485 |
| PCXA | 491 |
| PIUSS-O | 203 |
| Plot 3.0 | 577 |
| PLOT_4_U (Plot for you) | 578 |
| PostPlot | 579 |
| PPS System Weber | 241 |
| Praktikum Logiksimulation | 114 |
| PRECISE (TM) | 116 |
| PrePlot | 580 |
| Reclam-Let | 584 |
| Regelungstechnik | 243 |
| Regelungstechnische Programmsammlung | 244 |

# Index

| | |
|---|---|
| REMOS (Rechnergestützte Motorensteuerung) | 117 |
| Riemann | 495 |
| ROBCAD | 212 |
| RUPLAN (R) | 118 |
| SCALD-SYSTEM | 119 |
| SERLES CAD-Platine | 120 |
| Shannons Waage | 377 |
| SIM51 | 295 |
| SIMEX | 296 |
| SIMPL | 380 |
| SIMUA | 121 |
| Simulated Physical Experiments (SIPHEX) | 122 |
| Simulation einer Lambda-Regelung | 213 |
| Simulation v. Schrittmotoren | 123 |
| Simulation von Bandpaßübertragungssystemen | 126 |
| Simulation von Nachrichtensystemen | 124 |
| SIMUTRI.EXE | 127 |
| SISAL | 128 |
| STSIM | 304 |
| SYCOvista | 57 |
| Symbolbibliothek Elektrik für AutoSketch | 129 |
| SYSLAB | 130 |
| TechGraf | 588 |
| Techni-Curve | 589 |
| Teilchen und Felder | 132 |
| The Scientific Desk | 133 |
| top-CAD | 134 |
| Topt | 135 |
| TurboNet / TNetDemo | 136 |
| unscrambler | 137 |
| VARCAD-E | 138 |
| VISULA (TM) | 139 |
| VPSIM | 140 |
| WinGL | 599 |
| Workvi (TM) | 141 |
| XDQDB | 142 |
| XSIO (X-Simulationsoberfläche) | 143 |
| ZET | 144 |

## Maschinenbau

| | |
|---|---|
| 3D-Studio | 147 |
| A-Font+ | 507 |
| ABaS - Anschauliche Balken-Statik | 19 |
| ACAD-M | 148 |
| ADAMS (R) | 149 |
| ANDI.PRG | 150 |
| AnySIM | 250 |
| ASKSIM | 151 |
| AutoCAD | 514 |
| Autofont | 515 |
| AutoShade | 152 |
| AutoSketch für Windows | 516 |
| BALCAD/BALCAL | 23 |
| BESTFIT | 153 |
| BIESIM | 154 |
| BlockSim | 252 |
| Bravo3 | 26 |
| Bravo3 (R) 2-D/3-D Mechanisms Analysis (TM) | 155 |
| BravoMOST (TM) | 156 |
| CAD-PACK | 523 |
| CADBAS-NORM | 157 |
| CADdy Maschinenbau | 158 |
| CADiLib | 159 |
| CADiLib 386 | 160 |
| CADILLAC | 30 |
| CADiMa | 161 |
| CADiMenu | 524 |
| CARO | 162 |
| CASOFT-BMVIS | 163 |
| CASOFT-BOFR/DR | 164 |
| CASOFT-PRO | 165 |
| CGRAPH - Mathematische Graphiken | 84 |
| CONTROL:Manufacturing (TM) | 617 |
| ConVertPlot (CVP) | 528 |
| DATAPLAN | 166 |
| deLite | 410 |
| Design/CPN | 229 |
| diamond X-TOOLS und windows X-TOOLS | 413 |
| DINO-PC | 232 |
| DLoG NC-Programmiersystem | 167 |
| DOGS 2D | 168 |
| DORA-PC | 87 |
| DREPLAS | 233 |
| EBO | 169 |
| EDSim-H | 170 |
| ELISA | 171 |
| ENTER / CAPOTE | 172 |
| ESAP | 173 |
| FEMFAM | 33 |
| FHSTATIK | 174 |
| FLU_92 Feuchte Luft - Diagramme | 175 |
| FRAME | 418 |
| GenericCADD | 544 |
| Genius | 176 |
| Genius-Blech | 177 |
| Genius-ParaCAD | 178 |
| Genius-Pool | 179 |
| GERBER | 180 |
| GNC | 181 |
| GRAFFU | 96 |
| GRAFkit | 549 |
| GRASP | 182 |
| GraVor | 183 |
| HANNOVER GRAPHICS | 97 |
| happy CAM; hyper CAM | 184 |
| HASCO-Normalien | 185 |
| HIQ | 473 |
| HOKUS-POKUS | 38 |
| I-DEAS | 186 |
| I.Q.S.-Windows | 632 |
| IKARUS | 187 |
| Integr. PPS-/Logistik-System TRITON | 237 |
| Interaktive Statikübungen am PC | 355 |
| ISAFEM | 188 |
| ISAGEN | 40 |
| ISAPOST | 189 |
| KEN (Knowledge ENvironment) | 431 |
| Kette | 192 |
| KINEMA_5 | 190 |
| KONSYS | 193 |
| KOPPEL4G | 194 |
| LARSTRAN | 42 |
| LINRK (LINearer RegelKreis) | 275 |
| LOCAM | 195 |
| Marquardt-Fit | 104 |
| Material_Base | 43 |
| ME DESIGN | 196 |
| MECHANIK-MENUE | 44 |
| Mechlab | 197 |
| MEGRAX | 560 |
| MeKon 3D | 198 |
| MESSWERT-GRAFIK P24 | 238 |
| MESSYS | 478 |
| MicroStation | 46 |
| MIKRO-PPS | 363 |
| Minitools | 108 |
| MPMS, MPMS-NET | 199 |
| MU_KENN | 640 |
| MW | 47 |
| NC-TEACH | 200 |

# Index

| | | | |
|---|---|---|---|
| NesCAD 7010 | 201 | RoSy Raster orientiertes System | 54 |
| NETLAB | 283 | SIMEX | 296 |
| NUMERI | 112 | Simulation einer Lambda-Regelung | 213 |
| OPAL | 570 | Simulation v. Schrittmotoren | 123 |
| OPTIMIZE 4.0 | 484 | SIS CAD-M | 214 |
| ORIGIN | 485 | STAB2D | 55 |
| PCXA | 491 | STRIM 100 | 215 |
| PHOENICS | 202 | SYCOvista | 57 |
| PIUSS-O | 203 | Symbolbibliothek Elektrik für AutoSketch | 129 |
| PLANTA-Projekt-Steuerungs-SYSTEM PPSS | 240 | Symbolbibliothek Hydraulik für AutoSketch | 216 |
| PLATO-SIM | 204 | Symbolbibliothek Pneumatik für AutoSketch | 217 |
| Plot 3.0 | 577 | TechGraf | 588 |
| PLOT_4_U (Plot for you) | 578 | TU_MODAL | 59 |
| PostPlot | 579 | Turbo Diesel | 218 |
| PPS System Weber | 241 | UNIGRAPHICS | 219 |
| PrePlot | 580 | Universelles Roboter-Simulationssystem | 220 |
| PRO17/APSK | 205 | VARCAD-M | 222 |
| ProduCAM | 206 | VeRa (R) (Vektorisierung von Rasterdaten) | 61 |
| Q-Daten | 207 | VIEWER light | 64 |
| QUERSPAN | 208 | VIEWER Professional | 597 |
| Rechnergest. Meßsys. Torsionsschwingversuch | 209 | WINCAD | 223 |
| Reclam-Let | 584 | WinGL | 599 |
| Regelungstechnische Programmsammlung | 244 | xEAGLE | 68 |
| REIFO | 210 | Zahnrad | 671 |
| RELAX | 211 | ZAR1 - Zahnradberechnung | 224 |
| Riemann | 495 | | |
| ROBCAD | 212 | | |

## Verfahrenstechnik

| | |
|---|---|
| Ad Oculos | 604 |
| AutoCAD | 514 |
| Autofont | 515 |
| autoLAB | 227 |
| AutoSketch für Windows | 516 |
| CAD-PACK | 523 |
| CADdy Anlagenplanung | 228 |
| CANLINE | 463 |
| Design/CPN | 229 |
| Design/IDEF | 230 |
| Design/SDL | 231 |
| diamond X-TOOLS und windows X-TOOLS | 413 |
| DINO-PC | 232 |
| DREPLAS | 233 |
| Einführung in die Expertensystemanwendung | 332 |
| ELISA | 171 |
| ElKon S | 90 |
| FAMOS | 236 |
| FEMFAM | 33 |
| FHSTATIK | 174 |
| FLU_92 Feuchte Luft - Diagramme | 175 |
| FRAME | 418 |
| GAL-DEVELOPMENT-TOOLS | 419 |
| GenericCADD | 544 |
| Hydraulische Grundschalt. in der Haustechnik | 234 |
| Integr. PPS-/Logistik-System TRITON | 237 |
| KEN (Knowledge ENvironment) | 431 |
| LINRK (LINearer RegelKreis) | 275 |
| MEGRAX | 560 |
| MESSWERT-GRAFIK P24 | 238 |
| MESSYS | 478 |
| MetaDesign | 561 |
| MICADO | 45 |
| MicroStation | 46 |
| MU_KENN | 640 |
| MW | 47 |
| NUMERI | 112 |
| ODEM und CADSIM C++ -Klassenbibliotheken | 239 |
| OPAL | 570 |
| OPTIMIZE 4.0 | 484 |
| PLANTA-Projekt-Steuerungs-SYSTEM PPSS | 240 |
| PLOT_4_U (Plot for you) | 578 |
| PPS System Weber | 241 |
| Q-Daten | 207 |
| real time prod. manag. system WA2000 | 242 |
| Regelungstechnik | 243 |
| Regelungstechnische Programmsammlung | 244 |
| Riemann | 495 |
| SIMEX | 296 |
| SYCOvista | 57 |
| unscrambler | 137 |
| WeGA (Werkzeuge für Grafische Auswertung) | 65 |
| XSIO (X-Simulationsoberfläche) | 143 |

# Index

## Simulation

| | |
|---|---:|
| 2D - CTR | 603 |
| 3D-Studio | 147 |
| 3Kugel | 247 |
| ADAPTFIL | 316 |
| Ammoniaksynthese | 248 |
| ANALYTIS | 72 |
| Animator | 513 |
| ANIMOVIB | 249 |
| AnySIM | 250 |
| ASKSIM | 151 |
| BALCAD/BALCAL | 23 |
| Ball & Stick | 517 |
| BAYES | 321 |
| BelWue | 322 |
| BIESIM | 154 |
| Biohochreaktor | 251 |
| BlockSim | 252 |
| BRAINSIM | 253 |
| Bravo3 (R) CADAT (TM) | 254 |
| Bravo3 (R) SPICE | 255 |
| Büroautomation | 324 |
| C.A.P.'s NET | 256 |
| Cache-Simulation | 81 |
| CADES-G | 83 |
| CARO | 162 |
| Collegium Enzymologicum | 257 |
| Copolymerisation | 258 |
| COSIMEX | 85 |
| COSIMO (COmpilerSIMulatiOn) | 259 |
| CT-LEARN | 325 |
| CUSYM | 260 |
| Design/CPN | 229 |
| Dialog Maschine | 536 |
| Doppelpendel | 261 |
| DORA-PC | 87 |
| DYNAMIS-GEM | 262 |
| EDSim-H | 170 |
| Einführg. in das Programmieren m. MODULA-2 | 331 |
| Einführung in LISP | 333 |
| Einführung in PROLOG | 334 |
| Einführung in UNIX | 335 |
| EKIN | 263 |
| Electina | 88 |
| ElFi (Electrostatic Field) | 89 |
| ESAP | 173 |
| ESIM | 91 |
| EULE-PROLOG-Labor | 336 |
| EULE-UNIX-Labor | 337 |
| EVO_STRA | 339 |
| FEDMAS (FEDer-MASse-Systeme) | 264 |
| Feigenbaum-Szenario | 340 |
| FEMFAM | 33 |
| FFT-Simulator V 2.0 | 92 |
| FILTER | 93 |
| Filter | 94 |
| FUMOCA | 265 |
| furore | 266 |
| FUSE | 95 |
| GC_Simul | 267 |
| GEMNMR | 270 |
| GEOLAB | 268 |
| GNC | 181 |
| GOLEM | 425 |
| GRAFkit | 549 |
| GRASP | 182 |
| GraVor | 183 |
| GSTAT | 345 |
| GSTAT2 | 346 |
| HDLCSIM | 98 |
| HPP-GMS | 36 |
| Hydraulische Grundschalt. in der Haustechnik | 234 |
| Icon Author | 351 |
| INSIDE80 | 271 |
| ISAFEM | 188 |
| ISAGEN | 40 |
| ISAPOST | 189 |
| Katalytische Reinigung | 272 |
| Keil | 273 |
| KOPPEL4G | 194 |
| LARSTRAN | 42 |
| LATTICE II | 557 |
| LAYERS | 274 |
| LINDO, LINGO, GINO, What's Best | 360 |
| LINRK (LINearer RegelKreis) | 275 |
| LOGIC (Spreadsheet für Logik-Schaltungen) | 101 |
| LORENTZ (Relativistischer Würfel) | 276 |
| Mathematica | 559 |
| MC68000 | 277 |
| Mechlab | 197 |
| MICADO | 45 |
| Minitools | 108 |
| MOBIT | 278 |
| Modus | 280 |
| Moessbauerspektrometer-Trainingsprogramm | 366 |
| MOLSTARplus | 564 |
| MOSES (Modulares-SW-Experimentiersystem) | 480 |
| MOTIVE / TLC / PDQ | 109 |
| Multi Media Database | 367 |
| multi-level / mixed-mode Simulator UNISIM | 110 |
| N-SIM | 282 |
| NETLAB | 283 |

| | | | |
|---|---|---|---|
| Netzsimulator für elektrische Energienetze | 111 | Simulation einer Lambda-Regelung | 213 |
| NeuroSim | 284 | Simulation v. Schrittmotoren | 123 |
| Nichtlineare Prozesse | 569 | Simulation von Bandpaßübertragungssystemen | 126 |
| Normalkoordinatenanalyse NK 32 | 482 | Simulation von Nachrichtensystemen | 124 |
| Numerik Programmbibliothek | 113 | SIMUTRI.EXE | 127 |
| ODEM und CADSIM C++ -Klassenbibliotheken | 239 | SKYPLAN | 299 |
| ORIENT-Lernprogramm | 370 | SNNS | 300 |
| Oszilla | 285 | Sortieralgorithmen | 382 |
| | | SQL - Die relationale Datenbanksprache | 383 |
| PACE | 286 | Statistical Physics | 302 |
| Parallaxis | 441 | Stoßsimulation (STOSSIM) | 303 |
| PDP-Graph | 287 | STRIM 100 | 215 |
| PHOENICS | 202 | STSIM | 304 |
| PITSA 3.2 | 492 | | |
| PIX-IT! | 575 | TEACHSOFT | 385 |
| PLATO-SIM | 204 | Thick | 305 |
| PRISIM | 288 | TIFFANY | 501 |
| PRO/LS | 647 | Toolbook | 454 |
| ProduCAM | 206 | TRAM - TRANSYT-7F Animation | 58 |
| Profil | 50 | TU_MODAL | 59 |
| ProSim 85/86 | 289 | Turbo Diesel | 218 |
| Protokoll-Visualisierung | 290 | Turing | 389 |
| PSItool NET | 291 | TUTLAB | 391 |
| | | Universelles Roboter-Simulationssystem | 220 |
| RAIN | 648 | | |
| Rasim - Professional | 373 | Vector_A/Chaolyse | 306 |
| REGELKREISE | 374 | VIA+NCA/DrawVibr | 596 |
| Regelungstechnik | 243 | VIEWSIM / SD | 307 |
| RELAX | 211 | VIRLAB | 308 |
| RELTOOLS - Relativistisches Labor | 292 | VPSIM | 140 |
| REMOS (Rechnergestützte Motorensteuerung) | 117 | WATCH | 310 |
| ROBCAD | 212 | WinDLX | 392 |
| Schräger Wurf mit Reibung | 293 | XDQDB | 142 |
| schulis-Simulationssystem | 294 | XSIO (X-Simulationsoberfläche) | 143 |
| SIM51 | 295 | Y-System | 394 |
| SIMEX | 296 | | |
| SIMPEP | 298 | ZET | 144 |
| SIMPL | 380 | ZUSE Z22 Emulator | 395 |
| SIMUA | 121 | | |
| Simulated Physical Experiments (SIPHEX) | 122 | | |

# Index

## Lehrsoftware

| | |
|---|---|
| 1st Card | 313 |
| 1st Grade | 314 |
| 3Kugel | 247 |
| ABaS - Anschauliche Balken-Statik | 19 |
| Ad Oculos | 604 |
| ADAPTFIL | 316 |
| Aladin | 511 |
| Albioch | 318 |
| Algebra | 319 |
| Ammoniaksynthese | 248 |
| ANIMOVIB | 249 |
| AnySIM | 250 |
| Architektur/Implement. von DBS | 320 |
| AUWEIA | 609 |
| BAYES | 321 |
| BelWue | 322 |
| BESTFIT | 153 |
| Biohochreaktor | 251 |
| BIOSIGNALANALYSE I | 323 |
| BlockSim | 252 |
| BRAINSIM | 253 |
| Büroautomation | 324 |
| C.A.P.'s NET | 256 |
| CAD-PACK | 523 |
| CADILLAC | 30 |
| CARE | 616 |
| CARO | 162 |
| Cholesky | 466 |
| Collegium Enzymologicum | 257 |
| Copolymerisation | 258 |
| COSIMEX | 85 |
| COSIMO (COmpilerSIMulatiOn) | 259 |
| CT-LEARN | 325 |
| Demoprogramm "optische Aktivität" | 326 |
| Dialog Maschine | 536 |
| DIAS-demo | 327 |
| Digitale Bildverarbeitung (DBV) | 328 |
| DORA-PC | 87 |
| DYNAMIS-GEM | 262 |
| EDUCATE 3 | 329 |
| Eindimensionale Quantenmechanik | 330 |
| Einführg. in das Programmieren m. MODULA-2 | 331 |
| Einführung in die Expertensystemanwendung | 332 |
| Einführung in LISP | 333 |
| Einführung in PROLOG | 334 |
| Einführung in UNIX | 335 |
| EKIN | 263 |
| ESAP | 173 |
| ESIM | 91 |
| EULE-PROLOG-Labor | 336 |
| EULE-UNIX-Labor | 337 |
| EVO | 338 |
| EVO_STRA | 339 |
| Feigenbaum-Szenario | 340 |
| FFT-Simulator V 2.0 | 92 |
| FHSTATIK | 174 |
| Fraktale Wachstumsmodelle | 341 |
| FrameMaker | 342 |
| G.E.S.y | 343 |
| GC_Simul | 267 |
| GEOEXPERT | 344 |
| GEOLAB | 268 |
| GRAFFU | 96 |
| GSTAT | 345 |
| GSTAT2 | 346 |
| GUPU | 347 |
| hegraph | 99 |
| HELP | 348 |
| HPP-GMS | 36 |
| Hydraulische Grundschalt. in der Haustechnik | 234 |
| Hypadapter | 349 |
| HyperTurtle | 350 |
| Icon Author | 351 |
| IGOR2 | 352 |
| IKARUS | 187 |
| INSIDE80 | 271 |
| Integral - Übungshilfe | 354 |
| Interaktive Statikübungen am PC | 355 |
| Joker | 100 |
| KAREN | 475 |
| Katalytische Reinigung | 272 |
| Keil | 273 |
| Kernchem | 356 |
| KOPPEL4G | 194 |
| KRISTALL.EXE | 357 |
| LATUSE (LATtice USEr) | 636 |
| Lern-Tutor | 358 |
| LFS - Labor Formale Sprachen | 359 |
| LINDO, LINGO, GINO, What's Best | 360 |
| LINPRO | 361 |
| LINRK (LINearer RegelKreis) | 275 |
| LOGIC (Spreadsheet für Logik-Schaltungen) | 101 |
| LORENTZ (Relativistischer Würfel) | 276 |
| LP-Lupe | 477 |
| M1 | 103 |
| Maple V | 558 |
| Material_Base | 43 |
| Mathematica | 559 |
| MIC - MINI's illustrierender Compiler | 362 |
| MIKRO-PPS | 363 |

| | | | |
|---|---|---|---|
| Minitools | 108 | Simulated Physical Experiments (SIPHEX) | 122 |
| MOBIT | 278 | Simulation einer Lambda-Regelung | 213 |
| MOBY | 364 | Simulation v. Schrittmotoren | 123 |
| ModulaMehrProzeßSystem (MoMPS) | 365 | Simulation von Bandpaßübertragungssystemen | 126 |
| Moessbauerspektrometer-Trainingsprogramm | 366 | Simulation von Nachrichtensystemen | 124 |
| Multi Media Database | 367 | SKYPLAN | 299 |
| MU_KENN | 640 | SmallCard | 381 |
| NAMOD | 48 | SMART-CASE-HDE | 448 |
| NC-TEACH | 200 | SMART-CASE-HDG | 449 |
| Netzsimulator für elektrische Energienetze | 111 | SMART-CASE-STE | 450 |
| NEURONET | 368 | SMART-CASE-STG | 451 |
| NICOLE's QUSS | 369 | Sortieralgorithmen | 382 |
| Numerik Programmbibliothek | 113 | SQL - Die relationale Datenbanksprache | 383 |
| | | STATIX | 384 |
| ORIENT-Lernprogramm | 370 | STSIM | 304 |
| Oszilla | 285 | SYSLAB | 130 |
| Parallaxis | 441 | TEACHSOFT | 385 |
| PITSA 3.2 | 492 | The Scientific Desk | 133 |
| Präsentationssoftware Movie | 371 | Thermo Education | 386 |
| PRISIM | 288 | Toolbook | 454 |
| PRO17/APSK | 205 | TRAINER | 387 |
| Produktionsplanung und -steuerung - PPS | 372 | TU_MODAL | 59 |
| ProSim 85/86 | 289 | Turbo Diesel | 218 |
| Protokoll-Visualisierung | 290 | TURES | 388 |
| Rasim - Professional | 373 | Turing | 389 |
| REGELKREISE | 374 | TURTUTOR | 390 |
| Regelungstechnik | 243 | TUTLAB | 391 |
| Regelungstechnische Programmsammlung | 244 | VERM | 62 |
| RELTOOLS - Relativistisches Labor | 292 | VIRLAB | 308 |
| Schlüsselaustausch-Lernprogramm | 375 | WinDLX | 392 |
| Schräger Wurf mit Reibung | 293 | X25DECOD | 393 |
| schulis-Mathematiksystem | 376 | XDQDB | 142 |
| schulis-Simulationssystem | 294 | XSIO (X-Simulationsoberfläche) | 143 |
| SCOUT | 652 | Y-System | 394 |
| Shannons Waage | 377 | ZUSE Z22 Emulator | 395 |
| SIC | 378 | | |
| SIMPEP | 298 | | |
| SIMPL | 380 | | |

# Index

## Programmentwicklung

|  |  |
|---|---|
| 1st Grade | 314 |
| babylon | 399 |
| Backpropagation-Generator | 610 |
| BBxPROGRESSION/4 | 400 |
| BOXES | 401 |
| C Network Compiler/386 | 402 |
| C++ Cross Debugger MULTI | 403 |
| CA-DB:EXPERT (TM) | 404 |
| CA-DB:GENERATOR (TM) | 405 |
| CA-DISSPLA (TM) | 520 |
| CA-GKS (TM) | 521 |
| CADBAS-NORM | 157 |
| CASOFT-BOFR/DR | 164 |
| COSIMO (COmpilerSIMulatiOn) | 259 |
| DEC C++ v 3.0 | 406 |
| DEC FUSE | 407 |
| DEC GKS-3D for ULTRIX | 530 |
| DEC PHIGS for ULTRIX | 531 |
| DEC VUIT | 408 |
| DECimage Application Services for ULTRIX | 409 |
| deLite | 410 |
| Der Entwurfsstruktur-Editor (Eddi) | 411 |
| Design/OA | 534 |
| DESKTOP - Dienste | 31 |
| DESY | 412 |
| DI-3000 (R) | 535 |
| diamond X-TOOLS und windows X-TOOLS | 413 |
| EBIS-DRL | 414 |
| EDCS II | 625 |
| ELISA | 171 |
| EPOS | 415 |
| ERMS | 627 |
| ET-EPOS (R) | 416 |
| FIGARO+ | 417 |
| FIGRAPH | 542 |
| FRAME | 418 |
| FrameMaker | 342 |
| G.E.S.y | 343 |
| GAL-DEVELOPMENT-TOOLS | 419 |
| Genius-ParaCAD | 178 |
| GH C Cross Compiler - 68k,88k,SPARC,... | 420 |
| GH C Cross Compiler 680x0,88000,SPARC,... | 421 |
| GH C++ Cross Compiler 680x0, 88000,... | 422 |
| GH FORTRAN Cross Compiler -68k,88k,... | 423 |
| GH Pascal Cross Compiler -68k,88k,SPARC,... | 424 |
| GK-2000 (R) | 545 |
| GNC | 181 |
| GOLEM | 425 |
| GrafPlus | 550 |
| Green Hills C Compiler | 426 |
| Green Hills C++ Translator C++ | 427 |
| Green Hills C++ v.2.1 Compiler | 428 |
| Green Hills Pascal Compiler | 429 |
| GUPU | 347 |
| herCules | 430 |
| Hypadapter | 349 |
| HyperTurtle | 350 |
| Interaktive Statikübungen am PC | 355 |
| KEN (Knowledge ENvironment) | 431 |
| KNOSSOS | 432 |
| KNOWLEDGE CRAFT (R) | 433 |
| KRISTALL.EXE | 357 |
| LINDO, LINGO, GINO, What's Best | 360 |
| M++ Klassenbibliothek | 434 |
| m2dB | 435 |
| MASTER PDS | 436 |
| Mathematica | 559 |
| mbp VISUAL COBOL | 437 |
| MC68000 | 277 |
| MCCGRAPH | 105 |
| MIC - MINI's illustrierender Compiler | 362 |
| ModulaMehrProzeßSystem (MoMPS) | 365 |
| Modus | 280 |
| newGKS - networking GKS | 568 |
| NEXPERT OBJECT | 438 |
| NUMERI | 112 |
| OPEN INTERFACE | 439 |
| p-Form | 440 |
| Parallaxis | 441 |
| PCXA | 491 |
| PRADOS | 442 |
| PROFILEGRAPH | 581 |
| programming frame 1 | 443 |
| ProMod-PLUS | 444 |
| PROPHYS | 52 |
| ProSt Professional Statistics | 494 |
| PV-WAVE (TM) | 582 |
| RS / Decision (TM) Software | 445 |
| RS / DISCOVER (TM) | 649 |
| RS / QCA II | 650 |
| Screens++ | 446 |
| SemanticEd | 447 |
| SIC | 378 |
| SLP - super linear programming | 655 |
| SMART-CASE-HDE | 448 |
| SMART-CASE-HDG | 449 |
| SMART-CASE-STE | 450 |
| SMART-CASE-STG | 451 |
| StoL - Literate Programming in SCHEME | 452 |

| | | | |
|---|---|---|---|
| Symbolbibliothek Elektrik für AutoSketch | 129 | Turbo Vision Constructor | 455 |
| Symbolbibliothek Hydraulik für AutoSketch | 216 | TURES | 388 |
| Symbolbibliothek Pneumatik für AutoSketch | 217 | UNIFACE (TM) | 456 |
| TAOS | 453 | VMEPROM Cross-Entwicklung Toolkit | 457 |
| Tech Illustrator Series | 662 | WeGA (Werkzeuge für Grafische Auswertung) | 65 |
| TESTBENCH (R) | 664 | ZIM (TM) | 458 |
| The Juggler | 593 | ZUSE Z22 Emulator | 395 |
| The Scientific Desk | 133 | | |
| Toolbook | 454 | | |

# Index

## Statistik / Datenanalyse

| | |
|---|---|
| ABaS - Anschauliche Balken-Statik | 19 |
| ABC Flowcharter | 508 |
| ADAMS (R) | 149 |
| Aladin | 511 |
| ALCHEMY II | 512 |
| ANALYTIS | 72 |
| ANDI.PRG | 150 |
| ANSYS (R) | 607 |
| APUDI | 461 |
| ARC / INFO (R) | 22 |
| autoLAB | 227 |
| Ball & Stick | 517 |
| BASMAN | 462 |
| BAYES | 321 |
| BAYTHE-NET | 611 |
| BESTFIT | 153 |
| CANLINE | 463 |
| CGRAPH - Mathematische Graphiken | 84 |
| CHEM-FIT | 464 |
| CHLOROPHYLLFIX | 465 |
| Cholesky | 466 |
| Collegium Enzymologicum | 257 |
| COSIMEX | 85 |
| COSMOS (TM) | 618 |
| CRYSCOMP-CRYSDRAW | 526 |
| DINO-PC | 232 |
| DOPRES | 467 |
| DORA-PC | 87 |
| Dreieck | 539 |
| DYNAMIS-GEM | 262 |
| ElFi (Electrostatic Field) | 89 |
| ELISA | 171 |
| EURODAT | 540 |
| EVO | 338 |
| EXCALC | 468 |
| F-PATCH | 469 |
| FAMOS | 236 |
| FEM-BAUKASTEN | 629 |
| FFT-Simulator V 2.0 | 92 |
| FH KIEL MATHLIB | 470 |
| FILTER | 93 |
| Filter | 94 |
| FORTRAN/GKS-Unterprog.-Sammlung | 543 |
| furore | 266 |
| GEMNMR | 270 |
| GERBER | 180 |
| GIS | 34 |
| GKSoft Graph | 547 |
| GRAFFU | 96 |
| Graphics Language Interpreter GLI | 471 |
| GSTAT | 345 |
| GSTAT2 | 346 |
| HANNOVER GRAPHICS | 97 |
| HARVEST | 472 |
| HIQ | 473 |
| HOKUS-POKUS | 38 |
| HPP-GMS | 36 |
| I-DEAS | 186 |
| I-DEAS (TM) | 631 |
| Integral - Übungshilfe | 354 |
| irfit | 474 |
| KAREN | 475 |
| KINEMA_5 | 190 |
| LABORSYSTEM (LS) | 476 |
| LARSTRAN | 42 |
| LATUSE (LATtice USEr) | 636 |
| LINPRO | 361 |
| LOGIC (Spreadsheet für Logik-Schaltungen) | 101 |
| LP-Lupe | 477 |
| LPC_Analyse | 102 |
| Maple V | 558 |
| Marquardt-Fit | 104 |
| Mathematica | 559 |
| MCCGRAPH | 105 |
| MEGRAX | 560 |
| MESSYS | 478 |
| ModulPlot | 479 |
| MOLSTARplus | 564 |
| MOSES (Modulares-SW-Experimentiersystem) | 480 |
| MU_KENN | 640 |
| NAMOD | 48 |
| NC-TEACH | 200 |
| NETLAB | 283 |
| Neurolab | 567 |
| NICOLE's QUSS | 369 |
| NIL-FIT (nichtlin. Parameterfit) | 481 |
| Normalkoordinatenanalyse NK 32 | 482 |
| Numbers | 483 |
| NUMERI | 112 |
| Numerik Programmbibliothek | 113 |
| ODEM und CADSIM C++ -Klassenbibliotheken | 239 |
| OPAL | 570 |
| OPTIMIZE 4.0 | 484 |
| ORIGIN | 485 |
| ORVICO | 486 |
| Oszilla | 285 |
| OXALIS | 571 |
| P-Stat | 488 |
| PADGLANA | 572 |

| | | | |
|---|---|---|---|
| PADMOS | 489 | STAB2D | 55 |
| PC-BIOMED+ | 490 | Statistical Physics | 302 |
| PCXA | 491 | STATIX | 384 |
| PIGS | 574 | Supereva/Eva | 500 |
| PITSA 3.2 | 492 | TEACHSOFT | 385 |
| PLOT_4_U (Plot for you) | 578 | Techni-Curve | 589 |
| PROFILEGRAPH | 581 | TextCount | 665 |
| ProSt Professional Statistics | 494 | Textlesesystem | 666 |
| Q-Daten | 207 | The Scientific Desk | 133 |
| QUERSPAN | 208 | THEMAK2/THEMAK2-Digitor | 594 |
| real time prod. manag. system WA2000 | 242 | Thick | 305 |
| Riemann | 495 | TIFFANY | 501 |
| RM/AS/DS-Paket für Raman-Spektroskopie | 496 | TITREX | 502 |
| S-PLUS | 497 | TU_MODAL | 59 |
| Schräger Wurf mit Reibung | 293 | TurboNet / TNetDemo | 136 |
| schulis-Mathematiksystem | 376 | UNIGRAPHICS | 219 |
| SemanticEd | 447 | UNISTAT für DOS | 503 |
| Sequenzanalyse | 498 | UNISTAT für Windows | 504 |
| SETCLUST | 499 | unscrambler | 137 |
| Shannons Waage | 377 | VERM | 62 |
| Simulation v. Schrittmotoren | 123 | VIA+NCA/DrawVibr | 596 |
| Simulation von Nachrichtensystemen | 124 | VPSIM | 140 |
| SIMUTRI.EXE | 127 | WeGA (Werkzeuge für Grafische Auswertung) | 65 |
| SISAL | 128 | X25DECOD | 393 |
| SPDE | 658 | | |

# Index 697

## Grafik

| | |
|---|---|
| 3D-Studio | 147 |
| A-Font+ | 507 |
| ABC Flowcharter | 508 |
| ACAD-M | 148 |
| AGL | 606 |
| AGS / UNIEDIT 2000 | 509 |
| AGS / UNIGRAPH + 2000 | 510 |
| AILS/ANALOG IC LAYOUT SYNTHESIS | 71 |
| Aladin | 511 |
| ALCHEMY II | 512 |
| ALK-GIAP | 21 |
| Ammoniaksynthese | 248 |
| Animator | 513 |
| ANIMOVIB | 249 |
| ARC / INFO (R) | 22 |
| ASKSIM | 151 |
| AutoCAD | 514 |
| Autofont | 515 |
| autoLAB | 227 |
| AutoShade | 152 |
| AutoSketch für Windows | 516 |
| BALCAD/BALCAL | 23 |
| Ball & Stick | 517 |
| Bizeps und Trizeps | 518 |
| BlockSim | 252 |
| BRAINSIM | 253 |
| Bravo3 | 26 |
| C-Design | 519 |
| CA-DISSPLA (TM) | 520 |
| CA-GKS (TM) | 521 |
| CA-MASTERPIECE/GRO | 522 |
| CAD-PACK | 523 |
| CADBAS-NORM | 157 |
| CADdy Anlagenplanung | 228 |
| CADdy Architektur | 612 |
| CADdy Bauingenieurwesen | 29 |
| CADdy Elektronik | 613 |
| CADdy Elektrotechnik | 82 |
| CADdy Maschinenbau | 158 |
| CADdy Technische Illustration | 614 |
| CADdy Vermessung | 615 |
| CADiLib | 159 |
| CADILLAC | 30 |
| CADiMenu | 524 |
| CGRAPH - Mathematische Graphiken | 84 |
| Chemograph Plus | 525 |
| Cholesky | 466 |
| ConVertPlot (CVP) | 528 |
| Copolymerisation | 258 |
| COSIMEX | 85 |
| CRYSCOMP-CRYSDRAW | 526 |
| CSC ChemOffice | 529 |
| DEC GKS-3D for ULTRIX | 530 |
| DEC PHIGS for ULTRIX | 531 |
| DECimage Application Services for ULTRIX | 409 |
| DECimage Scan Software for ULTRIX | 532 |
| DECimage Storage Manager for VMS | 533 |
| Design/CPN | 229 |
| Design/OA | 534 |
| Design/SDL | 231 |
| DI-3000 (R) | 535 |
| Dialog Maschine | 536 |
| Digitale Bildverarbeitung (DBV) | 328 |
| DINO-PC | 232 |
| DISLIN | 537 |
| DOGS 2D | 168 |
| DOPRES | 467 |
| dp_draft | 538 |
| Dreieck | 539 |
| DYNAMIS-GEM | 262 |
| Eindimensionale Quantenmechanik | 330 |
| EIKon S | 90 |
| ENTER / CAPOTE | 172 |
| EURODAT | 540 |
| EVO | 338 |
| F-PATCH | 469 |
| FAMOS | 236 |
| FEM-BAUKASTEN | 629 |
| FGL | 541 |
| FHSTATIK | 174 |
| FIGARO+ | 417 |
| FIGRAPH | 542 |
| FLU_92 Feuchte Luft - Diagramme | 175 |
| FORTRAN/GKS-Unterprog.-Sammlung | 543 |
| G.E.S.y | 343 |
| GEMNMR | 270 |
| GenericCADD | 544 |
| Genius | 176 |
| Genius-Blech | 177 |
| Genius-ParaCAD | 178 |
| Genius-Pool | 179 |
| GEOLAB | 268 |
| GeoWorks Ensemble | 630 |
| GIS | 34 |
| GK-2000 (R) | 545 |
| GKSedit - Graphischer Editor | 546 |
| GKSoft Graph | 547 |
| GLASER -isb cad- | 35 |
| GNC | 181 |
| GOLD-System | 548 |
| GOLEM | 425 |

| | | | |
|---|---|---|---|
| GRAFFU | 96 | N-SIM | 282 |
| GRAFkit | 549 | NesCAD 7010 | 201 |
| GrafPlus | 550 | NETLAB | 283 |
| Graphics Language Interpreter GLI | 471 | Netzsimulator für elektrische Energienetze | 111 |
| GRASP | 182 | Neurolab | 567 |
| GraVor | 183 | newGKS - networking GKS | 568 |
| GRIBS-GKS | 551 | Nichtlineare Prozesse | 569 |
| GSTAT | 345 | NIL-FIT (nichtlin. Parameterfit) | 481 |
| HAMOG | 552 | Normalkoordinatenanalyse NK 32 | 482 |
| HANNOVER GRAPHICS | 97 | NUMERI | 112 |
| HARVEST | 472 | ODEM und CADSIM C++ -Klassenbibliotheken | 239 |
| HDLCSIM | 98 | OPAL | 570 |
| hegraph | 99 | OPTIMIZE 4.0 | 484 |
| HELP | 348 | ORIGIN | 485 |
| HPGEM | 553 | ORVICO | 486 |
| HPGKS | 554 | OXALIS | 571 |
| HPVIEW | 555 | P-Stat | 488 |
| Hypadapter | 349 | PADGLANA | 572 |
| HyperTurtle | 350 | PADMOS | 489 |
| I-DEAS | 186 | PDP-Graph | 287 |
| Icon Author | 351 | PHOCUS | 49 |
| IGOR2 | 352 | PIG (C) | 573 |
| IMAGE | 556 | PIGS | 574 |
| INSIDE80 | 271 | PIX-IT! | 575 |
| Katalytische Reinigung | 272 | PLOSSYS | 576 |
| Keil | 273 | Plot 3.0 | 577 |
| Kernchem | 356 | PLOT_4_U (Plot for you) | 578 |
| KOPPEL4G | 194 | PostPlot | 579 |
| KRISTALL.EXE | 357 | Präsentationssoftware Movie | 371 |
| LABORSYSTEM (LS) | 476 | PrePlot | 580 |
| LATTICE II | 557 | PRO/LS | 647 |
| LATUSE (LATtice USEr) | 636 | Profil | 50 |
| LAYERS | 274 | PROFILEGRAPH | 581 |
| LINPRO | 361 | ProSt Professional Statistics | 494 |
| LitVer | 637 | PV-WAVE (TM) | 582 |
| Maple V | 558 | QC for MOBY | 583 |
| Mathematica | 559 | Reclam-Let | 584 |
| MECHANIK-MENUE | 44 | Regelungstechnik | 243 |
| MEGRAX | 560 | Regelungstechnische Programmsammlung | 244 |
| MeKon 3D | 198 | RELTOOLS - Relativistisches Labor | 292 |
| MERCATOR | 638 | REMOS (Rechnergestützte Motorensteuerung) | 117 |
| MESSWERT-GRAFIK P24 | 238 | ROBCAD | 212 |
| MetaDesign | 561 | RoSy Raster orientiertes System | 54 |
| MICADO | 45 | S-PLUS | 497 |
| MicroStation | 46 | SANDRA | 651 |
| MOBY | 364 | SCAN | 585 |
| ModulPlot | 479 | SGL (Sofbid Graphic Language) | 586 |
| Modus | 280 | SIC | 378 |
| MOL-CAD | 562 | Simulated Physical Experiments (SIPHEX) | 122 |
| Molkick | 563 | Simulation v. Schrittmotoren | 123 |
| MOLSTARplus | 564 | SIMUTRI.EXE | 127 |
| MultiGraf | 566 | Sortieralgorithmen | 382 |

# Index

| | | | |
|---|---|---|---|
| STAB2D | 55 | UNISTAT für DOS | 503 |
| STereograph | 587 | UNISTAT für Windows | 504 |
| STRIM 100 | 215 | Universelles Roboter-Simulationssystem | 220 |
| STSIM | 304 | unscrambler | 137 |
| Symbolbibliothek Elektrik für AutoSketch | 129 | VARCAD-M | 222 |
| Symbolbibliothek Hydraulik für AutoSketch | 216 | Vector_A/Chaolyse | 306 |
| Symbolbibliothek Pneumatik für AutoSketch | 217 | VeRa (R) (Vektorisierung von Rasterdaten) | 61 |
| SYSLAB | 130 | VERMSOFT (Vermessungs-Software) | 63 |
| TEACHSOFT | 385 | VIA+NCA/DrawVibr | 596 |
| TechGraf | 588 | VIEWER light | 64 |
| Techni-Curve | 589 | VIEWER Professional | 597 |
| Technobox CAD/2 für Windows | 590 | WeGA (Werkzeuge für Grafische Auswertung) | 65 |
| Technobox CAD/2-TOS | 591 | WinArtWare | 598 |
| Technobox Drafter/2-TOS | 592 | WINCAD | 223 |
| The Juggler | 593 | WinGL | 599 |
| The Scientific Desk | 133 | xEAGLE | 68 |
| THEMAK2/THEMAK2-Digitor | 594 | Y-System | 394 |
| TIMCON | 595 | ZAR1 - Zahnradberechnung | 224 |
| TITREX | 502 | ZET | 144 |
| Toolbook | 454 | ZyIndex | 673 |
| TRAM - TRANSYT-7F Animation | 58 | | |
| UNIGRAPHICS | 219 | | |

## Anwendungsprogramme

| | |
|---|---|
| 1st Grade | 314 |
| 2D - CTR | 603 |
| ABC Flowcharter | 508 |
| Ad Oculos | 604 |
| AGL | 606 |
| AILS/ANALOG IC LAYOUT SYNTHESIS | 71 |
| ANSYS (R) | 607 |
| ARC / INFO (R) | 22 |
| Architektur/Implement. von DBS | 320 |
| AUTONOM | 608 |
| AUWEIA | 609 |
| Backpropagation-Generator | 610 |
| BALCAD/BALCAL | 23 |
| BASMAN | 462 |
| BAU-REGIE-MANAGER | 25 |
| BAYTHE-NET | 611 |
| BBxPROGRESSION/4 | 400 |
| Bravo3 | 26 |
| C++ Cross Debugger MULTI | 403 |
| CA-DB:EXPERT (TM) | 404 |
| CA-DB:GENERATOR (TM) | 405 |
| CAD-Programmodul Holz-Fachwerk | 28 |
| CADBAS-NORM | 157 |
| CADdy Anlagenplanung | 228 |
| CADdy Architektur | 612 |
| CADdy Bauingenieurwesen | 29 |
| CADdy Elektronik | 613 |
| CADdy Elektrotechnik | 82 |
| CADdy Maschinenbau | 158 |
| CADdy Technische Illustration | 614 |
| CADdy Vermessung | 615 |
| CANLINE | 463 |
| CARE | 616 |
| CASOFT-PRO | 165 |
| CONTROL:Manufacturing (TM) | 617 |
| COSMOS (TM) | 618 |
| CSS-KEY Familie | 619 |
| CUPDAT (DATenbankverwaltung) | 620 |
| DAD | 621 |
| Datenbankpraktikum | 622 |
| DDETec | 623 |
| DEC C++ v 3.0 | 406 |
| DEC FUSE | 407 |
| DEC VUIT | 408 |
| DECimage Application Services for ULTRIX | 409 |
| deLite | 410 |
| Der Entwurfsstruktur-Editor (Eddi) | 411 |
| Design/OA | 534 |
| DESKTOP - Dienste | 31 |
| DESY | 412 |
| DREPLAS | 233 |
| EBIS-DBMS | 624 |
| EBIS-DRL | 414 |
| EDCS II | 625 |
| Einführung in die Expertensystemanwendung | 332 |
| Einsatz v. Standard LAN's | 626 |
| Electina | 88 |
| ElKon S | 90 |
| ERMS | 627 |
| ESAP | 173 |
| ET-SML | 628 |
| EURODAT | 540 |
| EXCALC | 468 |
| FEM-BAUKASTEN | 629 |
| FIGARO+ | 417 |
| FIGRAPH | 542 |
| G.E.S.y | 343 |
| GAL-DEVELOPMENT-TOOLS | 419 |
| GeoWorks Ensemble | 630 |
| GH C Cross Compiler - 68k,88k,SPARC,... | 420 |
| GH C Cross Compiler 680x0,88000,SPARC,... | 421 |
| GH C++ Cross Compiler 680x0, 88000,... | 422 |
| GH FORTRAN Cross Compiler -68k,88k,... | 423 |
| GH Pascal Cross Compiler -68k,88k,SPARC,... | 424 |
| GIS | 34 |
| GKSedit - Graphischer Editor | 546 |
| GrafPlus | 550 |
| Green Hills C Compiler | 426 |
| Green Hills C++ Translator C++ | 427 |
| Green Hills C++ v.2.1 Compiler | 428 |
| Green Hills Pascal Compiler | 429 |
| herCules | 430 |
| I-DEAS (TM) | 631 |
| I.Q.S.-Windows | 632 |
| IBS | 633 |
| IGOR2 | 352 |
| Imagic | 634 |
| Integr. PPS-/Logistik-System TRITON | 237 |
| InTeR | 635 |
| Interaktive Statikübungen am PC | 355 |
| KANA-PROG | 41 |
| Keil | 273 |
| KEN (Knowledge ENvironment) | 431 |
| KRISTALL.EXE | 357 |
| LABORSYSTEM (LS) | 476 |
| LATTICE II | 557 |
| LATUSE (LATtice USEr) | 636 |
| Lern-Tutor | 358 |
| LitVer | 637 |
| LOCAM | 195 |

# Index

| | | | |
|---|---|---|---|
| M++ Klassenbibliothek | 434 | SemanticEd | 447 |
| m2dB | 435 | SIR / DBMS (R) | 653 |
| Maple V | 558 | SISAL | 128 |
| Marquardt-Fit | 104 | SLAVE-A UNIX Editor Approach | 654 |
| Material_Base | 43 | SLP - super linear programming | 655 |
| MC68000 | 277 | SMART-CASE-HDE | 448 |
| MERCATOR | 638 | SMART-CASE-HDG | 449 |
| MESPRO | 106 | SMART-CASE-STE | 450 |
| MetaDesign | 561 | SMART-CASE-STG | 451 |
| MIKRO-PPS | 363 | SNAPAD | 656 |
| Modus | 280 | Sofbid-TDB / SQL | 657 |
| MOL-CAD | 562 | SPDE | 658 |
| Molkick | 563 | SQL - Die relationale Datenbanksprache | 383 |
| MOLSTARplus | 564 | STRASOFT | 56 |
| MPMS, MPMS-NET | 199 | Supereva/Eva | 500 |
| MU_KENN | 640 | SYCOment | 659 |
| MultiGraf | 566 | SYCOnvert | 660 |
| NETLAB | 283 | SYCOvista | 57 |
| Neuralworks Professional 2 | 641 | TABLO | 661 |
| PC-GUARD | 642 | TAOS | 453 |
| PerSoft PPS | 643 | Tech Illustrator Series | 662 |
| pH-Wert | 644 | Termex | 663 |
| PISA | 645 | TESTBENCH (R) | 664 |
| PIUSS-O | 203 | TextCount | 665 |
| Pixel-FX | 646 | Textlesesystem | 666 |
| PLANTA-Projekt-Steuerungs-SYSTEM PPSS | 240 | The Juggler | 593 |
| PLOT_4_U (Plot for you) | 578 | TOTO | 667 |
| PPS System Weber | 241 | TURES | 388 |
| PRO/LS | 647 | TX1 | 668 |
| PRO17/APSK | 205 | Universelles Roboter-Simulationssystem | 220 |
| programming frame 1 | 443 | ViruSafe | 669 |
| PROPHYS | 52 | VPSIM | 140 |
| RAIN | 648 | WeGA (Werkzeuge für Grafische Auswertung) | 65 |
| real time prod. manag. system WA2000 | 242 | WiKO | 66 |
| REIFO | 210 | Windaussteifung | 67 |
| RS / DISCOVER (TM) | 649 | WinGL | 599 |
| RS / QCA II | 650 | XMCS | 670 |
| SANDRA | 651 | Zahnrad | 671 |
| schulis-Mathematiksystem | 376 | ZIM (TM) | 458 |
| schulis-Simulationssystem | 294 | ZugangData | 672 |
| SCOUT | 652 | ZyIndex | 673 |
| Screens++ | 446 | | |

# Springer-Verlag und Umwelt

Als internationaler wissenschaftlicher Verlag sind wir uns unserer besonderen Verpflichtung der Umwelt gegenüber bewußt und beziehen umweltorientierte Grundsätze in Unternehmensentscheidungen mit ein.

Von unseren Geschäftspartnern (Druckereien, Papierfabriken, Verpackungsherstellern usw.) verlangen wir, daß sie sowohl beim Herstellungsprozeß selbst als auch beim Einsatz der zur Verwendung kommenden Materialien ökologische Gesichtspunkte berücksichtigen.

Das für dieses Buch verwendete Papier ist aus chlorfrei bzw. chlorarm hergestelltem Zellstoff gefertigt und im ph-Wert neutral.

If you have any concerns about our products,
you can contact us on
**ProductSafety@springernature.com**

In case Publisher is established outside the EU,
the EU authorized representative is:
**Springer Nature Customer Service Center GmbH
Europaplatz 3, 69115 Heidelberg, Germany**

Printed by Libri Plureos GmbH
in Hamburg, Germany